우리 바다에 사는 바닷물고기 528종

# 한반도 바닷물고기 세밀화 대도감

글 / 명정구
그림 / 조광현

보리

《한반도 바닷물고기 세밀화 대도감》을 펴내며

　열다섯 해 동안 애써 뒷바라지했던 《한반도 바닷물고기 세밀화 대도감》이 드디어 한 권의 책으로 묶여 나왔습니다. 그림을 그린 조광현 선생, 글을 쓴 명정구 선생, 편집에 심혈을 기울인 김종현 선생, 그리고 이 책을 이렇게 아름답게 치장해 준 디자이너 박영신 선생과 안에서 애쓴 기획실 식구들 모두에게 감사를 드립니다.

　우리 역사에서 김정호가 그린 〈대동여지도〉와 함께 정약전이 흑산도에서 귀양 가 살면서 쓴 《자산어보》는 소중하기 이를 데 없는 우리 민족의 문화 자산입니다. 정문기 선생님이 그 전통을 이어받아 흑백 사진을 곁들인 《한국어도보》를 마흔다섯 해 전에 냈고, 이번에 드디어 결정판이 나왔습니다. 이것은 우리나라의 출판 역사에 한 획을 그은 사건으로 보아도 될 것입니다. 세밀화 도감 특히 어류 도감은 이웃 섬나라인 일본과 우리와 마찬가지로 반도인 이탈리아가 앞서 있었습니다. 그러나 이제는 아닙니다. 이 도감은 그 모든 성과를 앞지릅니다.

　이 땅에서도 정태련, 박소정 씨가 민물고기들을 그리는 데 앞장섰고, 윤봉선 씨도 한때 바닷가로 삶터를 옮기면서까지 바닷물고기를 세밀화로 그려 내는 데 힘써 왔습니다. 그러나 바닷속에 직접 자맥질해 들어가 그들이 사는 마을을 살펴보지 않고는 그 물고기들의 때깔이 어떤지, 어떻게 헤엄치고, 때에 따라 몸빛이 어떻게 달라지는지 알 수 없습니다. 비록 살아 있는 채로 건져 올려졌다 하지만 우리가 수족관이나 어판장에서 보는 바닷물고기는 이미 변질된 모습을 보입니다. 저마다 물 깊이가 다른 마을에서 사는 이 바닷물고기들을 그대로 그려 내려면 사진기와 영사기, 스케치북을 들고 물속 깊이 뛰어들어야 합니다. 이 일을 글쓴이 명정구 선생은 수십 년에 걸쳐 해 왔고, 그림 그린이 조광현 선생도 꼬박 15년 넘게 해 왔습니다. 이 도감이 이룬 성과는 그에 그치지 않습니다. 처음부터 끝까지 꼼꼼히 그림을 살펴보고 글을 읽은 독자들은 알아챌 수 있겠지만 이 대도감은 바다에서 출발한 전체 생명 역사의 축소판입니다. 이 감동적인 드라마를 옆에서 지켜본 감회는 아직까지 제 가슴을 뛰게 합니다. 이 살아 있는 문화유산을 다 같이 보고 즐길 수 있기 바랍니다.

2021년 7월, 기획 자문 윤 구 병

1. 이 책에는 우리 바다에 사는 바닷물고기 528종이 실려 있다. 물고기는 분류 순서대로 실었다. 물고기 이름과 학명, 분류는 《한국어도보》(정문기, 일지사, 1977)와 《한국산어명집》(이순길 외, 한국해양연구원, 2000), 《한국어류대도감》(김익수 외, 교학사, 2005), 최근 분류학적 논문들을 참고했다.

2. 북녘 이름은 《조선의 어류》(최여구, 과학원출판사, 1964), 《동물원색도감》(과학백과사전출판사, 1982), 《조선동물지 어류편(1, 2)》(과학기술출판사, 2006)을 참고했다. 영어 이름과 일본 이름, 중국 이름은 fishbase.org 누리집을 참고했다.

3. 책은 1부와 2부로 나누었다. 1부는 바닷물고기 개론을, 2부는 우리 바다에 사는 바닷물고기 종마다 생태와 생김새, 성장, 분포, 쓰임에 대해 설명해 놓았다.

4. 맞춤법과 띄어쓰기는 국립 국어원 누리집에 있는 《표준국어대사전》을 따랐다. 하지만 전문 용어는 띄어쓰기를 하지 않았다. 또 목 이름과 과 이름에 사이시옷 규정을 적용하지 않았다.

   예. 잉엇과 → 잉어과

5. 몸길이는 물고기에 따라 전장, 체장, 가랑이 체장을 사용하고 있는데, 이 도감에서는 주둥이 끝에서 꼬리지느러미 끝까지 길이인 전장을 몸길이로 표시하였다.

고등어

몸길이

6. 몸에 난 줄무늬는 머리를 위로 향했을 때 난 방향을 가지고 가로무늬, 세로무늬라고 한다.

돌돔

방어

가로무늬

세로무늬

7. 선화는 물고기 특징을 한눈에 보여 준다. 선화에 적은 숫자는 지느러미 가시 개수다. 억센 가시 개수는 대문자 로마 숫자인 I, II, III 차례로 쓰고, 끝이 갈라지지 않은 부드러운 줄기는 소문자 로마 숫자인 i, ii, iii 차례로 쓴다. 끝이 갈라진 부드러운 줄기는 아라비아 숫자인 1, 2, 3 차례로 쓴다.

## 8. 본문 보기

과 이름
목 이름
학명
다른 이름, 영어 이름, 일본 이름, 중국 이름
세밀화
물고기 이름

본문

생김새
성장
분포
쓰임

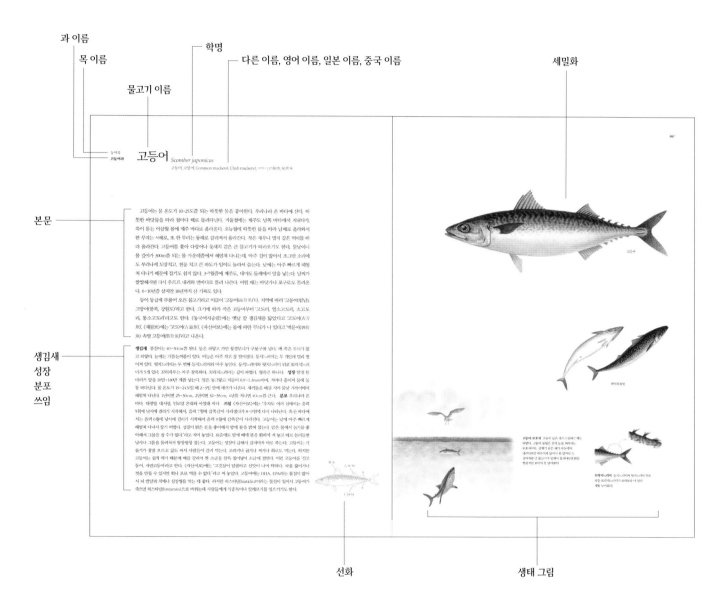

선화
생태 그림

차
례

# 2부  우리 바다 물고기

## 1장. 턱 없는 물고기: 무악어류

## 2장. 뼈가 물렁한 물고기: 연골어류

# 3장. 뼈가 단단한 물고기: 경골어류

그림으로 찾아보는 분류표

## 무악어류 먹장어강

**먹장어목**    **꾀장어과**    온 세계에 1목 1과 50종쯤 살고, 우리나라에는 2종이 살고 있다. 먹장어는 물고기로 나누기는 하지만 우리가 보통 아는 물고기와는 생김새가 많이 다르다. 몸은 뱀장어를 닮아 길쭉하지만, 뱀장어와 달리 등지느러미와 가슴지느러미, 배지느러미가 없다. 입은 턱이 없고 동그랗다. 입은 세로 방향으로 여닫고, 입안에 이빨이 나 있다. 눈은 살갗 밑에 흔적만 남았다. 입가에는 수염이 3쌍 나 있다. 등뼈는 물렁물렁한 뼈다. 살갗은 끈적끈적한 점액으로 덮여 있고 비늘이 없다. 바다에서 살며 주로 죽은 물고기에 붙어 살을 파먹거나 바닥에 사는 무척추동물을 잡아먹는다.

먹장어                                          묵꾀장어

## 무악어류 두갑강

**칠성장어목**    **칠성장어과**    온 세계에 1과 50종쯤이 살고, 우리나라에는 3종이 살고 있는 것으로 보인다. '두갑(頭甲)'이라는 말은 머리가 갑옷처럼 딱딱하다는 뜻이다. 칠성장어나 다묵장어는 실제로 머리가 딱딱하지 않지만, 먼 옛날 두갑류였던 갑주어에서 진화되었다고 두갑강에 속하게 되었다. 먹장어와 함께 가장 형태 분화가 덜 된 물고기다. 몸은 뱀장어처럼 길쭉하다. 머리뼈가 물렁뼈로 되어 있고, 입천장에 뚫리지 않은 콧구멍이 한 개 있다. 입이 둥근 빨판처럼 생겼고, 날카로운 이빨이 나 있다. 뼈가 물렁물렁하다. 비늘도 없고, 가슴지느러미와 배지느러미, 뒷지느러미가 없다. 등지느러미는 두 개로 나뉘었다. 아가미구멍은 7개 있다. 암모코에테(ammocoete)라는 유생기를 거쳐 탈바꿈을 하고 어른이 된다. 어른이 되면 다른 물고기 몸에 붙어 살을 갉아 먹고, 피를 빨아 먹는다.

칠성장어

다묵장어

칠성말배꼽

## 연골어류 연골어강 전두아강

**은상어목**    **은상어과**    온 세계에 30종쯤이 살고, 우리나라에는 2종이 산다. 상어라는 이름이 붙었지만, 상어 무리와는 사뭇 다르다. '전두아강(全頭亞綱)'이라는 말은 머리가 커서 온몸이 머리처럼 보인다는 뜻이다. 뼈가 물렁물렁한 연골어류다. 머리가 크고, 입은 주둥이 밑에서 열린다. 꼬리는 가늘고 길쭉하게 늘어진다. 꼬리지느러미는 실처럼 가늘다. 등지느러미 앞에 크고 억센 독가시가 있다. 체내수정을 하고 딱딱한 껍데기에 싸인 알을 낳는다.

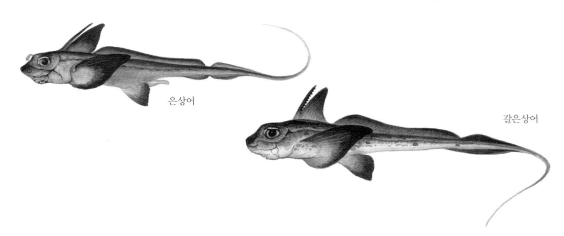

은상어

갈은상어

# 연골어류 연골어강 판새아강

**괭이상어목**  **괭이상어과**  '판새아강(板鰓亞綱)'이라는 말은 아가미가 널빤지처럼 길쭉하다고 붙은 이름이다. 크게 상어 무리와 홍어 무리로
나눈다. 상어 무리는 8목, 홍어 무리는 1목으로 나눈다. 괭이상어는 온 세계에 11종이 알려졌고, 우리나라에는 2
종이 살고 있다. 괭이상어 무리는 몸집이 작은 상어다. 주둥이가 뭉툭하고, 머리 위쪽 솟아 있는 부분에 눈이 있
다. 등지느러미는 두 개로 나뉘었고, 앞쪽에 억센 가시가 있다. 가슴지느러미는 크다. 가슴지느러미로 바닥을 기
어 다니며 성게 따위를 부수어 먹는다.

괭이상어

삿징이상어

**수염상어목**  **수염상어과**  온 세계에 15종이 살고, 우리나라에는 1종이 있다. 머리는 위아래로 납작하고, 입이 주둥이 끝에 있다. 입과 머리
가장자리에 살갗돌기들이 잔뜩 나 있다. 눈 뒤에 물이 드나드는 분수공이 있다. 콧수염이 있다. 위아래 꼬리지느
러미가 이어져 있다. 바닥에서 살며 주로 밤에 먹이를 찾아 먹는다.

수염상어

**얼룩상어과**  온 세계에 10종이 살고, 우리나라에는 1종이 있다. 몸은 긴 원통형이며, 꼬리는 가늘고 길다. 입은 주둥이 아래
에 있다. 코에는 짧은 수염이 나 있다. 물이 드나드는 분수공이 아주 크다. 등지느러미는 두 개로 나뉘었다. 첫 번
째 등지느러미는 배지느러미 위에서 시작되고, 두 번째 등지느러미는 뒷지느러미 앞에 있다.

얼룩상어

**고래상어과**  온 세계에 고래상어 1종이 산다. 물고기 가운데 몸집이 가장 큰 물고기다. 등에 튀어나온 줄이 꼬리까지 발달한
다. 플랑크톤이나 작은 물고기를 걸러 먹기 위해 아주 큰 입을 가지고 있다.

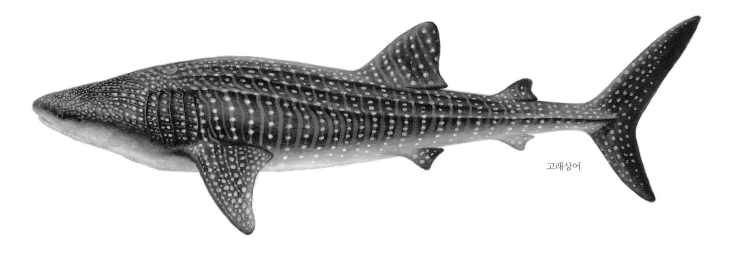

고래상어

**흉상어목**　**두톱상어과**　온 세계에 100종쯤 살고, 우리나라에는 3종이 있다. 상어 무리 가운데 종이 가장 많은 과이다. 머리가 위아래로 납작하다. 눈은 옆으로 찢어졌고 눈꺼풀이 있다. 등지느러미는 두 개로 나뉘었다. 첫 번째 등지느러미는 배지느러미 뒤에서 시작된다. 꼬리지느러미는 위아래 생김새가 다르다.

복상어

불범상어

두톱상어

**표범상어과**　온 세계에 7종이 살고, 우리나라에는 1종이 있다. 몸길이가 1m도 안 되는 작은 상어다. 몸은 가늘고 길다. 눈은 작고 눈꺼풀이 있다. 코와 입이 얕은 홈으로 이어진다.

표범상어

**까치상어과**　온 세계에 40종쯤이 살고, 우리나라에는 4종이 보인다. 몸길이가 1.5m쯤 된다. 눈은 옆으로 긴 달걀꼴이고 눈꺼풀이 있다. 아가미구멍이 5쌍 있다. 등지느러미와 뒷지느러미에 가시가 없고, 첫 번째 등지느러미는 배지느러미보다 앞에 있다. 꼬리지느러미는 위쪽이 길고, 아래쪽이 짧다.

행락상어

개상어

별상어

까치상어

**흉상어과**　온 세계에 50종쯤 살고, 우리나라에서는 9종이 보인다. 몸길이가 0.7~7m까지 다양하다. 입이 주둥이 밑에 있고, 양쪽 끝이 눈 뒤까지 온다. 눈은 동그랗고, 눈꺼풀이 있다. 꼬리자루와 꼬리지느러미 사이에 오목하게 들어간 곳이 있다. 사람한테도 덤비는 상어가 있다. 흉상어는 사나운 상어라는 뜻이다.

흉상어

청새리상어

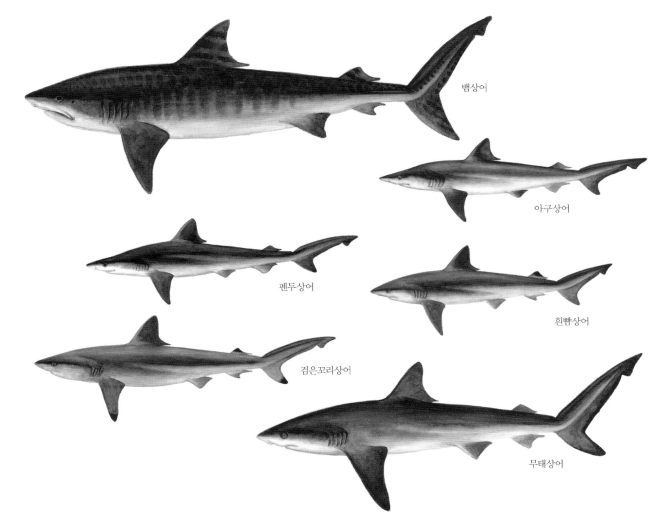

**귀상어과**　　온 세계에 10종이 살고, 우리나라에 2종이 있다. 머리가 망치처럼 생겼고 가운데가 조금 튀어나왔다. 그 양 끝에
　　　　　　　눈이 있다. 눈은 동그랗고 눈꺼풀이 있다. 아가미구멍은 5쌍이다. 홍살귀상어는 머리 앞쪽 가운데가 옴폭 파였
　　　　　　　지만, 귀상어는 평평하다. 사람한테도 덤빈다.

**악상어목**　　**환도상어과**　　온 세계에 3종이 산다. 우리나라에서는 2종을 볼 수 있다. 꼬리지느러미 위쪽이 몸길이만큼 아주 길게 늘어진다.
　　　　　　　　　　　　　　두 번째 등지느러미와 뒷지느러미가 아주 작다.

**악상어과**　온 세계에 5종이 살고, 우리나라에서는 3종을 볼 수 있다. 몸길이가 3~7m쯤 되는 큰 상어다. 몸은 방추형이고 활발하게 헤엄쳐 다닌다. 아가미구멍은 5쌍이고 길쭉하다. 삼각형 이빨이 매우 강하고 날카롭다. 두 번째 등지느러미와 뒷지느러미가 작다. 꼬리지느러미는 초승달처럼 생겼다.

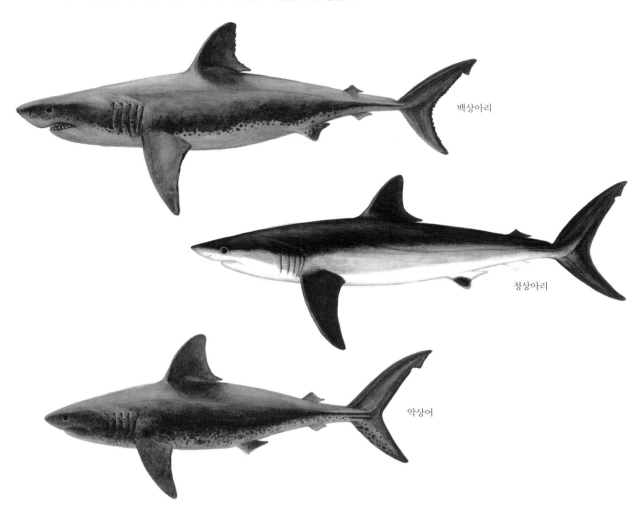

백상아리

청상아리

악상어

**돌묵상어과**　온 세계에 1종이 산다. 몸은 방추형이고, 몸길이가 15m쯤 되는 큰 상어다. 아가미구멍이 등에서 배까지 아주 길다. 꼬리자루 옆구리에 튀어나온 선이 있다. 양턱에는 작고 뾰족한 이빨이 200열 넘게 나 있다.

돌묵상어

**강남상어과**　온 세계에 1종만 산다. 몸길이가 1m 안팎으로 악상어목 상어 가운데 몸집이 가장 작다. 눈은 크고 눈꺼풀이 없다. 깊은 바닷속에서 산다.

강남상어

**신락상어목**   **신락상어과**   온 세계에 4종이 산다. 우리나라에는 2종이 알려졌다. 다른 종도 살고 있지만 아직 미기록 상태다. 등지느러미가 1개이고, 몸 뒤쪽 배지느러미와 뒷지느러미 사이에 있다. 아가미구멍이 6~7쌍이다. 눈에는 눈꺼풀이 없고, 물이 드나드는 분수공이 아주 작다. 거의 모두 깊은 바다에 산다.

칠성상어

꼬리기름상어

**돔발상어목**   **돔발상어과**   온 세계에 38종이 산다고 알려졌다. 우리나라에는 4종이 살고 있다. 대부분 깊은 바다에 산다. 등지느러미가 두 개로 나뉘었는데, 등지느러미 앞에 억센 가시가 있다. 뒷지느러미는 없다. 아가미구멍은 5쌍 있다.

돔발상어

곱상어

모조리상어

도돔발상어

**가시줄상어과**   온 세계에 50종이 살며, 우리나라에는 1종이 있다. 몸은 긴 원통형이고 몸길이는 20cm쯤 된다. 눈은 크며 타원형이다. 등지느러미 앞에 억센 가시가 있다. 뒷지느러미는 없다.

가시줄상어

**전자리상어목**   **전자리상어과**   온 세계에 24종쯤 살고 있다. 우리나라에는 2종이 있다. 몸길이는 1.5~2m쯤 된다. 몸 생김새가 가오리처럼 납작하다. 홍어와 가오리 무리는 아가미구멍이 배 밑에 있고 머리와 가슴지느러미가 합쳐져 있지만, 전자리상어는 아가미구멍이 옆구리에 있고, 머리와 가슴지느러미가 나뉘어 있다. 꼬리지느러미 위쪽이 아래쪽보다 더 크다. 가슴지느러미가 날개처럼 넓적하다. 등지느러미는 두 개로 나뉘었고 가시가 없다. 눈이 머리 위에 있고, 주둥이 끝에 입이 있다. 머리 옆에 아가미구멍이 5쌍 있다. 뒷지느러미가 없다.

전자리상어

범수구리

**톱상어목**　**톱상어과**　온 세계에 2속 8종이 알려졌다. 우리나라에는 1속 1종이 산다. 앞으로 길쭉하게 튀어나온 주둥이 양옆에 톱니처럼 돌기가 튀어나왔다. 주둥이 가운데쯤에는 기다란 수염이 한 쌍 나 있다. 등지느러미는 두 개로 나뉘었고, 아가미구멍은 5~6쌍 있다. 몸길이가 1.5m쯤 된다.

톱상어

**톱가오리목**　**톱가오리과**　온 세계에 2속 7종쯤이 살고 있다. 톱가오리과 무리는 우리나라에 살지 않는다. 대서양과 인도양, 남태평양에서 산다. 거의 모두 멸종 위기에 처해서 보호하고 있는 물고기다. 민물에서도 살고 바다에서도 산다. 상어 무리와 달리 입과 콧구멍, 아가미구멍이 몸 아래쪽에 있어서 가오리 무리에 속한다. 톱상어처럼 기다란 주둥이에 톱날 같은 돌기가 튀어나왔다. 몸길이는 1~8m쯤 된다.

아놉시톱상어

**홍어목**　**전기가오리과**　온 세계에 12종이 살고, 우리나라에는 1종이 산다. 가슴지느러미와 머리가 합친 몸은 둥그렇다. 등지느러미는 1 개 또는 2개다. 꼬리지느러미는 납작하다.

전기가오리

　**수구리과**　온 세계에 10종이 알려졌고, 우리나라에는 2종이 산다. 몸길이는 3m 안팎이다. 생김새가 상어를 닮았는데, 머리와 가슴지느러미가 합쳐 납작하고, 꼬리는 원통형이다. 등지느러미는 두 개로 나뉘었다. 첫 번째 등지느러미가 배지느러미와 위아래로 마주 보고 있다. 가슴지느러미와 배지느러미는 서로 떨어져 있다.

목탁수구리

동수구리

　**홍어과**　온 세계에 200종쯤이 살고 있고, 우리나라에는 11종이 산다. 예전에는 가오리과라고 했지만 1999년에 홍어과로 바꾸었다. 머리와 가슴지느러미가 하나로 합쳐져 몸이 마름모꼴이거나 오각형으로 생겼다. 눈 바로 뒤에 물이 드나드는 분수공이 있다. 배에는 아가미구멍이 5쌍 있다. 꼬리가 아주 길쭉하다. 등지느러미는 두 개로 나뉘었는데, 꼬리 뒤쪽에 있다.

홍어

참홍어

**색가오리과**　온 세계에 65종쯤 살고, 우리나라에는 6종이 산다. 머리와 가슴지느러미가 하나로 합쳐졌다. 등지느러미와 꼬리 지느러미가 없다. 꼬리가 채찍처럼 길쭉하고, 뾰족한 가시가 있다.

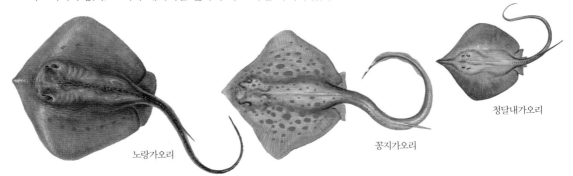

노랑가오리　　　　　　　　꽁지가오리　　　　　　　청달내가오리

**매가오리과**　온 세계에 38종쯤 산다. 우리나라에는 2종을 볼 수 있다. 몸 너비가 몸길이보다 길다. 머리 앞쪽에 머리지느러미 가 있다. 눈 뒤에는 물이 드나드는 분수공이 있다. 꼬리지느러미는 채찍처럼 길다. 꼬리 등 쪽에 억센 가시가 있 고, 그 앞에 작은 등지느러미가 있다.

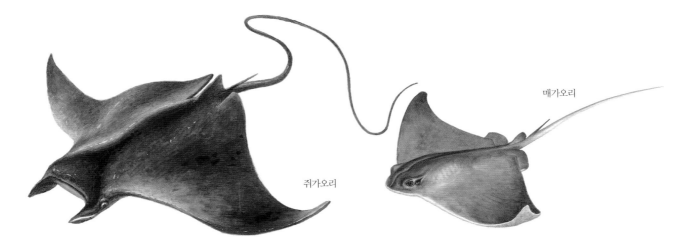

쥐가오리　　　　　　　　　매가오리

**가래상어과**　온 세계에 50종이 살고, 우리나라에는 3종이 있다. 생김새는 몸이 긴 가오리처럼 생겼고, 가슴지느러미 끝 가장 자리가 둥그스름하다. 등지느러미는 두 개로 나뉘었고 첫 번째 등지느러미가 배지느러미보다 뒤에서 시작된다. 꼬리지느러미는 위아래로 갈라지지 않고 둥그렇다.

가래상어　　　　　　　　　목탁가오리

**흰가오리과**　온 세계에 28종이 살고, 우리나라에는 1종만 볼 수 있다. 생김새는 노랑가오리를 닮았지만 꼬리가 길지 않고 끝 이 둥글고 납작하다. 꼬리 등 쪽 가운데에 큰 가시가 있다.

흰가오리

**나비가오리과**　온 세계에 16종이 살고, 우리나라에는 1종이 산다. 머리와 가슴지느러미가 하나로 합친 몸은 너비가 몸길이보다 훨씬 길다. 꼬리는 아주 짧다.

나비가오리

# 경골어류 조기강

**철갑상어목** **철갑상어과** 온 세계에 25종이 사는 것으로 알려졌고, 우리나라에는 3종을 볼 수 있다. 연골어류와 경골어류 중간 성격을 띤 물고기다. 머리부터 꼬리자루까지 딱딱한 굳비늘이 줄지어 나 있다. 등지느러미와 뒷지느러미는 1개씩 몸 뒤쪽에 있다. 주둥이 아래쪽에 입이 있고, 입 둘레에 수염이 나 있다. 꼬리지느러미는 위아래 생김새가 다르다.

철갑상어
칼상어
용상어

**당멸치목** **당멸치과** 온 세계에 1속 7종쯤 살고, 우리나라에 1종이 산다. 어린 새끼일 때는 뱀장어처럼 렙토세팔루스(Leptocepalus) 시기를 거쳐 어른이 된다. 몸이 길쭉하고 원통형인데, 옆으로 조금 납작하다. 몸빛은 은백색을 띤다.

당멸치

**풀잉어과** 온 세계에 1속 2종이 살고, 우리나라에는 1종이 산다. 당멸치 무리보다 몸이 더 높고 짧으며, 옆으로 납작하다. 입이 주둥이 끝에 있고, 긴 아래턱이 위쪽을 향한다.

풀잉어

**여을멸목** **여을멸과** 온 세계에 3속 13종이 살고, 우리나라에서는 1종이 산다. 몸은 긴 방추형이고, 가슴지느러미가 배 쪽으로 치우쳐 있다. 위턱이 아래턱보다 앞으로 튀어나왔고, 턱에는 이빨이 없다.

여을멸

**발광멸과** 온 세계에 3속 16종쯤 살고, 우리나라에 1종이 산다. 몸은 옆으로 납작하고 길쭉하다. 주둥이는 뾰족하고, 아래쪽에 입이 있다. 꼬리 끝은 실처럼 가늘다.

발광멸

**뱀장어목** **뱀장어과** 온 세계에 2속 20종쯤 살고, 우리나라에 2종이 있다. 몸이 뱀처럼 길쭉하다. 비늘은 피부에 묻혀 있고, 온몸이 미끌미끌한 점액으로 덮여 있다. 등지느러미와 뒷지느러미는 꼬리지느러미와 이어진다. 배지느러미는 없다. 민물에서 살다가 바다로 내려가 알을 낳는다.

무태장어
뱀장어

**곰치과**  온 세계에 16속 202종쯤이 살고 있고, 우리나라에는 6종이 있다. 몸이 뱀장어처럼 길쭉하지만 더 굵다. 비늘은 피부 아래 묻혀 있다. 가슴지느러미와 배지느러미는 없다. 등지느러미와 뒷지느러미는 꼬리지느러미와 이어진다. 입이 크고 이빨이 매우 날카롭다.

백설곰치
알락곰치
곰치

**바다뱀과**  온 세계에 62속 323종이 살고, 우리나라에는 13종이 알려져 있다. 뱀이라는 이름이 들어가지만 파충류인 바다뱀과는 전혀 다른 바닷물고기다. 몸은 뱀장어처럼 길쭉하다. 등지느러미와 뒷지느러미가 꼬리 끝까지 이어진다. 꼬리지느러미는 없거나 있어도 아주 작다.

바다뱀
돛물뱀

**갯장어과**  온 세계에 6속 15종이 알려졌고, 우리나라에는 3종이 산다. 생김새는 뱀장어를 닮았다. 등지느러미와 뒷지느러미는 꼬리지느러미와 이어진다. 입이 크고 이빨이 아주 날카롭다. 눈이 제법 크다.

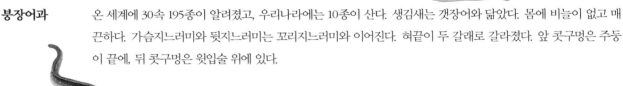
갯장어

**붕장어과**  온 세계에 30속 195종이 알려졌고, 우리나라에는 10종이 산다. 생김새는 갯장어와 닮았다. 몸에 비늘이 없고 매끈하다. 가슴지느러미와 뒷지느러미는 꼬리지느러미와 이어진다. 혀끝이 두 갈래로 갈라졌다. 앞 콧구멍은 주둥이 끝에, 뒤 콧구멍은 윗입술 위에 있다.

붕장어
검붕장어
꾀붕장어

**청어목**  **멸치과**  온 세계에 17속 150종쯤이 살고, 우리나라에는 7종이 있다. 입이 크고, 위턱이 아래턱보다 길고 앞으로 튀어나온다. 위턱 뒤 끝이 아가미뚜껑까지 온다. 몸은 옆으로 조금 납작한 원통형이거나 납작하다.

멸치
웅어
반지
청멸

**청어과**  온 세계에 55속 197종쯤이 살고, 우리나라에는 11종이 산다. 몸은 옆으로 납작하다. 입은 작고, 주둥이 끝에 있다. 배 밑에 날카로운 비늘이 있는 종이 많다. 등지느러미는 짧고 높으며, 몸 가운데에 1개 있다. 등지느러미에는 억센 가시가 없고, 모두 부드러운 줄기만 있다.

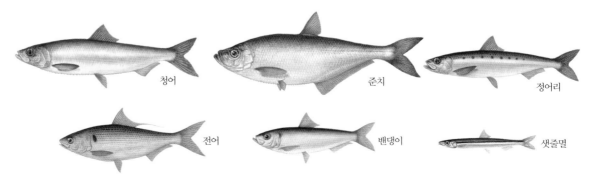
청어
준치
정어리
전어
밴댕이
샛줄멸

**압치목**  **갯농어과**  온 세계에 1속 1종만 산다. 몸은 통통하지만 옆으로 납작하다. 살짝 뾰족한 주둥이 끝에 작은 입이 있으며, 양턱에 이빨이 없다. 꼬리지느러미는 크고 가운데가 깊게 파였다.

갯농어

**압치과**  온 세계에 1속 5종이 살고, 우리나라에는 1종이 있다. 몸이 밤색이고 가늘고 길다. 입은 주둥이 아래로 열린다. 주둥이 끝에 수염이 1개 있다. 지느러미에 까만 반점이 있다.

압치

**잉어목**  **잉어과**  잉어과 황어아과에 속하는 무리로 우리나라에는 9종이 산다. 이 과에 속한 물고기는 대부분 민물고기다. 황어만 바다에서 살며, 알 낳을 때만 강으로 돌아온다.

황어

**메기목**  **바다동자개과**  온 세계에 30속 153종이 알려졌고, 우리나라에는 1종이 산다. 입가와 아래턱에 긴 수염이 2~3쌍 있다. 몸은 민물에 사는 동자개를 닮았지만, 특별한 무늬가 없다. 등지느러미와 가슴지느러미에 억센 가시가 있다. 등지느러미와 꼬리지느러미 사이에 기름지느러미가 있다. 꼬리지느러미는 위아래로 깊게 갈라졌다.

바다동자개

**쏠종개과**  온 세계에 10속 42종이 살고, 우리나라에 1종이 알려졌다. 주둥이와 아래턱에 수염이 4쌍 있다. 두 번째 등지느러미와 뒷지느러미는 길어서 꼬리지느러미와 이어진다. 몸통 옆에 노란 띠가 2줄 있다. 등지느러미와 가슴지느러미에 독가시가 있다.

쏠종개

**바다빙어목**  **샛멸과**  온 세계에 2속 27종이 알려졌고, 우리나라에는 2종이 산다. 눈이 크고, 턱에 작은 이빨이 나 있다. 등지느러미와 배지느러미가 위아래로 마주 놓인다. 뒷지느러미 위쪽에 기름지느러미가 마주 놓인다.

샛멸

**바다빙어과**  온 세계에 6속 15종이 살고, 우리나라에는 5종이 알려졌다. 등지느러미가 몸 가운데에 있다. 그 뒤에 작은 기름지느러미가 있다. 등지느러미와 배지느러미는 위아래로 마주 놓인다. 꼬리지느러미는 가위처럼 깊게 파였다.

바다빙어                                    은어

**뱅어과**  온 세계에 7속 20종이 알려졌고, 우리나라에 7종이 알려졌다. 몸속이 훤히 들여다보인다. 머리는 위아래로 납작하다. 등지느러미는 몸 뒤쪽에 있고, 그 뒤에 작은 기름지느러미가 있다. 몸에는 비늘이 없지만, 뒷지느러미 뿌리쪽에 큰 비늘이 줄지어 있다.

국수뱅어

뱅어          벚꽃뱅어          도화뱅어

| 연어목 | 연어과 | 온 세계에 11속 226종이 살고, 우리나라에 9종이 알려졌다. 하지만 은연어와 무지개송어 같은 물고기는 기르기 위해 미국에서 들여왔다. 바다에서 살다가 민물로 알을 낳으러 올라오는 종이 있고, 민물에서 눌러사는 종도 있다. 알 낳을 때가 되면 수컷 주둥이가 커지면서 휘고, 몸 빛깔이 붉거나 알록달록하게 바뀐다. 입이 크고, 위턱 뒤 끝이 눈 아래까지 온다. 등지느러미 뒤에 작은 기름지느러미가 있다. 옆줄은 뚜렷하다. |
|---|---|---|

연어

곱사연어

은연어

송어

홍송어

무지개송어

| 앨퉁이목 | 앨퉁이과 | 온 세계에 70종쯤이 살고, 우리나라에 1종이 있다. 대부분 깊은 바닷속에서 산다. 몸통 배 쪽과 뒷지느러미 뿌리 쪽에 발광기가 있어 몸에서 빛을 낸다. 양턱에 이가 있고, 입이 커서 턱 뒤 끝이 눈 뒤쪽까지 이른다. |
|---|---|---|

앨퉁이

| 홍메치목 | 홍메치과 | 온 세계에 4속 15종이 살고, 우리나라에 1종이 있다. 등지느러미와 배지느러미가 위아래로 마주 놓인다. 등지느러미가 크고, 등지느러미 뒤쪽에 작은 기름지느러미가 있다. 위턱 뒤 끝이 눈 가운데보다 더 뒤까지 온다. |
|---|---|---|

히메치

| | 매퉁이과 | 온 세계에 4속 75종이 알려졌고, 우리나라에 9종이 알려졌다. 입은 크고 양턱에는 날카로운 이빨이 있다. 위턱 뒤 끝이 눈 뒤를 훨씬 지난다. 가슴지느러미와 배지느러미가 실처럼 갈기갈기 나뉘지 않아서 긴촉수매퉁이과 물고기와 구분된다. 등지느러미 뒤쪽에 작은 기름지느러미가 있다. 기름지느러미와 뒷지느러미는 위아래로 마주 놓인다. |
|---|---|---|

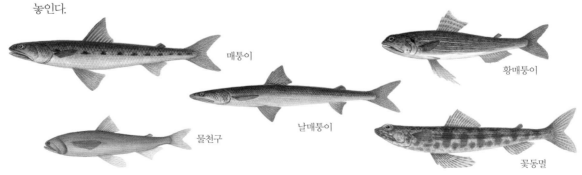

매퉁이

황매퉁이

날매퉁이

물천구

꽃동멸

| | 파랑눈매퉁이과 | 온 세계에 2속 17종이 알려졌고, 우리나라에 2종이 산다. 몸은 원통형이며, 주둥이가 뾰족하고 눈이 크다. 입은 매퉁이과보다 작아서 위턱 뒤 끝이 눈 가운데를 넘지 않는다. 등지느러미는 길이가 짧고 높으며, 부드러운 줄기만 있다. |
|---|---|---|

파랑눈매퉁이

**꼬리치목**  **꼬리치과**  온 세계에 4속 13종이 알려졌고, 우리나라에 1종이 산다. 몸통은 원통형이며 꼬리는 가늘고 길다. 등지느러미 아래쪽 길이는 짧다. 뒷지느러미 길이는 아주 길어서 꼬리지느러미와 이어진다. 실처럼 기다란 배지느러미는 가슴지느러미보다 앞에 있다.

꼬리치

**샛비늘치목**  **샛비늘치과**  온 세계에 33속 248종이 알려졌고, 우리나라에는 3종이 알려졌다. 몸과 머리가 옆으로 납작하다. 입이 아주 크고, 턱 뒤 끝이 눈을 훨씬 지나 아가미뚜껑까지 온다. 등지느러미 뒤에 작은 기름지느러미가 있다. 뒷지느러미는 등지느러미가 끝나는 곳에서 시작된다. 배 쪽에 발달한 발광기들에서 빛을 낸다.

샛비늘치    얼비늘치    깃비늘치

**이악어목**  **투라치과**  온 세계에 3속 10종이 알려졌고, 우리나라에 2종이 산다. 갈치처럼 몸이 옆으로 납작하고 길다. 등지느러미는 눈 뒤쪽에서 시작되어서 꼬리지느러미까지 길게 이어진다. 뒷지느러미는 없다. 어릴 때는 짧고 통통한 생김새에 실처럼 생긴 첫 번째 등지느러미와 배지느러미 줄기들이 발달한다.

투라치

홍투라치

**산갈치과**  온 세계에 2속 3종이 살고, 우리나라에 1종이 보인다. 갈치처럼 몸이 옆으로 납작하고 아주 길다. 등지느러미는 눈 뒤쪽에서 시작되어 꼬리지느러미까지 이어진다. 등지느러미 맨 앞쪽 줄기 2~6개는 실처럼 아주 길고 따로 떨어져 있다. 뒷지느러미는 없다. 배지느러미 한 쌍이 실처럼 길게 늘어진다. 양턱에 이빨이 없고, 몸에는 비늘이 없다.

산갈치

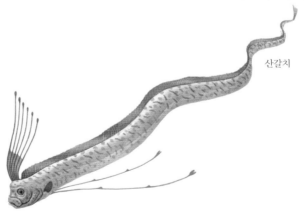

**점매가리과**  온 세계에 2속 2종이 알려졌고, 우리나라에 1종이 보인다. 몸은 옆으로 납작하고, 몸이 아주 높다. 등지느러미와 뒷지느러미가 아주 크다. 입은 작고 앞쪽으로 뾰족하게 튀어나왔다. 양턱에 이빨이 없다.

점매가리

**턱수염금눈돔목 턱수염금눈돔과** 온 세계에 1속 10종이 알려졌고, 우리나라에는 1종이 산다. 몸은 긴 타원형이고 옆으로 납작하다. 아래턱에 긴 수염이 쌍으로 나 있다. 등지느러미와 뒷지느러미에는 억센 가시와 부드러운 줄기가 함께 있다.

등점은눈돔

**첨치목**　　**첨치과**　　온 세계에 50속 258종이 살고, 우리나라에는 4종이 알려졌다. 몸은 긴 원통형인데 꼬리 쪽은 옆으로 조금 납작하다. 등지느러미와 뒷지느러미가 길어서 꼬리지느러미와 이어진다. 배지느러미는 실처럼 길고, 아가미뚜껑보다 앞에 있다.

붉은메기

수염첨치

**대구목**　　**대구과**　　온 세계에 13속 23종이 살고, 우리나라에는 5종이 산다. 등지느러미가 2개나 3개로 나뉘며, 뒷지느러미는 1~2개로 나뉜다. 각 지느러미는 가시가 없이 부드러운 줄기로 이어진다. 아래턱에 작은 수염이 있다.

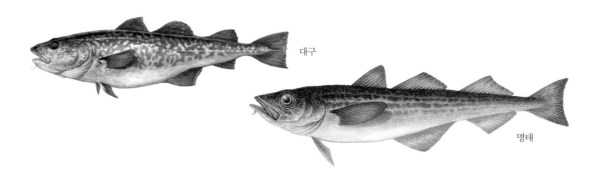

대구

명태

　　　　　　**돌대구과**　　온 세계에 18속 108종쯤이 알려졌고, 우리나라에 2종이 산다. 등지느러미는 두 개로 나뉘었는데, 두 번째 등지느러미가 길어서 꼬리지느러미 앞까지 온다. 뒷지느러미는 두 번째 등지느러미와 거의 같은 형태다. 아래턱에 짧은 수염이 있다.

돌대구

　　　　　　**날개멸과**　　온 세계에 1속 14종이 알려졌고, 우리나라에는 1종이 산다. 등지느러미는 두 개로 나뉘었다. 첫 번째 등지느러미는 한 줄기 실처럼 늘어져 머리 뒤쪽에 있다. 두 번째 등지느러미와 뒷지느러미는 길어서 꼬리지느러미 앞까지 온다. 아래턱에 수염이 없다. 배지느러미는 실처럼 길게 늘어지는데, 첫 번째 등지느러미보다 더 길다. 몸 비늘은 큰 편이다.

날개멸

　　　　　　**민태과**　　온 세계에 36속 406종쯤이 산다. 우리나라에는 3종이 보인다. 등지느러미는 두 개로 나뉘었다. 첫 번째 등지느러미에는 억센 가시가 2개 있다. 두 번째 등지느러미와 뒷지느러미는 길어서 꼬리까지 온다. 꼬리는 실처럼 가늘고 길다. 턱 아래에 짧은 수염이 대부분 있으며 드물게 수염이 길거나 없는 종도 있다.

꼬리민태

| 아귀목 | 아귀과 | 온 세계에 4속 28종이 살고 있고, 우리나라에는 3종이 있다. 몸은 위아래로 납작하고 넓적하다. 머리와 입이 아주 크고, 날카롭고 억센 이빨이 열을 지어 나 있다. 위턱 위에는 지느러미 줄기가 바뀐 긴 가시 끝에 다른 물고기를 꾀는 깃발 조각을 가지고 있다. 머리에 지저분한 살갗돌기가 있다. 바닥에 붙어 산다. |

황아귀

아귀

| | 씬벵이과 | 온 세계에 14속 47종이 알려졌고, 우리나라에 6종이 알려졌다. 몸은 둥글거나 옆으로 납작하다. 몸에 비늘이 없고 작은 돌기나 가시가 나 있는 종이 많다. 아가미구멍은 가슴지느러미 아래쪽에 있다. 첫 번째 등지느러미 앞쪽 가시 하나가 낚싯대처럼 생겨서 다른 물고기를 꾀어 잡아먹는다. 이 낚싯대 끝이 갈라진 생김새가 저마다 달라서 씬벵이 무리를 나누는 특징이다. 그 뒤로 혹처럼 생긴 가시 두 개가 떨어져 있다. |

빨간씬벵이

노랑씬벵이

영지씬벵이

무당씬벵이

| | 부치과 | 온 세계에 10속 78종이 알려졌고, 우리나라에 4종이 산다. 머리와 몸통은 위아래로 납작하다. 꼬리는 짧고 가는 원통형이다. 몸과 머리에 딱딱한 뼈돌기와 작은 가시가 나 있다. 두 눈 사이는 오목하게 파였다. 입은 아래로 열린다. 아귀 무리와 씬벵이 무리처럼 머리에 있는 유인 돌기가 훨씬 짧다. |

빨강부치

꼭갈치

| 숭어목 | 숭어과 | 온 세계에 30속 78종쯤이 살고, 우리나라에는 3종이 산다. 몸은 긴 원통형이고, 머리 위가 평평하다. 등지느러미는 두 개로 나뉘었다. 첫 번째 등지느러미에는 억센 가시가 4개 있는데, 앞쪽에 있는 가시 3개는 뿌리가 아주 가깝게 붙어 있다. 배지느러미에는 가시 1개와 부드러운 줄기가 5개 있다. 옆줄은 없거나 아주 희미하다. |

숭어

가숭어

| 색줄멸목 | 색줄멸과 | 온 세계에 14속 75종이 알려졌고, 우리나라에는 3종이 산다. 몸이 작고 가늘고 길다. 등지느러미는 두 개로 나뉘었다. 첫 번째 등지느러미는 모두 연한 가시고, 두 번째 등지느러미와 뒷지느러미 맨 앞쪽에 가시가 하나씩 있다. 몸에 옆줄이 없고, 몸 가운데를 따라 너비가 넓은 하얀 세로줄이 나 있다. |

밀멸

색줄멸

**물꽃치과**  온 세계에 5종이 알려졌고, 우리나라에는 1종이 산다. 몸은 은빛이고, 옆으로 납작하다. 옆줄은 없다. 머리와 가슴에는 비늘이 없다. 입은 위쪽으로 열리며, 위턱에만 이빨이 나 있다.

물꽃치

## 동갈치목

**동갈치과**  온 세계에 45종쯤이 알려졌는데, 대부분 강과 바다가 만나는 강어귀나 얕은 바닷가에서 산다. 몇몇 종은 강과 하천에서 산다. 우리나라에는 4종이 산다. 몸이 꽁치처럼 길고 가늘다. 비늘은 아주 잘다. 등지느러미는 몸 뒤쪽에서 뒷지느러미와 위아래로 마주 놓인다. 주둥이가 앞으로 길게 튀어나왔고, 양턱에는 날카로운 송곳니가 줄지어 나 있다.

동갈치
물동갈치
항알치

**꽁치과**  온 세계에 5종이 살고, 우리나라에는 1종이 산다. 등지느러미가 뒷지느러미보다 뒤에서 시작된다. 등지느러미와 뒷지느러미 뒤쪽에 작은 토막지느러미들이 줄지어 있다. 옆줄은 배 아래쪽에 있다. 아래턱이 위턱보다 살짝 더 튀어나왔다.

꽁치

**학공치과**  온 세계에 60종쯤이 알려졌고, 우리나라에는 3종이 산다. 아래턱이 위턱보다 훨씬 길고 바늘처럼 뾰족하게 튀어나왔다. 등지느러미는 1개인데, 뒷지느러미와 위아래로 마주 놓인다.

학공치
줄공치
살공치

**날치과**  온 세계에 60종쯤이 살고, 우리나라에는 11종이 알려졌다. 가슴지느러미가 새 날개처럼 크고 길다. 가슴지느러미와 배지느러미를 써서 물 위를 날 수 있다. 꼬리지느러미는 가위처럼 깊게 갈라졌는데, 위쪽보다 아래쪽이 더 길어서 물 위로 뛰어오를 때 추진력을 얻을 수 있다.

황날치
날치
제비날치
새날치

## 금눈돔목

**철갑둥어과**  온 세계에 2속 4종이 살고, 우리나라에 1종이 보인다. 온몸은 노랗고 가장자리가 까맣고 딱딱한 비늘로 덮여 있다. 턱에 빛을 내는 기관이 1쌍 있다. 등지느러미 앞쪽 가시 4개는 서로 떨어졌고 억세며 좌우로 엇비슷하게 나 있다. 배지느러미에도 억센 가시가 1개 크게 있는데 접었다 폈다 할 수 있다. 뒷지느러미에는 억센 가시가 없다.

철갑둥어

**금눈돔과**　온 세계에 2속 6종이 살고, 우리나라에는 1종이 있다. 눈이 크고, 몸은 옆으로 납작한 달걀꼴이다. 종에 따라 등지느러미에 억센 가시가 4~7개 있고, 뒷지느러미에도 억센 가시가 4개 있다. 배지느러미에는 억센 가시가 1개 있고, 나머지는 부드러운 줄기다.

금눈돔

**얼게돔과**　온 세계에 90종쯤이 알려졌고, 우리나라에는 5종이 산다. 몸은 선홍색이고 옆으로 납작하다. 비늘이 크고 딱딱하며 뚜렷하다. 비늘 가장자리에는 톱니가 나 있다. 눈이 크다. 등지느러미에 억센 가시가 11~12개 있고, 부드러운 줄기 사이가 움푹 파인다. 뒷지느러미에는 억센 가시가 4개 있다.

도화돔　　얼게돔　　적투어

**달고기목**　**달고기과**　온 세계에 2속 6종이 살고, 우리나라에는 2속 2종이 산다. 몸은 옆으로 아주 납작하며, 입은 크고 앞으로 튀어나온다. 비늘은 없거나 아주 잘다. 등지느러미에 있는 억센 가시를 이어 주는 지느러미 막이 실처럼 길게 늘어진다.

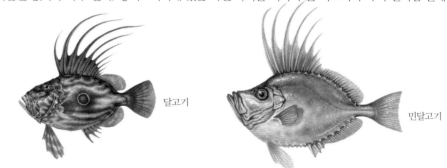

달고기　　민달고기

**병치돔과**　온 세계에 2속 18종이 알려졌고, 우리나라에는 1종이 산다. 몸은 옆으로 납작하고, 몸이 아주 높아 사각형이다. 입은 작고 위로 열린다. 몸은 아주 잘은 빗비늘로 덮여 있다. 등지느러미에는 억센 가시가 8~9개, 뒷지느러미에는 3개 있다. 꼬리지느러미 가장자리는 거의 일직선이다.

병치돔

**큰가시고기목**　**큰가시고기과**　온 세계에 5속 18종이 알려졌고, 우리나라에는 5종이 알려졌다. 몸에 비늘이 없고 딱딱한 판으로 덮여 있는 것이 특징이다. 등에 억센 가시들이 따로따로 떨어져 있다. 배지느러미에도 억센 가시가 1개 있다. 우리나라에 사는 큰가시고기를 빼고는 모두 민물고기다.

큰가시고기

**양미리과**　온 세계에 1종이 산다. 양미리과에 실비늘치를 포함시켜 2속 2종으로 정리하기도 한다. 몸에 비늘이 없다. 등지느러미에는 가시가 없으며, 등지느러미와 뒷지느러미는 몸 뒤쪽에서 위아래로 마주 놓인다. 배지느러미는 없다.

양미리

**실비늘치과**　온 세계에 1종이 알려졌고, 양미리과에 포함시키기도 한다. 몸은 원통형인데 가늘고 길다. 주둥이는 기다란 빨대처럼 튀어나왔다. 등 앞쪽에는 서로 이어지지 않는 억센 가시가 20개쯤 자잘하게 나 있다. 옆줄 위에 비늘이 뚜렷하다. 멍게 몸속에 알을 낳는다.

실비늘치

**실고기과**  온 세계에 310종쯤이 알려졌고, 우리나라에는 6속 10종이 산다. 몸이 길쭉하거나 배가 불룩하며 꼬리가 감긴다. 몸통과 꼬리는 마디로 이어지는 뼈판으로 덮여 있다. 등지느러미는 1개다. 뒷지느러미는 아주 작고, 배지느러미는 없다. 가슴지느러미와 꼬리지느러미가 없는 종도 있다.

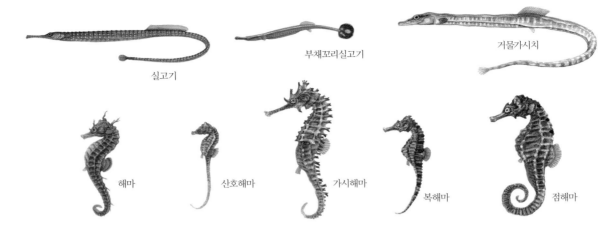

실고기   부채꼬리실고기   거물가시치

해마   산호해마   가시해마   복해마   점해마

**대치과**  온 세계에 1속 4종이 알려졌고, 우리나라에는 2종이 보인다. 몸이 아주 길고, 주둥이도 긴 통 모양이고 끝에 입이 열린다. 몸에는 비늘이 없거나 작은 가시로 덮여 있다. 꼬리지느러미가 위아래로 갈라졌고, 그 가운데에 있는 줄기 하나가 실처럼 길게 뒤로 늘어진다.

홍대치   청대치

**대주둥치과**  온 세계에 새우고기아과를 포함하여 12종이 알려졌고, 우리나라에는 1종이 산다. 주둥이가 길고 뾰족하게 튀어나왔다. 양턱에는 이빨이 없다. 몸은 옆으로 납작하고, 거친 비늘로 덮여 있다. 대주둥치 무리 등지느러미는 억센 가시와 부드러운 줄기 부분으로 나뉘었다.

대주둥치

**쏨뱅이목**

**성대과**  온 세계에 130종쯤 살고 있고, 우리나라에는 5속 10종이 산다. 머리는 단단한 뼈판으로 덮여 있다. 등지느러미는 억센 가시와 부드러운 줄기 부분으로 따로 나뉘었다. 가슴지느러미 아래쪽 줄기 3개는 손가락처럼 나뉘었다. 이 줄기로 바닥을 걸어 다니며 먹이를 찾는다.

성대   달강어

**쪽지성대과**  온 세계에 7종이 알려졌고, 우리나라에는 2종이 산다. 몸은 아주 딱딱한 비늘로 덮여 있다. 화려한 무늬를 가진 가슴지느러미는 아주 커서 꼬리지느러미까지 이른다. 등지느러미는 억센 가시와 부드러운 줄기 부분이 따로 나뉘었다. 머리 위와 몸통 앞에는 따로 떨어진 가시가 1~2개 있다. 머리는 큰 뼈판으로 덮여 있으며, 아가미뚜껑 아래쪽에는 크고 억센 가시가 있다.

쪽지성대

**황성대과**    온 세계에 6속 45종이 알려졌고, 우리나라에는 2속 2종이 산다. 몸은 단단한 뼈판으로 덮여 있다. 가슴지느러미
는 부드러운 실 같은 줄기 2개가 따로 나뉘었다. 아래턱에는 짧은 수염이 지저분하게 나 있다.

황성대                별성대

**양볼락과**    온 세계에 370종쯤이 알려졌고, 우리나라에는 43종이 산다. 볼락류와 감펭류를 나누어 다루기도 한다. 몸은 타
원형이며 옆으로 납작하지만 통통하다. 머리와 아가미뚜껑에 짧고 억센 가시들이 나 있다. 등지느러미는 1개지
만, 억센 가시와 부드러운 줄기 부분이 깊게 파여서 나뉜다.

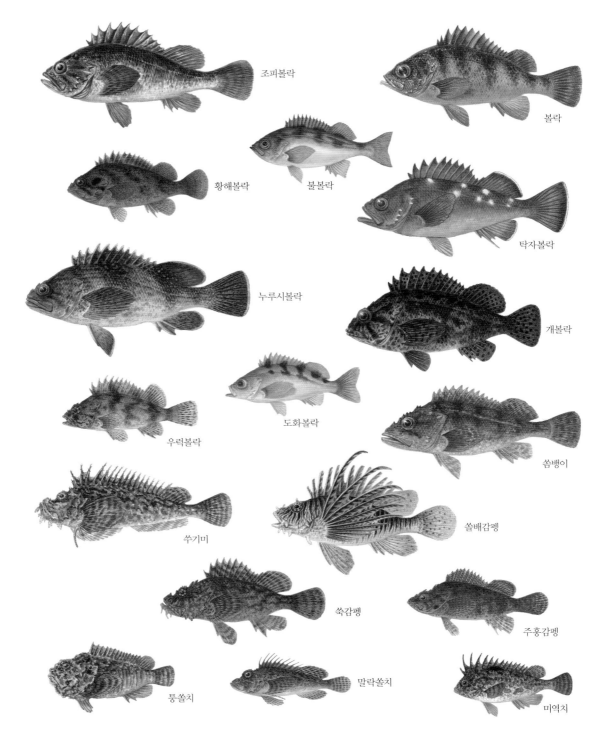

조피볼락

볼락

황해볼락

불볼락

탁자볼락

누루시볼락

개볼락

도화볼락

쏨뱅이

우럭볼락

쑤기미

쏠배감펭

쑥감펭

주홍감펭

통쏠치

말락쏠치

미역치

**풀미역치과**    온 세계에 49종쯤이 살고, 우리나라에는 1종이 있다. 몸에는 비늘이 없거나 아주 작은 돌기처럼 바뀐 비늘로 덮
여 있다. 등지느러미는 눈 위쪽 머리에서 시작해서 꼬리자루까지 이어진다. 머리에는 혹처럼 생긴 크고 작은 돌
기들이 나 있다.

풀미역치

**양태과**  온 세계에 18속 80종쯤이 살고, 우리나라에는 9종이 있다. 머리가 삼각형 모양이고 위아래로 납작하다. 아래턱이 위턱보다 튀어나온다. 등지느러미는 억센 가시와 부드러운 줄기 부분으로 나뉜다. 배지느러미가 가슴지느러미 뿌리 뒤에서 시작된다. 뒷지느러미는 줄기로 이루어지며 길다. 바닥에 몸을 묻고 지낸다.

양태

비늘양태

**쥐노래미과**  온 세계에 5속 12종이 알려졌고, 우리나라에는 2속 4종이 산다. 눈 위에 작은 살갗돌기를 가진 종도 있지만 가시는 없다. 옆줄은 1~5개다. 비늘은 아주 잘다. 등지느러미는 가시와 부드러운 줄기 부분이 이어진다. 사는 곳에 따라 몸빛이 아주 다양한 종도 있다.

쥐노래미

노래미

임연수어

단기임연수어

**빨간양태과**  온 세계에 10종쯤이 알려졌고, 우리나라에는 2종이 산다. 몸은 양태과 종들과 비슷하며, 머리는 위아래로 납작하다. 등지느러미는 억센 가시와 부드러운 줄기 부분으로 나뉘었다. 몸이 붉다. 바닥에 몸을 붙이고 산다.

빨간양태

눈양태

**둑중개과**  온 세계에 290종쯤이 살고, 우리나라에는 33종이 산다. 민물고기도 여럿 있다. 머리가 크고 몸통은 둥글지만, 꼬리 쪽은 옆으로 조금 납작하다. 아가미뚜껑에 가시가 1~4개 있다. 눈이 크고 머리 위쪽에 있다. 등지느러미는 가시와 부드러운 줄기 부분으로 나뉘었다. 가시는 억세지 않다. 뒷지느러미에 가시가 없다. 몸에는 비늘이 없거나, 비늘이 바뀐 작은 가시돌기로 덮여 있다. 부레가 없어서 바닥에서 산다.

대구횟대

빨간횟대

가시횟대

동갈횟대

베로치

가시망둑

꺽정이

**삼세기과**　온 세계에 8종이 알려졌고, 우리나라에는 3종이 산다. 온몸에는 비늘이 없으며 자잘한 가시나 살갗돌기로 덮여 있다. 눈은 머리 위쪽에 있다. 아가미뚜껑 가운데에 가시가 3~4개 있다. 뒷지느러미에는 억센 가시가 없다. 부레가 없어서 바닥에서 산다.

삼세기　　　까치횟대

**도치과**　온 세계에 8속 30종쯤이 알려졌고, 우리나라에는 4종이 산다. 몸이 공처럼 둥글다. 배지느러미는 빨판으로 바뀌었다. 등지느러미는 2개로 나뉘었지만 가시 부분이 피부 아래 묻힌 종도 있다. 비늘이 없으며 머리에 가시도 없다.

뚝지　　　도치

**날개줄고기과**　온 세계에 21속 46종이 알려졌고, 우리나라에는 10속 15종이 산다. 몸이 가늘고 길며 뼈판으로 덮여 있다. 등지느러미는 1개나 2개이며 뒷지느러미는 연한 줄기로 되어 있다. 가슴 쪽에 있는 배지느러미에는 억센 가시가 1개, 부드러운 줄기가 2개 있는 것이 특징이다. 부레가 없어서 바닥에서 산다.

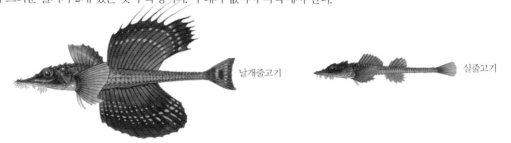

날개줄고기　　　실줄고기

**물수배기과**　온 세계에 9속 40종쯤이 알려졌고, 우리나라에는 4속 5종이 산다. 머리는 위아래로 납작하며, 두 눈 사이가 눈 크기보다 넓다. 몸통과 꼬리는 통통하다. 살갗에 비늘이 없고 끈적끈적한 점액으로 덮여 있다. 배지느러미에는 가시 1개와 줄기 3개가 있다. 깊은 바다에 산다.

물수배기　　　고무꺽정이

**꼼치과**　온 세계에 32속 420종쯤이 알려졌고, 우리나라에는 8종이 산다. 몸은 긴 원통형이지만 꼬리 쪽은 옆으로 납작하다. 살갗은 부드럽고 비늘이 없거나 작은 돌기가 있어 거칠거칠하다. 등지느러미와 뒷지느러미가 길어서 꼬리지느러미 가까이에 이르거나 겹친다. 배지느러미는 없거나 빨판으로 바뀌었다.

꼼치

물메기　　　미거지

**농어목**　　**농어과**　온 세계에 3속 9종이 있고, 우리나라에 3종이 있다. 아시아에 사는 1속 3종(또는 2종)을 아시아농어과로 따로 분리하기도 한다. 몸은 길쭉하고 옆으로 납작하다. 등지느러미는 억센 가시와 부드러운 줄기가 이어지는 부분이 깊은 홈으로 갈라진다. 뒷지느러미에도 억센 가시가 3개 있다. 아가미뚜껑에 날카로운 가시가 2개 있다.

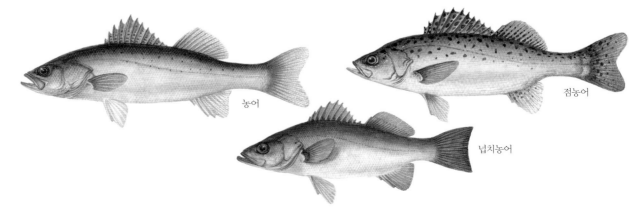

농어　　　점농어

넙치농어

**반딧불게르치과**  온 세계에 10속 37종이 알려졌고, 우리나라에 8종이 산다. 몸은 옆으로 조금 납작하고 길쭉한 타원형이다. 등지
느러미는 2개로 나뉘었거나 이어지는데, 억센 가시가 7~10개 있고, 뒤에는 줄기가 8~10개 있다. 뒷지느러미에는
억센 가시가 2~3개 있다. 배지느러미는 가슴지느러미 바로 밑에 있다. 아가미뚜껑 위에 둥근 가시가 2개 있다.
옆줄은 머리 뒤에서 꼬리자루까지 이어진다.

반딧불게르치

눈퉁바리

눈볼대

돗돔

**바리과**  온 세계에 75속 555종쯤이 알려졌고, 우리나라에는 27종이 산다. 몸은 옆으로 조금 납작하다. 입이 크며 턱에는
날카로운 송곳니가 나 있다. 아가미뚜껑에 작고 날카로운 가시가 3개 있다. 등지느러미는 억센 가시와 부드러운
줄기 부분이 홈이 파여 나뉘었다. 등지느러미에 억센 가시가 7~12개, 뒷지느러미에 3개 있다. 배지느러미에는 억
센 가시가 1개, 부드러운 줄기가 5개 있다.

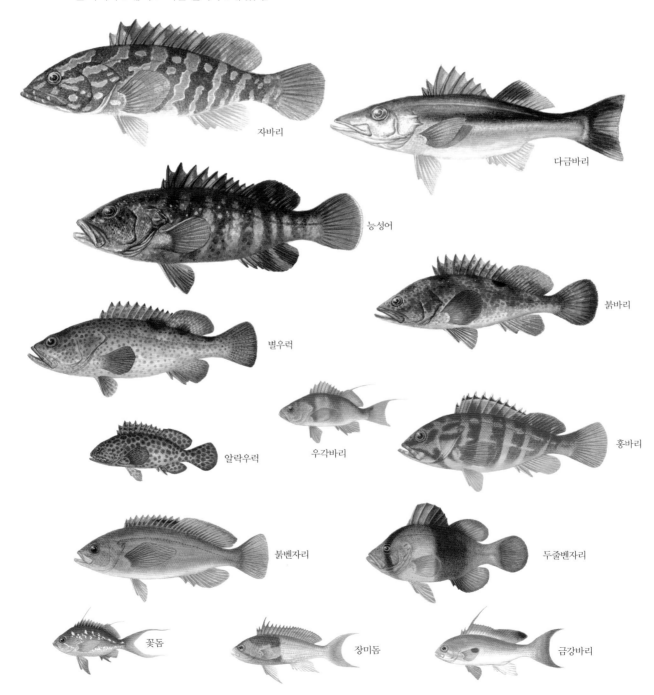

자바리

다금바리

능성어

붉바리

별우럭

알락우럭

우각바리

홍바리

붉벤자리

두줄벤자리

꽃돔

장미돔

금강바리

**노랑벤자리과**  온 세계에 2속 16종쯤이 살고, 우리나라에는 1종이 보인다. 몸은 긴 타원형이며 옆으로 납작하다. 옆줄은 머리 뒤에서 꼬리자루까지 등 쪽에서 이어진다. 등지느러미는 억센 가시와 부드러운 줄기 부분이 홈이 파이지 않고 직선으로 이어진다.

노랑벤자리

**육돈바리과**  온 세계에 50종이 알려졌고, 우리나라에는 1종이 산다. 몸은 긴 원통형에 옆으로 조금 납작하다. 등지느러미에 억센 가시와 부드러운 줄기가 나뉘지 않고 쭉 이어진다.

육돈바리

**후악치과**  온 세계에 4속 80종쯤이 알려졌고, 우리나라에 2종이 산다. 몸은 긴 원통형인데 몸통 뒤쪽은 옆으로 납작하다. 입이 크고, 머리에는 비늘이 없다. 등지느러미는 억센 가시와 부드러운 줄기가 쭉 이어진다. 옆줄은 등 쪽으로 치우치고, 꼬리 앞쪽에서 끝난다.

흑점후악치          줄후악치

**독돔과**  온 세계에 1속 3종이 산다. 등이 높고 몸은 옆으로 납작하다. 입은 머리 아래쪽에 있다. 등지느러미에 억센 가시가 10개 있다. 억센 가시와 부드러운 줄기 부분이 깊게 파인 홈으로 나뉜다. 뒷지느러미 두 번째 억센 가시가 특히 크다. 배지느러미는 가슴지느러미보다 조금 뒤에 있다.

독돔

**뿔돔과**  온 세계에 20종쯤이 알려졌고, 우리나라에 4종이 산다. 몸은 타원형이며 옆으로 납작하다. 온몸이 빨갛다. 눈이 아주 크다. 등지느러미는 억센 가시와 부드러운 줄기가 따로 나뉘지 않고 쭉 이어진다. 억센 가시는 10개다. 등지느러미 부드러운 줄기 부분과 뒷지느러미 부드러운 줄기 부분 길이가 거의 같다. 뒷지느러미에는 억센 가시가 3개 있다.

뿔돔          홍치

**동갈돔과**  온 세계에 380종쯤이 알려졌고, 우리나라에는 12종이 산다. 몸은 긴 타원형이고, 옆으로 납작하다. 눈이 크다. 등지느러미는 2개로 나뉘었다. 첫 번째 등지느러미에 가시가 6~8개, 두 번째 등지느러미에 1개 있다. 뒷지느러미에는 가시가 2개 있다. 대부분 몸이 작다.

줄도화돔          세줄얼게비늘          점동갈돔

**보리멸과**  온 세계에 35종쯤이 알려졌고, 우리나라에 4종이 산다. 몸은 긴 원통처럼 통통하다. 입은 뾰족하고 작다. 등지느러미가 2개로 나뉜다. 첫 번째 등지느러미에는 가는 가시가 10~13개, 두 번째 등지느러미에는 1개 있다. 뒷지느러미에는 줄기 앞에 억센 가시가 2개 있다.

청보리멸          점보리멸

**옥돔과**  온 세계에 5속 45종쯤이 알려졌고, 우리나라에 4종이 산다. 몸은 옆으로 납작하고, 길쭉하다. 머리 앞부분은 경사가 가파르고, 입과 눈이 멀리 떨어져 있다. 입은 머리 아래에 있으며 입술이 두툼하다. 아가미뚜껑에 가시가 1개 있다. 등지느러미는 1개이고, 가시와 줄기 수가 22~64개 있다. 뒷지느러미에는 억센 가시가 1~2개 있다.

옥돔  황옥돔  옥두어

**게르치과**  온 세계에 1속 3종이 살고, 우리나라에 1종이 보인다. 몸은 길고 옆으로 조금 납작하다. 입은 크고 양턱에 작고 날카로운 송곳니가 줄지어 있다. 등지느러미는 2개로 나뉘었다. 등지느러미와 뒷지느러미 줄기부 아래쪽에 비늘이 덮여 있다.

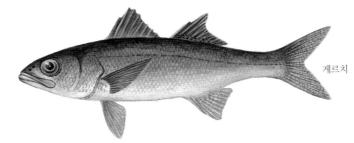

게르치

**빨판상어과**  온 세계에 3속 8종이 알려졌고, 우리나라에 4종이 보인다. 첫 번째 등지느러미가 빨래판처럼 생긴 빨판으로 바뀌었다. 두 번째 등지느러미와 뒷지느러미는 몸 뒤쪽에서 위아래로 마주 놓인다. 몸에는 아주 작은 비늘이 있다. 부레가 없다.

빨판상어  흰빨판이  대빨판이

**날쌔기과**  온 세계에 1종이 산다. 몸은 동그랗고 뒤로 길다. 머리는 위아래로 납작하다. 등지느러미에 억센 가시 6~9개가 따로따로 떨어져 있는데 아주 작다. 줄기가 있는 등지느러미에는 가시가 1~3개 있다. 뒷지느러미에는 억센 가시가 2~3개 있다. 몸길이가 1.5m까지 자란다.

날쌔기

**만새기과**  온 세계에 1속 2종이 산다. 머리와 몸은 옆으로 납작하고 날씬하다. 등지느러미가 머리 위에서 시작되어서 꼬리자루까지 이르며 억센 가시가 없다. 몸 비늘은 아주 잘다. 꼬리지느러미는 위아래로 깊게 갈라진다. 다 큰 수컷 머리는 아주 높다.

만새기  줄만새기

**전갱이과** 온 세계에 30속 146종쯤이 알려졌고, 우리나라에 28종이 산다. 몸은 짧거나 긴 타원형이고 옆으로 납작하거나 통통하다. 옆줄 위에 크고 날카로운 모비늘이 줄지어 있는 종이 많다. 뒷지느러미 앞에 있는 짧고 억센 가시 2개가 따로 떨어져 있다. 등지느러미와 꼬리지느러미 사이에 토막지느러미가 있는 종도 있다. 꼬리자루가 가늘다. 꼬리지느러미는 위아래로 가위처럼 깊게 갈라졌다.

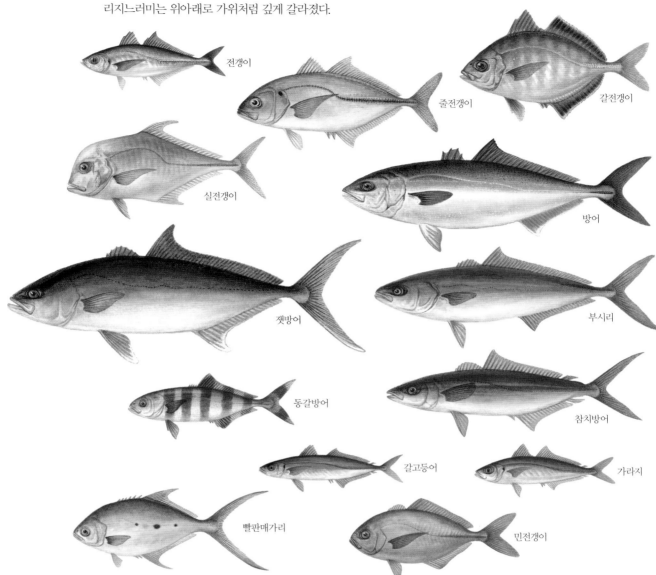

**배불뚝과** 온 세계에 1종이 산다. 몸은 달걀꼴이고 옆으로 납작하며 배 쪽이 불룩하다. 등지느러미는 1개인데, 가시가 3~4개, 줄기가 43~45개이다. 뒷지느러미에는 가시가 없으며, 배지느러미 첫 번째 줄기는 실처럼 길다. 몸에 비늘이 없다.

배불뚝치

**주둥치과** 온 세계에 10속 51종쯤이 알려졌고, 우리나라에 5종이 산다. 몸이 달걀꼴이거나 마름모꼴이고 옆으로 납작하다. 온몸은 둥근비늘로 덮여 있는데, 비늘은 아주 잘다. 몸에서 끈적끈적한 점액이 나온다. 입을 앞으로 쭉 내밀 수 있다. 등지느러미는 억센 가시와 부드러운 줄기가 하나로 이어졌다.

주둥치          줄무늬주둥치

**선홍치과** 온 세계에 18종이 알려졌고, 우리나라에는 2종이 보인다. 몸통이 둥글고, 긴 타원형으로 생겼다. 주둥이를 앞으로 내밀 수 있고, 턱에는 이빨이 없다. 등지느러미는 2개로 이어지거나 나뉘었다. 나뉘었을 때는 그 사이에 짧은 가시들이 있다. 꼬리지느러미는 가위처럼 깊게 갈라진다.

선홍치          양초선홍치

**퉁돔과**  온 세계에 17속 113종이 알려졌고, 우리나라에는 7종쯤이 산다. 몸은 타원형이다. 입은 크고 양턱에 강한 송곳니가 나 있고, 입천장에도 작은 이빨들이 있다. 등지느러미는 1개이고 길쭉하다. 뒷지느러미에 억센 가시가 3개 있다. 배지느러미는 가슴지느러미 바로 밑이나 조금 뒤에 있다. 주둥이를 뺀 온몸에 비늘이 있다.

꼬리돔   점퉁돔   황등어

**새다래과**  온 세계에 7속 20종이 살고, 우리나라에 5종이 알려졌다. 몸은 옆으로 납작하고, 위아래로 높다. 몇몇 종은 등지느러미가 몸보다 더 크다. 뒷지느러미에는 가시가 없다. 온몸은 큰 비늘로 덮여 있다.

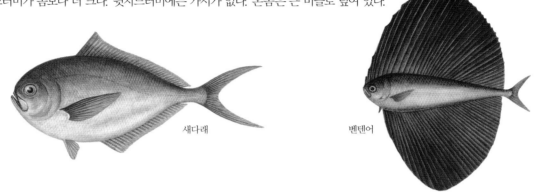

새다래   벤텐어

**게레치과**  온 세계에 8속 53종쯤이 알려졌고, 우리나라에는 2종이 있다. 몸은 은빛을 띠고 타원형이며 옆으로 납작하다. 입이 뾰족하며 앞으로 내밀 수 있다. 머리 위만 매끈하고 온몸에 둥근비늘이 덮여 있다. 배지느러미가 가슴지느러미 아래에 있다. 꼬리지느러미는 가위처럼 깊게 파인다.

게레치   비늘게레치

**백미돔과**  온 세계에 2종이 살고, 우리나라에 1종이 있다. 몸은 타원형이고 옆으로 납작하고, 위아래로 높다. 머리가 삼각형이다. 아가미뚜껑에 가시가 뚜렷하게 나 있다. 눈 위쪽 등이 살짝 오목하게 들어간다. 꼬리지느러미 뒤 가장자리는 둥글다. 등지느러미와 뒷지느러미 뒤쪽 가장자리가 둥글어서 마치 꼬리지느러미가 3개 있는 것처럼 보인다.

백미돔

**하스돔과**  온 세계에 130종쯤이 알려졌고, 우리나라에 8종이 산다. 몸은 등이 높고 옆으로 납작하다. 입은 작지만 입술이 두껍고, 양턱에 원뿔처럼 생긴 이빨이 자잘하게 나 있다. 등지느러미는 가시와 줄기 부분이 이어지며 가시가 9~14개 있다. 등지느러미와 뒷지느러미에 있는 부드러운 줄기 부분은 작은 비늘로 덮여 있다.

동갈돗돔   어름돔   하스돔   청황돔   벤자리   눈퉁군펭선   군펭선이

**도미과**　온 세계에 160종쯤이 알려졌고, 우리나라에는 8종이 산다. 몸은 등이 높은 타원형이며 옆으로 납작하다. 온몸에는 딱딱한 비늘이 있으며 뺨과 머리 위쪽도 비늘로 덮여 있다. 아가미뚜껑에 가시가 없다. 등지느러미에는 억센 가시가 10~13개, 줄기는 10~15개 있다. 뒷지느러미에는 가시가 3개, 줄기가 8~14개 있다.

참돔

감성돔

청돔

붉돔

황돔

녹줄돔

**갈돔과**　온 세계에 40종쯤이 알려졌고, 우리나라에는 5종쯤이 알려졌다. 입술이 두툼하다. 양턱에는 커다란 이빨이 한 줄 나 있고, 그 안쪽에 또 작은 이빨이 나 있다. 머리에는 비늘이 없다. 아가미뚜껑에 가시가 없다. 등지느러미는 1개이고 길며, 앞쪽에 억센 가시가 10개 있고 그 뒤로 부드러운 줄기가 9~10개 있다. 뒷지느러미에는 억센 가시가 3개, 부드러운 줄기가 8~10개 있다.

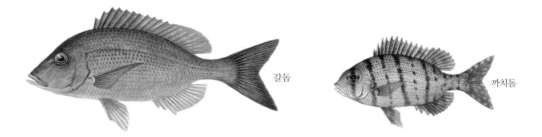

갈돔

까치돔

**실꼬리돔과**　온 세계에 5속 68종쯤이 알려졌고, 우리나라에 5종이 산다. 등지느러미는 1개다. 억센 가시와 부드러운 줄기 부분이 큰 굴곡 없이 이어진다. 등지느러미에는 가시 10개, 줄기 9개가 있고, 뒷지느러미에는 가시 3개, 줄기 7~8개가 있다. 꼬리지느러미 위쪽 끝이 실처럼 길게 늘어난 종이 많다.

실꼬리돔

네동가리

**날가지숭어과**　온 세계에 8속 42종이 알려졌고, 우리나라에 3종이 산다. 몸은 둥글고 길며 옆으로 조금 납작하다. 입이 주둥이 밑에 있다. 등지느러미는 2개다. 가슴지느러미는 2개로 나뉘었는데, 밑에 있는 가슴지느러미는 따로따로 3~4개 또는 14~15개 떨어져 실처럼 길게 늘어지는 것이 특징이다.

네날가지

날가지숭어

**민어과** 온 세계에 66속 290종쯤이 알려졌고, 우리나라에는 11종이 산다. 등지느러미는 긴데, 가시와 줄기 부분이 이어
지는 곳에 깊게 파인 홈이 있다. 첫 번째 등지느러미에 가시가 6~13개, 두 번째 등지느러미에는 가시가 1개, 줄기
가 20~35개 있다. 뒷지느러미에는 가시가 1~3개, 줄기가 6~13개 있다. 옆줄은 꼬리지느러미 뒤끝까지 이어진다.
꼬리지느러미 뒤쪽 가장자리가 쐐기처럼 바깥쪽으로 뾰족하다.

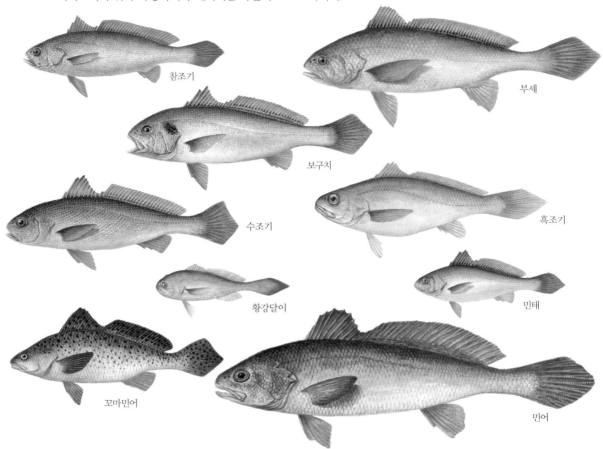

참조기 부세 보구치 수조기 흑조기 황강달이 민태 꼬마민어 민어

**촉수과** 온 세계에 90종쯤이 알려졌고, 우리나라에 10종이 산다. 아래턱 끝에 기다란 수염이 한 쌍 있는 것이 특징이다.
몸은 긴 원통형이며 옆으로 조금 납작하다. 등지느러미는 2개로 나뉜다. 첫 번째 등지느러미에는 가시가 6~8개,
두 번째 등지느러미에는 가시가 1개, 줄기가 8~9개 있다. 뒷지느러미에는 가시가 1개, 줄기가 5~8개 있다.

노랑촉수 두줄촉수

**주격치과** 온 세계에 80종쯤이 살고, 우리나라에 2종이 있다. 몸은 달걀꼴이거나 긴 타원형이고 옆으로 납작하다. 눈이 크
고, 입은 위쪽으로 향한다. 양턱에 자잘한 이가 났다. 등지느러미는 몸 가운데에 1개 있다. 등지느러미에 가시가
4~7개, 뒷지느러미에 3개, 드물게는 2개 있다.

주격치 황안어

**나비고기과** 온 세계에 12속 132종이 알려졌고, 우리나라에 10종이 알려졌다. 몸은 등이 높은 달걀꼴이고 옆으로 아주 납작
하다. 주둥이가 뾰족하고, 그 끝에 앞으로 튀어나오는 작은 입이 있다. 턱에는 아주 작은 솔 같은 이빨들이 띠 모
양으로 나 있다. 눈을 가로지르는 까만 줄무늬나 위쪽에 까만 점이 있기도 하다. 등지느러미는 1개다. 억센 가시
와 부드러운 줄기 부분이 이어지기도 하고, 홈이 얕게 파여 나뉘기도 한다. 등지느러미에 억센 가시가 6~16개,
뒷지느러미에 3~5개 있다. 배지느러미 위에 뾰족한 살갗돌기가 있다. 꼬리지느러미 가장자리는 둥글다.

나비고기 가시나비고기 두동가리돔 세동가리돔

**깃대돔과**  온 세계에 1속 1종이 산다. 몸은 등이 높고 옆으로 매우 납작하다. 머리와 몸, 꼬리지느러미에 검은 띠가 있다. 주둥이는 대롱처럼 생겼고, 그 끝에 작은 입이 있다. 턱에는 기다란 솔처럼 생긴 이빨들이 많이 나 있다. 등지느러미 세 번째 줄기가 실처럼 길게 늘어난다.

깃대돔

**청줄돔과**  온 세계에 8속 91종이 알려졌고, 우리나라에는 1종이 보인다. 몸은 달걀꼴이고 옆으로 납작하다. 아가미뚜껑 아래쪽에 강하고 뾰족한 가시가 뒤쪽으로 나 있는 것이 특징이다. 등지느러미에 억센 가시와 부드러운 줄기 부분이 그대로 이어진다. 뒷지느러미에 가시가 3개 있다. 꼬리지느러미 가장자리는 둥글다.

청줄돔

**황줄돔과**  온 세계에 7속 13종이 알려졌고, 우리나라에 3종이 산다. 몸은 옆으로 납작하며 몸통이 아주 높다. 주둥이는 머리 아래쪽에 길게 튀어나왔고, 경사진 머리 위에는 뼈가 튀어나와 울퉁불퉁하다. 몸은 작은 비늘로 덮여 있다. 등지느러미는 짧고 억센 가시 4~14개와 기다란 줄기들로 이어진다. 뒷지느러미에는 억센 가시가 2~5개 있다.

황줄돔                육동가리돔

**황줄감정이과**  온 세계에 36종쯤이 알려졌고, 우리나라에 8종이 산다. 몸은 달걀꼴이고 옆으로 납작하다. 입은 작은 편이다. 등지느러미에 억센 가시와 부드러운 줄기가 따로 나뉘지 않고 그대로 이어진다. 등지느러미에는 억센 가시가 9~16개, 줄기가 11~28개 있다.

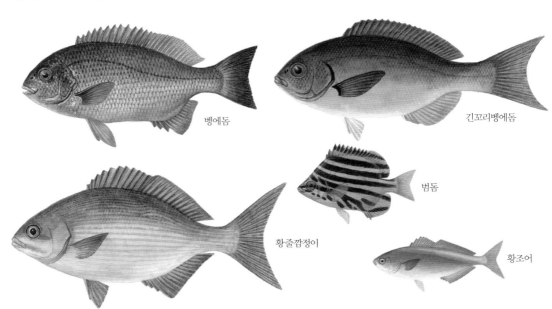

벵에돔                긴꼬리벵에돔

범돔

황줄감정이                황조어

**살벤자리과**  온 세계에 59종이 알려졌고 우리나라에 3종이 산다. 몸은 긴 타원형이고 옆으로 조금 납작하다. 몸에 밤색이나 검은 세로줄 무늬가 여럿 나 있다. 아가미뚜껑에 가시가 2개 있다. 등지느러미는 1개인데, 가시와 줄기 부분 사이가 오목하다.

줄벤자리                살벤자리

**알롱잉어과**  온 세계에 1속 13종이 살고 이 가운데 1종은 민물고기다. 우리나라에 2종이 산다. 몸은 달걀꼴이고 길쭉하다. 아가미뚜껑에 가시가 2개 있다. 등지느러미에 억센 가시와 부드러운 줄기 부분 사이에 깊은 홈이 파여 있다. 등지느러미에 억센 가시가 10개, 줄기가 9~12개 있다. 뒷지느러미에는 억센 가시가 3개, 줄기가 9~13개 있다.

알롱잉어　　　　　　　　　　　　　은잉어

**돌돔과**  온 세계에 1속 7종이 살고, 우리나라에 2종이 있다. 등이 높고 몸은 옆으로 납작하다. 몸을 덮은 비늘은 아주 작다. 입이 뾰족하게 튀어나왔다. 이빨은 서로 붙어 새 부리처럼 되어 있다. 등지느러미는 1개다. 앞쪽에 억센 가시가 11~12개 있고, 뒤쪽에 부드러운 줄기가 11~22개 있다. 줄기가 가시보다 더 길다. 뒷지느러미에는 억센 가시가 3개, 줄기가 11~16개 있다.

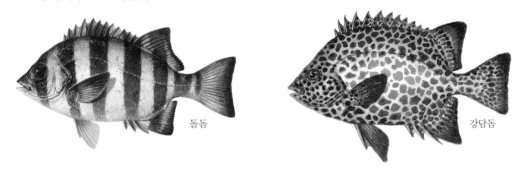

돌돔　　　　　　　　　　　　　　강담돔

**가시돔과**  온 세계에 33종쯤이 알려졌고, 우리나라에 2종이 산다. 몸은 길쭉한 타원형이다. 등지느러미는 1개이며, 억센 가시가 10개, 줄기가 11~17개 있다. 억센 가시 끝에 있는 지느러미 막이 산호 촉수 모양으로 갈라진다.

황볼돔　　　　　　　　　　　　무늬가시돔

**다동가리과**  온 세계에 27종이 알려졌고, 우리나라에 2종이 산다. 몸은 몸통이 높은 긴 삼각형이고, 옆으로 납작하다. 눈이 머리 위쪽에 있다. 입이 작고 입술이 두툼하다. 가슴지느러미 아래쪽 줄기 4~7개가 두껍고 길며, 분리되어 있다. 등지느러미에 있는 억센 가시와 부드러운 줄기 부분이 홈으로 파여 나뉜다. 등지느러미에는 억센 가시가 14~22개, 뒷지느러미에는 3개 있다.

여덟동가리　　　　　　　　　　　아홉동가리

**망상어과**  온 세계에 13속 25종이 알려졌고, 우리나라에 3종이 산다. 몸이 긴 둥근꼴이거나 달걀꼴이며 옆으로 납작하다. 몸은 둥근비늘로 덮여 있다. 등지느러미는 1개이며, 억센 가시가 있는 부분이 부드러운 줄기가 있는 부분보다 낮다. 뒷지느러미에 억센 가시가 3개 있다. 꼬리지느러미는 가위처럼 깊게 갈라진다.

망상어　　　　　　　　　　　　인상어

**자리돔과**  온 세계에 420종쯤이 알려졌고, 우리나라에 14종이 산다. 몸은 달걀꼴이며 옆으로 납작하다. 입이 작다. 옆줄은 불완전해서 꼬리자루 끝에 이르지 못한다. 등지느러미는 앞쪽에 억센 가시 부분과 뒤쪽에 부드러운 줄기가 이어진다. 뒷지느러미에는 억센 가시가 2~3개 있다.

자리돔　　　　　　흰동가리　　　흰꼬리노랑자리돔　　　연무자리돔

샛별돔　　　　파랑돔　　　해포리고기

**놀래기과** 온 세계에 71속 525종쯤이 알려졌고, 우리나라에 20종이 산다. 몸은 길쭉하고, 통통하며 옆으로 조금 납작하다. 몸은 크고 둥근비늘로 덮여 있다. 입이 앞쪽으로 튀어나오고, 이빨이 바깥으로 나와 있기도 한다. 등지느러미는 1개다. 억센 가시와 부드러운 줄기가 서로 반듯하게 쭉 이어진다.

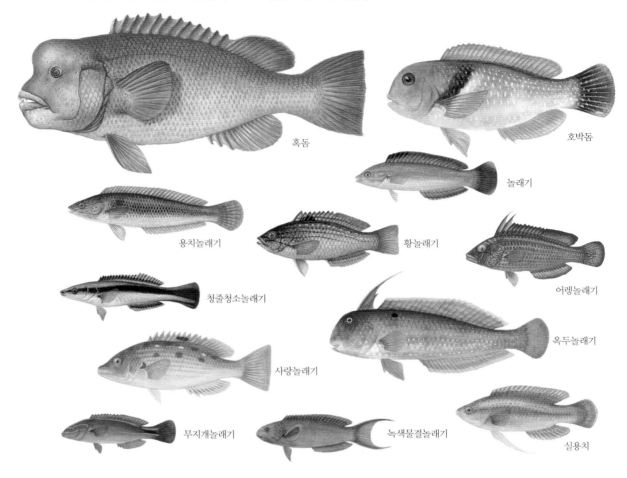

혹돔

호박돔

놀래기

용치놀래기

황놀래기

어렝놀래기

청줄청소놀래기

옥두놀래기

사랑놀래기

무지개놀래기

녹색물결놀래기

실용치

**파랑비늘돔과** 온 세계에 10속 100종이 알려졌고, 우리나라에는 2종이 산다. 몸은 긴 타원형이고 옆으로 조금 납작하다. 몸은 커다란 둥근비늘로 덮여 있다. 등지느러미는 1개다. 억센 가시 9개와 부드러운 줄기가 반듯하게 쭉 이어진다. 뒷지느러미에는 억센 가시가 3개, 줄기가 9개 있다. 옆줄이 몸통 등 쪽에 한 줄, 꼬리자루 가운데에 한 줄로 끊어져 있다.

비늘돔

파랑비늘돔

**등가시치과** 온 세계에 60속 303종쯤이 살고 있고, 우리나라에 7종이 있다. 몸은 긴 원통형이며, 비늘이 없거나 피부에 묻혀 있다. 입은 아래쪽으로 열린다. 등지느러미와 뒷지느러미가 길고 꼬리지느러미와 이어진다. 배지느러미는 없거나 아주 작은 돌기형이다.

등가시치

청자갈치

벌레문치

**바닥가시치과** 온 세계에 3속 7종이 살고, 우리나라에 1종이 있다. 몸은 원통형으로 길쭉하다. 등지느러미와 뒷지느러미가 길다. 등지느러미에는 연하고 부드러운 가시가 1~6개, 뒷지느러미에는 1~2개 있다. 옆줄이 등 쪽으로 치우치고, 등지느러미 뒤쪽에서 끝난다.

바닥가시치

표지베도라치

**장갱이과**　온 세계에 35속 71종이 알려졌고, 우리나라에 20종이 산다. 몸이 길쭉한 원통형이고 옆으로 조금 납작하다. 등지느러미와 뒷지느러미가 길다. 등지느러미는 대부분 부드러운 줄기 없이 가시로 이루어진다. 배지느러미는 아주 작거나 없다. 항문은 몸 가운데보다 조금 앞쪽에 있다.

장갱이

육점날개

그물베도라치

괴도라치

**황줄베도라치과**　온 세계에 4속 15종이 살고, 우리나라에는 5종이 있다. 몸은 긴 리본형이고 옆으로 납작하다. 등지느러미는 머리 뒤에서 꼬리자루까지 길며 억센 가시가 73~100개 있다. 뒷지느러미에는 억센 가시가 1~3개, 줄기가 32~53개 있다. 배지느러미는 아주 작거나 없다. 항문은 몸 가운데에서 조금 뒤쪽에 있다.

흰베도라치

베도라치

점베도라치

**청베도라치과**　온 세계에 400종쯤이 알려졌고, 우리나라에는 9종이 산다. 몸은 긴 원통형인데 머리와 몸통은 통통하고 꼬리는 옆으로 납작하다. 등지느러미와 뒷지느러미는 길어서 꼬리지느러미 앞까지 온다. 뒷지느러미에는 억센 가시가 2개 있다. 몇몇 종을 빼고는 몸에 비늘이 없다.

청베도라치

두줄베도라치

앞동갈베도라치

가짜청소베도라치

**먹도라치과**　온 세계에 180종쯤이 알려졌고, 우리나라에 3종이 산다. 머리와 몸통은 높고 통통하며, 꼬리가 길고 옆으로 조금 납작하다. 몸은 빗비늘로 덮여 있다. 등지느러미는 3개로 나뉘었다. 첫 번째 등지느러미와 두 번째 등지느러미에는 가시가 나 있고, 세 번째 등지느러미에는 줄기만 있다. 꼬리지느러미 가장자리는 반듯하거나 바깥쪽으로 둥그스름하다.

가막베도라치

청황베도라치

**도루묵과**　온 세계에 2속 2종이 살고, 우리나라에 1종이 있다. 몸은 높고 옆으로 매우 납작하다. 몸에 비늘이 없고 매끈하다. 옆줄 구멍은 잘 발달한다. 입은 크고 위쪽으로 열린다. 등지느러미는 2개로 나뉘었다. 첫 번째 등지느러미에는 가시가 8~16개 있고, 두 번째 등지느러미에는 가시가 없거나 1개 있다. 가슴지느러미는 부채처럼 크다.

도루묵

**양동미리과**　온 세계에 90종쯤이 알려졌고, 우리나라에 6종이 산다. 몸은 동그랗고 길쭉하다. 등지느러미와 뒷지느러미가 길어서 꼬리지느러미 앞까지 온다. 등지느러미에 억센 가시가 4~7개, 줄기가 19~26개 있다. 배지느러미는 가슴지느러미 바로 밑이나 살짝 앞에 있다. 옆줄은 뚜렷하다.

동미리

쌍동가리

**까나리과**  온 세계에 7속 31종이 알려졌고, 우리나라에 1종이 산다. 몸은 가늘고 긴 원통형이다. 주둥이는 뾰족하고, 아래 턱이 위쪽보다 앞으로 나와 있다. 등지느러미와 뒷지느러미에 억센 가시가 없다. 옆줄이 등 쪽으로 치우친다. 꼬리지느러미는 가위처럼 깊게 갈라졌다. 부레가 없다.

까나리

**통구멍과**  온 세계에 53종쯤이 알려졌고, 우리나라에 6종이 산다. 몸은 둥글고 머리는 위아래로 납작하며 꼬리는 옆으로 납작하다. 비늘은 없거나 아주 작다. 입이 위로 열린다. 눈은 머리 위에 튀어나왔다. 옆줄이 등 쪽으로 치우쳐 있다. 등지느러미는 1개이거나 2개로 나뉜다.

얼룩통구멍                          푸렁통구멍

**학치과**  온 세계에 171종쯤이 사는데, 우리나라에는 1종만 산다. 몸이 길쭉하며 머리는 위아래로 납작하다. 꼬리는 가늘 다. 몸에 비늘이 없다. 등지느러미는 1개이며 억센 가시는 없다. 배지느러미는 가시 1개와 줄기가 4~5개 있는데 빨판으로 바뀌었다.

황학치

**돗양태과**  온 세계에 196종쯤이 살고, 우리나라에 16종이 있다. 머리는 위아래로 납작하고, 꼬리는 둥글고 길다. 암컷과 수 컷 형태가 다르다. 몸빛은 저마다 여러 가지다. 아가미뚜껑에 억센 가시가 있다. 등지느러미에 억센 가시가 4개, 부 드러운 줄기가 6~11개 있다. 뒷지느러미에는 부드러운 줄기만 4~10개 있다.

돗양태                          날돗양태

도화양태                          연지알롱양태

**구굴무치과**  온 세계에 170종이 알려졌는데, 우리나라에는 2종이 알려졌다. 몸은 길고 둥근형으로 망둑어와 닮았지만 배지느 러미가 2개로 떨어져 있거나 붙어 있는 경우도 있어 다양한 형태를 가진다. 등지느러미는 2개로 나뉘었다. 첫 번 째 등지느러미에는 부드러운 가시가 2~8개 있고, 두 번째 등지느러미에는 줄기만 있다.

구굴무치

**망둑어과**  온 세계에 1900종쯤이 살고 있고, 우리나라에 59종이 살고 있다. 몸은 둥글며 길쭉하고 꼬리 쪽은 옆으로 조금 납 작하다. 대부분 종은 양쪽 배지느러미가 서로 붙어서 빨판으로 바뀌었다. 등지느러미는 1개이거나 2개인데, 2개인 경우 첫 번째 등지느러미에 가시가 2~8개 있다. 몇몇 종은 턱 아래에 짧은 털처럼 생긴 수염이 나 있다.

문절망둑                          점줄망둑

흰발망둑

줄망둑                          무늬망둑

별망둑

짱뚱어                          실망둑

빨갱이

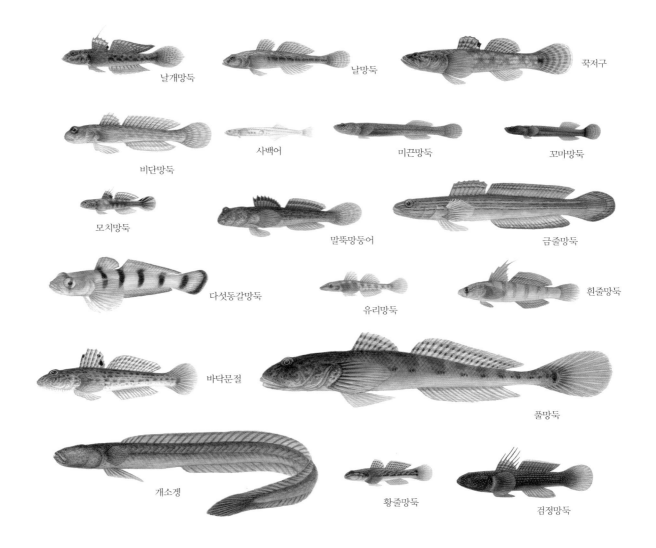

날개망둑     날망둑     꾹저구

비단망둑     사백어     미끈망둑     꼬마망둑

모치망둑     말뚝망둥어     금줄망둑

다섯동갈망둑     유리망둑     흰줄망둑

바닥문절     풀망둑

개소겡     황줄망둑     검정망둑

**청황문절과**     온 세계에 90종쯤이 알려졌고, 우리나라에 3종이 산다. 몸은 가늘고 긴 원통형이며, 옆으로 납작하다. 몸은 작고 둥근비늘로 덮여 있다. 등지느러미가 2개로 나뉘었다. 등지느러미와 뒷지느러미는 길어서 꼬리지느러미와 이어지는 종도 있다.

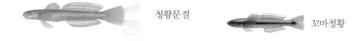

청황문절     꼬마청황

**활치과**     온 세계에 8속 15종이 알려졌고, 우리나라에 3종이 산다. 몸은 위로 아주 높고 옆으로 납작하다. 입은 작다. 등지느러미는 1개다. 가시가 5~9개 있고, 긴 줄기 부분과 이어진다. 뒷지느러미 가시는 3개이고 긴 줄기와 이어진다.

제비활치     초승제비활치

**납작돔과**     온 세계에 2속 4종이 살고, 우리나라에는 1종이 있다. 몸은 위로 아주 높고 옆으로 납작하다. 입은 작고 앞으로 내밀지 못한다. 등지느러미 가시 부분과 줄기 부분은 깊은 홈으로 이어진다. 뒷지느러미에 억센 가시가 4개 있다.

납작돔

**독가시치과**  온 세계에 1속 29종이 알려졌고, 우리나라에는 2종이 산다. 몸은 둥그런 달걀꼴이고 옆으로 납작하다. 등지느러미는 1개인데 억센 가시들과 줄기 10개가 이어진다. 뒷지느러미에는 가시가 7개, 줄기가 9개 있다. 가시에는 독이 있다.

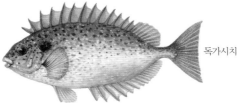

독가시치

**양쥐돔과**  온 세계에 6속 84종이 알려졌고, 우리나라에는 4종이 알려졌다. 몸은 둥그런 달걀꼴이며 옆으로 납작하다. 눈은 머리 위쪽에 있고 이마에 뿔처럼 돌기가 솟은 것도 있다. 꼬리자루에 딱딱한 뼈판이 있는 것도 있다. 등지느러미는 1개이며 가시가 4~9개, 줄기 19~31개 있다. 뒷지느러미에는 가시가 2~3개, 줄기가 19~36개 있다. 배지느러미에는 가시가 1개 있다. 꼬리자루 위에는 날카로운 낫처럼 생긴 갈고리가 몇 개 있다.

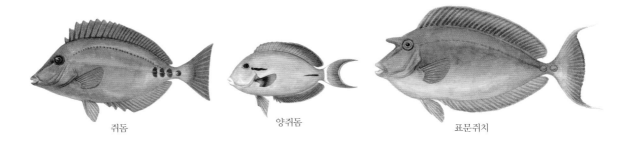

쥐돔                          양쥐돔                          표문쥐치

**꼬치고기과**  온 세계에 1속 28종이 알려졌고, 우리나라에 3종이 산다. 몸은 둥그랗고 가늘면서 길쭉하다. 아래턱이 위턱보다 길다. 입은 커다랗고, 턱에는 강하고 날카로운 이빨이 나 있다. 옆줄이 뚜렷하다. 등지느러미는 2개로 나뉘었다. 첫 번째 등지느러미에 억센 가시가 5개, 두 번째 등지느러미에는 가시 1개와 줄기 9개가 있다.

꼬치고기                          창꼬치

**갈치꼬치과**  온 세계에 24종쯤이 알려졌고, 우리나라에 2종이 보인다. 몸은 길고 통통하며 옆으로 조금 납작하다. 아래턱이 위턱보다 튀어나온다. 양턱에는 억센 이빨이 나 있다. 가슴지느러미가 몸 가운데보다 아래쪽에 있다. 등지느러미와 뒷지느러미 뒤에 토막지느러미 여러 개가 서로 떨어져 있다. 배지느러미는 없거나 작다.

통치

**홍갈치과**  온 세계에 5속 45종이 살고, 우리나라에 3종이 산다. 갈치처럼 몸이 길쭉하고 옆으로 납작하다. 옆줄은 등 쪽으로 치우쳐 있다. 입은 위로 열린다. 우리나라에 알려진 종은 등지느러미와 뒷지느러미가 길어 꼬리지느러미와 이어진다. 등지느러미에 억센 가시가 0~4개, 뒷지느러미에 0~2개 있다.

홍갈치                          점줄홍갈치
먹점홍갈치

**갈치과**    온 세계에 10속 45종이 알려졌고, 우리나라에 4종이 보인다. 몸은 아주 길며 옆으로 아주 납작하다. 아래턱이 위턱보다 더 튀어나왔다. 양턱에 억세고 날카로운 송곳니가 나 있다. 등지느러미는 아주 길다. 배지느러미는 없거나, 있어도 아주 작은 가시 1개와 흔적만 남은 줄기가 있다. 꼬리지느러미는 없거나 있어도 아주 작다.

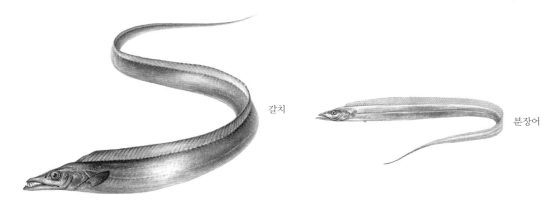

갈치

분장어

**고등어과**    온 세계에 15속 54종이 알려졌고, 우리나라에 17종이 산다. 몸은 둥글고 길며 몇몇 종은 옆으로 조금 납작하다. 주둥이는 뾰족하며 입은 크다. 몸은 아주 작은 비늘로 덮여 있고, 일정 부위에 비늘이 없는 종도 있다. 등지느러미는 두 개로 나뉘었다. 두 번째 등지느러미와 뒷지느러미 뒤로 작은 토막지느러미가 5~12개 있다. 가슴지느러미는 몸 위쪽에 있다. 배지느러미에는 줄기가 6개 있고 가슴지느러미 밑에 있다. 꼬리자루 옆쪽에 툭 튀어나온 길쭉한 돌기가 2개나 그 이상 있다.

고등어

망치고등어

물치다래

삼치

줄삼치

재방어

동갈삼치

꼬치삼치

참다랑어

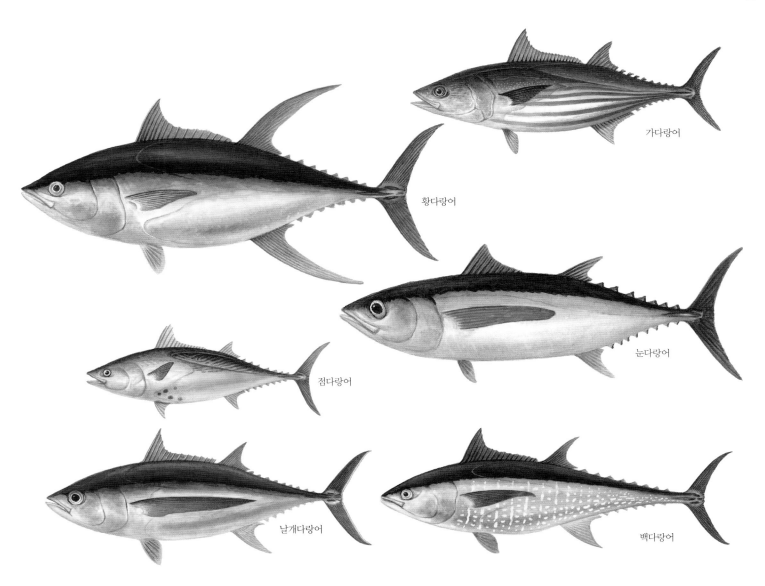

**황새치과** 온 세계에 12종이 알려졌고, 우리나라에 5종이 보인다. 위턱이 창처럼 뾰족하고 길쭉하게 튀어나온다. 등지느러미와 뒷지느러미는 두 개로 나뉜다. 첫 번째 등지느러미는 크고 높으며 머리 바로 뒤에서 시작된다. 배지느러미는 아주 가늘며 가시가 1개, 부드러운 줄기가 2개 있다. 꼬리자루 옆쪽에 돌기가 2개 있다. 황새치만 따로 황새치과 1속 1종으로 나누기도 한다.

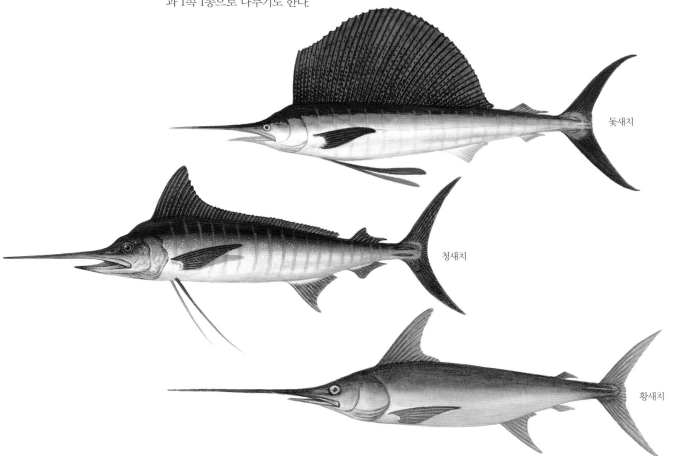

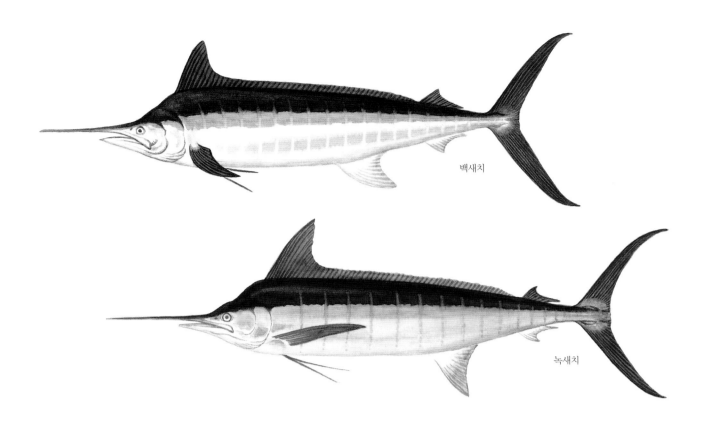

백새치

녹새치

**샛돔과** 온 세계에 7속 31종이 알려졌고, 우리나라에는 2종이 산다. 몸은 달걀꼴이거나 긴 타원형이고 옆으로 납작하다. 주둥이 끝이 둥그스름하다. 등지느러미는 1개다. 부드러운 가시 0~5개와 부드러운 줄기 부분이 서로 이어진다. 몇몇 종은 작고 억센 가시 5~9개가 줄기부와 떨어져 있다. 뒷지느러미에는 보통 가시가 3개 있다.

연어병치

샛돔

**노메치과** 온 세계에 3속 16종이 알려졌고, 우리나라에는 2종이 산다. 몸은 긴 타원형이며 옆으로 납작하다. 주둥이 끝이 둥글다. 등지느러미는 2개로 나뉘었다. 첫 번째 등지느러미에는 가시가 9~12개 있고, 두 번째 등지느러미에는 가시가 0~3개, 줄기가 14~30개 있다. 뒷지느러미에는 가시가 1~3개, 부드러운 줄기가 18~32개 있다.

물릉돔

**보라기름눈돔과** 온 세계에 1속 7종이 살고, 우리나라에 1종이 보인다. 몸은 달걀처럼 둥그스름하고 옆으로 납작하다. 주둥이 끝이 둥글다. 등지느러미는 2개로 나뉘었다. 첫 번째 등지느러미에는 가는 가시가 10~12개 있다. 뒷지느러미에는 짧은 가시가 3개, 부드러운 줄기가 14~15개 있다.

보라기름눈돔

**병어과**  온 세계에 3속 17종이 알려졌고, 우리나라에 3종이 산다. 몸은 마름모꼴이며 옆으로 납작하다. 등지느러미와 뒷지느러미가 낫처럼 생겼고 1개다. 뒷지느러미에 가시가 2~6개 있다. 배지느러미는 없다.

병어  덕대

**가자미목**  **넙치과**  온 세계에 110종쯤이 알려졌고, 우리나라에는 5종이 산다. 앞에서 봤을 때 눈이 왼쪽으로 치우친다. 양쪽 배지느러미 크기가 엇비슷하다. 가슴지느러미와 배지느러미에 가시가 없다.

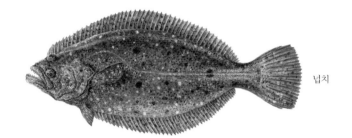

넙치

**둥글넙치과**  온 세계에 20속 164종이 알려졌고, 우리나라에 6종이 산다. 앞에서 봤을 때 대부분 눈이 왼쪽으로 치우친다. 등지느러미는 눈 앞쪽에서 시작해 꼬리 끝까지 이어진다. 등지느러미와 뒷지느러미는 꼬리지느러미와 떨어져 있다. 양쪽 배지느러미 크기가 서로 다른데, 눈이 있는 쪽 배지느러미가 더 길다. 지느러미에는 가시가 없다. 항문은 눈 없는 쪽에 있다.

목탁가자미  별목탁가자미

**풀넙치과**  온 세계에 4속 6종이 살고, 우리나라에는 1종이 산다. 앞에서 봤을 때 눈이 왼쪽으로 치우친다. 배지느러미는 오른쪽, 왼쪽 크기가 같으며 억센 가시가 1개, 부드러운 가시가 5개 있다. 등지느러미는 눈 없는 쪽 몸 콧구멍 위에서 시작된다. 옆줄은 몸 양쪽 모두에서 발달해 있다.

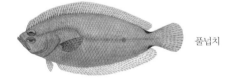

풀넙치

**가자미과**  온 세계에 40속 103종이 알려졌고, 우리나라에 26종이 산다. 눈 있는 쪽 몸빛은 둘레 바닥 환경에 맞추어 다양하게 바뀐다. 대부분 종들은 앞에서 봤을 때 눈이 오른쪽으로 치우친다. 강도다리는 눈이 오른쪽에도 있고, 왼쪽에도 있다. 지느러미에 억센 가시가 없다.

도다리  문치가자미  참가자미

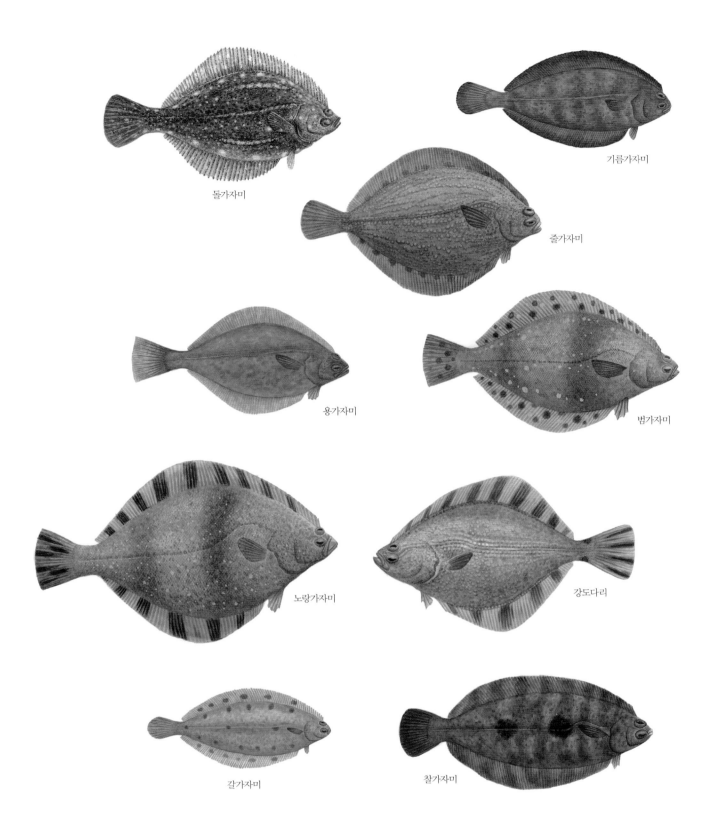

돌가자미

기름가자미

줄가자미

용가자미

범가자미

노랑가자미

강도다리

갈가자미

찰가자미

**납서대과**  온 세계에 180종쯤이 알려졌고, 우리나라에 6종이 산다. 앞에서 봤을 때 눈이 오른쪽으로 치우친다. 등지느러미
와 뒷지느러미가 꼬리지느러미까지 이어지거나 떨어져 있다. 꼬리지느러미 뒤 가장자리는 둥글거나 조금 뾰족하
다. 가슴지느러미가 없는 종도 있다. 배지느러미는 뒷지느러미와 떨어져 있다.

노랑각시서대

궁제기서대

납서대

**참서대과**  온 세계에 145종쯤 알려졌고, 우리나라에 8종 산다. 몸은 긴 달걀꼴이고 꼬리 쪽은 뾰족하다. 앞에서 봤을 때 눈이 왼쪽으로 치우친다. 눈은 아주 작고 가까이 붙어 있다. 입은 갈고리처럼 휘었고 눈 아래에 있다. 등지느러미와 뒷지느러미가 꼬리지느러미와 이어진다. 꼬리지느러미 끝이 뾰족하다. 가슴지느러미는 없다.

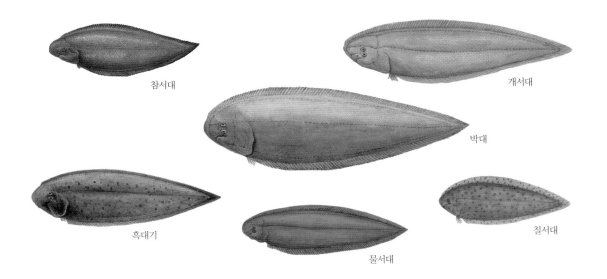

참서대    개서대    박대    흑대기    물서대    칠서대

**복어목**    **쥐치과**  온 세계에 107종쯤이 알려졌고, 우리나라에 11종이 산다. 몸은 높고 옆으로 납작하다. 온몸은 비늘이 바뀐 작은 가시가 돋아 있는 질긴 껍질로 덮여 있다. 등지느러미에 억센 가시가 두 개 있는데 앞쪽에 있는 억센 가시는 크고, 뒤에 있는 가시는 아주 작아서 살갗에 묻혀 있거나 없다. 대부분 위턱 이빨이 바깥에 3개, 안쪽에 2개 있어서 먹이를 야금야금 씹어 먹기 알맞게 발달했다.

쥐치    말쥐치    객주리    그물코쥐치    가시쥐치    날개쥐치    새앙쥐치

**분홍쥐치과**  온 세계에 11속 23종이 알려졌고, 우리나라에 2종이 산다. 등지느러미는 2개로 나뉘었다. 두 번째 등지느러미 줄기는 12~18개이다. 뒷지느러미 줄기는 11~16개이다. 배지느러미는 억센 가시로 바뀌었다. 꼬리지느러미 뒤 가장자리는 바깥쪽으로 둥글다.

분홍쥐치    나팔쥐치

**은비늘치과**  온 세계에 4속 7종이 알려졌고, 우리나라에 1종이 산다. 몸이 옆으로 납작하다. 등지느러미는 2개로 나뉘었는데, 두 번째 등지느러미 줄기 수는 20~26개이다. 뒷지느러미 줄기 수는 13~22개이다. 배지느러미도 억센 가시로 바뀌었다. 꼬리자루가 길쭉하다. 꼬리지느러미는 가위처럼 깊게 갈라진다.

은비늘치

**쥐치복과**  온 세계에 12속 43종이 알려졌고, 우리나라에 6종이 보인다. 몸은 옆으로 납작하고, 둥그스름한 달걀꼴이다. 온몸에 판처럼 생긴 비늘이 삐뚤빼뚤 늘어선다. 등지느러미에 억센 가시가 3개 있다. 배지느러미는 가시 1개로 바뀌었다. 꼬리지느러미에는 줄기가 12개 있다.

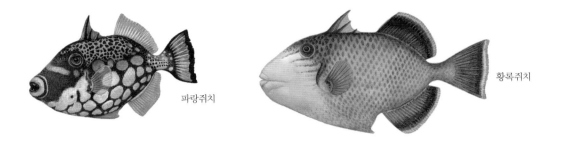

파랑쥐치                황록쥐치

**거북복과**  온 세계에 7속 25종이 알려졌고, 우리나라에 4종이 산다. 몸은 주둥이에서 등과 뒷지느러미 뒤까지 딱딱한 뼈판으로 덮여 있다. 몸은 상자처럼 각이 4~6개 진다. 지느러미에 억센 가시가 없고 등지느러미 줄기는 9~13개, 뒷지느러미 줄기는 8~9개 있다. 배지느러미가 없다.

거북복                뿔복

**불뚝복과**  온 세계에 1종이 산다. 몸은 옆으로 납작하며 배가 주머니처럼 길쭉하게 늘어진다. 이빨은 3개 있다. 위턱에는 이빨 2개가 서로 붙어 판처럼 되었고, 아래턱에는 판처럼 생긴 이빨이 1개 있다. 머리에도 옆줄이 잘 발달한다. 꼬리지느러미 뒤 가장자리가 깊게 갈라진다.

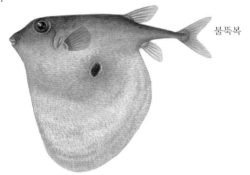

불뚝복

**참복과**  온 세계에 29속 200종쯤이 알려졌고, 우리나라에 30종이 산다. 몸을 풍선처럼 부풀릴 수 있다. 위아래 턱에 각각 이빨이 2개씩 붙어서 앞니가 된다. 지느러미에 억센 가시가 없고, 등지느러미와 뒷지느러미에는 줄기만 7~19개 있다. 배지느러미가 없다. 비늘은 작거나 가시로 바뀌었다.

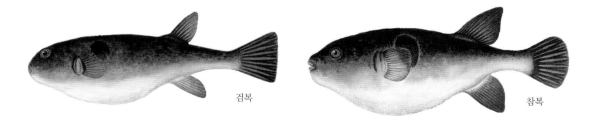

검복                참복

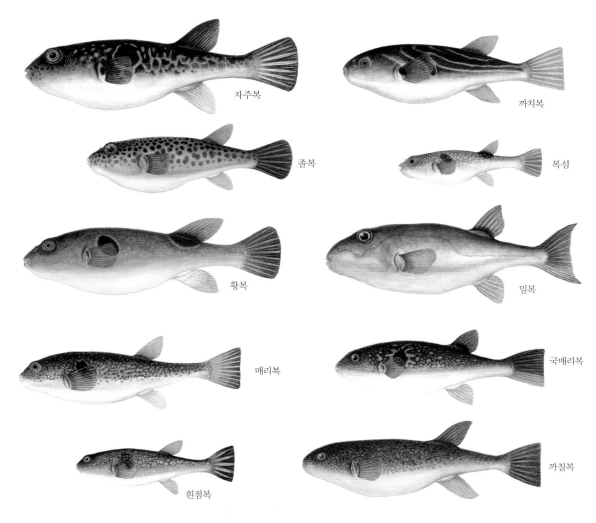

자주복

까치복

졸복

복섬

황복

밀복

매리복

국매리복

흰점복

까칠복

**가시복과**  온 세계에 7속 18종이 알려졌고, 우리나라에 2종이 있다. 온몸이 뾰족한 가시로 덮였다. 배를 크게 부풀릴 때만 가시가 일어서는 종도 있다. 입은 새 부리처럼 생겼고, 턱에는 이빨 2개가 서로 붙어 있다. 지느러미에 억센 가시가 없다. 배지느러미는 없다.

가시복

**개복치과**  온 세계에 3속 5종이 살고, 우리나라에는 2종이 보인다. 몸은 달걀꼴이고 옆으로 납작하다. 몸 뒤가 잘린 듯하다. 배지느러미가 없으며 꼬리지느러미는 없거나 거의 퇴화된 형태이다. 등지느러미와 뒷지느러미가 바뀌어서 꼬리지느러미처럼 보이는 종도 있다. 옆줄과 부레가 없다.

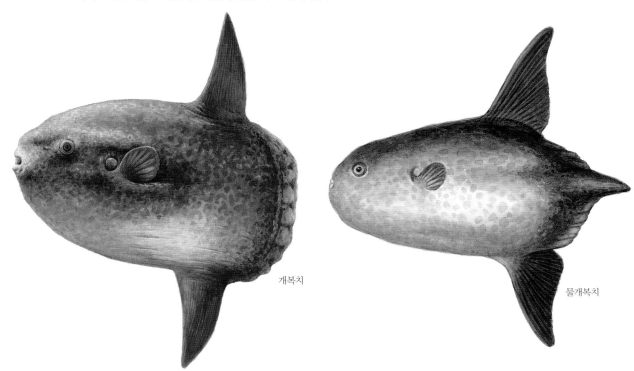

개복치

물개복치

1장 ─ 물고기 연구

## 선사 시대 조개더미

아주 오래전 석기 시대, 철기 시대 사람들도 먹고살기 위해서 물고기를 잡았을 것이다. 우리나라 바 닷가 곳곳에는 옛날 사람들이 잡아먹고 버린 조개더미(패총)가 있다. 이 조개더미를 뒤져 보면 조개 말 고도 물고기 뼈, 짐승 뼈, 새 뼈 따위가 함께 나온다. 그래서 그때 어떤 물고기를 잡아먹었는지 알 수 있 다. 조개더미에서 나온 물고기 뼈를 알아보니 참돔, 민어, 복어, 가오리, 상어, 농어, 감성돔, 방어, 넙치, 대구, 가숭어, 까치상어, 매가오리 같은 물고기 뼈가 나왔다. 창이나 화살촉처럼 끝이 뾰족한 도구로 찌 르거나 그물로 잡은 것 같다. 불에 탄 뼈가 가끔 나오는 것을 보면 아마도 불에 구워 먹기도 한 것 같다.

## 물고기 연구

물고기를 가장 먼저 연구한 사람은 그리스 철학자인 아리스토텔레스(Aristoteles, BC 384 ~ 322)이다. 아리스토텔레스는 2000년 전쯤에 《동물지(Historia animalium)》라는 책에서 넙치, 뱀장어, 아귀 같은 물 고기가 사는 모습과 해부한 내용을 써 놓았다. 지금 볼 때는 틀린 내용도 많지만 물고기를 직접 잡아서 눈으로 들여다보고 써 놓은 글을 보면 최초의 어류학자라고 볼 수 있다.

그 뒤 린네가 1735년 《자연의 체계》를 펴내 모든 동식물을 '계 - 문 - 강 - 목 - 과 - 속 - 종'라는 순서 로 분류하기 시작했다. 그리고 1758년 10판에서 모든 생물에 이명법이라는 학명을 붙이기 시작했다. 학 명은 '속명, 종명, 이름 붙인 사람, 발표 연도' 차례로 쓴다. 속명과 종명은 라틴어로 짓는다. 속명은 대문 자로 시작하고, 종명은 소문자로 시작한다. 이렇게 생물을 분류하기 시작하면서 물고기도 여러 학자에 의해 연구가 되어 체계적으로 분류되기 시작했다.

## 바닷물고기 연구자들

아르테디 Peter Artedi
(1705~1735)

린네 Carl von Linne
(1707~1778)

블로흐 Marcus Elieser Bloch
(1723~1799)

쉬나이더 Johann Gottlob Theaenus Schneider
(1750~1822)

퀴비에 Georges Cuvier
(1769~1832)

테민크 Coenraad Jacob Temminck
(1778~1858)

발랑시엔 Achille Valenciennes
(1794~1865)

그레이 John Edward Gray
(1800~1875)

카우프 Johann Jakob von Kaup
(1803~1873)

슐레겔 Hermann Schlegel
(1804~1884)

아가시즈 Jean Louis Rodolphe Agassiz
(1807~1873)

블리커 Pieter Bleeker
(1819~1878)

귄터 Albert Charles Lewis Gotthilf Günther
(1830~1914)

조단 David Starr Jordan
(1851~1931)

정약전
(1758~1816)

정문기
(1898~1995)

## 우리나라 물고기 기록

　우리나라 물고기를 써 놓은 가장 오래된 책은 1425년 하연(河演) 등이 엮은 《경상도지리지》다. 이 책에는 청어, 대구, 넙치, 숭어, 고등어, 조기 같은 물고기 25종 이름과 나는 곳이 적혀 있다. 그 뒤 1469년에 펴낸 《경상도지리지》 속편인 《경상도속찬지리지》 토산부에 물고기 21종이 적혀 있다. 1433년에 펴낸 《향약집성방》에는 뱀장어, 가물치, 메기 같은 물고기 11종 한자 이름과 우리말 이름, 약성이 적혀 있다. 1530년에 펴낸 《신증동국여지승람》 토산부에는 송어, 뱅댕이, 병어, 멸치, 삼치 같은 물고기 46종 이름과 나는 곳이 적혀 있다. 1610년 허준이 쓴 《동의보감》에는 잉어, 붕어, 오징어, 가물치, 뱀장어, 상어, 쏘가리, 청어, 조기, 숭어, 농어, 메기, 드렁허리, 가자미, 가오리, 복어, 대구, 송어, 연어, 뱅어, 도루묵, 민어 같은 민물고기와 바닷물고기 이름과 약성이 쓰여 있다. 그 뒤로 조선 후기에 이수광이 쓴 《지봉유설》(1614), 박세당이 쓴 《색경》(1676)에 물고기 이름과 나는 곳, 쓰임새 따위를 짧게 적어 놓았다. 또 정약용이 쓴 《아언각비》(1819)에는 민어, 조기, 숭어, 준치, 넙치, 웅어, 홍어, 장어, 잉어, 붕어, 농어, 상어 같은 우리나라 물고기 이름이 어떻게 바뀌었는지 써 놓았다. 그 뒤로 이규경이 쓴 《오주연문장전산고》에 25종, 유희가 쓴 《물명고》에 물고기 70여 종, 황필수가 쓴 《명물기략》에는 물고기 61종이 나온다.

　물고기 사는 모습과 생김새, 쓰임새 따위를 내용과 형식을 갖추고 제대로 쓴 물고기 책은 《우해이어보》와 《자산어보》다. 《우해이어보》는 1803년 김려가 유배지인 진해에서 쓴 우리나라 최초 물고기 책이다. 《자산어보》는 《우해이어보》보다 11년 뒤인 1814년에 정약전이 역시 유배지인 흑산도에서 썼다. 그 뒤에 1834~1845년에 서유구가 쓴 〈임원경제지〉 가운데 네 번째 권인 《전어지(佃漁志)》에는 물고기 97종에 대한 한자 이름과 우리말 이름, 생김새, 사는 모습, 잡는 법, 쓰임새 따위를 적어 놓았다. 〈임원경제지〉는 서유구가 직접 알아낸 내용과 다른 책에서 옮겨다 쓴 내용을 또렷이 나누어 썼다. 《우해이어보》와 《자산어보》, 《전어지》는 우리나라 옛 책 가운데 중요한 물고기 책이다.

## 우리나라에서 맨 처음 나온 물고기 책, 《우해이어보》와 《자산어보》

　우리나라에서 맨 처음으로 쓴 물고기 책을 《자산어보》로 알고 있지만 사실은 《우해이어보》다. 《우해이어보》와 《자산어보》는 이전에 물고기가 나온 책들과는 달리 책 제목부터 '어보'라는 이름을 붙였고, 물고기 몇몇 종 이름과 간단한 내용만 써 놓은 다른 책들과는 달리 책 전체가 모두 물고기와 바다에서 나는 조개와 바다풀, 바다 동물 이름과 생김새, 쓰임 따위를 자세하게 적어 놓았다. 또 두 책은 비슷한 때인 18세기 초에 남해와 서해에서 어떤 물고기를 사람들이 잡았는지 비교해 볼 수 있다.

　김려가 쓴 《우해이어보》나 정약전이 쓴 《자산어보》는 모두 물고기 이름, 생김새, 사는 모습, 잡는 법, 쓰임, 맛 같은 내용을 써 놓았다. 《우해이어보》에는 물고기 53항목, 새우나 게 무리 8항목, 조개 무리 11항목으로 모두 72항목이 올림말로 올라가 있다. 《자산어보》에는 물고기 40항목, 조개 무리 12항목, 잡류 4항목으로 모두 56항목이 올림말로 올라가 있다. 그러나 두 어보 모두 한 항목 아래에 닮은 물고기들을 함께 써 놓았기 때문에 훨씬 많은 물고기가 실려 있다.

　《자산어보》에는 정약전이 직접 보고 들은 이야기와 중국이나 우리나라 옛 책에서 찾은 내용을 함께 써 놓았고, 책을 보는 사람들에게 도움을 주려는 본뜻이 뚜렷하다. 그런데 《우해이어보》에는 사람들이 쉽게 아는 물고기는 빼고, 김려가 진해에 내려가서 본 생김새가 사뭇 다르고 이상하고 놀라운 물고기(異魚)들을 써 놓았다. 그리고 사람들에게 도움이 되는 책을 쓰려고 하기보다 진해 사람들과 함께 지내던 일들을 이야깃거리 삼아 책을 썼다고 밝혀 놓았다.

## 1) 자산어보(玆山魚譜)

《자산어보》를 쓴 정약전은 다산 정약용의 친형으로, 1758년 광주 마현(현재 경기도 남양주시 조안면 능내리)에서 태어나 1790년 병과에 합격했고 1797년에 병조 좌랑이 되었다. 순조 1년(1801) 신유박해 때 천주교와 관련되었다는 죄로 흑산도로 귀양을 가서 살다가 1816년에 생을 마쳤다.

《자산어보》는 정약전이 1814년 흑산도에서 귀양살이를 하면서 그곳에서 직접 보고 들은 내용을 바탕으로 중국과 우리나라 옛 책에 나오는 내용을 더해 흑산도에 사는 물고기와 조개, 게, 바다거북, 바다풀, 바다짐승, 바닷새 같은 동식물 이름과 생김새, 사는 곳, 사는 모습, 잡는 법, 쓰임새를 적어 놓았다. 《자산어보》는 3권으로 구성되었다. 제1권 '인류(鱗類)'에는 비늘이 있는 민어, 숭어, 농어, 도미, 고등어 같은 바닷물고기 70종이 실려 있다. 제2권은 '무인류(無鱗類)'와 '개류(介類)'로 나누었다. '무인류(無鱗類)'에는 비늘이 없는 가오리, 뱀장어, 복어, 오징어, 문어, 고래, 새우, 해삼, 개불 같은 동물 40종이 실려 있다. '개류(介類)'에는 거북, 게, 전복, 조개, 꼬막, 맛, 홍합, 굴, 고둥 같은 생물이 60종쯤 실려 있다. 제3권 '잡류(雜類)'에는 바다 벌레, 바닷새, 바다짐승, 바다풀 같은 생물이 40종쯤 실려 있다. 정약전은 《자산어보》 머리글에 이 책을 쓴 까닭을 적어 놓았다.

> 자산(玆山)은 흑산(黑山)이다. 나는 흑산에 귀양을 와서 흑산이라는 이름이 무서웠다. 집안사람들이 보낸 편지에는 흑산을 번번이 자산이라 쓰고 있었다. 자(玆)는 흑(黑)자와 같다.
>
> 자산에는 바다에 사는 동식물이 넉넉하게 많지만, 그 이름이 알려진 것은 적다. 박물학자들이 마땅히 살펴보아야 할 곳이다. 나는 어보를 만들고 싶어서 섬사람들을 널리 만나 보았다. 하지만 사람마다 하는 말이 달라서 어느 말을 믿어야 할지 알 수 없었다. 섬 안에 장덕순, 즉 창대라는 사람이 있었다. 문 밖에 나오지 않고 손님을 거절하면서까지 옛 책을 열심히 읽고 있었다. 그런데 집안이 가난해서 책이 많지 않았기 때문에, 손에서 책을 놓은 적이 없었건만 보고 듣는 것은 넓지 않았다. 하지만 성격이 조용하고 꼼꼼해서, 풀과 나무와 물고기와 새 가운데 눈으로 보고 귀로 들은 것은 모두 꼼꼼하게 들여다보고 깊이 생각해서 그 성질을 잘 알고 있었다. 그러므로 창대 말은 믿을 만했다. 그래서 나는 창대와 함께 묵으면서 물고기 연구를 계속했고, 찾아서 들여다보고 연구한 자료를 차례로 엮었다. 그래서 이 책을 《자산어보(玆山魚譜)》라고 이름 붙였다. 바닷물고기뿐만 아니라 바다 물새와 바다풀까지 적어 놓았으니, 훗날 사람들이 참고할 수 있는 자료가 되게 하였다.
>
> 돌이켜 보면 내가 고루해서 어떤 것은 이미 《본초강목》에서 보고도 그 이름을 알지 못했고, 어떤 것은 옛날부터 이름이 없어서 알 수 없는 것이 훨씬 많았다. 그래서 사람들이 부르는 이름(俗稱)을 따라 적었고, 이름을 알 수 없는 것들은 감히 그 이름을 지어냈다. 뒷날 선비들이 이 책에 부족한 것을 보태고 채우면 이 책은 병을 다스리고(治病), 이롭게 쓰고(利用), 이치를 따지는 사람에게 물음에 답하는 자료(理則)가 될 것이다. 그리고 또한 시인들이 시를 쓰다가 모르는 것을 아는 데 도움을 줄 것이다.

흑산도 이름 앞 자인 '흑'을 '자'라고 써서 《자산어보》라는 이름이 붙었는데, 1977년 정문기 박사가 맨 처음 한문 책을 우리글로 바꿔서 책을 펴냈다. 하지만 사실 《자산어보》는 원본이 발견되지 않았다. 처음으로 우리글로 책을 펴낸 정문기 박사는 사본을 가지고 있는 네 명에게서 사본 한 권씩을 얻었는데, 책마다 내용과 분량이 달라 이를 합쳐서 새로운 사본을 만들었다고 했다. 지금으로서는 이것을 가장 원본에 가까운 내용으로 생각할 수 밖에 없다.

## 2) 우해이어보(牛海異魚譜)

《우해이어보》는 담정 김려(1766~1821)가 1803년에 귀양을 간 우산(경남 진해)에서 쓴 우리나라 최초 어보이다. 김려는 1801년 신유박해 때 천주교도와 친구를 맺었다는 사실이 드러나 진해로 귀양을 갔다. 이곳에서 어보를 만들기 시작해 3년 만인 1803년에 《우해이어보》를 완성했다. 김려는 책 머리글에서 이 책을 쓴 까닭을 적어 놓았다.

> 우해는 진해의 다른 이름이다. 내가 진해에 온 지도 벌써 이 년이 지났다. 섬들이 가깝고 대문이 바다와 닿아 있는 곳에 살면서, 뱃사람이나 어부들과 서로 허물없이 지내다 보니 물고기와 조개들도 좋아하게 되었다. 세 들어 사는 주인집에 작은 배 한 척과 겨우 몇 글자 밖에 모르는 열한두 살 된 어린아이가 있었다. 날마다 아침마다 짧은 대바구니와 낚싯대 하나를 가지고 어린아이에게 차 끓이는 도구를 챙기게 해서 노를 저어 바다로 나갔다. 사시사철 한결같이 높은 파도와 거친 바닷바람을 뚫고 가깝게는 몇 리 떨어진 바다로, 멀게는 수십 리, 수백 리 떨어진 바다로 나가서 며칠 밤을 새우고 돌아왔다.
>
> 고기를 잡는 일에 마음을 두지 않고 다만 날마다 듣지 못하던 것들을 듣고, 보지 못하던 것들을 보는 것을 기쁨으로 삼았을 뿐이다. 생김새가 이상야릇하고 별난 물고기들이 셀 수 없이 많아서, 그제야 바닷속에 들어 있는 것들이 뭍에 있는 것보다 많고, 바다 생물이 땅에 사는 생물보다 많음을 알게 되었다. 그래서 드디어 한가한 때에 그들 가운데 책에 써 놓을 만한 것들을 골라 생김새와 색깔, 성질, 맛 따위를 적어 두었다.
>
> 그러나 농어, 잉어, 자가사리, 상어, 방어, 연어, 민어, 오징어처럼 사람들이 모두 알고 있는 물고기나 바다코끼리(海馬), 바다소(海牛), 물개(海狗), 돌고래(海猪), 해양(海羊)같이 물고기와 관계없는 것들과, 아주 작고 쓸모가 없어서 이름을 지을 수 없는 것들, 그리고 비록 정확한 이름이 있더라도 그 뜻을 알 수 없어서 다른 나라 말처럼 알아들을 수 없는 것들은 모두 빼고 적지 않았다. 이제 한 권으로 모두 묶일 만큼 되어서 잘 옮겨 적어 《우해이어보(牛海異魚譜)》라고 이름 지었다. 뒷날 성은을 입어 살아서 돌아가면 농사꾼과 나무꾼들과 논밭에 물대고 김매는 짬에 이곳에서 살던 이야기를 들려주고, 저녁 무렵에 이야깃거리로 두루 쓰려고 이 책을 썼다. 배움이 넓고 깊은 사람들에게 도움이 될 만한 것들은 없다.

머리글에 쓴 것처럼 김려는 정약전과 달리 다른 사람에게 도움이 되는 책보다 뒷날에 이야깃거리로 삼을 마음으로 책을 썼다. 그래서 책에는 물고기마다 '우산잡곡(牛山雜曲)'이라는 시(詩)를 한 편씩 써 놓았다. 우산잡곡은 물고기를 잡고 살아가는 진해 사람들 사는 모습을 써 놓은 것이다. 도다리(지금은 문치가자미)에 대한 글을 보면 다음과 같다.

> 도다리
> 도달어도 가자미 종류다. 눈이 나란히 붙었고 등은 아주 검다. 맛은 달고 좋으며 구워 먹으면 맛이 아주 좋다. 이 도다리는 가을이 지나면 비로소 살이 찌기 시작해서, 큰 것은 3~4자쯤 된다. 그래서 이곳 사람들은 '가을도다리'라고도 하고, '서리도다리'라고도 한다. 그래서 나는 우산잡곡을 이렇게 지었다.
>
> *단풍은 붉게 지고 국화도 벌써 노랗다*
> *복숭아 익어 가고 감귤도 향기롭다*
> *동쪽 물가 어부 새벽부터 시끌벅적*
> *새로 잡은 도다리가 몇 자나 될까*

## 근대 물고기 연구

우리나라 물고기를 린네가 제안한 학명과 분류법으로 맨 처음 연구한 사람은 독일 사람인 헤르첸슈타인(Herzenstein)이다. 그는 1892년 우리나라 풍동(지금 충청북도 충주) 지방에서 잡은 돌고기(*Pungtungia herzi*)와 납지리(*Acheilognathus coreanus*)를 새로운 종으로 학계에 알렸다. 그 뒤로 여러 외국 학자와 일본 학자들이 우리나라 물고기를 연구하기 시작했다.

1905년에 미국 물고기 연구자인 조던(Jordan)과 스타크(Stark)는 우리나라 물고기 71종을 발표하고, 1913년에는 조던(Jordan)과 메츠(Metz)가 물고기 254종을 기록하였다. 일본이 우리나라를 손에 넣기 시작하는 1908년부터 1911년까지 조선총독부는 《조선수산지》를 만들었다. 《조선수산지》에는 우리나라 바다와 강하천을 14개 지역으로 나누었다. 그리고 지역마다 나는 물고기와 조개, 바다풀 같은 해산물 잡는 곳, 잡는 때, 잡는 방법, 먹는 방법을 써 놓았다.

일본이 우리 땅을 손에 넣은 뒤로 일본 물고기 연구자인 모리 다메조는 1920년부터 우리나라 물고기를 샅샅이 찾아내 우리나라 물고기 824종 목록을 발표하였고, 1939년 우치다 게이타로는 우리나라 민물고기 80종을 찾아내 생김새와 사는 모습을 꼼꼼히 관찰하고 《조선어류지》라는 책을 펴냈다.

해방이 된 뒤로 우리나라 물고기 연구자인 정문기 박사는 모리 박사가 발표한 우리나라 물고기 목록과 그때까지 연구된 물고기 자료를 모두 모아 《한국어보》(1954)와 《한국동식물도감 어류 편》(1961)을 펴냈고, 그 뒤로 《한국어도보》(1977)를 펴내 우리나라에 사는 물고기 872종 생김새와 사는 모습, 지역에서 부르는 이름, 사는 곳을 적어 놓았다.

그 뒤로 1989년에 한국어류학회가 세워지고 우리나라에 사는 물고기들을 더 찾아내서 《한국동물명집》(1997)에 물고기 935종을 실었고, 《한국산어명집》(2000)에 1038종을 실었다. 2005년에 펴낸 《한국어류대도감》에는 우리나라 민물과 바다에 사는 물고기 1085종이, 2018년에 펴낸 《국가해양수산생물종목록집》에는 1179종이 실려 있다.

2장

지구와 생명

우리가 사는 지구

넓고 깜깜한 우주에서 파랗게 빛나는 별이 바로 지구다. 45억 년 전쯤에 지구가 생겼다. 처음 지구가 생겼을 때는 어떤 생명도 살 수 없는 별이었다. 하지만 지금은 수없이 많고 많은 별 가운데 오직 지구만이 수많은 생명을 품고 있다. 아직까지 다른 별에서 우리 지구와 같은 생명체를 찾지 못했다. 지구 전체 표면적은 5억km²쯤 된다. 그 가운데 3.6억km²가 물로 덮여 있고, 그 물에 50%쯤은 태평양에 있다. 이렇게 지구는 땅보다 물에 더 많이 덮여 있는 별이라고 할 수 있다.

## 지구에 사는 수많은 생명

우리 지구에는 수많은 생명들이 산다. 땅에는 셀 수 없이 많은 벌레와 개구리와 뱀과 새와 짐승 들이 살고, 물에는 물고기와 조개와 게와 새우와 바다짐승 들이 산다. 나무와 풀도 자라고, 눈에 안 보이는 작은 미생물도 있다. 지구에는 천만 종이 넘은 생명들이 살고 있고, 지금도 새로운 종들이 발견되고 있다.

아주 오래전에 바다에서 생명이 태어나 오랜 시간 동안 진화를 거듭했다. 이런 생명들 가운데 바다에서 등뼈가 있는 물고기가 나타났고, 물고기는 땅으로 올라와 네 발을 가진 양서류, 파충류, 조류, 포유류 같은 동물들로 진화했다. 이렇게 등뼈가 있는 여러 가지 동물 가운데 물고기는 다른 등뼈 동물들보다 그 종 수가 훨씬 많다.

현재 지구에 살고 있는 물고기는 34000종쯤 알려져 있으며 이 가운데 12000종쯤이 민물고기다. 물고기는 전체 척추동물에 41%쯤을 차지한다. 다른 척추동물인 양서류가 2500종쯤, 파충류가 6000종쯤, 새가 8600종쯤, 포유류는 4500종쯤 된다. 그래서 물고기는 다른 척추동물들보다 훨씬 많은 종을 포함하고 있다. 우리나라 강, 호수나 바다에 살고 있는 물고기는 지금까지 1200종쯤 알려졌다. 이 가운데 200종쯤은 민물에서 살고, 나머지 1000종쯤은 우리나라 바다에서 살고 있다.

등뼈가 있는 척추동물 53600종쯤

개구리, 뱀, 새, 짐승 21600종쯤

물고기 34000종쯤

## 물고기는 어디에 살고 있을까?

지구 겉은 땅과 바다로 나뉘었다. 바다는 땅보다 두 배는 더 넓다. 바다는 넓기도 하지만 깊기도 하다. 땅은 평균 높이가 840m이지만, 바다는 평균 깊이가 3700~3800m쯤 된다. 민물이 땅을 흘러 내려와 넓은 바다로 모인다. 지구에 있는 물은 거의 다 바다에 있다. 바닷물 다음으로 빙하가 많은 물을 가지고 있다.

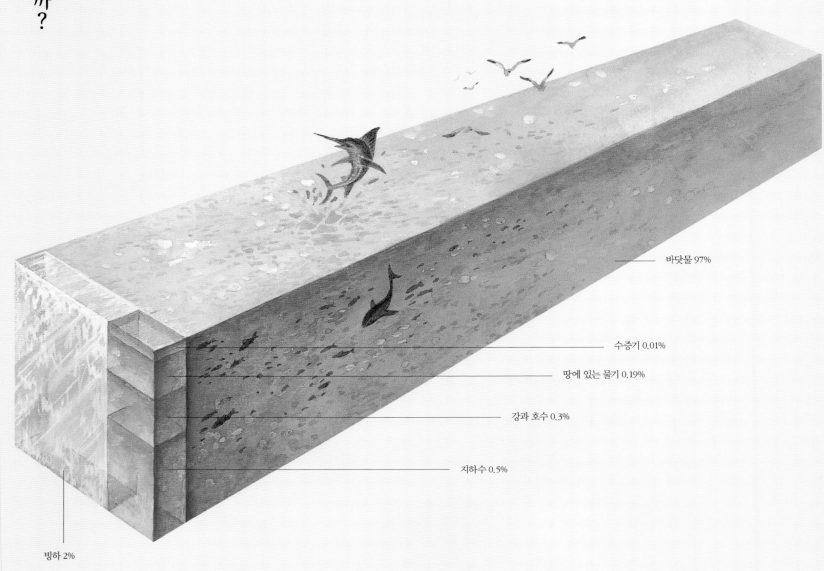

바닷물 97%

수증기 0.01%

땅에 있는 물기 0.19%

강과 호수 0.3%

지하수 0.5%

빙하 2%

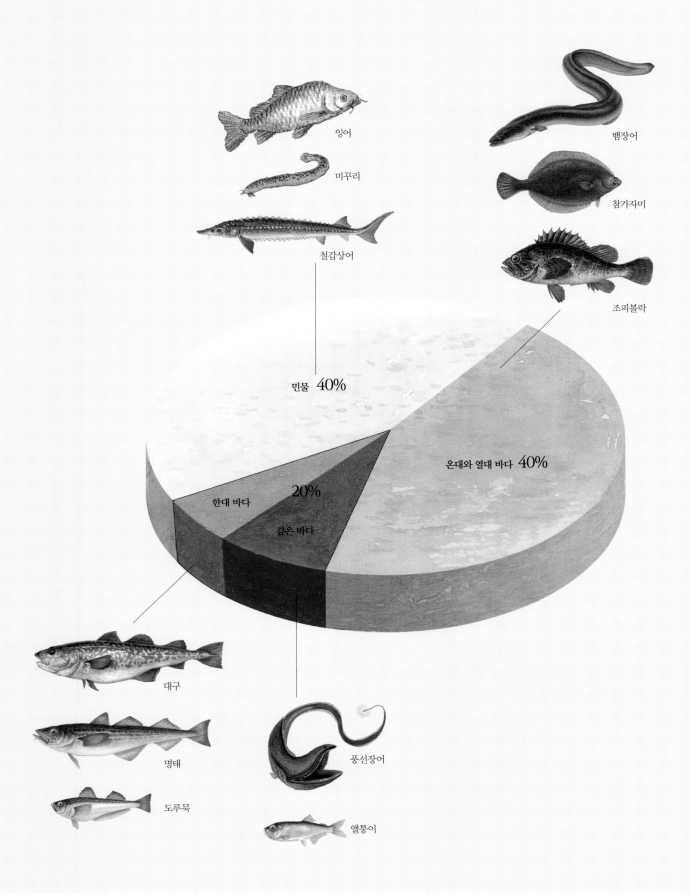

물고기는 말 그대로 물에 사는 고기라는 뜻이다. 민물에는 민물고기가 살고, 바다에는 바닷물고기가 산다. 물고기 열 마리 가운데 여섯 마리는 바다에 산다. 바닷물고기는 추운 바다에도 살고, 뜨겁거나 따뜻한 바다에도 살고, 깊은 바다에도 살고, 얕은 바닷가에도 산다. 바닷물 온도와 깊이에 따라 사는 모습과 생김새가 사뭇 다르다. 민물고기는 강이나 시냇물, 골짜기, 호수처럼 짜지 않은 민물에서만 산다. 짠물에서는 못 산다. 하지만 물고기 가운데 바다와 강을 오가는 물고기도 있다. 깊은 바다나 사람이 손을 안 댄 강과 바다에는 아직도 우리가 모르는 물고기들이 많이 살고 있을 것이다.

잉어

뱀장어

미꾸리

참가자미

철갑상어

조피볼락

민물 40%

온대와 열대 바다 40%

20%

한대 바다

깊은 바다

대구

명태

풍선장어

도루묵

앨퉁이

수많은 물고기는 저마다 가지고 있는 몸 생김새와 성질이 다르다. 그래서 물고기 한 종 한 종을 분류하기 위해서 저마다 가지고 있는 특징을 찾아낸다. 이러한 일을 '동정'이라고 한다. 이렇게 동정한 물고기들을 같은 특징이 있는 무리로 묶어서 분류를 한다. 이렇게 분류해서 무리를 묶으면 서로 닮은 물고기끼리 한 무리로 묶인다. 이렇게 묶어서 분류를 하면 물고기에 대해서 더 잘 살펴볼 수가 있다. 또 이렇게 분류한 뒤 옛날 물고기 화석과 비교해 보면 물고기가 어떻게 진화해서 갈라졌는지도 알 수 있다.

물고기는 크게 턱이 있는 물고기와 턱이 없는 물고기로 나눈다. 턱이 있는 물고기는 다시 뼈가 물렁물렁한 물고기와 뼈가 단단한 물고기로 나눈다.

## 턱이 없는 물고기

먹장어와 칠성장어는 턱이 없다. 턱이 없으니까 사람처럼 입을 위아래로 벌렸다 닫았다 하지 못한다. 한자말로 '무악어류'라고 한다. 입이 동그랗거나 빨판처럼 생겨서 다른 물고기 몸에 착 달라붙거나 살을 파고든다. 또 뼈가 물렁물렁하다.

칠성장어

먹장어

묵꾀장어

## 턱이 있는 물고기

사람처럼 턱이 있는 물고기다. 그래서 입을 위아래로 여닫는다. 한자말로 '유악어류'라고 한다.

**뼈가 물렁물렁한 물고기** 가오리 무리나 상어 무리 같은 물고기는 뼈가 물렁물렁하다. 한자말로 '연골 어류'라고 한다.

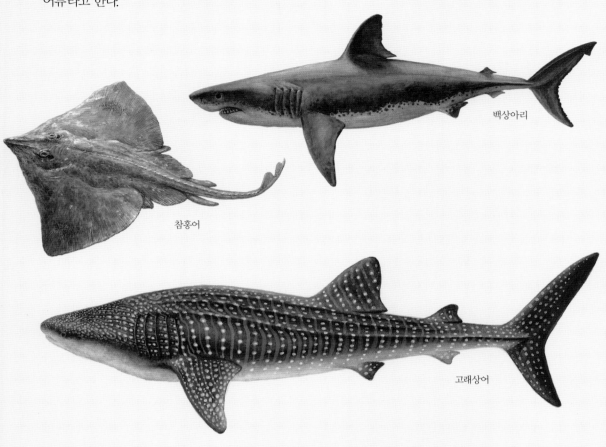

참홍어

백상아리

고래상어

**뼈가 단단한 물고기** 참조기나 고등어나 복어나 갈치 같은 물고기는 뼈가 단단하다. 한자말로 '경골어 류'라고 한다. 바닷물고기는 대부분 뼈가 단단한 물고기다.

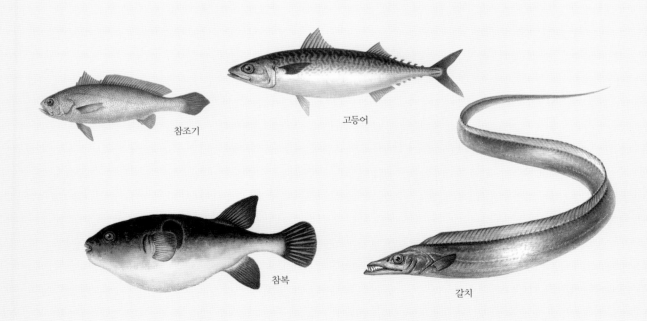

참조기

고등어

참복

갈치

3장
—
진
화

# 바닷물고기는 언제 나타났을까?

지구에서 맨 처음 생명이 태어난 곳은 바다다. 지구에 물이 생긴 때는 40억 년 전쯤이다. 35억 년쯤에 처음으로 바다에서 생명이 태어났다. 처음으로 생겨난 생명체는 지금으로 말하면 감기를 옮기는 박테리아 같은 모습이었다. 시간이 지나면서 점점 구조가 복잡해지고 덩치가 커졌다. 그러다가 5억 년 전쯤인 캄브리아기에 갑자기 여러 가지 생김새를 띤 생명체들이 수없이 많이 나타났다. 그래서 이때를 '캄브리아기 대폭발'이라고 한다. 이때 나타난 동물들은 아직 등뼈가 없는 동물들이었다. 그러다가 등뼈가 있는 동물 조상인 '밀로쿤밍기아'와 '하이코익시스'가 5억 3천만 년 전쯤에 나타났다. 그 뒤로 진화를 거듭해서 물고기 조상들이 5억 년 전쯤에 나타나기 시작했다. 사람들 직계 조상인 '호모 에렉투스'는 겨우 180만 년 전쯤에 나타났다. 그러니까 사람이 나타나기 훨씬 전부터 물고기들이 살고 있었다.

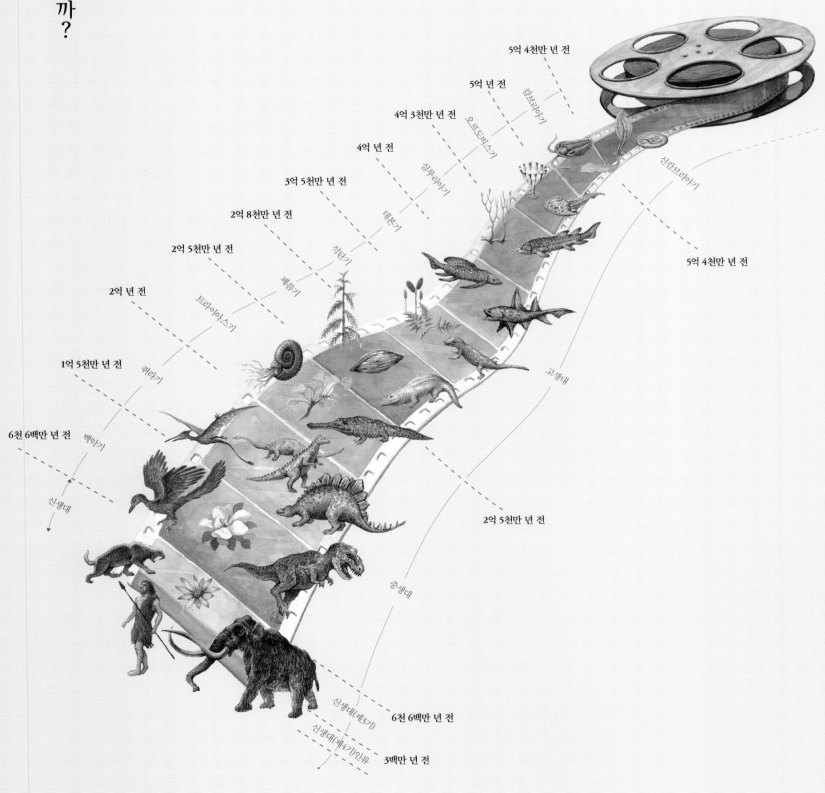

5억 4천만 년 전
5억 년 전
4억 3천만 년 전
4억 년 전
3억 5천만 년 전
2억 8천만 년 전
2억 5천만 년 전
2억 년 전
1억 5천만 년 전
6천 6백만 년 전

캄브리아기
오르도비스기
실루리아기
데본기
석탄기
페름기
트라이아스기
쥐라기
백악기

신생대

선캄브리아기
5억 4천만 년 전
고생대
중생대
2억 5천만 년 전
6천 6백만 년 전
신생대(제3기)
신생대(제4기)인류
3백만 년 전

지금 세상에 있는 모든 물고기는 먼 옛날 한 물고기에서 갈라져 나왔다. 지금부터 4억 년 전 데본기 때를 어류 시대라고 한다. 지금 물고기와 생김새가 딴판인 물고기가 바닷속에 드글드글했다. 물고기들은 이때부터 턱과 지느러미와 몸 비늘과 부레처럼 오늘날 볼 수 있는 모습을 하나하나 갖추기 시작했다. 아주 오랜 시간 동안 모습이 바뀌어서 지금 물고기 모습이 됐다.

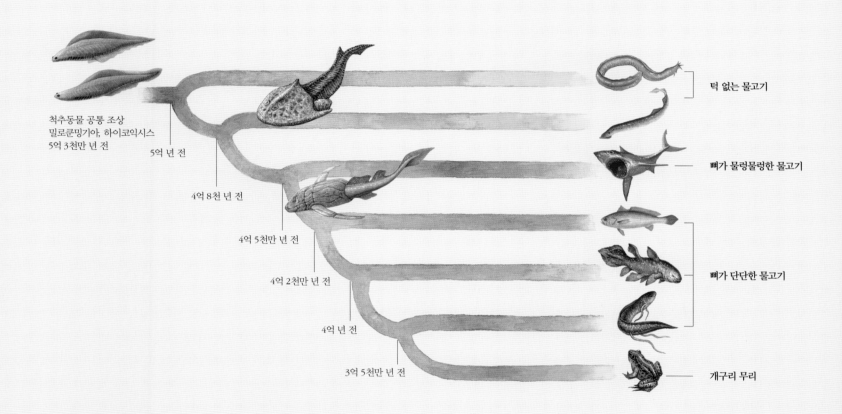

척추동물 공통 조상
밀로쿤밍기아, 하이코익시스
5억 3천만 년 전

5억 년 전

4억 8천 년 전

4억 5천만 년 전

4억 2천만 년 전

4억 년 전

3억 5천만 년 전

턱 없는 물고기

**뼈가 물렁물렁한 물고기**

**뼈가 단단한 물고기**

개구리 무리

물고기는 처음 나타났을 때랑 지금이랑 생김새가 딴판이다. 이렇게 세월이 흐르면서 생김새가 달라지고 바뀌어 가는 것을 한자말로 '진화'라고 한다. 진화를 거치면서 아예 사라지는 물고기도 있고 생김새가 바뀌면서 지금까지 살아남은 물고기도 있고, '실러캔스'라는 물고기처럼 옛날 모습 그대로 지금까지 살아남은 물고기도 있다. 땅속에 묻힌 화석을 캐내서 옛날에 어떤 물고기들이 살았는지 하나둘 알아냈다.

밀로쿤밍기아

하이코익시스

갑주어류

### 밀로쿤밍기아와 하이코익시스

모든 등뼈가 있는 동물 조상이다. 5억 3천만 년 전 고생대 캄브리아기에 살았다. 밀로쿤밍기아와 하이코익시스가 진화를 거듭하면서 지금 물고기들이 생겼다.

### 갑주어류

고생대 오르도비스기에 처음 나타난 물고기는 딱딱한 뼈가 몸을 감싸고 있었다. 뼈가 단단하고 울퉁불퉁 튀어나와서 몸을 지키는 갑옷 구실을 했다. 그래서 한자말로 '갑주어'라고 한다. 이 뼈가 나중에 물고기 비늘로 바뀐다. 갑주어는 턱이 없어서 먹이를 물거나 씹지 못한다. 턱이 없다고 한자말로 '무악어'라고 한다. 그냥 입을 헤벌리고 느릿느릿 바닥을 헤엄쳐 다니면서 플랑크톤이나 바닥에 사는 작은 생물이나 유기물을 빨아들여 먹은 것 같다. 갑주어류는 턱이 있는 물고기가 나타나면서 고생대 데본기 말에 지구에서 사라졌다.

판피어류

극어류

## 판피어류

고생대 실루리아기가 끝날 무렵에 턱이 있는 물고기가 나타났다. 턱으로 입을 벌려서 먹이를 먹거나 씹을 수 있었다. 아직까지 몸이 딱딱한 껍데기로 덮여 있어서 한자말로 '판피어류'라고 한다. 나중에 나타난 홍어나 상어처럼 뼈가 물렁물렁한 물고기 조상으로 추정된다.

## 극어류

고생대 데본기에 턱이 있는 물고기 가운데 꼬리만 빼고 모든 지느러미에 굵은 가시가 달린 물고기가 나타난다. 판피어류보다 겉껍질이 한결 가벼워서 헤엄도 더 잘 쳤다. 오늘날 뼈가 단단한 물고기 조상과 가장 가까웠던 무리다.

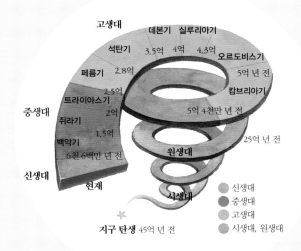

고생대
데본기  실루리아기
석탄기  3.5억  4억  4.3억  오르도비스기
페름기  2.8억
5억 년 전
2.5억
칸브리아기
중생대  트라이아스기  2억
5억 4천만 년 전
쥐라기  1.5억
25억 년 전
백악기  6천 6백만 년 전
원생대
신생대
현재  시생대

지구 탄생 45억 년 전

● 신생대
● 중생대
● 고생대
● 시생대, 원생대

# 뼈가 물렁물렁한 물고기 진화

뼈가 물렁물렁한 물고기를 한자말로 '연골어류'라고 한다. 상어 무리와 가오리 무리가 가장 잘 알려진
연골어류다. 판피어류가 여러 번 진화해서 연골어류가 되었다.

**고대 상어류**
**(고생대 데본기 말기~중생대 트라이아스기)**
상어와 가오리 조상이다. 요즘 상어랑 많이 닮았다.

**판피어류 (고생대 실루리아기~페름기)**
뼈가 물렁물렁한 물고기 조상이다.

**은상어류 (고생대 데본기~현재)**
몸에서 은빛이 난다고 은상어다. 아주 옛날부터 모습이
바뀌지 않고 지금까지 살고 있다.

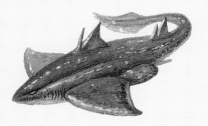

## 상어와 가오리 중간 종
**(중생대 쥐라기 말기~백악기)**
상어와 가오리를 합쳐 놓은 모습이다. 나중에 가오리가
된다.

## 가오리 무리
지금 살고 있는 가오리다. 몸이 넓적하고 납작하다.
눈이 등 쪽에 있다.

## 상어 무리
등지느러미가 우뚝 솟고, 가슴지느러미가 새 날개처럼
쫙 펴진다. 이빨도 날카롭다.

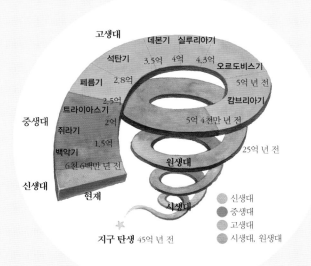

## 뼈가 단단한 물고기 진화

우리가 보는 많은 물고기는 단단한 뼈와 가시가 있다. 뼈가 단단한 물고기라고 한자말로 '경골어류'라
고 한다. 몸에 가시가 난 극어류와 비슷했던 무리가 진화해서 여러 물고기로 나뉘어졌다. 경골어류는
연골어류와 달리 관절이 있어서 섬세하고 부드러운 움직임이 가능한 지느러미를 가졌다. 경골어류는
다양한 서식처에서 진화하면서 번성하였다.

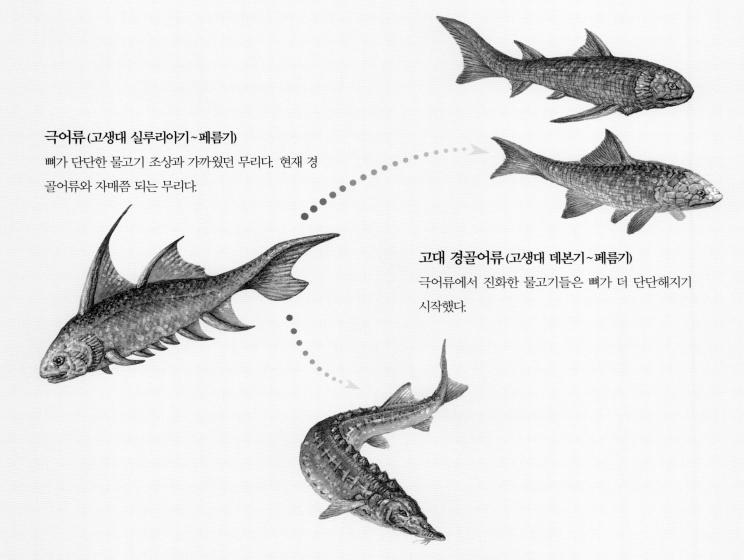

**극어류 (고생대 실루리아기~페름기)**
뼈가 단단한 물고기 조상과 가까웠던 무리다. 현재 경
골어류와 자매쯤 되는 무리다.

**고대 경골어류 (고생대 데본기~페름기)**
극어류에서 진화한 물고기들은 뼈가 더 단단해지기
시작했다.

**철갑상어 (고생대 실루리아기~현재)**
입에 수염이 났고 몸이 단단한 비늘로 덮여 있다. 뼈가
단단한 물고기 가운데 가장 오랫동안 살아남았다.
지금도 살고 있다.

## 실러캔스 (고생대 데본기~현재)

실제로 보면 사람만큼 몸집이 크다. 아주 오랜 옛날부터 지금까지 옛 모습 그대로 살아남았다. 그래서 '살아 있는 화석'이라고 한다.

## 뼈가 단단한 물고기 무리 (중생대 백악기~현재)

중생대 백악기 때부터 신생대까지 지금 볼 수 있는 물고기가 모두 나타났다.

## 폐어류 (고생대 데본기~현재)

땅으로 올라와 숨을 쉴 수 있는 물고기다. 땅에 사는 동물처럼 몸에 허파를 가지고 있어서 숨을 쉴 수 있기 때문에 바다와 육지 양쪽에서 살 수 있었다.

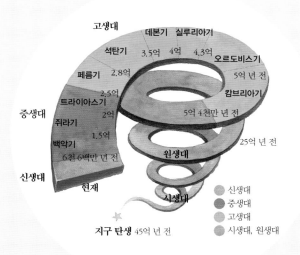

# 4장

## 생김새

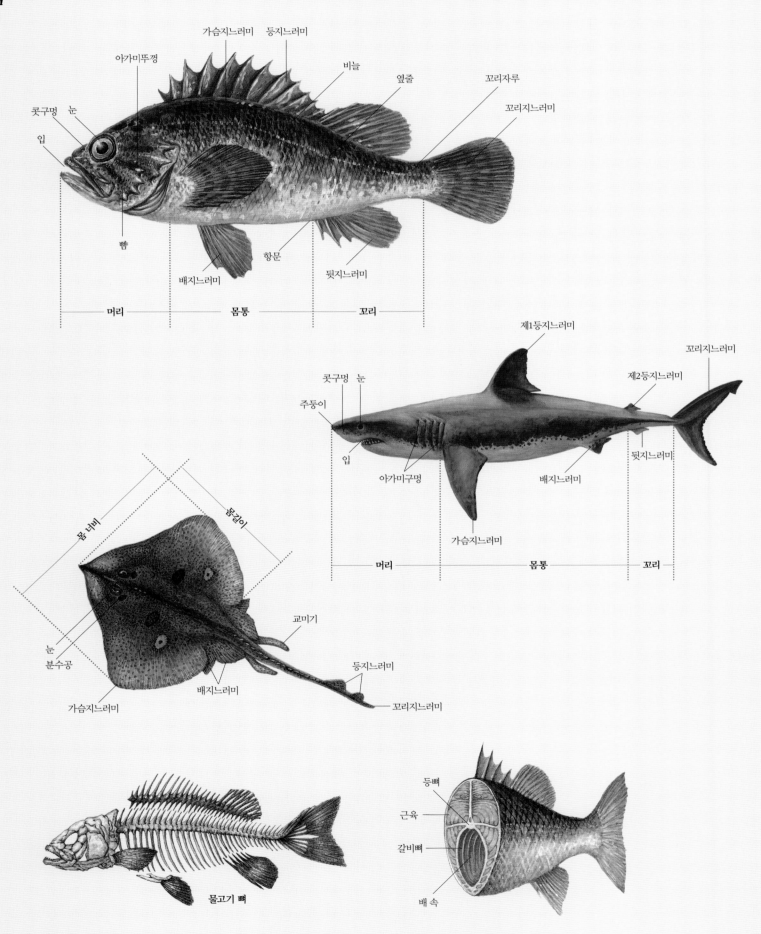

**몸 구석구석 이름**

사람마다 얼굴이나 몸 생김새가 저마다 다른 것처럼, 물고기도 저마다 생김새가 다르다. 하지만 눈, 코, 입, 손, 발같이 사람 몸 여기저기를 가리키는 이름이 다 있는 것처럼, 물고기 몸도 요기조기마다 가리키는 이름이 있다. 물고기는 물에서 살면서 진화했기 때문에 다른 동물과 다르게 생겼다. 물속에서 숨을 쉬는 아가미와 몸 여기저기에 지느러미가 있다.

아가미뚜껑
가슴지느러미  등지느러미
비늘
옆줄
꼬리자루
꼬리지느러미
콧구멍  눈
입
뺨  항문  뒷지느러미
배지느러미
머리  몸통  꼬리

제1등지느러미
꼬리지느러미
콧구멍  눈
제2등지느러미
주둥이
입
아가미구멍  배지느러미  뒷지느러미
가슴지느러미
머리  몸통  꼬리

몸 너비  몸 길이
교미기
눈
분수공  등지느러미
배지느러미
가슴지느러미  꼬리지느러미

물고기 뼈

등뼈
근육
갈비뼈
배 속

# 몸 생김새

물고기는 종마다, 사는 곳에 따라 몸 생김새가 달라진다. 하지만 물고기 몸을 크게 다섯 가지로 나누어 볼 수 있다. 몸이 날씬한 물고기, 옆으로 납작한 물고기, 위아래로 납작한 물고기, 뱀처럼 긴 물고기, 몸이 뚱뚱한 물고기로 나눌 수 있다. 물고기 생김새를 보면 어디에 사는지, 어떻게 먹는지, 어떻게 헤엄치는지 따위를 헤아려 볼 수 있다. 거꾸로 생각하면 물고기는 자기가 사는 환경에 딱 알맞은 생김새를 가지고 있다.

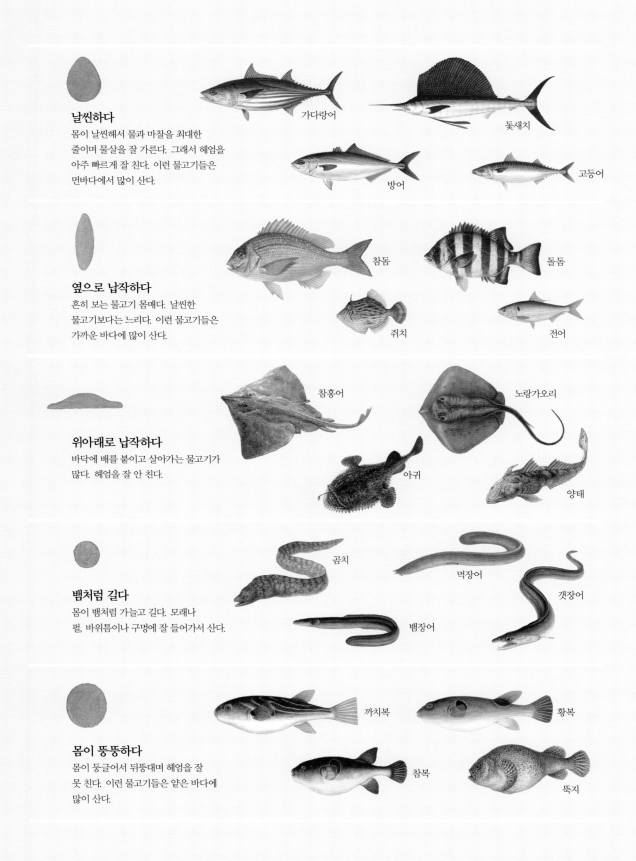

**날씬하다**
몸이 날씬해서 물과 마찰을 최대한 줄이며 물살을 잘 가른다. 그래서 헤엄을 아주 빠르게 잘 친다. 이런 물고기들은 먼바다에서 많이 산다.

가다랑어
돛새치
방어
고등어

**옆으로 납작하다**
흔히 보는 물고기 몸매다. 날씬한 물고기보다는 느리다. 이런 물고기들은 가까운 바다에 많이 산다.

참돔
돌돔
쥐치
전어

**위아래로 납작하다**
바닥에 배를 붙이고 살아가는 물고기가 많다. 헤엄을 잘 안 친다.

참홍어
노랑가오리
아귀
양태

**뱀처럼 길다**
몸이 뱀처럼 가늘고 길다. 모래나 뻘, 바위틈이나 구멍에 잘 들어가서 산다.

곰치
먹장어
갯장어
뱀장어

**몸이 뚱뚱하다**
몸이 둥글어서 뒤뚱대며 헤엄을 잘 못 친다. 이런 물고기들은 얕은 바다에 많이 산다.

까치복
황복
참복
뚝지

# 눈

물고기는 눈이 한 쌍 있다. 눈에는 색깔과 밝고 어두움을 느낄 수 있는 세포가 있다. 뭍에 사는 동물 눈과 크게 다르지 않지만 눈꺼풀이 없고 홍채가 움직이지 않는다. 작은 물고기를 잡아먹기 위해 빠르게 물낯을 헤엄치는 다랑어나 방어 같은 물고기와 물 바닥에서 살거나 어둡고 깊은 바다에서 사는 물고기는 커다란 눈을 가지고 있다. 먹장어는 눈이 살갗 아래 묻혀 있어서 앞을 못 본다.

사람은 눈꺼풀이 있어서 눈을 깜박깜박 한다. 하지만 거의 모든 물고기는 눈꺼풀이 없어서 눈을 감을 줄 모른다. 잠도 눈을 뜨고 잔다. 눈물도 안 흘린다. 숭어나 정어리 같은 물고기는 눈꺼풀 대신 얇고 투명한 기름눈꺼풀이 덮여 있기도 하다. 별상어나 흉상어 같은 상어는 사람 눈꺼풀처럼 깜박일 수 있는 깜박꺼풀을 가지고 있다.

거의 모든 물고기는 몸 양쪽에 눈이 붙어 있다. 사람과 달리 두 눈이 앞쪽으로 향해 있지 않고 옆으로 떨어져 있어서 서로 다른 곳을 본다. 귀상어 같은 물고기는 눈이 양쪽으로 아주 멀리 떨어져 있다. 넙치나 도다리 같은 물고기는 눈이 몸 한쪽으로 쏠려 있다.

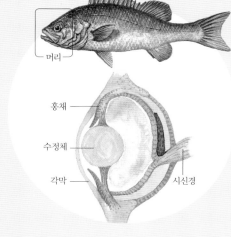

머리

홍채

수정체

각막

시신경

**전기가오리와 홍어 눈** 눈에 무늬가 있거나 덮개가 있어서 눈을 보호한다.

**두톱상어와 별상어 눈** 두톱상어나 별상어처럼 작은 상어는 어두운 곳에서도 잘 볼 수 있다. 눈 가장 안쪽에 은빛 판이 있어서 빛을 모아 준다.

**귀상어** 눈이 머리 양쪽 멀리 떨어져 있다.

**참돔** 많은 물고기가 참돔 눈처럼 생겼다. 눈 가운데가 볼록하게 튀어나왔다.

**별상어** 눈꺼풀 같은 깜박꺼풀이 있어서 사람처럼 눈을 깜박일 수 있다. 먹이 사냥을 할 때 눈을 보호해 준다.

**먹장어** 눈이 없어서 앞을 못 본다. 낮인지 밤인지만 안다.

**숭어** 눈에 투명한 기름눈꺼풀이 있다. 정어리나 고등어나 전갱이도 기름눈꺼풀이 있다.

**넙치** 눈이 몸 한쪽으로 쏠렸다. 어릴 때는 여느 물고기처럼 몸 양쪽에 눈이 있다.

# 콧구멍

물고기는 사람처럼 코가 우뚝 안 솟고 그냥 구멍만 뻥 뚫렸다. 콧구멍이 두 개 있기도 하고, 하나만 있거나, 네 개 있기도 하다. 사람은 코로 숨을 쉬지만 물고기는 콧구멍이 입과 안 이어지기 때문에 숨을 안 쉰다. 그냥 주머니처럼 옴폭 파여서 물속에서 냄새를 맡는다. 코에는 국화꽃처럼 생긴 냄새 맡는 세포가 있다. 아주 멀리서 나는 냄새도 잘 맡는다. 눈이 작은 뱀장어는 오로지 냄새를 맡고 먹이를 찾는다. 먹장어는 코와 입이 이어져 있다.

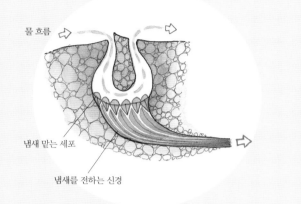

물 흐름

냄새 맡는 세포

냄새를 전하는 신경

**참조기와 농어** 주둥이 양쪽 눈 앞에 콧구멍이 두 개씩 모두 네 개 있다.

**칠성장어** 눈 앞에 콧구멍이 하나 있다.

**까치상어와 홍어** 배 쪽에 콧구멍이 두 개 있다.

**날치** 입 위쪽 양쪽 눈 앞에 콧구멍이 하나씩 모두 2개 있다.

물고기는 손발이 없다. 모든 먹이는 입으로 잡아먹는다. 그래서 주둥이는 먹이를 잘 잡아먹을 수 있게 생겼다. 물고기마다 주둥이 위치와 크기, 생김새를 보면 어디에 살면서 어떻게 먹이를 잡아먹는지 짐작할 수 있다.

물낯을 빠르게 헤엄치면서 먹이를 잡아먹는 고등어나 전갱이, 방어 같은 물고기는 머리 앞에 있는 주둥이가 위아래로 열리거나 비스듬히 열린다. 하지만 상어나 가오리, 성대, 철갑상어처럼 바닥에 있는 먹이를 먹는 물고기는 입이 주둥이 아래쪽에 있다. 아귀처럼 바닥에 앉아 눈앞에 있는 먹이를 한입에 삼키는 물고기는 입이 아주 크고 위쪽을 향해 열려 있다. 작은 새끼 물고기 따위를 잡아먹는 준치 같은 물고기는 입이 아주 빠르게 앞쪽으로 튀어나올 수 있다. 깃대돔이나 나비고기 같은 물고기는 주둥이가 뾰족하게 튀어나와서 좁은 바위틈에 사는 먹이를 쏙쏙 잘 잡아먹는다. 먹장어나 칠성장어 같은 물고기는 주둥이가 따로 없다.

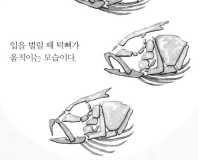

입을 벌릴 때 턱뼈가
움직이는 모습이다.

**나비고기** 주둥이가 톡 튀어나왔다.
좁은 틈에 사는 먹이도 잘 잡아먹는다.

**준치** 주둥이가 앞으로 쭉 길게 뻗어 나온다.
작은 먹이를 잡을 때 쏜살같이 내민다.

어름돔

동갈돗돔

입술이 두툼해서 꼭 사람 입처럼 생겼다.
바닥에 사는 먹이를 잡아먹는다.

먹장어

칠성장어

주둥이가 없고 입이 빨판처럼 동그랗다.
남 몸에 입을 딱 붙이고 살을 파먹는다.

**청대치** 주둥이가 대롱처럼 길게 튀어나왔다.

**쥐가오리** 쥐가오리는 커다란 입을 크게
벌리고 헤엄치면서 작은 플랑크톤을 걸러
먹는다.

**아귀** 바닥에 딱 붙어 먹이를 잡기
때문에 입이 위쪽으로 열린다.

돛새치

성대

학공치

입이 꼬챙이처럼 길다. 긴 부리로
먹잇감을 몰아서 잡아먹는다.

노랑촉수

노랑가오리

입이 주둥이 아래에 있어서 바닥이나 아래에 있는
먹이를 잡아먹는다.

# 이빨

많은 물고기들은 아래위로 이빨이 나 있다. 물고기들은 사람처럼 먹이를 잘근잘근 씹기보다 먹이를 물거나 자르거나 단단한 먹이를 부술 때 쓴다. 상어처럼 뾰족하기도 하고, 쥐치나 복어처럼 앞니가 튼튼하기도 하다. 한 줄로 나 있기도 하고, 여러 겹으로 겹겹이 나기도 한다. 또 사람과 달리 입천장과 혓바닥, 목구멍에도 이빨이 나 있다. 이빨이 난 곳에 따라 턱니, 입천장니, 혓바닥니, 목니라고 한다. 턱니는 다른 동물을 잡아먹는 물고기에 잘 나 있고, 플랑크톤을 먹는 물고기는 턱니가 없거나 보잘것없이 난다. 턱니는 생김새에 따라 송곳니, 원뿔니, 앞니, 어금니로 나눌 수 있다. 송곳니는 물고기나 새우, 게 따위를 잡아서 끊어 먹는 상어 같은 물고기한테서 잘 보인다. 상어 송곳니는 가장자리에 톱니가 나 있기도 하다. 가다랑어나 삼치는 원뿔니가 잘 발달했다. 참돔이나 감성돔 같은 물고기는 송곳니와 함께 어금니가 잘 발달했다. 송어나 연어는 입천장니와 혓바닥니가 잘 나 있고, 잉어나 붕어 같은 물고기는 목니가 잘 발달했다. 해마나 실고기처럼 이빨이 없는 물고기도 있다. 깊은 바다에 사는 몇몇 물고기는 한번 잡은 먹이를 놓치지 않으려고 이빨이 아주 크고 날카롭고 억세다. 먹장어는 동그란 입에 이빨이 나 있는 인두를 가지고 있고 앞으로 튀어나올 수 있다. 전어나 멸치, 정어리 같은 물고기는 이빨이 흔적만 남았다.

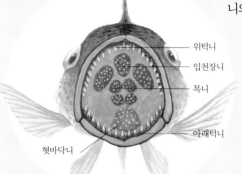

위턱니
입천장니
목니
아래턱니
혓바닥니

**쥐치** 쥐치는 이빨이 아주 날카롭고 튼튼하다.

**백상아리**
가장자리에 톱니를 가진 이빨이 송곳처럼 날카롭다. 먹이를 썩둑썩둑 자른다.

**갈치**

**칠성장어** 턱이 없어서 입이 빨판처럼 동그랗다. 입 위아래에 이빨이 있고 그 둘레에도 자잘한 이빨이 나 있다. 먹이 몸에 찰싹 달라붙어 이빨을 박고 피를 빨아 먹는다.

**해마** 이빨이 없다. 작은 플랑크톤이나 먹이를 호록호록 빨아 먹는다.

**감성돔** 튼튼한 송곳니랑 어금니가 여러 겹으로 겹쳐 난다. 아무거나 잘 잡아먹는다.

**황복** 튼튼한 앞니로 딱딱한 게나 새우를 씹어 먹는다.

# 아가미

사람은 입과 코로 숨을 쉬지만 물고기는 아가미로 숨을 쉰다. 아가미는 물속에서 숨을 쉬기 위해 물고기에게만 있는 기관이다. 숨을 쉬기 위해 물고기는 입으로 물을 들이켜고 아가미로 뱉어 낸다. 아가미에는 가느다란 털이 빗자루처럼 촘촘하게 나 있다. 이 털이 물속에 녹아 있는 산소를 빨아들여 숨을 쉰다. 또 아가미 안쪽으로 듬성듬성 난 '새파'라는 돌기로 플랑크톤처럼 작은 먹이를 걸러 낸다. 다른 물고기를 잡아먹는 물고기는 새파가 짧고, 플랑크톤을 걸러먹는 물고기는 새파가 길고 아주 촘촘하게 나 있다. 거의 모든 물고기는 아가미에 뚜껑이 있어서 숨을 쉬듯이 뻐끔거린다. 상어나 가오리 무리는 아가미뚜껑이 없이 그냥 살갗이 갈라져 있다. 칠성장어와 먹장어는 옆구리에 아가미구멍이 줄지어 뚫려 있다. 짱뚱어나 말뚝망둥어 같은 바닷물고기와 민물에 사는 미꾸라지나 가물치, 뱀장어는 살갗으로 숨을 쉬기도 한다. 또 바닥에 사는 상어나 가오리는 눈 뒤에 '분수공'이라는 구멍이 있다. 이 구멍으로 물을 빨아들여 아가미로 숨을 쉬기도 한다.

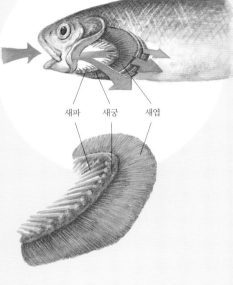

새파 새궁 새엽

새파 작은 먹이를 걸러 먹는다.
새궁 새파와 새엽이 붙어 있는 말랑말랑한 뼈다. 우리말로 '아가미활'이라고 한다.
새엽 물속에 녹아 있는 산소를 빨아들인다.

동갈돗돔 대부분 물고기는 아가미가 몸 양옆에 붙어 있다.

짱뚱어 물속에서는 아가미로 숨을 쉬고 물 밖에서는 살갗으로 숨을 쉰다. 그래서 물 밖을 돌아다닐 수 있다.

칠성장어
아가미뚜껑이 없고 아가미구멍이 몸 옆으로 뚫려 있다.

먹장어

쥐가오리

백상아리

돌묵상어

아가미뚜껑이 없다. 아가미가 세로로 네댓 줄 쭉 나 있다.

참홍어

아가미가 밑에 있다. 상어처럼 아가미뚜껑이 없고 아가미가 그냥 길쭉하게 나 있다. 또 눈 뒤에 분수공이 있다.

# 비늘과 살갗

물고기 살갗은 자기 몸을 지키기 위해서 비늘로 덮여 있다. 또 바깥에 있는 물과 몸속 체액 사이를 막아 삼투압 때문에 생기는 문제를 막아준다. 바닷물처럼 짠물에서는 삼투압 때문에 물고기 몸속 체액이 바깥으로 빠져나가려고 한다. 그래서 바닷물고기는 몸속에 모자란 물을 채우려고 입으로 바닷물을 많이 들이켜고, 진한 오줌을 싸서 몸속 체액이 밖으로 빠져나가는 것을 막는다. 민물에 사는 물고기는 체액이 민물보다 진해서 삼투압이 훨씬 높기 때문에 물이 몸속으로 줄곧 들어온다. 그래서 민물고기는 물을 많이 먹지 않고, 묽은 오줌을 많이 싸서 몸속 물을 빼낸다.

몸에 붙어 있는 비늘은 기왓장처럼 맞물려 붙어 있다. 비늘은 한 번 떨어져도 다시 난다. 또 비늘에는 나이를 먹을수록 나이테가 생긴다. 계절에 따라 자라는 속도가 달라서 나이테가 생긴다. 나이테를 세어 보면 물고기가 몇 살인지 알 수 있다. 비늘은 둥근비늘, 빗비늘, 방패비늘, 굳비늘로 나뉜다. 거의 모든 뼈가 물렁한 바닷물고기는 방패비늘을 가지고 있다. 진화가 덜 된 뼈가 단단한 물고기는 둥근비늘, 진화가 더 된 뼈가 단단한 물고기는 빗비늘을 가지고 있다. 상어 비늘에는 뾰족한 가시가 나 있어서 사포처럼 거칠거칠하다. 가시복처럼 비늘이 바늘처럼 바뀐 것도 있고, 뱀장어나 베도라치처럼 아예 비늘이 없어져서 살갗이 미끈거리는 물고기도 있다. 철갑상어는 비늘이 갑옷처럼 단단하게 바뀌었다.

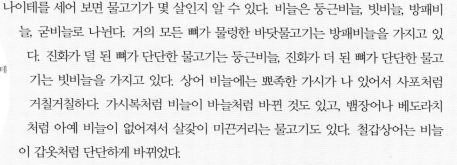

네 살
세 살
두 살    나이테
한 살

초점

가시

비늘이 보이는 부분

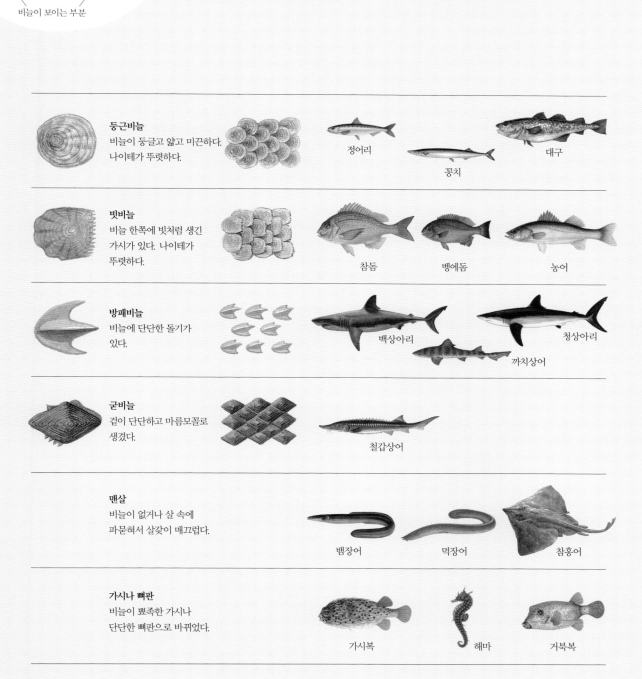

**둥근비늘**
비늘이 둥글고 얇고 미끈하다.
나이테가 뚜렷하다.

정어리    꽁치    대구

**빗비늘**
비늘 한쪽에 빗처럼 생긴
가시가 있다. 나이테가
뚜렷하다.

참돔    뱅에돔    농어

**방패비늘**
비늘에 단단한 돌기가
있다.

백상아리    청상아리    까치상어

**굳비늘**
겉이 단단하고 마름모꼴로
생겼다.

철갑상어

**맨살**
비늘이 없거나 살 속에
파묻혀서 살갗이 매끄럽다.

뱀장어    먹장어    참홍어

**가시나 뼈판**
비늘이 뾰족한 가시나
단단한 뼈판으로 바뀌었다.

가시복    해마    거북복

거의 모든 물고기는 몸통 옆으로 옆줄이 나 있다. 거의 아가마뚜껑 뒤부터 꼬리자루까지 똑바로 나
있다. 어떤 물고기는 옆줄이 없기도 하고, 옆줄이 여러 줄 있기도 하다. 옆줄에는 눈에 보일 듯 말 듯한
작은 구멍이 나 있다. 이 구멍은 몸속에서 서로 이어져 있고 끈끈한 점액으로 가득 차 있다. 또 신경과
이어져 물이 얼마나 따뜻한지 차가운지, 얼마나 깊은지 얕은지, 물살이 얼마나 빠른지 느린지 안다. 이
옆줄이 나 있는 비늘을 '측선비늘'이라고 한다. 이 비늘은 물고기마다 붙어 있는 개수가 다르다. 그래서
물고기를 구분하는 데도 쓰인다. 또 옆줄을 기준으로 등지느러미부터 옆줄까지 아래로 이어져 붙어 있
는 비늘 숫자를 세거나, 뒷지느러미부터 옆줄까지 이어지는 비늘을 세서 물고기를 구분하기도 한다.

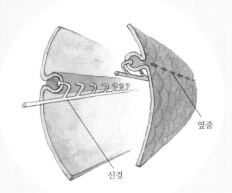

옆줄

신경

**돌돔** 물고기는 대부분 옆줄이 한 줄이다.
돌돔 옆줄은 활처럼 휜다.

**전갱이** 옆줄따라 키다란 비늘이 붙어 있다.

**쥐노래미** 옆줄이 다섯 줄 있다.
등 쪽에 석 줄, 배 쪽에 두 줄 있다.

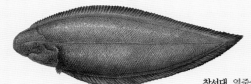

**참서대** 옆줄이 석 줄 있다. 머리 위쪽과
몸 가운데와 배 쪽에 하나씩 있다.

**범가자미** 바닥에 붙어 사는 가자미와
넙치 무리도 몸 양쪽에 옆줄이 하나씩 있다.

**정어리** 정어리처럼 옆줄이 없는 물고기도 있다.

# 부레

물고기 몸속에 있는 공기주머니를 부레라고 한다. 공기를 넣었다 뺐다 하면 풍선처럼 부풀었다 쪼그라들었다 한다. 부레에 공기를 넣으면 물 위로 뜨고, 공기를 빼면 아래로 가라앉는다. 물고기들은 부레가 있어서 지느러미를 안 움직여도 물속에서 가만히 떠 있을 수 있다. 넙치나 노래미처럼 바다 밑바닥에 사는 물고기는 크면서 부레가 없어진다. 낚시를 하다 보면 깊은 물에 살던 물고기가 물낯으로 올라오면서 몸이 거꾸로 뒤집히는 모습을 볼 수 있다. 수압이 낮아지면서 부레가 빵빵하게 부풀어 몸이 뒤집히는 것이다. 상어 무리처럼 부레가 없는 물고기도 있다. 상어는 가만히 있으면 가라앉기 때문에 끊임없이 헤엄쳐 다닌다. 이 부레가 진화를 거쳐 허파가 되었다.

물 위로 뜰 때는 공기주머니를 풍선처럼 부풀린다.
아래로 가라앉을 때는 공기주머니에서 공기를 뺀다.

**정어리** 목구멍이랑 부레가 이어져 있다.
공기가 목구멍을 따라 부레로 들어간다.

**참돔** 목구멍이랑 부레가 안 이어진다. 핏줄 끝에
있는 가스샘에서 부레 속으로 가스를 넣는다.

**참가자미** 참가자미는 어릴 때는 여느 물고기처럼
헤엄쳐 다닌다. 그러다 다 크면 밑바닥에
붙어 산다. 바닥에 붙어 살면서 부레를 쓸 일이
없어지니까 어른이 되면 부레가 없어진다.

**먹장어** 부레가 없고 물 밑바닥에서 꼬물꼬물
기어 다닌다.

**백상아리** 부레가 없어서 가만히 있으면
가라앉는다. 그래서 쉴 새 없이 헤엄쳐 다닌다.

# 지느러미

물고기 몸 여기저기에는 지느러미가 있다. 사람 손발처럼 쓰면서 헤엄도 치고 균형도 잡는다. 등을 따라 등지느러미가 있고, 가슴에는 가슴지느러미가 한 쌍, 배에는 배지느러미가 한 쌍, 꼬리 가까운 배 밑에 뒷지느러미가 있다. 등지느러미와 뒷지느러미는 한 줄로 곧게 서 있다. 물고기에 따라서 등지느러미는 2~3개로 나뉘기도 하고, 아귀처럼 낚싯줄같이 길쭉하게 바뀌어서 다른 물고기를 꾀기도 한다. 또 쥐치는 등지느러미가 가시처럼 뾰족해서 누이거나 세울 수 있다. 연어와 송어 같은 물고기는 등지느러미와 꼬리지느러미 사이에 살이 튀어나와 생긴 기름지느러미가 있다.

지느러미에는 딱딱하고 억센 가시와 부드러운 줄기가 있고 얇은 막으로 서로 이어진다. 억센 가시는 마디가 없고, 부드러운 줄기는 작은 마디로 이어져 있다. 부드러운 줄기는 한 가닥이기도 하고, 끝이 여러 가닥으로 나뉘기도 한다. 물고기는 등지느러미에 있는 억센 가시와 부드러운 줄기 숫자가 저마다 다르다. 그래서 이 등지느러미 개수를 세서 물고기 종을 구분하는 데 쓴다. 억센 가시는 대문자 로마 숫자인 Ⅰ, Ⅱ, Ⅲ, Ⅳ 차례로 쓰고, 끝이 갈라지지 않은 부드러운 줄기는 소문자 로마 숫자인 i, ii, iii 차례로 쓴다. 또 끝이 갈라진 부드러운 줄기는 아라비아 숫자인 1, 2, 3 차례로 쓴다. 그래서 등지느러미에 (Ⅱ, 10)이라고 쓰면, 억센 가시가 2개, 끝이 갈라진 부드러운 줄기가 10개 있다는 뜻이다. (iii, 10)이라고 쓰면, 끝이 갈라지지 않은 부드러운 줄기가 3개, 끝이 갈라진 부드러운 줄기가 10개 있다는 뜻이다. 또 (Ⅲ - Ⅱ, 10)이라고 쓰면 첫 번째 등지느러미에 억센 가시가 3개, 두 번째 등지느러미에 억센 가시가 2개, 끝이 갈라진 부드러운 줄기가 10개 있다는 뜻이다. 이렇게 지느러미 숫자를 표시하는 것을 한자말로 '기조식(鰭條式)'이라고 한다.

**등지느러미**
몸 균형을 잡아 준다.

**가슴지느러미**
헤엄치다가 방향을 바꿔 준다.

**뒷지느러미**
헤엄칠 때 균형을 잡아 준다.

**배지느러미**
균형을 잡고 몸을 앞으로 나아가게 한다.

**꼬리지느러미**
헤엄을 빨리 칠 수 있게 한다.

**아귀** 등지느러미 가시 하나가 실처럼 바뀌었다. 살랑살랑 흔들어서 작은 물고기를 꾄다.

**말뚝망둥어** 배지느러미가 빨판으로 바뀌었다.

**쏠배감펭** 가슴지느러미가 새 날개처럼 커다랗다.

**짱뚱어**

**성대**

가슴지느러미를 손처럼 써서 땅을 기어 다닌다.

**명태** 등지느러미가 죽 안 이어지고 세 개로 나뉘었다. 숭어 같은 물고기는 두 개로 나뉘었다.

**연어** 연어나 송어 같은 물고기는 등지느러미와 꼬리지느러미 사이에 작은 기름지느러미가 있다.

**쥐치** 맨 앞쪽 등지느러미가 가시처럼 바뀌었다. 가시를 눕혔다 세웠다 한다.

**참다랑어** 등지느러미와 꼬리지느러미 사이에 작은 토막지느러미가 도돌도돌 나 있다. 고등어나 꽁치 같은 물고기도 토막지느러미가 있다.

**백상아리** 등지느러미가 뾰족하게 우뚝 솟고 가슴지느러미는 날개처럼 옆으로 쭉 뻗는다. 준치나 웅어 같은 작은 물고기도 상어처럼 등지느러미가 솟았다.

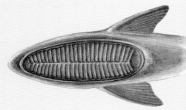

**빨판상어** 첫 번째 등지느러미가 빨판으로 바뀌었다.

# 꼬리

거의 모든 물고기는 꼬리를 양옆으로 힘껏 저어서 앞으로 나아간다. 꼬리를 힘껏 저으려고 온몸을 함께 퍼덕인다. 넓적한 꼬리지느러미 때문에 헤엄을 빨리 칠 수 있다. 물속에서 시속 100km 넘는 빠른 속도를 내며 헤엄치는 새치나 다랑어 같은 물고기는 몸에 접어 넣거나 몸에 붙일 수 있는 지느러미들을 가지고 있다. 이렇게 지느러미를 접어서 물과 생기는 마찰력을 줄이기 때문에 빠르게 헤엄칠 수 있다. 하지만 복어나 쥐치 같은 물고기는 등지느러미와 뒷지느러미를 왼쪽 오른쪽으로 물결치듯 흔들면서 천천히 헤엄친다.

꼬리지느러미 끄트머리는 눈썹달처럼 생기거나, 가위처럼 갈라지거나, 자른 듯 반듯하거나 둥그스름하다. 창처럼 뾰족하기도 하고 실처럼 길어진 꼬리도 있다. 상어 무리는 위아래로 나뉜 꼬리지느러미 생김새와 길이가 서로 다르기도 하다. 환도상어 같은 물고기는 커다란 꼬리를 휘둘러 먹이를 모으기도 한다. 연어 같은 물고기는 꼬리로 강바닥을 파헤치고 알을 낳는다.

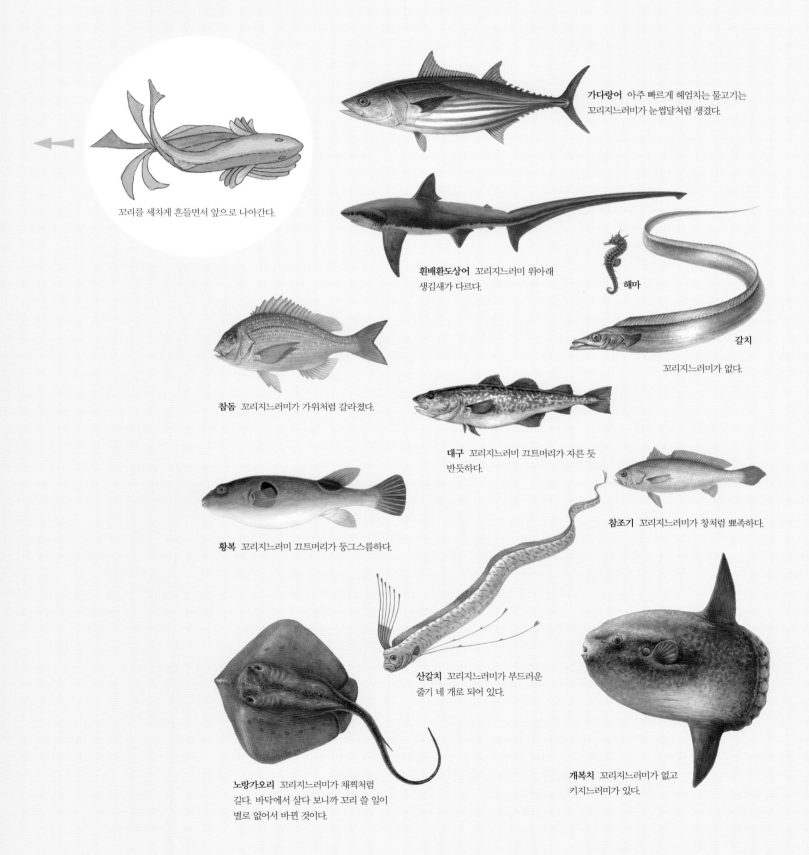

꼬리를 세차게 흔들면서 앞으로 나아간다.

**가다랑어** 아주 빠르게 헤엄치는 물고기는 꼬리지느러미가 눈썹달처럼 생겼다.

**흰배환도상어** 꼬리지느러미 위아래 생김새가 다르다.

**해마**

**갈치** 꼬리지느러미가 없다.

**참돔** 꼬리지느러미가 가위처럼 갈라졌다.

**대구** 꼬리지느러미 끄트머리가 자른 듯 반듯하다.

**참조기** 꼬리지느러미가 창처럼 뾰족하다.

**황복** 꼬리지느러미 끄트머리가 둥그스름하다.

**산갈치** 꼬리지느러미가 부드러운 줄기 네 개로 되어 있다.

**노랑가오리** 꼬리지느러미가 채찍처럼 길다. 바닥에서 살다 보니까 꼬리 쓸 일이 별로 없어서 바뀐 것이다.

**개복치** 꼬리지느러미가 없고 키지느러미가 있다.

# 몸빛

물고기는 자기가 사는 환경에 따라 몸빛이 다르다. 이렇게 몸빛이 다른 까닭은 자기 몸을 지키기 위해서 오랜 시간 적응을 해 왔기 때문이다. 물낯 가까이에서 헤엄치는 고등어와 멸치, 정어리 같은 물고기는 등이 푸르고 배가 하얗게 반짝여서 자기 몸을 숨긴다. 바다풀이 우거진 바위밭에 사는 노래미 같은 물고기는 자기가 살고 있는 둘레에 맞춰 밤색, 붉은 밤색, 잿빛 밤색으로 여러 가지 몸빛을 띤다. 모랫바닥에 앉아 몸을 숨기고 사는 넙치와 가자미 같은 물고기는 모랫바닥 색깔에 맞춰 자기 몸빛을 바꾼다.

## 보호색

작은 물고기는 큰 물고기에게 안 잡아먹히려고 눈에 안 띄는 몸빛을 가지고 있다. 이런 몸빛을 '보호색'이라고 한다. 거꾸로 어떤 물고기는 다른 물고기를 잡아먹으려고 눈에 안 띄는 몸빛을 가지고 있다. 이곳저곳 돌아다니며 둘레 색깔로 몸빛을 바꾸는 물고기도 있다.

## 경고색

어떤 물고기는 자기를 건드리면 혼쭐날 거라며 도리어 눈에 띄는 화려한 몸빛을 띠기도 한다. 이런 몸빛을 '경고색'이라고 한다. 이런 몸빛을 띠는 물고기는 몸에 독이 있거나 독가시 따위가 있다. 커다란 무늬로 겁을 주는 물고기도 있다.

## 혼인색

짝짓기를 할 때가 되면 몸빛이 달라지는 물고기도 있다. 이런 몸빛을 '혼인색'이라고 한다. 암컷과 수컷 몸빛이 다른 물고기도 있고, 어릴 때랑 다 컸을 때랑 몸빛과 무늬가 달라지는 물고기도 있다.

## 흉내 내기

다른 물고기 몸빛을 흉내 내는 물고기도 있다. 한자말로 '의태'라고 한다. 힘센 물고기나 독 있는 물고기나 다른 물고기를 도와주는 물고기 몸빛을 흉내 낸다.

## 보호색

물낯 가까이 헤엄치는 물고기는 등이
파르스름하고 배가 하얗다. 물 위에서 보면
바다 빛깔처럼 보이고, 물 밑에서 올려다보면
반짝거리는 햇빛처럼 보여서 천적 눈을 피한다.

정어리    고등어

멸치

참가자미

넙치

가자미나 넙치는 모랫바닥에 몸을 숨기고 있다.
모래 색깔이랑 똑같아서 작은 물고기가 눈치를
못 챈다.

**쥐노래미** 쥐노래미는 바닷가에 산다. 자기 사는
둘레에 따라 몸빛을 밤색, 붉은 밤색, 잿빛
밤색으로 바꾼다.

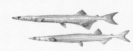

**뱅어** 몸이 물처럼 투명해서 있는 듯 없는 듯
잘 안 보인다.

## 경고색

**쏠배감펭** 지느러미 가시에 독이 있다. 큰 물고기도
어쩌지 못하니까 어슬렁어슬렁 헤엄쳐 다닌다.

달고기    세동가리돔

몸에 까만 점무늬가 크게 있다. 커다란 눈처럼
보여서 덩치 큰 물고기를 놀라게 한다.

## 혼인색

**연어** 짝짓기 때가 되면 몸빛이 울긋불긋하게 바뀐다.

혼인색

**큰가시고기** 수컷은 짝짓기 할 때가 되면
몸빛이 달라진다.

혼인색

수컷

암컷

**용치놀래기** 수컷과 암컷 몸빛이 다르다.
모르고 보면 서로 딴 물고기인 줄 안다.

## 흉내 내기

청줄청소놀래기    가짜청소베도라치

청줄청소놀래기는 큰 물고기 몸을 청소해 준다.
아무리 사납고 덩치 큰 물고기라 해도 제 몸을
깨끗하게 해 주는 청줄청소놀래기를 잡아먹지는
않는다. 가짜청소베도라치는 이런 청줄청소놀래기
몸빛을 흉내 낸다.

5장

생태

# 사는 곳

지구에서 바다 면적은 전 표면에 70%를 차지한다. 평균 물 깊이는 4000m쯤 되어서 육지보다 깊고 넓다. 바닷물고기는 이렇게 넓고 넓은 바다에서 산다. 그렇다고 바다 아무 곳에서나 살지는 않는다. 물고기들은 저마다 자기가 좋아하는 곳이 따로 있다. 바닷가 가까이에 살기도 하고, 먼바다에도 살고, 바다 밑바닥에서 살기도 하고, 바위밭이나 산호밭에서도 산다. 또 물낯에서 사는 물고기가 있고, 깊은 바다에 사는 물고기도 있다.

바닷가에서 물 깊이가 200m 되는 곳까지는 바닷가, 대륙붕이라고 한다. 이렇게 얕은 바다는 온 바다에 8%밖에 안 된다. 이보다 깊어서 물 깊이가 2000m까지 되는 곳을 대륙연변이라고 한다. 2000m가 넘는 깊은 바다를 심해라고 하는데, 온 바다에 90%를 차지한다. 가장 깊은 바다는 필리핀 가까이에 있는 비티아즈(Vitiaz) 해구로 물 깊이가 11032m다. 물 깊이가 200m보다 얕은 곳에 사는 물고기를 '연안성 물고기'라고 한다. 정어리와 고등어, 전갱이, 방어 같은 물고기가 연안성 물고기다. 먼바다를 헤엄치는 물고기를 '외양성 물고기'라고 한다. 다랑어나 새치 무리 같은 물고기가 외양성 물고기다.

강어귀　　바위밭　　모래　　갯벌

## 바닷가

**강어귀**
강물이 바다로 흘러 들어오는 곳이다.
민물과 짠물이 뒤섞인다. 물속에 영양분이
많아서 물고기들이 많이 산다. 바다와 강을
오가는 물고기도 있다.

농어　　뱀장어　　숭어

**바위밭**
울퉁불퉁한 크고 작은 갯바위가 많은
바닷가다. 돌 틈에 숨어 사는 물고기가 많다.
몸빛도 바위 색깔이랑 비슷한 물고기가 많다.

돌돔　　감성돔
조피볼락　　참돔

**갯벌**
바닷물이 빠지면 드러나는 바다 들판이다.
질척질척한 개흙이 넓게 펼쳐지는 펄이다.
펄 속에 물고기가 좋아하는 갯지렁이나
작은 동물이 많다.

전어　　짱뚱어　　말뚝망둥어

**모랫바닥**
바닥에 모래가 깔린 바다다. 모래 속에 몸을
숨기거나 모래 속을 뒤져 먹이를 찾는다.

양태
참가자미　　넙치

**산호밭이나 말미잘 숲**
따뜻하고 얕은 바다 밑에는 산호나 말미잘이
숲을 이룬다. 우리나라 제주 바다와 남해에
있다. 산호나 말미잘에 몸을 숨기고 산다.

자리돔　　파랑돔　　흰동가리　　샛별돔

연산호밭

## 가까운 바다

바닷가에서 배를 타고 나가는 가까운 거리에 있는 바다다. 물 깊이가 200m가 안 넘는다. 떼로 몰려다니는 물고기가 많다.

## 먼바다

뭍에서 멀리 떨어진 바다다. 사방이 온통 바다뿐이다. 바닷물 흐름을 따라 떼로 몰려다니는 물고기가 많다. 작은 물고기 떼를 쫓아다니는 덩치 큰 물고기도 많다. 대부분 헤엄을 빠르게 잘 친다. 청새치와 참다랑어, 날치 같은 물고기는 물낯 가까이에서 헤엄쳐 다닌다.

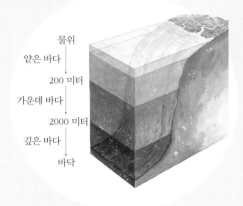

물위
얕은 바다
200 미터
가운데 바다
2000 미터
깊은 바다
바닥

## 깊은 바다

아주 깊은 바다 밑바닥에서 사는 물고기도 있다. 깊은 곳에 산다고 한자말로 '심해어'라고 한다. 깊은 바닷속은 빛이 안 들어와서 한 치 앞도 안 보일 만큼 깜깜하다. 또 물이 차고 수압이 아주 높다. 이곳에 사는 물고기는 사람들이 잡지 않으니까 거의 못 본다. 도끼고기처럼 스스로 빛을 내는 물고기도 있고, 풍선장어처럼 입이 아주 큰 물고기도 있다. 생김새가 사뭇 다른 물고기가 많다.

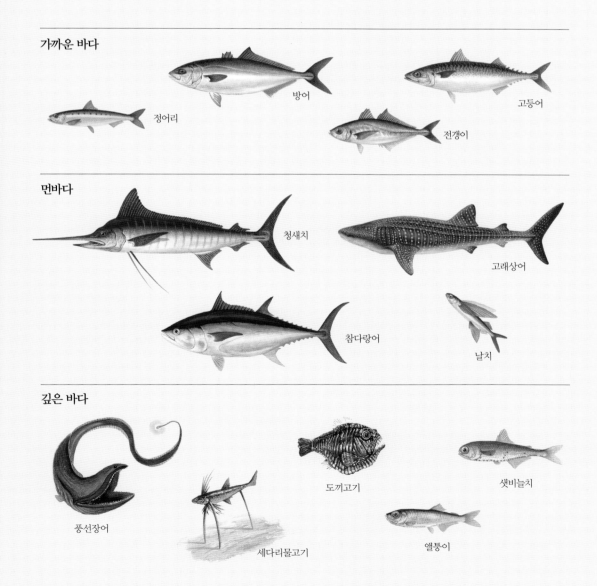

**가까운 바다**

정어리 방어 고등어 전갱이

**먼바다**

청새치 고래상어 참다랑어 날치

**깊은 바다**

풍선장어 세다리물고기 도끼고기 샛비늘치 앨퉁이

## 떼 지어 다니기

　물고기 가운데 한곳에 가만히 안 있고 여기저기 떼 지어 다니는 물고기가 있다. 한자말로 '회유'라고 한다. 바다는 막힌 곳이 없으니까 마음대로 헤엄쳐 돌아다닐 것 같지만, 그렇다고 아무 곳이나 무턱대고 떼 지어 다니지 않고, 해류를 따라 돌아다니는 물고기가 많다. 주로 먹이를 따라 돌아다니거나 환경이 바뀌거나 물고기 몸에 변화가 일어나기 때문에 돌아다닌다.

### 알 낳으러 가기

물고기는 알 낳을 때가 되면 알맞은 곳을 찾아간다. 한자말로 '산란 회유'라고 한다. 얕은 곳에서 깊은 곳으로 가기도 하고, 깊은 곳에서 얕은 곳으로 올라오기도 한다. 또 먼 길을 찾아오기도 하고, 강을 거슬러 올라가기도 한다.

### 먹이 찾아가기

물고기는 먹이가 많은 곳을 찾아간다. 한자말로 '색이 회유'라고 한다. 먹이를 따라 넓은 바다를 이리저리 돌아다니기도 하고, 물속과 물낯을 오르내리면서 먹이를 찾기도 한다.

### 철 따라 돌아다니기

철이 바뀌면서 바닷물 온도가 바뀔 때 오르내린다. 한자말로 '계절 회유'라고 한다. 물고기는 따뜻한 물을 좋아하는 물고기가 있고, 차가운 물을 좋아하는 물고기가 있다. 거의 모든 물고기는 물 온도에 따라 몸 온도가 바뀐다. 이런 동물을 '찬피 동물', '변온 동물'이라고 한다. 하지만 상어나 참치 무리는 늘 일정한 몸 온도를 지키며 산다.

### 크면서 옮겨 가기

알에서 깨어나 어느 정도 크면 어미가 사는 곳으로 옮겨 간다. 한자말로 '성육 회유'라고 한다.

### 혼자 살기

떼 지어 다니지 않고 혼자 사는 물고기도 있다. 바위틈이나 굴이나 모래밭에 숨어 산다.

## 알 낳으러 가기

연어
알을 낳으러 강을 거슬러 올라간다.

황복

삼치

청어

도루묵

**뱀장어** 강에서 살다가 먼바다 깊은 곳으로
알을 낳으러 간다.

알을 낳으러 먼바다에서 얕은 바닷가로
몰려온다.

## 먹이 찾아가기

청새치

샛비늘치

멸치

플랑크톤을 찾아 낮에는 물속에, 밤에는
물낯으로 오르락내리락한다.

참다랑어

꽁치

다랑어나 새치 무리나 꽁치 같은 물고기는
먹이를 찾아 이리저리 돌아다닌다.

## 철 따라 돌아다니기

도루묵

명태

정어리

참조기

꽁치

대구

고등어

겨울에 차가운 바닷물을 따라 내려온다.

여름에 따뜻한 바닷물을 따라 올라온다.

## 크면서 옮겨 가기

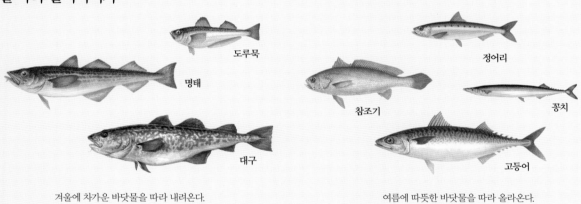

**방어** 새끼는 떼를 지어 바다에 둥둥
떠다니는 바닷말 밑에 숨어 지낸다. 몸이
크면 너른 바다로 나간다.

**넙치** 어릴 때는 물 위를 둥둥 떠다니다가
크면서 밑바닥으로 내려간다.

## 혼자 살기

능성어

곰치

흑돔

# 알 낳기

바닷물고기는 대부분 알을 낳는다. 한자말로 '난생'이라고 한다. 그런데 상어나 조피볼락 같은 물고기는 어미 배 속에서 알이 깨어나 새끼를 낳는다. 한자말로 '난태생'이라고 한다. 노랑가오리나 망상어는 어미 배 속에서 영양분을 먹고 자란 새끼를 낳는다. 한자말로 '태생'이라고 한다. 여러 해 사는 물고기는 어른이 되면 해마다 알을 낳는다. 하지만 연어나 황어, 뱀장어 같은 물고기는 알을 한 번 낳은 뒤에 죽는다. 참돔 암컷은 알을 수십만 개에서 백만 개쯤을 낳고, 대구는 200~300만 개 알을 낳는다. 가장 알을 많이 낳는 물고기는 개복치다. 알을 3억 개 넘게 낳는다.

## 알

**연어** 알이 물에 가라앉는다.

**넙치** 알이 물에 둥둥 떠다닌다.

**쥐노래미** 알이 몽글몽글 서로 붙어 덩어리져서 다른 물체에 붙는다.

**자리돔** 알을 낳아 바위에 붙인다.

## 새끼

**망상어** 망상어나 노랑가오리는 어미 배 속에서 영양분을 받아먹고 자란 새끼를 낳는다.

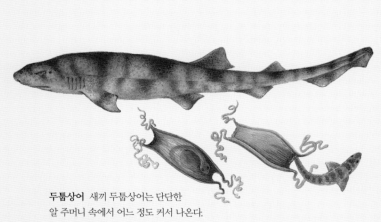

**두툽상어** 새끼 두툽상어는 단단한 알 주머니 속에서 어느 정도 커서 나온다.

**볼락** 볼락이나 조피볼락은 알에서 깨어난 새끼를 낳는다.

# 알 지 키 기

바닷물고기는 알을 많이 낳는다. 알을 많이 낳아야 살아남는 새끼가 많기 때문이다. 바다에는 눈에 불을 켜고 먹이를 찾아 돌아다니는 물고기가 많다. 알에서 나온 새끼 대부분이 다른 물고기한테 잡아 먹힌다. 물고기는 대부분 알을 낳아도 돌보지 않는다. 몇몇 물고기만 알이나 새끼를 돌본다.

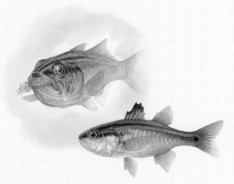

**줄도화돔** 알을 입에 넣고 다니며 지킨다.

**문절망둑** 구멍을 파서 집을 짓고 그 속에 알을 낳는다.

**쥐노래미** 알을 낳고 새끼가 깨어날 때까지 곁을 지킨다.

**큰가시고기** 바닥에 물풀을 엮어 집을 짓는다.

**실비늘치** 알을 멍게 몸속에 낳는다.

**해마** 수컷 배 주머니 속에 알을 넣어서 지킨다. 알에서 깨어난 새끼들이 수컷 배 주머니에서 나온다.

참돔

대구

알을 수십 수백만 개씩 낳는다. 알을 낳으면 뒤도 안 돌아보고 떠난다.

# 성장

알에서 깨어난 새끼는 모습을 바꾸면서 어른이 된다. 크는 순서대로 '전기자어 - 후기자어 - 치어 - 미성어 - 성어'라고 한다. 알에서 갓 깨어난 새끼는 배에 노른자를 달고 있다. 이 노른자를 빨아 먹고 산다. 이때를 '전기자어'라고 한다. 노른자를 다 먹으면 물속에 있는 플랑크톤 같은 작은 먹이를 잡아먹기 시작한다. 이때부터 지느러미가 나뉠 때까지를 '후기자어'라고 한다. 후기자어를 지나 물고기 특징을 갖추기 시작하지만 아직 몸빛이나 무늬가 다 큰 어른이랑 다를 때를 '치어'라고 한다. 그리고 몸 생김새나 몸빛이 다 큰 물고기랑 거의 똑같지만 아직 짝짓기를 할 수 없는 때를 '미성어'라고 한다. 다 커서 이제 짝짓기를 할 수 있는 물고기는 '성어'라고 한다. 물고기마다 성어가 되는 기간이 다르다.

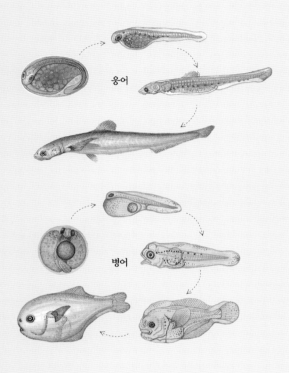

알에서 깨어난 새끼가 크면서 어른 물고기가 되는 모습이다.

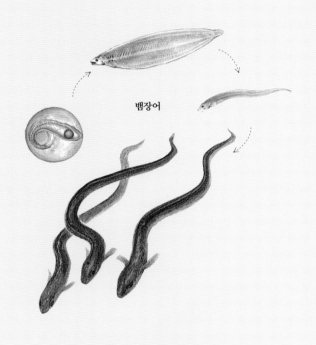

어릴 때는 몸이 투명한 버들잎처럼 생겼다. 크면서 실처럼 가늘게 몸이 바뀌었다가 어른 물고기가 된다.

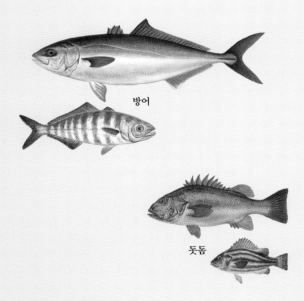

방어나 돗돔 같은 물고기는 크면서 몸빛이나 무늬가 달라진다. 어릴 때는 몸에 줄무늬가 있다가 크면 없어진다.

새끼 때는 눈이 양쪽에 있다가 크면서 한쪽으로 쏠린다.

# 나이와 크기

바닷물고기는 한 해를 사는 물고기도 있고, 사람만큼 오래 사는 물고기도 있다. 몸집이 큰 물고기는 몸집이 작은 물고기보다 오래 산다. 은어와 뱅어, 사백어, 빙어 같은 물고기는 거의 1년을 산다. 멸치는 2년을 살고, 정어리와 고등어, 전갱이 같은 물고기는 2~3년쯤 산다. 대구 같은 물고기는 10년, 참돔이나 돌돔 같은 물고기는 20~40년, 가오리는 25년, 상어 무리는 30~40년, 뱀장어는 50년쯤을 산다. 짧건 길건 모두 한평생을 살면서 제 몸을 지키고 짝짓기를 하고 새끼를 낳아 대를 이어 나간다. 나이를 알려면 물고기 비늘에 있는 둥근 나이테를 센다든지, 척추골이나 머리 속에 있는 이석(耳石)에 나 있는 나이테를 세거나, 지느러미 줄기나 뼈에 있는 나이테를 세어 헤아린다.

바닷물고기는 나이를 먹는다고 몸이 한없이 커지지 않는다. 물고기마다 알맞은 크기로 자란다. 손가락만 한 멸치부터 버스 크기만 한 고래상어까지 몸길이가 저마다 다르다.

## 나이

| | | |
|---|---|---|
| | 뱅어 | 1년 |
| | 꽁치 | 1~2년 |
| | 해마 | 2년 |
| | 도루묵 | 5~7년 |
| | 참다랑어 | 6~7년 |
| | 참조기 | 8년 |
| | 갯장어 | 12년 |
| | 민어 | 13년 |
| | 백상아리 | 15년 |
| | 참돔 | 30~40년 |
| | 뱀장어 | 50년 |

## 크기

| | | |
|---|---|---|
| | 멸치 | 18cm |
| | 자바리 | 1m |
| | 청새치 | 3~5m |
| | 백상아리 | 6m |
| | 고래상어 | 10~20m |

# 먹이

바닷물고기는 종마다 먹는 먹이가 다르다. 나이나 철에 따라 조금씩 달라지기도 한다. 하지만 크게 플랑크톤을 먹는 물고기, 바다풀을 뜯어 먹는 물고기, 다른 물고기를 잡아먹는 물고기, 이것저것 안 가리고 먹는 물고기가 있다. 또 다른 물고기에 붙어살면서 얻어먹는 물고기도 있다.

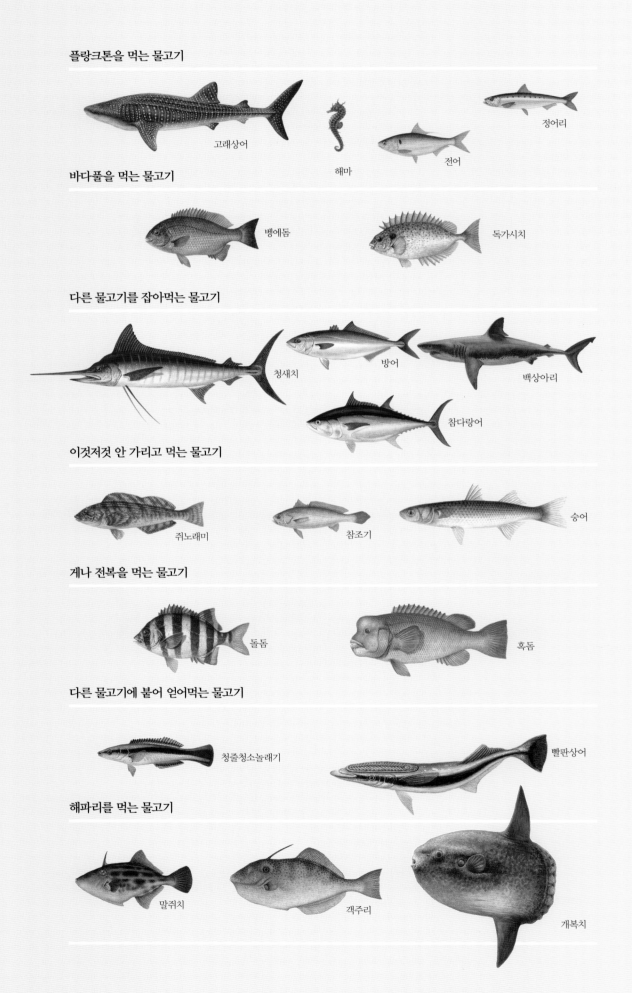

**플랑크톤을 먹는 물고기**

고래상어

해마

전어

정어리

**바다풀을 먹는 물고기**

벵에돔

독가시치

**다른 물고기를 잡아먹는 물고기**

청새치

방어

백상아리

참다랑어

**이것저것 안 가리고 먹는 물고기**

쥐노래미

참조기

숭어

**게나 전복을 먹는 물고기**

돌돔

흑돔

**다른 물고기에 붙어 얻어먹는 물고기**

청줄청소놀래기

빨판상어

**해파리를 먹는 물고기**

말쥐치

객주리

개복치

# 먹이사슬

우리가 이것저것 먹어야 사는 것처럼 바닷물고기도 먹어야 산다. 그러다 보니 힘센 물고기가 약한 물고기를 잡아먹는다. 약한 물고기는 더 약한 물고기나 작은 동물 따위를 잡아먹는다. 이렇게 서로 먹고 먹히는 관계가 사슬처럼 쭉 이어져 있다고 '먹이사슬'이라고 한다. 힘센 물고기는 한 가지 물고기만 먹고 살지 않고 이러저러한 여러 물고기를 잡아먹는다. 마찬가지로 약한 물고기도 여러 가지 먹이를 먹는다. 이처럼 먹이사슬은 서로 그물처럼 얼기설기 얽혀 있다. 힘없이 잡아먹히는 물고기일수록 수가 많다. 하지만 덩치 큰 물고기도 죽어서 가라앉으면 작은 물고기 따위가 뜯어 먹고, 잘게 잘게 분해가 되어서 먹이사슬 가장 밑바닥에 있는 플랑크톤이나 새끼 물고기들 밥이 된다. 이렇게 돌고 돌아 바다 생태계가 유지된다.

백상아리　　참다랑어　　청새치

**몸집이 큰 물고기** 자기보다 작은 물고기를 잡아먹는다. 사람을 빼면 먹이사슬 맨 위에 있다.

대구　　뱀장어　　참돔　　참홍어

**몸집이 조금 작은 물고기** 작은 물고기나 작은 새우, 게 따위를 잡아먹는다.

멸치　　정어리　　준치　　전어

**몸집이 작은 물고기** 플랑크톤과 새끼 물고기를 잡아먹는다.

**식물 플랑크톤** 햇빛을 받아 스스로 영양분을 만든다. 땅에서 햇빛과 물과 공기만 있으면 자라는 풀 같다.

**동물 플랑크톤** 스스로 영양분을 못 만들어서 식물 플랑크톤을 잡아먹는다.

**새끼 물고기** 처음에는 플랑크톤을 먹으며 큰다. 다른 물고기에게 거의 다 잡아먹힌다.

# 몸 지키기

물고기는 바닷속에 살면서 서로 먹고 먹히는 관계로 얽혀 있다. 그래서 힘없는 물고기는 도망가기 바쁘다. 바위밭이나 바다 숲에 사는 물고기는 그나마 숨을 곳이라도 있다. 하지만 넓은 바다에서 헤엄쳐 다니는 물고기는 숨을 곳이 딱히 없다. 떼로 몰려다니면 수가 많으니까 그나마 자기가 잡아먹힐 가능성이 적다. 하지만 자기 몸을 지키는 여러 가지 재주가 있는 물고기들도 많다. 독가시가 있거나 몸에 독이 있는 물고기들은 느긋하게 어슬렁어슬렁 다닌다.

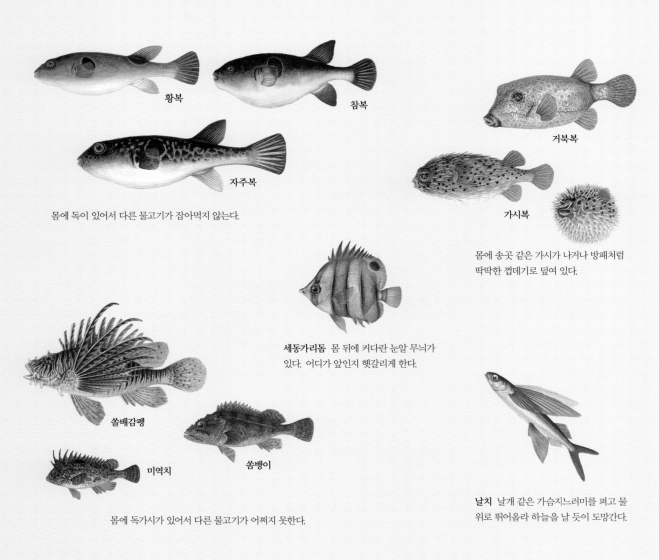

황복  참복

거북복

자주복

가시복

몸에 독이 있어서 다른 물고기가 잡아먹지 않는다.

몸에 송곳 같은 가시가 나거나 방패처럼 딱딱한 껍데기로 덮여 있다.

**세동가리돔** 몸 뒤에 커다란 눈알 무늬가 있다. 어디가 앞인지 헷갈리게 한다.

쏠배감펭

미역치  쏨뱅이

몸에 독가시가 있어서 다른 물고기가 어쩌지 못한다.

**날치** 날개 같은 가슴지느러미를 펴고 물 위로 뛰어올라 하늘을 날 듯이 도망간다.

**전기가오리** 몸에서 전기를 일으킨다. 잘못 건드리면 도리어 건드린 쪽이 정신을 잃는다.

**쏠종개 떼** 떼로 몰려다닌다. 지느러미에 독가시도 있다.

## 함께 살기

물고기 가운데 서로 도우며 함께 사는 물고기가 있다. 한자말로 '공생'이라고 한다. 함께 지내면서 서로 필요한 도움을 주고받으니까 나쁠 것이 없다.

**청소놀래기** 청소놀래기는 다른 물고기 몸에 붙은 기생충이나 이빨에 낀 찌꺼기를 청소해 주며 배를 불린다. 덩치 큰 물고기는 몸이 말끔해지니까 청소놀래기를 잡아먹지 않는다.

**흰동가리와 말미잘** 말미잘에는 독침을 쏘는 수염이 있어서 다른 물고기는 얼씬도 안 한다. 하지만 흰동가리는 끄떡없다. 말미잘은 흰동가리를 지켜 주고, 흰동가리는 말미잘을 깨끗하게 청소해 준다.

**빨판상어와 동갈방어** 빨판상어와 동갈방어는 덩치 큰 물고기에 붙어 다니면서, 덩치 큰 물고기가 흘리는 찌꺼기를 받아먹고 산다. 받아먹기만 하지 딱히 해 주는 일은 별로 없이 그냥 얹혀산다.

동갈방어

빨판상어

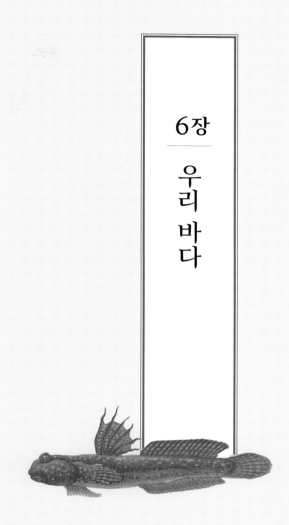

6장

우리 바다

# 우리 바다와 해류

우리나라는 동쪽, 서쪽, 남쪽으로 바다가 있다. 동해는 모래가 바닥에 쫙 깔려 있고 바닷가를 벗어나면 2000~4000m까지 깊어진다. 서해는 질척질척한 갯벌이 넓게 펼쳐져 있고, 물이 얕아서 평균 깊이가 44m쯤 된다. 남해는 갯바위가 많고, 바닷가가 꼬불꼬불하다. 제주는 바다가 따뜻해서 산호가 있다. 바다마다 사는 물고기도 다르고 사는 모습도 다르다.

## 동해

명태
대구
꽁치
임연수어

## 서해

짱뚱어
참조기
참홍어
전어
황복

## 남해

고등어
돌돔
아귀
문치가자미

## 제주

옥돔
흰동가리
참다랑어
갈치

우리나라는 동쪽, 서쪽, 남쪽으로 바다가 있다. 동해는 모래가 바닥에 쫙 깔려 있고 바닷가를 벗어나면 2000~4000m까지 깊어진다. 서해는 질척질척한 갯벌이 넓게 펼쳐져 있고, 물이 얕아서 평균 깊이가 44m쯤 된다. 남해는 갯바위가 많고, 바닷가가 꼬불꼬불하다. 제주는 바다가 따뜻해서 산호가 있다. 바다마다 사는 물고기도 다르고 사는 모습도 다르다.

바닷물은 가만히 고여 있지 않고 강물처럼 흐른다. 바닷물이 흐른다고 한자말로 '해류'라고 한다. 따뜻한 바닷물이 흐르면 '난류'라고 하고, 차가운 바닷물이 흐르면 '한류'라고 한다. 적도에서 뜨거워진 바닷물은 위쪽으로 올라오고, 북극에서 차가워진 바닷물은 아래쪽으로 내려온다. 그래서 우리나라 남쪽에서는 따뜻한 바닷물이 올라오고, 북쪽에서는 차가운 바닷물이 내려온다. 여름에는 따뜻한 바닷물이 더 위쪽까지 올라가고, 겨울에는 차가운 바닷물이 더 아래쪽까지 내려온다. 먼 동중국해를 흐르는 구로시오 난류에서 대마 난류가 갈라져 제주와 남해를 거쳐 동해까지 올라가 차가운 바닷물과 뒤섞인다. 또 제주 바다 남쪽에서 대마 난류가 갈라진 따뜻한 바닷물이 서해로 들어온다. 이 해류를 타고 철마다 여러 물고기들이 오르락내리락한다.

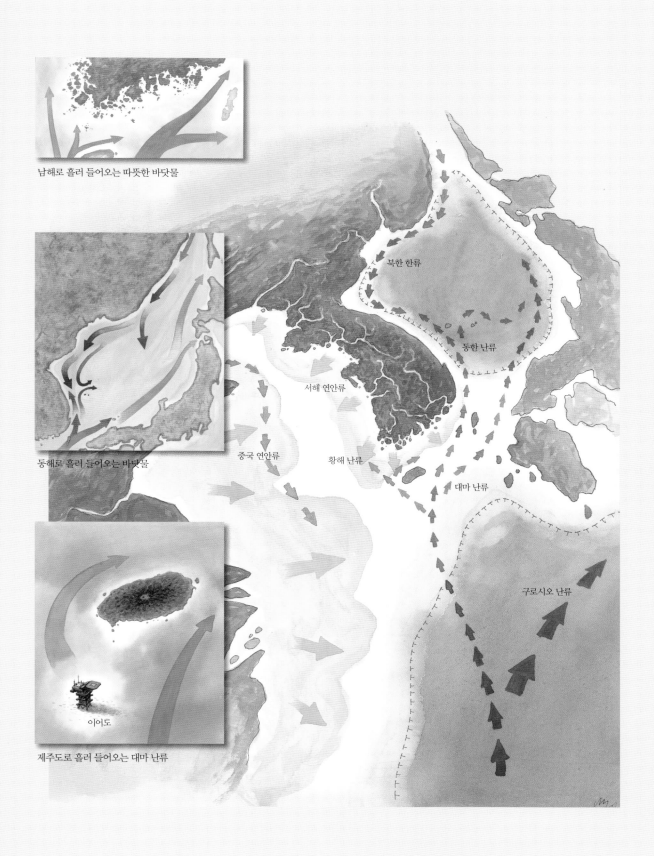

남해로 흘러 들어오는 따뜻한 바닷물

동해로 흘러 들어오는 바닷물

제주도로 흘러 들어오는 대마 난류

이어도

북한 한류

동한 난류

서해 연안류

중국 연안류

황해 난류

대마 난류

구로시오 난류

동해 물고기

동해는 따뜻한 물과 차가운 물이 뒤섞이는 바다다. 동해 건너편에는 섬나라 일본이 동해를 둘러싸고 있다. 겨울에는 차가운 바닷물이 남해까지 내려오고, 여름에는 따뜻한 바닷물이 울릉도, 독도까지 올라온다. 그래서 동해는 철 따라 찬물과 따뜻한 물이 오르락내리락하면서 뒤섞인다. 그래서 동해에는 여름과 겨울에 잡히는 물고기가 다르다. 겨울에는 찬물을 따라 명태, 대구, 청어 따위가 내려온다. 바닷가에 떼로 몰려와서 알을 낳고 간다. 여름에는 따뜻한 물을 따라 고등어, 삼치, 꽁치, 정어리 따위가 올라온다. 연어나 송어나 황어나 큰가시고기는 동해로 흐르는 강을 거슬러 올라와 알을 낳는다. 깊은 바다는 늘 차가워서 차가운 물에 사는 임연수어, 도루묵, 뚝지 같은 물고기가 눌러산다. 동해에는 모두 450종쯤 되는 물고기가 산다.

동해는 우리나라 바다 가운데 가장 깊다. 바닷가를 따라 얕은 바다인 대륙붕이 조금 있다가 바로 절벽처럼 깎아지르듯 깊어진다. 평균 물 깊이는 1600m이고, 가장 깊은 곳은 4000m쯤 된다. 동해 바닷가는 서해나 남해 바닷가와 달리 들쭉날쭉하지 않고 가지런하고 밋밋하다. 또 밀물이 들어올 때와 썰물이 빠져나갈 때 차이가 1m 밖에 안 난다. 그래서 서해나 남해와 달리 갯벌이 없다.

동해에는 섬도 거의 없다. 먼바다에 울릉도와 독도가 외따로 떨어져 동그마니 솟아 있을 뿐이다. 울릉도와 독도는 깊은 바닷속에서 솟아오른 커다란 산이다. 꼭대기만 물 밖으로 나와서 섬이 되었다. 울릉도와 독도에는 동해로 올라오는 따뜻한 물 때문에 자리돔, 혹돔, 뱅에돔 같은 따뜻한 물에 사는 물고기가 눌러살고 있다.

## 겨울에 남쪽으로 내려오는 물고기

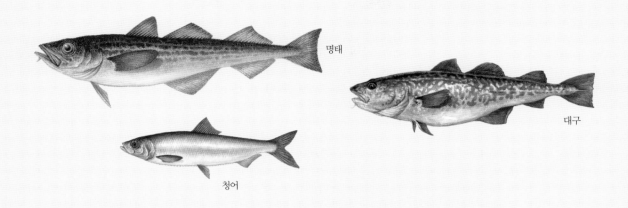

명태

대구

청어

## 여름에 북쪽으로 올라오는 물고기

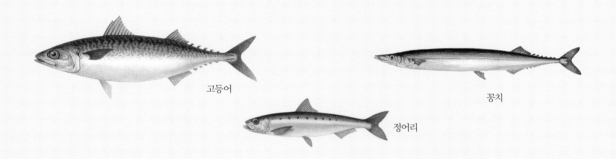

고등어

꽁치

정어리

## 강을 거슬러 올라가는 물고기

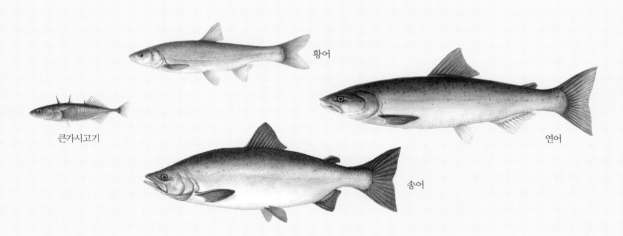

황어

큰가시고기

연어

송어

## 독도에 사는 물고기

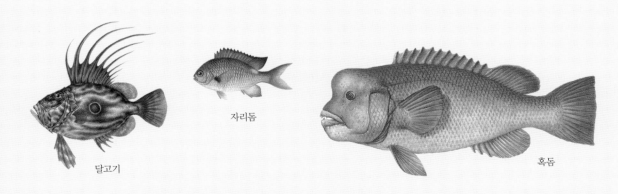

자리돔

달고기

혹돔

# 서해 물고기

서해는 물 색깔이 누렇다고 '황해'라고도 한다. 바다이지만 한쪽만 트여 있고 나머지는 우리나라와 중국이 둘러싸고 있다. 우리나라와 중국 땅 사이가 움푹 들어가 생긴 바다다. 아주 옛날에는 땅이었는데 바닷물이 차오르면서 바다로 바뀌었다. 그래서 물이 안 깊다. 평균 물 깊이가 44m쯤 되고, 가장 깊은 곳은 100m쯤 된다. 바다치고는 얕은 바다이고, 우리나라 바다 가운데 가장 얕다. 태평양 쪽에서 따뜻한 바닷물이 들어왔다가 서해를 휘돌아서 나간다. 그래서 따뜻한 물에 사는 물고기들이 따라 올라왔다가 겨울에 물이 차가워지면 다시 따뜻한 남쪽 바다로 내려간다. 또 쥐노래미처럼 바닷가에 눌러 사는 물고기도 있고 홍어처럼 겨울에 알을 낳으러 오는 물고기도 있다. 참조기, 황복, 흰베도라치, 황해볼락 같은 물고기는 서해에서 주로 볼 수 있다. 서해 가운데 깊은 곳에는 차가운 물이 있어서 대구나 청어처럼 찬물에 사는 물고기도 산다. 서해에는 바닷물고기가 300종쯤 산다.

서해는 우리바다 가운데 가장 덜 짠 바다다. 우리나라 한강, 금강, 영산강, 압록강과 중국에 있는 황허강, 양쯔강 같은 큰 강들이 서해로 흘러든다. 서해로 흘러드는 강물이 엄청나게 많아서 동해나 남해보다 짠맛이 가장 덜하다. 민물과 짠물이 뒤섞이는 강어귀에는 먹을거리가 많아서 물고기들이 많이 모여든다. 황복처럼 강을 거슬러 올라와 알을 낳는 물고기도 있다.

서해는 밀물과 썰물이 하루에 두 번씩 오르락내리락한다. 바닥이 갑자기 안 깊어지고 완만해서 밀물 때는 바닷물이 쑥 들어왔다가도 썰물 때는 가물가물 안 보일 만큼 저만치 물러난다. 또 서해 바닷가는 삐뚤빼뚤하고 움푹움푹 들어간 곳이 많다. 그곳에는 갯벌이 아주 넓게 펼쳐진다. 갯벌은 색깔이 거무튀튀하고 질척질척해서 꼭 썩은 땅 같지만 사실은 아주 기름진 땅이다. 갯벌에는 물고기뿐만 아니라 게, 조개, 낙지, 갯지렁이 같은 온갖 생명들이 우글우글 살고 있다.

## 서해에서 사는 물고기

참조기

황복

황해볼락

흰베도라치

## 철마다 바다를 오르내리는 물고기

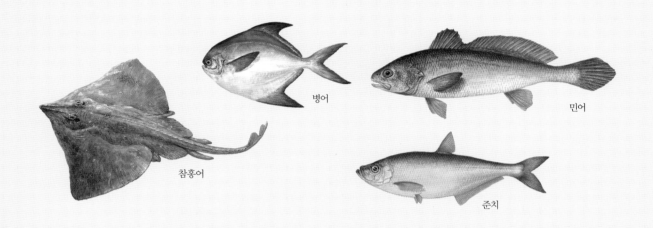

병어

민어

참홍어

준치

## 강을 오르내리는 물고기

뱅어

가숭어

황복

웅어

## 갯벌에 사는 물고기

말뚝망둥어

짱뚱어

남해 물고기

남해는 경상남도 부산 앞바다에서 전라남도 진도 앞바다까지 아우르는 바다다. 바다 너머에 일본이 가깝다. 섬이 많다고 한자말로 '다도해'라고도 한다. 우리나라에 있는 섬 가운데 절반이 넘는 섬이 남해에 있다. 아주 옛날에는 산봉우리였는데 물이 차오르면서 산봉우리가 섬이 되었다. 크고 작은 섬이 2000개 넘게 있다. 남해 바닷가는 삐뚤삐뚤하고 움푹움푹 들어간 곳이 많다. 온 세계에서 이렇게 섬이 많고 바닷가가 삐뚤삐뚤한 곳은 남해뿐이라고 한다. 물 깊이는 100m 안팎이고 가장 깊은 곳은 물 깊이가 210m쯤 된다. 동해보다 훨씬 얕고 서해보다는 조금 깊다. 바닷속으로 땅이 완만하게 깊어진다. 그래서 서해보다는 썰물이 덜 빠지고 동해보다는 훨씬 많이 빠진다. 남해는 물이 맑고 따뜻해서 바다풀들이 숲을 이루며 잘 자란다.

남해에는 따뜻한 태평양 물이 제주도를 거쳐 남해로 올라온다. 따뜻한 물은 우리나라와 일본 사이에 있는 대한 해협을 거쳐 동해까지 올라간다. 겨울에도 물 온도가 10도 밑으로 안 내려간다. 그래서 따뜻한 물을 좋아하는 물고기가 많다. 멸치와 고등어가 많고 갈치, 삼치, 전갱이, 방어뿐만 아니라 덩치 큰 다랑어도 떼로 몰려온다. 바닷가 갯바위에는 돌돔이나 참돔, 감성돔 같은 물고기가 많이 산다. 남해에는 바닷물고기가 모두 750종쯤 산다.

겨울에는 동해에서 차가운 물이 내려온다. 이때 대구나 청어 같은 물고기가 남해까지도 내려온다. 연어가 낙동강이나 섬진강을 따라 올라가기도 한다. 그래서 남해에는 따뜻한 물에 사는 물고기가 많지만, 겨울에는 차가운 물에 사는 물고기도 볼 수 있다. 서해에 사는 물고기도 동해에 사는 물고기도 모두 볼 수 있다.

**따뜻한 물에 사는 물고기**

고등어

멸치

삼치

전갱이

**따뜻한 먼바다를 돌아다니는 물고기**

가다랑어

참다랑어

**바닷가 갯바위에 사는 물고기**

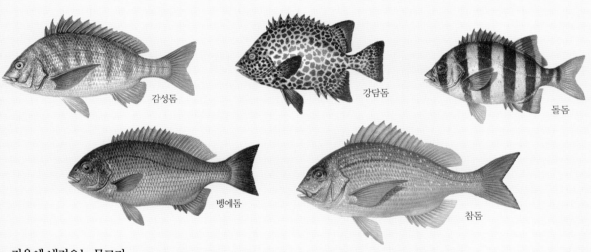

감성돔

강담돔

돌돔

뱅에돔

참돔

**겨울에 내려오는 물고기**

대구

연어

청어

제주 물고기

　제주도는 커다란 섬이다. 우리나라에서 가장 큰 섬이다. 사람이 사는 마라도, 가파도, 우도, 비양도 네 섬과 사람이 안 사는 열여섯 개 섬을 거느리고 있다. 북쪽으로는 남해와 서해가 있고 남서쪽으로는 동중국해가 있고 동쪽으로는 남해를 거쳐 동해와 이어진다. 남동쪽으로 멀리 가면 드넓은 태평양이 나온다. 제주 바닷가에는 섬에서 흘러 내려온 민물이 물 밑에서 솟아 올라온다.

　제주 남쪽 바다는 태평양 쪽에서 따뜻한 바닷물이 올라온다. 한겨울에도 바닷물 온도가 10도 밑으로 내려가지를 않는다. 따뜻한 바닷물을 따라 고등어나 갈치가 떼를 지어 올라온다. 고등어 떼를 쫓아 덩치 큰 청새치나 돛새치도 따라 올라온다. 고래상어나 쥐가오리처럼 커다란 물고기도 가끔 올라온다. 빨판상어는 고래상어나 쥐가오리 몸에 찰싹 붙어서 따라다닌다. 물이 따뜻하니까 열대 바다에 사는 물고기들이 함께 올라와 눌러산다. 나비고기나 흰동가리처럼 열대 고기는 몸빛이 화려하고 뚜렷하다. 서해나 동해에서는 볼 수 없는 물고기다. 제주도 북쪽 바다는 남해와 서해랑 잇닿아 있어 남해와 서해에 사는 물고기도 산다. 열대 지역에 사는 무태장어는 제주도에서만 볼 수 있다.

　제주 바다는 산호가 밭을 이루며 자란다. 서해나 남해나 동해에서는 좀처럼 못 본다. 우리나라에 사는 산호 가운데 절반 이상이 제주도에서 자란다. 산호는 마치 꽃이 핀 것처럼 색깔이 울긋불긋 화려하다. 그래서 사람들은 제주 바닷속을 꽃동산이라고도 한다. 산호밭에는 먹을거리도 많고 몸을 숨길 곳도 많으니까 물고기들이 많이 모여 산다. 흰동가리나 샛별돔은 독침을 가진 말미잘에 들어가 숨어 산다. 또 바닷말들이 숲을 이루며 잘 자라서 물고기들이 알을 낳고 새끼가 숨어 지내기에 알맞다. 제주도에는 바닷물고기가 모두 750종쯤 산다.

## 제주 바다에 많이 사는 물고기

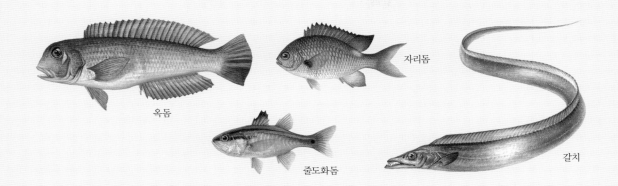

옥돔

자리돔

줄도화돔

갈치

## 따뜻한 물을 따라 먼바다를 돌아다니는 물고기

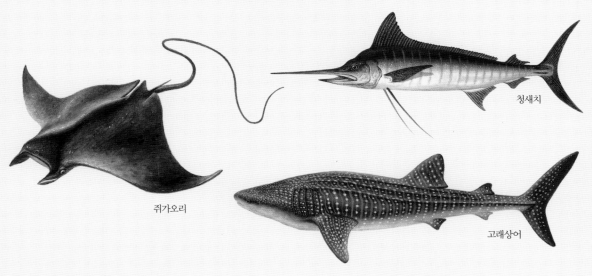

쥐가오리

청새치

고래상어

## 제주 바다에서만 보는 물고기

청줄돔

연무자리돔

무태장어

쏠배감펭

## 산호밭에 사는 물고기

나비고기

흰동가리

깃대돔

곰치

우리나라 사람들은 오랜 옛날부터 바닷물고기를 잡았다. 옛날에는 배가 튼튼하지 않으니까 가까운 바다에서 물고기를 잡았다. 요즘에는 덩치도 크고 힘도 센 배를 타고 먼바다까지 나가서 물고기를 잡는다. 바다로 나가지 않더라도 바닷가에서 낚시도 하고 그물을 쳐서 잡기도 한다. 사람들이 즐겨 먹는 물고기는 아예 바다에서 그물을 쳐 놓고 기른다. 요즘에는 바닷속에 물고기가 살 수 있게 집을 넣어 주기도 한다.

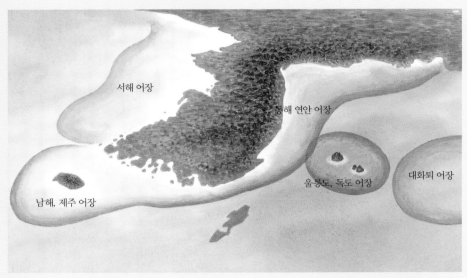

우리나라 어장

## 바다에 나가 물고기 잡기

사람들은 바다에 나가 그물로 물고기를 잡는다. 커다란 그물로 잡으니까 물고기를 많이 잡을 수 있다. 배로 그물을 끌고 가면서 잡기도 하고, 그물을 둥그렇게 둘러쳐서 잡기도 하고, 물속에 그물을 쳐 놓아 잡기도 한다.

끄는 그물

쳐 놓는 그물

둘러치는 그물

## 물고기 기르기

사람들이 바다에 그물을 쳐 놓고 물고기를 가둬 기른다. 그러면 굳이 먼바다에 나가서 물고기를 안 잡아도 된다. '가두리 양식'이라고 한다.

가두리 양식장

## 바닷물고기가 집까지 오는 과정

바다에서 잡은 물고기는 여러 사람을 거쳐 우리 밥상까지 온다. 땀 흘리며 물고기 잡는 사람, 잡은 물고기를 한곳에 모으는 사람, 먹기 좋게 물고기를 다듬는 사람, 시장에서 물고기를 파는 사람을 거쳐야 우리 밥상에 오른다.

물고기 가공 공장

우리 밥상

고기잡이

물고기 경매장

시장

사
라
지
는
물
고
기

　　사람들이 옛날 옛적부터 바닷물고기를 잡아 먹을거리로 먹었다. 바닷물고기는 알 낳는 곳을 지키고,
알맞게 자란 물고기와 알맞은 양만 잡으면 오랫동안 끊임없이 사람들이 먹을거리로 잡을 수 있다. 하지
만 사람들은 바닷물고기가 해마다 어김없이 떼로 몰려오고는 했으니까 끝도 없이 잡을 수 있는 먹을거
리라고 생각했다. 요즘에는 커다란 배를 만들어 먼바다까지 나가 싹쓸이하듯 잡아 버리는 바람에 그
많던 물고기 가운데 아주 없어지려는 물고기가 있다. 사람들이 잡을 욕심만 많고 알맞게 잡거나 보호
하려는 마음이 덜 하기 때문에 생기는 일이다. 하지만 이제는 사람들이 잡을 욕심만 부리지 말고 바닷
물고기가 다 없어지지 않게 관심을 가지고 힘써야 한다.

　　물고기가 없어지는 또 다른 까닭은 바닷물이 더러워지기 때문이다. 사람들이 더러운 물을 바다에 마
구 흘려 버리거나 쓰레기를 버리기 때문에 바다가 스스로 깨끗해지는 힘을 넘어 점점 더러워지고 있다.
더러운 물에서는 물고기가 못 산다. 또 더러워진 물고기를 먹은 사람들은 탈이 날 수 밖에 없다. 요즘에
는 우리나라 바닷물 온도가 올라가서 바닷물고기가 사는 바닷속 모습도 바뀌고 있다. 그래서 새로운
물고기가 나타나기도 하고 흔하게 보이던 물고기가 사라지기도 한다.

기름 오염

더러운 물

바다 쓰레기

유조선 침몰

마구 잡는 물고기

## 보호해야 할 물고기

사람들이 함부로 마구 잡거나 물이 더러워지면서 사라지는 물고기들이다. 한 번 사라진 물고기는 다시 볼 수 없다.

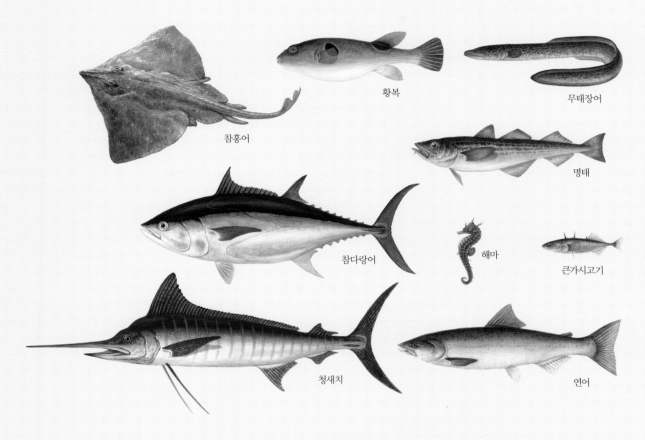

참홍어

황복

무태장어

명태

참다랑어

해마

큰가시고기

청새치

연어

## 바다 목장

요즘에는 물고기들이 편안하게 살 수 있도록 바닷속에 집을 넣어 준다. 소나 말이나 양 따위를 기르는 목장처럼 바다에서 물고기를 기른다고 '바다 목장'이라고 한다. 우리나라는 1998년부터 경남 통영 앞바다에서 맨 처음 바다 목장을 시작했다. 그 뒤로 전남 여수, 경북 울진, 충남 태안, 제주도에 바다 목장을 만들었다.

|2부|

# 우리 바다 물고기

# 1장

---

틱 없는 물고기 : 무악어류

| 먹장어강 | 먹장어목 | 꾀장어과 | 먹장어 |
|---|---|---|---|
| | | | 묵꾀장어 |
| 두갑강 | 칠성장어목 | 칠성장어과 | 칠성장어 |
| | | | 다묵장어 |
| | | | 칠성말배꼽 |

# 먹장어 *Eptatretus burgeri*

꼼장어, 묵장어, 꾀장어, 푸장어, Inshore hagfish, Hagfish, ヌタウナギ, 蒲氏黏盲鰻

먹장어는 우리나라 남해와 제주 바다에서 산다. 물 깊이가 40~100m쯤 되는 바다 밑바닥에서 산다. 부레가 없어서 물 위로 떠오르지 못한다. 더구나 꼬리지느러미만 있고 나머지 지느러미는 하나도 없다. 헤엄을 잘 못 치고 꿈틀꿈틀 기어 다니기를 좋아한다. 낮에는 펄 바닥이나 모랫바닥 속에 숨어서 콧구멍과 수염만 밖으로 내밀고 있다가 밤에 나와서 먹이를 찾는다. 다른 물고기 몸에 찰싹 달라붙거나, 물고기가 죽어서 바닥에 떨어지면 냄새를 맡고 달려들어서 깨끗이 먹어 치운다. 그래서 바다 청소부 노릇을 한다. 동그란 입을 먹잇감 몸에 붙이고 입속에 감춘 이빨로 살과 내장을 파먹는다. 그물에 걸린 물고기나 오징어를 먹기도 한다. 먹장어는 몸에 난 구멍에서 끈끈한 점액이 많이 나온다. 큰 물고기가 덤비면 끈끈한 물을 잔뜩 내뿜어서 몸 둘레 바닷물을 젤리처럼 만들어 몸을 지킨다. 또 끈끈한 점액을 거미줄처럼 이리저리 쳐 놓고 지나가던 물고기가 걸리면 잡아먹기도 한다.

먹장어는 '눈 먼 장어'라는 뜻이다. 먹장어라는 이름은 눈이 없어 보지 못하는 '묵(墨)', 즉 '맹목(盲目)'이라는 뜻에서 온 것 같다. 사람들은 흔히 '꼼장어'라고 한다. 먹장어는 장어라는 이름이 붙었지만 장어 무리랑 영 딴판인 물고기다. 붕장어와 달리 뼈가 물렁물렁하고 턱이 없어서 입이 뾰족하지 않고 둥글다. 눈은 퇴화해서 살갗 아래에 묻혀 있다. 밤인지 낮인지만 안다. 눈 있는 곳 살갗 색깔이 조금 하얗다. 눈이 없어도 냄새를 맡고 입가에 난 수염을 더듬어 먹이를 찾는다. 아가미도 구멍만 뚫려 있다. 물고기 가운데 가장 원시적인 물고기다.

**생김새** 몸길이는 50~60cm쯤 된다. 몸빛은 밤색이고, 몸은 뱀처럼 길다. 비늘이 없고 몸은 반들반들하다. 입은 동그랗고 입속에는 혀가 있고 빗 모양 이빨이 줄지어 나 있다. 입 가장자리에 수염이 8개 있다. 눈은 살갗에 파묻혀 있다. 머리에서 꼬리까지 배 쪽에 작은 구멍들이 줄지어 나 있고, 몸통 양옆에 아가미구멍이 여섯 개, 드물게 일곱 개가 한 줄로 나 있다. 등지느러미와 뒷지느러미는 없고 꼬리지느러미만 있다. 옆줄은 없다. **성장** 몸 안에 정소와 난소가 모두 있다. 난소가 더 많이 발달하면 암컷, 정소가 더 많이 발달하면 수컷, 둘 다 발달하면 암수한몸이 된다. 7~9월에 조금 더 깊은 바다로 들어가 짝짓기를 하고 알을 낳는다. 땅콩처럼 생긴 알을 18~32개쯤 낳는다. 알 크기는 2cm쯤 되고 누런 껍질에 싸여 있다. 알 양쪽 끝에는 가는 실이 잔뜩 나 있어 알끼리 서로 엉켜 바닥에 가라앉는다. **분포** 우리나라 남해와 제주. 일본, 동중국해 **쓰임** 통발로 잡는다. 일제 강점기를 벗어난 뒤에 먹장어 껍질을 벗겨 지갑이나 구두를 만들고 살을 버렸다. 어쩌다 이 살을 따로 가져다가 구워 먹기 시작했는데 지금은 사람들이 즐겨 먹게 되었다. 여름이 제철이다.

퇴화된 눈

아가미구멍 6~7개가 한 줄로 나 있다.

먹장어

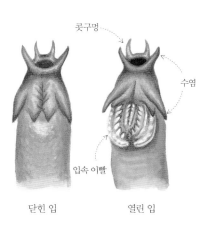

콧구멍

수염

입속 이빨

닫힌 입　　　　열린 입

**매듭짓기** 먹장어나 칠성장어는 다른 물고기에
착 달라붙으면 힘을 쓰려고 몸을 꼬아서 매듭을
짓는다. 몸에서 끈끈한 점액을 훑어 낼 때도
매듭을 짓는다.

**먹장어 입** 먹장어는 턱이 없고 입이 둥그랗다.
입안에는 혀 위에 자잘한 이빨이 나 있다.
입 둘레에는 수염이 났다.

# 묵꾀장어 *Paramyxine atami*

푸장어북, 꼼장어, Brown hagfish, クロメクラウナギ, 褐副盲鰻

묵꾀장어는 바다 밑바닥에서 산다. 먹장어는 아가미구멍 6개가 나란하게 나 있는데, 묵꾀
장어는 삐뚤빼뚤해서 다르다. 물 깊이가 45~80m쯤 되고 펄이나 모래가 섞인 바닥에 많이 사
는데 300~500m 깊이에서도 산다. 봄에는 얕은 바닷가로 왔다가 겨울에는 깊은 물속으로 옮
겨 가는데 먼 거리를 왔다 갔다 하지는 않는다. 낮에는 펄 속에 숨어 있다가 밤에 나와 먹이
를 찾아 돌아다닌다. 먹장어처럼 죽은 물고기를 먹어 치우고, 작은 물고기나 펄 속에 숨은 동
물 따위를 잡아먹는다. 우리나라에서는 서해 일향초 둘레 바다와 제주도 남부 바다에 산다.

**생김새** 몸길이는 50~61cm쯤 된다. 몸은 뱀처럼 길쭉하고 턱이 없다. 몸 양쪽에 아가미구멍이 6쌍 있
는데 2열로 서로 붙어 있거나 삐뚤빼뚤 늘어선다. 머리에서 꼬리까지 끈끈한 물이 나오는 구멍이 두 줄
로 나란히 나 있다. 콧구멍과 입 양쪽에 수염이 2쌍씩 나 있다. 눈은 퇴화해서 살갗 아래에 묻혀 있고,
혓바닥 위에 이빨이 있다. 지느러미는 꼬리지느러미만 있다. **성장** 봄에 바닷가에서 알을 15~30개쯤 낳
는다. 알은 긴둥근꼴로 생겼다. 알에는 가느다란 실이 있어서 다른 물체에 붙는다. 몸길이가 20cm쯤 크
면 암컷과 수컷으로 나뉜다. 성장은 더 밝혀져야 한다. **분포** 우리나라 서해, 남해, 제주, 일본, 동중국
해, 대만 **쓰임** 통발로 잡는다. 먹장어처럼 '꼼장어'라고 하며 잡아서 구워 먹는다. 껍질은 가죽으로 만
들어서 가방이나 지갑을 만든다.

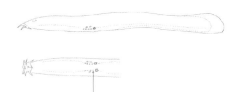

아가미구멍 6~7개가 삐뚤빼뚤하다.

묵꾀장어

엮인 알

**묵꾀장어 알** 묵꾀장어는 가을에 알을 낳는다.
알은 땅콩처럼 생긴 껍질에 싸여 있다.

# 칠성장어 *Lethenteron camtschaticum*

칠공장어, 칠성뱀장어, 홈뱀장어, 우루룽이, Arctic lamprey, カワヤツメ, 七鰓鰻

몸에 구멍이 일곱 개 나 있다고 칠성장어(七星長魚)다. 칠성장어는 차가운 물을 좋아하는 물고기다. 우리나라 동해로 흐르는 강에서 볼 수 있고, 일본 북부와 사할린, 시베리아 강에서도 볼 수 있다. 칠성장어는 강과 바다를 오가며 산다. 강에서 일생을 보내는 무리도 있다. 바다에서 살다가 강을 거슬러 올라와 알을 낳는다. 알에서 나온 새끼는 서너 해쯤 강에서 살다가 다시 바다로 내려간다. 바다에 내려가면 밤에 연어나 송어, 넙치 같은 큰 물고기에 달라붙는다. 날카로운 이빨을 옴쭉옴쭉 움직여 살갗을 갉아 먹고 피를 빨아 먹는다. 한번 달라붙으면 물고기가 죽을 때까지 피와 살을 빨아 먹는다. 또 죽은 물고기를 말끔히 먹어 치워서 바다 청소부 노릇도 한다. 입을 다른 물고기에 딱 붙이고 있을 때는 입으로 숨을 못 쉬고 아가미구멍으로 물을 들이켜서 숨을 쉰다.

칠성장어는 바다에서 이삼 년쯤 크면 오뉴월에 알을 낳으러 강을 거슬러 올라간다. 구시월에 강을 올라가 이듬해까지 지내다가 봄에 알을 낳기도 한다. 짝짓기 때가 되면 암컷은 몸에 뒷지느러미가, 수컷은 돌기가 돋는다. 또 몸이 작아지고 등지느러미는 더 높아지고 이가 강해진다. 강에 올라오면 수컷이 주둥이 빨판으로 자갈이 깔린 강바닥을 헤쳐 바가지처럼 옴폭하게 파 놓는다. 그러면 암컷이 와서 물이 흘러내려 오는 구덩이 앞쪽 돌에 입을 딱 붙이고 몸을 길게 뻗는다. 이때 수컷 여러 마리가 암컷 머리에 입을 붙이고 뒤엉켜 몸을 떨면서 짝짓기를 한다. 알을 낳으면 암컷과 수컷은 며칠 동안 그 언저리에 머물다 죽는다. 알은 끈적끈적해서 자갈이나 돌에 딱 달라붙는다. 알에서 나온 새끼는 어미와 생김새가 딴판이다. 3~4년쯤 강바닥 펄 속에 살면서 유기물이나 플랑크톤을 먹고 산다. 15~20cm쯤 자라면 다시 바다로 내려간다. 요즘에는 강에 댐과 둑이 생기면서 수가 많이 줄었다. 먹장어와 더불어 가장 원시적인 물고기다.

**생김새** 몸길이는 40~50cm쯤 된다. 몸은 원통꼴이고 뱀처럼 길다. 몸 빛깔은 까만 밤색이고 배는 하얗다. 몸이 끈적끈적한 점액으로 덮여 있고 비늘이 없다. 턱이 없어 입은 둥근 빨판이고 이빨이 잔뜩 나 있다. 콧구멍은 머리 등 쪽에 1개 있고 입안과 이어지지 않는다. 몸통 양쪽에 아가미구멍이 7쌍 뚫려 있다. 등지느러미는 두 개로 나뉘었다. 두 번째 등지느러미는 꼬리지느러미와 이어진다. 두 번째 등지느러미와 꼬리지느러미 가장자리가 까맣다. 가슴지느러미와 배지느러미, 옆줄은 없다. **성장** 암컷 한 마리가 5~6월에 알을 8만~10만 개쯤 낳는다. 알에서 나온 새끼는 어른과 생김새가 전혀 다른 유생인 암모코에테스(Ammocoetes) 시기를 거치고 탈바꿈을 해서 어른이 된다. 유생일 때에는 이빨이 없고, 눈이 살갗에 파묻혀 있다. 탈바꿈을 하면 몸이 짧아지고, 눈과 이빨이 생겨나고 입이 빨판처럼 동그래져 다른 물고기에 달라붙을 수 있다. 유생일 때에는 강에서 살다가 15~20cm쯤 크면 가을에서 겨울 사이에 탈바꿈을 하고 이듬해 봄에 모두 바다로 내려간다. 2년에 11~18cm, 3년에 14~20cm쯤 큰다. **분포** 우리나라 동해. 일본, 러시아 시베리아, 사할린 **쓰임** 강을 거슬러 올라올 때 통발로 잡았지만 지금은 수가 적어서 함부로 잡으면 안 된다. 환경부에서 멸종위기야생동식물 2급으로 정해서 보호하고 있다. 살아 있는 칠성장어에는 비타민 A가 뱀장어보다 5배, 말리면 30배쯤 더 많이 들어 있다고 한다. 내장 기관에 많이 들어 있다. 야맹증, 각기병 환자에게 좋다. 살갗에 덮여 있는 점액을 씻어 내고 먹어야 한다.

검다

검다

빨판

아가미구멍 7개

하얗다

칠성장어

**칠성장어 입** 턱이 없어서 입이 빨판처럼 동그랗다. 입 위아래에 이빨이 있고 그 둘레에도 자잘한 이빨이 나 있다. 둘레에 난 이빨에는 날카로운 돌기가 1~2개 나 있다. 아래 이빨에는 톱니가 8~10개 나 있다.

칠성장어와 먹장어는 죽은 물고기를 먹어 치워서 바다 청소부 노릇을 한다.

1. 수컷이 강바닥 자갈을 파헤쳐 알 낳을 자리를 만든다. 암컷이 자갈에 붙어서 알을 낳고 죽는다.
2. 알에서 나온 새끼는 강바닥에서 서너 해쯤 살다가 다 자라면 바다로 내려간다.
3. 바다에서 두 해쯤 살다가 알을 낳으러 강을 거슬러 올라온다.

# 다묵장어 *Lethenteron reissneri*

모래칠성장어북, 무리, 구리, 꼬랑장어, Sand lamprey, Siberian lamprey,
スナヤツメ, 雷氏七鰓鰻

다묵장어는 칠성장어와 달리 바다로 내려가지 않고 평생 민물에서 산다. 강 중류와 상류에 모래가 쌓이고 물풀이 수북하게 자란 작은 개울이나 저수지처럼 물이 머무르는 곳에서 많이 산다. 강어귀에 나타나기도 한다. 낮에는 모래 속에 숨어 있다가 밤에만 나와서 돌아다닌다. 칠성장어와 달리 다른 물고기에 붙어 살을 파먹지 않고, 어른이 되면 전혀 먹지 않는다. 3~4월에 짝짓기가 끝나면 곧 죽는다.

**생김새** 몸길이는 15~26cm쯤 된다. 몸은 뱀장어처럼 생겼다. 등은 진한 밤색이거나 옅은 밤색이다. 배는 허옇다. 꼬리지느러미에 조금 까만 반점이 있다. 알 낳을 때가 되면 지느러미는 누런 밤색으로 바뀐다. 눈 뒤에는 아가미구멍이 7쌍 있다. 입은 턱이 없이 둥글고, 입과 혀에는 딱딱한 이빨이 나 있다. 머리 등 쪽에는 콧구멍이 1개 있는데, 입과는 이어지지 않는다. 첫 번째 등지느러미와 두 번째 등지느러미, 꼬리지느러미가 서로 이어진다. 가슴지느러미와 배지느러미는 없다. **성장** 다묵장어는 4~6월에 모래나 자갈이 깔린 강바닥에 웅덩이를 파고 알을 500~2900개 낳는다. 알에서 나온 유생(Ammocoetes)은 강바닥 모래 속에 묻혀 살면서 유기물을 걸러 먹는다. 유생은 몸이 제법 굵고, 눈은 살갗 속에 묻혀 있어서 앞을 못 본다. 이때는 입이 동그랗지 않고 주둥이가 아래로 벌어진다. 유생으로 3년을 살다가 4년째 가을과 겨울에 걸쳐 탈바꿈을 하고 어른이 된다. 탈바꿈하고 나면 몸길이가 14~19cm쯤 되고 살갗에 묻혀 있던 눈이 바깥으로 나온다. **분포** 제주도를 뺀 우리나라 강 상류. 일본, 중국, 러시아, 유럽 중북부 **쓰임** 멸종위기야생동식물 2급이다. 함부로 잡으면 안 된다.

검다

빨판
아가미구멍 7개

# 칠성말배꼽 *Eudontomyzon morii*

보천칠성장어북, 칠성장어, Korean lamprey, 东北七鰓鰻

칠성말배꼽은 우리나라 압록강과 중국에 있는 몇몇 하천에서만 사는 물고기다. 바닷물고기라기보다 민물고기에 가깝다. 사는 모습은 더 밝혀져야 한다. 겨울에 진흙 속에 떼를 지어 들어가 겨울잠을 자고 봄에 나온다. 4~7월까지 암컷과 수컷이 함께 붙어서 짝짓기를 하고 알을 낳는다. 모래와 자갈이 깔린 바닥을 우묵하게 파고 알을 14000~20000개 낳는다. 알을 낳으면 어른 물고기는 모두 죽는다. 알에서 나온 새끼는 바다로 내려가지 않고 강바닥 모래나 진흙 속에서 살다가 이듬해 탈바꿈을 한다. 어른이 되면 다른 물고기에 붙어 살을 파먹는다.

**생김새** 몸길이는 15~29cm쯤 된다. 생김새는 다묵장어를 닮았다. 주둥이는 빨판으로 동그랗고, 눈 뒤로 아가미구멍이 7쌍 나 있다. 콧구멍은 머리 꼭대기에 1개 있다. 몸에 비늘이 없다. 첫 번째 등지느러미와 두 번째 등지느러미가 서로 떨어져 있다. **성장** 더 밝혀져야 한다. **분포** 우리나라 압록강, 서해로 흐르는 강 **쓰임** 예전에는 잡아서 약재로도 썼지만 지금은 함부로 잡으면 안 된다.

검다

빨판
아가미구멍 7개

다묵장어

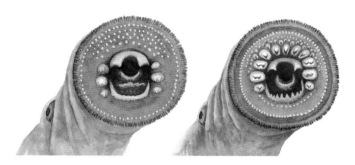

다묵장어 입                    칠성말배꼽 입

**다묵장어와 칠성말배꼽 입**
다묵장어 입 둘레 이빨에 솟은 돌기와 아래 이빨이
칠성장어 이빨보다 무디다. 칠성말배꼽 입 둘레
이빨에는 날카로운 돌기가 1~2개 나 있다.
아래 이빨에는 날카로운 톱니가 8~10개 나 있다.

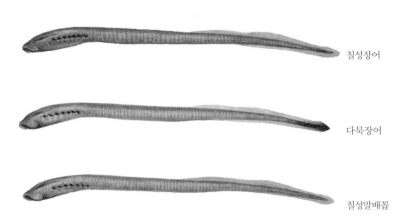

칠성장어

다묵장어

칠성말배꼽

**칠성장어, 다묵장어, 칠성말배꼽 새끼 비교**

칠성말배꼽

## 2장

---

뼈가 물렁한 물고기 : 연골어류

| | | | |
|---|---|---|---|
| **전두아강** | 은상어목 | **은상어과** | 은상어 |
| | | | 갈은상어 |
| **판새아강** | 괭이상어목 | **괭이상어과** | 괭이상어 |
| | | | 샷징이상어 |
| | 수염상어목 | **수염상어과** | 수염상어 |
| | | **얼룩상어과** | 얼룩상어 |
| | | **고래상어과** | 고래상어 |
| | 흉상어목 | **두톱상어과** | 복상어 |
| | | | 불범상어 |
| | | | 두톱상어 |
| | | **표범상어과** | 표범상어 |
| | | **까치상어과** | 행락상어 |
| | | | 개상어 |
| | | | 별상어 |
| | | | 까치상어 |
| | | **흉상어과** | 흉상어 |
| | | | 청새리상어 |
| | | | 뱀상어 |
| | | | 아구상어 |
| | | | 펜두상어 |
| | | | 흰뺨상어 |
| | | | 검은꼬리상어 |
| | | | 무태상어 |
| | | **귀상어과** | 귀상어 |
| | | | 홍살귀상어 |
| | 악상어목 | **환도상어과** | 환도상어 |
| | | | 흰배환도상어 |
| | | **악상어과** | 백상아리 |
| | | | 청상아리 |
| | | | 악상어 |
| | | **돌묵상어과** | 돌묵상어 |
| | | **강남상어과** | 강남상어 |
| | 신락상어목 | **신락상어과** | 칠성상어 |
| | | | 꼬리기름상어 |
| | 돔발상어목 | **돔발상어과** | 돔발상어 |
| | | | 곱상어 |
| | | | 모조리상어 |
| | | | 도돔발상어 |
| | | **가시줄상어과** | 가시줄상어 |
| | 전자리상어목 | **전자리상어과** | 전자리상어 |
| | | | 범수구리 |
| | 톱상어목 | **톱상어과** | 톱상어 |
| | 톱가오리목 | **톱가오리과** | 톱가오리 |
| | 홍어목 | **전기가오리과** | 전기가오리 |
| | | **수구리과** | 목탁수구리 |
| | | | 동수구리 |
| | | **홍어과** | 홍어 |
| | | | 참홍어 |
| | | **색가오리과** | 노랑가오리 |
| | | | 꽁지가오리 |
| | | | 청달내가오리 |
| | | **매가오리과** | 쥐가오리 |
| | | | 매가오리 |
| | | **가래상어과** | 가래상어 |
| | | | 목탁가오리 |
| | | **흰가오리과** | 흰가오리 |
| | | **나비가오리과** | 나비가오리 |

# 은상어 *Chimaera phantasma*

Chimaera, Ghost shark, ギンザメ, 黑线银鲛

은상어는 상어라는 이름이 붙었지만 상어와는 다른 물고기다. 온몸이 은빛이고, 몸은 옆으로 납작하고 꼬리가 뒤로 갈수록 실처럼 가늘게 길어진다. 물 깊이가 50~550m쯤 되는 깊은 바다 바닥에 살면서 오징어 같은 연체동물이나 불가사리 같은 극피동물, 새우, 게 따위를 잡아먹는다. 깊은 바닷속에 살아서 사는 모습은 더 밝혀져야 한다. 《자산어보》에는 '은사(銀鯊) 속명을 그대로 따름'이라고 나온다. "큰 놈은 5~6자쯤 된다. 성질이 약하고 힘이 없다. 온몸은 은빛처럼 하얗다. 비늘은 없다. 몸은 좁고 높다. 다른 물고기들은 눈이 머리 옆에 있는데, 은상어는 커다란 눈이 볼 옆에 붙어 있다. 주둥이는 입 밖으로 4~5치 튀어나왔다. 입은 그 밑에 있다. 가슴지느러미는 살이 찌고 부채처럼 넓다. 꼬리는 올챙이처럼 생겼다. 쓰임새는 다른 상어와 같다. 회가 아주 맛있다. 말린 가슴지느러미를 불로 따뜻하게 녹여 붙이면 젖멍울을 고칠 수 있다."라고 했다.

**생김새** 몸길이는 58~80cm쯤 되며, 120cm까지 자란다. 몸은 은빛으로 번쩍거리고 양쪽에 밤색 세로 띠가 두 개 있다. 머리는 크고 위아래로 조금 납작하다. 몸은 뒤쪽으로 갈수록 가늘어져서 꼬리는 실처럼 길게 늘어진다. 주둥이는 짧고 둔하고, 눈은 긴둥근꼴이고, 콧구멍은 크다. 수컷은 이마에 갈고리처럼 생긴 돌기가 있고, 배지느러미 뒤쪽에는 끝이 세 갈래로 갈라진 교미 기관이 있어서 암컷과 쉽게 구별된다. 옆줄은 삐뚤빼뚤한 물결처럼 나 있다. 뒷지느러미와 꼬리지느러미 사이가 끊어진다. **성장** 봄에 수컷이 이마에 난 갈고리처럼 생긴 돌기로 암컷을 붙잡고 짝짓기를 한다. 교미를 해서 체내 수정을 한 뒤에 대륙붕 가장자리 깊은 진흙 바닥에 알을 낳는다. 알은 뒤 끝이 가늘고 긴둥근꼴이다. 크기가 20cm쯤 되고 알 껍질에 싸여 있다. **분포** 우리나라 동해, 남해, 제주, 일본, 중국, 대만, 필리핀 같은 서태평양 **쓰임** 끌그물로 잡아 어묵을 만들기도 한다.

수컷은 돌기가 있다.

파인 홈

세 갈래로 갈라진 교미 기관

# 갈은상어 *Hydrolagus mitsukurii*

Spookfish, Ghost shark, アカギンザメ, 冬银鲛

갈은상어는 은상어와 생김새가 닮았다. 몸에 잿빛이 돈다. 따뜻한 물을 좋아하는 온대성 물고기다. 물 깊이가 700~1000m쯤 되는 깊은 바다에 산다. 사는 모습은 더 밝혀져야 한다.

**생김새** 몸길이는 70~100cm쯤 된다. 생김새가 은상어와 닮았다. 몸빛은 잿빛이 도는 은색이고 작은 얼룩무늬가 있다. 뒷지느러미는 없고 꼬리지느러미는 실처럼 가늘고 길다. 옆줄은 거의 똑바르다. 등지느러미 가시 앞쪽에는 톱니가 나 있다. 교미 기관은 두 갈래로 갈라져 있다. **성장** 뿔고둥 안에 길이가 2.5cm쯤 되는 긴둥근꼴 알을 낳는다. 성장은 더 밝혀져야 한다. **분포** 우리나라 남해, 일본, 필리핀 같은 북서태평양 **쓰임** 안 잡는다.

암컷은 돌기가 없다.

뒷지느러미가 없고, 파인 홈이 없다.

두 갈래로 갈라진 교미 기관

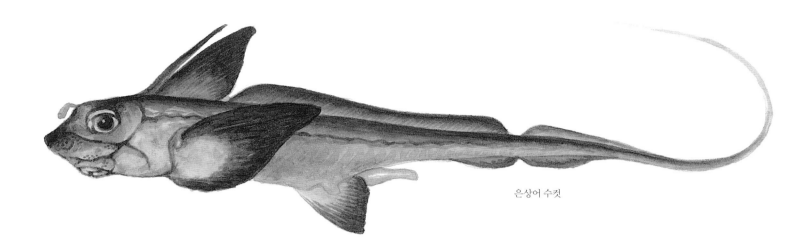

은상어 수컷

은상어 무리 알과 부화

갈은상어 암컷

# 괭이상어 *Heterodontus japonicus*

고양이상어북, Bullhead shark, ネコザメ, 寬紋虎鯊

괭이상어는 바닷가에서 사는데 활발하게 움직이지 않는다. 제주도 둘레 바다 밑에 많이 산다. 생김새와 달리 성질이 순해서 사람한테 달려들지 않는다. 단단한 이빨로 껍데기가 딱딱한 소라나 고둥, 조개 따위를 부수고 속살을 빼 먹는다. 부서진 껍데기는 아가미구멍으로 뱉는다. 또 여러 가지 새우나 게, 물고기도 잡아먹는다. 괭이상어 무리는 온 세상에 9종이 살고 있다.

**생김새** 몸길이는 1.3m까지 자란다. 몸은 가늘고 길다. 입은 폭이 넓고 아래쪽에 있다. 입술은 두툼하고, 윗입술은 나뭇잎처럼 생긴 살 조각이 7개로 나누어져 있다. 양턱 앞쪽에는 끝이 3~5개로 갈라진 이빨이 있고, 그 뒤쪽으로 큰 어금니가 있다. 등지느러미는 2개로 나뉘었다. 등지느러미 앞쪽마다 크고 단단한 가시가 하나씩 있다. 몸은 짙은 밤색이고 까만 밤색을 띤 가로띠가 있다. 가로띠는 머리 뒷부분에서 꼬리자루 뒤 끝까지 있는데, 폭이 넓은 것과 좁은 것이 번갈아 8~10개씩 있다. 또 머리 위와 가슴지느러미에도 가로띠가 있다. **성장** 짝짓기를 하고 봄여름에 바위틈에 알을 12~24개쯤 낳는다. 알은 15cm쯤 된다. 긴둥근꼴로 나사처럼 생겨서 단단한 껍질로 싸여 있다. 11~12달쯤 지나면 새끼가 나온다. 갓 나온 새끼는 15~19cm쯤 된다. 처음에는 바닥에 꼼짝 않고 가만히 있다가 사흘쯤 지나면 돌아다니면서 먹이를 잡아먹는다. 1년이면 36cm, 2년이면 38cm쯤 자란다. **분포** 우리나라 서해와 남해. 일본 중부 이남, 대만, 중국 **쓰임** 안 잡는다.

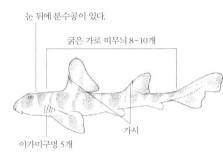

눈 뒤에 분수공이 있다.
굵은 가로 띠무늬 8~10개
가시
아가미구멍 5개

# 삿징이상어 *Heterodontus zebra*

얼룩고양이상어북, Striped cat shark, Zebra bullhead shark, シマネコザメ, 狹紋虎鯊

삿징이상어는 괭이상어보다 더 따뜻한 바다에서 산다. 물 깊이가 90m 넘고, 조개껍데기나 펄이 섞인 모랫바닥에 앉아 산다. 한곳에 머물러 있기를 좋아하고 그다지 많이 움직이지 않는다. 단단한 이빨로 소라나 고둥, 조개 따위를 부수어 속살을 빼 먹는다. 새우나 게 같은 갑각류나 성게 따위도 잡아먹는다.

**생김새** 몸길이는 1.2m쯤 된다. 몸은 가늘고 길며 꼬리자루는 길다. 등은 잿빛이거나 누런 밤색이고, 누런 밤색 가로띠가 스무 개쯤 나 있다. 가슴지느러미에도 가로띠가 3개, 눈 아래에도 2개 있다. 등지느러미는 두 개로 나뉘었다. 등지느러미 앞쪽마다 크고 단단한 가시가 하나씩 있다. 배지느러미에도 가시가 한 개 있다. 아가미구멍은 다섯 개다. **성장** 봄에 단단한 껍데기로 둘러싸인 알을 낳는다. 알은 나사처럼 생겼다. 성장은 더 밝혀져야 한다. **분포** 우리나라 남해, 제주. 일본에서 호주 동부 바다에 이르는 서태평양 **쓰임** 상어 무리 가운데 가장 먼저 쥐라기 때쯤 나타나 아직까지 살아남았다. 진화 연구에 중요하다.

눈 뒤에 분수공이 있다.
가로 띠무늬 20개쯤
가시
아가미구멍 5개

괭이상어

괭이상어 알집

샂징이상어

샂징이상어 알집에서 나오는 새끼

# 수염상어 *Orectolobus japonicus*

거북상어, Fringe shark, Webbegong, オオセ, 日本須鮫

수염상어는 머리와 눈 아래쪽에 수염처럼 생긴 살갗돌기가 대여섯 개 터실터실 나 있다. 바닷말이 수북이 자라고, 모래나 펄이 깔린 바닷가 바닥에서 산다. 바위 바닥이나 산호초에도 나타난다. 밤에 돌아다니면서 전갱이나 능성어, 민어, 조기, 돔 같은 물고기를 잡아먹고 오징어나 바닥에 사는 조개나 새우 같은 무척추동물도 잡아먹는다.

**생김새** 몸길이는 1m 안팎으로 자란다. 머리와 몸통은 통통하고 몸통에 비해 꼬리는 가늘다. 몸빛은 옅은 누런 밤색을 띠고 네모난 밤색 무늬와 하얀 점이 여기저기 나 있다. 아가미구멍은 몸 양쪽에 다섯 개씩 있다. 눈 뒤에 물이 드나드는 분수공이 있다. **성장** 난태생이다. 배 속에 있는 알에서 새끼가 깨어 나오고, 새끼를 스무 마리쯤 낳는다. **분포** 우리나라 남해, 제주. 일본, 중국, 대만, 베트남 같은 북서태평양 **쓰임** 잡아서 고기를 먹기도 하고 수족관에서 키우기도 한다.

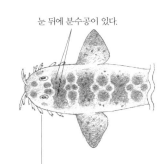

눈 뒤에 분수공이 있다.

눈 아래와 입에 살갗돌기가 여러 개 나 있다.

# 얼룩상어 *Chiloscyllium plagiosum*

Whitespotted bambooshark, テンジクザメ, 条纹斑竹鲨

얼룩상어는 몸에 밤색 띠무늬가 여러 개 나 있고 하얀 점들이 흐드러졌다. 바닷가 바닥에 산다. 밤에 나와 돌아다니며 작은 물고기와 게 같은 갑각류 따위를 잡아먹는다. 사는 모습은 더 밝혀져야 한다.

**생김새** 몸길이가 80~90cm쯤 된다. 생김새는 두툽상어와 닮았다. 누런 밤색 바탕에 굵고 까만 밤색 띠가 머리에서 꼬리까지 9~10개 일정한 간격으로 나 있다. **성장** 암컷과 수컷이 교미를 하고 네모난 알집을 낳는다. 알집 모서리는 가시처럼 뾰족하고 그 끝이 실처럼 꼬불꼬불하다. 알에서 갓 나온 새끼는 몸길이가 10~13cm쯤 된다. 성장은 더 밝혀져야 한다. **분포** 우리나라 남해. 일본, 중국, 필리핀, 베트남, 말레이시아, 인도, 인도네시아, 호주 북부 **쓰임** 안 잡는다.

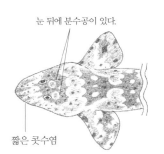

눈 뒤에 분수공이 있다.

짧은 콧수염

수염상어

얼룩상어

얼룩상어 알집

# 고래상어 *Rhincodon typus*

Whale shark , ジンベエザメ, 鯨鯊

고래만큼 몸집이 크다고 '고래상어'다. 세상에서 몸집이 가장 큰 물고기다. 다 크면 수컷은 몸길이가 17m, 암컷은 20m가 넘어 버스 두 대 길이만큼 된다. 몸무게는 30톤쯤 된다. 덩치가 커서 고래 같지만 아가미로 숨을 쉬는 상어다. 백상아리처럼 등지느러미가 뾰족 솟았다. 덩치는 커도 성질이 아주 순하다. 잠수부가 가까이 다가가 쓰다듬어도 본척만척 어슬렁어슬렁 헤엄친다.

고래상어는 따뜻한 물을 따라 넓은 바다를 돌아다닌다. 따뜻한 물을 따라 우리나라에 가끔 올라온다. 물낯 가까이에서 물고기 떼와 함께 홀로 헤엄치거나 여러 마리가 무리를 지어 헤엄쳐 다닌다. 수컷이 암컷보다 더 멀리 돌아다닌다. 가끔 물속 700m 깊은 곳까지 헤엄쳐 들어간다. 물속에서 큰 입을 떡 벌리고 작은 플랑크톤이나 오징어, 멸치 같은 작은 물고기 따위를 한입에 삼킨 뒤 걸러 먹는다. 80년을 산다.

**생김새** 몸길이는 10m 안팎이다. 20m 넘게 크기도 한다. 등은 푸르스름하고 배는 하얗다. 몸 앞쪽은 위아래로 납작하다. 온몸에 하얀 점이 흐드러졌다. 입은 크고 자잘한 이빨이 촘촘하게 났다. 아가미구멍 다섯 개가 세로로 길쭉하다. 등지느러미는 두 개인데 앞은 크게 우뚝 솟았고 뒤는 작다. 가슴지느러미는 크고 넓고 낫처럼 생겼다. 꼬리지느러미는 가위처럼 갈라지는데 위쪽이 더 길다. **성장** 처음에는 알을 낳는 난생으로 알려졌으나 지금은 새끼를 300마리 넘게 낳는 난태생으로 밝혀졌다. 성장은 아직 자세히 밝혀지지 않았다. **분포** 우리나라 남해, 제주. 온 세계 온대와 열대 바다 **쓰임** 수가 많지 않아서 멸종위기종으로 보호하고 있는 물고기다. 함부로 잡으면 안 된다.

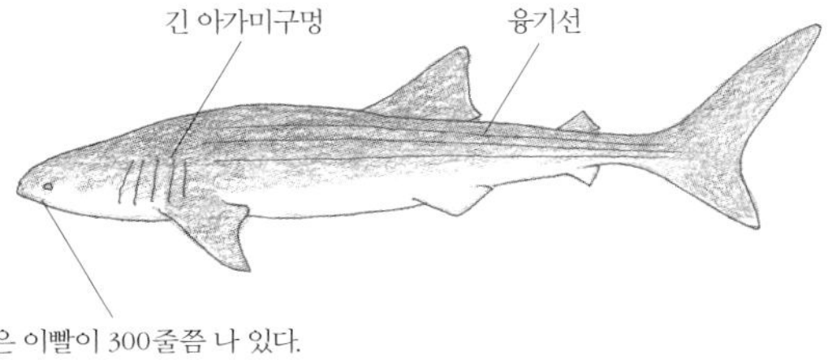

긴 아가미구멍 　융기선

작은 이빨이 300줄쯤 나 있다.

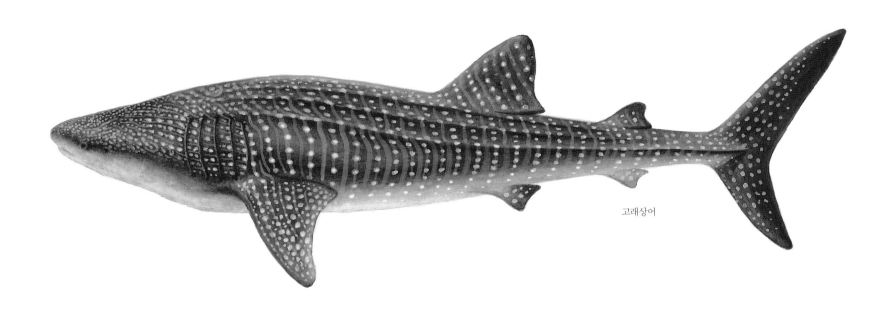

고래상어

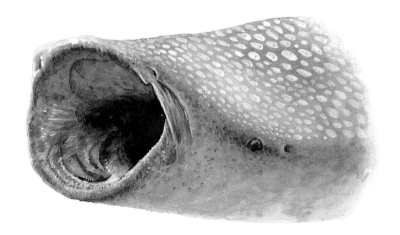

**고래상어 입** 고래상어는 입을 크게 쫙 벌리고
헤엄치면서 작은 플랑크톤이나 물고기 따위를
걸러 먹는다.

# 복상어 *Cephaloscyllium umbratile*

이리상어북, Draughtboard shark, ナヌカザメ, 阴影绒毛鲨

복상어는 얕은 바닷가부터 물 깊이가 300m 넘는 곳까지 모래와 진흙이 섞인 바닥에서 산다. 바닥에 돌이 깔린 바닷가에서도 가끔 볼 수 있다. 드물게 물낯으로 떠올라 물과 공기를 들이마시며 헤엄쳐 다니기도 한다. 물고기나 오징어 따위를 잡아먹고 산다.

**생김새** 몸길이는 1.2m까지 큰다. 몸은 누런 밤색이고, 몸 옆과 등에 작고 둥근 까만 점이 흩어져 있다. 몸은 길고, 가슴지느러미와 배지느러미 사이가 가장 높다. 입은 머리 아래쪽에 있다. 눈은 가늘게 길고, 바로 뒤에 물이 드나드는 작은 분수공이 있다. 등지느러미는 2개다.　**성장** 알을 두 개 낳는다. 한 해가 지나면 새끼가 나온다고 한다. 성장은 더 밝혀져야 한다.　**분포** 우리나라 남해, 제주. 일본, 동중국해, 뉴기니 섬　**쓰임** 가끔 그물에 잡히기도 하는데 맛이 좋다고 한다.

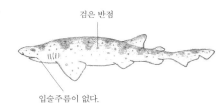

검은 반점

입술주름이 없다.

# 불범상어 *Halaelurus buergeri*

Black-spotted catshark, ナガサキトラザメ, 梅花鲨

불범상어는 몸이 작은 상어다. 물 깊이가 80~100m쯤 되는 바닥에서 산다. 따뜻한 아열대 바다에서 살면서 작은 물고기나 새우, 오징어, 게 같은 무척추동물을 먹고 산다.

**생김새** 몸길이는 45cm 안팎이다. 몸은 가늘고 길다. 몸빛은 옅은 누런 밤색이고 짙은 밤색 띠무늬가 10개쯤 희미하게 나 있다. 온몸에 까만 밤색 점들이 뚜렷하게 나 있다.　**성장** 알을 낳지만, 단단한 껍질을 가진 알이 어느 정도 발달할 때까지 배 속에 있어서 난태생과 난생 중간 성질을 가지고 있다. 암컷 한 마리가 알을 6~12개 낳는다.　**분포** 우리나라 남해. 일본, 중국, 대만, 필리핀　**쓰임** 가끔 낚시에 걸려 잡힌다.

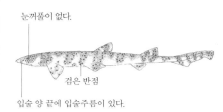

눈꺼풀이 없다.

검은 반점

입술 양 끝에 입술주름이 있다.

# 두톱상어 *Scyliorhinus torazame*

범상어북, 두테비, Cloudy catshark, トラザメ, 虎紋猫鲨

두톱상어는 따뜻한 물을 좋아한다. 물 깊이가 100m 안쪽인 바다 밑바닥에 살면서 작은 물고기나 새우, 게 따위를 먹고 산다. 사는 모습은 더 밝혀져야 한다.

**생김새** 몸길이가 50cm쯤 된다. 몸이 누렇고 짙은 무늬가 얼룩덜룩 나 있다. 머리와 몸통 허리는 위아래로 납작하다. 입은 배 쪽에 있고, 입술 양 끝에 입술주름이 있다. 이빨 끝이 세 갈래로 갈라졌다. 아가미구멍 5개가 세로로 쭉 나 있다. 등지느러미는 두 개로 나뉘었고 몸 뒤쪽에 있다. 첫 번째 등지느러미는 배지느러미 뒤쪽에 있다. 꼬리지느러미는 짧다.　**성장** 두톱상어 알은 네모난 알 주머니에 들어 있다. 알 주머니는 질기고 두툼하고, 모서리에는 가느다란 실이 꼬불꼬불 나 있다. 알에서 나온 새끼는 알 주머니에 있다가 밖으로 빠져 나온다. 성장은 더 밝혀져야 한다.　**분포** 우리나라 서해와 남해, 제주. 일본, 필리핀　**쓰임** 바닥까지 그물을 내려서 끌그물로 잡는다. 어묵을 만든다.

입 양 끝에 입술주름이 있다.

복상어

복상어 입          불범상어 입          두툽상어 입

불범상어

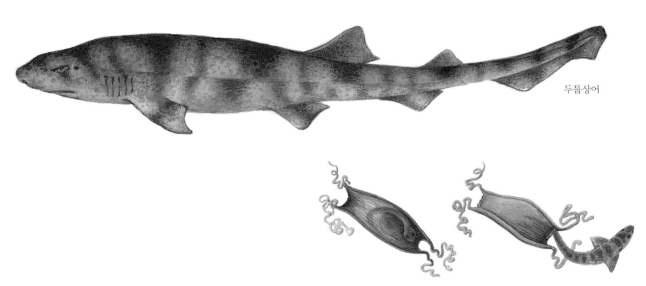

두툽상어

**복상어와 두툽상어 알집** 알은 알 주머니에 들어 있다.
알 주머니는 네모나고 모서리에 꼬불꼬불한 실이 있다.
알 주머니 안에서 새끼가 깨어나 밖으로 나온다.

흉상어목
표범상어과

# 표범상어 *Proscyllium habereri*

Cat shark, Graceful cat shark, タイワンザメ, 原鲨

온몸에 표범처럼 까만 무늬가 있어서 '표범상어'다. 물 깊이가 50~100m쯤 되는 대륙붕 바닥에서 많이 산다. 우리나라 남해와 제주도에서 볼 수 있다. 물고기나 새우, 게, 오징어 따위를 잡아먹는다.

**생김새** 몸길이는 50cm쯤 된다. 몸이 가늘고 길다. 눈 바로 뒤에 물이 드나드는 분수공이 있다. 아가미 구멍은 5개 있다. 눈에는 눈꺼풀이 있다. 수염은 없고 입가에 주름이 있다. 등지느러미는 2개인데 크기가 거의 같다. 꼬리지느러미 위쪽이 더 길다. **성장** 알 주머니를 낳는다. 알 주머니에는 실이 나 있어서 다른 물체에 달라붙는다. 성장은 더 밝혀져야 한다. **분포** 우리나라 남해, 제주. 일본, 중국해 **쓰임** 안 잡는다.

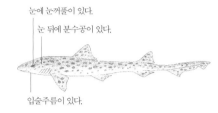

눈에 눈꺼풀이 있다.
눈 뒤에 분수공이 있다.
입술주름이 있다.

---

흉상어목
까치상어과

# 행락상어 *Hemitriakis japonica*

날개상어<sup></sup>, Topeshark, Gray shark, エイラクブカ, 日本牛鲛唇鲨

행락상어는 얕은 바닷가부터 물 깊이가 350m쯤 되는 바닥에서 산다. 작은 물고기나 새우, 게 같은 갑각류를 잡아먹는다. 15년 안팎으로 산다. 사는 모습은 더 밝혀져야 한다.

**생김새** 몸길이는 110~120cm쯤 된다. 수컷보다 암컷이 조금 더 크다. 몸은 긴 원통꼴이다. 주둥이는 둥근 삼각형이다. 등은 잿빛이고 배는 옅은 색이다. 생김새는 개상어와 닮았지만, 배지느러미가 등지느러미 뒤 끝보다 더 뒤에서 시작되어서 개상어와 다르다. **성장** 난태생이다. 어미 배 속에서 알이 깨서 새끼가 나온다. 새끼를 8~22마리쯤 낳는다. 갓 나온 새끼는 20~21cm쯤 된다. 성장은 더 밝혀져야 한다. **분포** 우리나라 남해. 일본, 대만 같은 북서태평양 **쓰임** 먹을 수 있지만 일부러 잡지는 않는다.

눈 뒤에 분수공이 있다.
몸에 무늬가 없다.

---

흉상어목
까치상어과

# 개상어 *Mustelus griseus*

Spotless smooth-hound, シロザメ, 灰貂鲨

개상어는 바닷가 바닥에서 산다. 때때로 물 깊이가 300m쯤 되는 곳에서도 볼 수 있다. 모랫바닥에 사는 갑각류나 작은 동물들을 잡아먹는다. 9년쯤 산다. 사는 모습은 더 밝혀져야 한다.

**생김새** 몸길이는 80~100cm쯤 된다. 암컷이 수컷보다 더 길다. 몸은 긴 원통꼴이다. 등은 푸르스름한 잿빛이고 배는 하얗다. 몸은 회색이며 대부분 점이 없고 미끈하다. 모든 지느러미 뒤 가장자리는 허옇다. 행락상어와 닮았다. 하지만 배지느러미가 등지느러미 뒤 끝 바로 아래에서 시작되는 점이 다르다. **성장** 태생이다. 노른자를 배에 달고 있는 새끼를 낳는다. 성장은 더 밝혀져야 한다. **분포** 우리나라 남해. 일본, 중국, 대만, 필리핀, 베트남 **쓰임** 안 잡는다.

눈 뒤에 분수공이 있다.

배지느러미가 등지느러미
뒤 끝 아래에서 시작된다.

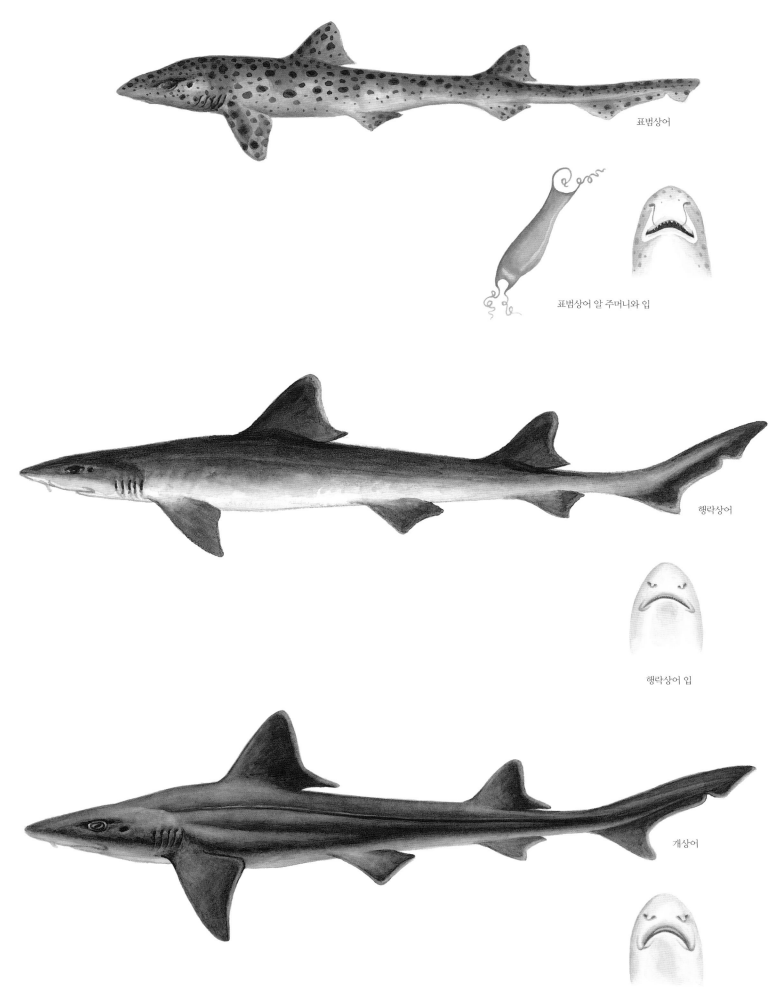

표범상어

표범상어 알 주머니와 입

행락상어

행락상어 입

개상어

개상어 입

# 별상어 *Mustelus manazo*

참상어, Star-spotted shark, Hound shark, Gummy shark, ホシザメ, 白斑星鯊

별상어는 바닥에 모래나 펄이 깔린 바닷가부터 물 깊이가 360m쯤 되는 앞바다까지 산다. 새우, 게 따위를 많이 잡아먹고, 물고기나 오징어 따위도 잡아먹는다. 사는 모습은 더 밝혀져야 한다. 《자산어보》에 나오는 '진사(眞鯊) 속명 참사(參鯊)'가 별상어인 것 같다. "몸은 살짝 짧고 머리는 넓적하다. 눈은 조금 크다. 고깃살은 불그스름하다. 맛이 살짝 담백해서 회나 포로 먹으면 좋다."라고 나온다.

**생김새** 몸길이는 220cm까지 큰다. 몸빛은 잿빛 밤색인데 등 쪽은 진하고 배 쪽은 옅다. 등 쪽에는 작고 하얀 점들이 많이 흩어져 있다. 또 옆줄을 따라 하얀 점이 뚜렷하게 줄지어 있다. 몸은 가늘다. 머리는 납작하고 폭이 넓다. 눈은 가늘고 길며, 눈꺼풀이 있다. **성장** 태생으로 새끼를 낳는다. 수컷은 교미 기관이 있어서 암컷과 짝짓기를 하면 암컷 몸속에서 수정을 한다. 그리고 어미 배 속에서 새끼가 깬다. 어미는 열 달쯤 새끼를 배고 있다. 새끼는 어미 배 속에서 자라다가 이듬해 4~5월에 나온다. 배 속에서 몸길이가 20cm 안팎으로 자라고, 어미 배 밖으로 나올 때는 27~30cm쯤 된다. 암컷 몸길이가 80cm 안팎이면 2~4마리, 1m가 넘으면 10마리 넘는 새끼를 낳는다. 새끼는 1년이 지나면 50cm, 3년이 지나면 암컷이 70cm쯤 큰다. 수컷보다 암컷이 더 빨리 큰다. **분포** 우리나라 온 바다. 일본 북해도 이남, 동중국해, 대만, 베트남 **쓰임** 맛이 좋아서 진짜 상어라는 뜻으로 '참상어'라고도 한다. 살이 맛있다. 상어한테서 나는 독특한 냄새가 거의 안 나기 때문에 사람들이 즐겨 먹는다. 남해와 동해 바닷가 횟집에서 가끔 볼 수 있다.

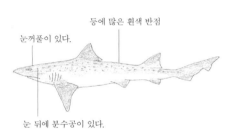

등에 많은 흰색 반점
눈꺼풀이 있다.
눈 뒤에 분수공이 있다.

---

# 까치상어 *Triakis scyllium*

죽상어, Banded houndshark, ドチザメ, 皺唇鯊

까치상어는 따뜻한 바다를 좋아한다. 상어 무리 가운데 덩치가 작은 축에 든다. 바닷가 가까운 물속 진흙 바닥이나 바다풀이 어우렁더우렁 자란 숲에서 산다. 혼자 돌아다니기를 좋아하고 가끔 무리를 지어 쉬기도 한다. 깜깜한 밤에 바닥을 돌아다니면서 작은 물고기나 새우나 게 따위를 잡아먹는다. 성질이 순해서 사람에게 안 달려든다.

까맣고 하얀 색이 번갈아 늘어선 생김새가 까치 무늬를 닮았다고 '까치상어'라는 이름이 붙었다. 또 까만 줄무늬가 대나무 마디처럼 나 있다고 '죽상어'라고도 한다. 《자산어보》에는 '죽사(竹鯊) 속명을 그대로 따름'이라고 나오고 "양쪽 옆구리에 까만 점이 있는데 줄을 지어 꼬리까지 늘어서 있다."라고 썼다.

**생김새** 몸길이가 1.5m 안팎이다. 온몸은 잿빛이고 검은 띠무늬가 가로로 열 줄쯤 나 있다. 몸에는 작고 검은 점들이 흐드러진다. 몸은 길쭉하고 홀쭉하다. 머리는 위아래로, 꼬리는 양옆으로 납작하다. 아가미구멍이 가슴지느러미 바로 앞쪽에 다섯 줄 나 있다. 등지느러미 두 개는 세모꼴로 뾰족 솟았다. 꼬리지느러미 위아래 생김새가 다르다. **성장** 새끼를 낳는 태생이다. 봄이 되면 새끼를 20~40마리쯤 낳는다. 성장은 더 밝혀져야 한다. **분포** 우리나라 서해와 남해. 일본, 대만, 인도양, 호주 **쓰임** 끌그물이나 걸그물로 잡는다. 까치상어는 성질이 순하고 사는 곳을 바꿔도 잘 지내서 수족관에서 많이 기른다. 회로 먹기도 한다.

가로 줄무늬가 10개쯤 있다.
눈꺼풀이 있다.
눈 뒤에 분수공이 있다.

별상어

별상어 입

별상어 눈

두툽상어 눈

**두툽상어와 별상어 눈** 두툽상어나 별상어처럼
작은 상어는 어두운 곳에서도 잘 볼 수 있다.
눈 속 가장 안쪽에 은빛 판이 있어서 빛을 모아 준다.

까치상어

암컷

수컷

**까치상어 입과 코** 까치상어는 배가
납작하다. 입과 코는 아래에 붙어 있다.

**까치상어 암컷과 수컷** 까치상어는 짝짓기를
해서 새끼를 낳는다. 수컷은 교미 기관 2개가
길게 늘어졌다.

# 흉상어 *Carcharhinus plumbeus*

흰눈상어<sup>북</sup>, Sandbar shark, メジロザメ, 铅灰真鲨

흉상어는 물낮에서부터 물 깊이가 500m 되는 곳까지 두루 산다. 그래서 바닷가나 앞바다, 깊은 바다 어디에서나 볼 수 있다. 바닷속 가운데쯤에서도 살지만 주로 물 밑바닥에 머문다. 만이나 강어귀에서도 보이지만 모래가 깔린 바닷가나 파도가 뒤집히는 곳은 피한다. 다 큰 흉상어는 물고기나 몸집이 작은 상어, 가오리, 오징어, 새우 따위를 잡아먹는다. 어린 상어는 꽃게, 새우 따위를 많이 잡아먹는다. 암컷은 21년, 수컷은 15년쯤 산다.

**생김새** 몸길이는 250cm쯤 된다. 등은 잿빛 밤색이거나 밤색이고 배는 하얗다. 주둥이가 아주 길고 둥글다. 위턱니는 긴 삼각형으로 날카롭다. 지느러미 끝 가장자리가 조금 어둡다. **성장** 태생이다. 새끼를 한 번에 1~14마리 낳는다. 성장은 더 밝혀져야 한다. **분포** 우리나라 제주. 온 세계 온대와 열대 바다 **쓰임** 가끔 어시장에 생선으로 나온다. 꽝꽝 얼리거나 훈제를 하거나 건어물을 만든다. 말린 지느러미로 스프를 끓이고, 중국에서는 약재로 쓴다.

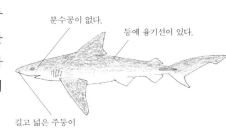

분수공이 없다.
등에 융기선이 있다.
길고 넓은 주둥이

# 청새리상어 *Prionace glauca*

푸른상어<sup>북</sup>, Great blue shark, Blue shark, ヨシキリザメ, 鋸峰齒鮫

청새리상어는 따뜻한 물을 좋아하는 물고기다. 앞바다와 먼바다를 왔다 갔다 돌아다니며 산다. 뉴질랜드 사람들이 청새리상어를 쫓아 봤더니 1200km 떨어진 남미 칠레 앞바다까지 갔다가 되돌아왔다고 한다. 바닷가부터 물 깊이가 1000m 넘는 곳까지 들어가지만, 거의 80~220m 물 깊이에서 산다. 가끔 등지느러미와 꼬리지느러미를 물 밖에 내놓고 햇빛을 쬐면서 물낮을 헤엄치기도 한다. 청어, 대구, 명태, 전갱이, 연어병치, 가자미 같은 여러 가지 물고기와 오징어, 게 따위를 잡아먹고 가끔 바닷새도 잡아먹는다. 때때로 사람한테도 덤빈다. 20년쯤 산다.

**생김새** 몸길이가 250cm쯤 된다. 몸은 날씬하고 길다. 등은 파랗고 배는 하얗다. 눈동자는 까맣다. 가슴지느러미가 크고 낫처럼 생겨서 날씬하다. **성장** 새끼를 낳는 태생이다. 6~8월에 짝짓기를 하고 아홉 달 지나 새끼를 낳는다. 몸길이가 40cm쯤 되는 새끼를 80마리까지 낳는다. 갓 나온 새끼는 크기가 35~44cm쯤 된다. 4~5년 크면 어른이 된다. **분포** 우리나라 동해, 남해, 제주. 온 세계 온대와 열대 바다 **쓰임** 잡아서 먹기도 한다. 지느러미로 요리를 만들기도 한다. 껍질과 기름도 쓴다.

분수공이 없다.
긴 가슴지느러미
길고 뾰족한 주둥이

흉상어

흉상어 입과 이빨

청새리상어

청새리상어 입과 이빨

# 뱀상어 *Galeocerdo cuvier*

Tiger shark, イタチザメ, 鼬鲨

뱀상어는 열대와 온대 바다를 돌아다니며 산다. 물낯부터 물 깊이가 350~800m 되는 물 밑
바닥이나 물 가운데쯤에서도 산다. 또 강어귀에도 올라오고 항구나 산호초에서도 보인다. 밤
에 나와 돌아다니면서 다른 상어나 가오리, 물고기, 오징어, 바다짐승, 바닷새, 바다거북, 고래
따위를 가리지 않고 잡아먹는다. 때때로 사람한테도 덤비기 때문에 조심해야 한다.

**생김새** 다 크면 몸길이가 7.5m까지 큰다. 몸매는 가늘고 긴 원통형이다. 머리는 뭉툭하고 눈이 머리 앞
쪽에 있다. 등은 푸르스름한 잿빛이 돌고, 짙은 파란색 가로띠가 20~25개 일정한 간격으로 나 있다. 이
가로띠는 크면서 희미해진다. **성장** 난태생이다. 암컷 한 마리가 새끼를 80마리쯤 낳는다. 갓 나온 새끼
는 50~100cm쯤 된다. 성장은 더 밝혀져야 한다. **분포** 우리나라 서해와 남해. 열대와 온대 바다 **쓰
임** 잡아서 살과 지느러미를 먹고 간에서 기름을 짠다.

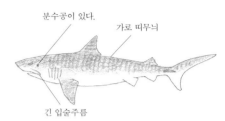
분수공이 있다.
가로 띠무늬
긴 입술주름

# 아구상어 *Rhizoprionodon oligolinx*

첨두상어<sup>북</sup>, Grey sharpnose shark, アンコウザメ, 宽尾斜齿鲨

아구상어는 얕은 바닷가부터 물 깊이가 40m쯤 되고 바닥에 바위가 깔린 곳에서 산다. 물고기와
오징어, 새우나 게 따위를 잡아먹는다. 사는 모습은 더 밝혀져야 한다.

**생김새** 다 크면 몸길이가 1m쯤 된다. 몸은 방추형이다. 몸통은 두껍고 주둥이는 뾰족하다. 머리와 꼬
리는 가늘고 날씬하다. 등은 잿빛이거나 잿빛이 도는 밤색이고 배는 옅다. **성장** 태생이다. 몸길이가
20~30cm쯤 되는 새끼를 낳는다. 몸길이가 30~40cm쯤 크면 어른이 된다. **분포** 우리나라 남해. 일본,
중국, 태국, 인도네시아 **쓰임** 먹을 수 있지만 일부러 잡지는 않는다.

분수공이 없다.
짧은 입술주름

# 펜두상어 *Rhizoprionodon acutus*

평두상어<sup>북</sup>, Milk shark, ヒラガシラ, 尖吻斜锯牙鲨

펜두상어는 열대에 사는 상어다. 따뜻한 물을 따라 우리나라 남해까지 올라온다. 대부분
대륙붕에 살지만 바닷가 모래밭이나 강어귀에도 올라온다. 물 가운데나 바닥을 헤엄쳐 다닌
다. 작은 물고기나 게, 오징어 따위를 잡아먹는다. 사람한테는 잘 안 덤빈다.

**생김새** 몸길이는 170cm쯤 된다. 머리는 길고 뾰족하며 위아래로 납작하다. 눈은 크며 동그랗고 눈꺼
풀이 있다. 등은 잿빛이거나 밤색이 섞인 회색이며 배는 하얗다. 등지느러미와 뒷지느러미 가장자리가
어두운 검정색이다. 물이 드나드는 분수공이 없다. 꼬리지느러미 위쪽이 훨씬 길고, 위쪽 끄트머리가 움
푹 파였다. **성장** 새끼를 낳는 태생이다. 성장은 더 밝혀져야 한다. **분포** 우리나라 남해. 일본, 중국해,
인도양, 대서양, 아프리카 **쓰임** 가끔 그물에 걸린다. 신선한 것은 생선으로 먹고 소금을 뿌려 말려서
먹기도 한다.

분수공이 없다.
뒷지느러미가 배지느러미보다 크다.

뱀상어

뱀상어 입과 이빨

아구상어

아구상어 입과 이빨

펜두상어

펜두상어 입과 이빨

# 흰뺨상어 *Carcharhinus dussumieri*

Whitecheek shark , スミツキザメ, 杜氏真鲨

흰뺨상어는 가까운 바다 대륙붕에서 산다. 작은 물고기나 새우, 게, 오징어 따위를 잡아먹는다. 사람한테는 안 덤빈다.

**생김새** 몸길이는 70~120cm쯤 된다. 주둥이가 길고 뾰족하다. 눈은 동그랗고, 눈꺼풀이 있다. 등은 옅은 밤색이며 배는 하얗다. 두 번째 등지느러미는 작으며 끝만 까맣다. **성장** 새끼를 낳는 태생이다. 몸길이가 70cm쯤 자라면 새끼를 낳는다. 한 번에 몸길이가 37cm 안팎인 새끼를 2~4마리 낳는다. 성장은 더 밝혀져야 한다. **분포** 우리나라 남해. 일본, 동남아시아, 인도양, 중동 **쓰임** 가끔 그물에 걸린다. 먹을 수 있다.

분수공이 없다.

검은색

# 검은꼬리상어 *Carcharhinus sorrah*

넓은주둥이상어[북], 큰입상어, Spottail shark, ホウライザメ, 沙拉真鲨

꼬리지느러미에 까만 점이 있어서 '검은꼬리상어'다. 물낯부터 물속 140m까지 사는데, 대부분 1~73m 물속에서 산다. 바닷가 가까이에서도 볼 수 있다. 낮에는 바닥 가까이에 있다가 밤에 물낯 가까이 올라온다. 가다랑어나 농어 같은 물고기와 문어, 오징어, 새우 따위도 잡아먹는다.

**생김새** 몸길이는 1.2~1.6m쯤 된다. 주둥이는 길고 뾰족하다. 첫 번째 등지느러미는 크고, 두 번째 등지느러미는 아주 작다. 꼬리지느러미는 위쪽이 훨씬 길다. 두 번째 등지느러미와 가슴지느러미, 꼬리지느러미 아래쪽 끝이 까맣다. **성장** 새끼를 낳는 태생이다. 한 번에 새끼를 1~8마리 낳는다. **분포** 우리나라 제주. 일본, 중국, 인도양, 서태평양 **쓰임** 지느러미로 요리를 만든다. 간에서 기름을 짜기도 한다. 하지만 지금은 수가 줄어들어 함부로 잡으면 안 된다.

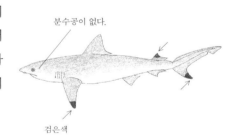

분수공이 없다.

검은색

# 무태상어 *Carcharhinus brachyurus*

짧은꼬리상어[북], Copper shark, クロヘリメジロ, 短尾真鲨

무태상어는 온대와 열대 바다에 사는 상어다. 물 깊이가 100m 안팎인 곳에서 산다. 봄부터 여름까지는 북쪽으로 올라갔다가, 가을부터 겨울에는 남쪽으로 내려온다. 물고기를 잡아먹고 작은 상어나 홍어 같은 가오리도 잡아먹는다. 성질이 사나워서 사람한테도 덤빈다.

**생김새** 몸길이는 3m까지 큰다. 등은 잿빛이거나 구릿빛이고 배는 하얗다. 주둥이는 길고 넓적하면서 둥글다. 이빨은 삼각형이고 가장자리에 톱니가 있다. 눈은 동그랗고 눈꺼풀이 있다. 두 번째 등지느러미가 작고 뒷지느러미와 위아래로 마주 본다. 꼬리지느러미 위쪽이 더 길다. **성장** 새끼를 낳는 태생이다. 10달에서 21달까지 새끼를 배고 있다. 한 번에 새끼를 7~20마리 낳는다. 갓 나온 새끼 몸길이는 60~70cm이다. **분포** 우리나라 온 바다. 온대와 열대 바다 **쓰임** 안 잡는다.

분수공이 없다.

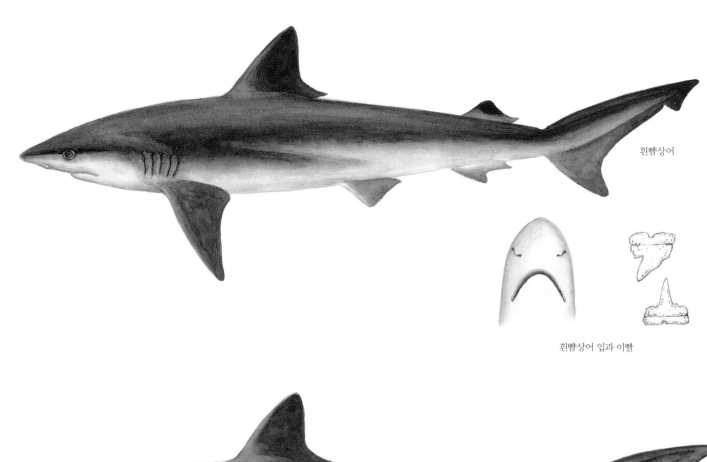

흰뺨상어

흰뺨상어 입과 이빨

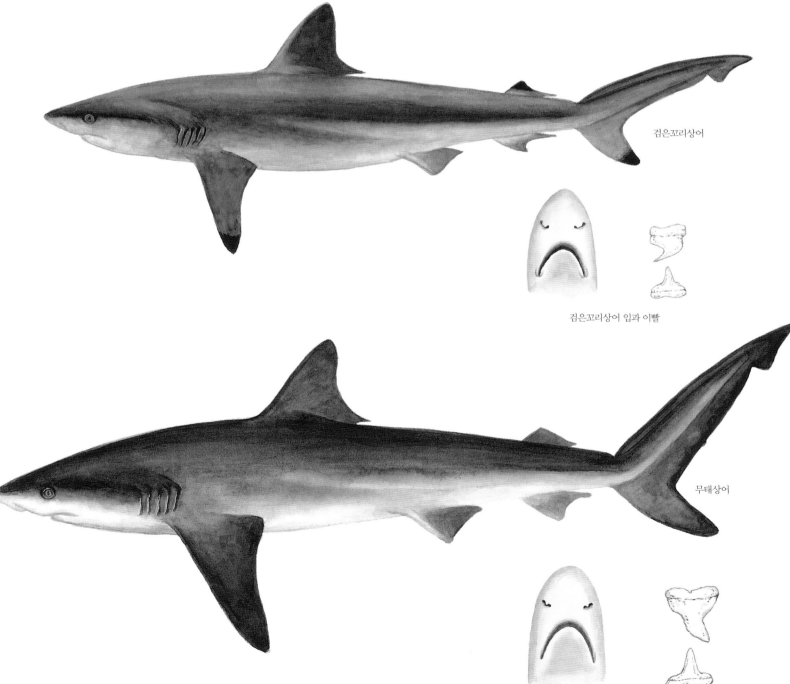

검은꼬리상어

검은꼬리상어 입과 이빨

무태상어

무태상어 입과 이빨

# 귀상어 *Sphyrna zygaena*

관상어북, 안경상어북, 망치상어, Smooth hammerhead, Common hammerhead,
シロシュモクザメ, 鍾頭雙髻鯊

귀상어는 따뜻한 물을 좋아하는 물고기다. 우리나라 온 바다에 산다. 먼바다에 살며 먼 거리를 돌아다니며 살고 바닷가 가까이로는 잘 안 온다. 바닷속 가운데나 밑바닥에서 헤엄쳐 다니며 먹이를 잡아먹는다. 머리 양 끝에 떨어져 있는 눈과 코로 먹이를 찾아낸다. 또 백상아리처럼 로렌치니 기관으로 먹이를 찾는다. 작은 상어나 가오리를 좋아하며 밤에 물고기나 오징어, 갑각류 따위를 잡아먹는다. 머리가 망치처럼 생겨서 생김새는 우습지만 백상아리만큼 성질이 사나워서 사람한테 덤비기도 한다. 옛날 사람들은 망치처럼 생긴 머리를 귀라고 여겼다.

귀상어는 《경상도 지리지》와 《여지승람》에 '쌍어(雙魚)'라고 나온다. 《자산어보》에는 '노각사(艫閣鯊) 속명 귀안사(歸安鯊)'라고 써 놓고, "큰 놈은 1장(丈) 남짓 한다. 머리는 노각(艫閣)과 닮았다. 머리 쪽은 모가 나 있지만 몸 뒤쪽은 가늘어져 기름상어와 닮았다. 눈은 노각 양쪽 끝에 있다. 등지느러미는 아주 커서 지느러미를 펴고 헤엄칠 때면 마치 배가 돛을 편 것과 같다. 노각은 배 앞 돛대에 옆으로 걸쳐 놓아 배 바깥으로 튀어나온 멍에 머리 부분이다. 노각 양쪽은 모두 넓적한 널빤지로 만드는데 이것을 귀안(歸安)이라고 한다. 노각사라는 이름은 이 물고기 생김새가 노각을 닮았기 때문에 붙었다. 이 노각상어는 두 귀가 좌우로 길게 솟아 나와 있는데, 이 귀(耳)를 사투리로 '귀(歸)'라고 한다. 그래서 귀안상어라고도 한다. 노각도 역시 배에 있는 두 귀(耳)다."라고 했다.

**생김새** 몸길이는 6m쯤 된다. 몸빛은 푸르스름한 잿빛이다. 머리가 망치처럼 양쪽 옆으로 길쭉하며 가운데에 홈이 없는 것이 특징이다. 눈은 머리 양 끝에 있다. 아가미구멍 5개가 세로로 쭉 찢어졌다. 첫 번째 등지느러미가 크고 두 번째 등지느러미는 작다. **성장** 난태생이다. 몸길이가 50~60cm쯤 되는 새끼를 30마리쯤 낳는다. 성장은 더 밝혀져야 한다. **분포** 우리나라 온 바다. 온 세계 온대와 열대 바다 **쓰임** 우리나라에서는 일부러 잡지 않는다. 일본에서는 살로 어묵을 만들고, 중국에서는 지느러미로 요리를 한다.

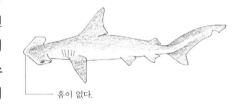

— 홈이 없다.

# 홍살귀상어 *Sphyrna lewini*

Scalloped hammerhead, アカシュモワザメ, 路氏双髻鲨

홍살귀상어는 물 깊이가 25m쯤 되는 바닷가에서 볼 수 있다. 때때로 물 깊이가 270m쯤 되는 앞바다와 1000m쯤 되는 깊은 물속에서도 산다. 다 자란 홍살귀상어는 혼자이거나 짝을 짓거나 여러 마리가 무리 지어 돌아다닌다. 어린 새끼들도 큰 무리를 지어 돌아다닌다. 다른 상어나 가오리도 잡아먹고 오징어, 닭새우, 게, 새우, 물고기를 잡아먹는다. 사람한테도 덤벼들기 때문에 조심해야 한다.

**생김새** 몸길이는 3.5m쯤 된다. 몸은 원통형으로 길다. 등은 누런 밤색이거나 잿빛이고 배는 옅다. 머리 한가운데에 오목한 홈이 있어 귀상어와 다르다. 어릴 때는 가슴지느러미, 두 번째 등지느러미 위 끝, 꼬리지느러미 아래쪽 뒤 끝이 까맣다. **성장** 태생이다. 새끼는 어미 몸속에서 9~10달 있다가 12~40마리쯤 나온다. 갓 나온 새끼는 몸길이가 45~50cm이다. 성장은 더 밝혀져야 한다. **분포** 우리나라 온 바다. 온 세계 온대와 아열대 바다 **쓰임** 기름을 짜거나 사료를 만든다.

— 홈이 파여 있다.

귀상어

**귀상어 눈** 망치처럼 생긴 머리 양 끝에
눈이 붙어 있다.

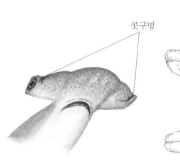

콧구멍

귀상어 입과 이빨

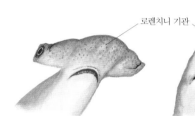

로렌치니 기관

귀상어

일반 상어

**로렌치니 기관** 상어 머리 앞쪽에는 작은 구멍이
수백 개 뚫려 있다. 이 구멍으로 생물이 내는
약한 전류를 느끼는데 '로렌치니 기관'이라고 한다.
이것으로 먹이가 있는 곳을 정확히 찾아낸다.
또 이 기관으로 물 흐름이나 지구 자기장을
알아채서 먼 거리도 길을 잃지 않고 돌아다닌다.

홍살귀상어

귀상어

**귀상어 눈** 망치처럼 생긴 머리 양 끝에
눈이 붙어 있다.

콧구멍

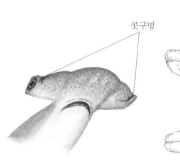

귀상어 입과 이빨

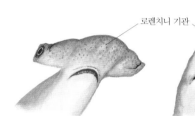

로렌치니 기관

귀상어

일반 상어

**로렌치니 기관** 상어 머리 앞쪽에는 작은 구멍이
수백 개 뚫려 있다. 이 구멍으로 생물이 내는
약한 전류를 느끼는데 '로렌치니 기관'이라고 한다.
이것으로 먹이가 있는 곳을 정확히 찾아낸다.
또 이 기관으로 물 흐름이나 지구 자기장을
알아채서 먼 거리도 길을 잃지 않고 돌아다닌다.

홍살귀상어

# 환도상어 *Alopias pelagicus*

긴꼬리상어북, Pelagic thresher shark, Fox shark, Whitetail shark, ニタリ,
淺海狐鯊

환도상어는 물낮부터 물 깊이가 150m가 넘는 바다 밑에서도 산다. 물낮을 돌아다니다가 물고기 떼를 만나면 둥글게 뭉치게 몬다. 그러고는 기다란 꼬리를 휘둘러 물고기를 후려쳐서 잡아먹는다. 환도는 옛날 군인들이 쓰던 넓적한 칼을 말한다. 꼬리가 이 환도를 닮았다고 이런 이름이 붙었다. 29년까지 산다는 기록이 있다. 환도상어 무리에는 환도상어, 흰배환도상어, 큰눈환도상어 석 종이 있다.

《자산어보》에는 '도미사(刀尾鯊) 속명 환도사(環刀鯊)'라고 나온다. "큰 놈은 1장 남짓 된다. 몸은 둥글고 동아(冬瓜)를 닮았다. 몸뚱이 끝에는 짐승처럼 꼬리가 달려 있다. 꼬리는 넓고 곧으며, 길이가 몸길이와 같다. 꼬리 끝이 뾰족하면서 위로 휘어져서 꼭 환도(環刀)처럼 생겼다. 이 꼬리는 칼끝처럼 뾰족하고 쇠붙이보다 단단하다. 이 꼬리를 휘둘러서 다른 물고기를 잡아먹는다. 맛이 아주 담백하다."라고 했다.

**생김새** 몸길이는 4m까지 큰다. 몸은 방추형으로 길쭉하다. 주둥이는 짧고 원뿔형이다. 등은 어두운 푸른색이며 가슴지느러미 아래 배 쪽은 하얗다. 가슴지느러미 뿌리 쪽은 어둡다. 꼬리지느러미 위쪽은 아주 길어서 몸통보다 길거나 같다. 분수공이 있지만 아주 작아 흔적만 보인다. **성장** 난태생이다. 새끼를 두 마리쯤 낳는다. 갓 태어난 새끼는 100~160cm쯤 된다. 성장은 더 밝혀져야 한다. **분포** 우리나라 남해와 제주. 인도양부터 태평양까지 열대와 온대 바다 **쓰임** 가끔 낚시에 걸린다. 지느러미와 살을 먹는다.

길게 늘어난 위쪽 꼬리지느러미

짧은 주둥이

# 흰배환도상어 *Alopias vulpinus*

Common thresher, Swivetail, マオナガ, 狐鮫

흰배환도상어는 환도상어와 생김새가 똑 닮았다. 흰배환도상어는 이름처럼 배가 하얀데, 가슴지느러미 위쪽까지 하얗다. 환도상어는 가슴지느러미까지 파랗다. 또 환도상어 무리 가운데 몸집이 가장 크고, 양쪽 입가에 주름이 파였다.

흰배환도상어는 물낮부터 물 깊이 650m까지 산다. 바닷가 가까이로도 온다. 아주 빠르게 헤엄을 치면서 돌아다니는데, 물 위로 뛰어오르기도 한다. 무리 지어 다니는 고등어나 정어리, 전갱이 같은 작은 물고기와 오징어, 갑각류 가끔은 바닷새를 잡아먹는다. 무리를 지어 다니면서 물고기 떼를 가둬 놓고, 긴 꼬리를 회초리처럼 휘둘러서 먹이를 기절시킨 뒤에 잡아먹는다. 사람한테는 안 덤빈다. 50년까지 산다.

**생김새** 몸길이는 5m쯤 된다. 등은 밤색, 회색, 푸른빛을 띤 회색, 검은 회색이며 머리 눈 아래부터 꼬리까지 배 쪽이 허옇다. 주둥이는 짧고 눈은 작은 편이다. 두 번째 등지느러미와 뒷지느러미는 아주 작다. 꼬리지느러미 위쪽이 아주 길다. 분수공이 있지만 아주 작아 흔적만 보인다. **성장** 난태생이다. 어미 배 속에서 알에서 나온 새끼는 자기 몸에 있는 노른자를 빨아 먹다가, 어미 배 속에 있는 다른 알을 먹으며 큰다. 어미는 9달쯤 새끼를 배고 있다가, 한 번에 새끼를 2~6마리 낳는다. 갓 나온 새끼 몸길이는 1m가 넘는다. **분포** 온 세계 온대와 열대 바다 **쓰임** 멸종위기종이다. 함부로 잡으면 안 된다.

하얀 배

환도상어

환도상어 무리 입과 이빨

흰배환도상어

# 백상아리 *Carcharodon carcharias*

흰배상어북, 백상어, 백악상어, White shark, Great white shark, ホホジロザメ
噬人鯊

백상아리는 우리가 흔히 '상어'하면 떠오르는 물고기다. 그냥 백상어라고도 한다. 우리나라 온 바다에 사는데 봄에 서해에 자주 나타난다. 물낯 가까이 사는데 1300m 깊은 바닷속까지 들어가기도 한다. 물낯 가까이에서 헤엄치면 뾰족한 등지느러미가 물 밖으로 우뚝 솟는다. 백상아리는 물고기지만 부레가 없어서 가만히 있으면 물속으로 가라앉는다. 그래서 가만히 못 있고 끊임없이 돌아다닌다. 이리저리 돌아다니면서 먹이를 찾는데, 냄새를 잘 맡아서 수 킬로미터 떨어진 곳에서 나는 피 냄새도 맡을 수 있다.

백상아리는 상어 가운데 가장 사납다. 피 냄새를 맡으면 더 사나워진다. 먹잇감이 눈치 못 채게 몰래 다가가서는 눈 깜짝할 사이에 덤빈다. 큰 입을 쩍 벌려서 먹이를 잡는다. 주둥이를 들고 이빨을 쭉 내밀어 먹이를 잡기 때문에 뾰족한 주둥이가 먹이에 받혀 코에 흉터 자국이 많다. 이빨이 날카롭고 턱 힘도 세서 먹잇감을 한번에 댕강 자를 수 있다. 이빨이 빠지면 새 이빨이 줄곧 다시 난다. 작은 물고기부터 돌고래나 바다표범이나 바다사자같이 덩치 큰 바다 짐승도 잡아먹는다. 백상아리는 다른 물고기와 달리 사람처럼 체온이 늘 일정한 온혈 동물이다. 그래서 먹이를 잡아먹어도 빠르게 소화시킨다. 큰 먹이를 한번 먹으면 한 달쯤 안 먹어도 끄떡없다. 사람을 바다표범이나 바다사자인 줄 알고 덤벼들기도 한다. 30년 넘게 산다. 《자산어보》에는 '사어(鯊魚)'라는 이름으로 여러 가지 상어를 적어 놓았다. 사어(鯊魚)는 살갗이 모래처럼 거칠거칠하다고 지어진 이름이다.

**생김새** 다 크면 길이가 6m쯤 되고 무게는 3톤이 넘는다. 몸빛은 푸르스름한 잿빛이고 배는 하얗다. 주둥이가 뾰족하고 입은 밑에 있다. 턱에 삼각형 이가 있고, 이 가장자리에는 톱니가 나 있다. 아가미는 세로로 5개가 쭉 찢어졌다. **성장** 난태생으로 몸길이가 1.2~1.5m인 새끼를 10마리 안팎으로 낳는다. 몸길이가 4.5~5m쯤 되면 어른이 된다. 《자산어보》에는 "거의 모든 물고기는 알을 낳고 암수가 짝짓기를 해서 새끼를 낳지 않는다. 수놈이 먼저 정액을 뿌리면 암놈은 여기에 알을 낳고 이렇게 수정된 알에서 새끼가 나온다. 하지만 상어만은 새끼를 낳고, 딱히 새끼를 배는 때가 따로 없는 것도 물속에 사는 생물로서는 유별나다. 상어 수놈은 밖으로 드러난 생식기가 두 개 있고, 암놈 배 속에는 아기주머니가 두 개 있다. 또 아기주머니 하나 속에는 주머니가 4~5개 들어 있다. 이 주머니가 성숙해지면 새끼가 태어난다. 새끼 상어는 가슴 아래쪽에 알을 하나 달고 있는데, 그 크기가 수세미 열매만 하다. 이 알이 없어지면서 새끼가 태어난다. 알은 사람 배꼽과 같아서 새끼 상어 배 안에 있는 것은 알의 양분이라고 할 수 있다."라고 했다. **분포** 우리나라 온 바다. 온 세계 온대와 열대 바다 **쓰임** 다른 물고기를 잡으려고 쳐 놓은 그물이나 낚시에 가끔 걸린다. 옛날에는 백상아리 살갗을 거친 물건을 다듬을 때 사포로 썼다. 중국에서는 지느러미로 요리를 한다. 간에서 기름을 짜 약을 만들거나 화장품으로 쓰기도 한다. 옛날에는 간에서 짠 기름으로 등잔불을 밝히기도 했다.

분수공이 없다.    꼬리자루에 융기선 1개

톱니처럼 생긴 삼각형 이빨

백상아리 눈 백상아리는 먹이를 잡을 때
눈을 안 다치게 하려고 눈동자를 눈자위 뒤로
숨긴다.

백상아리

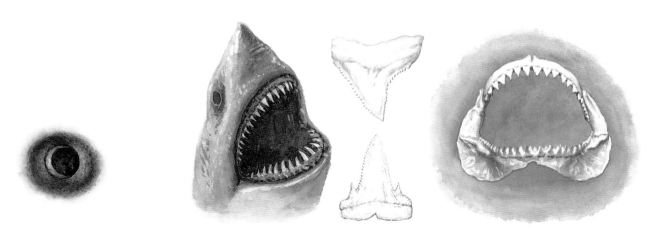

**백상아리 눈** 백상아리는 먹이를 잡을 때
눈을 안 다치게 하려고 눈동자를 눈자위 뒤로
숨긴다.

**상어 이빨** 상어는 뾰족한 이빨이 잔뜩 나 있다.
이빨 하나하나는 세모나고 가장자리에 톱니가 나
있다. 먹이를 잡다가 이빨이 빠져도 새 이빨이
줄곧 다시 난다.

악상어목
악상어과

# 청상아리 *Isurus oxyrinchus*

재빛푸른상어북, Shortfin mako, Blue pointer, アオザメ, 灰鯖鮫

청상아리는 백상아리보다 먼바다에 살아서 우리나라에는 봄과 여름에 가끔 나타난다. 물 낮부터 물 깊이가 150~500m 되는 곳까지 산다. 상어 무리 가운데 헤엄을 가장 빠르게 친다. 시속 100km 안팎으로 속도를 낼 수 있다. 그러다가 물 위로 자기 몸길이 몇 배가 넘는 높이까 지 뛰어오르기도 한다. 참치나 농어, 청어 같은 물고기와 오징어 따위를 잡아먹는다. 백상아 리처럼 성질이 사나워서 사람한테도 덤비고 작은 배를 공격하기도 한다. 45년까지 산다.

**생김새** 4m까지 큰다. 몸 빛깔은 짙은 푸른빛이지만 배 쪽은 하얗다. 몸은 방추형이고 주둥이는 뾰족 하다. 입은 몸 아래쪽에 있고, 입 아래가 둥글게 구부러진다. 꼬리는 가늘고 옆으로 납작하다. 꼬리자루 에 튀어나온 돌기가 있다. 꼬리지느러미는 초승달처럼 생겼고 위아래가 마주 본다. 위쪽 뒤 가장자리에 작은 톱니가 1개 있다. **성장** 몸길이가 2.7m 안팎이 되면 8~9월쯤에 새끼를 낳는다. 난태생으로 한 배 에서 몸길이가 60~70cm인 새끼를 4~25마리 안팎으로 낳는다. 보통 10마리를 낳고, 30마리까지 낳는 다. 7~8살이 되면 어른이 된다. **분포** 우리나라 남해와 제주. 대서양, 인도양, 태평양 온대에서 열대 바 다 **쓰임** 안 잡는다.

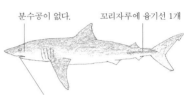

분수공이 없다.   꼬리자루에 융기선 1개

가장자리가 매끈한 삼각형 이빨

악상어목
악상어과

# 악상어 *Lamna ditropis*

쥐상어북, Mackerel shark, Salmon shark, ネズミザメ, 鮭鮫, 太平洋鼠鮫

악상어는 우리나라 동해 위쪽 차가운 바다를 돌아다닌다. 물낮부터 물 깊이 650m까지 내 려가기도 하지만, 거의 대륙붕에서 지낸다. 혼자 살거나 무리 지어 돌아다니면서 물고기를 잡 아먹는다. 빠르게 헤엄치지만 사람한테 덤비지는 않는다. 고등어나 연어를 많이 잡아먹는다 고 영어 이름이 'Mackerel shark', 'Salmon shark'라고 한다.

**생김새** 몸길이는 3m 넘게 큰다. 몸통 높이가 높고 통통한 편이다. 백상아리를 닮았지만 몸집이 더 작 고 배에 검은 반점이 있어서 다르다. 등은 잿빛이고 배는 하얗다. 머리가 뾰족하고, 눈은 머리 앞쪽에 있 다. 꼬리자루 옆에 길고 짧은 돌기가 두 개 튀어나와 있다. **성장** 난태생이다. 여름과 겨울 사이에 짝짓 기를 한다. 암컷은 9달쯤 새끼를 배고 있다가 2~5마리를 낳는다. 갓 나온 새끼는 몸길이가 80~100cm 이다. 1.5~2m쯤 크면 어른이 된다. **분포** 우리나라 동해 중북부. 일본 북부, 오호츠크해, 베링해, 북미 캘리포니아 **쓰임** 물고기를 잡는 그물에 가끔 걸려 잡힌다. 살과 간, 지느러미로 요리를 만들기도 한다.

분수공이 없다.   꼬리자루에 융기선 2개

가장자리가 매끈한 삼각형 이빨

배에 반점이 있다.

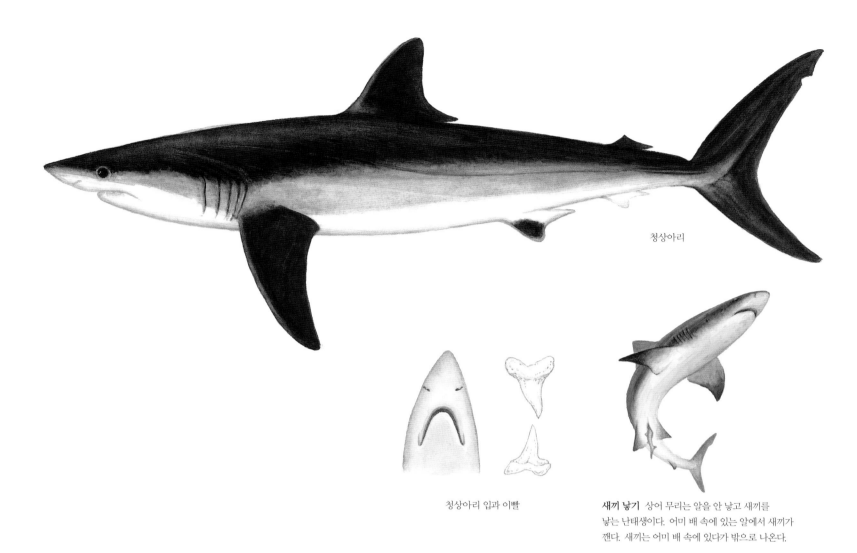

청상아리

청상아리 입과 이빨

**새끼 낳기** 상어 무리는 알을 안 낳고 새끼를 낳는 난태생이다. 어미 배 속에 있는 알에서 새끼가 깬다. 새끼는 어미 배 속에 있다가 밖으로 나온다.

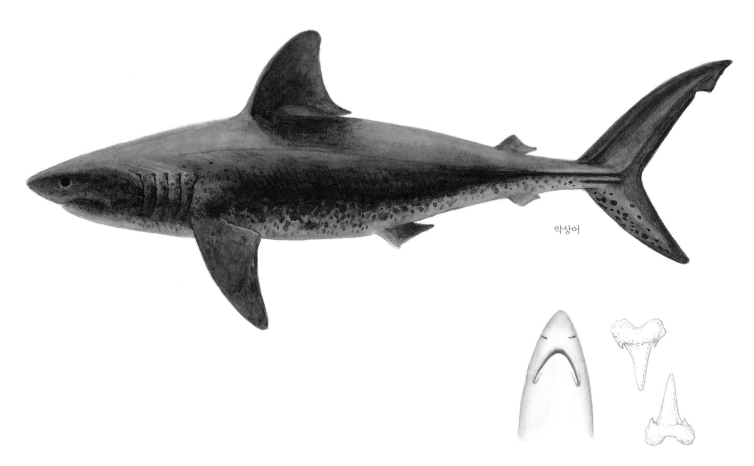

악상어

악상어 입과 이빨

# 돌묵상어 *Cetorhinus maximus*

거물상어<sup>북</sup>, Basking shark, ウバザメ, 姥鲨

돌묵상어는 온 세계 온대와 한대 바다를 9000km 넘게 멀리 돌아다니는 물고기다. 우리나라 바다에 가끔 나타난다. 혼자 다니기도 하고 서너 마리가 함께 다니기도 하는데, 가끔 서너 마리가 길잡이를 하고 수십 수백 마리가 따라 헤엄치기도 한다.

돌묵상어는 고래상어 다음으로 몸집이 큰 상어다. 덩치는 커도 고래상어처럼 순하고 게으르다. 바다 위로 뾰족한 등지느러미를 내놓고 온종일 떠다니며 큰 입을 쫙 벌리고 조그만 플랑크톤을 걸러 먹는다. 돌묵상어는 작은 먹이를 아가미에 붙어 있는 새파(鰓耙)로 걸러 먹어서 새파가 빗자루처럼 아주 가늘고 길고 촘촘하다. 여름에는 물낯 가까이에서 먹이를 잡아먹고, 겨울에는 깊은 바다로 내려간다. 가끔 물 위로 뛰어오르기도 한다. 50년까지 산다.

**생김새** 몸길이는 15m까지 자란다. 온몸은 어두운 밤색이고 배는 조금 밝다. 머리는 위아래로 납작하다. 주둥이는 짧고 둥글다. 입은 크고 양턱에 갈고리처럼 생긴 아주 작은 이가 나 있다. 눈은 작다. 아가미구멍 5개는 등에서 배까지 길어서 온몸을 감싸는 듯 보인다. 등지느러미는 두 개로 떨어지고 앞쪽 등지느러미가 크다. 첫 번째 등지느러미는 가슴지느러미와 배지느러미 가운데에 있다. 가슴지느러미와 배지느러미는 크고, 뒷지느러미는 작다. 꼬리지느러미는 위쪽이 더 크다. **성장** 더 밝혀져야 한다. 난태생으로 짐작되고 몸길이가 1.5~2m나 되는 새끼를 낳는다. 12~16년쯤 지나면 어른이 된다. **분포** 온 세계 온대와 한대 바다 **쓰임** 가끔 그물에 걸려 잡힌다. 간이 커서 기름을 짜기도 한다.

눈꺼풀이 없다.

아가미구멍이 등에서 배까지 이어진다.

좁쌀처럼 작은 이빨

분수공이 있다.

# 강남상어 *Pseudocarcharias kamoharai*

모래상어<sup>북</sup>, Crocodile shark, ミズワニ, 蒲原氏擬錐齒鲨

강남상어는 따뜻한 온대와 열대 바다에서 산다. 물낯부터 물 깊이 200m까지 살며, 590m 깊이까지 내려가기도 한다. 앞바다나 먼바다에서 사는데, 가끔 바닷가 가까이에도 나타난다. 작은 물고기와 오징어, 새우 따위를 먹고 산다. 사는 모습은 더 밝혀져야 한다.

**생김새** 몸길이는 110cm까지 자란다. 몸은 긴 원통형이다. 등은 밝거나 어두운 밤색이고 배는 옅다. 머리는 뾰족하다. 눈은 크고, 눈을 덮는 얇은 눈꺼풀이 없다. 양턱에는 뾰족한 이빨이 나 있다. 등지느러미는 두 개로 나뉘었다. 첫 번째 등지느러미는 가슴지느러미보다 훨씬 뒤쪽에서 시작된다. 지느러미 가장자리는 하얗다. 아가미구멍 5개가 머리 등 쪽까지 길쭉하게 나 있다. 꼬리지느러미는 위쪽이 더 크고, 뒤 끝이 오목하게 팬다. **성장** 난태생이다. 새끼는 어미 배 속에서 알 노른자나 난소 안에 있는 영양분을 먹고 큰다. 어미는 몸길이가 40~43cm 되는 새끼를 네 마리쯤 낳는다. **분포** 우리나라 남해. 온 세계 열대와 아열대 바다 **쓰임** 다랑어를 잡을 때 그물에 가끔 함께 잡힌다.

눈 뒤에 분수공이 있다.

꼬리자루에 짧은 융기선

눈이 크고 눈꺼풀이 없다.

아가미구멍이 길다.

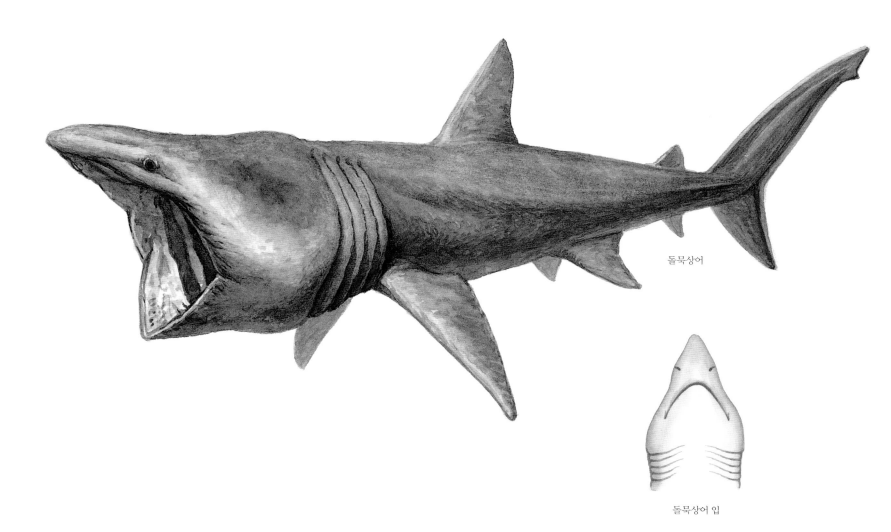

돌묵상어

돌묵상어 입

강남상어

강남상어 입과 이빨

# 칠성상어 *Notorynchus cepedianus*

납작줄치상어북, Broadnose sevengill shark, Seven-gilled cow shark,
エビスザメ, 油夷鲨

칠성상어는 물낯에서부터 물 깊이 570m까지 산다. 주로 대륙붕에서 많이 살고, 가끔 얕은 바닷가나 만, 강어귀에도 나타난다. 다른 상어도 잡아먹고 물고기, 돌고래, 물개, 상어 알을 먹고 때때로 사람한테도 덤벼든다. 49년까지 산다.

**생김새** 몸길이는 3m에 이른다. 몸은 원통형으로 길다. 아가미구멍이 7개 나 있다. 등은 불그스름한 밤색이거나 은회색을 띠고, 까만 점과 누런 밤색 반점이 몸 등 쪽에 흩어져 있다. 배는 하얗다. 꼬리지느러미가 길쭉하다. **성장** 난태생이다. 몸길이가 40~53cm쯤 되는 새끼를 80마리쯤 낳는다. 성장은 더 밝혀져야 한다. **분포** 우리나라 서해와 남해. 북서태평양, 북대서양과 지중해를 뺀 온대와 열대 바다 **쓰임** 가끔 낚시에 잡힌다.

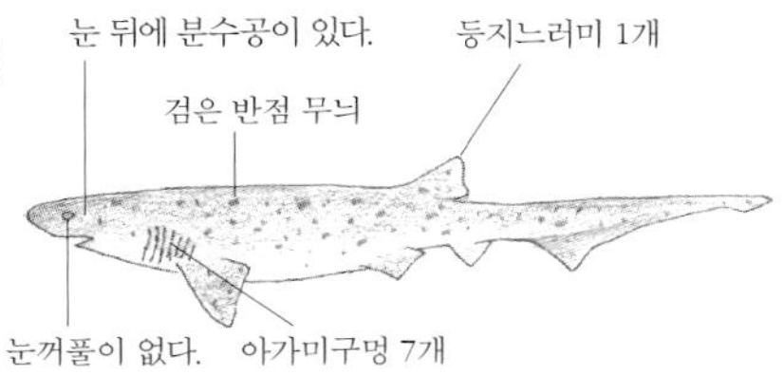

눈 뒤에 분수공이 있다.    등지느러미 1개
검은 반점 무늬
눈꺼풀이 없다.    아가미구멍 7개

# 꼬리기름상어 *Heptranchias perlo*

뾰족줄치상어북, Sharpnose sevengill shark, Seven gilled shark,
エドアブラザメ, 尖吻七鳃鲨

꼬리기름상어는 물 깊이가 100~400m쯤 되는 곳에서 산다. 때로는 물속 1000m까지도 내려간다. 활발하게 돌아다니며 성질이 사납다. 하지만 몸집이 작아서 사람한테는 잘 안 덤빈다. 작은 상어나 가오리, 물고기, 새우, 오징어, 닭새우 따위를 잡아먹는다.

**생김새** 몸길이는 1.4m쯤 된다. 머리는 작고 원통형 몸은 길다. 아가미구멍이 7개 나 있다. 몸은 옅은 밤색을 띠고, 어릴 때는 등지느러미 뒤 끝과 꼬리지느러미 위쪽 뒤 끝은 까맣다가, 성장하면서 지느러미 가장자리가 밝은 색을 띤다. 등지느러미는 작고 몸 뒤쪽에 하나 있다. 뒷지느러미도 작다. 꼬리지느러미 위쪽이 더 길다. **성장** 난태생이다. 새끼를 9~12마리 낳는다. 성장은 더 밝혀져야 한다. **분포** 우리나라 남해. 온 세계 온대와 열대 바다 **쓰임** 간에서 기름을 뽑는다.

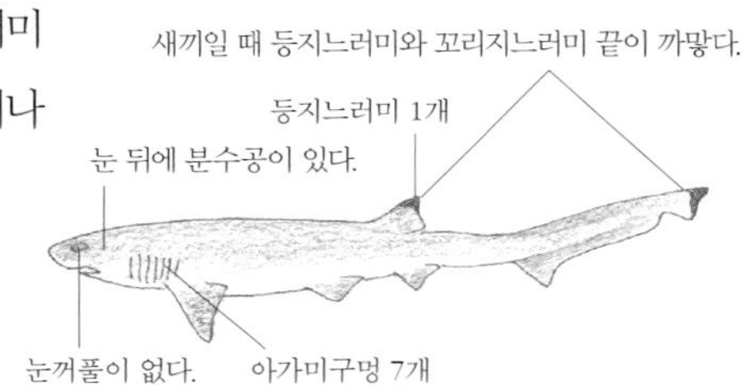

새끼일 때 등지느러미와 꼬리지느러미 끝이 까맣다.
등지느러미 1개
눈 뒤에 분수공이 있다.
눈꺼풀이 없다.    아가미구멍 7개

칠성상어

칠성상어와 꼬리기름상어 입과 이빨

꼬리기름상어

# 돔발상어 *Squalus mitsukurii*

Short spine spurdog, Dogfish shark, フトツノザメ, 尖吻角鲨

돔발상어는 제법 따뜻한 물을 좋아하는 물고기다. 물 깊이가 100~400m쯤 되는 곳에서 사는데 가끔은 700m 깊은 곳까지 내려간다. 작은 상어나 물고기, 새우, 게, 닭새우, 오징어 따위를 잡아먹는다. 사는 모습은 더 밝혀져야 한다.

**생김새** 몸길이는 1.3m까지 큰다. 몸은 긴 원통형이고 몸통은 넓적하다. 등은 잿빛 밤색이고 배는 허옇다. 눈이 제법 크다. 눈 바로 뒤에 물이 드나드는 분수공이 있다. 등지느러미는 두 개이고, 지느러미 앞쪽마다 크고 센 가시가 하나씩 나 있다. 지느러미 가장자리가 하얗다. **성장** 난태생이다. 암컷은 2년쯤 새끼를 배고 있다가 6~7월쯤에 새끼를 9~12마리 낳는다. 갓 나온 새끼는 몸길이가 20cm쯤 된다. 70~80cm쯤 크면 어른이 된다. **분포** 우리나라 남해, 제주. 일본부터 인도네시아와 호주 북부, 아프리카, 대서양 **쓰임** 가끔 바닥끌그물이나 주낙으로 잡힌다. 간에서 기름을 짜고 살을 먹기도 한다.

등지느러미 앞에 억센 가시

눈 뒤에 분수공이 있다.

뒷지느러미가 없다.

꼬리지느러미 끝에 하얀 테두리

# 곱상어 *Squalus suckleyi*

기름뿔상어북, 기름상어, 곱바리, 유아리, 돔바리, 곱지, Picked dogfish,
Pacific spiny dogfish, Spotted spiny dogfish, アブラツノザメ, 白斑角鲨

곱상어는 제법 찬물을 좋아하는 물고기다. 물 깊이가 10~200m 되는 곳에서 산다. 물낯이나 물속 가운데쯤에서도 살지만 대부분 바닥 가까이에 머문다. 그리고 수천 마리씩 무리 지어 먼 거리를 왔다 갔다 돌아다닌다. 해파리, 오징어, 전갱이, 청어, 새우, 게, 해삼처럼 여러 가지 동물성 먹이를 잡아먹는다. 《자산어보》에는 '고사(膏鯊) 속명 기름사(其廩鯊)'라고 나오는 상어다. "온몸이 기름 덩어리다. 간에는 유난히 기름이 많다. 고깃살은 눈처럼 하얗다. 굽거나 국을 끓이면 깊은 맛이 난다. 회나 포로 먹기에는 그다지 좋지 않다. 대부분 상어는 우선 끓는 물을 부어 부드럽게 만든 뒤에 문질러야 한다. 그러면 모래 같은 비늘이 저절로 벗겨진다. 간에서 기름을 짜 등잔 기름으로 쓴다."라고 했다.

**생김새** 몸길이는 1.4m쯤 된다. 몸은 가늘고 길며, 머리는 위아래로 납작하다. 등은 푸르스름하고 배는 허옇다. 옆구리에 하얀 점이 흩어져 있다. 등지느러미는 두 개이고 앞쪽에 억센 가시가 1개씩 있다. 아가미구멍은 5개다. 콧구멍은 눈과 주둥이 가운데에 있다. **성장** 난태생이다. 암컷은 18~22달 새끼를 배고 있다. 4~5월쯤 얕은 바다로 와서 새끼를 2~20마리 낳는다. 갓 태어난 새끼는 25cm 안팎이다. 이듬해 암수 모두 70~90cm까지 큰다. 수컷은 60~70cm, 암컷은 75~90cm쯤 크면 어른이 된다. 20~24년을 살고, 75년까지 살기도 한다. **분포** 우리나라 남해, 동해. 극지방과 열대 바다를 뺀 온대 바다 **쓰임** 바닥끌그물로 잡는다. 수가 많아서 많이 잡는다. 간에서 기름을 짜고, 껍질로 사포나 가죽 따위를 만든다. 살은 튀김이나 탕으로 먹는다.

하얀 반점 무늬

등지느러미 앞에 억센 가시

눈 뒤에 분수공이 있다.

뒷지느러미가 없다.

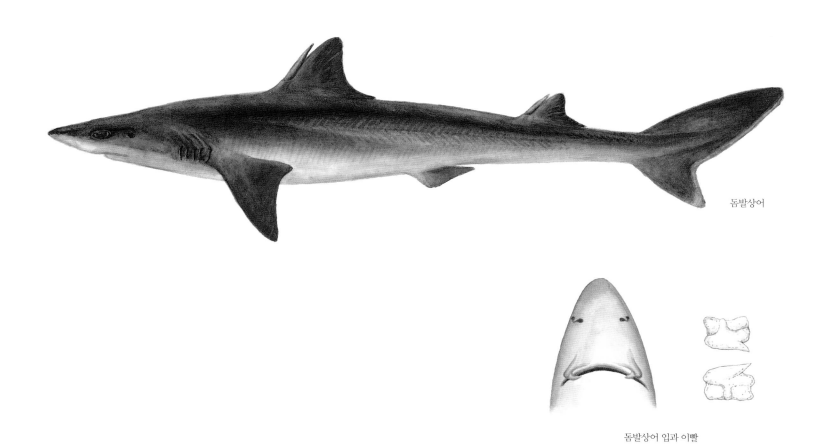

돔발상어

돔발상어 입과 이빨

곱상어

곱상어 입과 이빨

# 모조리상어 *Squalus megalops*

뿔상어<sup>북</sup>, Shortnose spurdog, ツマリツノザメ, 短吻角鲨

모조리상어는 따뜻한 바다에서 산다. 물 깊이가 30~750m쯤 되는 바닥에서 지낸다. 혼자 살고 가끔 무리를 짓기도 한다. 몸집이 작은 상어다. 작은 물고기나 오징어, 게, 새우 따위를 잡아먹는다. 32년까지 산다.

**생김새** 몸길이는 70cm 안팎이다. 주둥이가 짧고 각이 졌고 입이 작다. 몸은 점이 없이 옅은 밤색이고, 배는 하얗다. 등지느러미는 두 개로 나뉘었는데, 지느러미 앞에 억센 가시가 있다. 뒷지느러미는 없다. 꼬리지느러미 가장자리에 허연 테두리가 있다. **성장** 난태생이다. 어미는 두 해쯤 새끼를 배고 있다가, 한 번에 새끼를 2~4마리 낳는다. 갓 나온 새끼 몸길이는 20~24cm쯤 된다. 15~20년쯤 자라면 어른이 된다. **분포** 우리나라 온 바다. 일본, 동남아시아, 인도양 동부, 호주, 대서양 **쓰임** 바닥끌그물이나 걸그물로 잡는다. 생선으로 먹을 수 있다. 말리거나 훈제를 하기도 한다.

억센 가시
눈 뒤에 분수공이 있다.　가장자리가 하얗다.

# 도돔발상어 *Squalus japonicus*

Japanese spurdog, トガリツノザメ, 長吻角鲨

도돔발상어는 물속 150~300m쯤 되는 모랫바닥이나 펄 바닥에서 산다. 사는 모습은 더 밝혀져야 한다.

**생김새** 몸길이는 1m 안팎이다. 주둥이는 뾰족하며 길다. 등지느러미는 두 개로 나뉘었고, 등지느러미 앞에 억센 가시가 하나씩 있다. 가슴지느러미, 배지느러미, 꼬리지느러미 뒤쪽 가장자리가 허옇다. 뒷지느러미는 없다. **성장** 난태생이다. 알 낳을 때가 되면 암컷과 수컷이 짝을 지어 서로 껴안은 자세로 체내 수정을 한다. 성장은 더 밝혀져야 한다. **분포** 우리나라 남해. 일본, 동중국해, 서태평양 **쓰임** 안 잡는다. 몇몇 나라에서는 잡아서 먹는다.

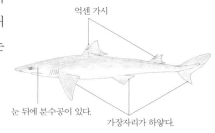

억센 가시
눈 뒤에 분수공이 있다.　가장자리가 하얗다.

# 가시줄상어 *Etmopterus lucifer*

Lucifer dogfish, Blackbelly lantern shark, フジクジラ, 燈籠棘鮫

가시줄상어는 물 깊이가 150m쯤 되는 대륙붕 바닥에서 산다. 1000m가 넘는 곳에서도 산다. 가시줄상어는 배에서 빛이 난다. 이 불빛을 보고 모이는 오징어나 작은 물고기, 새우 따위를 잡아먹는다. 종종 큰 무리가 잡히는 것으로 보아, 빛을 내는 배가 깊은 바닷속에서 무리를 짓는 데 사용되는 것 같다. 사는 모습은 더 밝혀져야 한다.

**생김새** 몸길이는 45cm 안팎이다. 몸은 가늘고 긴 원통형이다. 등은 밤색, 옆구리는 검은색이고 배에서 빛이 난다. 눈이 크다. 등지느러미는 두 개로 나뉘었고, 등지느러미 앞쪽에 억센 가시가 하나씩 있다. 뒷지느러미는 없다. **성장** 난태생이다. 암수가 짝을 지어 수정하며, 몸길이가 15cm쯤 되는 새끼를 낳는다. 성장은 더 밝혀져야 한다. **분포** 우리나라 남해. 일본에서 호주까지, 남대서양, 남아프리카 **쓰임** 안 잡는다.

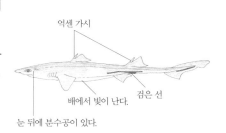

억센 가시
배에서 빛이 난다.　검은 선
눈 뒤에 분수공이 있다.

모조리상어

도돔발상어

가시줄상어

# 전자리상어 *Squatina japonica*

저자상어<sup>북</sup>, Angel shark, カスザメ, 日本扁鲨, 琵琶鲨

전자리상어는 상어 같기도 하고 가오리 같기도 하다. 머리에 붙은 넓은 가슴지느러미는 상어를 닮았고, 납작한 몸은 바닥에 사는 가오리를 닮았다. 바닷가 모랫바닥 속에 숨어 있다가 바닥에 사는 작은 동물들을 잡아먹는다. 몸빛이 둘레 색깔이랑 비슷해서 감쪽같이 숨는다. 사람한테는 안 덤비지만 이빨이 아주 날카로워서 조심해야 한다. 《자산어보》에 나오는 '산사(鏟鯊) 속명 저자사(諸子鯊)'라는 상어 같다. "큰 놈은 2장쯤 된다. 몸은 올챙이를 닮았다. 가슴지느러미는 큰데 꼭 부채처럼 생겼다. 껍질은 모래처럼 거칠고, 침처럼 뾰족하다. 이것으로 줄을 만들어 쓰면 쇠로 만든 것보다 더 잘 든다. 산사 껍질을 잘 갈면 살림살이로 꾸밀 수 있다. 단단하고 매끄러울 뿐만 아니라 조그만 둥근 무늬가 흩어져 있어서 아주 예쁘다. 맛이 담박해서 회로 먹으면 좋다."라고 했다. 하지만 요즘에는 수가 점점 줄어들고 있다.

**생김새** 몸길이는 2.5m까지 큰다. 등은 옅은 밤색을 띠며 깨알같이 작은 밤색 점들이 잔뜩 나 있다. 배는 하얗다. 몸은 위아래로 납작하다. 입은 거의 주둥이 앞 끝에서 열린다. 양턱에는 작고 날카로운 이빨들이 줄지어 나 있다. 물이 드나드는 분수공은 크고 눈 뒤에 있다. 몸 양쪽에 아가미구멍이 5개 있어서 상어류로 취급한다. 등지느러미는 두 개로 나뉘었다. 모두 작고 몸 뒤쪽에 있다. 가슴지느러미는 커다랗고, 머리와 붙어 있는 것처럼 보인다. 뒷지느러미는 없다. 꼬리지느러미는 작고 위쪽이 아래쪽보다 짧다. **성장** 난태생이다. 한 번에 새끼를 10마리쯤 낳는다. 새끼는 어미 생김새랑 똑같은데 배에 노른자를 달고 있다. **분포** 우리나라 온 바다. 일본, 동중국해, 북서태평양 **쓰임** 지방에 따라서 회로 먹는다. 껍질로 가죽을 만든다.

가슴지느러미 모서리가 90도쯤 꺾인다.

등에 가시가 줄지어 나 있다.

눈 뒤에 분수공이 있다.

---

# 범수구리 *Squatina nebulosa*

검은저자상어<sup>북</sup>, Clouded angelshark, Darkbrown angel shark, コロザメ, 星雲扁鲨

범수구리는 전자리상어를 닮았다. 물낯부터 물 깊이 200m쯤 되는 대륙붕 모랫바닥이나 펄 바닥에서 산다. 모랫바닥에 몸을 숨기고 있다가 가까이 다가오는 동물을 잡아먹는다. 사는 모습은 더 밝혀져야 한다.

**생김새** 몸길이는 160cm까지 큰다. 몸 생김새는 전자리상어와 닮았지만 가슴지느러미가 전자리상어보다 넓적하고 등에 가시가 없는 점으로 구분된다. 등은 짙은 밤색이고 배는 허옇다. 숨을 쉴 때 물이 드나드는 분수공이 크다. 머리 앞쪽에 나뭇잎처럼 생긴 돌기가 두 개 있다. **성장** 난태생이다. 성장은 더 밝혀져야 한다. **분포** 우리나라 온 바다. 일본 중부 이남, 동중국해, 대만 **쓰임** 안 잡는다.

가슴지느러미 모서리가 120도쯤 꺾인다.

등에 가시줄이 없다.

눈 뒤에 분수공이 있다.

전자리상어

전자리상어 입

범수구리 입

**전자리상어와 범수구리 입 생김새**

범수구리

# 톱상어 *Pristiophorus japonicus*

줄상어, Sawshark, ノコギリザメ, 日本鋸鮫

톱상어는 바닥에 사는 물고기다. 상어 무리 가운데 몸집이 작다. 바닥에 살면서 긴 주둥이로 진흙을 헤집어 작은 동물들을 잡아먹는다. 또 물고기 떼 속으로 뛰어 들어가 주둥이를 휘둘러 먹이를 기절시킨 뒤 잡아먹기도 한다. 주둥이가 날카로워 세게 휘두르면 물고기가 두 동강 나기도 한다. 우리나라 남해와 제주도 바닷가에 드물게 산다. 요즘에는 드물어서 보기 어렵다.

톱처럼 생긴 주둥이 때문에 '톱상어'라는 이름이 붙었다. 지역에 따라 '줄상어(전남)'라고도 한다. 《자산어보》에는 '철좌사(鐵剉鯊) 속명 줄사(茁鯊)'라고 하고 "입 위에 뿔이 하나 튀어나와 있는데 그 길이가 몸길이에 삼분의 일이나 된다. 생김새는 긴 칼처럼 생겼으며 양쪽에 거꾸로 박힌 가시가 있는데 마치 톱니처럼 아주 단단하고 날카롭다. 잘못해서 사람 몸에 닿으면 칼에 베인 것보다 더 심하게 다친다. 철좌사라는 이름은 주둥이에 난 거친 톱니가 꼭 칼날을 잘라낸 것 같다고 지은 이름이다. 뿔 밑에는 1자쯤 되는 긴 수염이 한 쌍 있다."라고 적어 놓았다.

**생김새** 몸길이는 1m쯤 된다. 몸은 밤빛이다. 머리와 주둥이는 위아래로 납작하다. 몸통은 가늘고 길다. 주둥이는 톱처럼 길게 튀어나왔다. 주둥이 가장자리로 톱니처럼 생긴 돌기가 나 있고 그 가운데쯤에 수염이 한 쌍 나 있다. 아가미구멍 다섯 개가 가슴지느러미 앞에 있다. 등지느러미는 두 개로 나뉘었다. 뒷지느러미는 없다. 꼬리지느러미 위아래 생김새가 다르다. 아래쪽 지느러미가 작다. **성장** 난태생이다. 한 번에 새끼를 12마리쯤 낳는다. 성장은 더 밝혀져야 한다. **분포** 우리나라 남해, 제주. 일본, 대만부터 중국 연안까지 동북 아시아 **쓰임** 안 잡는다. 하지만 고기 맛이 좋다고도 한다.

수염이 1쌍 있다.

뒷지느러미가 없다.

# 아녹시톱상어 *Anoxypristis cuspidata*

톱가오리, Pointed sawfish , Narrow sawfish, 钝锯鳐

아녹시톱상어는 톱상어랑 생김새가 닮았다. 우리나라에서는 살지 않는 남방 물고기다. 얕은 바닷가 만에 가끔 나타나고 강어귀에도 올라온다. 모랫바닥에 살면서 작은 물고기나 갑오징어 따위를 잡아먹는다. 사람에게 해를 끼치지는 않지만 잡을 때 날카로운 이빨에 다치기도 한다.

**생김새** 몸길이는 4.7m까지 큰다. 톱날을 가진 주둥이가 길게 앞으로 튀어나왔다. 몸통은 통통하지만 위아래로 납작하다. 등지느러미는 두 개다. 가슴지느러미와 배지느러미는 삼각형으로 생겨서 바닥에 납작하게 붙는다. 꼬리지느러미는 상어 꼬리지느러미처럼 위쪽이 크고 아래쪽이 짧다. **성장** 난생이다. 성장은 더 밝혀져야 한다. **분포** 일본 남부부터 호주 북부까지, 홍해, 페르시아만 **쓰임** 아시아 몇몇 나라에서는 간에서 기름을 짜거나 먹으려고 잡기도 한다. 하지만 수가 줄어 보호가 필요한 종으로 나라간 거래가 금지되었다.

수염이 없다.

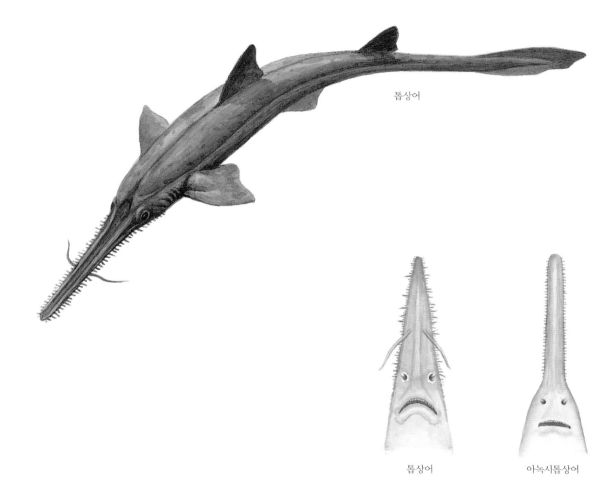

톱상어

톱상어 아녹시톱상어

**톱상어와 아녹시톱상어 주둥이**

아녹시톱상어

# 전기가오리 *Narke japonica*

시끈가부리, 시끈가오리, 밀가우리, 쟁개비, Electric ray, Sleeper ray,
シビレエイ, 單鰭眶鰩

몸에서 빠지직 전기를 일으킨다고 '전기가오리'다. 몸에 손을 대면 손이 시큰시큰 댄다고 '시끈가오리'라고도 한다. 전기가오리는 따뜻한 물을 좋아한다. 우리나라 제주 바다와 남해에서 드물게 볼 수 있다. 바닷속 50m 안쪽인 얕은 바다 바닥에서 산다.

전기가오리는 몸에서 전기를 일으킨다. 몸통 양쪽에 전기를 일으키는 발전기가 있다. 발전기는 살과 힘줄이 바뀌어서 꼭 벌집처럼 생겼다. 발전기 근육을 쥐어짜서 전기를 만든다. 건전지처럼 배가 (−)고, 등이 (+)가 된다. 전기를 자주 일으키면 한동안은 가만히 쉬어야 한다. 물속에서 전기를 만들어도 자기는 감전이 안 된다. 바닥 모래나 펄 속에 몸을 숨기고 있다가 작은 물고기가 가까이 오면 재빨리 전기를 일으킨다. 먹이가 전기에 감전되어 비실대면 그때 날름 잡아먹는다. 또 몸을 휘저어서 바닥에 사는 새우나 갯지렁이가 튀어나올 때 가슴지느러미로 재빨리 싸서 전기를 일으켜 잡아먹기도 한다. 큰 물고기나 사람이 건드려도 자기 몸을 지키려고 전기를 일으킨다. 우리나라 전기가오리는 40cm쯤까지 밖에 안 크는데, 대서양에 사는 전기가오리는 150cm가 넘게 큰다. 다른 나라에 사는 전기메기나 전기뱀장어도 전기를 일으킨다. 아프리카 콩고 강에 사는 전기메기는 크기가 1m도 넘고 400~500V까지 전기를 일으킨다. 우리나라에 사는 전기가오리는 70~80V 세기까지 전기를 일으킨다.

**생김새** 몸길이는 40cm 안팎이다. 온몸이 노랗고 까만 점무늬가 나 있다. 몸은 부드럽고 쟁반처럼 둥그렇다. 살갗에 주름이 쭈글쭈글 잡혔다. 주둥이는 짧거나 반듯하다. 눈은 작고 그 뒤에 물이 드나드는 분수공이 있다. 눈과 분수공 둘레는 튀어나왔다. 입은 배 쪽에 있고 그 뒤로 아가미구멍이 5쌍 있다. 등지느러미는 1개이고, 꼬리지느러미 바로 앞에 있다. 꼬리지느러미는 크고 위쪽이 아래쪽보다 크다. **성장** 난태생이다. 오뉴월쯤에 새끼를 5마리쯤 낳는다. 성장은 더 밝혀져야 한다. **분포** 우리나라 제주와 남해, 일본 남부, 중국, 필리핀 **쓰임** 안 잡는다.

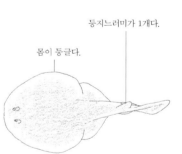

등지느러미가 1개다.

몸이 둥글다.

전기가오리 눈에 8자처럼 생긴 무늬가 있기도 하다. 눈 뒤에 물이 드나드는 분수공이 있다.

전기 발생 기관기관은 마치 벌집처럼 생겼다.

전기가오리

**전기가오리 눈** 눈에 8자처럼 생긴 무늬가 있기도 하다. 눈 뒤에 물이 드나드는 분수공이 있다.

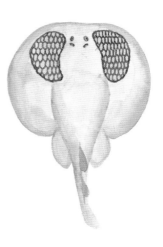

전기 발생 기관기관은 마치 벌집처럼 생겼다.

# 목탁수구리 *Rhina ancylostoma*

뭉툭보섭가오리<sup>북</sup>, Shark ray, Bowmouth guitarfish, Mud skate,
シノノメサカタザメ, 圆犁头鳐

목탁수구리는 서태평양 열대와 아열대 바다에서 폭넓게 사는 물고기다. 우리나라에서는 드물게 볼 수 있다. 물 깊이가 90m가 넘지 않는 얕은 산호초나 바닷가에서 산다. 모래나 펄 바닥에 사는 게나 조개 따위를 잡아먹는다. 사는 모습은 더 밝혀져야 한다.

**생김새** 몸길이는 3m까지 자란다. 등은 잿빛을 띠고 배는 하얗다. 머리와 주둥이는 짧고 납작하며 앞 가장자리가 둥글다. 물이 드나드는 분수공이 아주 크고 막이 없다. 가슴지느러미는 머리와 뚜렷하게 나뉜다. 가슴지느러미는 삼각형으로 생겼고 등지느러미보다 크다. 지느러미 등 쪽과 몸통, 꼬리지느러미에 작고 하얀 점이 잔뜩 나 있다. 뾰족뾰족한 가시가 빽빽하게 난 긴 돌기들이 머리, 몸통 등 쪽, 옆구리에 발달한다. **성장** 난태생으로 알려졌지만 새끼가 어미 몸속에서 영양분을 받아먹어서 '무태반 태생'으로 볼 수 있다. 어미는 몸길이가 45cm쯤 되는 새끼를 4마리쯤 낳는다. 성장은 더 밝혀져야 한다. **분포** 우리나라 남해. 일본, 중국, 필리핀, 서태평양, 인도양, 홍해 **쓰임** 신선한 살을 먹고, 소금을 뿌려 말려 먹는다. 가슴지느러미만 잘라서 먹는 곳도 있다.

단단한 돌기들이 나 있다.
주둥이가 둥글다.
머리와 가슴지느러미가 합쳐졌다.

# 동수구리 *Rhynchobatus djiddensis*

상어가오리<sup>북</sup>, Giant guitarfish, Shovelnose, トンガリサカタザメ, 及达尖犁头鳐

동수구리는 바닷가부터 물 깊이가 75m쯤 되는 얕은 바다에서 산다. 게나 조개, 작은 물고기, 오징어 따위를 잡아먹는다. 사는 모습은 더 밝혀져야 한다.

**생김새** 몸길이는 3m쯤 된다. 몸은 밤색이다. 주둥이가 뾰족하다. 가슴지느러미는 머리 뒤에 붙는데 삼각형으로 납작하다. 가슴지느러미에 둥근 검은 점이 있다. 등지느러미는 두 개다. 등지느러미 끝은 뾰족하고 첫 번째 등지느러미는 배지느러미 위에 놓인다. 머리 뒤부터 등지느러미 앞까지 등 쪽에 작고 단단한 돌기가 줄지어 나 있다. **성장** 난태생이지만 새끼가 어미 몸속에서 일정 기간 영양분을 먹고 지내서 '무태반 태생'으로 볼 수 있다. 어미는 몸길이가 43~60cm쯤 되는 새끼를 4마리쯤 낳는다. 성장은 더 밝혀져야 한다. **분포** 우리나라 남해. 일본 남부부터 남중국해, 인도양, 홍해 **쓰임** 맛이 아주 좋다. 낚시로도 잡고, 수족관에서 키우려고 잡는다.

검은 점
주둥이가 뾰족하다.
머리와 가슴지느러미가 합쳐졌다.

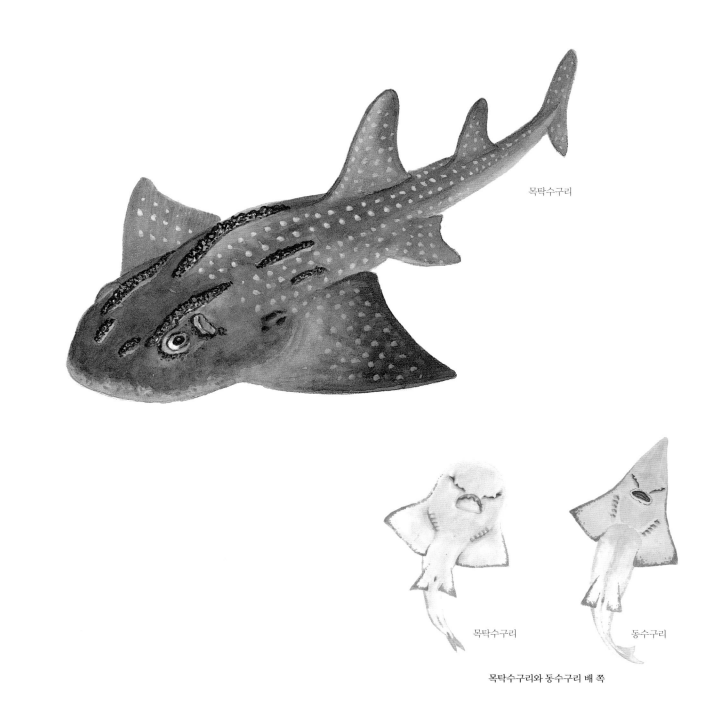

목탁수구리

목탁수구리     동수구리

**목탁수구리와 동수구리 배 쪽**

동수구리

# 홍어 *Okamejei kenojei*

간쟁이북, 간재미, 고동무치, 물개미, 가부리, 나무가부리, Skate ray, Ocellate spot skate
コモンカスベ, 斑鰩

　　홍어는 물 깊이가 20~120m쯤 되는 바다 바닥에서 산다. 홍어 무리 가운데 가장 흔하게 볼 수 있다. 참홍어와는 다른 종이다. 생김새는 참홍어와 닮았지만 몸이 훨씬 작고 몸통이 오각형에 가깝다. 등에는 둥근 반점이 마주 나 있다. 우리나라 온 바다에 산다. 날씨가 추워지면 제주도 서쪽 바다로 내려가 지내다가 봄이 되면 올라온다. 오징어, 새우, 게, 갯가재 따위를 잡아먹는다. 물고기는 거의 안 잡아먹는다. 5~6년쯤 산다.

　　홍어는 가을부터 이듬해 봄까지 짝짓기를 하고 알을 네댓 개 낳는다. 암컷과 수컷이 배를 딱 맞붙이고 꼬리를 서로 칭칭 감고 짝짓기를 한다. 억지로 떼 놓으려 해도 잘 떨어지지 않을 만큼 세게 끌어안는다. 홍어 알은 네모나고 딴딴한 껍질에 싸여 있다. 네모난 모서리에는 기다란 실이 있어서 바다풀에 척척 감겨 붙는다.

　　몸빛이 붉다고 이름이 '홍어(紅魚)'다. 몸이 넓적하다고 '홍어(洪魚)'이기도 하다. 사람들은 흔히 '간재미'라고 한다. 북녘에서는 '간쟁이'라고 한다. 지역에 따라 '고동무치(전남), 물개미(함남), 가부리, 나무가부리(경북), 간재미(전북)'라고 한다. 《자산어보》에는 '수분(瘦鱝) 속명 간잠(間簪)'이라고 쓰고 "너비가 한두 자밖에 안 된다. 몸이 몹시 야위고 얇다. 몸빛이 노랗고 맛이 별로다."라고 써 놓았다. 《전어지》에는 '무럼생선, 홍어(洪魚), 공어(鮠魚)'라고 했다.

**생김새**　몸길이는 40~50cm쯤 된다. 몸이 위아래로 납작하고 마름모꼴인 참홍어와 달리 오각형에 가깝다. 몸빛은 검은 밤색이고 자그마한 점무늬가 흐드러졌다. 가슴지느러미 양쪽에 큼지막한 하얗고 둥근 점무늬가 있고 그 안에 까만 점이 하나 있다. 주둥이가 참홍어보다 짧고 조금 뾰족하다. 꼬리는 가늘고 길며 꼬리 가운데로 날카로운 가시가 수컷은 석 줄, 암컷은 다섯 줄 나 있다. 꼬리에 독가시는 없다.
**성장**　알에서 나온 새끼는 한 해가 지나면 12~16cm, 4년이면 33cm, 5년이면 37cm쯤 큰다. **분포** 우리나라 온 바다. 일본 중부 아래, 동중국해, 베트남, 필리핀, 인도네시아 **쓰임** 끌그물로 많이 잡는다. 참홍어와 달리 삭혀서 안 먹고 회로 썰어 빨갛게 무쳐 먹는다. 탕을 끓이거나 구워 먹기도 한다.

꼬리 위에 가시가 수컷은 3줄, 암컷은 5줄 나 있다.

주둥이가 짧다.

점무늬

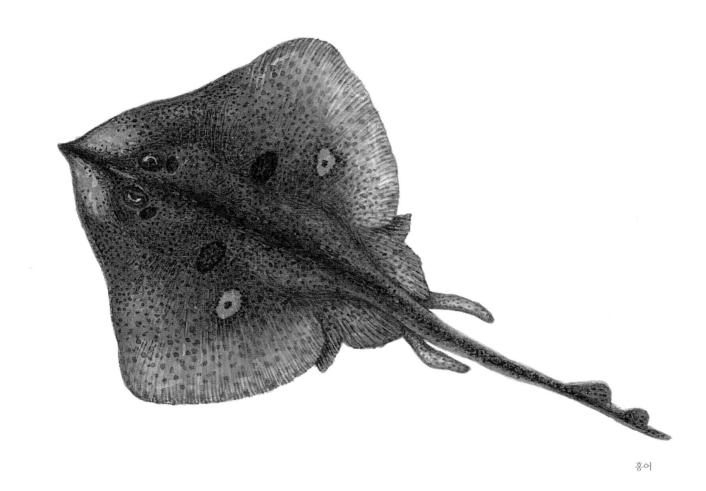

홍어

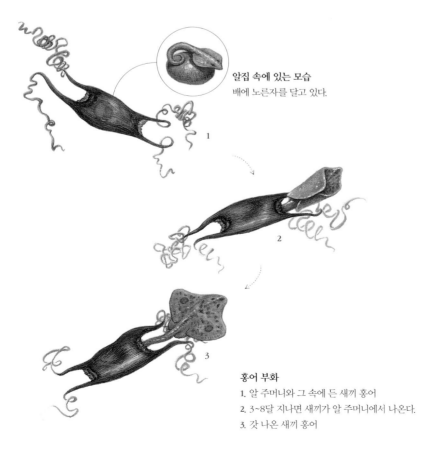

**알집 속에 있는 모습**
배에 노른자를 달고 있다.

1

2

3

**홍어 부화**
1. 알 주머니와 그 속에 든 새끼 홍어
2. 3~8달 지나면 새끼가 알 주머니에서 나온다.
3. 갓 나온 새끼 홍어

**홍어 눈** 눈에 무늬 같은 덮개가 덮여 눈을
보호한다. 눈은 등 위에 있고 눈 뒤에 물이
드나드는 분수공이 있다.

# 참홍어 *Beringraja pulchra*

눈간쟁이북, 눈가오리, 안경가오리, Mottled skate, メガネカスベ, 美鰩

참홍어는 물 깊이가 50~120m쯤 되고 바닥에 모래와 펄이 깔린 곳에서 산다. 우리나라 서해와 남해에 산다. 바닥에 납작 엎드려 있다가 바닥에 사는 새우나 게, 갯가재, 오징어 따위를 잡아먹는다. 어릴 때는 서해 바닷가에서 살다가 크면 먼바다로 나간다. 몸 양쪽 가슴지느러미가 날개처럼 생겨서 바닷속을 너울너울 날갯짓하듯 헤엄쳐 다닌다. 새끼나 다 큰 어른이나 자기보다 큰 물고기나 물체를 따라다니는 버릇이 있다. 가을이 되면 다시 서해 바닷가로 와서 겨울에 짝짓기를 하고 얕은 바다 모래펄 바닥에 알을 낳는다. 다른 물고기와 달리 암컷과 수컷이 서로 꼭 껴안고 짝짓기를 한다. 그래서 꼭 껴안은 한 쌍을 한꺼번에 잡기도 한다. 암컷이 수컷보다 크다. 한때 사람들이 너무 많이 잡는 바람에 수가 많이 줄어들었다. 오륙 년쯤 산다. 참홍어 척추골에 생기는 나이테로 나이를 안다.

참홍어는 예전에 '눈가오리'라고 했다. 하지만 사람들 사이에서 '홍어'라는 이름으로 더 널리 알려지면서 '참홍어'라는 이름으로 바뀌었다. 북녘에서는 '눈간쟁이'라고 한다. 《자산어보》에는 '분어(鱝魚) 속명 홍어(洪魚)'라고 나와 있다. "암놈이 낚싯바늘을 물면 수놈이 달려들어 짝짓기를 하다가 낚시를 들어 올리면 함께 끌려나오기도 한다. 암놈은 먹이 때문에 죽고 수놈은 색을 밝히다 죽는다."라고 나온다. 그래서 옛날에는 음탕한 물고기라 하여 '해음어'라고도 했다. 《전어지》에는 '무럼'이라고 나온다.

**생김새** 몸길이는 1m도 넘게 큰다. 몸이 위아래로 납작하고 주둥이가 뾰족하게 튀어나온 마름모꼴이다. 등은 붉은 밤색이고 배는 희거나 잿빛이다. 어릴 때는 가슴지느러미 가장자리에 동그란 점무늬가 있다. 눈은 등 위에 있고 입과 코는 배 쪽에 있다. 부레가 없다. 등 쪽 눈 둘레와 가슴지느러미 위에 잔가시들이 있다. 꼬리는 소꼬리처럼 길다. 꼬리 위쪽에 작은 등지느러미가 두 개 있고 자잘한 가시가 났다. 수컷은 가시가 한 줄 있고, 암컷은 3~5줄 나 있다. 독가시는 없다. **성장** 몸속에서 수정을 하고 암컷이 한 번에 너덧 개씩 여러 번 알을 낳는다. 알은 네모나고 크기가 7~15cm쯤 된다. 모서리에 뾰족한 뿔이 났다. 알에서 나온 새끼는 몸길이가 9~10cm이다. 한 해가 지나면 폭이 12~16cm, 3년이 되면 27cm, 5년이 되면 37cm쯤 큰다. **분포** 우리나라 서해, 남해. 일본, 오호츠크해, 동중국해 **쓰임** 참홍어는 전라도에 있는 흑산도에서 겨울에 많이 잡는다. 긴 줄에 낚시를 달거나 끌그물로 잡는다. 《자산어보》에는 "동지가 지나면 잡히기 시작하는데 입춘 앞뒤일 때 가장 살이 찌고 맛이 좋다. 음력 2~4월이 되면 몸이 마르고 맛도 떨어진다."라고 했다. 우리나라 바다에서 잡히는 홍어 무리 가운데 으뜸으로 친다. 수컷보다 암컷을 더 쳐준다. 겨울이 제철이다. 전라도에서는 잔칫상에 안 빠지고 꼭 올리는 물고기다. 무침, 구이, 찜, 탕, 전으로 먹는다. 하지만 삭힌 참홍어를 가장 즐겨 먹는다. 참홍어를 삭히면 톡 쏘는 암모니아 냄새가 난다. 입에 넣고 오물거리면 톡 쏘는 맛이 나고 코가 뻥 뚫린다. 돼지고기와 김치와 함께 싸 먹기도 한다. 《자산어보》에는 "회, 구이, 국, 포에 모두 좋지만, 나주에 사는 사람들은 썩은 홍어를 좋아한다. 지방에 따라 음식을 먹는 기호가 다르다. 가슴이나 배에 오랜 체증으로 덩어리가 생긴 병든 사람들도 삭힌 홍어를 먹는다. 국을 끓여 배불리 먹으면 몸속에 쌓인 나쁜 기운을 몰아내고, 술기운을 다스리는 데도 좋다."라고 했다.

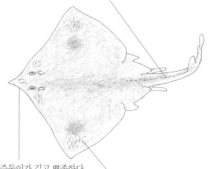

수컷은 꼬리에 가시가 한 줄 나 있다.
암컷은 3~5줄 나 있다.

주둥이가 길고 뾰족하다.

잔가시

암컷이 수컷보다 크다. 수컷은 꼬리 양옆에
교미 기관이 두 개 달렸다.

참홍어

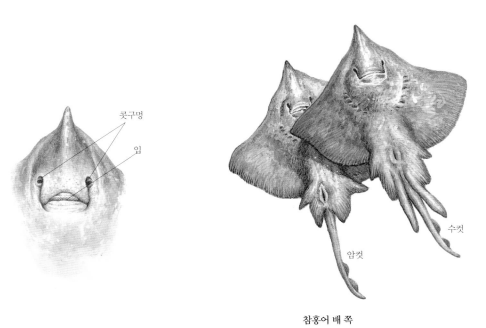

콧구멍

입

수컷

암컷

코와 입은 아래쪽에 있다.

**참홍어 배 쪽**

암컷이 수컷보다 크다. 수컷은 꼬리 양옆에
교미 기관이 두 개 달렸다.

# 노랑가오리 *Dasyatis akajei*

가오리북, 창가오리, 노랑가부리, Whip stingray, Red stingray, アカエイ, 赤虹

노랑가오리는 바다 밑바닥에 납작 붙어 산다. 생김새는 홍어를 닮았다. 몸이 위아래로 납작하고 지느러미가 쫙 펼친 새 날개처럼 생겼다. 물 깊이가 얕은 바다나 강어귀에 많다. 따뜻한 물을 좋아해서 겨울에는 깊은 곳으로 내려갔다가 봄에 다시 얕은 바다로 올라온다. 육식성으로 작은 새우나 물고기나 게나 갯지렁이 따위를 잡아먹는다. 모래 속에 몸을 파묻고 눈만 내놓고 꼬리를 세운 채 먹이를 기다린다. 덩치 큰 물고기가 다가와 치근대면 꼬리에 있는 대바늘 같은 독침을 바짝 세우고 꼬리를 채찍처럼 휘두른다. 독가시에 사람이 찔리면 토하고, 정신을 잃거나 숨을 못 쉬고 몸에 경련이 난다. 심하면 죽을 수도 있으니 조심해야 한다. 짝짓기 때가 되면 수컷이 암컷을 쫓아가서 암컷 가슴지느러미 끝을 입으로 깨물고 몸을 딱 붙인 뒤 짝짓기를 한다. 노랑가오리는 난태생이라 육칠월에 새끼를 5~10마리쯤 낳는다.

노랑가오리는 이름처럼 몸빛이 아주 노랗고 살갗이 번들번들하다. 온몸이 노랗다고 '노랑가오리'다. 북녘에서는 '가오리'라고 하고, 지역에 따라 '창가오리, 가오리(전남), 노랑가부리(부산)'라고 한다. 《자산어보》에는 몸이 노랗다고 '황분(黃鱝) 속명 황가오(黃加五)'라고 하며 "생김새는 청가오리(靑鱝)와 같지만 등이 노랗고 간에 기름이 아주 많다."라고 써 놓았다. 《우해이어보》에는 '귀공(鬼魟) 또는 가공(假魟)'이라고 쓰고 "홍어와 닮았는데 몸빛이 누렇다. 큰 것은 수레에 한가득 찬다."라고 했다. 옛날에 누렁소가 하느님한테 대들다가 납작 밟혀서 노랑가오리가 되었다는 재미난 이야기도 있다.

**생김새** 몸길이는 1m 안팎이며 2m까지 자란다. 몸은 노랗거나 불그스름하다. 몸은 위아래로 납작하고 몸은 오각형이다. 주둥이는 작고 조금 뾰족하다. 입과 코는 아래쪽에 붙어 있다. 눈 뒤에는 물이 드나드는 분수공이 있다. 등 가운데로 가시처럼 생긴 작은 돌기가 꼬리까지 한 줄로 돋았다. 배에는 아가미구멍이 다섯 쌍 있다. 꼬리는 채찍처럼 길어서 몸통보다 두 배쯤 길다. 꼬리 위에는 기다란 독침이 하나 있다. **성장** 난태생이지만 새끼가 일정 기간 어미 배 속에서 영양분을 받아먹어서 '무태반 태생'으로 볼 수 있다. 성장은 더 밝혀져야 한다. **분포** 우리나라 남해, 서해, 제주. 일본, 동중국해 **쓰임** 알을 낳을 때가 아닌 9월부터 이듬해 5월 사이에 잡는다. 바닥끌그물, 걸그물, 낚시로 잡는다. 우리나라에서는 제주바다 물 깊이가 50~90m쯤 되는 곳에서 많이 잡힌다. 노랑가오리는 가오리 무리 가운데 가장 맛이 좋다. 회를 떠서 먹거나 찜을 쪄서 먹는다. 말려서 먹거나 탕을 끓여 먹기도 한다. 《동의보감》에는 '공어(鯡魚), 가오리'라고 나온다. "먹으면 몸을 튼튼하게 만들고 기운이 나게 한다. 꼬리에는 독이 많고 살로 된 지느러미가 있으며 꼬리는 2자나 된다. 꼬리에 가시가 있는데 이 가시에 찔렸을 때에는 수달 껍질과 고기 잡는 발을 만들었던 참대를 달여 먹으면 독이 풀린다."라고 했다.

독가시

주둥이가 짧고 뾰족하다.

노랑가오리

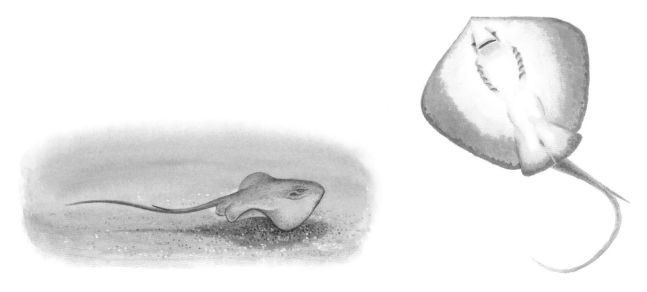

**헤엄치기** 노랑가오리는 몸이 납작하다. 납작한
가슴지느러미를 물결치듯이 움직이며 헤엄친다.

노랑가오리 배 쪽

# 꽁지가오리 *Dasyatis kuhlii*

검정가오리북, 꼭지가오리, 뭉툭가오리, Butterfly ray, Blue-spotted stingray,
ヤッコエイ, 古氏魟

꽁지가오리는 바닷가부터 물 깊이가 170m 되는 곳까지 산다. 바위나 산호초와 가까운 모랫바닥에서 혼자 산다. 때때로 몸을 온통 모래로 덮고서 눈과 꼬리만 내놓고 있다. 게나 새우 따위를 잡아먹는다. 꼬리에 뾰족한 가시가 있다. 독이 있어서 찔리면 아주 아프다. 조심해야 한다.

**생김새** 몸길이는 70cm까지 큰다. 몸은 오각형으로 위아래로 납작하고 주둥이가 짧다. 등은 연한 밤색을 띠고 파란 점들이 흩어져 있다. 꼬리는 몸길이보다 조금 길고 끝이 가늘다. 등 쪽에 날카롭고 강한 가시가 1개 있다. 가끔 2개 있기도 하다. **성장** 난태생이지만, 새끼가 몸에 달린 노른자를 흡수한 뒤에 어미 몸속에서 일정 기간 영양분을 받아먹어서 '무태반 태생'이기도 하다. 어미는 몸 너비가 11~17cm쯤 되는 새끼를 1~2마리 낳는다. 성장은 더 밝혀져야 한다. **분포** 우리나라 남해, 제주. 일본 홋카이도 이남, 대만, 필리핀, 인도네시아, 호주 북부 **쓰임** 바닥까지 그물을 내려 물고기를 잡을 때 함께 잡힌다. 먹을 수 있다.

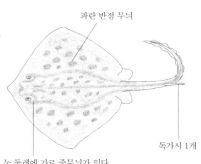

파란 반점 무늬

독가시 1개

눈 둘레에 가로 줄무늬가 있다.

# 청달내가오리 *Dasyatis zugei*

뾰족가오리북, 청가오리, Pale edged sting ray, ズグエイ, 尖嘴魟

청달내가오리는 바닷가에서 산다. 바닥에서 살면서 작은 게나 새우, 작은 물고기 따위를 잡아먹는다. 사는 모습은 더 밝혀져야 한다.

**생김새** 몸길이는 25cm 안팎이다. 등은 밤색, 배는 옅은 잿빛 밤색이다. 주둥이가 참홍어처럼 길고 뾰족하며 몸은 마름모꼴이다. 몸길이와 너비가 비슷하다. 꼬리는 가늘고 길며 등 쪽에 억센 독가시가 1개, 가끔 2개 있다. 어른이 되면 등 쪽에 가시가 한 줄로 줄지어 난다. **성장** 난태생이지만, 새끼가 어미 몸속에서 영양분을 받아먹어서 '무태반 태생'이기도 하다. 봄에 새끼를 1~4마리 낳는다. 갓 나온 새끼는 몸 너비가 7~10cm쯤 된다. 성장은 더 밝혀져야 한다. **분포** 우리나라 남해. 일본 남부부터 호주 북부까지 서태평양, 인도양 **쓰임** 바닥까지 그물을 내려 물고기를 잡을 때 함께 잡힌다. 먹을 수 있다. 꼬리에 강한 독가시가 있어서 찔리지 않게 조심해야 한다.

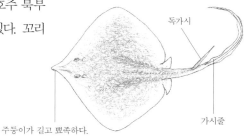

독가시

가시줄

주둥이가 길고 뾰족하다.

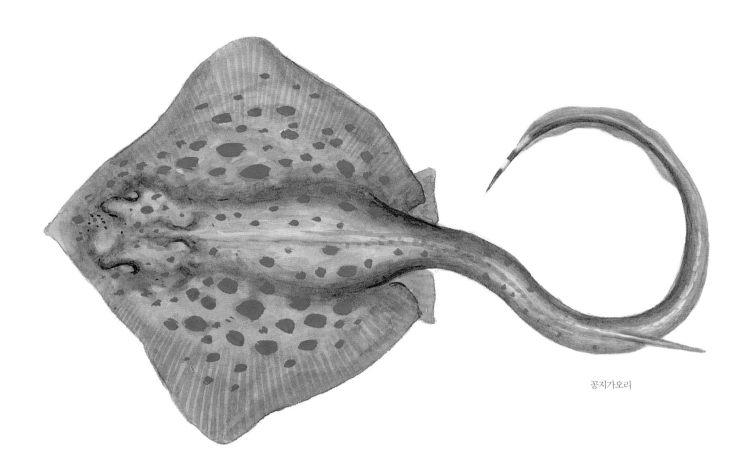

공지가오리

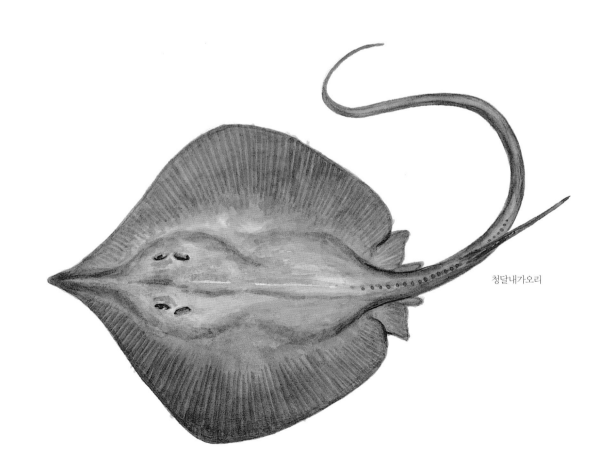

청달내가오리

# 쥐가오리 *Mobula japonica*

쥐가우리, Devil ray, Sea devil, Spinetail mobula, イトマキエイ, 鯆鱝

쥐가오리는 따뜻한 물을 따라 먼바다를 돌아다닌다. 우리나라 서해와 남해에 가끔 나타난다. 홍어를 닮았는데 몸집이 훨씬 커서 자동차만 하다. 가슴지느러미를 날개처럼 너울거리면서 헤엄친다. 꼭 바닷속을 날아가는 비행기 같다. 가슴지느러미를 쫙 펴면 육칠 미터가 넘는 쥐가오리도 있다. 머리 양쪽에는 꼭 배를 젓는 노 머리처럼 생긴 머리지느러미가 넓적하게 툭 튀어나왔다. 우리나라 사람들은 쥐 귀처럼 생겼다고 여겼지만, 서양 사람들은 악마 머리에 난 뿔처럼 생겼다고 여겼다. 그래서 서양 사람들은 '악마가오리'라고 하며 무서워했다. 하지만 쥐가오리는 성질이 아주 순하다. 입을 크게 벌리고 헤엄치면서 작은 플랑크톤이나 새우 따위를 걸러 먹는다. 먹이가 많으면 수십 마리가 떼로 모여든다. 상어 같은 천적이 달려들거나, 몸에 붙은 기생충을 떼어 내려고 물 밖으로 높이 뛰어올라 공중제비를 돌기도 한다.

머리 양쪽에 쥐 귀처럼 생긴 머리지느러미가 있다고 '쥐가오리'다. 《자산어보》에 '응분(鷹鱝) 속명 매가오(每加五)'라고 나오는 물고기가 있는데, 매가오리가 아니라 쥐가오리를 말하는 것 같다. "큰 놈은 너비가 수십 장(丈)이나 되고 생김새는 홍어를 닮았다. 가오리 무리 가운데 가장 크고 힘이 세다. 용기를 내어 그 어깨를 세울 때 보면 새를 낚아채는 매를 닮았다. 뱃사람이 닻돌을 내리다가 잘못해서 몸을 건드리면 화가 나서 어깨를 세우고 어깨와 등 사이에 파인 홈에 닻줄을 업고 달린다. 배는 나는 듯이 끌려가고, 닻을 올리면 응분이 뱃전으로 따라 올라올까봐 무서워서 사람들이 아예 닻줄을 잘라 버린다."라고 했다.

**생김새** 몸길이는 1~2m, 너비는 2~3m쯤 된다. 몸은 위아래로 납작하고 마름모꼴이다. 등은 잿빛이고 배는 하얗다. 입은 배 쪽에 있다. 눈은 서로 멀리 떨어져 있다. 아가미구멍이 배 쪽에 다섯 쌍 나 있다. 등지느러미가 꼬리 쪽에 작게 하나 있다. 꼬리는 가늘고 길다. 꼬리 위에 짧은 가시가 하나 있어서 가시가 없는 만타가오리와 구분된다. 뒷지느러미는 없다. **성장** 난태생이지만 새끼가 어미 배 속에서 노른자를 다 빨아 먹으면 어미 배 속에 있는 단백질과 지방 같은 영양분을 점액과 함께 흡수하면서 성장한다. 그래서 태생으로 보기도 한다. 한 번에 몸길이가 80~90cm쯤 되는 새끼를 1마리쯤 낳는다. 2m쯤 크면 어른이 된다. **분포** 우리나라 서해와 남해, 제주. 태평양 온대와 열대 바다 **쓰임** 가끔 그물에 걸려 올라온다. 요즘에 멸종위기종으로 정해졌다. 함부로 잡으면 안 된다.

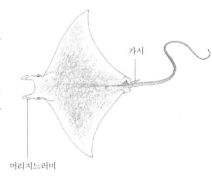

가시

머리지느러미

# 매가오리 *Myliobatis tobijei*

소리개가오리, Kite ray, Eagle ray, トビエイ, 鳶鱝

매가오리는 물 깊이가 200m 안쪽인 바위가 깔린 모랫바닥에서 산다. 새우와 오징어, 물고기, 조개 따위를 잡아먹는다. 사는 모습은 더 밝혀져야 한다.

**생김새** 몸길이는 1.8m쯤 된다. 몸 너비가 몹시 넓고 마름모꼴이다. 머리 생김새가 매처럼 생겼다. 꼬리지느러미는 말채찍처럼 생겼고, 날카로운 독가시가 있다. 입안에 있는 가운데 이빨이 유난히 크다. 몸 비늘은 없지만 살갗이 조금 거칠다. **성장** 난태생이지만 쥐가오리처럼 '무태반 태생'이기도 하다. 봄여름 오뉴월쯤에 새끼를 8마리쯤 낳는다. **분포** 우리나라 동해, 남해. 일본 홋카이도 이남, 중국, 대만, 베트남 북부, 온대와 아열대 바다 **쓰임** 안 잡는다.

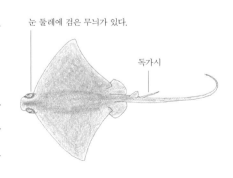

눈 둘레에 검은 무늬가 있다.

독가시

쥐가오리

**쥐가오리 배 쪽** 쥐가오리는 배 쪽에 입과 아가미가
있다. 덩치는 크지만 순해서 사람한테 안 덤빈다.

**쥐가오리 앞 얼굴** 쥐가오리는 입을 크게 벌리고
헤엄치면서 작은 플랑크톤을 걸러 먹는다.

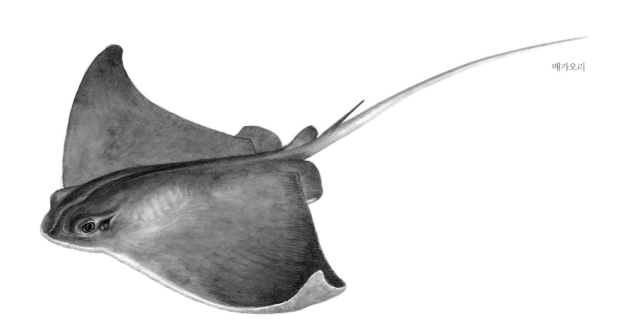

매가오리

# 가래상어 *Rhinobatos schlegeli*

보섭가오리<sup>북</sup>, Brown guitarfish, サカタザメ, 许氏犁头鳐

가래상어는 상어라는 이름이 붙었지만 가오리 무리에 속하는 물고기다. 바닷가 모랫바닥에 숨어 산다. 움직임이 아주 느리다. 여름에는 얕은 곳에 있다가 겨울에는 깊은 곳으로 옮겨간다. 바닥에 사는 작은 동물들을 잡아먹는다.

**생김새** 몸길이는 100cm쯤 된다. 등은 밤색이거나 누런 밤색이고 배는 하얗다. 몸에 반점이 없다. 등과 배 전체에 자잘한 비늘이 덮여 있다. 배 쪽에 아가미구멍이 5쌍 나 있다. 주둥이 앞 끝은 뾰족하고, 주둥이 양옆은 옅은 색이다. 가슴지느러미와 배지느러미는 맞붙어 있다. 뒷지느러미는 없고, 꼬리지느러미는 있지만 작다. **성장** 난태생이다. 6월쯤 얕은 바닷가에서 새끼를 1~14마리 낳는다. 새끼는 27~30cm쯤 된다. 수컷은 몸길이가 55cm쯤 되면 어른이 된다. 성장은 더 밝혀져야 한다. **분포** 우리나라 온 바다. 일본 홋카이도 이남, 대만, 동중국해 **쓰임** 가끔 바닥끌그물에 걸린다. 중국에서는 등지느러미와 꼬리지느러미로 요리를 만든다.

무늬가 없다.

주둥이가 뾰족하다.

# 목탁가오리 *Platyrhina sinensis*

목대<sup>북</sup>, Fanray, Thornback ray, ウチワザメ, 中国团扇鳐, 皮郎鼓

목탁가오리는 따뜻한 물을 좋아하는 물고기다. 물 깊이가 50~60m 안쪽인 큰 강어귀나 모래와 바위가 깔린 바닷가 바닥에서 산다. 여러 가지 새우와 게를 많이 잡아먹는다. 갯가재도 먹는다.

**생김새** 몸길이가 80cm쯤까지 자란다. 몸통은 납작하고 둥글지만 꼬리 쪽으로 갈수록 가늘어진다. 주둥이는 짧고 그 앞 끝은 둔하고 둥글다. 눈은 작고 바로 뒤쪽에 물이 드나드는 분수공이 있다. 아가미구멍은 배 쪽에 있다. 등은 조금 누런 밤색이고 배는 하얗다. 눈 둘레와 몸통 가운데에 있는 노란 가시들은 몸통 가운데에서 십자 모양으로 늘어선다. **성장** 난태생이지만, 어미 몸속에서 새끼가 몸에 달린 노른자를 다 빨아 먹은 뒤 어미 배 속에 있는 영양분을 받아먹으며 자란다. 그래서 '무태반 태생'이기도 하다. 한 번에 새끼를 여러 마리 낳는다. 성장은 더 밝혀져야 한다. **분포** 우리나라 서해와 남해. 일본 중부 이남, 대만, 동중국해, 베트남 중북부까지 **쓰임** 제주도 어시장에서 가끔 나온다. 하지만 맛이 별로 없다.

살갗돌기가 눈 안쪽에 3쌍, 머리 뒤쪽에 3쌍 있다.

등에 딱딱한 돌기가 한 줄로 늘어선다.

주둥이가 뭉툭하다.

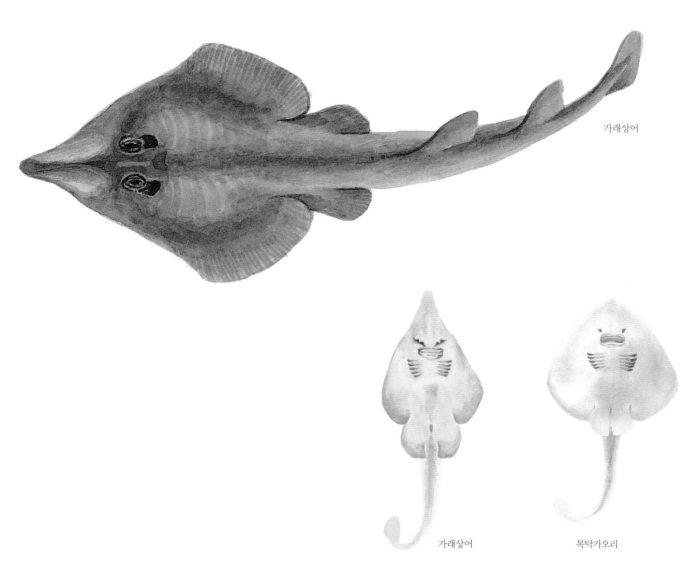

가래상어

가래상어　　　　　　　목탁가오리

**목탁가오리와 가래상어 배 쪽**

목탁가오리

홍어목
흰가오리과

# 흰가오리 *Urolophus aurantiacus*

흰가부리, Sepia stingray, White ray, ヒラタエイ, 褐黄扁魟

흰가오리는 물 깊이가 90m 넘는 대륙붕 위에서 많이 산다. 모랫바닥뿐만 아니라 바위밭에서도 보인다. 사는 모습은 더 밝혀져야 한다. 꼬리에 독가시가 있어서 사람이 찔리면 엄청 아프다. 조심해야 한다.

**생김새** 몸길이는 1m 안팎이다. 몸은 오각형에 가깝고 납작하다. 온몸에 비늘이 전혀 없고, 끈적끈적한 점액질로 덮여 있다. 주둥이는 짧고 눈은 작다. 입안에 돌기가 3개 돋았는데, 가운데 돌기는 끝이 두 갈래로 갈라졌다. 꼬리는 두툼하고 짧다. **성장** 난태생이다. 봄에 새끼를 4마리쯤 낳는다. **분포** 우리나라 서해와 남해. 일본 남부, 동중국해, 타이완 북부 **쓰임** 안 잡는다.

꼬리지느러미가
납작하고 둥글다.

독가시

주둥이가 짧고 뾰족하다.

홍어목
나비가오리과

# 나비가오리 *Gymnura japonica*

제비가오리북, 나부가오리, 어멩이, 오동가오리, Butterfly ray, Diamond ray,
ツバクロエイ, 日本鳶魟

나비처럼 몸길이보다 너비가 훨씬 커서 '나비가오리'라는 이름이 붙었다. 따뜻한 물을 좋아한다. 얕은 바닷가 모랫바닥이나 펄 바닥에서 산다. 바닥에 사는 여러 가지 작은 동물을 잡아먹는다. 사는 모습은 더 밝혀져야 한다.

**생김새** 몸길이는 1m까지 큰다. 몸길이보다 너비가 두 배쯤 크다. 등은 짙은 밤색이고 까만 점들이 흩어져 있다. 눈은 작고 물이 드나드는 분수공이 눈 바로 뒤에 있다. 꼬리는 아주 짧고 가늘며 독가시가 있다. 꼬리는 하얗고, 독가시 뒤에 검은 가로띠가 8개 나 있다. 등지느러미, 뒷지느러미, 꼬리지느러미는 없다. **성장** 난태생이다. 새끼가 깨서 어미 배 속에 있을 때는 노른자를 빨아 먹은 뒤 어미에게서 간접적으로 영양분을 받아먹는 '무태반 태생'이기도 하다. 봄에 몸 너비가 20~22cm쯤 되는 새끼를 3마리쯤 낳는다. **분포** 우리나라 남해. 우리나라부터 호주 북부 바닷가까지 **쓰임** 바닥끌그물이나 걸그물로 잡는다. 찜이나 회, 무침으로 먹기도 하고, 젓갈을 담그거나 어육을 만드는 원료로 쓰기도 한다.

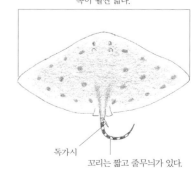

폭이 훨씬 넓다.

독가시
꼬리는 짧고 줄무늬가 있다.

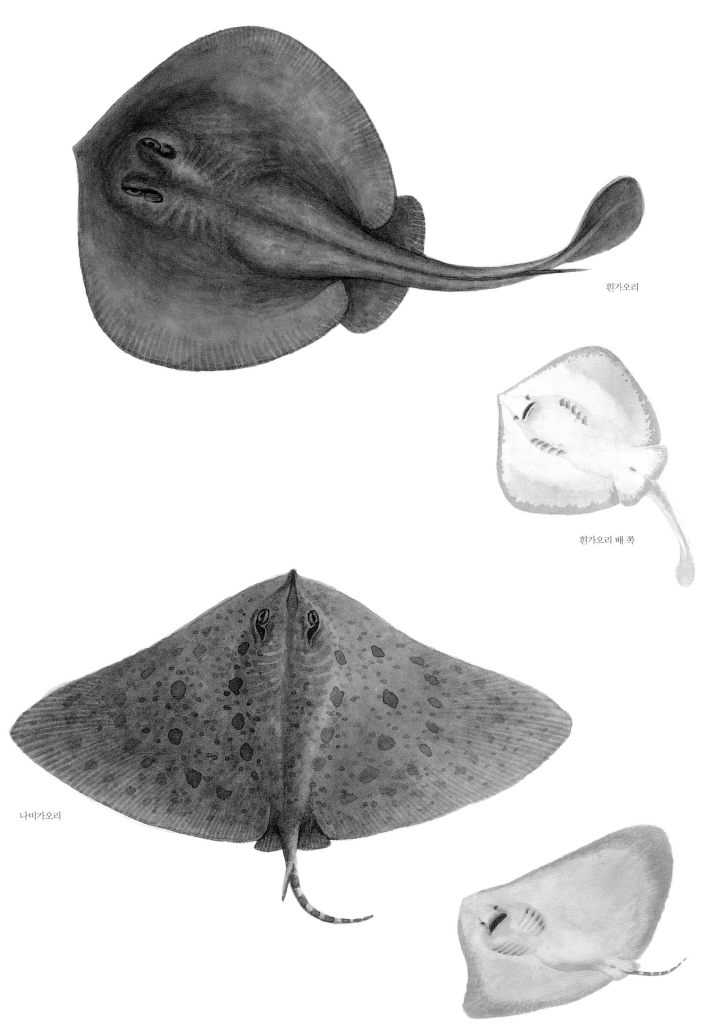

흰가오리

흰가오리 배 쪽

나비가오리

나비가오리 배 쪽

# 3장

뼈가 단단한 물고기 ∷ 경골어류

| | | | |
|---|---|---|---|
| **조기강** | 철갑상어목 | **철갑상어과** | 철갑상어<br>칼상어<br>용상어 |
| | 당멸치목 | **당멸치과** | 당멸치 |
| | | **풀잉어과** | 풀잉어 |
| | 여을멸목 | **여을멸과** | 여을멸 |
| | | **발광멸과** | 발광멸 |
| | 뱀장어목 | **뱀장어과** | 뱀장어<br>무태장어 |
| | | **곰치과** | 곰치<br>백설곰치<br>알락곰치 |
| | | **바다뱀과** | 바다뱀<br>돛물뱀 |
| | | **갯장어과** | 갯장어 |
| | | **붕장어과** | 붕장어<br>검붕장어<br>꾀붕장어 |
| | 청어목 | **멸치과** | 멸치<br>웅어<br>반지<br>청멸 |
| | | **청어과** | 청어<br>준치<br>정어리<br>전어<br>밴댕이<br>샛줄멸 |
| | 압치목 | **갯농어과** | 갯농어 |
| | | **압치과** | 압치 |
| | 잉어목 | **잉어과** | 황어 |
| | 메기목 | **바다동자개과** | 바다동자개 |
| | | **쏠종개과** | 쏠종개 |
| | 바다빙어목 | **샛멸과** | 샛멸 |
| | | **바다빙어과** | 바다빙어<br>은어 |
| | | **뱅어과** | 뱅어<br>국수뱅어<br>벚꽃뱅어<br>도화뱅어 |
| | 연어목 | **연어과** | 연어<br>곱사연어<br>은연어<br>송어<br>홍송어<br>무지개송어 |
| | 앨퉁이목 | **앨퉁이과** | 앨퉁이 |
| | 홍메치목 | **홍메치과** | 히메치 |
| | | **매퉁이과** | 매퉁이<br>날매퉁이<br>황매퉁이<br>물천구<br>꽃동멸 |

| 목 | 과 | 종 |
| --- | --- | --- |
|  | 파랑눈매퉁이과 | 파랑눈매퉁이 |
| 꼬리치목 | 꼬리치과 | 꼬리치 |
| 샛비늘치목 | 샛비늘치과 | 샛비늘치<br>얼비늘치<br>깃비늘치 |
| 이악어목 | 투라치과 | 투라치<br>홍투라치 |
|  | 산갈치과 | 산갈치 |
|  | 점매가리과 | 점매가리 |
| 턱수염금눈돔목 | 턱수염금눈돔과 | 등점은눈돔 |
| 첨치목 | 첨치과 | 붉은메기<br>수염첨치 |
| 대구목 | 대구과 | 대구<br>명태 |
|  | 돌대구과 | 돌대구 |
|  | 날개멸과 | 날개멸 |
|  | 민태과 | 꼬리민태 |
| 아귀목 | 아귀과 | 아귀<br>황아귀 |
|  | 씬벵이과 | 빨간씬벵이<br>무당씬벵이<br>영지씬벵이<br>노랑씬벵이 |
|  | 부치과 | 빨강부치<br>꼭갈치 |
| 숭어목 | 숭어과 | 숭어<br>가숭어 |
| 색줄멸목 | 색줄멸과 | 밀멸<br>색줄멸 |
|  | 물꽃치과 | 물꽃치 |
| 동갈치목 | 동갈치과 | 동갈치<br>물동갈치<br>항알치 |
|  | 꽁치과 | 꽁치 |
|  | 학공치과 | 학공치<br>줄공치<br>살공치 |
|  | 날치과 | 날치<br>황날치<br>제비날치<br>새날치 |
| 금눈돔목 | 철갑둥어과 | 철갑둥어 |
|  | 금눈돔과 | 금눈돔 |
|  | 얼게돔과 | 도화돔<br>얼게돔<br>적투어 |
| 달고기목 | 달고기과 | 달고기<br>민달고기 |
|  | 병치돔과 | 병치돔 |
| 큰가시고기목 | 큰가시고기과 | 큰가시고기 |

| 목 | 과 | 종 |
| --- | --- | --- |
|  | 양미리과 | 양미리 |
|  | 실비늘치과 | 실비늘치 |
|  | 실고기과 | 실고기<br>부채꼬리실고기<br>거물가시치<br>해마<br>산호해마<br>가시해마<br>복해마<br>점해마 |
|  | 대치과 | 청대치<br>홍대치 |
|  | 대주둥치과 | 대주둥치 |
| 쏨뱅이목 | 성대과 | 성대<br>달강어 |
|  | 쭉지성대과 | 쭉지성대 |
|  | 황성대과 | 황성대<br>별성대 |
|  | 양볼락과 | 조피볼락<br>볼락<br>불볼락<br>황해볼락<br>탁자볼락<br>누루시볼락<br>개볼락<br>우럭볼락<br>도화볼락<br>쏨뱅이<br>쑤기미<br>쏠배감펭<br>쑥감펭<br>주홍감펭<br>퉁쏠치<br>말락쏠치<br>미역치 |
|  | 풀미역치과 | 풀미역치 |
|  | 양태과 | 양태<br>비늘양태 |
|  | 쥐노래미과 | 쥐노래미<br>노래미<br>임연수어<br>단기임연수어 |
|  | 빨간양태과 | 빨간양태<br>눈양태 |
|  | 둑중개과 | 대구횟대<br>가시횟대<br>빨간횟대<br>동갈횟대<br>베로치<br>가시망둑<br>꺽정이 |
|  | 삼세기과 | 삼세기<br>까치횟대 |
|  | 도치과 | 뚝지<br>도치 |
|  | 날개줄고기과 | 날개줄고기<br>실줄고기 |

| | 물수배기과 | 물수배기 |
| | | 고무꺽정이 |
| | 꼼치과 | 꼼치 |
| | | 미거지 |
| | | 물메기 |
| 농어목 | 농어과 | 농어 |
| | | 점농어 |
| | | 넙치농어 |
| | 반딧불게르치과 | 돗돔 |
| | | 반딧불게르치 |
| | | 눈퉁바리 |
| | | 눈볼대 |
| | 바리과 | 자바리 |
| | | 다금바리 |
| | | 능성어 |
| | | 붉바리 |
| | | 별우럭 |
| | | 알락우럭 |
| | | 우각바리 |
| | | 홍바리 |
| | | 붉벤자리 |
| | | 두줄벤자리 |
| | | 꽃돔 |
| | | 장미돔 |
| | | 금강바리 |
| | 노랑벤자리과 | 노랑벤자리 |
| | 육돈바리과 | 육돈바리 |
| | 후악치과 | 흑점후악치 |
| | | 줄후악치 |
| | 독돔과 | 독돔 |
| | 뿔돔과 | 뿔돔 |
| | | 홍치 |
| | 동갈돔과 | 줄도화돔 |
| | | 세줄얼게비늘 |
| | | 점동갈돔 |
| | 보리멸과 | 청보리멸 |
| | | 점보리멸 |
| | 옥돔과 | 옥돔 |
| | | 황옥돔 |
| | | 옥두어 |
| | 게르치과 | 게르치 |
| | 빨판상어과 | 빨판상어 |
| | | 흰빨판이 |
| | | 대빨판이 |
| | 날쌔기과 | 날쌔기 |
| | 만새기과 | 만새기 |
| | | 줄만새기 |
| | 전갱이과 | 전갱이 |
| | | 갈전갱이 |
| | | 줄전갱이 |
| | | 실전갱이 |
| | | 방어 |
| | | 잿방어 |
| | | 부시리 |
| | | 동갈방어 |
| | | 참치방어 |

| | |
|---|---|
| | 갈고등어 |
| | 가라지 |
| | 빨판매가리 |
| | 민전갱이 |
| **배불뚝과** | 배불뚝치 |
| **주둥치과** | 주둥치 |
| | 줄무늬주둥치 |
| **선홍치과** | 선홍치 |
| | 양초선홍치 |
| **퉁돔과** | 꼬리돔 |
| | 점퉁돔 |
| | 황등어 |
| **새다래과** | 새다래 |
| | 벤텐어 |
| **게레치과** | 게레치 |
| | 비늘게레치 |
| **백미돔과** | 백미돔 |
| **하스돔과** | 동갈돗돔 |
| | 어름돔 |
| | 하스돔 |
| | 청황돔 |
| | 벤자리 |
| | 군평선이 |
| | 눈퉁군펭선 |
| **도미과** | 참돔 |
| | 감성돔 |
| | 청돔 |
| | 붉돔 |
| | 황돔 |
| | 녹줄돔 |
| **갈돔과** | 갈돔 |
| | 까치돔 |
| **실꼬리돔과** | 실꼬리돔 |
| | 네동가리 |
| **날가지숭어과** | 네날가지 |
| | 날가지숭어 |
| **민어과** | 참조기 |
| | 부세 |
| | 보구치 |
| | 수조기 |
| | 흑조기 |
| | 황강달이 |
| | 민태 |
| | 꼬마민어 |
| | 민어 |
| **촉수과** | 노랑촉수 |
| | 두줄촉수 |
| **주걱치과** | 주걱치 |
| | 황안어 |
| **나비고기과** | 나비고기 |
| | 가시나비고기 |
| | 두동가리돔 |
| | 세동가리돔 |
| **깃대돔과** | 깃대돔 |
| **청줄돔과** | 청줄돔 |

| | |
|---|---|
| **황줄돔과** | 황줄돔 |
| | 육동가리돔 |
| **황줄깜정이과** | 뱅에돔 |
| | 긴꼬리뱅에돔 |
| | 범돔 |
| | 황줄깜정이 |
| | 황조어 |
| **살벤자리과** | 줄벤자리 |
| | 살벤자리 |
| **알롱잉어과** | 알롱잉어 |
| | 은잉어 |
| **돌돔과** | 돌돔 |
| | 강담돔 |
| **가시돔과** | 황붉돔 |
| | 무늬가시돔 |
| **다동가리과** | 여덟동가리 |
| | 아홉동가리 |
| **망상어과** | 망상어 |
| | 인상어 |
| **자리돔과** | 자리돔 |
| | 흰꼬리노랑자리돔 |
| | 연무자리돔 |
| | 흰동가리 |
| | 샛별돔 |
| | 파랑돔 |
| | 해포리고기 |
| **놀래기과** | 혹돔 |
| | 호박돔 |
| | 놀래기 |
| | 용치놀래기 |
| | 황놀래기 |
| | 어렝놀래기 |
| | 청줄청소놀래기 |
| | 사랑놀래기 |
| | 옥두놀래기 |
| | 무지개놀래기 |
| | 녹색물결놀래기 |
| | 실용치 |
| **파랑비늘돔과** | 비늘돔 |
| | 파랑비늘돔 |
| **등가시치과** | 등가시치 |
| | 벌레문치 |
| | 청자갈치 |
| **바닥가시치과** | 바닥가시치 |
| | 표지베도라치 |
| **장갱이과** | 장갱이 |
| | 육점날개 |
| | 그물베도라치 |
| | 괴도라치 |
| **황줄베도라치과** | 베도라치 |
| | 흰베도라치 |
| | 점베도라치 |
| **청베도라치과** | 청베도라치 |
| | 두줄베도라치 |
| | 앞동갈베도라치 |
| | 가짜청소베도라치 |

| | |
|---|---|
| **먹도라치과** | 가막베도라치 |
| | 청황베도라치 |
| **도루묵과** | 도루묵 |
| **양동미리과** | 동미리 |
| | 쌍동가리 |
| **까나리과** | 까나리 |
| **통구멍과** | 얼룩통구멍 |
| | 푸렁통구멍 |
| **학치과** | 황학치 |
| **돛양태과** | 돛양태 |
| | 날돛양태 |
| | 도화양태 |
| | 연지알롱양태 |
| **구굴무치과** | 구굴무치 |
| **망둑어과** | 문절망둑 |
| | 흰발망둑 |
| | 점줄망둑 |
| | 줄망둑 |
| | 무늬망둑 |
| | 짱뚱어 |
| | 별망둑 |
| | 실망둑 |
| | 빨갱이 |
| | 날개망둑 |
| | 날망둑 |
| | 꾹저구 |
| | 비단망둑 |
| | 사백어 |
| | 미끈망둑 |
| | 꼬마망둑 |
| | 모치망둑 |
| | 말뚝망둥어 |
| | 금줄망둑 |
| | 다섯동갈망둑 |
| | 유리망둑 |
| | 흰줄망둑 |
| | 바닥문절 |
| | 풀망둑 |
| | 개소겡 |
| | 황줄망둑 |
| | 검정망둑 |
| **청황문절과** | 청황문절 |
| | 꼬마청황 |
| **활치과** | 제비활치 |
| | 초승제비활치 |
| **납작돔과** | 납작돔 |
| **독가시치과** | 독가시치 |
| **양쥐돔과** | 쥐돔 |
| | 양쥐돔 |
| | 표문쥐치 |
| **꼬치고기과** | 꼬치고기 |
| | 창꼬치 |
| **갈치꼬치과** | 통치 |
| **홍갈치과** | 홍갈치 |
| | 점줄홍갈치 |
| | 먹점홍갈치 |

| | 갈치과 | 갈치 |
| | | 분장어 |
| | 고등어과 | 고등어 |
| | | 망치고등어 |
| | | 물치다래 |
| | | 삼치 |
| | | 줄삼치 |
| | | 재방어 |
| | | 동갈삼치 |
| | | 꼬치삼치 |
| | | 참다랑어 |
| | | 가다랑어 |
| | | 황다랑어 |
| | | 눈다랑어 |
| | | 점다랑어 |
| | | 날개다랑어 |
| | | 백다랑어 |
| | 황새치과 | 돛새치 |
| | | 청새치 |
| | | 황새치 |
| | | 백새치 |
| | | 녹새치 |
| | 샛돔과 | 연어병치 |
| | | 샛돔 |
| | 노메치과 | 물릉돔 |
| | 보라기름눈돔과 | 보라기름눈돔 |
| | 병어과 | 병어 |
| | | 덕대 |
| 가자미목 | 넙치과 | 넙치 |
| | 둥글넙치과 | 목탁가자미 |
| | | 별목탁가자미 |
| | 풀넙치과 | 풀넙치 |
| | 가자미과 | 도다리 |
| | | 문치가자미 |
| | | 참가자미 |
| | | 돌가자미 |
| | | 기름가자미 |
| | | 줄가자미 |
| | | 용가자미 |
| | | 범가자미 |
| | | 노랑가자미 |
| | | 강도다리 |
| | | 갈가자미 |
| | | 찰가자미 |
| | 납서대과 | 노랑각시서대 |
| | | 궁제기서대 |
| | | 납서대 |
| | 참서대과 | 참서대 |
| | | 개서대 |
| | | 박대 |
| | | 흑대기 |
| | | 칠서대 |
| | | 물서대 |
| 복어목 | 쥐치과 | 쥐치 |
| | | 말쥐치 |
| | | 객주리 |
| | | 그물코쥐치 |
| | | 가시쥐치 |
| | | 날개쥐치 |
| | | 새앙쥐치 |
| | 분홍쥐치과 | 분홍쥐치 |
| | | 나팔쥐치 |
| | 은비늘치과 | 은비늘치 |
| | 쥐치복과 | 파랑쥐치 |
| | | 황록쥐치 |
| | 거북복과 | 거북복 |
| | | 뿔복 |
| | 불뚝복과 | 불뚝복 |
| | 참복과 | 검복 |
| | | 참복 |
| | | 자주복 |
| | | 까치복 |
| | | 졸복 |
| | | 복섬 |
| | | 황복 |
| | | 밀복 |
| | | 매리복 |
| | | 국매리복 |
| | | 흰점복 |
| | | 까칠복 |
| | 가시복과 | 가시복 |
| | 개복치과 | 개복치 |
| | | 물개복치 |

# 철갑상어 *Acipenser sinensis*

줄철갑상어북, 가시상어, 호랑이상어, 철갑장군, 줄상어, Manchurian sturgeon,
Chinese sturgeon, カラチョウザメ, 中华鲟

철갑상어는 강과 바다를 오가며 산다. 물 밑바닥에서 주둥이 밑에 난 수염을 바닥에 대고 질질 끌면서 헤엄치며 먹이를 찾는다. 조개나 게, 새우 따위를 잡아먹고 물벌레나 작은 물고기도 잡아먹는다. 입이 크지만 작은 먹잇감을 잡아먹는다. 서해와 남해로 흐르는 한강, 금강, 영산강 같은 큰 강에 나타났는데, 금강에 올라왔던 철갑상어는 90년대 중반 이후로 더 이상 안 보인다. 큰 강어귀에 둑을 쌓아 강과 바다를 오갈 수 없게 되고, 물이 더러워지면서 살 곳을 잃었다. 우리나라와 세계 여러 나라에서는 '국제 멸종위기종'으로 정해서 나라끼리 거래도 금지시켜 보호하고 있다. 우리나라에는 철갑상어, 용상어, 칼상어 3종이 산다.

몸에 난 비늘이 꼭 갑옷처럼 생겼다고 '철갑상어'다. 몸통에 큼지막한 비늘이 다섯 줄로 쭉 붙어 있다. 몸집이 커지면 비늘 한 개가 손바닥만큼 커지기도 하는데, 아주 두껍고 단단하며 억세다. 《자산어보》에 '철갑장군'이라고 나오는데, "비늘은 손바닥만큼 크고 강철처럼 단단하다. 이것을 두드리면 쇠붙이 소리가 난다. 다섯 가지 색깔이 어울려 무늬를 이루는데 아주 뚜렷하다. 또 빙옥처럼 매끄럽다. 맛도 뛰어나다."라고 했다.

**생김새** 몸길이는 1~2m이다. 큰 것은 3m를 넘기도 한다. 몸통은 두툼하면서 길고, 살갗이 드러나 있다. 몸통은 진한 밤색인데 배는 연한 잿빛이고 지느러미도 잿빛이다. 머리가 큰데, 주둥이는 길고 끝이 뾰족하다. 입은 주둥이 아래에 있다. 입에는 이빨이 없다. 주둥이 밑에 수염 2쌍이 나란히 나 있다. 턱에는 이가 없다. 꼬리지느러미는 위쪽이 크고 길지만 아래쪽은 짧다. 몸에 딱딱한 굳비늘이 5줄로 나란히 나 있다. 등에 1줄, 몸통에 2줄, 배에 2줄 있다. **성장** 알을 낳는 난생이다. 철갑상어는 봄에서 가을 사이에 강어귀로 온다. 10~11월에 강줄기를 타고 모래와 자갈이 깔린 여울로 올라와 알을 낳는다. 암컷은 알을 수십만 개에서 수백만 개까지 낳는다. 알은 작고 끈적끈적하다. 5~6일이 지나면 새끼가 나온다. 새끼는 물살이 약한 강바닥에 사는데 가을이 되면 깊은 곳으로 간다. 갓 나온 새끼는 몸길이가 1.2~1.4cm이고, 30일 자라면 3cm가 된다. 두 달 넘게 자라면 8cm가 된다. 6~7년쯤 지나면 1m쯤 크고 알을 낳는다. **분포** 우리나라 한강, 금강, 영산강, 여수와 울산 강어귀. 일본, 동중국해 **쓰임** 옛날에는 철갑상어 기름을 약으로, 비늘은 나무 따위를 깎는 도구로, 부레로는 부레풀을 만들었다. 요즘에는 알과 살코기를 얻으려고 가둬 기른다. 알은 소금에 절여서 '캐비어'를 만든다. 캐비어는 아주 귀하고 값비싼 음식이다.

등 뼈판 5~17개    50 ~ 57

수염 2쌍    배 뼈판 11~17개    32 ~ 40

옆구리 뼈판 29~45개

철갑상어

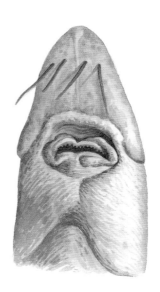

철갑상어 무리 입과 수염

# 칼상어 *Acipenser dabryanus*

칼철갑상어복, Yangtge sturgeon, チョウセンチョウザメ, 达氏鲟

칼상어는 바닷가나 큰 강어귀에 살며 때때로 강 하류와 큰 저수지에도 올라온다. 물속 곤충이나 조개, 실지렁이, 식물 조각, 물이끼 따위를 먹는다. 5~6월에 다 큰 어른 물고기가 강 하류로 올라와 짝짓기를 하고 알을 낳는다. 알에서 나온 새끼들은 그해 가을에 바다로 내려가 자란다. 서해와 남해에 살았지만 지금은 볼 수 없다.

**생김새** 몸길이는 2.5m쯤 된다. 철갑상어와 닮았다. 몸은 가늘고 길다. 몸통은 오각형이다. 살갗에 돌기가 나 있어서 거칠다. 철갑상어처럼 굳비늘이 등과 양옆, 배 양쪽에 모두 5줄 있다. 머리와 몸 등 쪽은 잿빛 밤색이고, 배 쪽은 허옇다. 주둥이 밑에 수염이 2쌍 나 있다. 지느러미는 푸르스름한 잿빛이다. **성장** 암컷 한 마리가 알을 45만 개쯤 낳는다. 알은 끈끈해서 바닥에 있는 돌에 붙는다. 알에서 나온 새끼들은 물 바닥에 살면서 동물성 플랑크톤 따위를 잡아먹으며 큰다. 두 달쯤 크면 강어귀로 내려간다. 10년쯤 커야 어른이 된다. **분포** 우리나라 서해 바닷가. 중국 황허강, 양쯔강과 연안 **쓰임** 멸종위기종으로 보호가 필요한 종이다.

등 뼈판 10~14개  40~49
수염 2쌍  배 뼈판 8~15개  27~30
옆구리 뼈판 28~29개

# 용상어 *Acipenser medirostris*

화태철갑상어복, Green sturgeon, チョウザメ, 吻鲟

용상어는 차가운 물을 좋아하는 물고기다. 바닥 가까이 헤엄쳐 다니면서 입 앞에 난 수염으로 먹이를 찾는다. 물속에 사는 작은 물벌레나 새우, 게 따위를 잡아먹는다. 바닷가나 강어귀에서 살다가 5~6월쯤 떼를 지어 강을 거슬러 올라온다. 모래와 자갈이 깔린 바닥이나 물풀에 알을 낳아 붙인다. 가을에 다시 바다로 내려간다. 우리나라 동해에 사는 것으로 알려졌지만 지금은 거의 보이지 않는다. *Acipenser mikadoi*와 학명 재검토가 필요한 종이다.

**생김새** 몸길이는 1.5m쯤 된다. 칼상어와 생김새가 닮았다. 칼상어보다 등지느러미와 뒷지느러미에 있는 부드러운 줄기 수가 더 적다. 입 둘레에 수염이 2쌍 나 있다. 철갑상어처럼 굳비늘이 5줄 나 있다. 등에 있는 뼈판은 7~11개, 몸 옆에 있는 뼈판은 22~36개, 배에 있는 뼈판은 6~10개다. **성장** 성장은 더 밝혀져야 한다. **분포** 우리나라 남해, 동해. 일본, 사할린 **쓰임** 멸종위기종이다. 알을 소금에 절여 캐비어라고 해서 먹는다. 살도 먹을 수 있다. 부레로 아교를 만든다.

등 뼈판 7~11개  33~40
수염 2쌍  배 뼈판 6~10개  옆구리 뼈판 22~36개  22~30
녹색 세로줄

칼상어

용상어

# 당멸치 *Elops hawaiensis*

왕눈멸치<sup>북</sup>, Hawaiian ladyfish, Lady fish, カライワシ, 海鰱

당멸치는 따뜻한 물을 좋아해서 열대 바다에 많이 살고, 온대 바다에도 사는 물고기다. 바닷가 만이나 산호초에서 살며 열대 맹그로브 숲 둘레에서 살기도 한다. 숭어처럼 강어귀에도 올라온다. 힘차게 헤엄치며 대부분 큰 무리를 지어 다닌다. 육식성 물고기로 작은 물고기나 새우 같은 갑각류를 잡아먹는다.

당멸치는 앞바다에 나가 알을 낳는다. 알에서 나온 새끼 물고기는 바닷가 가까이에 몰려와서 자란다. 새끼일 때는 뱀장어 새끼처럼 속이 훤히 비치고 대나무 잎처럼 생긴 렙토세팔루스(Leptocepalus) 시기를 거쳐 어른이 된다.

**생김새** 몸길이는 120cm 안팎이고 몸무게는 10kg까지 자란다. 몸은 길고 가늘며 옆으로 납작하다. 등은 푸르스름한 잿빛이고 배는 은빛이다. 눈에 기름눈꺼풀이 있다. 입에는 작고 날카로운 이빨이 났다. 아래턱 사이에는 뼈처럼 생긴 목구멍판(throat plate)이 있다. 옆줄은 뚜렷하다. 등지느러미와 뒷지느러미에는 부드러운 줄기만 있다. 꼬리지느러미 끝은 가위처럼 갈라졌다. **성장** 더 밝혀져야 한다. **분포** 우리나라 온 바다. 일본, 인도양부터 서부와 중부 태평양 **쓰임** 먹을 수 있다. 낚시로 잡는다.

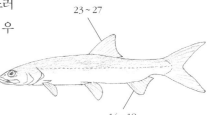

23~27

14~18

# 풀잉어 *Megalops cyprinoides*

바다잉어, Indo-Pacific tarpon, Oxeye herring, イセゴイ, 大海鰱

풀잉어는 따뜻한 물을 좋아하는 물고기다. 바닷가에서 떼로 몰려다닌다. 때때로 강어귀나 강으로 올라오기도 한다. 새끼는 강어귀나 만에서 많이 살고, 다 큰 물고기는 바다에서 산다. 공기로 숨을 쉴 수 있기 때문에 미꾸라지처럼 자주 물낯으로 떠올라 공기를 들이마신다. 낮에 돌아다니며 작은 물고기나 새우 따위를 잡아먹는다.

**생김새** 몸길이는 180cm, 몸무게는 45kg 넘게 자란다. 몸은 은빛이고 옆으로 납작하다. 몸 비늘은 크고 둥글며 두껍다. 눈 앞에 콧구멍이 한 쌍 있다. 아래턱이 위턱보다 조금 앞으로 튀어나온다. 지느러미는 노르스름하다. 등지느러미는 몸 가운데에 있다. 등지느러미 맨 뒤 줄기는 실처럼 길게 늘어난다. 등지느러미와 뒷지느러미에는 딱딱한 가시가 없고 부드러운 줄기만 있다. 가슴지느러미는 배 쪽으로 치우친다. 꼬리지느러미는 가위처럼 갈라졌다. **성장** 앞바다에서 1년 내내 알을 낳는다. 알에서 나온 새끼는 속이 훤히 비치고 뱀장어 새끼인 렙토세팔루스를 닮았다. 새끼 풀잉어는 꼬리가 위아래로 깊게 갈라져서 뱀장어 유생과 구분된다. **분포** 우리나라 남해. 태평양, 인도양 **쓰임** 걸그물이나 바닥끌그물에 다른 물고기에 섞여 잡혀 올라온다. 낚시로도 잡는다. 먹을 수 있다. 어린 새끼를 잡아서 키우는 나라도 있다.

16~21

23~31

당멸치

당멸치목 새끼

풀잉어

# 여을멸 *Albula argentea*

외양멸치<sup>북</sup>, Longjaw bonefish, Bone fish, Banana fish, Tarpon, ソトイワシ, 北梭魚

여을멸은 따뜻한 물을 좋아하는 물고기다. 바닷가부터 물 깊이가 90m 되는 곳에서 산다. 가끔 산호초에서도 보이지만 거의 얕은 모랫바닥이나 산호초로 빙 둘러싸인 얕은 바다에서 산다. 무리를 지어 헤엄쳐 다니며, 바닥을 파헤치면서 새우나 물벌레, 갯지렁이 같은 먹이를 찾는다. 공기를 들이마시면 부레가 허파 구실을 하기 때문에 산소가 부족한 곳에서도 잘 산다. 2011년에는 우리나라에 '황줄뺨여을멸(*Albula koreana*)'이 새로운 종으로 기록되었다.

**생김새** 몸길이가 70cm쯤 큰다. 몸은 길쭉한 원통형이다. 주둥이는 뾰족하다. 입은 크고 주둥이 아래쪽에 있다. 위턱이 아래턱보다 길다. 등은 노르스름한 은빛이고 배는 은빛이다. 등지느러미와 뒷지느러미에는 딱딱한 가시가 없고 부드러운 줄기만 있다. 꼬리지느러미는 가위처럼 갈라지는데 끝이 뾰족하다. 옆줄이 똑바르다. **성장** 앞바다에서 알을 낳는다. 알은 물에 둥둥 떠다니다가 새끼가 나온다. 어릴 때 생김새가 새끼 뱀장어와 닮았다. 성장은 더 밝혀져야 한다. **분포** 우리나라 남해. 대만, 필리핀, 호주 같은 서태평양 **쓰임** 낚시로 잡는다. 먹을 수 있다.

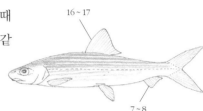

16 ~ 17

7 ~ 8

# 발광멸 *Aldrovandia affinis*

도마뱀장어<sup>북</sup>, Gilbert's halosaurid fish, Rattailed lizardfish, トカゲギス, 异鳞拟海蜥鳗

발광멸은 이름처럼 몸에서 빛이 난다. 옆구리 아래쪽에 옆줄이 발달하는데, 옆줄 비늘들이 크고 밝은 빛을 띤다. 생김새는 꼭 갈치처럼 생겨서 몸이 길쭉하다. 따뜻한 물을 좋아하고, 물 깊이가 700~3000m쯤 되는 깊은 바다 중간쯤이나 바닥에서 산다. 갯지렁이나 단각류 같은 바닥에 사는 동물성 플랑크톤을 먹고 산다. 이 무리는 온 세계에 16종이 살지만 우리나라에는 1종만 산다.

**생김새** 몸길이는 55cm까지 자란다. 몸은 길쭉한데 옆으로 납작하다. 등은 풀빛을 띤 밤색이고, 배는 어두운 잿빛 밤색이다. 머리에는 비늘이 없다. 주둥이는 길고 뾰족하며, 입은 주둥이 아래쪽에 있다. 총배설강 뒤에 있는 꼬리는 회초리처럼 길쭉하고, 뒷지느러미가 꼬리 끝까지 길게 나 있다. **성장** 더 밝혀져야 한다. 알에서 나온 새끼는 새끼 뱀장어와 닮았다. **분포** 우리나라 남해. 지중해를 뺀 온 세계 온대, 열대 바다 **쓰임** 안 잡는다.

머리에 점액질로 채워진 구멍이 많다.

11 ~ 13

빛을 내는 기관

200

여을멸

새끼 여을멸

발광멸

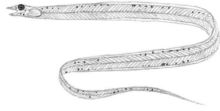

새끼 발광멸

# 뱀장어 *Anguilla japonica*

드물장어, 꾸무장어, 참장어, 배미뱅이, 밋물장어, 펄두적이, Eel, Common eel,
Japanese fresh water eel, ウナギ, 日本鰻, 日本鰻鱺, 鰻鱺

뱀장어는 강에서 살다가 바다로 내려가 알을 낳고 죽는 물고기다. 강이나 늪, 저수지에서 5~12년쯤 산다. 바닷물고기라기보다 민물고기다. 꼭 뱀처럼 생겼다고 '뱀장어'다. 긴 물고기라고 그냥 '장어(長魚)'라고도 한다. 《자산어보》에는 '해만리(海鰻鱺) 속명 장어(長魚)', 《동의보감》에는 '만리어(鰻鱺魚), 빈얌댱어'라고 나온다.

뱀장어는 낮에는 바닥 진흙이나 돌 틈에 숨어 있다가 밤이 되면 나와 먹이를 잡아먹는다. 물속 벌레나 새우나 물고기를 잡아먹고 진흙을 파헤쳐서 지렁이와 물벌레도 잡아먹는다. 입 속에 작고 뾰족한 이빨이 잔뜩 나 있어서 껍데기가 딱딱한 게도 부수어 먹는다. 겨울에는 진흙 속이나 돌 밑에 들어가 아무것도 안 먹고 지낸다. 장마철에 강물이 불어나면, 물 밖으로 나와 구불구불 기어서 늪이나 저수지로 옮겨 가기도 한다. 물 밖에서도 몸에 물이 마르지 않으면 얇은 살가죽으로 숨을 쉰다. 《자산어보》에도 "다른 물고기는 물에서 나오면 달리지 못하지만, 장어는 뱀처럼 잘 달린다."라고 써 놓았다. 몸이 미끌미끌해서 손으로 잡으면 요리조리 쭉쭉 잘 빠져나간다.

뱀장어는 평생 한 번 알을 낳고 죽는다. 알 낳을 때가 되면 가을에 강어귀로 내려가 겨울을 나면서 바다로 나갈 준비를 한다. 가을에 내려갈 때는 등은 반짝이는 붉은 누런빛을 띠며 금속처럼 반짝거리고, 배 쪽은 붉은빛을 띤 은백색으로 바뀐다. 또 가슴지느러미 아래는 황금색, 주둥이 끝은 자흑색을 띠어 온몸에 아름다운 혼인색이 나타난다. 이듬해 봄이 되면 아주 먼바다로 나간다. 어디에서 어떻게 알을 낳는지는 아직 잘 알려지지 않았다. 아마도 필리핀 마리아나 해구 깊은 바닷속에서 알을 낳는 것 같다. 알을 낳으러 가는 동안 아무것도 안 먹고 알을 낳으면 모두 죽는다. 알에서 나온 새끼는 버들잎처럼 납작하고 넓적하게 생겼고 온몸이 투명하다. 이것을 '댓잎뱀장어(Leptocephalus)'라고 한다. 물에 둥둥 떠다니며 따뜻한 바다 물길을 따라 우리나라 바닷가로 올라와 탈바꿈을 해서 실뱀장어가 된다. 실뱀장어는 가을부터 이듬해 봄까지 강을 거슬러 올라간다. 밤이나 비 오는 날, 비온 뒤 물이 흐릴 때 많이 올라간다. 요즘에는 봄에 강으로 올라오는 새끼 뱀장어를 잡아서 기른다.

**생김새** 몸길이는 60~100cm다. 1.5m까지 자라기도 한다. 몸은 짙은 밤색이거나 검은데 사는 곳에 따라 조금씩 다르다. 아래턱이 위턱보다 크다. 아가미뚜껑이 없고 작은 아가미구멍이 있다. 뒷지느러미, 등지느러미, 꼬리지느러미가 서로 붙어 있다. 배지느러미는 없다. **성장** 암컷 한 마리가 알을 700만~1300만 개쯤 갖는다. 알은 물 가운데쯤에서 둥둥 떠다니다가 10일쯤 지나면 새끼가 깨어 나온다. 10일쯤 지나면 6mm쯤 크고 물낯으로 떠오른다. 조금 더 크면 낮에는 30m 물속에 있다가 밤에는 물낯으로 오르락내리락한다. 구로시오 난류를 따라 1~3년에 걸쳐 바닷가에 오면 댓잎뱀장어는 가느다란 하얀 실뱀장어로 탈바꿈을 한다. **분포** 우리나라 서해, 남해, 동해 고성 아래쪽 강. 일본, 중국, 대만, 필리핀, 베트남 **쓰임** 《전어지(佃漁志)》에는 "뱀장어는 겨울 동안 벌레 구멍 속에 있다가 음력 5월이 되면 나와 다니기 시작한다. 이때 잡히는 뱀장어가 맛이 좋다고 한다."라고 했다. 5~6월에 강이나 저수지에서 낚시로 낚는다. 굽거나 탕을 끓여 먹는다. 뱀장어를 날로 먹을 때는 피를 깨끗이 씻어 내고 먹어야 한다. 뱀장어 피에는 사람 적혈구를 부수는 독이 있다. 끓이거나 구우면 괜찮다.

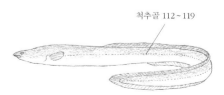

척추골 112~119

뱀장어

평상시와 알 낳을 때 주둥이 변화

우리나라

뱀장어가 알 낳는 곳

필리핀

뱀장어 성장

**뱀장어 회유** 뱀장어는 민물에서 살다가 어른이 되면 바닷속 깊이 들어가 알을 낳는다.
알에서 나온 댓잎뱀장어는 따뜻한 바다 물길을 따라 우리나라로 온다. 바닷가에서
실뱀장어로 탈바꿈을 하고 강을 거슬러 올라간다.

# 무태장어 *Anguilla marmorata*

제주뱀장어북, 깨붕장어, 깨붕어, 얼룩뱀장어, 점박이장어, Marble eel,
Giant mottled eel, オオウナギ, 鱸鰻

　　무태장어는 제주도에서 처음 봤다고 '제주뱀장어'라고도 한다. 열대 지역에는 흔하다. 뱀장어보다 훨씬 크다. 뱀장어처럼 민물에서 살다가 깊은 바다로 들어가 알을 낳는다. 민물에서 어른이 될 때까지 오 년에서 팔 년쯤 사는데 40년까지 산 기록이 있다. 바닷물고기라기보다 민물고기에 가깝다. 낮에는 구멍이나 돌 틈에 숨어 있다가 밤에 나와서 먹이를 잡아먹는다. 하지만 남태평양 섬에서는 낮에 돌아다니면서 먹이를 잡는다. 먹성이 게걸스러워서 작은 물고기나 새우나 개구리 따위를 닥치는 대로 먹는다. 바다로 나간 뒤에는 깊은 바닷속에 들어가 알을 낳기 때문에 아직까지 정확히 어디서 알을 낳는지 잘 모른다. 아마도 필리핀 남부, 마다가스카르, 인도네시아 동부, 파푸아뉴기니 깊은 바닷속일 것이라고 짐작만 하고 있다. 뱀장어처럼 알에서 나온 새끼는 어미와 생김새가 다른 렙토세팔루스(Leptocephalus) 시기를 거친다. 따뜻한 바다 물길을 따라 바닷가로 와서 실뱀장어로 탈바꿈을 하고 강을 거슬러 올라간다. 남태평양 섬나라 중에는 무태장어를 조상으로 모시는 곳도 있다.

**생김새** 몸길이는 1~2m쯤 된다. 몸빛은 풀빛을 띤 누런색이다. 등에는 까만 점무늬가 잔뜩 나 있다. 배는 하얗다. 몸은 뱀장어처럼 길다. 몸 비늘이 퇴화되어서 살갗에 묻혀 있다. 몸은 미끈미끈하다. 머리는 둥글고 위아래로 납작하다. 아래턱이 위턱보다 튀어나와 있다. 등지느러미와 뒷지느러미가 길어서 꼬리지느러미와 이어진다. 등지느러미는 가슴지느러미와 총배설강 가운데쯤에서 시작된다. 꼬리지느러미는 뾰족하고 옆으로 납작하다. 배지느러미는 없다. **성장** 민물에 있을 때는 어른이 되어도 알이 발달하지 않는다. 알을 낳기 위해 바다로 가려고 강어귀로 내려오면 생식선이 발달한다. 이때 알을 낳을 어미가 되어 먼바다로 나간다. 뱀장어 성장과 비슷하다. **분포** 우리나라 제주, 남해. 일본, 대만, 중국, 필리핀, 뉴기니와 아프리카, 남태평양 **쓰임** 1978년 이후 천연기념물로 정해서 보호했다. 하지만 열대 지방에서 흔하고 중국에서는 양식도 하고 있어서 2009년에 해제되었다. 우리나라 무태장어 서식지인 제주도 천지연은 천연기념물로 정해서 보호하고 있다. 함부로 잡으면 안 된다. 몸에 지방이 많고 별 맛이 없다. 《동의보감》에는 '만리어(鰻鱺魚), 빈얌당어'라고 나온다. 뱀장어와 무태장어를 두루 말하는 이름이다. "성질이 차다(평범하다고도 한다). 맛은 달고 독이 없다. 다섯 가지 치질과 고름이 나오는 종기나 부스럼에 주로 쓴다. 여러 가지 벌레를 죽인다. 고치기 힘든 부스럼이나 부인들 불두덩이가 벌레 때문에 가려운 것을 고친다."라고 했다.

척추골 100~110

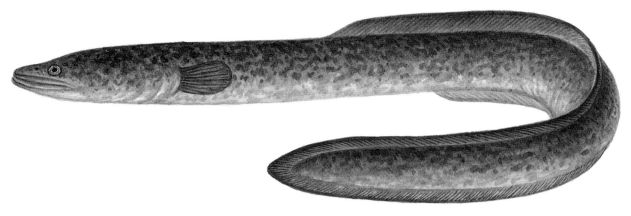

무태장어

**무태장어의 렙토세팔루스 유생** 무태장어는
뱀장어처럼 새끼 때 대나무 잎처럼 생긴 렙토세팔루스
시기를 거친다. 당멸치목, 여을멸목, 뱀장어목은 모두
렙토세팔루스 시기를 거쳐 어른이 된다.

# 곰치 *Gymnothorax kidako*

선대[북], 곰, 굴, Kidoko moray, Moray eel, ウツボ, 蠕纹裸胸鳝

곰치는 따뜻한 바다에 산다. 물 깊이가 3~350m쯤 되는 바위밭이나 산호초에서 산다. 낮에는 산호나 돌 틈에 몸을 숨기고 있다. 몸이 뱀처럼 길쭉해서, 긴 몸뚱이는 죄다 숨기고 머리만 빠끔 내놓고 있다. 몸빛이 돌 색깔이랑 똑같아서 숨어 있으면 잘 모른다. 작은 물고기나 새우나 문어 따위가 가까이 오면 용수철처럼 튀어나가 덥석 문다. 이빨이 송곳처럼 뾰족하고 입 안쪽으로 휘어 있어서 한번 물면 놓치지 않는다. 밤에는 나와 돌아다니면서 먹이를 찾는다. 문어가 돌구멍을 제집 삼으려다가 곰치와 곧잘 싸우기도 한다. 곰치가 문어 다리를 물면, 문어는 남은 다리로 곰치 머리를 온통 감싸고 목을 꽉 조이며 싸운다. 대부분 곰치가 이기는데, 문어가 안 되겠다 싶으면 시커먼 먹물을 내뿜고 도망친다. 생김새는 사나워도 사람한테는 잘 안 덤빈다. 하지만 잘못 물렸다가는 크게 다칠 수 있다. 곰치 입에는 독샘이 있어서 물리면 몸이 굳기도 한다. 우리나라에서는 곰치 수가 적어서 흔히 보기 어렵다. 꼼치랑 이름이 비슷하지만 전혀 다른 물고기다.

**생김새** 몸길이는 60~70cm쯤 된다. 90cm 넘게 크기도 한다. 몸빛은 누런 밤색이고 짙은 밤색 띠무늬가 가로로 나 있다. 몸은 길쭉하고 살갗은 비늘 없이 빤질빤질하다. 양턱에 날카로운 이빨이 났고, 입천장에도 날카로운 이빨이 있다. 등지느러미와 뒷지느러미는 길어서 꼬리지느러미와 이어진다. 가슴지느러미와 배지느러미는 없다. 꼬리지느러미 끝은 뾰족하다. 옆줄은 없다. **성장** 더 밝혀져야 한다. 새끼 곰치는 새끼 뱀장어 때처럼 대나무 잎처럼 생긴 렙토세팔루스(Leptocephalus) 시기를 거친다. **분포** 우리나라 제주와 남해. 일본, 필리핀, 호주 북부까지, 하와이, 인도양, 태평양 **쓰임** 사람들이 먹으려고 일부러 잡지는 않는다. 하지만 먹어 보면 맛이 있다고 한다. 일본 사람들은 튀김, 조림, 구이, 포로 먹는다. 껍질이 질기기 때문에 껍질로 가죽을 만든다.

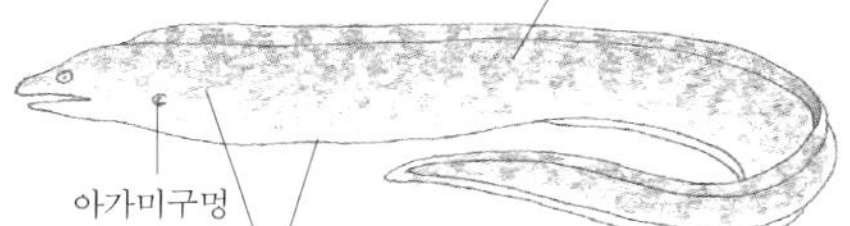

척추골 136~143

아가미구멍

가슴지느러미와 배지느러미가 없다.

곰치

**돌 틈에 숨어 있는 곰치** 곰치는 돌 틈에 숨어 있다가
먹이가 가까이 오면 쏜살같이 튀어나온다. 뾰족한 이빨이
잔뜩 나 있어서 사람도 물리면 크게 다칠 수 있다.
또 신경과 순환계를 마비시키는 독이 있는 독니가 있다.

# 백설곰치 *Gymnothorax prionodon*

Saw-toothed moray, Saw-toothed eel, ユリウツボ, 白斑裸胸鱔

백설곰치는 물 깊이가 20~100m쯤 되는 조금 깊은 곳에서 산다. 곰치처럼 물속 바위틈에 몸을 숨기고 산다. 가만히 숨어 있다가 지나가는 물고기를 눈 깜짝할 사이에 튀어나와 잡아먹는다. 백설곰치는 약이 오르면 엄청난 속도로 달려들어 사람을 물 수도 있어 조심해야 한다.

**생김새** 몸길이는 80cm 안팎이지만 150cm까지도 자란다. 몸은 긴 원통형이다. 머리와 몸통이 통통하지만 꼬리 쪽은 가는 편이다. 몸빛은 옅은 밤색이거나 잿빛이며, 띠 모양 까만 무늬가 일정한 간격으로 줄지어 있기도 하고, 구름 모양 흰 점들이 온몸에 나 있기도 하다. **성장** 더 밝혀져야 한다. **분포** 우리나라 남해와 제주. 일본 남부에서 인도네시아까지 서태평양, 지중해 **쓰임** 바닥끌그물에 가끔 잡힌다. 중국에서는 약재로 쓰기도 한다.

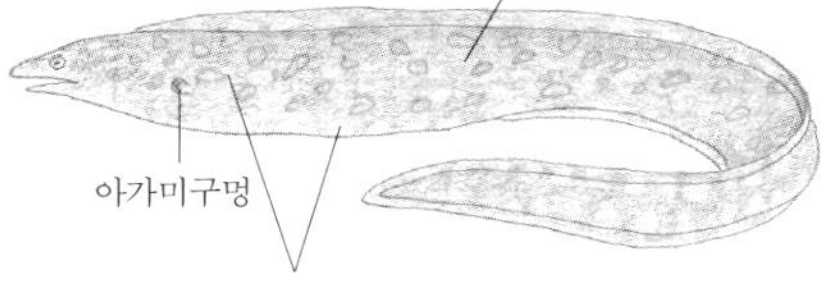

척추골 134~139

아가미구멍

가슴지느러미와 배지느러미가 없다.

# 알락곰치 *Muraena pardalis*

범선대¹, Leopard moray eel, トラウツボ, 豹紋勾吻鱔

알락곰치는 물 깊이가 80m보다 얕은 따뜻한 바다 바위틈에서 몸을 숨기고 있다가 지나가는 작은 물고기나 문어 따위를 잡아먹는다.

**생김새** 몸길이는 90cm쯤 된다. 몸은 가늘고 길다. 몸은 옅은 밤색이며 온몸에 옅은 노란색을 띤 하얀 무늬와 점이 흩어져 있다. 이빨이 아주 날카롭다. 눈 위에 콧구멍이 앞뒤로 길게 나와 있다. **성장** 봄에 알을 낳는다. 성장은 더 밝혀져야 한다. **분포** 우리나라 남해. 일본, 인도네시아, 하와이, 열대 바다 **쓰임** 안 잡는다.

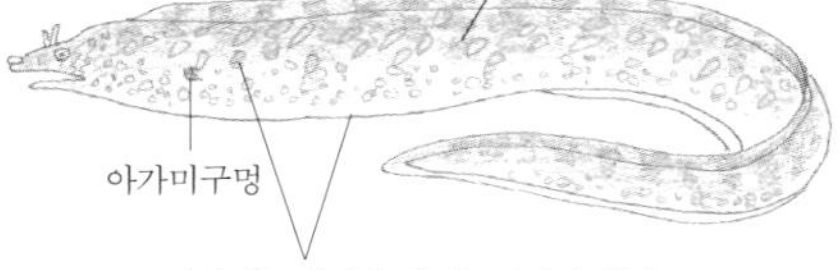

척추골 119~129

아가미구멍

가슴지느러미와 배지느러미가 없다.

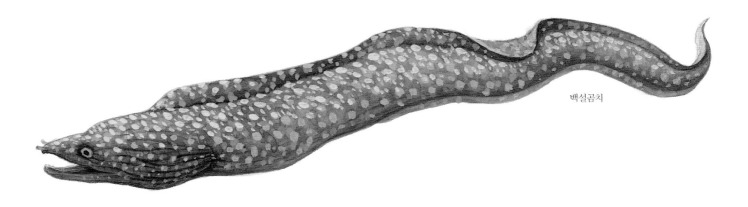

백설곰치

알락곰치

# 바다뱀 *Ophisurus macrorhynchus*

바다장어북, Longbill eel, Snake eel, ダイナンウミヘビ, 大吻鲨蛇鳗

바다뱀은 이름과 달리 파충류가 아니라 뱀장어나 곰치와 닮은 물고기다. 따뜻한 물을 좋아하는 온대성 물고기다. 바다뱀 무리 가운데 몸이 가장 길다. 주로 바닷가 만에서부터 물 깊이가 500m 되는 모래와 펄이 섞인 바닥에서 산다. 낮에는 꼬리로 모래 속에 굴을 파고 몸을 숨기고 머리만 내놓고 있다. 밤이 되면 굴에서 나와 작은 물고기, 새우, 게 같은 갑각류를 잡아먹는다. 때로는 죽은 물고기도 먹는다. 때때로 같은 종한테도 덤벼든다. 아주 드물어서 쉽게 볼 수 없다.

바다뱀 무리는 온 세계에 62속 320종쯤이 살고 있다. 바다뱀 무리는 꼬리지느러미가 있으면 갯물뱀아과, 없으면 바다뱀아과로 다시 나눈다. 한국에는 7속 13종이 살고 있다. 날붕장어, 바다뱀, 까치물뱀, 갈물뱀, 돛물뱀, 자물뱀, 둥근물뱀, 갯물뱀, 돌기바다뱀, 제주바다뱀이 산다. 지금도 새로운 종이 발견되고 있다.

**생김새** 몸길이는 60cm쯤 된다. 140cm까지 자란다. 몸은 가늘고 길며 원통형이다. 몸빛은 잿빛 밤색이고, 배는 하얗다. 주둥이가 뾰족하고 입이 크다. 눈은 턱 가운데쯤에 있다. 위턱과 아래턱에는 작은 이등변삼각형으로 생긴 이빨이 한 줄 나 있다. 입천장에는 크고 날카로운 송곳니가 4개 나 있다. 꼬리지느러미가 없다. **성장** 더 밝혀져야 한다. 뱀장어처럼 새끼 때는 몸이 투명하고 대나무 잎처럼 생긴 렙토세팔루스(Leptocephalus) 시기를 거친다. **분포** 우리나라 남해와 제주. 일본, 중국, 서태평양, 인도양, 대서양 **쓰임** 안 잡는다.

척추골 203~210

# 돛물뱀 *Pisodonophis zophistius*

돛바다뱀장어북, Highfin snake eel, Wholesail snake eel, ホタテウミヘビ, 帆鳍豆齿鳗

돛물뱀은 생김새가 뱀장어와 닮았다. 따뜻한 물을 좋아하는 열대 물고기다. 물 깊이가 2~20m쯤 되는 얕은 바닷가에서 산다. 부드러운 진흙과 모래가 섞인 바닥에 구멍을 뚫고 들어가 살면서 머리만 내놓고 지낸다. 거의 혼자 지낸다. 사는 모습은 더 밝혀져야 한다.

**생김새** 몸길이는 70cm 안팎이다. 120cm까지 자란다. 몸빛은 짙은 밤색이며 나이를 먹으면 등 쪽 몸빛이 더 짙어진다. 가슴지느러미는 거무스름하고, 등지느러미 앞쪽과 가장자리가 짙은 밤색이다. **성장** 더 밝혀져야 한다. 뱀장어처럼 렙토세팔루스 시기를 거친다. **분포** 우리나라 남해. 일본 남부, 대만, 인도네시아 같은 태평양과 인도양 **쓰임** 안 잡는다.

척추골 177~181

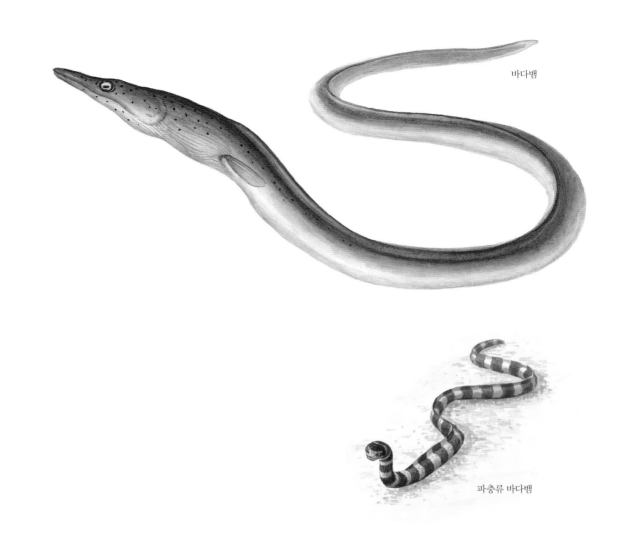

바다뱀

파충류 바다뱀

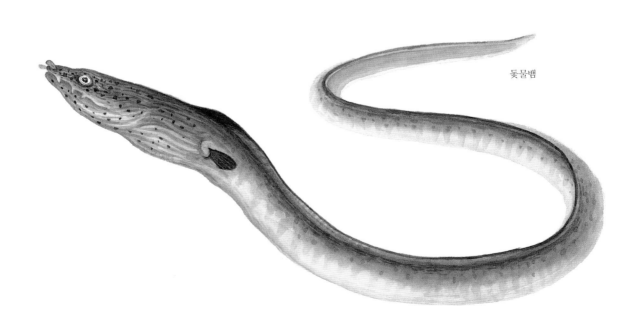

돛물뱀

# 갯장어 *Murenesox cinereus*

개장어<sup>북</sup>, 해장어, 놋장어, 참장어, 이빨장어, Daggertooth pike conger,
Purple pike conger, Sharp toothed eel, ハモ, 海鰻

갯장어는 따뜻한 바다를 좋아하는 물고기다. 물 깊이가 300m 안쪽이고 바닥에 펄이나 모래가 깔린 바닥이나 바위틈에서 산다. 붕장어와 달리 모랫바닥보다 바위가 많은 곳을 더 좋아한다. 낮에는 숨어서 쉬다가 밤에 나와 돌아다니며 먹이를 잡는다. 새우나 조개, 낙지, 문어, 게와 멸치, 양태, 새끼 갈치 같은 물고기를 잡아먹는다. 이빨이 아주 날카로워서 먹이를 잘 잡는다. 겨울에는 제주도 남쪽 깊은 바다에서 지내다가 봄이 되면 남해 바닷가로 많이 올라온다. 5~7월에 짝짓기를 하고 알을 낳는다. 이때가 되면 암컷 배는 알로, 수컷은 정소로 가득 차기 때문에 소화관이 실처럼 가늘어져 아무것도 안 먹는다. 수컷은 눈이 더 커지면서 암컷을 쫓아다닌다. 갯장어도 뱀장어나 붕장어처럼 새끼 때는 온몸이 투명하고 대나무 잎처럼 생긴 렙토세팔루스(Leptocephalus) 시기를 거쳐 생김새를 탈바꿈하고 큰다. 15년쯤 산다.

갯장어는 몸이 길다고 '장어(長魚)'인데, 민물과 바다를 오가는 뱀장어와 달리 바다에서만 산다고 바다를 뜻하는 '갯'이라는 이름이 앞에 붙었다. 붕장어보다 맛이 좋다고 '참장어'라고도 하고, 이빨이 날카롭다고 '이빨장어'라고도 한다. 《자산어보》에는 '이빨이 개처럼 났다'고 '견아려(犬牙鱺) 속명 개장어(介長魚)'라고 썼고, 《동의보감》에는 '해만(海鰻)'이라고 했다.

**생김새** 몸길이는 60~80cm쯤 된다. 2m 넘게도 자란다. 수컷이 암컷보다 작다. 등은 거무스름하고 배는 하얗다. 몸은 뱀처럼 길다. 몸통은 둥그렇고 비늘이 없이 매끈하다. 몸통 옆으로 옆줄이 뚜렷하다. 주둥이가 길다. 입은 크고 양턱에 날카로운 이빨이 2~3줄 나 있다. 앞쪽에는 송곳니가 삐쭉 솟았다. 등지느러미가 길어서 꼬리지느러미와 잇닿아 있다. 등지느러미는 가슴지느러미 끝보다 앞에서 시작된다. 배지느러미는 없다. 꼬리지느러미는 뾰족하다. **성장** 암컷 한 마리가 알을 18만~120만 개쯤 낳는다. 알은 지름이 1.5~2.3mm이며 그냥 물에 둥둥 떠다닌다. 물 온도가 20~22도이면 삼 일쯤 지나 새끼가 나온다. 새끼는 납작한 대나무 잎처럼 생기고, 온몸이 하얗고 투명하다. 3~4달쯤 렙토세팔루스 유생 시기를 거치고 몸이 바뀌기 시작하면 15일쯤 뒤에 어미와 닮은 긴 장어형으로 바뀐다. 생김새가 바뀌면 몸길이가 오히려 줄어든다. 암컷이 수컷보다 성장 속도가 빠르다. 알에서 나온 지 1년 뒤에 30cm쯤 자라고, 그 뒤 1년마다 10cm쯤씩 자란다. 암컷은 3~5년 만에 어른이 된다. **분포** 우리나라 서해와 남해. 동중국해, 인도네시아 서쪽, 호주 북부, 남서태평양, 인도양, 홍해 **쓰임** 통발이나 주낙으로 많이 잡는다. 아직까지 가둬 기르지는 못한다. 갯장어를 잡으면 조심해야 한다. 물 밖에 나와서도 꿈틀대며 오랫동안 살고 사람도 잘 문다. 성질이 아주 사나워서 한번 물면 절대 놓지 않는다. 이빨이 뾰족해서 사람 손을 깨물면 손가락에 구멍이 날 정도다. 《자산어보》에도 '사람을 잘 문다'고 했다. 갯장어는 여름이 제철이다. 구이, 회, 탕, 토렴, 회 무침으로 먹는다. 여름철 더위에 지칠 때 기운을 북돋는 음식으로 많이 먹는다. 하지만 가시가 억세고, 잔가시가 많아 손질하기 까다롭다. 《동의보감》에는 "성질이 평범하고 독이 있다. 심한 종기나 부스럼, 옴, 헌데를 고치는 데 뱀장어와 같은 효능이 있다."라고 했다. 다른 장어보다 단백질이 많고, 핏줄에 핏덩이가 쌓이는 것을 막아 준다고 한다.

척추골 142~159

항문 앞 옆줄 구멍 수 40~47

갯장어와 붕장어 갯장어는 주둥이가 뾰족하고
날카로운 이빨이 나 있다. 붕장어는 주둥이가
더 뭉뚝하고 이빨이 덜 날카롭다.

렙토세팔루스 새끼는 몸이 납작하고 투명하며 입이
뾰족하다. 유생 시기를 지나 몸이 바뀌기 시작하며
약 보름 만에 어미처럼 장어형으로 변한다. 생김새가
바뀌면서 몸길이는 오히려 줄어든다.

갯장어

갯장어 붕장어

**갯장어와 붕장어** 갯장어는 주둥이가 뾰족하고
날카로운 이빨이 나 있다. 붕장어는 주둥이가
더 뭉뚝하고 이빨이 덜 날카롭다.

렙토세팔루스 새끼는 몸이 납작하고 투명하며 입이
뾰족하다. 유생 시기를 지나 몸이 바뀌기 시작하며
약 보름 만에 어미처럼 장어형으로 변한다. 생김새가
바뀌면서 몸길이는 오히려 줄어든다.

# 붕장어 *Conger myriaster*

별붕장어복, 바다장어, 붕어지, 바다뱀장어, 꾀장어, 장관, 벵찬, 참장어,
Whitespotted conger, Conger eel, マアナゴ, 星康吉鰻

붕장어는 따뜻한 물을 좋아한다. 물 깊이가 10~30m쯤 되는 곳에 많이 살지만 300~800m 안팎인 깊은 곳에서도 산다. 바닷가 가까이 사는 붕장어는 몸이 거무스름한 밤색인데, 깊은 곳에 사는 붕장어는 잿빛 밤색이다. 바닥에 모래와 펄이 깔린 곳에서 산다. 낮에는 모래 속에 구멍을 파고 그 안에서 머리만 내밀고 가만히 머문다. 깜깜한 밤이면 구멍에서 나와 망둥어, 양태, 보리멸, 까나리, 멸치 같은 물고기나 갯지렁이나 새우나 게 따위를 닥치는 대로 잡아먹는다. 모랫바닥에 몸을 반쯤 파묻고 머리를 쳐들고 있다가 지나가는 물고기를 잡기도 한다.

붕장어는 뱀장어처럼 봄부터 여름까지 깊은 바닷속으로 들어가서 알을 낳는데 아직 어디에서 어떻게 낳는지 뚜렷하게 밝혀지지 않았다. 몇몇 무리는 가을에 남쪽으로 내려가 겨울에는 제주도 서남쪽 바다에 있다가 4~5월에 일본 남쪽 바다에서 알을 낳는 것으로 짐작하고 있다. 서해에 사는 붕장어는 겨울에 깊은 앞바다로 옮겨 간다. 알 낳을 때가 되면 수컷 등은 더 짙은 밤빛이 돌고 배는 누렇게 바뀐다. 암컷과 수컷은 알을 낳으면 죽는다. 알은 물에 둥둥 떠다니다가 새끼가 나온다. 알에서 나온 새끼는 다른 뱀장어 무리처럼 대나무 잎처럼 납작하고 투명한 렙토세팔루스(Leptocephalus) 시기를 거친다. 이때는 플랑크톤처럼 그냥 물에 둥둥 떠다니며 산다. 4~6월에 길이가 13cm쯤 자란 렙토세팔루스는 물 온도가 15도 안팎일 때 20일쯤 지나면 7~8cm 되는 어린 붕장어로 탈바꿈한다. 처음에는 온몸이 투명하고 까만 눈만 또렷하게 보인다. 그러다 투명하던 몸이 서서히 불투명해지고, 대나무 잎처럼 납작하던 생김새가 시나브로 둥글게 되고 길이도 짧아지며 실처럼 가는 어린 새끼가 된다. 탈바꿈할 때는 먹이를 먹지 않고 탈바꿈하는 중간쯤부터 바닷가 가까이로 와 바닥으로 내려간 뒤 진흙 속으로 파고 들어가 산다. 새끼들은 바닷말이 우거진 모랫바닥이나 펄 바닥에서 살다가 겨울이 되면 깊은 곳으로 간다. 8년쯤 산다.

붕장어는 사람들이 흔히 일본 이름인 '아나고'라고 한다. 아나고(穴子)는 '바닥을 뚫어 굴에 들어가 사는 물고기'라는 뜻이다. 《자산어보》에는 '해대리(海大鱺) 속명 붕장어(弻長魚)'라고 하고 "눈이 크고 배 속이 먹빛이다. 맛이 아주 좋다."라고 했다.

**생김새** 암컷은 90~100cm, 수컷은 40cm쯤 큰다. 옆줄 구멍이 뚜렷하고 옆줄을 따라 흰 점이 쪼르르나 있다. 그 위로 흰 점이 듬성듬성 한 줄 더 있다. 머리 위에도 흰 점들이 있다. 주둥이는 갯장어보다 뭉툭하다. 등지느러미는 가슴지느러미 바로 뒤쪽에서 시작된다. 등지느러미, 뒷지느러미, 꼬리지느러미 가장자리가 아주 까맣다. 배지느러미는 없다. **성장** 암컷 한 마리가 알을 100만~300만 개쯤 낳는다. 탈바꿈한 7~8cm 어린 붕장어는 7~8월이 되면 10~15cm, 가을이면 20cm쯤 큰다. 암컷이 수컷보다 성장 속도가 빠르다. 암컷은 1년이면 30cm쯤 크고, 그 뒤로는 1년에 10cm씩 줄곧 성장해서 7년 뒤에는 90cm 안팎으로 자란다. 3~4년쯤 지나면 어른이 되고 먼바다로 나간다. **분포** 우리나라 온 바다. 중국, 일본 **쓰임** 바닥끌그물이나 통발, 주낙, 낚시로 잡는다. 6~8월에 많이 잡는다. 여름이 제철이다. 붕장어 무리 가운데 가장 맛이 좋다. 회로도 먹고 구이, 훈제, 탕, 포, 국으로 먹는다. 붕장어 피에는 약한 독이 있기 때문에 회로 먹을 때는 피를 모두 빼고 깨끗이 씻은 뒤에 물기를 쪽 빼서 먹는다. 단백질과 지방이 많고 비타민 A는 갈치, 꽁치, 고등어보다 20~30배 많이 있다. 껍질로는 가죽을 만든다.

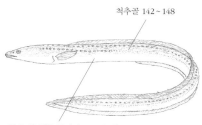

척추골 142~148

항문 앞 옆줄 구멍 수 39~43개

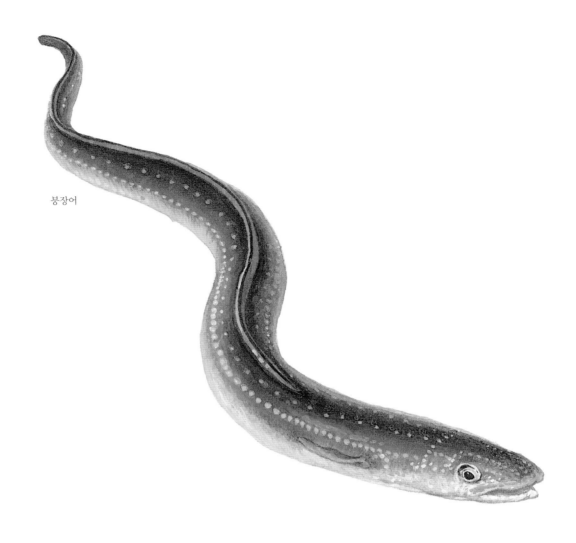

붕장어

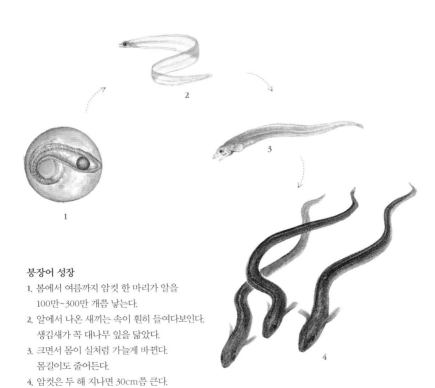

**붕장어 성장**
1. 봄에서 여름까지 암컷 한 마리가 알을
   100만~300만 개쯤 낳는다.
2. 알에서 나온 새끼는 속이 훤히 들여다보인다.
   생김새가 꼭 대나무 잎을 닮았다.
3. 크면서 몸이 실처럼 가늘게 바뀐다.
   몸길이도 줄어든다.
4. 암컷은 두 해 지나면 30cm쯤 큰다.
   4년쯤 크면 어른이 된다.

뱀장어목
붕장어과

# 검붕장어 *Conger japonicus*

검은붕장어북, Beach congor, Swarthy congor, クロアナゴ, 日康吉鰻

검붕장어는 이름처럼 몸빛이 검은 자줏빛을 띤다. 붕장어 무리 가운데 몸길이가 가장 길다. 붕장어와 달리 몸에 하얀 점이 없다. 바위가 많은 곳에서 살면서 물고기나 게 따위를 잡아먹는 육식성이다. 죽은 동물도 먹는다. 학명인 '*conger*'는 그리스 말로 '구멍을 뚫는 고기'라는 뜻인 'gongros'에서 왔다.

**생김새** 몸길이는 150cm쯤 된다. 몸이 뱀처럼 길쭉하다. 몸빛은 검은 자줏빛을 띤다. 붕장어와 달리 몸 옆에 하얀 점이 없다. 가슴지느러미를 빼고 모든 지느러미 가장자리가 까맣다. 위턱이 아래턱보다 앞으로 튀어나오고, 등지느러미가 가슴지느러미보다 뒤쪽에서 시작하는 것이 다른 종과 다른 특징이다. 가슴지느러미 줄기 수는 15~16개이다. **성장** 더 밝혀져야 한다. **분포** 우리나라 남해. 일본, 대만 같은 북서태평양 **쓰임** 남해안 바깥 섬 둘레에서 낚시로 많이 잡는다. 붕장어보다 맛이 없다.

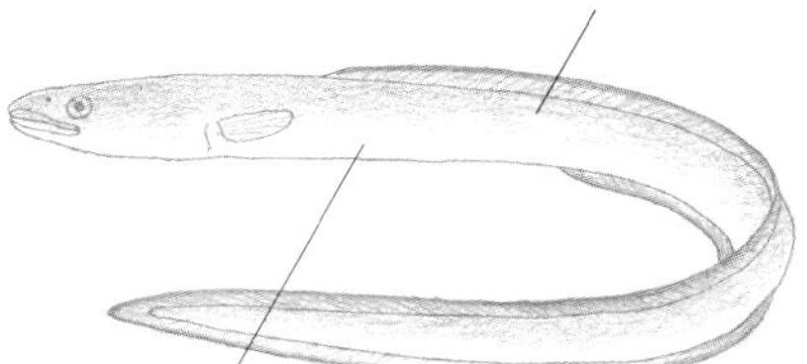

척추골 142~145

항문 앞 옆줄 구멍 수 35~39개

뱀장어목
붕장어과

# 꾀붕장어 *Ariosoma anago*

은붕장어북, Sea congor, Silvery congor, ゴテンアナゴ, 穴美休鰻

꾀붕장어는 물 깊이가 30m 안쪽인 얕은 바닷가 모래나 펄 바닥에 산다. 낮에는 모래나 펄 속에 구멍을 파고 들어가 숨어 머리만 내놓고 있다. 동물성 먹이를 먹고 산다.

**생김새** 몸길이는 60cm쯤 된다. 몸은 밤색이며 뱀처럼 길쭉하고 원통형이다. 꼬리는 옆으로 조금 납작하다. 몸은 밤색이고 눈 뒤 가장자리 위아래에 까만 반점이 두 개씩 있다. 등지느러미는 가슴지느러미 위에서 시작해서 꼬리지느러미와 이어지고, 뒷지느러미도 꼬리지느러미와 이어진다. 지느러미 가장자리는 까맣다. **성장** 더 밝혀져야 한다. **분포** 우리나라 남해. 일본, 대만, 인도네시아, 호주 북부 **쓰임** 바닥끌그물로 잡아 어묵을 만드는 데 쓴다.

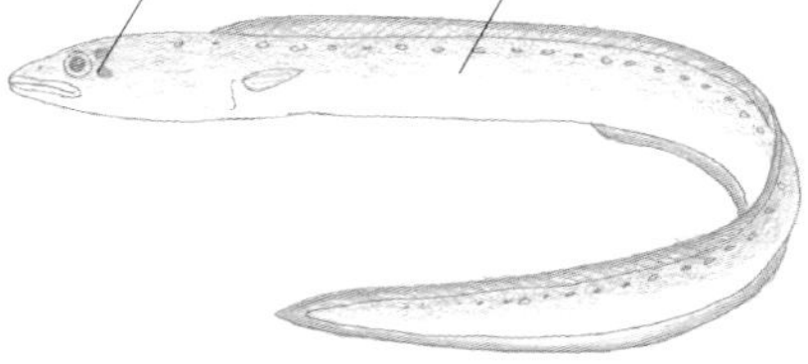

눈 뒤에 반점이 2개씩 있다.   척추골 149~159

검붕장어

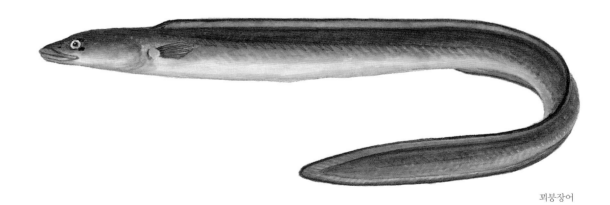

꾀붕장어

# 멸치 *Engraulis japonicus*

메루치, 멸오치, 멜, 명어치, 행어, 멸, 열치, Anchovy, カタクチイワシ, 鰉

멸치는 따뜻한 물을 따라 떼로 몰려다니는 물고기다. 우리나라 온 바다에 살지만 서해 전북 바닷가 이남, 남해안, 동해 포항 이남 바다에 많다. 낮에는 물속에서 헤엄치다가 밤이 되면 물낯 가까이 올라와 헤엄쳐 다닌다. 봄에 올라왔다가 가을에 남쪽으로 내려간다. 봄에 올라온 멸치 떼는 얕은 바닷가에서 밤에 알을 낳는다. 알에서 나온 새끼 멸치는 강어귀나 바닷가에서 떼로 몰려다닌다. 헤엄을 치면서 입을 벌리고 작은 플랑크톤을 먹고 큰다. 몸집이 작고 늘 떼로 몰려다니니까 방어나 농어, 고등어 같은 큰 물고기가 쫓아다니며 잡아먹는다. 어떤 때는 큰 물고기에게 정신없이 쫓기다 바닷가 모래밭으로 뛰쳐나오기도 한다. 수가 많아서 바다에 사는 다른 동물들을 먹여 살리는데 한몫을 하는 물고기다. 이 년쯤 산다.

멸치는 몸집이 작고 하찮은 물고기라는 뜻이다. 멸치는 다 커도 한 뼘밖에 안 된다. 크기가 커지는 순서로 '자멸, 소멸, 중멸, 대멸'이라고도 한다. 《자산어보》에는 '추어(鯫魚) 속명 멸어(鱴魚)'라고 했고, 물 밖으로 나오면 곧바로 죽는다고 '멸어(滅魚)'라고도 했다. 《우해이어보》에는 '말자어(末子魚), 멸아(鱴兒), 기(幾)'라고 했는데, 기는 그 지역 말로 '멸(鱴)'이라고 한다고 써 놓았다. 《전어지》에는 '이추(鮧鰌), 멸', 《재물보》에는 '멸'이라고 했다.

**생김새** 다 크면 15cm쯤 된다. 등은 파랗고 배는 하얗다. 몸은 작고 날씬하다. 입이 커서 턱이 눈 뒤까지 온다. 아래턱이 위턱보다 짧다. 비늘은 크고 잘 떨어진다. 머리 뒤부터 꼬리자루까지 몸 옆 비늘은 40장쯤 된다. 등지느러미는 몸 가운데에 있다. 꼬리지느러미는 가위처럼 갈라졌다. 옆줄은 없다. **성장** 암컷 한 마리가 알을 1700~16000개쯤 가진다. 알 낳기 알맞은 온도는 14~26도다. 멸치 알은 동그랗지 않고 길쭉한 긴둥근꼴이다. 알은 물에 떠 있다. 물 온도가 20도쯤일 때 이틀이면 새끼가 나온다. 한 달 지나면 2cm, 석 달 지나면 7cm, 한 해 지나면 11cm쯤 큰다. 한 해가 지나면 어른이 된다. **분포** 우리나라 온 바다. 일본, 중국, 필리핀, 인도네시아 **쓰임** 멸치는 부산과 경남에서 많이 잡는다. 불빛을 좋아해서 밤에 배를 타고 나가 불을 환하게 밝혀 놓으면 떼로 몰려든다. 그때 걸그물로 잡는다. 멸치가 걸린 그물을 여러 사람이 잡고 탈탈 털어 낸다. 또 큰 배 두 척이 그물을 벌려 끌면서 잡는다. 잡은 멸치는 큰 배로 옮겨 바다 위에서 삶은 뒤 뭍으로 옮겨 말리기도 한다. 멸치 떼를 쫓아온 방어나 고등어 같은 물고기도 덩달아 함께 잡힌다. 《자산어보》에는 "음력 6월에 나기 시작해서 상강 때에 물러간다. 밝은 빛을 좋아해서 어부들이 밤이 되면 불을 밝혀서 멸치를 끌어들인 뒤 움푹 파인 곳으로 몰고 가 그물로 떠낸다."라고 했다. 《우해이어보》에는 "날씨가 덥고 안개가 짙게 끼었을 때 미세기가 솟구쳐 오르는 곳에서 삼태기로 떠서 잡는다."라고 나와 있다. 요즘에는 그물을 쳐 놓아서 잡거나 끌그물로 잡는다. 잡은 멸치는 곧바로 삶아서 햇볕에 말린다. 마른 멸치는 통째로 먹거나 볶거나 조려 먹고 국물을 우려내기도 한다. 젓갈을 담그거나 회로도 먹는다. 《자산어보》에는 "이 물고기로 국, 젓갈, 포를 만들고, 때로는 낚시 미끼로도 쓴다."라고 썼다. 하지만 찬거리로는 형편없는 물고기라고 했다. 하지만 지금은 사람들이 즐겨 먹는다.

12~16

13~18

멸치

**멸치 성장** 멸치가 알에서 나와 커 가는 모습이다.
2년쯤 산다.

**멸치 떼** 멸치는 몸집도 작고 힘도 없으니까 떼로
몰려다닌다. 멸치를 잡아먹으려고 온갖 큰 물고기와
새가 쫓아다닌다. 그래서 '바다의 쌀'이라고 불린다.

# 웅어 *Coilia nasus*

우여, 웅에, 평, 차나리, Grenadier anchovy, Estuary tapertail anchovy,
チョウセンエツ, エツ, 刀魚, 刀鱭

웅어는 바다에서 살다가 강을 거슬러 올라와 알을 낳는 바닷물고기다. 서해와 남해 바닷가와 압록강, 대동강, 임진강, 한강, 금강, 영산강, 낙동강에 산다. 바닷가나 큰 강어귀에서 무리 지어 산다. 아주 맑은 물보다는 흐리지 않은 정도의 물에서 산다. 낮에는 물가를 헤엄치다가 밤에는 깊은 곳으로 들어간다. 어릴 때는 동물성 플랑크톤을 먹고 자라다가 어른이 되면 새우나 작은 물고기를 잡아먹는다. 사오월 보리누름 때부터 강을 거슬러 올라간다. 유월쯤 되면 갈대가 덤부렁듬쑥 자란 강가에서 알을 낳는다. 알을 낳으면 어미 물고기는 죽는다. 새끼 물고기는 바다로 내려가서 살다가 이듬해 다 커서 다시 강으로 올라온다. 지금은 물이 더러워지고 알 낳을 강가 갈대밭이 파헤쳐져서 보기 어렵다.

웅어는 생김새가 꼭 칼처럼 꼬리 쪽으로 갈수록 날카롭게 뾰족하다. 그래서 칼 '도(刀)'자 옆에 물고기 '어(魚)' 자를 붙여서 '도어(魛魚)'라고도 했다. 옛날 사람들은 갈대밭에 사는 물고기라고 '위어(葦魚), 갈대고기'라고 했다. 《자산어보》에는 '도어(魛魚) 속명 위어(葦魚)'라고 나와 있다. 《난호어목지》에는 《본초강목》에 나온 이름을 빌려 '제어(鱭魚)'라 하고, 한글로 '위어'라 하며, 그 속명을 '위어(葦魚)'라고 했다. 《재물보》에는 '수어(鱐魚)'라고 적혀 있다. 또 임금이 먹는 물고기라고 '진어(珍魚)'라고도 했다.

**생김새** 몸길이는 25cm쯤 된다. 40cm까지도 자란다. 등은 푸르스름한 누런 밤색이고 배는 하얗다. 몸이 옆으로 납작하고 꼬리가 가늘고 길다. 입은 크고 위턱이 길어서 아가미뚜껑 뒤쪽까지 벌릴 수 있다. 비늘은 쉽게 떨어진다. 배 가운데에 날카로운 비늘이 한 줄 나 있다. 가슴지느러미 위쪽 여섯 줄기가 실처럼 길게 뻗는다. 뒷지느러미는 길어서 꼬리지느러미와 이어진다. 옆줄은 없다. **성장** 암컷은 알을 세 번쯤 낳고 죽는다. 알에서 나온 새끼는 1년에 18cm, 2년에 26cm, 3년에 32cm쯤 큰다. 2년쯤 크면 어른이 된다. **분포** 우리나라 서해와 남해. 일본, 중국, 대만 **쓰임** 웅어는 강으로 거슬러 올라오는 사오월 보리누름 때 잡는다. 성질이 급해서 그물에 걸리면 금세 죽고 쉽게 썩기 때문에 잡자마자 얼음에 쟁인다. 《난호어목지》에는 웅어가 "강과 바다가 서로 이어진 곳에서 잡힌다. 매년 음력 4월에 강을 거슬러 올라오는데 한강 행주, 임진강 동파탄 상류와 하류, 평양 대동강에 가장 많고 4월이 지나면 없어진다."라고 적어 놓았다. 봄에 알 낳으러 올 때가 제철이다. 회로 먹고 무침, 구이, 매운탕으로도 먹는다. 회로 먹으면 살이 연하고 고소하다. 조선 시대에는 위어소(葦魚所)라는 관청을 한강 하류에 있는 행주에 두고 웅어를 잡아 임금에게 바칠 만큼 귀한 물고기 대접을 받았다. 《자산어보》에는 "크기는 한 자 남짓 된다. 밴댕이를 닮아 꼬리가 아주 길다. 빛깔은 하얗고 맛이 아주 달다. 횟감으로 상등품이다."라고 쓰여 있다. 옛날에는 박달나무를 태운 연기를 쐬어 훈제를 했다.

13

81~91

배 가운데에 날카로운 비늘이 한 줄 있다.

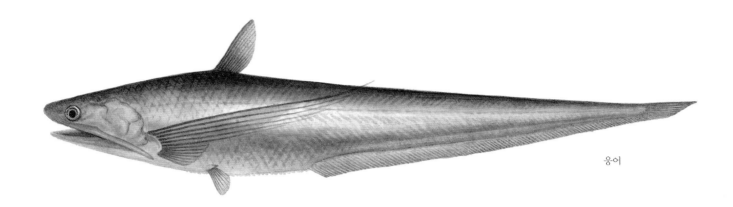

웅어

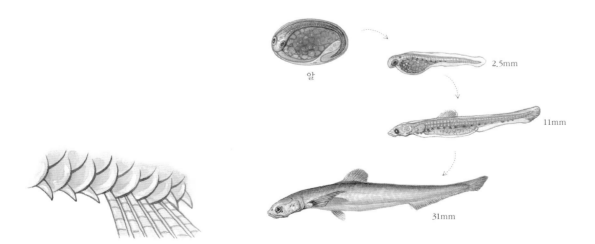

알

2.5mm

11mm

31mm

배 아래쪽에는 날카로운 비늘이 톱니처럼 나 있다.

**웅어 성장** 웅어가 커 가는 모습이다. 알에서 나온
새끼 물고기는 여름부터 가을까지 바다로 내려간다.
바다에서 겨울을 나며 어른이 된다. 이듬해 다 큰
웅어는 다시 강으로 올라온다.

# 반지 *Setipinna tenuifilis*

Common hairfin anchovy, ツマリエツ, 黄鯽

반지는 바닷가에서 산다. 짠물과 민물이 섞이는 강어귀에서도 떼로 모여 산다. 새우 같은 작은 갑각류나 작은 물고기 따위를 잡아먹는다. 5~6월에 알을 낳는다.

반지는 밴댕이랑 닮았다. 강화도나 인천에서 밴댕이회로 먹는 물고기는 거의 반지다. 밴댕이는 입이 작고 아래턱이 위턱보다 길지만, 반지는 위턱이 아래턱보다 더 길고 입이 더 크다. 그리고 가슴지느러미 맨 위쪽 줄기가 기다란 실처럼 길어진다. 《자산어보》에는 '해도어(海鯎魚) 속명 소어(蘇魚) 또는 반당어(伴倘魚)'라고 나온다. "큰 놈은 몸길이가 6~7치쯤 된다. 몸이 높고 얇다. 몸 빛깔은 하얗다. 맛은 달고 진하다. 흑산 바다에서도 가끔 볼 수 있다. 망종(양력 6월 6~7일쯤) 때부터 암태도에서 잡히기 시작한다."라고 했다.

**생김새** 몸길이는 20cm 안팎이다. 몸이 조금 높고, 옆으로 납작하다. 등은 옅은 밤색, 배는 은색을 띤다. 위턱이 아래턱보다 앞으로 튀어나왔다. 뒷지느러미 뿌리 앞까지 배 쪽 가운데를 따라 날카로운 비늘이 한 줄로 나 있다. 등지느러미와 배지느러미, 뒷지느러미는 투명하다. 가슴지느러미와 꼬리지느러미는 노랗다. 배지느러미는 가슴지느러미와 뒷지느러미 가운데에 있고, 아주 작다. 꼬리지느러미 끄트머리는 어둡다. **성장** 더 밝혀져야 한다. **분포** 우리나라 서해와 남해. 일본에서 호주 북부까지 서태평양, 인도양 동부 **쓰임** 그물로 잡는다. 5~6월이 제철이다. 회나 구이, 탕으로 먹는다. 경기도 지방에서 밴댕이회로 먹거나 밴댕이젓갈을 담근다. 《증보산림경제》에는 탕이나 적, 회를 만들어 먹으면 모두 좋고 단오가 지난 뒤 소금에 절여 젓갈로 만들어 겨울에 식초를 곁들여 먹으면 맛있다고 했다. 《난호어목지》에는 "우리나라 서해와 남해 바닷가에 밴댕이가 많다. 음력 5월에 어부들이 발을 쳐서 잡는다. 강화와 인천 지역에서 많이 난다."라고 했다. 이 밴댕이가 반지 같다.

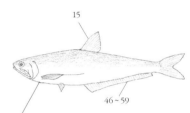

15

46~59

배 가운데에 날카로운 모비늘이 한 줄 나 있다.

# 청멸 *Thrissa kammalensis*

뽀루대북, Kammal thryssa, マンシュカタクチ, 赤鼻棱鱼是

청멸은 바닷가에서 떼 지어 돌아다니며 산다. 멸치보다 등이 더 높고 옆으로 더 납작하다. 풀반댕이와 똑 닮았는데, 뒷지느러미 줄기 개수로 구분된다. 청멸은 24~31개이고, 풀반댕이는 32~39개다. 사는 모습은 더 밝혀져야 한다.

**생김새** 몸길이는 8cm 안팎이지만 11cm까지도 큰다. 등은 짙은 파란색이고, 몸통 가운데와 배는 은빛을 띤다. 입은 비스듬히 기울어졌고, 위턱 뒤 끝은 눈 뒤쪽과 아가미뚜껑까지 이른다. 양턱에는 아주 작은 이빨이 한 줄로 나 있다. 뒷지느러미는 등지느러미 끝보다 조금 뒤쪽에서 시작되며, 뒷지느러미가 제법 길다. 모든 지느러미는 투명하다. 꼬리지느러미만 노르스름한데, 가장자리는 검다. 배에는 날카로운 비늘이 한 줄 있다. **성장** 더 밝혀져야 한다. **분포** 우리나라 서해와 남해. 서태평양 열대와 온대 바다 **쓰임** 자리그물과 끌그물로 잡는다. 멸치처럼 말려서 먹거나 국물을 낸다.

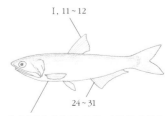

I, 11~12

24~31

배 가운데에 날카로운 모비늘이 한 줄 나 있다.

반지

청멸

# 청어 *Clupea pallasii*

등어, 동어, 구구대, 고심청어, 푸주치, 눈검쟁이, 갈청어, 울산치, Pacific herring, ニシン, 太平洋鰊

청어는 찬물을 따라 떼로 몰려다닌다. 동해에 많이 살고, 서해에도 산다. 동해에 사는 청어는 물낯부터 깊고 차가운 바닷속 450m쯤에서 흩어져 산다. 작은 물고기나 새우, 게, 물고기 알 따위를 잡아먹는다. 《자산어보》에도 서해 청어와 동해 청어가 다르다고 써 놓았다. "이 물고기는 동지 전에 경상도 동쪽에 나타났다가 남해를 지나 서쪽으로, 다시 북쪽으로 올라가 음력 3월에는 황해도에 나타난다. 황해도에서 잡히는 청어는 남해 청어보다 두 배나 크다."라고 쓰고 영남에서 나는 청어와 호남에서 나는 청어는 등뼈 마디 수가 다르다고 했다.

청어는 정월부터 이른 봄이면 알을 낳으러 얕은 바닷가로 떼로 몰려온다. 《자산어보》에는 "정월이 되면 알을 낳으려고 바닷가 가까이 몰려드는데, 수억 마리가 떼를 지어 바다를 덮는다. 청어 떼는 석 달 동안 알을 낳고 물러가는데, 그 다음에는 서너 치 길이쯤 되는 새끼들이 그물에 잡힌다."라고 했다. 물 깊이가 15m 안쪽에 바다풀이 자란 바위밭에서 북새통을 이루며 알을 낳는다. 깜깜한 밤에 암컷이 온몸을 퍼드덕거리며 바닷말이나 바위틈에 끈적끈적한 알을 붙여 낳으면 수컷이 수정을 시킨다. 석 달쯤 알 낳는 철이 지나면 다시 떼를 지어 깊은 바다로 간다. 10~19년쯤 산다.

몸이 파란 물고기라고 이름이 '청어(靑魚)'다. 《재물보》에는 '누어(鱸魚)'라 하였고, 《자산어보》에는 '청어(靑魚)', 《우해이어보》에는 '진청(眞鯖)', 《명물기략》이라는 책에는 "값싸고 맛이 좋아 가난한 선비들이 잘 사 먹는다. 선비들을 살찌게 하는 물고기라는 뜻으로 '비유어(肥儒魚)'라는 말에서 '비웃'이란 이름이 나왔다."라고 했다.

**생김새** 몸길이는 35cm 안팎이다. 40cm가 넘게 자라기도 한다. 몸은 옆으로 납작하다. 아래턱이 조금 길게 튀어나왔다. 눈에는 기름눈꺼풀이 있다. 배지느러미와 뒷지느러미 사이에 톱니처럼 생긴 비늘이 있다. 옆줄은 없다. **성장** 암컷 한 마리가 알을 2만~8만 개쯤 여러 번 나누어 낳는다. 알은 가라앉아 다른 물체에 달라붙는다. 물 온도가 10도쯤일 때 2~3주쯤 지나면 새끼가 나온다. 알에서 나온 새끼는 한 해가 지나면 12cm, 5년이면 30cm, 10년이면 35cm쯤 자란다. 3~5년이 지나면 어른이 된다. **분포** 우리나라 동해, 서해. 북태평양, 북극해 **쓰임** '진달래꽃 피면 청어 배에 돛단다'라는 말이 있다. 알을 낳으러 떼로 몰려올 때 그물로 청어를 잡는다. 옛날부터 많이 잡았는데 갑자기 수가 줄어들어 감쪽같이 사라졌다가 다시 잡히기를 되풀이한다. 《자산어보》에도 "1750년 뒤로 10년 동안은 많이 잡았다. 그 뒤에 뜸해졌다가 1802년에 다시 많이 잡았고, 1805년 뒤로 또다시 그 수가 줄어들기를 되풀이한다."라고 써 놓았다. 유럽에서도 많이 잡았는데, 서로 많이 잡으려고 나라끼리 싸우기도 했다. '청어전쟁'이라고 한다. 이순신 장군이 쓴 《난중일기》에는 청어를 잡아 군량미로 바꿨다는 이야기가 나온다. 《자산어보》에는 "맛은 담백하며 국을 끓여 먹거나 구워 먹어도 맛있고, 어포를 만들어 먹어도 좋다."라고 했다. 《우해이어보》에는 "맛이 달고 연하며, 구워 먹으면 아주 맛있다."라고 나온다. 구워도 먹고 꾸덕꾸덕하게 말려서도 먹는다. 꾸덕꾸덕하게 말린 청어를 '과메기'라고 한다. 옛날에는 눈을 꿰어 말렸다고 '관목어(貫目魚)'라고 했는데, 이 말이 바뀐 것이라고 한다. 요즘에는 청어가 잘 안 잡혀서 꽁치로 과메기를 만든다.

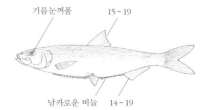

기름눈꺼풀    15~19

날카로운 비늘    14~19

청어

**알을 낳는 청어** 수억 마리 청어가 알을 낳으러 바닷가로
몰려온다. 암컷이 바닷말에 알을 붙이면 수컷이 와서
수정을 시킨다. 수컷 정액으로 바닷물이 우윳빛으로
뿌옇게 흐려질 정도다. 때로 몰려오는 청어를 잡아먹으려고
수많은 큰 물고기와 바다짐승, 바닷새들이 달려든다.

# 준치 *Ilisha elongata*

시어, 진어, Elongate ilisha, Slender shad, ヒラ, 鰣

준치는 따뜻한 물을 좋아한다. 서해와 남해에 산다. 겨울에는 제주도 남쪽 먼바다로 내려 갔다가 봄이 되면 서해로 올라온다. 바닥에 모래나 펄이 깔린 얕은 바다 가운데쯤에서 무리 지어 헤엄쳐 다닌다. 새우나 작은 물고기를 잡아먹는다. 우리나라에서는 5~7월에 모래나 펄 이 깔린 강어귀에서 알을 낳는다. 우리나라 서해 남부, 남해 중부 강어귀나 중국 황허강, 양쯔 강 어귀에서 많이 낳는다.

준치는 물고기 가운데 가장 맛있다고 '참다운 물고기'라는 뜻으로 '진어(眞魚)'라고도 했다. 옛날에는 여름 들머리가 지나면 감쪽같이 사라졌다가 이듬해 봄에 때맞춰 나타난다고 '시어 (鰣魚)'라고 했다. 《자산어보》에는 '시어(鰣魚) 속명 준치어(蠢峙魚)'라고 나온다.

**생김새** 몸길이는 40~60cm쯤 된다. 몸은 길고 옆으로 넓적하다. 등은 어두운 파란색이고 배는 허옇다. 지느러미는 누렇다. 머리는 작고 주둥이는 짧다. 입은 크고 위로 향하며 양턱에는 이빨이 없다. 아래턱 이 위턱보다 길다. 눈이 크고 기름눈꺼풀이 덮여 있다. 비늘은 크고 둥글며 잘 떨어진다. 옆줄은 없다. 배 아래쪽 비늘이 톱니처럼 날카롭게 나 있다. 등지느러미는 몸 가운데에 있고, 배지느러미는 아주 작 다. 뒷지느러미는 등지느러미 가운데쯤이나 뒤 끝쯤에서 시작해서 꼬리자루까지 길다. **성장** 암컷 한 마리가 알을 10만 개쯤 낳는다. 알 낳기 알맞은 온도는 18~26도이다. 성장은 더 밝혀져야 한다. **분포** 우리나라 서해와 남해. 일본, 중국, 대만, 말레이시아, 인도 **쓰임** 봄에 올라오는 고기 떼를 고깃배들이 쫓아 올라가면서 잡는다. 《자산어보》에는 "곡우(음력 3월 중순쯤)가 지나면 우이도에서 잡히기 시작한 다. 이때부터 점차 북쪽으로 올라가 음력 6월이면 황해도에 나타난다. 어부들이 이 떼를 쫓아가며 잡는 다. 늦게 잡히는 놈이 먼저 잡히는 놈만 못하다."라고 했다. '썩어도 준치'라는 말이 있다. 썩어도 맛있을 만큼 아주 맛있는 물고기라는 말이다. 오뉴월 찔레꽃머리 때 잡은 준치가 가장 맛있다. 하지만 몸에 가 시가 많아서 조심해서 발라 먹어야 한다. 《규합총서》에는 준치 가시 바르는 방법이 나온다. "준치를 씻 어 토막을 내고 그 조각을 도마 위에 세우고 허리를 꺾어 삼베나 모시 수건으로 두 끝을 누른다. 그러면 가는 뼈가 수건 밖으로 삐져나온다. 그때 낱낱이 뽑으면 가시가 적어진다."라고 했다. 회나 소금구이, 찜, 조림, 만두로 먹고 옛날에는 단오 때 국을 끓여 먹었다.

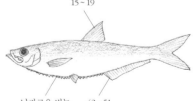

15 ~ 19

날카로운 비늘    42 ~ 51

준치

준치가 먹이를 먹을 때는 주둥이를 앞으로
쭉 내민다. 꼭 깔때기처럼 튀어나온다.

**준치 단면도** 준치는 가시가 많은 물고기다.
배를 감싸는 뼈가 둥글게 휘어 있다.

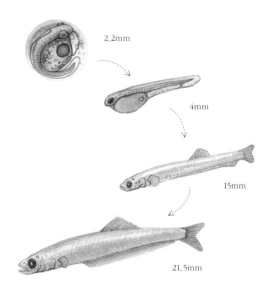

2.2mm

4mm

15mm

21.5mm

준치 알에서 새끼가 나와 커 가는 모습이다.

# 정어리 *Sardinops melanostictus*

정어리, 눈치, 순봉이, Pilchard, Sardine, マイワシ, 沙丁鱼, 斑点沙瑙鱼

정어리는 따뜻한 물을 좋아하는 물고기다. 겨울에는 제주도 동남쪽 바다에서 지내다가 봄부터 따뜻한 물을 따라 남해를 거쳐 동해로 올라온다. 수십만 마리가 떼를 지어 몰려다닌다. 서로 간격을 딱딱 잘 맞춰서 마치 한 몸처럼 이리저리 방향을 바꾸며 헤엄쳐 다닌다. 정어리는 물낯에서 바닷속 200m까지 마음껏 오르락내리락한다. 낮에는 물속 가운데쯤 있다가 밤에는 물낯으로 올라온다. 입을 딱 벌리고 헤엄치면서 플랑크톤을 걸러 먹는다. 고등어나 가다랑어나 방어 같은 커다란 물고기뿐만 아니라 고래나 물개 같은 바다짐승이 몸이 작은 정어리 떼를 쫓아다니며 잡아먹는다. 그래서 사람을 먹여 살리는 쌀처럼 바다 동물을 먹여 살린다고 '바다의 쌀'이라고 한다. 정어리는 우리나라 바닷가로 와서 2~3월에 알을 낳는다. 해거름부터 한밤중까지 물낯 가까이에서 두세 번에 걸쳐 알을 낳는다. 새끼는 두 해쯤 지나면 어른이 되고 대개 오륙 년을 사는데, 25년까지 산 기록도 있다.

**생김새** 몸길이는 20~25cm쯤 된다. 등은 푸르고, 배는 하얗고 반짝반짝 빛난다. 입은 작고 아래턱이 위턱보다 조금 앞으로 튀어나왔다. 눈에 기름눈꺼풀이 있다. 몸통에 검은 점이 일고여덟 개쯤 옆으로 줄지어 있다. 옆줄은 없다. 둥근 비늘은 쉽게 떨어진다. 배 모서리에 톱니처럼 비늘이 나 있다. 꼬리지느러미는 가위처럼 가운데가 깊게 파였다. **성장** 암컷 한 마리가 알을 1만~5만 개쯤 낳는다. 알은 물에 둥둥 뜬다. 물 온도가 20도일 때 3~4일 지나면 알에서 새끼가 깨어 나온다. 알에서 나온 새끼는 한 해가 지나면 15cm, 3년에 20cm, 5년에 22cm쯤 자라고 25cm쯤까지 자란다. 다른 나라에서는 39cm까지 자란 기록도 있다. **분포** 우리나라 동해와 남해. 일본, 중국, 동중국해, 아프리카 남부, 호주, 칠레, 미국 캘리포니아 등 **쓰임** 밤에 불을 켜고 그물을 둥그렇게 쳐서 잡는다. 걸그물이나 자리그물로도 잡는다. 어획량이 10~20년마다 크게 바뀌는데 그 까닭이 아리송하다. 1920년대 함경도 바닷가에 정어리가 갑자기 많아져서 정어리 떼를 섬으로 착각할 지경이었다고 한다. 또 300톤이 넘는 큰 배가 정어리 떼에 갇혀 항구를 빠져나가지 못한 일도 있었다고 한다. 또 갑자기 많이 잡힌 정어리를 소금에 절이느라 소금이 바닥날 정도였다고 한다. 우리나라는 1939년에 정어리만 120만 톤을 잡았다. 물고기 하나만 잡은 경우를 따졌을 때 세계에서 으뜸 기록을 가지고 있다. 하지만 그 뒤로 수가 줄어 많이 잡히지 않는다. 2차 세계 전쟁 때에는 일본군이 정어리에서 기름을 짜 비행기나 군대 기름으로 쓰기도 했다고 한다. 하지만 1943년 전쟁 막바지에 갑자기 정어리가 전혀 잡히지 않게 되었다는 이야기가 있다. 갓 잡은 정어리는 회로도 먹지만 쉽게 썩기 때문에 소금에 절여 굽거나 말려 먹고, 통조림도 만든다. 젓갈을 담그기도 하고 기름을 짜기도 한다. 집짐승 먹이나 낚싯밥으로도 쓴다. 《자산어보》에는 '대추(大鰍) 속명 증얼어(曾蘖魚)'라고 했고, 《우해이어보》에는 '증울(蒸鬱)'이라고 했다. 《우해이어보》에는 "잡은 지 며칠이 지나면 살이 더욱 매워져서, 사람들에게 두통을 일으키기도 한다."라고 했다.

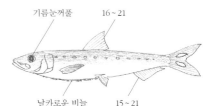

기름눈꺼풀    16~21

날카로운 비늘    15~21

정어리

**떼로 몰려다니는 정어리**  정어리는 힘이 없어서
떼로 몰려다닌다. 큰 물고기나 고래 같은
바다짐승이 정어리 떼를 쫓아다니며 잡아먹는다.

# 전어 *Konosirus punctatus*

대전어, 엿사리, 전어사리, Gizzard shad, Spotted sardine, コノシロ, 斑鰶, 鰶

전어는 따뜻한 물을 좋아한다. 물살이 세지 않은 바닷가나 섬 둘레에서 많이 산다. 먼 거리를 돌아다니지 않는다. 물 온도에는 꽤 예민하지만 소금기에는 덜 예민하다. 가장 좋아하는 물 온도는 14~22도이고 새끼들은 17~20도이다. 물 깊이가 30m 안쪽인 얕은 바다 물낯 가까이나 가운데쯤에서 무리 지어 산다. 몸이 화살촉처럼 뾰족해서 재빠르게 헤엄친다. 물에 떠다니는 작은 동물이나 진흙 속에 사는 유기물도 뒤져 먹는다. 봄부터 여름 들머리에 바닷가로 가까이 와서 알을 낳는다. 늦은 가을이 되어 물이 차가워지면 깊은 곳으로 모여들어 겨울을 난다. 3~6년쯤 산다.

생김새가 화살을 닮았다고 '전어(箭魚)'다. 《난호어목지》와 《전어지》에서는 '전어(錢魚)'라고 나온다. 《난호어목지》에는 "서해와 남해에서 난다. 몸이 납작하고 배와 등이 불룩하게 튀어나와서 붕어를 닮았다. 비늘은 푸른빛을 띤다. 가느다란 털이 등에서 나와 꼬리까지 길게 늘어진다. 해마다 입하(양력 5월 5일쯤) 앞뒤로 물가에 와서 진흙을 먹는데, 어부들은 그물을 쳐서 잡는다. 살에는 잔가시가 있지만 부드럽고 약해서 씹는 데 아무 문제가 안 된다. 살이 통통하고 기름져서 맛이 좋다. 사람들이 소금에 절여서 서울에 가져가 파는데, 신분이 높은 사람이나 낮은 사람이나 모두 진기하게 여긴다. 맛이 좋아서 사람 누구나 돈을 따지지 않고 사려고 하기 때문에 전어(錢魚)라고 한다."라고 했다. 《자산어보》에서는 '전어(箭魚)'라고 나온다. "큰 것은 크기가 한 자쯤 된다. 몸이 높고 좁다. 빛깔은 검푸르다. 기름이 많고 맛이 좋고 깊은 맛이 난다. 흑산도에도 가끔 있는데 뭍 가까운 곳에서 나는 것만 못하다."라고 했다. 강원도에서는 크기에 따라 '대전어(큰 놈), 엿사리(중간 치), 전어사리(작은 것)'라고도 한다.

**생김새** 몸길이는 25cm쯤 된다. 최대 32cm까지도 자란다. 몸은 긴둥근꼴이고 옆으로 납작하다. 등은 푸른빛을 띠고 배는 은빛이다. 몸통 비늘에 까만 점이 줄줄이 나 있다. 아가미 뒤에는 까만 점이 커다랗게 하나 있다. 등지느러미 맨 끝 줄기 하나가 실처럼 길게 늘어졌다. 배 모서리 비늘은 날카롭다. 꼬리지느러미는 노랗고 가위처럼 갈라졌다. **성장** 암컷 한 마리가 알을 4만~6만 개쯤 낳는다. 알은 둥글고 저마다 흩어져 물 위에 뜬다. 물 온도가 12~18도일 때 50시간쯤, 17~20도일 때 42시간쯤 지나면 새끼가 나온다. 새끼는 그해 가을이면 5~6cm로 자란다. 1년이 지나면 10cm, 3년째는 18cm, 5년째는 21cm쯤 큰다. 3년쯤 지나면 어른이 된다. **분포** 우리나라 서해와 남해. 일본, 중국 **쓰임** 가을에 걸그물, 자릿그물로 잡는다. 그물로 고기 떼를 둘러싼 뒤 배를 방망이로 두들기거나 물에 돌을 던지거나 장대로 두들겨 놀란 고기들이 그물코에 꽂히게 해서 잡거나, 함정그물로 고기 떼가 지나가는 길을 막아 고기 떼를 그물 쪽으로 몰아서 살아 있는 채로 잡기도 한다. 성질이 급해서 낚시나 그물로 잡아 올리면 금방 죽는다. '봄 숭어, 가을 전어', '가을 전어 머리에는 깨가 서 말'이라는 말이 있다. 알을 낳는 봄에서 여름까지는 맛이 없지만 가을이 되면 몸이 통통해지고 기름기가 끼면서 맛이 아주 좋다. 잔가시가 많지만 뼈째 썰어 회로도 먹고 구워도 먹고 젓갈도 담근다. '전어 굽는 냄새에 집 나가던 며느리가 돌아온다'라는 우스갯소리가 있을 정도로 구이 맛이 좋다. 전어 위장은 닭 모래주머니처럼 생겼는데, 이것을 '밤'이라고 한다. 따로 떼어 내서 젓갈을 담그는데 '전어밤젓'이라고 한다.

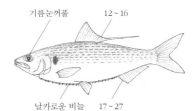

기름눈꺼풀　12 ~ 16

날카로운 비늘　17 ~ 27

전어

전어는 플랑크톤을 잡아먹는데 물 바닥 개흙을
뒤지며 먹이를 찾기도 한다. 먼바다에서 잡은
전어보다 개흙을 뒤져 먹고 자란 전어가 더
맛있다.

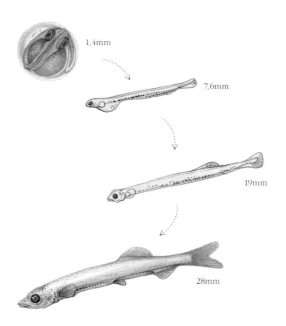

1.4mm

7.6mm

19mm

28mm

전어 알에서 새끼가 나와 커 가는 모습이다.

# 밴댕이 *Sardinella zunasi*

밴댕어<sup>북</sup>, 뒤포리, 띠포리, 반댕이, 빈지매, 빈징어, 수누퍼리, Sardinella,
Big-eyed herring, Shad, サッパ, 青鱗小沙丁魚

밴댕이는 따뜻한 물을 좋아한다. 봄부터 가을까지는 물이 얕은 만이나 강어귀에 머문다.
떼로 몰려다니면서 플랑크톤이나 갯지렁이나 작은 새우 따위를 잡아먹는다. 오뉴월에 바닷가
에서 알을 낳는다. 겨울이 되면 깊은 물속으로 들어가 겨울을 난다. 서해 바닷가에서 흔히 회
나 구이로 먹는 밴댕이는 사실 멸치과에 속하는 '반지'라는 딴 물고기다.

남쪽 지방에서는 뒤가 파랗다고 '뒤포리, 띠포리'라고 한다. 북녘에서는 '밴댕어'라고 한다.
멸치와 생김새나 쓰임새가 닮아서 정약전이 쓴《자산어보》에는 '짤막한 멸치'라는 뜻으로 '단
추(短鰍) 속명 반도멸(盤刀蔑)'이라고 나온다. "큰 놈은 서너 치쯤 된다. 몸은 조금 높은데, 살
이 찌고 짤막하다. 몸 빛깔은 하얗다."라고 했다.

**생김새** 몸길이는 15cm쯤 된다. 등은 푸르스름하고 배는 은빛으로 반짝반짝 빛난다. 몸은 길고 옆으로
납작하다. 아래턱이 위턱보다 길다. 배 아래쪽에는 날카로운 비늘이 톱니처럼 나 있다. 몸은 옆으로 아
주 납작하고 옆줄이 없다. 비늘은 크고 둥근데 잘 떨어진다. 꼬리지느러미는 가위처럼 갈라졌다. **성장**
알 낳기 알맞은 물 온도는 16~18도이다. 알은 속이 훤히 비치고 물 위에 뜬다. 성장은 더 밝혀져야 한다.
**분포** 우리나라 서해와 남해. 일본, 대만 **쓰임** 가을에 남해에서 많이 잡는다. 밴댕이는 성질이 아주 급
해서 물 밖으로 나오자마자 몸을 파르르 떨다가 바로 죽는다. 그래서 속 좁고 성질 급한 사람을 '밴댕이
소갈딱지'라고 놀린다. 밴댕이는 멸치와 함께 많이 잡힌다. 멸치와 닮았는데 몸이 옆으로 더 납작하고
짤막하다. 멸치처럼 말려서 국물을 우려내는 데 쓴다. 회와 젓갈로는 잘 쓰지 않는다.

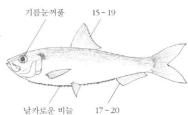

기름눈꺼풀    15~19
날카로운 비늘    17~20

# 샛줄멸 *Spratelloides gracilis*

꽃멸치, 꽃멸, Silver-stripe round herring, キビナゴ, 小耙銀帶鯡, 银带小休鲱

샛줄멸은 따뜻한 물을 좋아하는 물고기다. 꼭 멸치처럼 생겼다. 바닷가에서 떼 지어 몰려
다니며 작은 새우나 그 유생, 플랑크톤을 잡아먹는다. 5~8월이 되면 알을 낳으려고 바닷가 가
까이 몰려와 바위밭이나 바다풀 숲에서 알을 낳아 붙인다. 일주일쯤 지나면 알에서 새끼가
나온다.

**생김새** 몸길이는 10cm쯤 된다. 몸은 긴 원통형이며 옆으로 조금 납작하다. 입은 작고 뾰족한 편이며
아래턱이 위턱보다 조금 길다. 눈에는 투명한 기름눈꺼풀이 있다. 이빨은 없다. 옆구리에 넓은 은빛 세
로띠가 있고, 그와 나란하게 등에 검푸른 띠가 있다. **성장** 더 밝혀져야 한다. **분포** 우리나라 남해와
제주. 일본, 타이완, 필리핀, 인도네시아, 홍해, 사모아, 호주 서부 바닷가 **쓰임** 밤에 불을 켜고 끌그물
로 잡는다. 자리그물로 잡기도 한다. 회나 구이, 튀김, 조림으로 먹고 제주도에서는 젓갈을 담그기도 한다.

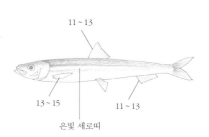

11~13
13~15    11~13
은빛 세로띠

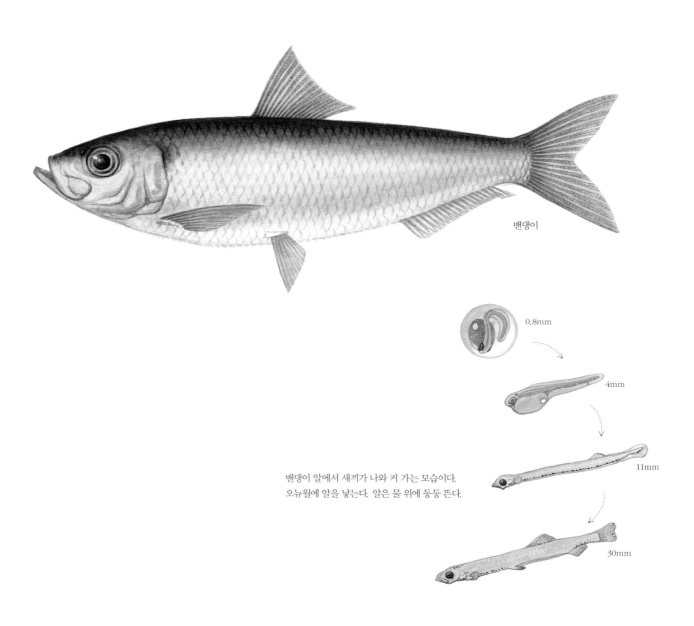

밴댕이

0.8mm

4mm

11mm

밴댕이 알에서 새끼가 나와 커 가는 모습이다.
오뉴월에 알을 낳는다. 알은 물 위에 둥둥 뜬다.

30mm

샛줄멸

# 갯농어 *Chanos chanos*

Milk fish, Angeo, Giant herring, Bango, サバヒ, 遮目魚, 虱目魚

갯농어는 앞바다나 얕은 바닷가에서 무리 지어 살면서 때때로 강어귀에도 오고 강으로 들어가기도 한다. 우리 바다에서는 흔하지 않다. 영어 이름인 밀크피시(milk fish)로 널리 알려졌는데, 성장이 빠르고 주는 먹이를 잘 먹기 때문에 필리핀과 괌 같은 열대 지방에서는 사람들이 많이 기른다.

**생김새** 몸길이는 1m쯤 되는데, 180cm까지 큰다. 몸은 긴 원통형이며 옆으로 조금 납작하다. 입이 작고 턱에는 이빨이 없다. 등지느러미는 하나이며 줄기가 13~17개 있다. 몸빛은 옅은 누런 풀빛이거나 은빛이다. **성장** 몸길이가 70~90cm가 되면 밤에 얕은 바닷가 모랫바닥이나 산호초 바닥에서 알을 낳는다. 암컷 한 마리가 500만 개쯤 알을 낳는다. 24시간쯤 지나면 알에서 새끼가 나온다. 알에서 나온 새끼는 물이 맑고 물 온도가 23도 넘는 바닷가나 강어귀에서 자란다. 몸이 자라면 부드러운 바닷말이나 작은 무척추동물, 물고기 알, 새끼 물고기를 먹는다. 물 온도가 32도쯤 되는 곳에서도 산다. **분포** 우리나라 온 바다, 대만, 필리핀, 인도양, 태평양 **쓰임** 수족관에서 기른다. 열대 지방에서는 어린 새끼를 강에서 잡아 못에 넣어 키우거나, 어미에게서 알을 받아 키우기도 한다.

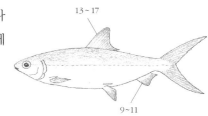

# 압치 *Gonorhynchus abbreviatus*

쥐문저리, Bighead beaked sandfish, ネズミギス, 鼠鱚

압치는 바닷가부터 물 깊이가 50~100m쯤 되고 진흙과 모래가 섞인 바닥에서 산다. 모래바닥에 몸을 숨기고 산다. 사는 모습은 더 밝혀져야 한다.

**생김새** 몸길이는 30cm쯤 된다. 몸은 가늘고 길며 원통형이다. 몸은 불그스름한 밤색인데 지느러미 끝은 더 어둡다. 등지느러미, 배지느러미, 뒷지느러미와 꼬리지느러미에 뚜렷한 검은 반점이 있다. 주둥이가 길고 입은 아래쪽에 있다. 주둥이 끝에 짧은 수염이 하나 있다. **성장** 더 밝혀져야 한다. **분포** 우리나라 남해. 일본 남부, 대만과 중국 사이 해협, 동중국해 **쓰임** 안 잡는다.

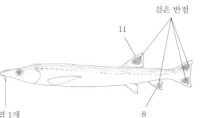

갯농어

압치

모래 속에 숨은 압치

# 황어 *Tribolodon hakonensis*

붉은황어북, 황사리, 밀하, Big-scaled redfin, Sea rundace, ウグイ, 箱根三齿雅罗鱼

황어는 연어처럼 강에서 깨어나 바다로 내려가 사는 물고기다. 하지만 연어처럼 멀리 돌아다니지 않고 강어귀나 가까운 바닷가에서 산다. 우리나라 동해와 남해로 흐르는 강과 바다에 산다. 황어는 잉어랑 닮은 물고기다. 잉어 무리에 드는 물고기 가운데 오직 황어만 바다로 내려가 살게 되었다.

강에서 나온 새끼는 물벌레나 그 알을 먹으며 큰다. 4~6cm쯤 크면 바다로 내려간다. 가까운 바다에서 살면서 플랑크톤이나 바닥에 사는 무척추동물 따위를 잡아먹는다. 어른 팔뚝만큼 크면 다 큰 어른이다. 어른이 되면 진달래꽃 피는 봄에 떼를 지어 모래와 자갈이 깔린 강줄기 윗물까지 거슬러 올라온다. 알 낳을 때가 되면 몸빛이 누렇게 바뀌고 몸 옆으로 불그스름한 띠와 검은 띠가 세로로 쭉 나타난다. 머리에는 작은 돌기들이 오돌토돌 난다. 알 낳기 좋은 곳을 골라 온몸을 푸덕이며 바닥을 움푹 파고는 거기다 알을 낳는다. 알은 찐득찐득해서 돌에 딱 달라붙는다. 암컷 한 마리에 수컷 여러 마리가 쫓아다니며 짝짓기를 한다. 연어처럼 알을 낳은 어미는 힘이 빠져 죽는다. 다른 나라에서는 알에서 나온 새끼 가운데 바다로 안 내려가고 강에 눌러 살기도 하지만, 우리나라에 사는 황어는 모두 바다로 내려간다. 강물이 더러워지고 강에 댐과 보가 생기면서 수가 많이 줄었다.

몸이 누렇다고 '황어(黃魚)'다. 《난호어목지(蘭湖漁牧志)》에는 한글로 '황어'라고 써 놓고, 생김새와 크기가 잉어를 많이 닮았는데 비늘 빛깔이 누런빛이어서 이런 이름이 붙었다고 했다.

**생김새** 다 크면 몸길이가 40~50cm쯤 된다. 바다에서는 등이 잿빛이고 배는 하얀데, 짝짓기 때가 되면 누런 밤색으로 바뀐다. 몸은 길쭉하고 옆으로 조금 납작하다. 등지느러미와 뒷지느러미가 짤막하다. 꼬리지느러미 끝은 안쪽으로 파인다. 옆줄은 하나다. **성장** 암컷 한 마리가 알을 3만~5만 개쯤 가진다. 알은 물에 가라앉아 다른 물체에 붙는다. 물 온도가 15도일 때 5일, 10도일 때 13일쯤 되면 새끼가 나온다. 1년이면 10~13cm, 2년이면 16~20cm, 4년이면 40cm쯤 큰다. **분포** 우리나라 동해와 남해로 흐르는 강과 바다. 일본, 사할린, 중국, 시베리아 **쓰임** 황어는 알 낳으러 강으로 올라오는 봄에 그물이나 낚시로 잡는다. 한겨울에 배를 타고 바다로 나가 낚시로도 잡는다. 황어는 우리나라 사람들이 오래전부터 즐겨 먹었다. 《경상도지리지(慶尙道地理志)》, 《세종실록》, 《신증동국여지승람》 같은 옛 책에 지방에서 잡는 물고기로 이름이 실려 있다. 겨울이 제철이다. 하지만 살 속에 잔뼈가 많아 고급 물고기로 치지 않는다. 회나 매운탕으로 먹는다. 옛날에는 말려 먹거나 젓갈이나 식해를 담가 먹었다.

Ⅲ. 7

Ⅲ. 8

황어

혼인색

**강을 거스르는 황어 떼** 황어는 진달래꽃 피는 3~4월에
알을 낳으러 강을 거슬러 올라간다.

# 바다동자개 *Arius maculatus*

Spotted catfish, ハマギギ, 斑海鯰

바다동자개는 바닷가나 강어귀에서 산다. 민물에 사는 동자개를 닮았는데 바다에 산다고 '바다동자개'다. 때때로 무리를 지어 헤엄쳐 다닌다. 작은 물고기나 무척추동물을 잡아먹는다. 암컷이 알을 낳으면 수컷이 알을 입속에 넣어 돌본다. 이때는 수컷이 먹이를 먹지 않는데, 입 안에 있는 알을 몇 개 삼키기도 한다.

**생김새** 몸길이는 30cm 안팎이지만 80cm까지 큰다. 몸 생김새는 민물동자개와 닮았다. 머리는 아래 위로 조금 납작하며 꼬리는 옆으로 납작하다. 몸은 밤색을 띠고 배는 엷다. 입 둘레에 수염이 세 쌍 났다. 등지느러미와 꼬리지느러미 사이에 기름지느러미가 있다. 꼬리지느러미는 위아래로 갈라진다. **성장** 알에서 나온 새끼는 노른자를 달고 있으면서도 암컷 어미가 입에서 뱉어 내는 작은 찌꺼기들을 먹기 시작한다. 성장은 더 밝혀져야 한다. **분포** 우리나라 남해 서부. 일본 남부, 인도네시아, 스리랑카, 파키스탄, 방글라데시, 호주 북부 **쓰임** 등지느러미와 가슴지느러미에는 강한 독가시가 있어서 잘못 만지면 쏘인다. 우리나라에서는 낚시로 가끔 잡지만, 열대 지방에서는 대나무 통발로 잡아 생선으로 먹는다.

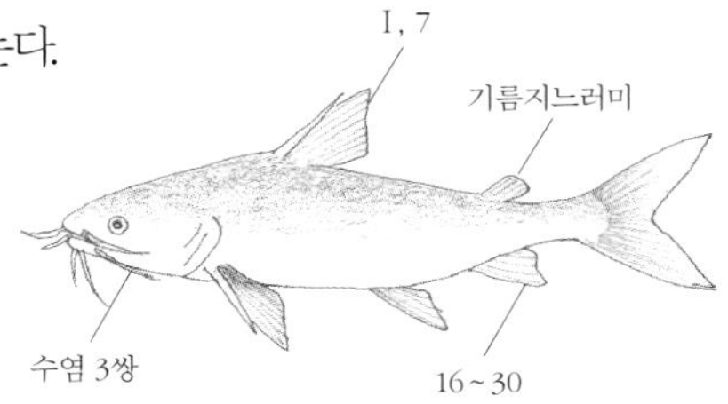

1, 7

기름지느러미

수염 3쌍

16 ~ 30

바다동자개

# 쏠종개 *Plotosus lineatus*

바다메기<sup>북</sup>, 쐐기, Striped sea catfish, Eel-catfish, ゴンズイ, 鰻鯰

쏠종개는 따뜻한 바다 물속 바위 밑에서 무리를 지어 산다. 어린 새끼들은 수십 수백 마리가 한 몸처럼 둥글게 모여 있고 헤엄칠 때도 안 흩어진다. 엎치락뒤치락 자리만 바꿔가며 헤엄친다. 어린 쏠종개는 몸집이 작고 헤엄을 빨리 못 치니까 무리를 지어 살면서 자기 몸을 지킨다. 낮에는 어두컴컴한 곳에 떼로 숨어 있다가 밤에 한 마리 한 마리씩 따로 나와서 작은 새우 따위를 잡아먹는다. 입가에 난 수염을 더듬거리면서 먹이를 찾는다. 모랫바닥을 뒤져서 새우나 갯지렁이, 새끼 물고기 따위를 잡아먹는다. 등지느러미와 가슴지느러미 가시를 꼿꼿이 세우고 서로 비벼서 소리도 낸다. 다 크면 혼자 산다. 육칠월 여름 들머리에 물 바닥에 있는 돌이나 장애물 아래에 어른 손바닥만 한 구덩이를 파고 알을 낳는다. 새끼가 깨어날 때까지 수컷이 곁을 지킨다.

쏠종개는 민물에 사는 메기를 똑 닮았다고 북녘에서는 '바다메기'라고 한다. 메기를 똑 닮아서 입가에 수염이 나 있다. 쏠종개는 등지느러미와 가슴지느러미에 독가시가 있다. 찔리면 살갗이 빨갛게 부어오르고, 온몸에서 열과 땀이 난다. 한두 시간 지나면 낫는데 하루 동안 시큰시큰 아프기도 한다. 사람들이 바닷가에서 낚시로 잡거나 헤엄치다 잘못 건드려 찔리고는 한다. 예민한 사람은 빨리 병원에서 치료를 받아야 한다.

**생김새** 다 크면 30cm쯤 된다. 온몸이 거무스름한 밤색이고 배는 하얗거나 노르스름하다. 몸통 양쪽에 노란 세로 줄무늬가 두 줄씩 나 있다. 줄무늬는 어릴 때 뚜렷하다가 크면서 흐려진다. 몸통은 메기를 닮았는데 머리는 위아래로 납작하고 몸은 옆으로 납작하다. 입가에 수염이 네 쌍 있다. 두 번째 등지느러미와 뒷지느러미는 꼬리지느러미와 이어진다. 옆줄이 하나다. **성장** 암컷 한 마리가 알을 500~1200 개쯤 낳는다. 성장은 더 밝혀져야 한다. **분포** 우리나라 제주와 남해. 일본, 필리핀, 인도양, 홍해 같은 온 세계 열대 바다 **쓰임** 먹으려고 일부러 잡지 않는다. 바닷가에서 가끔 낚시에 걸려 올라오거나 통발에 걸린다. 매운탕으로 끓여 먹으면 하얀 살이 연하고 단맛이 난다. 사람들은 쏠종개가 무리 짓는 모습을 보려고 수족관에 넣어서 기른다. 일본 사람들은 튀기거나 국을 끓여 먹는다.

1, 5
80~100
60~68
수염 4쌍

쏠종개

독가시

**쏠종개 얼굴** 쏠종개는 기다란 수염이 네 쌍 나 있다.
등지느러미와 가슴지느러미 가시에는 독이 있다.

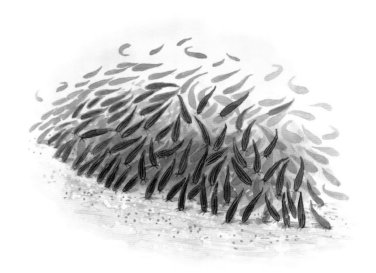

**무리를 짓는 쏠종개** 어린 쏠종개는 몸집이 작고
헤엄을 빨리 못 치니까 무리를 지어 살면서 제 몸을
지킨다. 어릴 때는 떼 지어 모랫바닥을 뒤지며
먹이를 찾는다.

# 샛멸 *Glossanodon semifasciatus*

삿치북, Deep sea smelt, Pacific argentine, ニギス, 半纹水珍鱼

샛멸은 민물에 사는 빙어를 닮았다. 바닷속 70~1000m쯤 되는 대륙붕 가장자리에서 산다. 모래나 펄이 깔린 바다 가까이에서 지낸다. 작은 물고기나 새우 같은 갑각류를 잡아먹는다. 두 해가 지나면 어른이 되고 3년쯤 산다. 사는 모습은 더 밝혀져야 한다.

**생김새** 몸길이는 25cm 안팎이다. 몸은 가늘고 긴 원통형이다. 몸은 잿빛을 띤다. 몸 가운데를 따라 폭넓은 은백색 세로띠가 한 줄 나 있다. 등에는 네모난 누런 무늬가 6줄쯤 나 있다. 주둥이는 눈 지름보다 길다. 아래턱이 머리 앞으로 튀어나온다. 주둥이는 길지만 입은 작다. 양턱에는 자잘한 이빨이 줄지어 있다. 지느러미는 모두 투명한데, 자잘한 검은 점이 흩어져 있다. 뒷지느러미 뿌리 쪽이 등지느러미 뿌리 쪽보다 짧다. 꼬리자루 위에 기름지느러미가 있다. **성장** 암컷은 한 해에 두 번 알을 낳는다. 2~4월에 한 번, 8~10월에 또 알을 낳는다. 알을 1500~3000개쯤 여러 번에 걸쳐 낳는다. 알은 물속에 가라앉아 바위나 바닷말에 붙는다. 성장은 더 밝혀져야 한다. **분포** 우리나라 남해. 일본 남부, 대만, 홍콩, 베트남 북부, 북서태평양까지 **쓰임** 우리나라에서는 멸치를 잡을 때 함께 잡히기도 하지만 먹지 않는다. 일본에서는 튀겨 먹는다.

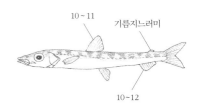

10~11  기름지느러미
10~12

# 바다빙어 *Osmerus eperlanus mordax*

Rainbow smelt, Icefish, キコウリウォ, 胡瓜鱼

바다빙어는 바닷가나 호수에서 무리 지어 산다. 물 온도가 7.2~15.6도 되는 찬 바다 물낯부터 400m 깊이까지 사는데, 봄철 알 낳을 때가 되면 강을 거슬러 올라와 모래에 알을 낳고 죽는다. 긴 강이 있는 나라에서는 1000km 길이나 되는 강을 거슬러 올라오기도 했다. 한 달쯤 지나면 알에서 새끼가 깨어 나온다. 새끼 물고기는 여름에 바다로 내려가 작은 새우나 동물성 플랑크톤을 잡아먹으며 큰다. 여름에는 깊은 물속에서 살고 겨울에 물낯 가까이 올라온다. 다 큰 어른은 주걱벌레 같은 등각류나 물벼룩 같은 요각류, 물벌레 애벌레 따위를 잡아먹는다. 우리나라에는 바다빙어, 열빙어, 별빙어가 사는데 생김새가 똑 닮아서 서로 구분하기 어렵다.

**생김새** 몸길이는 30cm까지 큰다. 몸은 긴 원통형이며 옆으로 조금 납작하다. 주둥이가 길고 뾰족하며, 위턱보다 아래턱이 더 길다. 빙어보다 입이 커서 위턱 뒤 끝이 눈 뒤 가장자리 아래까지 이른다. 이빨은 양턱뿐만 아니라 입천장, 혓바닥 위에도 나 있다. 혓바닥과 입천장 가운데 이빨이 유난히 크다. 등은 어두운 누런 밤색, 배는 은백색이다. **성장** 더 밝혀져야 한다. **분포** 우리나라 동해 북부. 알래스카, 대서양 북부 **쓰임** 낚시로 많이 잡는다. 비린내가 거의 안 나고 오이 맛이 난다. 회로 먹거나 튀김, 조림, 무침, 탕에 넣어 먹는다.

8~11  기름지느러미
12~16

샛멸

바다빙어

# 은어 *Pleoglossus altivelis altivelis*

댓잎은어, 향어, Sweet fish, Sweet smelt, アユ, 香魚

은어는 바다와 강을 오가는 물고기다. 9~11월에 강 중류나 강어귀로 내려가 알을 낳는다. 이때 수컷 몸빛이 검어지고 몸 아래쪽에 붉은 띠가 또렷해지며 지느러미는 귤색을 띤다. 비늘에 좁쌀 같은 돌기가 돋고 배지느러미와 뒷지느러미에도 돌기가 생긴다. 암컷은 뒷지느러미 앞부분이 나와 심하게 구부러진다. 암컷 한 마리에 수컷 여러 마리가 붙어 물살이 센 여울에서 자갈이 깔린 모랫바닥을 파며 알을 낳는다. 여기저기에 알을 여러 번 낳는다. 알을 낳으면 어미 물고기는 죽는다. 알에서 나온 새끼는 겨우내 바다에서 플랑크톤을 먹으며 자라다가 몸길이가 5~7cm쯤 되면 강으로 올라간다. 이듬해 3~5월이 되면 손가락만큼 자라 떼를 지어 강을 오른다. 아주 맑은 물이 흐르고 바닥에 돌이 깔린 상류에 다다르면 20cm까지 큰다. 강여울에 다다르면 큼지막한 바윗돌 밑에 먹자리를 잡는다. 한 마리가 차지하는 먹자리는 3m² 안팎이다. 먹이 욕심이 많아서 자기 먹자리 둘레에 다른 은어가 들어오면 돌 밑에서 뛰쳐나와 얼씬도 못하게 쫓아낸다. 헤엄을 치다가 몸을 뉘여 넓적한 입으로 돌에 낀 돌말을 훑어 먹는다. 지금은 강어귀에 보와 댐이 생겨서 물길이 막히고 물이 더러워지면서 은어가 시나브로 줄어들고 있다. 댐에서 적응하며 사는 육봉형도 있다. 1년을 사는데, 산란기에 알을 낳지 못 했거나 힘이 남은 은어는 이듬해까지 살며 댐에서는 3년까지 살기도 한다.

온몸에 은빛이 돌아서 '은어'라고 한다. 몸에서 비린내가 안 나고 알싸한 오이 냄새가 난다고 '향어'라고도 한다. 전라도에서는 다 큰 은어가 대나무 잎사귀 크기만 하다고 '댓잎은어'라고 한다. 《동의보감》에는 '은조어(銀條魚)'라고 나온다.

**생김새** 몸길이는 30~40cm쯤 된다. 몸이 길고 옆으로 조금 납작하다. 등은 잿빛 밤색이고 배는 은백색이다. 비늘은 아주 잘다. 머리는 크고 주둥이 끝이 뾰족하다. 입은 주둥이 끝에서 눈 아래까지 온다. 턱에는 돌에 붙은 돌말을 훑어 먹기 알맞은 솔처럼 생긴 특이한 이빨이 위턱에 12~14개, 아래턱에 11~13개 나 있다. 지느러미에는 무늬가 없고 투명하다. 등지느러미 뒤에 작은 기름지느러미가 있다. 꼬리지느러미는 가위처럼 갈라졌다. 옆줄은 곧게 쭉 이어진다. **성장** 암컷은 알을 5천~7만 개 낳는다. 오후나 저녁에 알을 낳으며, 알 낳기 알맞은 온도는 14~19도이다. 알 지름이 1mm쯤 되고 돌에 달라붙는다. 물 온도가 12~20도일 때 10~14일이 지나면 새끼가 나온다. **분포** 우리나라 온 바닷가와 강. 일본 홋카이도 이남, 대만, 중국 같은 북서태평양 **쓰임** 은어는 아주 맛있어서 사람들이 '은어 낚시'로 잡는다. 텃세 부리는 성질을 이용하는데, 살아 있는 '씨은어'를 낚시에 꿰어 던지면 먹자리를 지키려는 은어가 씨은어를 쫓아내다가 낚싯바늘에 걸릴 때 낚아챈다. 회, 구이, 찜으로 먹는다. 《동의보감》에는 "성질이 평범하다. 독이 없다. 속을 편안하게 다스리고, 위를 튼튼하게 한다. 생강과 함께 국을 끓이면 좋다. 아마도 지금의 은어(銀口魚)인 것 같다."라고 했다.

10~11
기름지느러미

14~15

밝은 무늬가 있다.

은어

혼인색

# 뱅어 *Salangichthys microdon*

실치, Glass fish, Common ice-fish, シラウオ, 小齿日本银鱼

뱅어는 바다와 강을 오르내리면서 사는 바닷물고기다. 민물과 짠물이 뒤섞이는 강어귀에서 살다가, 삼사월이 되면 알을 낳으러 무리를 지어 강을 거슬러 올라간다. 암컷과 수컷이 따로 무리를 지어 올라간다. 물 깊이가 2~3m쯤 되는 바닷속 굵은 모랫바닥에 알을 낳는다. 알은 바닥에 가라앉아 모래에 붙는다. 알을 낳은 어미는 시름시름 힘이 빠져 죽는다. 알에서 나온 새끼는 알 낳은 곳 가까이에서 지내다가 여름이 되면 강어귀 바닷가로 내려가 뿔뿔이 흩어져 산다. 작은 새우나 동물성 플랑크톤을 먹고 어른이 된다. 이듬해 봄이면 다 커서 다시 강을 거슬러 올라간다. 요즘에는 강물이 더러워지고 댐이나 보로 강물이 막히는 바람에 수가 줄어들어 보기 힘들다.

뱅어류는 몸속이 훤히 들여다보인다. 생김새가 하얀 국수 면발처럼 가늘고, 죽으면 몸 색깔이 새하얗게 바뀐다고 '백어(白魚)'라는 한자 이름도 있다. 크기는 어른 손가락만 하고 몸이 가늘고 길어서 '실치'라고도 한다. 《자산어보》에는 '회잔어(鱠殘魚) 속명 백어(白魚)'라고 나오며 생김새가 젓가락을 닮았다고 적어 놓았다. 《세종실록지리지》나 《신증동국여지승람》에는 '백어'라고 나오고, 《난호어목지》에는 '빙어(氷魚)'라고 쓰고 "길이는 겨우 수촌밖에 안 된다. 비늘이 없고 온몸이 하얗고 투명한데, 오직 두 눈만 까만 점처럼 찍혀 있어 도드라져 보인다. 동지 안팎에 얼음을 깨고 그물을 쳐서 잡는다. 입춘이 지나면 몸빛이 파랗게 바뀌면서 드물어지다가, 얼음이 녹으면 싹 사라진다고 빙어라고 한다. 사람들은 몸빛이 하얗다고 '백어'라고도 한다."라고 적어 놓았다. 《동의보감》에는 '백어(白魚)'라고 나온다. 생김새 때문에 재미난 이야기도 전해 내려온다. 중국 오나라 왕이 배를 타고 양쯔강을 건너는데, 먹다 남은 물고기 회를 강물에 집어 던졌더니 회 조각이 꿈틀꿈틀 살아나서는 뱅어가 되었다고 한다. 그래서 '회를 먹고 남긴 고기'라는 뜻으로 '회잔어(鱠殘魚)', '왕이 남긴 고기'라는 뜻으로 '왕여어(王餘魚)'라는 한자 이름도 있다. 《역어유해》에는 가느다란 생김새가 꼭 국수처럼 생겼다고 '면조어'라고 했다.

**생김새** 몸길이는 10cm 안팎이다. 몸은 투명하고 눈은 까맣다. 머리는 위아래로 납작하고 몸통은 뒤로 가면서 옆으로 납작하다. 배에 검은 점이 두 줄로 나란히 나 있다. 몸에 비늘이 없다. 암컷과 수컷 생김새가 조금 다르다. 수컷이 암컷보다 작고 수컷은 뒷지느러미 옆으로 큰 비늘이 16~18개쯤 한 줄로 붙어 있다. 암컷은 몸에 비늘이 없고 가슴지느러미와 배지느러미가 수컷보다 작고 가장자리가 둥글다. 옆줄은 없다. **성장** 암컷 한 마리가 알을 400~2700개쯤 갖는다. 물 온도가 5~9도일 때 20일 이상, 14~20도일 때 7~10일이면 알에서 새끼가 나온다. 알에서 나온 새끼는 강어귀나 바닷가에서 떠다니는 작은 동물을 먹고 자란다. 여섯 달이 지나면 3~5cm, 한 해가 지나면 5~7cm쯤 큰다. **분포** 우리나라 온 바다. 러시아 오호츠크해, 일본 **쓰임** 봄에 강을 거슬러 올 때 그물로 잡는다. 압록강에서 겨울밤 얼음에 구멍을 뚫고 횃불을 밝혀 그물로 뱅어를 잡았다는 기록도 있다. 옛날부터 맛이 담백해서 회, 튀김, 국, 구이로 먹는다. 말려서 뱅어포를 만들고 젓갈을 담그기도 한다. 회로 먹으면 알싸한 오이향이 난다. 그런데 우리가 반찬으로 흔히 먹는 뱅어포는 대부분 뱅어가 아니라 서해 바닷가에서 흰베도라치 새끼로 만든다. 《동의보감》에는 "성질이 평범하다. 독이 없다. 입맛을 돋우고 음식을 잘 소화시킨다. 강이나 호수에 산다. 겨울철에 얼음을 깨고 잡는다. 한강에서 잡은 것이 더 좋다."라고 했다.

11~15
16~18
24~29

검은 점이 한 줄 또는 두 줄로
나란히 나 있다.

뱅어 수컷

뱅어 암컷

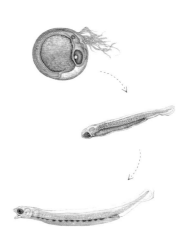

뱅어 알에서 새끼가 나와 커 가는 모습이다.

뱅어는 떼를 지어 강을 거슬러 올라온다.
몸이 투명해서 속이 훤히 비친다.

# 국수뱅어 *Salanx ariakensis*

Ariake icefish, アリアケシラウオ, 有明银鱼

국수뱅어는 뱅어 무리 가운데 몸길이가 가장 길다. 강어귀와 가까운 바닷가에서 살면서 물에 떠다니는 동물성 플랑크톤을 먹는다. 가을에 강어귀 모랫바닥에 알을 낳는다. 물속에서는 속이 훤히 비치는데, 죽으면 몸빛이 하얗게 바뀐다.

**생김새** 몸길이는 14cm 안팎이다. 몸은 가늘고 길다. 몸통 앞은 원통형이고 꼬리 쪽은 옆으로 납작하다. 주둥이 끝이 뾰족하며 위턱이 아래턱보다 앞으로 튀어나오는 것이 특징이다. 또 가슴지느러미 줄기수가 10개 미만이어서 다른 종들과 구분된다. 등지느러미와 뒷지느러미는 위아래 같은 곳에 있다. 꼬리자루 등 쪽에 조그만 기름지느러미가 있다. **성장** 알에서 나온 새끼는 강어귀나 바닷가에서 떠다니는 동물성 플랑크톤을 먹는다. 1년이면 어른이 된다. **분포** 우리나라 서해와 남해. 일본, 중국 **쓰임** 뱅어처럼 그물로 잡아 포를 만든다.

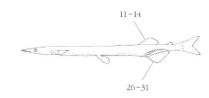

11~14

26~31

# 벚꽃뱅어 *Salanx prognathus*

달거지뱅어<sup>북</sup>, 뱅어, 참뱅어, Regan icefish, Cherry icefish, サクラシラウオ, 前颌间银鱼

벚꽃뱅어는 바다와 강을 오가며 산다. 벚꽃이 피는 봄에 알을 낳으러 강어귀로 올라온다. 알을 낳은 어미는 죽는다. 물속에서는 속이 훤히 비치는데, 죽으면 몸빛이 하얗게 바뀐다. 사는 모습은 더 밝혀져야 한다.

**생김새** 몸길이는 13cm 안팎이다. 몸은 긴 원통형인데, 앞쪽은 가늘고 꼬리 쪽은 넓적하다. 머리는 위아래로 납작하다. 뾰족한 주둥이 끝에 아래턱이 위턱보다 조금 더 튀어나온 입이 있다. 수컷 뒷지느러미가 암컷보다 크다. **성장** 4~5월에 알을 낳는다. 알 지름은 0.85mm이다. 물 온도가 10~13도일 때 12일쯤 지나면 알에서 새끼가 나온다. 갓 나온 새끼는 곧바로 바다로 내려간다. 성장은 더 밝혀져야 한다. **분포** 우리나라 서해 중부와 북부 바닷가. 중국 양쯔강 어귀 **쓰임** 뱅어처럼 그물로 잡아 포를 만든다.

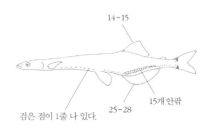

14~15

25~28

15개 안팎

검은 점이 1줄 나 있다.

# 도화뱅어 *Neosalanx anderssoni*

서선뱅어<sup>북</sup>, Flower icefish, アカシラウオ, 安氏新银鱼

도화뱅어는 바닷가에서 살다가 봄에 알을 낳으러 강어귀로 올라온다. 알을 낳은 어미는 죽는다. 알에서 깬 새끼는 곧바로 바다로 내려간다. 사는 모습은 더 밝혀져야 한다.

**생김새** 몸길이는 8~10cm이다. 몸은 가늘고 긴 원통형인데 꼬리는 옆으로 납작하다. 머리는 위아래로 납작하다. 주둥이 끝은 둥그스름하고 위턱이 아래턱보다 조금 앞쪽으로 튀어나온다. 뒷지느러미는 크고 뿌리 쪽에는 커다란 비늘이 20~28개 줄지어 있다. **성장** 4~5월에 알을 낳는다. 성장은 더 밝혀져야 한다. **분포** 우리나라 서해 강어귀. 중국 바닷가 **쓰임** 그물로 잡아 포를 만든다.

14~15

20~28개

25~28

검은 점이 1줄 나 있다.

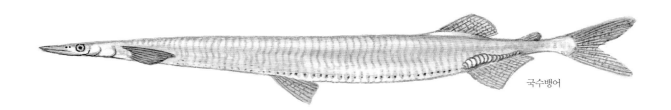

국수뱅어

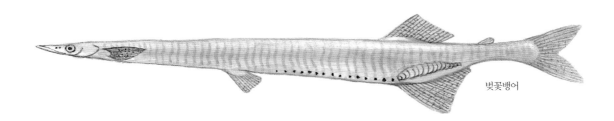

벚꽃뱅어

도화뱅어

# 연어 *Oncorhynchus keta*

Chum salmon, Dog salmon, Keta salmon, サケ, 大麻哈鱼

연어는 찬물을 좋아하는 물고기다. 강에서 태어나 바다로 나갔다가 알 낳을 때가 되면 자기가 태어난 강을 찾아 거슬러 올라온다. 알을 낳고는 자기 고향에서 눈을 감는다. 바다로 나간 연어는 찬물을 따라 러시아를 거쳐 알래스카, 캐나다, 미국 캘리포니아 북쪽 바닷가까지 갔다가 되돌아온다. 떼로 헤엄쳐 다니면서 작은 새우나 물고기 따위를 잡아먹으며 큰다. 바다에서 살 때는 등이 짙은 파란색이고 배는 반짝반짝 빛나는 은빛이다. 3~7년을 바다에서 지내다가 산에 울긋불긋 단풍이 드는 가을에 자기가 태어난 강으로 몰려온다. 강어귀에서 민물로 오를 준비를 하면서 아무것도 안 먹는다. 강을 오르기 시작하면 물살이 콸콸 거세게 내리쳐도 아랑곳하지 않고 끈덕지고 검질기게 헤엄쳐 올라간다. 물 위로 3~5m 높이까지 펄쩍펄쩍 뛰며 폭포를 거슬러 오르기도 한다. 강줄기 맨 윗물로 올라가면 암컷이 온몸을 뒤틀며 자갈 바닥에 구덩이를 파고, 수컷은 다른 수컷이 못 다가오게 곁을 지킨다. 수컷끼리 암컷을 차지하려고 긴 주둥이와 날카로운 이빨로 서로 물어뜯으며 싸우기도 한다. 한 번에 알을 다 안 낳고 두세 번 구덩이를 더 파고 알을 낳는다. 짝짓기를 다 마친 어른 물고기들은 온 힘이 다 빠져 모두 죽는다. 알에서 나온 새끼는 물벼룩이나 작은 물벌레를 잡아먹으며 5~7cm쯤 크면 봄에 바다로 내려간다. 이때는 몸이 은빛으로 반짝반짝 빛난다. 3~7년쯤 산다.

해마다 때가 되면 어김없이 찾아온다고 이름이 '연어(年魚)'다. 《난호어목지》에는 '연어(年魚, 鰱魚)', 《전어지》에는 '계어(季魚)'라고 했다. 《훈몽자회》에는 연(鰱)자를 '련어 련'이라고 우리말로 풀어 놓았다. 한자로 '해(鮭)'라고도 하는데, 계수나무(桂) 꽃이 필 때 강으로 올라오는 물고기라고 '계어(桂魚)'라고 하다가 글자가 합쳐져서 '해(鮭)'가 되었다고 한다. 《동의보감》에는 '연어(鰱魚)'라고 나온다. 서양에서는 클 때마다 'alevin', 'fry', 'parr', 'smolt', 'salmon' 이라는 이름으로 나누어 부른다. 학명 'Oncorhynchus'는 그리스 말로 'onco(굽었다)'와 'rhynchus(주둥이)'가 합친 말이다. 영어 이름인 'salmon'은 라틴어로 뛰어오른다는 뜻인 'salire'에서 왔다고 한다.

**생김새** 몸길이는 40~100cm쯤 된다. 몸은 길고 옆으로 납작하다. 바다에서 살 때는 등은 거무스름한 푸른빛이고 배는 하얗다. 짝짓기 때가 되면 몸이 울긋불긋해진다. 머리는 작지만 주둥이가 뾰족하고 입이 크다. 등지느러미는 몸 가운데 있다. 등지느러미와 꼬리지느러미 사이에 작은 기름지느러미가 있다. 옆줄은 하나다. **성장** 알을 700~7000개쯤 낳는다. 알은 불그스름하고 동그랗고 크기가 6~7mm쯤 된다. 물 온도가 8~10도일 때 60일쯤 지나면 새끼가 나온다. 새끼는 이듬해 봄이 오면 바다로 내려간다. 3~7년쯤 크면 어른이 된다. **분포** 우리나라 동해와 남해. 일본 중부 이북, 러시아, 알래스카, 캐나다, 미국, 북태평양 **쓰임** 연어는 강을 거슬러 올라올 때 낚시나 그물로 잡는다. 우리나라에 오는 연어는 수가 적다. 연어 수를 늘리려고 사람들이 알을 받아서 새끼가 깨어나면 강에 풀어 주고 있다. 《세종실록지리지》에는 연어(年魚)가 함경도에 많고, 강원도와 경상도에도 난다고 적어 놓았다. 연어는 살이 빨갛다. 회, 구이, 초밥으로 먹고 훈제도 한다. 알은 초밥이나 젓갈을 담가 먹는다. 조선 시대에는 연어를 말리거나 소금에 절여 먹었고, 알로 젓갈을 담갔다고 한다. 《동의보감》에는 "성질이 평범하다. 독이 없고 맛도 좋다. 알은 꼭 진주알처럼 생겨서 엷은 붉은빛을 띤다. 맛이 아주 좋다. 동북 지방 강과 바다에 산다."라고 했다.

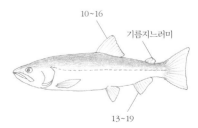

10~16
기름지느러미
13~19

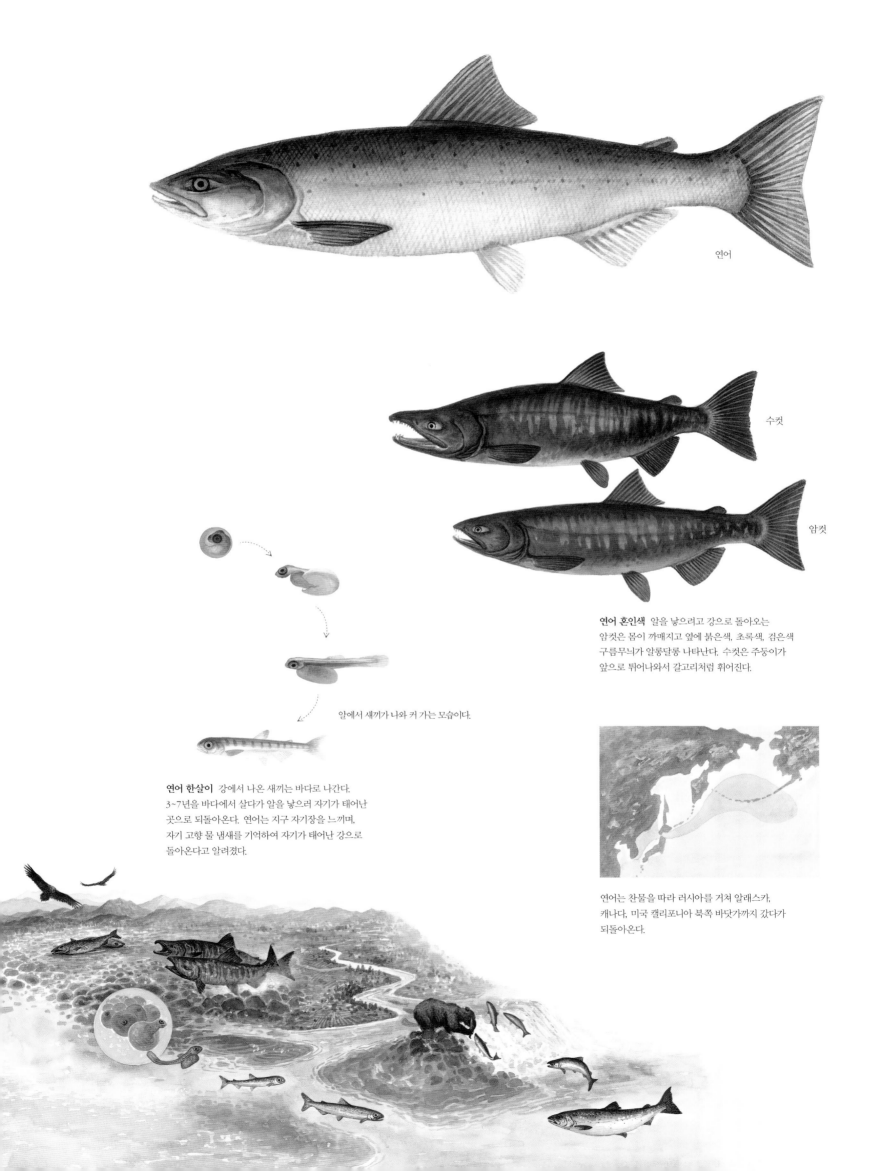

연어

수컷

암컷

**연어 혼인색** 알을 낳으려고 강으로 돌아오는
암컷은 몸이 까매지고 옆에 붉은색, 초록색, 검은색
구름무늬가 알롱달롱 나타난다. 수컷은 주둥이가
앞으로 뛰어나와서 갈고리처럼 휘어진다.

알에서 새끼가 나와 커 가는 모습이다.

**연어 한살이** 강에서 나온 새끼는 바다로 나간다.
3~7년을 바다에서 살다가 알을 낳으러 자기가 태어난
곳으로 되돌아온다. 연어는 지구 자기장을 느끼며,
자기 고향 물 냄새를 기억하여 자기가 태어난 강으로
돌아온다고 알려졌다.

연어는 찬물을 따라 러시아를 거쳐 알래스카,
캐나다, 미국 캘리포니아 북쪽 바닷가까지 갔다가
되돌아온다.

# 곱사연어 *Oncorhynchus gorbuscha*

꼽추송어북, 개송어, Pink salmon, Humpback salmon, カラフトマス,
駝背大麻哈鱼, 細鱗大麻哈魚

곱사연어도 연어처럼 바다와 강을 오가는 물고기다. 찬물을 좋아한다. 연어와 닮았는데 알 낳을 때가 되면 수컷 머리 뒤쪽 등이 툭 불거진다. 연어와 달리 강 상류까지 안 올라가고 하류에서 알을 낳는다. 알에서 나온 새끼는 곧장 바다로 내려간다. 바다에서 새우나 작은 물고기 따위를 잡아먹는다. 두 해쯤 지나면 어른이 되어서 강으로 돌아온다. 우리나라 북부 웅기, 청진, 성진 지방에서 동해로 흐르는 물줄기에 드물게 찾아온다. 3년쯤 산다.

**생김새** 몸길이는 50~60cm쯤 된다. 몸은 유선형이며, 옆으로 심하게 납작하다. 알 낳을 때 수컷은 등지느러미 앞쪽이 툭 부풀어 몸높이가 아주 높은데, 암컷은 그렇지 않다. 등은 검은 푸른빛을 띠고 배는 은빛이다. 입은 크고 이빨이 날카롭다. 짝짓기 때 수컷 주둥이가 연어처럼 구부러진다. 등과 기름지느러미, 꼬리지느러미에 크고 검은 무늬가 있다. **성장** 여름과 가을 사이에 알을 1200~1800개쯤 낳는다. 알은 불그스름하고 지름이 6~8mm이다. 알에서 나온 새끼는 배 속에 있는 노른자를 흡수하며 큰다. 바다로 내려가기 전인 어린 새끼는 몸 옆에 구름처럼 생긴 파(parr) 무늬를 갖지 않는다. 바다로 내려가서 2년쯤 지나면 어미가 되어 강으로 돌아오는데, 빠른 놈들은 16~18달 만에 돌아오기도 한다. 다 크면 몸길이가 50cm 안팎인데 70cm 넘게 자란 기록도 있다. **분포** 우리나라 동해 북부. 일본 북해도, 러시아, 알래스카 **쓰임** 낚시로 잡는다. 소금에 절이거나 통조림을 만든다.

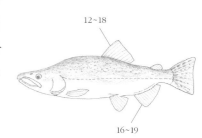

12~18

16~19

# 은연어 *Oncorhynchus kisutch*

Coho salmon, Silver salmon, ギンザケ, 银大麻哈鱼

은연어도 바다와 강을 오가는 물고기다. 찬물을 좋아한다. 봄에 강에 올라와 자갈 바닥에 알을 낳는다. 알에서 깬 새끼는 강에서 물속 벌레를 잡아먹으며 1~2년쯤 살다가 바다로 내려간다. 바다로 내려간 새끼는 바닷가에서 갑각류 유생들을 잡아먹고, 먼바다로 나가면 오징어, 해파리, 여러 가지 물고기 따위를 잡아먹는다. 바다에서 1~3년을 살다가 다시 강으로 올라온다. 우리나라에서는 살지 않는다. 미국이나 캐나다에서 알을 가져와 강이나 바다 가두리에서 키운다.

**생김새** 몸길이는 60~70cm쯤 된다. 1m까지 자란다. 몸은 옆으로 조금 납작하다. 온몸은 어두운 은백색을 띠고, 등 쪽에 작고 까만 점이 드문드문 있다. 눈은 머리 가운데에 있고, 옆줄과 나란한 위치에 있다. 등지느러미와 꼬리지느러미 사이에는 기름지느러미가 하나 있다. **성장** 암컷은 알을 2500~7000개쯤 낳는다. 물 온도가 10도일 때 한 달쯤 지나면 새끼가 나온다. **분포** 일본 북해도, 러시아, 오호츠크해, 알래스카에서 멕시코 북부까지 북태평양 **쓰임** 맛이 좋고 바다로 내려가면 빨리 크기 때문에 1980년 중반 미국에서 알을 들여와 강과 바다에서 가둬 길렀다.

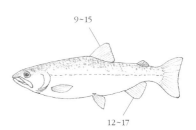

9~15

12~17

곱사연어

혼인색

은연어

혼인색

# 송어 *Oncorhynchus masou*

시마연어, 빨간고기, Cherry salmon, サクラマス, 麻苏大麻哈鱼

송어는 강과 바다를 오르내리는 물고기다. 강에서만 머물러 사는 무리도 있다. 찬물을 좋아한다. 연어처럼 바다에서 살다가 강을 거슬러 올라와서 알을 낳는다. 여름철에 강물이 불때 강을 거슬러 올라와서는 가을에 짝짓기를 하고 알을 낳는다. 짝짓기 철이 되면 연어처럼 몸빛과 생김새가 바뀐다. 암컷과 수컷 몸빛이 초록색, 붉은색, 노란색을 띠며 울긋불긋해진다. 수컷 주둥이는 길어지면서 갈고리처럼 휘어진다. 수컷이 온몸을 푸덕이며 자갈밭을 움푹 파면 암컷이 와서 알을 낳는다. 암컷이 알을 낳으면 수컷이 와서 수정을 시키고 다시 자갈로 알을 덮는다. 이렇게 알을 두세 번 더 낳는다. 알을 낳고 나면 어른 물고기는 모두 죽는다. 알에서 나온 새끼는 두 해쯤 강에서 산다. 그리고 바다로 내려가서 서너 해를 살다가 다시 강을 거슬러 올라온다.

바다에서는 물낯 가까이에서 떼 지어 몰려다니며 작은 물고기나 새우 따위를 잡아먹는다. 송어 가운데 바다로 안 내려가고 강에서 내내 살면 '산천어'라고 한다. 산천어는 몸빛이 울긋불긋하고 옆구리에 까만 무늬가 잔뜩 나 있어서 송어 생김새랑 딴판이라 다른 물고기인 줄 안다. 크기도 송어 반만 하다. 강에 사는 산천어는 암컷보다 수컷이 많다. 강으로 올라온 송어 암컷이 산천어 수컷과도 만나 짝짓기를 한다. 산천어는 알을 낳아도 죽지 않고 산다.

송어는 '시마연어'라고도 한다. 조선 후기 실학자 서유구가 지은 《난호어목지》에서는 "살 빛깔이 뚜렷하게 붉어 마치 소나무 마디와 같기 때문에 '송어(松魚)'라는 이름이 붙었다."라고 하고 동해에서 나는 물고기 가운데 으뜸이라고 나온다. 조선 후기 이규경이 쓴 《오주연문장전산고》에서는 "몸에서 소나무 내음이 난다고 송어라고 한다."라고 했다. 살이 빨개서 바닷가 사람들은 '빨간고기'라고도 한다.

**생김새** 몸길이는 60~80cm쯤 된다. 등은 검푸르고 옆줄 위에 까만 점들이 있다. 배는 하얗다. 몸은 연어보다 굵고 둥글다. 머리는 작고 입은 크다. 등지느러미는 몸 가운데에 있고 뒤쪽에 작은 기름지느러미가 하나 있다. 꼬리지느러미 끝은 안쪽으로 조금 파였다. **성장** 암컷 한 마리가 알을 1000~4000개쯤 낳는다. 물 온도가 10도일 때 40일쯤 지나면 알에서 새끼가 깨어 나온다. 새끼들이 바다로 내려가면 강어귀나 바닷가에 머물면서 물에 둥둥 떠다니는 갑각류나 작은 물고기들을 잡아먹는다. **분포** 우리나라 동해, 일본, 오호츠크해, 북서태평양 **쓰임** 송어는 강으로 올라올 때 그물이나 낚시로 잡는다. 겨울철 동해 바닷가에서는 자리그물로 잡는다. 하지만 잡는 양은 적다. 《세종실록지리지》에는 함경도 몇몇 지방에서 잡는다고 나와 있고, 《신증동국여지승람》에는 강원도와 경상도 몇몇 곳에서 나는 물고기라고 적혀 있다. 잡아서 회를 떠서 먹거나 구워 먹는다. 요즘에는 사람들이 가둬 기르기도 한다. 강물이 더러워지면서 많이 없어졌다.

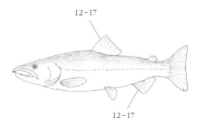
12~17

12~17

송어

혼인색

송어가 바다로 안 내려가고 강에서 내내 살면
'산천어'라고 한다. 물이 맑고 차가운 강 윗물에서
산다.

# 홍송어 *Salvelinus leucomaenis*

산이면수북, 바다산천어, Whitespotted char, アメマス, 远东红点鲑

홍송어는 바닷물고기라기보다 민물고기에 가깝다. 산천어처럼 물이 차가운 산골짜기에서 내내 살기도 하고, 강과 바다를 오르락내리락하면서 살기도 한다. 산골짜기에서 살 때는 바닥에 붙어서 헤엄쳐 다닌다. 4~6월쯤 바다로 내려가 작은 물고기를 먹고 살다가 가을에 알을 낳으러 강으로 올라간다. 알에서 깬 새끼들은 물속 벌레를 잡아먹고 크다가, 봄부터 여름 들머리에 다시 바다로 내려간다. 9년쯤 산다. 민물에 사는 곤들매기와 생김새가 아주 닮았다.

**생김새** 몸길이는 30~40cm쯤 되는데, 1.2m까지 크기도 한다. 생김새는 송어랑 닮았다. 몸은 원통꼴이고 옆으로 납작하다. 등은 푸른빛을 띤 회색이고 배는 하얗다. 온몸에 하얀 반점들이 흩어져 있다. 등지느러미가 몸 가운데 있고 등지느러미와 꼬리지느러미 사이에 기름지느러미가 있다. **성장** 알 지름은 2.8mm쯤 된다. 알에서 깬 새끼는 4년쯤 지나면 70cm쯤 크고 어른이 된다. **분포** 우리나라 동해 북부. 일본 홋카이도에서 사할린, 쿠릴 열도, 베링해, 오호츠크해 **쓰임** 회나 훈제로 먹는다. 외국에서 들여와 기르고 있다.

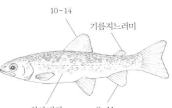

10~14
기름지느러미
하얀 반점          8~11

# 무지개송어 *Oncorhynchus mykiss*

칠색송어북, 송어, Rainbow trout, ニジマス, 硬头鲑

무지개송어는 원래 우리나라에서 살던 물고기가 아니다. 북아메리카에서 사는데 민물에서만 살기도 하고, 바다와 강을 오가기도 한다. 사람들이 강에서 키우려고 미국에서 들여왔다. 짝짓기 때가 되면 몸빛이 무지개 빛깔로 바뀐다고 무지개송어다. 영어 이름을 그대로 가져왔다.

무지개송어는 차가운 물을 좋아한다. 가둬 기르던 물고기가 빠져나와 물이 차가운 상류나 시내, 강이나 호수에 살며 물속 벌레나 작은 물고기를 먹는다. 연어와 달리 알을 낳은 어미는 죽지 않고 몇 해 동안 알을 낳는다. 새끼 때에는 몸 옆에 넓은 가로줄이 8~12개 나 있는데 크면서 없어진다. 8~11년쯤 산다.

**생김새** 몸길이는 60cm쯤 된다. 몸이 길고 옆으로 조금 납작하다. 몸빛은 사는 곳이나 크기, 성숙도에 따라 다르다. 몸 옆에 주홍색 띠가 있다. 몸에 까만 점이 여기저기 나 있다. **성장** 사는 곳에 따라 알 낳는 때가 다르다. 우리나라에서는 겨울철에 알을 낳는다. 암컷 한 마리가 알을 700~4000개 낳는다. 알지름은 3~6mm쯤 된다. 알에서 나온 새끼는 1년에 20cm, 2년에 35cm, 3년에 45cm쯤 큰다. 3년이 지나면 어른이 된다. **분포** 알래스카, 캐나다, 미국, 러시아 **쓰임** 사람들이 강에서 키운다. 바다에서 키우기도 한다. 우리나라에는 1965년에 미국에서 들여왔다. 회나 구이, 튀김으로 먹는다.

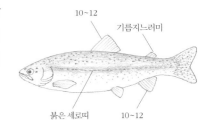

10~12
기름지느러미
붉은 세로띠          10~12

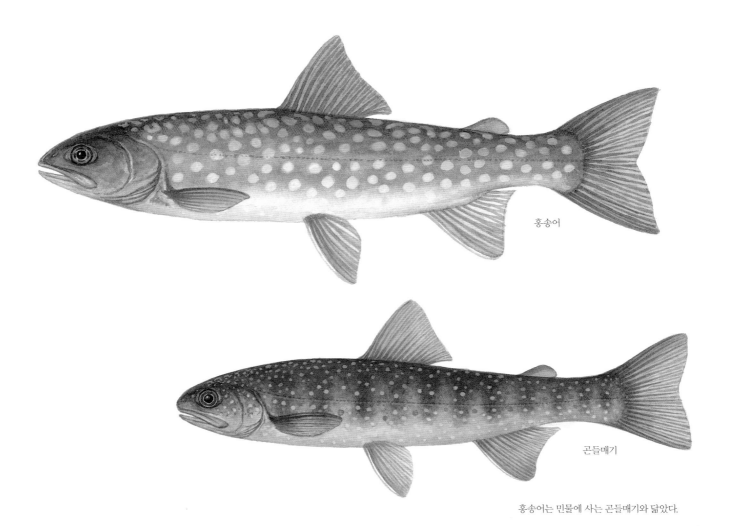

홍송어

곤들매기

홍송어는 민물에 사는 곤들매기와 닮았다.

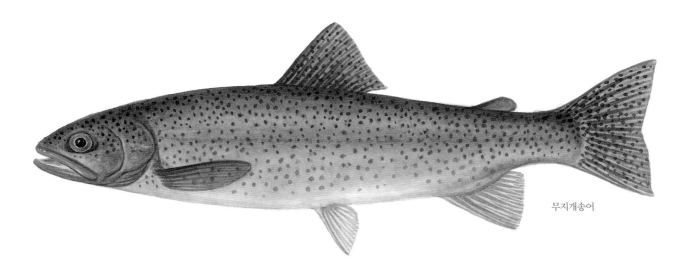

무지개송어

# 앨퉁이 *Maurolicus muelleri*

오이매테비북, Silvery lightfish, Muller's pearlside, キュウリエソ, 圆光鱼, 佩氏暗光鱼

앨퉁이는 멸치랑 닮았지만 머리가 훨씬 크다. 빛이 거의 들어오지 않는 물속 중간이나 아예 깜깜한 깊은 바다에서 산다. 아래턱부터 꼬리자루 끝까지 배 쪽에는 빛이 나는 기관이 여러 개 있다. 그래서 깜깜한 바닷속에서 스스로 빛을 낸다. 빛이 나는 기관은 둥그렇거나 긴둥근꼴로 생겼다. 하루에도 낮에는 수백 미터 깊은 곳에 있다가 밤에는 물낯 가까이까지 오르내린다. 1500m 깊이에서도 발견된다. 작은 새우나 곤쟁이, 옆새우, 플랑크톤을 잡아먹는다. 또 고등어, 전갱이, 참돔, 바다짐승이 앨퉁이를 많이 잡아먹는다. 그래서 바다 생태계에서 중요한 역할을 한다. 우리나라에는 앨퉁이 한 종만 알려졌다.

**생김새** 몸길이는 4cm 안팎인데 8cm까지 큰다. 등은 푸르스름하고, 몸 가운데와 배는 은백색을 띤다. 몸은 작고 몸높이는 낮다. 주둥이 앞 끝은 제법 뾰족하고, 입은 심하게 경사진다. 아래턱이 위턱보다 앞쪽으로 조금 더 튀어나왔다. 등지느러미는 몸 가운데에 하나 있고, 그 뒤에 기름지느러미가 1개 있다. 꼬리지느러미는 가위처럼 갈라졌다. **성장** 1년 만에 어미로 자란다. 3~9월에 알을 낳는데, 암컷 한 마리가 알을 200~500개 낳는다. 알은 물낯에 둥둥 떠다닌다. **분포** 우리나라 남해, 동해. 북극해와 남극해를 뺀 온 세계 바다 **쓰임** 동해에서는 오징어 먹이로 많이 쓴다. 하지만 사람이 먹으려고 일부러 잡지는 않는다. 몸에는 지방이 많은데, 그 지방의 많은 부분이 왁스 성분이다.

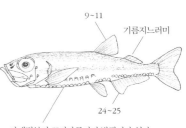

9~11
기름지느러미
24~25
아래턱부터 꼬리자루까지 발광기가 있다.

# 히메치 *Aulopus japonicus*

관족어북, Japanese aulopus, Thread-sail fish, ヒメ, 日本姫鱼, 仙女鱼

히메치는 물 깊이가 30~500m 되는 모랫바닥이나 진흙 바닥에서 산다. 물고기나 게 따위를 잡아먹는다. 사는 모습은 더 밝혀져야 한다.

**생김새** 몸길이는 20cm 안팎이다. 몸은 조금 가늘고 긴 원통형이고 옆으로 조금 납작하다. 등이 높은 편이고 기름지느러미가 있다. 등은 짙은 밤색이고 빨간 반점이 있다. 또 검은 밤색 반점이 5개 있다. 배는 잿빛이다. 두 눈 사이에 날카롭고 딱딱한 가시가 1쌍 있고 콧구멍이 2쌍 있다. 지느러미마다 빨갛고 노란 줄무늬가 있다. **성장** 10월에서 12월에 알을 낳는 것 같다. 성장은 더 밝혀져야 한다. **분포** 우리나라 남해. 일본, 중국, 필리핀, 인도네시아, 호주 북부 **쓰임** 바닥끌그물에 잡혀 올라오지만 일부러 잡지는 않는다.

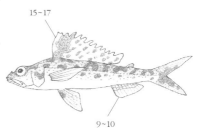

15~17
9~10

앨퉁이

히메치

# 매퉁이 *Saurida undosquamis*

비늘매테비<sup>북</sup>, 아에리, 매투미, 매테비, 애리, Brushtooth lizard fish, Lizard fish,
マエソ, 花班蛇鯔, 多齒蛇鯔

매퉁이는 물 깊이가 70~350m쯤 되고, 바닥에 모래나 펄이 깔린 대륙붕과 그 둘레에서 산다. 여름에는 물고기를 닥치는 대로 잡아먹지만, 가을과 겨울에는 잘 먹지 않는다. 작은 물고기를 덥석 물고 한입에 꿀꺽꿀꺽 삼킨다. 가끔 새우 같은 갑각류도 잡아먹는다. 여름에는 바닷가 가까이에 살지만, 겨울이 되면 깊은 곳으로 옮긴다. 7년쯤 산다.

**생김새** 몸길이는 50cm까지 큰다. 몸은 원통형으로 가늘고 길다. 옆구리에 까만 점이 8~10개 줄지어 있다. 머리는 위아래로 납작하다. 입은 아주 크고, 위아래 턱에 날카로운 송곳니들이 빽빽하게 나 있다. 꼬리지느러미 위쪽 가장자리에 짙은 점이 1줄 나란히 있는 경우, 아래쪽 가장자리는 까맣거나 하얗다. 짙은 점이 없거나 뚜렷하지 않을 때는 아래쪽 가장자리가 하얗다. **성장** 4~5월에 물 온도가 17~22도 안팎인 얕은 바닷가에서 알을 낳는다. 암컷이 수컷보다 빨리 자란다. 암컷은 1년이면 20cm(수컷 18cm), 2년이면 25cm(수컷 23cm), 3년이면 31cm(수컷 29cm) 큰다. 1년이 지나면 어른이 된다. **분포** 우리나라 서해와 남해. 일본 중부 이남, 동중국해, 서태평양, 호주 남서 연안, 인도양 **쓰임** 남해 바닷가에서 가끔 볼 수 있다. 그물로 잡아 어묵을 만든다. 낚시로 잡아 구이나 조림으로 먹기도 한다.

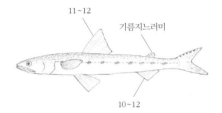

11~12
기름지느러미
10~12

# 날매퉁이 *Saurida elongata*

뱀매테비<sup>북</sup>, Slender lizardfish, Shortfin lizardfish, トカゲエソ, 蛇鯔, 长体蛇鯔

날매퉁이는 바닥에 모래가 깔린 물 깊이가 100m 안쪽인 얕은 바다에서 산다. 작은 물고기나 오징어, 새우 따위를 잡아먹는다. 사는 모습은 더 밝혀져야 한다.

**생김새** 몸길이는 24~50cm쯤 된다. 몸은 원통형으로 가늘고 길다. 머리와 꼬리자루는 옆으로 조금 납작하다. 등은 누런 밤색이고 배는 하얗다. 등지느러미 뒤쪽에 작은 기름지느러미가 한 개 있다. 몸에 뚜렷한 반점이나 띠무늬가 없으며 꼬리지느러미에 까만 점이 없다. **성장** 5~8월에 중국 바닷가, 우리나라 남해안, 일본 큐슈 북서 바닷가에서 알을 낳는다. 두 해쯤 지나 몸길이가 20cm쯤 되면 짝짓기를 한다. **분포** 우리나라 서해와 남해. 일본 남부, 발해만, 남중국해, 인도네시아, 호주 북부 **쓰임** 11~4월에 바닥끌그물로 잡는다. 먹을 수 있다.

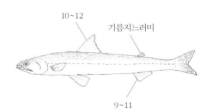

10~12
기름지느러미
9~11

매퉁이

날매퉁이

# 황매퉁이 *Trachinocephalus myops*

쇠매테비<sup>북</sup>, Snake fish, Lizard fish, Ground spearing, オキエソ, 大头狗母鱼

매퉁이와 닮았지만 몸빛이 누레서 황매퉁이다. 대개 물 깊이가 100m 안쪽인 모랫바닥에서 많이 산다. 낮에는 가슴지느러미로 모래를 파고 들어가 눈만 내놓고 있다. 밤이 되면 나와서 작은 물고기를 잡아먹는다. 바닥에 사는 여러 가지 생물도 먹는다.

**생김새** 몸길이는 40cm까지 큰다. 몸은 둥그스름하고 길며, 뒤쪽으로 갈수록 옆으로 납작하다. 눈은 머리 앞쪽에 있고 주둥이가 짧다. 몸은 연한 밤색이고, 폭이 좁은 푸른색과 굴색 세로띠 5~6줄이 몸을 가로지른다. 등지느러미는 투명하고 누런 세로띠가 3줄 있다. 배지느러미 뿌리 쪽, 뒷지느러미 바깥쪽이 누렇다. 꼬리지느러미 위쪽은 잿빛 밤색이고, 아래쪽은 누렇다. **성장** 9~10월에 알을 낳는 것으로 짐작하고 있다. 성장은 더 밝혀져야 한다. **분포** 우리나라 남해와 제주. 열대와 온대 바다 **쓰임** 바닥끌그물에 다른 물고기와 함께 잡힌다. 어묵을 만든다.

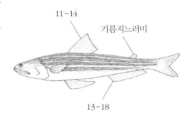

11~14
기름지느러미
13~18

# 물천구 *Harpadon nehereus*

물매테비<sup>북</sup>, Bombay duck, テナガミズテング, 龍头鱼

물천구는 물 깊이가 50m부터 깊은 바다까지 모래와 진흙이 섞인 바닥에서 산다. 심해에 사는 물고기지만 가끔 강어귀 부근에 먹이를 찾아 떼를 지어 나타나기도 한다. 새우나 게, 곤쟁이, 요각류 같은 갑각류와 동물성 플랑크톤, 작은 물고기를 잡아먹는다. 사는 모습은 더 밝혀져야 한다.

**생김새** 몸길이는 25cm까지 큰다. 몸이 물컹물컹하다. 몸은 통통하며 옆으로 조금 납작하다. 입은 아주 크다. 눈은 작고 머리 앞 끝에 치우친다. 등은 연한 잿빛 밤색을 띤다. 옆줄 둘레는 노랗고 배는 하얗다. 지느러미는 옅은 노란색이고 작고 까만 점이 흩어져 있다. **성장** 더 밝혀져야 한다. **분포** 우리나라 남해와 제주. 일본 중부 이남에서 남중국해까지 **쓰임** 바닥끌그물에 다른 물고기와 함께 많이 잡힌다. 살이 부드럽다. 중국이나 베트남 사람들은 많이 먹는다.

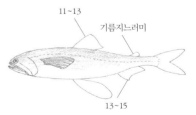

11~13
기름지느러미
13~15

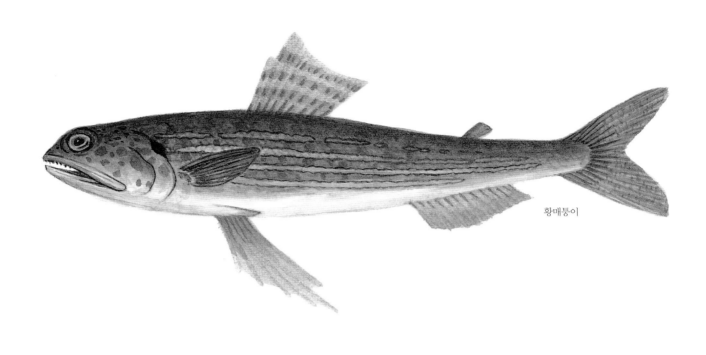

황매퉁이

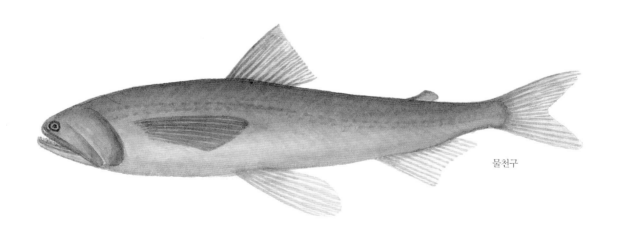

물천구

# 꽃동멸 *Synodus variegatus*

매테비<sup>북</sup>, Variegated lizardfish, Red lizard fish, ミナミアカエソ, 班纹狗母鱼, 红狗母鱼

꽃동멸은 물 깊이가 50m 안팎인 얕고 따뜻한 바닷가 물속 바위밭에서 많이 산다. 모랫바닥에서도 보이고, 물 깊이가 120m쯤 되는 바닥에서도 산다. 바위 위에 앉아서 꼼짝 않고 쉴 때가 많다. 모래 속에 들어가 머리만 내놓고 숨기도 한다. 때때로 암수가 짝을 지어 있다. 배지느러미로 몸을 받치고 머리는 치켜들고 있다. 그러다 작은 물고기나 새우 따위가 지나가면 눈 깜짝할 사이에 물어 한 입에 삼킨다. 바늘처럼 뾰족한 이빨들이 안쪽으로 휘어 있어서 한 번 잡은 물고기는 놓치지 않는다. 자기보다 큰 물고기도 삼킨다. 열대 바다에는 흔하지만 우리나라에는 드물다.

**생김새** 몸길이는 40cm쯤 된다. 몸은 긴 원통형이다. 몸은 옅은 밤색이고, 붉은 밤색 무늬와 옅은 누런색으로 아령처럼 생긴 둥근 점들이 줄지어 나 있다. 주둥이가 뾰족하고 입이 아주 크다. 양턱에는 작고 날카로운 이빨이 두 줄로 빽빽하게 나 있다. 등지느러미와 가슴지느러미에는 노란 점들이 줄지어 있다. **성장** 5~6월에 알을 낳는다. 성장은 더 밝혀져야 한다. **분포** 우리나라 남해와 제주. 중국, 일본, 인도네시아, 호주, 인도양 **쓰임** 그물로 잡는다. 먹을 수 있다. 어묵을 만들기도 한다.

10~14
기름지느러미

8~10

# 파랑눈매퉁이 *Chlorophathalmus albatrossis*

Bigeyed greeneye, アオメエソ, 大眼青眼魚

파랑눈매퉁이는 이름처럼 눈이 파랗다. 물 깊이가 300m 안팎인 깊은 물속에서 산다. 육식성이고 같은 종끼리도 잡아먹는다. 우리나라에서는 1990년에 제주도 부근에서 처음 잡혔다. 사는 모습은 더 밝혀져야 한다.

**생김새** 몸길이는 15cm 안팎이다. 몸은 긴 원통형이고 꼬리 쪽은 옆으로 납작하다. 눈이 아주 커서 몸길이의 10~13%를 차지한다. 주둥이가 뾰족하고, 아래턱이 위턱보다 앞으로 조금 더 튀어나왔다. 몸빛은 옅은 잿빛 밤색이고, 몸 옆으로 까만 밤색 가로띠 무늬가 8~9개 일정한 간격으로 나 있다. 등지느러미는 크고 배지느러미와 마주 본다. 뒷지느러미는 기름지느러미 아래에 있다. **성장** 더 밝혀져야 한다. **분포** 우리나라 제주. 일본, 중국, 필리핀, 인도네시아, 호주, 인도양 **쓰임** 안 잡는다.

10~12

8~10

꽃동멸

**먹이를 잡아먹는 꽃동멸**
매퉁이과 무리는 모두 입이 크다.

파랑눈매퉁이

# 꼬리치 *Ateleopus japonicus*

Pacific jellynose fish. Bulgysnout, Tadpolefish, シャチブリ, 日本辮魚

꼬리치는 물 깊이가 150~600m쯤 되는 모래가 섞인 펄 바닥에서 산다. 새우를 많이 잡아먹는다. 생김새가 꼭 기다란 칼처럼 생겼다. 사는 모습은 더 밝혀져야 한다.

**생김새** 몸길이는 35cm 안팎이지만 95cm까지도 자란다. 몸은 가늘고 길며 옆으로 납작하다. 몸은 흐물흐물하고 반투명하며 자줏빛을 띤 밤색이다. 머리는 크고 입은 주둥이 아래쪽에 있다. 위턱에는 작은 이빨이 두세 줄 나 있지만, 아래턱에는 이빨이 없다. 등지느러미는 크고 가슴지느러미 위쪽에 있다. 뒷지느러미는 총배설강 뒤에서 시작해서 꼬리지느러미와 이어진다. 배지느러미는 실처럼 가늘고 길다. 모든 지느러미는 까맣다. **성장** 더 밝혀져야 한다. **분포** 우리나라 남해. 일본 남부, 동중국해, 말레이반도, 인도네시아, 호주 북부 **쓰임** 안 먹는다.

8~10

110~131

# 샛비늘치 *Myctophum nitidulum*

반디불멸치[북], Pearly lanternfish, Metalic lanternfish, ススキハダカ, 闪光灯笼鱼

샛비늘치는 깊은 바다에 사는 물고기다. 물 깊이가 400~1500m 되는 곳에서 수백 수천 마리가 무리 지어 헤엄쳐 다닌다. 낮에는 깊은 곳에 있다가 밤이면 거의 물낯까지 올라온다. 머리와 배, 꼬리 쪽에 빛을 내는 기관이 많이 있어서 깜깜한 바닷속에서 반짝반짝 빛을 낸다. 깊은 바다에 사는 물고기로 개체 수가 많다. 참치와 연어, 고래, 펭귄 따위가 많이 잡아먹어서 바다 먹이사슬에서 중요한 역할을 한다.

**생김새** 몸길이는 8cm 안팎이다. 몸은 긴둥근꼴이고 옆으로 납작하다. 몸빛은 거무스름하다. 머리가 크고, 눈도 아주 크다. 입도 커서 위턱 뒤 끝이 눈 뒤 가장자리보다 더 뒤까지 온다. 아가미뚜껑 위쪽 가장자리가 뾰족한 것이 샛비늘치류에서 이 종만의 특징이다. 지느러미 막은 투명하고 꼬리자루 등에 작은 기름지느러미가 있다. **성장** 알을 낳는 난생이다. 알과 새끼는 물에 둥둥 떠다닌다. 암컷은 4.8cm, 수컷은 3.5cm가 되면 어른이 된다. **분포** 우리나라 남해. 일본, 태평양, 인도양의 열대, 아열대 바다 **쓰임** 몸에 지방 성분이 4% 안팎이고 그 중에 왁스 성분이 10% 안팎이어서 먹지 않는다.

13~14

기름지느러미

20~21

항문 위 발광기 배열이 일직선

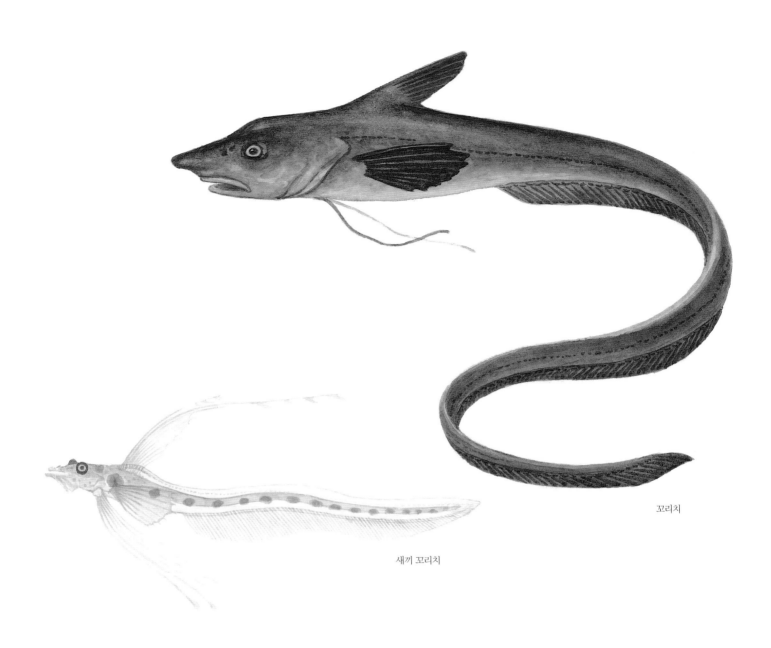

꼬리치

새끼 꼬리치

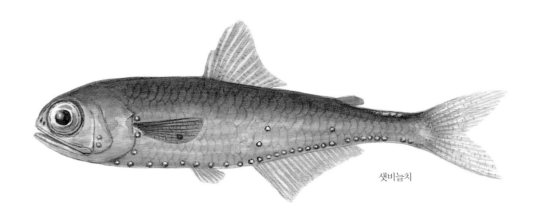

샛비늘치

# 얼비늘치 *Myctophum asperum*

Prickly lanternfish, Rough lanternfish, アラハダカ, 粗鱗灯笼鱼

얼비늘치는 먼바다 깊은 바다에서 산다. 물 깊이가 200~2000m 되는 깊은 바닷속 가운데나 바닥에서 산다. 작은 새우 따위를 잡아먹는다. 아가미뚜껑과 가슴지느러미 뿌리, 배와 뒷지느러미 뿌리 쪽에 빛을 내는 기관들이 있다.

**생김새** 몸길이는 8cm 안팎이다. 몸 생김새는 깃비늘치와 샛비늘치와 닮았지만, 온몸이 까맣고 등 쪽에는 푸른 점을 가진 비늘열이 있어서 다르다. 지느러미는 투명하며 등지느러미, 뒷지느러미, 꼬리지느러미 위에 작은 점들이 줄지어 나 있다. **성장** 몸길이가 6.5cm쯤 되면 어른이 된다. 성장은 더 밝혀져야 한다. **분포** 우리나라 남해. 극지방과 베링해 같은 차가운 바다를 뺀 온 세계 온대, 아열대와 열대 바다 **쓰임** 살에 지방이 2% 있고, 그 중에 왁스가 17%쯤 있어서 먹지 않는다.

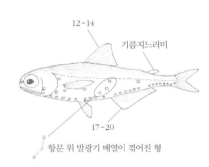

12~14
기름지느러미
17~20
항문 위 발광기 배열이 꺾어진 형

# 깃비늘치 *Benthosema pterotum*

Skinnycheek lanternfish, イワハダカ, 七星底灯鱼

깃비늘치는 대륙붕에 많이 산다. 물 깊이가 10~300m쯤 되는 물속 가운데와 바닥에서 산다. 낮에는 깊은 곳에 머물다가 밤이면 10~200m까지 올라온다. 물벼룩 같은 요각류와 갑각류 유생 같은 동물성 플랑크톤을 먹는다. 주로 저녁때 먹이를 잡아먹는다. 아가미뚜껑과 배 아래쪽, 꼬리 배 쪽 가장자리에 빛을 내는 기관이 있어서 깜깜한 바닷속에서 반짝반짝 빛을 낸다. 수가 많아서 다른 물고기가 많이 잡아먹기 때문에 바다 먹이사슬에서 중요한 역할을 한다.

**생김새** 몸길이는 7cm 안팎이다. 몸은 긴둥근꼴이고 옆으로 납작하다. 머리가 크고 눈도 크다. 입도 아주 커서 아가미뚜껑 가운데까지 온다. 몸은 은백색이다. 모든 지느러미 막은 투명하다. 등지느러미와 꼬리지느러미 사이 등에 작은 기름지느러미가 있다. **성장** 더 밝혀져야 한다. **분포** 우리나라 남해. 온 세계 아열대와 열대 바다 **쓰임** 몸에서 4% 안팎이 지방이다. 수가 많지만 크기가 작아서 일부러 잡지 않고 먹지도 않는다.

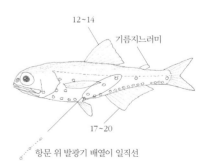

12~14
기름지느러미
17~20
항문 위 발광기 배열이 일직선

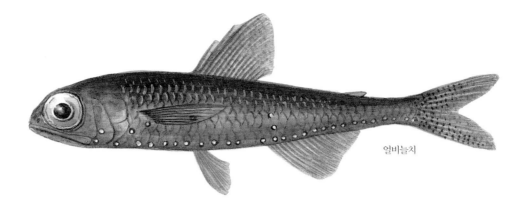

얼비늘치

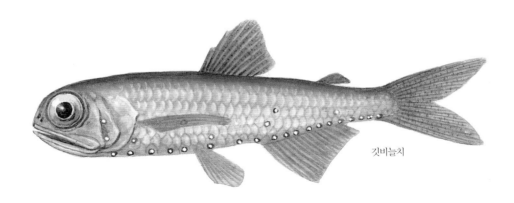

깃비늘치

# 투라치 *Trachipterus ishikawae*

Slender ribbonfish , Lowsail ribbonfish, サケガシラ, 石川氏粗鰭魚

투라치는 산갈치처럼 아주 깊은 물속에서 사는 물고기다. 물 깊이가 1200m 이르는 깊은 바닷속에서 산다. 하지만 아주 드물게 바닷가에 나타나기도 한다. 우리나라 경남 바닷가에서 가끔 발견되었는데 사람들은 산갈치 새끼인 줄 알았다. 사는 모습은 더 밝혀져야 한다.

**생김새** 몸길이는 2.5m쯤 된다. 생김새는 갈치와 닮아서 꼬리가 가늘고 길다. 머리는 뭉툭하고 주둥이는 앞으로 길게 튀어나올 수 있다. 눈은 크고 머리 위쪽에 있다. 몸은 은백색이고 등에 희미한 검은 반점 6~7개가 일정한 간격으로 나 있는 개체도 있다. 등지느러미는 머리 뒤에서 시작해서 꼬리 끝까지 이르며 옅은 주황빛을 띤다. 꼬리지느러미는 가는 실처럼 생겼다. 꼬리지느러미는 꼬리 끝에서 위쪽으로 비스듬히 꺾인다. **성장** 더 밝혀져야 한다. **분포** 우리나라 남해와 동해. 일본, 대만 **쓰임** 가끔 주검이 바닷가로 떠밀려 오거나 낚시에도 걸린다. 안 먹는다.

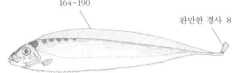

164~190

완만한 경사 8

# 홍투라치 *Zu cristatus*

Scalloped ribbonfish, ユキフリソデウオ, 冠丝鳍鱼, 横帶粗鰭魚

홍투라치는 투라치보다 몸통이 훨씬 더 높고, 꼬리는 가늘고 길다. 꼬리지느러미가 작고 부채처럼 펼쳐진다. 물 깊이가 100m 안팎인 바닷속 가운데쯤에서 산다고 알려졌다. 가끔 바닷가에 나오기도 한다. 갈치처럼 머리를 위로하고 곧추서서 헤엄을 친다. 작은 물고기나 오징어 따위를 잡아먹는다. 낚시로 잡은 물고기가 1994년 학회에 발표되면서 우리나라에 알려진 물고기다. 사는 모습은 더 밝혀져야 한다.

**생김새** 몸길이는 110cm까지 큰다. 몸은 은백색을 띠고 등지느러미가 주홍색을 띤다. 어릴 때는 등지느러미 앞쪽 줄기 6개와 배지느러미 줄기가 끈처럼 아주 길며, 몸 옆구리와 꼬리에 옅은 까만 띠가 5~6개씩 있다. 꼬리지느러미는 까맣고, 비스듬히 위로 꺾이는데 아래쪽에 따로 떨어진 줄기가 2~3개 있다. **성장** 알을 낳는 난생이다. 성장은 더 밝혀져야 한다. **분포** 우리나라 남해. 온 세계 온대, 아열대, 열대 바다 **쓰임** 가끔 낚시에 잡히기도 한다. 안 먹는다.

6

132~138

9

2~3

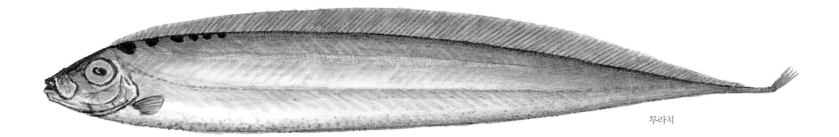

투라치

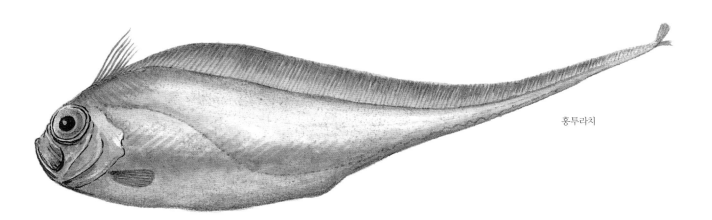

홍투라치

# 산갈치 *Regalecus russelii*

용고기<sup>북</sup>, 칼치아재비<sup>북</sup>, Oar fish, リュウグウノツカイ, 勒氏皇帶魚

산갈치는 깊은 바닷속에서 사는 물고기다. 1795년 독일 학자인 블로흐(Bloch) 박사에 의해 학계에 처음 알려졌다. 몸길이가 엄청 길어서 8m까지 크기도 한다. 생김새가 갈치와 닮았지만 분류학으로 볼 때는 거리가 먼 다른 종이다. 깊은 바닷속에서 살기 때문에 사는 모습은 짐작만 할 뿐이다. 잡은 산갈치 배 속을 들여다봤더니 작은 새우 같은 갑각류를 많이 잡아먹는 것 같다. 때로는 흔적만 남은 작은 이빨이 있기도 하지만 대부분 턱에 이빨이 없고, 입을 벌렸을 때 주둥이가 앞으로 튀어나올 수 있어서 먹이와 조금 떨어진 곳에서 주둥이를 쑥 내밀어 먹이를 빨아들여서 잡아먹는다. 몸길이가 8m쯤 되고 폭도 30cm가 될 만큼 크기 때문에 재빨리 헤엄을 못 치고 둔하게 움직일 것으로 생각된다.

우리나라 사람들은 오래전부터 '산갈치(山刀魚)'라고 하는데, 물에 떠밀려 바닷가 산비탈까지 떠내려온 것을 보고 사람들이 '산갈치'라는 이름을 붙였다고도 한다. "산갈치는 한 달에 보름은 산에서, 나머지 보름은 바다에서 사는데 산과 바다를 날아서 옮겨 다닌다."라는 전설이 있다. 북녘에서는 '용고기, 칼치아재비'라고 한다. 또 배지느러미 끝이 보트를 젓는 노처럼 생겼다고 'Oar fish, Slender oar fish'라고 한다. 일본에서는 용궁에서 온 사자라는 뜻인 '류-다우노쯔카이(リュウグウノツカイ, 龍宮之使者)' 또는 산에 사는 갈치라는 뜻인 '야마노타치우오(ヤマノタチウオ, 山太刀魚)'라고 한다. 산갈치과에 속하는 대왕산갈치(*R. glesne*)는 유럽에서 '청어의 왕(king of the herrings)'이라고 불린다.

**생김새** 몸길이는 5~8m쯤 된다. 몸은 옆으로 납작하고 허리띠처럼 길다. 몸빛은 푸르스름한 은빛으로 빛나고 거무스름한 무늬들이 흩어져 있다. 비늘이 없고 몸에는 작은 돌기들이 잔뜩 났다. 눈은 크다. 눈 위 등에서 주둥이까지 가파르게 내려온다. 아래턱은 위턱보다 조금 앞으로 나온다. 첫 번째 등지느러미 줄기 6개가 끈처럼 길고 아래쪽이 얇은 막으로 이어진다. 두 번째 등지느러미는 꼬리까지 길다. 같은 속에 속하는 대왕산갈치는 끈처럼 긴 첫 번째 등지느러미 줄기 수가 10~12개, 두 번째 등지느러미 줄기 수는 414~449개로 산갈치보다 많다. 배지느러미는 실처럼 두 가닥으로 길게 늘어지고 중간 중간과 끝에 둥근 마디 같은 부속물이 3군데 이상 있다. 뒷지느러미는 없다. 꼬리지느러미는 부드러운 줄기 네 개로 되어 있고 몸 위쪽으로 향한다. 모든 지느러미는 빨갛다. 옆줄이 하나 있다. **성장** 북태평양과 남아프리카에서 알을 낳는다고 알려졌다. 6~12월 사이에 알을 낳는다. 알에서 나온 새끼는 물낯에 둥둥 떠서 살아간다. **분포** 우리나라 동해, 남해. 태평양, 인도양, 아프리카 **쓰임** 깊은 물속에서 살다가 물살에 밀려 어쩌다 물낯에 올라온다. 그러면 수압이 낮아져 부레가 부풀기 때문에 배를 뒤집고 물에 둥둥 떠 있게 된다. 이때 어부들이 보면 쉽게 잡을 수 있다.

3~6　　327~365

4

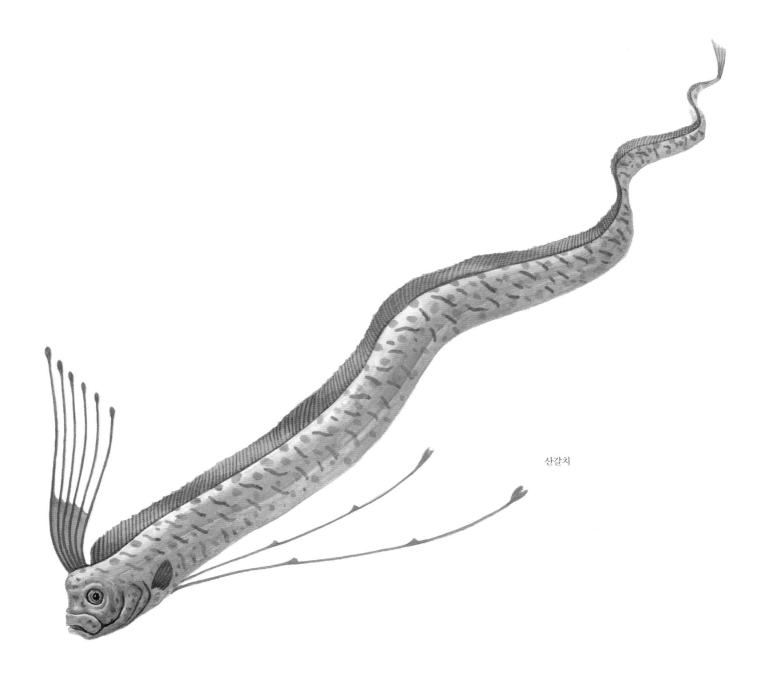

산갈치

산갈치는 몸이 아주 길다. 여러 사람이 모여야 겨우 들 수 있다.

# 점매가리 *Velifer hypselopterus*

Sailfin velifer, クサアジ, 旗月魚

점매가리는 물 깊이가 110m쯤 되는 바닷속 가운데쯤에서 산다. 열대 바다에 사는데 아주 드물다. 우리나라에는 아주 가끔 나타난다. 사는 모습은 더 밝혀져야 한다.

**생김새** 몸길이는 40cm쯤 된다. 몸은 둥그런 달걀꼴인데 등이 높고 옆으로 납작하다. 몸빛은 잿빛이고 까만 띠 5~6줄이 일정한 간격으로 나 있다. 등지느러미와 뒷지느러미는 반달처럼 생겼고 아주 크다. **성장** 더 밝혀져야 한다. **분포** 우리나라 남해와 동해. 일본, 대만, 인도네시아, 베트남, 호주 **쓰임** 가끔 끌그물에 다른 물고기와 함께 잡힌다.

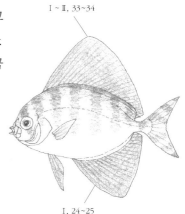

I ~ II, 33~34

I, 24~25

# 등점은눈돔 *Polymixia japonica*

Silver eye, ギンメダイ, 日本須鰛

등점은눈돔은 깊은 바다에 산다. 물 깊이가 160~630m쯤 되는 펄 바닥이나 모랫바닥 가까이에서 산다. 사는 모습은 더 밝혀져야 한다.

**생김새** 몸길이는 30cm쯤 된다. 몸은 등이 높은 긴둥근꼴이고 옆으로 납작하다. 눈이 크고 주둥이는 뭉툭하다. 턱 아래에 긴 수염이 2개 있다. 몸은 은색을 띠고, 등은 옅은 잿빛을 띤다. 등지느러미 앞부분에는 검은 반점이 있다. 갈라진 꼬리지느러미 위아래 끝이 까맣다. **성장** 더 밝혀져야 한다. **분포** 우리나라 남해. 일본, 동중국해, 하와이 제도 **쓰임** 먹을 수 있다.

검은 반점

V ~ VI, 32~35

IV, 13~17

점매가리

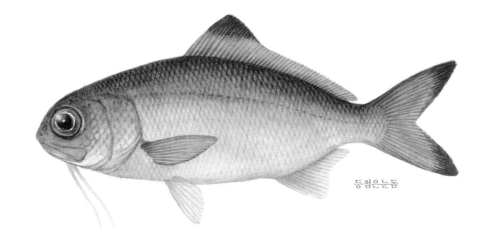

등점은눈돔

첨치목
**첨치과**

# 붉은메기 *Hoplobrotula armata*

뿔족제비메기[북], 대구아재비, 나막스, Armoured cusk, Armored brotula, ヨロイイタチウオ, 棘鼬鳚, 棘鳚

붉은메기는 물 깊이가 200~350m쯤 되는 대륙붕 가장자리 모래펄 바닥에서 산다. 어릴 때는 바닥에 사는 동물을 먹다가 크면 물고기를 잡아먹는다. 여름에는 남쪽으로 내려갔다가 가을과 겨울 사이에는 북쪽으로 올라간다.

**생김새** 몸길이는 70cm쯤 된다. 이름처럼 메기를 닮았다. 머리와 몸통은 통통하고 꼬리는 뒤로 갈수록 옆으로 납작하다. 등은 분홍빛, 배는 은빛을 띤다. 옆구리 가운데와 등에 동그란 무늬들이 줄지어 있다. 주둥이는 뭉툭하고, 입이 커서 위턱 가장자리가 눈 뒤까지 온다. 등지느러미와 뒷지느러미는 꼬리지느러미와 이어진다. 꼬리지느러미는 까맣고 끝이 뾰족하다. 배지느러미는 실처럼 생겼고 턱 아래에 있어서 마치 수염처럼 보인다. **성장** 알은 끈적끈적한 젤라틴에 싸여 있다. 물에 둥둥 떠다니다가 새끼가 나온다. 1년이면 13cm, 3년이면 29cm, 10년이면 58cm까지 자란다. **분포** 우리나라 남해. 동중국해, 필리핀, 인도네시아, 호주 북부 **쓰임** 바닥끌그물로 잡는다. 살이 하얗고 맛이 좋다. 회, 찌개, 건어물로 먹는다. 경남 지방에서는 말린 붉은메기를 '나막스'라고 한다. 맛이 좋아 술안주로 먹는다.

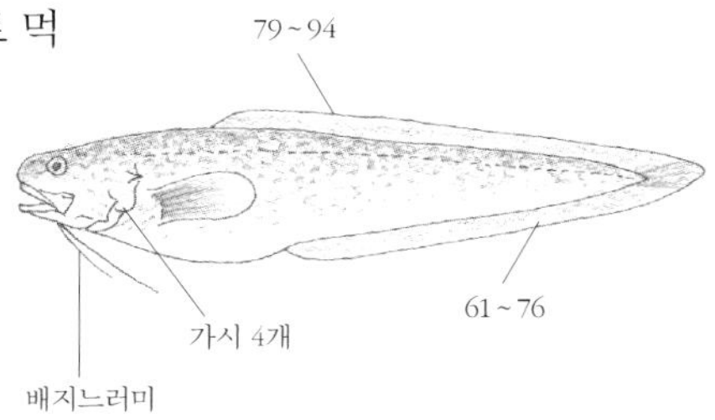
79~94
61~76
가시 4개
배지느러미

첨치목
**첨치과**

# 수염첨치 *Brotula multibarbata*

Goatsbeard brotula, Bearded brotula, イタチウオ, 多须须鼬鳚, 多须鼬鱼

수염첨치는 물 깊이가 100~650m쯤 되는 바닷속에서 사는데, 주로 물 깊이가 180~220m쯤 되는 대륙붕 바닥에서 산다. 낮에는 굴이나 바위틈에 숨어 있다가 밤에 나온다. 작은 물고기나 게 같은 갑각류를 잡아먹는다. 우리나라에서는 2001년에 처음 기록되었다. 꼭 민물에 사는 메기를 닮았다.

**생김새** 몸길이는 30cm가 흔하지만 100cm까지 자란다. 몸은 긴 원통형이다. 머리와 몸통은 통통하고 꼬리 뒤로 갈수록 옆으로 납작하다. 몸은 붉은빛이 강한 밤색이며 둥근비늘로 덮여 있다. 수염이 위턱에 3쌍, 아래턱 둘레에 3쌍 나 있다. 등지느러미와 뒷지느러미는 꼬리지느러미와 이어진다. 이들 지느러미 가장자리는 희거나 옅은 노란 선이 있다. 꼬리지느러미 끝은 뾰족하다. 배지느러미 줄기 끝이 두 갈래로 갈라져 있다. **성장** 난생이다. 알은 물에 그냥 둥둥 떠다닌다. 알에서 나온 새끼는 앞바다 물낯에서 보이기도 한다. 성장은 더 밝혀져야 한다. **분포** 우리나라 남해. 일본 남부, 서태평양, 홍해, 동아프리카 **쓰임** 튀김이나 구이로 먹는다.

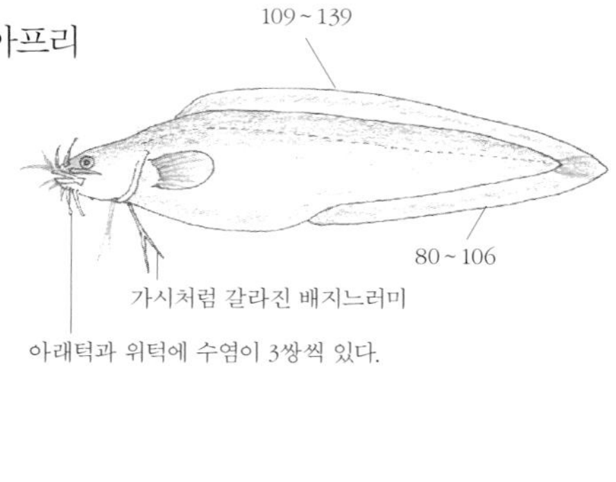
109~139
80~106
가시처럼 갈라진 배지느러미
아래턱과 위턱에 수염이 3쌍씩 있다.

붉은메기

수염칭치

# 대구 *Gadus macrocephalus*

Cod, Pacific cod, マダラ, 大头鳕

대구는 차가운 물을 좋아하는 물고기다. 여름에는 동해 200~400m쯤 되는 깊고 차가운 바닷속에서 산다. 1200m가 넘는 깊은 곳까지 내려가기도 한다. 물 밑바닥에서 떼 지어 살면서 새우, 고등어, 청어, 멸치, 오징어, 게 따위를 닥치는 대로 잡아먹는다. 먹성이 좋아서 바닥에 깔린 돌멩이까지 꿀꺽꿀꺽 삼킬 정도다. '눈 본 대구요, 비 본 청어다'라는 말이 있다. 대구는 눈이 와야 많이 잡히고, 청어는 비가 와야 많이 잡힌다는 말이다. 한겨울이 돼서 바닷가 얕은 물이 차가워지면 알을 낳으러 깊은 바다에서 올라온다. 12~2월에 경북 영일만과 경남 거제 앞바다, 진해만으로 많이들 몰려와서 짝짓기를 하고 알을 낳는다. 물 흐름이 약하고 바닥이 제법 단단한 모래펄로 덮인 20~50m쯤 되는 바닥에 알을 낳는다. 북태평양 알래스카 바닷가에서는 물 깊이가 100~250m 되는 곳에서 알을 낳는다고 한다. 알을 낳고 물이 다시 따뜻해지면 동해 깊은 바닷속으로 들어간다. 서해 깊은 바다 찬물에도 대구가 산다. 서해에 사는 대구는 서해 남부 먼바다와 소청도 연안에서 알을 낳는다. 14~25년쯤 산다. 1940년대에는 2만 톤 넘게 잡았는데 1970~80년대에 천~만 톤으로 줄어들었다가 2000년대에 들어와 다시 잡는 양이 늘어나고 있다.

입이 크다고 이름이 '대구'다. 대구는 다른 이름도 많다. 크기가 작으면 '보렁대구', 알을 배면 '알쟁이대구(암컷)'나 '곤이대구(수컷)', 소금에 절여 말리면 '약대구', 배를 갈라 말리면 '열짝', 내장을 빼고 그대로 말리면 '통대구'라고 한다. 동해에 살면 '동해대구', 서해에 살면 '황해대구'나 동해 대구보다 작다고 '왜대구'라고 한다. 《전어지》에는 '탄어(呑魚)'라고 쓰고 속명으로 '대구어(大口魚)'라고 한다고 썼다. 《동의보감》에는 '화어(䲡魚), 대구'라고 나온다.

**생김새** 몸길이는 50~60cm쯤 되고 큰 것은 1m가 넘기도 한다. 등은 누런 밤색이고 구불구불한 잿빛 구름무늬가 있다. 배는 허옇다. 머리와 입이 크고 위턱이 아래턱보다 길다. 아래턱에는 짧은 수염이 하나 나 있다. 양턱에는 작은 송곳니들이 나 있다. 등지느러미는 세 개, 뒷지느러미는 두 개로 나뉘었다. 꼬리지느러미는 자른 듯 반듯하다. 옆줄은 하나다. **성장** 암컷 한 마리가 알을 150만~450만 개쯤 낳는다. 알은 조금 끈끈하고 물에 가라앉는다. 물 온도가 5~8도일 때 두 주쯤 지나면 새끼가 나온다. 알에서 갓 나온 새끼는 4.2~4.6mm이며 배에 노른자를 가지고 물 가운데쯤에 떠 있다. 알에서 나온 지 5일쯤 지나면 먹이를 먹기 시작한다. 75일쯤 지나면 몸길이가 2.4cm쯤 되고 지느러미가 완성된다. 100~110일 사이에 5~7cm가 되며 몸에 무늬가 나타난다. 성장은 해역에 따라 다르지만 우리나라 대구는 알에서 나온 지 한 해가 지나면 21cm, 3년 지나면 55cm, 4년이 되면 68cm쯤 큰다. 6~8년이 지나면 90cm가 넘는다. 암컷과 수컷은 4년쯤 크면 짝짓기를 하고 알을 낳을 수 있다. **분포** 우리나라 서해와 동해. 일본, 오호츠크해, 베링해, 알래스카, 북미 연안 **쓰임** 대구는 맛이 좋아서 옛날부터 사람들이 많이 잡았다. 겨울에 알을 낳으러 올 때 잡는다. 주낙이나 끌그물, 걸그물, 자리그물로 잡는다. 살이 하얗고 맛이 담백하다. 탕을 끓이면 국물 맛이 아주 시원하다. 구워도 먹고 말려서 포를 만들기도 한다. 알은 탕을 끓이거나 젓갈을 담그고, 머리는 찜을 찌거나 탕을 끓여 먹는다. 내장은 젓갈을 담근다. 대구 간에서 기름을 짜내 약을 만들기도 한다. 《동의보감》에는 "성질이 평범하다. 맛이 짜며 독이 없다. 먹으면 기운을 북돋는다. 내장과 기름 맛이 더 좋다."라고 했다.

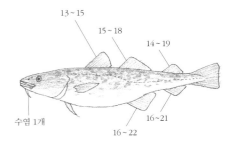

13~15
15~18
14~19
16~21
16~22
수염 1개

대구

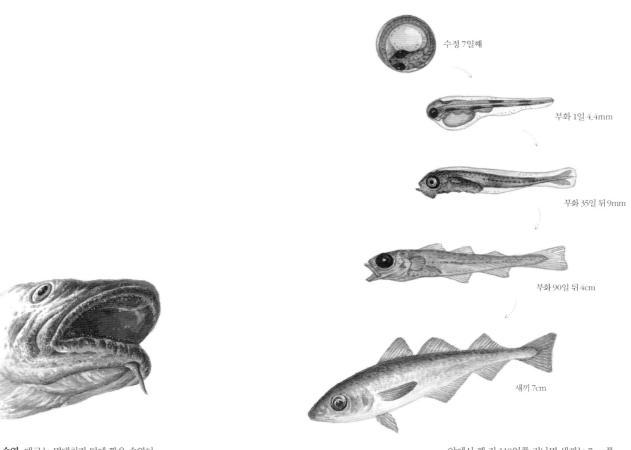

수정 7일째

부화 1일 4.4mm

부화 35일 뒤 9mm

부화 90일 뒤 4cm

새끼 7cm

**대구 수염**  대구는 명태처럼 턱에 짧은 수염이
한 가닥 나 있다.

알에서 깬 지 110일쯤 지나면 새끼는 7cm쯤
커서 어미와 생김새가 닮는다. 이때부터 바닥에
내려가 지낸다.

# 명태 *Gadus chalcogrammus*

북어, 동태, 선태, 망태, 조태, 추태, 막물태, 은어바지, Alaska pollack, スケトウダラ, 狭鱈

명태는 차가운 물을 좋아하는 물고기다. 물이 따뜻해지는 여름철에는 추운 북쪽으로 올라가거나 바다 깊이 들어간다. 물 깊이가 100~400m쯤 되는 깊은 바닷속을 때로 몰려다닌다. 수컷은 물 가운데에서, 암컷은 더 밑에서 떼를 지어 헤엄친다. 낮에는 물 밑바닥 가까이까지 내려가고 물속 2000m까지도 내려간다. 명태 닮은 대구가 물 밑바닥에서 산다면 명태는 그보다 위쪽에서 산다. 어릴 때는 작은 새우 따위를 먹다가 어른이 되면 오징어나 멸치 같은 작은 물고기를 잡아먹는다. 겨울이 되면 알을 낳으러 동해 얕은 바닷가로 몰려온다. 1~3월에 가장 많이 몰려온다. 알 낳을 때가 되면 우리나라 동해에서는 30~100m, 북태평양에서는 50~250m 되는 바닷속 가운데나 모래펄 바닥에서 암컷과 수컷이 모여들어 알을 낳는다. 바람이 없고 잔잔할 때 자정부터 동틀 무렵까지 알을 낳는다. 명태 떼가 알을 낳으러 북적이면 먼저 살고 있던 가자미나 털게 무리들이 다른 곳으로 달아나 버린다. 짝짓기를 하거나 천적을 위협할 때는 부레를 옴쭉옴쭉 움직여서 '굿 굿 굿' 하고 소리를 낸다. 하지만 요즘에는 수가 많이 줄었다. 15~28년쯤 산다.

명태(明太)라는 이름은 조선 시대에 함경도 관찰사가 명천군에 갔다가 명태를 보고 명천군 앞 자인 '명'자와 명태잡이 어부였던 '태'씨 성을 붙여서 지었다고 한다. 강원도에서는 '북어(北魚)', 동해 바닷가 사람들은 '동태(凍太)'라고도 한다. 신선한 명태는 '선태(鮮太)', 그물로 잡으면 '망태(網太)', 낚시로 잡으면 '조태(釣太)'라고 한다. 가을에 잡으면 '추태', 막바지 철에 잡은 명태는 '막물태', 겨울 들머리에 은어 떼를 쫓는 명태는 '은어바지'라고도 한다. 새끼 명태를 말린 것을 '노가리'라고 한다. 《전어지》에는 생선을 '명태어(明鮐魚)', 말린 것을 '북어'라고 했다. 《재물보》에는 북쪽에서 온다고 '북어(北魚)', 《동국여지승람》에는 '무태어(無泰魚)'라고 나온다.

**생김새** 몸길이는 90cm쯤 된다. 등은 옅은 잿빛이다. 몸통 옆에는 까만 무늬가 토막토막 줄지어 나 있다. 입은 크고 아래턱이 위턱보다 튀어나온다. 아래턱 밑에는 짧은 수염이 한 가닥 있지만 작아서 잘 안 보인다. 대구처럼 등지느러미가 세 개, 뒷지느러미가 두 개다. 대구보다 몸매가 갸름하다. **성장** 우리나라에서 알 낳는 곳은 함경남도 마양도, 강원도 원산, 옹진 바닷가로 알려졌다. 몸길이가 35cm쯤 되면 알을 낳는다. 암컷 한 마리가 알을 20만~200만 개쯤 낳는다. 알은 물에 흩어져 둥둥 떠다니다가 물 온도가 5~10도일 때 열흘쯤 지나면 새끼가 나온다. 7cm쯤 클 때까지 물 흐름이 느린 중층이나 만에 머문다. 한 해가 지나면 15cm, 2년에 25cm, 4년에 40cm쯤 큰다. 사오 년이 지나야 어른이 된다. **분포** 우리나라 동해. 오호츠크해, 베링해, 알래스카, 캐나다, 미국 동부 **쓰임** 우리나라 명태잡이는 300년 전쯤에 함경북도 명천군에서 시작했다고 한다. 이때부터 명태라는 이름이 생겼다고 한다. 알 낳으러 오는 겨울에 걸그물, 끌그물, 주낙으로 잡는다. 명태는 옛날부터 우리나라 사람 누구나 즐겨 먹는 물고기다. 잡으면 버릴 것 하나 없이 알뜰하게 먹는다. 싱싱한 생태로 탕을 끓이고, 바짝 말린 북어로는 북엇국을 끓인다. 꾸덕꾸덕하게 말린 황태로는 찜을 쪄 먹는다. 명태 알로 젓갈을 담그면 명란젓이 된다. 간에서는 기름을 뽑고, 창자는 창난젓, 아가미는 아가미젓을 만든다. 살로 어묵도 만든다. 새끼를 잡아 바짝 말리면 '노가리'라고 한다. 술안주로 많이 먹는다.

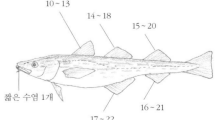

10~13
14~18
15~20
짧은 수염 1개
16~21
17~22

명태

노가리

동태

북어

명태만큼 이름이 많은 물고기도 없다. 새끼는 노가리라고
하고, 잡은 그대로 싱싱한 명태는 생태, 꽝꽝 얼리면 동태,
꾸덕꾸덕하게 말리면 코다리, 바짝 말리면 북어, 겨울바람에
얼렸다 녹였다 하면서 말리면 황태라고 한다.

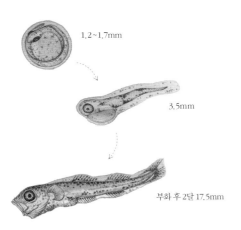

1.2~1.7mm

3.5mm

부화 후 2단 17.5mm

황태

명태 알에서 새끼가 나와 커 가는 모습이다.

대구목
돌대구과

# 돌대구 *Physiculus japonicus*

Codling, チゴダラ, 日本須稚鱈

돌대구는 물 깊이가 100~1000m쯤 되는 깊은 바다에 사는 물고기다. 모래펄 바닥이나 거친 바위 바닥에서 산다. 사는 모습은 더 밝혀져야 한다.

**생김새** 몸길이는 35cm이다. 몸은 등이 높은 긴 원통형이고 옆으로 조금 납작하다. 주둥이는 뾰족하고 아래턱에 수염이 한 개 있다. 눈 앞 주둥이에는 비늘이 없다. 등지느러미는 두 개인데 두 번째 지느러미는 길어서 꼬리자루에 이른다. 뒷지느러미도 길다. 배지느러미 사이에 둥글게 생긴 빛을 내는 기관이 하나 있다. **성장** 더 밝혀져야 한다. **분포** 우리나라 동해. 일본 중남부, 동중국해 **쓰임** 그물로 잡는다.

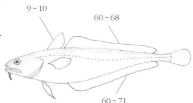

대구목
날개멸과

# 날개멸 *Bregmaceros japonicus*

Antenna codlet, サイウオ, 日本犀鱈

날개멸 무리는 온 세계에 1속 14종이 사는데, 우리나라에는 1종만 기록되어 있다. 따뜻한 바다를 좋아하는 물고기다. 물 깊이가 700~900m쯤 되는 바닷속 가운데를 떼를 지어 헤엄쳐 다닌다. 사는 모습은 더 밝혀져야 한다.

**생김새** 몸길이는 8cm 안팎이다. 몸은 가늘고 길며 옆으로 조금 납작하다. 머리와 몸 등 쪽이 검은빛이며 배는 은색이다. 첫 번째 등지느러미와 배지느러미가 실처럼 가늘고 길게 늘어진다. 두 번째 등지느러미 가운데가 움푹 파였다. **성장** 더 밝혀져야 한다. **분포** 우리나라 남해와 제주. 일본, 대만, 호주, 하와이, 서태평양 열대와 온대 바다 **쓰임** 안 잡는다.

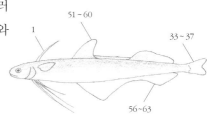

대구목
민태과

# 꼬리민태 *Coelorhynchus japonicus*

Japanese grenadier, トウジン, 日本須鱈

꼬리민태는 물 깊이가 300~1000m 되는 바닥에서 머물며 살며 먼 거리를 옮겨 다니지 않는다. 몸집이 클수록 깊은 곳에서 산다. 곤쟁이, 새우, 바닥에 사는 물고기, 갯지렁이 따위를 잡아먹는다. 사는 모습은 더 밝혀져야 한다.

**생김새** 몸길이는 60~75cm쯤 된다. 몸은 옆으로 납작하고 꼬리 쪽으로 갈수록 가늘고 길다. 몸은 빗비늘로 덮여 있다. 회색빛이 도는 밤색이고 배 쪽은 옅은 색이다. 입안도 회색이다. 주둥이는 뾰족하게 튀어나왔으며 뼈로 단단하다. 아래턱에 수염이 1개 있다. 첫 번째 등지느러미와 두 번째 등지느러미는 떨어져 있다. 두 번째 등지느러미는 뒷지느러미보다 높이가 아주 낮다. 항문 앞쪽에 빛을 내는 기관이 있다. **성장** 3~4월에 알을 낳는다. 성장은 더 밝혀져야 한다. **분포** 우리나라 동해와 남해, 제주. 일본 **쓰임** 끌그물로 잡는다. 어묵을 만든다.

돌대구

날개멸

꼬리민태

# 아귀 *Lophiomus setigerus*

아꾸, 망청어, 물꿩, 반성어, 귀임이, 물텀벙, 망챙어, Blackmouth angler, Anglerfish, Blackmouth goosefish, Sea devil, アンコウ, 黑鮟鱇

아귀는 따뜻한 물을 좋아하는 물고기다. 물 깊이가 50~500m쯤 되는 바다 밑바닥에서 산다. 모래나 펄 바닥에 납작 엎드려 반쯤 몸을 묻고 있다가 지나가는 물고기를 잡아먹는다. 몸빛이 바닥 색깔이랑 똑같아서 감쪽같이 숨는다. 아귀는 물고기를 꾀어 낚시하는 물고기다. 머리 위에 맨 앞쪽 등지느러미 가시 하나가 낚싯줄처럼 길게 바뀌었다. 낚싯줄처럼 흐늘흐늘하고 마음대로 움직일 수 있다. 끝에는 하얀 천 조각처럼 생긴 살 조각이 달렸다. 몸을 숨기고 미끼를 살랑살랑 흔들면 다른 물고기들이 자기 밥인 줄 알고 달려든다. 그때 와락 달려들어 한입에 통째로 삼킨다. 아귀는 입이 아주 크다. 입을 벌리면 온몸이 입처럼 보일 정도다. 입안에는 바늘 같은 이빨이 줄줄이 나 있다. 한번 물리면 어떤 물고기도 빠져나가지 못한다. 물고기, 오징어, 성게, 갯지렁이, 불가사리 따위를 잡아먹는다. 《자산어보》에는 "입이 아주 커서 입을 벌리면 온몸이 입처럼 보일 정도다. 몸 빛깔은 붉고 입술 끝에 낚싯대처럼 생긴 등지느러미가 두 개 있는데 꼭 의사가 쓰는 침처럼 생겼다. 이 낚싯대 길이는 4~5치쯤 된다. 낚싯대 끝에는 말총 같은 낚싯줄이 달려 있다. 낚싯줄 끝에 밥알만 한 하얀 미끼가 달려 있는데, 이것을 다른 물고기가 따 먹으려고 다가오면 냉큼 달려들어 잡아먹는다."라고 했다.

입이 커서 아무거나 덥석덥석 먹는다고 이름이 '아귀'다. 굶어 죽은 귀신을 아귀(餓鬼)라고 한다. 늘 배가 고파 아무거나 닥치는 대로 먹는 모습을 보고 지은 이름이라고 한다. 《자산어보》에는 '조사어(釣絲魚) 속명 아구어(餓口魚)'라고 나온다. 아구어가 아귀로 바뀐 것 같다. 아리스토텔레스가 쓴 《동물지》에도 아귀가 먹이를 잡는 방법이 나온다. 서양에서는 낚시하는 물고기라고 'anglerfish', 살이 오리고기와 비슷하다고 'blackmouth goosefish', 생김새가 험상궂어서 'sea devil'이라고도 한다.

**생김새** 몸길이는 황아귀보다 작아서 30~40cm쯤 되는데 70cm까지도 큰다. 몸빛은 밤빛이고 까만 무늬가 나 있다. 몸은 위아래로 납작하다. 몸에는 비늘이 없이 매끈하고, 얇은 거스러미가 터실터실 많이 나 있다. 머리가 커서 몸통 반이나 된다. 입에는 날카로운 이빨이 나 있다. 아래턱 안쪽에 검은 바탕에 하얀 반점이 있어서 황아귀와 다르다. 첫 번째 등지느러미는 가시처럼 서로 떨어져 있고 두 번째 등지느러미는 꼬리 쪽에 있다. 가슴지느러미는 커다란 조개처럼 생겼다. 아가미구멍이 가슴지느러미 뒤쪽 위에 있다. 꼬리는 가늘고 짧다. 옆줄은 하나다. **성장** 아귀는 3~4월에 바닷가로 옮겨서 짝짓기를 하고 알을 낳는다. 알은 띠처럼 생긴 말랑말랑한 주머니에 싸여 물에 둥둥 떠다닌다. 알에서 나온 새끼는 다른 새끼 물고기처럼 입이 앞쪽으로 제대로 나 있는데 크면서 입이 점점 위쪽을 향한다. **분포** 우리나라 온 바다. 일본, 동중국해, 인도네시아, 호주, 서태평양, 인도양 **쓰임** 옛날에는 징그럽고 못생긴 물고기라고 잡히는 대로 바다에 내던져 버렸다. 하지만 지금은 많이 잡는다. 끌그물이나 걸그물, 안강망, 통발로 잡는다. 물 깊이가 80m안팎인 남해 서부, 제주도 남서쪽 바다에서 많이 잡힌다. 겨울이 제철이다. 탕, 찜, 수육으로 먹는다. 간도 맛있다. 소화가 잘 되어서 나이 든 분들에게도 좋다.

어깨에 가시가 여러 개 있다.

Ⅱ, Ⅰ, Ⅲ

7~9

입안에 하얀 점

낚싯줄처럼 바뀐 첫 번째 등지느러미

아귀는 죽은 먹이는 절대 안 먹는다. 바닥에 엎드려서
꾹 참고 있다가 먹이가 가까이 오면 낚싯대 같은 미끼로
살살 꾀어서 잡아먹는다.

아귀

아귀는 죽은 먹이는 절대 안 먹는다. 바닥에 엎드려서
꾹 참고 있다가 먹이가 가까이 오면 낚싯대 같은 미끼로
살살 꾀어서 잡아먹는다.

# 황아귀 *Lophius litulon*

Yellow goosefish, Anglerfish, キアンコウ, 黃鮟鱇

　몸빛이 노랗다고 황아귀다. 황아귀는 아귀보다 몸집이 더 크고, 더 흔하다. 아귀처럼 모랫
바닥이나 펄 바닥에서 산다. 바닷가 20m 안팎인 얕은 곳부터 500m 물속까지 산다. 물고기나
곤쟁이, 새우, 게 따위를 잡아먹는다. 아귀처럼 등지느러미가 바뀌어서 마치 낚시 미끼처럼 생
긴 돌기로 물고기를 꿰어서 잡아먹는다.

**생김새** 몸길이는 1.5m에 이른다. 몸에는 비늘이 없고 물렁물렁하다. 몸 빛깔은 누르스름한 밤색이고
작은 바퀴처럼 생긴 짙은 밤색 무늬가 늘어서 있다. 머리와 몸통이 한 몸처럼 둥글고 위아래로 납작하
다. 몸에는 살갗 조각들이 붙어 있고, 아가미구멍은 가슴지느러미 뒤쪽에 있다. 입은 아주 크고, 아래턱
이 위턱보다 길다. 양턱에는 강하고 크기가 여러 가지인 가늘고 긴 송곳니들이 빽빽하게 나 있다. 입안
혀 앞쪽에 하얀 반점이 없이 전체가 하얀 것이 아귀와 다르다. 또 어깨에 있는 가시 끝은 하나여서 가시
가 여러 개인 아귀와 다르다. 꼬리는 가늘고 짧다. **성장** 1~5월에 바닷가에서 알을 낳는다. 알은 얇은
띠처럼 생긴 한천질에 싸여 물낯을 떠다닌다. 암컷은 48cm, 수컷은 35cm쯤 되면 어른이 된다. **분포**
우리나라 서해와 남해. 일본 북해도 이남, 동중국해 북부, 발해만 같은 북서태평양 **쓰임** 12월부터 5월
까지 바닥끌그물로 많이 잡는다. 아귀처럼 찜이나 탕으로 먹는다. 중국에서는 약으로도 쓴다. 우리나라
에서 먹는 아귀는 거의 황아귀다. 1960년대 마산에서 처음으로 아귀찜을 만들었다.

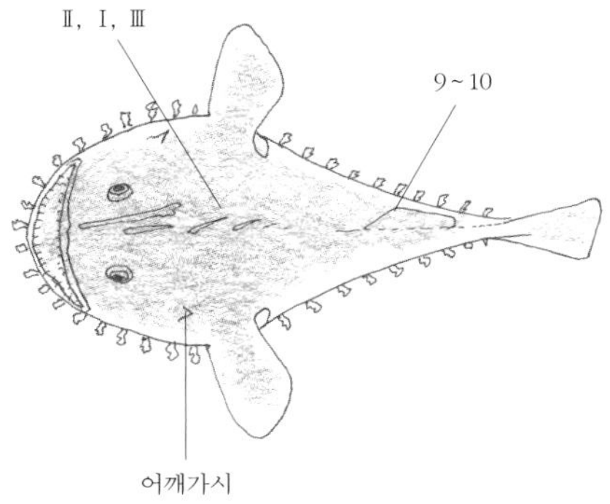

Ⅱ, Ⅰ, Ⅲ

9~10

어깨가시

황아귀

# 빨간씬벵이 *Antennarius striatus*

Frogfish, Striped frogfish, イザリウオ, 条纹躄鱼

빨간씬벵이는 따뜻한 물을 좋아한다. 바닷가부터 물 깊이가 200m 안팎인 물속 바위밭이나 산호초, 모랫바닥, 펄 바닥에 산다. 가끔 강어귀에도 나타난다. 헤엄을 안 치고 손처럼 바뀐 가슴지느러미와 배지느러미로 느릿느릿 엉금엉금 기어 다닌다. 그 모습이 마치 개구리를 닮았다고 영어로 'Frogfish'라고 한다. 생김새가 울퉁불퉁하고 몸빛이 알록달록하다. 자기가 사는 곳에 맞춰 몸빛을 바꾸기도 해서 감쪽같이 숨는다. 아귀처럼 이마에 지느러미 하나가 낚싯줄처럼 바뀌었고 그 끝에 마치 지렁이가 몇 마리 달린 것처럼 생긴 미끼 같은 돌기가 달려 있다. 이 미끼 돌기를 살살 흔들면 물고기들이 먹이인 줄 알고 꼬인다. 이때를 노려 눈 깜짝할 사이에 달려들어 물고기를 잡아먹는다. 입을 아주 크게 벌릴 수 있고 앞으로 쭉 뺄 수 있다. 물과 함께 먹이를 빨아들여 잡는다. 몸은 어른 주먹만 하다.

**생김새** 몸길이는 10cm쯤 되는데 25cm까지도 큰다. 몸은 둥그런 달걀꼴이다. 몸빛은 옅은 노란색, 밤색, 잿빛 밤색, 검은 밤색, 붉은색으로 여러 가지다. 몸에 작은 살갗돌기들이 오톨도톨 나 있어서 까칠까칠하다. 주둥이 위에 첫 번째 지느러미 가시인 기다란 돌기가 1개 나 있고 그 끝에 미끼처럼 생긴 돌기가 여러 갈래로 갈라진다. 이 미끼 돌기 뿌리가 위턱보다 앞쪽으로 튀어나온 것이 특징이다. 입은 위로 열리고 아주 비스듬하게 나 있다. 양턱에는 날카로운 이빨이 여러 줄 나 있다. **성장** 알은 리본처럼 생긴 젤라틴 덩어리로 낳는다. 성장은 더 밝혀져야 한다. **분포** 우리나라 남해. 온 세계 열대와 아열대 바다 **쓰임** 생김새가 독특해서 수족관에서 일부러 키우기도 한다.

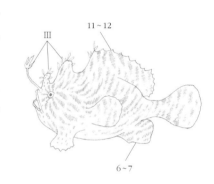

# 무당씬벵이 *Antennarius commersoni*

Commerson's frogfish, Giant frogfish, オオモンイザリウオ, 黑鮟鱇鱼

무당씬벵이는 바닷가 바위밭이나 산호초에서 혼자 산다. 씬벵이 무리 가운데 몸집이 아주 크다. 다른 씬벵이처럼 가슴지느러미와 배지느러미를 팔다리처럼 써서 엉금엉금 기어 다닌다. 바위에 붙어 꼼짝 않고 있기도 한다. 대부분 20m 물 깊이에서 살지만 물속 70m에서도 산다. 작은 물고기나 새우 따위를 잡아먹는다. 새끼일 때에도 몸빛이 아주 뚜렷하다. 열대 바다에 사는 물고기이다. 우리나라에는 가끔 보인다.

**생김새** 몸길이는 45cm까지 자란다. 몸 생김새는 다른 씬벵이처럼 통통한 달걀꼴이다. 몸빛은 붉은 황색, 검은 밤색, 자주색, 노란색, 주황색처럼 여러 가지다. 몸 무늬도 여러 가지인데 부스럼처럼 딱지가 붙어 있는 것도 있다. 두 번째 등지느러미가 아주 통통하고 지느러미 막과 경계가 뚜렷하지 않다. 뒷지느러미 줄기 수가 8개여서, 6~7개인 영지씬벵이와 다르다. **성장** 알은 리본처럼 생긴 젤라틴 덩어리에 싸여 물에 둥둥 떠다닌다. 성장은 더 밝혀져야 한다. **분포** 우리나라 제주. 일본, 필리핀, 인도네시아, 호주 같은 태평양 열대 바다, 인도양, 태평양 중남미쪽 열대 바다 **쓰임** 생김새가 독특해서 스쿠버 다이버에게 인기가 많다.

빨간씬벵이

빨간씬벵이는 머리에 미끼처럼 생긴
돌기가 달려 있다. 이 미끼로 물고기를 꾀어
잡아먹는다.

무당씬벵이

# 영지씬벵이 *Antennarius pictus*

Painted frogfish, イロイザリウオ, 白斑蟾魚

영지씬벵이는 얕은 바닷가부터 물 깊이가 75m쯤 되는 곳까지 바닷가 바위밭과 산호초에서 산다. 어른이 되면 해면 위에 앉아 있는 것을 흔히 볼 수 있다. 다른 씬벵이처럼 머리 위에 있는 미끼 돌기를 흔들어 작은 물고기나 새우 따위를 꾀어 잡아먹는다.

**생김새** 몸길이는 30cm쯤 큰다. 몸 생김새는 다른 씬벵이와 닮았다. 몸 색깔은 노란색, 회색, 붉은 황색, 빨간색, 자주색, 검정색처럼 여러 가지여서 몸빛만 보면 다른 종처럼 보인다. 등지느러미 두 번째 가시 끝부분이 특별히 통통하지 않고 지느러미 막과 경계가 제법 뚜렷하다. 등지느러미 여린 줄기에 검은 둥근 점 4개가 줄지어 있고, 몸통에도 검은 반점이 있다. **성장** 알은 리본처럼 생긴 젤라틴 덩어리에 싸여 물에 둥둥 떠다닌다. 성장은 더 밝혀져야 한다. **분포** 우리나라 제주, 필리핀, 인도네시아, 하와이, 호주 북부까지 태평양과 인도양 바닷가 **쓰임** 생김새가 독특해서 스쿠버 다이버에게 인기가 많다.

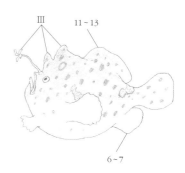

# 노랑씬벵이 *Histrio histrio*

Sargassum fish, ハナオコゼ, 裸蟾魚

노랑씬벵이는 혼자 살거나 몇 마리가 모여 있다. 떠다니는 모자반 같은 바다풀이나 쓰레기 따위에 매달려 살면서, 그 둘레로 모여드는 방어나 볼락 같은 새끼 물고기와 새우 따위를 잡아먹는다. 몸빛이 얼룩덜룩해서 감쪽같이 바다풀 속에 몸을 숨긴다. 가슴지느러미는 손처럼 바뀌어서 바다풀을 붙잡고 있다. 또 가슴지느러미와 배지느러미를 팔다리처럼 써서 엉금엉금 기어 다닌다. 80년대 중반에 방어 양식을 하려고 새끼 방어를 바닷가에 떠다니는 모자반 아래에서 잡았는데, 그때 이 모자반 아래에서 새끼 방어를 잡는 노랑씬벵이를 볼 수 있었다. 지금도 5월이면 남해 바닷가에 떠다니는 모자반 속에서 새끼 물고기를 잡아먹는 노랑씬벵이를 볼 수 있다. 서양에서는 모자반에서 산다고 '모자반물고기(Sargassumfish)'라고 한다.

**생김새** 몸길이는 20cm 안팎까지 큰다. 몸빛은 조금 누런 밤색을 띠며 짙은 밤색 띠무늬들이 여기 저기 나 있다. 몸에 돌기가 없이 매끄러운 점이 다른 씬벵이와 다르다. 등지느러미 가시 3개가 따로 떨어져 있다. **성장** 알 낳을 때가 되면 수컷이 암컷 가까이에 붙어 물낯으로 올라가면서 알을 낳는다. 알은 젤라틴 덩어리에 싸여 나오며 이때 수컷이 수정을 시킨다. 리본처럼 생긴 알 덩어리는 물에 둥둥 떠다니다가 새끼가 깨어 나온다. **분포** 우리나라, 일본, 대만, 필리핀, 괌, 호주, 뉴질랜드, 동부 대서양, 남아프리카, 홍해 **쓰임** 수족관에서 일부러 키우기도 한다.

첫 가시돌기는 아주 작다.

영지씬벵이

노랑씬벵이

# 빨강부치 *Halieutaea stellata*

Minipizza batfish , Red batfish, アカグツ, 棘茄魚, 星棘茄魚

빨강부치는 따뜻한 물을 좋아하는 물고기다. 열대와 우리나라 제주에서 볼 수 있다. 요즘에는 물이 따뜻해지면서 동해에서도 가끔 보인다. 물 깊이가 50~400m쯤 되는 대륙붕과 그 둘레 깊은 바닥에서 많이 산다. 물고기처럼 헤엄치기도 하고 다리처럼 바뀐 가슴지느러미로 바닥을 기어 다닌다. 아귀처럼 바닥에 납작 엎드려 있다가 지나가는 게나 새우 따위를 많이 잡아먹는다. 또 갯지렁이나 물고기, 조개 따위를 잡아먹기도 한다.

**생김새** 몸길이는 30cm까지 큰다. 등은 옅은 붉은 밤색이고, 배는 밝은 황색을 띤다. 몸은 위아래로 납작하다. 머리와 몸이 붙어 동그랗다. 등에는 날카로운 돌기들로 덮여 있고, 배에도 작은 가시들이 있어서 까칠까칠한 것이 특징이다. 몸 옆에 난 가시들은 끝이 두세 갈래로 갈라진다. **성장** 더 밝혀져야 한다. **분포** 우리나라 남해와 제주. 필리핀, 인도네시아, 호주, 뉴질랜드 북부까지 서부 태평양 **쓰임** 바닥끌그물에 가끔 잡혀 올라온다. 먹지 않는다. 중국에서는 약재로 쓰기도 한다.

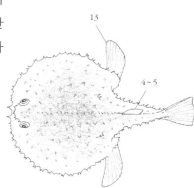

# 꼭갈치 *Malthopsis lutea*

Longnose seabat, Mud batfish, フウリュウウオ, 密星蝙蝠棘茄魚, 海蝠魚

꼭갈치는 물 깊이가 100~500m쯤 되는 대륙붕과 그 경사면 바닥에서 많이 산다. 가슴지느러미와 배지느러미를 팔다리처럼 써서 바닥을 기어 다닌다. 사는 모습은 더 밝혀져야 한다.

**생김새** 몸길이는 10cm쯤 된다. 몸은 잿빛이고 옅은 밤색 얼룩무늬가 있다. 몸은 위아래로 납작하다. 머리는 화살촉처럼 뾰족한 삼각형이다. 이마에는 기다란 돌기가 있다. 머리와 몸통에는 크고 작은 둥근 뼈판으로 덮여 있고, 머리 가장자리도 뼈판으로 덮여 있다. 주둥이는 뾰족하고 입은 아래쪽에 있다. **성장** 더 밝혀져야 한다. **분포** 우리나라 남해. 일본, 필리핀, 인도네시아, 호주 중북부, 인도양, 아프리카 동부 **쓰임** 수족관에서 키우기도 한다.

빨강부치

바닥을 걷는 빨강부치

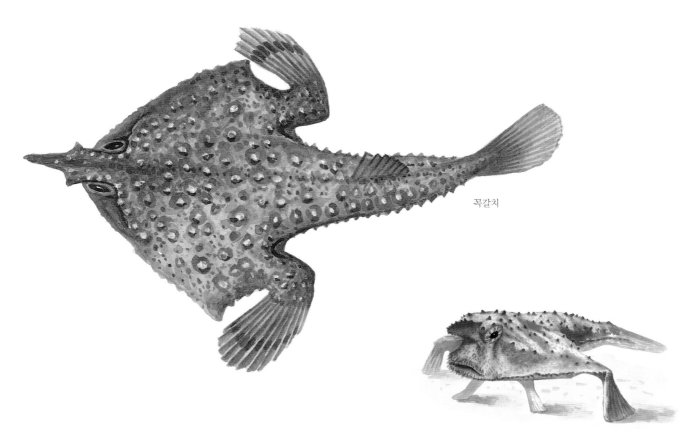

꼭갈치

바닥을 걷는 꼭갈치

# 숭어 *Mugil cephalus*

은숭어북, 모치, 보리숭어, Grey mullet, Flathead mullet, Common mullet, Black mullet,
Striped mullet, ボラ, 鯔

숭어는 우리나라 모든 바다에 사는 물고기다. 바닷물고기이지만 민물이 섞이는 강어귀에서 많이 산다. 물이 더러워도 제법 잘 견디며 산다. 강어귀나 바닷가에서 지내다가 날씨가 추워지면 다시 깊은 바다로 내려간다. 봄에 올라오는 숭어는 눈에 기름기가 잔뜩 껴서 앞을 잘 못 본다. 눈이 흐리멍덩한 숭어는 떼를 지어 얕은 곳으로 몰려든다. 숭어는 펄 속을 뒤져서 작은 새우나 갯지렁이나 바닷말을 안 가리고 먹는다. 펄 흙을 함께 삼키는데 위가 닭 모래주머니처럼 두툼해서 소화를 잘 시킨다. 먹이를 먹을 때는 바닥에 내려가지만 아무 일 없을 때는 물낯 가까이에서 떼로 몰려다닌다. 물낯 가까이 헤엄치며 떠다니는 유기물을 먹기도 한다. '숭어가 뛰면 망둑어가 뛴다'는 속담이 있을 만큼 헤엄을 치다가 물 위로 잘 뛰어오른다. 1.5m 높이까지 뛰어오른다. 화살처럼 쏜살같이 뛰어올라 몸을 옆으로 누이며 떨어진다. 15~16년쯤 산다.

숭어는 우리나라 물고기 가운데 지역마다 부르는 이름이 가장 많아서 100개가 넘는다. 북녘에서는 '은숭어', 《자산어보》에는 작은 숭어를 '등기리'라고 하며, 가장 어린 숭어는 '모치, 모당, 모장'이라고 했다. 옛 글에서는 숭어(崇魚), 수어(秀魚)'라고 했는데 뛰어난 물고기라는 뜻이다. 또 몸빛이 검다고 '치(緇)'자를 따라 '치어(鯔魚)'라고도 했다. 《동의보감》에는 '치어(鯔魚), 숭어'라고 했다. "숭어는 진흙을 먹고 살기 때문에 온갖 약과 함께 써도 괜찮다. 잉어와 닮았지만, 몸은 둥글고 머리는 납작하고 뼈가 연하다. 강과 얕은 바닷물 속에서 산다."라고 했다.

**생김새** 몸길이는 80cm쯤 된다. 등은 푸르스름한 잿빛이고 옆구리와 배는 하얗다. 몸은 둥글고 머리는 위아래로 납작하다. 위턱이 아래턱보다 조금 짧다. 눈에는 기름눈꺼풀이 덮인다. 몸 비늘에는 까만 점이 있어서 몸통을 따라 세로줄이 나 있는 것처럼 보인다. 꼬리지느러미 끝은 가숭어보다 깊게 파인다. 옆줄은 없다. **성장** 10~2월까지 난류 영향을 받는 앞바다와 만나는 바닷가에서 알을 100만~700만 개쯤 낳는다. 알은 흩어져 떠다닌다. 2~5일쯤 지나면 새끼가 나온다. 알에서 나온 어린 새끼는 봄에 떼를 지어 강어귀나 강을 거슬러 올라온다. 알에서 나온 그해 가을이면 몸이 20cm쯤 큰다. 2년이면 25~30cm, 3년이면 30~40cm, 4~5년 만에 50cm 안팎으로 자란다. 80cm쯤 크기도 한다. **분포** 태평양, 대서양, 인도양, 지중해 같은 온 세계 온대와 열대 바다 **쓰임** 그물로 많이 잡는다. 봄에 눈에 기름기가 꼈을 때는 훌치기낚시나 대나무 작대기로 두들겨 잡기도 한다. 바닷가에서는 밀물 때 그물을 쳐 놓고 썰물에 빠져나가는 숭어를 잡기도 한다. 《자산어보》에는 "사람 그림자만 어른거려도 재빨리 달아난다. 맑은 물에서는 절대 낚시를 안 문다. 물이 맑으면 그물에서 열 걸음쯤 떨어져 있어도 그 기색을 알아챈다. 그물 속으로 들어온 놈들도 곧잘 뛰쳐나간다. 그물이 뒤에 있을 때에는 물가로 나가 개흙 속에 숨고 물속으로 안 간다. 그물에 걸려도 그 개흙 속에 온몸을 숨기고 한쪽 눈만 내놓고 밖을 살핀다."라고 써 놓았다. '겨울 숭어 앉았다 나간 자리 개흙만 훔쳐 먹어도 달다', '여름 숭어는 개도 안 먹는다'라는 속담 있듯이 겨울이나 봄에 잡은 숭어가 아주 맛이 좋다. 하지만 가숭어보다는 맛이 없어서 서해 바닷가 사람들은 '개숭어'라고도 한다. 옛날부터 제사상에 오르고 임금님 밥상에도 올랐다. 회나 구이나 국을 끓여 먹는다. 숭어 알만 따로 떼어 내서 잘 말려 먹는다. 또 숭어 위도 맛있는 회로 먹는데 '밤'이라고 한다. 《동의보감》에서는 "성질이 평범하고 맛이 달며 독이 없다. 소화가 잘되게 하며 오장을 좋아지게 하고 사람을 살찌게 하여 건강하게 한다."라고 했다.

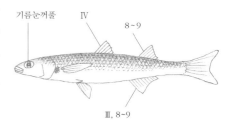

기름눈꺼풀    Ⅳ    8~9

Ⅲ. 8~9

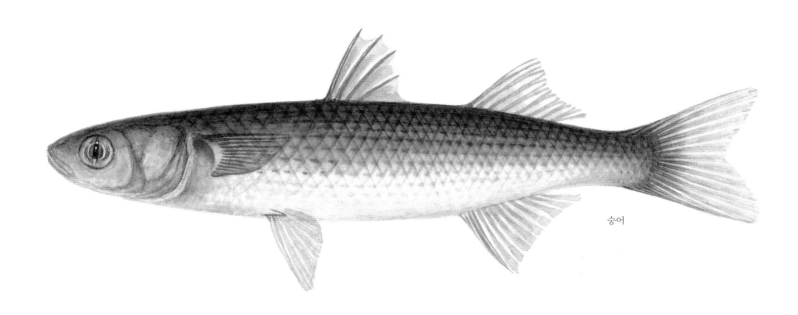

숭어

숭어는 바닥에 깔린 펄을 헤집고 먹이를 잡아먹는다.
그래서 숭어 몸에서 흙내가 나기도 한다.

# 가숭어 *Planiliza haematocheilus*

숭어북, 참숭어, 밀치, So-iuy mullet, Redlip mullet, メナダ, 鯪

가숭어는 숭어와 마찬가지로 우리나라 모든 바다에 사는 물고기인데 서해에 더 많다. 숭어와 생김새와 사는 모습이 닮았다. 숭어보다 머리가 위아래로 더 납작하고, 눈에는 기름눈꺼풀이 없고 눈이 노랗다. 몸통 비늘에 있는 까만 점무늬도 더 옅고 가늘다. 꼬리지느러미 끄트머리는 숭어보다 덜 파인다. 몸집은 숭어와 비슷하다.

가숭어는 가까운 바다에 살다가 8~9월 여름에 민물이 섞이는 강어귀로 몰려온다. 강을 거슬러 올라오기도 한다. 숭어처럼 강물이 더러워도 제법 잘 견디며 산다. 물 바닥을 돌아다니면서 펄을 뒤져서 갯지렁이나 새우 따위를 잡아먹는다. 돌에 붙은 이끼를 갉아 먹거나 바다나물도 먹는다. 숭어처럼 물 위로 잘 뛰어오른다. 우리나라에는 숭어, 가숭어, 등줄숭어 이렇게 석 종이 산다. 가숭어가 1m쯤 돼서 가장 크고 등줄숭어가 50cm쯤으로 가장 작다. 등줄숭어는 숭어를 닮았는데 첫 번째 등지느러미 앞쪽 등이 지붕처럼 우뚝 솟았다. 생김새나 사는 모습이 모두 닮았다.

서울이나 서해 바닷가 사람들은 가숭어가 숭어보다 더 맛있다고 '참숭어'라고 한다. 그런데 동해와 경상도 바닷가 사람들은 이름 그대로 숭어를 '참숭어', 가숭어를 '가숭어'라고 한다. 《자산어보》에는 '가치어(假鯔魚) 속명 사릉(斯陵)'이라고 하고 어린 숭어를 '몽어(夢魚)'라고 했다. 지역에 따라 '가숭어(평남), 시렘이, 밀치, 뚝다리(전남), 언지(황해도), 순어(강릉), 어숭어, 몽어, 유어(흑산도)'라고 한다. 영어로는 입술이 붉다고 'redlip mullet', 일본에서는 눈이 빨갛다고 '메나다(メナダ, 赤目魚)'라고 한다.

**생김새** 몸길이가 50cm 안팎이 흔하고 1m까지도 자란다. 등은 푸르스름한 밤색이고 배는 하얗다. 머리는 위아래로 납작하고 몸은 둥그스름하다. 입술 둘레가 붉다. 눈은 노랗고 기름눈꺼풀이 없다. 위턱이 아래턱보다 조금 길다. 몸 비늘은 크고 까만 무늬가 비늘 따라 나 있는데 숭어보다 옅고 가늘다. 등지느러미는 두 개로 나뉘었다. 꼬리지느러미 끄트머리는 숭어보다 덜 파였다. 옆줄은 없다. **성장** 알 낳는 때는 지역마다 다르다. 부산과 경남에서는 2~3월, 서해안에서는 5~6월에 알을 낳는다. 알은 속이 훤히 들여다 보인다. 알은 낱낱이 떨어져 물에 뜬다. 물 온도가 21~23도일 때 40시간쯤 지나면 알에서 새끼가 나온다. **분포** 우리나라 온 바다. 일본, 중국, 대만, 동중국해, 북서태평양 **쓰임** 숭어는 아주 오래전부터 우리나라 사람들이 잡아왔다. 한치윤이 쓴 《해동역사》에서는 발해가 729년에 숭어를 당나라에 보냈다고 나왔으니 아주 오래전부터 숭어를 잡았다는 사실을 알 수 있다. 또 《세종실록지리지》, 《신증동국여지승람》에도 숭어를 잡았다는 기록이 나온다. 서유구가 쓴 《난호어목지》에도 숭어를 강에서 잡는 물고기 가운데 가장 크고 맛있는 물고기라고 했다. 겨울이 제철이다. 회나 구이로 먹는다. 가숭어는 숭어보다 회로 먹으면 더 맛있고, 빨간 근육 색깔이 빨리 바뀌지 않아서 인기가 좋다. 사람들이 양식도 한다. 전남 지방에서는 옛날부터 가숭어 알로 '어란'을 만들어 먹었다.

IV

8~10

노란 눈

III, 8~10

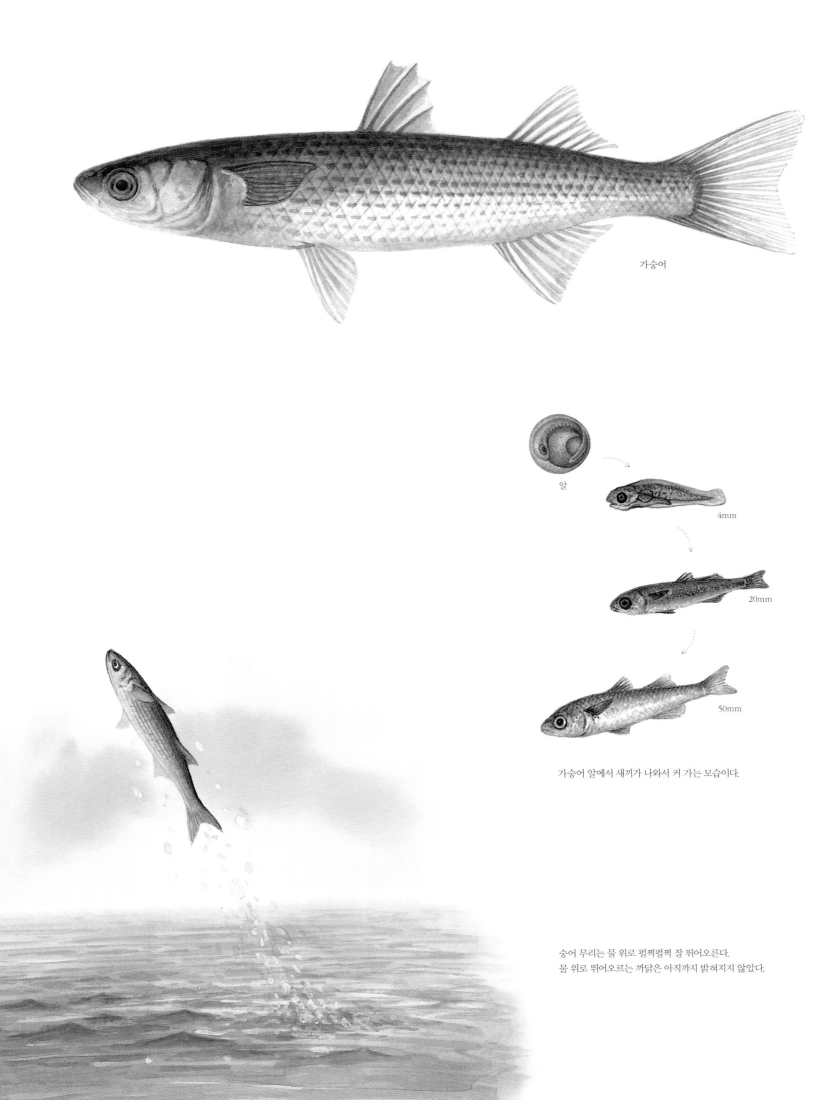

가숭어

알

4mm

20mm

50mm

가숭어 알에서 새끼가 나와서 커 가는 모습이다.

숭어 무리는 물 위로 펄쩍펄쩍 잘 뛰어오른다.
물 위로 뛰어오르는 까닭은 아직까지 밝혀지지 않았다.

색줄멸목
**색줄멸과**

# 밀멸 *Atherion elymus*

보리멸치<sup>북</sup>, Bearded hardyhead, Japanese silverside, ムギイワシ, 麦银汉鱼

밀멸은 따뜻한 물을 좋아하는 물고기다. 물 깊이가 3m쯤 되는 물낮에서 산다. 밀물과 썰물 때 생기는 바닷가 웅덩이나 바닷가 바위밭에서 작은 무리를 지어 헤엄쳐 다니며 동물성 플랑크톤을 먹는다. 얼핏 보면 멸치처럼 보인다. 여름에 알을 낳는다.

**생김새** 몸길이는 6cm까지 자란다. 몸은 가늘고 긴 원통형으로 옆으로 조금 납작하다. 주둥이는 짧고 눈이 크다. 눈 앞 머리에는 작은 돌기들이 열을 지어 나 있다. 몸빛은 옅은 잿빛이 도는 파란색이다. 몸통 가운데에 반짝이는 누런 풀빛을 띤 파란 세로띠가 있다. 배는 푸르스름하다. **성장** 몸 크기에 비해 알이 크다. 성장은 더 밝혀져야 한다. **분포** 우리나라 남해. 일본 남부에서 호주 퀸즐랜드주 북부까지 서태평양 **쓰임** 안 잡는다.

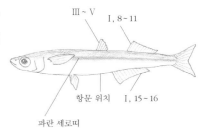

색줄멸목
**색줄멸과**

# 색줄멸 *Hypoatherina valenciennei*

은멸치<sup>북</sup>, Sumatran silverside, Flathead silverside, トウゴロウイワシ, 凡氏下银汉鱼, 布氏银汉鱼

몸에 줄무늬가 있다고 이름이 '색줄멸'이다. 멸치와 닮았다. 따뜻한 물을 좋아한다. 바닷가 물낮에서 무리를 지어 헤엄쳐 다니며 동물성 플랑크톤을 잡아먹는다. 여름에 알을 낳는다. 알 낳을 때는 암컷과 수컷이 짝을 지어 알을 낳는다. 사는 모습은 더 밝혀져야 한다.

**생김새** 몸길이는 12cm쯤 된다. 눈이 크다. 생김새가 밀멸과 닮았는데, 눈 앞 머리에 작은 돌기들이 없어서 다르다. 또 뒷지느러미 줄기 수가 밀멸보다 적다. 항문이 배지느러미 사이에 있어서, 항문이 뒷지느러미 앞에 있는 밀멸과 다르다. 몸은 가장자리에 작은 톱니를 가진 커다란 빗비늘로 덮여 있다. 머리에는 비늘이 없고 아가미뚜껑에만 비늘이 있다. 옆구리에는 폭이 넓은 푸르스름한 은빛 세로띠가 한 줄 있다. **성장** 더 밝혀져야 한다. **분포** 우리나라 남해. 일본 남부, 홍콩, 인도네시아, 호주 북부까지 서부 태평양 **쓰임** 안 잡는다.

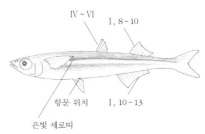

색줄멸목
**물꽃치과**

# 물꽃치 *Iso flosmaris*

물꽃멸치<sup>북</sup>, Flower of the surf, ナミノハナ, 浪花银汉鱼, 拟银汉鱼

물꽃치는 따뜻한 물에서 사는 물고기다. 물살이 세고 파도가 부딪치는 바닷가 바위밭에서 떼를 지어 헤엄쳐 다닌다. 물이 빠지면서 생기는 웅덩이에서도 볼 수 있다. 작은 플랑크톤을 먹는다. 물낮에서 떼 지어 헤엄치면 수많은 물고기가 빛을 받아 몸이 반짝반짝 빛난다.

**생김새** 몸길이는 5cm까지 큰다. 등은 푸르스름하고 배는 하얗다. 옆구리 가운데에는 금속처럼 반짝반짝 빛나는 은백색 띠가 있다. 몸은 작고 옆으로 심하게 납작하다. 머리 조금 뒤쪽이 가장 높다. 머리 앞은 둥글고 머리 배 쪽은 등 쪽보다 경사가 급하다. 입은 작고, 위쪽으로 심하게 비스듬하다. 가슴지느러미는 몸통 위쪽에 있다. 몸은 작은 둥근비늘로 덮여 있고, 머리와 가슴에는 비늘이 없다. **성장** 더 밝혀져야 한다. **분포** 우리나라 남해와 동해, 제주. 일본, 북서태평양 **쓰임** 남해나 제주도에서는 그물로 잡아서 젓갈을 담근다.

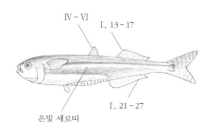

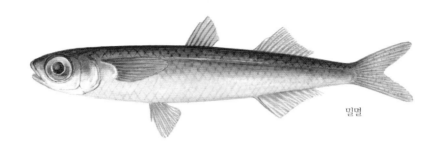

밀멸

색줄멸

물꽃치

# 동갈치 *Strongylura anastomella*

항알치북, 동가리갈치, 황달치, Needle fish, Hound fish, ダツ, 尖嘴柱頜針魚, 尖嘴扁领针鱼, 圆领针鱼, 双针鱼

동갈치라는 이름이 붙었지만 생김새는 꽁치나 학공치랑 닮았다. 물낯에서 떼 지어 이리저리 돌아다니며 작은 물고기를 잡아먹는다. 때때로 작은 물고기를 쫓아 바닷가 가까이 들어오기도 한다. 꽁치나 학공치처럼 가끔 물 위로 뛰어오른다. 동갈치 종류들은 비늘에 반사된 반짝이는 빛에 민감하게 반응해서 돌진하는 습성이 있다. 이렇게 흥분한 때에는 사람을 찌르기도 해서 조심해야 한다. 5~7월쯤 바다풀 숲으로 떼 지어 몰려와 알을 낳는다. 알에는 가느다란 실이 50개쯤 나 있다. 이 실로 바다풀에 붙는다. 3년쯤 산다. 물동갈치와 달리 옆구리에 무늬가 없다.

**생김새** 몸길이는 1m쯤 된다. 등은 풀빛이 도는 짙은 파란색이고 옆구리와 배는 은백색이다. 입은 아주 길어서 눈에서 꼬리까지 길이에 1/4쯤 된다. 학공치와는 달리 아래턱과 위턱이 길게 튀어나온다. 양턱에는 날카로운 이빨이 줄지어 나 있다. 머리에 있는 비늘은 작고, 아가미뚜껑 위에는 비늘이 없다. 동갈치는 배 쪽에 있는 옆줄에서 가슴지느러미 뿌리 쪽으로 갈라진 옆줄이 있어서 이렇게 갈라진 옆줄이 없는 물동갈치와 다르다. **성장** 암컷 한 마리가 알을 2000~8000개쯤 낳는다. 알 지름은 3mm 안팎이다. 물 온도가 21~25도일 때 두 주쯤 지나면 새끼가 나온다. 알에서 나온 새끼는 1년이면 40~55cm, 3년이면 수컷 76cm, 암컷 82cm쯤 자란다. 어릴 때는 아래턱이 위턱보다 길지만, 다 크면 거의 같아진다. 암수 모두 1년이면 어른이 된다. **분포** 우리나라 남해, 서해, 제주. 일본, 대만 같은 북서태평양 **쓰임** 낚시로 가끔 잡는다. 여름이 제철이다. 먹을 수 있지만 맛은 학공치보다 훨씬 덜하다. 소금구이로 많이 먹는다.

18~20

21~23

동갈치

# 물동갈치 *Ablennes hians*

물항알치북, Flat needlefish, ハマダツ, 橫带扁頜针鱼

물동갈치는 앞바다에서도 살지만 섬 둘레 바다, 강어귀 물낯에서 흔히 볼 수 있다. 때때로 큰 무리를 지어 헤엄쳐 다닌다. 뾰족한 주둥이로 작은 물고기나 새우 따위를 잡아먹는다.

**생김새** 몸길이는 1.4m까지 큰다. 등은 푸르스름한 밤색이고 옆구리와 배는 하얗다. 옆구리 뒤쪽에 까만 가로띠 무늬가 8~9개 일정한 간격으로 나 있어서 다른 종과 다르다. 몸은 긴 원통형이고 옆으로 조금 납작하다. 주둥이는 날카로운 이빨을 가진 아래턱과 위턱이 함께 길게 튀어나온다. 등지느러미와 뒷지느러미는 몸 뒤쪽에서 위아래로 마주 보고 있다. 앞쪽 줄기가 아주 길어서 낫처럼 생겼다. **성장** 알에 가느다란 실이 있어서 물에 떠다니는 바다풀에 붙는다. 성장은 더 밝혀져야 한다. **분포** 우리나라 남해. 온 세계 열대와 온대 바다 **쓰임** 밤에 불을 환하게 비추면 떼로 몰려온다. 그때 그물이나 낚시로 잡는다. 소금에 절이거나 구이로 먹는다. 살색이 초록빛을 띠어서 고급 어종으로 취급되지 않는다.

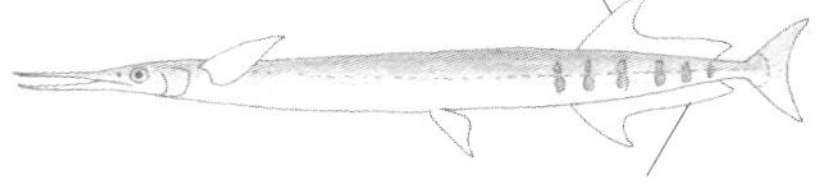

22 ~ 25

25 ~ 27

# 항알치 *Tylosurus acus melanotus*

장치북, Keel-jawed needle fish, Needlefish, テンジクダツ, 黑背圓頜针鱼

항알치는 바닷가나 앞바다 물낯에서 산다. 작은 물고기를 잡아먹는다. 사는 모습은 더 밝혀져야 한다.

**생김새** 몸길이는 1m쯤 된다. 등은 풀빛이 도는 청색이고 배는 은백색이다. 몸은 긴 원통형이다. 주둥이가 길게 앞쪽으로 튀어나온다. 양턱에 난 이빨은 아주 날카롭고 위아래 수직으로 만난다. 동갈치나 물동갈치와 닮았는데, 꼬리자루 양쪽에 돌기가 있고, 꼬리지느러미 가운데가 오목하며 아래쪽 지느러미가 위쪽보다 길기 때문에 다르다. 등지느러미와 뒷지느러미는 꼬리 쪽에서 위아래로 마주 보고 있다. 앞쪽 줄기가 길어서 낫처럼 생겼다. **성장** 알에는 가느다란 실이 있어서 물에 떠다니는 물체에 붙는다. 성장은 더 밝혀져야 한다. **분포** 우리나라 남해. 일본, 인도양, 태평양 **쓰임** 낚시로 잡는다. 살을 먹는다.

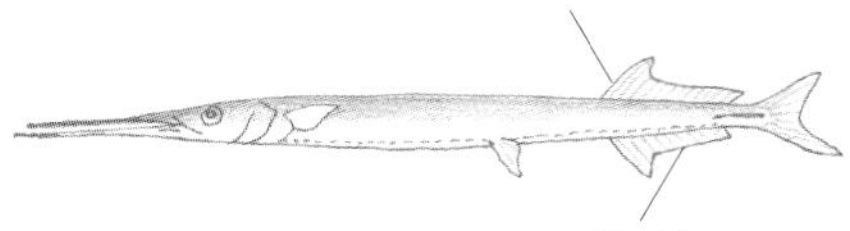

24 ~ 27

22 ~ 24

물동갈치

항알치

# 꽁치 *Cololabis saira*

공치ᵇ, Pacific saury, Mackerel pike, サンマ, 秋刀魚, 行刀魚

꽁치는 계절에 따라 동해 바다를 오르락내리락한다. 물 온도가 7도에서 24도까지 되는 바다에서 사는 온대성 물고기다. 겨울에는 제주도 아래 먼바다까지 내려갔다가 봄이 되면 도로 올라온다. 혼자 안 다니고 물낯 가까이에서 떼로 우르르 몰려다닌다. 몸이 뾰족하고 길쭉해서 헤엄을 잘 친다. 큰 물고기한테 쫓길 때는 화살처럼 피슝 피슝 물 위로 날아오르기도 한다.

꽁치는 봄이 되면 동해 바닷가로 잔뜩 몰려와서 물에 떠 있는 모자반 같은 바다풀에 알을 낳는다. 알에는 가느다란 실이 나 있어서 바다풀에 척척 감겨 찰싹찰싹 붙는다. 알에서 나온 새끼는 물에 떠다니는 바닷말에 숨어 산다. 처음에는 플랑크톤을 먹다가, 자라면 작은 새우나 물고기 알이나 새끼 물고기 따위를 먹는다. 낮에 돌아다니면서 먹이를 잡아먹는다. 꽁치는 위가 없어서 먹이를 먹으면 장에서 소화를 시킨다. 먹이를 찾아 떼를 지어 이리저리 옮겨 다닌다. 3~4년 산다.

꽁치는 북녘에서 '공치'라고 한다. 《전어지》에는 '공어(貢魚)'라 하였고 속칭 '공치어(貢侈魚)', 한글로 '공치'라고 써 놓았다.

**생김새** 몸길이는 30~40cm쯤 된다. 주둥이가 짧고 뾰족하고 단단하다. 아래턱이 위턱보다 조금 길다. 살아 있을 때에는 아래턱 끝이 노랗다. 몸은 가늘고 긴 원통형이다. 등은 검푸르고 배는 하얗다. 등지느러미와 뒷지느러미는 몸 뒤쪽에서 위아래로 서로 마주 보고 있는데, 뒷지느러미가 조금 앞쪽에서 시작된다. 그 뒤로 작은 토막지느러미가 5~7개 있다. 배지느러미는 몸 가운데에 있다. 꼬리지느러미는 가위처럼 갈라졌다. 몸 아래쪽으로 옆줄이 하나 있다. **성장** 계절에 따라 먼 거리를 헤엄쳐 다녀서 해역에 따라 알 낳는 때가 다르다. 동해안에서는 5월부터 초여름까지 낳고, 제주도 남쪽이나 일본 남부 해역에서는 겨울철에 알을 낳는다. 암컷 한 마리가 알을 2만~8만 개쯤 갖는데 여러 번에 걸쳐 낳는다. 알은 물에 가라앉는다. 알에는 가느다란 실이 10올쯤 모여 나 있어 모자반 같은 바다풀에 감겨 붙는다. **분포** 우리나라 동해와 남해. 일본, 오호츠크해부터 북미 알래스카, 캐나다, 미국 서부 해안까지 북태평양 **쓰임** 꽁치는 걸그물로 많이 잡는다. 옛날부터 사람들이 알 낳으러 떼로 몰려올 때 잡았다. 그물로도 잡지만 맨손으로도 잡는다. 사람들이 모자반을 다발로 묶어서 물에 띄워 놓으면 꽁치가 아무것도 모르고 알을 낳으려고 들어온다. 이때 손으로 잡는다. 이렇게 잡은 꽁치를 '손꽁치'라고 한다. 꽁치는 잡아서 회, 구이, 조림, 찌개로 먹고 통조림을 만들기도 한다. 많이 잡히니까 값이 싼 데다 맛도 영양가도 좋아서 사람들이 즐겨 먹는다. 지푸라기로 굴비처럼 엮어서 꾸덕꾸덕 말려서도 먹는데, 이렇게 청어 대신 말린 꽁치를 '과메기'라고 한다. 꽁치는 껍질과 그 둘레 살에 영양분이 많기 때문에 껍질을 벗기지 않고 요리하는 것이 좋다.

8~11 토막지느러미 6~7

토막지느러미 6~9

10~14

꽁치

**꽁치 알** 둥그런 알에는 가느다란 실이 잔뜩 나 있다.
바다풀에 척척 엉겨 붙어서 덩어리진다.

# 학공치 *Hyporhamphus sajori*

공미리북, 청갈치, 순봉이, Halfbeak, サヨリ, 日本下鱵鱼

학공치는 우리나라 온 바다에서 사는 물고기로 멀리 옮겨 다니지 않는다. 남해에서는 바닷가 가까이에서 한 해 내내 볼 수 있다. 《자산어보》에는 "음력 8~9월에 바닷가 가까운 곳까지 들어왔다가 다시 물러간다."라고 했고, 《우해이어보》에는 "비를 좋아해서 매번 가을비가 내릴 때를 골라 떼를 지어 물 위로 떠오른다."라고 나온다.

학공치는 물 깊이가 50m 안팎인 얕고 잔잔한 바닷가나 강어귀 물낯 가까이에서 떼 지어 돌아다닌다. 어린 물고기는 강어귀 민물에도 들어간다. 물 위로 높이 뛰어오르기도 하고, 깜짝 놀라면 몸을 반달처럼 이리저리 휘면서 물낯을 뛰듯이 도망친다. 사오월에 물이 얕고 바다풀이 수북이 자란 바닷가에서 알을 낳는다. 알 낳을 때가 되면 작은 무리를 지어 다니는데, 맨 앞에는 덩치가 가장 큰 암컷이 앞장서고 그 뒤로 수컷과 암컷이 뒤따른다. 알에는 끈끈한 실이 한쪽에 1올, 맞은편에 4~6올이 달려 있어서 바다풀에 척척 감긴다. 알에서 나온 새끼는 주둥이가 안 뾰족하다. 한 달쯤 크면 아래턱이 뾰족하게 나오기 시작한다. 새끼 때에는 플랑크톤을 먹다가 크면 물에 둥둥 떠다니는 작은 동물들을 잡아먹는다. 2년쯤 사는 것으로 짐작하고 있다.

사람들은 흔히들 '학꽁치'라고도 하는데 꽁치하고는 전혀 다른 물고기다. 학공치 주둥이는 바늘처럼 뾰족하다. 또 꽁치는 등지느러미와 뒷지느러미 뒤로 토막지느러미가 있지만 학공치는 없다.

입이 학 주둥이처럼 길게 튀어나와 있어서 '학공치'라고 한다. 북녘에서는 '공미리'라고 한다. 지역에 따라 '사이루(경북), 꽁치(경남), 청갈치(강화도), 공미리, 공매리(원산), 굉메리(강원도), 공치, 꽁치(충남, 전남), 순봉이, 곰능이(평북), 청망어(평남)'라고 한다. 《자산어보》에는 '침어(鱵魚) 속명 공치어(孔峙魚)'라고 나오고, 《전어지》에는 주둥이가 학처럼 아주 길어서 '학치어(鶴侈魚)'라고 했다. 《우해이어보》에는 "공시(魟鰤)는 상비어(象鼻魚)이다. 이곳 사람들은 곤치(昆雉)라고 한다."라고 적혀 있다. 영어로는 부리가 반쪽이라고 'halfbeak'라고 한다.

**생김새** 몸길이는 30~40cm쯤 된다. 등은 파랗고 배는 하얗다. 몸은 길쭉하다. 아래턱이 길게 튀어나오는데, 머리 길이보다 짧다. 아래턱 끝이 빨간 것이 특징이다. 비늘은 아주 얇고 연하다. 등지느러미와 뒷지느러미가 몸 뒤쪽에서 위아래로 마주 났다. 꼬리지느러미 끝은 가위처럼 갈라졌다. 옆줄이 배 아래쪽에 한 줄 있다. **성장** 암컷 한 마리가 알을 3000개쯤 낳는다. 알은 누르스름하다가 거무스름한 밤색으로 바뀐다. 물 온도가 13~20도일 때 16일 앞뒤로 새끼가 나온다. 한 해가 지나면 25cm, 2년이면 30cm쯤 큰다. 1년 동안 20cm 넘게 자라면 어른이 된다. **분포** 우리나라 온 바다. 일본, 대만, 러시아 **쓰임** 학공치는 알을 낳으러 올 때 낚시나 걸그물, 두릿그물로 잡는다. 꽁치처럼 손으로 잡기도 한다. 회로 먹거나 굽거나 조려 먹는다. 말려서 먹기도 한다. 요리할 때 배 속에 있는 까만 막을 벗겨 내야 쓴맛이 안 난다. 《자산어보》에는 "맛이 달고 산뜻하다."라고 했고, 《우해이어보》에는 "회로 먹으면 아주 맛있다."라고 나온다.

위턱이 아주 짧다.

14~18

15~18

학공치

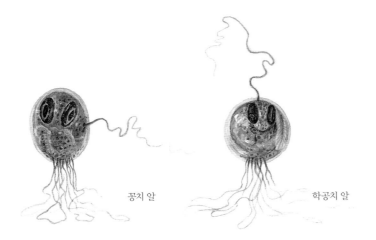

꽁치 알　　　　학공치 알

꽁치 알과 학공치 알은 닮은 듯하지만 서로 다르다. 꽁치 알은
긴둥근꼴이고 학공치 알은 동그랗다. 또 꽁치 알은 한 쪽에 열 가닥쯤
실 다발이 났고 옆구리로 한 올이 나지만, 학공치 알은 실 한 올이
실 다발과 마주 보고 난다.

# 줄공치 *Hyporhamphus intermedius*

줄공미리북, Asian pencil halfbeak, Garfish, クルメサヨリ, 間下鱵

줄공치는 학공치와 닮았는데 몸이 더 작고, 주둥이 앞 끝이 까매서 학공치와 다르다. 따뜻한 물을 좋아하는 아열대성 물고기다. 바닷가 물낯에서 떼 지어 헤엄쳐 다니며 플랑크톤을 먹고 산다. 몸 뒤쪽만 푸덕푸덕 흔들면서 헤엄친다. 학공치는 강으로 올라오지 않지만 줄공치는 강어귀에도 많고, 봄철에는 때때로 강이나 하천 중류까지도 올라온다. 5~6월에 알을 낳는다. 물낯에 떠다니는 모자반 같은 바다풀이나 얕은 바닷가에 가라앉은 나무나 풀 따위에 알을 낳는다. 알에는 가느다란 실이 나 있어서 바다풀에 착 감겨 붙는다.

**생김새** 몸길이는 15~20cm쯤 된다. 몸은 가늘고 긴 원통형이고 옆으로 조금 납작하다. 아래턱이 앞으로 길게 튀어나오는데, 머리 길이보다 더 길다. 몸은 연한 푸른빛이고, 등은 옅은 녹색, 배는 은백색을 띤다. 옆구리 가운데에는 금속처럼 반짝반짝 빛나는 은백색 세로띠가 있다. **성장** 더 밝혀져야 한다. **분포** 우리나라 서해와 남해 바닷가. 중국, 일본, 대만 **쓰임** 학공치처럼 낚시로 잡는다. 몸이 작아서 어업 대상종은 아니지만 강어귀 개발과 오염으로 개체 수가 줄고 있다.

위턱이 아주 짧다.

13~17

14~19

# 살공치 *Hyporhamphus quoyi*

Quoy's garfish, Short-nosed halfbeak, センニンサヨリ, 瓜氏鱵, 瓜氏下鱵鱼

살공치는 따뜻한 물을 좋아하는 열대성 물고기다. 바닷가 물낯에서 떼 지어 산다. 때때로 강으로 들어가기도 한다. 학공치와 닮았는데, 침처럼 뾰족한 아래턱이 머리 길이보다 짧아서 학공치, 줄공치와 다르다. 또 학공치와 줄공치보다 몸이 짧고 통통하다. 우리나라 바다에는 학공치와 줄공치보다 수가 많지 않다. 우리나라 남해와 제주도 바닷가에서 산다는 기록이 있지만 드물다. 우리나라에 기록된 학공치과 물고기는 학공치, 줄공치, 살공치인데 이 중 살공치는 태평양과 인도양 열대 바다에 많이 사는 종이다. 사는 모습은 더 밝혀져야 한다.

**생김새** 몸길이는 30cm 안팎이다. 등은 푸르스름하고, 배는 은백색이다. 옆구리 가운데를 따라 은백색 굵은 띠가 있다. 등지느러미는 뒷지느러미보다 조금 앞쪽에서 시작해서 거의 같은 곳에서 마주한다. 옆줄은 옆구리 아래쪽에 있다. 꼬리지느러미 뒤 가장자리가 학공치나 줄공치보다 더 깊게 파이며, 아래쪽 꼬리지느러미가 위쪽보다 조금 길다. **성장** 더 밝혀져야 한다. **분포** 우리나라 남해. 일본 큐우슈우 이남, 중국, 필리핀, 태국, 호주 북부, 인도양 **쓰임** 일본 오키나와에서는 낚시로 많이 잡아 회로 먹는다. 또 생선이나 소금을 뿌려 말린 포로 먹는다.

14~17(16)

위턱이 아주 짧다.

검은 띠

13~17

줄공치

살공치

# 날치 *Cypselurus agoo*

날치어, 날치고기, Flying fish, トビウオ, 燕鱵魚, 飛魚

날치는 따뜻한 물을 좋아한다. 육지와 가까운 바다에 많다. 우리나라 온 바다에 살고, 여름에는 동해 위쪽까지 올라왔다가 추워지면 다시 제주도 저 아래로 내려간다. 물낯 가까이에서 떼로 헤엄쳐 다니고 물 깊이가 40m 안팎보다 깊게는 안 들어간다. 플랑크톤이나 작은 새우 따위를 잡아먹는다. 가슴지느러미가 새 날개처럼 길어서 물 위로 펄쩍 뛰어올라 일이백 미터를 날기도 하며, 500m까지 날기도 한다. 물낯에서 50~90cm 높이로 뛰어오르는데 때로는 3~10m 높이까지 뛰어오른다. 빠르게 헤엄치다가 꼬리로 물낯을 세게 치면서 뛰어올라 커다란 가슴지느러미와 배지느러미를 쫙 펴고 날아가는데, 새처럼 퍼덕이지 않고 미끄러지듯 날아간다. 물을 세게 박차서 뛰어오르려고 꼬리지느러미 아래쪽 반이 위쪽보다 훨씬 커졌다. 물에 내릴 때는 비행기가 내리듯이 꼬리부터 배, 가슴 순서로 스르르 내린다. 꼬리를 물에 담그고 지그재그 노 젓듯이 움직이면서 물수제비뜨며 날기도 한다. 심심해서 나는 게 아니고 다랑어나 청새치 같은 큰 물고기가 쫓아오면 도망가려고 난다. 날다가 배 안으로 뛰어들기도 한다. 먼바다에서 살다가 봄부터 초여름에 바닷가 가까이로 와서 바닷말이 어우렁더우렁 숲을 이룬 곳에서 알을 낳는다. 알에는 가늘고 기다란 실이 잔뜩 달려 있어서 바닷말에 척척 들러붙는다. 알에서 나온 새끼는 한 해가 지나면 어른이 된다.

하늘을 난다고 이름이 '날치'다. 지역에 따라 '날치어(전남), 날치고기(강원)'라고도 한다. 《자산어보》에는 '비어(飛魚) 속명 날치어(辣峙魚)'라고 하고 "새처럼 날개가 있는데 푸른빛이 뚜렷하다. 한번 날개를 펼치면 수십 걸음을 날 수 있다."라고 했다.

날치 무리는 온 세계에 60종쯤 산다. 우리나라에는 날치, 황날치, 새날치, 제비날치, 매날치, 상날치, 멘토황날치, 전력날치, 기점날치, 가는매날치, 태안큰날치 이렇게 열한 종이 산다.

**생김새** 몸길이는 35cm쯤 된다. 머리는 숭어 머리처럼 뭉툭하고 눈이 댕그랗게 크다. 몸은 둥근비늘로 덮여 있다. 등은 평평하고 배는 삼각형으로 뾰족하다. 등은 파르스름한 밤색이고 배는 하얗고 반짝거린다. 가슴지느러미는 파르스름하고 아주 크다. 가슴지느러미 1, 2번째 줄기가 갈라지지 않는 것이 다른 종과 다르다. 배지느러미도 크다. 꼬리지느러미는 가운데가 깊게 파이고 아래쪽 지느러미가 더 길쭉하다. 옆줄은 배 아래쪽에 한 줄 있다. **성장** 알 낳는 때는 해역에 따라 봄부터 가을까지 다양하다. 암컷 한 마리가 알을 6000~15000개쯤 낳는다. 알은 색깔이 없이 투명하고 동그랗다. 알은 물에 가라앉아 알 끈으로 다른 물체에 붙는다. 알에는 가늘고 기다란 실이 30~40올쯤 나 있다. 물 온도가 23~25도일 때 열흘쯤 지나면 새끼가 나온다. 4~6cm쯤 크면 물낯 위로 뛰어오르는 행동을 보이기 시작한다. 1년 만에 20cm쯤 큰다. **분포** 우리나라 온 바다. 일본, 대만, 북서태평양 **쓰임** 걸그물이나 자리그물로 많이 잡는다. 밤에 배를 타고 나가 불을 환하게 밝히면 떼로 몰려든다. 이때 그물을 내려서 잡는다. 《자산어보》에는 "맛은 매우 싱겁고 안 좋다. 망종(양력 6월 5~6일) 때가 되면 바닷가에서 알을 낳는다. 어부들이 불을 밝히고 작살로 잡는다. 홍도와 가거도에서 나지만 흑산도에서도 가끔 볼 수 있다."라고 했다. 여름이 제철이다. 살은 희고 투명하다. 지방이 적어 맛이 산뜻하고 담백하다. 회, 구이, 튀김, 탕을 끓여 먹는다. 날치 알로는 주먹밥이나 초밥을 만들어 먹는다.

16~17

10~12

9~11

커다란 배지느러미

날치

날치 콧구멍

알

5mm

8mm

18mm

30mm

날치 알에서 새끼가 나와 커 가는 모습이다.
날치 알에는 가느다란 실이 수십 올 나 있다.

**바다 위를 나는 날치**
날치는 커다란 가슴지느러미를 쫙 펴고 물 위를 난다.

# 황날치 *Parexocoetus brachypterus brachypterus*

Sailfin flyingfish, ツマリトビウオ, 短鰭, 拟飞鱼

황날치는 거의 바닷가에서 살고 먼바다에서는 드물다. 물속 작은 동물을 잡아먹고 같은 종 새끼들을 잡아먹기도 한다. 날치처럼 물 위로 튀어 올라 지느러미를 쫙 펴고 먼 거리를 미끄러지듯 날 수 있다. 알 낳을 때에는 암컷 2~3마리에 수컷이 한 마리씩 짝을 지어 13~14마리씩 무리 지어 헤엄치면서, 물낯 위로 튀어 오르고 날면서 알을 낳는다. 알 낳는 때는 해역에 따라 다르다. 북서태평양에서는 봄에 알을 낳고, 멕시코만에서는 5월에 알을 낳는다. 알에 있는 실들이 서로 엉키거나 물에 떠 있는 물풀 따위에 붙어 떠다니기도 하며, 붙을 것이 없으면 바닥에 가라앉기도 한다.

**생김새** 몸길이는 20cm 안팎이다. 몸은 긴 원통형이다. 등은 풀빛이 도는 파란색이고 배는 은백색이다. 등지느러미가 크고 위쪽이 까매서 다른 날치와 다르다. 배지느러미는 잿빛을 띤다. 가슴지느러미, 뒷지느러미, 꼬리지느러미는 투명하다. **성장** 더 밝혀져야 한다. **분포** 우리나라 남해. 일본 남부, 하와이, 호주, 홍해, 대서양 서부, 북미 바닷가 **쓰임** 날치처럼 먹을 수 있지만 날치보다 덜 쳐준다.

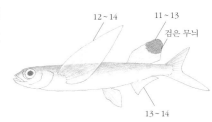

# 제비날치 *Cypselurus hiraii*

Darkedged-wing flyingfish, ホソトビウオ, 平井燕鰩鱼

제비날치는 따뜻한 온대 바다 물낯 가까이에서 살면서 작은 동물성 플랑크톤을 잡아먹는다. 큰 무리를 지어 살며, 늦봄부터 여름 사이에 물 깊이가 20~30m쯤 되는 바닷가 바위밭에서 알을 낳는다. 사는 모습은 더 밝혀져야 한다.

**생김새** 몸길이는 15~25cm 안팎이다. 몸은 긴 원통형으로 날치와 닮았다. 눈은 크며, 머리 위는 평평하다. 가슴지느러미 맨 첫 번째 줄기만 끝이 갈라지지 않아서 날치와 다르다. 날치는 가슴지느러미 1, 2번째 줄기가 갈라지지 않는다. 가슴지느러미는 지느러미 막이 반투명하며 반점이나 무늬가 없지만, 위쪽과 아래쪽 가장자리가 투명한 것이 특징이다. 어릴 때는 아래턱에 수염이 한 쌍 있는데 자라면서 없어진다. **성장** 알을 6000~8500개쯤 낳는다. 알에서 나온 새끼는 1년이면 짝짓기를 할 수 있다. **분포** 우리나라 남해, 제주. 일본, 대만 같은 북서태평양 **쓰임** 날치처럼 먹을 수 있다. 알 낳을 때가 맛이 좋다.

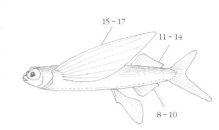

# 새날치 *Cypselurus poecilopterus*

근해날치북, Yellow-wing flyingfish, アヤトビウオ, 斑鳍飞鱼

새날치는 따뜻한 물을 좋아하는 열대성 물고기다. 먼바다로 나가지 않고 바닷가에서 주로 산다. 가슴지느러미에 까만 점무늬가 줄지어 나 있다. 배지느러미에는 점무늬가 없다. 다른 날치처럼 물 깊이가 20m 안쪽인 물낯 가까이에서 헤엄쳐 다니며 작은 새우나 플랑크톤을 먹는다. 물위로 튀어 올라 날기도 한다. 여름에는 북쪽으로 옮겨 간다.

**생김새** 몸길이는 20cm 안팎이며 27cm까지도 자란다. 가슴지느러미가 노랗고 까만 점무늬가 나 있다. 몸은 짧고 높으며 옆으로 조금 납작하다. **성장** 더 밝혀져야 한다. **분포** 우리나라 동해와 남해. 일본, 타이완, 필리핀, 인도네시아, 호주 중북부, 서태평양, 인도양 열대 바다 **쓰임** 날치처럼 먹을 수 있다. 하지만 몸집이 작아서 가치가 높지 않다.

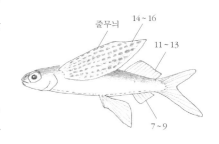

황날치

제비날치

새날치

# 철갑둥어 *Monocentris japonica*

솔방울고기, Pinecone fish, Knightfish, マツカサウオ, 松球魚

철갑둥어는 따뜻한 물을 좋아하는 물고기다. 얕은 바닷가 바위밭 바위 밑에서 지내고, 가끔 굴속에서도 보인다. 물 깊이가 250m쯤 되는 깊은 바닷속에 조개껍데기나 펄이 섞인 모랫바닥에서도 산다. 온몸이 단단한 비늘로 싸여 있어서 움직임이 둔하고 물속에서 천천히 헤엄친다. 물 깊이가 70m가 넘는 대륙붕 둘레 깊은 바다에서는 무리 지어 살지만 우리나라 바닷가에서는 거의 혼자 지낸다. 깜깜한 밤에는 아래턱에 있는 빛을 내는 기관에서 푸르스름한 빛을 낸다. 빛을 내는 기관은 까맣고 그 안에 빛을 내는 박테리아가 들어가 함께 산다. 밤에 돌아다니며 젓새우나 새우, 작은 게 따위를 잡아먹는다. 몸은 작아도 등에 뾰족한 가시가 아주 억세게 나 있고, 온몸이 바다거북처럼 딱딱한 비늘로 덮여 있어서 자기 몸을 지킨다. 배지느러미에도 억센 가시가 있는데 서로 비벼서 소리를 내기도 한다. 우리나라 남해와 동해 바닷가 바위밭에서 가끔 볼 수 있다. 어린 새끼들은 더 얕은 바닷가에서 산다.

철갑둥어는 마치 철갑 옷을 입은 것 같다고 이런 이름이 붙었다. 온몸은 노랗고 비늘마다 뒤로 향한 짧고 억센 가시를 하나씩 가지며, 까만 테두리가 있다. 이 모습이 꼭 솔방울을 닮았다고 'pinecone fish', 파인애플을 닮았다고 'pineapple fish'라는 영어 이름이 붙었다.

**생김새** 몸길이는 15~17cm쯤 된다. 몸이 높은 달걀꼴이고, 옆으로 납작하다. 온몸은 노랗다. 비늘은 아주 두껍고 단단하며 가장자리가 까만색으로 서로 이어져 있다. 비늘 가운데에는 뒤로 향한 짧고 강한 가시가 돋아 있다. 눈은 크고 눈알에 까만 점이 4~5개 있다. 주둥이는 둥글고 입은 아래쪽으로 비스듬히 나 있다. 첫 번째 등지느러미에는 억센 가시 6개가 따로 떨어져 있다. 두 번째 등지느러미에는 가시가 없고 줄기가 10~12개 있다. 배지느러미 가시도 두껍고 억세며 몸통에 접을 수 있다. 뒷지느러미에는 가시가 없고 부드러운 줄기만 9~11개 있다. 아래턱에 까맣고 긴둥근꼴로 생긴 빛을 내는 기관이 한 쌍 있다. **성장** 봄부터 가을 사이에 알을 낳는다. 성장은 더 밝혀져야 한다. **분포** 우리나라 동해, 남해. 일본 남부, 인도네시아, 호주, 뉴질랜드, 홍해, 남아프리카 **쓰임** 먹기도 하지만 생김새가 예쁘고 몸에서 빛이 나기 때문에 수족관에서 많이 키운다.

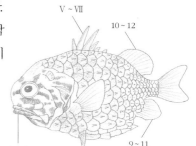

V ~ VII
10 ~ 12
9 ~ 11
발광기

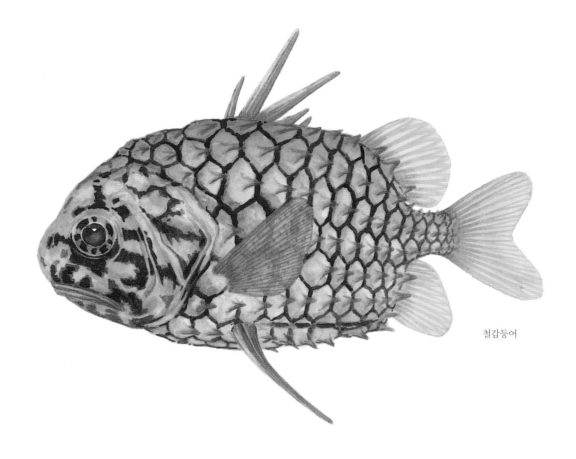

철갑둥어

# 금눈돔 *Beryx decadactylus*

Alfonsino, Broad alfonsino, Red bream, ナンヨウキンメ, 大目金眼鯛

눈이 크고 황금빛이 돌아서 '금눈돔'이라는 이름이 붙었다. 금눈돔 눈은 투명한 황금빛 노란색으로도 보인다. 깊은 바다에 살기 때문에 약한 빛을 보려고 망막에 반사판이 있기 때문이다. 어릴 때는 물 가운데쯤에서 살다가 어른이 되면 대륙붕 가장자리 펄이나 모래가 섞인 펄 바닥으로 내려가 산다. 물 깊이가 100~1000m 되는 깊은 바닷속에서 산다. 새우나 작은 물고기, 오징어 따위를 잡아먹는다. 사는 모습은 더 밝혀져야 한다.

**생김새** 몸길이가 1m까지 큰다. 몸이 높고 달걀꼴이다. 몸과 지느러미가 주황색을 띠고, 배 쪽은 옅다. 뺨은 붉은색이지만 노란색이 강하다. 눈은 크고 투명한 황금색이다. 입은 아래턱이 위턱보다 조금 길고 위를 향해 열린다. 비늘이 단단하며 껍질도 강하다. 어릴 때는 머리에 억센 가시가 있다. **성장** 여름부터 초가을 사이에 알을 낳는다. 성장은 더 밝혀져야 한다. **분포** 우리나라 동해, 남해. 온 세계 온대와 열대 깊은 바다 **쓰임** 참돔보다 금눈돔이 더 맛있다. 겨울이 제철이다. 낚시나 끌그물로 잡는다. 살이 희고 부드럽고 담백하다. 회나 조림, 구이로 먹는다.

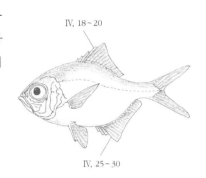

Ⅳ, 18~20

Ⅳ, 25~30

# 도화돔 *Ostichthys japonicus*

갑옷도미<sup>북</sup>, 바다붕어, Soldierfish, Deepwater squirrelfish, エビスダイ, 日本骨鰓, 金鱗鱼

몸 빛깔이 복숭아꽃 빛깔이라고 '도화돔'이다. 따뜻한 물에서 사는 물고기다. 물 깊이가 100~250m쯤 되는 대륙붕 가장자리 깊은 바닷속에서 산다. 조개껍데기가 섞인 모랫바닥이나 바위밭에서 지낸다. 그러다 앞바다에서 알을 낳는다. 알에서 나온 새끼는 머리에 큰 가시를 가진 '린키치티스(rhynchichthys)' 시기를 거친다. 린키치티스 시기는 머리에 큰 가시를 가진 얼게돔과 어린 시기를 일컫는 말이다. 얼게돔과는 어린 시기(후기 자어)에 머리에 강한 가시가 있어서 스스로 몸을 지킨다. 크면서 탈바꿈을 해서 생김새가 바뀐다.

**생김새** 몸길이는 45cm까지 큰다. 몸이 높은 달걀꼴이고 옆으로 납작하다. 온몸은 주홍색을 띤다. 눈은 크고 등 쪽으로 치우친다. 입은 크고 아래턱이 위턱보다 길며 위쪽을 향해 열린다. 비늘은 매우 두껍고 단단하다. 비늘 가장자리에 침처럼 뾰족한 가시들이 나 있다. 아가미뚜껑 위쪽에도 큰 가시가 있다. 등지느러미 줄기와 뒷지느러미, 배지느러미 막은 투명하다. 등지느러미 마지막 12번째 가시가 그 앞 가시보다 훨씬 긴 것이 특징이다. **성장** 더 밝혀져야 한다. **분포** 우리나라 남해부터 대만, 필리핀, 인도네시아, 호주 중북부 바다까지, 인도 서부, 피지, 바누아투 같은 태평양 **쓰임** 비늘이 거칠고 강하며 껍질도 두껍지만, 살이 맛있어서 끌그물이나 자리그물, 낚시로 잡는다. 머리와 껍질도 맛이 좋다. 하지만 많이 잡히지는 않는다.

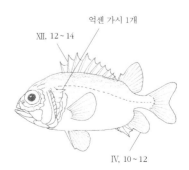

억센 가시 1개

XII, 12~14

Ⅳ, 10~12

금눈돔

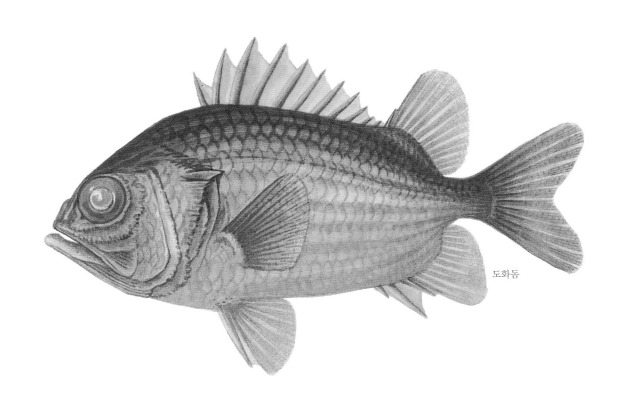

도화돔

# 얼게돔 *Sargocentron spinosissimum*

얼게도미<sup>북</sup>, North Pacific squirrelfish, イットウダイ, 多棘鰃

얼게돔은 따뜻한 물을 좋아하는 물고기다. 바닷가에서 200m 물 깊이까지 산다. 산호가 발달한 바닷가 바위밭이나 산호초에서 지낸다. 낮에는 바위 밑이나 굴, 산호 아래에 머물고 있다. 밤에 작은 물고기나 새우 따위를 잡아먹는다. 자기 사는 곳에 다른 물고기가 들어오면 소리를 내면서 경계를 한다.

**생김새** 몸길이는 20cm이다. 몸은 달걀꼴이고 옆으로 납작하다. 몸은 주홍색이며 옆구리에는 아가미 뒤에서 꼬리자루까지 비늘마다 하얀 점이 죽 이어져 7개 안팎으로 은백색 줄이 나 있다. 눈은 아주 크고 아가미뚜껑에는 뒤로 향한 큰 가시가 돋았다. 이 가시에는 독이 있어서 찔리지 않도록 조심해야 한다. 비늘은 매우 거칠고 단단하다. 비늘 가장자리에는 가시들이 있다. 등지느러미와 뒷지느러미 가시들은 길고 굵으며 끝이 날카롭다. **성장** 더 밝혀져야 한다. **분포** 우리나라 남해. 일본 남부, 대만 같은 북서태평양, 하와이 **쓰임** 맛이 좋아 회나 탕으로 먹는다. 열대 섬에서는 구워 먹는다. 수족관에서 키우기도 한다.

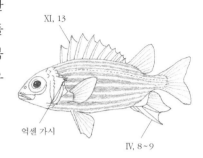

XI, 13

억센 가시

IV, 8~9

# 적투어 *Myripristis murdjan*

붉은투어<sup>북</sup>, Pinecone soldierfish, Big eye soldierfish, Blotcheye soldier, ヨゴレマッカサ, 小牙锯鳞鱼

적투어는 따뜻한 물을 좋아하는 물고기다. 바위와 산호가 많은 얕은 바닷가부터 물 깊이가 50m쯤 되는 곳까지 산다. 낮에는 바위 밑이나 산호 아래 어두운 곳에 모여 있다가 밤에 나와서 먹이를 찾는다. 게 유생 같은 갑각류나 동물성 플랑크톤을 먹는다. 열대 바다 산호초에서는 흔한데, 우리나라에서는 제주도에서 가끔 보인다.

**생김새** 몸길이는 20cm 안팎인데, 60cm까지 크기도 한다. 몸은 달걀꼴이고 옆으로 납작하다. 몸빛은 주황색이고 아가미뚜껑 뒤 가장자리가 짙은 주홍색이거나 까맣다. 몸에 비해 눈은 아주 크다. 모든 지느러미는 빨갛다. 등지느러미와 뒷지느러미 줄기 가장자리와 갈라진 꼬리지느러미 위아래 가장자리는 하얗다. **성장** 알은 물에 둥둥 떠다닌다. 알에서 나온 새끼는 물에 둥둥 떠다니며 자란다. 성장은 더 밝혀져야 한다. **분포** 우리나라 제주. 일본, 대만, 필리핀, 인도네시아, 하와이, 미국과 멕시코 동부 연안 같은 태평양 열대 바다, 홍해와 동아프리카 바닷가, 인도양 **쓰임** 먹을 수 있다. 하지만 사는 곳에 따라 식중독을 일으키기도 해서 조심해야 한다.

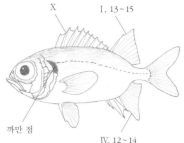

X

I, 13~15

까만 점

IV, 12~14

얼게돔

얼게돔과 자어

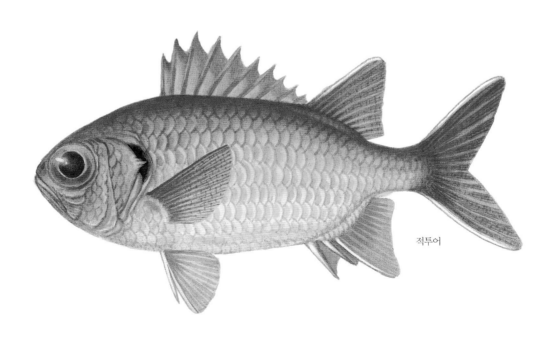

적투어

# 달고기 *Zeus faber*

달도미북, 점돔북, 정갱이, 허너구, John dory, Dory, Jan, マトウダイ, 日本海魴

달고기는 열대 바다부터 차가운 북쪽 바다까지 사는 온대성 물고기다. 우리나라 남해와 서해, 제주 바다에 살고, 따뜻한 물이 올라오는 동해 울릉도나 독도에서도 볼 수 있다. 바닷가부터 물 깊이가 70~400m쯤 되는 바다 밑바닥을 어슬렁어슬렁 혼자 헤엄쳐 다닌다. 등지느러미 앞쪽 가시가 꼬리지느러미에 닿을 만큼 실처럼 길어져서 물속에서 하늘거린다. 먹이가 보이면 슬그머니 다가가서는 주둥이를 길게 쭉 내빼서 잡아먹는다. 주둥이가 깔때기처럼 두 배나 길어진다. 작은 물고기나 오징어나 새우 따위를 게걸스럽게 닥치는 대로 잡아먹는다. 자기 몸무게만큼 잡아먹기도 한다. 알 낳는 때는 해역마다 다르다. 우리나라, 일본, 동중국 바다에서는 겨울부터 봄에 걸쳐 알을 낳는다. 알은 저마다 흩어져 물에 둥둥 떠다닌다. 어릴 때는 바닷말이 수북이 자란 바닷가에서 살다가 크면 깊은 곳으로 내려간다. 12년쯤 산다.

몸통에 보름달처럼 동그란 점무늬가 있다고 이름이 '달고기'다. 지역에 따라 '정갱이(전남), 허너구(경남)'라고 한다. 우리나라 사람들은 달고기 몸통에 난 점무늬를 보름달처럼 생겼다고 했지만, 일본 사람들은 화살을 쏘아 맞히는 둥근 과녁처럼 생겼다고 여겨서 '마토우다이(マトウダイ, 的鯛)'라고 한다. 네덜란드 사람들은 둥근 해를 닮았다고 '태양물고기(zonnevis)'라고 한다. 그리스, 독일, 프랑스에서는 '성 베드로 물고기(seintpierre)'라고 한다. 예수 일행이 세금을 내야 했는데, 베드로가 이 물고기를 잡아 입에서 금화를 꺼내 세금을 냈다고 한다. 이때 물고기 몸에 베드로 손자국이 둥근 점으로 남아서 이런 이름이 붙었다고 한다.

**생김새** 몸길이는 30~50cm쯤 된다. 90cm까지도 자란다. 몸빛은 옅은 잿빛 밤색이거나 은빛이 도는 회색이다. 몸은 넓적하고 옆으로 납작하다. 몸통에 동그랗고 까만 무늬가 있다. 머리는 크고 입도 아주 크다. 입은 위쪽으로 열리고 아래턱이 위턱보다 조금 길다. 눈이 머리 위쪽에 있다. 눈 앞이 볼록하다. 등지느러미 앞쪽 가시 10개가 길다. 등지느러미와 뒷지느러미 뿌리 쪽에는 날카로운 가시들이 줄지어 발달해 있다. 옆줄은 크게 휘어져 내려온다. **성장** 알은 물 위에 뜬다. 알에서 나온 새끼는 1년이면 10cm쯤 큰다. 4년쯤 커서 30~35cm 안팎이 되면 어른이 된다. **분포** 우리나라 온 바다. 대만, 일본, 러시아, 호주, 뉴질랜드 같은 태평양, 영국, 노르웨이 같은 북유럽과 아프리카 서부의 대서양 같은 온 세계 바다, 인도양 **쓰임** 달고기는 많이 잡히는 물고기가 아니다. 다른 물고기를 잡으려고 쳐 놓은 그물에 함께 잡혀 올라온다. 가을, 겨울이 제철이다. 살은 하얗고 담백하다. 예전부터 부산, 경남 지방에서는 넙치회 대신 횟감으로 먹었다. 회로 먹거나 구이, 전, 매운탕을 끓여 먹는다. 간과 알도 맛있다.

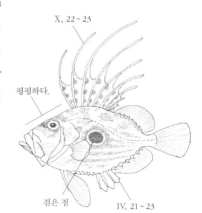

X, 22~23

평평하다.

검은 점

IV, 21~23

달고기는 입을 앞으로 쭉 내밀어 먹이를
잡아먹는다.

달고기

달고기는 입을 앞으로 쭉 내밀어 먹이를
잡아먹는다.

# 민달고기 *Zenopsis nebulosa*

거울도미[북], 민정갱이, Mirror dory, Deepsea dory, カガミダイ, 雨印亜海魴

몸에 둥근 까만 점이 있고 입과 눈 사이가 볼록 솟으면 달고기고, 점이 없고 눈과 입 사이가 움푹 들어가면 민달고기다. 민달고기는 달고기보다 더 깊은 곳에 산다. 온 세계 온대와 열대 깊은 바다에서 산다. 몸길이도 달고기보다 크다. 우리나라 제주 동쪽부터 남쪽으로 대륙붕 가장자리를 따라 산다. 물 깊이가 30~800m쯤 되고, 조개껍데기가 섞인 모랫바닥이나 바위밭에서 산다. 작은 물고기나 새우, 오징어 따위를 잡아먹는다. 겨울철에 알을 낳는데, 먼 거리를 이동하지 않는다. 45년쯤 산다.

**생김새** 몸길이는 70cm까지 큰다. 온몸은 은빛이고 비늘이 없다. 달고기와 달리 몸통에 까만 점무늬가 없다. 몸은 높고 옆으로 아주 납작하다. 눈은 크다. 아래턱이 머리 앞으로 튀어나오고 위턱 뒤 끝은 눈 앞까지 온다. 양턱에는 안쪽으로 휘어진 날카로운 이빨이 났다. 위턱에 1쌍, 아래턱에 여러 쌍이 나 있다. **성장** 1~2월에 알을 낳는다. 알은 저마다 흩어져 떠다닌다. 성장은 더 밝혀져야 한다. **분포** 우리나라 제주. 일본에서 호주, 뉴질랜드, 미국 캘리포니아, 페루 같은 태평양 동부, 아프리카 동부, 인도양 **쓰임** 끌그물, 자리그물에 많이 잡힌다. 가을부터 봄까지 맛있다. 회, 탕, 튀김, 구이처럼 여러 가지 요리로 먹는다. 간도 맛있다.

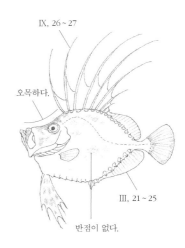

IX, 26 ~ 27

오목하다.

III, 21 ~ 25

반점이 없다.

# 병치돔 *Antigonia capros*

병치도미[북], Deepbody boarfish, Boarfish, ヒシダイ, 高麦鯛

병치돔은 어릴 때는 바닷물 가운데쯤에서 살다가 어른이 되면 바닥 가까이 내려간다. 물 깊이가 50~900m쯤 되는 바위밭이나 펄 모랫바닥에서 산다. 작은 연체동물이나 새우, 게 따위를 잡아먹는다. 26년쯤 산다. 온 세계에 병치돔과에 2속 8종이 사는데, 우리나라에는 1종만 살고 있다.

**생김새** 몸길이는 15cm 안팎인데 30cm까지 자란다. 몸은 아주 높고 옆으로 납작해서 몸 생김새가 사각형에 가깝다. 입은 작고 주둥이 끝에서 위를 향해 열린다. 눈은 크다. 몸은 단단한 비늘과 껍질로 덮여 있다. 등지느러미 줄기, 뒷지느러미 줄기, 꼬리지느러미를 빼고 온몸이 주홍색이다. 살아 있을 때는 눈, 몸통 가운데, 꼬리자루에 짙은 붉은색 띠가 뚜렷해지기도 한다. 아가미 밑과 배는 은빛으로 빛난다. **성장** 5년이 지나면 어른이 된다. 성장은 더 밝혀져야 한다. **분포** 우리나라 온 바다. 온 세계 아열대와 열대 바다 **쓰임** 바닥끌그물로 잡는다. 먹을 수 있지만 시장에는 흔치 않다.

VIII ~ IX, 35 ~ 37

III, 30 ~ 35

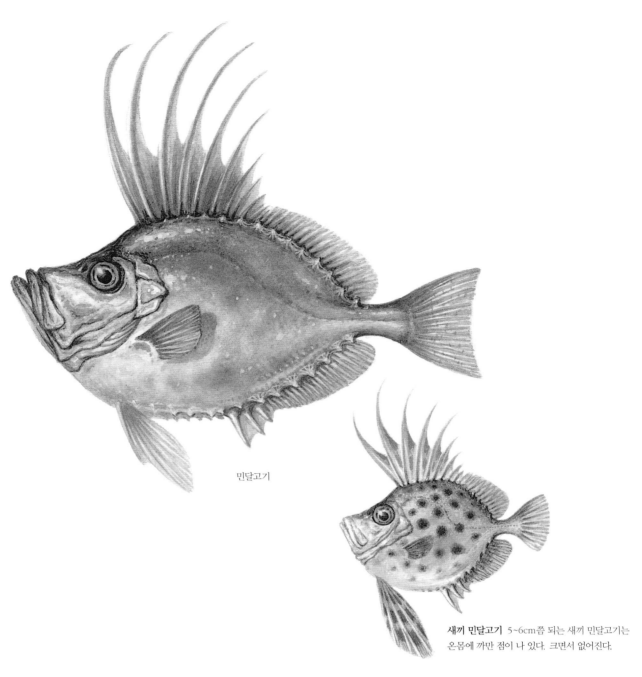

민달고기

**새끼 민달고기** 5~6cm쯤 되는 새끼 민달고기는
온몸에 까만 점이 나 있다. 크면서 없어진다.

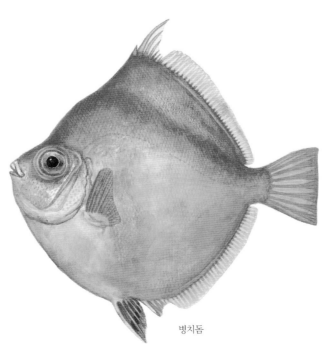

병치돔

# 큰가시고기 *Gasterosteus aculeatus*

참채북, Three-spined stickleback, イトヨ, 三刺魚

큰가시고기는 바닷가에 살다가 강을 거슬러 올라오는 물고기다. 때로는 강에서만 사는 무리도 있다. 우리나라 바다로 흐르는 모든 하천과 강, 바닷가에서 볼 수 있다. 강어귀나 바닷가에서 떼로 몰려다니며 살다가 삼사월 진달래꽃 필 무렵에 강을 거슬러 올라온다. 5~6월 짝짓기 때가 되면 수컷 몸빛이 파랗고 발그스름하게 바뀐다. 물이 많고 느릿느릿 흐르는 시냇가나 도랑에 들어가서, 수컷이 새 둥지처럼 생긴 집을 물 바닥에 짓는다. 물풀을 입으로 물어다가 얼기설기 엮어서 둥실둥실하게 짓는다. 집을 지으면 수컷은 텃세를 부리며 자기 집 둘레를 지킨다. 그러고는 암컷을 데려와 집 안에 알을 낳게 한다. 알을 낳으면 암컷은 집을 떠나 죽는다. 수컷은 남아서 알에서 새끼가 깨어날 때까지 돌본다. 알을 노리고 오는 다른 물고기를 쫓아내고 지느러미를 흔들어 신선한 물을 둥지에 넣어 주면서 곁을 지킨다. 새끼가 나와서 둥지를 떠나면 온 힘을 다해 알을 지킨 수컷도 시름시름 힘이 빠져 죽는다. 하지만 강에서만 사는 큰가시고기는 알을 낳고도 여러 해 살기도 한다. 새끼는 플랑크톤이나 작은 새끼 물고기나 새우 따위를 먹으며 큰다. 2~3cm쯤 크면 집을 나오고 일부는 가을에 강을 내려간다. 한 해가 지나면 다 큰 어른이 된다.

등에 큰 가시가 났다고 '큰가시고기'다. 우리나라에는 가시고기, 큰가시고기, 잔가시고기, 청가시고기, 두만가시고기가 산다. 청가시고기와 두만가시고기는 동해 북부 지방에만 살고 사는 모습도 잘 밝혀지지 않았다. 가시고기, 큰가시고기, 잔가시고기는 경남, 경북, 강원도에도 산다. 가시고기는 등에 짧지만 뾰족한 가시가 아홉 개쯤 나 있다. 큰가시고기보다 조금 작다. 동해로 흐르는 물이 맑고 차가운 강에 사는 멸종위기 민물고기다. 잔가시고기도 가시고기처럼 동해로 흐르는 강에서 사는 멸종위기 민물고기다. 물이 느릿느릿 흐르고 물풀이 수북이 난 중류쯤에서 산다. 가시고기보다 작다. 겨울에는 암수 모두 몸빛이 금빛으로 반짝이다가, 짝짓기 철이 되면 수컷 몸이 까매진다.

큰가시고기와 가시고기, 잔가시고기는 모두 집을 짓는다. 가시고기와 잔가시고기는 물풀 줄기에 둥지를 트는데, 큰가시고기는 바닥에 집을 짓는다. 가시고기와 잔가시고기는 강에서 사는 민물고기로 바다로 내려오지 않는다.

**생김새** 몸길이는 10cm 안팎이다. 강에서만 사는 큰가시고기는 8cm쯤 된다. 몸은 풀빛이고 진한 점이 자글자글 나 있다. 배는 하얗다. 몸이 길쭉하고 옆으로 납작하다. 옆구리에 뼈판이 나란히 늘어서서 주름이 진다. 등지느러미 앞에 뾰족한 가시가 세 개 있다. 배지느러미도 가시로 바뀌었다. 옆줄은 뚜렷하다. **성장** 암컷 한 마리가 알을 수백 개쯤 낳는다. 1~2주쯤 지나면 알에서 새끼가 나온다. 3cm쯤 자라면 몸 옆에 뼈판이 나타나며, 1년이 지나면 7cm 안팎으로 자란다. **분포** 우리나라 온 바다. 일본, 중국, 러시아, 사할린, 북미 알래스카, 캐나다, 미국 동서부, 영국, 프랑스, 노르웨이 같은 대서양 중북부 **쓰임** 수가 많이 줄어서 함부로 잡으면 안 된다. 멸종위기종이다.

III ~ IV, 10 ~ 15

I, 7 ~ 11

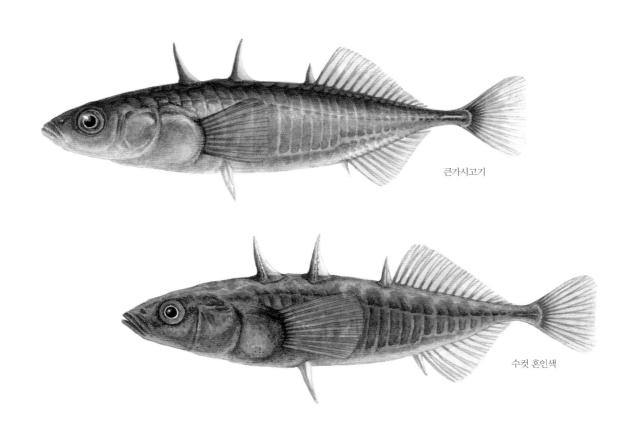

큰가시고기

수컷 혼인색

1

2

3

4

**큰가시고기 한살이**
1. 큰가시고기는 물 바닥에 둥지를 튼다.
2. 수컷이 암컷을 둥지로 데려온다.
   암컷은 알을 낳고 곧 떠난다.
3. 수컷만 혼자 남아 알을 지킨다.
   먹지도 자지도 않고 지킨다.
4. 새끼가 깨어나면 수컷은 힘이 다 빠져 죽는다.

**큰가시고기 둥지** 큰가시고기는 바닥에 집을 짓는다.

# 양미리 *Hypoptichus dybowskii*

야미리, 앵미리, Korean sandlance, Korean sand eel, シワイカナゴ, 戴氏裸玉褶魚

양미리는 온대성 물고기지만 차가운 물을 좋아한다. 동해 바닷가 모랫바닥에서 무리 지어 산다. 4~7월이면 바닷가 가까이 잘피나 모자반 같은 바다풀 숲으로 몰려와 새벽에 알을 낳는다. 수컷은 알 낳을 때가 되면 등지느러미와 뒷지느러미 앞쪽이 까맣게 바뀐다. 이렇게 혼인색을 띠면 텃세를 부린다. 암컷이 바다풀 줄기에 몸을 감고 알을 낳아 붙인다. 알은 끈끈해서 바다풀에 잘 붙는다. 알 덩어리는 포도송이를 닮았다. 수컷이 알을 돌보다 새끼가 나오면 죽는다. 1년 산다.

양미리는 동해에서 까나리와 이름이 헷갈리지만 전혀 다른 종이고, 등지느러미 생김새가 다르다. 까나리는 등지느러미가 등을 따라 길쭉하고, 양미리는 등 뒤쪽에 삼각형으로 짧게 솟았다. 뒷지느러미도 등지느러미를 마주 보고 똑같이 아래로 솟았다. 양미리가 까나리보다 작다. 동해 바닷가 사람들은 까나리를 양미리라고 한다. 양미리는 온 세계에 1속 1종이 산다. 실비늘치와 같은 과로 합쳐서 2속 2종으로 정리하기도 하여 분류학적 검토가 필요하다.

**생김새** 몸길이는 10cm까지 자란다. 몸은 원통형으로 가늘고 길며 옆으로 조금 납작하다. 등은 누런 밤색이고 배는 은백색이다. 주둥이가 뾰족하고 아래턱이 더 튀어나온다. 양턱에는 이빨이 없다. 비늘이 없고, 옆줄은 거의 똑바르게 옆구리 가운데를 지나 꼬리지느러미까지 나 있다. 아가미뚜껑에는 하얀 반점이 많이 있다. 등지느러미와 뒷지느러미는 몸 뒤쪽에서 위아래로 마주 본다. 배지느러미는 없다. 배에 투명한 살 주름(피판)을 갖는다. 수컷은 살 주름 뒤 끝이 높지만 암컷은 낮다. **성장** 암컷 한 마리가 한 번에 알을 35~55개쯤 낳고, 두세 번 되풀이한다. 물 온도가 10도쯤일 때 알을 낳은 지 7일쯤 지나면 새끼가 나온다. **분포** 우리나라 동해. 일본, 사할린, 오호츠크해 **쓰임** 먹지 않는다.

19 ~ 21

투명한 살 주름    19 ~ 22

양미리

# 실비늘치 *Aulichthys japonicus*

마치복, Tubesnout, クダヤガラ, 管鱼

실비늘치는 따뜻한 물을 좋아하는 온대성 물고기다. 바다풀이 무성한 얕은 바닷가에서 산다. 낮에는 바다풀 사이에서 쉬다가 밤이 되면 무리 지어 다니면서 먹이를 잡아먹는다. 물에 둥둥 떠다니는 동물성 플랑크톤을 잡아먹는다. 봄과 여름 들머리에 멍게 몸속에 알을 낳는다. 알을 낳은 어미는 곧 죽는다. 멍게를 키우는 양식장에서 가끔 볼 수 있다. 1~2년을 산다.

**생김새** 몸길이는 10cm 안팎이다. 등과 옆구리는 어두운 밤색을 띠고 배는 하얗다. 몸은 가늘고 길며 주둥이는 대롱처럼 생겨 앞으로 튀어나왔다. 입은 작으며 주둥이 끝에 있다. 아래턱이 위턱보다 조금 길다. 입에서 눈 뒤까지 검은 띠가 있다. 등지느러미 가시는 매우 작고, 지느러미 막으로 이어지지 않는다. 가시 24~26개가 머리 뒤부터 줄기부 앞까지 줄지어 있다. 수컷은 양턱에 작은 이빨들이 있지만, 암컷은 이빨이 없다. 수컷 뒷지느러미 뒤쪽 가장자리는 오목하다. 등지느러미 줄기부와 뒷지느러미는 위아래로 마주 보고 있다. 옆줄을 따라 가시로 된 뼈판이 있다. 모든 지느러미 막은 투명하다. 꼬리지느러미 가운데가 검다. **성장** 알 낳을 때가 되면 수컷은 주둥이가 푸른 초록색으로 바뀌고, 몸은 누런색을 띤다. 수컷은 비뇨생식기를 사용해 암컷과 교미를 한다. 암컷은 멍게 위에서 수정된 알을 낳고, 알 덩어리를 입으로 물어서 멍게 출수공으로 밀어 넣는다. 암컷 한 마리가 한 번에 알을 80~180개쯤 낳는다. 알에서 깬 새끼는 한 해가 지나면 어른이 된다. **분포** 우리나라 동해와 남해. 일본 중북부 **쓰임** 안 잡는다.

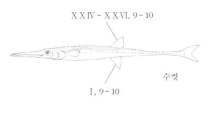

XXIV ~ XXVI, 9 ~ 10

I, 9 ~ 10

수컷

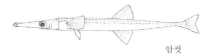

암컷

# 실고기 *Syngnathus schlegeli*

Seaweed pipefish, Pipefish, ヨウジウオ, 薛氏海龙鱼

실고기는 몸이 실처럼 길고 가늘다. 해마처럼 몸이 뼈판으로 덮여 있고 주둥이가 대롱처럼 길쭉하다. 바닷가 바닷말 숲에 숨어 산다. 몸빛이 바닷말과 비슷해서 감쪽같이 숨는다. 여름에 해마처럼 암컷이 수컷 배에 있는 주머니 속에 알을 낳는다. 수컷은 새끼가 깨어날 때까지 주머니 안에 알을 넣어 지킨다. 알에서 나온 새끼는 6~10일 동안 자기 배에 달린 노른자를 빨아 먹은 뒤 수컷 배 밖으로 나온다. 새끼는 바다풀 사이에서 살면서 옆새우, 곤쟁이 같은 작은 갑각류를 입으로 쏙 빨아들여 잡아먹는다.

**생김새** 몸길이는 30cm까지 자란다. 몸은 밤색이고 배는 하얗다. 몸은 가늘고 긴 원통형이며 단단한 뼈판으로 덮여 있다. 입은 주둥이 끝에 있고 턱에는 이빨이 없다. 뒷지느러미와 배지느러미는 없고 가슴지느러미와 뒷지느러미, 꼬리지느러미는 조그맣다. 수컷은 꼬리 배 쪽에 새끼를 넣어 키우는 주머니가 있다. **성장** 알은 한쪽이 조금 긴 타원형이다. 암컷 한 마리가 알을 200~1000개쯤 낳는다. 물 온도가 15~18도일 때 8일쯤 지나면 새끼가 나온다. 알에서 갓 나온 새끼는 7mm쯤 된다. 6~10일쯤 지나 몸 밖으로 나올 때는 10mm 안팎이다. 새끼 때에는 주둥이가 덜 튀어나왔다. **분포** 우리나라 온 바다. 일본, 대만, 러시아 남부 **쓰임** 중국에서는 말려서 약재로 쓴다.

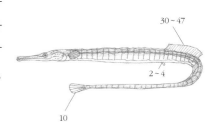

30 ~ 47

2 ~ 4

실비늘치

바다나물 숲에 몸을 숨기는 실비늘치

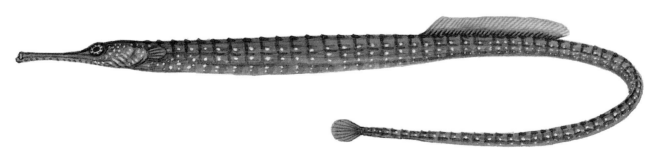

실고기

# 부채꼬리실고기 *Doryrhamphus japonicus*

Honshu pipefish, Blackside pipefish, ヨウジ, 日本矛吻海龙

부채꼬리실고기는 제주 바다에서 가끔 보이는 물고기다. 물 깊이가 25m보다 얕은 바닷가 바위틈이나 작은 굴, 물웅덩이에서 볼 수 있다. 어두운 곳을 좋아하고 짝을 짓거나 혼자 산다. 바위틈에서 새우, 게, 곰치 따위와 함께 지내면서 청소부 노릇도 한다. 알 낳을 때가 되면 암컷과 수컷이 짝을 짓는다. 알을 다 낳을 때까지 짝을 바꾸지 않는다. 짝짓기를 마친 암컷은 5월부터 9월 사이에 수컷 꼬리 배 쪽에 있는 주머니에 알을 낳는다. 수컷은 새끼가 나올 때까지 주머니에 알을 넣어 지킨다.

**생김새** 몸길이는 8cm 안팎이다. 몸은 가늘고 긴 원통형으로 딱딱한 뼈판으로 덮여 있다. 주둥이는 긴 대롱처럼 생겨서 앞으로 튀어나온다. 몸통에 푸른 띠가 주둥이부터 꼬리까지 뻗어 있다. 둥근 꼬리지느러미에는 검은색 바탕에 노란 둥근 반점이 앞쪽에 2개, 뒤쪽에 1개 있다. **성장** 더 밝혀져야 한다. **분포** 우리나라 제주. 일본 중부 이남, 대만, 필리핀에서 호주 북부까지 **쓰임** 안 잡는다. 생김새가 예뻐서 수족관에서 기른다.

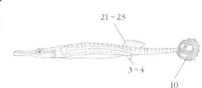

# 거물가시치 *Trachyrhamphus serratus*

알락실고기붙이, Saw pipefish, Crested pipefish, ヒフキヨウジ, 鋸吻海龍, 粗吻海龙鱼

거물가시치는 따뜻한 바닷가 바위밭과 그 둘레 자갈이 깔린 곳에서 산다. 사는 모습은 실고기와 비슷하다. 짝짓기를 마친 암컷은 수컷 배에 있는 주머니에 알을 낳는다. 수컷은 새끼가 나올 때까지 알을 주머니 속에 넣어 지킨다.

**생김새** 다 크면 몸길이가 30cm쯤 된다. 몸은 실고기와 닮았지만 주둥이가 더 짧다. 주둥이 위쪽에 톱니처럼 생긴 돌기가 있다. 몸은 검은 밤색, 짙은 밤색, 붉은 밤색으로 저마다 조금씩 다르다. 옆구리에 검은 밤색 띠가 12~13개 있다. 수컷 꼬리 배 쪽에 새끼를 키우는 주머니가 있다. **성장** 더 밝혀져야 한다. **분포** 우리나라 남해. 대만, 필리핀, 인도네시아, 인도 남부 **쓰임** 안 잡는다.

부채꼬리실고기

거물가시치

# 해마 *Hippocampus haema*

뿔바다말<sup>북</sup>, Crowned sea horse, Common sea horse, タツノオトシゴ, 冠海马

해마는 아무리 봐도 물고기처럼 안 생겼다. 머리는 말처럼 생겼고 꼬리는 원숭이 꼬리처럼 길고 동그랗게 말린다. 몸에는 비늘이 없고 단단한 널빤지를 여러 장 붙여 갑옷을 입은 것처럼 보인다. 몸빛이나 몸 무늬가 저마다 다 달라 같은 것이 거의 없을 정도다.

해마는 바닷속에서 꼬리를 바닷말에 감고 몸을 꼿꼿이 세운 채 물살에 흔들흔들 움직이며 붙어 있다. 입 앞을 지나가는 작은 플랑크톤을 긴 주둥이로 쪽 빨아서 먹는다. 헤엄을 칠 때도 몸을 안 누이고 꼿꼿이 선 채로 꼬리를 말고 등지느러미와 가슴지느러미를 흔들어 헤엄친다.

해마는 한여름이 되면 서로 꼬리를 감아 꼭 껴안듯이 짝짓기를 한다. 짝짓기 때가 되면 몸빛이 잿빛으로 바뀐다. 수컷이 배 주머니를 불룩하게 부풀리면 암컷이 그 안에다 알을 낳는다. 수컷 배 주머니는 알을 담아 두는 주머니 노릇을 한다. 알에서 새끼가 나올 때까지 한 달쯤 주머니에 넣고 다닌다. 새끼가 깨어나면 수컷 배에서 나온다. 그래서 꼭 수컷이 새끼를 낳는 것 같다. 새끼를 낳으면 더 이상 돌보지 않는다. 새끼는 두세 달이면 다 크고 두 해쯤 산다.

해마(海馬)는 '바다에 사는 말'이라는 한자 이름이다. 북녘에서는 '뿔바다말'이라고 한다. 《동의보감》에는 '수마(水馬)'라고도 한다면서 "남해에 사는데 크기는 수궁(守宮)만 하다. 대가리는 말 같으며 몸뚱이는 새우 같고 등은 곱사등처럼 생겼다. 몸빛은 누르스름하다. 새우의 한 종류인 것 같다."라고 적어 놓았다. 학명인 '*Hippocampus*'는 앞쪽이 말이고 뒤쪽이 괴물이라는 뜻인 그리스 말에서 온 이름이다.

**생김새** 몸길이는 10cm 안팎이다. 몸빛은 밤색인데 사는 곳에 따라 달라진다. 몸에 비늘이 없고 뼈판으로 덮여 있다. 몸통에 있는 고리 무늬 뼈판이 10개, 항문 뒤쪽부터 꼬리 끝까지 34~40개인 것이 특징이다. 주둥이가 길쭉하고 입은 작고 이빨은 없다. 머리 위로 돌기가 삐죽 솟았거나 없다. 등지느러미가 조금 크고 뒷지느러미는 아주 작다. 배지느러미와 꼬리지느러미는 없다. **성장** 우리나라 남해에서는 여름과 가을에 알을 낳는다. 중국해에서는 3~5월, 물 온도가 안 바뀌는 열대 바다에서는 1년 내내 알을 낳는다. 암컷과 수컷이 한 마리씩 짝을 짓는다. 암컷은 알을 10~300개쯤 낳는다. 알을 낳은 지 2주쯤 지나면 새끼가 깨 수컷 배에서 나온다. 갓 나온 새끼는 12~16mm쯤 되고, 배에서 나오자마자 작은 플랑크톤을 먹는다. 60일쯤 지나면 24mm 안팎으로 자란다. **분포** 우리나라 온 바다. 일본 **쓰임** 해마는 잡아서 약으로 많이 썼다. 《동의보감》에는 "성질이 평범하고 따뜻하며 독이 없다. 부인이 힘들게 애를 낳을 때 해마를 손에 꼭 쥐면 쉽게 애를 낳을 수 있다. 암컷과 수컷 한 쌍을 함께 햇볕에 말려 쓴다."라고 써 놓았다. 하지만 지금은 멸종위기종이어서 함부로 잡으면 안 된다. 사람들이 보려고 수족관에서 일부러 키우기도 한다.

12 ~ 15

작은 배지느러미

해마

**수컷 배 주머니** 해마 수컷은 배 주머니가 있다.
배 주머니에 알을 넣은 채 다닌다. 새끼가 깨어서
배에 달린 노른자를 다 빨아 먹은 뒤 배 주머니에서
나온다. 그래서 마치 수컷이 새끼를 낳는 것 같다.

# 산호해마 *Hippocampus mohnikei*

Coral dragon, Japanese seahorse, Seahorse, サンゴタツ, 日本海马

산호해마는 따뜻한 바닷가 바위밭이나 바다풀 숲에서 산다. 몸을 꼿꼿이 세우고 헤엄을 친다. 봄과 가을 사이에 알을 낳는다. 암컷은 알 주머니가 큰 수컷을 골라 짝짓기 교미를 하려 하지만, 늘 그렇게 되지는 않는다. 크기가 비슷한 수컷 두 마리가 있을 때에는 조금 더 큰 수컷과 짝짓기를 한 뒤 이어서 다음 수컷과도 짝짓기를 한다. 해마처럼 수컷이 배에 있는 주머니에 알을 넣고 돌본다. 우리나라에는 아주 드물다.

**생김새** 몸길이는 5cm 안팎이며 8cm까지 자란다. 생김새는 해마와 닮았지만 주둥이가 뭉툭하고 머리 위에 있는 돌기가 뚜렷하지 않다. 몸은 밤색, 검은 밤색이다. 돌기처럼 도드라진 고리 무늬가 몸통에 11개, 꼬리에 38~39개쯤 있다. 꼬리는 가늘고 길다. **성장** 수컷 배 주머니에서 알에서 갓 깬 새끼는 3.5mm쯤 된다. 배 주머니 속에서 크다가 8mm 안팎으로 자라면 밖으로 나온다. 치어는 물낯 가까이 떠다니며 모자반 아래 붙어서 지내기도 한다. **분포** 우리나라 남해. 일본, 남중국해, 호주 북부 **쓰임** 수가 아주 적어서 함부로 잡으면 안 된다. 수족관에서 기르기도 한다.

15 ~ 17

# 가시해마 *Hippocampus histrix*

Spiny seahorse, Thorny seahorse, イバラタツ, 刺海马

가시해마는 바닷가 바위밭이나 바다풀 숲에서 살기도 하고, 다 큰 어른은 물낯에 떠다니는 바다풀 같은 것에 붙어 함께 떠다니기도 한다. 작은 동물성 플랑크톤이나 작은 갑각류 새끼들을 먹는다. 몸을 꼿꼿이 세우고 헤엄을 친다. 알 낳을 때가 되면 암컷과 수컷이 짝을 지어 알을 낳는다. 해마처럼 암컷이 알을 낳으면 수컷이 배에 있는 주머니에 넣고 새끼가 나올 때까지 돌본다.

**생김새** 몸길이는 17cm까지 큰다. 생김새는 해마와 닮았지만 몸에 난 고리 무늬 돌기들이 가시처럼 뾰족하고 길다. 가시 끝은 갈라져 있다. 머리 위에 있는 돌기가 크고 뚜렷하다. 주둥이는 길다. 몸빛은 밤색, 잿빛 밤색, 붉은 밤색으로 여러 가지다. **성장** 더 밝혀져야 한다. **분포** 우리나라 남해, 제주, 중국, 일본, 싱가포르 **쓰임** 중국에서는 한약재로 써 왔다. 하지만 지금은 수가 아주 적어서 국제 보호종으로 정했다. 우리나라에서도 2018년에 보호종으로 정했다.

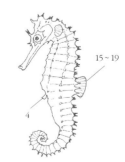

15 ~ 19

4

산호해마

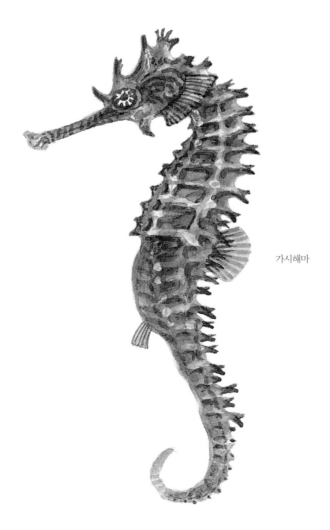

가시해마

# 복해마 *Hippocampus kuda*

Spotted seahorse, オオウミウマ, 管海马

복해마는 따뜻한 바닷가 잘피밭이나 바다풀이 무성하게 자란 바위 바닥에서 많이 산다. 때때로 바닷가에서 수십 km 떨어진 앞바다 물낯에 떠다니는 모자반에서도 보인다. 몸을 꼿꼿이 세우고 헤엄을 치며 동물성 플랑크톤을 먹는다. 다 큰 암컷과 수컷이 짝을 지어 살며, 죽을 때까지 짝을 바꾸지 않는다. 해마처럼 수컷이 배에 있는 주머니에서 알을 넣고 돌본다.

**생김새** 몸길이는 10cm 안팎인데 30cm까지 자란다. 해마 종류 중에서 몸이 큰 편이다. 생김새는 해마와 닮았는데, 대롱처럼 생긴 주둥이가 두껍고 길다. 몸빛은 누런 밤색이거나 검은 밤색을 띠며 다양하다. 머리 위에 솟은 돌기는 작지만 뚜렷하다. **성장** 알을 낳은 지 20~28일쯤 지나면 새끼가 20~1000마리쯤 나온다. 태어날 때는 7mm 안팎이다. 그 뒤 14주쯤 만에 어른이 된다. 열대 바다에서는 수컷 배에서 새끼가 나오면 20~28일쯤 만에 다시 알을 낳는다. 이렇게 1년 내내 알을 낳는다. 성장은 더 밝혀져야 한다. **분포** 우리나라 남해. 대만, 필리핀, 인도네시아, 호주 중북부, 하와이, 태평양, 파키스탄, 인도 같은 인도양 **쓰임** 수족관에서 기른다. 중국에서는 약재로 써 왔다.

# 점해마 *Hippocampus trimaculatus*

Three-spotted seahorse, Longnose seahorse タカクラタツ, 三斑海马

점해마는 바닷가부터 물 깊이가 20m쯤 되는 산호초나 울퉁불퉁한 바위가 있고 모래나 자갈이 깔린 바닥에서 산다. 가끔 100m가 넘는 물속에서도 산다. 작은 물고기나 갑각류, 동물성 플랑크톤을 먹는다. 봄에 암컷이 수컷 배에 있는 주머니에 알을 낳는다. 수컷은 알에서 새끼가 나올 때까지 주머니에 넣고 다닌다.

**생김새** 몸길이는 22cm까지 자란다. 머리 위에 솟은 돌기가 작다. 눈 위와 아가미뚜껑 위에 뒤로 향한 가시가 나 있다. 눈에 방사상 무늬를 가진 것도 있다. 몸빛은 노란색, 옅은 밤색이나 검은 밤색이다. 몸통 고리 무늬는 11개이고, 꼬리 쪽에는 38~43개 있다. 몸통 등 가장자리에 까만 점이 3개 있다. 점이 희미하게 나기도 한다. **성장** 한 달쯤 지나면 새끼가 깨 나온다. 갓 나온 새끼는 1cm 안팎이다. 성장은 더 밝혀져야 한다. **분포** 우리나라, 일본, 대만, 필리핀, 인도네시아, 호주 **쓰임** 수족관에서 기른다. 수가 적어서 함부로 잡으면 안 된다.

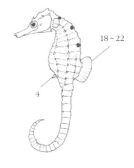

복해마

점해마

# 청대치 *Fistularia petimba*

Red cornetfish, Flute mouth, Rough flutefish, アカヤガラ, 鱗烟管魚

청대치는 뜨거운 물을 좋아하는 열대 물고기다. 바닷가나 강어귀에서 산다. 물 깊이가 10~200m쯤 되는 펄 바닥에서 지낸다. 여러 가지 새우와 젓새우, 작은 물고기 따위를 잡아먹는다. 사는 모습은 더 밝혀져야 한다. 청대치와 홍대치 이름은 서로 헷갈리게 사용된다. 학명도 헷갈려 쓰기도 한다. 몸빛을 보면 이름이 '홍대치'로 바뀌어야 할 것 같다.

**생김새** 몸길이는 2m에 이른다. 살아 있을 때 몸빛은 주황색이거나 밤색을 띤 귤색이다. 몸은 긴 원통형이다. 눈은 크고, 두 눈 사이는 오목하게 들어간다. 주둥이는 대롱처럼 생겨서 앞쪽으로 길게 튀어나왔다. 주둥이 끝에 있는 입은 작다. 아래턱이 위턱보다 앞으로 조금 더 튀어나왔다. 등은 누런색을 띠고 몸 가운데는 은백색, 배는 옅은 누런 흰색을 띤다. 꼬리 옆줄 비늘에는 뒤로 향한 날카로운 가시들이 있다. 꼬리지느러미 가운데에 채찍처럼 생긴 가늘고 긴 줄기가 나 있다. **성장** 더 밝혀져야 한다. **분포** 우리나라 남해부터 호주까지 태평양, 인도양, 대서양 북미, 중남미 바닷가 **쓰임** 잡아서 먹는다.

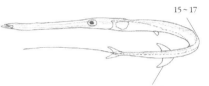

# 홍대치 *Fistularia commersonii*

Bluespotted cornetfish, Cornetfish, Smooth flutefish, アオヤガラ, 刺烟管魚, 无鳞烟管魚

홍대치는 큰 파도가 치지 않는 바닷가 바위밭이나 바위 바닥, 모랫바닥에서 산다. 물 깊이가 130m까지 되는 바닷속에서도 산다. 작은 물고기나 오징어, 새우, 게 따위를 잡아먹는다. 사는 모습은 더 밝혀져야 한다.

**생김새** 몸길이는 1.5m 안팎이다. 살아 있을 때는 몸빛이 연한 초록색이거나 연한 밤색이다. 몸빛을 보면 이름이 '청대치'로 바뀌어야 할 것 같다. 몸은 긴 원통형인데 위아래로 조금 납작하다. 주둥이는 대롱처럼 길게 튀어나왔다. 가슴지느러미는 아주 작고 옆줄 밑에 있다. 등지느러미와 뒷지느러미는 몸 뒤쪽에서 위아래로 마주 본다. 꼬리 옆줄 비늘에는 날카로운 가시가 없어서 청대치와 다르다. 꼬리지느러미 가운데에 채찍처럼 생긴 가늘고 긴 하얀 줄기가 나 있다. **성장** 더 밝혀져야 한다. **분포** 우리나라 남해, 호주, 태평양, 인도양, 지중해, 대서양의 북미, 중남미 바닷가 **쓰임** 잡아서 소금에 절이거나 말리거나 훈제로 먹고 가루를 내서 쓰기도 한다.

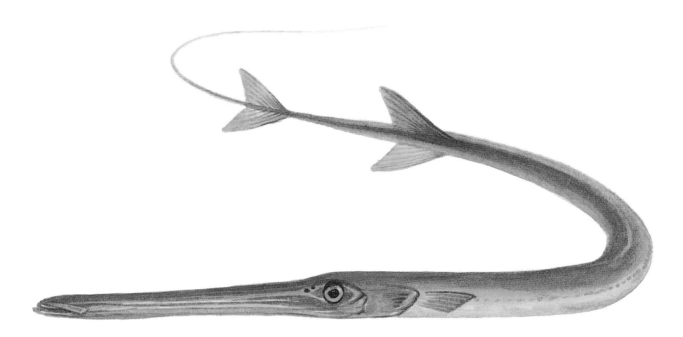

청대치

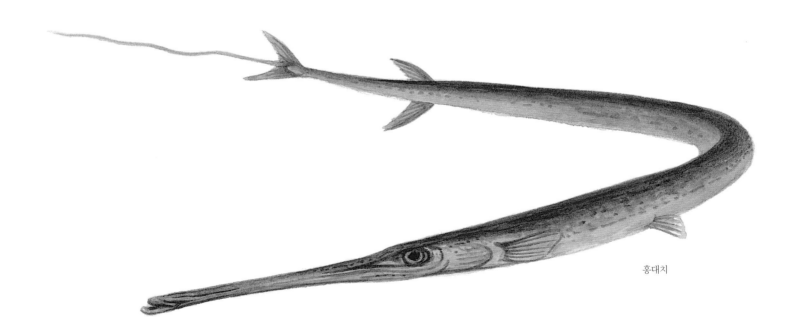

홍대치

# 대주둥치 *Macrorhamphosus scolopax*

큰주둥치북, Longspine snipefish, Trumpet fish, サギフエ, 长吻鱼, 鷸嘴长吻鱼

대주둥치는 따뜻한 물을 좋아하는 아열대 물고기다. 물 깊이가 25~600m쯤 되는 바닷속 가운데와 바닥에서 산다. 바닥에 모래나 펄이 깔린 곳에서 큰 무리를 지어 산다. 새끼는 물 낮에서 산다. 새끼 때에는 물에 둥둥 떠다니는 무척추동물과 요각류 같은 플랑크톤을 먹고, 어른이 되면 바닥에 사는 게나 새우 같은 무척추동물을 먹는다.

**생김새** 몸길이는 20cm 안팎이다. 몸은 긴둥근꼴이고 옆으로 납작하다. 주둥이는 대롱처럼 생겨서 가늘고 길게 튀어나왔고, 입은 그 끝에 있다. 이빨은 없다. 어릴 때는 몸이 은빛이다가 크면 핑크빛을 띤다. 몸에 비늘이 없으며 가슴지느러미에서 항문 앞까지 뼈판으로 덮여 있다. 옆줄은 없다. 등지느러미는 두 개로 나뉘었다. 첫 번째 등지느러미에는 가시가 4~6개 있고, 2번째 가시가 가장 길고 날카롭다. 가시 뒤쪽에는 작은 톱니가 있다. 꼬리지느러미는 가운데가 오목하다. **성장** 더 밝혀져야 한다. **분포** 우리나라 온 바다. 열대, 온대 바다 **쓰임** 먹으려고 잡기도 하고, 수족관에서 기르기도 한다.

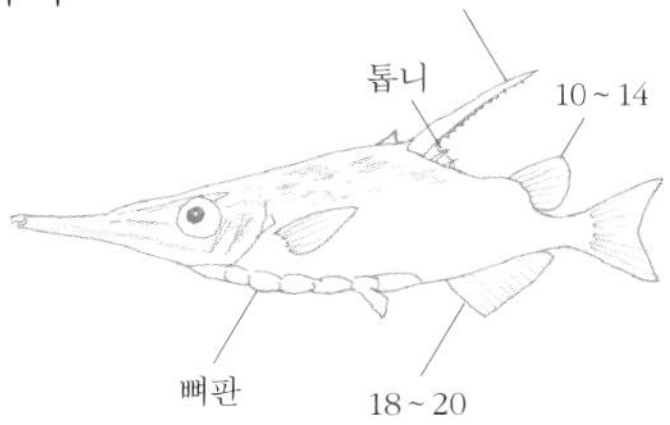

Ⅳ~Ⅶ

톱니

10~14

뼈판

18~20

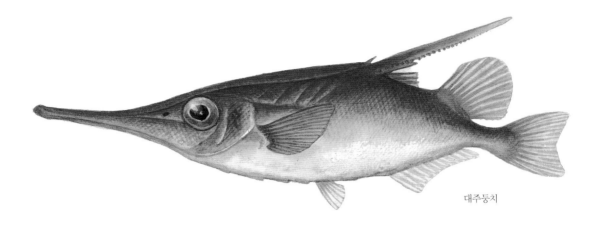

대주둥치

# 성대 *Chelidonichthys spinosus*

잘대, 씬대, 승대, 끗달갱이, 싱대, 천사고기, Bluefin sea robin, Sea gurnard, ホウボウ, 棘绿鳍鱼

성대는 따뜻한 물을 좋아한다. 물 깊이가 수십 미터에서 600m쯤 되는 모래나 모래펄이 쫙 깔린 바닥에서 산다. 발그스름한 몸빛과 달리 가슴지느러미는 풀빛이고 파란 점이 10~20개쯤 나 있고 끄트머리가 파랗다. 커다란 가슴지느러미는 부채처럼 접었다 폈다 할 수 있다. 양쪽 가슴지느러미 앞쪽에 지느러미 줄기 세 개가 길게 갈라졌다. 이 지느러미 줄기로 꼭 사람 손가락으로 땅을 짚듯이 바닥을 짚고 걸어 다닌다. 눈은 머리 위에 달려서 위쪽과 앞쪽 밖에 못 보지만, 이 지느러미 줄기로 바닥을 파서 모랫바닥에 숨은 먹이를 귀신같이 찾아낸다. 지느러미 줄기로 맛도 볼 수 있다. 갯지렁이나 작은 물고기나 새우 따위를 잡아먹는다. 서둘러 헤엄칠 때는 커다란 가슴지느러미를 부채처럼 쫙 펴서 비행기가 날듯이 헤엄을 친다. 가끔 해거름이나 해가 뜰 무렵에 위를 옴쭉옴쭉 움직여서 '호우, 호우' 하고 운다. 같은 종끼리 서로 부르는 소리라고 여겨진다. 그물에 걸려 올라와도 소리 내어 운다. 여러 마리가 울면 시끄러워 잠을 못 잘 정도다. 서해에 사는 성대는 겨울에 제주도 서쪽 바다로 내려가 겨울을 나고 이듬해 4월쯤에 다시 올라와 짝짓기를 하고 알을 낳는다. 남해에 사는 성대는 먼 거리를 이동하지 않는다.

성대는 《자산어보》에 '청익어(靑翼魚) 속명 승대어(僧帶魚)'라고 나오는데, "큰 놈은 두 자쯤 된다. 목은 아주 크고 모두 뼈로 되어 있다. 머리뼈에는 살이 없고 몸이 둥글다. 입가에 푸른 수염이 두 개 있다. 등은 붉다. 옆구리에 날개가 있는데 부채처럼 접었다 폈다 한다. 날개는 푸르고 아주 뚜렷하다. 맛이 달다."라고 했다.

**생김새** 몸길이는 35~40cm쯤 된다. 몸빛이 빨갛고 살아 있을 때는 등에 빨간 점무늬가 있다. 머리는 뼈판으로 덮여 있어 제법 크고 단단하고 각졌다. 눈은 머리 위쪽에 달렸다. 등지느러미는 가시부와 줄기부가 이어지는 곳이 깊게 파였다. 가슴지느러미는 아주 크고 앞쪽 줄기 세 개가 따로 떨어져 갈라진다. 가슴지느러미 안쪽은 짙은 풀색이고 파란 점무늬가 나 있다. 테두리는 파랗다. 꼬리지느러미 끝은 반듯하다. 옆줄은 하나다. **성장** 알 낳는 때는 해역에 따라 다르다. 동중국해에서는 3~5월, 남해에서는 12~4월에 알을 낳는다. 알은 따로 떨어져 물에 뜬다. 물 온도가 15도일 때 4~5일쯤 지나면 알에서 새끼가 나온다. 알에서 나온 새끼는 한 해가 지나면 13cm, 3년이면 25cm, 5년이면 30cm쯤 큰다. 4년이 지나 몸길이가 27cm 안팎이 되면 어른이 된다. **분포** 우리나라 온 바다. 일본, 동중국해, 필리핀 **쓰임** 일부러 잡지 않고 가끔 그물에 걸려 올라온다. 겨울이나 봄에 잡은 성대는 소금을 뿌려 구워 먹는다. 살은 하얗고 단단하고 쫄깃하며 담백하다. 하지만 대가리는 아주 딱딱하고 살점이 하나도 없다. 요즘에는 회로도 먹는다.

IX ~ X

15 ~ 18

갈라진 가슴지느러미

15 ~ 17

성대

**바닥을 기는 성대** 가슴지느러미 앞으로 손가락처럼
생긴 지느러미 줄기가 양쪽에 세 개씩 있다.
이 지느러미 줄기로 땅을 짚고 기어 다니며 먹이를 찾는다.
커다란 가슴지느러미는 부채처럼 접었다 폈다 한다.

# 달강어 *Lepidotrigla microptera*

닥재기, 장대, 예달재, 달재, 숫달재, Redwing searobin, カナガシラ, 短鳍红娘鱼, 红头鱼

달강어는 온대성 물고기다. 물 깊이가 수십 미터에서 300m쯤 되고, 모래가 섞인 진흙 바닥에서 산다. 성대처럼 가슴지느러미 줄기 3개가 손가락처럼 떨어져 있다. 가슴지느러미를 바닥에 대고 기면서 새우나 게, 갯지렁이, 작은 물고기 따위를 잡아먹는다. 이 가슴지느러미로 맛도 느낄 수 있다. 서해에 사는 달강어는 겨울철에 우리나라 남서부 바다까지 내려와 겨울을 지내고 봄에 되면 다시 위로 올라간다. 서해에서는 물 깊이가 60~70m쯤 되는 곳에 많이 사는 것으로 알려져 있다.

**생김새** 몸길이는 30cm쯤 된다. 머리는 뼈판으로 덮여 단단하다. 주둥이 양쪽은 튀어나왔고 그 끝에 짧고 강한 가시들이 돋았다. 몸은 작고 단단한 비늘로 덮여 있다. 성대 가슴지느러미는 알록달록하지만 달강어 가슴지느러미는 붉은빛을 띠고 반점이나 무늬가 없다. 등지느러미 뒤 가장자리에 짙고 커다란 빨간 반점이 있다. **성장** 5~6월에 알을 낳는다. 암컷은 몸 크기가 13~14cm쯤 되어야 알을 낳기 시작하지만 18cm 안팎으로 자라야 암수 모두 어른이 된다. 22cm쯤 되는 암컷 한 마리는 10만 개 안팎으로 알을 밴다. 30cm 안팎인 암컷은 알을 20만 개쯤 밴다. 알 지름은 1.1~1.4mm쯤 된다. 알은 낱낱이 흩어져 둥둥 떠다닌다. 물 온도가 16도 안팎일 때 3~4일 만에 알에서 새끼가 나온다. 갓 나온 새끼는 3.6mm 안팎이며, 배에 커다란 노른자와 기름방울을 달고 떠다니며 큰다. 새끼는 한 해가 지나면 13cm, 2년에 19cm, 3년에 24cm 안팎으로 큰다. 5년이 지나면 28~30cm쯤 자란다. **분포** 우리나라 온 바다. 일본, 발해, 동중국해, 남중국해 **쓰임** 바닥끌그물이나 자리그물로 잡는다. 겨울이 제철이다. 성대보다 맛있다. 간도 맛있다.

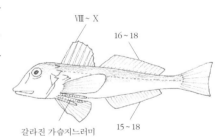

Ⅷ~Ⅹ
16~18
15~18
갈라진 가슴지느러미

# 쭉지성대 *Dactyloptena orientalis*

Oriental flying gurnard, Purple flying gurnard, セミホウボウ, 东方豹鲂鮄

쭉지성대는 성대처럼 바닥을 기어 다닌다. 따뜻한 물을 좋아하는 열대 물고기다. 성대보다 가슴지느러미가 훨씬 커서 몸 끝까지 활짝 펼친다. 머리 위에는 등지느러미 가시가 기다란 뿔처럼 우뚝 솟았다. 바닷가부터 물 깊이가 100m쯤 되는 모랫바닥에서 산다. 무리 짓지 않고 혼자 산다. 바닥에서 가슴지느러미를 활짝 펴고 천천히 헤엄쳐 다니면서 새우나 조개, 작은 물고기 따위를 잡아먹는다.

**생김새** 몸길이는 40cm까지 큰다. 등과 옆구리는 누렇거나 잿빛 밤색이고 밤색 긴둥근꼴 무늬가 있다. 배는 하얗다. 몸은 긴 원통형인데, 머리와 몸은 위아래로 납작하다. 머리 위에 단단한 뼈판이 있다. 몸도 단단한 껍질로 덮인 상자형이다. 가슴지느러미는 둥글고 크다. 가슴지느러미는 누렇고 밤색 긴둥근꼴 무늬가 있고, 가장자리는 파란색을 띤다. 가슴지느러미를 접으면 길이가 아주 길어서 뒤 끝이 꼬리지느러미까지 닿는다. 아가미뚜껑 위쪽 머리에 따로 떨어진 긴 가시가 하나 있다. 그 뒤로 짧은 가시 하나가 더 있다. **성장** 더 밝혀져야 한다. **분포** 우리나라 동해 남부, 남해. 일본, 대만, 필리핀, 인도네시아, 호주, 뉴질랜드 같은 서부 태평양, 하와이, 인도양, 홍해, 아프리카 동부 바닷가 **쓰임** 먹을 수 있다.

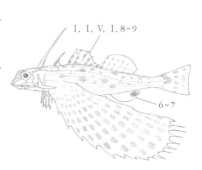

Ⅰ, Ⅰ, Ⅴ, Ⅰ, 8~9
6~7

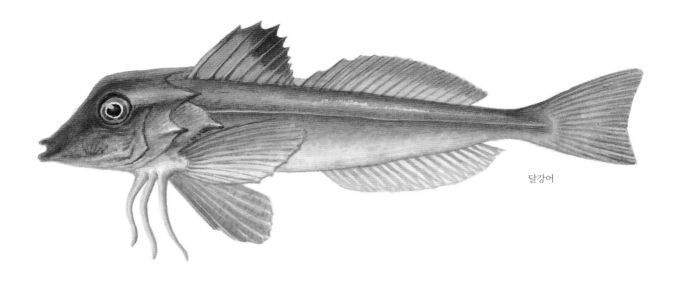

달강어

쪽지성대

# 황성대 *Peristedion orientale*

Oriental searobin, Oriental crocodilefish, キホウボウ, 东方黄鲂鮄

황성대는 성대처럼 바닥을 기어 다닌다. 가슴지느러미는 성대보다 훨씬 작다. 온몸이 발그스름하고 까만 줄무늬가 얼룩덜룩 나 있다. 주둥이 끝이 소뿔처럼 길쭉하게 나왔다. 아래턱에는 수염처럼 돌기가 나 있다. 물 깊이가 100~500m쯤 되는 대륙붕 둘레 바닥에서 사는 심해 물고기다. 주둥이에 난 돌기로 모래를 뒤져서 작은 새우나 게 같은 작은 갑각류를 먹는다. 우리나라에는 황성대과에 별성대와 황성대 두 종이 산다. 황성대와 별성대는 많이 닮았다. 하지만 별성대는 아가미뚜껑 아래 가장자리에 커다란 가시가 있어서 다르다. 성대과에 넣기도 해서 분류학적 검토가 필요한 종이다.

**생김새** 몸길이는 20cm까지 큰다. 등은 누런 붉은색이고 그물처럼 밤색 무늬가 나 있다. 성대와 생김새가 닮았는데, 온몸이 뼈판으로 덮여 있고, 가슴지느러미가 작아서 다르다. 뼈판에는 뒤로 향하는 날카로운 가시가 나 있다. 몸은 긴 원통형인데 머리와 몸통이 크고 꼬리 쪽으로 갈수록 아주 가늘어진다. 주둥이 끝에는 앞쪽으로 길게 튀어나온 뿔이 1쌍 있다. 이빨은 없다. 눈은 등 쪽으로 치우치고 두 눈 사이가 폭 들어간다. 모든 지느러미는 하얗거나 옅은 누런색을 띤다. **성장** 더 밝혀져야 한다. **분포** 우리나라 남해. 일본 남부, 동중국해, 대만 같은 북서태평양, 홍콩 **쓰임** 안 잡는다.

VII ~ VIII, 20 ~ 21

19 ~ 20

# 별성대 *Satyrichthys rieffeli*

Spotted armoured-gurnard, Brown-dotted searobin, イソキホウボウ, 瑞氏红鲂鮄,
平面黄鲂鮄

별성대는 아열대와 열대 바다에서 산다. 물 깊이가 70~600m까지 되는 대륙붕과 대륙붕 경사면 깊은 바닥에 주로 산다고 알려졌다. 하지만 100~200m 바닷속에 많다. 바닥에 사는 작은 갑각류, 작은 물고기 같은 동물성 먹이를 먹는다. 우리나라에는 황성대과에 이 종과 황성대 2종이 알려졌지만, 같은 과에 드는 비슷한 물고기들이 앞으로 더 확인될 것으로 짐작된다.

**생김새** 몸길이는 25cm 안팎이다. 머리가 크고 위아래로 납작하다. 몸은 딱딱한 골질판으로 덮여 있다. 아래턱과 위턱에 이빨이 없다. 주둥이 양쪽이 앞쪽으로 길게 튀어나오고 그 끝은 뭉툭하다. 머리와 몸 등 쪽과 등지느러미 위에 작은 까만 점들이 흩어져 있다. 아래턱과 입술에는 지저분한 가지가 달린 짧은 수염이 4개 있는데, 그 가운데 한 개는 머리 양쪽 바깥쪽으로 향해 있다. 황성대와 생김새가 닮았지만 머리, 몸통이 황성대보다 더 높고 통통하다. 아가미뚜껑 뒤 아래쪽 가장자리에 뒤로 향한 긴 가시가 있어서 황성대와 구분된다. 성대처럼 가슴지느러미 아래쪽 줄기 2개가 따로 떨어져 있다. 비늘에 난 가시는 뒤쪽으로 날카로우며 꼬리자루까지 줄지어 발달한다. **성장** 더 밝혀져야 한다. **분포** 우리나라 서해, 남해. 일본, 대만, 동중국해, 남중국해, 필리핀, 인도네시아, 호주 북부까지 서태평양 **쓰임** 바닥 끌그물에 가끔 잡히지만 먹지는 않는다.

VI ~ VIII, 15 ~ 18

15 ~ 17

황성대

황성대는 손가락처럼 갈라진 가슴지느러미 줄기로
바닥을 짚고 다닌다.

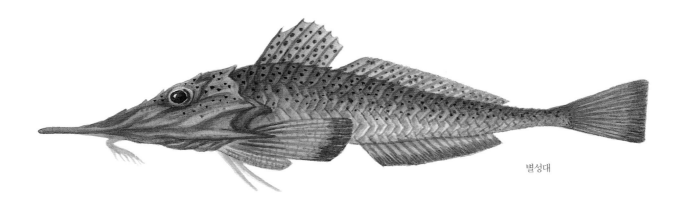

별성대

# 조피볼락 *Sebastes schlegelii*

우레기볼, 우럭, 개우럭, 검처구, Korean rockfish, Black rockfish, Jacopever,
クロソイ, 許氏平鮋, 黑鮋魚

조피볼락은 물 깊이가 10~100m쯤 되는 바다에 산다. 어릴 때는 바위가 울퉁불퉁 많고 바다풀이 수북이 자란 바닷가에서 많이 산다. 해가 뜨면 떼로 모이는데 아침, 저녁에 가장 힘차게 몰려다닌다. 하지만 자기 사는 곳을 멀리 안 떠난다. 작은 물고기나 새우나 게나 오징어 따위를 잡아먹는다. 밤에는 저마다 흩어져서 먹이를 찾거나 바위틈에서 가만히 쉰다. 물이 차가워지는 겨울에 짝짓기를 하고 이듬해 봄에 새끼를 수십만 마리 낳는다. 조피볼락은 알을 안 낳고 새끼를 낳는 난태생이다. 새끼일 때는 동물성 플랑크톤을 먹지만 크면서 게, 새우, 곤쟁이, 갑각류 유생을 즐겨 먹는다. 물이 차가워지는 가을이면 깊은 곳으로 더 들어가거나 따뜻한 남쪽으로 내려갔다가 봄이 되면 위로 올라온다. 20년쯤 산다.

조피볼락은 '우럭'이라는 이름으로 더 많이 알려졌다. 《자산어보》에 몸빛이 검다고 '검어(黔魚) 속명 검처귀(黔處歸)'라고 나온다. "비늘이 잘고 등이 검고 지느러미 줄기가 매우 강하다."라고 써 놓았다. 《전어지》에는 '울억어(鬱抑魚)'라고 하며 "등은 튀어나왔고 빛깔이 검다. 배는 불룩하고 까만 무늬가 있다."라고 한 물고기가 조피볼락일 거라고 짐작한다. 영어 이름은 바위밭에 사는 물고기라고 'Rockfish'라고 한다. 일본 이름과 중국 이름에는 몸빛이 검다는 뜻이 들어 있다.

**생김새** 몸길이는 38~40cm쯤 된다. 70cm 넘게 크기도 한다. 온몸이 거뭇하고 까만 점무늬가 자글자글 나 있다. 어릴 때는 몸통에 두툼한 검은 줄무늬 두세 줄이 가로로 희미하게 나 있다. 배는 연한 잿빛이다. 눈이 댕그랗게 크고 두 눈 사이가 평평하다. 입술은 두툼하고 위턱을 덮는 뚜렷한 작은 가시가 3개 있다. 눈 뒤쪽으로 검은 줄무늬가 두세 줄 비스듬히 나 있다. 아가미뚜껑에는 짧은 가시가 5개 있고 비늘이 없다. 등지느러미 앞쪽 가시가 억세다. 꼬리지느러미 끄트머리는 자른 듯 반듯하고 위아래가 허옇다. 옆줄은 하나다. **성장** 암컷이 새끼를 2만~30만 마리쯤 낳는다. 갓 나온 새끼는 7mm 안팎이고 물 위에 떠다니는 바다풀과 함께 둥둥 떠다닌다. 8~10cm쯤 크면 바닥으로 내려간다. 그 뒤 성장은 해역에 따라 다르다. 2년쯤 지나면 20~24cm, 4년이면 30~35cm, 6년이면 40cm쯤 큰다. 암컷은 3년쯤 지나 35cm 안팎, 수컷은 2년쯤 지나 28cm 안팎이 되면 어른이 된다. 다 크면 어른 팔뚝만 하다. **분포** 우리나라 온 바다. 일본, 중국 **쓰임** 우리나라에서 많이 기르는 바닷물고기 가운데 하나다. 바다에 그물로 가두리를 쳐 놓고 키운다. 바닷가 바위나 배에서 낚시로도 많이 잡는다. 등지느러미 끝이 바늘처럼 뾰족하고 가시에 독이 있어서 손이 찔리면 눈물이 찔끔 날 만큼 아프다. 잡을 때 조심해야 된다. 걸그물이나 주낙으로도 잡는다. 살은 단단하고 하얗다. 맛이 좋아서 사람들이 즐겨 먹는다. 겨울이 제철이다. 회, 조림, 구이, 매운탕으로 먹는다.

XIII, 11~13

III, 6~8

조피볼락

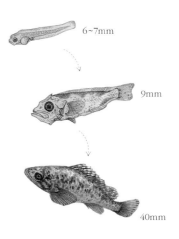

6~7mm

9mm

40mm

오뉴월이 되면 조피볼락 암놈이 새끼를 낳는다.
암컷 배 속에서 수십만 마리 새끼가 후드득후드득
빠져나온다.

조피볼락 새끼가 커 가는 모습이다.

# 볼락 *Sebastes inermis*

열갱이북, 뿔낙, 뿔라구, 감성볼낙, 돌볼락, Darkbanded rockfish, メバル, 无备平鮋

볼락은 물 온도가 10~25도인 따뜻한 바다에 산다. 바위가 많은 바닷가에 많이 산다. 깊이와 사는 곳에 따라 몸 빛깔이 많이 다르다. 얕은 곳에서 살면 잿빛 밤색이지만, 깊은 곳에서 살면 붉은빛을 많이 띤다. 바위가 많은 곳이나 그늘에 숨어 사는 볼락은 몸빛이 까매서 '돌볼락'이라고 한다. 요즘에는 몸빛에 따라 갈볼락, 청볼락, 황볼락으로 따로 3분류군으로 나누기도 한다. 낮에는 바위틈에 숨어 있거나 무리 지어 바위 둘레에 떠 있다가 밤이 되면 먹이를 찾는다. 새우나 갯지렁이나 작은 물고기 따위를 한입에 덥석덥석 삼킨다. 하지만 겁이 많아서 조금만 놀라도 후닥닥 흩어졌다가 조용해지면 다시 슬금슬금 떼로 모인다. 날씨가 사납거나 바람만 세게 불어도 바위틈에 숨어서 안 나온다. 그래서 볼락을 '날씨 박사'라고도 한다. 물이 깊은 곳이나 물이 흐린 날에는 낮에도 활발히 돌아다니며 먹이를 잡아먹는다.

볼락은 알을 안 낳고 새끼를 낳는다. 11~12월 겨울 들머리에 암컷과 수컷이 비스듬히 배를 맞대고 짝짓기를 한다. 짝짓기를 하고 한 달쯤 지나서 연기를 내뿜는 것처럼 새끼를 낳는다. 갓 나온 새끼는 몸이 투명해서 속이 훤히 비치고 까만 눈만 반짝반짝 빛난다. 새끼는 물에 떠다니는 바닷말 더미 밑에서 수십에서 수백 마리씩 떼를 지어 숨어 지낸다. 몸이 6cm쯤 크면 물 밑으로 내려가 바위밭에서 산다.

볼락은 《자산어보》에 '박순어(薄脣魚) 속명 발락어(發落魚)'라고 나온다. 지금 이름 볼락은 이 발락어에서 온 것 같다. 《우해이어보》에는 '보라어, 보락(甫鮥), 볼락어(乶犖魚)'라고 하면서 "우리나라 방언에 옅은 자주색을 보라(甫羅)라고 한다. 보(甫)는 아름답다는 뜻이어서 보라(甫羅)는 아름다운 비단이라는 말과 같다. 보라(甫羅)라는 물고기 이름도 여기에서 왔을 것이다."라고 했다.

**생김새** 몸길이는 20cm 안팎인데, 30cm 넘게 자라기도 한다. 몸빛은 사는 곳에 따라 다르다. 몸통 옆에 짙은 밤색 구름무늬가 있다. 눈이 댕그랗게 크고, 눈 앞쪽 아래에 날카로운 가시가 두 개 있다. 주둥이는 뾰족하다. 입은 크고 작은 이빨이 여러 개 촘촘히 나 있다. 아래턱 앞 끝에 난 이빨은 밖으로 드러난다. 아가미뚜껑에 가시가 있다. 등지느러미 앞쪽 가시가 크고 뾰족하다. 꼬리지느러미 끝은 반듯하다. 옆줄은 하나다. **성장** 짝짓기를 한 뒤 수컷 정자가 암컷 몸속에서 알이 성숙할 때까지 한 달쯤 기다렸다가 12~1월에 수정이 된다. 2년이 된 어미는 새끼를 5000~9000마리, 3년 된 어미는 3만 마리, 5년이 넘은 어미는 8만~9만 마리쯤 낳는다. 알에서 나온 새끼는 한 해가 지나면 8~9cm, 3년이면 15~20cm, 5년이면 20~24cm쯤 큰다. 성장 속도는 해역에 따라 다르다. 태어난 지 2~3년 만에 16cm 안팎으로 자라면 어른이 된다. **분포** 우리나라 남해와 제주, 동해 남쪽. 일본 **쓰임** 볼락은 밤에 갯바위에서 낚시로 많이 잡는다. 배를 타고 나가서 낚시로 잡기도 한다. 겁은 많아도 한 놈이 미끼를 덥석 물면 다른 놈도 따라서 덥석덥석 문다. 그러면 낚시질 한 번에 네댓 마리를 주렁주렁 낚기도 한다. 그럴 때 낚시꾼들은 '볼락꽃이 피었다'고 한다. 걸그물이나 자리그물, 주낙으로도 잡는다. 일 년 내내 잡히지만 사오월에 많이 잡힌다. 봄부터 여름까지가 제철이다. 살은 하얗고 탱탱하며 맛은 담백하다. 회, 구이, 조림, 탕으로 먹는다. 볼락 무리 가운데 맛이 으뜸이라고 한다. 《우해이어보》에는 "해마다 거제도 사람들이 잡은 보라어로 젓갈을 담근다. 배로 수백 항아리씩 싣고 와서 포구에서 판 뒤에 모시와 바꾸어 간다."라고 하면서 "젓갈 맛은 조금 짭짤하면서도 달콤하다."라고 했다.

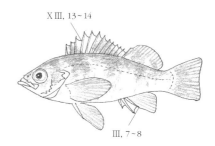

XIII, 13~14

III, 7~8

새끼 낳는 볼락 볼락은 새끼를 낳는다.
어미 배 속에서 알까기를 하고 새끼가 되어
나온다. 속이 훤히 비치는 작은 새끼들이
떼로 몰려나온다.

볼락

# 불볼락 *Sebastes thompsoni*

열기, Goldeye rockfish, ウスメバル, 汤氏平鲉

불볼락은 온몸이 불그스름하고 등에 꺼먼 반점이 대여섯 개 나 있다. 물 깊이가 80~150m 쯤 되는 곳에서 산다. 볼락보다 조금 더 깊은 곳에서 떼 지어 산다. 겨울에는 물 깊이가 30~60m쯤 되는 바닷가로 올라온다. 바다 밑바닥 바위밭에 살면서 작은 새우나 게, 곤쟁이, 작은 물고기 따위를 잡아먹는다. 볼락처럼 새끼를 낳는다. '열기'라고도 한다. 10년 넘게 산다.

**생김새** 몸길이는 20cm 안팎이다. 35cm 넘게 크기도 한다. 몸은 긴 달걀꼴이다. 몸과 머리는 옆으로 납작하다. 아가미뚜껑에는 가시가 안쪽에 5개, 바깥쪽에 2개 있다. 등지느러미는 풀빛이 도는 밤색이다. 가슴지느러미, 배지느러미, 뒷지느러미는 빨갛다. 꼬리지느러미는 짙은 밤색이다. **성장** 12~1월에 짝짓기를 하고 2~3월 사이에 새끼를 낳는 난태생이다. 암컷 한 마리가 1만~16만 개 알을 밴다. 배 속에서 나온 새끼는 물에 떠다니는 바다풀 밑에서 산다. 4~6cm쯤 크면 바다풀 밑에서 떠나기 시작하고, 6cm 쯤 크면 모두 떠다니는 모자반 밑을 떠나 깊은 바닥으로 내려가 산다. 크면서 깊은 바다로 내려간다. 태어난 지 1년 만에 10cm 안팎, 3년이면 20cm 안팎, 5년이면 25cm 안팎으로 자라고 8~9년 지나면 28~30cm로 자란다. 4~5년 지나 몸길이가 22cm 안팎이면 어른이 된다. **분포** 우리나라 온 바다. 일본, 동중국해 **쓰임** 겨울부터 봄까지 낚시나 그물로 잡는다. 낚싯줄에 바늘을 10개 넘게 달아 한꺼번에 잡는다. 회나 소금구이, 조림, 찜, 탕 따위로 먹는다. 볼락류 가운데 맛이 좋다. 한겨울 불볼락 회는 쫀득하고 단맛이 있어 일품이다.

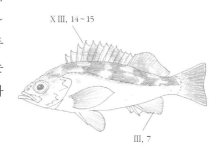

XⅢ, 14~15

Ⅲ, 7

# 황해볼락 *Sebastes koreanus*

꺽더구, Korea rockfish, 朝鮮平鲉

황해볼락은 서해 얕은 바닷가 물속 바위밭에서 산다. 조피볼락이랑 함께 살기도 한다. 새우나 게, 갯지렁이, 새끼 물고기 따위를 잡아먹는다. 우리나라 서해와 남해 서부, 황해에만 산다. 1990년대 우리나라 서해 바닷가에서 잡아 1994년에 새로운 종으로 기록되었다.

**생김새** 몸길이는 15~20cm쯤 된다. 몸은 밝은 붉은 밤색이고 검은 가로띠들이 나 있다. 몸은 긴둥근꼴이다. 눈은 크다. 눈 둘레에는 까만 띠가 3개 있다. 양턱 길이는 거의 같고, 턱과 입천장에 이빨이 나 있다. 머리에는 짧고 날카로운 가시들이 돋았고, 아가미뚜껑에도 가시가 있다. 아가미뚜껑에는 검은 점이 있다. 지느러미 위에 검은 점들이 있고, 가슴지느러미 뿌리와 머리 아래쪽은 밝은 주황색을 띤다. **성장** 3월에 새끼를 낳는 난태생이다. 갓 나온 새끼는 6mm쯤 된다. 두 달쯤 지나면 15~20mm쯤 큰다. **분포** 우리나라 서해, 남해 서부. 중국 산둥성 바닷가 **쓰임** 조피볼락이나 볼락처럼 낚시로 많이 잡는다.

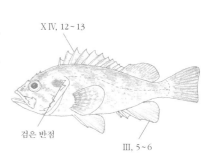

XⅣ, 12~13

검은 반점

Ⅲ, 5~6

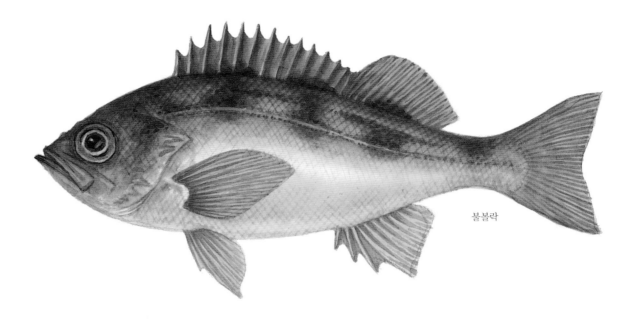

불볼락

황해볼락

# 탁자볼락 *Sebastes taczanowskii*

White-edged rockfish, エゾメバル, 边尾平鮋

탁자볼락은 차가운 물을 좋아하는 온대성 물고기다. 동해 바닷가 물속 바위밭에서 사는데 물 깊이가 120m쯤 되는 제법 차가운 물에서 잘 산다. 강어귀에 올라오기도 한다. 새끼는 물에 떠다니는 모자반 같은 바다풀 밑에서 산다.

**생김새** 몸은 32cm까지 큰다. 온몸은 검은 밤색을 띠며 드물게 푸른빛을 띠기도 한다. 몸은 긴둥근꼴이다. 몸은 높고 머리는 크다. 눈은 머리 등 쪽에 있고, 두 눈 사이는 평평하다. 눈 앞뒤에 가시가 1개씩 있다. 머리 뒤에 하얗고 짧은 가시가 두 개 있다. 모든 지느러미는 옅은 밤색을 띠며, 꼬리지느러미 끄트머리가 하얗다. **성장** 다른 볼락처럼 난태생이다. 11월에 교미를 하고 이듬해 3~4월에 암컷 몸속에서 수정이 이루어져 5~6월에 새끼가 어미 몸 밖으로 나온다. 어릴 때는 바다풀이 무성한 바닷가에서 자란다. 크면서 바위밭이나 깊은 곳으로 옮긴다. 1년이 지나면 10cm, 2년이면 13~14cm로 자란다. 2년이 지나면 어른이 된다. **분포** 우리나라 동해. 일본 북부, 사할린 같은 북서태평양 **쓰임** 낚시나 걸그물로 잡는다. 동해 어시장에서 흔히 볼 수 있다.

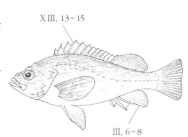

ⅩⅢ. 13~15

Ⅲ. 6~8

# 누루시볼락 *Sebastes vulpes*

씬더구, 누르시, Fox jacopever, キツネメバル, 狐平鮋, 带斑平鮋

누루시볼락은 바닷가 얕은 곳부터 물 깊이 100m까지 물속 바위밭에서 혼자 산다. 게나 작은 물고기 따위를 잡아먹는다. 띠볼락과 생김새가 아주 닮아서 분류학 연구가 더 필요하다.

**생김새** 몸길이는 40cm 안팎이다. 몸은 길쭉한 긴둥근꼴이며 옆으로 조금 납작하다. 몸 빛깔은 옅은 밤색이거나 옅은 잿빛을 띤다. 넓은 검은 밤색 가로띠가 석 줄 있다. 살아 있을 때는 지느러미 가장자리가 파란빛을 띤다. 띠볼락과 아주 닮았지만, 누루시볼락은 꼬리지느러미 끄트머리에 하얀 테두리가 있다. **성장** 다른 볼락처럼 난태생이다. 가을과 겨울에 암컷과 수컷이 교미를 하고, 암컷은 봄에 새끼를 낳는다. 새끼는 물에 떠다니는 모자반 같은 바다풀 아래에서 산다. **분포** 우리나라 동해와 남해. 일본 **쓰임** 다른 볼락처럼 낚시로 많이 잡는다. '참우럭'이라고도 하며 한 해 내내 맛이 좋다. 조피볼락보다 고급 물고기로 친다. 회나 탕, 구이 따위로 먹는다.

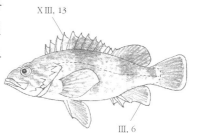

ⅩⅢ. 13

Ⅲ. 6

탁자볼락

누루시볼락

# 개볼락 *Sebastes pachycephalus*

우럭, 꺽저구, 돌볼락, Blass bloched rockfish, ムラソイ, 厚头平鲉

개볼락은 바닷가 물속 바위밭에서 산다. 멀리 돌아다니지 않고 한 곳에 머물러 산다. 낮에는 굴속이나 바위틈에 머물다가 밤에 나와 돌아다닌다. 개볼락은 중층에 떠 있지 않고, 낮에 바위 위에 앉아 있기도 한다. 여러 가지 새우나 게, 작은 물고기, 오징어 따위를 잡아먹는다. 제주도, 동해, 울릉도, 독도에 많이 살고 있다. 제주도에서는 쏨뱅이와 함께 '우럭'이라고 한다.

**생김새** 몸은 40cm까지 큰다. 몸은 통통한 긴둥근꼴이고 옆으로 조금 납작하다. 몸이 높고 배는 다른 볼락보다 불룩하다. 머리가 크며 단단한 가시가 여기저기 나 있다. 머리 뒷부분은 둥글게 솟았다. 눈 위쪽도 솟아 있고, 두 눈 사이는 깊게 파였다. 몸 빛깔은 검은 밤색인데 사는 곳에 따라 많이 달라진다. 비늘은 작지만 단단하다. 배는 연한 빛이고 지느러미를 포함한 온몸에 까만 점들이 많이 흩어져 있다. **성장** 다른 볼락처럼 난태생이다. 겨울에 수정된 알은 어미 배 속에 있다가 봄에 새끼가 나온다. 갓 나온 새끼는 5~6mm이다. 성장은 느린 편이다. 1년에 7~8cm쯤 자란다. 30cm가 넘는 것은 10년 안팎 자란 것으로 보인다. **분포** 우리나라 서해, 남해, 제주, 울릉도와 독도. 일본 홋카이도 이남, 대만, 중국 동중국해 **쓰임** 다른 볼락처럼 낚시로 많이 잡는다. 제주도에서는 주낙으로 잡는다. 회, 탕, 구이로 먹는다.

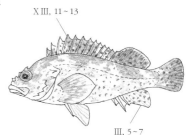

XⅢ. 11~13

Ⅲ. 5~7

개볼락

# 우럭볼락 *Sebastes hubbsi*

똥새기, 우레기, Amorclad rockfish, クロイメバル, 铠平鮋, 哈十氏鲈鮋

우럭볼락은 다른 볼락보다 몸 크기가 작다. 바닷가 얕은 바닷속 바위밭에서 산다. 물 밑바닥에 사는 게나 오징어, 작은 물고기 따위를 잡아먹는다. 흰꼬리볼락과 생김새가 닮아서 남해 바닷가 사람들은 같은 물고기로 여긴다.

**생김새** 몸길이는 15cm쯤 된다. 몸 빛깔은 붉은 밤색이고 몸 옆구리에 짙은 밤색 가로띠가 넉 줄 삐뚤빼뚤 나 있다. 몸은 긴둥근꼴이고 옆으로 납작하다. 머리에는 여러 가지 가시가 여기저기 나 있다. 입은 크고 위턱 뒤 끝이 눈 뒤 가장자리까지 이른다. 지느러미에는 작고 까만 점들이 많이 흩어져 있다. 생김새와 몸빛이 개볼락과 닮았다. 우럭볼락은 옆줄 비늘 수가 27~30개인데, 개볼락은 30~35개이다. **성장** 새끼를 낳는 난태생이다. 성장은 더 밝혀져야 한다. **분포** 우리나라 서해, 남해, 제주. 일본 중부 이남, 중국 **쓰임** 쏨뱅이와 개볼락과 함께 섞여서 잡히지만 수가 많지 않다. 몸이 작아서 크게 쳐주지 않는다.

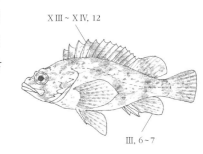

XⅢ~XⅣ. 12

Ⅲ. 6~7

# 도화볼락 *Sebastes joyneri*

Saddled brown rockfish, Joyner stingfish, トゴットメバル, 焦氏平鮋

도화볼락은 바닷가 물속 바위밭에서 볼락, 불볼락과 섞여 산다. 하지만 다른 볼락보다 수가 아주 적다. 물 깊이가 15~100m쯤 되는 조금 깊은 앞바다에 산다. 요즘에 독도 둘레 바다에서 수백 마리 무리가 사는 것을 확인했다. 동물성 플랑크톤이나 새우, 게 같은 갑각류, 작은 물고기 따위를 잡아먹는다. 얼핏 보면 불볼락과 닮았다. 불볼락은 옆구리에 있는 까만 점이 네모난데, 도화볼락은 둥글다.

**생김새** 몸길이는 20cm 안팎이다. 몸은 길쭉한 긴둥근꼴이다. 눈이 크고 눈 앞에 억센 가시가 두 개 있다. 몸빛은 불그스름한 밤색이고 옆구리에는 까만 점이 몇 개 있다. **성장** 새끼를 낳는 난태생이다. 암수가 교미를 한다. 알이 수정되면 한 달쯤 지난 봄에 새끼를 수천 마리 낳는다. 갓 나온 새끼는 4~5mm다. 물에 둥둥 떠다니며 동물성 플랑크톤을 먹으며 자란다. 5cm 안팎으로 크면 바위가 많은 바다로 내려간다. 성장은 더 밝혀져야 한다. **분포** 우리나라 남해와 동해. 일본, 대만 **쓰임** 낚시나 끌그물로 잡는다. 겨울부터 봄까지가 제철이다. 살이 하얗고 맛이 좋다. 회, 탕, 튀김으로 먹는다.

XⅢ. 14~15

Ⅲ. 7

우럭볼락

도화볼락

# 쏨뱅이 *Sebastiscus marmoratus*

삼베이, 삼뱅이, 쏨팽이, 우럭, Scorpion fish, Marbled rockfish, False kelpfish,
カサゴ, 褐菖鮋

쏨뱅이는 따뜻한 물을 좋아한다. 우리나라 바닷가나 섬 둘레에 물살이 제법 세고 얕은 물속 바위밭에서 산다. 늘 돌 틈이나 바위 위에 앉아 있고 멀리 헤엄쳐 나가지 않는다. 바닷가 얕은 곳에 사는 놈은 몸빛이 거무스름한 밤빛이고 깊은 곳에 살면 더 빨갛다. 여름에는 얕은 곳으로 올라왔다가 겨울에는 깊은 곳으로 들어간다. 주로 낮에 나와 어슬렁거리면서 멸치, 노래미 같은 작은 물고기나 새우나 게 따위를 잡아먹는다. 쏨뱅이는 물이 차가워지는 가을부터 이듬해 3월까지 짝짓기를 한다. 암컷과 수컷이 서로 배를 맞대고 짝짓기를 한다. 하지만 해역에 따라 짝짓기 철이 다르다. 쏨뱅이는 난태생이다. 겨울에서 봄 사이에 암컷은 새끼를 낳는다. 새끼는 플랑크톤처럼 물에 둥둥 떠다니며 살다가 크면 바닥으로 내려간다. 두 해가 지나면 어른이 된다. 몸집이 큰 쏨뱅이는 텃세를 부린다. 몸집이 작은 쏨뱅이는 성장이 아주 더뎌진다. 10년 넘게 산다.

가시로 쏘는 물고기라고 이름이 '쏨뱅이'다. 《자산어보》에는 '정어(鯎魚) 속명 북제귀(北諸歸)'라고 써 놓고 "생김새는 검어와 닮았다. 아주 큰 눈이 앞으로 툭 튀어나왔다. 몸빛이 빨갛고, 맛은 검어를 닮아 담박하다."라고 적어 놓았다. 하지만 이 이름은 쏨뱅이뿐만 아니라 닮은 물고기도 함께 말하는 것 같다. 영어로는 전갈처럼 쏜다고 'scorpion fish', 일본에서는 '카사고(カサゴ, 笠子)'라고 한다. 머리가 크고 삿갓을 쓰고 있는 것처럼 생겼다고 붙은 이름이라고도 하고, 얼룩덜룩한 몸빛이 마치 피부병에 걸린 것처럼 보인다고 붙은 이름이라고도 한다.

**생김새** 몸길이는 30cm 안팎이다. 몸은 볼락보다 통통한 편이다. 몸빛은 거무스름한 밤색이거나 불그스름하고 하얀 점무늬가 흐드러졌다. 눈이 댕그랗게 크고 두 눈 사이가 움푹 파였다. 주둥이는 비쭉하게 길고 입술이 두툼하다. 머리와 아가미뚜껑에 가시가 있다. 등지느러미 가시가 뾰족하다. 꼬리지느러미 끝은 살짝 둥그스름하다. 옆줄 하나가 뚜렷하다. 옆줄 위에 있는 하얀 점무늬는 흐릿하거나 제멋대로 생겼다. **성장** 짝짓기 때가 되면 수컷 총배설강 뒤에 작은 돌기가 튀어나온다. 수컷이 암컷보다 먼저 성숙한다. 10~11월에 암컷과 수컷이 교미를 한다. 암컷 배 속에 들어간 정자는 알이 성숙할 때까지 기다렸다가 수정을 한다. 물 온도가 15도 안팎일 때 25일쯤 지나 수정된 알에서 새끼가 나온다. 어미 배 속에서 깬 새끼는 겨울과 봄 사이에 밖으로 나온다. 그런데 해역에 따라 시기가 조금씩 다르다. 암컷 한 마리가 새끼를 5천~9만 마리쯤 여러 번 나누어 낳는다. 새끼는 1년이 지나면 7cm 안팎, 2년이 지나면 14cm 안팎, 4년이면 암컷이 21cm, 수컷이 24cm쯤 큰다. 태어난 지 2년까지는 암컷과 수컷 성장 속도가 비슷하지만, 그 뒤로는 수컷이 암컷보다 더 빠르게 큰다. **분포** 우리나라 남해, 제주. 일본, 대만, 중국 **쓰임** 갯바위에서 낚시로 많이 잡는다. 쏨뱅이는 등지느러미 가시에 독이 있다. 머리와 아가미뚜껑에도 뾰족한 가시가 있다. 손으로 잡을 때는 조심해야 한다. 지느러미 가시에 쏘이면 아주 시큰시큰 아프다. 지느러미에 독이 있어도 맛은 좋아서 남해나 제주도 사람들이 많이 잡는다. 걸그물이나 주낙으로도 잡는다. 겨울이 제철이다. 살이 하얗고 딴딴하고 맛이 산뜻하다. 경남 통영 지방에서는 '죽어도 삼뱅이', '살아도 삼배, 죽어도 삼배'라는 말이 있다. 죽었을 때나 살았을 때나 다른 고기보다 맛이 세 배나 더 좋다는 뜻이다. 회로 먹거나 탕을 끓이거나 구워 먹는다.

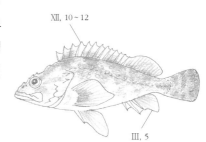

XII, 10 ~ 12

III, 5

쏨뱅이

쏨뱅이 암컷은 한겨울에 새끼를 낳는다.
새끼는 플랑크톤처럼 물에 둥둥 떠다닌다.

# 쑤기미 *Inimicus japonicus*

범치북, 쑥쑤기미, 쐬미, 창쑤기미, 바다쑤기미, 노랑범치, Devil stinger, Scorpionfish,
Poisonfish, オニオコゼ, 鬼鮋, 虎鱼

쑤기미는 따뜻한 물을 좋아한다. 물 깊이가 200m 안쪽인 바위밭이나 모랫바닥에서 산다. 바닷가에서 살면 까만 밤색이지만, 깊은 곳에서 살면 몸빛이 더 붉거나 노랗다. 바닥을 파고 들어가 몸을 숨기거나 바위나 돌, 바다풀 사이에서 자기 둘레 색깔과 비슷한 몸빛으로 감쪽같이 몸을 숨기고 있다. 그렇게 숨어서 꼼짝 안 하고 있다가 작은 물고기나 새우 따위가 가까이 오면 덥석 잡아먹는다. 《자산어보》에는 "등지느러미에 센 독이 있다. 화가 나면 고슴도치처럼 되고, 적이 가까이 오면 찌른다. 사람도 찔리면 견디기 어려울 만큼 아프다. 이럴 때는 솔잎 삶은 물에 찔린 곳을 담그면 신통하게 낫는다."라고 했다. 무서운 독가시가 있어도 건들지 않으면 사람한테 안 덤빈다.

독가시로 쏜다고 이름이 '쑤기미'다. 북녘과 서해안에서는 범처럼 무섭다고 '범치'라고 한다. 지역에 따라 '쑥쑤기미(거제), 쐬미(여수), 노랑범치(충남), 범치(서해안, 제주)'라고 한다. 《자산어보》에 '석어(螫魚) 속명 손치어(遜峙魚)'나 '석자어(螫刺魚) 속명 수염어(瘦髥魚)'라고 나와 있는 물고기라고 짐작한다. 학명인 'Inimicus'는 '해치려는 마음을 가진'이라는 뜻이다. 영어 이름인 'Devil stinger'나 'Poisonfish'도 독침으로 찌르거나 독이 있다는 뜻이다. .

**생김새** 몸길이는 25cm 안팎이다. 몸빛은 사는 곳에 따라 다르다. 검은 밤빛이나 붉은 밤빛이나 노랗다. 몸통 앞쪽은 위아래로 납작하고 뒤쪽은 옆으로 납작하다. 비늘은 없고 살갗은 거칠거칠하고 도톨도톨하다. 머리는 크고 울퉁불퉁하다. 입은 크고 위로 열려 있다. 입 둘레에 지저분한 돌기가 나 있다. 아래턱이 위턱보다 길다. 눈은 작고 툭 불거졌다. 등지느러미 앞에서 눈에 이르는 외곽선이 깊게 파였다. 등지느러미 가시가 아주 뾰족하다. 가슴지느러미는 크고 맨 아래쪽 줄기 두 개가 따로 떨어진다. 옆줄은 하나다. 옆줄 따라 작은 촉수처럼 생긴 돌기가 나 있다. **성장** 6~8월에 알을 낳는다. 암컷 한 마리에 수컷 2~3마리가 다가와 따라다니다 암컷을 물낮 쪽으로 밀고 올라가면서 짝짓기를 한다. 투명한 알들이 암컷 몸 밖으로 나와 수컷 정자와 섞인다. 알은 낱낱이 흩어져 물에 뜬다. 물 온도가 20~25도일 때 이틀쯤이면 새끼가 나온다. 남해에 사는 쑤기미가 갓 낳은 새끼 크기는 2.5~3.1mm이다. 나온 지 2일부터는 가슴지느러미가 부채처럼 크게 발달하고, 그 위에 까만 점이 3~4개 있다. 6일이 지나면 새끼는 5.5mm쯤 크고 가슴지느러미 줄기가 생기며, 줄기 끝마다 까만 반점이 있다. 2~3주쯤 물에 떠다니다가 1~1.5cm쯤 자라면 바닥에 있는 바위로 내려간다. 성장은 해역에 따라 다르지만, 1년이면 9~20cm, 2년이면 15~24cm, 5년이면 19-28cm쯤 자란다. 6년쯤 산다. **분포** 우리나라 서해, 남해, 제주. 일본, 대만, 홍콩, 베트남 북부까지 동남중국해, 인도양, 홍해 **쓰임** 바닥까지 그물을 내려 잡는다. 걸그물, 끌그물, 자리그물로 잡는다. 낚시로도 잡는다. 하지만 많이 안 잡힌다. 등지느러미에 독가시가 있어서 만질 때 조심해야 한다. 독가시에 찔리면 혈압이 떨어지고 숨을 못 쉬고, 심할 때는 온몸을 떨고 정신을 잃기도 한다. 빨리 병원에 가야 한다. 생김새는 못 생기고 독이 있어도 맛있는 물고기다. 겨울이 제철이다. 살이 희고 쫄깃하다. 회, 국, 매운탕, 찜, 튀김, 찌개로 먹는다.

ⅩⅥ ~ ⅩⅧ, 5~8

Ⅱ, 8~10

쑤기미

쑤기미 독가시

# 쏠배감펭 *Pterois lunulata*

날개수염치<sup>북</sup>, 쫌뱅이, 산방우럭, Luna lion fish, Dragon's beard fish, ミノカサゴ,
龙须簑鮋

쏠배감펭은 따뜻한 물을 좋아한다. 낮에는 바위 지대에서 어슬렁거리며 돌아다니다가 밤이 되면 먹잇감을 찾아 돌아다닌다. 느긋하게 헤엄치다가도 먹이를 보면 재빨리 다가가서 커다란 가슴지느러미로 구석으로 몰아 큰 입으로 재빨리 삼킨다. 덩치 큰 물고기가 잡아먹으려고 하면 기다란 등지느러미를 곤추세우고 가슴지느러미를 새 날개처럼 활짝 편다. 큰 물고기도 뾰족뾰족 솟은 가시가 무서워서 덤비지를 못한다. 등지느러미에 아주 센 독이 있어서 사람이 찔리면 한참 동안 아픈데, 사람에 따라 두통, 근육 경직, 호흡 곤란을 일으킨다. 덤비는 물고기가 없으니 물속을 느긋느긋 나붓나붓 헤엄쳐 다닌다. 7~15년쯤 산다.

쏠배감펭은 북녘에서 '날개수염치'라고 한다. 영어로는 가슴지느러미를 활짝 펴면 꼭 사자 갈기 같다고 'lion fish'라고도 한다. 옛날 린네는 가슴지느러미가 새 날개처럼 생기고 무서운 독이 있다고 '하늘을 나는 전갈(Svorpana volitana)'이라는 뜻으로 학명을 지었다.

**생김새** 몸길이는 35cm까지 자란다. 몸빛은 분홍빛이 돌고 검은 밤색 줄무늬가 가로로 나 있다. 눈은 크고 두 눈 사이가 움푹 들어간다. 가슴지느러미가 아주 크다. 등지느러미 가시와 가슴지느러미 줄기가 아주 길다. 지느러미를 잇는 얇은 막이 깊게 파인다. 등지느러미와 가슴지느러미와 뒷지느러미에는 까만 밤색 점이 줄지어 나 있다. 꼬리지느러미 끄트머리는 둥글다. **성장** 여름에 알 낳을 때가 되면 암컷과 수컷이 짝을 짓는다. 저녁때 수컷이 암컷 둘레를 맴돌다가 암컷이 위쪽으로 올라가면 수컷이 따라 올라가면서 알과 정자를 몸 밖으로 내보낸다. 알은 탁구공만 한 점액질에 싸여 있다. 한 번에 두 덩이를 낳는다. 알 덩어리 하나에 알이 15000개쯤 들어 있다. 알 덩어리는 물에 둥둥 떠다닌다. 1~2일 지나면 새끼가 나온다. **분포** 우리나라 남해와 제주. 일본, 동중국해, 서태평양, 인도양, 호주, 홍해, 남아프리카 **쓰임** 지느러미를 쫙 펴고 헤엄치는 모습이 예뻐서 사람들이 수족관에서 기른다. 북미 서부 연안과 대서양 카리브해에 들어가 천적 없이 번식한 쏠배감펭은 강한 번식력과 육식성으로 지난 30년 동안 생태계 교란을 일으키는 물고기로 주목 받고 있다.

XIII, 11 ~ 12

7 ~ 8

활짝 편 가슴지느러미 덩치 큰 물고기가 다가오면
새 날개처럼 생긴 가슴지느러미를 활짝 편다. 그러면
다가오던 물고기가 깜짝 놀란다. 지느러미 가시에 독이
있어서 덩치 큰 물고기도 어쩌지 못한다. 쏠배감펭
독가시는 송곳처럼 뾰족하다. 잘못 찔렸다간 큰일 난다.

쏠배감펭

쏠배감펭 등지느러미 독가시

**활짝 편 가슴지느러미** 덩치 큰 물고기가 다가오면
새 날개처럼 생긴 가슴지느러미를 활짝 편다. 그러면
다가오던 물고기가 깜짝 놀란다. 지느러미 가시에 독이
있어서 덩치 큰 물고기도 어쩌지 못한다. 쏠배감펭
독가시는 송곳처럼 뾰족하다. 잘못 찔렸다간 큰일 난다.

쏨뱅이목
양볼락과

# 쑥감펭 *Scorpaenopsis cirrosa*

Weedy stingfish, Scorpionfish, オニカサゴ, 须拟鲉

쑥감펭은 따뜻한 물에서 사는 물고기다. 바닷가부터 물 깊이가 3~90m쯤 되는 물속 바위밭이나 산호초 둘레에서 혼자 산다. 둘레 환경에 따라 몸빛을 마음대로 바꾼다. 산호나 바위처럼 몸빛을 바꾼 뒤에 가만히 앉아서 먹이를 기다린다. 물속에서 자세히 보지 않으면 여간해서는 찾지 못한다. 작은 물고기나 새우 같은 먹이가 입 앞 가까이 다가오면 재빨리 달려들어 한입에 삼킨다. 가시에 독이 있어서 쏘이지 않도록 조심해야 한다.

**생김새** 몸길이는 25cm 안팎이다. 등은 어두운 붉은색을 띠고 배는 연한 주황색이다. 머리는 짙은 붉은색을 띠며 배 쪽은 뚜렷하게 붉다. 몸은 긴둥근꼴이다. 머리가 납작하고 주둥이가 앞쪽으로 길게 튀어나온다. 아래턱이 위턱보다 길다. 몸 여기저기에 돌기들이 지저분하게 나 있다. **성장** 난태생 물고기다. 가을에 암컷과 수컷이 교미를 하고 12~2월 겨울철에 새끼를 낳는다. 성장은 더 밝혀져야 한다. **분포** 우리나라 남해. 일본 남부에서 홍콩, 호주에 이르는 서태평양과 인도양 **쓰임** 먹을 수 있다. 제주 어시장에서 볼 수 있다.

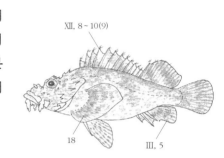

XII, 8~10(9)

18

III, 5

쏨뱅이목
양볼락과

# 주홍감펭 *Scorpaenodes littoralis*

Cheekspot scorpionfish, Shore scorpion fish, イソカサゴ, 滨海小鲉

주홍감펭은 따뜻한 물에서 사는 물고기다. 따뜻한 바닷물이 올라오는 제주도와 경남 바깥쪽에 있는 섬, 울릉도에서 산다. 바닷가 물속 바위밭이나 바위 아래에 난 굴, 바위틈에서 머문다. 물 깊이 40m까지 산다. 작은 물고기나 갑각류를 잡아먹는다. 등지느러미 가시에 약한 독이 있다.

**생김새** 몸길이는 15cm쯤 된다. 몸은 긴둥근꼴이며, 옆으로 납작하다. 눈이 크고, 양턱 길이는 비슷하다. 몸은 옅은 주홍색이고, 짙거나 옅은 빨간 무늬나 점들이 여기저기 나 있다. 머리 앞쪽은 짙은 밤색이거나 짙은 붉은 밤색을 띠어서 몸통이나 꼬리보다 짙고, 아가미뚜껑 아래쪽 가장자리에 붉은 밤색이나 검은 밤색 반점이 있는 것이 특징이다. **성장** 수컷이 텃세를 부리다가 암컷과 짝을 지어 초저녁에 알을 낳는다. 암컷과 수컷이 몸을 맞대고 바닥에서 물 위로 조금 떠오르면서 알을 낳는다. 암컷은 2~3일 간격으로 여러 번 알을 낳는다. 알은 젤라틴으로 싸인 덩어리로 낳는다. 알 덩어리는 물에 둥둥 떠다니다가 새끼가 깨어 나온다. **분포** 우리나라 제주. 일본 중부 이남, 호주 북부, 인도양 **쓰임** 상업적으로 잡지는 않지만 맛이 좋다.

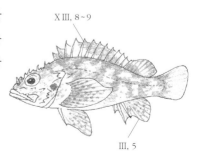

XIII, 8~9

III, 5

쑥감펭

주홍감펭

# 퉁쏠치 *Erosa erosa*

Pitted stonefish, Daruma stinger, ダルマオコゼ, 獅头鮋

퉁쏠치는 얕은 바닷가부터 물 깊이가 90m쯤 되는 자갈이나 암반, 모래펄 바닥에서 산다. 누가 건들기 전에는 꿈쩍 않고 가만히 있기를 좋아한다. 작은 물고기나 갑각류를 잡아먹는다. 지느러미 가시에 아주 센 독이 있어서, 쏘이면 목숨을 잃을 수도 있다. 독이 쑤기미보다 강하니까 쏘이지 않게 조심해야 한다.

**생김새** 몸은 15cm 안팎까지 큰다. 몸 색깔은 둘레 환경에 맞춰 까만 밤색, 잿빛 밤색, 붉은 밤색으로 여러 가지인데 노랑과 빨간 무늬들이 섞여 있다. 머리와 몸통이 굵은 원통처럼 생겼다. 머리가 크고, 머리뼈는 아주 단단하다. 두 눈 사이가 사각형으로 오목하게 들어갔다. 눈이 작고 턱 위와 눈 뒤, 아가미 뚜껑 위에 가시와 돌기들이 있다. 비늘은 없다. 몸 옆에는 폭이 넓은 어두운 회색 띠가 있다. 몸 여기저기에 흰 점이 있다. **성장** 더 밝혀져야 한다. **분포** 우리나라 남해. 일본 남부에서 호주까지 서태평양과 인도양 **쓰임** 안 잡는다.

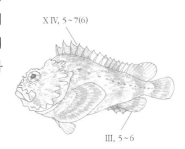

XIV, 5~7(6)

III, 5~6

# 말락쏠치 *Minous pusillus*

Dwarf stingfish, Puny goblinfish, ヤセオコゼ, 丝刺虎鮋

말락쏠치는 물 깊이가 30~110m쯤 되는 앞바다에서 사는 열대 물고기다. 조개껍데기가 섞여 있는 모랫바닥이나 펄 바닥에 산다. 낮에는 몸을 바닥에 묻고 숨어서 보기 어렵다. 바닥에 사는 여러 가지 생물을 잡아먹는다. 말락쏠치 가시에도 독이 있어서 쏘이면 아프다. 말락쏠치에 쏘인 곳을 뜨거운 물에 담그면 잘 낫는다.

**생김새** 몸길이는 8cm 안팎이다. 몸은 옅은 잿빛이고 까만 무늬가 이리저리 나 있다. 몸은 긴둥근꼴이고 옆으로 조금 납작하다. 눈은 크고 머리 위쪽에 있다. 머리 등 쪽이 울퉁불퉁하다. 위턱 뒤 끝이 눈앞 가장자리까지 이른다. 아가미뚜껑 가운데 가장자리에는 억센 가시가 4개 있는데, 맨 위 가시가 길다. 등지느러미 줄기와 꼬리지느러미 위에는 까만 밤색 점들이 이어져 선처럼 보인다. 가슴지느러미 가장 아래 줄기 1개가 따로 떨어져 있어서 퉁쏠치와 다르다. 온몸에 히드라가 붙어 있는 경우가 많다. **성장** 더 밝혀져야 한다. **분포** 우리나라, 일본, 중국, 대만, 필리핀, 인도네시아, 호주 북부까지 서태평양 **쓰임** 바닥끌그물로 물고기를 잡을 때 함께 딸려 잡히지만 안 먹는다.

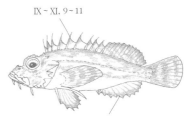

IX~XI, 9~11

II, 8~9

통쏠치

말락쏠치

쏨뱅이목
**양볼락과**

# 미역치 *Hypodytes rubripinnis*

쏠치복, 쐐치, 쌔치, Tiny stinger, Redfin velvetfish, ハオコゼ, 紅鰭赤魬

미역치는 바닷가 가까이에 사는 물고기다. 바닷가에서 흔히 볼 수 있다. 미역이 수북하게 자라는 바위밭에 산다고 이름이 '미역치'가 되었다. 북녘에서는 쏘는 물고기라고 '쏠치'라고 한다. 바다풀이 수북하게 자라고 바위가 울퉁불퉁 많은 곳에서 산다. 몸빛이 얼룩덜룩해서 바위틈에 감쪽같이 숨어서 찾기 어렵다. 모래펄 바닥에서도 많이 산다. 바늘처럼 뾰족한 등지느러미 가시를 세웠다 눕혔다 한다. 큰 물고기가 다가와서 위험을 느끼면 등지느러미 가시를 고슴도치처럼 바짝 세우고 냉큼 도망간다. 등지느러미 가시는 독가시여서 큰 물고기도 함부로 못 달려든다. 새우, 게, 갯지렁이 같은 동물성 먹이를 잡아먹는다.

**생김새** 몸길이는 10cm쯤 된다. 몸은 잿빛과 빨간 밤빛 무늬가 섞여 얼룩덜룩하다. 머리 앞쪽 경사가 가파르고 주둥이가 짧다. 위아래 턱 길이는 같다. 비늘은 살갗에 묻혀 있다. 등지느러미가 눈 위에서 시작된다. 등지느러미 가시가 길다. 수컷이 암컷보다 등지느러미 가시가 더 길다. 꼬리지느러미에는 밤빛 줄무늬가 나 있다. 옆줄이 등 쪽으로 치우쳐 하나 나 있다. **성장** 7~8월에 짝짓기를 하고 알을 낳는다. 지역에 따라 11월까지도 알을 낳는다. 알은 물 위에 뜬다. 암컷과 수컷이 나란히 중층에 떠올라 와서 알과 정자를 뿌려 수정한다. 수컷이 여러 마리 모여 수정을 시킬 때도 있다. 알 크기는 1mm 안팎이다. 물 온도가 25도일 때 하루쯤 지나면 알에서 새끼가 나온다. 갓 나온 새끼는 2.2mm쯤 된다. 새끼는 물에 둥둥 떠다니면서 크다가 7mm쯤 되면 바닥으로 내려가기 시작한다. **분포** 우리나라 동해, 남해. 일본 중부 이남 **쓰임** 낚시질을 하면 곧잘 잡힌다. 등지느러미 가시는 독가시여서 찔리면 몹시 아프다. 손으로 잡을 때는 조심해야 한다. 크기는 작지만 독가시를 없애고 먹는다.

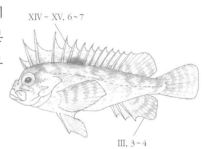

XIV ~ XV. 6 ~ 7

III. 3 ~ 4

쏨뱅이목
**풀미역치과**

# 풀미역치 *Erisphex pottii*

Spotted velvetfish, アブオコゼ, 蜂魬, 虻魬

풀미역치는 물 깊이가 10~250m쯤 되는 조금 깊은 바다 밑 모래진흙 바닥에서 산다. 작은 새우나 작은 물고기, 젓새우, 요각류, 단각류 따위를 잡아먹는다. 가시에 독이 있어서 조심해야 한다. 사는 모습은 더 밝혀져야 한다.

**생김새** 몸길이는 15cm쯤 된다. 몸은 달걀꼴이고 위아래로 납작하다. 두 눈 사이는 오목하다. 몸에는 비늘이 없고 융털처럼 생긴 살갗돌기가 많이 나 있다. 손으로 만지면 조금 꺼끌꺼끌하다. 입은 거의 수직으로 위를 향한다. 아래턱은 위턱보다 길고, 양턱에는 융털처럼 생긴 이빨이 나 있다. 몸 빛깔은 잿빛 밤색이고 짙은 밤색 반점이 여기저기 많이 흩어져 있다. 등지느러미 3번째 가시 뒤쪽이 오목하게 들어간다. 아가미뚜껑 안쪽에 가시가 4개 있다. 꼬리지느러미를 빼고 모두 까맣다. **성장** 알에서 나온 새끼는 5mm쯤 크면 지느러미가 완성되어 치어기가 된다. 7mm 치어는 가슴지느러미가 부채처럼 크고 검다. 2cm 안팎인 어린 새끼는 꼬리지느러미를 빼고 모두 까맣다. 풀미역치 자치어들은 바닷가나 앞바다에서 장기간에 걸쳐 나타난다. 2~3cm 어린 풀미역치는 늦가을부터 겨울 사이에 바닷가에서 잡힌다. **분포** 우리나라 중부 이남. 일본 홋카이도 이남, 동중국해, 대만에서 호주 북부까지 서태평양 **쓰임** 수는 많지만 잡지 않는다.

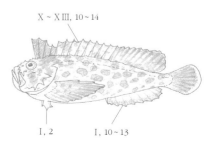

X ~ XIII. 10 ~ 14

I. 2    I. 10 ~ 13

미역치

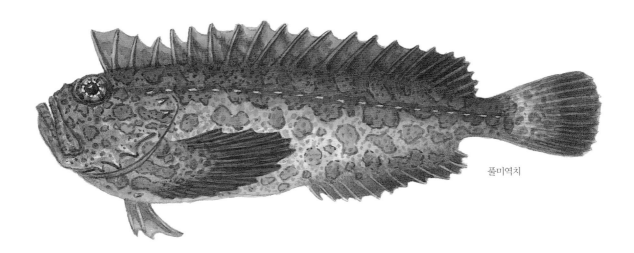

풀미역치

# 양태 *Platycephalus indicus*

장대북, 장태, 낭태, 망태, Bartail flathead, Indian flathead, ヨシノゴチ, 鯒

양태는 바닥에 붙어서 사는 물고기다. 물 깊이가 5~200m쯤 되고 바닥에 모래와 진흙이 깔린 따뜻한 바다에 산다. 머리가 납작하고 배도 납작해서 물 바닥에 납작 엎드려 있다. 한곳에 꼼짝 않고 머물러 있기를 좋아하고 잘 안 돌아다닌다. 몸빛이 누르스름해서 바닥에 숨으면 감쪽같다. 낮에는 눈만 내놓은 채 모래를 뒤집어쓰고 있다가 작은 물고기나 새우나 오징어나 게 따위가 멋도 모르고 가까이 다가오면 와락 달려들어 한입에 삼킨다. 겨울이 되면 깊은 바다로 들어가 바닥에 몸을 파묻고서 겨울을 넘긴다. 봄이 되면 다시 얕은 바다로 올라와서는 겨우내 굶주린 배를 채우느라 정신없이 먹어 댄다. 5~7월에 얕은 바닷가 모래펄 바닥에서 알을 낳는다. 알은 저마다 흩어져 물에 둥둥 떠다닌다. 양태는 수컷과 암컷 성장이 다르다. 30cm가 넘으면서 암컷 비율이 높아지기 시작하며 48~50cm보다 큰 개체는 모두 암컷이다. 수컷은 같은 나이라도 그 이상 크지 않는다. 그래서 양태는 성전환 하는 물고기로 잘못 알려졌다.

**생김새** 몸길이는 50cm 안팎이며 1m까지도 큰다. 몸빛은 사는 곳에 따라 바꾸는데 거무스름한 밤색에 꺼먼 점이 빽빽하다. 배는 하얗다. 머리가 크고 위아래로 납작하다. 눈은 머리 위에 있다. 두 눈 사이가 눈 지름보다 넓다. 아래턱이 위턱보다 길다. 몸은 아래위로 납작하고 길쭉한데 뒤로 가면서 점차 가늘어진다. 가슴지느러미는 크다. 꼬리지느러미에 까만 세로띠가 있다. 옆줄이 하나다. 옆줄에 구멍이 나 있는 비늘이 70개 넘게 있다. **성장** 해역에 따라 성장 속도가 다르다. 서해에서는 알에서 나온 새끼가 1년에 18cm, 3년에 35cm쯤, 5년에 45cm쯤, 7년에 54cm쯤 큰다. 수컷은 2년, 암컷은 3년 만에 35~40cm 자라면 짝짓기를 할 수 있다. 큰 놈은 50cm가 넘고 무게가 2kg이나 나간다. **분포** 우리나라 서해와 남해, 제주. 일본, 동중국해, 필리핀, 인도네시아, 호주까지 서태평양, 인도양, 아프리카 동부 **쓰임** 봄부터 가을까지 낚시로 잡거나 바다 밑바닥까지 닿는 그물을 끌고 다니면서 잡는다. 아가미에 뾰족한 가시가 두 개 있어서 찔리지 않게 조심해야 된다. 가을이 제철이다. 살이 단단하고 맛있다. '양태 대가리는 개도 안 물어 간다'라는 말이 있다. 머리가 납작해서 먹을 만한 살점 하나 안 붙어 있다는 우스갯소리다. 하지만 지금은 '구시월 양태'라는 말이 나올 만큼 맛있게 먹는 물고기다. 꾸덕꾸덕 말리거나 찌개나 찜, 구이, 튀김으로 먹는다. 복어처럼 얇게 썰어 회로 먹으면 맛있다.

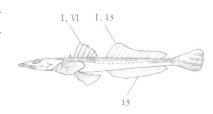

# 비늘양태 *Onigocia spinosa*

Midget flathead, Devil flathead, オニゴチ, 鋸齒鱗鯒

비늘양태는 열대성 물고기다. 바닷가부터 물 깊이가 250cm쯤 되는 곳까지 모래와 잔자갈이 깔린 바닥에서 산다. 멀리 돌아다니지 않고 한곳에 자리 잡고 지낸다. 낮에는 바닥에 몸을 숨기고 지내다가 밤에 나와 돌아다닌다.

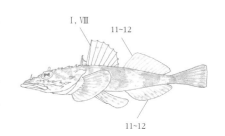

**생김새** 몸길이는 15~25cm쯤 된다. 몸에 비해 머리가 크다. 머리는 위아래로 납작하다. 눈 홍채는 위아래로 갈라진 가시들로 지저분하다. 아래턱이 위턱보다 길다. 양턱에는 융털 같은 이빨이 나 있다. 아가미뚜껑에 가시가 3~5개쯤 있다. **성장** 더 밝혀져야 한다. **분포** 우리나라 제주. 동중국해, 대만, 필리핀, 인도네시아, 호주까지 서태평양 **쓰임** 바닥끌그물에 다른 물고기와 함께 잡힌다.

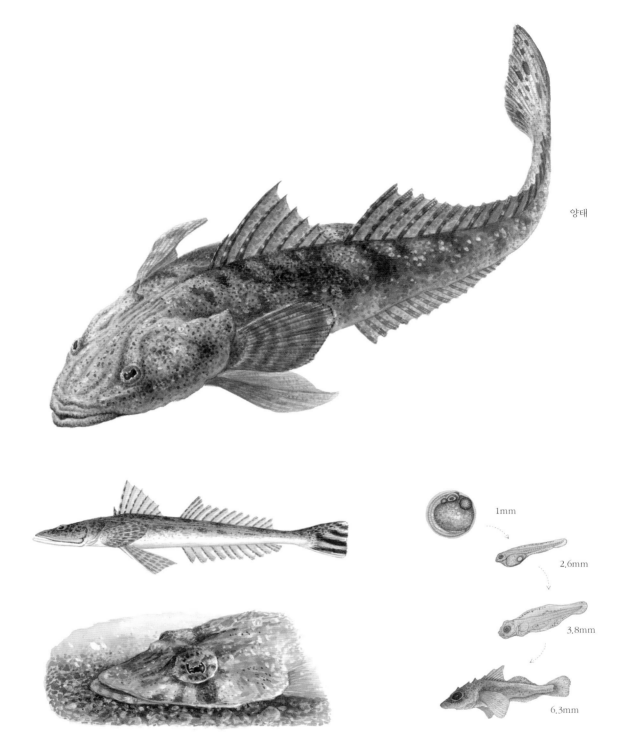

양태

양태를 옆에서 보면 머리가 아주 납작하다. 눈동자 위에는 얇은 막이 덮여서 눈이 찌그러져 보인다.

양태 알에서 새끼가 나와서 커 가는 모습이다. 알 지름은 0.9~1mm이고 동그랗다. 물 온도가 25도일 때 하루 만에 새끼가 나온다. 갓 나온 새끼는 1.8mm쯤 된다. 1.5cm쯤 자라면 바닥으로 내려간다.

비늘양태

# 쥐노래미 *Hexagrammos otakii*

석반어북, 노래미, 놀래미, 게르치, 돌삼치, Fat greenling, Kelpfish, Fat cod, アイナメ,
六線魚, 大沈六线鱼

쥐노래미는 바닷가부터 물 깊이가 150m 안쪽인 곳에 많이 산다. 우리나라 온 바다에 살지만 서해와 남해에 많다. 물 흐름이 좋고 바닥에 모래와 자갈이 깔리고 갯바위가 많은 곳에서 산다. 노래미보다 조금 더 깊은 곳에 산다. 사는 곳에 따라 몸빛이 누런 밤색, 잿빛 밤색, 보랏빛 밤색으로 다르다. 부레가 없어서 헤엄쳐 다니기보다 바닥이나 바위에 배를 대고 가만히 있기를 좋아한다. 눈 위에 작은 돌기가 귀처럼 쫑긋 솟았다. 바닥에 사는 작은 새우나 게, 갯지렁이, 물고기를 잡아먹고 바다풀도 뜯어 먹는다. 쥐노래미는 11월부터 1월까지 추운 겨울에 알을 낳는다. 알 낳는 때가 되면 수컷 몸빛이 노란색을 띤다. 알에서 나온 새끼는 물낯 가까이를 헤엄쳐 다니면서 플랑크톤을 먹다가, 크면서 바닥으로 내려간다. 옛날 사람들은 쥐노래미 눈 위에 달린 돌기를 귀라고 여겼다. 그래서 쥐노래미를 '귀 달린 물고기'라고 했다. 《자산어보》에는 '서어(鼠魚) 속명 주노남(走老南)'이라고 나온다. "생김새가 노래미와 닮았지만 머리가 조금 더 뾰족하다. 몸빛은 붉은색과 까만색이 서로 섞여 있다. 노래미처럼 머리에 귀가 있다." 라고 했다.

**생김새** 몸길이는 20~50cm쯤 된다. 머리가 뾰족하고 몸은 길쭉하다. 누런 밤색 몸빛에 짙은 밤색 점무늬가 이리저리 나 있다. 몸빛은 사는 곳에 따라 달라진다. 옆줄이 다섯 줄 나 있다. 등 쪽에 세 개, 몸 가운데와 배 쪽에 한 개씩 있다. 꼬리지느러미 끄트머리가 자른 듯 반듯하다. **성장** 암컷 한 마리가 알을 천~2만 개쯤 가진다. 물 온도가 11~13도일 때 25일쯤 지나면 새끼가 나온다. 암컷은 2년, 수컷은 1년이면 어른이 된다. 1년에 15cm 안팎, 4년이면 30cm쯤 큰다. **분포** 우리나라 온 바다. 일본 **쓰임** 낚시나 바닥끌그물로 많이 잡는다. 봄부터 여름 들머리까지 맛이 있다. 회로 먹고 말려서 구워 먹기도 한다. 《자산어보》에는 "살은 푸르스름하고 맛이 담박하다. 그런데 비린내가 심하게 난다."라고 했다. 하지만 쥐노래미 살은 탁한 흰색이며, 단맛이 난다. 횟감으로 인기가 좋다.

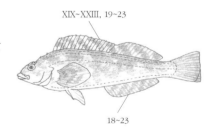

XIX~XXIII, 19~23

18~23

# 노래미 *Hexagrammos agrammus*

황석반어북, 몰노래미, 노르매, 노랭이, Spotty belly greenling, クジメ, 斑头鱼

노래미는 바다풀이 수북하게 자란 바위밭에서 홀로 산다. 쥐노래미 종류 중에서 따뜻한 물을 좋아한다. 바위틈에 머리만 내밀고 숨어 있다가 지나가는 새우, 게, 갯지렁이, 동물성 플랑크톤 따위를 잡아먹는다. 11~12월에 알을 덩어리로 낳아 바다풀 줄기에 붙인다. 쥐노래미처럼 수컷이 알을 돌본다.

**생김새** 몸길이는 25cm 안팎이다. 노래미는 쥐노래미와 닮았다. 노래미는 옆줄이 하나고 쥐노래미는 다섯 줄이다. 또 꼬리지느러미 끄트머리가 노래미는 둥근데 쥐노래미는 반듯하다. 머리는 작고 몸은 원통형이다. 쥐노래미 몸빛은 잿빛이지만 노래미는 붉은 밤색, 누런 밤색처럼 붉은색과 밤색이 강하다. 눈 위쪽에 조그만 살갗돌기가 많이 나 있다. **성장** 물 온도가 12~18도일 때 20일쯤 지나면 알에서 새끼가 나온다. 갓 나온 새끼는 6.5~8mm로 물에 떠서 산다. 몸길이가 4~5cm쯤 크면 바위 바닥으로 내려간다. 1년이면 10cm쯤 자란다. **분포** 우리나라 온 바다. 일본, 중국, 황해 등 **쓰임** 낚시, 그물로 잡는다. 회나 탕 같은 음식을 해 먹는다. 봄여름이 제철이다. 하지만 쥐노래미보다 맛이 덜하다고 한다.

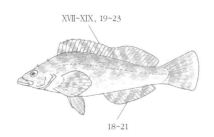

XVII~XIX, 19~23

18~21

쥐노래미

쥐노래미 눈 위에는 하얀 눈썹처럼 생긴 돌기가 나 있다. 하얀 돌기는 보들보들하고 물속에서 하늘하늘 흔들린다.

쥐노래미 알은 몽글몽글 덩어리져서 모자반 같은 바다풀 줄기나 자갈, 바위에 딱 붙는다.

**알 지키기** 알에서 새끼가 나올 때까지 수컷이 곁을 지킨다. 이때는 수컷 몸이 더 노래진다.

노래미

쏨뱅이목
쥐노래미과

# 임연수어 *Pleurogrammus azonus*

이면수북, 이민수, 찻치, 새치, Arabesque greenling, Okhotsk atka mackerel,
Atka fish, ホッケ, 远东多线鱼

임연수어는 물 깊이가 150~250m쯤 되는 깊고 차가운 물에서 산다. 우리나라 동해에서만 산다. 다른 노래미 무리는 부레가 없어 바닥에 붙어서 사는데, 임연수어는 부레가 있어서 맘껏 헤엄쳐 다닌다. 정어리, 전갱이 같은 작은 물고기나 물고기 알, 오징어, 새우, 게, 바닥에 기어 다니는 여러 동물들을 가리지 않고 먹는다. 알 낳는 때는 해역에 따라 다른데 북쪽이 빠르다. 11월에서 이듬해 2월까지 알을 낳으러 얕은 바닷가로 떼로 몰려온다. 짝짓기 때가 되면 수컷 몸이 누런 밤색에서 푸르스름하게 바뀌고 몸 무늬가 더 짙어진다. 또 수컷 꼬리지느러미와 눈 위 머리가 까맣게 바뀌어서 암컷과 다르다. 수컷은 산란장에서 텃세를 부리며, 몸과 지느러미를 떨면서 암컷에게 구애를 한다. 암컷은 물 깊이가 5~30m쯤 되는 바닷가 바위나 돌 틈에 여러 번 알을 낳는다. 알은 서로 붙어 둥그렇게 덩어리지고, 수컷이 곁을 지킨다. 알을 돌보는 기간 동안 아무것도 먹지 않는다. 4~16cm쯤 되는 어린 새끼들은 물낯 가까이에서 산다. 1년이 지나 18~22cm로 자라면 100m 안팎 물속으로 내려간다. 12년을 산다.

옛 책인 《신증동국여지승람》에는 함경도에서 '임연수어(臨淵水魚)'가 난다고 나오고, 《난호어목지》에는 이것을 '임연수어(林延壽魚)'라 쓰고 한글로 '임연슈어'라고 했다. "옛날 함경도에 사는 임연수(林延壽)라는 어부가 이 물고기를 잘 낚았다. 그래서 본토박이들이 임연수어라는 이름을 붙였다. 길주지(吉州志)에는 임연수어(臨淵水魚)라고 했는데 음은 같지만 잘못된 것이다."라고 나온다. 알을 낳고 몸이 파란 임연수어를 '청새치', 새끼를 '가르쟁이'라고도 한다.

**생김새** 몸길이는 40~60cm쯤 된다. 등은 누런 밤색이고 까만 가로 띠무늬가 죽 나 있다. 이 가로 띠무늬가 배까지 안 오는 것이 특징이다. 몸은 길쭉하고, 옆으로 납작하다. 머리는 작고 입은 비스듬히 나 있다. 등지느러미는 길쭉하다. 꼬리자루는 가늘고 꼬리지느러미는 가위처럼 갈라진다. 옆줄은 다섯 개다.
**성장** 물 온도가 8~18도쯤 될 때 암컷이 알을 천~3만 개쯤 낳는다. 물 온도가 10도쯤일 때 65일쯤 지나면 알에서 새끼가 나온다. 새끼는 1년이면 18~22cm, 3년이면 28~32cm, 4년이면 31~34cm쯤 큰다. 이삼 년이면 어른이 된다. **분포** 우리나라 동해. 일본, 오호츠크해, 황해 **쓰임** 알을 낳으러 오는 겨울철에 그물이나 주낙으로 잡는다. 바다 밑바닥에 살기 때문에, 바닥끌그물이나 두릿그물로 둘러싸서 잡기도 한다. 방파제나 갯바위에서 낚시로도 낚는다. 굵은 소금을 뿌려 구워도 먹고 튀기거나 조려 먹는다. 살도 맛있지만 껍질도 맛이 좋아서, 동해 바닷가 사람들은 껍질을 벗겨 쌈을 싸 먹기도 한다.

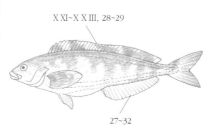

XXI~XXIII. 28~29

27~32

임연수어

혼인색

짝짓기 때가 되면 임연수어 수컷 몸빛이 누런 밤색에서
파르스름하게 바뀐다. 눈 위 머리와 꼬리지느러미
끝 부분이 까매진다.

**쏨뱅이목**
**쥐노래미과**

# 단기임연수어 *Pleurogrammus monopterygius*

Atka mackerel, Atka fish, キタノホッケ, 單鰭多线鱼

단기임연수어는 물 깊이가 720m쯤 되는 깊은 바닷속 펄이 깔린 바닥에서 산다. 임연수어보다 더 깊은 바다에서 산다. 여름과 가을 사이에 몸길이가 32cm쯤 되면 알을 낳는다. 알 낳는 습성은 임연수어와 비슷하다. 15년쯤 산다.

단기임연수어와 임연수어는 생김새가 닮았지만, 배에 있는 옆줄 길이가 다르다. 둘 다 등과 배에 옆줄이 5개 있다. 임연수어는 위에서 3번째 옆줄이 가슴부터 꼬리자루까지 나 있다. 단기임연수어는 3번째 옆줄이 배지느러미 뒤에서 뒷지느러미 뒤끝까지 이르지 못해 더 짧다. 또 임연수어는 4번째 옆줄이 가슴부터 뒷지느러미가 시작되는 곳까지 나 있는데, 단기임연수어는 4번째 옆줄이 가슴부터 배지느러미 뒤끝까지 나 있다.

**생김새** 몸은 55cm 안팎까지 큰다. 몸은 길고 옆으로 납작하다. 눈은 크며, 등 쪽 가까이에 있다. 위턱이 아래턱보다 튀어나왔고, 위턱 뒤 끝이 눈 앞 가장자리를 조금 지나간다. 몸은 짙은 밤색이고 몸을 가로지르는 검은 가로띠가 5개 있다. 이 띠가 뚜렷하고 배까지 내려와서 임연수어와 다르다. 머리 등쪽은 밤색을 띠지만, 입술 아래와 가슴지느러미 뿌리 앞쪽은 밝은 누런색을 띤다. **성장** 더 밝혀져야 한다. **분포** 우리나라 동해 북부. 일본 북부, 오호츠크해, 베링해 같은 북태평양 **쓰임** 그물로 잡는다. 러시아, 미국에서 수입해 시장에서 임연수어로 팔린다.

X XI. 25~29

I. 24~26

단기임연수어

# 빨간양태 *Bembras japonica*

Red flathead, アカゴチ, 紅鮋

빨간양태는 남해와 제주도 남쪽 바다부터 대만 북동쪽 바다에서 산다. 물 깊이가 80~300m쯤 되고 바닥에 조개껍데기나 펄이 섞인 모래가 깔린 대륙붕에서 산다. 멀리 움직이지 않고 한곳에 머물러 산다. 작은 물고기나 새우, 게, 동물성 플랑크톤 따위를 잡아먹는다.

**생김새** 몸은 30cm까지 큰다. 몸은 긴 원통형이고 머리는 납작하다. 몸 빛깔은 불그스름한데 배는 조금 옅다. 몸 옆구리와 등지느러미에 검은 반점이 많이 흩어져 있고, 꼬리지느러미 아래쪽에는 눈보다 큰 검은 반점이 있다. 뒷지느러미에 가시가 없고 줄기만 13~15개 있어서 눈양태와 다르다. 머리는 위아래로 납작하고 뒤로 갈수록 옆으로 납작하다. 머리 위에 작은 가시들이 있고, 눈 아래에 작은 가시가 4~5개, 아가미뚜껑 안쪽에 4개, 위쪽에 3개 있다. 배는 평평하다. 눈은 크고 두 눈 사이는 좁다. 주둥이는 납작하고 길다. 양턱 길이는 거의 같고, 융털처럼 생긴 이빨 띠가 있다. **성장** 9~12월 사이에 알을 낳는다. 알에서 나온 새끼는 1년이면 10cm, 2년이 지나 18~28cm쯤 크면 어른이 된다. **분포** 우리나라 남해, 제주. 일본 남부, 동중국해, 중국, 대만, 필리핀, 인도네시아, 말레이시아 같은 서태평양, 인도 동부 연안 **쓰임** 바닥끌그물로 잡는다.

X-XI

I, 10~11

13~15

# 눈양태 *Parabembras curta*

Matron flathead, ウバゴチ, 短鮋

눈양태는 깊은 바다에서 사는 온대성 물고기다. 물 깊이가 60~100m쯤 되는 대륙붕 바닥에서 산다. 물 깊이가 300m 넘는 바닷속에서도 발견된다. 펄이나 모래가 깔린 바닥에서 지내며, 거의 한곳에 머물러 산다. 작은 물고기나 보리새우, 갯가재 따위를 잡아먹는다.

**생김새** 몸길이는 20cm 안팎인데 30cm까지 큰다. 등은 밝은 빨간색에서 붉은 밤색이고, 첫 번째 등지느러미와 두 번째 등지느러미에 희미한 띠가 있다. 몸 생김새는 빨간양태와 비슷하지만 몸 옆이나 지느러미에 반점이 없는 것과 뒷지느러미에 가시가 있고 아래턱이 위턱보다 길어서 다르다. 머리는 아주 크고 위아래로 납작한데, 꼬리는 옆으로 조금 납작하다. 눈과 입은 크고, 위턱보다 아래턱이 더 길다. 양턱에 이빨이 빽빽하게 나 있다. 입천장에도 이빨이 난다. 눈 아래쪽부터 아가미뚜껑까지 뾰족한 가시가 5~6개 나란히 줄지어 있다. 머리 등 쪽에도 가시가 있다. **성장** 겨울에 알을 낳는다. 성장은 더 밝혀져야 한다. **분포** 우리나라 서해, 남해, 제주. 일본 중남부, 대만, 남중국해 **쓰임** 바닥끌그물로 많이 잡는다. 일본에서는 많이 잡아 여러 가지 음식을 해 먹는다.

IX-X

I, 7~9

III, 5

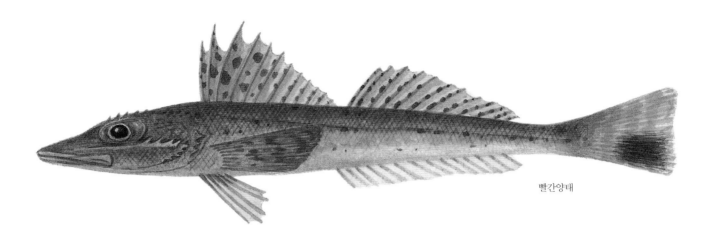

빨간양태

눈양태

# 대구횟대 *Gymnocanthus herzensteini*

햇대기, Blackedged sculpin, ツマグロカジカ, 裸棘杜父魚

대구횟대는 동해에 산다. 물 깊이가 100~300m쯤인 바다 밑바닥에서 산다. 까나리, 도루묵 같은 작은 물고기나 난바다곤쟁이, 새우 따위를 잡아먹는다. 동해 중부 바닷가에서는 12~2월에 암컷 한 마리가 알을 8000~28000개쯤 낳는다. 알 낳을 때가 되면 수컷은 배지느러미가 길어지고, 몸빛이 까맣게 바뀐다. 암컷이 낳은 알은 바위에 붙는다.

대구횟대는 가시횟대와 닮았다. 대구횟대는 눈 위에 살갗돌기가 없고, 가시횟대는 있다. 가슴지느러미에 있는 줄무늬는 가시횟대보다 더 넓다.

**생김새** 몸길이는 30cm쯤 된다. 몸은 원통형인데, 머리는 크고 통통하며, 꼬리자루는 가늘고 길다. 두 눈 사이는 평평하고, 뼈판들이 있다. 주둥이 위쪽 가장자리는 급하게 경사가 진다. 입은 크고 아래턱은 위턱에 덮여 있다. 양턱에는 원뿔처럼 생긴 이빨이 띠를 이룬다. 아가미뚜껑 가운데에는 가시가 4개 있는데, 맨 위쪽 가시가 가장 크다. 등은 연한 잿빛 밤색이고 배는 하얗다. 검은 밤색 가로띠가 가슴지느러미에 4줄, 꼬리지느러미에 3줄 있다. 검은 밤색 세로띠는 첫 번째 등지느러미에 3줄, 두 번째 등지느러미에 3~4줄 있다. 등지느러미는 두 개로 나뉘었다. 몸에 비늘은 없다. **성장** 알 크기는 1.6~1.7mm이다. 물 온도가 6~7도일 때 45일쯤 지나면 알에서 새끼가 나온다. 15cm쯤 크면 어른이 된다. 암컷은 17년, 수컷은 13년까지 산다. **분포** 우리나라 동해. 일본 북해도, 사할린, 오호츠크해 **쓰임** 그물이나 낚시로 잡는다. 겨울이 제철이다. 탕이나 찜, 조림, 회로 먹는다. 꾸덕꾸덕 말려 먹기도 한다. 동해 바닷가 사람들은 식해를 만들어 먹는다.

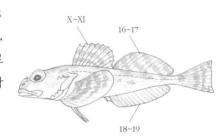

# 가시횟대 *Gymnocanthus intermedius*

Whip sculpin, アイカジカ, 中間裸刺杜父魚

가시횟대는 차가운 물을 좋아하는 물고기다. 물 깊이가 20~250m쯤 되는 모래자갈 바닥에서 산다. 바닥에 사는 여러 가지 새우나 게 같은 갑각류를 잡아먹는다. 겨울에 알을 낳는다. 빨간횟대와 달리 가시횟대는 교미를 하지 않는다. 수컷은 바위에 붙인 알에서 새끼가 나올 때까지 지킨다. 알에서 나온 새끼는 물에 둥둥 떠다니면서 살다가 몸길이가 2cm쯤 크면 바닥으로 내려간다. 몸길이가 10~12cm쯤 되면 어른이 된다.

**생김새** 몸길이는 20cm 안팎이다. 몸통은 원통형이며 길다. 머리가 크고 넓적하며, 두 눈 사이에 뼈판들이 있다. 꼬리는 옆으로 조금 납작하다. 눈 위에 살갗돌기가 2개 있다. 등은 밤색, 배는 흰색이다. 등지느러미는 두 개이며, 비스듬한 밤색 띠무늬가 있다. 가슴지느러미와 꼬리지느러미에도 붉은 밤색이나 검은 밤색 띠가 3~4개씩 있다. 이 무늬들은 두꺼운 것과 가는 것이 번갈아 나 있는 것이 특징이다. 뒷지느러미는 하얗고 무늬나 반점이 없다. **성장** 더 밝혀져야 한다. **분포** 우리나라 동해. 일본 중북부, 홋카이도, 러시아 캄차카반도 같은 북서태평양 **쓰임** 그물이나 낚시로 가끔 잡는다. 먹을 수 있다.

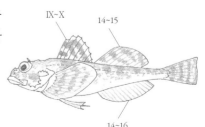

대구횟대

가시횟대

# 빨간횟대 *Alcichthys alcicornis*

홍치, Elkhorn sculpin, ニジカジカ, 雀杜父魚

빨간횟대는 찬물을 좋아하는 물고기다. 물 깊이가 50m 안팎인 바다 밑에서 산다. 9월 말부터 이듬해 5월까지는 바닷가 바위밭으로 올라오고, 여름에는 물 깊이가 200m가 넘는 깊은 바다로 옮겨 간다. 작은 새우, 게, 갯지렁이, 작은 물고기 따위를 잡아먹는다.

빨간횟대는 봄에 알을 낳는다. 이때가 되면 얕은 바위 지대로 올라온다. 암컷은 알을 수천 개 낳은 뒤 꼬리와 뒷지느러미로 알을 얇게 펴 바른다. 빨간횟대는 독특하게 알을 낳은 뒤에 교미를 한다. 그래서 다음 수컷을 만나 짝짓기 할 때는 이미 먼저 교미한 수컷 정자와 수정된 알을 낳는다. 그래서 암컷을 불러들인 수컷은 다른 수컷 알을 깨어날 때까지 지키게 된다.

**생김새** 몸길이는 30cm쯤 된다. 몸은 가늘고 긴데, 뒤쪽으로 갈수록 옆으로 납작하다. 콧구멍에 난 가시가 삼각형으로 생겼다. 눈 위쪽에 살갗돌기가 있고, 머리 뒤에도 작은 살갗돌기가 두 쌍 있다. 아가미 뚜껑 안쪽에 가시가 4개 있는데, 맨 위 가시는 끝이 2~4개로 뾰족하게 갈라진다. 몸 빛깔은 연한 붉은 밤색이고 짙은 밤색 가로띠가 6줄 있다. 몸 여기저기에는 크고 작은 둥근 반점들이 많이 나 있다. 모든 지느러미에도 짙은 밤색 띠가 여러 줄 있다. 몸 옆줄 위에도 작은 살갗돌기들이 있다. **성장** 더 밝혀져야 한다. **분포** 우리나라 동해. 일본, 오호츠크해 **쓰임** 바닷가에서 낚시로 잡는다. 통발이나 그물로도 잡는다. 하지만 맛이 썩 좋지는 않다고 한다. 매운탕이나 구이로 먹는다.

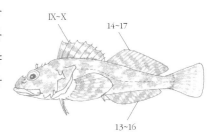

# 동갈횟대 *Hemilepidotus gilberti*

Gilbert's Irish Lord, ヨコスジカジカ, 吉氏牛鱗杜父魚

동갈횟대는 차가운 물을 좋아하는 물고기다. 바닷가부터 물 깊이가 600m쯤 되는 바다 밑 바위가 많은 바닥에서 산다. 바닥에 사는 갑각류나 갯지렁이 같은 여러 가지 무척추동물을 잡아먹는다. 겨울이 되면 알을 낳는다. 빨간횟대와 달리 암수가 교미를 하지 않는다. 이때가 되면 수컷 배지느러미 줄기가 길게 늘어나고, 지느러미 줄기 위에 까만 점들이 생긴다. 수컷은 텃세를 부리면서 자기 사는 곳을 지키다가 몸을 떨면서 암컷에게 구애를 한다. 암컷이 알을 낳으면 수컷이 정자를 뿌려 수정시킨다. 암컷은 갈라진 바위틈에 끈적끈적한 알 덩어리를 낳는다. 그러면 수컷이 알 덩어리를 지킨다.

**생김새** 몸길이는 25~30cm인데, 36cm까지 큰다. 머리와 몸통은 원통형이고, 꼬리는 옆으로 납작하다. 몸은 옅은 밤색이고 몸통과 꼬리, 꼬리자루에는 굵은 밤색 가로띠 무늬가 5개 있다. 몸에는 작은 돌기 같은 비늘이 등 쪽과 옆줄 위, 배 쪽에 줄지어 덮여 있다. 등지느러미에서 맨 앞쪽 가시가 가장 길고, 3번째 가시가 짧아 오목하게 들어간 것처럼 보인다. 꼬리지느러미 위에는 밤색 띠가 두 개 있다. 눈은 크고 머리 앞쪽에 있다. 눈 앞에는 날카로운 가시가 1쌍 있다. 입은 크고, 위턱 뒤 끝이 눈동자 가운데까지 이른다. 양턱에는 송곳니가 있다. **성장** 더 밝혀져야 한다. **분포** 우리나라 동해 중부와 북부. 일본 북부, 베링해 **쓰임** 걸그물이나 끌그물로 잡는다. 겨울이 제철이다. 탕으로 끓여 먹는다.

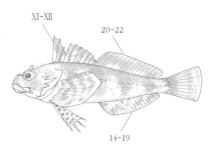

빨간횟대

동갈횟대

# 베로치 *Bero elegans*

Elegant sculpin, ベロ, 穂瀛杜父魚

베로치는 차가운 물을 좋아하는 물고기다. 바닷가 물속 바위밭에서 산다. 작은 물고기나 새우, 동물성 플랑크톤 따위를 먹는다. 봄에 짝짓기를 하고 알을 낳는다. 짝짓기 때가 되면 수컷 총배설강 둘레에 생식기가 튀어나와 암컷과 교미를 한다. 수컷이 텃세를 부리며 암컷을 불러들인다. 암컷은 바위에 알을 낳아 붙인다. 빨간횟대처럼 알을 낳은 뒤 암컷과 수컷이 교미를 한다. 알은 푸른색이고, 알에서 나온 새끼도 파랗다.

**생김새** 몸길이는 10~15cm인데 20cm까지 큰다. 몸은 긴 원통형이다. 머리와 몸통은 둥글고 꼬리는 조금 옆으로 납작하다. 눈 위에는 끝이 갈라진 짧은 살갗돌기가 있다. 몸은 옅은 풀빛 밤색, 누런 밤색이다. 배는 옅은 색이다. 몸에는 검은 밤색 가로띠가 여섯 줄 나 있다. 모든 지느러미에도 검은 밤색 줄무늬가 일정한 간격으로 나 있다. **성장** 더 밝혀져야 한다. **분포** 우리나라 동해. 일본, 사할린 **쓰임** 먹을 수 있지만 일부러 잡지는 않는다.

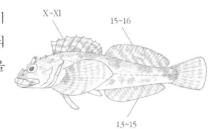

X~XI · 15~16 · 13~15

# 가시망둑 *Pseudoblennius cottoides*

Sun rise sculpin, アサヒアナハゼ, 鰧杜父魚

가시망둑은 뭍과 가까운 바닷가에서 산다. 밀물 때 물에 잠기는 바위 물웅덩이에서도 많이 보인다. 바위 위나 바다풀 줄기 위에 자주 걸터앉아 있다. 둘레에 있는 같은 종뿐만 아니라 작은 물고기, 갯지렁이, 새우, 게 따위를 닥치는 대로 잡아먹는다. 가만히 있다가 눈 깜짝할 사이에 작은 고기를 한입에 삼켜 버리는데, 제대로 삼키지도 못할 만큼 큰 먹이를 입에 물고 다니는 모습도 볼 수 있다.

가시망둑은 몸 밖에서 알을 수정시키지 않고, 암컷과 수컷이 교미를 한다. 10~2월 알 낳을 때가 가까워지면 암컷 몸 안에서 수정이 된 뒤 몸 밖으로 알이 나온다. 이때 암컷 총배설강 뒤에 1cm쯤 되는 가늘고 긴 산란관이 나와 개멍게(*Halocynthia hispida*)가 물을 빨아들이는 관 안쪽에 알을 90~600개씩 여러 번 낳는다. 알은 1~5cm 크기로 둥그렇게 덩어리진다.

**생김새** 몸길이는 15cm 안팎이다. 베로치와 생김새가 닮았는데, 가시망둑은 얼룩덜룩한 밤색 무늬와 배 쪽에 아령처럼 생긴 하얀 무늬가 있어서 다르다. 아래턱 아래에 까만 점들이 뚜렷하고, 옆줄 위에 살갗돌기가 2~3개 있다. 등지느러미 1, 2번째 가시가 길다. 몸에서 끈끈한 물이 나와 몸이 미끈거린다. **성장** 물 온도가 16~18도일 때 12일쯤, 12도일 때 17~20일쯤 지나면 새끼가 나온다. 알에서 나온 새끼는 6~7mm쯤 된다. 한 달쯤 지나면 19mm쯤 큰다. **분포** 우리나라 남해, 동해. 일본 **쓰임** 안 잡는다.

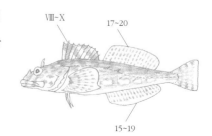

VIII~X · 17~20 · 15~19

베로치

가시망둑

# 꺽정이 *Trachidermus fasciatus*

거슬횟대어북, 꺽쟁이, 꺽중이, 쐐기, Roughskin sculpin, ヤマノカミ, 松江鱸

꺽정이는 바닷가와 강어귀에서 바다와 강을 오가며 산다. 자갈이나 모래가 깔린 강 중류까지도 올라간다. 낮에는 돌 밑에 숨어 있다가 밤에 나와 새우나 게, 물벌레, 작은 물고기 따위를 잡아먹는다. 바닥에 납작 엎드렸다가 먹잇감이 지나가면 날쌔게 덮쳐서 잡아먹는다. 날이 추워지는 10~11월에 강어귀로 내려가서 겨울을 난다. 충남 보령에서는 꺽정이를 '쐐기'라고 한다. 아가미와 지느러미에 가시가 있어서 잘못 만지면 찔린다. 성질이 나면 지느러미를 꼿꼿이 세우고 입을 한껏 벌린다. 옛날에는 맛이 좋아서 잡기도 했다. 요즘에는 강어귀에 둑을 많이 쌓아 강과 바다가 막히면서 수가 시나브로 줄어들고 있다.

꺽정이는 2~3월에 알을 낳는다. 가을과 겨울에 알을 낳으러 강어귀로 내려온다. 알 낳을 때는 수컷이 강하게 텃세를 부리며 암컷을 유인한다. 암컷은 밤에 알을 낳는다. 겨울철 알 낳을 때가 되면 아가미 막과 뒷지느러미 뿌리 쪽이 주황색을 띤다. 갯벌에 있는 조개껍데기나 굴 껍데기 안쪽에 알을 낳아 붙인다. 수컷이 한 달쯤 동안 알을 지키고 새끼가 깨어나 조금 자랄 때까지 돌보다가 죽는다. 알에서 나온 새끼는 강어귀에서 조류를 타고 강과 바다를 들락날락하면서 크다가 4~5월쯤 몸길이가 2cm쯤 자라면 강으로 들어간다. 여름까지 강과 강어귀를 오가면서 큰다. 2년쯤 산다.

**생김새** 몸길이는 15cm쯤 된다. 몸은 통통하고 긴 원통형이다. 머리는 위아래로 납작하고 꼬리로 갈수록 가늘다. 머리 위와 뺨에 튀어나온 선이 있다. 머리와 입이 크다. 입은 주둥이 끝에 있고 위턱이 아래턱보다 조금 길다. 몸은 밤색을 띠며 몸통과 꼬리에 굵은 검은 밤색 띠무늬가 3~4개 있다. 등지느러미와 꼬리지느러미에도 밤색 띠가 줄지어 있다. 뒷지느러미는 하얗고 밤색 점들이 줄지어 있다. **성장** 알에서 나온 새끼는 1년이 지나면 몸길이가 12~17cm로 자라면서 어른이 된다. **분포** 우리나라 남해, 서해. 일본 큐우슈우, 중국, 발해, 동중국해, 양쯔강, 황허강 **쓰임** 낚시로 잡는다. 탕을 끓여 먹는다.

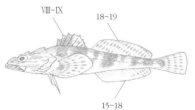

꺽정이

# 삼세기 *Hemitripterus villosus*

쑹치복, 수베기, 삼식이, 명텅구리, 범치아재비, 탱수, Sea raven, Shaggy sculpin,
ケムシカジカ, 绒杜父鱼

삼세기는 차가운 물을 좋아한다. 울퉁불퉁한 바위가 많은 바닷가부터 물 깊이가 550m 되
는 곳까지 물 바닥에서 산다. 몸빛이나 생김새가 꼭 작은 돌 같아서, 바위 곁에 꼼짝 않고 있
으면 돌인지 삼세기인지 아무도 모른다. 작은 물고기나 새우 따위가 멋도 모르고 가까이 다가
오면 와락 잡아먹는다. 자기보다 덩치가 큰 물고기가 와서 집적거려도 꼼짝 안 하고 도망갈 생
각을 안 한다. 기껏해야 복어처럼 배를 크게 부풀리며 으름장을 놓는다. 삼세기는 지느러미
가시가 삐죽빼죽 무섭게 나 있지만 삼세기 닮은 쑤기미와는 달리 지느러미 끝이 뾰족하지 않
고 뭉툭하며 독이 없다. 그러니까 배를 부풀리며 으름장을 놓는 것은 사실 허풍이다. 늦가을
부터 이듬해 3월까지 얕은 바닷가로 올라와서 알을 낳는다. 암컷과 수컷이 서로 교미를 하고,
알을 낳을 때 수정이 된다. 암컷 한 마리가 알을 2000~10000개쯤 낳는다. 홍합이 다닥다닥
붙은 바위에 알 덩어리를 너덧 개 여러 번 나누어 낳아 붙인다.

**생김새** 몸길이는 30~40cm 안팎이다. 몸빛은 어두운 초록색이거나 밤색이고 얼룩덜룩하다. 알 낳을
때가 되면 살이 초록빛을 띤다. 사는 곳마다 몸빛이 다르다. 까만 밤색 네모 무늬가 군데군데 나 있다.
머리는 울퉁불퉁하고 작은 돌기들이 터실터실 잔뜩 나 있다. 눈은 머리 꼭대기에 있다. 살갗을 만져 보
면 꺼칠꺼칠하다. 옆줄 한 줄이 뚜렷하다. **성장** 물 온도가 8~15도일 때 60일쯤 지나면 알에서 새끼가
나온다. 더 낮은 온도에서는 100일이 걸리기도 한다. 알에서 갓 나온 새끼는 1~1.2cm이다. 물 가운데
쯤에서 둥둥 떠다니며 자란다. 2cm쯤 자라면 바다풀이 무성한 얕은 바닥으로 내려간다. 크면서 점점
깊은 바다로 옮겨 간다. **분포** 우리나라 온 바다. 일본, 베링해, 오호츠크해 **쓰임** 알을 낳으러 올 때 걸
그물, 자리그물, 통그물로 잡거나 해녀들이 물질을 해서 잡는다. 동작이 굼떠서 쉽게 잡힌다. 예전에는
생김새가 험상궂어서 안 먹었다. 요즘에는 회, 매운탕, 조림, 찜으로 먹는다.

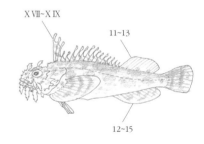

# 까치횟대 *Blepsias bilobus*

Crested sculpin, ホカケアナハゼ, 双叶密刺杜父鱼

까치횟대는 물 깊이가 250m쯤 되는 바닥에서 산다. 바다풀이 무성하게 자라고, 돌이나 자
갈들이 많은 바위밭에서 산다. 겨울에는 깊은 곳으로 옮겨 바위틈이나 돌 틈에 들어가 산다.
사는 모습은 더 밝혀져야 한다.

**생김새** 몸길이는 25cm쯤 된다. 몸은 긴둥근꼴이고 옆으로 납작하다. 몸은 높은 편이다. 온몸에 혹처
럼 생긴 작은 돌기가 많이 돋았다. 양턱에는 융털처럼 생긴 이빨이 있으며, 아래턱에 수염이 3개 있다.
몸 빛깔은 잿빛 밤색이다. 첫 번째 등지느러미 뿌리 길이가 두 번째 등지느러미 뿌리 길이보다 짧아서 삼
세기와 다르다. 배지느러미는 작다. 등 쪽에는 짧은 까만 가로띠가 있다. 꼬리지느러미가 시작하는 곳에
도 까만 가로띠가 있다. **성장** 3년 넘게 자라면 어른이 된다. 어린 새끼는 한동안 물낯을 떠서 산다. 물
에 떠다니는 모자반 밑에서 지낸다. 성장은 더 밝혀져야 한다. **분포** 우리나라 동해. 일본, 캐나다, 알래
스카, 캄차카, 캐나다 동부 같은 북태평양 **쓰임** 안 잡는다.

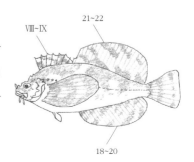

삼세기

까치횟대

쏨뱅이목
**도치과**

# 뚝지 *Aptocyclus ventricosus*

도치북, 씬퉁이, 심퉁이, 뚝저구, 싱어, 오르쇠, 돌뚝지, Smooth lumpsucker, ホテイウオ, 圓腹魚

뚝지는 찬물을 좋아하는 물고기다. 물속 100~1700m 깊이에서 산다. 몸이 둥실둥실하고 살도 물컹물컹하다. 위에서 보면 마치 풍선을 훅 불어 놓은 것처럼 몸뚱이가 빵빵하다. 커다란 올챙이 같기도 하다. 누가 건들면 몸을 더 크게 부풀린다. 배에 동그란 빨판이 있어서 물속 바위에 딱 붙을 수 있다. 사람이 두 손으로 힘껏 잡아당겨도 안 떨어질 만큼 딱 붙는다. 플랑크톤이나 해파리를 먹는데, 먹이를 잡을 때만 헤엄쳐 다닌다. 겨울철이 되면 동해 바닷가로 몰려나와서 울퉁불퉁한 바위가 많은 곳에서 알을 낳는다. 알 낳을 때가 되면 암컷은 검어지고, 수컷은 누런빛이 강하다. 암컷 한 마리가 알을 6만 개쯤 낳는다. 알은 동그랗고 하얗다. 서로 엉겨 붙어 물에 가라앉아 다른 물체에 붙는다. 그러면 수컷이 곁에서 알을 지킨다. 알이 잘 깨어나도록 지느러미를 살랑살랑 흔들어 신선한 물을 대준다. 물 온도가 7~11도쯤일 때 한 달쯤 지나면 알에서 새끼가 나온다. 그때 수컷이 죽는다. 어릴 때는 작은 옆새우 따위를 잡아먹고, 크면서 해파리도 먹는다.

**생김새** 다 크면 몸길이가 35cm쯤 된다. 몸은 둥실하고 꼬리는 짧다. 몸빛은 푸르스름하거나 거무스름하고 까만 점이 잔뜩 나 있다. 몸에 비늘이 없고 매끈하다. 배지느러미는 빨판으로 바뀌었다. 등지느러미 가시가 5~6개쯤 있지만 살갗 아래 묻혀 있어서 보이지 않는다. 등지느러미 줄기부와 뒷지느러미가 몸 뒤쪽에서 위아래로 마주 났다. 꼬리지느러미 끄트머리는 둥글다. **성장** 알 지름은 2.3~2.4mm이다. 알은 서로 강하게 붙어서 덩어리가 된다. 갓 나온 새끼는 6~7mm이다. 올챙이처럼 생겼고 빨판처럼 생긴 배지느러미로 바닥에 찰싹 달라붙는다. 한 달이 지나면 1cm쯤 크고 지느러미들이 발달한다. 3년쯤 크면 어른이 되어 알을 낳는다. **분포** 우리나라 동해. 일본, 러시아, 베링해, 캐나다 같은 북태평양 **쓰임** 겨울에 걸그물을 쳐서 잡는다. 뚝지는 생김새가 웃겨서 겨울에 잡히는 바닷물고기 가운데 아귀, 물메기와 함께 '못난이 삼형제'라고 놀리던 물고기다. 잡아서 물통에 넣어 두면 배를 뒤집고 공처럼 둥둥 떠다닌다. 예전에는 징그럽게 생겼다고 잡은 뚝지를 도로 바다에 내던졌다. 하지만 지금은 많이 잡는다. 살은 하얗고 맛이 담백하다. 회로도 먹고 탕도 끓여 먹는다. 뚝지 알을 삶으면 마치 쫀득쫀득한 하얀 시루떡처럼 보이는데 맛도 좋아서 동해 바닷가 아이들이 주전부리로 먹었다.

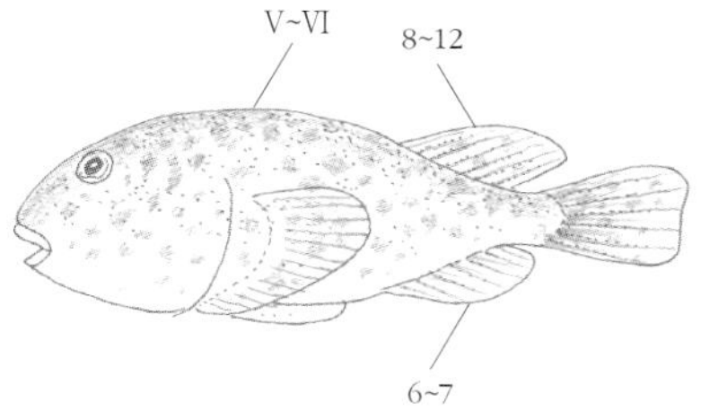


쏨뱅이목
**도치과**

# 도치 *Eumicrotremus orbis*

Pacific spiny lumpsucker, イボダンゴ, 眶刺狮子鱼

도치는 뚝지처럼 몸이 둥그렇다. 바닷가부터 물 깊이가 80~200m쯤 되는 물 바닥 바위에 딱 달라붙어 산다. 때로는 500m까지 내려간다. 동물성 플랑크톤을 먹고 산다. 암컷과 수컷이 붙어서 바위에 알을 낳는다. 알에서 새끼가 나올 때까지 수컷이 지킨다.

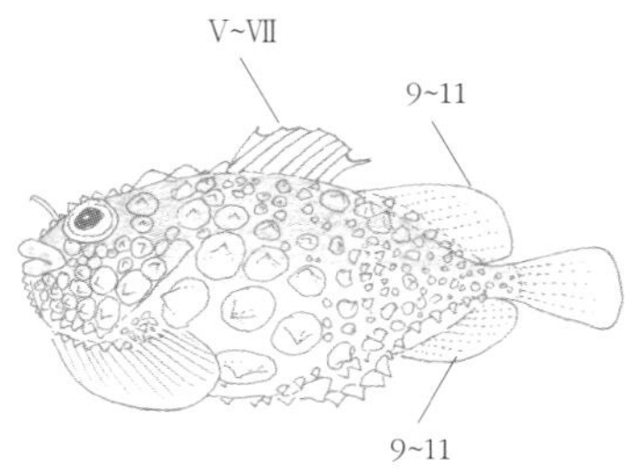


**생김새** 몸길이가 5~6cm쯤 된다. 몸은 둥근꼴이다. 머리와 몸에 원뿔처럼 생긴 돌기가 잔뜩 나 있다. 이 돌기에는 아주 작은 가시들이 나 있다. 두 눈 사이에 있는 돌기는 길쭉하다. 몸빛은 옅거나 짙은 풀빛이나 밤색을 띤다. 첫 번째 등지느러미가 크며, 여기에도 원뿔 돌기들이 있다. 꼬리지느러미 끄트머리는 둥글다. **성장** 더 밝혀져야 한다. **분포** 우리나라 동해. 사할린, 쿠릴 열도, 오호츠크해, 베링해 **쓰임** 먹지 않는다. 수족관에서 키운다.

뚝지

**뚝지와 도치 빨판** 꼼치처럼 배에 빨판이
있어서 돌이나 바위에 딱 붙는다.

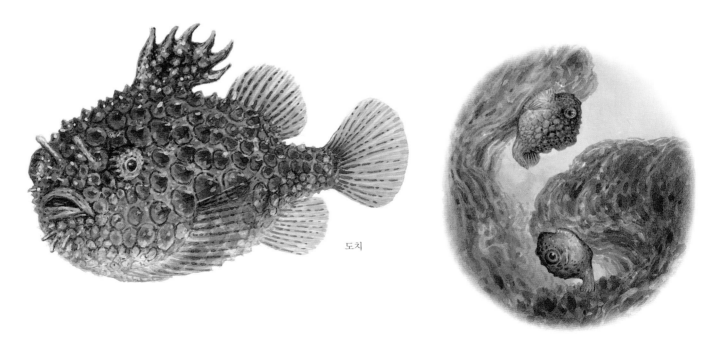

도치

**바위에 붙은 도치** 도치도 뚝지처럼 배에
빨판이 있어서 바위에 딱 달라붙는다.

쏨뱅이목
**날개줄고기과**

# 날개줄고기 *Podothecus sachi*

Sailfin poacher, トクビレ, 腰足沟鱼

　　날개줄고기는 차가운 물을 좋아하는 물고기다. 물 깊이가 150m 안팎이고, 모래가 섞인 펄 바닥에서 산다. 깊은 바다 바닥에서 갯지렁이, 개불, 갑각류, 작은 물고기, 조개 따위를 잡아 먹는다. 10~11월에 암컷과 수컷이 교미를 한 뒤에 알을 낳는다. 알은 서로 붙어 가라앉는다. 100일쯤 지나면 알에서 새끼가 나온다. 새끼는 3달쯤 물에 둥둥 떠다니며 크다가 바닥으로 내려간다.

**생김새** 몸길이는 40cm쯤 된다. 몸은 가늘고 길며 각져 있다. 몸 단면은 팔각형이다. 각진 모서리를 따라 가시들이 줄지어 있다. 온몸은 밤색을 띠고, 단단한 뼈판으로 덮여 있다. 머리 앞은 뾰족하고, 입은 배 쪽에 있다. 입 둘레로 짧은 수염이 10개 넘게 돋았다. 머리는 까맣고, 눈 아래쪽에 뚜렷한 은백색 띠가 한 줄 있다. 등지느러미는 두 개로 나뉘었는데, 서로 가까이 있다. 수컷은 뒤쪽 등지느러미와 뒷지느러미가 마치 날개처럼 아주 크다. 두 번째 등지느러미에 있는 부드러운 가시 3번째부터 7번째 줄기 끄트머리에는 막이 없다. 첫 번째 등지느러미 가시 앞쪽은 투명하고, 뒤쪽은 어두운 바탕에 하얀 띠가 1줄 있다. **성장** 더 밝혀져야 한다. **분포** 우리나라 동해. 일본 북부, 쿠릴해 같은 북서태평양 **쓰임** 일부러 잡지 않지만 가끔 바닥끌그물에 걸린다. 살이 하얗고 맛있다. 말리거나 회, 구이 따위로 먹을 수 있다.

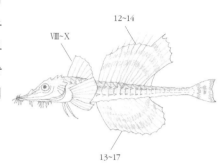

쏨뱅이목
**날개줄고기과**

# 실줄고기 *Freemanichthys thompsoni*

Cockscomb poacher, ヤセトクビレ, 汤氏足沟鱼

　　실줄고기는 차가운 물을 좋아하는 물고기다. 물 깊이가 10~300m쯤 되는 모래가 깔린 바닥에서 산다. 사는 모습은 더 밝혀져야 한다.

**생김새** 몸길이는 20cm쯤 된다. 머리 폭이 넓고 정수리에는 닭 벼슬처럼 생긴 돌기가 있다. 머리 옆과 아가미뚜껑에는 가시 같은 억센 돌기가 많이 나 있다. 주둥이는 앞으로 튀어나왔다. 주둥이 아랫면에는 짧은 수염 다발이 2쌍 있다. 몸 옆에는 가시를 가진 뼈판들이 6줄 있다. **성장** 더 밝혀져야 한다. **분포** 우리나라 동해. 일본 중북부에서 오호츠크해까지 북서태평양 **쓰임** 안 잡는다.

날개줄고기

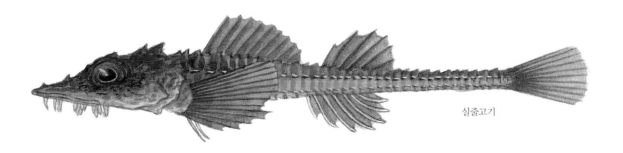

실줄고기

# 물수배기 *Psychrolutes paradoxus*

Sleek sculpin, Tadepole sculpin, ウラナイカジカ, 寒隐棘杜父鱼

물수배기는 차가운 물을 좋아하는 심해 물고기다. 물 깊이가 30~1100m쯤 되는 깊은 바다 펄 바닥에서 산다. 가끔 바위가 깔린 바닥에서도 살고, 얕은 바닷가에서도 볼 수 있다. 작은 새우나 게 같은 갑각류를 잡아먹는다.

**생김새** 몸길이는 7cm쯤 된다. 몸빛은 붉은빛을 띤 검은 밤색이다. 배 쪽은 하얗고, 등에는 짙은 밤색인 작은 점이 흩어져 있다. 머리가 크고 통통하며 위아래로 조금 납작하다. 몸은 꼬리 쪽으로 갈수록 옆으로 납작하며 가늘어진다. 비늘은 없고 온몸에 작은 돌기들이 덮여 있다. 살갗이 부드럽다. 등지느러미 뿌리 쪽은 피부로 덮여 있어 경계가 희미하다. 배지느러미에는 가시 하나와 줄기 3개가 있는데 물수배기과 물고기가 가진 특징이다. 꼬리지느러미 가장자리는 둥글다. **성장** 알을 낳는 난생이다. 성장은 더 밝혀져야 한다. **분포** 우리나라 동해. 일본 중부와 북부부터 오호츠크해까지 북태평양 **쓰임** 안 잡는다.

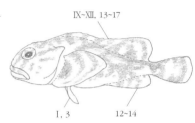

IX~XII, 13~17

I, 3        12~14

# 고무꺽정이 *Dasycottus setiger*

망챙이, 망치, Spinyhead sculpin, ガンコ, 刺头须杜父鱼

고무꺽정이는 찬물을 좋아하는 물고기다. 물 깊이가 20~800m쯤 되는 펄이 깔린 바다 밑 바닥에서 산다. 어린 게나 새우, 문어, 작은 물고기 따위를 잡아먹는다. 11년쯤 산다.

고무꺽정이는 9~11월에 알을 낳는다. 암컷은 23cm쯤 크면 어른이 된다. 22~32cm쯤 되는 암컷 한 마리가 6000~16000개 알을 밴다.

**생김새** 몸은 40~70cm까지 큰다. 등은 연한 밤색이고 작은 긴둥근꼴 짙은 밤색 무늬가 있다. 배는 하얗다. 머리는 크고 위아래로 납작하지만 몸은 옆으로 납작하다. 비늘은 없다. 몸은 머리 뒤 끝에서 가장 높다. 머리 등 쪽에는 날카롭고 억센 가시가 여러 개 튀어나왔다. 두 눈 사이에는 가시가 4쌍 있고, 머리 정수리에는 가시가 1쌍 있다. 눈 뒤쪽에는 날카로운 가시가 2쌍 있다. 입은 비스듬히 기울어졌고 아주 크다. 양턱에 작은 이빨들이 있다. 턱 밑과 뺨에 작은 수염들이 지저분하게 나 있다. 위턱 뒤 끝은 눈동자 가운데 아래까지 온다. 몸 옆구리 가운데를 따라 짧은 살갗돌기들이 줄지어 나 있다. **성장** 알 지름은 1.8~2.1mm이다. 성장은 더 밝혀져야 한다. **분포** 우리나라 동해. 일본 중북부에서 베링해, 알래스카, 미국 북부에 이르기까지 북태평양 **쓰임** 걸그물로 잡는다. 근육은 수분이 많아서 아귀와 비슷하다. 찌개를 끓여 먹는다.

VIII~X        13~17

I, 3        12~16

물수배기

고무꺽정이

# 꼼치 *Liparis tanakae*

줄풀치<sup>북</sup>, 잠뱅이, 물메기, Tanaka's snaifish, カサウオ, 细纹狮子鱼

꼼치는 차고 깊은 바다에 사는 물고기다. 우리나라 온 바다에 살지만 서해와 남해에 많이 산다. 물 깊이가 50~130m쯤 되는 모랫바닥에서 산다. 살은 두부처럼 물컹물컹하지만, 껍질은 두껍고 거칠거칠하다. 배지느러미가 빨판처럼 바뀌어서 헤엄을 치기보다 바다 밑바닥에 배를 대고 둥싯둥싯 돌아다닌다. 작은 새우나 게, 조개, 물고기 따위를 잡아먹는다. 차고 깊은 바다 밑바닥에서 어슬렁거리면서 살다가 겨울이 되면 얕은 바다로 올라와서 알을 낳는다. 알은 어른 주먹만 하게 덩어리져서 바위나 바다풀 줄기에 몽글몽글 붙는다. 한 해쯤 살고 알을 낳으면 죽는다.

꼼치와 미거지, 물메기는 사실 다른 물고기이지만 서로 생김새가 닮아 사람들은 서로 이름을 헷갈리게 부른다. 꼼치는 강에 사는 메기를 닮았다고 '물메기'라고도 한다. 지역에 따라 '물메기(경남), 물치, 물곰(강원), 잠뱅이, 물잠뱅이(충청), 물미기(전남)'라고 한다. 《자산어보》에는 '해점어(海鮎魚) 속명 미역어(迷役魚)'라고 나오는데, 꼼치를 말하는 것 같다. 해점어는 바다메기라는 뜻이다. "살이 아주 부드럽고 뼈도 무르다. 맛은 싱겁지만 술을 먹고 탈이 났을 때 먹으면 곧잘 낫는다."라고 했다.

**생김새** 몸길이가 40~60cm쯤 된다. 등은 옅은 누런 밤색이고, 구불구불한 까만 줄무늬가 있거나 검은 밤색 반점들이 있다. 개체마다 차이가 크다. 배는 누르스름하거나 하얗다. 머리는 크고 둥글다. 눈은 아주 작다. 몸은 꼬리 쪽으로 갈수록 옆으로 납작하다. 살은 물렁물렁하고 껍질에는 아주 작은 가시비늘이 있어서 까칠까칠하다. 등지느러미와 뒷지느러미가 꼬리지느러미 중간쯤에 이어진다. 꼬리지느러미 앞에는 하얀 띠무늬가 있다. 배에는 빨판이 있다. **성장** 알은 지름이 1.7mm 안팎이며 둥그렇고 가라앉아 서로 붙어 덩어리진다. 알 덩어리는 5~20cm쯤 된다. 물 온도가 8~11도일 때 21~22일쯤 지나면 새끼가 나온다. 알에서 나온 새끼는 5.7~6.4mm이다. 머리가 둥글고 꼬리는 길고 납작하다. 물낯에 둥둥 떠서 자란다. 알에서 나온 지 12일쯤 지나면 배에 있는 노른자를 모두 빨아 먹고 동물성 플랑크톤을 먹기 시작한다. 6월쯤까지 50m보다 얕은 바다에서 살다가 여름에 100m보다 깊은 바다로 내려간다. 한 해가 지나면 수컷은 40cm, 암컷은 32cm 넘게 자라 어른이 된다. **분포** 우리나라 서해, 남해, 동해 중부 이남. 일본, 동중국해 **쓰임** 꼼치는 알을 낳으러 얕은 바다로 몰려나오는 겨울에 잡는다. 통발이나 걸그물로 잡거나 끌그물로 바닥을 훑어 잡기도 한다. 예전에는 꼼치가 흐물거려서 징그럽다고 생선 취급을 못 받았다. 하지만 지금은 탕이나 국을 끓여 먹는다. 겨울이 제철이다. 비린내가 안 나고 기름기가 없어 맛이 담백하다. 꾸덕꾸덕하게 말려서 굽거나 쪄 먹기도 한다. 꼼치 살갗은 비늘이 없어 매끈해 보이지만 만져 보면 꺼칠꺼칠하다. 껍질은 다른 물고기 비늘과 달라 칼로 잘 벗겨지지 않는다. 몸통에 따뜻한 물을 부어 가면서 목장갑 낀 손으로 문지르면 껍질이 벗겨진다.

42~44

34~35

꼼치 빨판 배지느러미에는 빨판이 있다.
몸이 흐늘거려서 바닥에 찰싹 달라붙어
있기를 좋아한다.

꼼치 먹이 먹기 꼼치는 물 밑바닥을 뭉그적뭉그적
돌아다니면서 바닥에 있는 작은 새우나 조개,
어린 물고기 따위를 잡아먹는다.

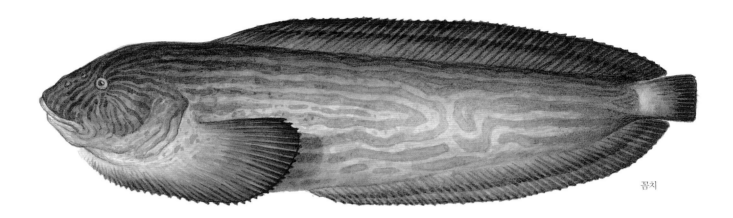

꼼치

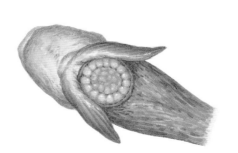

**꼼치 빨판** 배지느러미에는 빨판이 있다.
몸이 흐늘거려서 바닥에 찰싹 달라붙어
있기를 좋아한다.

**꼼치 먹이 먹기** 꼼치는 물 밑바닥을 뭉그적뭉그적
돌아다니면서 바닥에 있는 작은 새우나 조개,
어린 물고기 따위를 잡아먹는다.

# 미거지 *Liparis ochotensis*

풀치북, 곰, 물곰, 물메기, Snailfish, Okhotsk snailfish, イサゴビクニン, コウライビクニン, 大獅子魚

미거지는 꼼치와 생김새가 똑 닮았다. 미거지는 가슴지느러미 아래쪽이 오목하게 들어가고, 꼬리지느러미 앞에 하얀 띠가 없어서 꼼치와 다르다. 차가운 물을 좋아하는 물고기다. 물 깊이가 50~200m쯤 되는 바닥에서 살며 700m가 넘는 바닷속에서도 산다. 꼼치처럼 배지느러미가 빨판으로 바뀌어서 바닥이나 바위에 붙어 있기를 좋아한다. 겨울이면 바닷가로 올라와 알을 낳는다.

**생김새** 몸길이는 70~90cm쯤 된다. 머리와 몸통은 통통하며 꼬리 뒤쪽으로 갈수록 옆으로 납작하다. 양턱에는 작은 이빨들이 나 있다. 몸은 물렁물렁하고 흐물거린다. 몸에 비늘은 없다. 수컷은 온몸에 까칠까칠한 돌기들이 나 있다. 수컷은 검은 자줏빛을 띠고, 암컷은 누런 밤색을 띤다. **성장** 알 지름은 1.5~1.6mm이다. 알은 점착성이 강해서 서로 붙어 덩어리진다. 물 온도가 7~11도일 때 31일 만에 알에서 새끼가 나온다. 갓 나온 새끼는 4.4~4.9mm이다. 머리가 크고 꼬리는 길고 가늘며 납작하다. 배에는 커다란 노른자가 달려 있다. 새끼는 물에 둥둥 떠다니며 큰다. **분포** 우리나라 동해, 일본 북부, 오호츠크해, 쿠릴 열도, 베링해 같은 북태평양 **쓰임** 겨울에 그물이나 통발로 잡는다. 동해안에서는 꼼치처럼 탕이나 국을 끓여 먹는다.

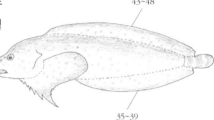

# 물메기 *Liparis tessellatus*

검풀치북, 꼼치, Cubed snailfish, ビクニン, 方斑獅子魚

물메기도 꼼치와 생김새가 똑 닮았다. 물메기는 미거지처럼 가슴지느러미 아래쪽에 오목하게 들어간 곳이 있고, 등지느러미와 뒷지느러미가 꼬리지느러미 뒤쪽에서 이어져 꼼치와 다르다. 꼼치처럼 살이 흐물흐물하다. 물 깊이가 250~350m쯤 되는 모래나 펄이 깔린 물 바닥에서 산다. 배지느러미가 바뀐 빨판으로 딱 붙어 있기를 좋아한다. 새끼일 때는 작은 새우나 갯지렁이, 조개 따위를 잡아먹고, 어른이 되면 물고기나 게도 잡아먹는다. 겨울에 알을 낳으러 바닷가로 올라온다. 알을 덩어리로 낳아 바다풀이나 그물 같은 곳에 붙인다. 한 해쯤 사는 것 같다.

**생김새** 몸길이는 28cm쯤 된다. 머리는 크고 몸과 꼬리는 옆으로 납작하다. 몸은 푸르스름한 밤색이고 짙은 밤색 무늬가 그물처럼 나 있거나 온몸이 거무튀튀하다. 몸 색이나 무늬는 변이가 많다. 배는 하얗다. 등지느러미와 뒷지느러미, 꼬리지느러미는 이어져 있다. 꼬리지느러미에는 검은 밤색 무늬가 있다. **성장** 더 밝혀져야 한다. **분포** 우리나라 동해와 남해, 일본, 북서태평양 **쓰임** 통발이나 그물로 잡는다. 먹을 수 있지만 몸집이 작아서 수산 어종으로 여기지 않는다. 말려서 먹기도 한다.

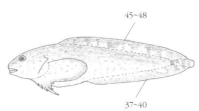

미거지

물메기

# 농어 *Lateolabrax japonicus*

민농어, 농에, 까지맥이, 깔다구, 껄떡이, 가세기, Sea bass, スズキ, 日本鱸, 鱸魚

농어는 따뜻한 물을 좋아하고 바닷가 가까이에 사는 물고기다. 사오월에 얕은 바닷가로 몰려왔다가 동지가 지나 날씨가 쌀쌀해지면 알을 낳고 깊은 바다로 들어간다.《자산어보》에는 "음력 4~5월이면 나타나고 동지가 지나면 자취를 감춘다."라고 나와 있다. 봄에 올라온 농어는 물살이 세고 파도가 치는 갯바위 가까이에서 산다. 새우나 작은 물고기 따위를 잡아먹는다. 숭어처럼 가끔 물 위로 뛰어오르기도 한다. 민물을 좋아해서 강어귀에도 많이 살고 강을 거슬러 오르기도 한다. 가을에서 이듬해 4월까지 바닷가나 만에서 알을 낳는다. 알은 동그랗고 저마다 흩어져 물에 둥둥 떠다닌다. 알에서 나온 새끼는 2~4년쯤 지나면 어른이 된다. 어릴 때는 몸에 까만 점이 있다가 크면 사라진다. 7년쯤 산다.

농어는 몸이 검다는 뜻인 '노(盧)'에 물고기 '어(魚)' 자를 붙여 '노어(鱸魚)'라는 이름에서 '농어'가 되었다.《난호어목지》에는 '거억정이', 정약용이 쓴《아언각비》에서는 "노어(鱸魚)를 노응어라 한다."라고 나온다.《자산어보》에서는 '노어(鱸魚)'라고 하고, "사람들이 새끼를 보로어(甫鱸魚), 걸덕어(乞德魚)라 한다."라고 했다. 새끼 농어는 '까지매기', 옆구리에 까만 점이 있는 작은 농어는 '껄떠기, 깔따구, 절떡이'라고 한다. 지역에 따라 '농에(통영), 까지맥이, 깔다구(부산, 경남), 껄떡이(전남)'라고 한다.

**생김새** 다 크면 1m쯤 된다. 등은 푸르스름한 잿빛이고 배는 하얗다. 등에는 자잘한 점이 흩어졌는데 크면서 없어진다. 몸은 둥그스름하고 뒤로 길쭉하게 날씬하다. 입은 크고 위턱보다 아래턱이 앞으로 나왔다. 등지느러미와 뒷지느러미 가시가 아주 억세다. 등지느러미에는 억센 가시가 12~15개 나 있다. 옆줄 하나가 곧게 뻗는다. **성장** 암컷 한 마리가 알을 20만 개쯤 낳는다. 물 온도가 13~15도일 때 4~5일이면 새끼가 나온다. 갓 나온 새끼는 바닷가 물낯에서 떠다니다가 20mm쯤 되면 바닷말이 자라는 바닷가로 오고 50mm쯤 되면 강을 거슬러 올라가기도 한다. 1년이면 20cm, 2년이면 30cm, 3년이면 40cm, 5년이면 50cm쯤 큰다. **분포** 우리나라 온 바다. 일본, 중국, 대만 **쓰임** '오월은 농어 철, 유월은 숭어철', '오뉴월에 농엇국도 못 얻어먹었는가?'라는 옛말이 있다. 봄철에 잡은 농어가 맛이 으뜸이라는 말이다. 물살이 세고 물이 갑자기 깊어지는 갯바위에서 낚시를 던지면 잘 문다. 새벽녘이나 해거름 무렵에 잘 잡힌다.《자산어보》에는 "아가미는 두 겹인데 얇고 약해서 낚싯바늘에 걸리면 잘 찢어진다. 민물을 좋아해서 장마가 져서 물이 넘칠 때 낚시꾼들은 바닷물과 민물이 만나는 곳으로 간다. 낚시를 던졌다가 바로 끌어올리면 농어가 따라와서 미끼를 문다."라고 했다. 회로도 먹고 매운탕을 끓이거나 구워 먹는다.《동의보감》에는 '노어(鱸魚), 로어'라고 나온다. "성질이 평범하고 맛이 달며 독이 조금 있다. 오장을 보하고 장(腸)과 위(胃)를 고르게 하며 힘줄과 뼈를 든든하게 한다. 회를 쳐 먹으면 더 좋은데 많이 먹어야 좋다."라고 했다.《동의보감》에는 독이 조금 있다고 나오지만 실제로는 독이 없다.

XII~XV
12~14
III, 7~9

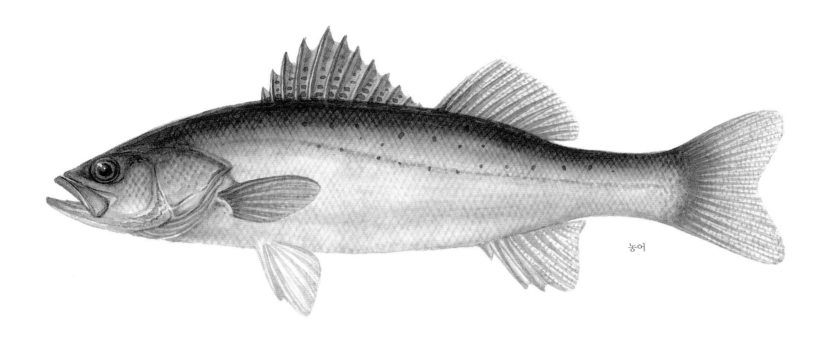

농어

# 점농어 *Lateolabrax maculatus*

깔대기, 따오기, Spotted sea bass, タイリクスズキ, 花鱸

농어와 생김새가 똑 닮았는데, 몸통과 지느러미에 비늘보다 큰 까만 점이 농어보다 크고 뚜렷해서 '점농어'다. 서해에 많이 산다. 크기와 사는 모습도 농어와 비슷하다. 90년대까지 농어와 같은 종으로 여겼다. 아직도 분류학적으로 논란이 있다.

**생김새** 다 크면 1m쯤 된다. 농어와 생김새가 거의 똑같다. 눈이 작은 편이다. 몸통에 까만 점이 여기저기 나 있다. 또 농어는 위턱이 눈 뒤 가장자리까지 오지 않지만, 점농어는 눈 뒤 가장자리를 조금 지난다. 점과 입 크기는 개체마다 차이가 많다. 점이 없는 개체도 있다. **성장** 가을에 암컷 한 마리가 알을 20만~100만 개 낳는다. 농어보다 빠르게 자란다고 알려졌다. **분포** 우리나라 서해와 남해. 일본 큐우슈우, 시코쿠, 중국, 대만 **쓰임** 농어처럼 낚시로 잡는다. 농어보다 맛이 좋다고 한다. 사람들이 가둬 기르기도 한다. 횟집에서 보는 살아 있는 커다란 농어는 거의 양식한 점농어다.

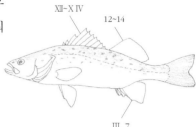

XII~XIV 12~14

III, 7

# 넙치농어 *Lateolabrax latus*

Blackfin seabass, ヒラスズキ, 寛花鱸

넙치농어는 농어보다 따뜻한 물을 좋아하는 물고기다. 제주도에서 드물게 볼 수 있다. 바닷가와 강어귀에서 산다. 물 흐름이 세고 파도가 거친 바위틈이나 구멍에서 산다. 낮에는 숨어 있다가 밤에 나와 돌아다닌다. 새우나 오징어, 멸치 같은 작은 물고기를 잡아먹는다.

**생김새** 몸길이는 1m쯤 된다. 농어와 생김새가 닮았다. 하지만 농어나 점농어보다 몸이 더 높고 넓적하다. 등지느러미에 억센 가시와 부드러운 줄기부가 나뉘어 있다. 지느러미는 짙은 잿빛이다. 두 번째 등지느러미 줄기 수가 15~16개여서 농어보다 많다. 또 아래턱 배 쪽에 비늘이 있어서 농어와 다르다. 꼬리지느러미 끄트머리는 농어나 점농어보다 덜 오목한 편이다. 어릴 때는 몸에 작고 까만 점들이 있지만 20cm 넘게 크면 없어진다. **성장** 넙치농어는 성장 속도가 아주 느린 것으로 짐작하고 있다. 80cm쯤 자라는데 10년쯤 걸린다. 가을부터 겨울까지 알을 낳는다. 알은 하나하나 떨어져 물에 뜬다. 새끼나 어미도 종종 강어귀에 들어간다. 성장은 더 밝혀져야 한다. **분포** 우리나라 제주. 일본, 타이완, 동중국해 **쓰임** 제주도와 마라도 같은 곳에서 낚시로 많이 잡는다. 여름이 제철이다.

XII 15~16

III, 9~10

점농어

넙치농어

# 돗돔 *Stereolepis doederleini*

바다쏘가리<sup>북</sup>, Striped jewfish, オオクチイシナギ, 堅鱗鱸

돗돔은 물 깊이가 400~600m쯤 되는 바다 깊은 곳 바위밭에서 사는 심해 물고기다. 워낙 깊은 곳에 살아서 사는 모습이 잘 밝혀지지 않았다. 크기가 사람보다 더 크게 자라고 깊은 물 속 바위틈에서 살면서 새우나 게 같은 갑각류와 오징어, 문어, 달고기처럼 깊은 물에 사는 물고기를 잡아먹는다. 5~6월이 되면 알을 낳으러 30~200m쯤 되는 얕은 곳으로 올라온다. 알에서 나온 새끼는 바닷가에서 크다가 깊은 바다로 들어간다.

돗돔은 이름에 돔이 들어가지만 참돔이나 감성돔과는 다른 무리에 드는 물고기다. 《자산어보》맨 처음에 '대면(大鮸) 속명 애우질(艾羽叱)'이라는 물고기가 나오는데 이 물고기가 돗돔이라고 짐작된다. "큰 놈은 길이가 1장(杖, 약 3m) 남짓이고, 몸통은 몇 아름이나 된다. 생김새가 민어를 닮았고, 몸빛은 검은 밤색이다. 맛도 민어와 비슷하지만 더 진하다. 음력 3~4월쯤에 물 위에 뜬다."라고 했다.

**생김새** 몸길이는 2m 안팎이다. 몸빛은 거무스름한 밤색이다. 1~3cm쯤 되는 새끼는 온몸이 검고 가슴지느러미, 등지느러미, 뒷지느러미 줄기부와 꼬리지느러미가 투명하다. 어릴 때는 짙은 세로줄 무늬가 다섯 개 있다. 몸통은 옆으로 납작하다. 입은 크고 입술이 두툼하다. 아가미뚜껑에 가시가 있다. 지느러미는 모두 어두운 색인데, 등지느러미 부드러운 가시와 꼬리지느러미 끄트머리는 하얗다. 꼬리지느러미 끝은 자른 듯 반듯하다. 옆줄은 하나다. **성장** 암컷 한 마리가 알을 2400만 개까지 가질 수 있다. 알 지름은 1.3mm 안팎이다. 알은 저마다 흩어져 물낯에 둥둥 떠다닌다. 2~3일 지나면 알에서 새끼가 나온다. 알에서 갓 나온 새끼는 4mm쯤 된다. 2cm쯤 자랄 때까지 바닷가나 만 물낯 가까이에서 떠다니며 자란다. 이때는 온몸이 까맣다. 6달이 지나면 10cm 넘게 큰다. 1년에 3kg쯤 크며, 8년이 지나면 20kg쯤 커서 어른이 된다. **분포** 우리나라 동해와 남해. 일본, 러시아 **쓰임** 낚시를 물속 깊이 드리워서 잡는다. 간혹 갯바위 낚시에서 어린 돗돔이 낚이기도 한다. 《자산어보》에 돗돔 잡는 이야기가 나온다. "음력 6~7월에 상어를 잡는 사람들이 낚시를 물 밑바닥까지 내린다. 그러면 상어가 이것을 삼키고 거꾸로 쓰러진다. 상어는 힘이 아주 세서 낚시에 걸리면 꼬리를 흔들며 낚싯줄을 몸에 감고 힘을 주어 끊기도 한다. 그런데 이렇게 몸을 뒤척이다 보면 반드시 거꾸로 매달리게 된다. 이때 대면은 나자빠진 상어를 잡아먹는다. 하지만 상어 등지느러미에는 송곳 같은 가시가 있어서 대면이 상어를 물면 거꾸로 그 가시에 내장이 찔려 낚싯바늘에 걸린 꼴이 된다. 낚싯대를 들어 올리면 상어와 함께 따라 올라온다. 하지만 힘이 세서 어부 힘으로 다룰 수가 없다. 그래서 어부들은 밧줄로 그물을 만들어 꺼내기도 하고, 손을 물고기 입에 넣고 아가미를 잡아서 끌어 올리기도 한다."라고 써 놓았다. 재미있게 써 놓았지만 진짜로 이런 일이 일어났는지는 알 수 없다. 돗돔은 여름과 가을이 제철이다. 가을에 잡히는 70cm쯤 되는 돗돔이 맛있다. 살은 복숭앗빛이 도는 흰색이다. 회나 소금구이로 먹는데, 맛이 황새치, 돛새치 같은 새치 무리와 비슷해서 새치회 대신 먹기도 한다. 돗돔 간에는 비타민A가 굉장히 많이 들어 있는데, 너무 많이 먹으면 머리가 아프고 살갗에 병이 생긴다. 《자산어보》에도 "대면 간에는 진한 독이 있어서, 이것을 먹으면 어지럽고 살갗이 헐고 짓무른다. 쓸개는 살갗에 난 종기를 아물게 한다."라고 했다.

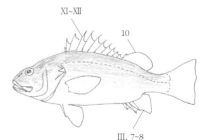

XI~XII
10
III, 7~8

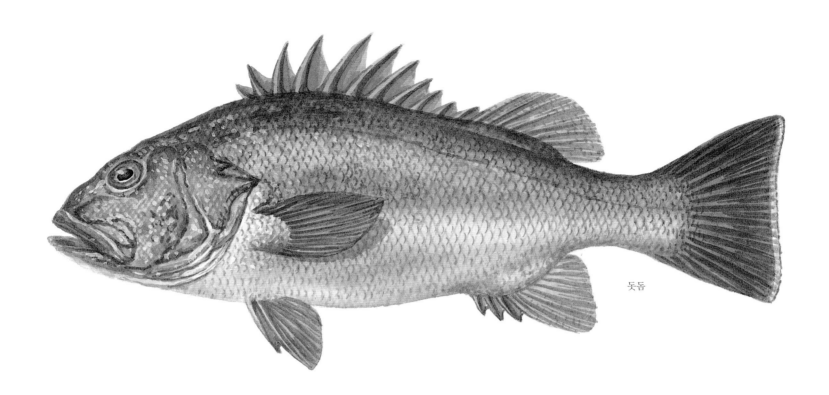

어릴 때는 짙은 세로 줄무늬가 4~5줄 나 있다.

돗돔은 아주 크게 자란다.
사람 키를 훌쩍 넘기도 한다.

돗돔

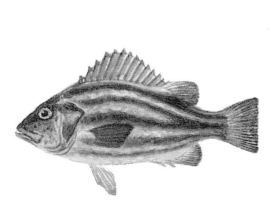

# 반딧불게르치 *Acropoma japonicum*

반디물고기<sup>북</sup>, Glowbelly, Lanternbelly, ホタルジャコ, 发光鲷

반딧불게르치는 반딧불이처럼 몸에서 빛이 난다. 머리부터 항문 뒤까지 배 가운데를 따라 몸속에 빛이 나는 기관이 'U'자 형태로 서로 이어져 있다. 물 깊이가 100~500m쯤 되는 깊은 바다 가운데나 모랫바닥, 펄 바닥에서 산다. 동물성 플랑크톤, 작은 새우나 작은 물고기, 오징어 따위를 잡아먹는다. 깊은 바다에 사는 물고기들이 반딧불게르치를 많이 잡아먹는다.

**생김새** 몸은 20cm까지 자란다. 눈이 크다. 등지느러미는 두 개로 나뉘었다. 아래턱이 위턱보다 튀어나왔고, 위턱 뒤 끝은 눈 앞 가장자리를 조금 지나친다. 항문이 배지느러미 사이에 있는 것이 특징이다. **성장** 8~11월에 암컷 한 마리가 알을 12000~104000개쯤 밴다. 알은 서로 떨어져 물 위에 둥둥 뜬다. 암컷은 6cm쯤 크면 어른이 된다. **분포** 우리나라 남해와 제주. 서태평양과 아프리카 동부, 인도양 **쓰임** 바닥끌그물로 잡는다. 우리나라에서는 잘 먹지 않지만 일본에서는 어묵을 만든다.

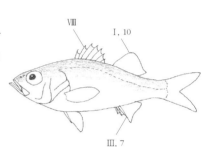

# 눈퉁바리 *Malakichthys griseus*

왕눈농어<sup>북</sup>, Silvergray seaperch, オオメハタ, 灰软鱼

눈퉁바리는 따뜻한 물을 좋아하는 물고기다. 열대 바다에서 많이 산다. 물 깊이가 100~600m 되는 먼바다 물속에서 떠다니며 산다. 9~10월에 알을 낳는다. 사는 모습은 더 밝혀져야 한다.

**생김새** 몸길이는 15cm쯤 된다. 등은 연한 붉은 밤색이고 배는 은백색으로 번쩍거린다. 아래턱 끝에 아래로 향한 작은 가시가 있다. 아래턱이 위턱보다 길고 눈이 아주 크다. 등지느러미에는 억센 가시가 10개 있고, 부드러운 줄기가 9~10개 있다. 가시 가장자리는 까맣다. 뒷지느러미에는 억센 가시가 3개, 부드러운 줄기가 7~8개 있다. 볼기우럭과 닮았지만, 뒷지느러미 뿌리 쪽 길이가 높이보다 짧은 점이 다르다. **성장** 알에서 깬 새끼는 1년 지나면 6cm 안팎, 2년이면 7~10cm, 5년이면 12~15cm, 7년이면 15~18cm로 자란다. **분포** 우리나라 남해. 인도양과 서태평양 **쓰임** 그물로 잡는다.

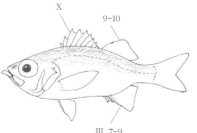

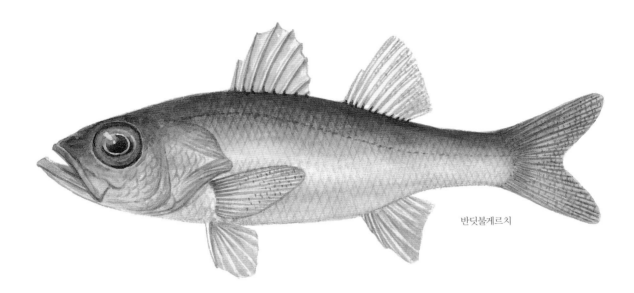

반딧불게르치

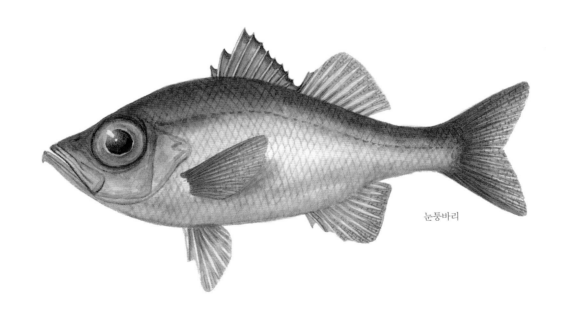

눈퉁바리

# 눈볼대 *Doederleinia berycoides*

붉은왕눈농어북, 빨간고기, 금태, Blackthroat seaperch, アカムツ, 赤鯥

눈볼대는 바닷가에서 멀리 떨어진 물 깊이가 80~600m쯤 되는 깊은 바닷속에서 산다. 바위 지대 둘레 모래나 펄 바닥에서 지낸다. 바닥 가까이나 바닥에서 4~5m 떠서 헤엄치기도 한다. 물 온도가 10~20도쯤 되는 곳에서 사는데, 가을에서 겨울까지는 물 깊이가 100~300m쯤 되는 깊은 바닷속에서 살다가, 봄이 되면 얕은 바닷가로 올라온다. 제주 바다에 사는 눈볼대는 가을이면 남해와 대마도 쪽으로 옮겨가기 시작해서 겨울철에는 부산 앞바다까지 왔다가 봄이 되면 다시 제주도 쪽으로 되돌아간다. 새우나 오징어, 작은 물고기 따위를 잡아먹는다.

눈볼대는 눈이 아주 커서 붙은 이름이다. 몸빛이 불그스름해서 '빨간고기'라고도 한다. 입속이 까맣기 때문에 영어로는 'Blackthroat seaperch'라고 한다. 반딧불게르치와 생김새가 닮았지만, 눈볼대는 등지느러미가 하나이고, 반딧불게르치는 두 개로 나뉘었다. 또 항문 위치가 반딧불게르치는 배지느러미 사이에 있고, 눈볼대는 뒷지느러미 앞에 있어서 다르다.

**생김새** 몸길이는 30cm쯤 된다. 암컷이 수컷보다 크다. 암컷은 40~50cm까지 크기도 한다. 눈이 아주 커서, 눈 지름이 주둥이보다 크다. 온몸은 불그스름한데 배는 옅다. 턱에는 작고 날카로운 이빨이 있다. 입안은 짙은 검정색이어서 다른 물고기와 다르다. 배 속에도 검은 막으로 싸여 있다. 몸은 긴둥근꼴이고 통통하다. 비늘은 크고 잘 벗겨진다. 등지느러미 가시와 꼬리지느러미 가장자리가 까맣다. 꼬리지느러미 가운데가 조금 오목하다 **성장** 6~10월 사이에 알을 25만개쯤 낳는데, 8~9월에 가장 많이 낳는다. 동해 남쪽 바닷가에서 알을 낳는 것 같다. 알에서 나온 새끼들은 물 온도가 20도가 넘는 80~150m 바닷속에서 떠다니며 살면서 동물성 플랑크톤을 먹는다. 몸길이가 20cm가 안 되는 어린 새끼들은 바닷가 자리그물에 잡히지만, 그보다 큰 눈볼대는 깊은 바다에서만 잡힌다. 1년이면 7~10cm, 2년이면 16~23cm, 5년이면 27~31cm, 7년이면 암컷은 30cm 안팎으로 큰다. 수컷은 3년, 암컷은 4년이 지나면 어른이 된다. 수컷은 3~4년을 살고, 암컷은 10년쯤 산다. **분포** 우리나라 남해. 일본, 동중국해, 필리핀, 인도네시아, 호주 북부 **쓰임** 그물로 잡는다. 몸에 기름기가 많아서 고소하고 영양가가 많다. 횟감과 초밥용으로 최고급으로 친다. 구이나 찌개 따위로도 먹는다.

눈볼대

# 자바리 *Epinephelus bruneus*

얼럭도도어<sup>북</sup>, 다금바리, Longtooth grouper, Kelp grouper, クエ, 褐石斑魚

자바리는 따뜻한 물을 좋아한다. 물 깊이가 200m 안쪽인 바닷가 바위틈이나 굴에서 혼자 산다. 한번 집으로 정하면 좀처럼 안 떠난다. 새끼 때부터 서로 가까이 있는 걸 안 좋아해서 자리다툼을 한다. 해거름부터 굴에서 나와 먹이를 잡아먹는다. 어릴 때는 작은 플랑크톤을 먹다가 크면서 물고기나 새우나 게 따위를 잡아먹는다. 덩치가 커서 1m 넘게 자란다. 몸에 밤 색 띠무늬가 비스듬히 나 있는데 크면서 희미해지다가 늙으면 아예 사라진다. 또 자라면서 암 컷은 수컷으로 성전환 한다. 30~40년쯤 산다.

몸빛이 자줏빛인 바리라고 이름이 '자바리'다. 제주 사람들은 '다금바리'라고 하는데 다금 바리라는 물고기는 따로 있다. 북녘에서는 몸빛이 얼룩얼룩하다고 '얼럭도도어'라고 한다.

**생김새** 몸은 1m가 넘게 크며 1.5m까지 자란다. 몸빛은 거무스름한 밤색이다. 몸통에 까만 줄무늬가 여섯 줄 나 있다. 줄무늬는 앞쪽으로 비스듬히 휘어지는데 뚜렷하지 않고 얼룩얼룩하다. 나이가 들면 무 늬가 없어진다. 입이 크고 아래턱이 위턱보다 길다. 꼬리지느러미 끝머리는 둥글다. **성장** 5~6월에 알 을 낳는다. 알은 지름이 0.5mm 안팎이고 동그랗다. 알은 물에 흩어져 떠다닌다. 물 온도가 24~27도일 때 이틀이면 새끼가 나온다. 알에서 갓 나온 새끼는 투명하며 1.5~2mm쯤 된다. 배에 커다란 노른자를 달고 있다. 15~30일쯤 지나면 새끼는 5~10mm 크고, 등지느러미 두 번째 가시와 첫 번째 배지느러미 가시가 길게 늘어난다. 2cm쯤 자라면 지느러미 가시가 줄어들고 어미와 생김새가 닮는다. 3달쯤 지나면 9~10cm로 자란다. 성장은 느린 편이다. 1년이면 15cm, 5년이면 50cm, 10년이면 70cm, 20년쯤 지나면 1m를 넘는다. **분포** 우리나라 남해와 제주. 일본, 대만, 중국, 홍콩까지 **쓰임** 낚시로 잡는다. 자바리 는 덩치도 크고 힘도 세다. 낚시에 걸려도 낚싯대가 활처럼 휘영휘영 휘고 안 딸려 나온다. 그래서 낚시 꾼 사이에 '바다낚시의 황제'라는 별명까지 붙었다. 사람들이 마구 잡아대는 바람에 지금은 수가 많지 않다. 요즘에는 사람이 기르는 방법을 궁리하고 있다. 겨울 들머리가 제철이다. 버리는 것 없이 껍질, 내 장, 뼈, 눈알까지 알뜰하게 다 먹는다. 회를 떠 먹으면 아주 맛있고 탕도 끓여 먹는다.

XI. 13~15

III. 8~9

자바리

# 다금바리 *Niphon spinosus*

왜농어북, 펄농어, Sawedged perch, アラ, 東洋鱸

　다금바리는 따뜻한 물을 좋아한다. 물 깊이가 100~350m쯤 되는 깊은 바닷속 모래진흙 바닥이나 바위밭에서 산다. 몸집이 클수록 바위밭을 더 좋아한다. 자바리보다 깊은 물에서 산다. 바닥에서 수십 미터 높은 물속에서도 헤엄쳐 다닌다. 자바리처럼 한번 집을 정하면 안 떠나고 산다. 낮에는 바위틈에 숨어 있다가 해거름에 나와서 작은 물고기나 오징어, 새우 따위를 잡아먹는다. 5~8월에 알을 낳는다. 깊은 물속에 살아서 사는 모습은 더 밝혀져야 한다. 생김새가 농어를 닮아서 남해 바닷가 사람들은 '펄농어'라고 한다.

**생김새** 몸은 1m 넘게 큰다. 몸빛은 자줏빛이 도는 푸른빛이고 등에 꺼먼 줄이 나 있다. 배는 하얗다. 새끼 때에는 눈을 가로지르는 밤색 띠가 꼬리까지 나 있다. 주둥이는 길고 끝이 뾰족하다. 위턱보다 아래턱이 앞쪽으로 더 튀어나온다. 머리 생김새는 농어와 닮았다. 아가미뚜껑에 뾰족한 가시가 있다. 등지느러미는 거센 가시와 부드러운 줄기로 나뉘어 있다. 등지느러미 부드러운 줄기와 꼬리지느러미는 안쪽이 거무스름하고 끝은 하얗다. 꼬리지느러미 끝은 얕게 파인다. 옆줄은 하나다. 비늘은 아주 작다. **성장** 암컷 한 마리가 알을 20만~100만 개쯤 낳는다. 알은 하나씩 떨어져 물에 뜬다. 다금바리 어린 새끼도 다른 바리류처럼 등지느러미 3번째 가시와 배지느러미 억센 가시 하나가 일정 기간 동안 길게 늘어난다. 어린 시기에 몸을 지키는 방어 수단으로 보인다. **분포** 우리나라 남해와 제주. 일본, 중국, 필리핀 **쓰임** 낚시를 깊게 드리워서 잡거나 바닥끌그물로 잡는다. 드물게 잡힌다. 아가미뚜껑과 등지느러미 가시가 날카롭기 때문에 손으로 잡을 때 조심해야 한다. 여름이 제철이다. 회나 소금구이로 먹는다. 회로 먹을 때는 바로 먹는 것보다 이삼일 뒤에 먹는 것이 더 맛있다. 살이 탱탱해서 얇게 썰어 먹는다. 남해안에서는 20~50cm 크기가 종종 잡힌다.

XⅢ
10~11
Ⅲ, 6~8

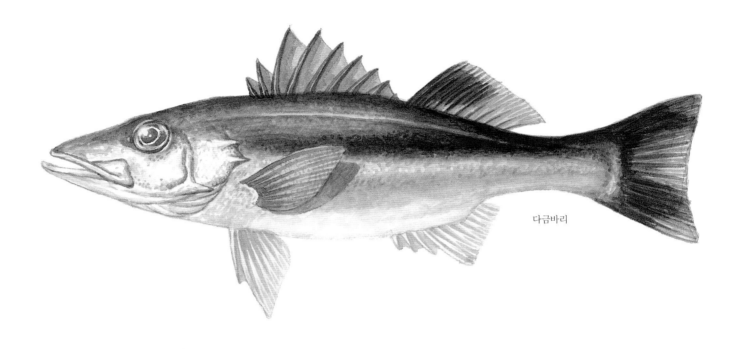

다금바리

# 능성어 *Epinephelus septemfasciatus*

참도도어북, 아홉톤바리, 능시, 구문쟁이, Sea bass, Convict grouper,
Seven-banded grouper, マハタ, 七帶石斑魚

능성어는 따뜻한 물을 좋아한다. 우리나라 남해와 제주 바다에 산다. 가끔 펄 바닥에서도 보이지만 물속에 바위가 많은 곳에서 산다. 마음에 드는 한곳에 자리를 잡으면 좀처럼 안 떠나고 산다. 텃세가 심해서 다른 물고기가 오면 쫓아낸다. 5~7cm쯤 되는 어린 새끼 때부터 혼자 산다. 15cm쯤 되는 작은 새끼끼리도 자리다툼을 한다. 새끼 때는 얕은 곳에 있다가 클수록 깊은 곳으로 자리를 옮긴다. 어릴 때는 바닷가 갯바위에서 살다가 조금 크면 바위가 많은 물 깊이 50~60m쯤 되는 곳으로 옮겨 간다. 1m 넘게 크면 100~300m 깊은 바닷속 바위가 많은 곳으로 또 옮겨 간다. 얕은 곳에 살면 몸빛이 밤빛이지만 깊은 곳에 살수록 빨갛다. 낮에는 바위틈에 숨어서 쉬다가 밤에 어슬렁어슬렁 나와서 전갱이나 고등어 같은 작은 물고기나 새우나 오징어 따위를 잡아먹는다.

능성어는 5~9월쯤에 알을 낳는다. 어릴 때는 몸에 까만 줄무늬가 7~8개 줄줄이 나 있다. 꼬리자루 위 줄무늬는 밤색 점처럼 보인다. 크면서 줄무늬는 옅어지다가 없어지고 몸빛이 까만 보랏빛으로 바뀐다. 어릴 때랑 다 컸을 때랑 무늬가 다른 물고기다. 또 자라면서 5~7년 사이에 암컷에서 수컷으로 몸을 바꾼다.

**생김새** 몸길이는 50~100cm쯤 된다. 1m 넘게도 큰다. 어릴 때는 몸에 까만 줄무늬가 일곱 줄 나 있다. 나이가 들면 줄무늬가 없어지고 꼬리지느러미 끝에 하얀 띠무늬가 생긴다. 주둥이가 크고 아래턱이 위턱보다 조금 튀어나온다. 등지느러미와 뒷지느러미 가시는 두껍고 뾰족하다. 꼬리지느러미 끄트머리는 둥그스름하다. 옆줄은 하나다. **성장** 알은 투명하며 지름이 0.4~0.5mm이다. 알은 낱낱이 흩어져 물낯에 떠다닌다. 1~2일 만에 알에서 새끼가 나온다. 갓 나온 새끼는 1.2~1.9mm이다. 몸은 투명하고 배에 커다란 노른자를 달고 떠다닌다. 5일이 지나 2.4mm쯤 크면 플랑크톤을 먹기 시작한다. 10일쯤 지나 4mm쯤 크면 등지느러미 두 번째 가시와 배지느러미 첫 번째 가시가 아주 길게 늘어난다. 2cm쯤 자라면 긴 가시가 짧아져서 어미 생김새와 닮는다. 알에서 나온 지 두 달쯤 지나 3cm쯤 되면 바닥으로 내려간다. **분포** 우리나라 남해와 제주. 일본, 동중국해 **쓰임** 능성어는 한곳에 눌러살기 때문에 낚시로 많이 잡는다. 아침이나 저녁에 잘 낚이고 흐린 날에는 온종일 잡힌다. 끌그물이나 걸그물로도 잡는다. 요즘에는 사람들이 어린 새끼를 잡아다 바다에서 가둬 키운다. 알을 받아서도 키운다. 여름과 가을 사이가 제철이다. 회로 먹고 구워 먹어도 맛있다. 껍질도 맛있다.

XI. 13~16

III. 9~10

능성어

**새끼 능성어** 새끼 능성어는 바닷가 얕은 갯바위 틈에서
산다. 몸빛이 불그스름한 잿빛이고 줄무늬가 뚜렷하다.
크면서 줄무늬는 옅어지고 몸빛도 빨개진다.

# 붉바리 *Epinephelus akaara*

붉은점도도어<sup>북</sup>, 붉발, Red grouper, キジハタ, 赤点石斑鱼

붉바리는 따뜻한 물을 좋아하는 물고기다. 물 깊이가 50m쯤까지 되는 바닷가 바위 구멍이나 틈에서 혼자 산다. 자바리처럼 한번 자리를 잡으면 자기 세력권을 가지며 안 떠난다. 밤에 나와 돌아다니며 갯지렁이, 새우, 게, 물고기 따위를 잡아먹는다. 6~8월에 바다풀이 수북이 자란 바닷가 바위밭에서 알을 낳는다. 20년쯤 산다.

**생김새** 몸길이는 30cm가 흔하고 60cm까지 자란다. 몸 빛깔은 붉은 밤색이고 작고 빨간 점무늬가 온몸에 동글동글 흩어져 있다. 몸은 긴둥근꼴이고 옆으로 납작하다. 두 눈 사이는 조금 볼록하다. 양턱 앞쪽에는 송곳니가 1쌍 있다. 아가미뚜껑 뒤쪽에는 가시가 3개 있다. 꼬리지느러미 뒤 끝 가장자리는 둥글다. 온몸은 작은 빗비늘로 덮여 있다. **성장** 암컷 한 마리가 알을 80만~150만 개쯤 여러 번 나누어 낳는다. 알 크기는 0.7~0.8mm쯤 된다. 알은 물에 둥둥 뜬다. 물 온도가 25도 안팎일 때 24시간 만에 알에서 새끼가 나온다. 갓 나온 새끼는 1.7mm 안팎이며 물에 둥둥 떠다니며 자란다. 4mm쯤 되면 등지느러미 가시와 배지느러미 가시가 길어진다. 40일쯤 지나 몸길이가 3~4cm쯤 되면 바닥으로 내려간다. 5cm쯤 크면 온몸에 붉은 반점이 생기고, 눈이 짙은 녹색을 띠면서 어미 생김새와 닮는다. 따뜻한 바다에서 1년 만에 20cm쯤 자란다. 3년이면 25cm 안팎, 4년이면 30cm 안팎으로 자란다. 암컷은 3년이 지나면 어른이 된다. 5년쯤 지나면 몸길이가 35~40cm 되는 암컷 가운데 몇몇은 수컷으로 몸을 바꾼다. 몸길이가 35cm가 안 될 때는 암컷이 많고, 35cm보다 크면 수컷이 많다. **분포** 우리나라 남해와 제주, 동해 울릉도. 일본 중부 이남, 중국, 대만 **쓰임** 그물이나 낚시로 잡는다. 7~8월이 제철이다. 맛이 좋아 귀한 물고기로 친다. 회나 구이, 탕으로 먹는다. 하지만 지금은 멸종위기에 처할 만큼 수가 줄어들고 있다.

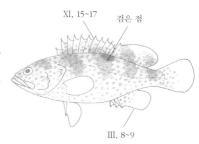

XI, 15~17
검은 점
III, 8~9

# 별우럭 *Epinephelus trimaculatus*

별도도어<sup>북</sup>, Three spot grouper, Black saddled grouper, ノミノクチ, 三斑石斑鱼

별우럭은 따뜻한 물을 좋아하는 물고기다. 바닷가부터 물 깊이가 30m쯤 되는 물속 바위밭에서 산다. 때로는 모랫바닥에서도 산다. 한곳에 자리를 잡으면 그다지 많이 돌아다니지 않는다. 새우나 게 같은 갑각류를 많이 잡아먹지만 때로는 작은 물고기나 오징어, 조개 따위를 먹기도 한다. 여름과 가을에 알을 낳는다.

**생김새** 몸길이는 30cm가 흔하고 50cm까지 큰다. 등은 거무스름한 옅은 밤색이고 배는 밤색이다. 몸은 긴둥근꼴이다. 양눈 사이는 평평하며 눈 지름보다 좁다. 몸에는 작고 붉은 밤색 점무늬가 빽빽하게 나 있다. 가슴지느러미에는 점이 없다. 등 쪽에 까만 반점이 3개 있는 것이 특징이고, 점이 1개인 붉바리와 다른 점이다. 양턱 앞쪽에는 송곳니가 나 있고 안쪽에 난 이빨이 크다. **성장** 더 밝혀져야 한다. **분포** 우리나라 남해. 일본 중부 이남, 중국, 대만 **쓰임** 낚시로 잡는다. 중국에서는 약재로 쓰기도 한다. 수가 많지 않다.

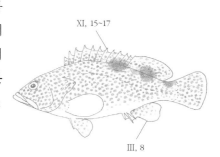

XI, 15~17
III, 8

붉바리

별우럭

# 알락우럭 *Epinephelus quoyanus*

Longfin grouper, モヨウハタ, 玳瑁石斑鱼

알락우럭은 물 깊이가 50m보다 얕은 바닷가 물속 바위밭에서 혼자 산다. 새우나 물고기, 갯지렁이 따위를 잡아먹는다. 사는 모습은 더 밝혀져야 한다.

**생김새** 몸길이는 40cm이다. 몸은 긴둥근꼴이고, 옆으로 조금 납작하다. 머리는 작다. 몸빛은 옅은 붉은 밤색이고, 몸과 지느러미에 크고 작은 둥근 검은 밤색 점무늬가 온몸에 나 있다. 가슴지느러미에 희미한 가로띠가 3~4줄 있고, 뒷지느러미 끝 가장자리가 검은 것이 특징이다. 비늘은 작다. **성장** 더 밝혀져야 한다. **분포** 우리나라 남해. 필리핀, 중국, 호주 북부 **쓰임** 식중독을 일으킬 수 있기 때문에 안 먹는 것이 좋다. 우리나라에서는 거의 볼 수 없는 열대 물고기다.

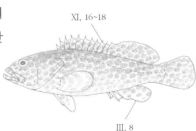

XI. 16~18

III. 8

# 홍바리 *Epinephelus fasciatus*

홍도도어복, Blacktip grouper, Banded reefcod, Black tipped grouper, アカハタ, 黑边石斑鱼

홍바리는 따뜻한 물을 좋아한다. 우리나라 제주 바다에 산다. 바닷가 물속 바위밭에서 살며 때때로 강어귀에 올라오기도 한다. 물 깊이가 15m 안팎에서 많이 살지만, 물 깊이가 4~5m쯤 되는 바닷가에도 나오고, 150m 물속까지 내려가기도 한다. 게나 새우, 작은 물고기 따위를 잡아먹는다.

**생김새** 몸은 40cm 안팎으로 자란다. 몸은 긴둥근꼴이고 옆으로 조금 납작하다. 몸빛은 화려한 주홍색이다. 몸 양쪽에 붉은 띠무늬가 네댓 줄 나 있고, 그 위에 하얀 점들이 있다. **성장** 6~9월에 알을 낳는다. 알은 무색투명하고, 지름이 0.7~0.9mm이다. 알은 물에 둥둥 떠다니다가 물 온도가 22~25도일 때 1~2일쯤 만에 새끼가 나온다. 갓 나온 새끼는 1.5~1.7mm이며 배에 커다란 노른자를 달고 있다. 2~3일 만에 노른자를 다 빨아 먹는다. 알에서 깬 지 12일쯤 지나 5mm쯤 크면 등지느러미 가시와 배지느러미 가시가 길게 늘어난다. 2cm쯤 크면 가시가 다시 짧아지고, 두 달쯤 지나 3cm 안팎이 되면 어미와 생김새가 닮는다. 처음에는 암컷이다가 몸길이가 34~41cm쯤 되면 암컷 몇몇이 수컷으로 몸을 바꾼다. **분포** 우리나라 제주. 중국, 일본, 필리핀, 말레이시아, 인도네시아, 호주 중북부, 인도양, 홍해 **쓰임** 낚시로 잡는다. 먹을 수 있지만 때때로 식중독을 일으키는 독을 가지고 있다. 수족관에서 키우기도 한다.

XI. 15~17

III. 7~8

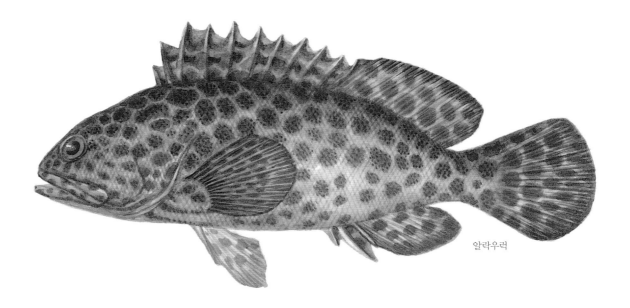

알락우럭

홍바리

# 우각바리 *Plectranthias kelloggi*

도미꽃농어[북], Eastern flower porgy, アズマハナダイ, 凱氏刺化鮨, 海金鱼

우각바리는 따뜻한 물을 좋아하는 물고기다. 물 깊이가 200m 안팎인 대륙붕 둘레에서 산다. 조개껍데기가 섞인 모랫바닥이나 바위밭에서 산다. 바닥에 사는 새우와 게, 갯지렁이 같은 동물을 잡아먹는다. 어린 개체는 어미보다 더 얕은 물 깊이에서 산다.

**생김새** 몸길이는 12cm쯤 된다. 몸은 분홍색이고, 오렌지색 가로띠 3줄이 몸을 가로 지른다. 등은 높고 몸은 옆으로 납작하다. 입이 크다. 눈은 등 쪽에 치우치고, 두 눈 사이에 비늘이 있지만 주둥이에는 없다. 등지느러미 줄기가 실처럼 길게 뻗는다. 꼬리자루에 있는 띠는 붉은색에 가깝다. 꼬리지느러미 끝은 반듯하고, 위쪽 끝이 실처럼 길게 늘어진다. 꼬리지느러미에 눈동자보다 작은 오렌지색 무늬가 있다. **성장** 더 밝혀져야 한다. **분포** 우리나라 남해와 제주. 일본, 대만, 태평양 서부, 하와이 **쓰임** 바닥끌그물로 잡는다. 어묵을 만든다.

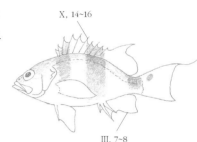

X. 14~16

III. 7~8

# 붉벤자리 *Caprodon schlegelii*

기름눈농어[북], Sunrise perch, Schlegel's red bass, アカイサキ, 异臂花鮨, 红鸡鱼

붉벤자리는 따뜻한 물을 좋아하는 물고기다. 바닷가 바위밭부터 300m 바닷속까지 산다. 때때로 모랫바닥에서도 보인다. 물 가운데나 바닥에서 살면서 새우나 게, 오징어, 물고기 따위를 잡아먹는다. 제주 바다에 많이 산다.

**생김새** 수컷은 35~45cm, 암컷은 25~35cm이다. 몸은 옆으로 납작하다. 암컷이 수컷보다 몸이 더 높다. 몸빛도 암컷과 수컷이 다르다. 암컷 등은 주홍색인데, 수컷은 그보다 옅은 주황색에 가깝고 배 쪽은 옅다. 수컷 등지느러미에는 동그랗고 까만 반점이 1~2개 있다. 양턱에는 작고 날카로운 송곳니들이 촘촘히 나 있다. 위턱보다 길게 튀어나온 아래턱 양쪽에 크고 강한 송곳니가 나 있다. 수컷 머리에는 주둥이 끝부터 눈을 지나는 노란 띠와 눈에서 비스듬히 배 쪽을 향하는 노란 띠가 있다. 가슴지느러미는 길다. 몸에는 빗비늘이 덮여 있다. **성장** 30cm 안팎까지 암컷이었다가 더 자라면 수컷으로 성이 바뀐다. 겨울에 30cm 안팎인 암컷이 알을 낳는다. 하루에 한 번씩 며칠 동안 알을 낳는데, 하루에 1천~5만 개 낳는다. 알 지름은 0.9mm 안팎이다. 무색투명하고 저마다 흩어져 물에 둥둥 뜬다. 하루 만에 새끼가 깨어 나온다. 갓 나온 새끼는 1.9mm쯤 된다. 1.3cm쯤 크면 지느러미가 완성된다. 5cm쯤 되는 새끼는 빨간 점들과 몸 가운데 세로띠가 뚜렷하다. **분포** 우리나라 제주. 일본 남부, 대만에서 호주까지, 하와이 **쓰임** 낚시로 많이 잡는다. 회나 구이로 먹는다. 살이 희고 맛있다.

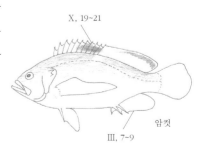

X. 19~21

암컷

III. 7~9

우각바리

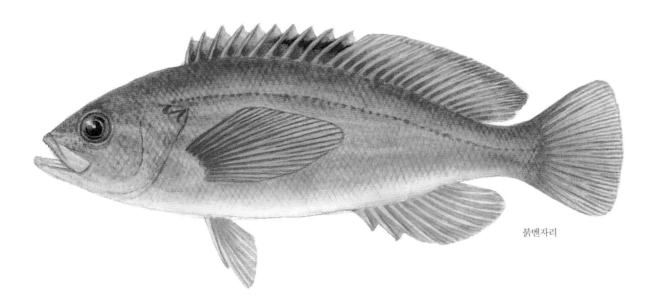

붉벤자리

# 두줄벤자리 *Diploprion bifasciatum*

Barred soapfish, Two banded perch, キハッソク, 黃鱸, 双带黄鱸

두줄벤자리는 따뜻한 물을 좋아하는 물고기다. 물 깊이가 50m쯤 되는 바닷가에서 살지만 때때로 100m 물속까지도 내려간다. 바위밭이나 바위굴, 산호초, 모래와 진흙이 섞인 바닥에서 혼자 산다. 입이 크고 앞으로 내밀 수 있어서 덩치 큰 물고기를 잡아먹는다. 튀어나온 턱을 앞으로 재빨리 내밀며 먹이를 세게 빨아 당겨서 삼킨다. 스트레스를 받으면 살갗에서 비눗물처럼 보이는 독물이 나온다. 제주 바다에서 가끔 볼 수 있는데, 1990년대까지 알려지지 않았던 물고기다.

**생김새** 몸길이는 25cm 안팎이다. 몸빛은 밝은 노란색이고 까만 가로 줄무늬가 두 개 있다. 하나는 눈을 지나는 가는 줄무늬이고 하나는 몸통 가운데를 지나는 굵은 띠다. 때때로 온몸이 까맣기도 하다. 몸은 옆으로 납작하고 등이 높은 긴둥근꼴이다. 입은 크고 위로 열린다. 어릴 때는 둘레에 함께 사는 독을 가진 작은 물고기처럼 보이려고 노란색이나 잿빛을 띠기도 한다. **성장** 여름에 알을 낳는다. 6cm 되는 어린 새끼는 몸에 검은 띠가 없이 온몸이 노랗고, 등지느러미 가시 하나가 길게 늘어난다. **분포** 우리나라 제주. 일본 남부에서 인도네시아, 인도, 호주까지 **쓰임** 먹을 수 있지만 우리나라에서는 수가 적다.

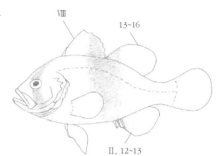

# 꽃돔 *Sacura margaritacea*

Cherry bass, Cherry porgy, サクラダイ, 珠斑花鱸

꽃돔은 따뜻한 물을 좋아하는 물고기다. 물 깊이가 15~50m쯤 되는 바닷가 바위밭에서 산다. 산호와 바위굴에 몇 마리씩 살거나 수십 마리씩 떼 지어 살기도 한다. 작은 플랑크톤이나 동물성 먹이를 먹는다. 5년쯤 산다.

**생김새** 암컷은 10cm, 수컷은 13cm까지 자란다. 몸이 높은 달걀꼴이고 옆으로 납작하다. 주둥이가 짧고 눈이 크다. 수컷은 산뜻한 붉은빛을 띤다. 옆구리에는 하얗게 빛나는 무늬들이 있다. 눈 아래부터 뒷지느러미까지 하얀 세로띠가 있다. 암컷은 붉은빛을 띤 누런색이고, 등지느러미 뒤에 까만 밤색 무늬가 한 개 있다. **성장** 알에서 나온 지 1년 만에 어른이 되어 알을 1~2번 낳고 수컷으로 성전환 한다. 8~9월에 수컷 한 마리와 암컷 여러 마리가 무리 지어 알을 낳는다. 알 낳는 때가 지나면 겨울과 봄 사이에 암컷 가운데 몸집이 큰 것이 수컷으로 성을 바꾼다. 알 지름은 0.8mm 안팎이다. 알은 흩어져 둥둥 떠다닌다. 알에서 나온 새끼도 물에 둥둥 떠다니다가 크면서 바닥으로 내려간다. 이듬해 여름에 어른이 된다. **분포** 우리나라 제주. 일본 남부, 대만 **쓰임** 가끔 그물에 다른 고기와 함께 잡힌다. 구이나 회로 먹는다. 수족관에서도 인기가 높다.

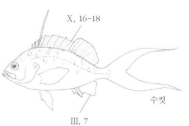

두줄벤자리

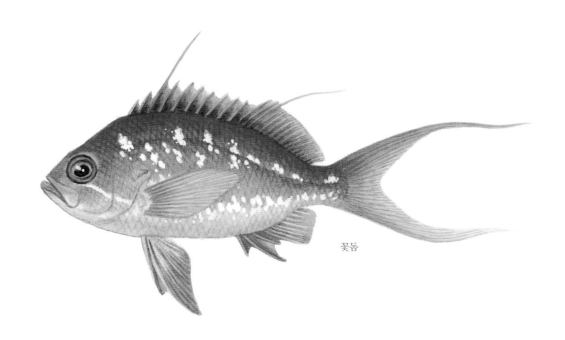

꽃돔

# 장미돔 *Pseudanthias elongatus*

긴꽃농어[북], Sharpfin anthias, ナカハナダイ, 长拟花鮨

장미돔은 금강바리와 닮았지만, 몸통 앞쪽이 붉은빛을 더 띠어 몸 앞뒤가 살짝 다른 빛깔이다. 또 눈 아래에서 가슴 쪽으로 자주색 선이 그어졌다. 장미돔은 물살이 제법 빠른 바닷가부터 물 깊이가 100m쯤 되는 곳까지 산다. 바닥에 바위가 많은 곳에서 무리 지어 산다. 동물성 플랑크톤이나 작은 갑각류를 잡아먹는다.

**생김새** 몸길이는 14cm 안팎이다. 암컷은 온몸이 누런 붉은색이고, 수컷은 보랏빛이 도는 붉은색을 띤다. 몸은 긴둥근꼴이며 옆으로 납작하다. 수컷은 등지느러미 세 번째 가시 하나가 길게 늘어나 있고, 머리와 몸통이 꼬리보다 짙은 선홍색이며 눈 아래와 위부터 몸통과 배 쪽으로 까만 긴 띠가 뚜렷해서 암컷과 다르다. 암컷은 금강바리와 닮았다. 배지느러미와 뒷지느러미가 하얀 것이 특징이다. **성장** 더 밝혀져야 한다. **분포** 우리나라 제주. 일본 남부, 대만 **쓰임** 생김새가 예뻐서 수족관에서 키우기도 한다.

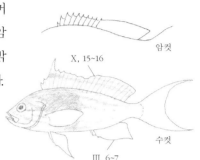

# 금강바리 *Pseudanthias squamipinnis*

금강꽃농어[북], Sea goldie, Sailfin anthias, キンギョハナダイ, 丝鳍花鮨

금강바리는 따뜻한 물이 올라오는 제주와 남해 바다에 사는데, 제주 서귀포 앞바다 산호밭에서 많이 산다. 물낯부터 물 깊이가 30m쯤 되는 곳에서 사는데, 50m까지 내려간다. 물살이 빠른 바위밭에서 무리 지어 헤엄쳐 다니며 작은 동물성 플랑크톤을 잡아먹는다. 어릴 때는 암수한몸이다가 크면서 몸을 바꾼다. 다 큰 수컷은 텃세를 부리며 여러 암컷과 짝짓기를 한다. 물 온도가 높아지는 6월부터 11월까지 알을 낳는다.

**생김새** 몸은 15cm까지 자란다. 몸빛은 주황색을 띤다. 수컷과 암컷 몸빛이 크게 다르다. 비늘 위에 주홍색 점무늬들이 있지만 몸빛은 사는 곳에 따라 여러 가지다. 몸은 긴둥근꼴이고 옆으로 조금 납작하다. 등지느러미와 뒷지느러미는 검은 밤색이다. 눈 뒤쪽부터 가슴지느러미 뿌리까지 하얀 선이 하나 있다. 수컷 등지느러미 세 번째 가시는 실처럼 길게 뻗는다. 꼬리지느러미 위아래 끝도 길게 늘어진다. 수컷은 밝은 보랏빛이고 가슴지느러미 위쪽 가장자리에 짙은 점이 있다. 등지느러미 줄기부 뒤쪽에도 까만 반점이 있다. **성장** 알은 흩어져 떠다니며 15시간 안팎이 지나면 새끼가 나온다. 알에서 나온 새끼는 물에 둥둥 떠다니며 큰다. 1년이 지나면 7cm쯤 자라서 어른이 된다. **분포** 우리나라 제주와 남해. 인도양, 일본, 필리핀, 호주 같은 태평양, 홍해 **쓰임** 생김새가 예뻐서 수족관에서 기르기도 한다.

장미돔 수컷

장미돔 암컷

금강바리 수컷

금강바리 암컷

# 노랑벤자리 *Callanthias japonicus*

Yellowsail red bass, シキシマハナダイ, 红黄带花鮨, 美花鮨

노랑벤자리는 물 온도가 15도쯤 되는 곳을 좋아하는 온대성 물고기다. 물 깊이가 30~200m 쯤 되는 깊은 바닷속에서 산다. 바닥에 조개껍데기가 섞인 모랫바닥이나 바위밭에서 무리 지어 지낸다. 게나 새우 같은 갑각류를 주로 먹는다. 사는 모습은 더 밝혀져야 한다.

**생김새** 몸길이는 20cm쯤 된다. 등은 핑크색, 배는 화려한 노란색을 띤다. 몸은 긴둥근꼴이고 옆으로 납작하다. 머리는 작은 편이다. 주둥이는 짧고 둥글며, 아래턱이 위턱보다 조금 튀어나온다. 송곳니가 위턱 앞에 2쌍, 아래턱에 1쌍 있다. 아가미뚜껑 위쪽에 가시가 2개 있다. 등지느러미, 뒷지느러미, 꼬리지느러미 가운데는 누렇고 가장자리는 빨갛다. 금강바리와 닮았지만, 노랑벤자리는 옆줄이 금강바리보다 등 위쪽 등지느러미 뿌리 가까이를 따라 꼬리자루까지 발달하는 것이 특징이다. 암컷과 수컷 몸빛이 크게 차이가 안 난다. 수컷이 암컷보다 크며, 암컷을 유혹할 때는 가슴지느러미가 하얗게 바뀐다. **성장** 더 밝혀져야 한다. **분포** 우리나라 남해. 일본 남부, 동중국해 **쓰임** 바닥끌그물로 잡는다. 부산이나 경남 바닷가 배낚시에서 가끔 잡힌다.

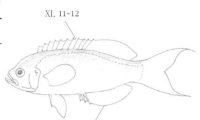

XI, 11~12

III, 10~11

# 육돈바리 *Plesiops coeruleolineatus*

장경어북, Crimsontip longfin, タナバタウオ, 藍线鯵

육돈바리는 따뜻한 물을 좋아하는 물고기다. 바닷가부터 물 깊이 20m까지 산다. 바위밭이나 산호초에서 지낸다. 돌 틈이나 돌 아래에 숨어 지내며 밤에 나와 돌아다니기도 한다. 작은 새우나 게 같은 갑각류나 고둥, 작은 물고기 따위를 잡아먹는다.

**생김새** 몸길이는 10cm 안팎이다. 몸빛은 밤색이나 검은 밤색인데, 저마다 아주 다르다. 몸은 긴둥근꼴이다. 눈 뒤쪽에는 검은 밤색 무늬가 2줄 있다. 밤중이나 흥분하면 옆구리에는 폭이 넓은 검은 가로띠가 5개쯤 나타나기도 한다. 지느러미에 파란 띠와 꼬리지느러미 노란 띠가 특징이다. 2.5cm 안팎인 어린 새끼는 몸과 지느러미가 검고, 주둥이에서 머리 위까지는 흰색 띠, 등지느러미와 꼬리지느러미와 뒷지느러미 가장자리는 노란색을 띤다. **성장** 여름에 알을 낳는다. 이때 수컷은 머리가 노랗게 바뀐다. 암컷은 밤에 바위 천장에 알을 낳아 붙이고, 수컷이 알을 지킨다. **분포** 우리나라 남해. 일본 남부, 대만, 필리핀, 폴리네시아, 호주, 하와이, 미국과 멕시코 서부 같은 태평양, 인도양, 아프리카 동부 연안, 홍해 **쓰임** 안 잡는다.

X~XII, 6~8

III, 8~9

노랑벤자리

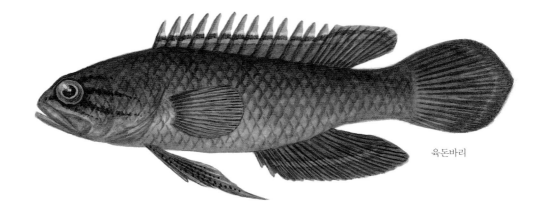

육돈바리

# 흑점후악치 *Opistognathus iyonis*

Nakedback jawfish, ニラミアマダイ, 伊氏后頜䲁

흑점후악치는 따뜻한 물을 좋아하는 물고기다. 1998년에 경남 통영 앞바다 섬에서 낚시로 처음 잡혔다. 물 깊이가 30m쯤 되고 조개껍데기가 섞인 모랫바닥에서 산다. 바닥에 구멍을 뚫고 들어가 살면서 머리만 내놓고 있다가 지나가는 동물성 플랑크톤을 잡아먹는다. 수컷이 알을 입속에 넣고 지킨다.

**생김새** 몸길이는 8cm쯤 된다. 몸은 옅은 밤색이다. 옆구리에 모양이 뚜렷하지 않은 밝은 회색 구름무늬들이 있다. 몸은 긴 원통형이다. 머리와 눈과 입이 크다. 위턱 뒤 끝 안쪽에 까만 반점이 있다. 등지느러미 가시 부분 가운데쯤에 까만 반점이 있다. 옆줄은 머리 위에서 시작해서 몸 가운데까지 등지느러미 뿌리 쪽에 치우쳐 있다. **성장** 더 밝혀져야 한다. **분포** 우리나라 남해. 일본 남부, 북서태평양 **쓰임** 드문 종이다. 안 잡는다.

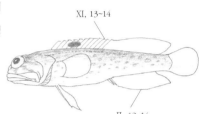

XI, 13~14

II, 12~14

# 줄후악치 *Opistognathus hongkongiensis*

Jawfish, 黑帶後頜䲁, 香港后頜䲁

줄후악치는 바닷가부터 물깊이가 30m쯤 되는 곳까지 살지만 100m 넘는 깊은 곳에서도 산다. 물속에 바위가 많고, 산호초가 잘 발달된 얕은 바닷가에서 지낸다. 모래나 자갈 바닥 구멍 속에 들어가 머리만 내밀고 동물성 플랑크톤을 잡아먹고 산다. 흑점후악치보다 더 따뜻한 바다를 좋아하는 열대 물고기다. 2008년 제주도 남부에서 채집된 표본으로 처음으로 알려졌다. 그래서 우리나라 후악치과에 흑점후악치와 줄후악치 2종이 되었다.

**생김새** 몸길이는 6cm 안팎이다. 몸은 긴 원통형이며 옆으로 조금 납작하다. 머리가 크며 짙은 밤색이다. 눈은 크고 머리 등 쪽에 위치한다. 주둥이는 짧고 뭉툭하며 입은 아주 커서 턱 뒤 끝이 머리 중앙을 넘어 뒤편에 이른다. 양턱에는 작은 송곳니가 1열로 줄지어 발달한다. 몸통과 꼬리는 노란빛이 도는 옅은 밤색이며 배는 하얗다. 옆구리에는 밤색 가로띠가 7~8개 있으며 맨 뒤쪽에 있는 것이 짙다. 등지느러미와 뒷지느러미, 배지느러미는 옅은 노란색이며 가장자리가 검다. 등지느러미는 가시와 줄기부가 이어진다. 꼬리지느러미 뒤쪽 가장자리는 둥글다. **성장** 수컷이 알을 입속에 넣고 새끼가 깨어날 때까지 지킨다. 성장은 더 밝혀져야 한다. **분포** 우리나라 제주. 중국, 남중국해, 대만 같은 북서태평양 **쓰임** 안 잡는다. 우리 바다에 많이 살지 않는다.

XI, 11

II, 10~11

흑점후악치

줄후악치

# 독돔 *Banjos banjos*

수어북, Banjofish, チョウセンバカマ, 寿魚

독돔은 따뜻한 물을 좋아하는 물고기다. 물 깊이가 50~400m쯤 되는 모래나 펄 바닥에서 산다. 사는 모습은 더 밝혀져야 한다. 일본 이름은 조선 시대 일본을 방문한 통신사가 입었던 옷과 닮았다는 뜻으로 '조선바까마'라고 한다.

**생김새** 몸길이는 20cm까지 큰다. 온몸은 잿빛 밤색을 띤다. 몸이 높고 옆으로 아주 납작하다. 등지느러미 3번째 가시와 뒷지느러미 2번째 가시가 아주 길다. 등지느러미 부드러운 줄기 가장자리에 까만 점이 한 개 있다. 배지느러미와 꼬리지느러미 가장자리는 하얗다. 3cm 안팎인 어린 새끼 때에는 옅은 노란색 몸에 기다란 애벌레처럼 생긴 까만 띠들이 온몸에 있어서 얼핏 보면 새끼 범돔처럼 보인다. **성장** 더 밝혀져야 한다. **분포** 우리나라 남해와 제주. 일본 남부, 동중국해, 필리핀, 인도네시아 같은 서태평양 **쓰임** 끌그물에 다른 물고기와 함께 잡힌다. 맛은 있지만 희귀한 물고기여서 만나기 어렵다. 이 과에는 2017년에 신종이 2종 발견되어 온 세계에 3종이 있다.

X, 11~12

III, 7

독돔

새끼 독돔

# 뽈돔 *Cookeolus japonicus*

왕눈이노래미북, 깍다구, Bigeye, Long-finned bigeye, チカメキントキ, 紅目大眼鯛

뽈돔은 따뜻한 물을 좋아하는 심해 물고기다. 물 깊이가 100~400m쯤 되는 대륙붕 바닥 근처를 떠다니며 산다. 밤에 돌아다니면서 물고기나 새우, 게 따위를 잡아먹는다. 물속 200m 쯤에서 무리 지어 살며 나이가 들면 더 깊은 곳으로 내려간다.

뽈돔은 7~8월쯤 알을 낳는다. 알은 흩어져 떠다닌다. 알에서 나온 새끼는 물낯 가까이에 떠다니며 큰다. 1.6cm쯤 되는 새끼는 몸이 검고, 아가미뚜껑에 커다란 가시가 있다. 어릴 때 는 바닷가에서도 보인다. 9년쯤 산다.

**생김새** 몸은 60cm까지 큰다. 몸빛은 주홍색을 띤다. 몸이 높고 옆으로 납작하다. 몸과 머리는 작은 가 시를 여러 개 가진 단단한 빗비늘로 완전히 덮여 있다. 눈은 크고, 두 눈 사이가 조금 오목하다. 입은 위 쪽으로 비스듬히 경사진다. 아래턱은 머리 앞쪽에 있고, 위턱 뒤 끝이 눈 앞 가장자리를 조금 지난다. 등지느러미 가시는 뒤로 갈수록 길어지고, 부드러운 가시줄기 가장자리가 반듯하다. 배지느러미는 아주 크고, 지느러미 막은 검다. 뒷지느러미 3번째 가시가 가장 길고, 부드러운 가시줄기 뒤쪽 가장자리가 반 듯하다. 꼬리지느러미 가운데가 조금 튀어나왔다. **성장** 더 밝혀져야 한다. **분포** 우리나라 남해와 제 주. 온 세계 열대와 온대 바다 **쓰임** 낚시나 바닥끌그물로 잡는다. 가을과 겨울 사이가 제철이다. 맛이 좋다. 탕이나 회, 구이로 먹는다.

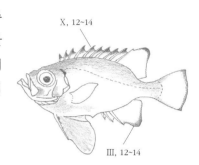

X, 12~14

III, 12~14

# 홍치 *Priacanthus macracanthus*

이노래미북, 홀데기, 홍데기, Red bigeye, Red bulleye, Truncate-tailed bigeye, キントキダイ, 短尾大眼鯛, 大目

홍치는 물 깊이가 70m 넘는 대륙붕 가장자리에서 살며 400m까지도 내려간다. 제주도 동쪽 바다에서 대만 북부 바다에서 많이 산다. 자기 사는 곳에서 멀리 돌아다니지 않는다. 어릴 때 는 밤에 불을 보고 모여들어 수천 마리씩 무리를 짓는다. 새우나 게, 갯가재, 곤쟁이 같은 갑각 류를 많이 잡아먹는다. 4~6월에 알을 낳는다.

**생김새** 몸길이는 30cm쯤 된다. 몸빛은 빛나는 붉은색이다. 몸은 긴둥근꼴이고 옆으로 납작하다. 눈 이 커서 눈 지름이 주둥이보다 길다. 입은 위를 향해 열리며, 아래턱이 위턱보다 튀어나왔다. 양턱에는 융털처럼 생긴 이빨이 1줄로 띠를 이룬다. 아가미뚜껑 아래쪽에는 단단하고 납작한 가시가 1개 있다. **성장** 알은 흩어져 물에 뜬다. 알에서 나온 새끼는 물에 둥둥 떠다니며 큰다. 3~4mm 되는 새끼는 머리 뒤 끝과 아가미뚜껑 위에 커다란 가시를 가지다가 크면서 없어진다. 1년이면 10cm 이상, 2년이면 22cm 안팎, 3년이면 25cm 안팎으로 자란다. **분포** 우리나라 남해. 일본 남부, 동중국해, 인도네시아, 호주 북 부 같은 서태평양, 아라푸라해 **쓰임** 바닥끌그물로 잡는다. 회나 물회, 식해를 만들어 먹는다.

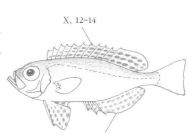

X, 12~14

III, 13~15

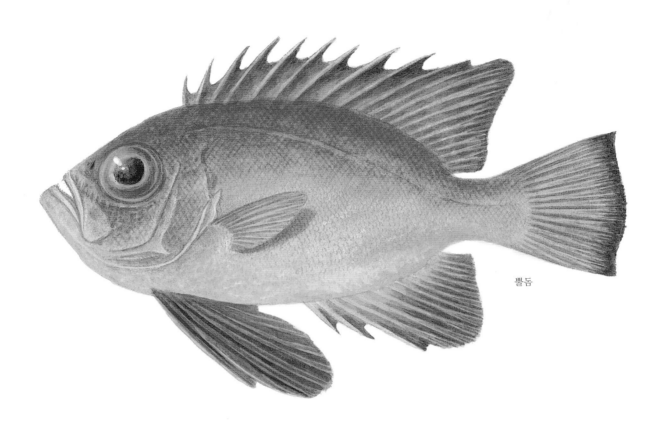

뿔돔

홍치

# 줄도화돔 *Apogon semilineatus*

반줄비단고기<sup>북</sup>, Half-lined cardinal, ネンブツダイ, 半線天竺鯛

줄도화돔은 따뜻한 물에 사는 물고기다. 우리나라 제주 바닷가에서 자주 볼 수 있다. 얕은 바닷가에서부터 물속 100m쯤 되는 깊은 곳까지 산다. 물속 바위밭에서 떼 지어 돌아다닌다. 몸집이 더 큰 자리돔과 함께 큰 무리를 이루기도 한다. 밤에 떼 지어 다니면서 작은 새우나 곤쟁이, 플랑크톤 따위를 먹고 산다. 다 커도 크기가 어른 손가락만 하다.

줄도화돔은 여름이 되면 짝짓기를 하고 텃세를 부리며 알을 12000~15000개쯤 낳는다. 암컷이 알을 낳으면 수컷이 알을 입에 한가득 넣어 지킨다. 가끔은 암컷이나 수컷이 알을 몇 개 먹기도 한다. 입에 알이 가득하니까 수컷은 새끼가 깨어날 때까지 아무것도 못 먹는다. 알이 잘 깨어나도록 신선한 물과 공기를 넣어 주려고 입만 뻥긋뻥긋한다. 새끼가 깨어나 입 밖으로 나와도 줄곧 곁을 지킨다. 큰 물고기가 새끼를 잡아먹으려고 덤비면 다시 새끼를 입안에 날름 넣어 지킨다. 수컷은 새끼가 나올 때까지 아무것도 못 먹으니까 살이 쪽 빠져 야위고 비실비실하다. 더러는 힘이 빠져 죽기도 한다.

줄도화돔은 몸빛이 복숭아꽃처럼 분홍빛이 돌고 몸을 가로질러 까만 줄무늬가 있어서 이런 이름이 붙었다. '도화(桃花)돔'이라고도 한다. 옛날 사람들은 새끼를 키우느라 살이 빠져 머리가 바늘처럼 가늘어진다고 '침두어(針頭魚)'라는 한자 이름을 지어 줬다. 북녘에서는 '반줄비단고기'라고 한다. 몸빛이 추기경이 입는 분홍빛 옷 색깔과 닮았다고 영어로는 'half-lined cardinal'이라고 한다. 일본에서는 짝짓기를 할 때 물낯에 떼 지어 다니며 염불을 외듯 중얼거리는 소리를 내는 물고기라고 '넨부쯔다이(ネンブツダイ, 念仏鯛)'라고 한다는 이야기가 있다. 속명인 *Apogon*은 그리스 말로 '수염(Pogon)이 없는' 물고기라는 뜻이다.

**생김새** 몸길이는 10~13cm쯤 된다. 몸은 빛이 나는 노란색과 복숭아 꽃처럼 붉은빛이 섞인다. 머리에서 몸통으로 까만 줄이 두 줄 나 있다. 한 줄은 눈을 지나 아가미 뒤쪽에서 끝난다. 다른 한 줄은 눈 위로 지나 꼬리자루까지 간다. 눈은 크고 아래턱이 위턱보다 길다. 등지느러미는 두 개로 나뉘었다. 첫 번째 등지느러미 가시 위쪽 끄트머리는 까맣다. 꼬리지느러미 바로 앞에는 까만 점이 있다. 꼬리지느러미는 가위처럼 갈라졌다. 옆줄은 하나다. **성장** 알을 낳으면 알을 입에 넣은 수컷끼리 무리 지어 지낸다. 7~10일쯤 지나면 알에서 새끼가 나온다. 3mm쯤 자란 새끼는 수백 마리씩 무리 지어 산다. 이때는 몸이 투명하고 꼬리자루에 까만 반점만 가지고 있다. 6cm쯤 자라면 머리에 까만 띠가 나타나고 몸은 조금씩 붉어진다. **분포** 우리나라 제주, 남해 먼 섬 둘레. 일본 중부 이남부터 호주 북부까지 서태평양, 인도양 열대 바다 **쓰임** 낚시질할 때 가끔 걸려 나온다. 제주도 자리그물에 자리돔과 함께 잡히지만, 줄도화돔은 내버린다. 일본에서는 말리거나 조려 먹기도 한다.

VII  I. 9

II. 8

줄도화돔

**알을 지키는 줄도화돔** 줄도화돔은 수컷이 알을
입에 넣고 지킨다. 알은 끈끈한 실로 얽혀 덩어리진다.
새끼가 나올 때까지 입에 넣고 다닌다.

# 세줄얼게비늘 *Apogon doederleini*

굵은줄비단고기<sup>북</sup>, Fourstripe cardinalfish, オオスジイシモチ,
斗氏天竺鯛

세줄얼게비늘은 따뜻한 물을 좋아하는 물고기다. 바닷가 물속 바위밭에서 산다. 바위 아래 어두운 곳에 들어가 혼자 지내다가 밤에 나와 돌아다닌다. 여름에 짝짓기 철이 되면 암컷과 수컷이 짝을 지어 함께 돌아다닌다. 줄도화돔처럼 암컷이 알을 낳으면 수컷이 입속에 넣어 새끼가 나올 때까지 돌본다.

**생김새** 몸길이는 14cm까지 큰다. 몸은 긴둥근꼴이고 옆으로 납작하다. 몸빛은 옅은 핑크색을 띠고 까만 세로띠가 4줄 있다. 꼬리자루에는 까만 점이 하나 있다. **성장** 더 밝혀져야 한다. **분포** 우리나라 제주. 일본 남부, 대만, 호주, 뉴칼레도니아까지 **쓰임** 잡지도 않고 맛도 없다.

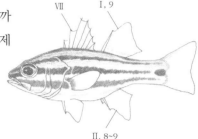

# 점동갈돔 *Apogon notatus*

검정얼게비늘, Spotnape cardinalfish, クロホシイシモチ, 雙點天竺鯛, 黑點天竺鯛

점동갈돔은 열대 바다에서 사는 물고기다. 물낮부터 물 깊이가 20m쯤 되는 바위밭이나 산호초에서 무리 지어 산다. 6~10월까지 짝짓기를 하고 알을 낳는다. 알 낳을 때가 되면 짝을 이룬다. 짝을 이룬 암컷은 자기 사는 곳에 다른 암컷이 들어오면 쫓아낸다. 낮에 암컷이 알을 낳으면 수컷은 알을 입에 넣어 지킨다.

**생김새** 몸길이는 8cm 안팎이다. 주둥이에서 눈을 지나는 까만 띠무늬가 있다. 또 머리 위와 꼬리에 까만 점이 있다. 아래턱 끝이 검다. **성장** 귤색 알은 지름이 1.5mm이고, 점액질에 싸여 떡 같다. 일주일쯤 지나면 알에서 새끼가 나온다. 성장은 더 밝혀져야 한다. **분포** 우리나라 제주. 일본 남부 **쓰임** 안 잡는다.

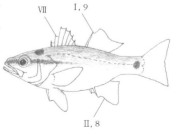

세줄얼게비늘

점동갈돔

# 청보리멸 *Sillago japonica*

모래문저리<sup>북</sup>, 보리메레치, 갈송어, 밀쟁이, 모살치, 고졸맹이, Silver sillago,
シロギス, 多鱗鱚

청보리멸은 따뜻한 물을 좋아하는 물고기다. 바닷가나 강어귀 모랫바닥에서 산다. 해수욕
장이나 양식장 둘레 펄 바닥에서도 산다. 모래를 입으로 더듬어 먹이를 쪽 빨아 먹는다. 먹이
를 찾아 모래 속으로 들어가기도 한다. 옆새우나 새우, 갯지렁이를 많이 먹고 오징어나 꼴뚜기
도 잡아먹는다. 무리를 지어 다니다가 위험을 느끼면 모래 속으로 쏙 숨는다. 겨울철에 바닷
가 물 온도가 내려가면 깊은 곳으로 옮겨간다. 물 온도가 8도 밑으로 내려가면 아무것도 먹지
않는다. 봄이 되어서 물 온도가 올라가면 다시 얕은 바닷가로 나온다. 청보리멸은 6~9월쯤에
알을 낳는다. 물 깊이가 10~20m쯤 되는 바닷가 모랫바닥에서 여러 번에 걸쳐 알을 낳는다.

**생김새** 몸길이는 30cm쯤까지 큰다. 바닥에 사는 망둥어와 생김새가 닮았다. 하지만 주둥이가 뾰족한
편이다. 또 몸이 더 길고 몸 앞쪽은 둥글지만 뒤쪽으로 갈수록 옆으로 납작하다. 머리가 길며 입은 작
다. 위턱이 아래턱보다 조금 더 길다. 등은 분홍색을 띤 옅은 누런색이고 배는 하얗다. **성장** 암컷 한 마
리가 알을 70~80만 개쯤 낳는다. 알에서 나온 새끼는 1년이 지나 14cm쯤 크면 짝짓기를 할 수 있지만,
대부분 2년이 지나야 어른이 된다. 4년쯤 지나면 25cm 안팎으로 큰다. 4~5년쯤 산다. **분포** 우리나라
온 바다. 일본 홋카이도 이남, 중국, 대만 **쓰임** 바닥끌그물이나 걸그물, 자리그물로 잡는다. 여름철 해
수욕장에서 낚시로도 많이 잡는다. 알 낳기 전인 봄부터 여름 들머리까지가 제철이다. 회나 초밥, 구이,
튀김으로 먹는다. 꾸덕꾸덕 말려서 먹기도 한다. 사람들은 몸빛이 하얗고, 연분홍빛을 띠는 청보리멸을
'보리멸'이라고 한다. 하지만 요즘에는 푸른빛을 띠지 않는 이 물고기를 청보리멸로 이름을 정리했다. 이
름을 다시 정리할 필요가 있는 물고기다.

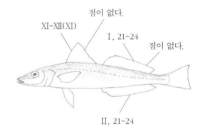

# 점보리멸 *Sillago parvisquamis*

청모래문저리<sup>북</sup>, Small scale sillago, アオギス, 少鱗鱚

점보리멸은 따뜻한 물을 좋아하는 물고기다. 물 깊이가 30m 안쪽인 바닷가나 강어귀 모랫
바닥에서 떼로 모여 산다. 먼 거리를 돌아다니지 않고 한곳에 머물러 산다. 낮에는 바닥에서
5cm쯤 떨어져 헤엄쳐 다니는데, 조그만 소리만 나도 모래 속으로 후다닥 숨는다. 새우나 갯
지렁이, 조개 따위를 잡아먹는다. 모랫바닥을 입으로 뒤지다가 먹이를 찾으면 입으로 쪽 빨아
먹는다. 5~9월에 알을 낳고, 겨울에는 깊은 곳으로 들어간다. 일본에서는 수가 가파르게 줄
고 있는 물고기라고 한다. 몸에 푸른빛을 띠는 점보리멸(*S. parvisquamis*)과 보리멸(*Sillago
sihama*)이 똑 닮아서 분류 연구가 더 필요하다.

**생김새** 몸길이는 30cm쯤 되는데 50cm까지 큰다. 생김새는 보리멸과 닮았지만 몸빛이 조금 더 풀빛이
도는 파란색을 띤다. 또 첫 번째 등지느러미 가시가 12~13개여서 다른 보리멸류와 구분된다. 등지느러
미에 깨알같이 작은 점들이 5~6줄 줄지어 있다. **성장** 여름철에 알을 낳는데, 한 번에 다 안 낳고
60~100번에 걸쳐 알을 낳는다. 알 지름이 0.7mm 안팎이다. 알은 저마다 흩어져 물에 둥둥 떠다닌다. 1
년 만에 16~18cm, 2년 만에 21~25cm, 3년 만에 25~30cm쯤 자란다. 2년쯤 자라면 어른이 된다. **분
포** 우리나라 남해. 일본 남부, 대만 **쓰임** 그물이나 낚시로 잡는다. 맛이 좋아서 사람들이 즐겨 먹는다.
회, 소금구이, 튀김 따위로 먹는다.

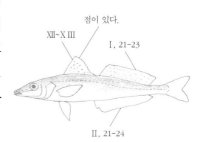

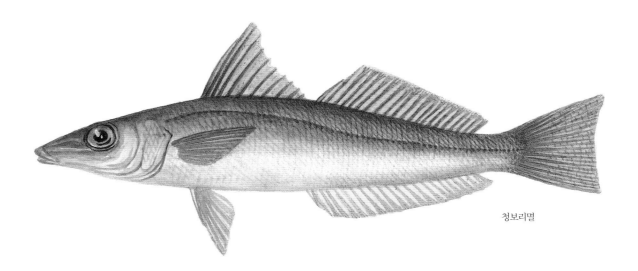

청보리멸

점보리멸

# 옥돔 *Branchiostegus japonicus*

오도미북, 오토미, 오톰이, 생선오름, 솔나리, Red horsehead, Red tilefish, アカアマダイ,
日本方头鱼, 馬頭魚

옥돔은 따뜻한 물에 사는 물고기다. 몸빛이 옥처럼 예쁘다고 '옥돔'이다. 물 깊이가 30~150m쯤 되고 모래가 깔린 바닥에서 산다. 모래에 구멍을 파고 들어가 있고 텃세를 부리며 서로 모여 산다. 바닥에 사는 작은 물고기나 게, 새우, 갯지렁이 따위를 잡아먹는다. 여름과 가을에 제주도 둘레 물 깊이가 70~100m쯤 되는 바닷속에서 알을 낳는다. 암컷은 2년, 수컷은 3년이 지나면 어른이 된다. 8~9년쯤 산다.

**생김새** 몸길이는 40cm쯤까지 큰다. 옆구리에 노란 가로띠가 희미하게 나 있다. 눈은 머리 위쪽에 있다. 머리에서 입까지 반듯하다. 뺨에는 비늘이 없고, 아가미뚜껑에 세모난 은백색 무늬가 있다. 꼬리지느러미에 노란 선이 대여섯 줄 나 있다. 옆줄은 등과 나란히 하나 있다. **성장** 암컷 한 마리가 알을 2천~20만 개쯤 낳는다. 알은 어미 배 밖으로 나올 때 점액질에 싸여 있다. 20~30분쯤 지나면 점액질은 없어지고 저마다 흩어져 물에 떠다닌다. 6~13mm쯤 큰 새끼는 몸이 높은 달걀꼴이고, 머리와 아가미뚜껑, 몸에 크고 작은 가시들이 돋아 있다. 새끼는 물에 둥둥 떠다니며 자라다가 3cm쯤 되면 바닥으로 내려간다. 성장 속도는 사는 해역마다 다른데, 남쪽 바다에서는 더 빨리 큰다. 수컷이 암컷보다 빨리 큰다. 1년이 지나면 암컷은 9~15cm, 수컷은 12~16cm로 자란다. 4년이면 20~30cm, 8년이면 암컷이 28~35cm, 수컷이 32~40cm쯤 된다. **분포** 우리나라 제주, 남해. 일본, 중국, 베트남, 필리핀 북부 **쓰임** 옥돔은 배를 타고 나가서 낚시로 많이 잡는다. 바다 밑바닥에 살기 때문에, 긴 낚싯줄에 짧은 낚시를 줄줄이 달고 추를 매달아서 바다 밑바닥에 가라앉혀 낚는다. 또 그물을 밑바닥까지 내려서 배로 끌어서 잡기도 한다. 제주도에서 많이 잡는데 수가 많이 줄었다. 가을과 겨울이 제철이다. 맛 좋은 물고기다. 영양가도 많아서 아기를 낳은 엄마나 병이 난 사람들이 먹으면 힘이 나고 몸이 빨리 좋아진다. 미역을 넣고 국을 끓여도 비린 맛이 안 나고 담백하다. 배를 갈라 꾸덕꾸덕하게 말린 뒤에 소금을 뿌려서 구워 먹기도 한다.

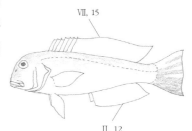

Ⅶ, 15

Ⅱ, 12

옥돔

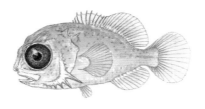

**새끼 옥돔** 7mm쯤 되는 새끼 옥돔은 머리와 아가미뚜껑,
몸에 작은 가시가 돋았다.

# 황옥돔 *Branchiostegus auratus*

황오도미[북], Yellow horsehead, キアマダイ, 斑鰭方头鱼

황옥돔은 옥돔과 생김새가 거의 똑같다. 황옥돔은 눈 앞에서 주둥이까지 은빛 줄무늬가 나 있다. 또 꼬리지느러미에 있는 노란 줄무늬 밑에 노란 점이 있다. 물 깊이가 30~300m 안팎인 바닥에서 산다. 옥돔보다 깊은 바다에 산다. 모래나 펄 바닥에 구멍을 파고 들어가 산다. 때때로 갈라진 틈이나 조개 속에 몸을 숨기고 산다.

**생김새** 몸길이는 30cm까지 큰다. 몸은 길고 옆으로 납작하다. 머리 앞이 깎아지른 듯 경사진다. 눈은 머리 등 쪽에 있고, 입 뒤 끝은 눈 가운데까지 온다. 아가미 앞쪽 가장자리는 톱니처럼 생겼다. 양턱에 난 이빨은 송곳니이지만 강하지 않다. 온몸은 붉고, 머리 위와 등지느러미, 꼬리지느러미에는 노란 띠가 뚜렷하다. 눈 앞쪽에서 위턱까지 은백색 띠가 한 줄 나 있다. 꼬리지느러미에는 노란 세로띠가 5~6줄 나 있고, 그 밑에는 노란 점이 있다. **성장** 더 밝혀져야 한다. **분포** 우리나라 제주. 일본, 동중국해, 대만, 베트남 북부까지 **쓰임** 긴 낚싯줄에 낚싯바늘을 여러 개 달아 잡는다. 그물로 바닥을 끌어서 잡기도 한다. 옥돔처럼 구이나 찜으로 먹는다. 꾸덕꾸덕 말려서 먹기도 한다. 옥돔과 옥두어보다 수가 적다.

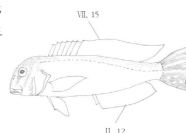

Ⅶ. 15

Ⅱ. 12

# 옥두어 *Branchiostegus albus*

White horsehead, シロアマダイ, 白方头鱼

옥두어는 물 깊이가 30~100m쯤 되는 대륙붕 둘레에서 산다. 옥돔보다 얕은 곳에서 산다. 펄이나 모래가 섞인 펄이 깔린 바닥에서 산다. 옥돔과 닮았지만, 옥두어는 몸이 옅은 붉은색이며 꼬리지느러미에 노란 가로띠가 여러 줄 있어서 다르다. 또 옥돔 뒷지느러미는 검은 잿빛이지만 옥두어는 옅은 잿빛이다. 암컷은 20cm쯤 자라면 12~5월이나 4~5월 사이에 알을 낳는다. 수컷은 35cm 넘게 커야 어른이 된다. 8~9년쯤 산다.

**생김새** 몸길이는 45cm까지 큰다. 온몸은 연한 붉은빛을 띤다. 머리 등 쪽은 둥글고, 입은 머리 앞 끝에 있다. 콧구멍이 2쌍 있는데 뒤쪽에 있는 콧구멍이 더 크다. 양턱에는 날카로운 송곳니가 한 줄로 나 있는데, 턱 앞쪽에는 촘촘하게 나 있다. 등지느러미와 가슴지느러미는 투명하고, 배지느러미 뿌리 쪽은 하얗지만 끝이 까맣다. 꼬리지느러미에 가로띠가 있다. **성장** 옥돔과 마찬가지로 수컷이 암컷보다 빨리 자란다. 제법 빨리 자라서 3년이 지나면 옥돔이 7~8년 자란 몸길이인 30cm 안팎이 된다. 5년이면 수컷은 40cm, 암컷은 35cm쯤 된다. **분포** 우리나라 제주. 일본 남부, 동중국해, 베트남, 필리핀, 인도네시아 **쓰임** 옥돔처럼 낚시나 끌그물로 잡지만 옥돔보다 덜 잡는다. 옥돔 무리 가운데 맛이 가장 좋다고 한다.

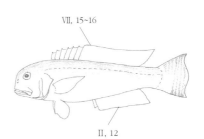

Ⅶ. 15~16

Ⅱ. 12

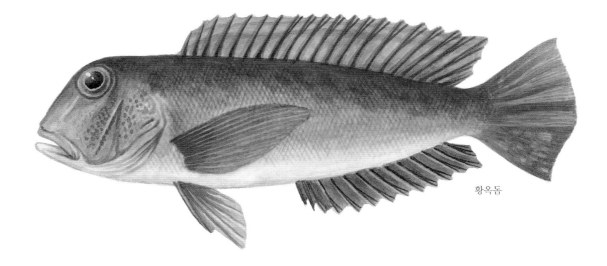

황옥돔

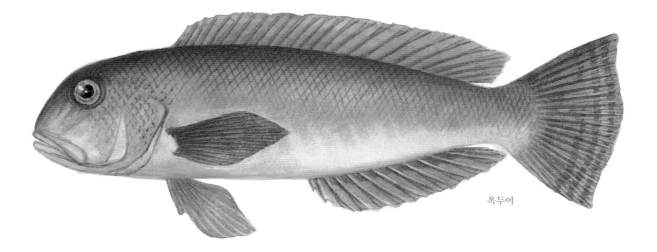

옥두어

# 게르치 *Scombrops boops*

질도미<sup>북</sup>, Gnomefish, ムツ, 鯪魚, 牛尾鰱

게르치는 바닷가부터 물 깊이가 400~700m 되는 깊은 바다 모랫바닥이나 바위밭에서 산다. 알 낳을 때가 되면 얕은 곳으로 나온다. 물고기나 오징어, 새우, 게 따위를 잡아먹는다. 10~3월에 알을 낳는다. 알에서 나온 새끼는 바닷가에서 살다가 몸길이가 20cm 넘게 자라면 깊은 곳으로 들어간다. 사는 모습은 더 밝혀져야 한다. 부산 지방에서는 쥐노래미를 게르치라고도 하는데, 전혀 다른 물고기다.

**생김새** 몸길이는 50~60cm이지만 1.5m까지 큰다. 등은 짙은 검은 밤색이고, 배는 옅은 잿빛을 띤다. 몸은 긴 원통처럼 생겼는데 옆으로 조금 납작하다. 주둥이 앞 끝은 뾰족하고, 아래턱이 위턱보다 조금 길다. 양턱에는 아주 날카로운 송곳니가 13~15개 한 줄로 나 있다. 입속은 검다. 눈 앞에 콧구멍이 2쌍 있다. 등지느러미는 두 개이고, 짙은 밤색을 띤다. 가슴지느러미는 누렇고 뒤쪽 가장자리가 까맣다. **성장** 알 낳을 때가 되면 물 깊이가 100m쯤 되는 얕은 곳으로 나온다. 암컷이 낳은 알은 저마다 흩어져 떠다닌다. 알에서 나온 새끼는 물낯에 떠다니는 모자반 아래나 바닷가 바다풀이 수북이 자란 곳에서 자란다. 알에서 나온 지 3년이 지나 몸길이가 40cm쯤 크면 어른이 된다. **분포** 우리나라, 일본, 동중국해 같은 북서태평양, 모잠비크, 아프리카 남부까지 포함한 인도양 **쓰임** 겨울이 제철이다. 바닥끌그물이나 걸그물, 낚시로 잡는다. 우리나라 어시장에서는 몸길이가 30~40cm쯤 되는 게르치를 가끔 볼 수 있다. 맛이 좋지만 우리나라에서는 회보다 찌개나 찜, 국으로 먹는다. 일본에서는 최고급 물고기로 여기며 회로 많이 먹는다.

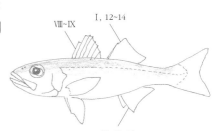

I, 12~14

VIII-IX

III, 11~13

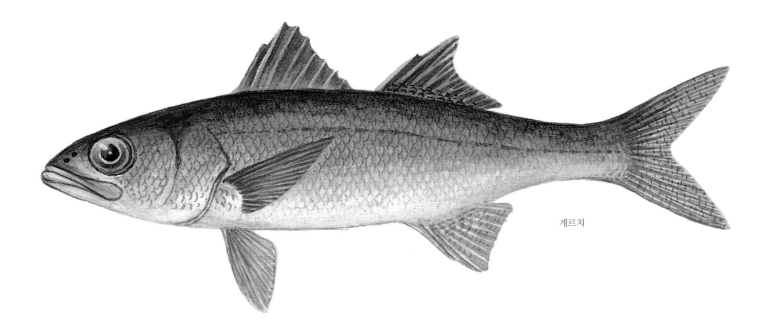

게르치

# 빨판상어 *Echeneis naucrates*

흡반어북, 망치고기, Shark sucker, Sucking fish, コバンザメ, 䲅

빨판상어는 따뜻한 물을 좋아한다. 물 깊이가 20~50m쯤 되는 바닷속에서 산다. 혼자 헤엄쳐 다니기도 하지만 상어나 가오리, 개복치, 거북, 고래처럼 자기보다 덩치 큰 물고기나 동물에 자주 빌붙어 산다. 머리 위에 빨래판처럼 생긴 빨판이 있어서 덩치 큰 물고기 몸에 딱 붙어 다닌다. 큰 물고기가 먹다 흘리는 찌꺼기를 먹고 산다. 찌꺼기가 떨어지면 냉큼 달려가 먹고는 다시 돌아와 착 달라붙는다. 그러니 늘 큰 물고기 입 쪽으로 머리를 두고 달라붙는다. 달라붙는 힘이 아주 세서 사람이 일부러 떼 내려 해도 안 떨어진다. 그럴 때는 뒤로 밀지 말고 앞으로 밀면 똑 떨어진다. 들러붙는 힘이 세서 큰 물고기 살갗을 파고들기도 한다. 그런데 붙어 다니는 큰 물고기가 잡히면 눈치 빠르게 떨어져 도망간다. 큰 물고기한테 붙어 더부살이하니까 다른 물고기에게 잡아먹힐 걱정이 없다. 드물게 붙어 다니는 큰 물고기에게 잡아먹히기도 한다. 어릴 때는 산호초 둘레에서 청소놀래기처럼 다른 물고기 몸을 청소해 주면서 지내기도 한다.

상어에 많이 붙어 다닌다고 '빨판상어'다. 이름만 상어지 상어와 달리 뼈가 물렁하지 않고 단단한 경골어류다. 영어로는 상어에 잘 붙는다고 'shark sucker, sucking fish'라고 한다. 학명인 'Echeneis'는 배를 끌고 돌아다닌다는 뜻인 그리스 말에서 왔다.

**생김새** 몸길이는 60~70cm쯤 된다. 1m 넘게 크기도 한다. 등은 연한 잿빛이고 배는 더 어둡다. 몸통 가운데로 까만 띠가 꼬리까지 나 있다. 머리는 위아래로 넓적하고 빨판이 있다. 등도 넓적하다. 아래턱이 위턱보다 튀어나왔다. 등지느러미와 뒷지느러미, 꼬리지느러미는 검은 밤색이고, 가슴지느러미와 배지느러미는 허옇다. 꼬리지느러미 위아래 끄트머리가 하얗다. **성장** 5~8월에 알을 낳는다. 중국 남쪽 바다에서 알을 낳는 것으로 짐작하고 있다. 먼바다를 돌아다니다가 알 낳을 때가 되면 육지 가까운 바닷가로 온다. 몸길이가 65cm쯤 되면 한 번에 알을 500~1000개쯤 낳는다. 저녁때 알을 낳는데, 수컷 몇 마리가 암컷을 따라다니면서 암컷 배를 빨판으로 자극해 알을 낳도록 한다. 그러면 암컷이 물낯 쪽으로 올라가고 수컷이 그 뒤를 쫓아 올라가면서 알과 정자를 낳는다. 알 지름은 2.6mm 안팎이다. 알은 저마다 흩어져 물에 둥둥 떠다닌다. 알에서 나온 새끼는 한 달쯤 지나 5.5mm쯤 자라면 빨판이 생겨 다른 물고기 몸에 붙을 수 있다. **분포** 우리나라 온 바다. 온 세계 열대와 온대 바다 **쓰임** 사람들이 먹으려고 일부러 잡지는 않는다. 하지만 맛은 좋다. 일본 사람들은 빨판상어가 큰 물고기를 데리고 온다고 생각하기 때문에 잡으면 좋아한다. 빨판으로 심장병을 고치는 약을 만들기도 한다. 태평양 섬사람들은 빨판상어로 바다거북을 잡았다고 한다. 빨판상어를 잡아서 꼬리에 끈을 묶어 다시 바다로 놓아 보내면 바다거북 몸에 딱 달라붙는데, 그때 끈을 당겨 바다거북을 잡았다고 한다.

32~42

31~41

빨판상어

**빨판** 빨판은 첫 번째 등지느러미가 바뀐 것이다.
생김새는 달걀처럼 둥그렇고 가운데에서 좌우로
나뉜다. 속은 마치 빨래판처럼 우툴두툴하다.
빨판으로 다른 물고기한테 착 붙는데 한번 붙으면
안 떨어진다.

**개복치를 따라다니는 빨판상어** 빨판상어는 자기보다
덩치 큰 물고기를 따라다닌다.

빨판상어

농어목
빨판상어과

# 흰빨판이 *Remorina albescens*

흰빨판어북, White suckerfish, White remora, Mantasucker, シロコバン, 白短鮣

흰빨판이는 따뜻한 바다 물낯부터 물 깊이가 200m쯤 되는 바닷속까지 산다. 빨판상어처럼 커다란 물고기에 붙어산다. 만타가오리에 가장 많이 붙어 다니고, 상어나 새치한테도 붙는다. 거의 몸에 붙지만 때때로 아가미 속이나 입속에 붙기도 한다. 드물지만 혼자 헤엄쳐 다니기도 한다.

**생김새** 몸은 30cm쯤 큰다. 몸은 빨판상어보다 짧고 통통하다. 온몸은 옅은 잿빛을 띤다. 앞쪽 등지느러미는 빨판으로 바뀌었다. 빨판에는 12~14개 돌기가 있다. 가슴지느러미는 크고, 뒷지느러미와 배지느러미는 작다. 꼬리지느러미 끝은 자른 듯 반듯하다. 아래턱이 위턱보다 길게 앞쪽으로 튀어나오고, 양턱에는 작은 원추형 이빨이 빽빽하게 나 있다. **성장** 더 밝혀져야 한다. **분포** 우리나라 남해와 동해. 온 세계 아열대, 열대 바다 **쓰임** 중국에서는 약재로 쓰기도 한다.

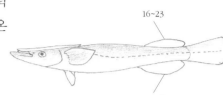

농어목
빨판상어과

# 대빨판이 *Remora remora*

쇠흡반어북, Sharksucker, Common remora, ナガコバン, 短鮣

대빨판이는 온 세계 따뜻한 바다에서 산다. 물 깊이가 200m 되는 바닷속까지 내려간다. 대빨판이도 빨판상어처럼 다른 물고기 몸에 붙어산다. 거의 상어 몸에 붙어서 살고 때때로 청새치 같은 큰 물고기나 바다거북, 큰 배에 붙어살기도 한다. 때때로 혼자 헤엄쳐 다니기도 한다. 큰 물고기가 먹다 남긴 찌꺼기나 기생충 따위를 먹는다.

대빨판이는 상어와 더불어 사는 관계이다. 상어는 대빨판이를 멀리 이동시켜 주며, 먹이를 주고, 다른 물고기한테 잡아먹히지 않도록 지켜준다. 대빨판이는 상어 몸에 붙은 기생충을 잡아먹는다. 대빨판이는 물이 줄곧 흘러야 숨을 쉴 수 있다. 그래서 끊임없이 돌아다니는 상어에 붙어살면서 산소를 공급받는다. 흰빨판이와 생김새가 닮았지만, 올록볼록한 빨판 돌기 수가 대빨판이는 16~20개이고, 흰빨판이는 12~14개이다.

**생김새** 몸길이는 40cm쯤 되는데 80cm까지도 자란다. 몸은 통통하고 짧은 편이다. 온몸과 지느러미가 짙은 밤색이거나 모두 검다. 몸이 길다. 아래턱이 위턱보다 튀어나왔다. 빨판이 커서, 그 뒤쪽 끝이 가슴지느러미 가운데보다 조금 더 뒤까지 이른다. 등지느러미와 배지느러미는 몸 뒤쪽에서 위아래로 마주 나 있다. 꼬리지느러미 뒤 끝은 안쪽으로 조금 오목해서 빨판상어, 흰빨판이와 다르다. **성장** 대빨판이는 너른 바다를 돌아다니며 알을 낳는다. 남태평양에서는 5~9월에 알을 낳는다. 알은 옅은 노란색이고, 알 지름이 1.5~2.2mm쯤 된다. 알에서 나온 새끼는 물에 둥둥 떠다니면서 큰다. 갓 나온 새끼는 4.7mm 안팎이고, 배에 노른자를 가지고 있다. 1.5cm쯤 자라면 머리 위에 빨판이 생기고 양턱에 이빨이 난다. 3~4cm쯤 자라면 상어에 붙는다. 다른 빨판상어보다 빨리 상어에 붙는다. 알을 낳기 위해 암컷과 수컷이 같은 상어에 붙어산다. **분포** 우리나라 남해와 제주. 온 세계 아열대, 열대와 온대 바다 **쓰임** 안 잡는다.

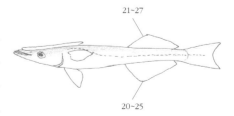

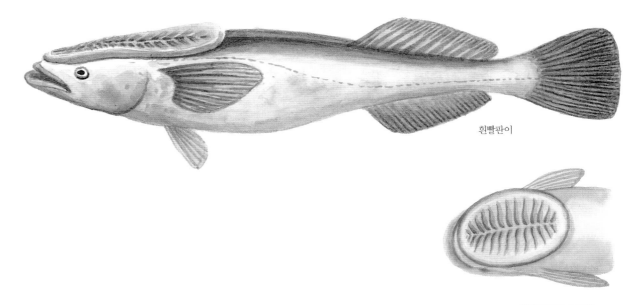

흰빨판이

흰빨판이 빨판 모양

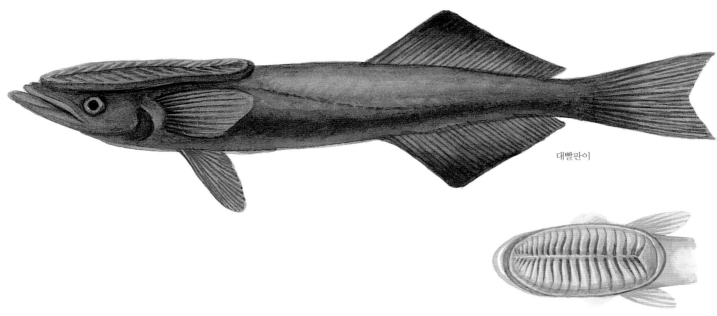

대빨판이

대빨판이 빨판 모양

# 날쌔기 *Rachycentron canadum*

가시전어[북], Cobia, Black kingfish, Prodigal son, スギ, 军曹鱼

날쌔기는 따뜻한 물을 좋아하는 물고기다. 하지만 물 온도나 염분 변화에 잘 견뎌서 물 온도가 2도 되는 차가운 바다에서도 살고, 32도 되는 따뜻한 바다에서도 산다. 빨판상어처럼 상어나 쥐가오리 같은 몸집이 큰 물고기나 물낯에 떠다니는 물체들을 따라다닌다. 때로는 배를 따라 헤엄치기도 한다. 빨판상어와 달리 등에 빨판이 없지만, 생김새나 몸에 난 하얀 띠무늬, 큰 고기를 따라다니는 행동 따위가 빨판상어와 아주 닮았다. 하얀 띠무늬는 크면서 사라진다.

날쌔기는 얕은 바닷가부터 물 깊이가 1200m까지 되는 깊은 바다에서도 산다. 넓은 바위를 좋아하지만 때로는 펄이나 모래, 자갈이 깔린 바닥이나 산호초에서도 산다. 날쌔게 헤엄치면서 게나 오징어, 물고기 따위를 잡아먹는다. 따뜻한 때에 알을 낳는다. 알과 새끼는 물에 둥둥 떠다니면서 산다. 다 큰 날쌔기는 떼를 안 짓고 혼자 산다. 15년쯤 산다.

**생김새** 몸길이는 2m까지 큰다. 몸무게는 50Kg 안팎이지만 68kg까지 나가기도 한다. 몸은 긴 원통처럼 생겼는데, 머리는 위아래로 조금 납작하다. 몸은 작은 둥근비늘로 덮여 있다. 주둥이는 뾰족하고 아래턱이 위턱보다 앞으로 조금 튀어나왔다. 양턱에는 아주 작은 이빨들이 폭넓은 띠를 이루어 나 있다. 혓바닥 위와 입천장 위에도 작은 털처럼 이빨이 나 있다. 등은 검은 푸른빛이고 배는 하얗다. 몸에는 하얀 띠가 두 줄 있다. 주둥이에서 꼬리자루까지 한 줄 나고, 가슴지느러미에서 꼬리지느러미 아래쪽에 또 한 줄이 폭넓게 나 있다. 어릴 때는 띠가 뚜렷하지만 크면서 시나브로 흐려진다. 70~80cm 넘게 자라면 온몸이 까매진다. 등지느러미와 뒷지느러미는 낫처럼 휘어졌고, 꼬리지느러미도 위아래가 초승달처럼 깊게 갈라진다. **성장** 날쌔기는 철마다 멀리 돌아다닌다. 먹이를 찾아 바닷가부터 맹그로브 숲에도 들어간다. 홀로 돌아다니며 살다가 알을 낳을 때가 되면 무리를 짓는다. 4~9월에 암컷이 30번 넘게 알을 낳는다. 알 지름은 1.2mm 안팎이다. 알은 저마다 흩어져 물에 둥둥 떠다닌다. 갓 나온 새끼는 4mm쯤 된다. 아주 빨리 자라서 대만에서 가둬 기른 100~600g쯤 되는 새끼가 1~1.5년 만에 6~8kg으로 자랐다. 수컷은 2년, 암컷은 3년 만에 어른이 된다. **분포** 우리나라 남해와 서해, 제주. 온 세계 온대와 열대 바다 **쓰임** 그물이나 낚시로 가끔 잡는다. 제주도에서는 가끔 70~80cm 크기가 잡히지만 남해 어시장에서는 보기 어렵다. 짧은 시간에 크고 맛이 좋아서 일본 오끼나와, 대만과 미국에서는 가둬 기르기도 한다.

VII~IX

I, 28~36

II~III, 20~28

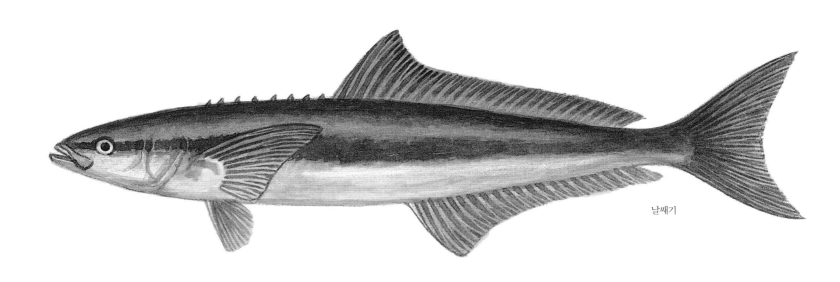

날쌔기

새끼 날쌔기

# 만새기 *Coryphaena hippurus*

제비고기[북], 제비치, Dolphinfish, シイラ, 鱰鰍

만새기는 따뜻한 물을 따라 넓은 바다 물낯부터 80m 바닷속까지 떼 지어 돌아다닌다. 헤엄을 아주 빨리 쳐서 시속 60km가 넘는다. 또 물 위로 6m까지 뛰어오르기도 한다. 가끔 바다에 떠다니는 나무나 바다풀 밑에 모여 쉬기도 한다. 어린 새끼 때에는 물에 떠다니는 바다풀 아래에 숨어서 함께 돌아다니며 큰다. 어른이 되면 날치를 즐겨 먹고 정어리, 멸치, 말쥐치 같은 작은 물고기와 오징어, 게 같은 갑각류를 좋아한다. 만새기는 봄부터 여름까지 알을 낳는다. 우리나라에서는 7~9월에 많이 낳는다. 따뜻한 바다에서는 한 해 내내 알을 낳기도 한다. 알 낳을 때가 되면 바닷가로 가까이 온다. 4년쯤 산다.

**생김새** 몸길이는 2m 안팎이다. 등은 푸르스름한 풀빛을 띠며, 배는 번쩍거리는 황금색을 띤다. 몸에는 파란 반점이 15~20개쯤 흩어져 있다. 몸은 꽤 길쭉한 긴둥근꼴이며 옆으로 납작하다. 어릴 때는 여느 물고기처럼 생겼는데, 크면서 이마가 튀어나온다. 등지느러미는 길고, 꼬리지느러미는 가운데가 깊게 파였다. **성장** 암컷 한 마리가 한 번에 알을 170만~600만 개쯤 낳는다. 알 지름은 1.5mm 안팎이다. 알은 저마다 흩어져 물에 둥둥 떠다닌다. 물 온도가 25도쯤일 때 2~3일 만에 새끼가 나온다. 갓 나온 새끼는 4mm 안팎이다. 우리나라 바다에 오는 무리는 1년 만에 40cm, 2년 만에 65~70cm, 3년 만에 90cm쯤 큰다. 성장 속도는 해역마다 다르다. 60cm 안팎으로 자라면 어른이 된다. **분포** 우리나라 남해와 동해, 일본 중남부, 중국, 대만, 남태평양, 하와이, 지중해, 온 세계 열대와 아열대 바다 **쓰임** 낚시나 두릿그물로 잡는다. 여름철에 맛이 좋다. 만새기 살은 하얗다. 살에 지방이 적어서 기름을 둘러 요리하면 한결 더 맛있다. 어묵을 만들기도 한다. 빨리 크기 때문에 가둬 기르려고 궁리하고 있다.

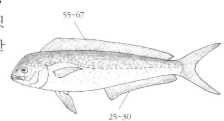

55~67

25~30

# 줄만새기 *Coryphaena equiselis*

줄제비고기[북], Pompano dolphinfish, エビスシイラ, 粗鱗鱰鰍, 棘鱰鰍

줄만새기는 따뜻한 물을 좋아하는 물고기다. 먼바다에서 무리 지어 멀리 돌아다닌다. 배를 따라오면서 헤엄치기도 하고, 물낯에 떠다니는 물건 둘레에서 머물기도 한다. 400m 바닷속까지 내려가기도 하고 가끔 바닷가 만으로 들어온다. 작은 물고기나 오징어 따위를 잡아먹는다. 우리나라에는 가끔 찾아온다. 만새기는 배가 황금색을 띠는데, 줄만새기는 은빛이고 만새기보다 몸이 높은 편이다. 4년쯤 산다.

**생김새** 몸길이는 50cm가 흔하지만 1.4m까지도 자란다. 등은 반짝거리는 푸르스름한 풀빛을 띠고, 배는 옅다. 죽으면 몸빛이 잿빛으로 바뀐다. 몸은 길고, 옆으로 납작하다. 주둥이는 뭉툭하며 짧다. 입이 작아서 위턱 뒤쪽이 눈 가운데 아래까지만 이른다. 등지느러미는 크며 머리 뒤부터 꼬리자루까지 온다. 꼬리지느러미는 위아래가 서로 떨어져 보일만큼 가운데가 움푹 파였다. 수컷은 다 자라면 머리 등 쪽이 거의 수직이 된다. **성장** 몸길이가 20cm 안팎인 암컷은 알을 4만~5만 개쯤 배고, 25cm쯤 되면 14만 개쯤 밴다. 알 지름은 1.3mm쯤 된다. 6~8월쯤 알을 낳고, 남쪽으로 갈수록 산란기는 길어진다. 갓 나온 새끼는 4~5mm쯤 된다. 어릴 때는 물낯을 떠다니며 자란다. 1~2년 만에 40~70cm, 3년이면 90cm쯤 자란다. **분포** 온 세계 열대와 온대 바다 **쓰임** 만새기보다 수가 적다. 낚시로 잡는다. 구이나 조림으로 먹는다.

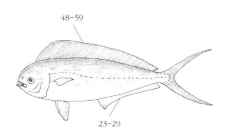

48~59

23~29

만새기

새끼 만새기

줄만새기

# 전갱이 *Trachurus japonicus*

전광어북, 매가리, 가라지, 빈쟁이, 각재기, 매생이, Horse mackerel, Jack mackerel,
Yellow fin horse mackerel, マアジ, 竹筴魚, 真鰺

전갱이는 따뜻한 물을 따라 우르르 떼 지어 다닌다. 대마 난류를 타고 봄에 올라왔다가 날씨가 추워지면 따뜻한 남쪽으로 내려간다. 남해 바닷가에 한 해 내내 머물면서 계절회유를 하지 않는 무리도 있다. 우리나라 온 바다에 산다. 물 깊이가 10~250m쯤 되는 바닷속 가운데나 밑에서 떼 지어 다닌다. 날씨가 좋으면 물낯으로도 올라온다. 작은 멸치나 새우나 새끼 물고기 따위를 잡아먹는다. 밤에 더 활발하게 먹이를 잡아먹는다. 우리나라 남해에 올라오거나 머무르는 무리는 6~8월 여름에 알을 낳는다. 알에서 나온 새끼는 해파리나 물에 둥둥 떠다니는 바닷말 밑에서 숨어 산다. 여름과 가을에 바닷가에서 크다가 겨울에는 앞바다로 나간다. 예닐곱 해를 산다.

전갱이는 몸통 옆줄을 따라 다른 몸 비늘과 사뭇 다른 커다란 모비늘이 다다닥 붙어 있다. 전갱이 무리는 모두 이런 비늘이 붙어 있다. 이 비늘 하나하나에는 짧고 뾰족한 가시가 하나씩 있다. 손으로 잡을 때는 찔리지 않게 조심해야 된다.

**생김새** 다 크면 50cm쯤 된다. 등은 파르스름한 풀빛이 돌고 배는 하얗다. 눈에는 기름눈꺼풀이 있다. 아가미뚜껑 위쪽에 검은 반점이 있다. 등지느러미는 두 개로 나뉘었다. 뒷지느러미 앞에는 가시 두 개가 따로 떨어져 있다. 꼬리지느러미는 깊게 갈라졌고, 꼬리자루는 아주 잘록하다. 몸에는 작은 둥근비늘이 덮여 있는데 잘 떨어진다. 옆줄을 따라 큰 비늘이 붙어 있다. **성장** 전갱이는 동중국해 100~200m 바닷속에서 1~5월 사이에 해역별로 알을 낳는다. 북쪽 해역일수록 알을 늦게 낳는다. 남해에서는 작은 무리가 알을 낳는다. 알에서 나온 지 2년쯤 지나 18~20cm쯤 되는 암컷부터 알을 낳기 시작해서 3년 된 암컷은 모두 알을 낳는다. 알 낳기 알맞은 온도는 15~25도이다. 20~30cm 되는 암컷 한 마리가 알을 5만~50만 개쯤 낳는다. 알 지름은 0.8~0.9mm이다. 알은 저마다 흩어져 물에 떠다닌다. 물 온도가 20도 안팎일 때 40시간쯤 지나면 새끼가 나온다. 갓 나온 새끼는 2.5mm쯤 된다. 봄에 나온 새끼는 여섯 달쯤 지나 가을이면 13cm쯤 큰다. 한 해가 지나면 17cm, 3년이면 27cm, 4년이면 30cm쯤 큰다. **분포** 우리나라 온 바다. 일본, 동중국해 **쓰임** 여름에 잡는다. 그물을 쳐 놓거나 바닥까지 그물을 내리고 끌어서 잡는다. 낚시로도 잡는다. 7~8월이 제철이다. 소금구이, 조림, 튀김, 초밥으로 먹는다. 회로 먹어도 기름기가 많아서 고소하고 맛있다. 《우해이어보》에 '미갈, 매갈(梅渴)'이라고 나오는 물고기가 전갱이 같다. 새끼 전갱이를 말하는 지역말이다. "젓갈로 담그는 것이 가장 좋다."라고 했다.

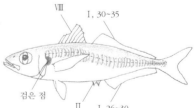

Ⅷ    Ⅰ. 30~35

검은 점    Ⅱ    Ⅰ. 26~30

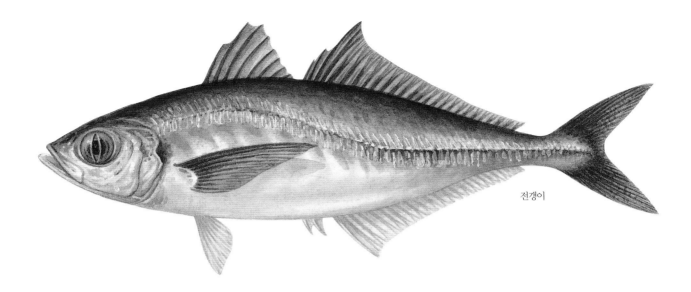

전갱이

# 갈전갱이 *Carangoides japonicus*

평전광어북, 갈고등어, Horse king fish, Whitefined trevally, カイワリ, 高体若鰺

갈전갱이는 물 깊이가 60~200m쯤 되는 따뜻한 바다 모래나 펄 바닥에서 산다. 새우나 게, 오징어, 동물성 플랑크톤 따위를 잡아먹는다. 9~11월이 되면 알을 낳는다. 알은 저마다 흩어져 물 위로 둥둥 뜬다. 대마 난류가 흐르는 곳에서 산다.

**생김새** 몸길이는 40cm 안팎이다. 등은 푸르스름한 은빛이고, 배는 은빛이다. 몸이 옆으로 납작하고 등이 높다. 옆줄이 머리끝에서 활처럼 휘어진다. 꼬리자루 옆에 작은 모비늘이 줄지어 있다. 두 번째 등지느러미와 뒷지느러미 가장자리는 까맣다. 어릴 때는 옆구리에 암색 가로띠 6~8줄이 뚜렷한데 자라면서 없어진다. 아가미뚜껑 위쪽에 검은 점이 없는 것이 특징이다. **성장** 알에서 나온 새끼는 몸길이가 1~1.5cm쯤 되면 어미와 생김새가 닮는다. 새끼들은 큰 물고기나 해파리 둘레에 머물면서 몸을 숨긴다. **분포** 우리나라 남해와 제주. 인도양과 태평양 열대와 온대 바다 **쓰임** 바닥끌그물이나 낚시로 잡는다. 잡아서 어묵을 만든다. 맛있는 물고기다.

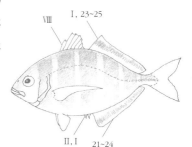

VIII  I. 23~25

II. I  21~24

# 줄전갱이 *Caranx sexfasciatus*

줄전광어북, Bigeye trevally, Banded cavalla, Bigeye kingfish, ギンガメアジ, 六帯鰺, 福鰺

줄전갱이는 따뜻한 물을 좋아하는 물고기다. 바닷가에서 큰 무리를 지어 헤엄치는 것으로 유명하다. 바닷가 바위밭 둘레에서 무리 지어 살지만 때로는 강어귀에도 올라온다. 물낯부터 150m 물속까지 산다. 해거름이나 밤에는 뿔뿔이 흩어져 활발하게 돌아다니며 새우나 작은 물고기, 오징어 따위를 잡아먹는다. 낮에는 큰 무리를 지어 쉰다. 줄전갱이는 4~5월에 알을 낳는다. 어린 새끼는 바닷가에서 무리 지어 산다. 우리나라 남해에서 드물게 잡힌다.

**생김새** 몸길이는 40~60cm쯤 되는데, 120cm까지 큰다. 몸은 긴둥근꼴이고 옆으로 납작하다. 등은 풀빛이 도는 파란색이고, 배는 밝은 잿빛이다. 아가미뚜껑 위쪽에 까만 반점이 있다. 옆구리 뒤쪽에 강하고 날카로운 모비늘이 27~36개 있다. 모비늘이 까매서 다른 전갱이와 다르다. 눈이 아주 크다. 꼬리지느러미는 옅은 누런색을 띤다. 어릴 때는 몸이 노랗고 까만 띠가 6~7줄 있다. **성장** 봄부터 초여름에 알을 낳는다. 알은 낱낱이 흩어져 물에 떠다닌다. 알에서 나온 새끼는 물낯에 떠다니는 바다풀 아래에 숨기도 한다. 몸길이가 3cm 안팎으로 크면 내만이나 강어귀에 머물며 큰다. 크면서 산호초가 자라는 바다로 나간다. 성장 속도는 해역마다 다르다. 1년 만에 20~25cm, 2년 만에 35cm, 3년에 40~45cm로 자란다. **분포** 우리나라 남해. 인도양과 태평양 열대 바다, 멕시코, 갈라파고스 군도 **쓰임** 그물로 잡는다. 구이나 찜, 조림, 회로 먹는다. 뼈째 먹을 수 있다. 말레이시아 시파단에서는 줄전갱이 떼를 보려고 사람들이 다이빙을 즐긴다. 우리나라에는 드물다. 열대 지방에서는 얼리거나 말리거나 소금에 절여 먹는다.

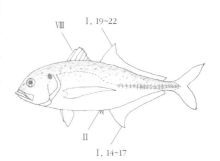

VIII  I. 19~22

II  I. 14~17

갈전갱이

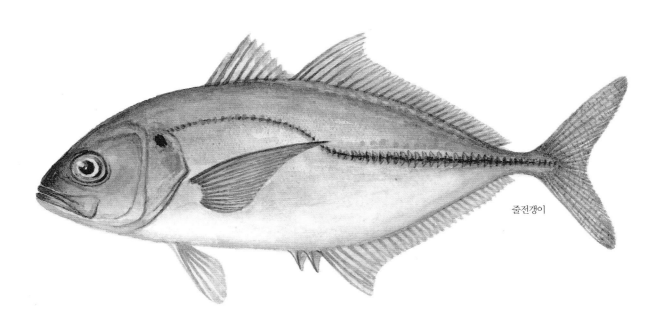

줄전갱이

# 실전갱이 *Alectis ciliaris*

실전광어북, African pompano, Ciliated threadfish, Threadfin mirrorfish,
イトヒキアジ, 短吻丝鱼参

실전갱이는 새끼일 때 등지느러미와 뒷지느러미 줄기가 실처럼 길게 늘어진다. 이 줄기는 해파리 촉수처럼 보여서 자기 몸을 지킨다. 하지만 크면서 몸 생김새도 달라지고 지느러미도 짧아진다. 따뜻한 물을 좋아하는 물고기다. 새끼 때는 물낮에서 살다가 어른이 되면 물 깊이가 60~100m 되는 물속 가운데와 바닥에서 산다. 가만히 있거나 천천히 움직이는 갑각류를 잡아먹거나 작은 게나 물고기를 잡아먹는다. 우리나라에서는 드물게 보인다. 열대 바다에서는 알이 하나하나 떨어져 물에 둥둥 뜬다. 어린 새끼는 봄부터 여름 사이에 바닷가 얕은 곳에 나타난다.

**생김새** 몸길이는 20~30cm쯤 되는데, 150cm까지도 큰다. 몸은 마름모꼴에 가깝고 옆으로 아주 납작하다. 크면서 몸높이는 낮아지고 몸은 길어진다. 머리에서 주둥이까지는 깎아지르듯 경사가 심하다. 눈 앞 머리가 조금 솟아 있다. 온몸은 번쩍거리는 은백색을 띠는데, 등은 파랗고 배는 담색이다. 첫 번째 등지느러미 억센 가시는 6~7개인데, 아주 작고 지느러미 막도 없는데 살 속에 파묻혀서 안 보이기도 한다. **성장** 더 밝혀져야 한다. **분포** 우리나라 남해와 제주. 온 세계 열대 바다 **쓰임** 우리나라에서는 가끔 새끼만 보이고 어른 물고기는 거의 안 잡힌다. 해역에 따라 식중독을 일으키기도 한다.

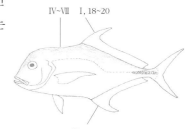

IV~VII  I, 18~20

II, 15~17

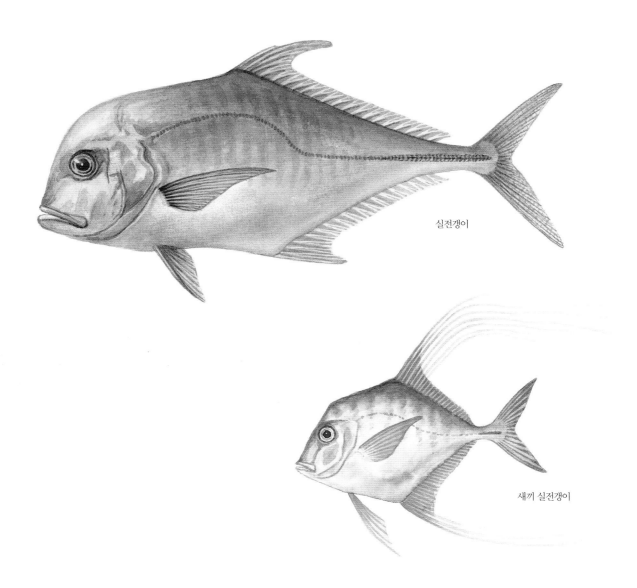

실전갱이

새끼 실전갱이

# 방어 *Seriola quinqueradiata*

무태방어, 마래미, 마르미, 떡메레미, 방치마르미, 사배기, Yellow tail, Amberjack, ブリ, 五条鰤

방어는 따뜻한 물을 좋아한다. 너른 난바다에서 살다가 따뜻한 물을 따라서 우리나라로 올라온다. 여름에는 남해를 거쳐 동해 울릉도, 독도까지 올라간다. 동해로는 올라가도 서해로는 잘 올라가지 않는다. 시속 30~40km 속도를 거뜬히 내면서 날쌔고 빠르게 헤엄을 친다. 물 깊이가 6~20m쯤 되는 곳에서 많이 살고 100m까지도 들어간다. 어린 방어는 물낯 가까이에 많고 클수록 깊은 곳에서 산다. 밤에 돌아다니면서 정어리나 고등어, 오징어 따위를 잡아먹는다. 깜깜한 밤에 불빛을 보면 잘 모여드는데 작은 소리만 나도 금세 바다 밑으로 도망간다.

방어는 물 온도가 20도 안팎인 따뜻한 남쪽 난바다에서 2~6월에 알을 낳는다. 알에서 나온 새끼는 바다에 둥둥 떠다니는 모자반 같은 바닷말 밑에서 떼 지어 숨어 지낸다. 새끼 때는 몸빛이 어른과 달라서 황금빛이고 까만 줄무늬가 가로로 줄줄이 나 있다. 몸이 한 뼘쯤 크면 모자반을 떠나 마음껏 헤엄쳐 다닌다. 여름에는 바닷가에서 머물다가 겨울이 되면 따뜻한 남쪽 바다로 내려간다. 팔 년쯤 산다.

《전어지》에 '방어(魴魚)'라고 나오고, 살에 지방이 많고 큰 놈을 '무태방어(無泰魴魚)'라고 했다. 《자산어보》에 나오는 '해벽어(海碧魚) 속명 배학어(拜學魚)'를 방어 무리 가운데 하나로 보기도 한다. 지역에 따라 '마래미(함남), 마르미, 떡메레미, 방치마르미(강원)'라고 한다. 경북 영덕에서는 크기에 따라 20~40cm 안팎을 '마레미', 마레미보다 좀 더 크면 '새배기(중방어)', 60cm 이상이면 '방어'라고 한다. 강릉에서도 방어보다 작은 놈들을 '마르미'라고 했다.

**생김새** 다 크면 1.5m쯤 된다. 등은 풀빛이 도는 파란색이고 배는 하얗다. 머리부터 꼬리자루까지 몸 옆으로 노란 띠가 하나 있다. 몸은 부시리보다 퉁퉁하고 꼬리자루가 잘록하다. 위턱 뒤쪽 모서리가 직각이어서, 둥그스름한 부시리와 구분된다. 등지느러미는 두 개로 나뉘었고 앞쪽 등지느러미가 작다. 모든 지느러미는 노랗다. 가슴지느러미와 배지느러미 길이가 같다. 꼬리지느러미는 노랗고 깊게 갈라졌다. 옆줄은 하나다. 전갱이과 물고기이지만 옆줄에 모비늘이 없다. **성장** 암컷 한 마리가 알을 60만~300만 개쯤 낳는다. 알 지름은 1.2~1.4mm이다. 알은 물에 둥둥 떠다니다가 물 온도가 20도 안팎일 때 50시간쯤 지나면 새끼가 나온다. 새끼는 빨리 자라서 한 해가 지나면 30~35cm쯤 크고, 3년이면 60~65cm, 5년이면 80cm쯤 큰다. **분포** 우리나라 온 바다. 일본, 하와이 제도, 북태평양 서쪽 바다 **쓰임** 우리나라에서 많이 잡히는 물고기 가운데 하나다. 사람들은 겨울철 바닷가에서 방어를 잡는다. 이때가 살이 통통하게 올라서 맛이 좋다. 낚시나 그물로 잡는다. 모자반에 숨어 사는 새끼를 모자반째 통째로 그물로 잡아서 사람들이 기르기도 한다. 《세종실록》 1437년 기록을 보면, 방어는 대구, 연어와 함께 함경도와 강원도에서 가장 많이 잡히는 물고기라고 나와 있다. 겨울이 제철이다. 회, 소금구이, 매운탕으로 먹는다. 봄에 알을 낳는 방어는 맛이 없다.

V~VI

I, 29~36

II

I, 17~22

방어

**새끼 방어** 몸길이가 5~10cm쯤 되는 새끼 방어는
어른 방어와 몸빛이 영 딴판이다. 몸이 황금색이고 가로로
까만 띠가 줄줄이 나 있다. 모자반 밑에 숨어 지낸다.

# 잿방어 *Seriola dumerili*

남방어<sup>북</sup>, Greater amberjack, Rudderfish, Greater yellowtail, カンパチ, 高体鰤, 杜氏鰤

잿방어는 방어보다 더 따뜻한 물을 좋아하는 물고기다. 깊은 바다로 이어진 바위밭에 많이 산다. 물 깊이가 100m보다 얕은 곳에서 살지만, 360m 물속까지 내려가기도 한다. 물속을 빠르게 헤엄치면서 오징어, 새우 같은 갑각류 따위를 잡아먹고, 다 크면 정어리, 전갱이 같은 물고기를 주로 잡아먹는다. 봄, 여름에 북쪽 바다로 왔다가 초겨울에 남쪽으로 내려가는 계절 회유를 한다. 고등어과 무리에 있는 재방어와는 이름만 비슷할 뿐 다른 물고기다. 15년쯤 산다.

**생김새** 몸은 190cm까지 자란다. 몸은 양 끝이 뾰족한 긴둥근꼴인데 길이가 짧고 통통하다. 위턱 뒤쪽 끝은 눈 가운데 아래까지 이른다. 위턱 뒤 끝 위가 둥글며, 주둥이는 둔하다. 등은 보랏빛을 띤 파란색이고, 배는 연한 잿빛이다. 등 쪽에서 보면 머리에는 검은 무늬가 8자처럼 나 있고, 몸 옆에는 누런 세로띠가 희미하게 나 있다. 옆줄은 몸 가운데까지 등 쪽으로 휘다가 꼬리지느러미까지는 곧게 뻗는다. 배지느러미와 꼬리지느러미는 검다. 배지느러미, 뒷지느러미, 꼬리지느러미 아래 끝은 하얗다. **성장** 6~8월에 물 온도가 22~25도일 때 알을 낳는다. 알은 지름이 1.1mm쯤 되고, 서로 떨어져 물에 떠다닌다. 물 온도가 24도쯤일 때 40시간쯤 지나면 새끼가 나온다. 알에서 나온 새끼는 처음에는 물낯에서 둥둥 떠다니다가 1.5cm쯤 자라면 바다 위에 떠다니는 바다풀 밑에 숨어 산다. 몸길이가 10cm쯤 자라면 바다풀 밑을 떠나 바닷가 물속 가운데나 바닥에서 살면서 큰다. **분포** 우리나라 남해와 동해. 온 세계 온대와 열대 바다 **쓰임** 그물이나 낚시로 잡는다. 우리나라는 잿방어가 살 수 있는 북방 한계에 걸쳐 있어서 몸집이 큰 잿방어는 많이 없고, 1m 안팎인 잿방어를 많이 잡는다. 겨울이 제철이다. 방어보다 맛이 좋고, 겨울철 뱃살은 특히 더 맛있다. 사는 바다에 따라서 식중독을 일으키는 독성을 가지기도 한다. 요즘에는 사람들이 가둬 기르기도 한다.

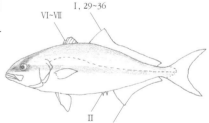

VI-VII
I, 29~36
II
I, 18~22

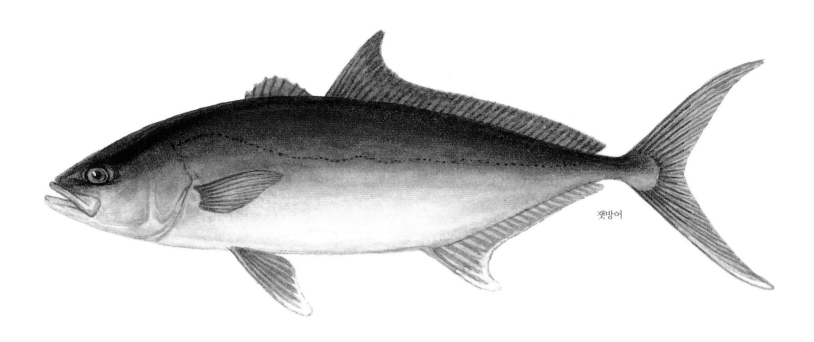

잿방어

〉 방어

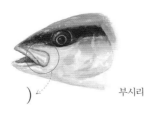

〉 부시리

잿방어

**방어와 부시리와 잿방어** 방어랑 부시리랑 잿방어는
생김새가 똑 닮았다. 머리 모양을 보고 서로 구분한다지만
언뜻 봐서는 똑같아 보인다. 부시리와 잿방어는 방어보다
위턱 끄트머리 모서리가 둥그스름하다. 방어는 직각이다.
잿방어는 눈을 지나는 까만 줄무늬가 더 위쪽으로
올라가고 희미하다.

# 부시리 *Seriola lalandi*

평방어북, 납작방어, 나분대, 나분치, Yellowtail amberjack, Giant yellowtail,
ヒラマサ, 黃条鰤, 拉氏鰤

부시리는 방어보다 따뜻한 바다를 좋아한다. 먼바다 물낯에서 800m 물속까지 오르내리며 산다. 때로는 바닷가 가까이 오기도 한다. 멸치나 고등어 같은 작은 물고기나 오징어, 새우 같은 갑각류 따위를 잡아먹는다. 그리고 5~8월쯤에 알을 낳는다. 알은 서로 떨어져 물에 둥둥 떠다닌다. 3~4cm 크기 새끼는 방어나 잿방어 새끼와 달리 떠다니는 바다풀 밑에 숨어 살지 않는다. 그런데 20~50cm쯤 크면 물에 떠다니는 바다풀이나 나뭇가지 따위에 가까이 다가가는 행동을 보인다. 12년쯤 산다.

**생김새** 몸길이는 1m 안팎이지만, 2.5m까지 큰다. 등은 풀빛을 띤 파란색이고, 배는 은백색이다. 주둥이에서 꼬리지느러미까지 옆구리 가운데에 누런 세로띠가 진하게 나 있다. 몸은 양 끝이 뾰족한 긴둥근꼴이고 옆으로 납작하다. 주둥이 길이와 두 눈 사이 길이가 같다. 위턱 맨 뒤 끝 모서리가 둥글어서 방어와 다르다. 위턱은 눈 앞 가장자리 아래까지 이른다. 가슴지느러미는 배지느러미보다 짧다. 방어는 가슴지느러미와 배지느러미 크기가 거의 같다. **성장** 물 온도가 20도 안팎인 봄에 알을 낳는다. 몸길이가 85cm쯤 되는 암컷 한 마리가 알을 200만 개쯤 낳는다. 알 지름은 1.3~1.5mm쯤 되고 물에 흩어져 떠다닌다. 물 온도가 23도일 때 60시간쯤 만에 새끼가 나온다. 새끼는 물에 둥둥 떠다니며 크다가 1.1cm쯤 되면 지느러미를 다 갖춘다. 1년이면 40cm 안팎, 2년이면 60cm 안팎, 3년이면 80cm 안팎으로 큰다. **분포** 우리나라 온 바다. 온 세계 아열대와 열대, 온대 바다 **쓰임** 자리그물이나 낚시로 잡는다. 피가 살보다 빨리 썩는다. 그래서 잡으며 바로 피를 빼야 비린 맛이 없고 회로 먹을 수 있다. 겨울이 제철이다. 방어보다도 더 맛있다고 한다. 회, 소금구이, 조림, 탕 따위로 먹는다.

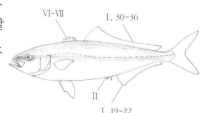

# 동갈방어 *Naucrates ductor*

줄방어북, Pilot fish, Rudderfish, ブリモドキ, 舟鰤

동갈방어는 상어나 가오리, 큰 거북, 돌고래 따위를 졸졸 따라다닌다. 다른 동물 주둥이 앞쪽에서 마치 큰 물고기를 이끌고 가듯이 헤엄친다. 상어나 거북 몸에 붙은 기생충과 먹다가 흘리는 음식 찌꺼기 따위를 먹는다. 때로는 상어 입속에 들어가 찌꺼기를 청소하기도 한다. 때때로 다른 전갱이 무리와 함께 먹이를 따라 바닷가로 몰려들기도 한다. 새끼 때에는 물낯에 떠다니는 통나무나 바다풀, 해파리 밑에서 떼 지어 숨어 산다. 그러다 30cm쯤 자라면 큰 물고기 앞으로 간다. 3년쯤 산다.

**생김새** 몸길이는 70cm까지 큰다. 몸은 양 끝이 뾰족한 긴둥근꼴이다. 눈은 크고, 머리 가운데에 있다. 첫 번째 등지느러미 가시 사이에 있는 막은 서로 떨어져 있다. 두 번째 등지느러미는 뒷지느러미보다 훨씬 앞쪽에서 시작되며 뒤쪽으로 갈수록 부드러운 가시 길이가 짧아진다. 꼬리자루 가운데가 튀어나왔다. 옆줄은 뚜렷하고 전갱이와 달리 모비늘은 없다. 옆구리에는 밤색 가로띠 6개가 등지느러미와 뒷지느러미를 가로질러 나 있다. **성장** 알 지름은 1.3mm 안팎이다. 알은 저마다 흩어져 물에 떠다닌다. 알에서 갓 나온 새끼는 2.5mm쯤 된다. 2cm쯤 되면 몸 옆에 가로띠가 5~7줄 생긴다. 알에서 나온 지 여섯 달까지는 빨리 자라 25cm 안팎으로 큰다. 하지만 그 뒤로 몸이 천천히 자란다. 몸길이가 30cm쯤 크면 어른이 된다. **분포** 우리나라 남해와 제주. 온 세계 열대와 온대 바다 **쓰임** 다랑어나 고등어 따위를 잡을 때 함께 잡히기도 한다.

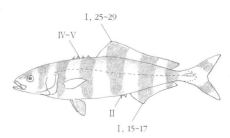

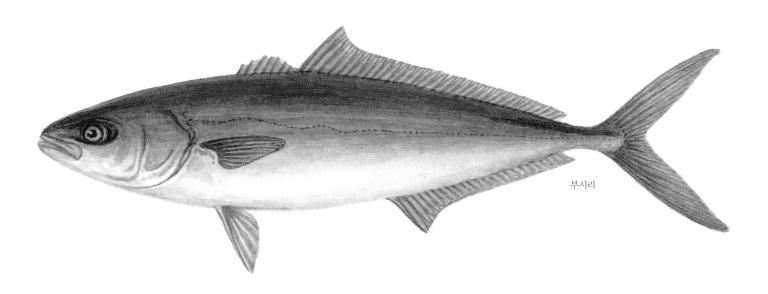

부시리

동갈방어

동갈방어는 상어처럼 자기보다 큰 물고기 앞에서
헤엄쳐 다닌다.

# 참치방어 *Elagatis bipinnulata*

Rainbow runner, Blue-striped runner, Salmon, ツムブリ, 紡锤鰤

참치방어는 따뜻한 물을 좋아하는 물고기다. 바닷가 바위밭이나 산호초 둘레 얕은 곳이나 물 깊이가 100m쯤 되는 바닷속에서 산다. 가다랑어나 황다랑어 무리와 섞여서 물낯에 떠다니는 나무토막이나 물건 가까이에 자주 나타난다. 때때로 큰 무리를 짓기도 한다. 작은 물고기나 새우나 게 같은 갑각류를 먹는다. 따뜻한 물을 따라 울릉도와 독도까지 올라간다. 6년쯤 산다.

**생김새** 우리나라 바다에서는 몸길이가 60cm 안팎이 흔한데, 180cm까지 큰다. 몸은 낮고 길며 양 끝이 뾰족한 긴둥근꼴이다. 등지느러미는 뒷지느러미보다 앞쪽에서 시작한다. 등지느러미 막은 서로 이어진다. 꼬리자루 등 쪽과 배 쪽에 토막지느러미가 있다. 옆줄에는 모비늘이 없다. 꼬리지느러미는 깊게 파인다. 등은 짙은 파란색을 띠고, 몸 가운데를 가로질러 밝은 누런 세로띠가 2줄 나 있다. 꼬리지느러미를 빼고 모든 지느러미는 노랗다. **성장** 해역에 따라 알 낳는 때가 다르다. 아직까지 우리 바다에서는 알을 안 낳는다. 태평양 열대 바다에서는 5월과 12~1월에 알을 낳는다. 대서양에서는 봄부터 가을까지 알을 낳고, 물 온도가 27도 넘는 곳에서는 한 해 내내 알을 낳는다. 알 지름은 0.5mm 안팎이다. 알은 낱낱이 흩어져 물에 떠다닌다. 1년 만에 30cm, 3년이면 60cm, 5년이면 70cm 넘게 큰다. 60cm쯤 자라면 어른이 된다. **분포** 우리나라 남해와 동해. 온 세계 열대와 아열대, 온대 바다 **쓰임** 걸그물이나 자리그물, 낚시 따위로 잡는다. 살이 빨갛다. 가을과 겨울에 맛있다. 회나 구이 따위로 먹는다.

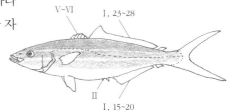

# 갈고등어 *Decapterus muroadsi*

갈전광어<sup>북</sup>, Amberstripe scad, Brown striped mackerel scad, ムロアジ, 墨西哥圆鲹, 赭带圆鲹, 红背圆鲹

갈고등어는 따뜻한 물을 좋아하는 물고기다. 물 깊이가 20~300m쯤 되는 먼바다 물속에서 떼 지어 헤엄쳐 다닌다. 물에 둥둥 떠다니는 플랑크톤이나 무척추동물, 작은 물고기 따위를 잡아먹는다. 5~6월에는 알을 낳으러 바닷가 가까이 떼 지어 몰려온다. 봄에 암컷 한 마리가 여러 번에 걸쳐 알을 수만 개 낳는다. 4~5년쯤 산다.

**생김새** 몸길이는 25cm 안팎이지만, 50cm까지 큰다. 등은 짙은 파란색을 띠고, 몸통 가운데부터 밝아져 배는 은백색을 띤다. 몸높이는 낮고, 양 끝이 뾰족한 긴둥근꼴이다. 머리 위아래 가장자리 경사가 완만하다. 양턱에는 자잘한 이빨이 줄지어 나 있다. 위턱 끝은 눈 앞에 미치지 않는다. 눈은 크고, 눈에 기름눈꺼풀이 있다. 등지느러미, 뒷지느러미와 꼬리지느러미 사이에 조그만 토막지느러미가 있다. 모비늘은 작고 꼬리 뒤쪽에만 있다. **성장** 알은 흩어져 물에 떠다닌다. 새끼는 빨리 자라서, 1년 만에 어른이 된다. **분포** 우리나라 남해. 일본, 미크로네시아, 호주 북부, 캘리포니아, 페루 같은 태평양과 인도양 아열대, 열대 바다 **쓰임** 두릿그물이나 끌그물로 잡는다. 7~9월이 제철이다. 살은 하얗다. 소금구이나 튀김으로 먹고, 어묵을 만들거나 동물 사료로도 쓴다.

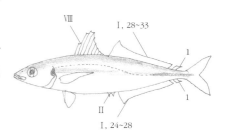

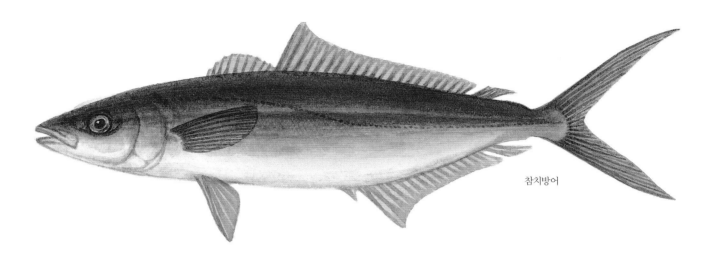

참치방어

갈고등어

농어목
전갱이과

# 가라지 *Decapterus maruadsi*

둥근갈전광어<sup>북</sup>, Round scad, マルアジ, 藍圓鰺

가라지는 따뜻한 물을 좋아하는 물고기다. 물 깊이가 20m쯤 되는 얕은 바닷가 물속 바위밭에서 산다. 겨울에는 바닷가에 머무르기도 하고 동중국해로 내려가기도 한다. 젓새우와 요각류 같은 갑각류와 작은 물고기 따위를 잡아먹는다. 6~7년쯤 산다.

**생김새** 몸은 40cm까지 자란다. 몸높이는 낮고 몸은 양 끝이 뾰족한 긴둥근꼴이다. 옆줄을 경계로 등쪽은 짙은 파란색, 배 쪽은 은빛을 띤다. 눈은 크고 기름눈꺼풀이 있다. 아가미뚜껑 위쪽이 검다. 등지느러미는 두 개다. 두 번째 등지느러미는 아주 길고, 3번째 가시가 가장 길다. 꼬리자루 등 쪽과 배 쪽에 토막지느러미가 1개씩 있다. 노란 꼬리지느러미만 빼고 모든 지느러미는 연한 밤색을 띠거나 아무 색깔이 없이 투명하다. 모비늘이 작고 꼬리 중반부터 꼬리자루까지 있다. **성장** 동중국해에서 4~8월에 알을 낳는다. 알에서 나온 새끼는 1년이면 15~20cm, 2년이면 24~28cm, 3년이면 25~30cm쯤 자란다. 1년 만에 어른이 된다. **분포** 우리나라 남해. 일본 남부, 중국 남부, 동중국해, 마리아나 제도, 인도네시아, 호주 북부까지 서태평양 **쓰임** 10~12월에 두릿그물이나 자리그물로 많이 잡는다.

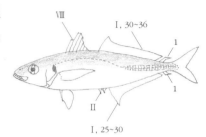

농어목
전갱이과

# 빨판매가리 *Trachinotus baillonii*

달전광어<sup>북</sup>, Smallspot dart, Smallspot pompano, コバンアジ, 小斑䱾鰺

빨판매가리는 따뜻한 물을 좋아하는 열대 바다 물고기다. 얕은 바닷가 물속 바위밭에서 살고 강어귀에도 올라온다. 늘 파도가 치는 바위밭 물낯에서 큰 무리를 지어 헤엄쳐 다닌다. 어른이 되면 암수가 짝을 짓거나 작은 무리로 모여 지낸다. 작은 물고기를 먹고 산다. 우리나라에는 드물다.

**생김새** 몸길이는 35cm 안팎이지만 60cm까지 자란다. 몸이 제법 높은 긴둥근꼴이고, 옆으로 아주 납작하다. 등은 은빛이 도는 파란색이고, 배는 은빛이 도는 잿빛이다. 몸통 가운데에 작고 까만 점이 1~5개 있다. 어릴 때는 등지느러미와 뒷지느러미에 기다란 실처럼 생긴 줄기가 있다. 꼬리지느러미는 길고 가운데가 깊게 파인다. **성장** 더 밝혀져야 한다. **분포** 우리나라 남해와 제주. 일본 남부에서 호주 북부까지 태평양, 인도양, 홍해 **쓰임** 끌그물이나 낚시로 잡는다. 초여름과 가을에 맛이 좋다.

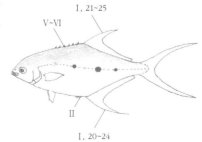

가라지

빨판매가리

# 민전갱이 *Uraspis helvola*

띠무늬전광어<sup>북</sup>, Whitetongue crevalle, オキアジ, 白舌尾甲鰺

민전갱이는 따뜻한 물을 좋아하는 물고기다. 물 깊이가 50~300m쯤 되고, 물속에 바위와 모래가 깔린 곳 물낯이나 바닥에서 산다. 바닷가나 앞바다 바위밭과 이어진 모랫바닥에서도 산다. 혼자 살거나 작은 무리를 짓는다. 주로 밤에 먹이를 잡아먹는다. 혀와 입 바닥, 입천장이 하얗기 때문에 영어로 'Whitetongue'라는 이름이 붙었다. 나머지 입속은 검다.

**생김새** 몸길이는 30cm 안팎인데, 50cm 넘게 자란다. 온몸은 검은 밤색을 띠고, 배 쪽으로 갈수록 옅어진다. 몸은 긴둥근꼴이고, 옆으로 납작하다. 주둥이는 넓고 둥글다. 아래턱과 배지느러미 뿌리까지 비늘이 없다. 옆줄 뒤쪽에 날카로운 모비늘이 23~40개 있다. 또 짙은 밤색 가는 가로띠가 6줄 나 있다. 크면서 띠무늬는 흐려진다. 뒷지느러미 앞쪽 가시 2개는 살 속에 묻혀 있다. **성장** 3~8월에 알을 낳는다. 알에서 나온 새끼는 1년 만에 22cm, 2년이면 27cm쯤 자란다. **분포** 우리나라 남해와 제주, 필리핀, 인도네시아, 호주, 하와이 같은 태평양, 홍해, 오만, 스리랑카 **쓰임** 제주도에서 가끔 잡힌다. 회로 먹거나 소금에 절이거나 말려서 먹는다.

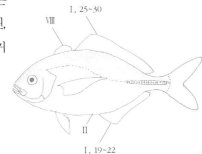

# 배불뚝치 *Mene maculata*

배불뚝치<sup>북</sup>, 은면경어<sup>북</sup>, Moonfish, ギンカガミ, 眼鏡魚

배불뚝치는 이름처럼 배가 아주 불룩하다. 따뜻한 물을 좋아하는 물고기다. 바닷가 제법 깊은 물속이나 대륙붕에 바위가 깔린 바닥에서 큰 무리를 지어 산다. 강어귀에 올라오기도 한다. 몸집은 작지만 물속 50~200m 깊이까지 산다. 새우나 게처럼 바닥에 사는 여러 가지 동물을 잡아먹는다. 우리나라 바다에서는 드물다. 온 세계에서 배불뚝과에 한 종만 알려졌다.

**생김새** 몸길이는 15cm 안팎이지만, 30cm까지 자란다. 몸은 옆으로 아주 납작하다. 등은 거의 직선이고 배는 아래로 둥글게 볼록하다. 등은 푸르고 배는 은빛이다. 눈에서 꼬리자루까지 몸통 위쪽에 짙은 파란 점들이 흩어져 있다. 입은 위쪽으로 열리는데, 작고 앞으로 튀어나올 수 있다. 온몸에 비늘이 없다. 배지느러미는 긴 실처럼 생겼다. 새끼 때에는 등지느러미와 배지느러미에 실처럼 가늘고 긴 줄기가 있다. 등지느러미 억센 가시는 3~4개인데 크면서 없어진다. **성장** 몸길이가 14cm쯤 되면 어른이 된다. 성장은 더 밝혀져야 한다. **분포** 우리나라 남해. 일본 남부, 대만, 필리핀, 인도네시아 같은 서태평양, 인도양 아열대와 열대 바다 **쓰임** 우리나라에서는 거의 안 잡힌다. 필리핀 어시장에서는 생선이나 말린 건어물로 팔린다.

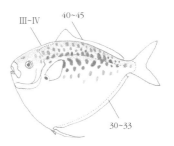

민전갱이

배불뚝치

# 주둥치 *Leiognathus nuchalis*

평고기<sup>북</sup>, Spotnape ponyfish, Soapy, ヒイラギ, 颈带鲾

주둥치는 따뜻한 물을 좋아하는 물고기다. 몸집이 아주 작다. 펄이 깔린 바닷가나 강어귀에서 무리 지어 많이 산다. 바닥에 사는 요각류 같은 플랑크톤이나 새끼 게, 갯지렁이, 곤쟁이, 새우 따위를 잡아먹는다. 이름처럼 주둥이가 길게 튀어나와 먹이를 잡아먹는다. 또 곧잘 머리에 있는 뼈를 비벼 '기, 기' 하는 소리를 낸다. 또 몸속 식도에 빛을 내는 발광 박테리아가 공생해서 배가 밝게 빛난다. 우리나라 남해 삼천포와 군산, 부안 같은 서해 바닷가에 많이 산다.

**생김새** 몸길이는 10cm 안팎이다. 몸은 마름모꼴로 생겼고, 옆으로 납작하다. 위턱이 아래턱보다 조금 길다. 먹이를 먹을 때 입이 길게 튀어나온다. 살아 있을 때는 반짝이는 은백색이다. 머리 뒤와 등지느러미 앞쪽에 까만 반점이 있다. 등에 작고 옅은 까만 점들이 흩어져 있기도 한다. **성장** 6~8월 바닷가에서 지름이 0.6~0.7mm인 알을 낳는다. 알은 낱낱이 흩어져 물에 뜬다. 물 온도가 23도일 때 37시간쯤 지나면 새끼가 나온다. 알에서 나온 새끼는 머리가 높고 크다. 물에 둥둥 떠다니며 자라다가 몸길이가 1.5~2.5cm쯤 되면 어미 모습을 다 갖춘다. **분포** 우리나라 서해와 남해. 일본, 동중국해, 대만, 베트남 중부까지 중서태평양 **쓰임** 다른 고기와 함께 잡는다. 전남과 서해 바닷가에서는 젓갈을 담근다. 소금 구이나 튀김으로 먹어도 맛있다.

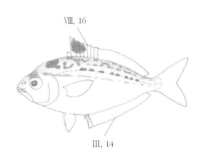

VIII. 16

III. 14

# 줄무늬주둥치 *Leiognathus fasciatus*

긴가시평고기<sup>북</sup>, Striped ponyfish, Banded ponyfish, シマヒイラギ, 长棘鲾

줄무늬주둥치는 따뜻한 물을 좋아하는 물고기다. 물 깊이가 20~50m쯤 되는 바닷가 바닥에서 무리 지어 산다. 만이나 강어귀에도 들어온다. 주둥치처럼 먹이를 잡아먹을 때 주둥이가 아래쪽으로 길게 튀어나온다. 갯지렁이나 작은 새우, 게 같은 갑각류와 작은 물고기 따위를 잡아먹는다.

**생김새** 몸길이는 15cm 안팎이지만 21cm까지 큰다. 몸은 마름모꼴로 생겼고, 몸이 높다. 몸빛은 주둥치와 비슷한 은빛을 띤다. 몸 등 쪽에 까만 수직 무늬들이 10~15개 있고, 등지느러미 앞쪽 두 번째 가시가 길게 늘어나서 주둥치와 다르다. 머리와 가슴을 뺀 온몸에 작은 비늘이 덮여 있다. **성장** 더 밝혀져야 한다. **분포** 우리나라 남해. 일본 중북부부터 호주 북부까지, 사모아 제도, 피지, 홍해, 동부 아프리카 **쓰임** 다른 물고기와 함께 잡는다.

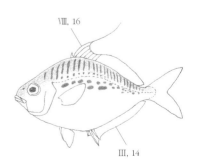

VIII. 16

III. 14

주둥치

줄무늬주둥치

농어목
선홍치과

# 선홍치 *Erythrocles schlegelii*

피농어북, Rubyfish, Bonnetmouth, ハチビキ, 谐鱼

선홍치는 이름처럼 온몸이 빨갛다. 따뜻한 물을 좋아하는 물고기다. 깊은 바다를 좋아해서 물 깊이가 100~350m 되는 깊은 바닷속 바닥에서 산다. 새우를 많이 먹으며 작은 물고기 따위를 잡아먹는다.

**생김새** 몸길이는 70cm까지 자란다. 몸은 길고 양 끝이 뾰족한 긴둥근꼴이고, 옆으로 조금 납작하다. 몸에는 거친 비늘이 덮여 있어서 만지면 까칠까칠하다. 온몸과 눈, 모든 지느러미가 주홍색인데, 배 쪽은 옅은 핑크색으로 번쩍거린다. 등지느러미는 두 개로 나뉘었는데, 사이가 가깝다. 눈은 큰 편이다. **성장** 여름에 알을 낳는다. 몸길이가 7~15mm인 새끼는 어미와 생김새가 다르다. 돌돔이나 강담돔 새끼와 닮았다. 몸이 짧은 달걀꼴이고 등이 높으며 커다란 입과 아가미 가장자리에 작은 가시들이 나 있다. 크면서 몸이 길어지며 어미와 생김새가 닮는다. **분포** 우리나라 동해와 남해. 일본 남부, 남중국해, 호주, 아프리카 케냐에서 남아프리카까지 **쓰임** 낚시로 잡는다. 우리나라에서는 30cm 안팎 크기가 많이 잡힌다. 살이 빨갛다. 회로 먹는다. 겨울부터 여름까지가 맛있다.

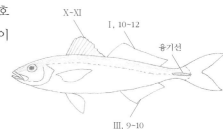

X-XI
I, 10~12
융기선
III, 9~10

농어목
선홍치과

# 양초선홍치 *Emmelichthys struhsakeri*

Golden redbait, ロウソクチビキ, 谱鱼

양초선홍치는 따뜻한 물을 좋아하는 물고기다. 물 깊이가 200~400m쯤 되는 깊은 물속 대륙붕 바닥에서 산다. 바위가 깔린 바닥에서 떼 지어 다니면서 새우나 물고기 따위를 먹고 산다. 사는 모습은 더 밝혀져야 한다.

**생김새** 몸길이는 30cm에 이른다. 몸은 양 끝이 뾰족한 긴둥근꼴이다. 선홍치보다 몸과 지느러미가 조금 옅은 주황색을 띠며 배 쪽은 연하다. 선홍치보다 몸이 낮고 길며, 첫 번째와 두 번째 등지느러미가 이어지지 않고 떨어진다. 그 사이에 지느러미 막이 없는 작은 가시가 2~3개 있어서 선홍치와 다르다. 몸은 까칠한 빗비늘로 덮여 있다. **성장** 더 밝혀져야 한다. **분포** 우리나라 남해. 일본 남부, 하와이, 서태평양 열대 바다, 호주 **쓰임** 가끔 낚시로 잡는다. 먹을 수 있다.

X-XI
II~III
I, 11~12
III, 9~10

선홍치

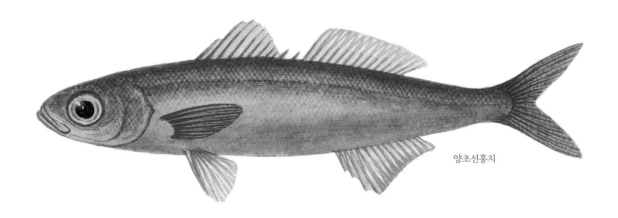

양초선홍치

# 꼬리돔 *Etelis carbunculus*

꼬리피리도미[북], Deep-water red snapper, ハチジョウアカムツ, 紅钻鱼

꼬리돔은 따뜻한 바다에서 사는 물고기다. 물 깊이가 90~400m쯤 되는 바닷속에서 사는데, 주로 200~350m 깊은 물속 바닥에서 많이 산다. 물고기나 오징어, 새우, 게 따위를 잡아먹고 동물성 플랑크톤도 먹는다. 사는 모습은 더 밝혀져야 한다. 통돔과 무리는 온 세계에 17속 103종이 산다. 우리나라에는 물통돔, 꼬리돔, 황등어, 점통돔, 자붉돔 같은 8종이 산다. 꼬리돔은 32년쯤 산다.

**생김새** 몸길이는 1.2m쯤 된다. 몸은 양 끝이 뾰족한 긴둥근꼴이다. 등은 짙은 빨간색이고, 옆줄 아래쪽은 번쩍거리는 붉은빛을 띤 은백색이다. 꼬리자루는 가늘고 길다. **성장** 태평양에서는 가을부터 이듬해 봄까지 알을 낳는다. 수컷보다 암컷이 더 빨리 큰다. 3년이 지나 25cm쯤 큰 암컷은 알을 낳기 시작하고, 6년이 지나 35cm쯤 큰 암컷은 모두 알을 낳는다. 어른이 된 암컷과 수컷은 나이가 달라도 크기가 비슷하다. 태평양에서는 3년이면 25cm 안팎으로 자라고, 5년이면 수컷은 25cm, 암컷은 35cm, 10년이면 암컷은 30~50cm, 수컷은 25~40cm쯤 자란다. **분포** 우리나라 남해. 일본 남부부터 호주 남부 뉴질랜드까지 서태평양, 인도양, 아프리카 동부, 하와이 **쓰임** 살이 하얗다. 맛이 좋다. 회, 구이, 탕으로 먹는다. 지역에 따라 생선이나 얼려서 판다.

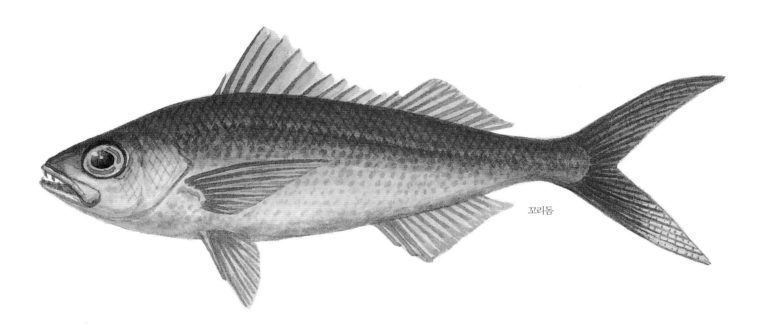

꼬리돔

# 점퉁돔 *Lutjanus russellii*

별피리도미<sup>북</sup>, Russell's snapper, Fingermark bream, クロホシフエダイ, 勒氏笛鯛

점퉁돔은 따뜻한 물을 좋아하는 물고기다. 바닷가 10~80m 물속 바위밭에서 산다. 열대 바다에서는 산호초 둘레에서 산다. 강어귀에도 올라온다. 바닥에 사는 새우나 게, 작은 물고기 따위를 잡아먹는다. 20년쯤 산다.

**생김새** 몸길이는 30cm 안팎인데, 50cm까지 큰다. 몸은 긴둥근꼴이고 옆으로 조금 납작하다. 온몸은 누런 밤색을 띠는데, 머리와 등 쪽은 조금 짙다. 배는 은색이거나 번쩍거리는 핑크빛을 띤다. 몸통 옆구리에 커다란 까만 밤색 점이 있다. 가끔 점이 희미한 것도 있다. 어릴 때는 밤색 세로띠가 4개 있지만, 크면서 없어진다. **성장** 알 지름은 0.8mm 안팎이다. 알은 낱낱이 흩어져 물에 떠다닌다. 물 온도가 24~25도일 때 1~2일 만에 새끼가 나온다. 갓 나온 새끼는 1.9mm 안팎이고, 배에 노른자를 달고 있다. 몸길이가 1.4cm쯤 되면 어미와 같은 지느러미를 갖춘다. 2.4cm로 자라면 몸에 밤색 띠 4개와 까만 점이 생긴다. 5년까지 빠르게 자라다가 그 뒤로 느려진다. 8~9년 지나면 암수 모두 30cm 안팎으로 자란다. **분포** 우리나라 남해. 일본 남부에서 피지, 호주까지 태평양, 인도양 **쓰임** 그물이나 낚시로 잡는다. 1970년대에는 거의 안 잡던 물고기다. 살이 하얗다. 회나 조림, 구이 따위로 먹는다. 홍콩에서는 어시장에서 살아 있는 물고기로 판다.

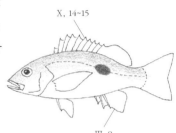

X, 14~15

III, 8

# 황등어 *Paracaesio xanthura*

노랑등피리도미<sup>북</sup>, Yellowtail blue snapper, Yellowtail false fusilier, Snapper, ウメイロ, 黃背若梅鯛

황등어는 따뜻한 물을 좋아하는 물고기다. 이름처럼 등이 노랗다. 물 깊이가 5~200m 되는 물속 바위밭에서 산다. 가끔은 아주 큰 무리를 이루기도 한다. 작은 물고기나 새우도 먹지만 주로 동물성 플랑크톤을 잡아먹고 산다.

**생김새** 몸길이는 50cm에 이른다. 몸은 긴둥근꼴이고, 옆으로 조금 납작하다. 등과 배는 조금 부풀어 있다. 등은 뚜렷한 노란빛이고, 머리와 배는 연한 파란색이다. 주둥이는 짧아서 눈 지름과 길이가 거의 같다. 등지느러미와 꼬리지느러미는 노랗고, 나머지 지느러미는 투명하다. 열대 바다에 흔한 세동가는돔류(Caesionidea)와 생김새가 아주 닮았다. **성장** 더 밝혀져야 한다. **분포** 우리나라 남해. 일본, 호주 남동 바닷가 **쓰임** 맛이 좋아 고급 물고기로 친다. 우리나라에는 드물다.

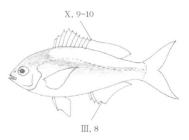

X, 9~10

III, 8

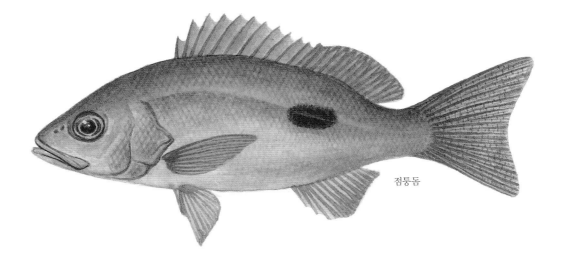

점통돔

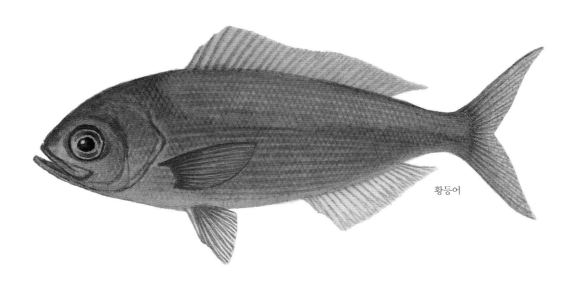

황등어

# 새다래 *Brama japonica*

Pacific pomfret, シマガツオ, 日本烏魴

새다래는 따뜻한 물을 좋아하는 물고기지만 물 온도가 9~10도 되는 찬물에서도 잘 산다. 앞바다 깊은 물속 가운데쯤에서 산다. 물 깊이가 200~600m쯤에서 많이 산다. 깊은 바다에 머물다가 밤이면 물낯 가까이까지 올라오기도 한다. 먼바다 물낯에서 헤엄쳐 다니기도 한다. 바다 물길을 따라 먼 거리를 떼 지어 돌아다닌다. 오징어나 물고기, 새우 따위를 잡아먹고 9년 쯤 산다. 새다래 무리는 온 세계에 7속 20종쯤이 산다. 우리나라에는 새다래, 벤텐어, 타락치 석 종이 산다.

**생김새** 몸은 60cm까지 큰다. 등 쪽 가장자리는 검다. 나머지는 살아 있을 때는 밝은 은회색이지만 죽으면 검게 바뀐다. 몸이 높고 긴둥근꼴이며, 옆으로 아주 납작하다. 머리가 크고 머리 등 쪽이 둥글다. 등지느러미와 뒷지느러미는 등과 배 쪽에 서로 마주 보고, 지느러미 뿌리 길이가 같다. 옆줄은 등 쪽으로 치우친다. 비늘이 살갗에 반쯤 묻혀 있고, 껍질이 두껍다. **성장** 알 지름은 1.6~1.7mm이다. 갓 나온 새끼는 몸길이가 4mm쯤 된다. 머리가 작고 몸은 가늘고 길다. 몸길이가 1.5cm쯤 되면 지느러미를 다 갖춘다. 3~4년까지는 빨리 자라서 50cm 안팎으로 큰다. 몸길이가 30~40cm가 되면 어른이 된다. **분포** 우리나라 제주, 동해. 일본, 필리핀, 대만, 베링해, 북미 알래스카에서 페루, 칠레까지 태평양 열대와 온대 바다 **쓰임** 낚시로 잡는다. 우리나라에서는 40cm 크기가 많이 잡힌다. 맛이 좋다.

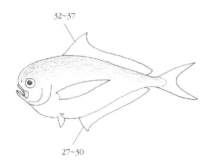

32~37

27~30

# 벤텐어 *Pteraclis aesticola*

부채고기북, Pacific fanfish, ベンテンウオ, 帆鰭魴

벤텐어는 등지느러미와 뒷지느러미가 아주 커서 마치 나비처럼 보인다. 따뜻한 열대와 온대 먼바다에서 산다. 물낯부터 100m 바닷속까지 산다. 드물어서 거의 볼 수 없는 물고기다. 사는 모습은 더 밝혀져야 한다. 가끔 다랑어처럼 덩치 큰 물고기 위 속에서 잡아먹힌 흔적만 보인다.

**생김새** 몸은 60cm까지 자란다. 몸은 긴둥근꼴이고 옆으로 납작하다. 몸은 은회색을 띤다. 등지느러미와 뒷지느러미는 아주 크고 까맣다. 위턱보다 아래턱이 앞으로 더 튀어나온다. 양턱에는 날카로운 이빨이 2줄로 줄지어 나 있다. **성장** 알에서 나온 새끼는 2.8mm쯤 된다. 머리가 크고 몸은 가늘다. 7.5mm 안팎으로 자라면 지느러미 줄기를 완전히 다 갖춘다. 또 몸에 날카로운 가시를 가진 비늘이 생기고, 턱에는 날카로운 송곳니들이 난다. **분포** 우리나라 온 바다. 일본, 미국 캘리포니아 **쓰임** 거의 안 잡힌다.

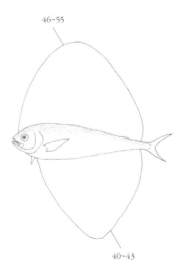

46~55

40~43

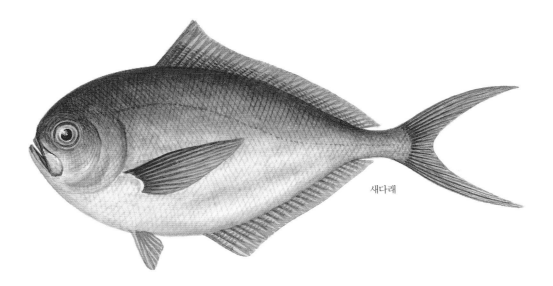

새다래

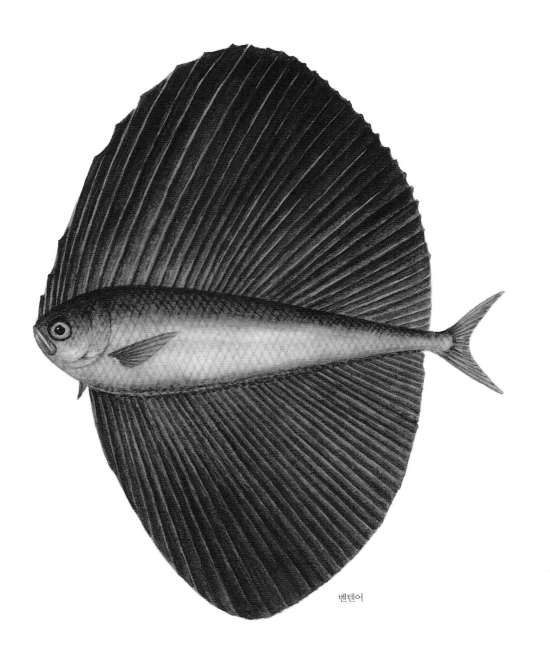

벤텐어

# 게레치 *Gerres oyena*

먹고기<sup>북</sup>, Common silver-biddy, Black-tipped silver biddy, クロサギ, 奧奈銀魳

게레치는 따뜻한 물을 좋아하는 물고기다. 물 깊이가 20m쯤 되는 얕은 바닷가 바위밭에서 산다. 모랫바닥에서도 보이고 어릴 때는 강어귀에도 올라온다. 혼자 살거나 무리 지어 살면서 갯지렁이나 새우 같은 모랫바닥에 사는 동물들을 잡아먹는다. 때로는 바다풀도 먹는다. 깜짝 놀라면 모랫바닥으로 파고들어 숨는다.

**생김새** 몸길이는 15cm 안팎이다. 30cm까지 자란다. 온몸은 금속처럼 은색으로 반짝거린다. 등 쪽은 푸르스름하고, 배 쪽은 은빛을 띤다. 몸은 높은 달걀꼴이고, 옆으로 납작하다. 눈은 크다. 주둥이는 뾰족하며 아래턱이 위로 조금 오목하다. 주둥이는 아래쪽으로 내밀 수 있어 바닥에 사는 먹이를 먹기에 좋다. 양턱에는 날카로운 송곳니가 나 있다. 등지느러미 가장자리는 어둡고, 다른 지느러미는 군데군데 누르스름한 흰색이다. 비늘은 크다. 꼬리지느러미는 위아래가 가위처럼 갈라졌다. 흥분하면 몸에 밤색 구름무늬가 나타난다. **성장** 여름과 가을에 알을 낳는다. 가을에 1~5cm 되는 새끼들이 파도가 치는 바닷가에 나타난다. 2년이 지나 14cm 안팎으로 자라면 어른이 된다. 8년이면 20cm 안팎으로 자란다. **분포** 우리나라 남해. 일본 남부에서 호주 북부까지 태평양, 홍해, 페르시아만, 인도양 **쓰임** 가끔 낚시로 잡는다. 회나 탕, 튀김, 구이로 먹는다. 맛이 좋다. 특유의 풀 냄새가 나지만 싱싱할 때는 먹기 좋다.

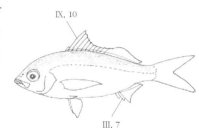

IX. 10

III. 7

# 비늘게레치 *Gerres japonicus*

Silver-biddy, Mojarra, ダイミョウサギ, 日本銀魳

비늘게레치는 게레치와 사는 모습이 거의 똑같다. 물속 모래나 펄 바닥에서 산다. 갯지렁이, 새우, 게 따위를 잡아먹고 바다풀도 먹는 잡식성이다. 여름, 가을에 알을 낳는다.

**생김새** 몸길이는 20cm쯤 된다. 온몸은 은색을 띤다. 게레치보다 몸이 조금 더 길다. 몸은 긴둥근꼴이고 옆으로 납작하다. 입은 작고, 양턱 길이가 비슷하다. 주둥이를 아래쪽으로 내밀 수 있다. 눈은 크다. 옆줄은 아가미뚜껑 위에서 시작해서 꼬리자루 가운데까지 온다. 등지느러미 가시가 10개여서 9개인 게레치와 다르다. **성장** 더 밝혀져야 한다. **분포** 우리나라 남해와 제주. 일본, 중국, 북서태평양 **쓰임** 거의 안 잡힌다. 신선할 때에는 회로 먹으면 맛있다. 탕이나 버터구이로도 먹는다.

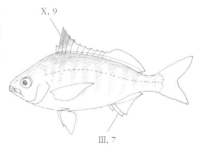

X. 9

III. 7

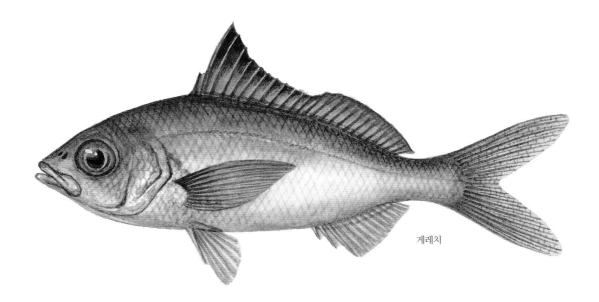

게레치

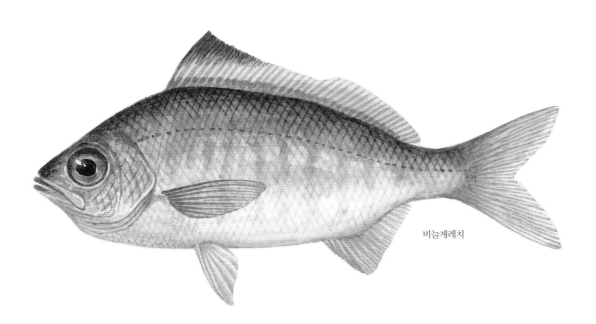

비늘게레치

# 백미돔 *Lobotes surinamensis*

흰꼬리돔<sup>북</sup>, 깨돔, Tripletail, マツダイ, 松鯛

백미돔은 따뜻한 물을 좋아하는 물고기다. 얕은 바닷가나 강어귀에도 산다. 또 먼바다 물에 떠다니는 물체 아래에서 때때로 보인다. 어린 새끼들은 떠다니는 바다풀이나 나무 막대기 따위에 몸을 숨긴 채 한동안 산다. 이때는 몸빛이 옅은 노란색을 띠는데 꼭 물에 떠다니는 나뭇잎처럼 보여 몸을 지킨다. 백미돔은 그늘을 좋아하는 것으로 알려졌다. 모자반과 같은 바다풀 밑이나 항구에 머물고 있는 배, 부표처럼 물낯에 떠 있는 물체 아래에서 보인다. 물낯 가까이에 떠 있기도 하지만 50cm 넘게 크면 물 깊이가 70cm쯤 되는 물속까지 내려가 산다. 우리나라 남해에서 가끔 보인다. 작은 물고기나 새우 따위를 잡아먹는다. 온 세계에 1속 2종이 있다.

백미돔은 꼬리지느러미 끝 가장자리가 하얗다고 붙은 이름이다. 영어로는 'tripletail'이라고 하는데, 등지느러미와 뒷지느러미가 꼬리처럼 둥그렇게 커서 마치 꼬리지느러미가 세 개 있는 것처럼 보인다고 붙은 이름이다.

**생김새** 몸은 1m까지 자란다. 몸이 높고 직사각형처럼 생겼다. 몸빛은 은빛으로 쇠붙이처럼 번쩍거리는 잿빛 밤색이나 거무스름한 잿빛이다. 눈 앞과 양턱 둘레를 빼고 딱딱하고 거친 빗비늘로 덮여 있다. 입천장에는 이빨이 없다. 아가미뚜껑 뒤쪽 가장자리는 톱니처럼 거칠다. 아가미뚜껑 뒤쪽에 둔한 가시가 2개 있다. 등지느러미와 뒷지느러미에 있는 부드러운 가시 부분이 크고 둥글다. 이 지느러미들이 꼬리지느러미와 가까이 있어서 마치 꼬리지느러미가 3개처럼 보인다. 어릴 때는 꼬리지느러미 가장자리가 투명한데 크면서 흰색에 가까운 옅은 노란색으로 바뀐다. **성장** 여름에 바닷가 가까이에서 알을 낳는다. 6~7mm 되는 새끼는 눈이 커다랗고, 머리 위와 아가미뚜껑 가장자리에 가시가 돋아 있다. 알에서 나온 지 1~2년 동안 빠르게 자란다. 1년이면 35~45cm, 2년이면 50~65cm쯤 큰다. 그 뒤로 3~5년 사이에는 55~80cm쯤 되는데 나이에 따른 몸길이 구분이 쉽지 않다. **분포** 우리나라 남해. 중부와 동부 태평양을 뺀 온 세계 아열대와 열대 바다 **쓰임** 아주 가끔 낚시로 잡는다. 떼 지어 다니는 물고기가 아니라서 몇 마리씩 잡힌다. 우리나라에서는 몸길이가 30~50cm쯤 되는 새끼가 가끔 잡힌다. 맛이 아주 좋아서 고급 생선으로 친다. 회나 소금구이로 먹는다.

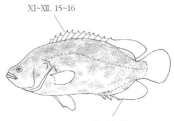

XI~XII. 15~16

III. 11~12

꼬리지느러미 가장자리가 투명한 새끼 백미돔 때는
몸빛이 노래서 물에 떨어진 나뭇잎처럼 보인다.

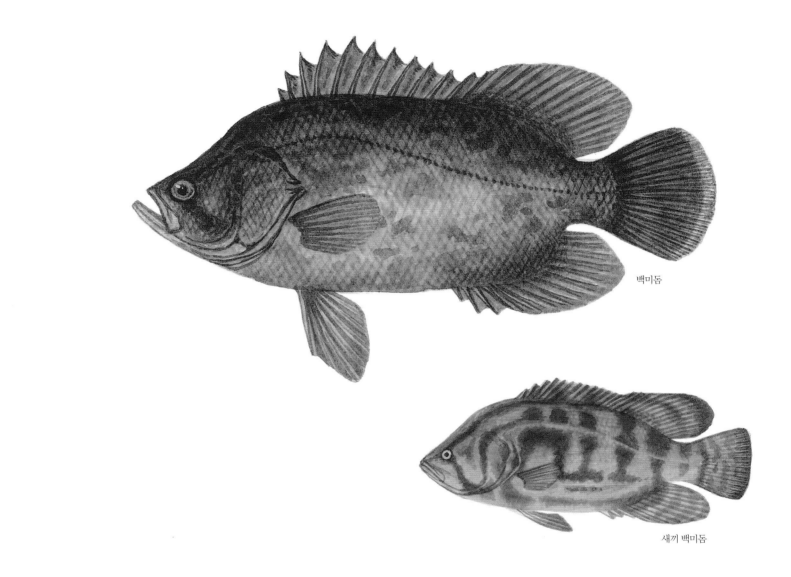

백미돔

새끼 백미돔

꼬리지느러미 가장자리가 투명한 새끼 백미돔 때는
몸빛이 노래서 물에 떨어진 나뭇잎처럼 보인다.

# 동갈돗돔 *Hapalogenys nigripinnis*

쌍줄수염도미북, Short barbered velvetchin, Black grunt, ヒゲソリダイ, 斜帶髭鯛

　　동갈돗돔은 따뜻한 물을 좋아한다. 서해와 남해에 많이 산다. 얕은 바닷가에서부터 물 깊이가 30~90m쯤 되고 모래가 깔린 펄 바닥에서 산다. 민물과 짠물이 뒤섞이는 강어귀에서도 자주 볼 수 있다. 낮에는 끼리끼리 모여 있다가 밤이 되면 저마다 흩어진다. 어릴 때는 물속 바위틈에 옹기종기 잘 모여 있다. 게나 새우 따위를 많이 먹고 작은 물고기도 잡아먹는다. 몸 색깔과 무늬가 기분에 따라 짙고 연하게 바뀐다. 동갈돗돔 입술은 꼭 사람 입술처럼 두툼하다. 물에서 나오면 '꿀, 꿀'거리며 돼지 소리로 운다. 오뉴월부터 여름, 가을까지 알을 낳는다.

**생김새** 다 크면 몸길이가 40~50cm쯤 된다. 몸은 밤색인데 넓고 까만 띠무늬 두 개가 비스듬하게 꼬리 쪽으로 나 있다. 눈이 툭 불거졌고 머리 뒤로 등이 우뚝 솟았다. 몸은 단단한 비늘로 덮여 있다. 꼬리지느러미 끝이 둥글다. 옆줄은 하나다. 동갈돗돔은 턱에 붙어 있는 수염이 흔적만 남아서 수염이 뚜렷한 꼽새돔과 다르다. **성장** 알은 지름이 1mm 안팎이고 동그랗고 투명하다. 낱낱이 흩어져 물에 뜬다. 물 온도가 20도일 때 이틀이면 알에서 새끼가 나온다. 갓 나온 새끼는 1.8mm 안팎이다. 아주 느리게 커서 1년이 지나면 5~10cm로 자란다. **분포** 우리나라 서해와 남해. 일본, 대만, 동중국해 **쓰임** 동갈돗돔 은 수가 적어서 많이 안 잡힌다. 다른 물고기는 알을 낳은 뒤에는 맛이 없는데, 동갈돗돔은 한 해 내내 맛이 좋고 알을 낳은 뒤에도 맛이 있다. 회로 많이 먹는다.

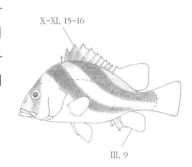

X~XI. 15~16

III. 9

# 어름돔 *Plectorhinchus cinctus*

호초도미북, Crescent sweetlip, Threeband sweetlip, コショウダイ, 花尾胡椒鯛

　　어름돔은 동갈돗돔과 닮았는데 몸이 더 커서 60cm쯤 된다. 동갈돗돔처럼 몸에 검은 줄무늬가 있지만 등지느러미와 꼬리지느러미에 동글동글한 검은 점이 나 있다. 우리나라 바닷가뿐만 아니라 열대 바다에도 산다. 따뜻한 물을 좋아하는 물고기다. 바닷가 바위밭에서 5~10 마리가 모여 살면서 게나 새우 따위를 잡아먹는다.

**생김새** 다 크면 몸길이가 60cm쯤 된다. 몸은 높고 옆으로 납작하다. 위턱 뒤 끝이 눈 앞까지 온다. 아래턱 밑에 작은 구멍이 3쌍 있다. 온몸은 짙은 잿빛을 띤다. 목과 옆구리를 가로지르는 까만 띠가 두 줄 있다. 등지느러미와 꼬리지느러미에는 까만 점이 나 있다. 꼬리지느러미 가장자리는 거의 반듯하다. 2~5cm 되는 어린 새끼는 등지느러미, 뒷지느러미 끝과 꼬리지느러미가 투명하고, 온몸이 까맣다. **성장** 5~6월에 알을 낳는다. 알 지름은 0.8mm쯤 된다. 알은 낱낱이 흩어져 물에 둥둥 떠다닌다. 알에서 나온 새끼는 1년이면 10cm, 2년이면 20cm, 3년이면 30cm, 7년이 되면 60cm까지 큰다. **분포** 우리나라 서해와 남해. 일본, 인도네시아, 호주까지 서태평양, 인도양 **쓰임** 바닥끌그물이나 낚시로 잡는다. 많이 잡히지는 않는다. 회, 탕, 구이, 찜 따위로 먹는다.

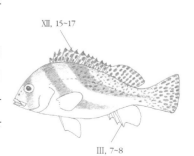

XII. 15~17

III. 7~8

동갈돗돔

새끼 동갈돗돔

어름돔

# 하스돔 *Pomadasys argenteus*

돌농어<sup>북</sup>, Silver grunt, ミゾイサキ, 銀石鱸

하스돔은 따뜻한 물을 좋아하는 물고기다. 물 깊이가 10~100m쯤 되는 대륙붕 모래나 펄이 깔린 바닥에서 산다. 가끔 강어귀에서도 보인다. 작은 물고기나 새우, 게 같은 갑각류 따위를 잡아먹는다. 먹이를 먹을 때는 입이 앞으로 쭉 튀어나온다. 튀어나온 입은 아래쪽으로 열리기 때문에 바닥에 있는 먹이를 쉽게 잡아먹는다.

**생김새** 몸길이는 25cm 안팎인데, 70cm까지 큰다. 몸은 은백색이고, 등 쪽에 짙은 밤색 점들이 비늘마다 나 있다. 등지느러미에도 크고 작은 까만 점들이 있다. 몸은 제법 높고, 옆으로 납작하다. 입은 앞으로 튀어나올 수 있는데, 튀어나온 입은 아래쪽을 향한다. 배지느러미 뿌리에는 비늘이 덮여 있다. **성장** 암컷과 수컷 모두 16~18cm가 되면 어른이 된다. 여름부터 초가을까지 알을 낳는다. 성장은 더 밝혀져야 한다. **분포** 우리나라 남해. 일본 남부, 필리핀, 호주 북부, 오만, 쿠웨이트 같은 인도양 **쓰임** 가끔 낚시로 잡는다.

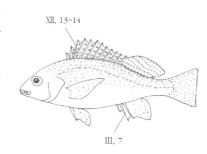

XII, 13~14

III, 7

# 청황돔 *Plectorhynchus pictus*

푸른호초도미<sup>북</sup>, Painted sweetlip, Spotted sweetlip, コロダイ, 胡椒鯛

청황돔은 따뜻한 물을 좋아하는 물고기다. 산호초나 바위밭에서 살면서 멀리 움직이지 않는다. 물낯부터 물속 50m 깊이에서 많이 살지만, 가끔은 170m까지도 내려간다. 만이나 강어귀 펄 바닥이나 모랫바닥에서도 산다. 바닥에 사는 여러 가지 무척추동물과 작은 물고기를 잡아먹는다. 입이 앞으로 쭉 튀어나와 먹이를 잡는다.

**생김새** 몸길이는 50cm 안팎이지만, 1m까지 큰다. 온몸은 잿빛이 도는 은청색이다. 몸은 높고 옆으로 납작하다. 머리 앞쪽은 가파르다. 양턱에는 작은 송곳니가 띠를 이루고 있다. 위턱은 앞쪽으로 튀어나올 수 있다. 등지느러미와 꼬리지느러미는 누런 밤색이며 작고 둥근 점들이 흩어져 있다. 크면서 몸빛이 크게 바뀐다. 어릴 때는 몸이 노랗고 검은 줄무늬가 있다. 크면서 줄무늬가 사라진다. **성장** 봄에 알을 낳는다. 3~6년 자란 암컷 한 마리는 50만~80만 개쯤 알을 밴다. 새끼가 커 가는 속도는 해역에 따라 다르다. 인도양과 홍해에서는 1년이면 10~23cm쯤 자란다. 암컷과 수컷 모두 31~35cm쯤 크면 어른이 된다. **분포** 우리나라 남해와 제주. 일본에서 호주까지 서태평양, 홍해, 아프리카 동부 인도양 **쓰임** 먹을 수 있지만 사는 곳에 따라 식중독을 일으키는 독을 가지기도 한다. 우리나라에서는 거의 안 잡는다.

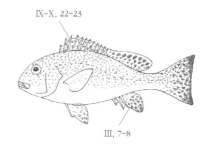

IX~X, 22~23

III, 7~8

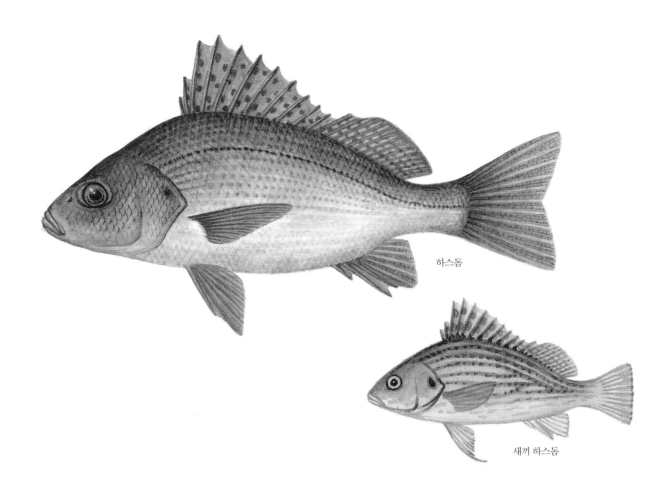

하스돔

새끼 하스돔

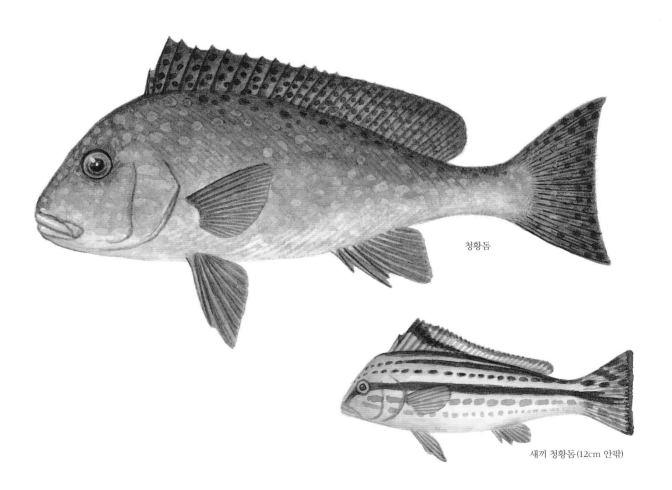

청황돔

새끼 청황돔(12cm 안팎)

# 벤자리 *Parapristipoma trilineatum*

석줄돌농어북, 아롱이, 돗벤자리, Chicken grunt, Threeline grunt, イサキ, 三线矶鲈

벤자리는 따뜻한 물을 좋아하는 물고기다. 구로시오 난류가 올라오는 바닷가 깊은 물속이나 바다풀이 수북이 난 곳에서 산다. 낮에는 깊은 곳에 있다가 밤에는 물낯 가까이 올라오기도 한다. 어릴 때는 요각류, 젓새우, 작은 갑각류 따위를 먹다가 크면 작은 물고기나 큰 갑각류를 잡아먹는다. 어린 새끼일 때부터 무리를 지어 산다.

**생김새** 몸길이는 40~50cm쯤 큰다. 몸은 긴둥근꼴이고 옆으로 납작하다. 양턱에는 융털처럼 생긴 이빨이 띠를 이루며 나 있다. 주둥이가 짧고 입도 작고 입술은 얇다. 몸 빛깔은 크기와 계절에 따라서 다르다. 겨울에는 등 쪽이 검은 잿빛이고 배 쪽은 연한 빛에 아무런 띠도 없다. 하지만 어릴 때나 봄과 여름에는 풀빛을 띤 연한 밤색 바탕에 폭이 넓은 누런 밤색 세로줄이 세 줄 있는데, 크면서 사라진다. **성장** 6~9월에 알을 낳는다. 알은 저마다 흩어져 물에 둥둥 떠다닌다. 알 지름은 0.8~0.9mm쯤 된다. 물 온도가 20~21도일 때 30시간 만에 새끼가 나온다. 갓 나온 새끼는 1.5~1.6mm이다. 알에서 나온 새끼는 1년이면 12~19cm, 2년이면 18~24cm 자라며 4년이면 25~37cm쯤 큰다. 2~3년쯤 자라 16~20cm쯤 되면 어른이 된다. 22~23cm쯤 되는 암컷 한 마리가 알을 15만~17만 개쯤 밴다. 4년쯤 자라 30cm 안팎이 되면 암컷은 알을 100만 개쯤 밴다. **분포** 우리나라 남해와 제주. 일본 중부 이남, 동중국해, 홍콩, 베트남 북부까지 북서태평양 **쓰임** 여름에 바닥끌그물이나 낚시로 많이 잡는다. 여름이 제철이다. 맛이 좋아서 제주도에서는 손님이 왔을 때 내오는 물고기다. 난류를 따라 올라오는 여름에 경남 홍도에서 낚시로 많이 잡았다. 소금구이나 회, 탕으로 먹는다. 성질이 급해서 물 위로 올라오면 금방 죽는다. 또 죽으면 비린내가 심해지고 맛도 안 좋아진다.

XⅢ~XⅣ, 16~19

Ⅲ, 7~9

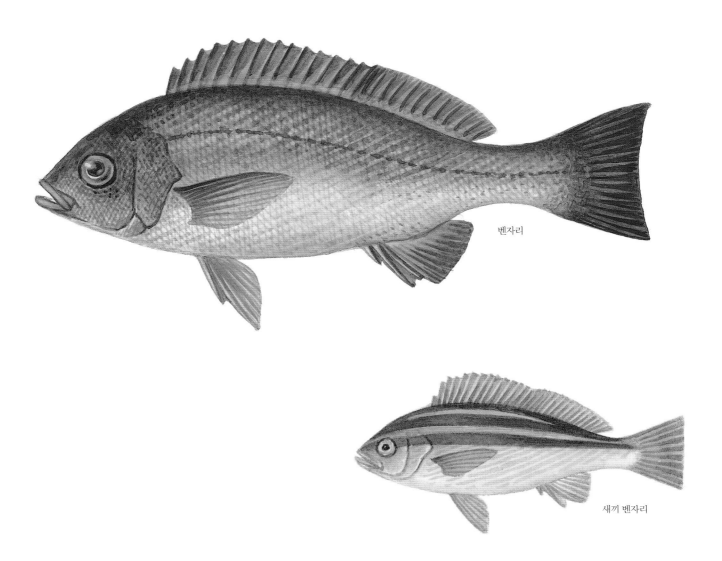

벤자리

새끼 벤자리

# 군평선이 *Hapalogenys mucronatus*

세로줄수염도미<sup>북</sup>, 딱돔, 금풍쉥이, 꽃돔, 새서방고기, Broadbanded velvetchin,
Grunt, Belt-beared grunt, セトダイ, 橫帶髭鯛

군평선이는 따뜻한 물을 좋아하는 물고기다. 철 따라 무리 지어 돌아다닌다. 우리나라 바닷가에 살고 있는 군평선이는 겨울철인 12월부터 2월 사이에는 물 깊이가 60~70m 안팎인 이어도 남쪽 바다에서 머문다. 봄이 되면 자리를 옮기기 시작해서 5월부터 7월이 되면 얕은 바닷가에 무리 지어 몰려온다. 다시 9~10월이 되어 물이 차가워지기 시작하면 깊은 바다로 자리를 옮긴다. 여름철에는 알을 낳기 위해 바닷가 가까이 오는 것 같다. 물속 바닥 가까이를 헤엄쳐 다니며 새우나 게, 갯지렁이, 곤쟁이 따위를 잡아먹는다. 우리나라 온 바다에 살지만, 남해 서부 전라도 지역과 서해에 많이 산다. 생김새가 예뻐서 여수 지방에서는 '꽃돔'이라고 하고, 맛이 있어서 새서방에게만 아껴서 준다고 '새서방고기'라는 이름도 있다.

**생김새** 몸길이는 25~30cm쯤 된다. 몸이 높고 옆으로 납작하다. 온몸은 거무스름한 잿빛이고, 옆구리에 굵은 가로 무늬들이 4~5개 나 있다. 이 종이 속한 꼽새돔속은 모두 아래턱 밑에 아주 짧은 수염들이 나 있다. 또 등지느러미 뿌리 앞쪽에 앞으로 향한 가시가 1개 있다. 등지느러미 부드러운 줄기와 꼬리지느러미 가장자리는 까맣다. **성장** 4~8월에 알을 낳는다. 알에서 나온 새끼는 1cm쯤 자라면 머리 위에 가시가 하나 생기며 지느러미를 다 갖춘다. 2.4cm 되는 새끼는 어미와 비슷한 몸빛과 무늬를 띤다. 1년에 5.4cm, 2년에 8.6cm, 3년에 10.6cm쯤 큰다. **분포** 우리나라 온 바다. 발해만, 일본 남부, 대만, 남중국해, 인도네시아, 호주 북부 **쓰임** 봄부터 가을까지 낚시나 바닥끌그물로 잡는다. 뼈가 단단하다. 소금구이가 맛있다.

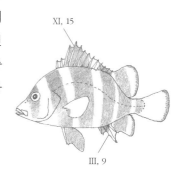

XI, 15

III, 9

# 눈퉁군펭선 *Hapalogenys kishinouyei*

가로줄수염도미<sup>북</sup>, Lined javelinfish, Fourstripe grunt, シマセトダイ,
纵带髭鯛

눈퉁군펭선은 따뜻한 물을 좋아하는 물고기다. 모래나 펄이 깔린 바닥에서 산다. 갯지렁이, 새우, 게, 작은 물고기 따위를 잡아먹는다. 사는 모습은 더 밝혀져야 한다.

**생김새** 몸은 30cm 안팎으로 큰다. 생김새는 군평선이와 닮았다. 옆구리에 까만 세로띠가 4~5개 있다. 등지느러미, 뒷지느러미, 꼬리지느러미 끝 가장자리가 까맣지 않아서 군평선이와 다르다. 아주 억센 가시가 등지느러미에 11개, 뒷지느러미에 3개 있다. 아래턱 아래에 아주 작은 수염들 흔적만 남아 있다. **성장** 더 밝혀져야 한다. **분포** 우리나라 남해. 일본 남부, 서태평양, 호주 북서 바닷가 **쓰임** 맛은 있지만 낚시나 그물에 드물게 잡힌다. 군평선이처럼 먹을 수 있다.

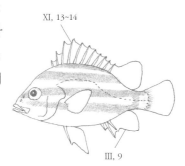

XI, 13~14

III, 9

군평선이

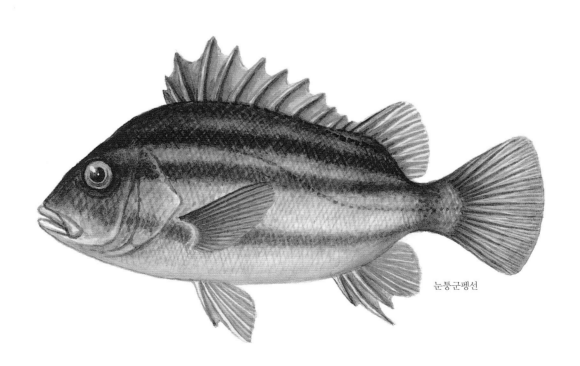

눈퉁군팽선

# 참돔 *Pagrus major*

도미북, 돔, 돗도미, 되미, Snapper, Red seabream, マダイ, 眞鯛, 正鯛, 加腊

참돔은 따뜻한 물을 좋아하는 물고기다. 우리나라 온 바다에 사는데 남해 바닷가나 제주 바다에 가장 많이 산다. 찬물이 흐르는 곳에서는 살지 못하고, 물 온도가 15도쯤 되는 곳을 가장 좋아한다. 물 깊이가 30~150m쯤 되는 물 바닥이나 가운데쯤에서 헤엄쳐 다닌다. 혼자 살거나 무리를 지어 다닌다. 바닥에 자갈이 깔리고 바위가 울퉁불퉁 솟은 곳을 좋아한다. 새우나 오징어나 작은 물고기를 잡아먹고, 이빨이 튼튼해서 껍데기가 딱딱한 게나 성게나 불가사리도 부숴 먹는다. 새우나 게를 많이 잡아먹고 그 색소가 몸에 쌓여 몸이 빨갛다고 한다. 《자산어보》에도 "이빨이 튼튼해서 소라나 고둥 껍데기도 부술 수 있다. 낚시를 물어도 곧잘 펴서 부러뜨린다."라고 했다. 겨울에는 더 깊은 바다로 숨거나 따뜻한 남쪽으로 내려간다. 물 온도가 12~14도 아래로 내려가면 먹이를 잘 안 먹는다. 봄이 되면 다시 바닷가로 올라오고, 여름 들머리부터 얕은 바닷가로 올라와서 짝짓기를 한다. 이때는 수컷 몸통이 검게 바뀐다. 해거름 때 암컷 한 마리에 수컷 여러 마리가 따라다니면서 알을 낳고 수정을 한다. 이때는 잡아도 맛이 별로다. 이삼십 년은 거뜬히 살고 오십 년까지도 산다.

돔 가운데 진짜 도미라고 참돔이다. 돔은 도미라는 말이 줄어서 된 말이다. 《자산어보》에는 머리가 딴딴하다고 '강항어(强項魚) 속명 도미어(道尾魚)'라고 했다. 《경상도지리지》에는 '도음어(都音魚)'라고 했다.

**생김새** 다 크면 몸길이가 1m가 넘기도 한다. 몸은 붉고 파란 점무늬가 숭숭 나 있다. 나이가 들수록 몸빛이 까매진다. 몸은 넓적하고 옆으로 납작하다. 머리에는 눈 사이까지 비늘이 넓게 퍼져 있다. 눈 뒤로 등이 제법 높이 솟았다. 양턱에는 강한 어금니가 윗턱 앞쪽에는 4개, 아래턱 앞쪽에는 6개 났다. 등지느러미 가시는 억세다. 꼬리지느러미는 가위처럼 갈라졌고 끄트머리가 까맣다. 옆줄은 하나다. **성장** 4~7월에 둥글고 투명한 알을 낳는다. 암컷 한 마리가 알을 30만~40만 개 낳으며 큰 것은 100만~700만 개까지 낳는다. 알은 그냥 물에 둥둥 떠다니다가 물 온도가 20도 안팎일 때 2일쯤이면 새끼가 나온다. 한 해가 지나면 14cm, 사오 년 지나면 35~45cm쯤 큰다. **분포** 우리나라 온 바다. 일본, 동남중국해, 대만, 홍콩, 베트남 북부 **쓰임** 참돔은 그물을 끌거나 둘러싸서 잡고 낚시로도 잡는다. 《자산어보》에는 "충청도와 황해도에서는 음력 4~5월에 그물로 잡는다. 흑산도에서도 이때부터 잡히기 시작하는데 겨울에 접어들면 자취를 감춘다."라고 했다. 요즘에는 사람들이 가둬 기르기도 한다. 참돔은 도미 가운데 으뜸으로 쳐주는 물고기다. 겨울부터 봄까지가 제철이다. '썩어도 돔'이라는 말이 있을 정도다. 오랜 옛날부터 제사상이나 잔칫상에 안 빠지고 올라왔다. 회, 찜, 구이, 조림, 탕으로 먹는다. 영양가가 높고 소화가 잘 되어서 옛날부터 아기를 낳은 엄마가 몸조리하려고 먹었다. 옛날 조개더미에서 참돔 뼈가 나온 것으로 보아 선사 시대 때부터 먹은 것 같다. 우리나라와 일본에서는 으뜸으로 치는 물고기다.

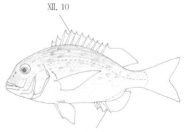

XII. 10

III. 8

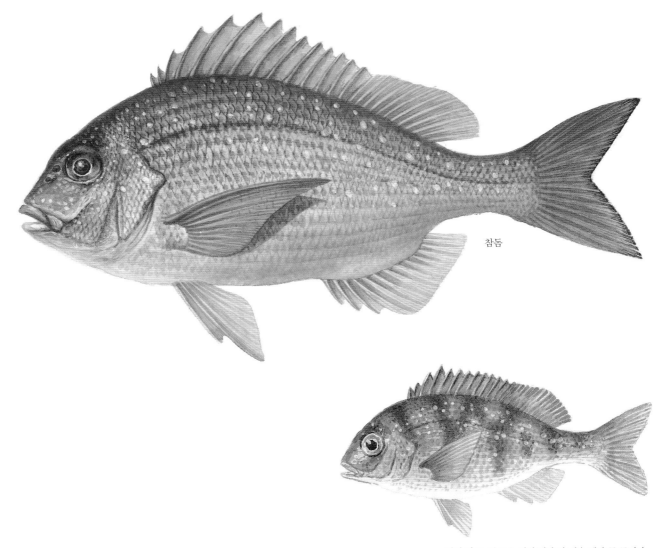

참돔

**새끼 참돔** 참돔은 새끼 때랑 다 컸을 때랑 몸 무늬가
조금 다르다. 어릴 때는 불그스름한 몸에 짙은 띠무늬가
다섯 줄 나 있다. 크면서 줄무늬가 없어진다. 어린
참돔을 '상사리(전남), 배들래기(제주)'라고 한다.

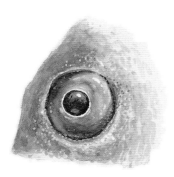

**참돔 눈** 많은 물고기가 참돔 눈처럼 생겼다. 눈 가운데가
볼록하게 튀어나왔다. 눈동자는 붉고 파란빛을 띤다.

# 감성돔 *Acanthopagrus schlegeli*

먹도미<sup>북</sup>, 감성어, 감싱이, 구릿, 맹이, 남정바리, 비드락, Black porgy, Black seabream,
クロダイ, 黑棘鯛, 黑鯛, 烏格, 烏鱠

감성돔은 참돔보다 얕은 바닷가를 좋아한다. 물 깊이가 5~50m쯤 되는 얕은 바닷가에서
많이 산다. 바닥에 모래가 쫙 깔리고 바닷말이 숲으로 자라고 바위가 많은 곳을 좋아한다. 물
가운데나 바닥에서 헤엄쳐 다닌다. 주둥이가 뾰족하고 이빨이 튼튼해서 소라나 성게처럼 딴
딴한 껍데기도 부숴 먹는다. 또 작은 물고기나 갯지렁이나 게, 새우, 홍합 같은 동물성 먹이도
먹고 식물성 먹이도 먹는 잡식성이다.

감성돔은 4~6월에 바닷가 가까이 와서 알을 낳는다. 알에서 나온 새끼는 떼를 지어 만이나
바닷가에서 몰려다닌다. 민물이 섞이는 강어귀에도 올라오고 바닷가 물웅덩이에도 산다. 새
끼 때에는 떼를 지어 모여 살지만 크면 혼자 살거나 몇 마리가 무리를 지어 산다. 크면서 수컷
에서 암컷으로 몸을 바꾼다. 날씨가 추워지면 깊은 바다나 남쪽 바다로 옮겨 간다. 봄이 되면
다시 바닷가로 올라온다.

감성돔은 몸빛이 거무스름하다고 《자산어보》에는 '흑어(黑魚) 속명 감상어(甘相魚)', 《전어
지》에는 '묵도미(墨道尾)', 《우해이어보》에는 '감송'이라고 했다. 북녘에서는 '먹도미'라고 한다.
다른 나라 이름도 모두 검다는 뜻이 들어간다.

**생김새** 몸길이는 60~70cm쯤 된다. 몸에 거무스름한 가로줄이 희미하게 나 있다. 몸은 옆으로 납작하
다. 눈은 크고 등은 높다. 주둥이는 뾰족하고 위아래 턱 앞쪽에 송곳니가 3개씩 나고 그 뒤로 어금니가
석 줄 난다. 아가미뚜껑 밑에는 비늘이 없다. 등지느러미, 꼬리지느러미, 뒷지느러미 가장자리가 조금 까
맣다. 가슴지느러미는 크다. 옆줄은 하나다. 등지느러미 뿌리에서 옆줄까지 있는 비늘 숫자가 5.5개가 넘
어서 다른 종과 구분된다. **성장** 암컷 한 마리가 알을 10만~20만 개쯤 낳는다. 알 지름은 0.8~0.9mm
쯤 된다. 알은 따로따로 물에 둥둥 떠다닌다. 물 온도가 20도 안팎일 때 30시간쯤 지나면 새끼가 나온
다. 갓 나온 새끼는 2mm 안팎이다. 40일쯤 지나면 2cm 안팎으로 자란다. 어릴 때에는 몸에 까만 줄무
늬가 뚜렷하다. 어린 새끼들은 난소와 정소를 함께 가지고 있다. 20cm쯤 크면 암컷과 수컷이 나뉘기 시
작한다. 25~30cm 자란 2~3살 된 감성돔은 거의 모두 수컷이다. 4살 때부터 암컷이 나타나 5살에는 거
의 모두 암컷이 된다. 1년이면 12cm, 2년이면 20cm, 3년이면 23~26cm, 4년이면 30cm쯤 크고 다 크면
60~70cm쯤 된다. 9년쯤 지나면 다 큰다. **분포** 우리나라 온 바다. 일본, 중국, 대만 **쓰임** 그물로도 잡
지만 낚시로 많이 잡는다. 가을에서 겨울 사이가 제철이다. 《우해이어보》에는 "입은 매우 좁고 작아서
미끼를 물으면 뱉어 낼 수 없기 때문에, 사람들이 낚시하면 백 번 가운데 한 번도 안 놓친다. 지느러미는
칼처럼 억세고 날카로워서 잘못해서 손으로 건드리면 반드시 손을 다치게 된다."라고 써 놓았다. 호기심
이 많지만 눈과 귀가 아주 밝아서 그물이나 낚싯줄만 봐도 커다란 가슴지느러미로 뒷걸음을 치며 도망
치고, 낚시찌가 물에 풍당 떨어지는 소리만 나도 숨는다고 한다. 잡아서 회로 먹거나 구이, 탕, 찜, 조림,
튀김 따위로 먹는다. '6월 감생이는 개도 안 먹는다'라는 말처럼 알을 낳은 뒤에는 맛이 별로 없다.

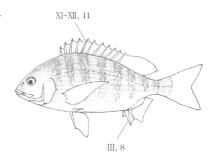

XI~XII, 11

III, 8

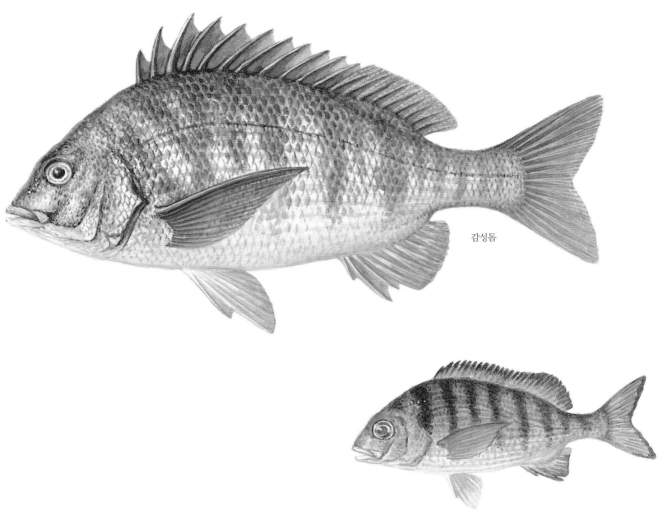

감성돔

**새끼 감성돔** 새끼일 때는 몸에 까만 줄무늬가 뚜렷하다.
크면서 옅어지거나 없어진다. 새끼 때에는 '남정바리(강원도),
빼칠이(경북), 비돔, 비드락(전남), 비디미, 배디미(서해),
살감싱이, 똥감쌩이(남해안), 뱃돔(제주)'이라고 한다.

# 청돔 *Rhabdosargus sarba*

평도미<sup>북</sup>, Goldline seabream, Flat bream, ヘダイ, 平鯛

청돔은 따뜻한 물을 좋아하는 물고기다. 파도가 치는 얕은 바닷가에서 살고 어릴 때는 강어귀와 물웅덩이에서도 보인다. 어린 새끼들은 얕은 바닷가에서 살다가, 크면서 물 깊이가 60m쯤 되는 깊은 곳으로 들어간다. 어른이 되면 혼자 산다. 열대 바다에서는 맹그로브 숲에 들어오기도 한다. 때로는 무리를 짓는다. 바닥에 사는 여러 가지 갑각류와 조개 같은 연체동물을 먹고 산다. 15~16년쯤 산다.

**생김새** 몸길이는 40cm 안팎이지만, 80cm까지 큰다. 감성돔을 닮았다. 감성돔보다 머리 앞이 더 둥글다. 몸빛은 푸르스름한 잿빛이고, 옆구리에 노란 반점들이 비늘을 따라 줄지어 나 있다.　**성장** 늦은 봄과 초여름에 알을 낳는다. 알 지름은 1~1.1mm이다. 알은 낱낱이 흩어져 물에 둥둥 떠다닌다. 동중국해에서는 1년이면 12~28cm, 2년이면 18~36cm, 5년이면 40cm 안팎으로 큰다. 청돔도 감성돔처럼 성이 바뀐다. 수컷이 되었다가 크면서 몇몇이 암컷으로 바뀐다. 몸길이가 25cm 안팎이면 어른이 된다.
**분포** 우리나라 동해, 서해, 남해. 중국, 일본, 필리핀, 호주까지 서태평양, 동부 아프리카 바닷가까지 인도양, 홍해　**쓰임** 남해 바닷가에서 낚시로 가끔 잡는다. 맛이 좋다.

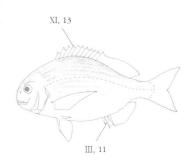

XI, 13

III, 11

# 붉돔 *Dentex tumifrons*

붉은도미<sup>북</sup>, Crimson seabream, Porgy, チダイ, 犁齒鯛

붉돔은 따뜻한 물을 좋아하는 물고기다. 앞바다 물속 바위밭이나 펄 바닥, 모랫바닥에서 산다. 어릴 때는 여러 가지 플랑크톤을 먹다가, 어른이 되면 새우나 오징어, 갯지렁이, 작은 물고기 따위를 잡아먹는다. 어릴 때는 얕은 바닷가에서 머물다가 크면서 물 깊이가 60~80m쯤 되는 바다로 나간다. 2007년에 황돔과 함께 학명이 정리되었다.

**생김새** 다 크면 몸길이는 45cm쯤 된다. 참돔과 닮았지만 크기가 더 작고, 등지느러미 앞쪽에 있는 3, 4번째 가시가 길게 늘어나 있다. 아가미뚜껑 뒤 끝이 빨갛고, 꼬리지느러미 뒤 끝 가장자리가 까맣지 않다.　**성장** 7~12월 사이에 알을 낳는다. 북쪽 바다일수록 알 낳는 때가 빠르다. 알 지름은 0.9~1.1mm이다. 알은 낱낱이 흩어져 물에 둥둥 떠다닌다. 물 온도가 20도 안팎일 때 2일쯤 지나면 새끼가 나온다. 1년이면 13cm 안팎으로 자란다. 새끼는 22~24cm쯤 크면 어른이 된다. 어릴 때는 바닷가 바다풀 숲에서 지내다가 1년쯤 지나면 깊은 곳으로 들어간다.　**분포** 우리나라 동해와 남해. 일본 남부, 동중국해　**쓰임** 낚시나 자리그물로 잡는다. 여름이 제철이다. 참돔과 생김새가 닮아서 깜박 속기도 한다. 참돔이나 황돔보다 드물게 잡힌다. 회나 구이, 탕으로 먹는다.

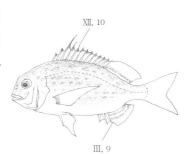

XII, 10

III, 9

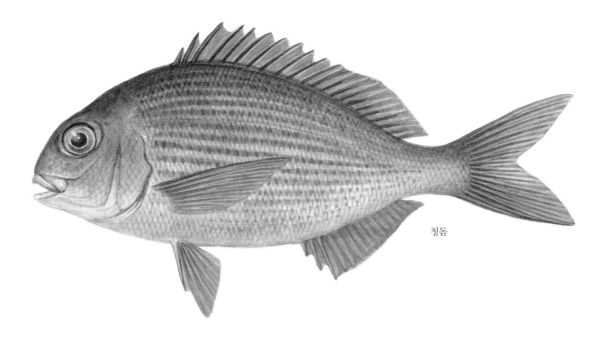

청돔

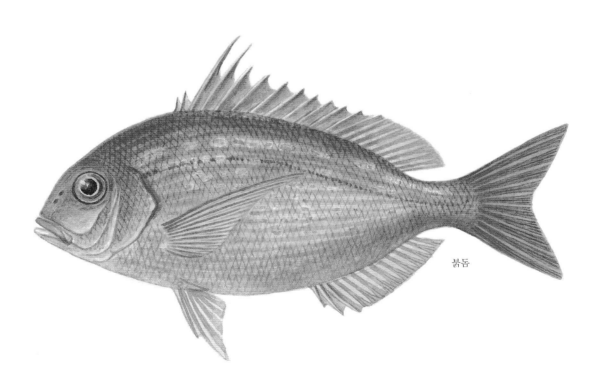

붉돔

# 황돔 *Dentex hypselosomus*

황돔미북, 노랑도미, 뱅꼬돔, Yellowback seabream, Yellow porgy, Golden tai, キダイ, 黃鯛, 連子鯛

황돔은 도미 무리 가운데 몸집이 작은 편이다. 황돔은 몇 개 무리로 나뉘어 살면서 서로 섞이지 않는다. 동중국해에서 사는 무리는 어릴 때는 북쪽 바다에 머물다가 크면서 남쪽 바다로 자리를 옮긴다. 바닷가나 내만에는 나타나지 않는다. 남해에서 대만에 이르는 80~200m 바닷속 바닥 가까이에서 산다. 큰 무리를 지어 살며 매퉁이나 쏨뱅이, 눈볼대 같은 작은 물고기를 유난히 좋아하고 새우나 게, 오징어 같은 여러 가지 먹이를 잡아먹는다. 8~9년쯤 산다. 제주도에서는 '뱅꼬돔'이라고 한다.

**생김새** 몸길이는 35cm 안팎이다. 몸이 높은 긴둥근꼴로 생겼다. 등은 노란색을 띤 붉은색이고, 배는 은백색으로 얼핏 보면 참돔 새끼처럼 보인다. 몸에 파란 점이 없어서 참돔, 붉돔과 다르다. 등 가장자리에 희미한 누런 반점이 세 개 있다. 눈 앞이 튀어나와서 머리 위쪽이 가파르다. 암컷과 수컷 생김새가 조금 다르다. 암컷은 온몸이 둥글둥글하고 머리 테두리가 매끄럽다. 수컷은 몸에서 머리가 큰 편이고 머리가 울퉁불퉁하다. 또 아래턱이 두텁고 꼬리 쪽은 가늘어진다. 양턱에 뭉툭한 어금니가 없고 모두 뾰족한 송곳니만 있어서 참돔, 붉돔과 다르다. 수컷은 노란빛이 강하고 암컷은 붉은빛이 강하다. **성장** 봄부터 가을 사이에 알을 두 번 낳는다. 암컷 한 마리가 알을 1200~15만 개쯤 배는데 몸 크기에 따라 다르다. 알 지름은 0.9mm쯤 된다. 알은 낱낱이 흩어져 물에 둥둥 떠다닌다. 몇몇 암컷은 수컷으로 몸을 바꾸고, 5살이 넘으면 암컷보다 수컷이 많아진다. 암컷은 몸길이가 18~25cm쯤 크면 어른이 된다. **분포** 우리나라 남해와 제주. 일본, 대만, 인도네시아, 호주 서북부까지 **쓰임** 봄부터 가을까지 낚시나 바닥끌그물로 잡는다. 회나 소금구이, 조림, 탕 따위로 먹는다. 맛있는 물고기다.

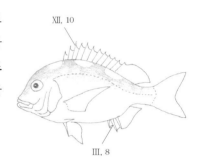

XII, 10

III, 8

# 녹줄돔 *Evynnis cardinalis*

Threadfin porgy, Cardinal seabream, ヒレコダイ, 二長棘犁齒鯛, 紅鋤齒鯛

녹줄돔은 따뜻한 물을 좋아하는 물고기다. 물낯부터 물 깊이가 100m쯤 되는 바위밭에서 산다. 몸집이 작은 녹줄돔은 얕은 곳에서 살다가 크면 깊은 물로 들어간다. 새우나 게, 조개, 젓새우 따위를 잡아먹는다. 가을에 깊은 바다에서 얕은 바닷가로 나와서 겨울에 알을 낳는다. 그리고 2~3월에 다시 돌아간다.

**생김새** 몸길이는 20cm 안팎이다. 40cm까지 큰다. 몸이 높고 옆으로 납작하다. 등지느러미 3~4번째 가시 끝이 실처럼 길게 늘어난다. 붉돔 등지느러미 가시보다 더 길다. 몸 옆에 열은 파란 점이 흩어져 있거나 줄지어 있다. 아가미뚜껑 가장자리가 짙은 붉은색이며, 꼬리지느러미 가장자리가 검지 않아서 참돔과 다르다. 송곳니가 아래턱에 3개, 위턱에 2개 있고 그 안쪽에 어금니가 있다. **성장** 새끼는 느리게 크는 편이어서 1~3년 지나면 10~18cm쯤 된다. **분포** 우리나라 남해. 동중국해, 필리핀 북쪽 같은 서태평양 열대와 온대 바다 **쓰임** 바닥끌그물로 잡는다. 사람들이 즐겨 먹는다.

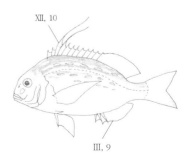

XII, 10

III, 9

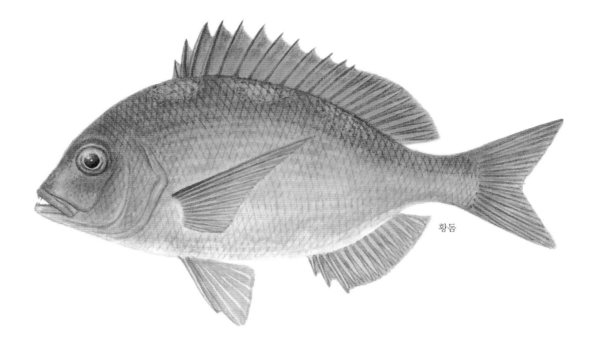

황돔

녹줄돔

# 갈돔 *Lethrinus nebulosus*

황갈뺨도미<sup>북</sup>, Spangled emperor, ハマフエフキ, 星斑裸頰鯛

갈돔은 참돔과 닮았지만 몸빛이 밤색을 띠고, 주둥이가 뾰족하게 튀어나왔다. 따뜻한 물을 좋아하는 물고기다. 바닷속 10~75m까지 산다. 물속 바위밭이나 산호초, 잘피밭, 맹그로브 숲에서 산다. 어린 새끼들은 얕은 바닷가나 항구에서 큰 무리를 지어서 돌아다닌다. 어른이 되면 혼자 살거나 작은 무리를 짓는다. 갯지렁이, 조개, 새우나 게 같은 여러 가지 갑각류 따위를 닥치는 대로 잡아먹는다. 20년쯤 산다.

**생김새** 다 크면 몸길이가 70~80cm쯤 된다. 몸빛은 풀빛이 도는 밤색이고, 몸통 옆구리 비늘에는 푸르스름한 반점이 있다. 어릴 때는 눈을 지나는 짙은 밤색 가로 줄무늬가 한 줄 있고, 몸통에도 가로 줄무늬가 7줄 나 있다. 크면서 줄무늬는 희미해진다. 몸은 긴둥근꼴이고 옆으로 납작하다. 머리 아래에 있는 주둥이가 뾰족하다. 눈이 작고 머리 등 쪽에 있다. 눈 아래에는 비늘이 없다. 양턱 옆에는 어금니가 있다. 옆줄 비늘 수는 46~48장이다. **성장** 일본 남부 바다에서는 봄에 알을 낳는다. 알 지름은 0.8mm 안팎이다. 알은 물에 흩어져 둥둥 떠다닌다. 물 온도가 21~23도일 때 하루면 새끼가 나온다. 갓 나온 새끼는 1.7mm 안팎이다. 몸이 투명하고 배에 노른자를 가지고 있다. 30~40일쯤 지나 1~3cm 크면 지느러미를 모두 갖추고 옅은 노란색을 띤다. 6달이 지나면 10cm쯤 큰다. 1년이면 25cm 안팎, 2년이면 35cm쯤 자란다. **분포** 우리나라 남해와 제주부터 대만, 필리핀, 인도네시아, 호주까지 서태평양, 인도양 **쓰임** 우리나라에서는 드물게 볼 수 있다. 가끔 낚시로 잡힌다. 남태평양 호주 바닷가에 많이 살아서, 여기서 잡은 물고기를 우리나라에 꽝꽝 얼려 들여온다.

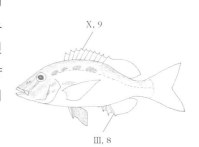

X. 9

III, 8

# 까치돔 *Gymnocranius griseus*

띠무늬뺨도미<sup>북</sup>, Grey large-eye bream, Ginkofish, Naked head largeeye bream, メイチダイ, 灰裸頂鯛, 白果

까치돔은 따뜻한 물을 좋아하는 물고기다. 물 깊이가 15~80m쯤 되는 바닷가나 만에서 산다. 바닥에 모래나 펄이 깔린 곳에서 지낸다. 바닥에 사는 새우, 게 같은 무척추동물을 잡아먹는다. 사는 모습은 더 밝혀져야 한다.

**생김새** 몸길이는 40cm 안팎이다. 몸은 긴둥근꼴이고 옆으로 납작하다. 갈돔이나 줄갈돔보다 몸이 더 높다. 몸빛은 청자색을 띤 은회색이며 배 쪽은 옅다. 어릴 때는 눈과 몸에 가로 띠무늬가 뚜렷하지만 40cm 안팎으로 자라면 거의 사라진다. **성장** 여름과 가을에 알을 낳는다. 이때가 되면 암수가 짝을 이루어 알을 낳는다. 알은 물낯을 떠다니다가 새끼가 나온다. 갓 나온 새끼 몸길이는 1.5mm쯤이고, 배에 달린 노른자가 머리보다 앞쪽으로 조금 튀어나온다. 15~17cm쯤 자라면 어른이 된다. **분포** 우리나라 남해, 제주, 일본, 말레이 제도, 호주 **쓰임** 우리나라에서는 어린 새끼가 낚시로 가끔 잡힌다. 맛있는 물고기다. 회, 구이 같은 여러 가지 요리를 해 먹는다.

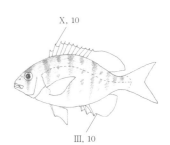

X. 10

III, 10

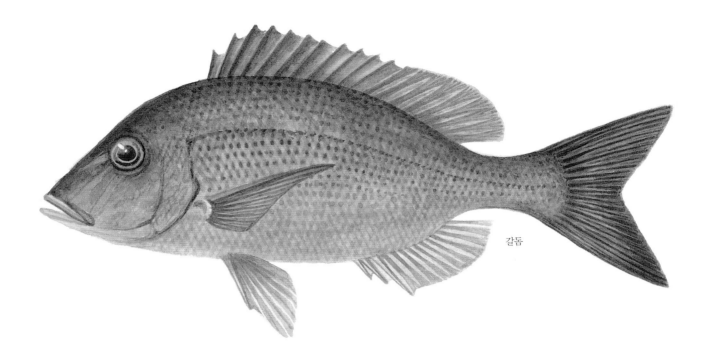

갈돔

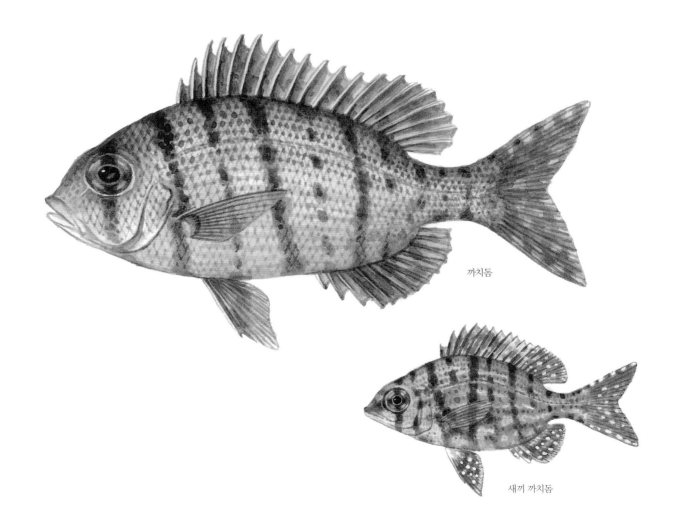

까치돔

새끼 까치돔

# 실꼬리돔 *Nemipterus virgatus*

금실어북, Golden threadfin bream, Golden thread, イトヨリダイ, 金线鱼

실꼬리돔은 따뜻한 물을 좋아하는 물고기다. 꼬리지느러미 위쪽 끝이 실처럼 길게 늘어나서 이런 이름이 붙었다. 물 깊이가 40~200m쯤 되는 바닷속에서 산다. 유난히 70~90m쯤 되는 물속 펄 바닥이나 모래가 섞인 펄 바닥에서 많이 산다. 사는 곳을 거의 안 옮기고 한곳에 머물러 지낸다. 새우나 게, 갯지렁이, 요각류, 작은 물고기들을 잡아먹는다. 실꼬리돔 무리는 온 세계에 5속 68종이 산다. 우리나라에는 실꼬리돔, 긴실꼬리돔, 황줄실꼬리돔, 노랑줄돔, 네동가리 5종이 산다.

**생김새** 몸길이는 30~40cm쯤 된다. 몸은 긴 달걀꼴이고 옆으로 납작하다. 두 눈 사이는 조금 볼록하다. 몸빛은 투명한 듯한 분홍색이고 그 위에 짙은 노란색 선이 6~8줄 나 있다. 아가미뚜껑 바로 위쪽 뒤에 있는 옆줄 위로 비늘 1~3장이 짙은 빨간색을 띤다. 등지느러미는 억센 가시와 부드러운 줄기가 이어져 있다. 꼬리지느러미는 깊게 파였고, 가장 위쪽 노란 줄기가 실처럼 길게 늘어진다. **성장** 4~8월에 알을 낳는다. 물 깊이가 20~30m쯤 되는 모래가 섞인 펄 바닥에서 알을 낳는다. 알에서 나온 새끼는 1년이 지나면 12cm, 2년이면 22cm, 3년이면 30cm, 4년이면 36cm쯤 큰다. 6년이 지나면 46cm 안팎으로 큰다. 몸길이가 20cm 넘으면 어른이 된다. **분포** 우리나라 동해, 남해, 제주. 일본 중부 이남부터 대만, 동중국해, 필리핀, 남중국해, 인도네시아, 호주 북부까지 서태평양 **쓰임** 바닥끌그물이나 낚시로 잡는다. 겨울부터 이듬해 봄까지가 제철이다. 갓 잡은 물고기는 회로 먹는다. 참돔만큼 맛있어서 고급 물고기로 친다. 하지만 우리나라에서는 많이 안 잡힌다. 주로 경남 통영 어시장이나 제주도 어시장에서 볼 수 있다. 찌개나 구이, 튀김으로도 먹고 살로 어묵을 만든다.

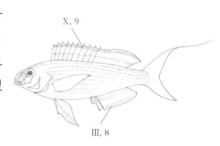

X. 9

III, 8

# 네동가리 *Parascolopsis inermis*

동갈금실어북, Unarmed dwarf monocle bream, Redbelt monocle-bream, タマガシラ, 横帯眶刺䲀

네동가리는 따뜻한 물을 좋아하는 물고기다. 물 깊이가 60~130m 안팎인 대륙붕 가장자리 바닥에서 산다. 조개껍데기가 섞인 모랫바닥이나 바위밭에서 지낸다. 작은 무리를 지어 다니지만, 먼 거리를 돌아다니지는 않는다. 바닥에 사는 게, 새우, 갯지렁이 같은 무척추동물을 주로 먹는다.

**생김새** 몸길이는 18cm 안팎이다. 몸은 긴둥근꼴이고, 옆으로 조금 납작하다. 두 눈 사이는 거의 평평하지만 머리 위쪽은 조금 볼록하다. 몸빛은 연한 노란색이고, 배 쪽은 은색이다. 몸 옆에는 폭 넓은 붉은 밤색 가로띠가 넉 줄 있다. 주둥이와 모든 지느러미는 노르스름하다. **성장** 더 밝혀져야 한다. **분포** 우리나라 남해. 일본 중부 이남, 동중국해, 남중국해, 서태평양, 인도양 **쓰임** 깊은 바다에 놓은 새우 통발에 가끔 잡힌다.

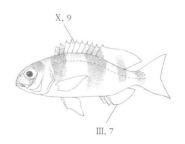

X. 9

III, 7

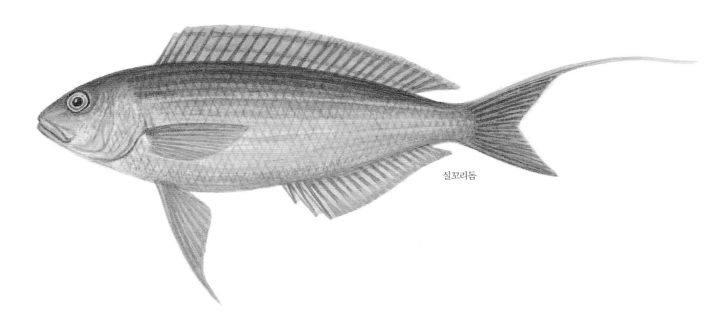

실꼬리돔

네동가리

농어목
날가지숭어과

# 네날가지 *Eleutheronema tetradactylum*

사지제비전어<sup>북</sup>, Fourfinger threadfin, Blind tasselfish, ミナミコノシロ, 四指馬鮁

네날가지는 따뜻한 물을 좋아하는 물고기다. 물 깊이가 얕은 바닷가에서 산다. 물속 가운데나 펄 바닥에서 지내며, 어린 새끼들은 강어귀에도 올라온다. 어른이 되면 짝을 짓거나 혼자 산다. 새우나 게 같은 작은 갑각류와 바닥에 사는 갯지렁이, 물고기 따위를 잡아먹는다.

네날가지는 4~5월에 알을 낳는다. 새끼는 수컷이 되었다가 크면서 암컷으로 몸이 바뀐다. 암컷은 2~3년 뒤부터 나타나기 시작해 45~50cm 넘게 크면 모두 암컷이 된다.

**생김새** 몸길이는 50cm 안팎이지만, 2m까지 큰다. 등은 푸르스름한 은색이고, 배는 잿빛이다. 몸은 긴둥근꼴로 길며, 옆으로 납작하다. 주둥이는 뭉툭하고, 입은 아래쪽에 있다. 눈이 크며 기름눈꺼풀로 완전히 덮여 있다. 가슴지느러미 아래쪽에 있는 줄기 4개가 떨어져서 실처럼 뻗어 있다. 등지느러미는 두 개로 나뉜다. 등지느러미와 뒷지느러미에 억센 가시가 9개, 3개 있다. 모든 지느러미는 옅은 노란색을 띠는데 배지느러미와 뒷지느러미는 조금 더 짙다. 꼬리지느러미는 크고, 위아래가 가위처럼 갈라졌다. **성장** 더 밝혀져야 한다. **분포** 우리나라 남해와 제주. 일본, 파푸아뉴기니, 호주 북부 같은 서태평양과 인도양 **쓰임** 바닥끌그물로 잡는다. 꽝꽝 얼리거나 바짝 말리거나 소금에 절인다. 대만에서는 가둬 키운다.

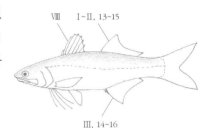

---

농어목
날가지숭어과

# 날가지숭어 *Polydactylus plebeius*

오지제비전어<sup>북</sup>, Striped threadfin, ツバメコノシロ, 五指馬鮁

날가지숭어는 따뜻한 물을 좋아하는 물고기다. 바닷가부터 물 깊이가 120m쯤 되는 펄 바닥에서 산다. 어릴 때는 강어귀에도 몰려온다. 무리를 지어 살면서 작은 새우나 게 같은 갑각류와 물고기, 바닥에 사는 동물 따위를 잡아먹는다.

**생김새** 몸길이는 30cm 안팎이지만, 45cm까지 큰다. 등은 푸르스름한 잿빛이고, 배는 은색이다. 몸은 긴둥근꼴이고, 옆으로 납작하다. 주둥이는 뭉툭하고, 입은 아래쪽에 있다. 등지느러미는 두 개로 나뉜다. 배지느러미를 뺀 모든 지느러미가 까맣다. 몸 옆구리에 있는 비늘에는 어두운 색으로 된 선들이 7~8줄 나 있다. 가슴지느러미 아래쪽 줄기 4~5개가 서로 떨어져 실처럼 길게 늘어진다. **성장** 더 밝혀져야 한다. **분포** 우리나라 남해부터 호주 중부까지 서태평양, 인도양 바닷가 **쓰임** 우리나라에서는 드문 물고기다.

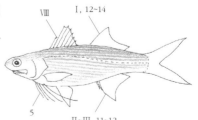

네날가지

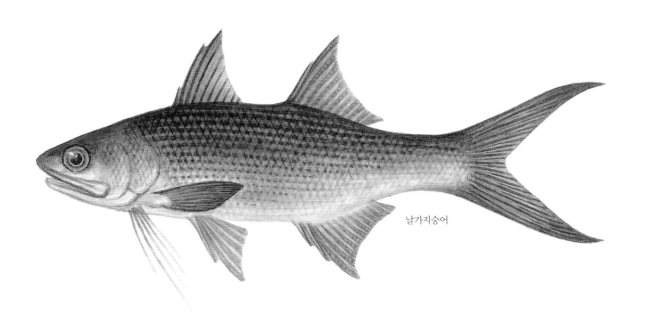

날가지숭어

# 참조기 *Larimichthys polyactis*

조기북, 노랑조기, 누렁조기, 황조기, 조구, Redlip croaker, Small yellow croaker, キグチ, 小黄魚

참조기는 서해와 동중국해에서 떼로 몰려다니는 물고기다. 물 깊이가 40~160m쯤 되고 바닥에 모래나 펄이 깔린 대륙붕에서 많이 산다. 겨울에는 따뜻한 제주도 남쪽 바다로 내려갔다가 날이 따뜻해지는 3~4월쯤부터 서해안을 따라 알을 낳으러 서서히 올라온다. 이때 물속에서 '뿌욱, 뿌욱' 개구리 소리를 내며 운다. 암컷과 수컷이 서로 위치를 알리거나 떼를 지어 헤엄칠 때 무리가 흩어지지 않으려고 내는 소리다. 부레를 옴쭉옴쭉 움직여 소리를 낸다. 우는 소리가 얼마나 큰지 배 위까지 크게 울려 퍼져서 뱃사람들 잠을 설치게 할 정도다. 옛날 사람들은 구멍 뚫린 대나무 통을 바다에 넣어 조기 떼가 몰려오는 소리를 들었다. 2월 말쯤에 흑산도를 지나면서 알을 낳기 시작한다. 3~4월에 위도를 지나고 5월에 연평도 바다에서 알 낳기를 다 마치고 몇몇은 압록강 가까이까지 올라가고, 몇몇은 황해 중심으로 갔다가 다시 남쪽으로 내려온다. 바닥에 모래나 펄이 깔린 물 밑바닥에서 지내다가 알 낳는 때에는 물낯 가까이에 떠오른다. 물 위로 뛰어오르기도 한다. 바닷말을 뜯어 먹거나 새우나 작은 물고기를 잡아먹으며 10년쯤 산다.

참조기는 진짜 조기라는 뜻이다. '조기(助氣, 朝起)'라는 이름은 기운이 펄펄 솟게 해 준다는 뜻이다. 귓속에 돌처럼 딴딴한 뼈가 두 개 있어서 '석수어(石首魚), 석두어(石頭魚)'라는 한자 이름도 있다. 《자산어보》에는 '추수어(踏水魚) 속명 조기(曹機)'라고 쓰고 "때에 맞춰 물길을 쫓아와서 추수(踏水)라고 한다."라고 했다. '곡우살조기, 오사리조기'라고도 하는데, 곡우 때 잡은 조기가 가장 좋다고 붙은 이름이다.

**생김새** 몸길이는 30cm 안팎이다. 등은 잿빛이고 배는 황금빛이다. 몸은 긴둥근꼴이고 옆으로 납작하다. 입술은 붉고, 입안은 검다. 양턱에 이빨이 2줄로 드문드문 나 있다. 앞니는 송곳니다. 아래턱이 위턱보다 조금 길다. 비늘은 머리까지 덮여 있다. 등지느러미는 길고 꼬리지느러미는 쐐기처럼 뾰족하다. 옆줄이 뚜렷하다. **성장** 한 마리가 알을 3만~10만 개쯤 낳는다. 알은 흩어져서 물 위에 뜬다. 물 온도가 18~20도면 이틀 만에 새끼가 나온다. 1년에 15cm, 3년에 15~29cm, 5년에 26~35cm쯤 크고 큰 놈은 40cm나 된다. 새끼 때에는 동물성 플랑크톤이나 물고기 알을 먹는다. 수컷이 암컷보다 조금 작다. 2년쯤 지나면 어른이 된다. **분포** 우리나라 서해와 남해. 북서태평양 **쓰임** 그물을 치거나 끌거나 둘러쳐서 봄에 알 낳으러 올라오는 조기를 잡는다. 전남 영광 칠산 바다, 황해도 연평도 앞바다, 평안북도 대화도 앞바다가 가장 이름난 어장이다. 칠산 앞바다는 철쭉꽃이 필 때, 위도는 살구꽃이 필 때 잡는다고 한다. 《자산어보》에 "물고기 떼를 만나면 산더미처럼 잡을 수 있지만 잡은 물고기를 모두 배에 실을 수 없다."라고 나올 만큼 많이 잡았던 물고기다. 그래서 잡은 조기를 바다 위에서 바로 파는 시장이 열렸는데 이를 '파시(波市)'라고 했다. 조기는 맛이 좋아서 제사상에도 빠지지 않고 올라간다. 조기를 새끼줄에 둘둘 엮어서 꾸덕꾸덕하게 말리면 굴비라고 한다. 《증보산림경제》에서는 소금에 절여 통째로 말린 것이 배를 갈라 말린 것보다 맛이 낫다고 했다. 굽거나 찌거나 탕을 끓여 먹는다. 《동의보감》에는 '석수어(石首魚), 조긔'라고 나온다. "성질이 평범하고 맛이 달며 독이 없다. 음식이 잘 소화되지 않고 배가 부풀어 오르면서 갑자기 이질이 생겼을 때 약으로 쓴다. 순채와 같이 국을 끓여 먹으면 음식 맛이 좋고 소화가 잘되며 기운을 북돋운다."라고 했다.

IX~XI, 31~36

II, 9~10

참조기

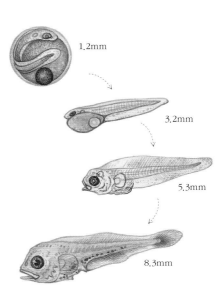

1.2mm

3.2mm

5.3mm

8.3mm

참조기 알에서 나온 새끼가 커 가는 모습이다.

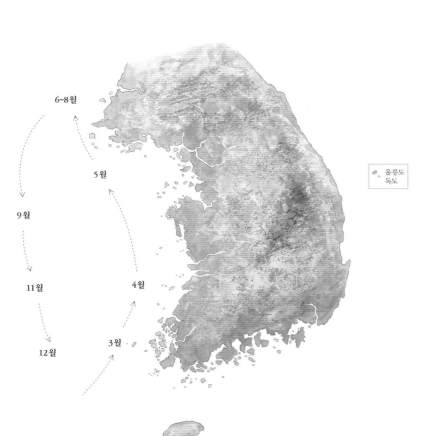

6~8월

5월

9월

11월

12월

4월

3월

울릉도
독도

**회유도**

1. 1~2월에는 제주도 남서쪽에서 겨울을 난다.
2. 2월쯤부터 알을 낳으러 서해안을 따라 서서히 올라온다.
3. 2월 말쯤에는 흑산도 연해, 3월 말에서 4월 중순쯤에는 위도,
   칠산 부근에 올라와 알을 낳기 시작한다.
4. 4월 말부터 5월 중순 사이에는 연평도 앞바다까지 올라온다.
5. 6월 초에는 압록강 대화도 가까이까지 올라간다.
6. 6월 말쯤 알 낳기를 다 마치고 다시 남쪽으로 내려온다.
7. 서해 바닷가에서 깬 새끼 조기들도 9~10월쯤에는 서해 가운데로 내려온다.

참조기를 새끼줄로 줄줄이 엮어 꾸덕꾸덕하게
말리면 굴비가 된다.

# 부세 *Larimichthys crocea*

수조기북, 부서, 조구, Large yellow croaker, フウセイ, 大黃魚

부세는 참조기보다 더 따뜻한 물을 좋아한다. 겨울에는 제주 남서쪽 바다나 중국 상해에서 대만 중부 바다에서 지낸다. 물 깊이가 100m쯤 되는 대륙붕에서 떼 지어 겨울을 난다. 우리나라로 올라오는 무리는 봄이 되면 서해로 올라오기 시작해서 7월쯤 되면 전라남도 신안군 바닷가로 올라와 알을 낳는다. 참조기보다 남쪽에서 사는 물고기로 발해나 황해 안쪽으로는 올라오지 않는다. 중국 바닷가에 사는 무리는 타이완 해협에서 겨울을 나고 중국 바닷가로 올라와 알을 낳는다. 부세도 민어와 참조기처럼 부레로 소리를 낸다. 알 낳을 때가 되면 암컷과 수컷이 '뿌욱, 뿌욱' 소리를 내며 서로 따라다닌다. 소리가 커서 수백 미터 떨어진 배 위에서도 들을 수 있다. 새끼 때에는 물에 떠다니는 동물성 플랑크톤을 먹으며 큰다. 다 큰 어른은 물 바닥 가까이 헤엄쳐 다니며 새우나 게나 작은 물고기 따위를 잡아먹는다.

부세는 참조기와 꼭 닮았다. 참조기처럼 배는 황금색을 띠고 입술은 빨갛다. 부세는 참조기보다 몸길이가 더 길다. 참조기와 달리 머리 꼭대기에 다이아몬드처럼 생긴 무늬가 없다. 또 부세 뒷지느러미에는 억센 가시 2개와 연한 가시가 7~9개 있는데, 참조기는 억센 가시 2개와 연한 가시가 9~10개 있다.

부세는 지역에 따라 '부서, 조구'라고 한다. 한자로는 '富世'라고 하고 중국에서는 '대황어(大黃魚)'라고 한다. 영어로는 참조기보다 크다고 'large yellow croaker'라고 하고, 일본에서는 '후우세이(フウセイ, 富世)'라고 한다. 일본 말과 우리말이 비슷하다.

**생김새** 몸길이는 70~80cm쯤 된다. 등은 잿빛 노란색이고 배는 황금빛이다. 몸은 긴둥근꼴이고 뒤쪽으로 갈수록 가늘다. 주둥이 앞쪽이 둥글고 아래턱이 위턱보다 조금 길다. 입은 크고 참조기와 달리 입안이 검지 않다. 양턱에는 크고 작은 이빨이 위턱에 2줄, 아래턱에 1줄 나 있고 송곳니는 없다. 등지느러미와 뒷지느러미는 비늘로 덮여 있다. 꼬리자루가 조기보다 길다. 꼬리지느러미 끝은 쐐기처럼 뾰족하다. 옆줄은 하나다. **성장** 알 낳기 좋은 물 온도는 22~24도이다. 알에서 나온 새끼는 1년 만에 18~27cm, 2년이면 25~35cm, 3년이면 33~40cm, 5년이면 40~50cm, 7년이면 45~55cm로 큰다. 그 뒤로는 더디게 자라고 75~80cm까지 크기도 한다. **분포** 우리나라 서해와 남해. 동중국해, 홍콩, 베트남 북부 **쓰임** 부세는 4~8월에 끌그물로 잡는다. 중국에서는 사람들이 가둬 기른다. 굽거나 찌거나 조리거나 매운탕을 끓여 먹는다. 어묵을 만들기도 한다. 중국에서는 부세 머리에 있는 딱딱한 뼈인 이석(耳石)을 열을 내리는 한약재로도 쓴다. 또 부레는 허파와 비장에 좋으며 기를 북돋고 피를 잘 돌게 돕는다고 전해진다.

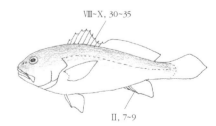

VIII~X, 30~35

II, 7~9

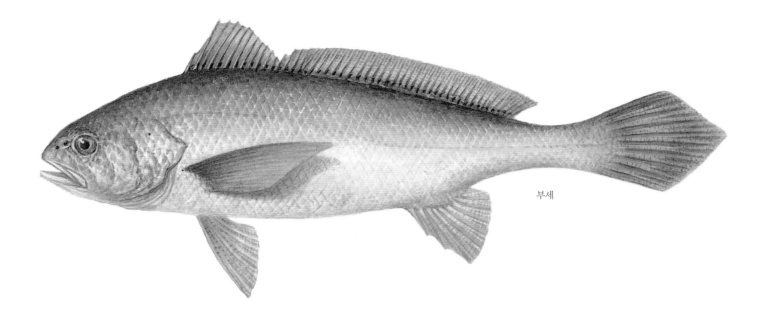

부세

# 보구치 *Pennahia argentata*

흰조기<sup>북</sup>, 백조기, 보굴치, 보거치, Silver croaker, White croaker, シログチ, 白姑魚

보구치는 따뜻한 물을 좋아한다. 보구치는 참조기, 민어, 수조기 같은 조기 무리와 사는 곳이 비슷하고 생김새도 닮아 헷갈린다. 참조기처럼 5~8월에 서해로 몰려와서 알을 낳는다. 알을 낳을 때 '보굴, 보굴' 운다. 암컷과 수컷이 서로 부르거나 떼를 지어 움직일 때 주고받는 소리다. 물 깊이가 5~10m쯤 되는 바닷가나 만에 들어와서 알을 낳는다. 알에서 나온 새끼는 플랑크톤을 먹으며 큰다. 어른이 되면 새우나 게나 갯가재, 갯지렁이, 오징어, 작은 물고기 따위를 잡아먹는다. 먹이를 잡을 때는 몸을 비스듬히 눕혀 먹이를 하나하나 쪼아 먹는다. 어른이 되면 물 깊이가 100m 안쪽이고 바닥에 모래나 펄이 깔린 대륙붕에서 떼 지어 산다. 겨울에는 제주도 서남쪽 바다로 내려가 겨울을 난다. 10년쯤 산다.

'보굴, 보굴' 운다고 이름이 '보구치'다. 몸이 하얗다고 북녘에서는 '흰조기'라고 한다. 지역에 따라 '보구치, 보굴치, 보거치(전남), 청조기(평남), 보금치(진도), 백조기(전남, 경남)'라고도 했다. 닮은 조기 무리 가운데 머리에 들어 있는 돌멩이 같은 뼈인 이석(耳石)이 가장 크다. 옛날에는 참조기처럼 머리에 돌을 가진 물고기라는 뜻으로 '석수어(石首魚), 석두어(石頭魚)'라 불렀다. 《자산어보》에는 '보구치(甫九峙)'라고 적고 "몸이 조금 크고 짤막하다. 머리는 작고 구부러져서 머리 뒤쪽이 높아 보인다."라고 했다. 영어로는 'silver croaker, white croaker', 일본에서는 몸빛이 하얗다고 '시로구치(シログチ, 白久智)'라고 한다.

**생김새** 몸길이는 30~40cm쯤인데 70cm까지 크기도 한다. 온몸은 은빛으로 반짝반짝 빛난다. 등은 조금 옅은 잿빛이고 배는 하얗다. 아가미뚜껑 위에 커다란 까만 점이 있다. 다른 조기 무리보다 등이 높다. 주둥이는 둥그스름하고 입안이 조금 어둡지만 하얗다. 위턱이 아래턱보다 조금 길다. 비늘이 머리까지 덮여 있다. 지느러미는 모두 하얗고 투명하다. 꼬리지느러미 끝은 쐐기처럼 뾰족하다. 옆줄은 하나다.
**성장** 한 마리가 알을 2만~18만 개쯤 여러 번 나누어 낳는다. 한 해가 지나면 14~16cm, 3년이면 23~27cm, 4년이면 25~30cm쯤 큰다. 4~6년이 지나면 더디게 큰다. 한 해가 지나면 어른이 되기 시작한다. **분포** 우리나라 서해, 남해와 동해 남쪽. 동중국해, 북서태평양, 인도양 **쓰임** 알을 낳으러 오는 봄여름에 끌그물이나 걸그물로 잡는다. 여름에 낚시로도 낚는다. 지금은 하도 많이 잡는 바람에 수가 많이 줄었다. 살이 하얗다. 잡아서 굽거나 매운탕을 끓여 먹는다. 옛날에는 민어처럼 부레로 끈적끈적한 아교를 만들기도 했다. 중국에서는 부레를 즐겨 먹는다.

X~XI. 25~28

II. 7~8

보구치

# 수조기 *Nibea albiflora*

Yellow drum, コイチ, 黃姑魚, 条花黃姑魚

수조기는 다른 조기처럼 따뜻한 물을 좋아하는 온대성 물고기다. 겨울에는 제주도 남쪽 바다에서 지내다가 봄이 되면 압록강 강어귀까지 북쪽으로 올라온다. 물 깊이가 40~150m쯤 되는 펄 바닥이나 모랫바닥에서 산다. 새우나 게나 작은 물고기 따위를 잡아먹는다.

수조기는 5~8월에 짝짓기를 하고 알을 낳는다. 다른 조기 무리와 마찬가지로 짝짓기 때가 되면 소리를 내며 운다. 암컷과 수컷이 내는 소리가 다르다고 한다. 암컷은 14cm, 수컷은 12cm 크기가 되면 부레가 다 자라서 소리를 뚜렷이 낼 수 있다. 4년쯤 산다.

**생김새** 몸길이는 40cm쯤 된다. 몸과 머리는 옆으로 납작하고 뒤로는 길쭉하다. 등은 누르스름한 잿빛이고 배는 하얗다. 몸 비늘에 까만 점이 비스듬히 줄지어 나 있는데 옆줄 아래로는 나란하게 나 있지만 위로는 제멋대로 흩어져 있다. 위아래 턱에는 이빨이 두 줄 나 있다. 위턱이 아래턱보다 조금 길다. 등지느러미 맨 처음 가시는 아주 작지만 두 번째 가시는 훨씬 길다. 가슴지느러미, 배지느러미, 뒷지느러미, 꼬리지느러미는 노랗다. 등지느러미와 꼬리지느러미 끄트머리는 까맣다. 꼬리지느러미는 쐐기처럼 뾰족하다. 등을 따라 옆줄이 하나 있다. **성장** 수조기 알 지름은 0.7~0.8mm이다. 알 낳기 알맞은 물 온도는 20~25도이다. 알에서 나온 새끼는 1년이면 12~18cm, 2년이면 20~27cm, 3년이면 25~35cm, 4년이면 33~38cm쯤 큰다. 알에서 나온 새끼는 20cm로 자라면 어미가 되고, 한 해가 지나면 몇몇이 어른이 된다. 두 해가 지나면 거의 모두 어른이 된다. **분포** 우리나라 서해와 남해. 일본 남부와 동중국해가 있는 북서태평양 **쓰임** 물 밑바닥까지 그물을 내려 배가 끌면서 잡는다. 맛있는 물고기로 굽거나 매운탕을 끓여 먹고 말려 먹기도 한다. 싱싱할 때는 회로도 먹는다.

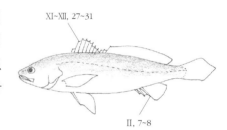

XI~XII. 27~31

II. 7~8

# 흑조기 *Atrobucca nibe*

Black mouth croaker, Longfin kob, クログチ, 黑姑魚, 黑口

흑조기는 이름처럼 입안과 아가미가 까맣다. 서해로는 들어오지 않는 남방계 물고기다. 물 깊이가 45~200m쯤 되는 바다에서 산다. 봄에 알을 낳으러 바닷가로 옮겨 가고, 가을이면 물 깊이가 100~120m쯤 되는 대륙붕 깊은 물속으로 옮겨 가 겨울을 난다. 몸집이 작은 흑조기는 대륙붕 위 물 깊이가 40~60m쯤 되는 얕은 곳에서 남북으로 옮겨 다닌다. 1~2년쯤 자란 새끼는 작은 새우나 젓새우 같은 갑각류를 주로 먹고, 크면서 물고기나 오징어 따위를 잡아먹는다. 10년쯤 산다.

**생김새** 다 크면 몸길이가 45cm쯤 된다. 몸이 제법 높고 통통하다. 옆으로 조금 납작하다. 주둥이는 둥글다. 입안, 아가미 속, 배 안쪽이 까맣다. 등은 거무스름한 잿빛이고, 배는 하얗다. 옆줄 위에 있는 비늘이 꼬리지느러미 앞까지 이어진다. **성장** 4~6월에 동중국해 중국 바닷가에서 알을 낳는다. 몸길이가 14cm 안팎에서 시작해서 28~30cm가 되면 모두 어른이 된다. 알 지름은 0.7~0.9mm이다. 알은 낱낱이 흩어져 물에 둥둥 떠다닌다. 1년이면 11cm, 2년이면 20cm, 4년이면 30cm쯤 자란다. **분포** 우리나라 남해. 일본 남부, 동중국해, 필리핀, 인도네시아, 호부 북부, 인도양 **쓰임** 그물로 잡는다. 우리나라에서는 주로 꾸덕꾸덕 말려서 먹는다. 찜이나 구이, 탕으로 먹는다.

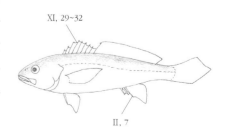

XI. 29~32

II. 7

수조기

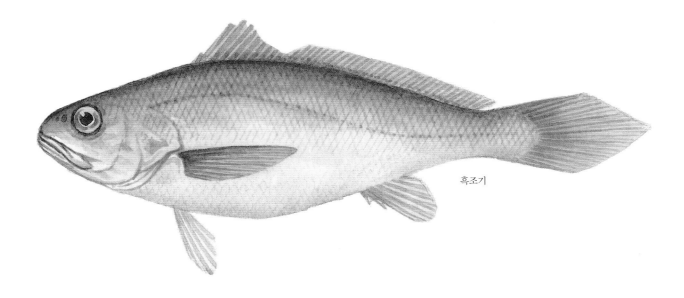

흑조기

# 황강달이 *Collichthys lucidus*

강다리[북], 황석어, 황새기, 민강달이, 깡달이, Big head croaker, カンダリ, 棘头梅童鱼

황강달이는 따뜻한 물을 좋아하는 물고기다. 꼭 새끼 참조기 같지만 머리에 닭 벼슬처럼 생긴 돌기가 있다. 바닷가부터 물 깊이가 90m쯤 되는 바닷속 모래나 펄 바닥에서 산다. 때때로 강어귀에도 올라온다. 무리를 지어 철 따라 돌아다닌다. 젓새우와 게, 새우 같은 갑각류를 잡아먹는다.

《자산어보》에는 "추수어(蹲水魚) 가운데 몸집이 가장 작은 놈을 황석어라고 한다. 길이가 4~5촌쯤 되고 꼬리가 아주 뾰족하다. 맛이 아주 좋다. 가끔 그물에 들어온다."라고 나온 물고기가 황강달이인 것 같다. 《난호어목지》에는 '황석수어'라고 나오는 물고기 같다. "수원과 평택 바닷가에서 잡는다. 생김새는 석수어를 닮았지만 더 작고 몸 빛깔이 더 짙은 노란색이다. 알이 크고 맛이 좋다. 소금에 절여 젓갈을 만든다. 이 젓갈을 서울에 있는 세력이 있고 신분이 높은 사람들이 먹는다."라고 했다.

**생김새** 몸길이는 15~19cm쯤 된다. 등은 누런 밤색을 띠고, 배는 황금색을 띠고, 빛을 내는 황금색 기관이 있다. 몸은 작고 옆으로 납작하다. 눈은 작고 정수리에는 가시가 4개 있는 볏처럼 생긴 돌기가 있어서 끝이 갈라지지 않는 눈강달이와 다르다. 등지느러미와 가슴지느러미, 배지느러미는 하얗고, 뒷지느러미는 연한 노란색을 띤다. 꼬리지느러미는 노랗지만 가장자리는 검은 밤색이다. **성장** 5~7월에 강어귀로 올라와 알을 낳는다. 성장은 더 밝혀져야 한다. **분포** 우리나라 서해와 남해. 일본, 동중국해, 남중국해 **쓰임** 그물로 잡는다. 젓갈을 담고 소금구이나 탕, 어묵으로 먹는다. '강달이젓갈', '황석어젓갈'로 유명하다.

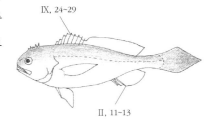

IX, 24~29

II, 11~13

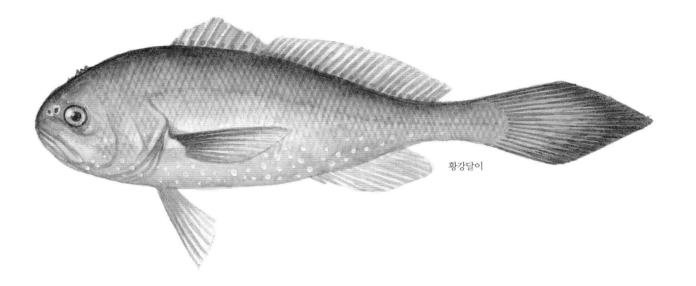

황강달이

# 민태 *Johnius grypotus*

봉구미<sup>북</sup>, Belenger's croaker, コニベ, 皮氏叫姑鱼

민태는 따뜻한 물을 좋아한다. 바닥에 모래나 펄이 깔리고 물 깊이가 110m 안쪽인 얕은 바다에 산다. 물에 떠다니는 작은 플랑크톤이나 갯지렁이, 새우, 게, 오징어, 작은 물고기 따위를 잡아먹는다. 겨울에는 조금 깊은 바닷속으로 옮겼다가 따뜻한 봄이 되면 바닷가로 몰려와 알을 낳는다. 5~8월 사이에 알을 낳는다. 겨울이 되면 조금 깊은 바닷속으로 옮겨 가 겨울을 난다. 2~3년을 산다.

**생김새** 몸길이는 16~19cm이다. 등은 푸르스름한 잿빛이고 배는 하얗다. 몸통은 옆으로 납작하다. 입은 작고 아래로 치우쳐 있다. 아래턱이 위턱보다 조금 짧다. 아래턱에 나 있는 바깥 이빨과 안쪽 이빨 크기가 비슷하다. 배 쪽에서 보면 아래턱에 구멍이 6개 나 있다. 등지느러미 앞쪽은 억센 가시고 뒤쪽은 부드러운 줄기다. 옆줄 하나가 등쪽 가까이에서 부드럽게 휘어지며 꼬리지느러미까지 뻗는다. 꼬리지느러미는 쐐기처럼 뾰족하다. **성장** 암컷 한 마리가 알을 7만~10만 개쯤 여러 번 나누어 낳는다. 알에서 나온 새끼는 1년이면 9~14cm, 3년이면 12~15cm쯤 큰다. 1~2년 사이에 12cm쯤 자라면 어른이 된다. 다 커도 20cm 안팎이어서 민어과 물고기 가운데 작은 편이다. **분포** 우리나라 서해와 남해, 제주. 대만, 동중국해 **쓰임** 끌그물로 잡는다. 제주도 남서쪽 바다에서 많이 잡는다. 하지만 잡는 양이 많지 않다. 꾸덕꾸덕 말려 먹는다. 사람들이 즐겨 먹지 않는다.

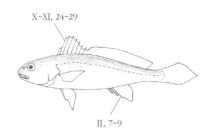

X~XI, 24~29

II, 7~9

# 꼬마민어 *Protonibea diacanthus*

깨알무늬민어<sup>북</sup>, Blackspotted croaker, Speckled drum, ゴマニベ, 双棘黄姑鱼,
黑点黄姑鱼

꼬마민어는 민어와 생김새가 닮았지만, 지느러미에 깨알 같은 까만 점이 있다. 따뜻한 물을 좋아하는 물고기다. 물 깊이가 60m쯤 되고 바닥에 펄이 깔린 곳에서 산다. 떼 지어 다니면서 바닥에 사는 새우나 게, 작은 물고기, 오징어 따위를 잡아먹는다. 우리나라에는 드물게 산다. 8년쯤 산다.

**생김새** 다 크면 몸길이가 1~1.5m쯤 된다. 몸은 잿빛 밤색이고 배는 옅다. 몸에 작은 점들이 흩어져 있으며 옆구리 등 앞쪽으로 까만 줄무늬들이 비스듬하게 나 있다. 몸은 높고 긴 원통처럼 생겼는데 옆으로 조금 납작하다. 주둥이는 뭉툭하고, 위턱이 아래턱보다 조금 길다. 등지느러미와 꼬리지느러미는 노랗고, 가슴지느러미와 배지느러미가 검은 것이 특징이다. 등지느러미와 꼬리지느러미 위쪽에는 까만 점들이 흩어져 있다. 민어 아래턱에는 네모난 구멍이 4개 있지만, 꼬마민어는 구멍이 5개 나란히 나 있다. **성장** 6~8월에 알을 낳는다. 성장은 더 밝혀져야 한다. **분포** 우리나라 서해와 남해. 일본 남부, 필리핀, 인도네시아, 호주 북부, 페르시아만, 인도, 스리랑카, 인도양 **쓰임** 그물로 잡아서 소금에 절이거나 꾸덕꾸덕 말린다. 우리나라 바다에는 드물다. 열대 지방에서 수입해 먹는다.

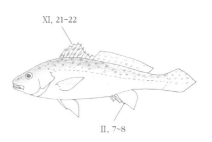

XI, 21~22

II, 7~8

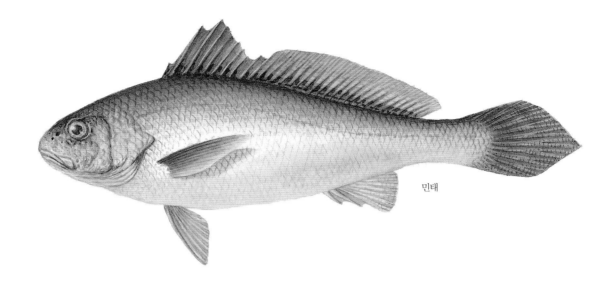

민태

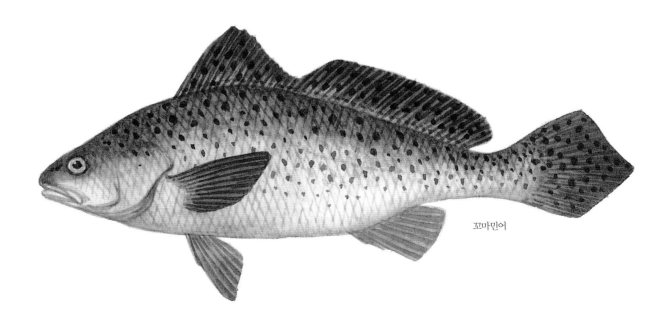

꼬마민어

# 민어 *Miichthys miiuy*

암치, 보굴치, 어스래기, Brown croaker, ホンニベ, 鮸魚, 鮸仔

민어는 '백성의 물고기'라는 뜻이다. 따뜻한 물에 사는 물고기다. 서해와 남해에 살고 동해에는 거의 없다. 물 온도가 15~25도 되는 바다를 좋아한다. 《자산어보》에도 "서쪽과 남쪽 바다에만 민어가 있다."라고 했다. 우리나라 서해에 사는 무리는 가을이 되면 남쪽으로 내려가 제주도 서쪽 바다에서 겨울을 나고 봄이 되면 다시 북쪽으로 올라온다. 제주도 남쪽에서 겨울을 나는 또 다른 무리는 봄이 되면 중국 바닷가로 올라간다. 물 깊이가 40~120m쯤 되고 바닥에 펄이 깔린 대륙붕에서 산다. 낮에는 물속 바닥에 있다가 밤이 되면 물낯 가까이 올라오기도 한다. 밤낮을 오르락내리락하면서 작은 새우나 게, 오징어, 멸치 같은 작은 물고기 따위를 잡아먹는다.

민어는 여름부터 가을까지 알을 낳는데 남해에서는 7~8월, 서해에서는 9~10월에 낳는다. 조기가 그러는 것처럼 민어도 물속에서 '부욱, 부욱' 하고 개구리 울음소리를 낸다. 부레를 욱신욱신 움직여서 내는 소리다. 갓 나온 새끼는 민물과 짠물이 만나는 강어귀에 올라오기도 한다. 9~11년쯤 산다.

**생김새** 몸길이는 80~100cm쯤 된다. 몸빛은 검은 잿빛이거나 은빛이 도는 잿빛이다. 몸은 조금 납작한 원통형이고 옆으로 넓적하다. 주둥이는 무디고 위턱이 아래턱보다 조금 길다. 위아래 턱에 강한 송곳니가 한 줄 줄지어 나 있다. 아래턱에는 구멍이 네 개 나 있다. 입만 빼고 온몸이 비늘로 덮여 있다. 등지느러미는 길고 등지느러미 첫 번째 가시는 두 번째 가시보다 훨씬 작다. 등지느러미 앞쪽은 억센 가시고 뒤쪽은 부드러운 줄기다. 가슴지느러미 끄트머리가 까맣다. 꼬리지느러미는 둥근 쐐기꼴이다. 옆줄이 한 줄 뚜렷하다. **성장** 암컷 한 마리가 알을 70만~200만 개쯤 낳는다. 알 지름은 1.2mm쯤 된다. 알은 낱낱이 흩어져 물에 둥둥 떠다닌다. 물 온도가 25도일 때 하루 만에 새끼가 나온다. 1년이면 15~30cm, 2년이면 30~43cm, 3년이면 40~50cm, 4년이면 48~55cm, 5년이면 55~60cm, 6년이면 60~63cm쯤 큰다. 3~4년이 지나면 어른이 된다. **분포** 우리나라 서해와 남해. 일본, 대만, 동중국해 **쓰임** 여름이 제철이다. 바닥끌그물이나 낚시로 잡는다. 《자산어보》에는 "나주 여러 섬 북쪽에서는 음력 5~6월에 그물로 잡고 음력 6~7월에는 낚시로 낚는다."라고 했다. 옛날에는 경기도 덕적도와 목포 앞바다에서 많이 잡았는데 지금은 수가 가파르게 줄어 귀한 물고기가 되었다. '민어는 비늘밖에는 버릴 것이 없다'라는 말이 있다. 여름철에 잡은 민어가 가장 맛이 좋다. 옛날부터 제사상에 오르고, 여름 더위를 이기려고 탕을 끓여 먹는다. '복더위에 민어탕이 일품'이라는 말도 있다. 옛날에는 민어 부레로 만든 아교로 가구를 만들었다. 《자산어보》에는 "맛은 담담하면서도 달아서 날로 먹거나 익혀 먹거나 다 좋다. 말려 먹으면 몸에 더 좋다. 부레는 아교를 만든다. 알젓도 모두 일품이다."라고 했다. 《동의보감》에는 '회어(鮰魚)'라고 나온다. "남해에서 난다. 맛이 좋고 독이 없다. 부레로 아교풀을 만들 수 있다. '강표(江鰾), 어표(魚鰾)'라고도 한다. 파상풍을 고친다. 아마도 지금의 민어(民魚)인 것 같다."라고 했다.

IX~X, 28~31

III, 7~8

민어

# 노랑촉수 *Upeneus japonicus*

수염고기북, 노란수염고기, Bensasi goatfish, Striped goatfish, Goatfish, Salmonet, ヒメジ, 条尾带副鲱鲤

노랑촉수는 따뜻한 물을 좋아하는 물고기다. 물 깊이가 20~200m쯤 되고, 바닥에 조개껍데기나 펄이 섞인 모래가 깔린 대륙붕에서 산다. 철 따라 사는 곳을 안 옮기고 한곳에 머물러 산다. 바닥 가까이에서 헤엄쳐 다니며, 아래턱에 돋은 긴 수염 한 쌍을 펄이나 모래 속에 넣어 숨어 있는 새우나 바닥에 사는 여러 가지 동물을 파헤쳐 잡아먹는다.

**생김새** 몸길이는 15~20cm쯤 된다. 등은 빨갛고, 배는 하얗다. 몸은 원통처럼 생겼는데 가늘고 길며, 옆으로 조금 납작하다. 아래턱에는 노란 촉수가 한 쌍 있다. 위턱이 아래턱보다 조금 길다. 양턱에는 융털처럼 생긴 이빨이 있다. 꼬리지느러미에는 빨간 세로띠가 2~3줄 비스듬히 나 있다. **성장** 암컷은 10~11cm로 크면 어른이 된다. 5~11월에 바닷가 모래펄에 알을 낳는다. 하루가 지나면 알에서 새끼가 나온다. 성장은 더 밝혀져야 한다. **분포** 우리나라 남해와 제주. 일본 홋카이도 남쪽, 동중국해, 홍콩, 중서태평양 **쓰임** 바닥끌그물로 잡는다. 겨울이 제철이다. 회로 많이 먹고 굽거나 튀겨 먹는다. 유럽 지중해에서는 많이 잡아서 소금이나 올리브에 절여 먹는다.

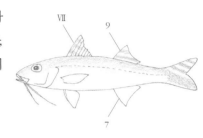

# 두줄촉수 *Parupeneus spilurus*

검은점수염치북, Blackspot goatfish, オキナヒメジ, 大形海鲱鲤

두줄촉수는 따뜻한 물을 좋아하는 물고기다. 물 깊이가 10~80m쯤 되고 물이 제법 빠르게 흐르는 바위밭 둘레에서 산다. 다 큰 어른은 혼자 살지만 때때로 몇 마리씩 무리를 짓기도 한다. 어린 새끼들은 무리를 지어 산다. 갯지렁이, 새우, 게 따위를 잡아먹는다. 우리나라에는 흔하지 않고 아열대와 열대 바다에 많이 산다.

**생김새** 몸길이는 50cm쯤 된다. 몸은 긴둥근꼴로 길고 통통하다. 아래턱에 수염이 두 개 있다. 몸과 지느러미는 붉은 밤색을 띠며, 옆구리에 폭넓은 흰색 세로띠가 석 줄 있다. 꼬리자루에 까만 점이 있는데, 까만 점이 뚜렷하고 옆줄 아래로 내려가지 않는 것으로 금줄촉수와 구분된다. **성장** 더 밝혀져야 한다. **분포** 우리나라 남해와 제주. 일본, 호주 서부, 뉴칼레도니아, 뉴질랜드 북부 **쓰임** 낚시에 가끔 잡힌다. 먹을 수 있다.

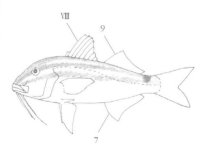

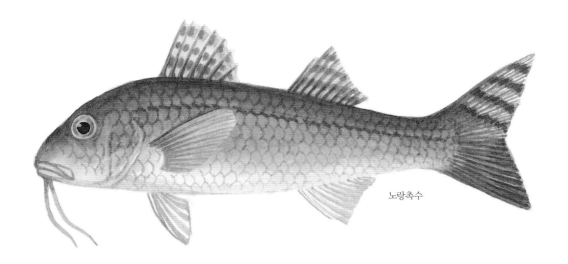

노랑촉수

두줄촉수

두줄촉수와 노랑촉수는 바닥을 수염으로 더듬으며
먹이를 찾는다.

농어목
주걱치과

# 주걱치 *Pempheris japonica*

소도미북, Blackfin sweeper, ツマグロハタンポ, 日本単鰭魚

주걱치는 따뜻한 물을 좋아하는 물고기다. 바위밭에서 큰 무리를 지어 산다. 낮에는 바위 밑 그늘에 모여 있다. 밤에 나와 돌아다니면서 작은 플랑크톤이나 작은 새우 따위를 잡아먹는다.

**생김새** 몸길이는 15cm 안팎인데, 18cm까지 자란다. 몸은 옆으로 납작하고, 배가 아래로 축 처진 삼각형으로 생겼다. 눈이 아주 크다. 위턱보다 아래턱이 조금 튀어나온다. 양턱에는 아주 작은 이빨들이 나 있다. 등지느러미와 뒷지느러미 가장자리는 까맣다. 꼬리자루는 가늘다. **성장** 여름에 알을 낳는다. 알 지름은 1.2~1.3mm이다. 알은 낱낱이 흩어져 물에 떠다닌다. 알에서 나온 새끼는 배지느러미가 빨리 크게 발달하는 것이 특징이다. 또 1.5cm쯤 크면 몸 앞쪽이 노랗고 꼬리 쪽은 투명한 것이 특징이다. 성장은 더 밝혀져야 한다. **분포** 우리나라 남해와 제주. 일본 남부해, 필리핀 같은 서태평양 **쓰임** 제주 바닷가에 흔하지만 거의 안 잡는다. 먹을 수 있다.

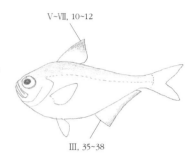

V~VII, 10~12

III, 35~38

농어목
주걱치과

# 황안어 *Parapriacanthus ransonneti*

금눈도미번티기북, Gold sweeper, Pigmy sweeper, Slender sweeper, キンメモドキ,
拟単鰭魚

황안어는 따뜻한 물을 좋아하는 물고기다. 요즘 제주 남부 바닷가에 가끔 무리 지어 나타나는 물고기다. 바닷가부터 물 깊이가 30m쯤 되는 얕은 바닷속에서 산다. 물속 바위밭이나 산호초, 굴속에서 큰 무리를 지어서 지낸다. 낮에는 숨어 있다가 밤에 나와 돌아다니면서 동물성 플랑크톤을 먹는다.

**생김새** 몸길이는 10cm 안팎이다. 몸은 가늘고, 옆으로 납작하다. 눈은 크고, 눈 지름이 주둥이 길이보다 길다. 등은 연분홍색이고 머리와 배 쪽은 은빛을 띤다. 옆구리 비늘에는 어두운 점이 있다. **성장** 더 밝혀져야 한다. **분포** 우리나라 남해와 제주. 일본 남부, 남태평양 마샬 군도, 남아프리카, 홍해 **쓰임** 안 잡는다.

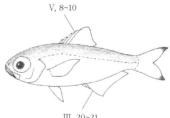

V, 8~10

III, 20~21

주걱치

황안어

# 나비고기 *Chaetodon auripes*

나비도미북, Butterfly fish, チョウチョウウオ, 条纹蝴蝶鱼

나비고기는 따뜻한 물을 좋아한다. 산호밭에서 많이 산다. 늘 혼자 다니는데 알 낳을 때에는 짝을 지어서 다닌다. 뾰족한 주둥이로 산호를 톡톡 쪼아 먹고 바닷말, 작은 새우, 플랑크톤 따위도 먹는다. 낮에 돌아다니다가 밤이 되면 산호초에 몸을 숨기고 쉰다. 가끔 새끼가 밀물이 빠져나간 물웅덩이에 남아 숨어 있기도 한다.

우리나라에는 나비고기 무리가 10종 기록되어 있다. 나비고기, 부전나비고기, 가시나비고기, 룰나비고기, 세동가리돔, 나비돔, 꼬리줄나비고기, 밤색띠돔, 두동가리돔, 돛대돔이 있다. 나비고기 무리는 모두 몸빛이 예쁘다.

**생김새** 몸길이는 15cm 안팎이다. 몸빛은 누런 밤색이고, 몸통에 세로 줄무늬가 있다. 몸은 옆으로 납작하고 넓적하다. 등지느러미 앞에서 눈을 지나 밑으로 까만 줄무늬가 있다. 몸 비늘은 크고 머리와 등지느러미와 뒷지느러미에는 작은 비늘로 덮여 있다. 등지느러미와 뒷지느러미 끄트머리도 까맣다. 꼬리지느러미에 가느다란 까만 줄무늬가 있고 끄트머리는 하얗다. 옆줄 하나가 둥그렇게 휜다. **성장** 더 밝혀져야 한다. **분포** 우리나라 제주와 남해. 일본, 필리핀, 인도네시아, 호주까지 **쓰임** 먹으려고 잡지 않는다. 몸빛이 예뻐서 사람들이 보려고 수족관에서 키운다.

XII, 22~27

III, 17~22

# 가시나비고기 *Chaetodon auriga*

Filamented coralfish, Spined butterfly fish, トゲチョウチョウウオ, 丝蝴蝶鱼

가시나비고기는 따뜻한 물을 좋아하는 물고기다. 물낯부터 30m 물속까지 산다. 바위나 산호초 둘레에서 살면서 여러 가지 작은 무척추동물을 잡아먹는다. 사는 모습은 더 밝혀져야 한다.

**생김새** 몸길이는 20cm 안팎이다. 몸통은 하얗고 까만 선이 비스듬히 나 있다. 몸 뒤쪽은 노랗다. 몸은 사각형이고, 옆으로 납작하다. 주둥이는 가늘고 길게 앞으로 튀어나왔다. 입은 작다. 머리에는 눈을 가로지르는 폭넓은 까만 띠가 있다. 등지느러미, 뒷지느러미, 꼬리지느러미는 노랗다. 꼬리지느러미 가장자리는 옅은 풀빛이 도는 노란 띠가 있다. 등지느러미 위쪽 가장자리에 눈처럼 생긴 까만 점이 있다. **성장** 더 밝혀져야 한다. **분포** 우리나라 남해와 제주. 일본에서 호주 북부까지, 하와이, 인도양 **쓰임** 우리나라에서는 흔히 볼 수 없는 물고기다. 생김새가 예뻐서 수족관에서 기른다.

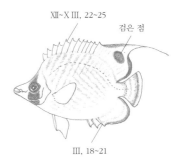

XII~XIII, 22~25

검은 점

III, 18~21

나비고기

가시나비고기

농어목
나비고기과

# 두동가리돔 *Heniochus acuminatus*

기발도미<sup>북</sup>, Angelfish, Pennant coralfish, Longfin bannerfish,
ハタタテダイ, 马夫鱼

두동가리돔은 등지느러미가 길쭉하게 늘어져서 깃대돔이랑 닮았다. 깃대돔 주둥이가 뾰족하다면, 두동가리돔 주둥이는 조금 둥그스름하다. 깃대돔과 생김새는 닮았지만 이 물고기는 나비고기 무리에 드는 다른 물고기다. 깃대돔처럼 물 깊이가 2~80m쯤 되는 바닷가 바위밭이나 산호초에 많이 산다. 어른이 되면 물속 100m까지 내려가 살기도 한다. 늘 짝을 이루거나 무리를 지어 다닌다. 멀리 돌아다니지 않고 사는 곳 둘레를 돌아다니며 동물성 플랑크톤이나 바위에 붙은 바다풀, 모랫바닥에 사는 무척추동물 따위를 툭 튀어나온 주둥이로 톡톡 쪼아 잡아먹는다. 어린 새끼일 때에는 혼자 살고, 다른 물고기 몸에 붙은 기생충을 잡아먹기도 한다.

**생김새** 몸길이는 25cm쯤 된다. 몸은 마름모처럼 생겼다. 몸통에 두껍고 까만 가로줄이 두 줄 나 있다. 등지느러미 줄기 부분과 꼬리지느러미는 노랗다. 등지느러미 네 번째 가시가 실처럼 길게 뻗는다. 주둥이는 뾰족하고 입은 작다. **성장** 더 밝혀져야 한다. **분포** 우리나라 남해와 제주. 태평양, 인도양, 호주 **쓰임** 생김새가 예뻐서 수족관에서 기른다.

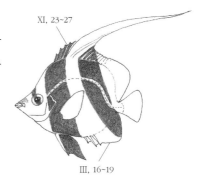

XI, 23~27

III, 16~19

농어목
나비고기과

# 세동가리돔 *Chaetodon modestus*

세줄나비도미<sup>북</sup>, Brownbanded butterflyfish, ゲンロクダイ, 朴蝴蝶鱼

세동가리돔은 나비고기와 생김새가 닮았다. 몸에 노란 세로줄이 석 줄 나 있고, 등지느러미 뒤쪽 아래에 까만 점이 댕그랗게 하나 있다. 꼭 커다란 눈 같아서 덩치 큰 물고기가 덤벼들 때 어디가 앞인지 헷갈리게 한다. 물 깊이가 10m쯤 되는 모랫바닥이나 바위밭에서 산다. 사는 모습은 더 밝혀져야 한다.

**생김새** 몸길이는 20cm쯤 된다. 몸은 높고 달걀꼴이며 옆으로 아주 납작하다. 몸빛은 하얀 바탕에 노란 가로띠가 3줄 넓게 나 있다. 맨 앞에 있는 노란 줄은 눈을 지난다. 등지느러미에 눈보다 더 큰 까만 점이 있다. 배지느러미는 어둡다. 주둥이가 뾰족하고 입은 작다. **성장** 더 밝혀져야 한다. 늦봄부터 여름까지 알을 낳는 것 같다. **분포** 우리나라 남해와 제주. 일본 중부 이남, 동중국해, 필리핀 **쓰임** 생김새가 예뻐서 수족관에서 기른다.

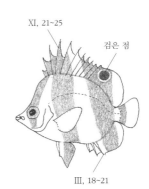

XI, 21~25

검은 점

III, 18~21

두동가리돔

**두동가리돔 싸움** 두동가리돔은 자기 사는 곳으로
딴 두동가리돔이 들어오면 서로 입으로 쪼면서 싸운다.
언뜻 보면 뽀뽀하는 것 같다.

세동가리돔

농어목
깃대돔과

# 깃대돔 *Zanclus cornutus*

낫고기<sup>북</sup>, Moorish idol, Spined moorish idol, ツノダシ, 鐮鱼

깃대돔은 따뜻한 물에서 산다. 제주도부터 남태평양까지 수가 많은 열대 물고기다. 물 깊이 10~180m 사이를 돌아다니며 산다. 바위밭이나 산호밭에 많이 있다. 짝을 지어 다니거나 가끔 무리를 이뤄 떼로 몰려다니기도 한다. 혼자 다닐 때도 있다. 등지느러미는 낫처럼 생겼고 자기 몸길이보다도 길다. 물속을 헤엄치면 부드러운 긴 수염처럼 흐느적거린다. 길쭉한 주둥이로 산호를 톡톡 쪼아 먹거나 해면동물을 잡아먹는 잡식성 물고기다. 주둥이가 길쭉해서 바위나 돌 틈에 숨은 작은 동물도 날름날름 잘 빼 먹는다.

등지느러미 줄기가 깃대처럼 길게 늘어졌다고 '깃대돔'이다. 영어로는 옛날 아프리카 무어인들이 복을 가져다주는 물고기라고 여겨서 'moorish idol, spined moorish idol'이라고 한다.

**생김새** 몸길이는 25cm쯤 된다. 몸은 마름모꼴로 생겼고 옆으로 납작하다. 몸빛은 노르스름하고 까만 줄무늬가 두 줄 나 있다. 등지느러미가 낫처럼 길게 늘어진다. 입이 새 부리처럼 툭 튀어나왔다. 주둥이 위쪽에 까만 테를 두른 빨간 반점이 있다. 꼬리지느러미는 까맣고 끄트머리는 하얗다. 가운데가 조금 파였다. 옆줄은 둥글게 휜다. **성장** 더 밝혀져야 한다. **분포** 우리나라 제주. 일본, 필리핀, 태평양, 인도양 **쓰임** 예쁘게 생겨서 사람들이 보려고 수족관에서 많이 기른다.

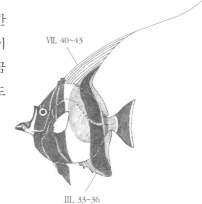

VII. 40~43

III. 33~36

---

농어목
청줄돔과

# 청줄돔 *Chaetodontoplus septentrionalis*

청줄도미<sup>북</sup>, Blue-lined angelfish, キンチャクダイ, 荷包鱼

청줄돔은 노란 몸통에 파란 줄무늬 여러 개가 머리에서 꼬리까지 길게 나 있다고 붙은 이름이다. 따뜻한 바다에서 사는 물고기다. 얕은 바닷가 바위밭이나 산호밭에서 산다. 수컷 한 마리와 암컷 여러 마리가 작은 무리를 지어 이리저리 헤엄쳐 다닌다. 어릴 때는 온몸이 까맣고 머리 쪽에 노란 줄무늬가 나 있으며 등지느러미와 뒷지느러미 끄트머리, 꼬리지느러미가 노래서 어미 물고기와 몸빛이 전혀 다르다. 크면서 몸빛이 달라진다. 우리 바다에서는 바닷물이 따뜻한 제주 바다와 남해 앞바다 섬 둘레에서 산다.

**생김새** 몸길이는 20cm 안팎이다. 몸은 노랗고 파란 줄무늬가 여러 줄 나 있다. 아가미뚜껑 가운데 아래 가장자리에 뒤로 향한 강한 가시가 1개 있다. 이 가시 때문에 청줄돔이 열대 바다에서 '천사 고기(Anger fish)'라고 부르는 물고기 무리에 속한다. 몸은 옆으로 납작하다. 등지느러미는 억센 가시와 부드러운 줄기가 이어진다. 배지느러미와 꼬리지느러미는 노랗다. 꼬리지느러미 끄트머리는 둥글다. 옆줄은 하나다. **성장** 더 밝혀져야 한다. **분포** 우리나라 제주. 일본, 대만, 중국해, 태평양 서부 열대 바다 **쓰임** 몸빛이 예뻐서 사람들이 수족관에서 키운다.

XIII. 18~19

III. 17~19

깃대돔

청줄돔

새끼 청줄돔

# 황줄돔 *Histiopterus typus*

돼지도미[북], 큰날개단지돔, Sailfin boarhead, Boarfish, カワビシャ, 帆鰭鱼

황줄돔은 따뜻한 물을 좋아하는 물고기다. 물 깊이가 40~400m쯤 되는 깊은 바닷속 바위밭에서 산다. 사는 모습은 더 밝혀져야 한다.

**생김새** 몸길이는 40cm 안팎이다. 몸이 아주 높은 삼각형으로 생겼다. 몸빛은 밤색을 띠며, 머리와 옆구리에 굵은 까만 밤색 띠무늬가 4개 있다. 주둥이는 머리 아래쪽에서 앞으로 튀어나왔다. 입은 주둥이 끝에서 열린다. 등지느러미에는 억센 가시가 4개 있고, 나머지는 부드러운 줄기다. 3, 4번째 가시는 바로 뒤에 있는 부드러운 줄기처럼 아주 길며 중간이 휘어졌다. 꼬리지느러미는 가운데가 조금 오목하며 노란색을 띤다. **성장** 더 밝혀져야 한다. **분포** 우리나라 남해와 제주. 일본, 필리핀, 인도네시아, 호주, 홍해, 아프리카 동부, 아라비아해 **쓰임** 낚시로 잡는다. 회, 초밥, 탕 따위로 먹는다.

IV. 27~28

III. 10

# 육동가리돔 *Evistias acutirostris*

띠무늬돼지도미[북], 띠무늬단지돔, Banded boarhead, テングダイ, 尖吻强鳍鱼

육동가리돔은 따뜻한 물을 좋아하는 물고기다. 물 깊이가 10~200m쯤 되는 물속 바위밭이나 산호초, 모랫바닥에서 산다. 큰 바위가 깎아지르는 곳에서 짝을 이루거나 작은 무리를 지어 지내기를 좋아한다. 제주도 바닷가에 있는 바위밭이나 인공 어초에서 짝을 이룬 육동가리돔을 가끔 만날 수 있다.

**생김새** 몸은 90cm까지 큰다. 몸 생김새가 황줄돔과 닮았다. 등지느러미에 억센 가시가 4개 있는데 3~4번째 가시가 황줄돔처럼 길지 않아서 구분된다. 몸이 높고 둥글며, 옆으로 납작하다. 눈 앞 머리는 수직을 이룬다. 주둥이는 머리 아래쪽에서 앞쪽으로 튀어나온다. 아래턱 밑에는 짧은 수염이 있다. 몸은 노랗고, 폭넓은 까만 밤색 가로띠가 머리부터 꼬리까지 6개 있다. **성장** 더 밝혀져야 한다. **분포** 우리나라 남해와 제주. 일본 남부, 하와이, 호주, 뉴질랜드 같은 태평양 **쓰임** 낚시로 잡는다. 살이 하얗다. 맛이 좋다고 한다.

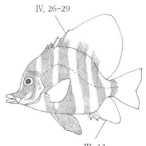

IV. 26~29

III. 13

황줄돔

육동가리돔

새끼 육동가리돔

농어목
황줄깜정이과
# 뱅에돔 *Girella punctata*

깜도미<sup>북</sup>, 흑돔, 깜정고기, 수만이, 구릿, Opaleye, メジナ, 斑鯎

뱅에돔은 따뜻한 바다를 좋아한다. 돌돔처럼 물살이 세고 파도가 치는 바닷가 갯바위 가까이에서 산다. 1~2년 된 작은 뱅에돔들은 밤에는 바위틈에 숨어 있다가 해 뜰 때가 되면 나와서 무리를 지어 해거름까지 먹이를 잡아먹고 어두워지면 다시 집으로 돌아온다. 여름에는 갯지렁이나 작은 새우나 게 따위를 잡아먹고, 겨울에는 바닷말이나 바위에 붙은 김이나 파래 따위도 갉아 먹는 잡식성이다. 겁이 많아서 사람 그림자만 봐도 숨는다. 한 마리가 숨으면 모여 있던 무리가 모두 후닥닥 숨는다. 2~6월이 되면 알을 낳는다. 알에서 나온 새끼는 바다에 떠다니는 바닷말 더미 밑에 숨어 산다. 한 해가 될 때까지는 바닷가에서 떼를 지어 산다. 10cm쯤 되는 작은 새끼들이 바닷가 물웅덩이에서 수십 마리씩 떼 지어 살기도 한다. 3년쯤 크면 바닷가에서 가까운 조금 깊은 바닷속 바위밭으로 옮겨간다.

뱅에돔은 몸이 까맣다고 지역에 따라 '흑돔(부산, 경남), 깜정고기, 수만이(전남), 구릿(제주)'이라고 한다. 영어로는 오팔 같은 푸른 눈을 가지고 있다고 'opaleye'라고 한다.

**생김새** 다 크면 몸길이가 50cm쯤 된다. 몸은 긴둥근꼴이고 옆으로 납작하다. 어릴 때 몸빛은 까만 푸른빛이다가 크면 까무스름해진다. 하지만 아가미뚜껑 뒤 가장자리와 가슴지느러미 뿌리는 검은색을 띠지 않아서 긴꼬리뱅에돔과 다르다. 비늘에는 까만 점이 있어서 몸빛이 까맣게 보인다. 주둥이는 짧고 입에는 자잘한 이빨이 촘촘하게 나 있다. 꼬리 끝은 어릴 때에 잘린 듯이 반듯하다가 크면 눈썹달처럼 바뀐다. 옆줄은 하나다. **성장** 알은 동그랗고 서로 떨어져 물에 뜬다. 물 온도가 15~20도일 때 이삼일 지나면 알에서 새끼가 나온다. 한 해가 지나면 10cm 안팎, 3년이면 20cm 안팎, 5년이면 25~30cm쯤 자란다. 암컷이 수컷보다 조금 작다. **분포** 우리나라 남해와 제주, 울릉도와 독도. 일본, 대만, 동중국해 **쓰임** 여름에 낚시로 많이 잡는다. 하지만 겨울이 제철이다. 여름에 잡은 뱅에돔 살에는 독특한 냄새가 난다. 하지만 겨울에는 그런 냄새가 줄어들어 맛이 좋다. 회를 뜨거나 구워 먹거나 매운탕을 끓여 먹는다.

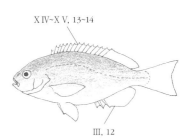

XIV~XV, 13~14

III, 12

농어목
황줄깜정이과
# 긴꼬리뱅에돔 *Girella melanichthys*

검은줄깜도미<sup>북</sup>, 흑뱅에돔, 검정뱅에돔, 구릿, Smallscale blackfish, クロメジナ, 黑鯎

긴꼬리뱅에돔은 뱅에돔보다 바닷물 흐름이 있고 더 따뜻한 바다에서 산다. 뱅에돔과 똑 닮아서 예전에는 같은 물고기로 여겼다. 긴꼬리뱅에돔은 아가미뚜껑 가장자리가 까맣고, 꼬리지느러미 위아래 끝이 더 뾰족해서 뱅에돔과 구분된다. 뱅에돔보다 더 멀리 철 따라 돌아다닌다. 새우나 갯지렁이, 젓새우 따위를 잡아먹는다. 겨울에는 작은 입으로 바위에 붙은 바다풀을 갉아 먹는다.

**생김새** 몸길이는 60~70cm쯤 된다. 온몸은 거무스름한 잿빛이다. 몸 비늘은 뱅에돔보다 작다. **성장** 더 밝혀져야 한다. **분포** 우리나라 남해, 제주. 일본 **쓰임** 낚시로 잡는다. 겨울이 제철이다. 회나 구이, 찜, 탕으로 먹는다.

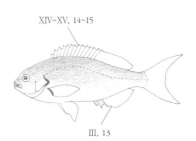

XIV~XV, 14~15

III, 13

뱅에돔

긴꼬리뱅에돔

# 범돔 *Microcanthus strigatus*

범나비도미<sup>북</sup>, 남신발레, 똑대기, 줄돔, Footballer, Stripey, カゴカキダイ, 小鱗細刺魚

범돔은 노란 몸빛에 까만 줄무늬가 있어서 범을 닮았다고 붙은 이름이다. 따뜻한 물을 좋아해서 대마 난류가 올라오는 남해와 제주도, 동해 바닷가에서 산다. 따뜻한 바닷가 얕은 모래밭이나 자갈밭, 바위밭에서 산다. 새끼 때에는 바닷가 물웅덩이에서도 자주 보인다. 새끼들은 물 깊이가 얕은 바닷가 바위밭에서 떼 지어 살다가 크면서 깊은 곳으로 옮겨 간다. 플랑크톤과 갯지렁이, 새우, 조개 따위를 잡아먹는다. 몸빛이나 줄무늬 때문에 얼핏 보아 돌돔 새끼와 닮았다. 돌돔은 줄무늬가 가로로 나 있어서 다르다. 일본 동쪽 태평양 바닷가에서는 3~15mm 크기밖에 안 되는 새끼들이 물 깊이 200m 아래 깊은 바닷속에서 발견되기도 한다. 학자에 따라 별도의 과(Scorpididae)로 다루기도 한다.

**생김새** 다 크면 20cm쯤 된다. 몸빛은 노랗고, 까만 세로 줄무늬가 5줄 뚜렷하게 나 있다. 생김새는 둥글고 옆으로 납작하다. 몸이 아주 높다. 눈은 제법 크다. 주둥이는 작고 뾰족하고, 양턱에는 작은 이빨이 빽빽이 띠처럼 나 있다. 눈 뒤부터 등지느러미까지 등이 가파르게 휜다. **성장** 남해에서 봄에 알을 낳는 것 같다. 새끼는 2cm 안팎으로 자라면 어미를 닮게 되고 비늘과 세로 줄무늬가 나타난다. 성장은 더 밝혀져야 한다. **분포** 우리나라 온 바다. 일본 중부 이남, 동중국해부터 호주, 하와이 **쓰임** 바닷가에서 잡히는 범돔은 거의 손바닥만 하다. 20cm가 넘는 어른은 남해에서 가끔 잡힌다. 바닥끌그물이나 낚시로 잡는다. 맛있는 물고기다. 생김새가 예뻐서 수족관에서도 기른다.

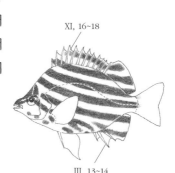

XI, 16~18

III, 13~14

범돔

연산호 숲에서 사는 범돔

# 황줄깜정이 *Kyphosus vaigiensis*

극락돔북, Brassy chub, イスズミ, 短鰭舵鱼

황줄깜정이는 벵에돔과 똑 닮았다. 벵에돔은 푸르스름한 몸빛이고, 황줄깜정이는 잿빛을 띤다. 또 황줄깜정이는 꼬리지느러미가 가위처럼 더 깊게 갈라진다. 황줄깜정이는 바닷가 바위밭이나 산호초 둘레에서 산다. 5cm쯤 큰 새끼들은 물낯에 떠다니는 바다풀 밑에서 살면서 작은 갑각류를 잡아먹는다. 어른이 되면 이것저것 안 가리고 먹는 잡식성이 된다. 여름과 가을에는 물고기나 새우, 게 같은 갑각류를 잡아먹고, 겨울이 되면 바닷가에 자라는 청각이나 파래, 해캄 같은 녹조류를 뜯어 먹는다.

**생김새** 몸은 70cm까지 큰다. 몸은 높고 옆으로 납작하다. 머리 등 쪽과 배 쪽은 둥글며 부드럽게 경사진다. 눈은 머리 위쪽에 있고, 양눈 사이가 튀어나왔다. 몸은 푸르스름한 잿빛인데 배 쪽은 옅다. 모든 지느러미는 검다. 배 쪽 비늘들은 가장자리가 짙어서 마치 몸에 줄무늬가 있는 것처럼 보인다. **성장** 더 밝혀져야 한다. **분포** 우리나라 남해와 제주. 태평양, 홍해, 아프리카 동부, 인도양 **쓰임** 낚시로 잡는다. 독특한 갯바위 냄새가 나기 때문에 싫어하는 사람들도 있다.

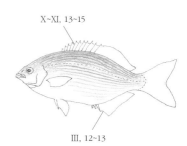

X~XI. 13~15

III. 12~13

# 황조어 *Labracoglossa argentiventris*

Yellow-striped butterfish, タカベ, 银腹舌鱼旨

황조어는 따뜻한 물을 좋아하는 온대성 물고기다. 바닷가 바위밭이나 산호초에서 많이 산다. 물 가운데쯤에서 큰 무리를 지어 재빠르게 헤엄쳐 다닌다. 동물성 플랑크톤을 주로 먹는다. 사는 모습은 더 밝혀져야 한다. 학자에 따라 별도의 과(Labracoglossidae)로 다루기도 한다.

**생김새** 몸길이는 15~20cm쯤 된다. 몸은 검지만, 배는 밝은 색을 띤다. 풀빛이 도는 노란 띠 한 줄이 등에 치우쳐 머리 끝에서 꼬리자루까지 이어진다. 몸은 긴둥근꼴이고 옆으로 조금 납작하다. 머리는 작고 아래턱이 위턱보다 조금 앞쪽으로 튀어나온다. 지느러미는 풀빛이 도는 어두운 밤색이지만, 배지느러미만 투명하다. **성장** 8~11월에 알을 낳는다. 알은 낱낱이 떨어져 물에 뜬다. 성장은 더 밝혀져야 한다. **분포** 우리나라 남해와 제주. 일본 중남부 같은 북서태평양 **쓰임** 우리나라에서는 많이 잡지 않는다.

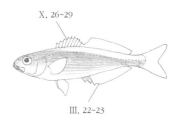

X. 26~29

III. 22~23

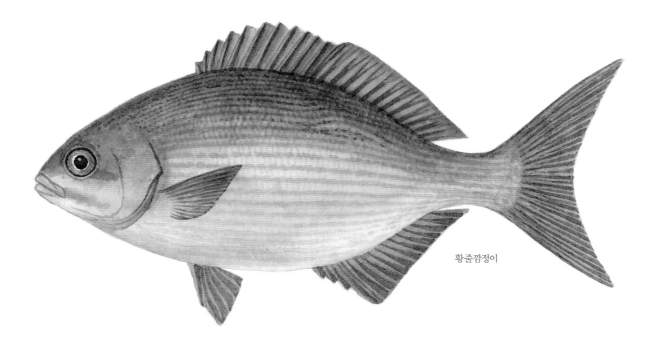

황줄감정이

황조어

# 줄벤자리 *Rhynchopelates oxyrhynchus*

줄소리도미<sup>북</sup>, Fourstriped grunter, シマイサキ, 尖吻鯻

줄벤자리는 바닷가에서 산다. 때때로 강어귀나 강으로 들어오기도 한다. 새우나 게 같은 무척추동물과 작은 물고기를 잡아먹는다. 부레를 옴쭉옴쭉 움직여 소리를 낸다. 봄에서 여름 사이에 바닷가에서 알을 낳으면 수컷이 알을 지킨다.

**생김새** 다 크면 몸길이가 25cm쯤 된다. 몸은 긴둥근꼴이고, 옆으로 납작하다. 머리 등 쪽이 가파르고, 배 쪽은 완만하다. 입은 작다. 몸빛은 은회색이고, 몸을 가로질러 까만 세로띠가 4줄 있는데, 배 쪽에 있는 줄무늬는 희미하다. **성장** 더 밝혀져야 한다. **분포** 우리나라 남해. 일본 남부, 대만, 필리핀 같은 서태평양 **쓰임** 낚시나 자리그물로 잡는다. 회, 구이로 먹는다.

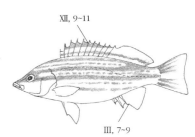

XII, 9~11

III, 7~9

# 살벤자리 *Terapon jarbua*

소리도미<sup>북</sup>, Jarbua terapon, Crescent perch, Threestripe tigerfish, コトヒキ, 細鱗鯻, 花身鯻

살벤자리는 물 깊이가 20m보다 얕은 바닷가 모랫바닥에서 산다. 300m 바닷속까지 들어가기도 한다. 물웅덩이나 강어귀, 강에서도 볼 수 있다. 몇 마리씩 무리를 지어 헤엄쳐 다니며 물고기나 물속 벌레, 바다풀, 무척추동물 따위를 가리지 않고 먹는다. 부레를 움직여 '구-우, 구-우' 소리를 낸다. 여름에 바다에서 알을 낳고, 수컷이 알을 지킨다. 7~8월에 알에서 새끼가 나오면 얕은 바닷가나 강어귀에서 큰다. 14cm가 안 되는 어린 새끼들은 강어귀에서 많이 보인다. 8년쯤 산다.

**생김새** 몸길이는 25cm 안팎인데 36cm까지 자란다. 온몸은 은회색이고 등 쪽으로 까만 띠무늬 3줄이 뚜렷하게 나 있다. 비늘은 은빛으로 번쩍거린다. 몸은 옆으로 납작하고 꼬리자루가 굵다. 양눈 사이는 조금 볼록 튀어나왔다. 입은 위로 비스듬하다. 위턱 뒤 끝은 눈 앞 가장자리까지 온다. 아가미 가장자리에 뒤로 향하는 큰 가시가 1개 있다. **성장** 열대 바다에서는 1년이면 3~5cm, 3년이면 12~18cm쯤 자란다. **분포** 우리나라 남해와 제주. 일본 남부, 서태평양, 홍해, 아프리카 동부까지 이르는 인도양 **쓰임** 낚시로 잡는다. 생선이나 말리거나 소금에 절였다가 먹는다.

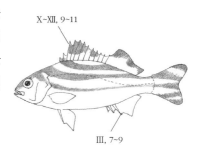

X~XII, 9~11

III, 7~9

줄벤자리

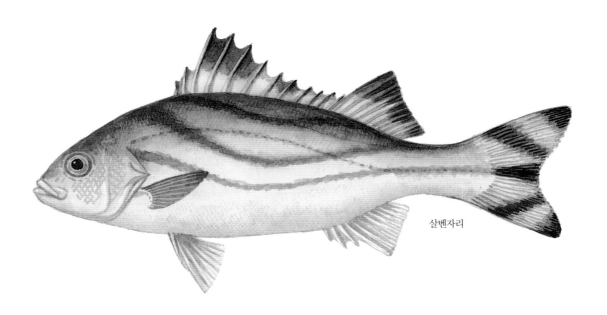

살벤자리

농어목
알롱잉어과

# 알롱잉어 *Kuhlia marginata*

알락은잉어북, Dark-margined flagtail, Spotted flagtail, ユゴイ, 黑边汤鲤

알롱잉어는 대부분을 민물에서 사는 물고기다. 때때로 강어귀나 바닷가에서도 지낸다. 물 깊이가 얕은 바닷가 바위밭에서 드물게 볼 수 있다. 굴속에서 무리를 지어 지낸다. 알롱잉어는 바닷가에서 알을 낳는다. 알에서 나온 새끼들은 강으로 올라가기 전에 바다에서 큰다. 2~3cm쯤 크면 강으로 올라간다. 강에서 8~10cm쯤 크면 어른이 되어 알을 낳으러 바다로 내려간다.

**생김새** 몸길이는 15~17cm쯤 되는데, 30cm까지 큰다. 몸은 달걀꼴이고, 옆으로 납작하다. 몸은 은회색이고 배는 하얗다. 등에 검은 풀빛 점들이 빽빽하게 나 있다. 등지느러미와 꼬리지느러미 가장자리는 까맣다. **성장** 더 밝혀져야 한다. **분포** 우리나라 제주. 대만, 필리핀, 인도네시아 같은 태평양 열대 바다 **쓰임** 우리나라에는 드물다. 안 잡는다.

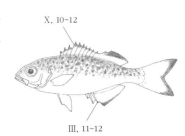

X, 10~12

III, 11~12

농어목
알롱잉어과

# 은잉어 *Kuhlia mugil*

다섯줄알롱잉어북, Barred flagtail, Flagtail, ギンユゴイ, 花尾汤鲤

은잉어는 따뜻한 바다를 좋아한다. 물 깊이가 20m 안쪽인 바닷가 바위밭이나 산호초, 물 웅덩이에서 무리 지어 산다. 파도가 부서지는 물낯에서 때때로 볼 수 있다. 강어귀에서도 가끔 보이지만 강으로 올라가지는 않는다. 낮에는 굴속에 들어가 쉬고, 밤에 나와 돌아다니면서 동물성 플랑크톤이나 새우나 게, 작은 물고기를 잡아먹는다. 우리나라에서는 드물게 볼 수 있다.

**생김새** 몸길이는 15cm쯤 되지만 40cm까지 큰다. 몸은 긴둥근꼴이고, 옆으로 납작하다. 등은 파랗고, 배는 은백색이다. 아래턱이 위턱보다 길다. 꼬리지느러미에 까만 세로띠가 다섯 줄 있는 것이 특징이다. **성장** 더 밝혀져야 한다. **분포** 우리나라 제주. 일본, 하와이, 서태평양, 인도양, 멕시코 같은 동태평양 바닷가 **쓰임** 가끔 잡힌다. 생선이나 말리거나 소금에 절여 먹는다.

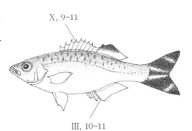

X, 9~11

III, 10~11

알롱잉어

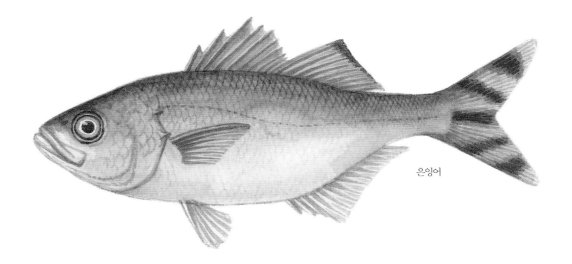

은잉어

# 돌돔 *Oplegnathus fasciatus*

돌도미<sup>북</sup>, 줄돔, 청돔, 갓돔. 갯돔, 돌톳, Barred jawfish, Rock bream, Striped beak perch,
イシダイ, 条石鯛

돌돔은 따뜻한 바닷물을 좋아한다. 먼바다보다 바닷가 갯바위가 많은 곳에서 산다. 낮에는 바위밭을 어슬렁어슬렁 헤엄쳐 다니고 물낯 가까이 올라오기도 한다. 그러다 먹이를 보면 쏜살같이 달려든다. 이빨이 튼튼해서 성게나 소라나 조개도 아드득 깨서 속살을 쪽쪽 빨아 먹는다. 자기가 먹이를 먹을 때 다른 물고기가 가까이 오면 부레를 옴쭉옴쭉 움직여서 '구-구-' 소리를 낸다. 다른 물고기를 쫓아내려고 내는 소리다. 크기가 3cm쯤 되는 새끼는 물에 떠다니는 작은 새우 같은 갑각류를 먹고, 크기가 10cm 안팎이면 이것저것 안 가리고 먹는 잡식성이며, 크기가 15cm 넘게 크면 조개와 성게 같은 극피동물을 잘 먹는다. 밤에는 바위틈에 들어가 꼼짝 않고 쉰다.

돌밭에서 산다고 '돌돔'이다. 북녘에서는 '돌도미'라고 하고, 지역에 따라 몸에 까만 줄이 나 있다고 '줄돔(부산), 청돔(충남), 갓돔. 갯돔, 돌톳(제주도), 아홉동가리, 뻰찌(경남)'라고 한다. 일본 이름에도 돌을 뜻하는 말이 들어가서 '이시다이(イシダイ, 石鯛)'라고 한다.

**생김새** 몸길이는 30~50cm쯤 된다. 70cm까지 크기도 한다. 몸이 옆으로 납작하다. 어릴 때는 몸이 노랗고 까만 가로 띠무늬 일곱 줄이 뚜렷하다. 크면서 몸빛이 거무스름해지고 띠무늬가 흐릿해지다가 없어진다. 수컷은 다 크면 주둥이만 까맣다. 암컷은 다 커도 줄무늬가 있다. 눈 뒤로 등이 높다. 입은 작고 새 부리처럼 튀어나왔다. 이빨 사이에 석회질이 차서 서로 하나로 붙고 층을 이룬다. 이빨이 돌처럼 단단하다. 등지느러미 앞쪽 가시가 억세고 뒤쪽은 부드럽다. 꼬리지느러미 끝 가운데가 안쪽으로 파인다. 옆줄은 하나다. **성장** 4~8월에 알을 낳는다. 알은 무색투명하고 낱낱이 흩어져 물 위에 둥둥 떠다닌다. 알 지름은 0.8~0.9mm쯤 된다. 물 온도가 20도 안팎이면 30시간쯤 지나 새끼가 나온다. 새끼들은 물에 떠다니는 바다풀 밑에서 떼 지어 다닌다. 3.5cm쯤 크면 까만 가로 줄무늬가 나타난다. 어릴 때는 몸이 노랗고 까만 줄무늬가 뚜렷하다. 8cm쯤 크면 바위밭으로 내려가 산다. 1년쯤 지나면 15cm 안팎, 3년이면 25cm 안팎, 5~6년이면 35~40cm쯤 큰다. **분포** 우리나라 온 바다. 일본 남쪽, 중국 남쪽 **쓰임** 갯바위 낚시로 많이 잡는다. 그런데 튼튼한 이빨로 낚싯줄도 뚝뚝 잘 끊고, 눈도 밝고 의심도 많아서 미끼를 잘 안 문다. 힘도 장사라 낚싯대가 휘청휘청 휠 정도다. 가장 힘세고 멋진 물고기라고 '바다의 황제', '환상의 고기', '갯바위의 제왕' 같은 별명이 있다. 요즘에는 가둬 기르기도 한다. 여름이 제철이다. 생선회, 소금구이, 매운탕으로 먹는다. 껍질을 데쳐 먹기도 하고 창자도 먹는다.

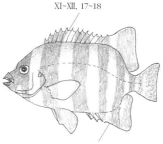

XI-XII, 17~18

III, 12~13

돌돔

다 자란 수컷 돌돔은 줄무늬가 없어지고 주둥이만 까맣다.

**돌돔 이빨** 돌돔은 이빨이 튼튼해서 껍데기가
단단한 성게나 소라나 조개도 부숴 먹을 수 있다.

# 강담돔 *Oplegnathus punctatus*

점돌도미<sup>북</sup>, 깨돔, 얼룩갯돔, Spotted knifejaw, Rock porgy, Stone wall perch, イシガキダイ, 斑石鯛

강담돔은 따뜻한 물을 좋아한다. 돌돔보다 더 따뜻한 곳에서 산다. 돌돔과 사는 모습이 비슷하다. 바닷가 바위밭에서 많이 살고 100m 바닷속까지도 내려간다. 조개나 고둥, 성게 같은 껍데기가 딱딱한 먹이도 부숴 먹는다. 강담돔도 크면서 몸에 까만 점들이 빽빽해지다가 어른 물고기가 되면 돌돔처럼 흐려지면서 없어지는데, 늙은 돌돔 수컷은 주둥이가 까맣지만 강담돔 수컷은 하얗게 바뀐다. 우리 바다에는 돌돔보다 수가 적다.

강담돔은 4~7월에 알을 낳는데, 돌돔보다 조금 늦게 낳는다. 돌돔과 강담돔이 짝짓기를 해 알을 낳기도 한다. 그 새끼는 돌돔 가로 무늬와 강담돔 까만 점무늬가 다 있다.

**생김새** 몸길이는 40~90cm쯤 된다. 몸 생김새와 이빨은 돌돔과 닮았다. 몸은 옆으로 납작하다. 몸에는 작은 빗비늘이 덮여 있다. 양눈 사이 앞쪽과 아래턱 아래쪽에는 비늘이 없다. 주둥이는 새 부리처럼 튀어나왔고 입은 작다. 몸에 까만 점무늬가 잔뜩 나 있다. 지느러미에도 점무늬가 있다. 다 크면 무늬가 없어지고 주둥이만 하얗다. 등지느러미 억센 가시와 부드러운 줄기가 막으로 이어진다. 부드러운 줄기 앞쪽은 억센 가시보다 훨씬 길다. 꼬리지느러미 끄트머리는 가운데가 움푹 파이거나 똑바르다. 옆줄은 하나다. **성장** 알은 무색투명하고 바다 위로 흩어져 떠다니다가 이틀쯤 지나면 새끼가 나온다. 2~3cm 크기인 새끼는 떠다니는 바다풀 아래에 붙어 떼 지어 산다. 3~4cm쯤 크면 바닥으로 내려간다. 돌돔보다 빠르게 큰다. **분포** 우리나라 남해, 제주. 일본과 중국 남쪽, 괌, 하와이 **쓰임** 바닷가에서 낚시로 잡는다. 여름이 제철이다. 회, 구이, 매운탕으로 먹는다.

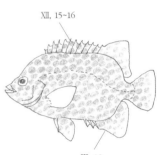

XII. 15~16

III. 13

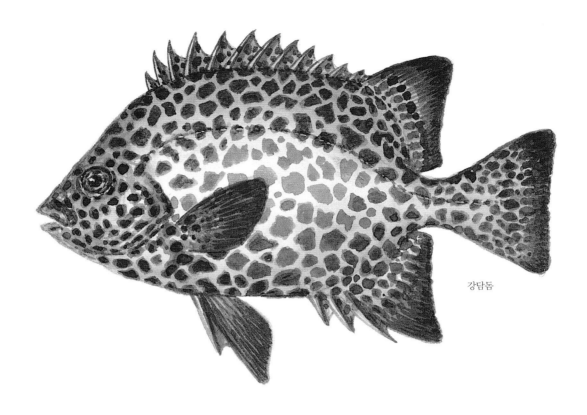

강담돔

늙은 강담돔

# 황붉돔 *Cirrhitichthy aureus*

금실용치<sup>북</sup>, 노랑가시돔, Yellow hawkfish, Hawkfish, オキゴンべ, 金翁

황붉돔은 등지느러미 가시 끝에 산호 폴립처럼 생긴 돌기가 있어서 쉽게 알아볼 수 있다. 물 깊이가 5~20m쯤 되는 산호초에서 많이 사는데, 특히 연산호 군락에서 많이 산다. 우리나라 제주도 바닷가에 있는 산호 군락에 많다. 새우나 게 같은 갑각류와 작은 물고기를 잡아먹는다. 제주 바다에서 함께 사는 무늬가시돔과 닮았는데, 황붉돔 몸빛이 밝은 노란색을 띠어서 쉽게 구분된다. 물 안쪽으로 쑥 들어간 만 펄 바닥에서도 산다. 무리를 안 짓고 혼자서 산다. 제주도 바닷가에 사는 황붉돔을 다이버들이 노랑가시돔이라고 한다.

황붉돔은 암컷이 수컷으로, 수컷이 암컷으로 몸을 바꿀 수 있다. 알 낳을 때는 수컷 한 마리와 암컷 여러 마리가 무리를 짓는다. 여름, 가을에 알을 낳는다. 알은 저마다 흩어져 물에 둥둥 떠다닌다.

**생김새** 다 크면 몸길이는 14cm까지 자란다. 몸은 달걀꼴이며 옆으로 납작하다. 주둥이는 삼각형으로 뾰족하며 등은 높다. 등지느러미 가시 끝에 산호 폴립처럼 생긴 돌기가 있다. **성장** 더 밝혀져야 한다. **분포** 우리나라 제주. 일본 남부부터 인도네시아까지 아열대와 열대 바다 **쓰임** 거의 안 잡는다.

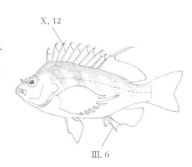

X. 12

III. 6

# 무늬가시돔 *Cirrhitichthy aprinus*

알락금실용치<sup>북</sup>, Spotted hawkfish, Boar hawkfish, ミナミゴンべ, 斑金

무늬가시돔은 물 깊이가 20m쯤 되는 얕은 바닷가 바위밭이나 산호초에서 산다. 얕은 항구나 강어귀에서도 볼 수 있다. 거의 혼자 살지만, 작은 무리를 지어 다니기도 한다. 제주도 서귀포 바닷가에 있는 산호 군락에서 드물게 볼 수 있다. 우리 바다에서는 드문 물고기다.

무늬가시돔은 황붉돔처럼 암컷과 수컷이 서로 성전환을 한다. 알 낳는 모습은 황붉돔과 비슷하다. 몸집이 큰 수컷 한 마리와 작은 암컷 여러 마리가 모여 알을 낳는다. 암컷과 수컷이 바닥에서 50cm쯤 함께 위로 올라가면서 알을 낳는다.

**생김새** 몸길이는 12cm 안팎이다. 몸은 긴둥근꼴이고 옆으로 납작하다. 등은 높고, 눈 위쪽이 움푹 들어가 있다. 황붉돔과 마찬가지로 등지느러미 가시 끝에 산호 폴립처럼 생긴 돌기가 있다. 몸에는 구름무늬 같은 붉은 밤색 반점이 흩어져 있다. 뒷지느러미와 꼬리지느러미에는 반점이 없다. **성장** 더 밝혀져야 한다. **분포** 우리나라 남해, 제주. 일본 남부, 필리핀, 인도네시아 같은 서태평양 **쓰임** 우리 바다에는 드물다. 거의 안 잡는다.

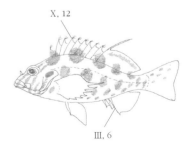

X. 12

III. 6

황볼돔

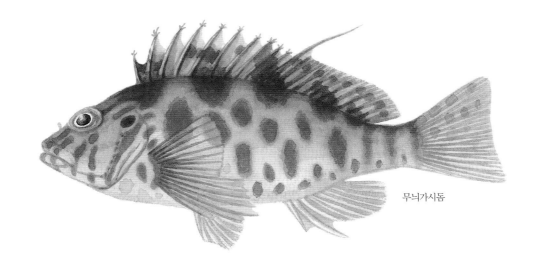

무늬가시돔

# 여덟동가리 *Goniistius quadricornis*

매도미<sup>북</sup>, Black-barred morwong, ユウダチタカノハ, 背帶隼, 素尾鷹魚,
黑尾鷹斑魚

몸에 줄무늬가 8개 나 있어서 여덟동가리다. 따뜻한 물을 좋아하는 온대성 물고기다. 제
주도 바닷가에서 많이 볼 수 있다. 바닷가 바위밭이나 산호초에서 혼자 산다. 자기보다 큰 물
고기가 자기 사는 곳으로 들어오면 다른 곳으로 자리를 피한다. 낮에 돌아다니면서 동물이
나 바다풀을 가리지 않고 다 먹는 잡식성이다. 작은 새우나 조개, 바다풀 어린 싹을 뜯어 먹
는다.

**생김새** 몸길이는 40cm쯤 된다. 몸은 꼬리 쪽이 긴 삼각형이며 옆으로 납작하다. 머리 뒤 등이 가파르
게 높고, 배 쪽은 평평하다. 입은 작고 입술이 두툼하며 아래쪽으로 열린다. 몸은 잿빛이고, 검은 밤색
줄무늬 8개가 눈에서 꼬리자루까지 비스듬히 같은 간격으로 나 있다. **성장** 더 밝혀져야 한다. **분포** 우
리나라 남해, 제주. 일본 중부 이남, 동중국해, 대만 같은 태평양 **쓰임** 가끔 낚시로 잡는다. 살에서 독
특한 냄새가 나서 싫어하는 사람도 있다. 제주도 어시장에서 볼 수 있다.

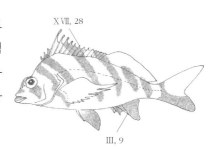

XⅦ, 28

Ⅲ, 9

# 아홉동가리 *Goniistius zonatus*

알락꼬리매도미<sup>북</sup>, 꽃돔, 논쟁이, Flagfish, Whitespot-tail morwong,
タカノハダイ, 花尾鷹魚

아홉동가리는 여덟동가리와 거의 닮았다. 하지만 머리 위쪽이 꺾여 있고, 몸통에 검은 밤
색 띠가 9개 있어서 여덟동가리와 다르다. 또 여덟동가리와 달리 꼬리지느러미에 하얀 점들이
있다.

아홉동가리는 따뜻한 물을 좋아하는 물고기다. 제주 바다와 남해에 사는데, 요즘에는 바
닷물이 따뜻해지면서 동해에서도 보인다. 물이 얕은 바위밭이나 산호초에서 혼자 산다. 움직
임이 굼뜨고, 그늘이나 바위 위에서 가만히 있기를 좋아한다. 감태가 수북이 자란 바위 위에
서 양쪽 가슴지느러미로 몸을 버티고 앉아 가만히 머물고 있는 모습을 자주 볼 수 있다. 천적
이 나타나면 후다닥 놀라 달아나다가도 다시 멈춰서 눈치를 보다 다시 달아난다. 여러 가지
조개나 갯지렁이 따위를 잡아먹고, 두꺼운 입술로 바다풀 어린 싹을 뜯어 먹기도 한다. 제주
도에서는 '꽃돔, 논쟁이'라고 한다.

**생김새** 몸길이는 30~40cm쯤 되는데, 45cm까지 큰다. 머리 뒤는 높고, 꼬리자루는 가늘다. 눈은 머리
등 쪽에 치우쳐 있다. 주둥이는 작고 두터우며 앞으로 튀어나온다. 입은 작고 턱에는 송곳니가 빽빽이
나 있다. 온몸은 은회색이나 누런 잿빛이고, 머리 뒤에서 꼬리자루까지 검은 밤색 띠가 비스듬히 같은
간격으로 9줄 나 있다. 아가미와 가슴지느러미 뿌리 쪽이 까맣다. **성장** 10~12월에 알을 낳는다. 해가
진 뒤에 알을 낳는다고 한다. 알 지름은 1mm쯤 된다. 1~2일쯤 지나면 알에서 새끼가 나온다. 갓 나온
새끼는 얕은 바닷가 웅덩이 같은 곳에서 살다가 크면서 깊은 곳으로 옮겨 간다. **분포** 우리나라 남해와
제주. 일본 중부 이남, 인도양, 하와이 같은 온대와 열대 바다 **쓰임** 가끔 그물이나 낚시에 잡힌다. 살아
있을 때는 살에서 갯바위 냄새가 나지만 내장을 깨끗이 빼내고 회로 먹기도 한다.

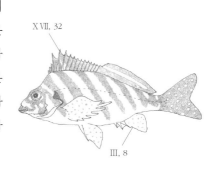

XⅦ, 32

Ⅲ, 8

여덟동가리

아홉동가리

# 망상어 *Ditrema temmincki temmincki*

바다망성어북, 망사, 망상이, 맹이, 망치어, Sea chub, ウミタナゴ, 海鮒

망상어는 따뜻한 물을 좋아하는 물고기다. 남해와 동해 바닷가 갯바위나 방파제에서 쉽게 볼 수 있다. 그런데 사는 곳에 따라 몸빛이 많이 다르다. 잿빛 밤색에 반짝반짝 빛나는 망상어가 가장 많다. 바위밭에 살면 붉그스름하고, 바닷말이 수북이 자란 곳에 살면 엷은 풀빛을 띤다. 떼 지어 다니면서 동물성 플랑크톤이나 갯지렁이, 작은 새우, 조개 따위를 먹고 산다. 망상어는 새끼를 낳는 물고기로 잘 알려져 있다. 가을에 암컷과 수컷이 무리 지어 짝짓기를 한다. 수컷이 교미기를 암컷 배 속에 밀어 넣고 정자를 넣는다. 정자는 서너 달 동안 암컷 몸속에 있다가 수정이 된다. 몇 달 뒤에 아기를 밴 엄마처럼 어미 배에서 새끼가 깨어나 불룩해진다. 새끼는 대여섯 달을 아기처럼 어미 배 속에서 영양분을 받아먹으며 지낸다. 이듬해 오뉴월이 되면 꼬리부터 후둑후둑 새끼가 빠져나온다. 갓 나온 새끼들은 크기가 벌써 어른 손가락만 하다. 《자산어보》에는 망상어를 입이 작다고 '소구어(小口魚) 속명 망치어(望峙魚)'라고 하면서 "큰 놈은 크기가 한 자쯤 되고, 생김새는 도미를 닮았지만 높이는 더 높고 입이 작으며 빛깔이 희다. 태에서 새끼를 낳는다. 살이 연하며 맛이 달다."라고 했다.

**생김새** 몸길이는 20~30cm쯤 된다. 몸은 옆으로 납작하다. 입이 작고 눈은 크다. 눈 밑에서 위턱으로 까만 점무늬가 2개 있다. 옆줄이 뚜렷하다. **성장** 새끼를 낳는 태생이다. 암컷과 수컷이 10~12월쯤 짝짓기를 한다. 짝짓기를 마친 암컷은 배 속에서 수정난을 부화시킨다. 어미 배 속에서 갓 태어난 새끼는 5mm쯤 된다. 배에 달린 노른자를 빨아 먹고, 어미로부터 영양분을 받고 자란다. 이듬해 5~6월에 5~7cm쯤 되는 새끼를 20~30마리쯤 낳는다. 많게는 80마리까지 낳는다. 새끼는 1년이면 12~15cm, 2년이면 15~18cm, 3년이면 20~25cm쯤 큰다. 큰 것은 30cm쯤 자란다. 몸길이가 12~14cm쯤 되면 어른이 된다. **분포** 우리나라 온 바다. 일본, 황해 **쓰임** 사람들은 갯바위에서 낚시로 많이 잡는다. 걸그물이나 함정그물을 쳐 놓고 잡기도 한다. 겨울이 제철이다. 구워도 먹고 탕을 끓이거나 조려도 먹는다.

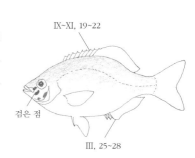

IX~XI, 19~22

검은 점

III, 25~28

# 인상어 *Neoditrema ransonnetii*

은비늘치북, 겁쟁이, 물망시, Ransonneti's surfperch, オキタナゴ, 蘭氏褐海鯽

인상어는 망상어와 생김새나 사는 모습이 닮았다. 망상어보다 더 작고, 몸이 더 낮고 길다. 주둥이도 더 길다. 바닥에 모래나 진흙이 깔린 얕은 바다나 바위밭에서 산다. 망상어보다 더 얕은 곳에서 산다. 물 흐름이 좋은 물낯부터 가운데쯤까지 떼 지어 돌아다닌다. 가끔 망상어와 함께 떼 지어 다니기도 한다. 동물성 플랑크톤이나 작은 새우, 갯지렁이 따위를 잡아먹는다.

**생김새** 몸길이는 16~18cm 안팎이다. 몸은 긴둥근꼴이고 옆으로 납작하다. 아래턱이 위턱보다 더 앞쪽으로 튀어나온다. 입은 작다. **성장** 봄에 새끼를 낳는 태생이다. 가을부터 겨울 들머리까지 암수가 짝짓기를 한다. 어미 배 속에서 새끼가 깨어 어미로부터 영양분을 받으며 자란다. 이듬해 5~6월에 암컷 한 마리가 10~20마리 새끼를 낳는다. 새끼는 1년이면 8~13cm, 2년이면 11~15cm, 3년이면 14~16cm쯤 큰다. 몸길이가 13cm 안팎이면 어른이 된다. **분포** 우리나라 남해와 동해. 일본, 중국 같은 북서태평양 **쓰임** 낚시로 제법 잡히지만 크게 쳐주는 물고기는 아니다. 먹을 수 있다.

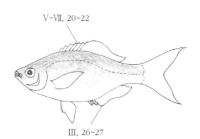

V~VII, 20~22

III, 26~27

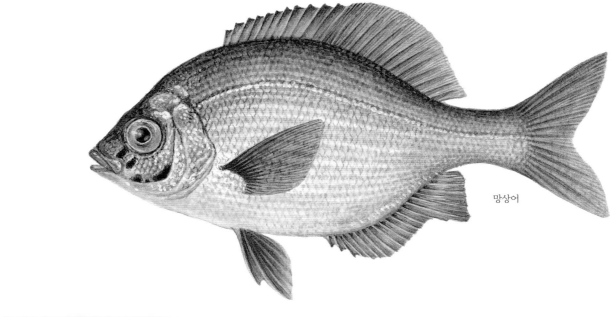

망상어

**새끼 낳는 모습** 망상어는 다른 물고기보다 새끼를 적게 낳는다.
한 번에 열 마리에서 서른 마리까지 낳는다. 갓 나온 새끼는
헤엄도 잘 치고 도망도 잘 친다.

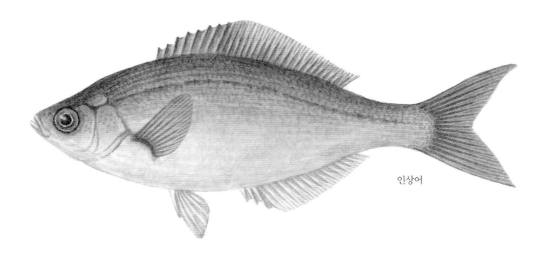

인상어

# 자리돔 *Chromis notata*

자도미북, 자돔, 자리, 생이리, Pearl-spot chromis, Damselfish, Whitesdaddled reeffish, Coralfish, スズメダイ, 斑鰭光鰓鱼

자리돔은 물이 따뜻하고 울퉁불퉁한 바위가 많은 바닷가나 산호밭에서 산다. 몸 크기가 손바닥보다 작은 자리돔들이 물속에서 떼로 몰려다닌다. 따뜻한 바다에 사는 자리돔 무리 가운데 물 온도가 낮아도 잘 견딘다. 제주 바다, 남해 앞바다 섬에 많고 따뜻한 물이 올라오는 울릉도, 독도까지 산다. 꼬리 쪽에 눈알 크기만 한 하얀 점이 있어서 햇살을 받으면 반짝반짝 빛나는데 물 밖으로 나오면 감쪽같이 사라진다. 작은 입을 쫑긋거리면서 쪼그만 플랑크톤을 호록호록 잡아먹는다. 낮에는 떼 지어 다니다가 밤이 되면 돌 틈이나 산호 속에 들어가 쿨쿨 잠을 잔다.

자리돔은 6~8월에 알을 낳는다. 수컷이 바위에 움푹 파인 곳을 깨끗하게 치우고 암컷을 데려온다. 암컷은 알을 다 낳으면 뒤도 안 돌아보고 떠나는데, 수컷은 알이 깨어날 때까지 내내 곁을 지키며 다른 물고기가 가까이 오면 달려들어 쫓아낸다. 수컷은 가슴지느러미로 살랑살랑 부채질해서 알에 신선한 산소를 넣어 주고, 수정이 안 된 알을 입으로 골라낸다. 알에서 나온 새끼는 한 달쯤 물에 둥둥 떠다니다가 1cm쯤 자라면 바위밭에 내려와 산다. 2~3년쯤 산다.

**생김새** 몸길이는 15cm 안팎이다. 몸빛은 거무스름한 밤색이다. 몸통은 옆으로 납작하다. 가슴지느러미가 몸에 붙은 곳에 거무스름한 점이 있다. 등지느러미가 끝나는 등에는 하얀 점이 있는데 물 밖으로 나오면 없어진다. 꼬리지느러미는 가위처럼 갈라졌다. 옆줄은 등지느러미 억센 가시가 끝나는 곳에서 끊어진다. **성장** 암컷 한 마리가 알을 1만~3만 개쯤 낳는다. 알 낳기 알맞은 물 온도는 20도이다. 알은 길이가 0.7~0.8mm쯤 되는 긴 타원형인데, 끈적끈적한 실처럼 생긴 부착사가 있어서 바위에 달라붙는다. 4일쯤 지나면 알에서 새끼가 나온다. 갓 나온 새끼는 2.2~2.4mm쯤 된다. 새끼는 물 가운데층이나 바닥층에 떠서 산다. 7cm쯤 크면 어른이 된다. **분포** 우리나라 제주, 울릉도와 독도. 일본, 대만, 동중국해 **쓰임** 옛날 제주도 사람들은 나무를 엮은 뗏목을 타고 나가서 그물로 자리돔을 잡았다. 이걸 제주도 사람들은 '자리 뜬다'고 했다. 지금은 긴 줄에 낚시를 여러 개 걸어 잡거나, 자리그물이나 걸그물로 잡는다. 여름에 많이 잡고, 제철이다. 몸집이 작고 뼈가 억세지만 기름기가 있어서 고소하고 비린내가 없다. 잡아서 뼈째 썰어 회로 먹거나 물회를 만들어 먹는다. 소금을 뿌려 구워 먹거나 자박자박 조려 먹어도 맛있다. 젓갈도 담는다. 제주도에서는 '자리 물회', '자리 젓갈', '자리 소금구이'로 많이 먹는다.

XⅢ-XⅣ, 12~14

Ⅱ, 10~12

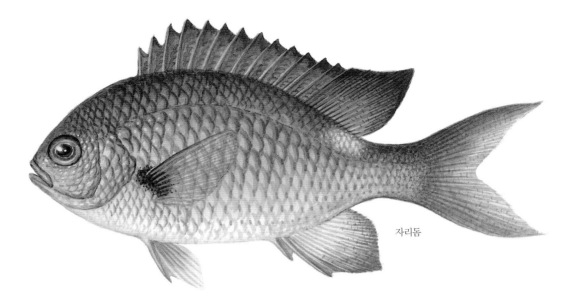

자리돔

**알을 지키는 수컷** 자리돔 수컷은 바위에 붙인 알에서
새끼가 나올 때까지 곁을 지킨다. 다른 물고기를 쫓아내거나
신선한 물이 들어가게 지느러미로 부채질을 한다.

# 흰꼬리노랑자리돔 *Chromis albicauda*

White caudal chromis, コガネススメダイ, 長臀光鰓雀鯛,
黃光鰓雀鯛

온몸이 노랗고 꼬리지느러미만 하얘서 흰꼬리노랑자리돔이다. 어릴 때는 노랗다가 크면 등
쪽이 밤색을 띤다. 따뜻한 물을 좋아하는 물고기다. 물 깊이가 10~70m 되는 바위밭에서 산
다. 무리를 짓거나 동굴 속이나 산호초, 바위밭에서 혼자 산다.

흰꼬리노랑자리돔은 제주 남부에서 여름에 알을 낳는다. 수컷이 바위에 알 낳을 곳을 마련
하고 암컷을 부른다. 암컷이 알을 낳고 떠나면 수컷이 지킨다. 제주도에서만 알 낳는 모습이
확인되었다. 노랑자리돔과 닮았지만 꼬리지느러미만 하얀 흰꼬리노랑자리돔은 2009년에 신
종으로 밝혀졌다.

**생김새** 몸길이는 10~13cm쯤 된다. 몸은 둥글고 옆으로 납작하다. 온몸이 노랗다. 주둥이는 작고, 양
턱에 이빨이 2줄 나 있다. 꼬리지느러미는 하얗고 가위처럼 갈라졌다. **성장** 더 밝혀져야 한다. **분포** 우
리나라 제주: 일본 남부, 필리핀, 인도네시아, 호주 북부 같은 서태평양 **쓰임** 낚시로 가끔 잡는다.

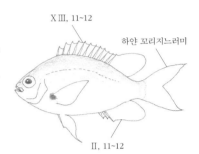

XIII, 11~12
하얀 꼬리지느러미
II, 11~12

# 연무자리돔 *Chromis fumea*

Smokey chromis, マツバスズメダイ, 烟色光鰓鱼

제주 바닷가에 사는 연무자리돔은 1990년까지 자리돔과 같은 물고기로 여겼다. 하지만
살아 있을 때는 자리돔과 달리 등지느러미와 배지느러미와 꼬리지느러미가 파랗다. 제주 바
다에서만 볼 수 있다. 물 깊이가 10~20m 되는 바위밭이나 산호초에서 떼 지어 산다. 자리돔
과 섞여 살기도 한다.

연무자리돔은 여름에 알을 낳는다. 암컷이 알을 낳아 자갈이나 바위에 붙인다. 알에는 한
쪽 끝에 끈적끈적한 실 같은 부착사가 있다. 이 부착사로 바위에 달라붙는다. 암컷은 알을 낳
으면 바로 떠나고, 수컷이 남아 알을 지킨다.

**생김새** 몸길이는 10cm까지 큰다. 몸은 옆으로 납작하다. 온몸은 연한 밤빛을 띤다. 등은 어둡지만 배
쪽으로 갈수록 밝아져 누런빛을 띤다. 살아 있을 때는 등지느러미, 배지느러미, 꼬리지느러미 가장자리
가 화려한 푸른빛을 띤다. 꼬리지느러미는 가위처럼 갈라졌다. **성장** 알은 길이가 0.8mm 안팎인 긴 타
원형이다. 갓 나온 새끼는 1.9mm쯤 된다. 새끼는 물에 둥둥 떠다니며 자란다. **분포** 우리나라 제주: 서
태평양, 인도양 같은 열대와 아열대 바다 **쓰임** 자리돔과 함께 잡는다. 자리돔처럼 먹는다.

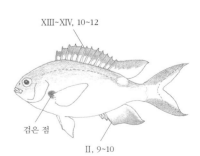

XIII~XIV, 10~12
검은 점
II, 9~10

흰꼬리노랑자리돔

연무자리돔

농어목
자리돔과

# 흰동가리 *Amphiprion clarkii*

Clownfish, Yellow tailed anemone fish, クマノミ, 克氏双锯鱼

흰동가리는 따뜻한 물을 좋아한다. 우리나라에서는 제주 바다에서 드물게 보인다. 흰동가리는 말미잘과 더불어 살아가는 물고기다. 말미잘 촉수에는 독이 있어서 다른 물고기들은 말미잘이랑 함께 못 산다. 그런데 흰동가리는 어릴 때 면역이 생기고, 살갖에서 끈끈한 물이 나와서 말미잘 독침에도 끄떡없다. 말미잘 속에 숨어 있으면 덩치 큰 물고기들이 어쩌지 못한다. 말미잘 속에 숨어 사는 대신 찌꺼기를 깨끗하게 치워 주고, 다른 물고기를 꾀어 와서 말미잘이 잡아먹을 수 있게 해 준다. 또 떠다니는 새우나 바다풀, 플랑크톤 따위를 먹는다.

흰동가리는 여름에 짝짓기를 하고 말미잘이 붙은 바위에 알을 낳아 붙인다. 그러면 수컷이 알을 지킨다. 크기는 작아도 알 낳은 곳으로 다른 물고기나 잠수부가 가까이 오면 사납게 달려든다. 사람 손을 물어뜯기도 한다. 말미잘에 커다란 암컷 한 마리와 그보다 작은 수컷 한 마리, 그리고 새끼 두세 마리가 무리를 지어 함께 산다. 암컷이 죽으면 수컷 몸이 바뀌어서 암컷이 된다. 13년쯤 산다.

흰동가리는 몸 빛깔이 광대처럼 알록달록하다고 영어로는 'clownfish', 말미잘(anemone)과 함께 산다고 'yellow tailed anemone fish'라고 한다.

**생김새** 몸길이는 5~7cm쯤 된다. 15cm까지 크기도 한다. 몸빛은 불그스름하고, 하얀 띠가 눈 뒤와 몸통과 꼬리자루에 석 줄 나 있다. 꼬리는 노랗다. 몸은 긴둥근꼴이고 옆으로 납작하다. 사는 곳에 따라 몸빛이 다르다. 주둥이는 짧고, 아래턱이 위턱보다 튀어나왔다. 옆줄은 몸 가운데쯤에서 끊긴다. **성장** 5~11월에 말미잘이 있는 바위에 알을 700~800개쯤 붙여 낳는다. 10일쯤 지나면 알에서 새끼가 나온다. 알에서 나온 새끼는 한두 해 지나면 수컷이 된다. **분포** 우리나라 제주. 일본, 대만, 말레이시아, 호주, 인도양, 태평양, 홍해 **쓰임** 몸빛이 예뻐서 사람들이 수족관에서 기른다.

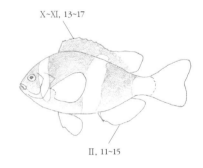

X~XI, 13~17

II, 11~15

농어목
자리돔과

# 샛별돔 *Dascyllus trimaculatus*

Domino, Threespot dascyllus, ミツボシクロスズメダイ, 三斑宅泥鱼

어릴 때 까만 몸에 하얀 점이 샛별처럼 빛난다고 이름이 '샛별돔'이다. 따뜻한 물을 좋아하는 물고기다. 어릴 때는 5~10마리가 무리를 지어 다니며 말미잘 촉수 사이에서 산다. 흰동가리처럼 다른 물고기는 얼씬도 안 하는 말미잘 속에 들어가 제 몸을 지키고, 다른 물고기를 꾀어 와서 말미잘이 잡아먹게 해 준다. 다 크면 말미잘을 떠난다. 동물성 플랑크톤이나 바다풀을 먹는다. 우리나라 제주 바다에서 어린 새끼들을 가끔 볼 수 있다.

**생김새** 몸길이는 15cm쯤 된다. 온몸이 까맣고 머리 위와 등에 눈 크기만 한 하얀 점이 있는데 크면서 흐릿해진다. 주둥이는 짧고 둥글다. 눈 뒤로 등이 높게 솟는다. 등지느러미가 억센 가시와 부드러운 줄기로 나뉘었다. 옆줄은 등지느러미 부드러운 줄기가 시작되는 곳에서 끝난다. **성장** 흰동가리 알 낳는 생태와 비슷하다. 암컷이 알을 바위에 붙이면 수컷이 지킨다. 성장은 더 밝혀져야 한다. **분포** 우리나라 제주. 일본 남부, 필리핀, 인도네시아, 호주 시드니 같은 서태평양, 하와이, 아프리카 동부 같은 인도양 **쓰임** 사람들이 보려고 수족관에서 키운다.

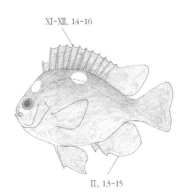

XI~XII, 14~16

II, 13~15

흰동가리

**여러 빛깔 흰동가리** 흰동가리는 사는 곳에 따라
몸빛이 여러 가지다. 몸빛이 달라도 모두
흰동가리다.

**말미잘과 함께 사는 흰동가리** 흰동가리는 말미잘과
함께 산다. 말미잘은 흰동가리를 지켜 주고, 흰동가리는
말미잘을 깨끗하게 치워 주며 산다.

샛별돔

**샛별돔과 말미잘** 열대 바다에서 샛별돔은
말미잘 숲에서 떼를 지어 산다. 큰 물고기가 다가오면
말미잘 속으로 숨는다.

# 파랑돔 *Pomacentrus coelestis*

푸른자도미[북], Neon damselfish, Blue damselfish, ソラスズメダイ, 霓虹雀鯛

파랑돔은 따뜻한 물을 좋아해서 제주 바다와 남해에 사는데, 어린 새끼는 여름에 따뜻한 물을 따라 울릉도와 독도까지 올라가기도 한다. 온몸이 파랗고 배지느러미, 뒷지느러미, 꼬리 지느러미는 노래서 크기는 어른 손가락만 하지만 바닷속에서 눈에 확 띈다. 온몸이 파랑다고 파랑돔이다. 바닷가 바위밭이나 산호밭에서 산다. 몸집이 작아서 바위틈이나 산호 사이에 쏙 쏙 잘 들어가 숨는다. 제주도에서는 한여름에 수컷이 돌에 자리를 잡고 암컷을 데려와 짝짓 기를 한다. 암컷이 알을 낳으면 수컷이 곁을 지킨다. 알에서 나온 새끼들은 떼 지어 돌아다니 며 작은 동물성 플랑크톤이나 바다풀을 먹으며 큰다.

**생김새** 몸길이는 7~8cm쯤 된다. 몸빛이 파랗고 배지느러미와 꼬리지느러미는 노랗다. 몸은 길쭉한 긴 둥근꼴이고 옆으로 납작하다. 등지느러미는 길다. 꼬리지느러미 끝은 안쪽으로 얕게 파였다. 옆줄은 등 지느러미 줄기부 가운데쯤까지 나 있다. **성장** 알 낳는 생태는 자리돔과 비슷하다. 알은 긴 타원형으로 길이가 1mm쯤 된다. 수컷 한 마리가 지키는 알 수는 1000~1500개쯤 된다. 알을 지키던 수컷이 때때로 돌보던 알을 먹기도 한다. 태풍이나 포식자 때문에 알이 제대로 깨어나지 못할 때 알을 먹는 것 같다. 물 온도가 25도 안팎일 때 4~5일 만에 새끼가 나온다. 갓 나온 새끼는 3mm쯤 된다. **분포** 우리나라 제주, 남해, 울릉도와 독도. 일본, 남태평양 열대 바다 **쓰임** 몸빛이 예뻐서 수족관에서 기른다.

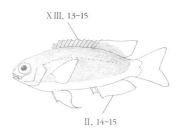

XIII, 13~15

II, 14~15

# 해포리고기 *Abudefduf vaigiensis*

애기무늬자도미[북], Indo-Pacific sergeant, Five-banded damselfish, オヤビッチャ, 五带豆娘鱼

해포리고기는 따뜻한 물을 좋아하는 물고기다. 물 깊이가 1~15m쯤 되는 바닷가 바위밭에 서 떼 지어 산다. 우리나라 남해와 제주 바다에 사는 해포리고기는 늘 물낯 가까이에서 헤엄 쳐 다닌다. 새끼 때에는 떠다니는 바다풀 아래에 숨어 지낸다. 동물성 플랑크톤이나 바다풀, 작은 무척추동물 따위를 먹는다. 알을 낳을 때가 되면 암수가 짝을 지어 돌아다닌다. 여름에 암컷이 바위에 알을 붙여 낳으면 새끼가 나올 때까지 수컷이 지킨다. 물 온도가 높은 아열대 와 열대 바다에서는 한 해에 몇 번이고 알을 낳는다. 3cm가 넘지 않는 새끼들은 물에 떠다니 는 바다풀 밑에서 지낸다. 해포리고기는 돌돔처럼 몸통에 까만 줄이 나 있다. 그래서 얼핏 보 면 돌돔 새끼인 줄 안다.

**생김새** 다 크면 몸길이가 20cm쯤 된다. 우리나라에서는 5~10cm가 흔하다. 등 가장자리는 짙은 푸른 색이고 나머지는 은회색을 띤다. 몸통에 넓은 검정색 가로띠가 5개 나 있다. **성장** 더 밝혀져야 한다. **분포** 우리나라 남해, 제주. 일본, 필리핀, 인도네시아, 호주, 뉴질랜드까지 태평양 열대 바다, 홍해, 동부 아프리카, 인도양 **쓰임** 남태평양 열대 바다에서는 사람에게 길이 잘 드는 물고기다. 수족관에서 관상 어로 인기가 높다.

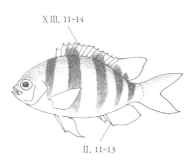

XIII, 11~14

II, 11~13

파랑돔

해포리고기

# 혹돔 *Semicossyphus reticulatus*

혹도미복, 엥이, 웽이, Bulgyhead wrasse, Cold porgy, コブダイ, カンダイ, 猪瘤魚, 隆頭魚賢, 金黃突額隆頭魚

혹돔은 따뜻한 물을 좋아한다. 우리나라 남해나 제주 바다에도 살지만, 울릉도와 독도 둘레에도 큰 혹돔이 많다. 온대 바다에 사는 놀래기 무리 가운데 가장 큰 놀래기다. 물 깊이가 20~30m쯤 되는 바위밭에서 산다. 멀리 안 돌아다니고 바위틈이나 굴을 제집 삼아 산다. 자기 집으로 다른 물고기가 들어오면 쫓아낸다. 무리를 안 짓고 혼자 살면서 자기 세력권에서 텃세를 부리며 산다. 낮에 나와서 어슬렁거리며 먹이를 찾는다. 혹돔은 턱 힘이 세고 이빨이 아주 굵고 강해서, 껍데기가 딱딱한 소라나 고둥, 전복이나 가시가 삐쭉빼쭉 난 성게도 아무렇지 않게 이빨로 아드득 깨서 속살을 빼 먹는다. 깨진 껍데기 부스러기는 아가미구멍으로 뱉어 낸다. 작은 소라나 전복은 그냥 꿀꺽 삼킨다. 밤에는 굴로 돌아와 돌에 몸을 기대고 잔다. 봄에 힘이 센 수컷이 다른 수컷을 제치고 암컷과 짝짓기를 한다. 수컷이 암컷과 함께 물낯 가까이 춤을 추듯 떠올라 알을 낳는다. 새끼일 때는 몸통 가운데로 흰 줄이 나 있다. 또 지느러미마다 까만 점이 커다랗게 나 있다. 크면서 띠무늬와 까만 점이 없어진다. 어릴 때는 모두 암컷이다가 50cm가 넘게 크면 수컷으로 몸이 바뀐다. 수컷은 크면서 이마에 지방이 쌓여 사과만 한 커다란 혹이 생긴다. 암컷은 안 생긴다. 20년 가까이 산다.

머리에 사과만 한 혹이 난다고 '혹돔'이다. 혹돔은 이름에 돔이 들어가지만 사실 돔 무리가 아니고 놀래기 무리에 드는 물고기다. 몸집이 크고 생김새가 돔을 닮았다고 '돔'이란 이름이 붙었다. 지역에 따라 '엥이(경남), 웽이(남해, 제주도), 혹도미(전남)'라고 한다. 《자산어보》에는 '유어(瘤魚) 속명 옹이어(癰伊魚)'라고 나온다. "생김새가 도미를 닮아 몸이 살짝 길고 눈은 작고 몸 빛깔은 붉다. 머리 뒤에 혹이 있는데 큰 놈은 주먹만 하다. 턱 아래에도 혹이 있다."라고 적어 놓았다.

**생김새** 다 크면 몸길이가 1m쯤 된다. 몸빛은 빨갛다. 몸은 긴둥근꼴이고 통통하며 옆으로 살짝 납작하다. 주둥이는 앞으로 튀어나왔다. 입에 큰 송곳니가 듬성듬성 나 있다. 꼬리지느러미 끝은 반듯하다. 옆줄은 하나다. **성장** 알은 낱낱이 흩어져 물에 떠다닌다. 갓 나온 새끼는 다른 놀래기류 새끼처럼 투명하고 배에 노른자를 가지고 물에 둥둥 떠다니며 자란다. 1년 만에 10~15cm, 2년이면 15~25cm, 5년이면 25~35cm, 10~13년이면 40~55cm로 자란다. **분포** 우리나라 남해, 제주, 독도, 일본, 중국, 동중국해 **쓰임** 혹돔은 여름과 가을에 낚시질로 잡는다. 힘이 워낙 세기 때문에 낚싯줄도 뚝뚝 끊기고 잘못하다간 몸이 휘청거릴 정도다. 물에 안 빠지게 조심해야 된다. 잡아서 회를 뜨거나 매운탕을 끓여 먹는다. 살은 희고 부드럽다. 여름에 맛이 있지만 일반 돔보다는 맛이 떨어진다. 《자산어보》에는 "혹을 삶아서 기름을 만든다. 맛은 도미와 비슷하지만 그것만 못하다. 머리에는 고깃살이 많은데 맛이 아주 깊다."라고 했다.

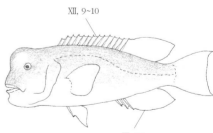

XII, 9~10

III, 12

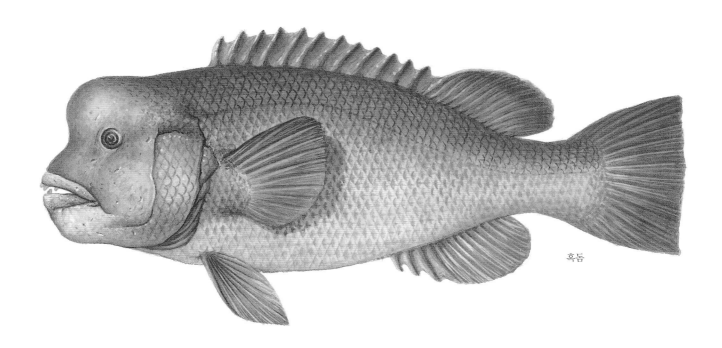

혹돔

**혹돔 암수** 수컷만 머리에 사과만 한 혹이 튀어나온다.
암컷은 안 튀어나온다.

**새끼 혹돔** 혹돔은 어릴 때 혹이 없다. 어릴 때는 몸통
가운데로 하얀 띠무늬가 한 줄 나 있다. 또 지느러미마다
까만 점이 커다랗게 나 있다. 다 큰 어른하고는 생김새가
딴판이다. 크면서 띠무늬와 까만 점이 없어진다.

**굴에서 쉬는 혹돔** 혹돔은 자기가 쉴 수 있는 굴이나
숨을 곳을 마련한다. 알 낳을 때에는 짝을 데려와
함께 살기도 한다. 낮에 먹이를 찾다가 밤이 되면 굴로
돌아와 쉰다.

# 호박돔 *Choerodon azurio*

머리용치북, Scarbreast tuskfish, イラ, 藍猪齒魚

　　호박돔은 따뜻한 물을 좋아하는 물고기다. 물 깊이가 10~50m쯤 되는 제주 바닷가 바위밭에서 흔하게 볼 수 있다. 바닷가에서 조금 깊은 바위밭에서 혼자 살거나 짝을 지어 살면서, 다른 놀래기처럼 바위 틈새나 바위 구멍에서 잠을 잔다. 인공 어초 안팎을 왔다 갔다 하면서 살기도 한다. 성게나 조개, 갯지렁이, 새우 따위를 잡아먹는다. 모래를 입안 가득히 넣었다가 뱉어 내면서 먹이를 찾는다. 턱이 튼튼하고 이빨이 날카로워서 딱딱한 성게나 조개도 아드득 깨서 먹는다. 혹돔처럼 이름에 '돔'자가 붙었지만 놀래기 무리에 드는 물고기다. 혹돔과 닮았지만 혹이 없다. 크면서 암컷에서 수컷으로 몸이 바뀐다. 여름에 알을 낳는다.

**생김새** 몸길이는 40cm까지 자란다. 몸은 긴둥근꼴이고 옆으로 납작하다. 이마가 높다. 몸빛은 불그스름하고 까만 가로띠가 몸 가운데에서 가슴지느러미 뿌리 쪽으로 비스듬히 나 있다. 물속에서 보면 입 둘레가 보라색을 띠고, 등지느러미와 뒷지느러미에 노란색, 보라색 띠가 뚜렷하게 보인다. 또 검은 꼬리지느러미 위에 보라색 점들이 흩어져 있다. 꼬리지느러미 끝은 바깥으로 둥글다. **성장** 더 밝혀져야 한다. **분포** 우리나라 남해, 제주. 일본 중부 이남, 동중국해, 대만 같은 아열대 바다 **쓰임** 여름철에 낚시로 잡는다. 제주도 어시장에서 제법 흔하게 볼 수 있다. 살이 무르고 연하다. 회보다 구이로 많이 먹는다.

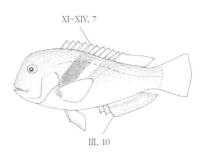

XI~XIV, 7

III, 10

# 놀래기 *Halichoeres tenuispinis*

가시용치북, Motleystripe rainbow fish, ホンベラ, 細棘海猪魚

　　놀래기는 따뜻한 물을 좋아하는 물고기다. 바닷가 바위밭에서 산다. 낮에 돌아다니고 밤에는 지느러미로 모래를 파헤치고 들어가 쉰다. 위험을 느낄 때도 재빨리 모래 속에 들어가 숨는다. 겨울이 되면 모래 속에 들어가 겨울잠을 잔다. 게나 새우, 고둥, 조개 따위를 단단한 이빨로 껍데기를 부숴 잡아먹는다. 작은 물고기도 잡아먹고 바다풀도 뜯어 먹는다. 수컷 한 마리가 암컷 서너 마리를 데리고 산다. 우두머리 수컷이 죽으면 암컷 가운데 가장 몸집이 큰 암컷이 수컷으로 몸을 바꾼다. 그러다 수컷 한 마리가 텃세를 부리며 암컷과 짝지어 알을 낳기도 하고, 암컷 한 마리와 수컷 10마리쯤이 무리 지어 물낯 쪽으로 올라가면서 알을 낳기도 한다. 7~8월에 낮 동안 여러 번 알을 낳는다.

**생김새** 몸길이는 15cm 안팎인데, 저마다 크기와 생김새, 빛깔이 여러 가지다. 어릴 때는 암컷과 수컷이 있는데, 자라면서 몇몇 암컷이 수컷으로 몸을 바꾼다. 그러면서 빛깔과 생김새가 전혀 다르게 바뀌기도 한다. 암컷은 풀빛을 띠는 옅은 밤색이고, 수컷은 붉은색이 많다. 새끼와 암컷은 가슴지느러미에 까만 얼룩무늬가 있고, 다 큰 수컷은 등지느러미 앞쪽 5~6번째 가시까지 지느러미 막 위쪽이 까맣다. **성장** 알 지름은 0.6mm이다. 알은 저마다 흩어져 물에 떠다닌다. 알에서 나온 새끼는 1.7mm 안팎이고 배에 커다란 노른자를 가지고 있다. **분포** 우리나라 남해, 제주. 일본 중부 이남, 대만, 중국, 홍콩까지 북서태평양 **쓰임** 낚시로 잡는다. 회나 구이, 탕으로 먹는다.

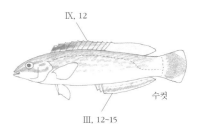

IX, 12

수컷

III, 12~15

호박돔

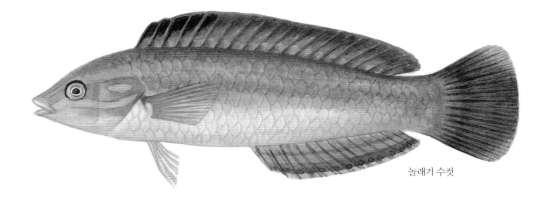

놀래기 수컷

# 용치놀래기 *Halichoeres poecilopterus*

용치북, 코생이, 수멩이, 이놀래기, 술뱅이, 어랭이, Multicolorfin rainbowfish,
キュウセン, 花鰭海猪魚

용치놀래기는 따뜻한 바다를 좋아한다. 바닥에 울퉁불퉁한 바위가 있고, 바위 사이에 모래가 깔려 있는 곳을 좋아한다. 주둥이가 길쭉하고 이빨이 송곳처럼 뾰족하고 강해서 바위틈에 숨어 있는 갯지렁이나 껍데기가 딱딱한 새우나 게나 조개 따위를 닥치는 대로 쪼아 먹는다. 해파리도 먹는다. 먹이 욕심이 많다.

용치놀래기는 잠꾸러기다. 해거름 무렵 어둑어둑해지면 이리저리 돌아다니면서 잠잘 곳을 찾는다. 그러고는 머리를 눕혀 모랫바닥을 파고 들어가 쿨쿨 잠을 잔다. 새벽 해가 뜰 무렵이 되면 모래에서 머리를 내밀고 이리저리 눈을 굴리면서 나가도 되는지 살피고 나서야 밖으로 빠져나온다. 물 온도가 13~15도 아래로 떨어지면서 날씨가 쌀쌀해지고 물이 차가워지면 아예 모랫바닥에 들어가 이듬해 봄까지 겨울잠을 잔다. 물 온도가 16도 위로 올라가면 겨울잠에서 깨 나온다. 5년쯤 산다.

용치놀래기는 암컷과 수컷 몸 빛깔이 아주 다르다. 그래서 오랫동안 서로 딴 물고기로 알아왔다. 암컷은 몸이 빨개서 '붉은놀래기', 수컷은 몸이 파래서 '청놀래기'라고 했다. 그런데 알고 보니 같은 물고기였다. 어릴 때는 암컷과 수컷 몸빛이 불그스름해서 같다. 용치놀래기는 크면서 몸도 바꾼다. 어릴 때는 암컷이었다가 크면서 수컷으로 몸이 바뀐다. 또 용치놀래기는 수컷 한 마리가 우두머리이고 암컷 여러 마리가 함께 살아간다. 태어난 새끼 가운데 수컷은 따로 떨어져 무리를 만들고, 우두머리 수컷이 죽으면 암컷 가운데 몸이 큰 한 마리가 수컷으로 몸을 바꿔 우두머리가 된다.

뾰족한 이빨이 마치 용 이빨을 닮았다고 '용치놀래기'다. 북녘에서는 '용치'라고 하고, 지역에 따라 '용치(전남), 어랭이, 교생이(제주), 술미, 수멩이(경남), 이놀래기(경북)'라고 한다.

**생김새** 몸길이는 25cm쯤 된다. 몸은 옆으로 살짝 납작한 긴 원통꼴이다. 수컷은 풀빛 몸에 가슴지느러미 뒤에 크고 까만 점이 있다. 암컷은 불그스름한 몸에 까맣고 빨간 띠가 나 있다. 주둥이가 길고 뾰족하다. 양턱 앞쪽에 송곳니가 2~4개씩 있다. 등지느러미가 몸 뒤쪽까지 길게 이어진다. 꼬리지느러미 끄트머리는 둥글다. 옆줄은 하나다. **성장** 여름에 알을 낳는다. 알에서 암컷, 수컷으로 나온다. 알 지름은 0.7~0.8mm이다. 알은 낱낱이 흩어져 물에 둥둥 떠다닌다. 알에서 갓 나온 새끼는 2mm쯤 되고, 배에 커다란 노른자를 가지고 물에 둥둥 떠다니며 자란다. 1년이면 7mm 안팎, 2년이면 10cm 안팎, 4년이면 15cm 안팎으로 자란다. 12~15cm쯤 크면 암컷에서 수컷으로 몸이 바뀌기 시작한다. **분포** 우리나라 제주, 남해, 동해. 일본, 대만, 중국, 필리핀 **쓰임** 낚시에 걸려 올라오지만 낚시꾼들이 싫어하는 물고기다. 입이 작아 미끼만 빼 먹기 일쑤고, 한번 낚싯바늘을 물면 꿀꺽 삼켜서 빼기 힘들다. 살은 희고 맑고 담백해서 회나 구이, 매운탕으로 먹는다.

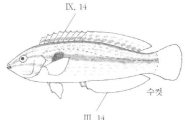

IX, 14

III, 14

수컷

용치놀래기 수컷

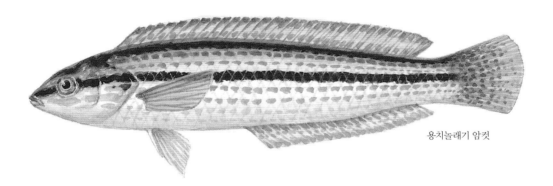

용치놀래기 암컷

<table>
<tr><td>농어목<br>놀래기과</td><td colspan="2">황놀래기 Pseudolabrus sieboldi</td></tr>
<tr><td></td><td colspan="2">어리용치북, Bambooleaf wrasse, ホシササノハベラ, 拟隆头鱼</td></tr>
</table>

황놀래기는 따뜻한 물을 좋아하는 물고기다. 놀래기나 용치놀래기보다 더 깊은 물속에서 산다. 바닥에 사는 여러 가지 작은 새우나 조개 따위를 먹는다. 낮에 돌아다니고 밤에는 바위 틈에 숨어 잠을 잔다. 황놀래기는 우리나라에 사는 놀래기류 가운데 차가운 물에서도 잘 견 뎌서 겨울에도 돌아다닌다. 사는 곳에 따라 몸빛이 여러 가지다.

황놀래기는 12월쯤에 알을 낳는다. 어릴 때 암컷과 수컷이 나뉜다. 암컷 가운데 몇몇이 9~14cm쯤 크면 수컷으로 몸을 바꾼다.

**생김새** 몸길이는 25cm쯤 된다. 몸은 등이 조금 높은 길쭉한 달걀꼴이고, 옆으로 납작하다. 수컷 몸빛 은 진한 누런 밤색이고, 암컷은 붉은 밤색이다. 머리부터 몸통으로 검은 줄이 몇 줄 나 있다. 주둥이는 길쭉하고 뾰족하다. 입은 작다. **성장** 알에서 나온 새끼는 1년이면 8cm, 2년이면 12cm 안팎, 5년이면 18cm 안팎으로 큰다. **분포** 우리나라 제주. 북서태평양 열대와 온대 바다 **쓰임** 낚시로 잡는다. 회나 탕, 구이로 먹는다.

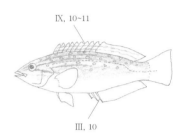

IX, 10~11

III, 10

<table>
<tr><td>농어목<br>놀래기과</td><td colspan="2">어렝놀래기 Pteragogus flagellifer</td></tr>
<tr><td></td><td colspan="2">채찍용치북, Cocktail wrasse, オハグロベラ, 高体盔鱼</td></tr>
</table>

어렝놀래기는 우리나라에 사는 놀래기 가운데 가장 따뜻한 바다를 좋아하는 열대 물고기 다. 제주 바다에 흔하고 남해 바다에도 산다. 바닷가부터 70m 바닷속까지 산다. 다른 놀래기 처럼 암컷과 수컷 생김새가 다르다. 낮에 돌아다니고 밤에는 바위틈이나 바다풀 사이에서 잠 을 잔다. 바닥에 사는 갯지렁이, 새우, 게, 거미불가사리 따위를 잡아먹는다.

어렝놀래기는 7~9월에 알을 낳는다. 알은 흩어져 떠다닌다. 알 낳을 때가 되면 수컷이 자기 영역을 지키며 텃세를 부린다. 하지만 텃세를 안 부리고 떼로 모여 알을 낳기도 한다. 알에서 나온 새끼는 물에 떠다니면서 큰다. 어릴 때 암컷과 수컷이 있는데, 암컷 가운데 몇몇은 크면 서 수컷으로 몸을 바꾼다.

**생김새** 몸길이는 20cm쯤 된다. 암컷은 수컷보다 작아서 15cm쯤 된다. 몸은 길쭉한 달걀꼴이고, 옆으 로 납작하다. 수컷 몸빛은 풀빛이 많이 돌고, 암컷은 누렇다. 첫 번째와 두 번째 등지느러미 가시가 길게 늘어난다. 수컷이 더 길게 늘어난다. 주둥이가 다른 놀래기보다 뭉툭하다. 비늘은 크고 아가미뚜껑 위 에도 비늘이 있다. **성장** 더 밝혀져야 한다. **분포** 우리나라 남해, 제주. 일본, 필리핀, 인도네시아, 호주 같은 서태평양, 홍해, 인도양 **쓰임** 낚시로 잡는다. 회나 탕, 구이로 먹는다.

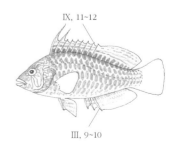

IX, 11~12

III, 9~10

황놀래기 수컷

황놀래기 암컷

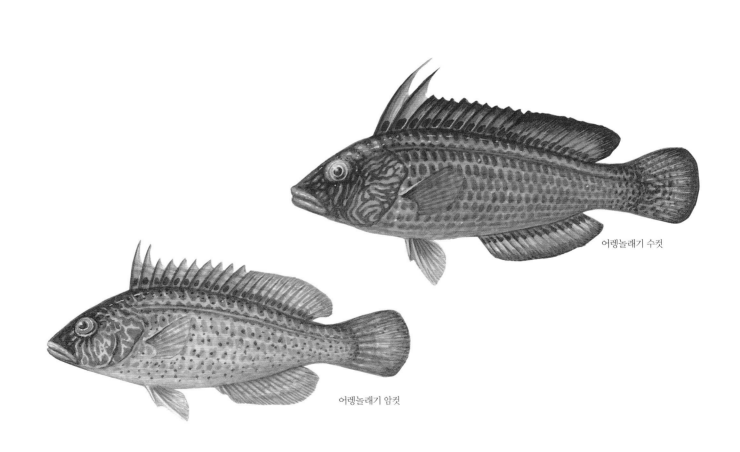

어렝놀래기 수컷

어렝놀래기 암컷

# 청줄청소놀래기 *Labroides dimidiatus*

기생놀래기, Bluestreak cleaner wrasse, Cleaner wrasse,
ホンソメワケベラ, 裂唇鱼

청줄청소놀래기는 따뜻한 바다에 산다. 우리나라 제주 바다에 산다. 청소놀래기 무리는 다른 물고기 몸을 깨끗하게 청소해 준다. 청줄청소놀래기는 청소놀래기 무리 가운데 가장 잘 알려졌다. 청소를 깨끗하게 잘하고 어릴 때는 몸에 파란 줄무늬가 있어서 '청줄청소놀래기'다. '기생놀래기'라고도 한다. 이빨 사이에 낀 찌꺼기나 몸과 아가미에 붙어사는 기생충이나 너덜너덜해진 살갗도 깨끗하게 먹어 치운다. 물고기는 사람과 달리 손이 없으니까 다른 물고기한테 도움을 받아 몸 청소를 하는 물고기가 있다. 청줄청소놀래기는 자기보다 덩치도 크고 사나운 물고기도 아랑곳하지 않고 청소를 해 준다. 청줄청소놀래기는 한눈에 알아볼 수 있는 몸빛을 띠고 있어서, 몸 청소하러 온 자바리나 능성어 같은 큰 물고기가 딱 알아보고 잡아먹지 않는다. 청줄청소놀래기가 청소할 마음이 있으면 꼬리를 위로, 머리를 아래로 까딱까딱 흔들면서 파도치듯이 헤엄친다. 그러면 청소 받고 싶은 큰 물고기가 알아채고 와서 청소를 받는다. 청소 받는 물고기는 입을 떡 벌리고 아가미를 쫙 열고 꼼짝 않고 있다. 그러면 청줄청소놀래기가 입안을 마음대로 돌아다니고 아가미를 쿡쿡 들쑤시며 청소를 한다. 곰치나 상어처럼 사나운 물고기도 청소가 끝날 때까지 꼼짝을 안 한다. 몸이 큰 어른 청줄청소놀래기가 입을 청소하고 작은 새끼들이 아가미를 청소해 주기도 한다. 한 마리 청소해 주는 데 일 분쯤 걸린다. 청줄청소놀래기 말고도 놀래기, 자리돔, 촉수, 청소새우나 어린 나비고기나 쥐치 따위도 다른 물고기 몸 청소를 해 준다. 3년쯤 산다.

청줄청소놀래기는 수컷 한 마리에 암컷 여러 마리와 새끼가 무리를 지어 산다. 혼자 살기도 한다. 수컷은 무리 우두머리여서 다른 수컷이 가까이 못 오게 쫓아내며 자기 사는 둘레를 지킨다. 수컷이 죽으면 암컷 가운데 한 마리가 한 시간 내에 수컷 행동을 흉내 내기 시작하고, 몇 주일 안에 수컷으로 몸이 바뀐다. 하지만 어항에 수컷만 두 마리 넣어 두면, 몸집이 작은 수컷이 암컷으로 몸을 바꿔 알을 낳는다. 6~9월에 알을 낳는다. 암컷과 수컷이 짝을 지어 위쪽으로 재빨리 올라가면서 눈 깜박할 사이에 알을 낳는다. 암컷 한 마리가 알을 20만 개쯤 낳는다.

**생김새** 몸길이는 12cm 안팎이다. 몸통 앞쪽은 누렇고 뒤쪽은 파르스름하다. 주둥이부터 몸통을 따라 꼬리 끝까지 까만 줄무늬가 한 줄 있다. 까만 줄은 처음에는 가늘다가 뒤로 갈수록 넓어진다. 몸은 갸름하고 길쭉하다. 입술이 두툼하고, 위턱 앞쪽에 앞니 2개가 앞으로 튀어나왔다. 꼬리지느러미 끄트머리는 둥그스름하다. **성장** 알 지름은 0.6mm이다. 알은 낱낱이 흩어져 물에 떠다닌다. 알에서 갓 나온 새끼는 1.6mm 안팎이다. 50일쯤 지나면 1.3cm 안팎으로 자란다. 1년쯤 자라면 5~6cm쯤 된다. **분포** 우리나라 남해, 제주. 일본, 필리핀, 인도네시아, 호주 같은 남서태평양, 아프리카, 홍해, 인도양 **쓰임** 안 잡는다.

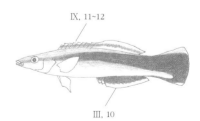

IX. 11~12

III. 10

청소하는 모습 덩치 큰 물고기가 다가와서 입을 쩍
벌리고 있으면 청줄청소놀래기가 와서 청소를 해 준다.
청줄청소놀래기는 청소를 해 주면서 먹이도 먹고
천적 물고기한테 잡아먹힐 걱정도 없다. 큰 물고기는
몸을 깨끗이 청소할 수 있으니까 서로 도움이 된다.

청줄청소놀래기

수컷

암컷

새끼

청소하는 모습 덩치 큰 물고기가 다가와서 입을 쩍
벌리고 있으면 청줄청소놀래기가 와서 청소를 해 준다.
청줄청소놀래기는 청소를 해 주면서 먹이도 먹고
천적 물고기한테 잡아먹힐 걱정도 없다. 큰 물고기는
몸을 깨끗이 청소할 수 있으니까 서로 도움이 된다.

청줄청소놀래기 무리 수컷 한 마리가 암컷
여러 마리와 새끼들을 거느리고 산다. 수컷은 무리
우두머리여서 다른 수컷이 가까이 못 오게 쫓아내어
자기 사는 둘레를 지킨다. 수컷이 죽으면 가장 힘센
암컷이 몇 주 뒤에 수컷이 된다.

# 사랑놀래기 *Bodianus oxycephalus*

여우용치북, Banded pigfish, Rainbow fish, キツネダイ, 尖头普提鱼

사랑놀래기는 따뜻한 물을 좋아하는 물고기다. 다른 놀래기보다 더 따뜻한 물을 좋아한다. 우리나라 바닷가에서는 흔치 않아서 잘 볼 수 없다. 바닷가 바위밭에서 산다. 낮에 돌아다니고 밤에는 바위틈에 들어가 쉰다. 늘 혼자 다니며 여러 가지 조개와 게, 갯지렁이 따위를 잡아먹는다. 그러다 늦은 봄에 알을 낳는다. 알 낳을 때가 되면 암컷과 수컷이 한 쌍씩 짝을 지어 다닌다.

**생김새** 몸길이는 25~30cm쯤 된다. 몸은 조금 길고 옆으로 납작하다. 주둥이는 길고 앞 끝이 뾰족하다. 위아래 턱에 작은 송곳니들이 있다. 등은 주홍색, 배는 연한 누런색이다. 옆구리에는 붉은 반점 4~5개가 드문드문 떨어져 두 줄 나 있다. 등지느러미 가운데에는 까만 반점이 있다. **성장** 더 밝혀져야 한다. **분포** 우리나라 남해와 제주. 일본 중부 이남, 태평양, 인도양, 호주 **쓰임** 안 잡는다.

XII. 9~12

III. 12

---

# 옥두놀래기 *Iniistus dea*

뿔용치북, Blackspot razorfish, テンス, 洛神连鳍唇鱼

옥두놀래기는 옥돔과 생김새가 닮았다. 하지만 옥돔과 다른 무리인 놀래기 무리에 드는 물고기다. 옥돔처럼 온몸이 빨갛다. 그런데 첫 번째 등지느러미 가시와 두 번째 등지느러미 가시가 길다. 옥두놀래기는 모래가 깔린 바위밭에서 사는데, 모래 속에 들어가 잠을 잔다. 옥두놀래기와 호박돔, 혹돔은 옆줄에 있는 비늘 생김새가 오각형이다. 황놀래기, 청줄청소놀래기, 용치놀래기는 육각형이다. 7~8년쯤 산다. 사는 모습은 더 밝혀져야 한다.

**생김새** 몸길이는 35cm쯤 된다. 머리 앞쪽이 가파르다. 몸이 높고 옆으로 아주 납작하다. 몸빛은 불그스름하고, 등지느러미 아래에 크기가 눈만 한 까만 점이 있다. 눈은 머리 등 쪽으로 치우친다. 아래턱이 위턱보다 튀어나왔다. 꼬리지느러미 끝은 둥그스름하다. 옆줄은 등지느러미 끝에서 끝나고, 꼬리자루에 또 한 줄이 반듯하게 나 있다. **성장** 더 밝혀져야 한다. **분포** 우리나라 제주. 일본, 남중국해, 호주, 인도양 **쓰임** 거의 안 잡는다.

검은 점  IX. 11~13

III. 11~13

사랑놀래기

옥두놀래기

# 무지개놀래기 *Stethojulis terina*

번개용치<sup>북</sup>, Cutribbon wrasse, Blue-ribbon wrasse, カミナリベラ,
断纹紫胸鱼

무지개놀래기 따뜻한 물을 좋아하는 물고기다. 물 깊이가 20m 안쪽인 바닷가 얕은 바위
밭이나 산호초에서 산다. 다른 놀래기처럼 암컷 가운데 몇몇이 8cm쯤 크면 수컷으로 몸을
바꾼다. 여름에 알을 낳는데, 이때는 암수가 짝을 이루거나 수십 마리가 모여 알을 낳는다.
암컷과 수컷이 함께 위로 1m쯤 솟구쳐 오르면서 알을 낳고 수정을 한다. 1~3cm 어린 새끼는
바닷가나 조수 웅덩이에서 볼 수 있다. 눈에서 꼬리자루까지 짙은 밤색 세로띠가 있고, 그 위
아래로 하얀 반점이 있어서 어미와 다르다.

**생김새** 몸길이는 12cm 안팎이다. 몸 생김새는 다른 놀래기와 닮았다. 눈은 작고 주둥이는 뾰족하다.
암컷과 수컷 몸빛이 다르다. 수컷 머리에는 물결처럼 생긴 띠가 있고, 가슴지느러미 가운데에 주홍색 반
점이 있다. 암컷은 수컷만큼 화려하지 않다. 온몸이 살색이 섞인 옅은 잿빛을 띠고, 몸통 밑에 작고 까
만 반점들이 줄지어 나 있다. **성장** 더 밝혀져야 한다. **분포** 우리나라 제주. 일본 남부, 대만 같은 북서
태평양 **쓰임** 제주 바닷가에서 가끔 낚시에 잡힌다.

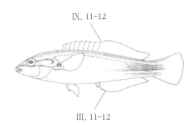

IX. 11~12

III. 11~12

# 녹색물결놀래기 *Thalassoma lunare*

Crescenttail wrasse, Moon wrasse, オトメベラ, 新月锦鱼

녹색물결놀래기는 따뜻한 물을 좋아하는 물고기다. 바닷물이 따뜻해지면서 우리나라 제
주 바다에서 가끔 볼 수 있다. 물 깊이가 20m보다 얕은 바닷가 바위밭이나 산호초에서 산
다. 가끔 강어귀에 들어가기도 한다. 바닥에 사는 무척추동물들을 잡아먹고 물고기 알을 먹
기도 한다. 밤에는 바위 아래에 들어가 잠을 잔다. 잠자리를 만들기 위해 바위 밑을 파기도
한다. 어릴 때는 암컷이다가 크면서 수컷으로 몸을 바꾼다. 여름에 암수가 짝을 짓거나 무리
를 지어 알을 낳는다. 알은 흩어져 물에 둥둥 떠다닌다.

**생김새** 몸길이는 15cm 안팎이지만, 45cm까지 자란다. 몸은 긴둥근꼴이고 옆으로 납작하다. 다른 놀
래기와 닮았지만, 녹색물결놀래기 꼬리지느러미는 위와 아래가 길게 튀어나와 뾰족하고, 가운데는 안으
로 오목하며 노란색이 뚜렷해서 다른 놀래기와 다르다. 몸빛은 풀색이고, 비늘마다 까만 반점이 있고 등
에서 배 쪽으로 가느다란 선 무늬들이 나 있다. 머리에는 눈을 중심으로 분홍색 띠가 사방으로 뻗는다.
어릴 때에는 몸 색깔이 여러 가지고, 등지느러미와 꼬리 자루에 까만 점이 있다. **성장** 알에서 나온 새끼
는 4cm쯤 자라면 꼬리지느러미에 노란색이 나타난다. 6cm 안팎으로 크면 어미와 같은 몸빛을 띤다.
**분포** 우리나라 제주. 필리핀, 인도네시아, 호주, 뉴질랜드 북부 연안까지 태평양과 인도양 **쓰임** 열대 바
다에서는 잡아서 먹거나 수족관에서 기른다.

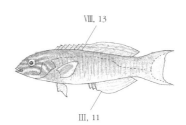

VIII. 13

III. 11

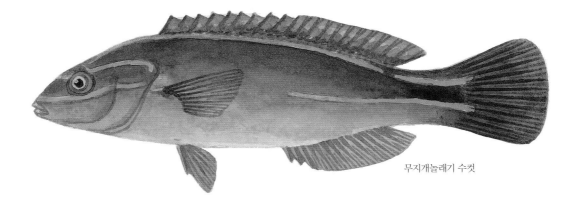

무지개놀래기 수컷

녹색물결놀래기

# 실용치 *Cirrhilabrus temminckii*

Threadfin wrasse, イトヒキベラ, 淡帶絲隆頭魚

실용치는 따뜻한 물을 좋아하는 물고기다. 우리나라 제주 바다에서 가끔 볼 수 있다. 물 깊이가 3~30m쯤 되는 바닷가 얕은 바위밭에서 무리 지어 산다. 동물성 플랑크톤을 잡아먹는다.

실용치는 여름에 알을 낳는다. 수컷이 텃세를 부리며 살다가 알 낳을 때가 되면 몸빛이 화려하게 쇠붙이처럼 반짝거리며 혼인색을 띤다. 다른 놀래기와 비슷하게 알을 낳는다. 수컷 한 마리가 여러 마리 암컷과 알을 낳기도 하고, 수컷 여러 마리와 암컷 여러 마리가 모여 위쪽으로 솟구치며 알을 낳기도 한다.

**생김새** 몸길이는 20cm쯤 된다. 몸은 긴둥근꼴이다. 다른 놀래기 몸 생김새와 닮았다. 등은 분홍색이고 배는 허옇다. 꼬리지느러미 가장자리가 둥글다. 수컷 배지느러미는 실처럼 길게 뻗어 있다. **성장** 알지름은 0.6~0.7mm이다. 알은 낱낱이 흩어져 물에 둥둥 떠다닌다. 물 온도가 23~25도일 때 하루 만에 새끼가 나온다. 갓 나온 새끼는 1.6~1.7mm쯤 된다. 배에 커다란 노른자를 가지고 있으며 물에 둥둥 떠다니며 자란다. 어릴 때는 얕은 바닷가에서 다른 물고기 새끼들과 섞여서 자란다. 3cm쯤 자라면 몸이 짙은 밤색을 띠고, 주둥이는 하얗고, 꼬리자루에 파란 점이 나타난다. 다른 놀래기처럼 크면서 암컷이 수컷으로 몸을 바꾼다. **분포** 우리나라 제주. 일본 남부에서 필리핀, 호주 북부 **쓰임** 안 잡는다. 물속에서 몸빛이 아주 예쁘기 때문에 다이버들에게 인기가 많다.

XI~XII, 8~10

III, 9~10

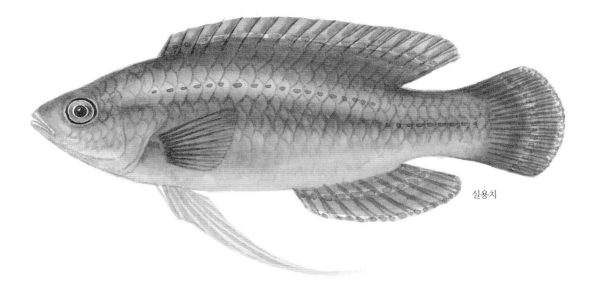

실용치

농어목
파랑비늘돔과

# 비늘돔 *Calotomus japonicus*

앵무도미<sup>북</sup>, Parrotfish, white-spotted parrotfish, ブダイ, 圆尾绚鹦嘴鱼,
日本纤鹦嘴鱼

비늘돔은 따뜻한 물을 좋아하는 물고기다. 바다풀이 수북이 자란 바닷가 바위밭에서 산다. 우리나라에서는 흔하지 않다. 낮에 돌아다니면서 바다풀이나 새우나 게 같은 작은 동물 따위를 먹는다. 밤에는 파랑비늘돔처럼 입에서 뿜어낸 투명한 젤리로 보자기처럼 자기 몸을 감싸 그 속에 들어가 쉰다. 어릴 때는 암컷과 수컷으로 나뉘는데, 자라면서 몇몇 암컷이 수컷으로 몸을 바꾼다. 8년쯤 산다.

비늘돔은 7~9월에 알을 낳는다. 어릴 때부터 수컷은 암컷들과 무리 지어 알을 낳는데, 암컷이 자라면서 수컷으로 몸을 바꾸면 알 낳을 때 텃세를 부리며 암컷을 데려와 짝을 짓고 알을 낳는다.

**생김새** 몸길이는 35~50cm쯤 된다. 수컷이 암컷보다 크다. 온몸은 붉은 밤색을 띠며, 몸통 옆구리에 제멋대로 생긴 구름무늬 4~5개가 얼룩덜룩하다. 몸 생김새는 옆으로 납작한 긴둥근꼴이다. 몸은 큰 비늘로 덮여 있다. 파랑비늘돔과 마찬가지로 입술은 없고 좌우가 합쳐진 이빨이 밖으로 나와 있다. 이빨은 평생 줄곧 자란다. 꼬리지느러미 가장자리는 둥글다. **성장** 알은 낱낱이 떨어져 물에 둥둥 떠다닌다. 알 지름은 0.6mm쯤 된다. 물 온도가 25도 안팎일 때 하루 만에 새끼가 나온다. 갓 나온 새끼는 1.6mm 안팎이다. 1년이면 14~15cm, 2년이면 25cm, 3년이면 30cm, 5년이면 35cm 안팎으로 큰다. 대부분 2년 만에 어른이 된다. **분포** 우리나라 남해, 제주. 일본 중부 이남 같은 북서태평양 **쓰임** 우리나라에서는 거의 안 잡힌다. 가끔 낚시로 잡는다. 가을부터 겨울이 제철이다. 회나 조림으로 먹는다.

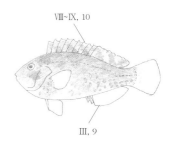

VIII~IX, 10

III, 9

농어목
파랑비늘돔과

# 파랑비늘돔 *Scarus ovifrons*

파랑앵무도미<sup>북</sup>, Knobsnout parrotfish, Parrotfish, アオブダイ, ヒメブダイ,
黄鞍鹦嘴鱼

파랑비늘돔은 따뜻한 물을 좋아하는 물고기다. 열대 바다에서는 작은 무리를 지어 헤엄쳐 다닌다. 우리 바다에는 드물다. 바다풀과 새우, 게 같은 갑각류, 조개류 따위를 먹는 잡식성이다. 또 단단한 이빨로 산호 조각을 부서뜨려 입속에 넣고는 산호에 붙은 조류(藻類)를 먹고 나머지 산호 조각은 모래처럼 잘게 부숴 뱉어 낸다. 이렇게 죽은 산호를 부서뜨려서 산호밭이 건강하게 유지되도록 돕는다. 열대 산호밭에 있는 모래 80%가 파랑비늘돔이 부서뜨린 산호 모래라고 한다. 밤에 잠을 잘 때는 입에서 허옇고 투명하며 고약한 냄새가 나는 젤리를 뿜어내서 보자기처럼 자기 몸을 감싸 그 속에 들어가 쉰다. 이빨이 꼭 앵무새 부리처럼 생겼다고 영어로는 'parrotfish'라고 한다.

**생김새** 몸길이는 70cm 안팎이다. 몸이 높은 긴둥근꼴이고, 옆으로 조금 납작하고 통통하다. 몸은 커다란 둥근비늘로 덮여 있다. 온몸이 파란색을 띠며, 머리 위쪽과 몸통 앞쪽 위가 더 짙다. 암컷 몸통은 짙은 밤색이다. 등지느러미, 뒷지느러미, 꼬리지느러미 가장자리는 짙은 파란색을 띤다. 입술이 없고 좌우가 합쳐진 이빨이 새 부리처럼 바깥으로 드러나 있다. 수컷은 크면서 이마가 조금 튀어나온다. **성장** 더 밝혀져야 한다. **분포** 우리나라 남해, 제주. 일본 남부, 대만, 필리핀 같은 태평양 **쓰임** 열대 지방에서는 맛있는 물고기로 먹는다. 구이나 튀김으로 먹는다.

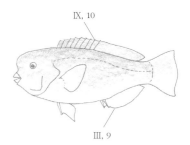

IX, 10

III, 9

비늘돔

파랑비늘돔

파랑비늘돔은 이빨이 튼튼하고 날카롭다.
꼭 앵무새 부리처럼 생겼다. 이 이빨로 산호를 부순다.

농어목
등가시치과

# 등가시치 *Zoarces gilli*

미역치복, 고랑치, 꼬랑치, Blotched eelpout, コウライガジ, 吉氏綿鳚

등가시치는 바닷가 펄이나 모래가 깔린 바닥에서 산다. 가끔 강어귀에도 올라온다. 새우나 옆새우, 청멸, 멸치 같은 작은 물고기 따위를 잡아먹는다. 난태생으로 알려졌다.

**생김새** 다 크면 50cm쯤 된다. 몸은 장어처럼 길다. 앞쪽은 원통처럼 생겼고 뒤로 갈수록 옆으로 납작하다. 몸통 가운데에 짙은 밤색 무늬 8~10개가 띄엄띄엄 줄지어 있다. 작은 둥근비늘이 살갗에 묻혀 있다. 입은 아래로 열린다. 머리는 위아래로 조금 납작하다. 위턱이 아래턱보다 튀어나온다. 등지느러미와 뒷지느러미가 꼬리지느러미와 이어진다. 등지느러미 앞쪽에 검은 반점이 있다. 등지느러미는 대부분 부드러운 줄기지만 꼬리 끝에 가까운 17~20개 가시는 아주 짧아서 마치 끊어진 것처럼 보인다. 꼬리지느러미 끝은 뾰족하다. **성장** 더 밝혀져야 한다. **분포** 우리나라 온 바다. 일본, 중국 **쓰임** 바닥끌그물에 다른 물고기와 함께 잡힌다. 회로 먹고 머리와 뼈로 미역국을 끓여 먹는다.

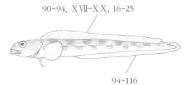

농어목
등가시치과

# 벌레문치 *Lycodes tanakae*

흰무늬미역치복, 장치, Eelpout. タナカゲンゲ, 白斑狼綿鳚, 短尾狼綿鳚

벌레문치는 바닷가부터 바닷속 200~600m 바닥에 많지만 1100m 바다 가까이까지 깊은 바다에 사는 물고기다. 물이 깊어질수록 몸집이 크다. 바닥에 살면서 멸치, 줄가시횟대, 청자갈치 같은 작은 물고기나 난바다곤쟁이, 새우, 오징어 따위를 잡아먹는다. 겨울에 알을 낳는다.

**생김새** 몸길이는 80~90cm로 자란다. 몸은 장어처럼 길쭉하지만 더 굵다. 주둥이는 뾰족하고, 위턱이 아래턱보다 앞으로 더 튀어나온다. 턱 아래에는 살갗돌기가 두 개 있다. 몸통 옆구리에는 등지느러미와 이어진 하얀 테두리를 두른 풀빛 가로무늬가 13~15개 있다. 등지느러미와 뒷지느러미가 길어서 꼬리지느러미와 이어진다. **성장** 12~2월에 60~75cm쯤 되는 암컷 한 마리가 알을 1600~6500개쯤 낳는다. 새끼는 얕은 곳에서 살다가 크면서 깊은 곳으로 들어간다. 5~6년쯤 지나 60cm쯤 크면 어른이 된다. **분포** 우리나라 동해. 일본, 오호츠크해 **쓰임** 바닥끌그물로 잡는다. 포항이나 속초 같은 동해안 어시장에서 볼 수 있다. 예전에는 그물에 잡힌 벌레문치를 그냥 내다 버렸다. 하지만 지금은 탕이나 찜으로 먹는다. 겨울이 제철이다. 꾸덕꾸덕 말려서 지져 먹기도 한다. 살이 고소하고 꼬들꼬들하다.

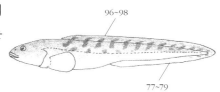

농어목
등가시치과

# 청자갈치 *Allolepis hollandi*

꽃미역치복, Porous-head eelpout, ノロゲンゲ, 何氏孔錦鳚

청자갈치는 차가운 물을 좋아하는 물고기다. 물 깊이가 200~2000m 되는 깊은 바다에 산다. 바닥에 사는 게, 새우, 지렁이 같은 동물을 잡아먹는다. 사는 모습은 더 밝혀져야 한다.

**생김새** 몸길이는 35cm쯤 된다. 근육에 수분이 많아서 몸이 부드럽고 흐물거리며 끈적끈적한 막으로 덮여 있다. 입은 주둥이 밑에 있다. 눈 홍채가 하얗다. 등지느러미와 뒷지느러미, 꼬리지느러미가 이어진다. 꼬리지느러미 끝은 뾰족하다. 배지느러미는 없다. **성장** 더 밝혀져야 한다. **분포** 우리나라 동해. 일본 북부, 오호츠크해 **쓰임** 먹을 수 있지만 안 잡는다. 새우를 잡을 때 가끔 섞여 잡힌다. 요즘에 껍질에 콜라겐 성분이 많은 것으로 밝혀졌다.

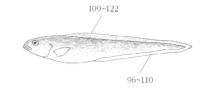

등가시치

벌레문치

청자갈치

# 바닥가시치 *Bathymaster derjugini*

Blackspot ronquil, スミツキメダマウオ, 台氏深海鰯, 鰓斑深海鰯

바닥가시치는 차가운 물을 좋아하는 물고기다. 바닷가부터 물 깊이가 60m쯤 되는 곳까지 산다. 바위밭에서 살면서 새우나 게 같은 갑각류를 잡아먹는다. 알을 낳을 때가 되면 암수가 짝을 짓는다. 북태평양에서만 사는 물고기다. 사는 모습은 더 밝혀져야 한다.

**생김새** 몸길이는 15cm 안팎이다. 몸은 긴 원통형이고 통통하다. 등지느러미와 뒷지느러미는 한 개씩 이며 높이가 거의 같은 억센 가시와 부드러운 줄기가 이어진다. 아래턱이 위턱보다 조금 앞으로 튀어나 왔고, 양턱에는 작은 송곳니들이 나 있다. 몸은 검은 밤색이나 붉은 밤색이고, 일정하지 않은 옅은 무늬 가 여기저기 나 있다. 머리에는 깨알같이 작은 검은 점들이 이리저리 나 있다. 아가미뚜껑 위에 눈동자 만 한 검은 반점이 있는 것이 특징이다. 살아 있을 때는 파란 반점이다. **성장** 더 밝혀져야 한다. **분포** 우리나라 동해 중부 이북. 일본 북부, 오호츠크해 **쓰임** 우리나라 동해 중부 이남에서는 거의 안 잡힌 다. 먹을 수 있다.

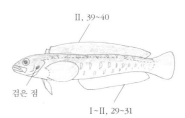

II, 39~40
검은 점
I~II, 29~31

# 표지베도라치 *Bathymaster signatus*

Searcher, Cusk, ソコメダマウオ, 斑鰭深海鰯

표지베도라치는 바닷가부터 물 깊이가 300~800m쯤 되는 바닷속 바위밭이나 펄 바닥에서 산다. 차가운 바다를 좋아해서, 물 온도가 1~2도쯤 되는 북극 바다에서도 산다. 다 큰 어른 물 고기가 가끔 앞바다 모래밭에 나타나기도 한다. 갯지렁이, 집게, 새우, 동물성 플랑크톤 따위 를 잡아먹으며 9년쯤 산다. 우리나라에서는 보기 어렵다. 아직까지 우리 바다에 사는 물고기 로 여기지 않는다.

**생김새** 몸길이는 30cm 안팎인데, 38cm까지 자란다. 몸은 원통형으로 길고 꼬리 쪽으로 가면서 옆으 로 납작하다. 온몸은 옅은 밤색을 띤다. 눈이 크고 머리 위쪽에 있다. 눈동자는 푸른색을 띤다. 머리 위 가 노란색을 띠기도 한다. 등지느러미는 머리 뒤에서 시작해서 꼬리자루까지 이어진다. 등지느러미 앞쪽 3~5번째 줄기 등 쪽에 눈만 한 까만 반점이 있는 것이 특징이다. 배지느러미는 검고, 다른 지느러미에도 검은 점들이 있기도 하다. 옆줄이 등에 치우쳐 곧게 뻗는다. **성장** 베링해에서는 6월에 알을 낳는다. 암 컷 한 마리가 알을 9만 개쯤 갖는다. 알 지름은 1.4mm쯤 된다. 몸길이가 27cm 안팎이면 어른이 된다. 성장은 더 밝혀져야 한다. **분포** 일본 북해도 동부, 캄차카반도, 베링해, 알류산 열도, 알래스카, 북미 워싱턴 주까지 북태평양, 북극해 **쓰임** 우리나라에서는 거의 안 잡힌다.

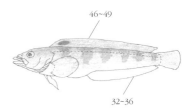

46~49
32~36

바닥가시치

표지베도라치

# 장갱이 *Stichaeus grigorjewi*

장괴이북, 장치, 꼬랑치, Long shanny, ナガヅカ, 葛氏线鳚

장갱이는 차가운 물을 좋아하는 물고기다. 물 깊이가 200~300m쯤 되는 바닷속 모랫바닥에서 산다. 새우 같은 갑각류나 극피동물, 어린 물고기 따위를 잡아먹는다. 우리나라 동해에서만 볼 수 있다. 5~7월에 물 깊이가 10m 안팎인 얕은 바닷가에 올라와 바위틈에 알을 20만 개쯤 낳는다. 알은 바닥에 붙고 수컷이 알을 지킨다.

장갱이 무리는 온 세계에 36속 71종이 산다. 우리나라에는 장갱이, 그물베도라치, 육점날개, 괴도라치 같은 물고기가 20종쯤 산다.

**생김새** 몸길이는 60cm쯤 된다. 몸은 원통형으로 가늘고 길다. 머리는 위아래로 조금 납작하고, 꼬리 쪽은 옆으로 납작하다. 눈은 아주 작고, 두 눈 사이는 움푹 들어가 있다. 등은 누런 밤색에 작고 까만 밤색 반점들이 많이 흩어져 있다. 배 쪽은 색깔이 옅다. 등지느러미에는 까만 세로띠가 2~3줄 나 있다. **성장** 알 지름은 1.2~1.3mm이고 둥근 공처럼 생겼다. 물 온도가 6~9도일 때 30일쯤 지나면 새끼가 나온다. 갓 나온 새끼는 몸길이가 8mm 안팎이고 몸이 투명하고 길다. 수컷은 4년이 지나 32cm, 암컷은 5년이 지나 36cm쯤 되면 어른이 되기 시작한다. 암수 모두 46cm쯤 되면 모두 알 낳는 데 참여한다. 10년쯤 지나면 50cm 안팎이 된다. **분포** 우리나라 동해. 일본 북부해, 오호츠크해 **쓰임** 동해에서 그물로 잡는다. 5월이 제철이다. 찜이나 탕, 회로 먹는다. 알에는 독이 있어서 먹으면 안 된다.

L II~LVII
I, 41~45

# 육점날개 *Opisthocentrus zonope*

점괴또라지북, Blenny, オキカズナギ, 垂纹背斑鳚

육점날개는 차가운 물을 좋아하는 물고기다. 동해 바다 70m쯤 되는 바닷속 바다풀이 수북이 난 바위밭에서 산다. 바위틈이나 바닥에 있는 조개껍데기 아래 숨어 있기를 좋아한다. 육점날개는 늦가을부터 겨울까지 물 온도가 0~7도일 때 알을 낳는다. 알 낳을 때가 되면 수컷 등지느러미와 뒷지느러미가 파란색으로 빛난다. 암컷 한 마리가 300~1300개쯤 알을 밴다. 조개껍데기에 알을 낳아 붙이는데, 알에서 새끼가 나올 때까지 어미가 곁을 떠나지 않는다. 하지만 적극적으로 알을 지키지는 않는다.

**생김새** 몸길이는 12cm 안팎이다. 몸은 길고 옆으로 납작해서 꼭 미꾸라지처럼 생겼다. 머리에 가느다란 짙은 밤색 띠가 있다. 주둥이는 짧고 입도 작다. 몸빛은 옅은 누런 밤색이고, 얼룩덜룩한 밤색 무늬가 나 있다. 등지느러미가 시작하는 곳에서 비스듬한 검은 띠가 아가미뚜껑 쪽으로 나 있다. 등지느러미에 둥글고 까만 반점 4개가 일정한 간격으로 나 있는 것이 종을 구분하는 특징이다. 등지느러미와 뒷지느러미는 길고 꼬리자루에 이른다. 꼬리지느러미는 가장자리가 둥글다. 배지느러미는 없다. **성장** 더 밝혀져야 한다. **분포** 우리나라 동해. 일본 홋카이도, 쿠릴 열도 같은 북서태평양 **쓰임** 안 잡는다.

L~LIII
II, 31~33

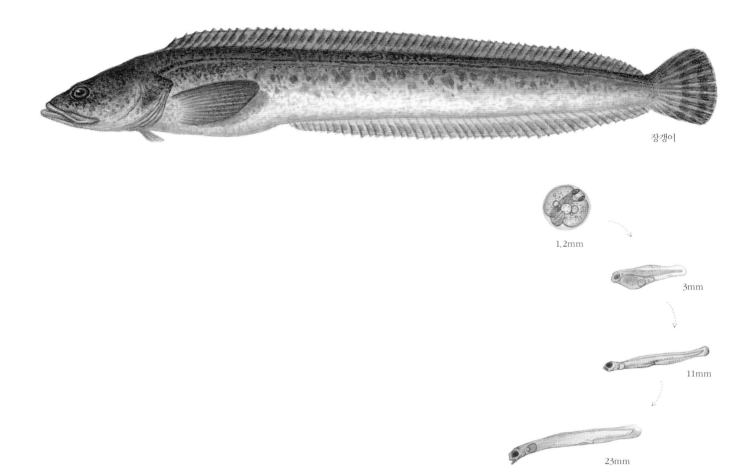

장갱이

1.2mm

3mm

11mm

23mm

장갱이가 알에서 나와 커 가는 모습이다.

육점날개

# 그물베도라치 *Dictyosoma burgeri*

그물괴또라지<sup>북</sup>, 돌장어, 쫄장어, Ribbed grunnel, ダイナンギンポ,
黑体网鳚

그물베도라치는 바닷가 웅덩이나 바위 아래, 굴에서 산다. 몸에서 끈적끈적하고 미끈미끈한 물이 나와서 돌 틈에서도 상처 없이 잘 산다. 새우나 게 같은 갑각류나 갯지렁이, 작은 물고기 따위를 닥치는 대로 잡아먹는다. 바닷가에서는 20cm 안팎인 물고기가 많지만 섬에는 25~30cm까지 큰 놈도 있다. 겨울에서 봄까지 암컷이 탁구공만 한 알 덩어리를 낳아 바위에 붙이면, 수컷이 몸으로 감싸고 지킨다.

**생김새** 몸길이는 20cm 안팎이다. 30cm까지 크기도 한다. 몸은 장어처럼 길고 옆으로 납작하다. 몸빛은 검은 밤색이나 누런 밤색처럼 여러 가지다. 머리는 위아래로 조금 납작하다. 주둥이는 짧고 입도 작다. 등지느러미는 짧고, 가시는 날카롭다. 등지느러미와 뒷지느러미는 꼬리지느러미와 이어진다. 배지느러미는 흔적만 있다. 몸통 옆구리에 가로세로로 이어진 독특한 옆줄이 나 있는 것이 특징이다. **성장** 12~4월까지 알을 낳는다. 암컷 한 마리가 알을 2000~7000개쯤 한 번에 다 낳는다. 알은 우윳빛이고 지름이 1.4~2.2mm 안팎이다. 물 온도가 15도 안팎일 때 한 달쯤 지나면 새끼가 나온다. 갓 나온 새끼는 7~9mm쯤 된다. 몸길이가 1.5~1.9cm가 될 때까지 물에 떠다니며 살다가 바닥으로 내려간다. 알에서 나온 새끼는 1년이면 12~13cm, 2년이면 14~16cm, 5년이면 19~20cm쯤 큰다. 암컷은 2년이 지나 15~17cm쯤 크면 어른이 된다. **분포** 우리나라 남해, 동해. 일본, 동중국해 **쓰임** 낚시로 잡는다. 부산 지방에서는 '돌장어, 쫄장어'라 하며 안 먹었는데, 요즘에 경남 통영, 삼천포에서는 회로 먹는다. 살이 쫄깃쫄깃하다.

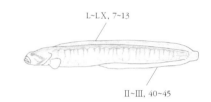

L~LX, 7~13

II~III, 40~45

# 괴도라치 *Chirolophis japonicus*

수장어<sup>북</sup>, 전복치, 설치, Fringed blenny, フサギンポ, 縫鳚, 笠鳚

괴도라치는 제법 차가운 물을 좋아하는 물고기다. 물이 얕은 바닷가 바위밭이나 만 바닥에서 산다. 생김새는 험상궂어도 얌전하다. 해삼이나 고둥 따위를 먹는다. 겨울이 되면 알을 낳는다. 알은 서로 붙어 덩어리가 되고, 암컷이 지키는데 알 덩어리를 몸으로 감싸지는 않는다.

**생김새** 몸길이는 55cm까지 큰다. 몸은 장어처럼 길고, 옆으로 납작하지만 제법 통통하다. 몸은 누런 밤색이나 밤색을 띠며, 몸통 옆구리에는 검은 구름무늬가 있다. 머리 위와 뺨, 턱, 등지느러미 앞쪽 가시 끝 위에는 나뭇가지처럼 갈라진 살갗돌기가 있다. 등지느러미와 뒷지느러미는 꼬리지느러미와 이어지지 않는다. **성장** 알은 우윳빛이고 지름이 1.8~2.5mm 안팎이다. 물 온도가 3~10도일 때 두 달쯤 지나면 새끼가 나온다. 물 온도가 14도 안팎일 때는 12일쯤 지나면 나온다. 갓 나온 새끼는 물 온도가 높을 때는 8.6mm 안팎이고, 물 온도가 낮을 때는 12~13mm쯤 된다. **분포** 우리나라 동해 중부 이북. 일본 홋카이도, 혼슈, 중국 같은 북서태평양 **쓰임** 살이 많고 맛있는 물고기다. 여름이 제철이다. 회나 매운탕으로 먹는다.

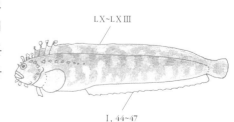

LX~LXIII

I, 44~47

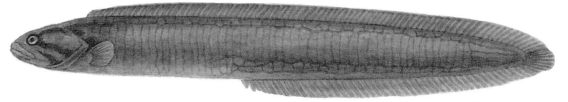

그물베도라치

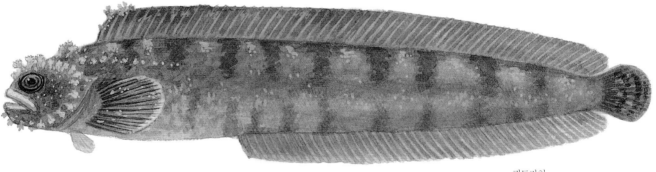

괴도라치

# 베도라치 *Pholis nebulosa*

놀맹이<sup>북</sup>, 괴또라지, 쁘드락지, 뻬드라치, Tidepool gunnel, ギンポ, 云鰷

베도라치는 조금 차가운 물을 좋아한다. 우리나라 온 바다에 산다. 깊은 바다보다 물 깊이가 20m보다 얕은 펄 바닥이나 바위 구멍, 바위 그늘에서 산다. 바닷가 물속이나 물웅덩이 돌 틈에서도 숨어 지낸다. 몸이 뱀처럼 길쭉하고 몸에 비늘이 없고 몸에서 찐득찐득한 물이 나와서 미끌미끌하다. 그 덕에 삐쭉빼쭉 튀어나온 돌 모서리에 생채기 하나 안 나고 돌 틈이나 돌구멍을 들락날락하며 잘 산다. 주로 작은 동물성 플랑크톤을 먹는다. 바다 위에 불을 켜 두면 몸을 구불거리며 물낯 가까이까지 먹이를 쫓아 올라오기도 한다.

베도라치는 11~12월에 알을 낳는다. 알은 끈적끈적해서 서로 척척 달라붙어 하얀 주먹밥처럼 생긴 알 덩어리가 된다. 알을 낳으면 수컷이 알 덩어리를 몸으로 감싸고 알에서 새끼가 나올 때까지 곁을 안 떠나고 지킨다. 알에서 나온 새끼는 어미와 생김새가 딴판이다. 몸이 작고 온몸이 투명해서 속이 훤히 들여다보인다. 이때는 물낯에 떠다니는 바다풀 속에서 산다. 5cm 안팎으로 크면 어미와 몸빛이 같아지고 바닥에 내려가 산다.

**생김새** 몸길이는 30cm 안팎이다. 몸은 길고 옆으로 납작하다. 몸빛은 누렇고 진한 밤색 무늬가 있다. 몸에 비늘이 없고 옆줄도 없다. 등지느러미와 뒷지느러미가 길어서 꼬리지느러미와 잇닿아 있다. 등지느러미에는 짧고 억센 가시가 있고, 등지느러미 밑 쪽에 삼각형처럼 생긴 까만 무늬가 줄지어 있다. 꼬리지느러미 끝은 둥글고 끄트머리가 하얗다. 배지느러미는 아주 작다. **성장** 암컷 한 마리가 알을 2천~만 개쯤 밴다. 물 온도가 12~14도일 때 한 달쯤 지나면 알에서 새끼가 나온다. 알에서 나온 새끼는 물에 둥둥 떠다니면서 자란다. 1년이면 12~13cm, 2년이면 17cm 안팎, 3년이면 20cm 안팎으로 큰다. 몸길이가 15~16cm쯤 되면 어른이 된다. **분포** 우리나라 온 바다. 일본, 중국 **쓰임** 가끔 낚시로 잡거나 그물에 걸려 올라온다. 예전에는 침을 질질 흘리는 어린아이에게 베도라치를 고아 먹였다. 살은 맛있지만 잡어로 여긴다. 회로 먹거나 구워 먹기도 한다. 《자산어보》에는 "맛이 감미롭고 구워 먹으면 좋다."라고 했다.

LX X VI-LX X X III

II, 35~42

베도라치

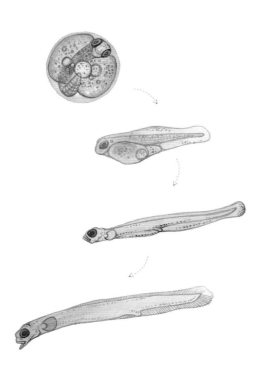

베도라치가 커 가는 모습이다. 갓 낳은 알은 깨알만 하다.
알끼리 붙어서 덩어리로 뭉친다. 알에서 나온 새끼는
온몸이 투명하다.

**알을 품는 베도라치** 베도라치 수컷은 알 덩어리를
몸으로 감싸서 새끼가 나올 때까지 곁에서 지킨다.

농어목
황줄베도라치과

## 흰베도라치 *Pholis fangi*

White gunnel, 方氏鳚 , 方氏云鳚

흰베도라치는 물 깊이가 얕은 바닷가와 만에서 산다. 우리나라 서해와 남해에서 산다. 모래와 펄이 섞인 바닥에서 지내면서 작은 플랑크톤이나 동물성 먹이를 먹는다. 서해에서는 봄에 새끼가 엄청 깨 나온다. 이 새끼들은 쥐노래미나 조피볼락 같은 물고기 먹이가 되어서 바다 생태계를 유지시키는 역할을 한다. 3년쯤 산다. 예전에는 베도라치와 같은 물고기로 여기다가 1980년대에 '흰베도라치'라는 이름을 얻었다.

**생김새** 몸길이는 15cm 안팎이 흔하다. 베도라치 무리 가운데 몸집이 작다. 몸 생김새는 베도라치와 거의 닮았다. 몸빛은 옅은 누런색을 띤다. 몸통 옆구리에는 H처럼 생긴 누런 밤색 무늬가 몸통부터 꼬리 자루까지 나 있다. 등지느러미에는 하얀 막대 무늬가 11자꼴로 일정한 간격을 두고 나 있는 것이 특징이다. 비늘은 살갗 아래에 묻혀 있어서 온몸이 미끄럽다. 등지느러미와 뒷지느러미 가시는 짧고 날카롭다. **성장** 서해에서는 11~12월쯤에 앞바다에서 알을 낳는다. 한 달쯤 지나면 알에서 새끼가 나온다. 1~2cm쯤 되는 새끼는 2~3월에 바닷가로 몰려와 자란다. 5~6월이면 다시 앞바다로 옮겨 가고 5cm 안팎으로 자란 7월쯤에 바닥으로 내려간다. 2년이 지나면 어른이 된다. **분포** 우리나라 서해. 동중국해 **쓰임** 어른 물고기는 잡지 않는다. 어린 새끼를 '실치'라고 한다. 봄에 이 실치를 잡아서 넓게 펴서 말린다. 이 포를 흔히 '뱅어포'라고 한다. 사람들은 새끼 뱅어로 뱅어포를 만드는 줄 알지만 사실은 흰베도라치 새끼로 만든다. 이 뱅어포를 굽거나 조려서 먹는다.

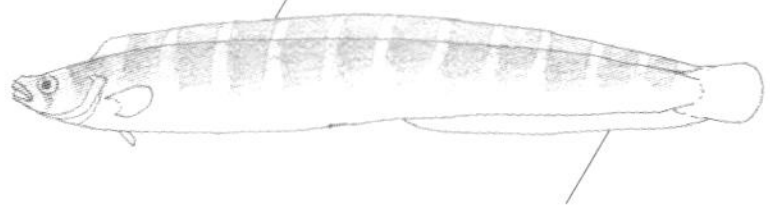

LXXVIII~LXXXI
II, 42~45


농어목
황줄베도라치과

## 점베도라치 *Pholis crassispina*

Spotted gunnel, Mottled gunnel, タケギンポ, 粗棘云鳚

점베도라치는 얕은 바닷가 모래와 펄, 조개껍데기가 섞인 바닥이나 바다풀이 수북이 난 곳에서 산다. 사는 모습은 더 밝혀져야 한다.

**생김새** 몸길이는 25cm 안팎이다. 장어처럼 몸이 길다. 머리와 몸은 옆으로 납작해서 리본처럼 생겼다. 몸빛은 누런 밤색이다. 눈 아래에 밤색 띠가 뚜렷하다. 등지느러미에 막대처럼 생긴 검은 무늬가 일정한 간격으로 나 있어서 베도라치와 다르다. 등지느러미와 뒷지느러미는 꼬리지느러미와 이어진다. 꼬리지느러미 가장자리가 둥글다. **성장** 더 밝혀져야 한다. **분포** 우리나라 온 바다. 일본, 발해, 중국 **쓰임** 베도라치와 섞여서 가끔 어시장에 나온다. 먹을 수 있지만 흔하지 않다.

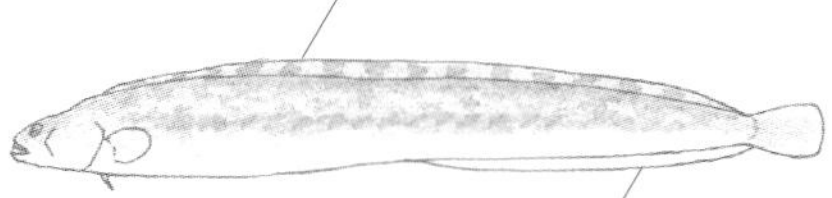

LXXXVIII~LXXXI
II, 34~41

흰베도라치

점베도라치

농어목
청베도라치과

# 청베도라치 *Parablennius yatabei*

괴또라지<sup>북</sup>, Yatabe blenny, イソギンポ, 矶鳚, 八部副鳚

이름만 베도라치지 베도라치와는 아주 다른 물고기다. 베도라치보다 작아서 7~9cm쯤 된다. 바닷가 웅덩이나 바위틈에서 다른 동물들과 함께 살면서 이리저리 돌아다닌다. 눈 위에 있는 돌기를 자주 쫑긋 세우고 머리만 내밀고 있다. 바위에 붙은 바다풀이나 게, 새우 따위를 먹고 산다. 암컷은 굴이나 진주담치 같은 빈 조개껍데기 안쪽에 알을 낳아 붙인다. 그러면 새끼가 나올 때까지 수컷이 지킨다. 짝짓기 때가 되면 수컷 눈 위에 있는 살갗돌기가 더 가늘어지면서 커진다.

**생김새** 몸길이는 7~9cm쯤 된다. 몸은 짧고 통통하다. 머리와 몸은 옆으로 납작하다. 몸빛은 누런 잿빛을 띤다. 머리와 눈이 크다. 눈 위쪽에 커다란 살갗돌기가 1개 있다. 몸에 비늘이 없다. 주둥이는 짧고, 양턱에 억센 송곳니가 2개씩 있다. 등지느러미 가장자리에 까만 얼룩무늬가 1개 있다. **성장** 알 지름은 0.7~0.8mm쯤 된다. 암컷은 두세 번에 걸쳐 알을 460~1000개쯤 낳는다. 물 온도가 20~25도일 때 일주일쯤 지나면 새끼가 나온다. 갓 나온 새끼는 투명하며 머리가 작고 배에 노란 노른자를 조금 가지고 있다. **분포** 우리나라 남해. 일본 **쓰임** 안 잡는다.

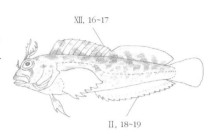

XII. 16~17

II. 18~19

농어목
청베도라치과

# 두줄베도라치 *Petroscirtes breviceps*

칠색괴또라지<sup>북</sup>, Striped poison-fang blenny mimic,
Shorthead fangblenny, ニジギンポ, 纵带美鳚

두줄베도라치는 따뜻한 물을 좋아하는 물고기다. 물 깊이가 얕고, 여기저기에 바위가 있고, 바다풀이 수북이 자란 바닷가에서 산다. 알을 낳으려고 버려진 병이나 깡통 따위에도 들어간다. 작은 갑각류를 잡아먹고 규조류 같은 식물성 먹이도 먹는다. 몸집은 작지만, 아래턱에 난 강한 송곳니 두 개에 독을 가지고 있어서 물리지 않도록 조심해야 한다.

두줄베도라치는 5~9월에 알을 낳는다. 조개껍데기나 고둥 껍데기 속이나 입구가 좁은 병, 캔 따위 속에 들어가 알을 낳아 붙이고, 수컷이 알을 지킨다. 두 주쯤 지나면 알에서 새끼가 나온다. 알에서 나온 어린 새끼는 둥둥 떠다니면서 산다.

**생김새** 몸길이는 10cm 안팎이다. 몸은 작은 원통형인데, 옆으로 조금 납작하다. 온몸은 누런 밤색을 띠고, 몸통 옆구리에 검은색, 검은 밤색 세로줄이 2줄, 하얀 줄이 한 줄 있다. 등지느러미는 머리 뒤에서 꼬리자루까지 길고, 굵은 띠무늬가 5~6줄 있다. 수컷은 꼬리지느러미가 오목하며 위아래 끝이 길게 나오지만, 암컷은 길게 나오지 않는다. 몸빛과 무늬는 사는 곳마다 여러 가지다. 몸에 비늘이 없고 미끌미끌하다. **성장** 더 밝혀져야 한다. **분포** 우리나라 울릉도, 남해, 제주. 일본 중남부, 필리핀, 팔라우 제도, 아프리카 동부 연안에서 인도네시아까지 열대 바다 **쓰임** 안 잡는다.

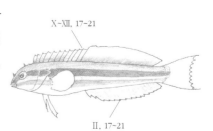

X~XII. 17~21

II. 17~21

청베도라치

두줄베도라치

농어목
청베도라치과

# 앞동갈베도라치 *Omobranchus elegans*

미끈괴또라지[북], Elegant blenny, ナベカ, 美扇鰓鳚, 美肩鰓鳚

앞동갈베도라치는 바닷가 웅덩이나 밀물이 차오르는 바위에 산다. 늘 구멍 속에 들어가 지내며 멀리 돌아다니지 않는다. 자기 사는 곳으로 다른 앞동갈베도라치가 들어오면 달려들어 쫓아낸다. 굴에서 나왔다가도 금방 되돌아오는데, 늘 굴 입구를 살핀 뒤에 꼬리부터 뒤로 들어간다. 바다풀이나 찌꺼기 따위를 먹고 산다. 늦봄 짝짓기 때가 되면 수컷이 굴이나 따개비 속을 입으로 깨끗하게 치운 뒤 암컷을 데려온다. 암컷이 그 속에 빨간 알을 한 층으로 낳고 떠나면, 수컷이 알을 지킨다. 수컷은 가슴지느러미와 꼬리지느러미를 살랑살랑 흔들어 알 덩어리에 신선한 물을 넣어 주고, 죽은 알은 입으로 떼어 낸다. 알에서 새끼가 갓 나오면 수컷이 입안에 넣어 밖으로 옮긴다. 바닷가 웅덩이에서 제법 볼 수 있는데, 몸집은 작지만 성질이 사나워서 손으로 잡으면 물기도 한다.

**생김새** 몸길이는 6cm쯤 된다. 머리와 몸통은 두줄베도라치와 닮았으며, 굵은 밤색 띠무늬가 4~5줄 나 있다. 몸은 가늘고 길다. 머리 위가 둥글고, 주둥이 위는 거의 수직에 가깝다. 몸 앞쪽에 검은 밤색 가로줄이 많이 있고, 뒤쪽에는 작고 까만 점들이 꽉 차게 찍혀 있다. 등지느러미와 뒷지느러미는 노랗다. 꼬리는 밝은 노란색인데 작고 까만 점들이 흩어져 있다. **성장** 암컷 한 마리가 한두 번에 걸쳐 알을 1200~3000개쯤 낳는다. 알은 동그랗고, 다른 물체에 들러붙는다. 물 온도가 27도 안팎일 때 8일쯤 지나면 알에서 새끼가 나온다. 알에서 나온 새끼는 한 달쯤 지나면 12mm, 두 달쯤 지나면 22mm쯤 큰다. **분포** 우리나라 동해 울릉도와 독도를 포함한 중남부 바닷가. 일본, 중국 산둥반도 연안 **쓰임** 몸빛이 예뻐서 수족관에서 기르기도 한다.

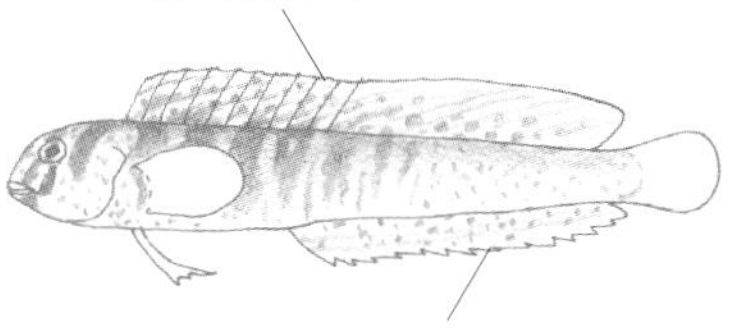
XII~XIII, 21~22
II, 21~23

농어목
청베도라치과

# 가짜청소베도라치 *Aspidontus taeniatus taeniatus*

False cleanerfish, Cleaner mimic, ニセクロスジギンポ, 纵带盾齿鳚

가짜청소베도라치는 바닷가부터 물 깊이가 20m 안팎인 곳까지 산다. 우리나라에는 아직 기록되지 않은 물고기다. 바위밭이나 산호초에서 잘 지낸다. 어미는 혼자 살거나 몇 마리씩 무리 지어 산다. 가끔은 죽은 고둥 껍데기 속이나 좁은 구멍 속에 암수가 짝을 지어 머물기도 한다. 생김새가 청소놀래기와 닮았고 물속에서 헤엄치는 모습도 닮았다. 청줄청소놀래기는 덩치 큰 물고기가 안 잡아먹는다. 그러니까 가짜청소베도라치는 청줄청소놀래기 몸빛이나 생김새를 똑같이 흉내 내서 덩치 큰 물고기를 속인다. 큰 물고기가 깜박 속아 가짜청소베도라치가 자기한테 가까이 다가와도 청줄청소놀래기인 줄 알고 내버려 둔다. 그러면 가짜청소베도라치는 지느러미나 비늘, 살갗 따위를 뜯어 먹고 도망친다. 하지만 산호초에 사는 거의 모든 물고기는 청줄청소놀래기와 이 가짜청소베도라치를 구분할 줄 알기 때문에 쉽지 않다. 바닥에 사는 무척추동물이나 동물성 플랑크톤 따위도 먹는다.

**생김새** 몸길이는 11cm 안팎이다. 생김새는 청줄청소놀래기와 아주 닮았지만, 입이 주둥이 아래쪽에 있어서 청줄청소놀래기와 다르다. 주둥이 끝에서 꼬리지느러미까지 뒤로 갈수록 넓어지는 까만 띠무늬가 있다. 배는 하얗다. **성장** 알을 바닥에 붙여 낳는다. 알에서 나온 어린 물고기는 그냥 물에 둥둥 떠다니면서 큰다. 성장은 더 밝혀져야 한다. **분포** 일본 남부, 태평양, 인도양, 호주 북부 **쓰임** 안 잡는다.

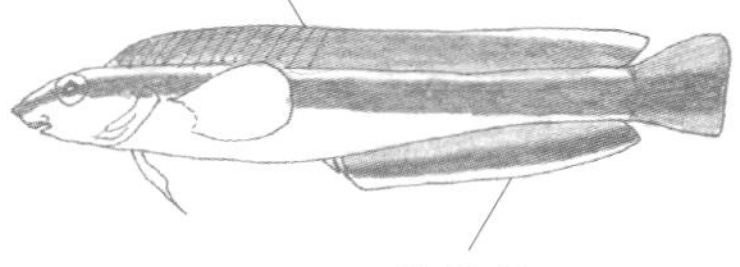
X~XII, 26~28
II, 25~28

앞동갈베도라치

가짜청소베도라치

# 가막베도라치 *Enneapterygius etheostoma*

Triplefin blenny, ヘビギンポ, 三鰭鰯

가막베도라치는 바닷가 바위밭에서 산다. 작은 동물성 먹이나 바다풀 따위를 먹는다. 4~10월에 알을 낳는데, 짝짓기 때가 되면 수컷이 돌 틈이나 바위 밑에 알을 낳을 곳을 마련하고, 암컷을 데려온다. 암컷이 알을 낳아 붙이고 떠나면 수컷이 돌본다. 알 겉에 수많은 실들이 있어서 다른 물체에 달라붙는다.

**생김새** 몸길이는 5~6cm쯤 된다. 몸은 원통형으로 생겼고, 꼬리 쪽은 옆으로 납작하다. 몸은 살색이고 밤색 띠가 5~6개 있다. 수컷이 암컷보다 몸빛과 띠무늬 색이 더 짙다. 알 낳을 때가 되면 수컷은 온몸이 까맣게 바뀌고 꼬리에 하얀 띠가 2개 생긴다. 머리는 주황색, 누런 밤색을 띤다. 주둥이는 세모꼴로 뾰족하며 입은 주둥이 아래쪽 끝에 있다. 눈 위와 콧구멍 위에 살갗돌기가 하나씩 나 있다. 등지느러미가 3개로 나뉜다. 옆줄은 꼬리 가운데쯤에서 끊어져 있다. **성장** 더 밝혀져야 한다. **분포** 우리나라 동해, 남해, 제주; 일본, 대만, 중국, 베트남 **쓰임** 몸이 작고 귀여워서 수족관에서 기른다.

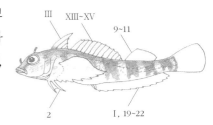

# 청황베도라치 *Springerichthys bapturus*

Blacktail triplefin, ヒメギンポ, 黑尾史氏三鰭鰯

청황베도라치는 바닷가 얕은 물속 바위밭에서 사는데, 바위 밑이나 굴속 어두운 곳에 머문다. 수컷은 어른이 되면 머리가 까맣게 바뀌면서 혼인색을 띤다. 제주와 남해 바다에서 종종 볼 수 있었지만, 1990년대 독도에서 처음 잡아 우리나라 물고기로 기록되었다. 따뜻한 물을 좋아하는 물고기다. 차가운 물과 따뜻한 물이 만나는 울릉도와 독도 바닷가에서도 한 해 내내 볼 수 있다. 12~2월 사이에 바위 위에 알을 낳는다. 수컷은 텃세를 부리며 지내다가 암컷을 불러 알을 낳는다.

**생김새** 몸길이는 6~7cm쯤 된다. 몸 생김새는 가막베도라치와 아주 닮았다. 주둥이가 세모꼴로 뾰족하고, 몸은 원통형인데 꼬리 쪽으로 갈수록 옆으로 납작하다. 등지느러미가 3개로 나뉜다. 뒷지느러미 앞쪽에 억센 가시가 2개 있어서, 가시가 없거나 1개 있는 다른 먹도라치 물고기와 다르다. 수컷 몸은 옅은 누런 잿빛이고, 암컷은 하얗고 빨간 반점이 흩어져 있다. 수컷 머리는 까맣다. 짝짓기 때에는 까만 수컷 머리에 화려한 파란 띠무늬가 나타나고 몸빛이 누런빛을 띠어서 암컷과 다르다. **성장** 더 밝혀져야 한다. **분포** 우리나라 동해, 남해, 제주; 일본, 중국, 대만 **쓰임** 안 잡는다.

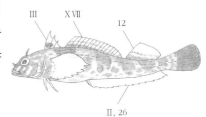

가막베도라치 수컷

가막베도라치 암컷

청황베도라치 수컷

# 도루묵 *Arctoscopus japonicus*

도루메기북, 도루묵이, 도루매이, 도룩맥이, Sailfin sandfish, Sand fish, ハタハタ,
日本叉牙魚

도루묵은 찬물을 좋아하는 물고기다. 우리나라 동해에 산다. 물 깊이가 200~500m쯤 되는 깊은 바닷속 모랫바닥에서 지낸다. 낮에는 모랫바닥에 몸을 파묻고 있다가 아침저녁에 나와 돌아다닌다. 작은 물고기나 명태 알, 새우 따위를 잡아먹는다. 11월 말에서 12월 겨울이 되면 바닷말이 수북이 자라고, 물 깊이가 1~10m쯤 되는 얕은 바닷가로 떼로 몰려와서 알을 낳은 뒤 다시 먼바다로 나간다. 알은 공처럼 둥그렇게 덩어리져서 바닷말에 붙는다. 60~70일쯤 지나면 알에서 새끼가 나온다. 알에서 나온 새끼는 3~4월까지 바닷가에서 떼로 몰려다니다가 5월이 지나면 먼바다로 나간다. 5~7년을 산다.

도루묵은 《전어지》에 '은어'라고 나온다. "배 쪽이 운모 가루처럼 하얗고 빛이 나서 그 지방 사람들은 은어라고 한다."라고 했다. 《세종실록》에는 도루묵 원래 이름이 '맥어(麥魚)'였는데 은어로 바뀌었다가 다시 맥어가 되었다고 '환맥어(還麥魚)'라고 한다고 나온다. 《고금석림》에는 "고려 시대 어느 임금이 동해 바닷가로 피난을 갔을 때, 목어(木魚)라는 물고기를 먹어 보고는 기가 막히게 맛이 좋아서 '은어(銀魚)'라는 이름을 붙여 주었다. 궁으로 돌아온 임금이 은어 맛을 못 잊어 다시 먹었는데, 어째 그때 그 맛이 아니라서 '도로 목어라 하라'고 말하는 바람에 도루목(도루묵, 還木魚)이 되었다."라는 이야기가 나온다. 그 뒤로 사람들은 하던 일이 물거품이 돼서 다시 처음부터 시작해야 할 때 '말짱 도루묵이네'라는 말을 하게 되었다. 하지만 사실 '도루묵'이라는 이름은 옛 이름 '돌목'에서 바뀐 이름이라고 한다. 옛날 사람들은 도루묵을 하찮은 물고기로 여겼다. 그래서 힘들게 건져 올린 그물에 가득 찬 도루묵을 보고 한숨을 쉬며 '말짱(모두) 도루묵이네'라고 했다고 한다.

**생김새** 몸길이는 15~20cm가 흔한데, 30cm까지도 자란다. 등은 누렇고 까만 물결무늬가 있다. 배는 하얗다. 몸에는 비늘이 없고 반질반질하다. 옆줄도 없다. 입은 크고 비스듬히 위쪽을 향해 나 있다. 아가미뚜껑에 작은 가시가 다섯 개 있다. 등지느러미는 두 개인데, 첫 번째 지느러미는 삼각형으로 뾰족 솟았다. 가슴지느러미가 넓적하게 크다. 뒷지느러미는 가슴지느러미 끝에서 시작해서 꼬리자루까지 길다. 꼬리지느러미 끝은 자른 듯이 반듯하다. **성장** 암컷 한 마리가 알을 500~2400개쯤 낳는다. 알은 둥글고 연한 붉은빛이나 연한 밤빛을 띤다. 알 지름은 3.1~3.4mm이다. 알 껍질은 쫀득쫀득하고 질기다. 새끼는 1년이 지나면 10cm, 2년이면 15~17cm, 3년이면 19~20cm, 4년이면 21~23cm쯤 큰다. 암컷은 17cm, 수컷은 13cm쯤 크면 어른이 된다. **분포** 우리나라 동해. 일본, 사할린, 캄차카, 북태평양, 알래스카 **쓰임** 겨울에 알 낳으러 올 때 잡는다. 끌그물이나 자리그물, 걸그물로 잡는다. 겨울이 제철이다. 도루묵은 비린내가 안 나고 맛이 담백하다. 자박자박 조려 먹거나 매운탕을 끓여 먹거나 굵은 소금을 뿌려 구워 먹는다.

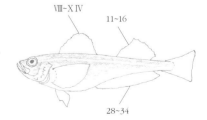

VIII~X IV
11~16
28~34

도루묵

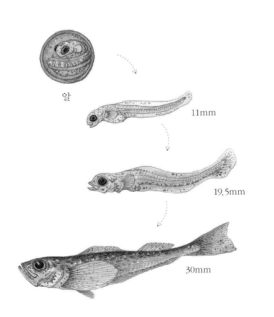

알

11mm

19.5mm

30mm

알에서 새끼가 깨어 나와 커 가는 모습이다.
새끼는 3년이 지나면 어른이 된다.

**도루묵 알** 도루묵 한 마리가 알을 500~2400개쯤
낳는다. 알은 둥그렇게 덩어리져서 바닷말에 붙는다.

# 동미리 *Parapercis snyderi*

범고도리북, U-mark sandperch , Snyder's grubfish, コウライトラギス, 背斑拟鲈, 史氏拟鲈

　　동미리는 따뜻한 물을 좋아하는 물고기다. 바위들이 있는 얕은 바닷가 모랫바닥이나 펄과 모래가 섞인 바닥에 앉아 살아간다. 바닥 모래 속에 몸을 묻고 지내기도 한다. 작은 물고기나 새우 따위를 잡아먹는다. 1~2년 암컷으로 지내다가 그 뒤로는 수컷으로 몸을 바꾼다.

　　동미리는 여름에 알을 낳는다. 이때가 되면 수컷은 암컷 여러 마리와 무리를 짓고 텃세를 부린다. 암컷과 수컷이 바닥에서 위쪽으로 함께 솟구치면서 알을 낳는다. 3년쯤 산다.

**생김새** 몸길이는 10~15cm이다. 양동미리과에 드는 다른 물고기처럼 몸 생김새가 원통형이다. 등은 조금 빨간 밤색이고, 배는 하얗다. 등 쪽에 V자처럼 생긴 까만 무늬가 5개 나 있다. 주둥이는 뾰족하다. 입은 크고 주둥이 아래에 있다. 수컷은 가슴지느러미 뿌리 가까이에 커다란 검은 반점이 있지만, 암컷은 없다. 아가미뚜껑 위에 날카로운 가시가 2개 있다. **성장** 더 밝혀져야 한다. **분포** 우리나라 남해. 일본, 중국에서 호주까지 서태평양 **쓰임** 물고기가 다니는 길목에 막대를 박아 그물을 울타리처럼 쳐 두고 물고기를 몰아넣어 잡는다. 살이 단단하고 맛도 있다. 생선이나 소금에 절여 먹는다.

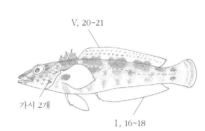

V, 20~21

가시 2개

I, 16~18

# 쌍동가리 *Parapercis sexfasciata*

여섯줄고도리북, 아홉동가리, Saddle weever, Grub fish, クラカケトラギス, 六帶拟鲈

　　쌍동가리는 바닷가 모랫바닥이나 조개껍데기가 깔린 바닥에 산다. 바닥에 배를 대고 가만히 있다가 먹이가 보이면 살살 다가가 와락 달려든다. 바닥에 사는 갯지렁이나 조개, 새우 따위를 잡아먹는다. 가끔 작은 물고기도 잡아먹는다. 암컷이 자라면서 수컷으로 몸을 바꾼다. 새끼들이 나타나는 때로 미루어 볼 때 장마철과 가을에 알을 낳는 것 같다.

**생김새** 몸길이는 20cm 안팎까지 큰다. 몸은 살색이고, V자처럼 생긴 굵고 까만 가로띠가 있다. 몸은 원통형인데 뒤쪽으로 갈수록 옆으로 조금 납작하다. 머리는 위아래로 조금 납작하다. 눈은 머리 위쪽 가까이에 있어서, 위를 쳐다보고 있는 듯하다. 머리에는 눈 아래쪽으로 까만 띠가 있으며, 노란 가는 줄과 작은 점들이 있다. **성장** 알은 낱낱이 흩어져 물 위에 떠다닌다. 새끼가 10~13cm쯤 크면 어른이 된다. **분포** 우리나라 남해. 일본 중남부, 중국 같은 북서태평양 **쓰임** 바닥끌그물이나 낚시로 잡는다. 남해 바닷가에서 많이 잡힌다. 살이 희고 단단해서 씹는 맛이 좋다. 예전에는 자질구레한 물고기로 여겼지만, 요즘에는 어시장에 제법 나온다. 회나 소금구이로 먹는다.

V~VI, 23

가시 2개

I, 19~20

동미리

쌍동가리

# 까나리 *Ammodytes personatus*

양미리, 곡멸, 꽁멸, 솔멸, Pacific sand lance, イカナゴ, 玉筋魚

까나리는 바닷가부터 150m 바닷속 모래가 깔린 바닥에 떼 지어 산다. 맑고 차가운 물을 좋아한다. 남반구에는 안 살고 북반구 온대 바다에만 산다. 날씨가 사납거나 물살이 세면 모래 속에 쏙쏙 들어가 숨고 머리만 쏙 내놓고 있다. 밤이 되거나 자기보다 큰 물고기가 다가와 겁이 날 때도 모래 속에 들어가 숨는다. 3~5cm 깊이로 파고 들어가는데 바깥에서 살짝만 건드려도 금세 튀어나와 다른 곳으로 쏙 숨는다. 물 온도가 18~19도를 넘어서 물이 따뜻해지면 아예 모래 속 3~5cm쯤 깊이로 들어가 꼼짝 않고 여름잠을 잔다. 여름잠을 자기 전에 먹이를 잔뜩 먹어서 몸에 살을 찌운다. 여름 내내 밥도 안 먹고 쿨쿨 자다가 물 온도가 17~18도 밑으로 내려가 물이 차가워지는 가을에 나온다. 물에 떠다니는 플랑크톤이나 작은 동물을 잡아먹고, 물풀도 뜯어 먹는다. 동틀 때쯤 모래 속에 숨어 있다가 재빨리 튀어나와 먹이를 잡는다. 겨울과 이른 봄에 알을 낳는다. 2~3년쯤 산다.

까나리는 서해나 남해에서도 많이 살고, 동해에서도 산다. 서해에 사는 까나리는 크기가 손가락만 한데, 동해에 사는 까나리는 크기가 꽁치만 하다. 동해에서는 까나리를 '양미리'라고 한다. 겨울철이 되면 시장에 줄줄이 엮여서 나오는 양미리는 사실 까나리다. 양미리라는 물고기는 따로 있다. 동해에서만 사는 9cm쯤 되는 작은 물고기다.

까나리는 지역에 따라 '양미리(동해), 까나리(서해), 곡멸(남해), 꽁멸, 솔멸(전남)'이라고 한다. 영어로는 'sand lance'라고 하는데, '모래 속에 사는 창처럼 생긴 물고기'라는 뜻이다.

**생김새** 몸길이는 5~15cm쯤 된다. 동해에 사는 무리는 30cm쯤까지 자란다. 살아 있을 때는 등이 밤색, 배는 은백색을 띠지만 죽으면 등이 푸르스름하게 바뀐다. 몸은 아주 가늘고 긴 원통꼴이고, 작은 둥근비늘로 덮여 있다. 몸에 가로로 비스듬하게 주름이 잡힌다. 입이 뾰족한데 아래턱이 더 길고 뾰족하다. 이빨은 없다. 등지느러미는 꼬리자루까지 이어진다. 배지느러미는 없다. 옆줄이 등 쪽으로 붙어 한 줄 있다. **성장** 암컷 한 마리가 알을 2000~6000개쯤 낳는다. 알은 바닥에 가라앉는다. 물 온도가 10도일 때 20일쯤 지나면 새끼가 나온다. 1년이면 7~9cm(동해 북부 13~14cm), 2년이면 12cm(동해 북부 16~17cm), 3년이면 14cm(동해 북부 21~22cm)쯤 큰다. 새끼는 한 해가 지나면 어른이 된다. **분포** 우리나라 온 바다. 일본, 시베리아 이남, 북미 알래스카에서 캘리포니아 연안까지 **쓰임** 동해에서는 10~1월 해가 뜰 무렵에 모래에서 튀어나오는 까나리가 그물에 걸리게 해서 잡는다. 서해에서는 3~7월에 자리그물이나 함정그물로 잡는다. 밤에 배를 타고 나가서 불을 환하게 켜면 멋도 모르고 떼로 몰려드는데 그때 그물로 잡기도 한다. 봄부터 여름 들머리가 제철이다. 서해에서는 작은 까나리를 잡아서 액젓이나 젓갈을 담그고 멸치처럼 말려서도 먹는다. 동해에서는 겨울에 잡아서 꾸덕꾸덕 말려서 구워 먹는다. 소금구이, 볶음, 조림, 찌개로도 먹고 회로도 먹는다. 살에서 기름을 짜기도 한다.

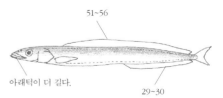

51~56

아래턱이 더 길다.

29~30

모래 속에 숨은 까나리 까나리는 조금만 겁이 나도
모래 속으로 쏙쏙 잘 숨는다. 여름에는 아예 모래 속에
파묻혀 꼼짝도 안 하고 잠을 잔다.

까나리

**모래 속에 숨은 까나리** 까나리는 조금만 겁이 나도
모래 속으로 쏙쏙 잘 숨는다. 여름에는 아예 모래 속에
파묻혀 꼼짝도 안 하고 잠을 잔다.

# 얼룩통구멍 *Uranoscopus japonicus*

도수깨비복, 얼룩통구셍이, 통구멩이, 참통구멍, Stargazer, ミシマオコゼ,
日本䲁, 眼镜鱼

얼룩통구멍은 물 깊이가 50~300m쯤 되는 대륙붕 바닥에서 산다. 늘 모래나 진흙 속에 몸을 숨기고 눈과 입만 내놓고 있다. 그러다가 지나가는 물고기나 오징어 따위를 와락 달려들어 잡아먹는다. 게나 새우같이 바닥에 사는 여러 가지 생물도 잡아먹는다. 얼룩통구멍은 머리 위쪽에 있는 두 눈이 꼭 별을 올려다보는 것 같다고 영어로 'stargazer'라고 한다. 3~10월에 알을 낳는 것으로 알려졌지만 우리나라 남해에서는 7, 8월부터 10월까지가 알 낳는 때인 것 같다.

**생김새** 몸길이는 20~30cm쯤 된다. 등은 잿빛 밤색이고, 얼룩덜룩한 하얀 반점이 있어서 마치 그물 무늬처럼 보인다. 배는 하얗다. 머리는 딱딱한 뼈판으로 싸여 있는데, 아래위로 납작하다. 머리 길이와 머리 폭은 거의 같다. 입은 크고, 위쪽으로 열린다. 아랫입술 가장자리에 자잘한 돌기가 나 있다. 비늘은 작고 둥근데, 살갗 아래에 묻혀 있어서 마치 비늘이 없는 것처럼 보인다. 등지느러미는 두 개다. 첫 번째 등지느러미는 작고 가시 길이가 짧으며 지느러미 막은 까맣다. 두 번째 등지느러미는 길고, 지느러미 줄기 길이가 첫 번째 등지느러미보다 길다. 아가미뚜껑 안쪽 선에 가시가 3개 있어서 다른 종과 구별된다. 가슴지느러미 위쪽에 날카로운 독가시가 한 개 있다. **성장** 알 지름은 1.5~1.9mm이다. 알은 낱낱이 흩어져 물에 떠다닌다. 물 온도가 20~25도 일 때 3일쯤 만에 새끼가 나온다. 갓 나온 새끼는 3.5~4.5mm쯤 되고, 베에 노른자를 가지고 물에 떠다니며 자란다. 성장은 더 밝혀져야 한다. **분포** 우리나라 남해, 서해. 일본, 동중국해 **쓰임** 바닥끌그물이나 낚시로 잡는다. 수가 많지 않지만 남해 바닷가 어시장에서 볼 수 있다. 맛있는 물고기다. 어묵을 만든다.

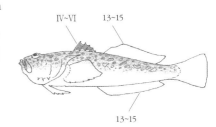

# 푸렁통구멍 *Xenocephalus elongatus*

청도수깨비복, Blue-spotted stargazer, アオミシマ, 青䲁

푸렁통구멍은 물 깊이가 30~400m쯤 되는 바닷속 바닥에서 산다. 멀리 돌아다니지 않고, 펄이나 모래가 섞인 바닥을 파고 들어가 몸을 숨긴다. 작은 물고기나 새우, 게 같은 먹이가 가까이 다가오면 잽싸게 달려들어 잡아먹는다. 여기저기 돌아다니지 않고 사는 곳에서 8~10월에 알을 낳는다.

**생김새** 몸길이는 38cm쯤 된다. 몸은 원통형이다. 머리는 위아래로 납작하고 꼬리자루 쪽은 옆으로 납작하다. 눈은 등 쪽에 붙어 있고, 머리 위에 바큇살처럼 뻗은 홈이 있다. 입은 위를 향해 열리고 아래턱 앞에 살갗돌기가 1쌍 있다. 등은 푸른빛을 띠며, 자잘한 검은 밤색 점들이 빽빽이 나 있다. 배는 하얗다. 등지느러미가 1개만 있어서 다른 통구멍 무리와 다르다. **성장** 알에서 나온 새끼는 3년이면 25cm 안팎, 5년이 지나면 35cm쯤 큰다. **분포** 우리나라 남해, 제주. 일본, 중국 발해만, 동중국해, 필리핀, 인도네시아 **쓰임** 바닥끌그물로 잡는다. 남해 바닷가 어시장에서 볼 수 있다. 어묵을 만든다.

얼룩통구멍

모래 속에 숨은 얼룩통구멍

푸렁통구멍

# 황학치 *Aspasmichthys ciconiae*

Stork clingfish, ツルウバウオ, 鶴姥魚

황학치는 자그마한 물고기다. 바닷가 물웅덩이나 얕은 바위밭에서 산다. 돌 틈이나 돌 아래에서 숨어 지낸다. 드문 물고기여서 보기 어렵다. 봄에 알을 낳는다. 바위 아래에 알을 수백 개 낳아 한 층으로 쌓아 붙인다. 그러면 수컷이 알 덩어리를 지킨다. 2달쯤 지나면 새끼가 나온다.

**생김새** 몸길이는 5cm 안팎이다. 몸은 긴 원통형인데, 머리는 위아래로 납작하다. 납작한 주둥이가 앞으로 길게 튀어나온다. 몸빛은 노란색, 잿빛 밤색, 붉은 밤색을 띤다. 머리에는 옅은 잿빛 줄무늬가 2~3줄 나 있다. 몸에는 비늘이 없고 끈적한 물이 나와 미끄럽다. 등지느러미와 뒷지느러미는 꼬리 뒤쪽에서 위아래로 마주 본다. 꼬리지느러미는 둥글다. 배지느러미가 서로 합쳐져서 빨판이 되었다. **성장** 알에서 나온 새끼는 2달쯤 지나면 2cm쯤 큰다. **분포** 우리나라 남해. 일본, 대만 같은 북서태평양 **쓰임** 안 잡는다.

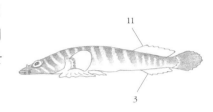

# 돛양태 *Callionymus lunatus*

돛쥐달재북, Moon dragonet, ヌメリゴチ, 月斑魚衙

돛양태는 물 깊이가 15~120m쯤 되는 바닷가 모랫바닥이나 모래와 진흙이 섞인 바닥에서 산다. 바닥에서 사는 갯지렁이나 새우 따위를 잡아먹는다. 봄부터 가을 사이에 알을 낳는다. 암수가 짝을 지어서 바닥에서 1m쯤 떠서 알을 낳는다. 알에서 나온 새끼는 한 달쯤 물에 떠다니며 살다가 바닥으로 내려간다. 1~2년 사이에 어른이 된다. 2~3년쯤 산다.

양태와 이름이나 생김새가 닮았지만, 돛양태는 양태와 전혀 다른 물고기다. 양태는 입이 크고, 가슴지느러미와 배지느러미가 크다. 돛양태는 입이 작고, 등지느러미, 뒷지느러미, 꼬리지느러미가 크다.

**생김새** 몸길이는 18cm쯤 된다. 몸은 밤색이고, 까만 무늬들이 이리저리 나 있다. 몸은 원통형으로 긴데, 머리는 위아래로 납작하고 꼬리 뒤쪽으로는 옆으로 납작하다. 머리가 크고 아가미뚜껑에는 센 가시가 2~3개 있다. 등지느러미는 2개로 나뉘었다. 수컷은 첫 번째 등지느러미 첫 번째 가시가 실처럼 길게 늘어났고, 4번째 가시에 까만 반점이 있다. 암컷은 수컷과 달리 가시가 길지 않고 전체가 까맣다. 수컷 뒷지느러미는 까맣다. **성장** 더 밝혀져야 한다. **분포** 우리나라 남해, 제주. 일본 남부, 대만, 중국 **쓰임** 가끔 낚시로 잡는다. 어묵을 만들거나 튀김으로 먹는다.

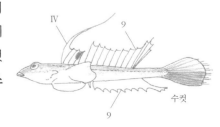

황학치

돛양태 수컷

돛양태 암컷

# 날돛양태 *Callionymus beniteguri*

매퉁달재붕, Whitespotted dragonet, トビヌメリ, 緋

날돛양태는 돛양태와 사는 모습이 닮았다. 바닷가 모랫바닥이나 펄이 섞인 모랫바닥에서 산다. 바닥에 사는 옆새우 같은 단각류나 갯지렁이, 새우 따위를 잡아먹는다. 봄부터 가을 사이에 암수가 짝을 지어 바닥에서 위쪽으로 천천히 떠오르면서 알을 낳는다.

**생김새** 몸길이는 16cm 안팎까지 큰다. 생김새는 돛양태와 닮았다. 첫 번째 등지느러미에 있는 1, 2번째 가시가 실처럼 길게 늘어난다. 첫 번째 등지느러미는 파란색과 잿빛 밤색 무늬로 화려하다. 두 번째 등지느러미에도 파란색과 하얀 반점이 빽빽이 나 있다. 뒷지느러미는 옅은 잿빛을 띤 파란색이다. 꼬리지느러미 위쪽은 파랗고 하얀 무늬가 있어서 화려하다. **성장** 알 지름은 0.6~0.8mm이다. 알은 흩어져 물에 떠다닌다. 물 온도가 20~22도일 때 하루 만에 새끼가 나온다. 알에서 나온 새끼는 반년쯤 지나면 9cm쯤 큰다. 15~16cm까지 크며 2년쯤 산다. **분포** 우리나라 남해, 서해. 일본, 중국 **쓰임** 바닥끌그물에 다른 물고기와 함께 딸려 나온다. 몸이 가늘고 길며, 살이 적어서 많이 먹지 않는다. 튀김으로 먹는다.

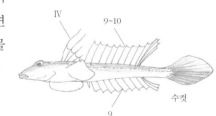

수컷

# 도화양태 *Synchiropus altivelis*

Highfin bigeye dragonet, Red dragonet, ベニテグリ, 红連鰭鰤, 丝棘红鲬

도화양태는 물 깊이가 200m 안팎인 대륙붕 가장자리부터 600m 깊은 바다에 산다. 모래와 조개껍데기가 섞인 바닥에 배를 붙이고 가만히 있다가 동물성 플랑크톤이나 게, 새우, 젓새우 같은 여러 갑각류를 잡아먹는다. 사는 모습은 더 밝혀져야 한다.

**생김새** 몸길이는 13~17cm이다. 몸통은 원통형인데, 머리는 위아래로 납작하고 꼬리 뒤쪽은 옆으로 납작하다. 온몸은 주홍색, 주황색을 띠는데 배는 옅다. 눈은 아주 크고 머리 위쪽에 있다. 입은 작다. 아가미뚜껑 아래쪽에 끝이 두 갈래로 갈라진 가시가 있다. 지느러미들이 크고, 등지느러미에는 노란 줄무늬가 나 있어서 화려하다. **성장** 늦은 겨울부터 봄에 알을 낳는 것 같다. 알은 낱낱이 흩어져 물에 뜬다. 알은 반투명하고 지름이 0.6~0.8mm이다. 암컷은 9.5cm, 수컷은 11cm쯤 크면 어른이 된다. 성장은 더 밝혀져야 한다. **분포** 우리나라 남해, 제주. 일본 남부, 동중국해, 남중국해, 인도네시아, 호주 북부 **쓰임** 바닥끌그물에 다른 물고기와 함께 잡힌다. 가끔 제주도 어시장에서 보인다.

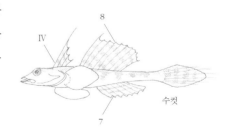

수컷

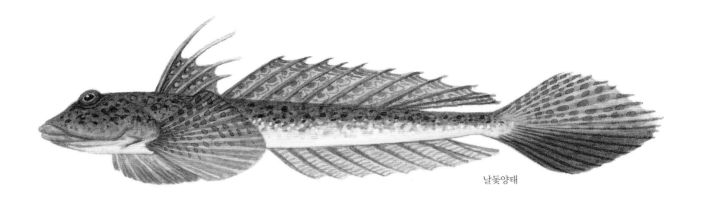

날돛양태

도화양태

농어목
돛양태과

# 연지알롱양태 *Neosynchiropus ijimai*

Dragonet, ヤマドリ, ハナヌメリ, 飯島氏連鰭

연지알롱양태는 제주도 바닷가에서 볼 수 있다. 바다풀이 수북이 자란 바위밭에서 지낸다. 몸집이 아주 작은 물고기다. 여름에 알을 낳는다. 알 낳을 때가 되면 수컷이 지느러미를 펴고 암컷을 유혹한 뒤 암컷과 수컷이 나란히 몸을 붙여 물 중층으로 천천히 떠오르면서 알을 낳는다. 알을 다 낳고는 재빨리 바닥으로 내려간다. 알은 낱낱이 흩어져 물에 둥둥 떠다닌다.

**생김새** 몸길이는 10cm쯤 된다. 몸 생김새는 가막베도라치와 닮았는데, 지느러미가 큰 것이 특징이다. 눈 위에 조그만 돌기가 있다. 두 눈은 크고 툭 튀어나왔다. 몸은 붉은 밤색이고, 까만 구름무늬와 파란 반점들이 여기저기 나 있다. 수컷 뺨에는 까만 반점이 있고, 첫 번째 등지느러미는 아주 크고 누런빛을 띤 옅은 초록색이며 가느다란 하얀 선들이 촘촘히 나 있다. 암컷에서는 볼 수 없다. 수컷 두 번째 등지느러미도 아주 크고, 파란 무늬가 있다. 암컷 두 번째 등지느러미에는 까만 무늬가 몇 개 있다. **성장** 더 밝혀져야 한다. **분포** 우리나라 제주. 일본 남부 같은 북서태평양 **쓰임** 안 잡는다.

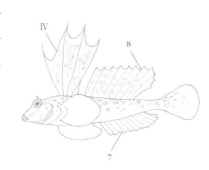

농어목
구굴무치과

# 구굴무치 *Eleotris oxycephala*

껄껄이북, Spined sleeper, カワアナゴ, 尖头塘鱧

구굴무치는 강과 바다를 오가며 사는 물고기다. 강에서 깬 새끼는 바다나 강어귀로 내려간다. 어른이 되면 물살이 느린 강어귀에서 지내는데, 낮에는 물풀이나 돌 밑에 숨어 있다. 밤에 나와 돌아다니면서 게나 새우, 갯지렁이 따위를 잡아먹는다. 제주도에서 산다는 기록이 있지만 거의 볼 수 없는 희귀종이다. 2006년 부산시 하천 하류에서 채집된 기록이 있다. 여름에 강에서 알을 낳는다. 암컷은 생식돌기를 써서 알을 돌이나 물풀 따위에 한 층으로 낳아 붙인다.

**생김새** 몸길이는 19cm까지 큰다. 몸 생김새는 망둥어와 닮았다. 몸은 원통형이지만 꼬리 뒤쪽은 옆으로 조금 납작하다. 머리는 위아래로 조금 납작하다. 입술은 두껍고 아래턱이 위턱보다 앞으로 튀어나온다. 눈가에는 까만 줄이 두 줄 있다. 몸빛은 풀빛이 도는 파란색이다. 몸통 옆구리에 굵고 까만 가로무늬가 6~7개 나 있다. 등지느러미와 뒷지느러미, 꼬리지느러미, 가슴지느러미에 검은 밤색 줄무늬가 나 있다. 망둑어류와 닮았지만 배지느러미가 빨판이 아니다. **성장** 알은 타원형이고 길이가 0.4mm 안팎이다. 암컷 한 마리가 알을 3만~17만 개쯤 낳는다. 수정된 알에서 하루 만에 새끼가 깨어 나온다. 알에서 나온 새끼는 바로 바다로 내려간다. 성장은 더 밝혀져야 한다. **분포** 우리나라 남해, 제주. 일본, 중국 **쓰임** 거의 볼 수 없다.

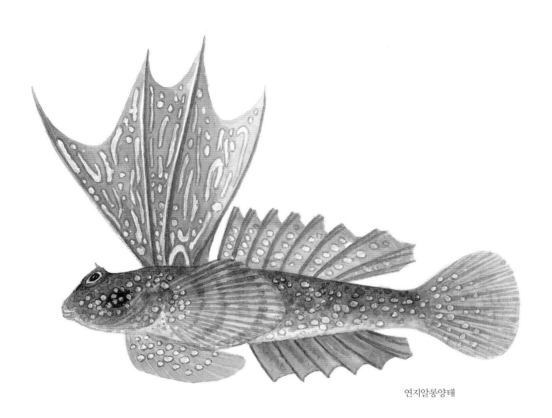

연지알롱양태

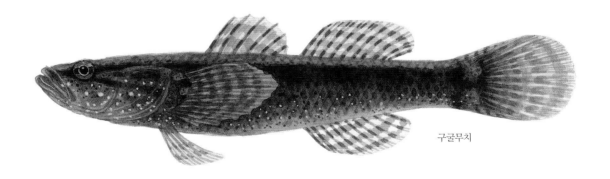

구굴무치

# 문절망둑 *Acanthogobius flavimanus*

망둥어복, 문절이, 운저리, 꼬시래기, Yellowfin goby, Common brackish goby,
マハゼ, 黃鰭刺鰕虎魚

문절망둑은 민물이 섞이는 강어귀나 바닷가 얕은 모래펄 바닥에 산다. 때로는 강을 따라 올라오기도 한다. 물이 조금 더러워도 잘 산다. 배에 빨판이 있어서 물속 바위나 바닥에 딱 붙어 있기를 좋아한다. 먹성이 게걸스러워서 갯지렁이나 새우, 게, 물고기나 바닥에 있는 유기물을 가리지 않고 먹는다. 자기 살을 미끼로 써도 낚을 수 있어 '꼬시래기 제 살 뜯기'라는 말도 있다. 꼬시래기는 문절망둑을 달리 부르는 이름이다. 《우해이어보》에는 "바닷가 물이 얕고 모래가 많은 곳에 산다. 밤이 되면 서로 모여 꼭 구슬을 꿴 것처럼 줄지어서 머리를 물가 쪽으로 두고 잠을 잔다. 성질이 잠자는 것을 좋아해서 잠이 깊이 들면 사람들이 손으로 잡아도 모른다."라고 적어 놓았다. 《자산어보》에는 "겨울철에는 진흙을 파고 들어가 겨울잠을 잔다."라고 했다.

문절망둑은 겨울에서 봄까지 집을 짓고 알을 낳는다. 수컷이 물 깊이가 2~7m쯤 되는 진흙이나 모랫바닥에 입으로 흙을 물어 내서 Y자로 구멍을 판다. 입구가 두 개이고 35cm쯤 깊이에서 두 개 굴이 하나로 합쳐진다. 여기서 다시 아래로 지름이 5cm쯤 되는 굴을 더 파내려 간다. 굴 깊이가 1m가 넘기도 한다. 여기에 암컷이 알을 낳는다. 알 한쪽에는 실이 있어서 굴 벽에 찰싹 붙는다. 암컷은 알을 낳은 뒤 굴을 빠져 나가고 수컷이 한 달쯤 알을 지킨다. 새끼가 나오면 수컷은 죽는다. 한두 해 살고 서너 해까지 살기도 한다.

**생김새** 몸길이는 20cm쯤 된다. 몸은 잿빛 밤색이다. 몸통에는 밤색 점무늬가 이리저리 나 있다. 머리는 위아래로 조금 납작하고 몸은 옆으로 납작하다. 몸에 비해 머리와 입이 크다. 눈은 작고 머리 위쪽에 있다. 배지느러미가 서로 붙어서 둥그런 빨판으로 바뀌었다. 몸은 풀망둑보다 짤막하고 뚱뚱하다. 꼬리지느러미에 반점이 있고 끝이 둥글다. 옆줄은 없다. **성장** 암컷 한 마리가 알을 6천~3만 개쯤 낳는다. 알에서 나온 새끼는 그 해 가을이면 7~8cm쯤 커 몇몇은 어른이 되어서 겨울에 짝짓기를 한다. 1년 만에 어른이 되는 무리와 2년 만에 어른이 되는 무리는 성장 속도가 다르다. 앞 무리가 더 빨리 자란다. 뒤에 무리는 알에서 나온 이듬해 4월에 8cm, 9월에 13cm로 자란다. 3년이면 18cm 안팎이 된다. **분포** 우리나라 온 바다. 일본, 중국 **쓰임** 문절망둑은 가을에 낚시로 잡는다. 겨울을 나려고 아무거나 닥치는 대로 먹어서, 미끼를 꿰어 낚시를 던져 놓으면 넙죽넙죽 잘도 문다. 회나 구이, 튀김, 탕으로 먹고 말려서도 먹는다. 《우해이어보》에는 "문절어(文鰤魚)는 다른 이름으로 수문(睡鮫)이며 해궐(海鱖)이다. 이곳 사람들은 대나무를 엮어 통발을 만드는데, 통발 위는 뾰족하고 아래쪽은 넓게 트인 생김새로 만들고 여기에 기다란 자루를 매단다. 밤이 깊어지면 솔가지 횃불을 들고, 문절망둑이 드나들며 모이는 모래밭에 통발을 덮어 둔다. 그러면 통발 반은 물속으로 들어가고 나머지 반은 물 위로 나온다. 이렇게 놔두면 문절망둑이 통발 안에 들어간다. 이제 통 위에 있는 구멍으로 손을 집어넣어 통 안에 갇혀 있는 물고기를 건져내기만 하면 된다."라고 했다. 또 "죽을 끓여 먹으면 향기가 그윽해서 쏘가리 맛과 비슷하다. 회로 먹으면 더욱 맛이 좋다. 이곳 사람들은 문절망둑을 많이 먹으면 잠을 잘 잔다고 말한다. 이 물고기는 성질이 차서 마음에서 일어나는 불기운을 다스리고 허파에도 좋다."라고 했다. 부산 사람들은 맛이 고소하다고 '꼬시래기'라고 한다.

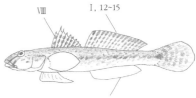

VIII     I, 12~15

I, 10~12

문절망둑 집 문절망둑은 알 낳을 때가 되면 펄 속에 Y자로 굴을 파서 집을 짓는다. 그리고 그 속에 알을 낳는다.

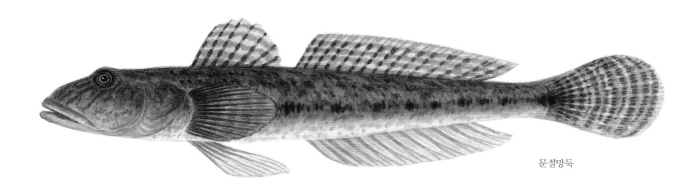

문절망둑

**문절망둑 집** 문절망둑은 알 낳을 때가 되면 펄 속에 Y자로 굴을 파서 집을 짓는다. 그리고 그 속에 알을 낳는다.

# 흰발망둑 *Acanthogobius lactipes*

White-limbed goby, White ventral goby, アシシロハゼ, 乳色刺鰕虎魚,
白鰭虾虎鱼

흰발망둑은 민물과 바다를 오가며 사는 온대성 물고기다. 바다, 강, 하천이나 강어귀처럼 여러 곳에 적응하여 산다. 평생 강에서 보내기도 한다. 강어귀나 얕은 바닷가 모래나 자갈 바닥에서 산다. 작은 물고기나 게, 새우 따위를 잡아먹으며 바닥에 쌓인 유기물을 먹기도 한다.

흰발망둑은 봄, 여름철에 알을 낳는다. 이때가 되면 암수 모두 혼인색을 띤다. 암컷은 첫 번째 등지느러미 뒤 가장자리에 까만 반점이 나타나는데, 수컷은 이 까만 점이 더 뚜렷하다. 암컷이 수컷보다 크다. 암컷은 알을 수백 개에서 2000개쯤 가진다. 알은 하천, 강어귀 돌 아래에 덩어리로 낳아 붙인다. 알 덩어리 하나는 400~500개쯤 되는 곤봉처럼 생긴 알로 이루어진다. 수컷은 알 덩어리가 붙어 있는 돌 아래에 산란실을 만들어 알에서 새끼가 나올 때까지 지킨다.

**생김새** 몸길이는 6cm 안팎이며, 9cm 안팎까지 자란다. 몸은 통통한 긴 원통형이며 꼬리 뒤쪽은 옆으로 납작하다. 몸은 누런 밤색이며 몸 옆에는 흰색, 밤색 가로 띠들이 발달한다. 뺨과 아가미뚜껑 위에 비늘이 없는 점으로 비늘을 가진 문절망둑과 구분된다. 수컷은 첫 번째 등지느러미 가시들이 실처럼 길어 암컷과 다르다. **성장** 물 온도가 20~25도일 때 일주일 만에 알에서 새끼가 깨어 나온다. 갓 나온 새끼는 몸길이가 3mm쯤 된다. 바닷가에서 떠다니면서 살다가 1.3cm 안팎으로 자라면 바닥으로 내려가 살기 시작한다. 1년에 3.5cm쯤 자라면 어른이 된다. 3년 안팎으로 산다. **분포** 우리나라 온 바닷가, 강어귀. 중국 발해, 황해, 동중국해, 일본 홋카이도에서 큐우슈우까지, 러시아 사할린, 아무르 강 남부 해역 같은 동부 아시아 **쓰임** 크기가 작은 망둥어로 잡지 않고 먹지도 않는다.

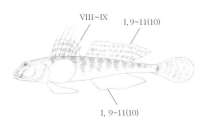

VIII~IX
I, 9~11(10)
I, 9~11(10)

# 점줄망둑 *Acentrogobius pellidebilis*

Spotted goby, 朝鮮細棘鰕虎魚

점줄망둑은 우리나라 서해와 남해에만 사는 고유종이다. 1992년에 우리나라에서 신종으로 발표된 물고기다. 바닷가 조간대, 강어귀, 웅덩이 펄 바닥에 사는 온대성 물고기다. 물 깊이가 30m 안쪽인 얕은 바닷가 펄 바닥에서 산다. 동물성 플랑크톤, 갯지렁이와 바닷말, 선충, 고둥류 따위도 먹는다. 어릴 때는 요각류를 주로 먹다가 크면서 요각류는 줄고 단각류, 갯지렁이 같은 다양한 먹잇감을 먹는다. 봄부터 여름철까지 알을 낳는 것으로 짐작하고 있다.

**생김새** 몸길이는 7cm 안팎이다. 몸은 긴 원통형이다. 머리가 크고 뭉툭하며 꼬리는 옆으로 조금 납작하다. 몸 생김새와 몸빛이 줄망둑과 아주 닮았지만 살아 있을 때 몸 옆에 하얀 점들이 있다. 뺨에는 비늘이 없고 아가미뚜껑 뒷부분에 비늘이 덮여 있다. 입은 작다. 몸 옆에 검은 반점 4~6개가 몸통부터 꼬리자루까지 발달한다. 등 쪽에 있는 밤색 줄과 옆구리에 있는 이런 반점들이 줄망둑과 거의 비슷하다. 등지느러미 앞에 있는 비늘 수가 7~11개이다. **분포** 우리나라 서해와 남해 **성장** 더 밝혀져야 한다. **쓰임** 안 잡는다.

VI
I, 10
I, 10

흰발망둑

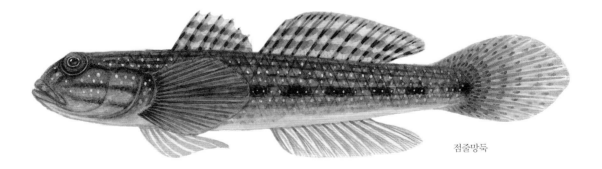

점줄망둑

# 줄망둑 *Acentrogobius pflaumii*

Striped sandgoby, スジハゼ, 普氏栉虾虎鱼, 普氏細棘鰕虎鱼

줄망둑은 얕은 바닷가, 강어귀 모래펄 바닥에 산다. 바닷가 웅덩이에서도 산다. 어릴 때는 동물성 플랑크톤을 먹지만 크면서 조개류, 갯지렁이 같은 작은 동물들을 잡아먹는다. 남해안에서는 5, 6월에 알을 낳는다. 바닷가에 있는 조개껍데기 속에 알을 낳는다. 알 낳을 때가 되면 수컷은 머리와 배, 배지느러미, 뒷지느러미, 꼬리지느러미가 검게 바뀌면서 혼인색을 띤다. 줄망둑은 원래 우리나라, 일본, 중국 같은 북서태평양에서만 사는 고유종이었는데, 1990년대에 선박 균형을 잡으려고 넣는 물속에 섞어 들어가 호주와 뉴질랜드로도 옮겨가 살고 있다.

**생김새** 몸길이는 9~12cm까지 자란다. 사는 곳 환경 조건에 따라 성장과 최대 몸길이가 달라진다. 몸은 짧고 통통한 원통형이며 꼬리 뒤쪽으로 갈수록 옆으로 조금 납작하다. 머리는 크고 위아래로 납작하며 눈은 머리 위쪽에 있다. 입은 주둥이 끝에 위쪽으로 향해 있으며 아래턱이 위턱보다 조금 길다. 몸은 옅은 밤색이며 등 쪽에 짙은 밤색 두 줄이 꼬리자루까지 그어져 있다. 몸 가운데에도 두 줄이 있고 그 사이에 4~5개 사각형 반점이 몸통에서 꼬리자루 끝까지 발달한다. 꼬리자루에 검은 타원형 반점이 있는 것이 특징이다. 살아 있을 때에는 몸에 작은 코발트색 점들이 흩어져 있다. 가슴지느러미와 배지느러미에는 점이 없고 등지느러미, 뒷지느러미, 꼬리지느러미에는 작은 밤색 반점들이 여러 줄 줄지어 나 있다. 뺨과 아가미뚜껑에는 비늘이 없다. **성장** 새끼는 5~5.5cm가 되면 어른이 된다. 암컷 한 마리가 배 속에 3천~만 개쯤 알을 가진다. 성장은 더 밝혀져야 한다. **분포** 우리나라 남해, 일본, 러시아, 대만 등 북서태평양, 호주, 뉴질랜드 **쓰임** 안 잡는다.

VI

I, 9~10

I, 9~10

줄망둑

# 무늬망둑 *Bathygobius fuscus*

Dusky frillgoby, Brown goby, クモハゼ, 云斑深虾虎鱼, 深虾虎鱼

무늬망둑은 따뜻한 물을 좋아하는 열대 물고기다. 우리나라가 무늬망둑이 사는 북방 한계이다. 강, 하천, 강어귀에 주로 살면서 바다와 강을 오가며 산다. 바닷가부터 물 깊이가 5~6m쯤 되는 아주 얕은 암반 지대에서 산다. 조간대, 조수 웅덩이에서도 종종 볼 수 있다. 열대 바다에서는 산호초에 살면서 다양한 무척추동물들을 잡아먹는다. 갑각류나 물고기 말고도 바다풀도 먹는 잡식성이다. 온대 지방에서는 알 낳는 때가 6~9월까지인데 해역마다 크게 다르다. 바닷가 물웅덩이 같은 얕은 곳 돌 밑 천장에 알을 한 층으로 낳아 붙인다. 수컷은 알 덩어리가 붙어 있는 돌 아래에 산란실을 만들어 알에서 새끼가 나올 때까지 지킨다.

**생김새** 몸길이는 8cm 안팎인데 14cm까지 자란 기록이 있다. 몸은 원통형으로 짧고 통통하다. 머리는 위아래로 조금 납작하고 꼬리는 옆으로 조금 납작하다. 밤색 몸에는 윤곽이 뚜렷하지 않은 검은 반점들이 있다. 눈은 머리 위쪽에 있다. 머리에는 둥근비늘, 몸통과 꼬리에는 빗비늘이 덮여 있다. 뺨과 아가미뚜껑 위에는 비늘이 없다. 가슴지느러미 위쪽 줄기들은 실처럼 가늘게 서로 떨어져 있다. 첫 번째 등지느러미에는 폭넓은 밤색 띠가 있으며 가장자리는 투명하다. 몸 옆에는 작고 푸른 점들이 열을 지어 있다. 등지느러미와 꼬리지느러미 위에도 푸른 반점들이 있다. 배는 하얗다. **성장** 알은 곤봉처럼 생겼다. 길이가 1.8mm, 폭이 0.35mm쯤 된다. 물 온도가 23~27도일 때 2~3일 만에 알에서 새끼가 나온다. 갓 태어난 새끼는 몸길이가 2.3mm 안팎이다. 새끼는 6~18mm쯤 크면 바닥에 내려가 살기 시작하며 작은 요각류 같은 동물성 플랑크톤을 먹는다. 2cm가 넘게 크면 조수 웅덩이에서 연체동물, 갑각류 따위를 잡아먹으면서 한 해 내내 살기도 한다. 4년 또는 그 이상 산다. **분포** 우리나라 온 바닷가. 일본 남부, 대만, 필리핀, 인도네시아, 호주 중부, 하와이, 북미 서부 연안, 미국, 에콰도르 중남미, 인도양, 아프리카 동부 연안 **쓰임** 우리나라에서는 먹지 않는다. 열대 지방에서는 어시장에 가끔 나온다.

VI    I-9~10(9)

I, 7~8(8)

무늬망둑

# 짱뚱어 *Boleophthalmus pectinirostris*

대광어, 장등어, Great bluespotted mud skipper, Mud skipper, ムツゴロウ, 大彈塗魚

짱뚱어는 질척질척한 따뜻한 갯벌에 Y자로 구멍을 파고 그 둘레에 머물며 산다. 개펄에 나와 가슴지느러미를 팔처럼 써서 늘쩡늘쩡 기어 다닌다. 말뚝망둥어처럼 살갗으로도 숨을 쉬고, 아가미에 공기주머니가 있어서 물 밖에서도 숨을 쉴 수 있다. 공기주머니에 숨을 크게 들이쉬면 뺨이 공처럼 불룩해진다. 늘쩡늘쩡 기어 다니다가도 폴짝폴짝 잘도 뛰어오른다. 갯벌에서 지내다 밀물이 밀려와 갯벌이 잠기면 구멍 속으로 들어간다. 5~7월 짝짓기 철에는 수컷이 자기 집 둘레에서 연달아 높이 뛰어오르고 등지느러미를 쫙 펼쳐 암컷을 부른다. 암컷을 앞에 두고 수컷끼리 싸우기도 한다. 암컷이 구멍 속에 알을 낳아 천장에 붙이면 수컷이 곁을 지킨다. 4~5년쯤 산다.

짱뚱어는 낮에는 구멍을 들락날락하면서 갯벌 흙을 갉작갉작 긁어서 겉에 붙은 식물성 플랑크톤을 주로 먹는다. 말뚝망둥어가 동물성이라면 짱뚱어는 식물성 먹이를 더 많이 먹는다. 두 눈이 머리 위쪽에 있어서 멀리까지 잘 본다. 해 지기 한두 시간 전부터 구멍 속에 들어가 숨는다. 우리나라에서는 겨울이 되면 펄 속에 들어가 겨울잠을 잔다. 첫서리가 오면 들어가서 벚꽃이 피면 나온다.

겨울잠을 오래 잔다고 '잠둥어'라고 하다가 '짱뚱어'라는 이름이 붙었다고 한다. 지역에 따라 '대광어(전남), 장둥어(충남 당진)'라고 한다. 《자산어보》에는 '철목어(凸目魚) 속명 장동어(長同魚)'라고 나온다. "빛깔은 검고 눈은 볼록하게 튀어나왔다. 헤엄을 잘 못 치고 펄 위에 있기를 좋아한다. 물 위를 뛰면서 물낯을 스치듯 뛰어다닌다."라고 했다. 짱뚱어나 말뚝망둥어를 말하는 것 같다. 《난호어목지》에는 '탄도어(彈塗魚), 망동어'라고 나오는데 망동어는 "눈이 툭 튀어나와서 마치 사람이 멀리 바라보려 애쓰는 모습 같아서 망동어라고 한다."라고 하고, 탄도어는 '땅 위에서 펄쩍펄쩍 뛰어다니는 물고기'라고 했다.

**생김새** 다 크면 20cm 안팎이다. 몸은 짙은 잿빛이고 파란 점이 흩어져 나 있다. 등지느러미와 꼬리지느러미에도 파란 점이 나 있다. 눈은 작고 머리 위로 툭 튀어나왔다. 입은 아래쪽으로 나 있다. 몸은 가늘고 긴 원통형이다. 머리는 위아래로 납작하고 몸통은 뒤로 갈수록 옆으로 납작하다. 배에는 빨판이 있다. 등지느러미는 두 개로 나뉘었다. 옆줄은 없다. **성장** 암컷 한 마리가 알을 5천~1만 개쯤 낳는다. 알은 곤봉처럼 생겼다. 길이가 1~1.4mm 안팎, 폭이 0.6~0.8mm 안팎이다. 알 한쪽 끝에는 부착실이 있다. 암컷과 수컷이 Y자로 생긴 굴속 산란실 벽에 알을 낳아 붙인다. 알은 굴속에서 공기에 노출된 상태로 발생한다. 물 온도가 23~28도일 때 4~7일 사이에 새끼가 깨어 나온다. 갓 나온 새끼는 2~2.5mm이며 배에 노른자를 가지고 있다. 남해 서부 바닷가에서는 새끼가 1년이면 8~10cm, 2년이면 15cm, 3년이면 16cm 안팎으로 자란다. 두 해가 지나면 어른이 된다. **분포** 우리나라 서해와 남해 갯벌. 일본, 중국, 대만, 말레이시아 **쓰임** 사람들은 갯벌에서 훌치기낚시로 잡는다. 긴 낚싯줄에 낚싯바늘을 달고 갯벌에 던져 놓았다가 짱뚱어가 가까이 오면 잽싸게 훌쳐서 잡는다. 가을이 제철이다. 탕을 끓여 먹고 굽거나 말려서 먹는다.

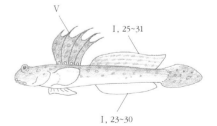

V

I, 25~31

I, 23~30

짱뚱어

짝짓기 철이 되면 암컷을 차지하려고 수컷끼리 싸움을
한다. 둥지느러미를 활짝 펴고 펄쩍펄쩍 뛰면서 싸운다.

# 별망둑 *Chasmichthys gulosus*

큰입매지복, Gluttonous goby, ドロメ, 大口虾虎鱼

별망둑은 물 깊이가 얕고, 바위와 자갈이 많은 바닷가와 물이 빠지면 생기는 웅덩이에서 산다. 4~6월에 곤봉처럼 생긴 알을 돌 밑에 낳아 붙이고 수컷이 돌본다. 2~4cm쯤 되는 새끼들은 여름에 바닷가 물속 가운데에서 떼를 지어 헤엄쳐 다닌다. 어른이 되면 바닷가 물속 바위틈이나 바닥에 내려가 산다. 갯지렁이, 새우, 게, 고둥 같은 동물과 바다풀도 먹는 잡식성이다. 점망둑과 닮았지만 가슴지느러미 뿌리 가까이에 까만 반점이 없고 꼬리지느러미 가장자리가 하얘서 다르다.

**생김새** 몸길이는 10~15cm쯤 되고 20cm까지도 자란다. 몸빛은 풀빛이 도는 파란색을 띠고, 작고 허연 점들이 모여서 가로띠를 이루며 8~12개쯤 된다. 몸은 통통한 원통형으로 길다. 머리가 크고 위아래로 조금 납작하다. 몸에는 점액질이 많아 미끄럽다. 등지느러미와 꼬리지느러미는 어릴 때 조금 노란색을 띤다. 배지느러미는 빨판으로 바뀌었다. 꼬리지느러미 가장자리는 하얗거나 잿빛을 띤다. **성장** 알은 길이가 4mm, 폭이 1.3mm쯤 된다. 알에서 갓 나온 새끼는 5~6mm쯤 된다. 알에서 나온 지 두 달 반쯤 지나면 3.5cm 안팎으로 크고 어미와 닮는다. **분포** 우리나라 남해, 제주, 동해 울릉도와 독도. 일본 동북 이남 **쓰임** 먹을 수는 있지만 일부러 잡지는 않는다.

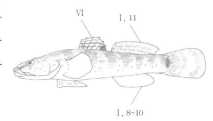

# 실망둑 *Cryptocentrus filifer*

Filamentous shrimpgoby, Gafftopsail goby, イトヒキハゼ, 长丝虾虎鱼

실망둑은 물 깊이가 얕은 바닷가에서 산다. 모랫바닥이나 조개껍데기가 섞인 모랫바닥에 사는데, 바닥에 구멍을 뚫고 딱총새우와 함께 산다. 딱총새우가 굴속에 있는 작은 돌들을 밀어내면, 실망둑은 입구에서 망을 보며 지킨다. 위험을 느끼면 재빨리 굴속으로 숨는다. 그리고 굴 쪽으로 흘러오는 갑각류나 지렁이 같은 작은 동물성 플랑크톤을 잡아먹는다. 굴속에 알을 낳는 것으로 보이며 굴에서 멀리 떠나지 않는다.

**생김새** 몸길이는 10cm 안팎이지만, 13cm까지 큰다. 몸은 잿빛을 띠고, 굵고 가는 밤색 띠가 있다. 몸은 가는 원통형이다. 머리가 크고 이마 앞이 가파르다. 머리에는 비늘이 없다. 첫 번째 등지느러미 줄기는 실처럼 길게 늘어나고, 첫 번째 가시 뿌리에는 까만 점이 있다. 두 번째 등지느러미와 꼬리지느러미 위쪽에는 주황색을 띤 긴둥근꼴 반점들이 줄지어 나 있다. 아가미뚜껑에는 작고 파란 점들이 빽빽이 나 있다. 배지느러미는 빨판으로 바뀌었다. 꼬리지느러미 끝은 뾰족하다. **성장** 더 밝혀져야 한다. **분포** 우리나라 남해. 일본, 중국, 필리핀, 인도네시아, 말레이시아, 호주 **쓰임** 안 잡는다.

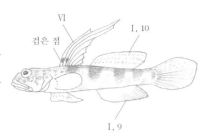

별망둑

실망둑

# 빨갱이 *Paratrypauchen microcephalus*

Red eel goby, Comb goby, アカウオ, 小头栉孔虾虎鱼

빨갱이는 물 깊이가 10m보다 얕은 바닷가나 강어귀 부드러운 펄이 덮인 갯벌에 구멍을 파고 산다. 따뜻한 물을 좋아하는 열대성 어종이다. 열대 지방에서는 강어귀와 가까운 맹그로브 숲 근처에 산다. 갑각류 같은 바닥에 사는 무척추동물 따위를 잡아먹고 사는 잡식성이다. 몇몇은 3년 넘게 살기도 하지만 대개 3년쯤 산다.

**생김새** 몸길이는 18cm쯤 자란다. 몸은 긴 원통형이고 꼬리 뒤로 갈수록 옆으로 납작하다. 눈은 매우 작게 퇴화했고 머리 위쪽에 있다. 아가미뚜껑 위쪽에 오목하게 들어간 부분이 있다. 입은 비스듬히 위쪽으로 향하며 양턱에는 작고 날카로운 이빨들이 빽빽하게 나 있다. 몸은 선홍색을 띠며 붉은 점을 가진 것처럼 보이는 둥근비늘로 덮여 있다. 배지느러미는 빨판처럼 생겼다. 등지느러미와 뒷지느러미는 꼬리지느러미와 이어진다. **성장** 암컷 한 마리가 알을 1400~2400개쯤 가지고 있다. 6~9월에 알을 낳는다. 알에서 나온 새끼는 물에 떠다니면서 요각류 같은 플랑크톤을 먹고 산다. 1.6~2cm쯤 자라면 어미를 닮은 생김새로 바뀌고 바닥으로 내려가 산다. 장어처럼 몸이 길쭉한 치어는 눈이 피부에 반쯤 묻혀 있다. 알에서 나온 지 1년 만에 8~9cm쯤 자라 어른이 된다. **분포** 우리나라 서해, 남해. 일본 중부 이남, 중국, 대만, 말레이시아, 싱가포르, 인도네시아, 호주 중북부, 인도, 아프리카 동부 같은 인도양과 태평양 **쓰임** 남쪽 지방에서는 말려서 먹기도 한다.

VI, 45~50

42~48

# 날개망둑 *Favonigobius gymnauchen*

Sharp-nosed sand goby, ヒメハゼ, 裸颈斑点鰕虎, 裸项吻虾虎鱼

날개망둑은 바다와 강을 오가며 사는 아열대 물고기다. 물 깊이가 15m보다 얕은 내만 연안, 강어귀 모래, 모래펄 바닥에 살고 잘피밭에서도 산다. 그러다가 봄에서 초가을 사이에 알을 낳는다. 암컷은 조개껍데기 안쪽에 알을 낳아 붙인다. 알 낳을 때가 되면 수컷은 눈 아래와 아가미뚜껑이 검게 바뀌고 첫 번째 등지느러미 2번째 가시가 실처럼 길게 늘어난다. 암컷은 지느러미 가시가 길게 늘어나지 않는다. 수컷 한 마리가 암컷 여러 마리와 알을 낳는다.

**생김새** 몸길이는 9cm 안팎이다. 몸은 긴 원통형이며 꼬리는 날씬하다. 머리는 위아래로 납작하고 꼬리 뒤로 갈수록 옆으로 조금 납작하다. 입은 머리 아래쪽에 있으며 아래턱이 위턱보다 앞으로 튀어나온다. 몸은 노란색을 띤 옅은 밤색이다. 몸 옆구리 가운데에는 2~3개씩 짝을 지은 까만 점들이 늘어서 있다. 뺨에는 비늘이 없다. 꼬리지느러미 뿌리에는 까만 반점이 2쌍 있다. **성장** 알에서 갓 태어난 새끼는 2mm 안팎이다. 새끼는 물에 둥둥 떠다니면서 큰다. 물 온도가 27도 안팎일 때 한 달쯤 지나면 8mm 안팎으로 자란다. 9mm가 넘는 새끼는 바닥에 내려가 살기 시작한다. **분포** 우리나라 서해와 남해. 일본, 대만, 중국, 필리핀, 인도네시아, 미크로네시아, 팔라우, 호주 같은 서태평양 **쓰임** 안 잡는다.

VI

I, 8~9

9

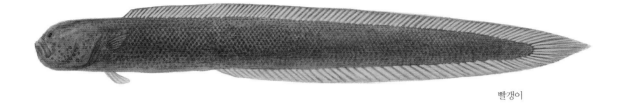

빨갱이

날개망둑 수컷

# 날망둑 *Gymnogobius castaneus*

Chestnut goby, Biringo, ビリンゴ, 栗色裸头虾虎鱼

날망둑은 바다, 강, 하천이나 강어귀에서 살며 민물과 바다를 오가며 사는 온대성 물고기다. 주로 모래, 펄 바닥에 붙어서 살지만 조용한 곳에서는 무리 지어 중층에 떠서 살기도 한다. 바닥에 있는 조그만 생물들과 새끼 물고기들을 잡아먹고 바위에 붙은 조류도 갉아 먹는 잡식성이다. 바닥 가까이에 떠다니는 동물성 먹이도 먹는다.

날망둑은 겨울에서 봄에 걸쳐 알을 낳는다. 알 낳는 때는 북쪽으로 갈수록 늦어진다. 알 낳을 때가 되면 암컷에 혼인색이 뚜렷하게 나타난다. 머리와 등, 배, 뒷지느러미가 검게 바뀐다. 성숙한 수컷보다는 암컷이 크다. 이때가 되면 수컷은 알 낳을 곳을 찾아 모래펄 바닥에 구멍을 뚫기도 하지만, 대개 갯가재 같은 동물들이 쓰던 모랫바닥에 비어 있는 굴을 찾아서 알 낳을 곳으로 쓴다. 바닥 구멍 입구에서 5~15cm쯤 되는 굴속 안쪽 벽에 지름이 1cm쯤 되는 알 덩어리를 낳아 붙인다. 암컷은 알을 낳고 구멍을 떠나며 수컷이 남아서 알에서 새끼가 나올 때까지 지킨다.

**생김새** 몸길이가 8cm까지 자란다. 몸은 긴 원통형이고 꼬리 뒤쪽은 옆으로 살짝 납작하다. 등은 잿빛이 도는 밤색이다. 배는 잿빛이다. 옆구리 가운데를 따라 불규칙한 어두운 밤색 반점들이 2~3열 나 있다. 몸 옆에는 희미한 노란색 띠무늬가 여러 개 있다. 첫 번째와 두 번째 등지느러미 막에는 밤색 띠무늬가 4~5줄 있다. 양쪽 눈 사이에는 감각관이 한 쌍 있다. **성장** 알은 길이가 4mm, 폭이 1.3mm쯤 되는 곤봉 모양이다. 알에서 나온 새끼는 7mm 안팎이며 몸길이가 10~16mm쯤 클 때까지는 조용한 내만에서 떠서 살면서 요각류 같은 동물성 플랑크톤을 먹는다. 몸길이가 2cm 안팎으로 자라면 바닥으로 내려가 살고 이때부터는 잡식성이 된다. 몸길이가 4cm쯤 되면 몸 색깔과 무늬가 어미와 같아진다. 성장은 사는 곳 환경에 따라 다르지만, 대개 알에서 나온 지 1년 만에 3~6cm, 2년 만에 5~6cm, 3년 만에 5.5~6.5cm쯤 자란다. 같은 나이면 수컷보다 암컷이 크다. **분포** 우리나라, 러시아 사할린, 일본 홋카이도에서 큐우슈우 남단, 중국 같은 북서태평양 아시아 **쓰임** 우리나라에서는 먹지 않는다. 일본에서는 시장에서 파는 곳도 있다. 날망둑은 수가 많이 줄어들고 있어서 국제적으로는 보호가 필요한 종이다.

VII    I, 9~10

I, 9

날망둑

# 꾹저구 *Gymnogobius urotaenia*

먹저구, 뚜구리, Floating goby, ウキゴリ, ジュズカケハゼ, 条尾裸头虾虎鱼

꾹저구는 강과 바다를 오가며 사는 온대성 물고기다. 바다, 강, 하천이나 강어귀 같은 여러 곳에 적응하여 사는 물고기다. 하천이나 못 같은 민물에서 보내기도 한다. 물 흐름이 제법 빠른 강, 하천을 좋아한다. 강에서는 작은 바닥에 사는 동물이나 곤충들을 잡아먹는다. 5~7월에 알을 낳는데, 알 낳는 때는 사는 곳에 따라 다르다. 알 낳을 때가 되면 암컷은 머리 아래쪽과 배지느러미, 뒷지느러미가 검은색을 띠면서 혼인색이 나타난다. 암컷은 알을 1000개쯤 낳는다. 3년쯤 산다.

**생김새** 몸길이는 10cm 안팎이며 14cm까지 자란다. 몸은 긴 원통형으로 통통하다. 머리는 위아래로 조금 납작하며 꼬리 뒤쪽은 옆으로 납작하다. 온몸은 옅은 노란빛을 띤 밤색이며 몸 옆에 누런 가로띠가 7~8개 있다. 첫 번째 등지느러미 뒤쪽 가장자리와 꼬리자루에 까만 점이 뚜렷하게 있는 것이 특징이다. 입이 커서 턱 뒤 끝이 눈 뒤쪽 아래에 이른다. 머리를 뺀 몸은 둥근비늘로 덮여 있다. 등지느러미와 꼬리지느러미에는 밤색 점들이 줄지어 나 있다. **성장** 알은 긴 지름이 3mm, 폭이 1mm쯤 되는 타원형이다. 알에 끈이 있어서 다른 물체에 달라붙는다. 물 온도가 15도쯤일 때 14일쯤 만에 알에서 새끼가 나온다. 갓 나온 새끼는 몸길이가 4mm쯤 된다. 물에 둥둥 떠서 바다로 흘러 들어가 몇 달 동안 요각류나 단각류 같은 동물성 플랑크톤을 먹으며 바닷가에 떠서 산다. 몸길이가 2~2.5cm 자라면 무리 지어서 강으로 올라간다. 알에서 나온 지 1년 만에 4~7cm쯤 자라며 그 가운데 몇몇은 성숙한 어미가 된다. 2년이면 6~8cm, 3년이면 8~10cm쯤 자란다. **분포** 우리나라 온 바다, 강어귀, 강과 하천. 일본, 러시아 사할린, 쿠릴 열도 같은 북서태평양 **쓰임** 우리나라 동해안에서는 꾹저구탕(뚜구리탕)으로 먹는 곳도 있다.

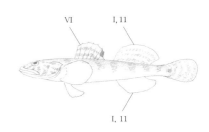

# 비단망둑 *Istigobius hoshinonis*

Hoshino's goby, ホシノハゼ, 和歌细棘虾虎鱼

비단망둑은 남해와 제주도 바닷가에서 흔히 볼 수 있다. 바위와 모래가 깔린 모랫바닥에서 혼자나 몇 마리가 무리 지어 산다. 갑각류나 갯지렁이, 작은 물고기 따위를 잡아먹는다. 알을 낳을 때가 되면 수컷은 뺨, 몸통, 지느러미에 파란 띠가 생긴다. 여름에 알을 낳는다. 조개껍데기나 바위 천장에 곤봉처럼 생긴 알을 낳아 붙인다.

**생김새** 몸길이는 10cm 안팎이다. 몸은 원통형인데 머리는 위아래로 납작하고 꼬리는 옆으로 조금 납작하다. 몸 색깔은 옅은 살색이고 몸 옆 가운데를 따라 네모난 어두운 밤색 반점이 세로로 줄지어 있다. 수컷은 등지느러미 4~6번째 가시 사이에 검은 반점이 있고 암컷은 없다. 눈은 크고 홍채가 검은색이어서 커다란 검은색 눈을 가진 것처럼 보인다. 입은 살짝 주둥이 아래쪽에 있다. 꼬리지느러미 뒤 가장자리는 부채처럼 둥글다. 배지느러미는 빨판처럼 바뀌었다. **성장** 알은 길이가 1.4mm 안팎이고 폭이 0.5mm 안팎이어서 긴 곤봉처럼 생겼다. 물 온도가 25도 안팎일 때 4~5일쯤 만에 새끼가 깬다. 갓 태어난 새끼는 배에 노른자를 갖고 투명하며 길이는 1.8~2.3mm이다. 태어난 지 한 달 반쯤 지나면 지느러미들을 다 갖춘다. **분포** 우리나라 남해, 제주, 울릉도와 독도. 일본 중남부, 대만, 중국 바닷가 **쓰임** 남해와 제주도에는 흔하지만 먹지 않는다.

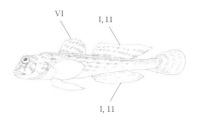

꾹저구

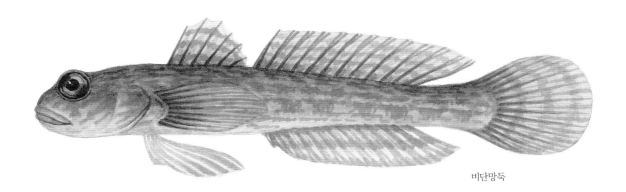

비단망둑

# 사백어 *Leucopsarion petersii*

흰망둥어북, 뱅아리, 병아리, Ice goby, Whitefish, シロウオ, 彼氏冰鰕虎, 彼德単鰭虾虎鱼

살아 있을 때는 몸속이 훤히 비치는데, 죽으면 몸빛이 허옇게 바뀐다고 이름이 '사백어(死白魚)'다. 물 깊이가 얕은 만과 강어귀에서 무리 지어 산다. 남해에서는 3~4월에 알을 낳는다. 알 낳을 때가 되면 강이나 하천을 거슬러 올라온다. 민물로 올라오면 아무것도 안 먹는다. 수컷은 바닥에 깔린 돌 아래를 뚫고 들어가 알 낳을 굴을 만든다. 그러면 암컷이 들어와 알을 낳는다. 알은 곤봉처럼 생겼는데, 돌 아래쪽 천장에 매달려 있다. 수컷은 새끼가 나올 때까지 곁에서 지킨다. 두 주쯤 지나면 새끼가 나온다. 알에서 나온 새끼들은 배에 노른자를 달고 있다. 바다로 내려가 파도가 잔잔한 바닷가에서 작은 동물성 플랑크톤을 먹으며 큰다. 암컷은 알을 낳고 죽고 수컷은 새끼가 나오면 죽는다. 한두 해 산다. 남해로 흐르는 경남 하천, 남해 바닷가에서 볼 수 있다. 경남 지방에서는 '병아리'라고 한다.

**생김새** 몸길이는 5cm 안팎이다. 살아 있을 때는 온몸이 옅은 누런색으로 투명해서, 몸 가운데에 있는 부레를 볼 수 있다. 하지만 죽으면 몸이 허옇게 흐려진다. 몸은 원통형으로 가늘고 길다. 입은 옆으로 넓적하며 아래턱이 위턱보다 조금 길다. 부드러운 융모처럼 생긴 이빨이 있다. 머리는 위아래로 납작하다. 몸에는 비늘이 없고, 머리 뒤부터 꼬리자루까지 까만 점들이 줄지어 나 있다. 배지느러미는 합쳐져서 빨판으로 바뀌었다. **성장** 암컷 한 마리가 알을 400~500개 낳는다. 알은 길이가 3.2~3.4mm, 폭이 0.6~0.8mm이다. 알에서 갓 나온 새끼는 4.2mm 안팎이다. 노른자를 다 빨아 먹고 5mm 안팎으로 큰 새끼는 알 낳은 곳에서 밖으로 나온다. **분포** 우리나라 동해, 남해. 일본, 중국 **쓰임** 볼락 낚시 미끼로 쓴다. 또 알을 낳으러 강으로 올라오는 사백어를 잡아서 회로 먹거나 국을 끓이거나 전을 부쳐 먹는다.

13~14

몸이 투명하다.

18

사백어

# 미끈망둑 *Luciogobius guttatus*

Flathead goby, ミミズハゼ, 竿虾虎鱼

미끈망둑은 따뜻한 물을 좋아하는 아열대 물고기다. 얕은 바닷가 물웅덩이나 자갈밭에서 돌 틈이나 돌 아래에 숨어 살면서 갯지렁이나 옆새우 같은 작은 동물성 먹이들을 먹고 산다. 가끔은 민물에서도 산다. 자갈밭에서는 물이 빠지면 메마른 돌 아래에서도 견딘다. 알 낳을 때가 되면 수컷은 머리가 커지고 더 납작해지며 뺨은 불룩해진다. 1~5월에 알을 낳는데 지역에 따라 다르다. 우리나라에서는 주로 봄에 조간대에 있는 자갈 틈 아래에 알을 낳는다. 암컷 한 마리가 보통 알을 수백 개 갖는다. 알에는 실이 나 있어서 다른 물체에 달라붙는다. 암컷이 알을 낳으면 새끼가 나올 때까지 수컷이 곁을 지킨다. 3년쯤 산다.

**생김새** 몸길이는 9.5cm쯤 된다. 몸은 미꾸라지처럼 가늘고 긴 원통형이다. 머리는 위아래로 납작하며 꼬리 뒷부분은 옆으로 납작하다. 온몸은 아주 작은 밤색 점으로 덮여 있거나, 밤색 바탕에 하얀 점이 빽빽이 있는 것처럼 보이기도 한다. 눈은 머리 위쪽에 있다. 주둥이는 넓적하며 입은 비스듬히 위쪽으로 향해 열린다. 아래턱이 위턱보다 앞으로 나와 있다. 거의 모든 망둑어류는 등지느러미가 2개 있지만 이 종은 등지느러미가 하나이며 몸 뒤쪽에서 뒷지느러미와 위아래로 마주 보고 놓인다. 배지느러미는 아주 작고 빨판처럼 생겼고 하얗다. 가슴지느러미 줄기 하나가 따로 떨어져 있어서, 가슴지느러미 아래와 위에 따로 떨어진 줄기가 여러 개 있는 큰미끈망둑(*L. grandis*)과 구분된다. 또 꼬리자루에 까만 띠가 없어서 뚜렷한 검은 선이 있는 꼬마망둑(*L. koma*)과 구분된다. 몸에는 비늘이 없고 피부에 점액이 덮여 미끌미끌하다. **성장** 물 온도가 22도 안팎일 때 4일쯤 만에 알에서 새끼가 나온다. 갓 나온 새끼는 4mm 안팎이고 바닷가에서 둥둥 떠다니면서 큰다. 1cm 안팎으로 자라면 강어귀나 어미가 사는 곳으로 옮겨 간다. **분포** 우리나라 온 바닷가. 일본, 러시아 연해주, 쿠릴 열도, 중국, 홍콩 등 **쓰임** 먹지 않는다. 민물에서도 살 수 있어서 관상용으로 키우기가 쉽다.

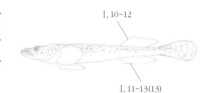

I, 10~12

I, 11~13(13)

# 꼬마망둑 *Luciogobius koma*

コマハゼ, 鳞竿虾虎鱼

꼬마망둑은 물이 얕고 자갈이 많은 바닷가나 조수 웅덩이 같은 곳에서 사는 온대성 물고기다. 조간대에서는 가장 낮은 곳이나 물 밖으로 드러나지 않는 곳에서 산다. 우리나라에는 미끈망둑속에 미끈망둑, 큰미끈망둑, 꼬마망둑 3종이 기록되어 있다.

**생김새** 몸길이는 4~5cm쯤 자란다. 몸은 가늘고 긴 원통형이다. 미끈망둑과 닮았지만 길이가 조금 더 짧다. 몸은 밤색이며 작은 점들이 빽빽하게 나 있다. 머리는 위아래로 납작하며 눈은 머리 위쪽에 있다. 가슴지느러미 위아래에 따로 떨어진 줄기가 있고, 꼬리지느러미 뿌리 쪽에 검은 선이 뚜렷하게 나 있어서 미끈망둑과 다르다. 머리와 몸통에는 비늘이 없고 등지느러미 아래에서 꼬지자루까지만 비늘이 덮여 있다. **성장** 일본 큐우슈우 지방에서 가을에 낳은 알 덩어리를 조사한 기록이 있다. 알 덩어리 하나에 곤봉처럼 생긴 알이 70개쯤 있다. 곤봉처럼 생긴 알은 길이가 2.7mm, 폭이 0.8mm 안팎이고 노란 노른자를 가지고 있다. 물 온도가 18~20도일 때 일주일쯤 만에 알에서 새끼가 나온다. 갓 나온 새끼는 3.5~4mm쯤 된다. 새끼는 물에 둥둥 떠다니면서 큰다. 우리나라에서 크는 성장은 더 밝혀져야 한다. **분포** 우리나라 남해. 일본 **쓰임** 안 잡는다.

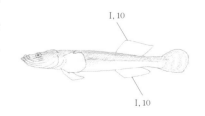

I, 10

I, 10

미끈망둑

꼬마망둑

# 모치망둑 *Mugilogobius abei*

Estuarine goby, アベハゼ, 阿部氏鯔鰕虎

　모치망둑은 따뜻한 물을 좋아하는 아열대 물고기다. 강어귀와 그곳에서 멀지 않은 바닷가 모래나 펄 바닥에서 산다. 돌에 붙은 굴 껍데기 사이에서도 산다. 물이 빠져나갈 때면 게 구멍에서도 지낸다. 다른 물고기들이 살지 못할 만큼 더러운 물에서도 잘 견디며 민물에서도 견딜 수 있다. 더러운 물에서도 잘 견디는 까닭은 암모니아를 요소로 바꾸는 요소 합성 능력을 가지고 있기 때문이라고 한다.

　모치망둑은 봄, 여름에 알을 낳는데 해역에 따라 조금씩 다르다. 성숙한 수컷은 바닥 모래를 파고 알 낳을 산란장을 만들고 그를 중심으로 텃세를 부린다. 이때가 되면 수컷은 몸빛이 검게 바뀌고 등지느러미가 노란색을 띠어 혼인색을 띤다. 수컷은 암컷 둘레를 돌면서 구애 행동을 하고 몸을 떨면서 암컷을 산란장으로 데려온다. 암컷은 조개껍데기나 빈 깡통 속 안쪽에 알을 낳아 붙인다. 알을 낳은 암컷은 곧 떠나고 수컷이 남아서 알에서 새끼가 나올 때까지 지킨다.

**생김새** 몸길이는 4cm쯤까지 자란다. 몸은 긴 원통형으로 통통하며, 머리가 넓적하고 꼬리 뒤쪽으로는 옆으로 조금 납작하다. 몸은 옅은 초록색을 띤 밤색이며 몸통에는 긴 Y자처럼 생긴 밤색 가로띠가 7~8줄, 꼬리에는 밤색 세로 줄무늬가 2개 있다. 첫 번째 등지느러미 2번째부터 몇 개 가시들은 지느러미 막 밖으로 실처럼 길게 늘어나고 뒤 가장자리에 검은 반점이 있다. 두 번째 등지느러미 뒤 가장자리는 노란색을 띤다. **성장** 알은 길이가 1mm, 폭이 0.5m 안팎인 타원형이다. 물 온도가 25도 안팎일 때 4~5일 만에 알에서 새끼가 나온다. 갓 깨어난 새끼는 2mm 안팎이며 물에 둥둥 떠다니면서 큰다. 한 달쯤 지나 몸길이가 0.6~1cm 안팎으로 자라면 바닥으로 내려간다. 바닥으로 내려가 살 때는 바닥에 쌓인 유기물을 먹는다. **분포** 우리나라 서해, 남해. 일본 중부 이남, 중국, 대만, 홍콩, 베트남 같은 북서태평양 **쓰임** 안 먹는다.

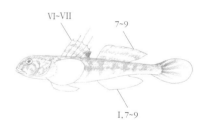

모치망둑

# 말뚝망둥어 *Periophthalmus modestus*

말뚝고기, 나는망동어, 나는문절이, Shuttles hoppfish, Mud hopper,
Mud skipper, トビハゼ, 弾涂鱼

말뚝망둥어는 갯벌에 구멍을 파고 사는 물고기다. 물고기지만 헤엄치기를 싫어하고 오히려 물속보다 물 밖에서 더 잘 지낸다. 물 밖에서도 1~2일쯤은 거뜬히 숨을 쉬며 살 수 있다. 물 속에서는 아가미로 숨을 쉬고, 물 밖에서는 아가미 속에 있는 주머니에 공기를 잔뜩 집어넣거나 살갗으로 숨을 쉰다.

말뚝망둥어는 갯벌에서 가슴지느러미를 두 팔처럼 써서 어기적어기적 기어 다닌다. 눈이 머리 위로 툭 불거져서 사방을 훤히 잘 본다. 깜짝 놀라거나 도망갈 때면 온몸을 용수철처럼 통통 튕기면서 뛰어 달아난다. 물수제비뜨듯이 물낯을 튕기며 달아나기도 한다. 갯벌을 이리저리 돌아다니며 갯지렁이나 작은 새우 따위를 잡아먹는다. 갯벌로 밀물이 슬금슬금 밀려오면 갯벌에 박혀 있는 말뚝이나 바위에 잘 올라간다. 말뚝에 잘 올라간다고 '말뚝망둥어'라는 이름을 얻었다. 생김새도 말뚝을 닮았다. 배지느러미가 합쳐서 빨판이 되었는데, 그 빨판으로 배를 딱 붙이고 있다. 햇볕이 쨍쨍 내리쬐어도 잘 버틴다.

말뚝망둥어는 여름이 되면 수컷이 갯벌에 굴을 파고 텃세를 부리다가 암컷을 데려와 굴속에 알을 낳는다. 암컷이 알을 낳고 떠나면 수컷이 곁을 지킨다. 서리가 내리면 굴속에 들어가 겨울잠을 자고 이듬해 벚꽃이 필 때쯤에야 나온다. 1~3년쯤 산다.

**생김새** 다 크면 몸길이가 10cm쯤 된다. 몸 색깔은 옅은 밤색이다. 눈이 머리 위쪽에 툭 튀어나왔고 서로 바짝 붙어 있다. 주둥이는 짧고 둔하게 생겼다. 입은 아래쪽에 붙어 있고 위턱이 아래턱보다 길다. 등지느러미는 두 개이고 까만 줄무늬가 길게 나 있다. 배지느러미는 오른쪽과 왼쪽 지느러미 사이에 막이 생겨 빨판으로 바뀌었다. 꼬리지느러미 끝은 둥글다. 옆줄은 없다. **성장** 암컷 한 마리가 알을 2000~13000개쯤 낳는다. 알은 타원형으로 길이가 1mm, 폭이 0.7mm쯤 된다. 알에는 실이 잔뜩 나 있어서 벽에 매달린다. 물 온도가 19~20도일 때 7~10일 지나면 새끼가 나온다. 알에서 나온 새끼는 3mm 안 팎이고 몸에 색이 없다. 바닷속을 둥둥 떠다니며 자라다가 50일쯤 지나 몸길이가 1.5cm쯤 자라면 어미가 있는 갯벌로 내려간다. 1년이면 5cm쯤 자라고, 이때 거의 모든 수컷이 암컷을 만나 알을 낳고, 번식기가 지나면 죽는다. 암컷은 2년 만에 7~9cm쯤 자라서 알을 낳는다. **분포** 우리나라 서해와 남해 갯벌. 일본, 중국, 대만, 호주, 인도, 홍해 **쓰임** 낚시로 훑쳐서 잡는다. 예전에는 잡아다 국을 끓여 먹었다는데 요즘에는 잘 안 먹는다. 말려 먹기도 한다.

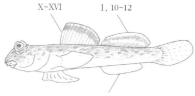

X~XVI   I, 10~12

I, 10~11

말뚝망둥어

말뚝망둥어는 배지느러미가 서로 붙어서 빨판으로
바뀌었다. 바위나 말뚝에 착 달라붙는다.

말뚝망둥어는 물 밖에서도 숨을 쉬면서 기어 다닌다.
펄 흙을 온몸에 뒤집어쓰고 다닌다.

# 금줄망둑 *Pterogobius virgo*

Maiden goby, Golden goby, ニシキハゼ, 纵带高鳍虾虎鱼

금줄망둑은 물 깊이가 20~50m쯤 되는 바닷가 모래밭이나 자갈밭, 바위밭에서 산다. 한곳에 자리를 잡고 머물면서, 지느러미로 모랫바닥을 파헤치고 속에 숨어 있는 게나 갯지렁이 같은 무척추동물을 잡아먹는다. 모래나 자갈 바닥을 파 뒤지면서 먹이를 찾을 때면 용치놀래기 같은 둘레에 있던 물고기가 먹이를 먹으러 모여든다. 그럴 때는 금줄망둑이 달려들어 다른 물고기를 쫓아내는 행동을 한다. 위험을 느끼면 바위 굴속으로 숨는다.

금줄망둑은 11~12월에 알을 낳는다. 암컷은 7cm쯤 되면 알을 가진다. 바위 아래나 모랫바닥을 파고 알 낳을 자리를 만든다. 암컷이 알 덩어리를 붙이면 수컷이 지킨다. 알에서 나온 지 1년이면 어른이 된다. 2년쯤 산다.

**생김새** 몸길이는 20cm 안팎이다. 몸은 밤색이고, 위아래에 옅은 파란 띠를 가진 주황색 굵은 띠가 머리에서 꼬리자루까지 화려하게 나 있다. 뺨에는 밝은 파란색 세로줄이 두 줄 나 있다. 몸은 가늘고 길며, 원통형이다. 가슴지느러미 위쪽에 따로 떨어진 줄기들이 있다. 배지느러미는 빨판으로 바뀌었다. 등지느러미, 뒷지느러미, 꼬리지느러미에 화려한 파란 띠가 있다. **성장** 더 밝혀져야 한다. **분포** 우리나라 남해, 제주. 일본 **쓰임** 안 잡는다.

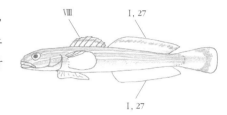

# 다섯동갈망둑 *Pterogobius zacalles*

Beauty goby, リュウグウハゼ, 五带高鳍虾虎鱼

다섯동갈망둑은 몸에 까만 줄이 다섯 줄 나 있다. 얕은 바닷가에서도 살지만 물 깊이가 30~70m쯤 되는 모랫바닥이나 모래와 조개껍데기가 섞인 바닥, 바위밭에서 많이 산다. 일곱동갈망둑보다 깊은 곳에서 산다. 바닥이나 돌 틈에 사는 옆새우 같은 작은 동물을 잡아먹는다. 먹이를 먹고 나면 돌 틈이나 돌 위에 앉아 가만히 쉰다. 봄에 알 낳을 때가 되면 수컷 몸이 까맣게 바뀌고, 등지느러미와 뒷지느러미 가장자리가 화려한 주황색을 띤다. 암컷은 짝짓기 철이 되어도 몸빛이 안 바뀐다. 암컷이 돌 밑에 곤봉처럼 생긴 알을 낳아 붙이면 수컷이 돌본다. 두 해쯤 산다.

**생김새** 몸길이는 15cm 안팎까지 큰다. 몸은 길고 원통형이다. 머리는 위아래로 조금 납작하고 꼬리 쪽은 옆으로 납작하다. 생김새가 일곱동갈망둑과 아주 닮았지만 머리에 검은 띠가 없고, 몸통 옆구리와 꼬리자루에 까만 가로띠가 5개여서 일곱동갈망둑과 다르다. 배지느러미는 빨판으로 바뀌었다. 가슴지느러미 위쪽 줄기는 실처럼 따로 떨어져 있다. 꼬리지느러미 가장자리는 검다. **성장** 물 온도가 15~16도일 때 10일 안팎, 7~14도일 때 한 달쯤 만에 알에서 새끼가 나온다. 갓 나온 새끼는 5~5.5mm이다. 한 달쯤 지나면 1.5cm쯤 자란다. 3~4cm쯤 크면 바닥으로 내려가 산다. 1년이면 9~10cm로 자라 어른이 된다. **분포** 우리나라 서해(격렬비열도), 남해, 동해 울릉도와 독도. 일본 **쓰임** 안 잡는다.

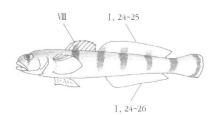

금줄망둑

다섯동갈망둑

# 유리망둑 *Pleurosicya mossambica*

Toothy goby, Ghost goby, セボシウミタケハゼ, 莫桑比克腹飄鰕虎

유리망둑은 물 깊이가 30m보다 얕은 곳에서 산다. 산호나 해면, 바다풀 위에서 혼자서 지내는데 유난히 회초리 산호에서 흔히 볼 수 있는 물고기다. 우리나라 바다에서 알을 낳은 기록은 아직 없다. 제주도보다 남쪽 바다에서는 물 온도가 19~21도쯤 되는 여름과 가을에 알을 낳는다. 유령멍게, 해면, 산호 겉에 알을 한 층으로 낳아 붙이면 어미가 곁을 지킨다. 사는 모습은 더 밝혀져야 한다.

**생김새** 몸길이는 3cm 안팎이다. 몸은 투명하며 긴 원통형이다. 주둥이가 납작하고 앞으로 길게 튀어나온다. 입은 주둥이 앞쪽에 길게 나 있다. 온몸이 비늘로 덮여 있다. **성장** 더 밝혀져야 한다. **분포** 우리나라 제주. 일본 남부에서 호주 남동해안까지 서태평양, 인도양, 홍해 **쓰임** 생김새가 예뻐서 수중 사진작가들에게 인기가 높다.

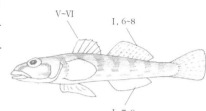

V~VI  I, 6~8  I, 7~9

# 흰줄망둑 *Pterogobius zonoleucus*

흰줄비단망둥어[북], Whitegirdled goby, チャガラ, 白帶高鰭虾虎鱼

흰줄망둑은 따뜻한 물을 좋아하는 물고기다. 바다풀이 무성하게 자란 얕은 바닷가에서 산다. 바위밭이나 잘피밭에서 많이 볼 수 있다. 만이나 작은 포구 안에서도 산다. 물 가운데나 아래쪽에서 무리 지어 헤엄쳐 다니며 동물성 플랑크톤이나 여러 가지 작은 새우들을 먹는다. 겨울에도 활발히 돌아다니며 먹이를 찾는다.

흰줄망둑은 이른 봄에 알을 낳는다. 알은 곤봉처럼 생겼다. 암컷은 알을 낳아 돌 틈 천장에 붙인다. 그러면 수컷이 곁에서 새끼가 나올 때까지 돌본다. 봄부터 여름 들머리에 항 포구에 주황색을 띤 어린 새끼들이 무리 지어 헤엄쳐 다닌다.

**생김새** 몸길이는 7cm 안팎이다. 온몸은 옅은 누런색을 띠고, 가느다란 노란색 가로줄이 6~7개 나 있다. 몸은 가늘고 긴 원통형인데 꼬리는 옆으로 조금 납작하다. 등지느러미는 두 개다. 첫 번째 등지느러미 가운데 줄기들은 길게 늘어난다. 두 번째 등지느러미와 뒷지느러미는 위아래로 마주 보며, 노란색과 파란 줄이 나 있다. 가슴지느러미 줄기 위쪽에는 따로 떨어지는 줄기들이 있다. 배지느러미는 까맣다. **성장** 더 밝혀져야 한다. **분포** 우리나라 남해, 제주, 동해 울릉도, 독도. 일본 중부 이남, 중국 **쓰임** 생김새가 예뻐서 수족관에서 기른다.

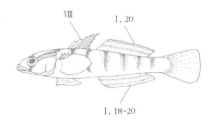

VIII  I, 20  I, 18~20

유리망둑

흰줄망둑

# 바닥문절 *Sagamia geneionema*

Hairychin goby, サビハゼ, 相模虾虎鱼

바닥문절은 물 깊이가 얕은 바닷가 모랫바닥이나 조개껍데기가 섞인 모랫바닥에서 혼자 살거나 무리 지어 산다. 옆새우 같은 작은 동물성 플랑크톤을 잡아먹는다. 1년쯤 산다.

바닥문절은 물 온도가 12~14도쯤 되는 1~4월에 암컷 한 마리가 알을 900~1100개쯤 4~6번 낳는다. 수컷이 바위 밑에 알 낳을 자리를 만들고 암컷을 부른다. 암컷은 알을 낳으면 죽고, 수컷이 남아 알을 지킨다. 곤봉처럼 생긴 알은 바위 천장에 거꾸로 매달려 있다. 10~14일쯤 지나면 새끼가 깨어 나온다. 새끼는 물에 둥둥 떠다니며 자라다가 5월쯤이면 3~4cm쯤 자란다. 이때가 되면 바닥에 내려간다.

**생김새** 다 크면 몸길이가 7~10cm 안팎이다. 몸은 옅은 살색이고, 등 쪽에 긴둥근꼴 밤색 반점들이 꼬리자루까지 나 있다. 가운데 있는 반점들이 크다. 몸은 원통형으로 통통한데, 머리는 위아래로 조금 납작하고 꼬리 뒤쪽은 옆으로 납작하다. 위턱이 아래턱보다 조금 길고, 턱 뒤 끝이 눈 가운데 아래까지 온다. 아래턱에 짧은 수염이 20개쯤 나 있다. 첫 번째 등지느러미 뒤 뿌리 쪽에 까만 반점이 하나 있다. **성장** 더 밝혀져야 한다. **분포** 우리나라 제주, 남해. 일본 중남부 **쓰임** 작은 망둑어로 안 잡는다.

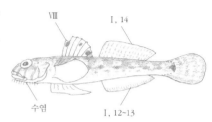

# 풀망둑 *Synechogobius hasta*

큰망둥어, Javelin goby, ハゼクチ, 矛尾刺鰕虎鱼

풀망둑은 바닷가나 강어귀 개펄에서 산다. 강을 올라오기도 한다. 우리나라 온 바다에 살지만 서해에 많다. 겨울이 되면 더 깊은 물속으로 들어간다. 작은 새우나 게, 갯지렁이, 화살벌레, 젓새우, 작은 물고기 따위를 잡아먹는다.

풀망둑은 4~5월에 문절망둑처럼 굴을 파고 알을 낳는다. 짝짓기 때에는 암컷 주둥이와 가슴지느러미, 꼬리지느러미가 노래진다. 문절망둑처럼 수컷이 펄에 Y자처럼 생긴 굴을 파고 암컷을 부른다. 암컷이 굴속에 알을 낳고 떠나면 수컷이 남아 돌본다. 알을 낳은 암컷은 몸이 여위고 몸이 까매지다가 죽는다. 한두 해쯤 산다.

**생김새** 몸길이는 40cm쯤 큰다. 50cm 넘게도 자란다. 망둑어 무리 가운데 몸이 가장 크다. 풀망둑은 문절망둑과 아주 닮았다. 문절망둑보다 훨씬 크게 자라지만 꼬리가 더 날씬하다. 몸은 원통형이다. 머리는 크고 꼬리는 옆으로 납작하다. 온몸은 옅은 밤색이나 잿빛을 띤다. 새끼 때에는 몸통 옆구리에 밤색 반점이 9~12개 뚜렷하게 나 있지만 크면서 희미해진다. 두 번째 등지느러미 줄기 수가 17~21개여서 줄기 수가 12~15개인 문절망둑보다 많다. 꼬리지느러미는 짙은 잿빛 밤색을 띠며 검은 점들이 없어서 문절망둑과 다르다. 배지느러미가 붙어서 빨판이 되었다. **성장** 알을 8천~6만 개쯤 낳는다. 알은 곤봉처럼 생겨서 길이는 5.5mm 안팎, 폭이 1.1mm 안팎이다. 물 온도가 13~18도일 때 15일이 지나면 새끼가 나온다. 갓 나온 새끼는 6mm 안팎이다. 물에 둥둥 떠다니며 자라다가 18~20일쯤 지나면 생김새가 어미를 닮고 바닥에 내려가 살기 시작한다. 5달쯤 지나면 14cm까지 빠르게 자란다. 1년쯤 지나면 어른이 된다. **분포** 우리나라 온 바다. 일본, 중국, 대만, 인도네시아 **쓰임** 여름부터 늦가을까지 낚시로 잡는다. 먹성이 좋아서 낚시 미끼를 덥석덥석 잘 문다. 회나 구이, 탕으로 먹는다. 꾸덕꾸덕 말려서도 먹는다.

바닥문절

풀망둑

# 개소겡 *Odontamblyopus lacepedii*

개소경북, 북쟁이, 대갱이, 운구지, Green eel goby, ワラズボ, 红鳗虾虎鱼, 南氏裸拟鰕虎鱼

개소겡은 서해 갯벌에서 산다. 물 깊이가 얕은 물웅덩이나 강어귀 바닥에 50~90cm 깊이로 굴을 5~6개 파고 그 속에 들어가 산다. 작은 물고기나 갑각류, 오징어, 조개 따위를 잡아먹는다. 5~7월에 굴속 벽에 암컷이 알을 낳는다. 암컷이 알을 낳으면 수컷이 알을 지킨다.

**생김새** 몸길이는 30~40cm 안팎이다. 수컷이 크다. 온몸은 바랜 푸른 잿빛을 띠어 마치 죽은 물고기처럼 보인다. 가슴지느러미는 분홍빛이 돈다. 몸은 뱀처럼 가늘고 길며 옆으로 납작하다. 머리는 통통한 원통처럼 생겼다. 입은 주둥이 앞쪽에 있다. 양턱에 날카로운 송곳니들이 잔뜩 나 있는데, 늘 밖으로 튀어나와 있다. 눈은 아주 작고 머리 위쪽에 있다. 배지느러미는 붙어서 빨판으로 바뀌었다. 비늘은 퇴화해서 앞쪽은 둥근형, 뒤쪽은 타원형 비늘이 흩어져 있다. **성장** 알을 3000~4000개쯤 낳는다. 알은 곤봉처럼 생기거나 타원형이다. 길이가 1.3~2.6mm, 폭이 0.7mm이다. 알에 있는 부착실로 달라붙는다. 물 온도가 18~23도쯤일 때 3일쯤 지나면 새끼가 나온다. 알에서 나온 새끼는 2cm쯤까지 물에 떠다니면서 자란다. 1년이 지나면 15~18cm로 자라 어른이 된다. 3년쯤 산다. **분포** 우리나라 서해와 남해 바닷가와 강어귀. 중국, 일본, 대만, 홍콩 **쓰임** 전남 지방에서는 말려서 먹는다.

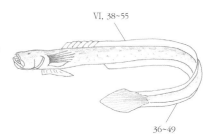

VI, 38~55

36~49

# 황줄망둑 *Tridentiger nudicervicus*

シロチチブ, 裸項縞鰕虎魚

황줄망둑은 민물과 짠물이 만나는 강어귀나 얕은 바닷가, 조수 웅덩이에 사는 온대성 물고기다. 5~9월 사이에 알을 낳는다. 알은 얕은 바닷가에 있는 굴이나 키조개 같은 조개껍데기 안쪽에 한 층으로 낳아 붙인다.

**생김새** 몸은 6cm 안팎으로 자란다. 몸은 짧은 원통형으로 통통하다. 머리는 위아래로 조금 납작하고 꼬리는 옆으로 조금 납작하다. 주둥이가 짧고 뭉툭하다. 배를 뺀 온몸에 빗비늘이 덮여 있다. 가슴지느러미 가장 위쪽 줄기는 실처럼 가늘게 서로 떨어져 있는 것이 특징이다. 몸은 연한 노란색을 띤 밤색이며 배는 하얗다. 등 쪽에 8개쯤 되는 윤곽이 뚜렷하지 않은 검은 무늬가 있다. 눈과 눈 아래에서 아가미뚜껑 뒤까지 짙은 밤색 줄무늬가 2개 있고, 몸 가운데를 따라 일자형 밤색 반점이 꼬리자루까지 줄지어 있다. **성장** 암컷 한 마리는 알을 수천 개에서 만 개쯤 낳는다. 물 온도가 25도 안팎일 때 4일쯤 지나면 알에서 새끼가 나온다. 갓 나온 새끼는 2mm 안팎이다. 10~15mm까지 클 때까지 물에 둥둥 떠다니며 동물성 플랑크톤을 먹는다. 1.5cm 안팎으로 크면 바닥으로 내려가 살기 시작한다. 이때부터는 대부분 바닥에 있는 유기질을 먹고 산다. 알에서 나온 지 1년이면 2~5cm쯤 크면 어른이 된다. 2년이 지나면 5~7cm로 자란다. **분포** 우리나라 서해와 남해 강어귀, 바닷가. 러시아 동부 시베리아, 일본, 중국, 대만 같은 북서태평양 **쓰임** 먹지 않는다.

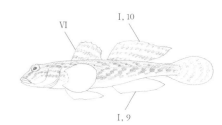

VI        I, 10

I, 9

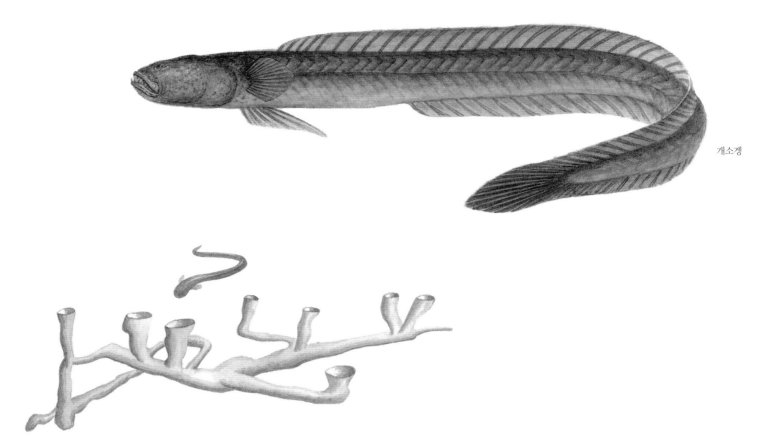

개소갱

**개소갱 굴** 개소갱은 개펄 속에 복잡한 굴을 파고 산다.

황줄망둑

# 검정망둑 *Tridentiger obscurus*

Dusky tripletooth goby, threadfin goby, チチブ, 暗缟虾虎鱼

검정망둑은 따뜻한 물을 좋아하는 온대성 물고기다. 민물이나 강어귀, 바닷가에 산다. 강과 바다를 오가며 살기도 하고, 평생 민물에서 보내기도 한다. 물이 아주 더러운 곳에서도 산다. 작은 동물이나 바다풀 따위를 먹는 잡식성이다. 4~9월 사이에 알을 낳는데 우리나라 남해안에서는 4~7월에 낳는다. 물 흐름이 느린 하천 하류나 민물과 짠물이 만나는 강어귀에서 알을 낳는다. 수컷은 돌 아래쪽에 산란실을 만들고 텃세를 부린다. 그러다가 수컷은 춤을 추듯 암컷 둘레에서 몸을 흔들면서 구애 행동을 한다. 그렇게 암컷을 산란장으로 데리고 오면 암컷은 돌 아래쪽 천장에 알을 붙인다. 수컷 한 마리가 암컷 여러 마리와 알을 낳기도 한다. 알을 낳으면 암컷은 죽고, 수컷은 알에서 새끼가 나올 때까지 지키다 죽는다. 1년쯤 산다.

**생김새** 몸길이는 10cm 안팎이 흔하지만 14cm까지 자란다. 몸은 짧고 통통한 원통형이며 꼬리는 옆으로 조금 납작하다. 주둥이가 뭉툭하며 양턱 길이가 비슷하다. 입은 크며 머리 아래쪽에 있다. 온몸은 짙은 검은 밤색이고 가슴지느러미 뿌리 쪽이 노란색을 띤다. 뺨과 아가미뚜껑 위에 누런 점들이 있다. 첫 번째 등지느러미 가시 중 2~4번째 가시가 지느러미 막 밖으로 실처럼 길게 늘어난다. 수컷이 암컷보다 더 길다. 흥분하면 몸이 검어졌다가 밝은색을 띠었다가 한다. 살아있을 때에는 몸 옆에 옅은 노란색 줄무늬들이 안 보이는데, 온몸이 연한 색을 띨 때면 줄무늬들이 3~4줄 나타나기도 한다. **성장** 알은 가운데가 불룩한 타원형이다. 긴 쪽 지름은 0.9~1.4㎜, 짧은 쪽 지름은 0.5~0.7㎜쯤 된다. 알에는 실이 나 있어서, 돌 아래에 지름 10~30cm쯤 되는 크기로 한 층으로 달라붙는다. 수컷이 알에서 새끼가 나올 때까지 지킨다. 암컷은 여러 번 알을 낳는데, 모두 1만 6천~1만 9천 개쯤 낳는다. 물 온도가 21도 안팎일 때 일주일쯤 지나면 알에서 새끼가 나온다. 갓 나온 새끼는 몸길이가 2.8~3.7mm 안팎이고 한 달쯤 물에 둥둥 떠다니며 큰다. 알에서 나온 지 40~50일쯤이 지나면 몸길이가 1.3~1.8cm쯤 자라 배지느러미가 빨판으로 되고 몸 생김새와 빛깔이 어미를 닮는다. 이때쯤 바닥에 내려가 산다. 1년 만에 어른이 된다. **분포** 우리나라 온 바닷가와 하천. 일본, 러시아 사할린 **쓰임** 먹지 않는다.

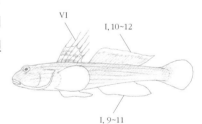

검정망둑

# 청황문절 *Ptereleotris hanae*

Blue goby, Blue hana goby, ハナハゼ, 丝尾凹尾塘鳢, 絲尾鰭塘鱧

청황문절은 따뜻한 물을 좋아하는 물고기다. 물 깊이가 6~50m쯤 되는 바닷가 바위밭이나 바위가 끝나는 곳에 있는 모랫바닥에서 산다. 암수가 짝을 지어 함께 산다. 위험을 느끼면 돌 아래나 굴속으로 숨는다. 때때로 실망둑이나 새우가 사는 굴을 같이 쓰기도 한다. 동물성 플랑크톤을 먹는다. 다 큰 암컷과 수컷은 짝을 지어 지내며, 알 낳을 때가 되면 3번쯤 알을 낳는다. 한번 짝을 지으면 몇 년 동안 함께 지낸다. 조개껍데기 속이나 바위 굴 천장에 알 덩어리를 낳아 붙인다. 갓 깨어난 새끼는 4mm 안팎이고 투명하다. 물에 둥둥 떠다니면서 자란다.

**생김새** 몸길이는 10~15cm이다. 몸은 가늘고 길며 옆으로 납작하다. 몸은 옅은 하늘색이다. 아래턱 아래에 작은 살갗돌기가 있다. 등지느러미와 뒷지느러미는 연한 하늘빛을 띤다. 등지느러미는 두 개로 나뉜다. 꼬리지느러미 줄기 가운데 5~6개가 실처럼 길게 늘어난다. **성장** 더 밝혀져야 한다. **분포** 우리나라 남해, 제주. 일본 중부 이남, 필리핀, 호주 북부 같은 서태평양 **쓰임** 제주도 바닷가에서 스쿠버 다이빙을 할 때 가끔 만나는 물고기다. 물속에서 암수가 함께 짝을 지어 헤엄치는 모습이 예뻐서 사람들이 사진을 많이 찍는다.

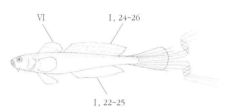

VI · I, 24~26 · I, 22~25

# 꼬마청황 *Parioglossus dotui*

サツキハゼ, 尾斑舌塘鳢, 尾斑副舌虾虎鱼

꼬마청황은 따뜻한 물을 좋아하는 아열대 물고기다. 우리나라 남해와 제주도에 난류 영향을 받는 해역에 사는데 요즘에 독도 동도 선착장 둘레 바닷가에서 수십 마리가 사는 것으로 알려졌다. 물 깊이가 5m보다 얕은 바닷가나 강어귀에서 산다. 항만 안쪽 벽에 붙어 있는 담치 군락지에서 담치 사이에 숨어 살기도 한다. 물속에 바위가 많은 곳에서는 물낯이나 중층에 무리 지어 다니며 동물성 플랑크톤을 먹고 산다. 알 낳을 때가 되면 수컷은 눈 둘레와 아가미뚜껑에 코발트빛 반점이 몇 개 나타난다. 또 등, 배, 꼬리지느러미 가장자리가 밝은 코발트빛을 띠며 뒷지느러미 가운데에 코발트빛 띠가 나타난다. 수컷은 암컷 둘레에서 지느러미를 펴고 구애 행동을 하고 수컷이 미리 정해 놓은 산란장으로 암컷을 이끈다. 여름과 가을철에 알을 낳는다. 암컷 한 마리가 수백 개에서 1000개쯤 알을 가진다.

**생김새** 몸길이는 4cm 안팎이다. 몸은 원통형으로 가늘고 길며 옆으로 조금 납작하다. 몸은 옅은 초록색을 띠며 배는 옅은 색이다. 아가미뚜껑에서 꼬리자루까지 검은 줄이 있고 이 줄은 꼬리지느러미 가운데로 이어지며 더 짙어진다. 뒷지느러미 가장자리는 옅은 밤색을 띤다. 입은 위쪽으로 열리며 아래턱이 위턱보다 조금 길다. 턱에는 작은 이빨들이 발달하며 입천장, 혓바닥에는 이빨이 없다. 배지느러미는 좌우가 합쳐지지 않아서 빨판이 아니기 때문에 다른 망둥어류와 구분된다. 몸은 둥근비늘로 덮여 있다. **성장** 더 밝혀져야 한다. **분포** 우리나라 남해, 제주, 동해와 독도. 일본 **쓰임** 생김새가 예뻐서 수족관에서 기르기도 한다.

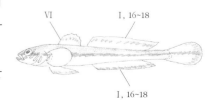

VI · I, 16~18 · I, 16~18

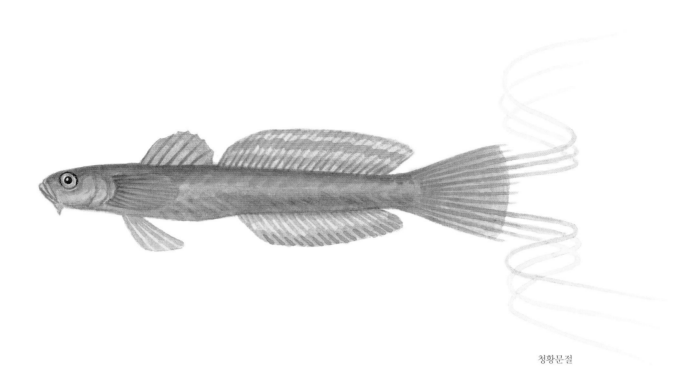

청황문절

꼬마청황

# 제비활치 *Platax pinnatus*

제비도미목, Dusky batfish, アカククリ, 圆翅燕鱼, 圆海燕鱼

제비활치는 따뜻한 물을 좋아하는 물고기다. 바닷물이 따뜻해지면서 남해와 제주에 올라온다. 어른 물고기는 물 깊이가 20m보다 얕은 바닷가 바위밭에서 혼자 살지만, 때로는 큰 무리를 지어 다니기도 한다. 열대 지방에 사는 어린 새끼들은 바닷가 맹그로브 숲이나 바위밭에 있는 굴속에도 들어간다. 바다풀이나 해파리, 동물성 플랑크톤 따위를 먹는 잡식성이다. 호기심이 많아서 사람이 가까이 가도 잘 안 도망간다. 커다란 지느러미로 흐물흐물 헤엄치는 것이 독을 가진 납작벌레를 닮아서 자기 몸을 지킨다고 알려졌다.

**생김새** 몸길이는 45cm까지 큰다. 몸이 높은 달걀처럼 생겼고, 옆으로 납작하다. 온몸은 은백색이며 눈과 가슴지느러미를 가로질러 굵고 까만 띠가 2개 있다. 두 번째 띠는 배지느러미와 이어진다. 등지느러미와 뒷지느러미 가장자리는 까맣다. 꼬리지느러미는 노란데, 가장자리는 까맣다. 새끼와 어른 생김새가 아주 다르다. 새끼일 때는 온몸이 까맣고, 등지느러미와 뒷지느러미가 아주 길고 크며 가장자리가 주황색이다. **성장** 알 낳을 때가 되면 큰 무리를 짓는다. 알은 물에 둥둥 떠다닌다. 알에서 나온 새끼는 머리가 크고 꼬리가 가느다랗고 투명하다. 몸에 까만 점들이 생기기 시작해서 25일쯤 지나면 온몸이 까맣고 지느러미 가장자리만 주황색을 띤다. 40일쯤 지나면 지느러미가 커져서 납작벌레처럼 보인다. **분포** 우리나라 남해, 제주. 일본, 필리핀, 호주 같은 서태평양 **쓰임** 안 잡는다.

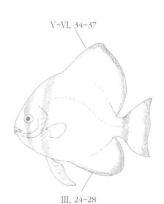

V~VI. 34~37

III. 24~28

# 초승제비활치 *Platax boersii*

Golden spadefish, ミカズキツバメウオ, 初生昇燕鱼

초승제비활치는 따뜻한 물을 좋아하는 물고기다. 따뜻한 물을 따라 우리나라 바다로 올라온다. 어른 물고기는 앞바다를 향한 물속 바위 낭떠러지에서 몇 마리씩 작은 무리를 지어 살아간다. 바닷가에서는 혼자 살기도 한다. 해파리나 동물성 플랑크톤, 갑각류, 연체동물 따위를 먹는다. 우리나라에서는 흔히 볼 수 없다.

**생김새** 다 크면 몸길이가 40cm쯤 된다. 자라면서 여러 번 생김새가 바뀐다. 몸이 높은 달걀처럼 생겼고, 옆으로 아주 납작하다. 제비활치와 닮았다. 온몸은 은빛을 띤 노란색이며 작고 까만 반점들이 흩어져 있다. 굵은 가로띠 2개가 눈과 머리를 지난다. 두 번째 띠와 이어지는 배지느러미는 검다. 뒷지느러미와 꼬리지느러미 뒤쪽 가장자리도 검다. 어린 새끼는 등지느러미와 뒷지느러미가 길고, 두 지느러미를 잇는 검은 띠가 있다. 까만 배지느러미는 몸높이보다 더 길다. 또 누런 밤색을 띠며 어른처럼 검은 띠가 두 개 있다. 꼬리지느러미는 가장자리만 까맣고 나머지는 옅은 노란빛을 띤다. 40cm쯤 되면 등지느러미와 뒷지느러미는 짧아지고, 온몸이 둥글게 바뀌고 은백색으로 번쩍거린다. **성장** 더 밝혀져야 한다. **분포** 우리나라 제주. 필리핀, 뉴기니아, 인도네시아 같은 서태평양, 인도양 **쓰임** 맛있는 물고기지만 우리나라에서는 만나기 어렵다.

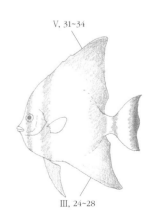

V. 31~34

III. 24~28

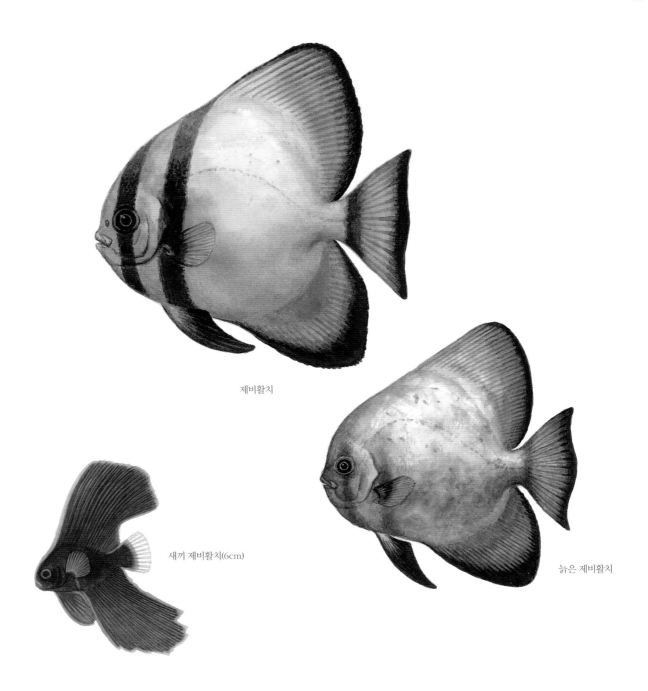

제비활치

새끼 제비활치(6cm)

늙은 제비활치

초승제비활치(20cm)

농어목
**납작돔과**

# 납작돔 *Scatophagus argus*

나비돔<sup>북</sup>, Spotted scat, クロホシマンジュダイ, 金线鱼

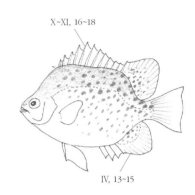

X~XI, 16~18

IV, 13~15

납작돔은 따뜻한 물을 좋아하는 물고기다. 바닷물이 따뜻해지면서 우리 바다에 드물게 올라온다. 항이나 포구, 강어귀에서 산다. 열대 지방에서는 맹그로브 숲에서도 볼 수 있다. 여러 가지 벌레와 식물성 먹이 따위를 먹는다. 사는 모습은 더 밝혀져야 한다.

**생김새** 몸길이는 20cm 안팎인데 38cm까지 크기도 한다. 온몸은 은색을 띠며, 배 쪽을 뺀 온몸에 크고 작은 까만 반점들이 흩어져 있다. 어릴 때에는 이 점들이 아주 크고 또렷한 검정색이다. 몸이 아주 높은 긴둥근꼴이고, 옆으로 납작하다. 머리는 작고, 입은 주둥이 끝에 있다. 등지느러미와 뒷지느러미, 꼬리지느러미 줄기 사이에 있는 막은 까맣다. 몸길이가 9mm 안팎인 치어는 몸이 까맣고 머리 눈 위와 눈 뒤에 뼈판이 발달한다. **성장** 더 밝혀져야 한다. **분포** 우리나라 제주. 일본 남부, 필리핀, 사모아, 피지 같은 남태평양 **쓰임** 먹을 수 있다. 등지느러미와 뒷지느러미 가시에는 독이 있다. 잡을 때 쏘이지 않게 조심해야 한다. 중국에서는 약으로 쓰고, 홍콩에서는 활어 시장에서 볼 수 있다.

농어목
**독가시치과**

# 독가시치 *Siganus fuscescens*

민도미<sup>북</sup>, 따치, Mottled spinefoot, Dusky rabbitfish, アイゴ, 褐蓝子鱼

독가시치는 따뜻한 바다에서 산다. 대마 난류가 올라오는 제주 바다에 많이 사는데 요즘에는 남해에도 살고, 어린 것들은 동해 속초 앞바다까지 올라오기도 한다. 물 깊이가 10m 안팎이고 바닷말이 숲을 이루고 바위가 울퉁불퉁 솟은 곳에 산다. 낮에 떼를 지어 몰려다니면서 바닷말을 뜯어 먹는다. 7~9월이 되면 바닷말에 알을 붙여 낳는다. 암컷 한 마리가 알을 30만 개쯤 낳는다. 알에서 나온 새끼는 물에 둥둥 떠다니면서 동물성 플랑크톤을 먹으며 큰다. 2년쯤 크면 어른이 된다. 어른이 되면 바닷말을 뜯어 먹는다. 등지느러미, 배지느러미, 뒷지느러미 가시가 모두 송곳처럼 뾰족한 독가시다. 독이 있는 지느러미 가시를 가진 물고기라고 이름이 '독가시치'다. 제주도 사람들은 '따치'라고 한다.

**생김새** 몸길이는 40cm쯤 된다. 몸은 옆으로 아주 납작하다. 몸빛은 누런 밤색이고 하얗고 까만 작은 점들이 많이 나 있다. 사는 곳에 따라 몸빛이 달라진다. 입은 작고 둥글다. 등지느러미와 뒷지느러미, 배지느러미에 날카로운 가시가 있다. 비늘은 작고 둥글다. 꼬리지느러미 끄트머리는 얕게 파인다. 옆줄은 등과 나란히 한 줄 나 있다. **성장** 알은 동그랗고 투명하다. 알은 가라앉아 바위나 바다풀 같은 다른 물체에 붙는다. 물 온도가 23~26도일 때 1~2일 만에 새끼가 나온다. 2년이 지나면 25cm, 4년이면 30cm, 6년이면 35cm쯤 큰다. **분포** 우리나라 제주, 남해, 동해. 일본, 동중국해, 태평양, 인도양 **쓰임** 바닷가 갯바위에서 낚시로 많이 잡는다. 잡았을 때는 가시에 찔리지 않게 조심해야 된다. 찔리면 머리가 아프고 얼굴과 눈이 빨갛게 달아오른다. 걸그물이나 끌그물로 잡기도 한다. 겨울이 제철이다. 살에서 특이한 냄새가 나는데 살아있는 때 내장을 없애고 먹으면 냄새가 덜 난다. 회, 찌개, 구이, 튀김으로 먹는다.

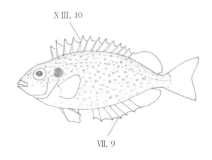

XⅢ, 10

Ⅶ, 9

납작돔

새끼 납작돔

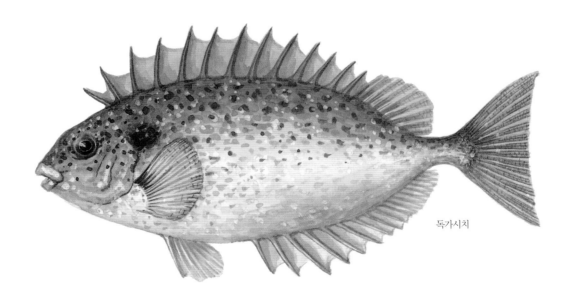

독가시치

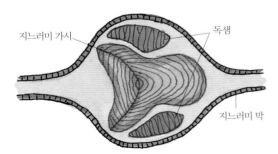

지느러미 가시     독샘

지느러미 막

등지느러미 가시 단면도

농어목
양쥐돔과

# 쥐돔 *Prionurus scalprum*

Scalpel sawtail, ニザダイ, 三棘多板盾尾魚

쥐돔은 따뜻한 물을 좋아하는 물고기다. 따뜻한 바닷물을 따라 우리나라로 올라온다. 넓은 바위가 많은 바닷가에서 산다. 물살이 아주 세고, 물속 바위 벼랑에서 몸집이 큰 쥐돔들이 무리 지어 산다. 바위에 붙어 자라는 바다풀을 뜯어 먹거나 새우, 게 같은 갑각류와 갯지렁이 따위를 먹는다. 우리나라 제주와 남해에 드물게 산다. 봄에 중층에서 큰 무리를 지어 알을 낳는다. 알은 둥글고 흩어져 떠다닌다. 새끼는 투명하며 몸이 높고 옆으로 납작하다. 2cm까지 자라기 전에는 비늘이 없으며, 등지느러미와 뒷지느러미에 긴 가시를 가지고 떠다니면서 자란다. 크면서 바닷가 바위밭으로 가서 산다.

**생김새** 몸길이는 50cm 안팎이다. 몸은 긴둥근꼴이고 옆으로 납작하다. 몸은 쥐색을 띤다. 주둥이와 입이 작고 뾰족하다. 옆줄은 머리 뒤쪽부터 등 쪽으로 활처럼 휘어서 꼬리자루까지 온다. 옆줄이 검은 점처럼 보인다. 꼬리자루 양쪽에 뒤쪽으로 날카롭게 튀어나온 가시를 가진 뼈판이 4~5개 있고, 여기에 까만 반점이 있다. 작은 비늘은 껍질과 붙어 있어서 벗겨지지 않는다. 꼬리지느러미는 다른 지느러미보다 밝은 색을 띠는데 어릴 때는 하얗다. **성장** 더 밝혀져야 한다. **분포** 우리나라 남해, 제주, 일본 중부 이남, 대만 **쓰임** 낚시로 잡는다. 살이 단단하고 맛있지만 특유의 갯내가 나서 싫어하는 사람도 있다. 회로 많이 먹는다.

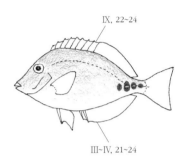

IX, 22~24

III~IV, 21~24

농어목
양쥐돔과

# 양쥐돔 *Acanthurus nigricauda*

Epaulette surgeonfish, クロモンツキ, 黑尾刺尾鱼

양쥐돔은 열대 바다 바닷가나 강어귀에서 산다. 물낯부터 물 깊이가 30m쯤 되는 얕고 맑은 바다 산호초에서 흔히 볼 수 있다. 혼자 지내거나 작은 무리를 지어 살아간다. 다른 양쥐돔과 물고기처럼 산호초보다 만이나 라군(lagoon)에서 모랫바닥에 있는 작은 식물성 플랑크톤이나 유기물 찌꺼기를 긁어 먹는다. 우리나라에서는 거의 볼 수 없는 물고기다. 2000년대에 기록이 된 종이다. 태어난 지 2년이 지나 몸길이가 15~20cm쯤 되면 어른이 된다. 남태평양에서는 알 낳을 때가 되면 암컷과 수컷들이 큰 무리를 지어 알을 낳는다. 알 낳는 때는 해역마다 다른데 인도네시아, 호주 북부 산호초 해역에서는 봄에 알을 낳는다.

**생김새** 몸길이는 40cm에 이른다. 몸은 쥐색을 띠며 눈 뒤에 막대처럼 생긴 까만 무늬가 있다. 6cm보다 작은 어린 시기에는 이 무늬가 없다. 몸은 긴둥근꼴이며 옆으로 납작하다. 눈은 머리 위쪽에 있다. 입은 작고 주둥이 아래쪽에 있다. 꼬리지느러미 앞쪽은 하얗다. 꼬리지느러미 위아래 끝이 실처럼 길게 늘어난다. **성장** 더 밝혀져야 한다. **분포** 일본 남부, 필리핀, 인도네시아, 호주 동부, 인도양 **쓰임** 그물로 잡는다. 사는 곳에 따라 독이 있는 물고기도 있어 먹을 때 조심해야 한다.

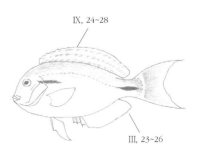

IX, 24~28

III, 23~26

쥐돔

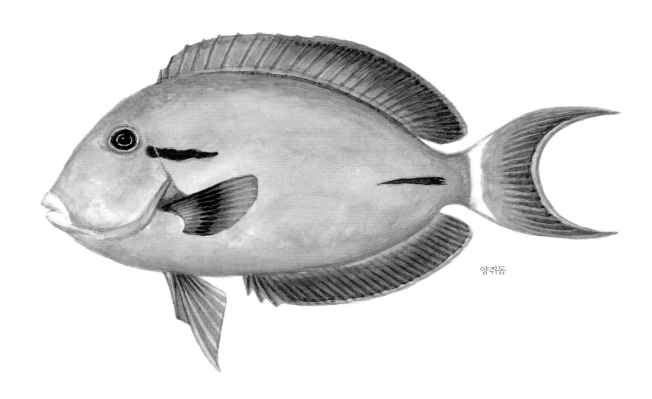

양쥐돔

# 표문쥐치 *Naso unicornis*

뿔쥐도미<sup>북</sup>, Bluespine unicornfish, Nosefish, unicornfish, テングハギ, 长吻鼻鱼,
长吻双盾尾鱼

표문쥐치는 따뜻한 물을 좋아하는 물고기다. 바닷가부터 물 깊이가 180m쯤 되는 깊은 물속까지 산다. 얕은 산호초나 파도가 센 바위밭에서 주로 산다. 바닥 가까이에서 작은 무리를 지어 헤엄쳐 다니는데, 때로는 혼자 살기도 한다. 어린 새끼들은 얕은 만 안쪽이나 항구에 들어오기도 한다. 낮에 돌아다니면서 모자반 같은 갈조류를 뜯어 먹고 새우 같은 동물성 먹이도 먹는 잡식성이다. 알 낳을 때가 되면 암수가 짝을 짓기도 한다. 50년 넘게 산다.

**생김새** 몸길이는 70cm까지 큰다. 온몸은 잿빛 밤색을 띤다. 머리 뒤쪽과 등이 높은 긴둥근꼴이고 옆으로 납작하다. 눈은 머리 위쪽에 있다. 눈 앞으로 삼각뿔처럼 생긴 기다란 돌기가 튀어나와 있다. 주둥이 생김새가 쥐돔과 닮았다. 살갗에 융털처럼 생긴 비늘이 덮여 있다. 꼬리지느러미 위아래 끝 줄기가 실처럼 길게 늘어난다. 꼬리자루에 날카로운 까만 돌기가 두 개 있다. **성장** 몸길이가 6mm쯤 되는 새끼는 몸높이가 높은 마름모꼴이며 등지느러미와 뒷지느러미에 길고 날카로운 가시가 있다. 처음에는 빨리 자라서 4~5년 사이에 다 큰 몸길이에 80%쯤 되고, 10년이 넘으면 거의 자라지 않는다. 5년 만에 30~40cm, 10년 만에 35~55cm쯤 자란다. 암컷은 4~5년이 지나 28cm 안팎, 수컷은 7~8년쯤 지나 38cm가 되면 어른이 된다. **분포** 우리나라 남해, 제주. 일본 남부, 인도네시아, 호주 북부까지 서태평양, 인도양 **쓰임** 우리나라에서는 드물어서 거의 안 잡는다. 꼬리자루에 뾰족한 가시가 있어서 함부로 잡았다가는 다칠 수 있다. 생김새가 독특해서 수족관에서 기르기도 한다.

V~VI, 27~30

II, 27~30

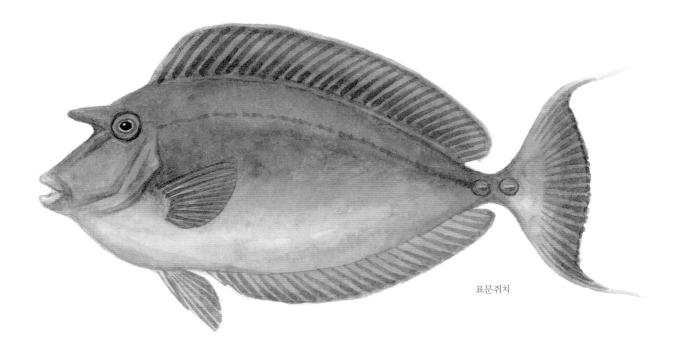

표문쥐치

# 꼬치고기 *Sphyraena pinguis*

꼬치어<sup>북</sup>, 고즐맹이, 꼬치, 창고기, Red barracuda, アカカマス, 油鮃

꼬치고기는 따뜻한 물을 좋아하는 물고기다. 열대와 온대 바다에 산다. 물 깊이가 60~140m쯤 되는 대륙붕에서 많이 산다. 물 가운데쯤에서 큰 무리를 지어 헤엄쳐 다니다가 작은 물고기 떼를 만나면, 작은 물고기 떼를 둥글게 감싸 도망을 못 치게 한 뒤 잡아먹는다. 멸치나 청멸처럼 작은 물고기를 잡아먹고 오징어나 새우, 게 따위도 먹는다. 겨울에는 제주도 남쪽 바다에서 지내다가, 날이 따뜻해지면 위쪽으로 올라온다. 여름과 가을에 남해와 동해까지 올라온다.

**생김새** 몸길이는 30cm쯤 되는데, 50cm까지 자란다. 몸은 긴둥근꼴인데, 통통하며 꼬리는 옆으로 조금 납작하다. 주둥이는 뾰족하고, 위턱보다 아래턱이 길게 튀어나온다. 등은 누런 밤색, 몸통 가운데는 연한 풀빛을 띠지만 배는 하얗다. 지느러미들은 누렇고, 꼬리지느러미 가장자리는 까맣다. **성장** 6~7월 쯤에 알을 여러 번에 걸쳐 수천~2만 개쯤 낳는다. 알 지름은 0.7~0.8mm이고 둥글다. 알은 물낯에 흩어져 떠다닌다. 물 온도가 21~26도일 때 1~2일 사이에 새끼가 나온다. 알에서 나온 새끼는 1년이면 25cm, 2년이면 30cm쯤 큰다. 25cm쯤 크면 어른이 된다. **분포** 우리나라 남해, 동해, 제주. 일본 남부, 동중국해에서 남중국해 북쪽까지 **쓰임** 자리그물로 잡는다. 낚시로도 낚는다. 제주도나 남해 바닷가 어시장에서 흔히 볼 수 있다. 살이 하얗고 지방이 적당히 있어서 맛이 좋다. 소금구이나 튀김으로 먹거나 말려서 먹는다.

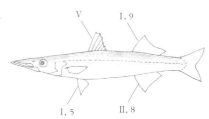

# 창꼬치 *Sphyraena obtusata*

남꼬치어<sup>북</sup>, Obtuse barracuda, Blunt barracuda, ダルマカマス, 鈍鮃

창꼬치는 물 깊이가 20~200m쯤 되는 모랫바닥에서 많이 산다. 바닷가에서는 바다풀 숲이나 바위밭에서 무리 지어 헤엄쳐 다닌다. 떼 지어 소용돌이처럼 빙글빙글 돌다가 먹잇감이 나타나면 서서히 에워싼다. 그러다 한 마리가 먹이를 잡으러 뛰쳐나가면 수많은 물고기가 뒤따라 덤빈다. 이빨도 날카롭고 헤엄치는 속도도 엄청 빠르다. 주로 물고기들을 잡아먹는다. 하지만 돌고래나 다랑어한테 잡아먹히기도 한다. 꼬치고기보다 더 남쪽 바다에서 산다.

**생김새** 몸길이는 30cm쯤 되는데, 55cm까지 자란다. 주둥이가 뾰족하고 몸은 원통형으로 길다. 등지느러미는 두 개로 나뉘었다. 첫 번째 등지느러미가 배지느러미보다 뒤에서 시작되어서 애꼬치와 다르다. 꼬치고기와는 옆줄 위에 까만 띠가 없고, 옆줄 비늘 수가 87개보다 적어서 다르다. 등은 풀빛이 도는 밤색이고 배는 하얗다. 지느러미는 노랗다. **성장** 4~7월에 알을 낳는다. 꼬치고기보다 더 빨리 자란다. 알에서 나온 새끼는 4달이면 15~20cm, 6달이면 21~23cm쯤 큰다. **분포** 우리나라 남해. 일본, 중국, 필리핀, 인도양, 홍해 **쓰임** 그물로 잡는다. 얼리거나 소금에 절여 시장에 가끔 나온다.

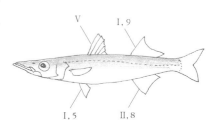

꼬치고기

창꼬치

농어목
갈치꼬치과

# 통치 *Rexea prometheoides*

왕통치북, Royal escolar, カゴカマス, 短蛇鯖

통치는 깊은 바다에 사는 심해 물고기다. 물 깊이가 100~500m쯤 되는 바닥 가까이에서 산다. 물고기나 새우, 오징어 따위를 잡아먹는다. 우리나라에서는 드물게 보인다. 사는 모습은 더 밝혀져야 한다.

**생김새** 다 크면 몸길이가 40cm쯤 된다. 몸은 은빛으로 반짝거리고, 등은 짙은 잿빛을 띤다. 몸높이가 낮은 긴둥근꼴이고 옆으로 아주 납작하다. 눈은 크며 양눈 사이는 평평하다. 아래턱이 위턱보다 튀어나왔다. 위턱 뒤 끝은 눈 아래까지 온다. 위턱에는 강한 송곳니들이 나 있다. 입안과 혀는 까맣고, 입천장은 하얗다. 옆줄 아래위로 몸 가운데부터 꼬리자루까지만 비늘이 있고, 나머지 몸에는 비늘이 없다. 지느러미들은 투명하지만 첫 번째 등지느러미 가시 앞쪽에 까만 반점이 있다. 두 번째 등지느러미와 뒷지느러미는 위아래로 마주 보고 있다. 꼬리자루에 토막토막 떨어진 토막지느러미가 2개 있다. 배지느러미는 없다. **성장** 봄부터 초여름까지 알을 낳는 것 같다. 성장은 더 밝혀져야 한다. **분포** 우리나라 제주, 일본 남부, 필리핀, 인도네시아, 피지, 투발루, 호주까지 서부 태평양, 케냐와 모잠비크 같은 인도양 **쓰임** 다른 물고기와 함께 잡힌다. 물고기 양식 사료로 쓰기도 한다.

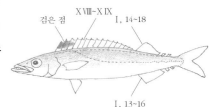

검은 점  X Ⅷ~X Ⅸ  I, 14~18
I, 13~16

농어목
홍갈치과

# 홍갈치 *Cepola schlegelii*

홍갈치북, Red bandfish, スミツキアカタチ, 赤刀魚, 史氏赤刀魚

홍갈치는 물 깊이가 100~150m쯤 되는 펄 바닥에서 작은 무리를 지어 산다. 물 깊이가 15m쯤 되는 얕은 곳까지도 올라온다. 몸을 펄 구멍에 묻고 머리나 머리와 몸통을 밖으로 수직으로 내밀고 서서 지나가는 먹잇감을 먹는다. 주로 바다에 떠다니는 플랑크톤을 잡아먹는다. 사는 모습은 더 밝혀져야 한다.

**생김새** 몸길이가 50cm까지 자란다. 온몸은 빨갛다. 몸은 긴 원통형인데, 꼬리로 갈수록 가늘어진다. 머리가 크고 주둥이는 뭉툭하다. 위턱에 까만 점무늬가 있다. 등지느러미는 머리 뒤에서 시작해서 꼬리지느러미와 이어진다. 뒷지느러미 역시 몸통 뒤에서 시작해서 꼬리지느러미와 이어진다. 아가미뚜껑 모서리가 매끈해서 먹점홍갈치와 다르다. 등지느러미 줄기 수가 70개가 넘지 않아서 닮은 물고기인 점줄홍갈치, 먹점홍갈치와 다르다. **성장** 더 밝혀져야 한다. **분포** 우리나라 동해, 남해, 일본 중부 이남, 대만, 필리핀, 인도네시아, 호주 북부 **쓰임** 거의 안 잡힌다. 가끔 낚시에 걸려 올라오기도 한다.

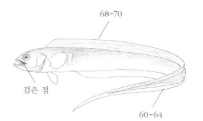

68~70
검은 점
60~64

통치

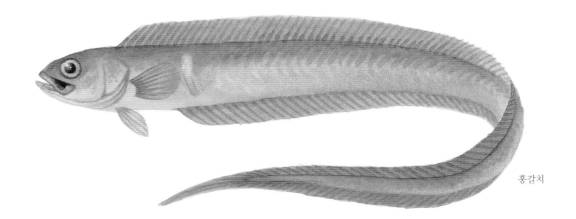

홍갈치

# 점줄홍갈치 *Acanthocepola krusensternii*

가시홍갈치북, Red-spotted bandfish, Red snake-fish, アカタチ,
克氏棘赤刀魚

점줄홍갈치는 따뜻한 물을 좋아하는 물고기다. 물 깊이가 3~50m쯤 되는 얕은 바닷가나 강어귀 펄 바닥에서 산다. 다른 홍갈치 무리보다 얕은 곳에서 작은 갑각류나 지렁이, 물고기 따위를 먹고 산다. 사는 모습은 더 밝혀져야 한다.

**생김새** 몸길이는 40cm 안팎이다. 홍갈치와 생김새가 닮았는데, 등지느러미 줄기 수가 70개를 넘는다. 홍갈치처럼 등지느러미와 뒷지느러미가 꼬리지느러미와 이어진다. 몸은 빨갛고, 몸통 옆구리에 눈동자만 한 옅은 노란색 둥근 점들이 줄지어 나 있다. 비늘은 작고 단단하다. **성장** 더 밝혀져야 한다. **분포** 우리나라 남해, 제주. 동중국해, 필리핀, 인도네시아, 호주 북동부 **쓰임** 안 잡는다.

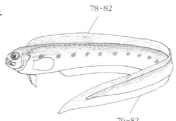

78~82

76~82

# 먹점홍갈치 *Acanthocepola limbata*

먹점홍갈치북, Blackspot bandfish, イッテンアカタチ, 背点棘赤刀魚,
边棘赤刀魚

먹점홍갈치는 따뜻한 물을 좋아하는 물고기다. 물 깊이가 80~100m쯤 되는 바닷속에서 작은 무리를 지어 산다. 암수가 짝을 짓기도 한다. 물 깊이가 15m쯤 되는 얕은 물에서도 잡힌 적이 있다. 바닥에 구멍을 뚫고 그 구멍 속에서 몸을 내밀고 있거나, 그 둘레를 돌아다니며 산다. 갑각류나 갯지렁이, 새끼 물고기 따위를 잡아먹는다. 새끼들은 깊은 물속 모래 비탈에서 작은 무리를 지어 산다. 사는 모습은 더 밝혀져야 한다.

**생김새** 몸길이는 50cm 안팎이다. 온몸은 뚜렷한 주홍색이다. 몸은 길고 옆으로 납작하다. 홍갈치와 닮았는데, 등지느러미에 까만 반점이 있어서 다르다. 양턱에는 송곳니처럼 생긴 날카로운 이빨이 나 있다. 아가미뚜껑 모서리에 짧은 가시가 6개쯤 나 있다. 등지느러미와 뒷지느러미는 길고, 꼬리지느러미와 이어진다. **성장** 더 밝혀져야 한다. **분포** 우리나라 남해와 제주. 일본, 대만, 호주 북동부 **쓰임** 바닥끌그물로 잡는다.

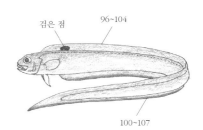

검은 점     96~104

100~107

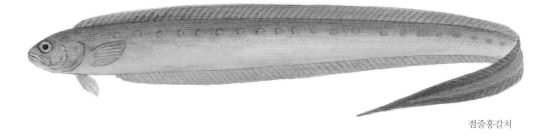

점줄홍갈치

먹점홍갈치

# 갈치 *Trichiurus lepturus*

갈치북, 깔치, 갈티, 풀치, 빈쟁이, 은갈치, 먹갈치, Largehead hairtail, Cutlassfish, Ribbonfish,
Hairtail, タチウオ, 白帶魚

갈치는 온 세계 열대와 온대 바다에 산다. 물속 50~500m 깊이에서 산다. 어린 갈치는 낮에 바다 깊이 있다가 밤이 되면 물낯으로 올라오고, 다 큰 어른은 오히려 낮에 물낯 가까이에서 먹이를 잡다가 밤이 되면 바닷속으로 내려간다. 어린 새끼는 작은 플랑크톤이나 새우, 물벼룩 따위를 잡아먹다가 크면서 멸치나 정어리, 전어 같은 작은 물고기와 새우, 오징어 따위를 잡아 먹는다. 이빨이 송곳처럼 뾰족하고 안쪽으로 휘어져 먹이를 한번 덥석 물면 놓치지 않는다. 《자산어보》에도 "이빨이 단단하고 빽빽하다."라고 했다. 먹을 게 없으면 자기 꼬리나 다른 갈치 꼬리도 잘라 먹거나 서로 잡아먹기도 한다. 갈치는 꼬리지느러미가 없어서 등지느러미를 물결치듯 움직여 헤엄을 친다. 또 물속에서 하늘을 쳐다보며 꼿꼿이 서 있고, 그렇게 선 채로 헤엄을 치거나 잠을 잔다.

갈치는 2~3월쯤에는 제주도 남서쪽 바다에서 겨울을 보내다가, 4월쯤에 따뜻한 물을 따라 북쪽으로 무리를 지어 올라온다. 여름에 남해와 서해, 중국 바닷가에 머무르며 알을 낳기 시작한다. 5월부터 9월까지 알을 낳는데 6~8월에 한창 많이 낳는다. 우리나라 바닷가보다 중국 바닷가에서 더 빨리 알을 낳기 시작한다. 알 낳을 때는 먼바다에 있다가 바닷가 가까이로 온다. 겨울에는 제주도 밑 따뜻한 바다로 도로 내려간다. 6~8년쯤 살고 15년까지 산 기록도 있다.

갈치에 '갈'자는 칼을 뜻하는 옛말이다. 생김새나 몸빛이 기다란 칼처럼 생겼다고 갈치라는 이름이 붙었다. 북녘에서는 '칼치'라고 하고, 지역에 따라 '깔치, 갈티, 풀치, 빈쟁이'라고 한다. 《자산어보》에는 '군대어(裙帶魚) 속명 갈치어(葛峙魚)'라고 나온다. "생김새는 긴 칼과 같다."라고 했다. 《난호어목지》에는 "꼬리가 가늘고 길어 칡넝쿨 같다고 갈치(葛侈)라고 한다."라고 나온다. 새끼는 '풀치'라고 한다.

**생김새** 다 크면 1m가 넘는데, 2m 넘게 자라기도 한다. 몸빛은 온통 은빛이고 번쩍번쩍 빛이 난다. 비늘은 없다. 몸은 옆으로 납작하고 뱀처럼 길다. 눈은 크고 이빨이 뾰족하고 송곳니가 길다. 아래턱이 위턱보다 앞으로 튀어나왔다. 아가미뚜껑 아래 가장자리가 둥글다. 등지느러미는 꼬리까지 길게 이어진다. 꼬리지느러미와 배지느러미는 없다. 총배설강은 몸 가운데에서 앞쪽에 있다. 옆줄은 가슴지느러미께서 휘어져 내려와 뒤쪽으로 이어진다. 뒷지느러미에 부드러운 줄기가 110개보다 적게 있다. **성장** 크기에 따라 암컷 한 마리가 만~10만 개쯤 알을 낳는다. 두세 번쯤 알을 낳는다. 알은 물에 떠다니고 연한 누런색이다. 알에서 나온 새끼 몸은 폭이 넓고 머리가 크며 다른 물고기처럼 막으로 된 꼬리지느러미가 있는데, 크면서 꼬리가 뒤로 칼처럼 길어지면서 없어진다. 성장 속도는 해역에 따라 다르다. 한 해가 지나면 30~40cm, 4년쯤 지나면 1m쯤 큰다. 두 해쯤 크면 어른이 된다. **분포** 우리나라 제주, 남해. 온 세계 열대와 온대 바다 **쓰임** 한 해 내내 잡는다. 얕은 바닷가에서는 7~11월 사이에 잡는데, 여름에 한창 잡는다. 낚시나 주낙, 그물로 잡는다. 밤에 불을 환하게 켜고 잡는다. 여름철에 가장 맛이 있다. 회나 구이, 찌개, 국, 탕으로 먹고 젓갈도 담는다. 살갗에 붙은 반짝이는 은빛 가루는 구아닌(guanine)이라는 색소인데, 가짜 진주를 만들거나 립스틱, 매니큐어에 들어가는 반짝이는 성분이다. 회나 구이에는 그대로 먹어도 상관없다. 하지만 싱싱하지 않을 때 잘못 먹으면 배탈이 난다는 이야기들이 있어서 먹을 때는 긁어낸다. 소금을 친 갈치는 잘 안 상해서 먼 산골까지 가져가도 끄떡없다.

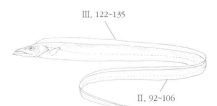
Ⅲ. 122~135
Ⅱ. 92~106

갈치

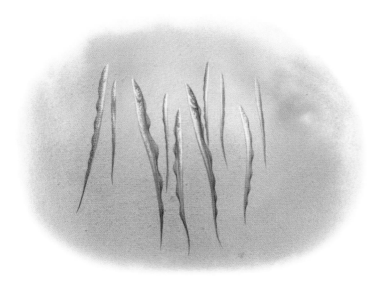

**몸을 세우고 헤엄치는 갈치** 갈치는 물속에서 하늘을
쳐다보며 꼿꼿이 선 채로 기다란 등지느러미를 물결처럼
움직이면서 헤엄치기도 한다. 잠을 잘 때도 꼿꼿이
서서 잔다.

# 분장어 *Eupleurogrammus muticus*

늦갈치북, 작은갈치, Small head hairtail, オシロイタチ, 小带鱼

분장어는 따뜻한 물을 좋아한다. 물 깊이가 80m쯤 되는 서해와 남해 바닷가에서 살며 강어귀에도 들어간다. 물속 가운데나 바닥 가까이에서 헤엄쳐 다닌다. 밤에는 자주 물낯 가까이 올라온다. 작은 물고기나 새우, 오징어 따위를 잡아먹는다. 갈치와 마찬가지로 매년 바닷물 온도에 따라 봄부터 가을 사이에 알을 낳는다. 겨울에는 남쪽 먼 바다에서 지낸다. 갈치와 사는 모습이 비슷한데 수가 훨씬 적다.

분장어는 갈치와 생김새가 똑 닮았다. 언뜻 봐서는 갈치 새끼처럼 생겼다. 갈치보다 크기가 작고, 두 눈 사이가 더 솟았다. 갈치는 옆줄이 가슴지느러미 위쪽에서 둥그렇게 휘어져 내려오는데, 분장어는 옆줄이 반듯하다. 갈치 이빨은 갈고리처럼 휘어지지만 분장어 이빨은 송곳처럼 뾰족하다.

**생김새** 몸길이는 30~40cm쯤 된다. 70cm까지 큰다. 몸은 길고 옆으로 납작하다. 온몸은 은백색이고 반짝반짝 빛난다. 두 눈 사이가 툭 튀어나왔다. 입은 뾰족하고 아래턱이 더 앞으로 나왔고 이빨이 뾰족하다. 아가미뚜껑 아래 가장자리가 오목하다. 등지느러미는 길고 꼬리지느러미는 없다. 배지느러미가 퇴화해서 작은 돌기 한 쌍으로 남아 있다. 뒷지느러미 부드러운 줄기가 130개 넘게 있어서 110개 아래인 갈치와 다르다. 옆줄이 한 줄 반듯하게 나 있다. 부레가 없다. **성장** 더 밝혀져야 한다. **분포** 우리나라 서해, 남해, 제주. 필리핀, 호주 같은 서태평양, 인도양 **쓰임** 서해에서 가끔 잡힌다. 일부러 잡지 않고 가끔 그물에 딸려 나온다. 몸 빛깔이 살아 있을 때는 반짝반짝 빛나는 푸른색이지만 죽으면 은회색으로 바뀐다. 후릿그물이나 바닥끌그물로 잡는다. 갈치보다 영 맛이 없고, 허드레 물고기로 여긴다.

136~151

II, 130~140

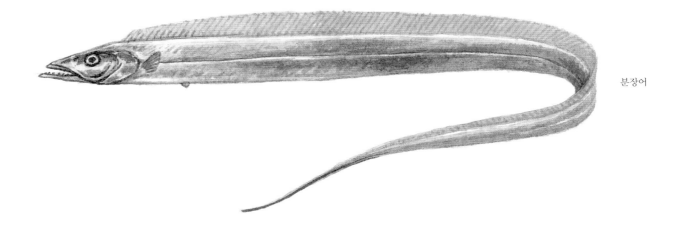

분장어

# 고등어 *Scomber japonicus*

고동어, 고망어, Common mackerel, Chub mackerel, マサバ, 白腹鯖, 鲐鲅鱼

고등어는 물 온도가 10~25도쯤 되는 따뜻한 물을 좋아한다. 우리나라 온 바다에 산다. 따뜻한 바닷물을 따라 철마다 떼로 몰려다닌다. 겨울철에는 제주도 남쪽 바다에서 지내다가, 쑥이 돋는 이삼월 봄에 제주 바다로 올라온다. 오뉴월에 따뜻한 물을 따라 남해로 올라와서 한 무리는 서해로, 또 한 무리는 동해로 갈라져서 올라간다. 작은 새우나 멸치 같은 먹이를 따라 올라간다. 고등어를 쫓아 다랑어나 돛새치 같은 큰 물고기가 따라오기도 한다. 물낯이나 물 깊이가 300m쯤 되는 물 가운데쯤에서 헤엄쳐 다니는데, 아주 겁이 많아서 조그만 소리에도 부리나케 도망치고, 천둥 치고 큰 파도가 일어도 놀라서 숨는다. 낮에는 아주 빠르게 헤엄쳐 다니기 때문에 잡기도 쉽지 않다. 3~7월쯤에 제주도, 대마도 둘레에서 알을 낳는다. 날씨가 쌀쌀해지면 다시 우르르 내려와 먼바다로 몰려 나간다. 어릴 때는 바닷가나 포구로도 몰려온다. 6~10년쯤 살지만 18년까지 산 기록도 있다.

등이 둥글게 부풀어 오른 물고기라고 이름이 '고등어(高登魚)'다. 지역에 따라 '고동어(함남), 고망어(함북, 강원도)'라고 한다. 크기에 따라 작은 고등어부터 '고도리, 열소고도리, 소고도리, 통소고도리'라고도 한다. 《동국여지승람》에는 옛날 칼 생김새를 닮았다고 '고도어(古刀魚)', 《재물보》에는 '고도어(古道魚)', 《자산어보》에는 몸에 파란 무늬가 나 있다고 '벽문어(碧紋魚) 속명 고등어(皐登魚)'라고 나온다.

**생김새** 몸길이는 40~50cm쯤 된다. 등은 파랗고 까만 물결무늬가 구불구불 났다. 배 쪽은 무늬가 없고 하얗다. 눈에는 기름눈꺼풀이 있다. 비늘은 아주 작고 잘 떨어진다. 등지느러미는 두 개인데 멀리 떨어져 있다. 뒷지느러미는 두 번째 등지느러미와 마주 놓인다. 등지느러미와 뒷지느러미 뒤로 토막지느러미가 5개 있다. 꼬리자루는 아주 잘록하다. 꼬리지느러미는 깊이 파였다. 옆줄은 하나다. **성장** 암컷 한 마리가 알을 10만~140만 개쯤 낳는다. 알은 동그랗고 지름이 0.9~1.3mm이며, 저마다 흩어져 물에 둥둥 떠다닌다. 물 온도가 19~24도일 때 2~3일 만에 새끼가 나온다. 새끼들은 떼를 지어 물낯 가까이에서 헤엄쳐 다닌다. 1년이면 25~30cm, 2년이면 32~35cm, 4년쯤 지나면 40cm쯤 큰다. **분포** 우리나라 온 바다. 태평양, 인도양 온대와 아열대 바다 **쓰임** 《자산어보》에는 "추자도 여러 섬에서는 음력 5월에 낚시에 걸리기 시작해서, 음력 7월에 감쪽같이 사라졌다가 8~9월에 다시 나타난다. 흑산 바다에서는 음력 6월에 낚시에 걸리기 시작해서 음력 9월에 감쪽같이 사라진다. 고등어는 낮에 아주 빠르게 헤엄쳐 다녀서 잡기 어렵다. 성질이 밝은 곳을 좋아해서 밤에 불을 밝혀 잡는다. 맑은 물에서 놀기를 좋아해서 그물을 칠 수가 없다."라고 적어 놓았다. 요즘에도 밤에 배에 불을 환하게 켜 놓고 떼로 몰려들면 낚시나 그물을 둘러쳐서 왕창왕창 잡는다. 고등어는 성질이 급해서 잡자마자 바로 죽는다. 고등어는 기름기가 잘잘 흐르고 값도 싸서 사람들이 즐겨 먹는다. 조리거나 굽거나 찌거나 회로도 먹는다. 하지만 고등어는 쉽게 썩기 때문에 배를 갈라서 짠 소금을 잔뜩 집어넣어 소금에 절인다. 이런 고등어를 '간고등어, 자반고등어'라고 한다. 《자산어보》에는 "고깃살이 달콤하고 신맛이 나며 탁하다. 국을 끓이거나 젓을 만들 수 있지만 회나 포로 먹을 수 없다."라고 써 놓았다. 고등어에는 DHA, EPA라는 물질이 많아서 뇌 발달과 치매나 심장병을 막는 데 좋다. 하지만 히스티딘(histidin)이라는 물질이 있어서 고등어가 죽으면 히스타민(histamin)으로 바뀌는데 사람들에게 식중독이나 알레르기를 일으키기도 한다.

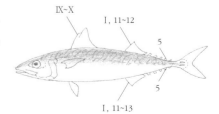

IX~X    I, 11~12    5    5    I, 11~13

고등어

위아래 몸빛

**고등어 보호색** 고등어 등은 파르스름하고 배는
하얗다. 고등어 몸빛은 천적 눈을 피하려는
보호색이다. 갈매기 같은 새가 하늘에서
내려다보면 바다색과 닮아서 못 알아보고,
상어처럼 큰 물고기가 밑에서 올려다보면 밝은
햇살처럼 보여서 못 알아본다.

**토막지느러미** 등지느러미와 뒷지느러미 뒤로
작은 토막지느러미가 토막토막 나 있다.
제법 날카롭다.

# 망치고등어 *Scomber australasicus*

점고등어, Blue mackerel, Spotted chub mackerel, ゴマサバ, 濠洲鮐,
狹头鮐

망치고등어는 고등어보다 더 따뜻한 물을 좋아하는 물고기다. 물 깊이 80~250m쯤에서 산다. 고등어보다 더 먼바다에서 산다. 정어리나 전갱이들과 함께 떼를 지어 다니기도 한다. 여름에는 북쪽으로 올라갔다가 겨울에는 남쪽으로 내려온다. 고등어와 함께 다니기도 하지만 고등어보다 더 남쪽에 산다. 몸길이가 10cm 안팎일 때는 새끼 물고기나 물에 떠다니는 새우 따위를 먹지만, 어른이 되면 오징어, 갯지렁이, 갯가재 유생, 작은 물고기 따위를 잡아먹는다. 6년쯤 산다.

**생김새** 몸길이는 30cm가 흔하고 44cm에 달한다. 등은 파란 풀빛이고 푸르스름한 까만 물결무늬가 옆줄까지 나 있다. 몸통 옆구리 가운데부터 배 쪽으로는 작은 잿빛 검은 반점들이 빽빽이 나 있다. 배는 은빛이다. 몸은 옆에서 보면 양 끝이 뾰족한 긴둥근꼴이고, 앞에서 보면 동그랗다. 고등어와 닮았는데, 더 통통하고 첫 번째 등지느러미 3~4번째 가시가 더 길다. 첫 번째 등지느러미는 다랑어처럼 접어서 몸에 난 홈 속에 넣을 수 있다. 등지느러미와 뒷지느러미, 꼬리지느러미 사이에 토막지느러미가 5개씩 있다. **성장** 1~4월에 암컷이 알을 2만~4만 개쯤 낳는다. 알에서 나온 새끼는 1년이 지나면 20~28cm, 2년이면 30cm 안팎으로 자란다. 3년쯤 자라면 어른이 된다. **분포** 우리나라 남해. 일본 중부 이남에서 호주 남부, 하와이, 멕시코 **쓰임** 끌그물이나 두릿그물로 고등어와 함께 잡는다. 우리나라 시장에서는 그냥 고등어로 팔린다. 여름이 제철이다. 소금에 절이거나 훈제, 통조림을 만든다. 고등어보다 지방이 적어서 맛이 떨어진다.

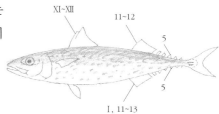

# 물치다래 *Auxis thazard*

칼고등어북, 물치, 무태다랑, 강고도리, Frigate tuna, Frigate mackerel,
Tonia bonito, ヒラソウダ, 扁舵鰹

물치다래는 온 세계 먼바다 물낯에서 헤엄쳐 다닌다. 큰 무리를 지어 난류를 따라 돌아다닌다. 전갱이나 정어리 같은 작은 물고기를 잡아먹고 오징어, 물에 떠다니는 어린 갑각류 따위도 잡아먹는다. 다랑어 같은 큰 물고기한테 잡아먹혀서 먹이사슬에서 중요한 역할을 한다. 초여름에 알을 낳는다. 하지만 사는 바다에 따라 알을 낳는 때가 달라지는데, 어떤 곳에서는 한 해 내내 알을 낳기도 한다. 5년쯤 산다.

**생김새** 몸길이는 30cm 안팎이 흔하지만 65cm까지 큰다. 생김새는 다랑어를 닮았다. 몸은 통통하고 앞뒤가 뾰족한 긴둥근꼴이다. 등은 파랗고, 배는 은색이다. 비늘은 눈 뒤, 가슴지느러미 둘레와 옆줄 둘레에만 있다. 등지느러미와 뒷지느러미 뒤쪽에 토막지느러미가 7~8개 있다. 첫 번째 등지느러미 뒤쪽에 독특한 물결무늬가 있다. 꼬리자루 양옆에 길쭉한 돌기가 튀어나왔다. **성장** 3~6월 사이에 알을 낳는다. 알은 흩어져 물에 뜬다. 물 온도가 21~23도일 때 2~3일 만에 새끼가 나온다. 갓 깨어난 새끼는 투명하고 3.2~3.6mm이다. 한 달쯤 지나면 1.2cm로 자라 어미를 닮는다. 1년이면 30cm, 2~3년 지나면 40cm쯤 자란다. **분포** 우리나라 동해, 남해, 제주. 일본, 필리핀, 하와이, 지중해, 대서양 같은 온 세계 온대, 열대 바다 **쓰임** 그물이나 낚시로 잡는다. 다랑어처럼 고급으로 치는 물고기는 아니지만 꽝꽝 얼려서 회로 먹는다.

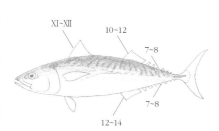

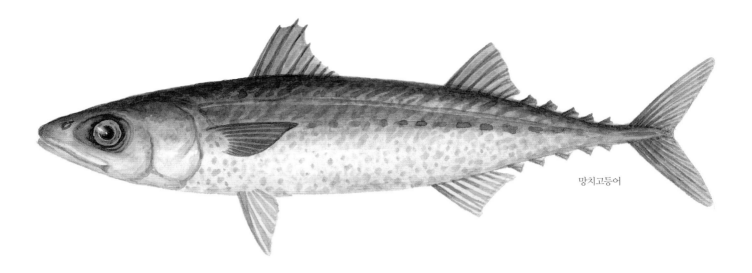

망치고등어

물치다래

# 삼치 *Scomberomorus niphonius*

망어, 망에, Chub mackerel, Spanish mackerel, サワラ, 馬鮫, 鮫魚

삼치는 따뜻한 물을 좋아한다. 머나먼 난바다에서 겨울을 나고, 봄이 되면 따뜻한 물을 따라 바닷가로 온다. 구시월에는 먹이를 따라 다시 남쪽으로 내려간다. 삼치는 몸이 칼처럼 길쭉하고 어른 양팔을 한껏 벌린 만큼 크다. 헤엄을 아주 빨리 쳐서 시속 수십km가 넘을 때도 있다. 웬만한 자동차만큼 빠르게 헤엄친다. 물낯 가까이부터 200m 바닷속을 빠르게 헤엄치면서 고등어, 멸치, 갈치, 전갱이, 꽁치 같은 작은 물고기를 잡아먹는다. 작은 물고기는 통째로 삼키고, 큰 먹이는 날카로운 이빨로 잘라 먹는다. 봄부터 여름 들머리까지 바닷가로 몰려와 암컷과 수컷이 한 마리씩 짝을 지어 알을 낳는다. 짝짓기 때가 되면 몸빛이 까맣게 바뀐다. 몸이 까맣게 바뀐 삼치를 '먹물삼치'라고 한다. 알에서 나온 새끼는 두 해가 지나면 다 큰 어른이 된다. 6~8년쯤 산다.

삼치는 지역에 따라 '망어(동해), 망에(통영)'라고 한다. 옛날 사람들은 삼치를 '망어'라고 했다. 《우해이어보》에는 삼치를 '삼차(參差)'라고 읽고, 맛이 방어보다 더 시다고 '초어'라고 했다. 《자산어보》에는 '망어(蟒魚) 속명을 그대로 따름'이라고 나와 있고, 《난호어목지》에는 '마어(麻魚)'라 하고, 한글로 '삼치'라고 썼다. 《재물보》에는 '망어(芒魚)'라고 했다. 모두 삼치를 한자로 쓰면서 생긴 이름 같다. 삼치라는 이름이 어디에서 왔는지는 정확하게 밝혀지지 않았다.

**생김새** 다 크면 1m가 넘는다. 몸은 반짝반짝 빛나고 반들반들하다. 등은 파르스름하고 배는 하얗다. 몸통 옆으로 잿빛 점무늬가 일곱 줄쯤 줄지어 나 있다. 주둥이가 뾰족하고 이빨이 아주 날카롭다. 부레가 없다. 몸통은 가늘고 길쭉하다. 꼬리자루에 토막지느러미가 6~9개쯤 있다. 가슴지느러미, 등지느러미, 꼬리지느러미는 까맣고, 뒷지느러미는 하얗다. 꼬리지느러미는 깊게 파였다. 옆줄은 하나인데, 두 번째 등지느러미 뒤쪽에서 아래쪽으로 휘어져 내려온다. **성장** 4~6월에 물 온도가 15~20도쯤일 때 알을 낳는다. 암컷 한 마리가 알을 20만~80만 개쯤 낳는다. 알 지름이 1.5~2mm쯤 되어서 고등어과 물고기 알 가운데 큰 편이다. 알은 낱낱이 흩어져 물에 떠다닌다. 2~3일 만에 알에서 새끼가 나온다. 알에서 나온 새끼는 여섯 달이 지나면 30~50cm, 1년이면 40~50cm, 3년이면 80~90cm쯤 큰다. **분포** 우리나라 남해와 서해, 동해 중부 이남, 제주. 일본, 중국 **쓰임** 삼치는 봄에도 많이 잡지만 늦가을에 잡은 삼치가 기름기가 있어서 더 맛이 좋다. 낚시나 걸그물, 두릿그물, 자리그물, 끌그물로 잡는다. 구이, 조림, 튀김, 탕으로 먹는다. 금방 잡았을 때는 회로도 먹는다. 《난호어목지》에는 "물고기 잡는 사람들은 즐겨 먹지만, 사대부는 그 이름을 싫어해서 잘 먹지 않는다."라고 나와 있다. 이름에 망한다는 뜻인 '망(亡)'자가 있기 때문이었다고 한다.

삼치

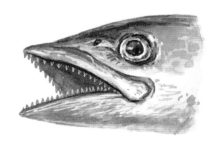

**삼치 이빨** 삼치 이빨은 송곳처럼 뾰족하다.
삼치 무리는 다 이빨이 날카롭고 뾰족하다.

# 줄삼치 *Sarda orientalis*

줄다랑어북, 이빨다랑어, 고시, 야내기, 망에, Striped bonito, Oriental bonito, ハガツオ, 东方狐鰹

줄삼치는 따뜻한 물을 좋아한다. 우리나라 남해와 제주 바닷가에 산다. 이름이 줄삼치이지만 생김새는 가다랑어를 더 닮았다. 분류학적으로도 가다랑어와 가깝다. 이빨이 날카로워서 '이빨다랑어'라고도 한다. 사는 모습도 가다랑어처럼 무리를 지어 따뜻한 바다 물길을 따라 여기저기를 헤엄쳐 다닌다. 다랑어 무리와 함께 떼 지어 헤엄쳐 다니기도 한다. 봄, 가을까지는 북쪽으로 올라갔다가 겨울에는 남쪽으로 내려온다. 따뜻한 물을 따라 우리나라 동해까지 올라오기도 한다. 물낯부터 150m 바닷속까지 헤엄쳐 다니며 작은 물고기나 오징어, 새우 따위를 잡아먹는다.

**생김새** 몸길이는 50cm가 흔한데, 1m까지 자란다. 등은 푸르스름하고, 옆구리에 까만 줄무늬가 예닐곱 줄 나 있다. 배는 하얗다. 주둥이가 뾰족하고 이빨이 크고 단단하며 안쪽으로 굽어 있다. 등지느러미는 두 개로 나뉘었다. 두 번째 등지느러미와 뒷지느러미 뒤로 토막지느러미가 있다. 꼬리자루는 잘록하고 그 위로 돌기가 하나 도드라졌다. 꼬리지느러미 끄트머리는 초승달처럼 파인다. 옆줄은 하나다. **성장** 5~7월에 알을 낳는다. 알 지름은 1.3~1.4mm이다. 알은 흩어져서 물 위에 떠다니다가 새끼가 나온다. 물 온도가 20~24도일 때 50시간쯤 지나면 알에서 새끼가 나온다. 알에서 갓 나온 새끼는 4mm 안팎이고 아주 빠르게 자라서 3달이면 30cm 안팎으로 자란다. 1년까지 아주 빠르게 자란다. **분포** 우리나라 남해, 제주. 온 세계 온대와 열대 바다 **쓰임** 그물을 둘러쳐서 잡거나 걸그물로 잡는다. 낚시로 잡기도 한다. 가을과 겨울이 제철이다. 신선할 때 회로 먹으면 맛있다. 구워 먹기도 한다. 오래 두면 나쁜 냄새가 나기 때문에 신선할 때 피를 빼 두는 것이 좋다.

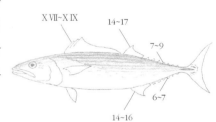

# 재방어 *Scomberomorus sinensis*

중국방어북, 저립, Chinese mackerel, Chinese seerfish, ウシサワラ, 中华马鲛, 青鮫

재방어는 방어보다 따뜻한 바다에서 산다. 우리나라 남해와 동해에서는 어린 물고기를 볼 수 있고, 제주도 바닷가에서는 다 큰 어른 물고기를 만날 수 있다. 따뜻한 물을 따라서 남북으로 오르락내리락한다. 물 깊이 10m 안쪽에서 헤엄쳐 다닌다. 강어귀에서 살거나 강 상류까지 올라가기도 한다. 베트남에 있는 메콩강에서는 강어귀에서 300km 상류까지 올라갔다고 한다. 자리돔이나 전갱이 같은 작은 물고기를 잡아먹는다.

**생김새** 몸길이는 2.4m쯤 된다. 생김새는 삼치를 닮았다. 등은 파랗고, 배는 은색이다. 몸통 옆구리에 긴둥근꼴로 생긴 까만 반점이 8개 안팎 있다. 주둥이가 뾰족하고 몸이 높다. 양턱과 혀에 이빨이 나 있다. 등지느러미에 억센 가시는 15~17개 짧게 나 있고, 부드러운 줄기는 낫처럼 생겨서 크다. 그 뒤에는 토막지느러미가 6~8개 있다. 꼬리지느러미 뒤쪽은 초승달처럼 둥그렇다. 옆줄은 첫 번째 등지느러미 아래에서 밑으로 휘어졌다가 뒤쪽에서는 물결친다. **성장** 더 밝혀져야 한다. **분포** 우리나라 제주. 일본, 남중국해, 대만 **쓰임** 수가 많지 않아서 제주도 바닷가에서 아주 드물게 잡는다. 고급 물고기로 여긴다. 싱싱한 물고기로 요리를 하고, 소금에 절이거나 얼리거나 훈제를 해서 판다.

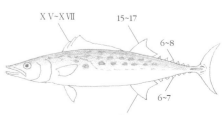

줄삼치

재방어

# 동갈삼치 *Scomberomorus commerson*

Narrow-barred Spanish mackerel, King mackerel, ヨコシマサワラ, 康氏马鲛

동갈삼치는 따뜻한 물을 좋아하는 물고기다. 앞바다부터 70m 바닷속까지 산다. 때때로 소금기가 낮고 물이 흐린 얕은 바닷가에서 보이기도 한다. 열대 지방에서는 앞바다 쪽으로 이어진 산호초 낭떠러지에서 살기도 한다. 혼자 빠르게 헤엄쳐 다니면서 멸치나 전갱이, 오징어, 새우 따위를 잡아먹는다. 때때로 작은 무리를 이루기도 한다. 10~14년쯤 산다. 사는 곳에 따라 알 낳는 때가 다르다. 피지에서는 10~2월, 동부 아프리카에서는 10~7월, 마다가스카르에서는 12~2월, 대만에서는 봄에 알을 낳는다고 한다. 물속 낭떠러지나 그 모서리 둘레에서 무리지어 알을 낳는다. 암컷은 알을 여러 번에 걸쳐 나누어 낳는다. 알은 물에 둥둥 떠다닌다.

**생김새** 몸길이는 120cm 안팎이지만, 2.4m까지 자라고, 몸무게가 70kg까지 나간다. 생김새는 재방어와 닮았다. 주둥이는 길고 뾰족하며 입이 크다. 아래턱이 위턱보다 조금 튀어나온다. 등은 파란 풀빛이고, 배는 은색이다. 몸통 옆구리에는 폭이 좁은 짙은 파란색 가로 띠무늬들이 물결치듯이 나 있다. 비늘이 아주 작아서 없는 것처럼 보인다. 첫 번째 등지느러미에는 억센 가시가 15~18개 있다. 낫처럼 생긴 두 번째 등지느러미와 뒷지느러미는 몸 가운데에서 위아래로 마주 보고 있다. 그 뒤에는 토막지느러미가 8~9개 있다. 꼬리지느러미는 아주 크고 초승달처럼 생겼다. **성장** 알에서 나온 새끼는 1년이면 65~70cm쯤 자란다. 4년쯤이면 1m, 5년쯤이면 80~130cm로 자라며 그 뒤로는 성장 속도가 느려진다. 몸길이가 80cm쯤 되면 어른이 된다. **분포** 우리나라 서해, 남해, 제주. 일본부터 호주까지 서태평양, 피지, 인도양, 홍해, 남아프리카 **쓰임** 낚시로 잡는다. 생선이나 꽝꽝 얼리거나 소금에 절이거나 훈제를 해서 시장에 나온다. 호주 퀸스랜드 바닷가에서 잡은 물고기에서는 식중독 세균이 나왔다.

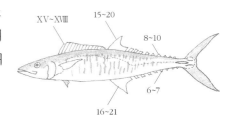

# 꼬치삼치 *Acanthocybium solandri*

Wahoo, Bastard mackerel, Pacific kingfish, カマスサワラ, 刺鲛

꼬치삼치는 따뜻한 물을 좋아하는 열대 물고기다. 물낯에서 빠르게 헤엄쳐 다닌다. 시속 80km까지 빠르게 헤엄칠 수 있다. 혼자 살기도 하고 작은 무리를 짓기도 한다. 입이 크고 이빨이 날카롭다. 작은 물고기와 오징어 따위를 잡아먹는다. 때로는 자기 새끼도 잡아먹는다. 5~9년쯤 산다.

**생김새** 몸길이는 2.5m까지 자란다. 몸무게는 96kg까지 나가기도 한다. 몸은 낮고 옆으로 납작한 긴 원통형이다. 등은 파랗고, 배는 은색이다. 머리 뒤에서 꼬리자루까지 몸통 옆구리에 독특한 어두운 파란 가로 띠무늬가 일정한 간격으로 나 있다. 입은 아주 크고, 주둥이는 길고 뾰족하다. 양턱에는 삼각형으로 생긴 억센 송곳니들이 나 있다. **성장** 열대 바다에서는 알 낳는 때가 아주 길지만, 북서태평양에서는 4~6월에 알을 낳는다. 암컷 한 마리가 600만 개쯤 알을 낳는다. 알은 흩어져 떠다닌다. 알에서 나온 새끼는 2~3년까지는 빠르게 자란다. 1년이면 50~100cm, 2년이면 1.2m 안팎으로 자란다. 산소와 먹이가 풍부한 따뜻한 바다에서는 아주 빠르게 큰다. 1~2년이면 어른이 된다. **분포** 우리나라 남해, 제주. 온 세계 온대와 열대 바다 **쓰임** 낚시하는 사람들 사이에서는 '와후(wahoo)'라는 이름으로 잘 알려졌다. 우리나라에서는 가끔 낚시로 잡는다. 열대 지방에서는 인기 있는 물고기다. 생선으로 팔리거나 얼리거나 소금에 절인다.

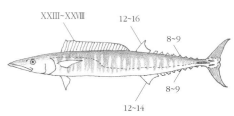

동갈삼치

꼬치삼치

# 참다랑어 *Thunnus thynnus*

다랑어북, 참다랭이, 다랭이, 참치, Pacific bluefin tuna, Bluefin tuna, クロマグロ,
金枪鱼

참다랑어는 온 세계 온대와 열대 바다를 돌아다니며 산다. 가장 좋아하는 물 온도는 18~20도인데, 다른 다랑어보다 찬물도 잘 견뎌서 봄이 되면 우리나라에 올라와 동해를 거쳐 사할린과 쿠릴 열도까지 올라간다. 봄여름에 북쪽으로 올라갔다가 가을이면 남쪽으로 내려온다. 물속 깊게는 잘 안 들어가고 큰 무리를 지어 물낯 가까이에서 헤엄쳐 다니며 바닷가 가까이에 오기도 한다. 한 번도 안 쉬고 쉴 새 없이 헤엄쳐 다닌다. 온몸에 근육이 잘 발달해 있고 모세혈관이 몸 구석구석까지 뻗어 있어 다른 물고기와 달리 어느 정도 체온이 늘 일정한 편이다. 시속 70km 안팎으로 헤엄쳐 다니면서 멸치나 꽁치, 청어처럼 작은 물고기나 새우, 오징어 따위를 잡아먹는다. 20~26년쯤 산다.

참다랑어는 1998년에 태평양에 사는 무리(*Thunnus orientalis*), 대서양에 사는 무리(*Thunnus thyunnus*), 남반구에 사는 무리(*Thunnus maccoyii*)를 서로 다른 종으로 갈라놓았다. 태평양 무리는 필리핀 앞바다에서 대만에 이르는 바다에서 알을 낳고, 대서양 무리는 플로리다 앞바다와 지중해 시칠리아섬 앞바다에서 알을 낳는다. 태평양에 사는 참다랑어가 가장 맛이 좋고 몸길이가 3m까지 자란다. 130cm쯤 크면 어른이 된다.

다랑어 무리를 사람들은 흔히 '참치'라고 하지만 다랑어가 올바른 이름이다. 우리말인 다랑어가 있었지만 우리나라 첫 원양 어선에서 잡아온 참다랑어를 참치라고 하면서 다랑어 대신 참치라는 말이 쓰이게 되었다. 1957년 참다랑어를 처음 잡아 왔을 때는 '진(眞)치'라고 했다. 영국에서는 다랑어 무리를 'tuna'라고 한다. 'tuna'는 '날아가다'라는 뜻인 그리스 말인 'thuno'에서 바뀐 이름이다.

**생김새** 다 크면 몸길이가 3m쯤 된다. 등은 거무스름한 파란색이고 배는 하얗다. 어릴 때에는 몸 옆구리에 가로줄이 10~20개 나 있다. 주둥이는 뾰족하고 눈은 머리 가운데보다 조금 위쪽에 있다. 등지느러미는 두 개로 나뉘었다. 가슴지느러미는 짧아서 두 번째 등지느러미 시작하는 곳까지 이르지 못한다. 두 번째 등지느러미와 뒷지느러미는 짧고 낫처럼 생겼다. 두 번째 등지느러미와 뒷지느러미 뒤로 토막지느러미가 있다. 꼬리자루는 잘록하고 꼬리지느러미 끄트머리는 안쪽으로 초승달처럼 파인다. **성장** 우리나라 동해 앞바다에서 봄부터 여름까지 알을 낳는다. 물 온도가 24도가 넘을 때나 암컷 크기에 따라 알을 700만 개에서 1300만 개쯤 갖는다. 몸무게가 270~300kg 나가는 참다랑어는 알을 천만 개쯤 낳는다. 알은 그냥 물에 둥둥 떠다니다가 새끼가 나온다. 알에서 나온 새끼는 석 달쯤 지나면 몸길이 33cm, 무게 680g까지 자란다. 알에서 나온 지 200일쯤에 50cm 안팎으로 자라며 5년까지 빠르게 커서 1.5m까지 큰다. 10년이면 1.5~2.5m, 15년이면 2~2.5m쯤 자란다. 그 뒤로는 더디게 자란다. 다 크면 몸길이가 3m, 무게가 600kg 나가기도 한다. **분포** 캄차카반도, 알래스카에서 호주 동부까지 태평양 온대, 열대 바다 **쓰임** 참다랑어는 주낙이라는 낚시질로 많이 잡는다. 긴 낚싯줄에 낚싯바늘을 여러 개 달아 물속에 늘어뜨려 잡는다. 그물로 고기 떼를 둥그렇게 둘러쳐서 잡기도 한다. 잡은 고기는 쉽게 썩고, 죽을 때 몸 온도가 50도까지 오르면서 몸빛이 까맣게 바뀐다. 그래서 잡자마자 영하 60도 아래에서 꽁꽁 얼린다. 참다랑어는 다랑어 가운데 진짜 다랑어라는 뜻이다. 그만큼 다랑어 무리 가운데 가장 비싸고 맛도 으뜸으로 친다. 살이 붉다. 기름기가 끼는 12~2월에 가장 맛이 좋다. 회나 초밥을 만들어 먹는다. 통조림도 많이 만든다.

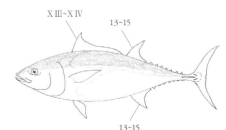

XIII~XIV　　13~15

13~15

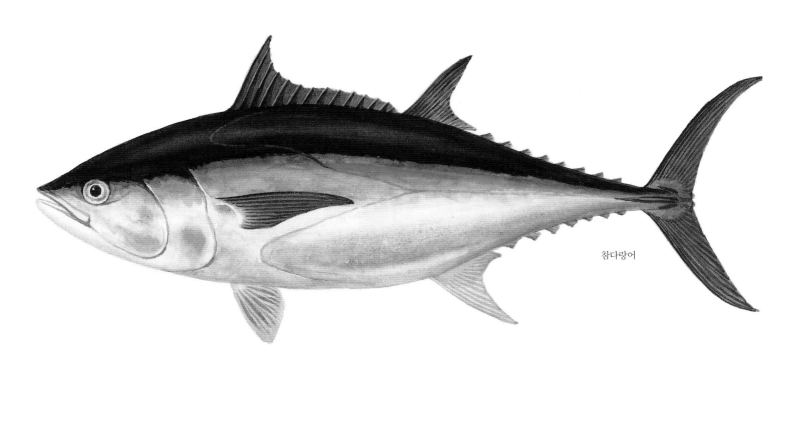

참다랑어

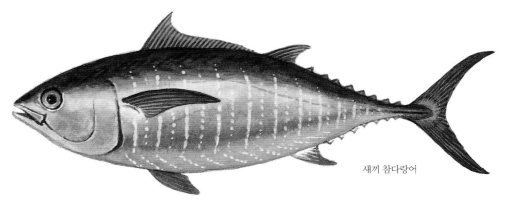

새끼 참다랑어

# 가다랑어 *Katsuwonus pelamis*

강고등어북, 가다랭이, 가다리, 소용치, 멍치, 목맨둥이, Bonito, Skipjack tuna,
カツオ, 鰹

가다랑어는 물 온도가 15~30도가 되는 온대와 열대 바다에 무리 지어 산다. 먼바다에서 떼 지어 다니다가 봄이 되면 따뜻한 물을 따라 제주 바다를 거쳐 남해로 올라오고 날이 추워지면 다시 아래로 내려간다. 물낯부터 250m 바닷속까지 오르내리며 살고, 바닷가 가까이로도 안 온다. 수천수만 마리가 물낯 가까이에서 아주 빠르게 헤엄쳐 다닌다. 몸 양 끝이 뾰족한 방추형이고, 등지느러미를 눕힐 수 있어서 빠르게 헤엄을 친다. 또 물 저항을 줄이려고 비늘이 퇴화해서 거의 없고, 살갗에서 끈끈한 물이 나와 살갗을 보호하고 마찰을 줄인다. 느긋할 때는 30~60km로 헤엄치는데, 천적에게 쫓길 때에는 그보다 더 빠른 속도로 헤엄칠 수 있다. 죽을 때까지 머물지 않고 헤엄을 친다. 가다랑어는 다랑어 무리 가운데 몸집이 가장 작아서, 청새치나 상어처럼 덩치가 큰 천적을 피하려고 큰 배나 고래처럼 자기보다 큰 물체 꽁무니도 잘 쫓아다닌다. 멸치나 날치, 전갱이, 고등어처럼 자기보다 작은 물고기를 잡아먹고 오징어나 게나 새우 따위도 먹는다. 6~12년쯤 산다.

**생김새** 몸길이는 50~100cm쯤 되고, 1m가 넘기도 한다. 등은 파랗고 배는 하얗다. 몸통 옆으로 짙은 세로줄이 4~10줄 나 있는데, 살아 있을 때는 잘 안 보인다. 살갗은 미끈하다. 주둥이는 짧고 뾰족하며, 눈은 크고 머리 가운데보다 위쪽에 있다. 양턱에 작은 이빨이 한 줄로 나 있다. 등지느러미가 두 개로 떨어져 있다. 두 번째 등지느러미와 뒷지느러미 뒤에는 조그만 토막지느러미가 줄지어 있다. 꼬리지느러미 끝은 안쪽으로 둥글게 파인다. 옆줄은 한 줄이다. **성장** 가다랑어는 열대 바다에서 알을 10만~200만 개 낳는다. 온대 바다에서는 여름을 중심으로 봄에서 초가을까지, 열대 바다에서는 한 해 내내 알을 낳는다. 알 지름은 1mm쯤 된다. 알은 물에 흩어져 떠다닌다. 2일쯤 지나면 새끼가 나온다. 알에서 갓 나온 새끼는 한 달 만에 4cm 안팎으로 자란다. 1년이면 33~46cm, 2년이면 60~70cm, 3년이면 65~80cm, 4년이면 73~85cm로 큰다. 성장 속도는 가다랑어 무리에 따라 다르다. **분포** 우리나라 남해, 제주. 온 세계 온대와 열대 바다 **쓰임** 가다랑어는 다랑어 무리 가운데 가장 많이 잡힌다. 가다랑어는 상처가 나거나 낚시에 물린 가다랑어를 보면 눈 깜짝할 사이에 흩어져 버릴 만큼 민감하다. 물낯 가까이에서 헤엄치기 때문에 낚시로도 잡지만 요즘에는 그물로 많이 잡는다. 우리나라는 원양 어업으로 많이 잡는다. 배 여러 척이 한 무리가 되어 잡는데, 작은 어탐선 두세 척이 고기 떼를 찾아내면, 그물을 가지고 있는 본선과 어탐선이 고기 떼를 그물로 둘러싸서 잡는다. 우리나라에서는 고기 떼가 올라오는 봄여름에 잡는다. 잡은 가다랑어는 살이 붉고 대부분 통조림을 만든다. 회로 먹으면 배탈이 날 수 있어 잘 안 먹는다. 일본에서는 나무토막처럼 딴딴하게 말린 뒤 대패로 밀듯이 얇게 포를 떠서 국물을 우려낸다. 일본 사람들은 이 포를 '가쯔오부시'라고 한다.

XV~XVIII

II, 12~14

8

6~7

II, 13~15

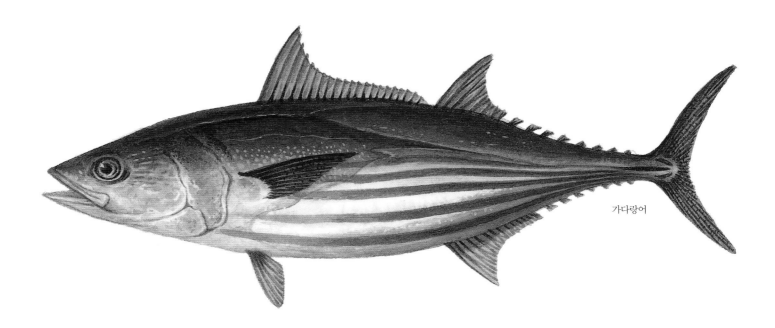

가다랑어

# 황다랑어 *Thunnus albacares*

노란다랑어북, 황다랭이, Yellowfin tuna, キハダ, 黃鰭金枪鱼

두 번째 지느러미와 뒷지느러미가 길며 노란색을 띠고 있어 '황다랑어'라고 한다. 황다랑어는 물 온도가 15~31도 사이인 따뜻한 온대와 열대 바다에서 사는 물고기다. 떼를 지어 물낯 가까이부터 250m 바닷속까지 헤엄치며 돌아다니고, 다른 다랑어 무리와 섞여 돌아다니기도 한다. 따뜻한 물을 따라 우리나라 제주와 남해로 올라오는데 동해로는 잘 안 올라간다. 헤엄쳐 다니면서 날치 같은 작은 물고기나 오징어, 새우 따위를 잡아먹는다. 8~9년쯤 산다.

**생김새** 다 크면 몸길이가 2m쯤 되고 몸무게는 200kg쯤 된다. 등은 거무스름한 파란색이고 배는 하얗다. 주둥이는 짧고 뾰족하다. 가슴지느러미가 길어서 두 번째 등지느러미가 시작하는 곳까지 이른다. 두 번째 등지느러미와 뒷지느러미가 크면서 낫처럼 길어지고 노랗다. 토막지느러미도 노랗다. 꼬리자루는 잘록하고 꼬리지느러미는 위아래로 가늘고 길게 뻗는다. **성장** 열대 바다에서는 한 해 내내 알을 낳는다. 온대 바다에서는 여름에 가장 많이 알을 낳아서 100만~800만 개 낳는다. 알에서 나온 새끼는 1년이면 50~60cm, 2년이면 85~100cm로 자란다. 1m 넘게 자라면 대부분 어른이 된다. **분포** 우리나라 제주, 남해. 온 세계 열대와 온대 바다 **쓰임** 먼바다로 원양 어선이 나가서 잡는다. 커다란 그물로 둘러쳐서 잡거나 낚시로도 잡는다. 우리나라 원양 어선이 잡는 물고기 가운데 거의 절반을 차지한다. 살은 복숭아빛을 띠며 조금 단단하고 담백한 맛이 난다. 회로 먹거나 초밥을 만들고, 통조림을 만든다.

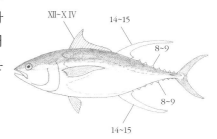

# 눈다랑어 *Thunnus obesus*

툭눈다랑어북, Bigeye tuna, メバチ, 大眼金枪鱼, 大眼副金枪鱼

눈이 크다고 '눈다랑어'다. 눈다랑어는 물 온도가 13~29도가 되는 바다에서 사는데, 17~22도인 바다에서 가장 많이 산다. 철 따라 남북으로 오르락내리락한다. 넓은 바다 물낯부터 500m 바닷속까지 산다. 어릴 때는 물낯 가까이에서 지내는데, 다른 다랑어들과 섞여서 무리를 짓기도 하며, 크면서 눈다랑어끼리 무리를 이룬다. 어릴 때는 물낯에 떠 있는 물체 둘레에 모여들기도 한다. 크면서 황다랑어보다 더 깊은 곳으로 내려가 산다. 어릴 때는 동물성 플랑크톤이나 새끼 물고기를 먹고, 크면 밤낮 가리지 않고 물고기나 오징어, 새우 따위를 잡아먹는다. 열대 바다에서는 한 해 내내 알을 낳는다. 10~15년쯤 산다.

**생김새** 몸길이 250cm 안팎이다. 몸은 높고 뚱뚱하며, 양 끝이 뾰족한 긴둥근꼴이다. 눈이 커서 다른 종과 다르다. 온몸에 작은 둥근비늘이 덮여 있다. 등은 검은 파란색이고, 배는 하얗다. **성장** 물 온도가 24도 넘는 곳에서는 한 해 내내 알을 300만~500만 개쯤 낳는다. 알 지름은 1mm쯤 된다. 알은 흩어져 떠다닌다. 물 온도가 25~30도일 때 하루면 새끼가 나온다. 1년이면 45cm, 2년이면 75cm, 3년이면 1m, 4년이면 1.4m, 10년이면 1.9m 안팎으로 큰다. 2~3년 지나 90~100cm쯤 크면 어른이 된다. **분포** 우리나라 남해, 제주. 극지방을 뺀 온 세계 온대와 열대 바다 **쓰임** 낚시로 잡는다. 꽝꽝 얼리거나 소금에 절인다. 황다랑어보다 더 고급 물고기로 친다. 회로 먹거나 통조림을 만든다.

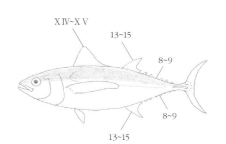

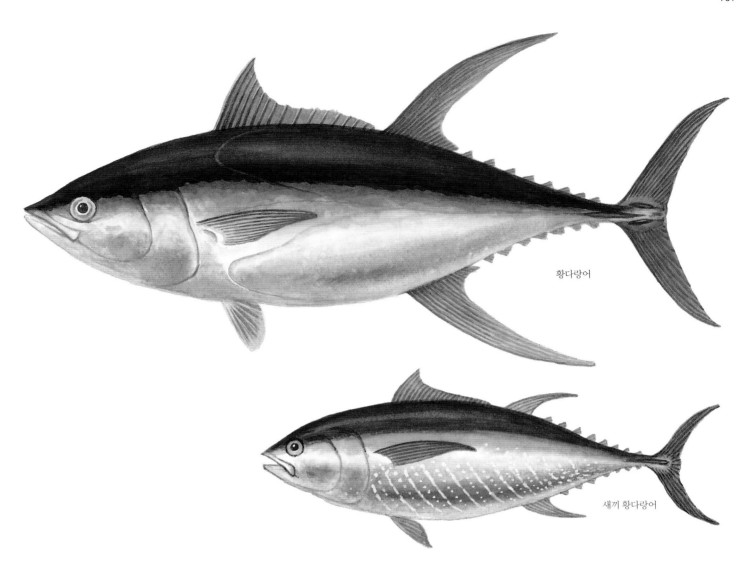

황다랑어

새끼 황다랑어

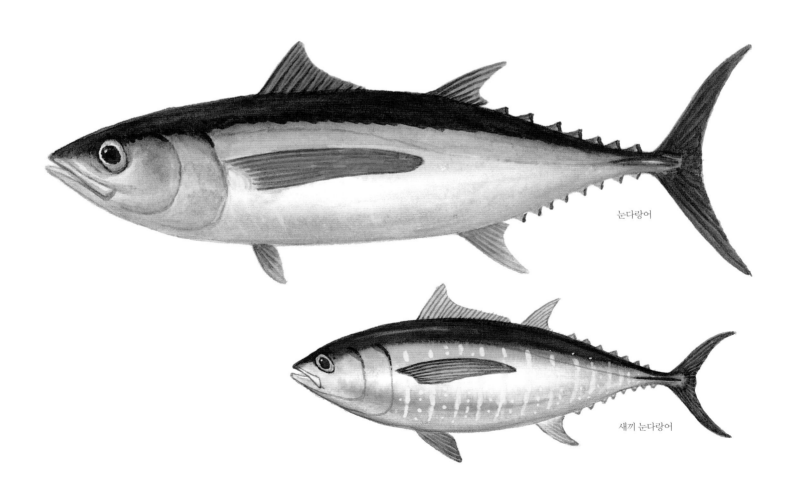

눈다랑어

새끼 눈다랑어

# 점다랑어 *Euthynnus affinis*

Black skipjack, Mackerel tuna, Kawakawa, Little tuna, スマ, 巴鲭

점다랑어는 물낮부터 200m 바닷속까지 산다. 물 온도가 18~29도쯤 되는 따뜻한 물을 좋아한다. 어린 새끼들은 만이나 포구로 들어가 고등어 같은 다른 물고기와 섞여서 지낸다. 이때는 100마리부터 5000마리까지 큰 무리를 짓는다. 다 큰 점다랑어는 앞바다에서 살아가지만 바닷가 가까이에서도 머문다. 작은 물고기나 새우, 오징어, 동물성 플랑크톤 따위를 잡아먹는다. 열대 바다에서는 한 해 내내 알을 낳는데 사는 곳에 따라 조금씩 다르다. 우리나라에서는 여름, 필리핀 바다에서는 겨울을 뺀 여덟 달 동안 알을 낳는다. 6년쯤 산다.

**생김새** 몸길이는 40~60cm 안팎이지만, 1m까지 자란다. 몸은 통통하고 양 끝이 뾰족한 긴둥근꼴이다. 주둥이는 뾰족하고 눈은 머리 앞쪽에 있다. 가슴지느러미 아래쪽에 둥글고 까만 점이 4~8개 있어서 다른 다랑어와 다르다. 첫 번째 등지느러미 앞쪽 가시가 길어서 낫처럼 생겼다. 두 번째 등지느러미와 뒷지느러미는 삼각형으로 생겼는데 작다. 양턱에 작은 원뿔처럼 생긴 이빨이 줄지어 나 있다. 20cm쯤 되는 어린 새끼는 옆구리에 가로띠가 10개쯤 있다. **성장** 암컷 한 마리가 70만~250만 개쯤 알을 낳는다. 알 지름은 1.5mm 안팎이다. 알은 흩어져 물에 둥둥 떠다니다가 하루쯤 지나면 새끼가 나온다. 새끼는 1년이면 30~40cm, 2년이면 50~60cm, 3년이면 50~65cm쯤 자란다. 2년이면 어른이 된다. **분포** 우리나라 남해, 제주. 서태평양, 인도양의 열대와 온대 바다, 동부와 중부 태평양 **쓰임** 낚시로 잡는다. 생선으로 어시장에 나오고, 꽝꽝 얼리거나 훈제를 해서 먹는다. 사는 곳에 따라 식중독을 일으키는 독을 가지기도 한다.

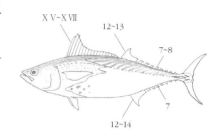

# 날개다랑어 *Thunnus alalunga*

Albacore, Longfin tuna, ビンナガ, 长鳍金枪鱼

날개다랑어는 홍해와 인도양, 남서 태평양, 호주 바닷가 같은 열대 바다에 많이 산다. 물 온도가 10~25도 안팎인 넓은 바다 물낮과 중층에서 산다. 먼 거리를 돌아다니는 참치류 일종이다. 다랑어류 가운데 몸집이 작고, 가슴지느러미가 아주 긴 특징을 가졌다. 물낮부터 물속 600m까지 산다. 가다랑어, 황다랑어, 참다랑어와도 함께 무리 지어 다니기도 한다. 물고기나 갑각류, 오징어 따위를 잡아먹는다. 9~15년쯤 산다.

**생김새** 몸길이는 1m 안팎이고 1.4m까지도 큰다. 몸은 방추형이며 등은 어두운 청색, 배는 하얗다. 가슴지느러미가 길어서 두 번째 등지느러미 뿌리쪽 아래까지 다다른다. 가슴지느러미 길이가 몸길이의 30% 또는 그 이상이다. 첫 번째 등지느러미와 뒷지느러미는 노랗고, 꼬리지느러미 가장자리는 하얗다. 몸에는 매우 작은 비늘이 덮여 있다. **성장** 몸길이가 90cm쯤 되면 어른이 되어 알을 낳는다. 알 지름이 0.6~0.8mm쯤 된다. 암컷 한 마리가 알을 180만~200만 개 가진다. 알과 알에서 깨어난 새끼들은 흩어져 물에 둥둥 떠다닌다. 새끼가 나온 지 1년이면 40~60cm(평균 50cm 안팎), 2년이면 50~70cm(평균 60cm), 3년이면 65~90cm(평균 75cm)쯤 자란다. 5년이면 평균 90cm, 6~7년에 90~100cm쯤 자라는데 암컷이 1m 안팎, 수컷이 90cm 안팎으로 암컷이 수컷보다 조금 더 크다. **분포** 우리나라 남해, 동해를 포함한 온 세계 온대, 아열대, 열대 바다 **쓰임** 날개다랑어는 크기가 작고 살색이 옅은 핑크빛을 띠어서 짙은 홍색인 참다랑어, 황다랑어 같은 다른 참치류보다는 질이 떨어진다. 하지만 차가운 바다에서 잡은 것은 맛이 그런대로 좋아 횟감으로도 쓰고, 통조림을 만들기도 한다.

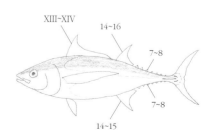

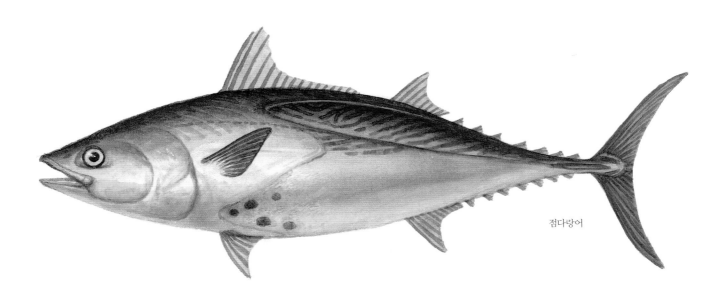

점다랑어

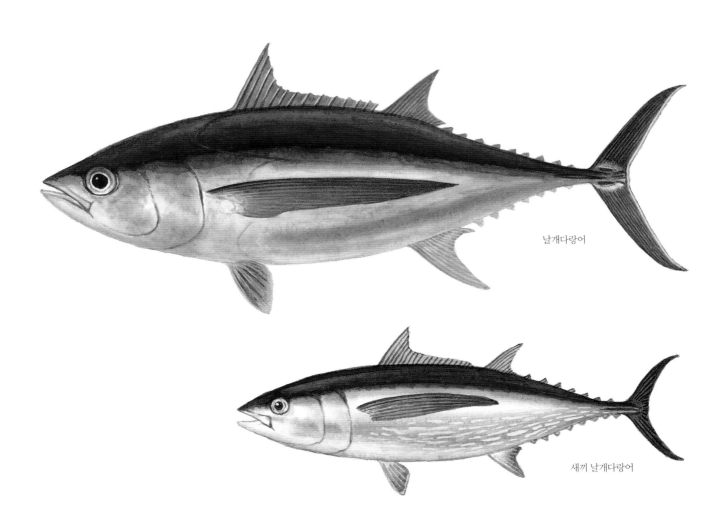

날개다랑어

새끼 날개다랑어

# 백다랑어 *Thunnus tonggol*

Long-tailed tuna, コシナガ, 青甘金枪鱼

백다랑어는 얕은 바닷가에 자주 나타나는 물고기인데 물이 흐린 곳이나 강어귀에는 오지 않는다. 몸집이 여러 가지 크기인 개체들이 무리 지어 다닌다. 물고기, 오징어, 갑각류 따위를 잡아먹는다. 우리나라 바다에는 대마 난류 영향을 강하게 받아 물 온도가 높은 여름철부터 가을철에 어린 참다랑어와 함께 남해 바닷가에 온다.

백다랑어는 참다랑어와 생김새가 닮았는데, 가슴지느러미 길이로 두 종을 구분할 수 있다. 참다랑어는 가슴지느러미가 짧아서 그 끝이 두 번째 등지느러미 뿌리 쪽에 이르지 않지만 백다랑어는 가슴지느러미가 길어서 두 번째 등지느러미 뿌리 쪽 아래까지 다다른다. 물 위에서 두 종을 보면 참다랑어는 짧은 가슴지느러미가 특징이고 백다랑어는 가슴지느러미를 펴고 헤엄치는 모습이 마치 긴 낫을 몸 양쪽에 달고 다니는 듯이 보인다.

백다랑어는 꼬리가 길어서 'longtailed tuna'라고 하며 일본에서도 '허리가 긴 고기'라는 뜻인 '고시나가(コシナガ)'라고 한다. 18~19년쯤 산다.

**생김새** 몸길이는 1.4m 안팎까지 자라지만 대개 50~70cm 안팎이다. 백다랑어 옆구리 아래쪽에 작고 하얀 원형과 타원형 점들이 빽빽이 나 있다. 이런 하얀 점 크기나 늘어선 생김새로 다른 종들과 구분이 가능하다. **성장** 남중국해, 동남아시아 바다에서 알을 낳는 것으로 알려져 있다. 여기서는 1~4월과 8~9월에 알을 낳는 것으로 알려져 있다. 우리 바다인 남해와 동해에서는 알 낳는다는 정보가 적지만 알을 낳는다면 물 온도가 높은 여름철에 낳을 것으로 짐작된다. 어미 크기과 해역에 따라 조금씩 다르지만 인도양에서는 80cm쯤 되는 암컷은 알 지름이 1mm 안팎인 알을 낳는다. 알은 앞바다에서 낳는다. 50cm쯤 되는 암컷 한 마리가 120만~190만 개 알을 낳는다. 성장 속도도 해역에 따라 다르지만 남태평양에 사는 백다랑어는 1년 만에 40cm 안팎(30~45cm), 2년 만에 35~70cm, 3년 만에 45~80cm, 5년 뒤에는 60~90cm, 6년이면 60~100cm쯤 큰다. 그 뒤로는 성장 속도가 느려진다. 몸길이가 50cm 안팎인 2~3살쯤 되었을 때 50%가 어른이 된다. **분포** 우리나라 남해, 제주부터 호주 중부까지 서태평양, 인도양, 아프리카 동해안 **쓰임** 백다랑어는 다랑어속 5종 가운데 가장 가치가 낮은 물고기로 친다. 가을에서 겨울까지가 그나마 맛이 좋다. 제주 어시장에서 60~70cm쯤 되는 백다랑어를 자주 볼 수 있다.

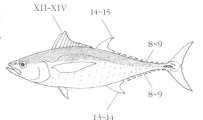

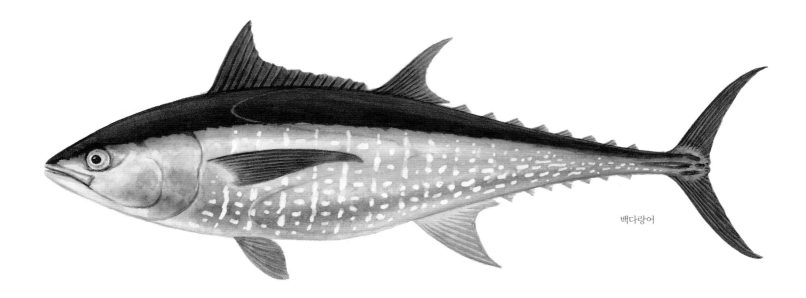

백다랑어

# 돛새치 *Istiophorus platypterus*

돛고기북, 배방치, 새치, 바렌, 부채, Sailfish, Indo-pacific sailfish, バショウカジキ, 平鰭旗魚

등지느러미가 돛처럼 활짝 펼쳐진다고 '돛새치'다. 온 세계 따뜻한 열대나 온대 바다를 돌아다니며 산다. 여름철에는 따뜻한 바닷물을 따라 우리나라 남해까지 올라온다. 어릴 때는 바닷가로 가깝게 다가오기도 한다. 여러 마리가 무리를 지어 물낯 가까이를 빠르게 헤엄쳐 다닌다. 물고기 가운데 가장 빠른 물고기로 100km 넘는 속도를 낼 수 있다. 천천히 헤엄칠 때에는 등지느러미를 눕혀서 헤엄치다가 빠르게 헤엄칠 때는 등지느러미를 활짝 편다. 긴 등지느러미를 물낯 밖으로 내놓고 헤엄치기도 한다. 배지느러미는 살에 파인 홈으로 접어 넣을 수 있다. 물낯부터 200m 바닷속까지 헤엄치며 작은 물고기나 오징어 따위를 잡아먹는데, 먹이 떼를 찾으면 여러 마리가 긴 등지느러미를 접고 천천히 뒤따르다가 빠르게 헤엄쳐 물고기 떼를 둘러싼다. 먹이 떼가 구름처럼 모이면 여러 마리가 물고기 떼가 못 도망가도록 에두르다가, 물고기 떼로 갈마들며 뛰어들어 잡아먹는다. 기다란 주둥이를 마구 휘둘러 물고기를 쳐서 잡아먹기도 한다. 사냥을 할 때는 돛을 접었다 폈다 하고, 파란 몸 색깔을 눈 깜짝할 사이에 까만색으로 바꾸고는 한다. 헤엄치다가 배에 부딪쳐 쇠꼬챙이 같은 주둥이로 배에 구멍을 내기도 한다.

돛새치는 온 대륙 바닷가에서 알을 낳는다. 암컷과 수컷이 한 마리씩 짝을 짓거나 암컷 한 마리와 수컷 여러 마리가 어울려 알을 낳는다. 열대와 아열대 바다에서는 한 해 내내 알을 낳는데, 봄과 여름에 더 많이 낳는다. 13년쯤 산다.

새치 무리는 온 세계에 12종이 있다. 우리나라에는 돛새치, 청새치, 녹새치, 백새치, 황새치 다섯 종이 올라온다. 새치 무리는 모두 위턱이 쇠꼬챙이처럼 길다. 황새치는 배지느러미가 없다. 청새치는 꼬리자루에 돌기가 한 개만 솟아 있어서 돛새치와 다르다.

**생김새** 몸길이는 3m 안팎이다. 등은 파랗고 배는 하얗다. 위쪽 주둥이가 창처럼 길고 뾰족하다. 양턱에 작은 이빨들이 나 있다. 몸은 길쭉하고 양옆으로 두껍다. 몸에는 진한 파란 점들이 가로 줄무늬로 17개쯤 나 있다. 첫 번째 등지느러미는 돛처럼 크고 뒤쪽이 높고 둥글게 솟는다. 또 파랗고 까만 점이 흐드러졌다. 어릴 때는 앞뒤 등지느러미가 이어져 있지만 크면서 떨어진다. 배지느러미는 실처럼 가늘고 길다. 꼬리자루에 두드러진 돌기가 두 개 솟았다. 꼬리지느러미 끄트머리는 초승달처럼 파인다. 옆줄은 한 줄이다. **성장** 알 지름은 0.8~1.3mm이다. 알은 저마다 흩어져 물에 둥둥 떠다닌다. 알에서 나온 새끼는 빠르게 큰다. 어릴 때는 위아래 주둥이 부리 길이가 같지만 크면서 윗부리가 점점 길어진다. 알에서 나온 새끼가 2cm쯤 되면 위쪽 주둥이와 등지느러미가 길어지기 시작한다. 1년이면 1~1.2m, 2년이면 1.2~1.3m로 자라며 10년이면 2m 안팎으로 큰다. 해역에 따라 성장 속도가 다르다. 1m쯤 자라면 알을 낳는다. **분포** 온 세계 따뜻한 열대나 온대 바다 **쓰임** 우리나라에서는 원양 어선이 먼바다에 나가 많이 잡는다. 원양 어선에서 잡는 새치 무리 가운데 가장 많이 잡힌다. 우리나라 바닷가에서는 거의 잡히지 않는다. 주로 긴 낚싯줄에 낚싯바늘을 여러 개 달아 물속에 늘어뜨려 잡는 주낙으로 잡는다. 그물로도 잡는다. 태평양 섬사람들은 돛새치가 물낯으로 올라올 때 작살로 찔러서 잡는다. 살은 청새치보다 더 짙은 붉은색이고 기름기가 적고 섬유질이 많다. 새치 무리 가운데 살이 부드러운 편이 아니어서 인기가 떨어진다. 다랑어처럼 얼려서 회로 먹거나 통조림을 만든다.

XXXXII~XXXXVIII

6~7

6~7

XII~XV

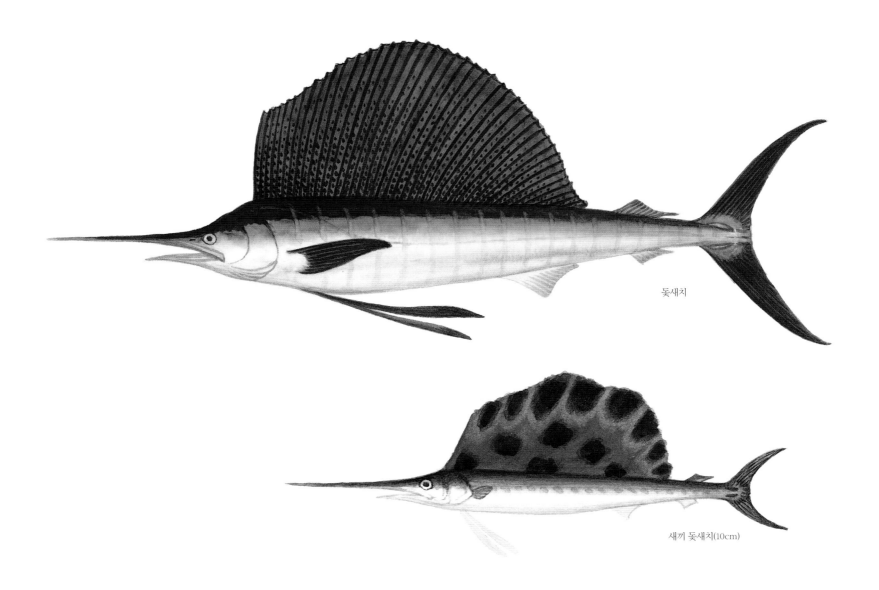

돛새치

새끼 돛새치(10cm)

# 청새치 *Tetrapturus audax*

새치볼, 용삼치, Spearfish, Striped marlin, マカジキ, 尖吻四鰭旗魚

청새치는 물 온도가 20~25도쯤 되는 온대와 열대 바다에서 산다. 태평양, 인도양처럼 너른 바다에서 헤엄쳐 다니다가, 따뜻한 물을 따라 우리나라 제주 바다에 올라온다. 철 따라 먹이를 찾아 남북으로 먼 거리를 오르락내리락한다. 물낯 가까이부터 200m 바닷속까지 헤엄쳐 다니는데 혼자 다니기를 좋아하고 몇 마리가 무리를 짓기도 한다. 다른 새치 무리처럼 헤엄을 아주 잘 친다. 상어처럼 뾰족한 등지느러미가 물 밖으로 드러나기도 한다. 가끔 물 밖으로 뛰어오르고 바닷속 200m까지도 들어간다. 시속 80km로 빠르게 헤엄치면서 정어리나 고등어, 날치, 전갱이, 꽁치처럼 작은 물고기나 오징어 따위를 쫓아가서 잡아먹는다. 꼬챙이처럼 길고 뾰족한 주둥이를 휘둘러 먹이를 기절시킨 뒤 잡아먹기도 한다. 다른 새치 무리처럼 가끔 배에 부딪쳐 뾰족한 주둥이로 구멍을 내기도 하고, 배 위로 튀어 올라 어부들을 다치게도 한다. 20년쯤 산다.

새치 무리 가운데 등이 파랗다고 '청새치'다. 북녘에서는 '새치'라고 하고, 부산에서는 '용삼치'라고 한다. 영어로는 주둥이가 창처럼 뾰족하다고 'spearfish'라고도 하고, 몸통에 줄무늬가 있다고 'striped marlin'이라고도 한다. 일본에서는 '진짜 새치'라는 뜻으로 '마카지키(マカジキ, 眞梶木)'라고 한다.

**생김새** 몸길이는 3~4m쯤 되고 몸무게는 440kg까지 나간다. 등은 파랗고 배는 하얗다. 몸통에 파란 띠무늬가 10~15개쯤 나 있다. 몸은 가늘고 길며 옆으로 납작하다. 주둥이는 뾰족하고 위턱이 꼬챙이처럼 길어져 뾰족하다. 양턱에는 작은 이빨이 고르게 나 있다. 눈은 작고 위턱 뒤 끝에 있다. 등지느러미는 두 개로 나뉘었는데 앞쪽 등지느러미가 더 길다. 첫 번째 등지느러미 앞쪽이 상어처럼 뾰족 솟았다가 낮아진다. 두 번째 등지느러미는 짧다. 가슴지느러미는 배 쪽으로 치우치고 폭이 좁고 길다. 배지느러미는 가늘고 길다. 뒷지느러미는 두 개로 나뉘었다. 꼬리자루에 돌기가 두 개 솟았다. 꼬리지느러미 끄트머리는 초승달처럼 파인다. 옆줄은 한 줄이고 곧게 뻗는다. **성장** 대만이나 필리핀 부근에서는 암컷이 1.5m쯤 자라 어른이 되어 5~7월에 알을 낳는다. 암컷은 여러 번에 걸쳐 알을 1000만~2600만 개쯤 낳는다. 알 지름은 1~1.5mm이고, 낱낱이 흩어져 물에 떠다닌다. 알에서 나온 새끼들은 물에 둥둥 떠다니며 큰다. 1년이면 1.5m 안팎, 2년이면 1.7m, 3년이면 1.9m 안팎, 5년이면 2.2m 안팎으로 자란다. 그 뒤로는 더디게 자란다. 1.5~2.5년이 지나면 어른이 된다. **분포** 우리나라 제주. 인도양, 태평양 온대와 열대 바다 **쓰임** 청새치는 상어만큼 몸집이 아주 크다. 주낙으로 다랑어를 잡다가 같이 잡히는 때가 많다. 작은 배를 타고 나가 낚시를 하거나 때로는 작살을 써서 잡기도 한다. 청새치는 새치 무리 가운데 맛을 으뜸으로 친다. 살은 옅은 붉은빛을 띤다. 회로 먹거나 구워 먹는다. 훈제를 해서 먹기도 한다.

XXXVII~XXXXII

5~6

5~6

XIII~XVIII

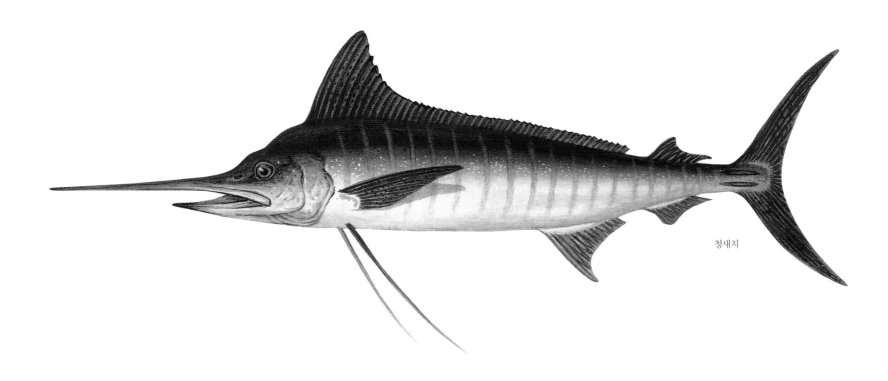

청새치

청새치는 빠르게 헤엄치다가 가끔 물 위로
펄쩍 뛰어오른다.

# 황새치 *Xiphias gladius*

칼고기<sup>북</sup>, Swordfish, Broadbill, メカジキ, 劍魚, 旗魚

황새치는 너른 바다에서 살지만 가끔 바닷가 가까이에 온다. 물 온도가 18~22도인 따뜻한 바다를 좋아하지만, 먹잇감을 찾아 물 온도가 5~27도 되는 열대에서 극지방 가까운 바다까지 오르내린다. 여름에는 온대 바다나 먹이를 쫓아 차가운 바다까지 올라갔다가 가을이면 따뜻한 바다로 돌아온다. 먹잇감을 찾아 물낯부터 500m 바닷속까지 들어가고, 때로는 2000m가 넘는 깊은 바다까지 내려간다. 고등어나 꼬치고기, 청어 같은 여러 가지 물고기와 갑각류, 오징어 따위를 잡아먹는다. 긴 주둥이를 휘둘러서 먹잇감을 죽이기도 한다. 11~12년쯤 산다.

**생김새** 몸길이는 3m 안팎이지만, 4m 넘게도 큰다. 등과 몸통 옆구리는 검은 밤색이고, 배 쪽은 밝은 밤색을 띤다. 몸은 긴 원통형인데 옆으로 조금 납작하다. 위턱은 창처럼 길고 뾰족하게 튀어나온다. 아래턱은 짧고 뾰족하다. 양턱에는 작은 이빨이 있지만 크면서 없어진다. 몸에는 작은 비늘이 덮여 있지만 몸길이가 2m를 넘으면 사라진다. 배지느러미는 없다. **성장** 황새치는 바다마다 알 낳는 때가 다르다. 대서양에서는 봄철, 적도 지방에서는 한 해 내내 알을 낳는다. 암컷 한 마리가 알을 100만~2900만 개쯤 낳는다. 알 지름은 1.6~1.8mm쯤 된다. 알은 물에 둥둥 떠다닌다. 알에서 갓 나온 새끼는 몸길이가 4mm 안팎이다. 몸길이가 1cm쯤 크면 위턱이 길게 튀어나오기 시작한다. 어릴 때는 물낯 가까이에 사는 여러 가지 먹이를 잡아먹고 빨리 자란다. 성장 속도는 해역마다 조금 다르다. 태평양 중부에서는 1년이면 1m, 2년이면 1.3m, 3년이면 1.4m(1.1~1.8m), 9년이면 암컷은 2m, 수컷은 1.8m쯤 자란다. 수컷보다 암컷이 더 빨리 큰다. 알에서 깬 새끼는 5~6년이 지나 몸길이가 1.6~1.8m쯤 되면 어른이 된다. **분포** 우리나라 남해와 제주. 온 세계 열대와 온대 바다 **쓰임** 낚시로 잡는다. 고급 물고기로 친다. 꽝꽝 얼려서 회로 먹는다.

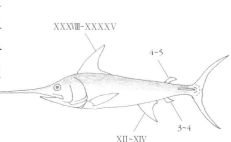

XXXVIII~XXXXV

4~5

3~4

XII~XIV

# 백새치 *Istiompax indica*

Black marine, Silver marine, シロカジキ, 印度枪鱼

백새치는 너른 바다 물낯부터 200m 바닷속까지 무리 지어 아주 빠르게 헤엄쳐 다닌다. 때때로 900m 깊은 바닷속까지 내려가고, 바닷가나 다도해, 산호초에도 나타난다. 따뜻한 물을 좋아하지만 물 온도가 15도쯤 되는 온대 바다에도 들어온다. 시속 100km까지 빠르게 헤엄치며 물고기나 오징어, 문어, 새우, 게 따위를 잡아먹는데, 작은 다랑어들도 잡아먹는다. 다른 새치처럼 창처럼 기다란 주둥이를 휘둘러 먹이를 잡기도 한다.

**생김새** 몸길이는 3~4m이고, 4.5m까지 큰다. 등은 거무스름한 파란색이고 배는 은백색이다. 때때로 밝은 파란색 가로 줄무늬들이 보인다. 몸은 긴 원통형이고 옆으로 조금 납작하다. 몸은 작은 비늘로 덮여 있다. 등지느러미는 두 개이다. 첫 번째 등지느러미는 거무스름한 파란색이고 점이 없다. 가슴지느러미는 몸 옆구리와 거의 직각으로 달려 있는데, 가슴지느러미는 펴진 채 고정되어 있어서 옆구리에 붙이지 못한다. **성장** 대만 부근에서는 8~10월에 알을 낳는다. 암컷 한 마리가 4000만 개에서 1억 개까지 알을 낳는다. 알은 흩어져 물에 떠다닌다. 성장 속도는 해역마다 다르다. 북서태평양에서는 1년에 1m(80~130cm), 2년이면 1.2m(1~1.5m), 4년에 1.5m, 7년에 2m(1.7~2.5m)쯤 자란다. **분포** 우리나라 남해, 제주. 대서양을 뺀 태평양, 인도양 열대와 온대 바다 **쓰임** 낚시로 잡는다. 다랑어처럼 회로 많이 먹는다.

XXXVIII~XXXXII

6~7

6~7

XIII~XIV

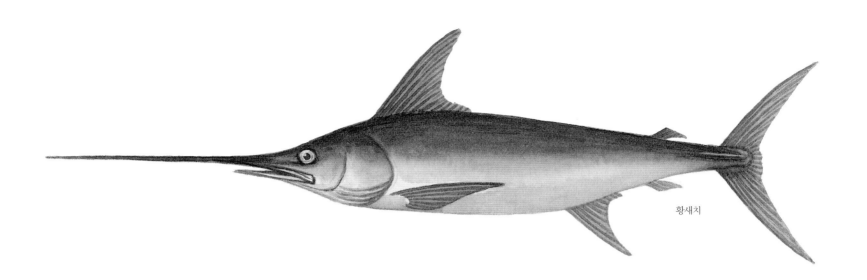

황새치

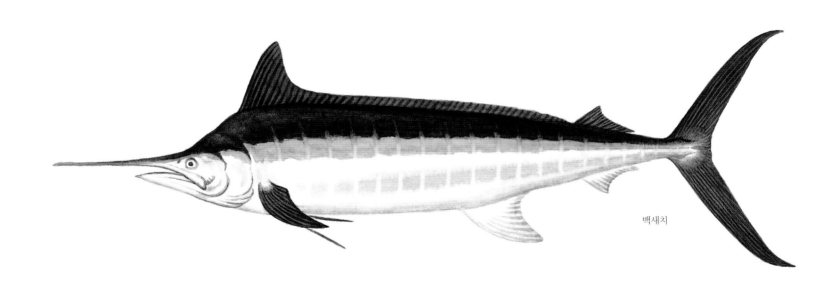

백새치

# 녹새치 *Makaira mazara*

Indo-Pacific blue marlin, クロカジキ, 黑皮旗魚

녹색치는 먼 거리를 돌아다니는 물고기다. 큰 무리는 짓지 않고 10마리쯤 되는 작은 무리로 돌아다닌다. 덩치가 크면 혼자서 다니기를 좋아한다. 물 깊이가 200m까지 되는 물속에서 살면서 오징어나 다른 다랑어 같은 물고기, 갑각류 따위를 잡아먹는다. 28년쯤 산다.

녹색치는 죽기 직전에 매우 뚜렷한 푸른색을 띠기 때문에 'blue mairin'이라는 영어 이름이 붙었다. 하지만 죽은 뒤에는 등색이 까맣게 바뀌기 때문에 일본에서는 검정새치라는 뜻인 '쿠로카지키(クロカジキ)'라고 한다. 녹색치는 청새치처럼 가슴지느러미를 움직일 수 있어서 백새치와 구분된다. 몸통은 청새치보다 통통한 편이다. 옆구리에 있는 옆줄은 그물처럼 되어 있다.

**생김새** 몸길이는 보통 3.5m쯤 되지만 5m까지도 자란다. 암컷이 수컷보다 더 크게 자란다. 몸은 긴 원통형으로 옆으로 살짝 납작하다. 위턱은 앞으로 길게 튀어나왔다. 눈은 작고 위턱 뒤쪽 위에 있다. 온몸을 덮고 있는 작은 비늘은 피부에 묻혀 있다. 등은 어두운 청색이며 몸 옆면에 푸르스름한 띠무늬가 열 개쯤 있다. 배는 은백색이다. 첫 번째 등지느러미는 검은빛이 도는 청색이다. **성장** 적도 가까이 열대 바다에서는 일 년 내내 알을 낳는다. 인도양과 태평양 아열대 바다에서는 물 온도가 높은 여름에 알을 낳는다. 알에서 깨어난 새끼는 물에 둥둥 떠다니며 큰다. 새끼가 2~4mm 크기일 때는 다른 경골어류들과 비슷하게 생겼다. 알에서 깨어난 지 3~4주일쯤 지나면 몸길이가 1~2cm쯤 자란다. 몸길이가 2cm쯤 될 때 각 지느러미줄기가 발달하여 치어가 된다. 녹새치 치어는 다른 새치류 새끼들과 마찬가지로 돛새치 등지느러미처럼 등지느러미가 아주 크게 발달하고 몸은 검은색을 띤다. 1년 만에 80cm 안팎으로 크고 2년 뒤 1.5m, 3년 뒤 2m, 4년 뒤 2.5m, 6년 만에 3m 안팎, 10년 뒤에는 3.5m 안팎으로 큰다. **분포** 우리나라 동해, 남해, 제주부터 열대 바다까지 인도-태평양 **쓰임** 맛이 좋아서 횟감으로 인기가 높다.

XXXX-XXXXVI

6~7

XII~XV  6~7

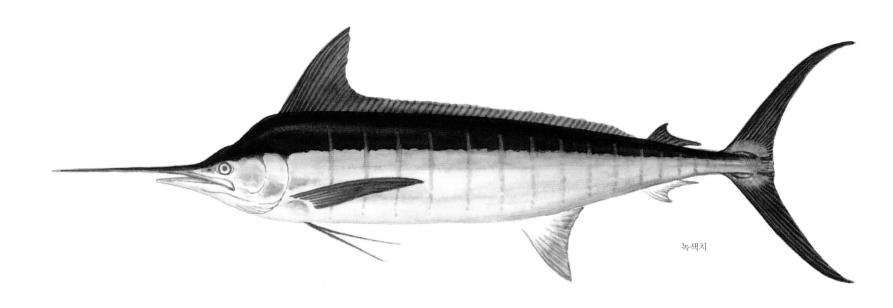

녹색치

# 연어병치 *Hyperoglyphe japonica*

흑치, Pacific barrelfish, Butterfish, メダイ, 日本柑鮨

연어병치는 어린 새끼일 때에는 떠다니는 바다풀 밑에서 지내다가, 어른이 되면 100 ~ 1500m 바닷속으로 내려가 산다. 밤이면 바다 중간쯤으로 올라와 먹이를 잡아먹는다. 어릴 때는 작은 플랑크톤을 먹지만, 크면 작은 물고기나 새우, 오징어 같은 여러 가지 동물을 먹는다. 남해에서 5월에 새끼들이 나타나는 것으로 보아 제주도보다 남쪽 바다에서 늦겨울부터 초봄에 알을 낳는 것 같다. 깊은 물속에서 살아서 사는 모습은 더 밝혀져야 한다.

**생김새** 몸길이는 90cm까지 자란다. 몸과 지느러미는 검거나 거무스름한 파란색을 띤다. 몸은 높고 긴 둥근꼴로 옆으로 납작하다. 머리 앞 끝은 둥글다. 입은 조금 비스듬하고, 배 쪽으로 조금 치우친다. 위턱 뒤 끝이 눈 앞 가장자리를 조금 지난다. 꼬리지느러미는 가위처럼 갈라졌다. 어릴 때는 몸에 구불구불한 무늬가 있다. **성장** 60cm 되는 암컷 한 마리가 여러 번에 걸쳐 알을 3만 2천 개쯤 낳는다. 남해에서 봄에 잡은 5cm 안팎인 새끼를 기르면 12월쯤에 30cm 안팎으로 자란다. 자연에서는 1년이면 30~34cm, 2년이면 40~46cm, 3년이면 55cm, 5년이면 70cm 안팎으로 자란다. 55~60cm쯤 크면 어른이 된다. **분포** 우리나라 남해, 동해. 일본, 대만 같은 북서태평양 **쓰임** 요즘에 다 큰 물고기가 동해 중부에서 잡히고 있다. 독도에서도 종종 볼 수 있다. 남해에서는 양식을 하려고 새끼 방어를 그물로 잡을 때 어린 새끼들이 섞여서 잡힌다. 우리나라에 흔하지 않지만 맛있는 물고기다. 가을이면 지방이 많아져서 아주 고소하다. 회나 초밥을 만들어 먹는다.

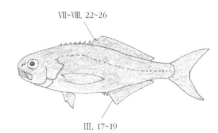

Ⅶ~Ⅷ, 22~26

Ⅲ, 17~19

# 샛돔 *Psenopsis anomala*

흑돔병어북, Pacific rudderfish, イボダイ, 刺鯧肉魚

샛돔은 따뜻한 물을 좋아하는 물고기다. 물낯부터 물 깊이가 300m쯤 되는 바닷속에서 산다. 밤에는 얕은 곳으로 올라오기도 한다. 어릴 때는 물낯 가까이에서 지내는데 해파리 밑에 많이 모여 있다. 어릴 때는 해파리나 요각류 같은 동물성 플랑크톤을 먹는다. 크면서 젓새우나 갯지렁이 따위를 잡아먹는다. 4년쯤 산다.

**생김새** 몸길이는 20~30cm쯤까지 큰다. 몸은 높고 긴둥근꼴이며 옆으로 아주 납작하다. 주둥이는 짧고 뭉툭하며, 양턱에는 작은 이빨이 있다. 등지느러미는 1개다. 몸은 파란빛이 도는 은빛이다. 아가미뚜껑 위쪽에 커다란 까만 반점이 있다. 등지느러미와 뒷지느러미, 꼬리지느러미 가장자리는 검다. **성장** 동중국해에서 4~8월에 알을 낳는 것 같다. 알 지름은 1mm 안팎이다. 알은 낱낱이 흩어져 물에 떠다닌다. 어릴 때는 해파리 촉수 옆에 붙어 지낸다. 1년이면 13cm 안팎, 2년이면 18cm, 3년이면 20cm쯤 자란다. 1~2년 만에 어른이 되기도 하지만 거의 3년 만에 어른이 된다. **분포** 우리나라 남해, 서해. 일본 남부, 동중국해 **쓰임** 끌그물로 잡는다. 남해 바닷가 어시장에서 자주 볼 수 있다. 회, 구이, 탕으로 먹는다.

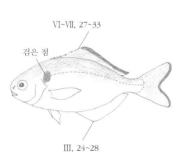

Ⅵ~Ⅶ, 27~33

검은 점

Ⅲ, 24~28

연어병치

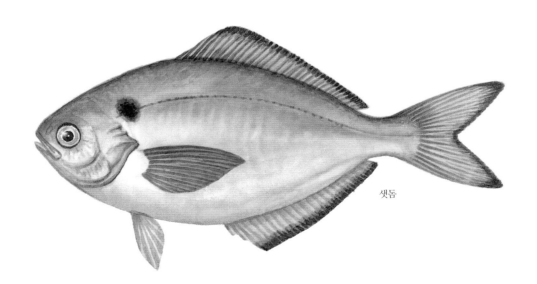

샛돔

# 물릉돔 *Psenes pellucidus*

Bluefin driftfish, Black rag, Black ragfish, ハナビラウオ, 玉鯧

물릉돔은 물낯부터 물 깊이가 1000m쯤 되는 깊은 바닷속까지 산다. 어릴 때는 해파리나 떠다니는 바다풀 밑에서 지낸다. 독이 있는 해파리 촉수 사이에서도 잘 헤엄쳐 다니며 지낸다. 플랑크톤이나 작은 물고기를 잡아먹는다. 어른이 되면 바닷속 바닥 가까이에서 혼자 산다. 우리나라에서 드물게 볼 수 있다.

**생김새** 몸길이는 80cm까지 자란다. 몸은 높고 긴둥근꼴이며 옆으로 납작하다. 어릴 때는 어미보다 몸이 더 높고 반투명하다. 입은 작고 주둥이는 뭉툭하다. 눈은 크고 눈동자는 까만 파란색이다. 등은 어두운 풀빛 밤색이고, 몸통 옆구리와 배는 은빛이 강하다. 옆줄은 등 쪽으로 치우친다. 등지느러미는 두 개로 나뉘었다. 뒷지느러미는 두 번째 등지느러미와 위아래와 마주 보며 크기도 엇비슷하다. **성장** 더 밝혀져야 한다. **분포** 우리나라 남해, 제주. 온 세계 온대와 아열대 바다 **쓰임** 희귀한 물고기로 우리 바다에도 드물다. 먹을 수 있다.

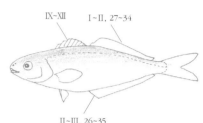

# 보라기름눈돔 *Ariomma indicum*

가위꼬리병어<sup>북</sup>, Indian driftfish, マルイボダイ, 印度无齿鲳,

보라기름눈돔은 물 깊이가 20~300m쯤 되는 대륙붕 가장자리와 비탈진 곳에 있는 펄 바닥에서 산다. 낮에는 작은 무리를 이루어 바닥에 머물다가 밤이면 물 가운데쯤으로 떠오른다. 여러 가지 젓새우와 해파리, 동물성 플랑크톤을 잡아먹는다. 동중국해에서는 초여름에 알을 낳는다.

**생김새** 몸길이는 25cm까지 자란다. 몸은 높고 달걀꼴이며 옆으로 납작하다. 온몸은 은회색으로 반짝거린다. 등은 짙고 배는 연하다. 눈은 크며 주둥이가 짧고 둥글다. 등지느러미 억센 가시와 부드러운 줄기가 이어지는 곳이 오목하다. 꼬리지느러미 가장자리는 까맣다. 어릴 때는 몸에 큰 검은 밤색 반점이 여러 개 있지만 크면서 없어진다. **성장** 더 밝혀져야 한다. **분포** 우리나라에서 호주 북부까지, 인도양, 아프리카 동남부 **쓰임** 바닥끌그물로 잡는다. 우리나라에서는 많이 안 잡힌다. 생선이나 소금에 절이거나 말려서 시장에 나온다.

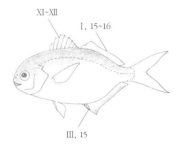

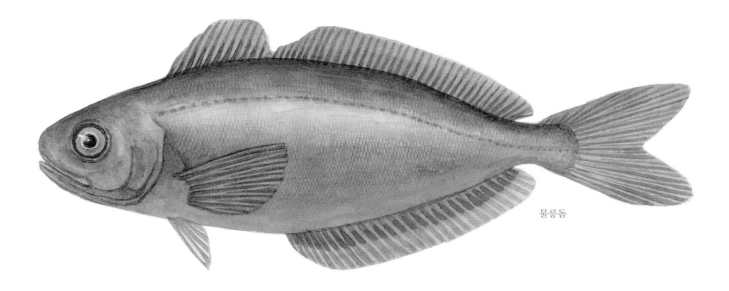

물룽돔

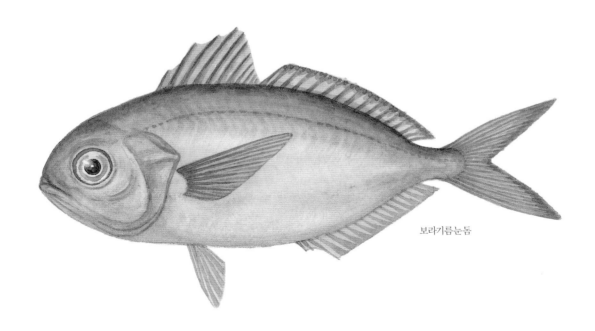

보라기름눈돔

# 병어 *Pampus argenteus*

병치, 편어, 뱅어, 병단이, 덕자, Silver pomfret, マナガツオ, 银鲳

병어는 따뜻한 바다에서 산다. 겨울이면 제주도 남쪽 바다로 내려갔다가 봄이 오면 우리나라 서해와 남해로 몰려온다. 바닷속 50~200m 깊이쯤 되는 모래나 펄 바닥 가까이에서 무리 지어 산다. 작은 새우나 플랑크톤, 갯지렁이, 해파리 따위를 잡아먹는다. 5~8월에 얕은 바닷가로 몰려와서 알을 낳는다. 8년쯤 산다. 병어는 《자산어보》에 '편어(扁魚) 속명 병어(甁魚)'라고 나온다. "머리가 작고 목덜미는 움츠러들고 꼬리는 짤막하다. 등이 툭 튀어나오고 배도 튀어나와 생김새가 사방으로 뾰족하여, 길이와 높이가 거의 비슷하다. 입이 매우 작고, 몸 빛깔은 창백하다."라고 했다. 《난호어목지》에는 '창(鯧)'이라고 했다.

**생김새** 몸길이는 20~30cm쯤 된다. 60cm까지 큰다. 온몸은 미끈하고 푸르스름한 은빛이 돌아 반짝거린다. 몸은 네모나고 옆으로 납작하다. 머리는 작고 주둥이는 짧고 입술이 없다. 비늘은 작은 둥근비늘이고 잘 떨어진다. 옆줄이 뚜렷하다. 등지느러미와 뒷지느러미는 낫처럼 생겼다. 배지느러미는 없다. 꼬리지느러미는 가위처럼 깊게 파였다. 머리 뒤에 있는 주름무늬가 옆줄을 따라 가슴지느러미 뿌리 뒤까지 길게 이어져서 덕대와 다르다. **성장** 암컷 한 마리가 알을 3만~100만 개쯤 낳는다. 알 지름은 1.1mm 안팎이다. 알은 낱낱이 흩어져 물에 떠다닌다. 알에서 갓 나온 새끼는 3.5mm 안팎이다. 한 달 뒤면 1.2~2cm로 자란다. 1년이면 18~20cm, 2년이면 23~25cm, 3년이면 27~29cm쯤 큰다. 2~3년쯤 크면 어른이 된다. **분포** 우리나라 동해 남부, 서해, 남해. 일본, 중국, 인도네시아, 인도양 **쓰임** 알 낳으러 올 때 끌그물, 자리그물, 걸그물로 잡는다. 맛이 좋아서 우리나라 사람들이 수백 년 전부터 병어를 잡았다는 기록이 있다. 《신증동국여지승람》에서 병어를 경기도와 전라도 몇몇 지방에서 나는 토산물로 적어 놓았고, 《난호어목지》에도 병어가 서해, 남해에서 나는데, 호서의 도리해(桃里海)에서 많이 난다고 나온다. 여름이 제철이다. 뼈째 썰어 회로도 먹고 구이나 찜이나 조림으로 먹는다. 《자산어보》에는 "맛이 달고 뼈가 연해서 회나 구이, 국에 모두 좋다."라고 했다.

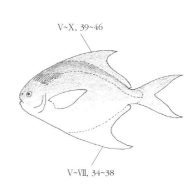

V~X, 39~46

V~VII, 34~38

# 덕대 *Pampus echinogaster*

덕제붕, 병어, Korean pomfret, コウライマナガツオ, 镰鲳

덕대는 모래나 개펄이 깔린 대륙붕 바닥에서 산다. 동물성 플랑크톤이나 작은 갑각류, 갯지렁이 따위를 잡아먹는다. 5~7월이 되면 우리나라와 중국 바닷가로 와 알을 낳는다. 8년쯤 산다.

덕대는 병어와 똑 닮았다. 머리 뒤에 난 물결무늬가 옆줄 위와 밑에서도 뒤쪽까지 뻗으면 '병어'고 그렇지 않으면 '덕대'다. 또 아가미뚜껑이 눈 밑까지 오면 '덕대'고 안 오면 '병어'다.

**생김새** 몸길이는 60cm까지 자란다고 알려졌지만, 우리나라 어시장에는 25cm 안팎이 대부분이다. 몸은 높고 달걀꼴이다. 옆으로 아주 납작하다. 온몸은 푸르스름한데 배 쪽으로 갈수록 옅어져 은빛이 돈다. 꼬리지느러미 아래쪽 끝은 까맣다. **성장** 암컷 한 마리가 1만~13만 개쯤 알을 낳는다. 알에서 나온 새끼는 1년이면 17cm, 2년이면 22~24cm, 3년이면 24~27cm쯤 큰다. 1~2년쯤 지나 21cm쯤 크면 어른이 된다. **분포** 우리나라 서해, 남해, 제주. 동중국해 **쓰임** 바닥끌그물로 잡는다. 시장에서는 병어랑 덕대를 다 '병어'라고 하면서 판다. 시장에 나오는 병어는 대부분 덕대다. 구이나 찌개로 먹는다.

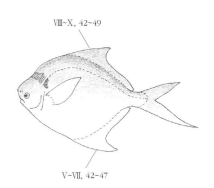

VIII~X, 42~49

V~VII, 42~47

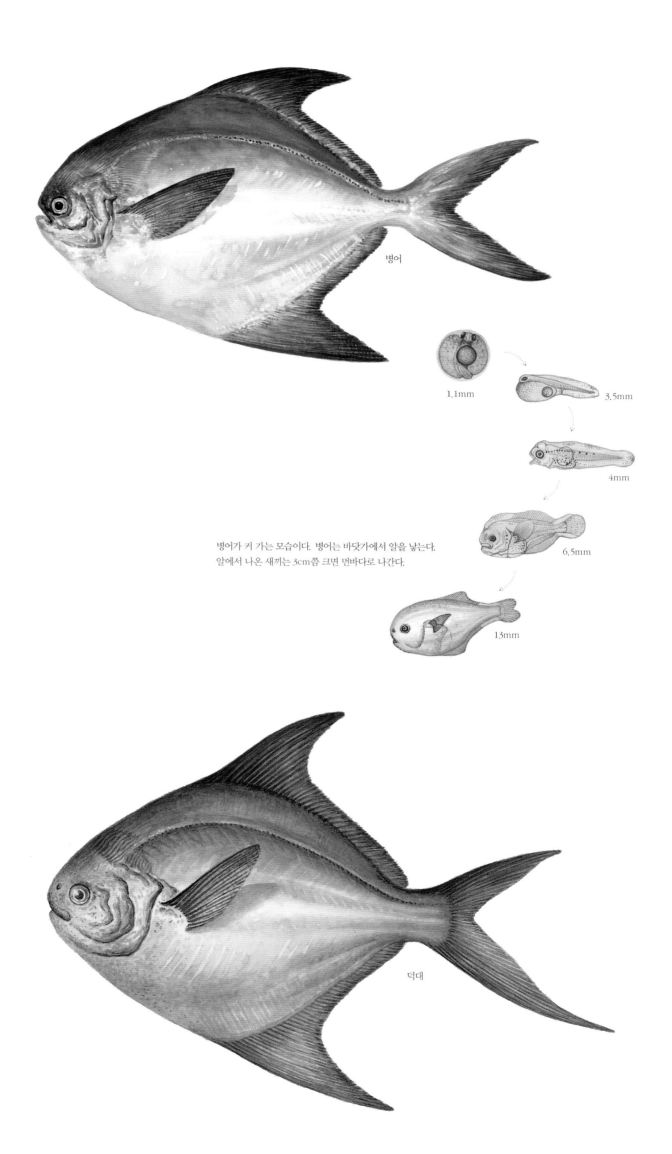

병어

1.1mm

3.5mm

4mm

6.5mm

병어가 커 가는 모습이다. 병어는 바닷가에서 알을 낳는다.
알에서 나온 새끼는 3cm쯤 크면 먼바다로 나간다.

13mm

덕대

# 넙치 *Paralichthys olivaceus*

광어, Bastard halibut, Olive flounder, ヒラメ, 牙鮃

넙치는 조금 차가운 물을 좋아한다. 우리나라 온 바다에 산다. 물 깊이가 20~200m쯤 되고 바닥에 모래가 깔린 곳을 좋아한다. 낮에는 모래 속에 몸을 숨기고 눈만 빼꼼 내놓고 있기도 하며, 바위 위에 앉아 있기도 한다. 헤엄을 칠 때면 납작한 몸이 부드럽게 너울너울 파도치듯이 움직인다. 알맞은 곳에 가면 몸빛을 둘레 색깔에 맞게 바꾼다. 몸빛이 바뀌는 데 15분쯤 걸린다. 바닥에 숨어 있다가 지나가는 작은 물고기나 새우, 게, 오징어를 잡아먹고 흙 속에 숨어 있는 조개나 갯지렁이도 먹는다. 바닥에 붙어서 살기 때문에 몸이 가오리처럼 위아래로 납작해 보이지만, 사실은 옆으로 납작하다. 눈만 한쪽으로 쏠렸을 뿐 다른 기관은 모두 양쪽이 똑같다. 다만 눈 있는 쪽 몸빛은 누런 밤색이고 빗비늘인데, 눈 없는 쪽은 하얗고 둥근비늘이다. 넙치 눈은 태어날 때부터 한쪽으로 쏠려 있지 않다. 갓 나온 새끼는 다른 물고기랑 똑같이 눈이 몸 양쪽에 붙어 있다. 크면서 눈이 시나브로 한쪽으로 쏠리는데, 알에서 나온 지 한 달쯤 지나면 두 눈이 한쪽으로 모두 쏠린다. 앞에서 볼 때 눈이 왼쪽으로 쏠리면 넙치고, 오른쪽으로 쏠리면 가자미 무리다. 새끼 때에는 물에 떠다니지만 눈이 한쪽으로 몰린 뒤에는 물 바닥으로 내려가 산다. 20년 넘게 산다.

몸이 넓적하다고 넙치다. 흔히 '광어(廣魚)'라고 한다. 《자산어보》에는 '접어(鰈魚) 속명 광어(廣魚)'라고 나온다. 사실 접어는 넙치나 가자미를 두루 일컫는 말이다. 또 눈이 한쪽에 달렸다고 '비목어(比目魚)'라고 했는데 이것도 접어와 마찬가지로 두루 쓰인 말이다. 《동의보감》에는 '비목어(比目魚), 가자미'라고 나온다. "동해에 비목어가 사는데, 접(鰈)이라고 한다. 생김새는 얼룩조릿대 잎처럼 생겼다. 두 눈이 모두 한쪽에만 있다. 움직일 때는 양면을 수평으로 해서 움직인다. 이것은 지금 광어(廣魚)나 설어(舌魚) 종류이다."라고 했다.

**생김새** 몸길이가 50~80cm쯤 되고 1m 넘게도 큰다. 몸은 긴둥근꼴이다. 눈 달린 쪽은 누런 밤색이고 하얀 점이 흩어져 있다. 눈 없는 쪽은 하얗다. 입은 꽤 큰 편이고, 양턱에는 강한 송곳니가 한 줄로 줄지어 나 있다. 등지느러미와 뒷지느러미는 길고, 꼬리지느러미 끝이 둥그스름하다. 배지느러미가 양쪽에 있다. 옆줄은 한 줄인데, 가슴지느러미 위쪽에서 둥글게 휘어져 내려와 꼬리까지 곧게 간다. **성장** 봄에 가까운 바닷가로 와서 밤에 알을 낳는다. 한 마리가 알을 10만~50만 개쯤 여러 번에 걸쳐 낳는다. 알은 지름이 0.7~1mm이며, 저마다 흩어져 물에 떠다닌다. 물 온도가 20도 안팎일 때 이틀쯤이면 새끼가 나온다. 갓 나온 새끼는 2.5~3mm쯤 되고 몸이 투명하며, 눈이 몸 양쪽에 있다. 1년쯤 지나면 20~30cm, 2년에 30~40cm, 5년에 60~70cm, 6년에 70~80cm 크기로 빠르게 큰다. 35~45cm쯤 자라면 어른이 된다. **분포** 우리나라 온 바다. 일본, 동중국해 **쓰임** 걸그물, 바닥끌그물, 자리그물로 잡고 낚시로도 낚는다. 요즘에는 가둬 기르기도 한다. 한 해 내내 잡지만 가을부터 이듬해 2월쯤까지가 가장 맛이 좋다. 알을 낳는 봄여름은 맛이 떨어진다. 살은 하얗고 쫀득하며 비린내가 없어서 맛을 으뜸으로 친다. 회, 조림, 구이, 탕, 튀김, 초밥으로 먹는다. 옛날부터 엄마가 아기를 낳고 몸조리를 할 때 미역국에 함께 넣어 끓여 먹었다. 그러면 엄마 젖도 잘 나오고 몸도 거뜬해진다. 《동의보감》에는 "성질이 평범하다. 맛은 달며 독이 없다. 허한 것을 보하고, 기력을 북돋는다. 많이 먹으면 차츰차츰 기(氣)를 움직인다."라고 했다.

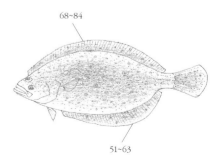

68~84

51~63

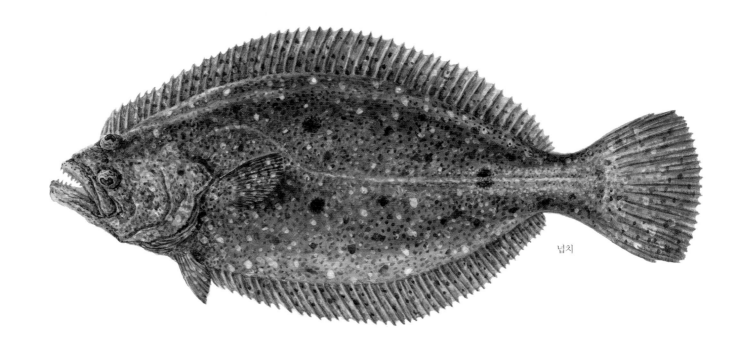

넙치

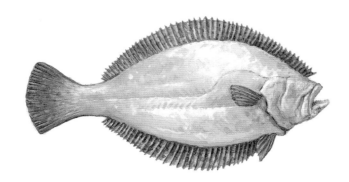

눈이 없는 쪽 몸은 새하얗다. 눈만 쏠렸지
가슴지느러미가 있다. 사람이 기른 넙치는 얼룩덜룩한
무늬가 생기기도 한다.

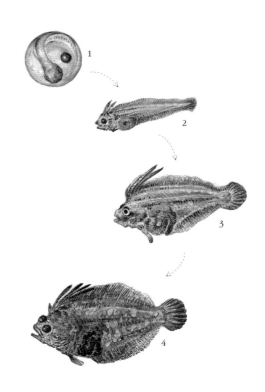

**넙치 눈** 넙치를 앞에서 보면 눈 두 개가 왼쪽으로
쏠려 있다. 오른쪽으로 쏠리면 가자미다.

1. 봄에 바닷가 가까이에 알을 낳는데 한 마리가
   10만~50만 개쯤 낳는다.
2. 8mm쯤 크면 등지느러미 앞쪽 줄기가 길게 자란다.
3. 몸이 10mm쯤 크면 왼쪽으로 눈이 이동한다.
   눈이 한쪽으로 쏠리는 데 4~6주쯤 걸린다.
4. 1.5~1.7cm쯤 되면 물 밑바닥으로 내려가 산다.
   몸 색깔도 어미와 똑같아진다.

# 목탁가자미 *Arnoglossus japonicus*

목탁가자미북, Lefteye flounder, ニホンダルマガレイ, 羊舌鮃

목탁가자미는 물 깊이가 80~150m쯤 되는 펄 바닥이나 모랫바닥에서 산다. 바닥에 납작 엎드려 지내며 바닥에 사는 동물을 잡아먹는다. 사는 모습은 더 밝혀져야 한다.

**생김새** 몸길이는 15~17cm쯤 된다. 몸은 긴둥근꼴이며 옆으로 납작하다. 온몸은 옅은 밤색을 띤다. 모든 지느러미들은 어두운 색이다. 눈과 입이 크며, 주둥이는 뾰족한 편이다. 수컷은 등지느러미 두 번째 줄기가 길게 자라며, 암컷이나 어린 것은 실처럼 길지 않다. 눈이 있는 쪽은 둥근비늘이다. 배지느러미에 가시가 없다. **성장** 더 밝혀져야 한다. **분포** 우리나라 남해. 일본 남부에서 남중국해, 호주 북부까지 **쓰임** 바닥끌그물로 잡는다. 다른 넙치나 가자미처럼 먹는다.

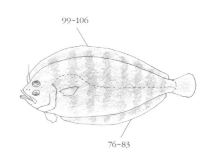

99~106

76~83

# 별목탁가자미 *Bothus myriaster*

별목탁가자미북, Indo-Pacific oval flounder, ホシダルマガレイ,
繁星鮃

별목탁가자미는 다른 가자미와 달리 두 눈이 멀리 떨어져 있다. 따뜻한 물을 좋아하는 열대 물고기다. 물 깊이가 10~150m쯤 되는 바닥에 붙어서 산다. 산호초나 바위가 많은 곳 모랫바닥이나 펄 바닥에 살면서 바닥에 사는 여러 가지 동물들을 잡아먹는다. 드문 희귀종이다.

**생김새** 몸길이는 27cm까지 큰다. 눈이 있는 쪽은 누런 밤색을 띠고, 크고 작은 까만 밤색 반점들이 빽빽이 나 있다. 몸은 둥근 달걀꼴이다. 두 눈은 위아래로 멀리 떨어져 있어서 다른 가자미와 다르다. 위쪽 눈은 머리 위쪽에, 아래 눈은 입 바로 가까이에 있다. 위쪽 눈이 아래쪽 눈보다 더 뒤쪽에 있다. 가슴지느러미가 크고, 줄기가 실처럼 길게 늘어나 등지느러미 가운데까지 온다. 수컷이 더 길다. 배지느러미에 가시가 없다. **성장** 더 밝혀져야 한다. **분포** 우리나라 동해 남부, 남해. 호주 중부까지 태평양, 인도양 **쓰임** 걸그물이나 바닥끌그물에 다른 물고기와 함께 잡힌다. 다른 가자미처럼 먹는다.

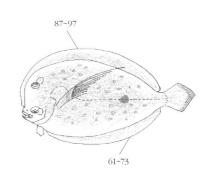

87~97

61~73

# 풀넙치 *Citharoides macrolepidotus*

Branched ray flounder, Largescale flounder, コケビラメ, 大鱗拟棘鮃

풀넙치는 물 깊이가 120~250m쯤 되는 깊은 바다 모래나 펄 바닥에서 산다. 얕은 곳에서는 볼 수 없다. 바닥에 사는 갑각류나 지렁이, 물고기 같은 동물성 먹이를 먹고 산다. 우리나라에는 풀넙치과에 풀넙치 1종이 산다.

**생김새** 몸길이는 20~25cm쯤 되는데 29cm까지 자란다. 몸은 긴둥근꼴이고, 두 눈은 앞에서 보면 왼쪽으로 쏠려 있다. 두 눈 사이는 좁지만 볼록 솟았다. 입은 커서 위턱 뒤 끝이 눈 뒤까지 온다. 양턱에는 작은 이빨들이 띠를 이루어 나 있다. 눈 있는 쪽이 누런 밤색이고, 눈 없는 쪽은 하얗다. 등지느러미와 뒷지느러미에 작은 점들이 있으며 뒤쪽에 커다란 까만 반점이 있다. 배지느러미에 가시가 있다. **성장** 더 밝혀져야 한다. **분포** 우리나라 남해. 일본, 동중국해, 필리핀 같은 북서태평양 **쓰임** 바닥끌그물에 가끔 잡힐 뿐 양이 많지 않다.

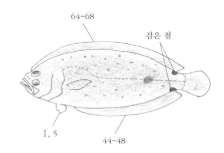

64~68

검은 점

I, 5

44~48

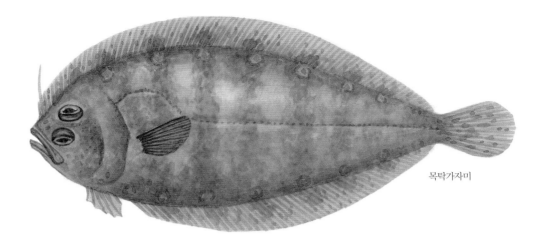

목탁가자미

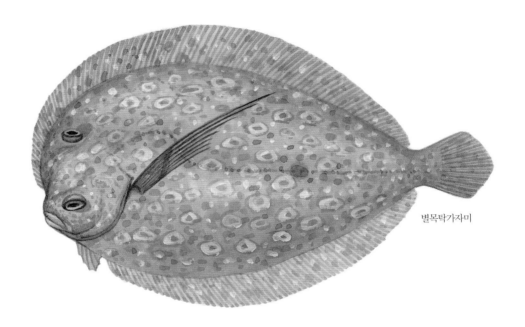

별목탁가자미

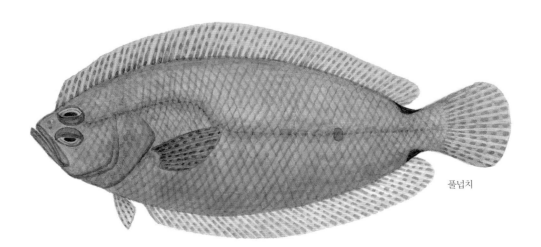

풀넙치

# 도다리 *Pleuronichthys cornutus*

담배도다리, Ridged-eye flounder, Fine-spotted flounder, メイタガレイ, 木叶鲽

도다리는 가자미 무리 가운데 하나다. 가자미 무리는 생김새가 모두 닮아서 헷갈린다. 돌가자미, 문치가자미, 범가자미, 도다리를 사람들이 모두 뭉뚱그려 '도다리'라고 한다. 하지만 도다리는 다른 가자미와 달리 몸이 마름모꼴이고 두 눈 사이에 돌기가 있어 다르다. 우리나라 바다에 사는 가자미만 스무 종이 넘는다. 넙치랑 달리 앞에서 봤을 때 눈이 오른쪽에 몰려 있으면 가자미 무리라고 생각하면 된다. '왼쪽 넙치 오른쪽 가자미'라고 흔히들 말한다.

도다리는 우리나라 온 바다에 사는데, 다른 가자미보다 제법 깊은 물에 산다. 바닷가부터 물 깊이가 150m 안쪽이고 바닥에 모래와 진흙이 깔린 곳에서 산다. 바닥에 파묻혀 살면서 물고기나 작은 조개나 게, 갯지렁이, 새우 따위를 잡아먹는다. 서해에 사는 도다리는 가을부터 겨울 사이에 남쪽으로 내려가 제주도 서쪽 바다에서 겨울을 나는 것으로 짐작하고 있다. 가을에서 겨울 사이에 알을 낳는다.

도다리는 여수에서는 '담배도다리'라고 한다. 《자산어보》에는 가자미 무리가 나비처럼 납작하고 나풀나풀 나비처럼 헤엄친다고 '소접(小鰈)'이라고 했다. 몸에 작은 점이 많다고 영어로는 'fine-spotted flounder'라고 한다. 일본에서는 눈 사이에 돌기가 있다고 '메이타가레이(メイタガレイ, 目板鰈)'라고 한다. 가자미, 넙치, 서대를 아우르는 가자미아목을 뜻하는 'Pleuronectida'는 몸이 납작하다는 뜻인 그리스 말 'plerron'과 헤엄친다는 뜻인 'nektes'가 합쳐져 '몸이 납작하고 헤엄치는 무리'라는 뜻이다.

**생김새** 몸길이는 30cm쯤 된다. 앞에서 보면 눈이 몸 오른쪽에 있다. 다른 가자미보다 등이 높아 몸이 마름모꼴이다. 눈이 튀어나와 있고 두 눈 사이에 날카로운 돌기가 있다. 주둥이는 짧고 입이 작고 이빨이 없다. 눈 있는 쪽 몸빛은 누렇고 짙은 점무늬가 온몸에 흩어져 있다. 옆줄은 꼬리지느러미까지 곧게 쭉 뻗었다. 배지느러미는 작고 뒷지느러미 앞에 있다. 꼬리지느러미 끄트머리는 둥그스름하다. 등 쪽 가장자리를 따라 이어진 옆줄은 머리 쪽에서 갈라지지 않는다. **성장** 남해안에서는 늦가을부터 이듬해 봄까지 알을 여러 번에 걸쳐 낳는다. 알은 물에 둥둥 떠다니다가 새끼가 나온다. 새끼는 다른 물고기처럼 눈이 양쪽에 달렸는데 1.2cm로 자라면 왼쪽 눈이 오른쪽으로 옮겨 가기 시작한다. 두 달쯤 지나서 2.5cm쯤 자라면 두 눈이 오른쪽으로 모이고 어미와 닮은 몸빛을 띠어 바닥에 내려가 산다. 이때가 되면 눈이 한쪽으로 쏠린다. 한 해가 지나면 10~15cm, 3년이면 20~25cm, 4년이면 25cm쯤 큰다. 크면서 바다 깊이 들어간다. **분포** 우리나라 온 바다. 중국, 일본, 대만 **쓰임** 바다 밑바닥에 살기 때문에 그물을 바닥에 닿도록 한 뒤 배로 그물을 끌어서 잡는다. 4~6월에 많이 잡힌다. 키우는 데 3~4년이 걸리기 때문에 양식은 하지 않는다. 다른 가자미보다 바다 깊이 살기 때문에 낚시로는 잘 낚이지 않는다. 먼바다에서 잡기 때문에 시장에서 살아 있는 놈을 보기 어렵다. 예전에는 많이 잡았는데 요즘에는 수가 많이 줄어서 보기 힘들다. 회나 구이, 탕을 끓여 먹는다.

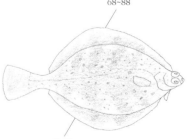

68~88

49~69

도다리

# 문치가자미 *Pleuronectes yokohamae*

검둥가재미북, 도다리, Marbled flounder, Marbled sole, マコガレイ, 橫濱鰈

문치가자미는 우리나라 온 바다에 살지만 남해에서 가장 흔히 볼 수 있다. 남해에서 도다리라고 하는 물고기는 거의 문치가자미다. 다른 가자미 무리처럼 물 깊이가 100m 안쪽인 얕은 바다 모래나 펄 바닥에서 살면서 사는 곳에 따라 몸빛을 바꿀 수 있다. 모랫바닥에서 갯지렁이나 게나 새우 따위를 잡아먹는다. 여름에는 북쪽으로 올라가고 겨울이 되면 남쪽으로 내려가 겨울을 난다. 다른 곳으로 옮길 때에도 바닥에 붙어 있는 자세 그대로 헤엄을 친다.

문치가자미는 12~2월에 물 깊이가 10~40m쯤 되는 얕은 바닷가로 올라와 알을 낳는다. 3주일쯤 지나면 새끼가 깨어 나온다. 새끼 때는 식물성 플랑크톤이나 쪼그만 새끼 조개나 새우 따위를 잡아먹는다. 눈이 한쪽으로 몰리기 전에는 플랑크톤처럼 바다 물낯에 둥둥 떠다니다가 몸길이가 1.2cm쯤 되어 두 눈이 한쪽으로 몰리게 되면 바다 밑바닥으로 내려간다. 5~6년쯤 사는 것으로 짐작한다.

문치가자미는 참가자미와 생김새나 몸빛이 많이 닮았다. 참가자미는 두 눈 사이 튀어나온 부분에 비늘이 없고 물에 뜨는 알을 낳는 데, 문치가자미는 두 눈 사이에 비늘이 있고 알을 낳으면 가라앉아 바닥에 붙는다. 또 눈이 없는 쪽은 하얀데, 등지느러미와 뒷지느러미 아래쪽으로 노란 띠가 있으면 참가자미고 없으면 문치가자미다.

앞니처럼 생긴 이빨이 있다고 '문치(門齒)가자미'라고 하지만 사실은 이빨은 아주 작고 턱 일부에만 있다. 북녘에서는 '검둥가재미'라고 하고 남해에서는 '도다리'라고 한다. 《자산어보》에는 '소접(小鰈) 속명 가잠어(加簪魚)'라고 한 물고기 가운데 하나이다.

**생김새** 몸길이는 수컷이 30cm, 암컷 50cm쯤 된다. 암컷이 수컷보다 크다. 몸은 넓적한 긴둥근꼴이다. 몸빛은 진한 밤색에 까만 반점이 나 있다. 지느러미와 배지느러미에도 둥근 반점이 있다. 하지만 눈 없는 쪽 등지느러미와 뒷지느러미에는 검은 점이 없다. 비늘은 작고 눈 있는 쪽은 빗살비늘이, 눈 없는 쪽은 둥근비늘이 덮여 있다. 눈은 앞에서 보면 오른쪽에 치우친다. 두 눈 사이에 비늘이 있다. 주둥이는 뾰족하다. 위턱에는 이빨이 없고 아래턱에 이빨이 한두 개 나 있다. 옆줄이 가슴지느러미 위에서 둥그렇게 한번 휘어지다가 그 뒤로는 꼬리지느러미까지 쭉 뻗는다. **성장** 암컷 한 마리가 알을 15만~150만 개쯤 낳는다. 알은 지름이 0.8~1mm이고, 동그랗고 속이 훤히 비치는데 바닥에 가라앉아 붙는다. 물 온도가 5~10도일 때 3주쯤 지나면 새끼가 나온다. 알에서 나온 새끼는 물에 떠다니면서 자란다. 0.9~1cm쯤 크면 눈이 옮겨지기 시작한다. 1.2cm 안팎이 되면 어미와 닮는다. 1년이면 10~20cm, 2년이면 15~22cm, 3년이면 18~25cm, 4년이면 평균 25cm쯤 큰다. 20cm쯤 크면 어른이 된다. **분포** 우리나라 온 바다. 일본, 동중국해 같은 북서태평양 **쓰임** 봄부터 가을까지 잡는다. 낚시로 많이 잡고 물 바닥까지 그물을 내려 끌면서 잡기도 한다. 회, 구이, 튀김, 조림, 국으로 먹고 말려서도 먹는다. 남해 바닷가 사람들은 알을 낳으려고 바닷가에 많이 몰려온 문치가자미를 잡아 봄에 뜯은 쑥과 함께 '도다리쑥국'을 끓여 먹는다.

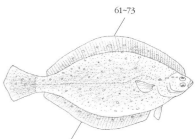

61~73

48~62

문치가자미

# 참가자미 *Pleuronectes herzensteini*

참가재미<sup>북</sup>, 가재미<sup>북</sup>, Yellow striped flounder, Small-mouthed sole, マガレイ,
赫氏鰈

가자미 무리 가운데 진짜 가자미라고 이름이 '참가자미'다. 우리나라 온 바다에 살지만 동해에서 가장 흔히 본다. 조금 찬물을 좋아해서 북쪽에 많다. 물 깊이가 100~150m 안쪽이고 펄이나 모래가 깔린 바닥에 붙어서 산다. 눈이 쏠린 쪽은 바닥 모래 색깔인데 자기 사는 곳에 맞춰 몸 색깔을 이래저래 바꾼다. 모래나 진흙 바닥에 파묻혀 눈만 빠끔 내놓고 있다가 새우나 갯지렁이, 조개, 게 따위를 잡아먹는다. 3~6월이 되면 물 깊이가 15~70m인 바닷가 얕은 곳으로 올라와서 알을 낳는다. 참가자미도 어릴 때는 눈이 몸 양쪽에 붙었다. 크면서 두 눈이 한쪽으로 쏠리고 바닥에 내려가 산다. 9월이 지나 물이 차가워지면 다시 깊은 곳으로 옮겨간다. 10년 넘게 산다.

우리 바다에는 가자미 무리가 26종쯤 산다. 참가자미는 문치가자미와 매우 닮았다. 참가자미는 두 눈 사이에 비늘이 없는데, 문치가자미는 있다. 또 참가자미는 눈 없는 쪽 등지느러미와 뒷지느러미를 따라 꼬리까지 V자처럼 노란빛을 띤다.

**생김새** 다 크면 몸길이가 대개 20~30cm이지만 50cm까지도 큰다. 몸은 둥글고 넓적하다. 앞에서 보면 두 눈이 오른쪽으로 쏠렸다. 두 눈 사이에 비늘이 없다. 주둥이가 뾰족하다. 눈이 있는 쪽은 푸르스름한 누런 밤색에 까만 점이 흩어져 있다. 눈 있는 쪽은 빗비늘, 없는 쪽은 둥근비늘로 덮여 있다. 옆줄은 가슴지느러미 위에서 반달처럼 휘어진다. 꼬리지느러미 끝은 둥그스름하다. 눈이 없는 쪽 등과 배 가장자리를 따라 가운데쯤부터 꼬리까지 누런 띠가 있다. **성장** 몸길이가 15cm쯤 되면 알을 낳을 수 있다. 암컷 한 마리가 두 번에 걸쳐 알을 3천~10만 개쯤 낳는다. 알은 낱낱이 떨어져 물에 둥둥 뜬다. 물 온도가 10도일 때 6~7일쯤 지나면 새끼가 나온다. 알에서 나온 새끼는 6mm쯤 되면 눈이 한쪽으로 이동하기 시작한다. 1.2cm쯤 크면 바닥으로 내려간다. 한 해가 지나면 10cm 안팎, 3년이면 18~20cm, 4년이면 20~25cm쯤 큰다. 2~3년 지나 23~24cm쯤 크면 어른이 된다. **분포** 우리나라 온 바다. 일본, 동중국해 중부 이북, 사할린, 쿠릴 열도 **쓰임** 알을 낳는 3~6월에 많이 잡는다. 그물을 쳐 놓거나 바닥에 닿게 끌면서 잡고 낚시로도 잡는다. 다른 가자미보다 덜 잡힌다. 회, 탕, 구이로도 먹고 꾸덕꾸덕 말려서도 먹는다. 동해 바닷가 사람들은 참가자미를 삭혀서 가자미식해를 만들어 먹는다.

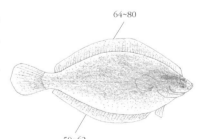

64~80

50~62

참가자미

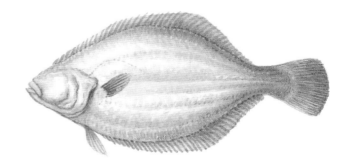

눈 없는 쪽은 하얗다. 등과 배 가장자리를 따라 노란 줄이
꼬리까지 나 있다. 흔히 눈 달린 쪽을 등, 눈 없는 쪽을
배라고 하지만 잘못 말하는 것이다.

# 돌가자미 *Kareius bicoloratus*

돌가재미<sup>북</sup>, 도다리, Stone flounder, イシガレイ, 石鰈

돌가자미는 우리나라 온 바다에 사는데 서해에 많다. 물 깊이가 30~100m쯤 되는 모랫바닥이나 개펄 바닥에서 산다. 때때로 강어귀에 올라오기도 한다. 바닥에 붙어 있다가 갯지렁이나 작은 새우, 조개 따위를 잡아먹는다. 어릴 때는 갯지렁이나 젓새우, 작은 갑각류 따위를 잘 먹고, 크면서 새우나 망둑어, 까나리 따위를 잘 잡아먹는다. 서해에 사는 돌가자미는 여름에 북쪽으로 올라갔다가 겨울이면 남쪽으로 내려온다. 또 여름에는 깊은 곳에 있다가 11~2월까지 바닷가 가까이로 와 알을 낳는다. 알에서 나온 새끼는 얕은 물에서 살다가 두 눈이 오른쪽 몸쪽으로 모여 어미를 닮게 되면 바닥으로 내려간다. 12년쯤 산다.

몸에 돌처럼 딱딱한 돌기가 튀어나왔다고 '돌가자미'다. 북녘과 부산에서는 '돌가재미'라고 하고, 서해 사람들은 '도다리'라고 한다. 다른 나라도 돌이란 뜻이 들어가 영어로는 'stone flounder', 일본에서는 '이시가레이(イシガレイ, 石鰈)'라고 한다. 《우해이어보》에는 '목면소(木棉鮴), 석린소(石鱗鮴)'라고 나온다. "껍질이 서해 바닷가에서 나는 가느다란 돌비늘처럼 매끄럽게 빛이 난다. 이 물고기는 목면(木棉, 목화)이 열매를 맺을 때에 많이 잡히기 때문에, 목면화(木棉鮴)라는 이름이 붙었다."라고 했다.

**생김새** 몸길이는 20~50cm이다. 눈 있는 쪽은 누런 밤색이고 하얀 점이 나 있다. 눈 없는 쪽은 하얗다. 몸은 긴둥근꼴이고 옆으로 납작하다. 살갗에는 비늘이 없다. 눈 있는 쪽에 돌처럼 단단한 돌기가 두세 줄 나 있다. 두 눈은 앞에서 보면 오른쪽으로 쏠렸다. 입은 작고 이빨은 양턱에 한 줄 났다. 옆줄은 눈 있는 쪽과 없는 쪽 모두 뚜렷하고, 꼬리 끝까지 거의 곧게 뻗는다. 꼬리지느러미 끄트머리는 둥글다. **성장** 암컷 한 마리가 20만~150만 개쯤 알을 낳는다. 알은 지름이 1mm이고, 동그랗고 투명하다. 알은 낱낱이 흩어져 물 위로 뜬다. 물 온도가 15도일 때 3~4일쯤 지나면 새끼가 나온다. 갓 나온 새끼는 3mm이다. 몸이 투명하며 눈이 몸 양쪽에 있다. 1cm쯤 크면 한쪽 눈이 이동하기 시작한다. 물에 둥둥 떠다니며 크다가 알에서 나온 지 70~80일쯤 지나면 몸길이가 1.2cm 안팎이 되고 어미를 닮는다. 이때부터 바닥에 내려간다. 1년이면 10~15cm, 2년이면 20~23cm, 3년이면 26~30cm, 6년이면 40cm쯤 큰다. 암컷과 수컷 모두 2년쯤 지나면 어른이 된다. **분포** 우리나라 온 바다. 일본, 대만, 동중국해, 사할린 **쓰임** 가을부터 얕은 바다로 올라올 때 낚시로 많이 잡는다. 살은 하얗고, 고기 맛이 쫄깃하고 담백하다. 회, 구이, 튀김, 찜, 탕, 건어물, 전, 조림, 젓갈로 먹는다. 《우해이어보》에는 "맛이 아주 좋아서 여러 가자미 가운데 가장 맛있다."라고 했다.

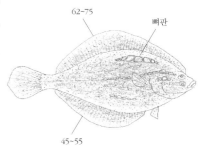

62~75

뼈판

45~55

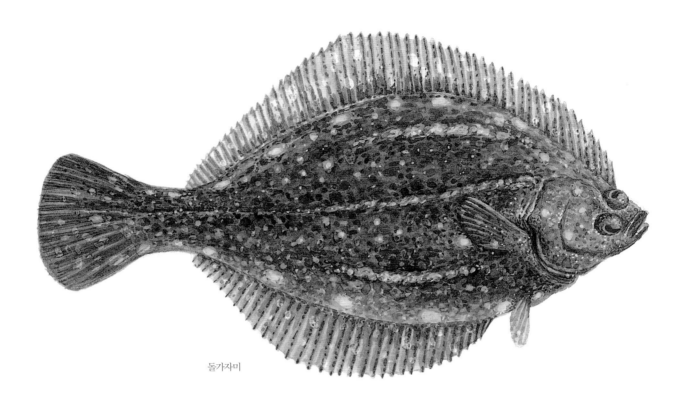

돌가자미

# 기름가자미 *Glyptocephalus stelleri*

기름가재미북, 물가자미, 미주구리, Korean flounder, Blackfin flounder,
ヒルグロ, 斯氏美首鰈

기름가자미는 물 깊이가 20m부터 1600m 깊은 바다까지 사는데, 거의 300m보다 깊은 곳에서 산다. 다른 가자미처럼 바닥에 붙어 살면서 갯지렁이나 새우, 오징어와 요각류 같은 동물성 플랑크톤을 잡아먹는다. 알 낳을 때가 되면 바닷가 가까이로 올라온다. 20년쯤 산다.

**생김새** 다 크면 몸길이가 40~50cm쯤 된다. 몸은 긴둥근꼴이다. 앞에서 보면 두 눈이 오른쪽에 있다. 모든 지느러미가 까매서 다른 가자미와 다르다. 몸은 연한 밤색이고 희미하게 밤색 점이 나타난다. 눈은 크며 두 눈 사이는 아주 좁다. 다른 가자미보다 몸이 부드럽고 연하며 살갗이 미끄럽다. 이빨은 작고 한 줄로 나 있다. 몸 양쪽 모두 둥근비늘로 덮여 있다. **성장** 동해에서는 3~6월에 알을 낳는다. 5~6년쯤 지나 24~26cm쯤 크면 알을 낳는다. 암컷 한 마리가 알을 만 5천~십만 개쯤 낳는다. 동해 중부 바다에서는 물 깊이가 100m쯤 되고, 물 온도가 9~10도 되는 곳에서 알을 낳는 것 같다. 알은 흩어져 물에 떠다닌다. 알에서 갓 나온 새끼는 한 달 넘게 물낮에 떠다니면서 큰다. 아주 느리게 커서 알에서 나온 새끼는 1년이 지나면 10~12cm, 2년이면 14~16cm로 자라고, 5년이 지나면 22~24cm, 9년이면 30cm쯤 큰다. **분포** 우리나라 동해, 남해. 북태평양, 오호츠크해 **쓰임** 걸그물, 끌그물로 많이 잡는다. 동해에서 잡히는 가자미 가운데 가장 많이 잡힌다. 동해 바닷가에서 '물가자미, 미주구리'라고 하는데, 물가자미라는 이름이 붙은 가자미가 있어서 헷갈린다. 동해 바닷가 사람들이 잘 먹는 '물가자미회'는 사실 기름가자미로 만든다. 찜이나 구이, 식해, 회로 먹는다. 꾸덕꾸덕 말려서 먹기도 한다.

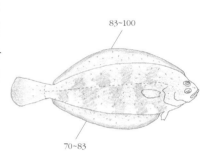

83~100

70~83

# 줄가자미 *Clidoderma asperrimum*

상어가재미북, 옴도다리, 돌도다리, 이시가리, Roughscale sole, サメガレイ, 粒鰈, 鯊鰈

줄가자미는 물 온도가 1~4도쯤 되고 물 깊이가 15~1900m 되는 깊고 차가운 바닷속에서 산다. 펄이나 모래가 깔린 바닥에서 거미불가사리와 새우, 바닥에 사는 요각류, 갯지렁이 따위를 잡아먹는다. 15년 넘게 사는데 암컷이 수컷보다 오래 산다.

**생김새** 다 크면 몸길이가 60cm쯤 되고, 몸무게는 4kg쯤 나간다. 몸은 거의 동그랗다. 몸이 높고, 눈이 크다. 눈이 있는 쪽은 누런 밤색이나 어두운 밤색을 띠고, 흰색이나 검은 밤색 점무늬가 있다. 또 딱딱한 살갗돌기들이 잔뜩 나 있다. 눈이 없는 쪽은 조금 불그스름하고, 껍질이 연하고 핏줄들이 보일 정도로 얇다. 살갗에는 비늘이 없다. **성장** 10월부터 이듬해 6월까지 600~900m 바닷속 깊은 대륙붕 비탈진 곳에서 알을 낳는다. 12~2월에 가장 많이 알을 낳는다. 알 지름은 1.4mm이고 투명하다. 물 온도가 5~6도일 때 13일 만에 새끼가 나온다. 알에서 갓 나온 새끼는 4.7mm 안팎이다. 몸이 투명하고, 배에 커다란 노른자를 가지고 있다. 70~85일쯤 지나 1.4~1.5cm로 자라면 두 눈이 오른쪽으로 몰린다. 140일 지나 2.8cm쯤 되면 어미를 닮는다. 암컷과 수컷이 자라는 속도가 꽤 다르다. 3년까지는 암수 크기가 거의 같다. 1년이면 12cm, 2년이면 19cm 안팎으로 자란다. 암컷은 4년쯤 지나면 33cm, 6년이면 40cm까지 크지만, 수컷은 5년에 몸길이가 31cm 안팎이다. 25~30cm쯤 크면 어른이 된다. **분포** 우리나라 동해, 서해. 일본, 발해, 동중국해, 오호츠크해, 캐나다, 동태평양 **쓰임** 바닥끌그물, 주낙으로 잡는다. 많이 잡히지 않는다. 살에 지방이 많아서 고소하고 쫀득해서 고급 횟감으로 친다.

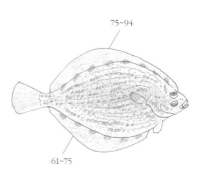

75~94

61~75

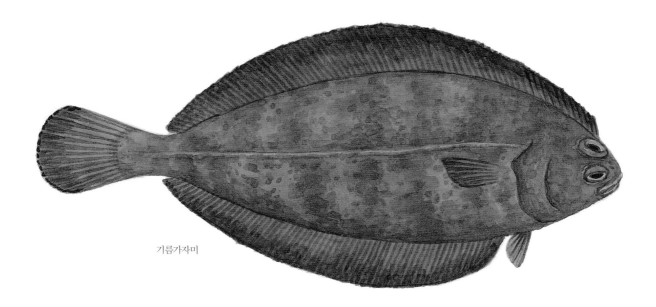

기름가자미

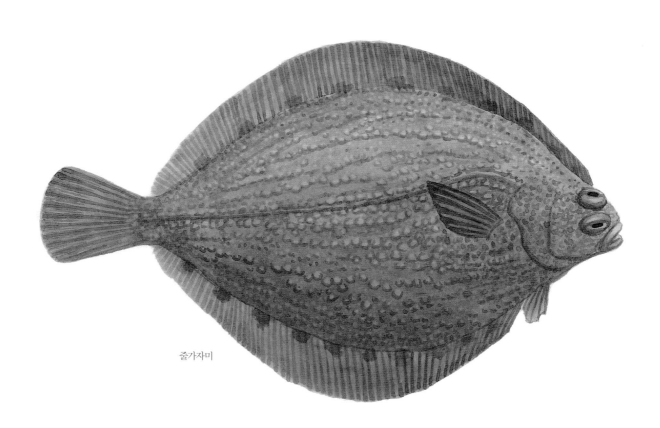

줄가자미

# 용가자미 *Hippoglossoides pinetorum*

어구가자미, Pointhead flounder, ソウハチ, 松木高眼鰈, 长脖

용가자미는 차가운 물을 좋아하는 물고기다. 물 깊이가 10~200m쯤 되는 모랫바닥이나 펄 바닥에서 산다. 가자미 무리 가운데 독특하게 떠다니는 먹이를 좋아해서 새우나 곤쟁이류, 오징어, 작은 물고기를 잡아먹는다. 자리를 옮길 때는 몸을 앞뒤로 파도치듯이 움직이면서 헤엄친다. 10년 넘게 산다.

**생김새** 몸길이는 40~45cm쯤 된다. 몸은 긴둥근꼴이고 옆으로 납작하다. 앞에서 보면 두 눈은 몸 오른쪽으로 치우치는데, 위쪽 눈은 머리 등 쪽 가장자리에 있다. 눈은 크다. 주둥이가 뾰족하며 입이 크다. 아래턱이 위턱보다 튀어나왔고 위쪽을 향한다. 눈이 있는 쪽은 짙은 밤색을 띠고, 눈이 없는 쪽은 하얗고 등지느러미와 뒷지느러미 뿌리 쪽은 살색을 띠어서 다른 가자미와 다르다. **성장** 2~6월에 알을 낳는다. 북쪽일수록 알을 늦게 낳는다. 알 지름은 0.9mm 안팎이다. 알은 낱낱이 흩어져 물에 둥둥 떠다닌다. 알에서 나온 새끼는 3~3.2mm이고 물에 떠다니며 큰다. 1.4~2cm쯤 자라면 눈이 한쪽으로 몰리고 바닥으로 내려간다. 3년이면 13~15cm, 5년이면 18~21cm로 자란다. 수컷은 12~21cm, 암컷은 17~27cm가 되면 어른이 된다. **분포** 우리나라 온 바다. 일본, 중국, 대만 **쓰임** 걸그물, 끌그물로 잡는다. 동해 북부 지방에서는 낚시로도 많이 잡는다. 구이나 찜, 회로 먹고 꾸덕꾸덕 말려 먹기도 한다.

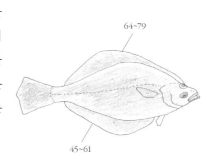

64~79

45~61

# 범가자미 *Verasper variegatus*

별가재미북, 범가재미, 별납생이, Spotted halibut, ホシガレイ, 圓斑星鰈

범가자미는 물속 150m까지 산다. 모랫바닥이나 펄 바닥에 납작 붙어서 산다. 어린 새끼일 때는 플랑크톤처럼 물에 둥둥 떠다니며 살면서 요각류나 작은 새우 같은 작은 동물성 플랑크톤을 먹으며 큰다. 어른이 되면 바닥으로 내려와 바닥에 사는 새우나 게, 물고기, 조개, 갯지렁이 따위를 잡아먹는다. 겨울철에 바닷가 가까이 올라와 알을 낳는다. 서해에 사는 범가자미는 가을이 되면 남쪽으로 내려와 겨울을 지내고, 봄이 되면 흩어져 북쪽으로 올라간다.

**생김새** 몸길이는 60cm까지 자란다. 몸은 높고 둥그스름한 긴둥근꼴이다. 앞에서 보면 두 눈은 몸 오른쪽에 있다. 주둥이가 작고 뾰족하다. 입은 작으며 눈 앞에 있다. 눈이 있는 쪽은 누런 밤색이고, 비늘마다 검은 테두리가 있어 거칠어 보인다. 눈이 없는 쪽은 하얗고, 드문드문 크고 작은 까만 점이 있다. 등지느러미와 뒷지느러미에도 크고 작은 까만 반점들이 나 있어서 다른 종과 다르다. **성장** 12~2월에 암컷 한 마리가 알을 25만~180만 개쯤 낳는다. 네 번 넘게 알을 낳는 것 같다. 알 지름은 1.5mm 안팎이다. 알은 낱낱이 흩어져 물에 떠다닌다. 갓 나온 새끼는 4mm 안팎이다. 몸은 투명하고 배에 노른자를 가지고 물에 둥둥 떠다니며 자란다. 두 달쯤 지나 3cm쯤 자라면 두 눈이 한쪽으로 몰리고 바닥에 내려가 산다. 알에서 나온 지 1년이면 17~20cm, 2년이면 31~34cm, 5년이면 수컷은 35cm, 암컷은 50cm로 큰다. 1년이 지날 때까지는 수컷이 더 빠르게 자라는데, 2년이 지나면 암컷이 더 빠르게 자란다. **분포** 우리나라 온 바다. 일본 중부 이남, 발해만, 동중국해 **쓰임** 바닥끌그물로 잡는다. 다른 가자미보다 훨씬 드물게 잡는다. 가자미 가운데 고급으로 친다. 회로 많이 먹는다. 구이나 조림, 튀김, 조림으로도 먹는다. 지금은 사람들이 키우려고 궁리하고 있다.

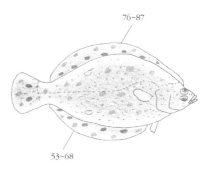

76~87

53~68

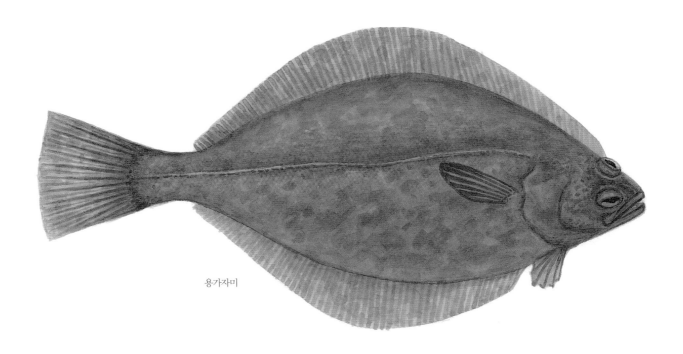

용가자미

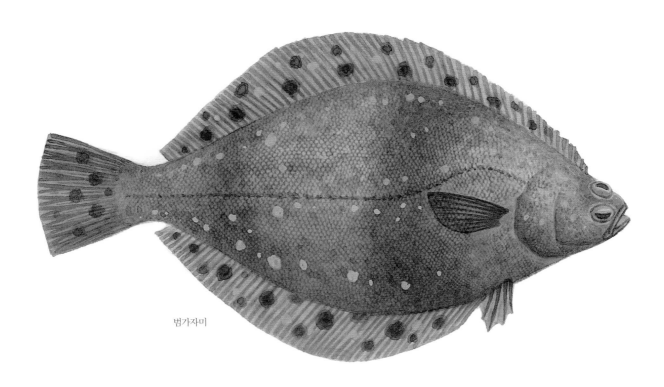

범가자미

# 노랑가자미 *Verasper moseri*

노랑가재미<sup>북</sup>, Barfin flounder, マツカワ, 条斑星鰈, 摩氏星鰈

노랑가자미는 차가운 물을 좋아하는 물고기다. 다른 가자미보다 몸집이 훨씬 크다. 바닷가부터 900m쯤 되는 깊은 바닷속 모랫바닥이나 펄 바닥에서 산다. 여름에는 얕은 곳으로 나왔다가 겨울이 오면 200m 넘는 깊은 곳으로 들어간다. 바닥에 사는 게나 새우, 작은 물고기 따위를 잡아먹는다. 물 온도가 4~8도쯤 되는 깊은 바다에서 11~4월에 알을 여러 번에 걸쳐 낳는다. 수컷은 2살, 암컷은 3살부터 알을 낳기 시작한다.

**생김새** 몸길이가 70cm까지 자란다. 몸이 높은 달걀꼴이고, 비늘이 거칠어 보여서 범가자미와 닮았다. 하지만 등지느러미와 뒷지느러미에 까만 띠무늬가 5~9개 있어서 점이 있는 범가자미와 다르다. 눈이 있는 쪽은 어두운 밤색을 띠고, 비늘 가장자리가 까매서 거칠어 보인다. 눈이 없는 쪽은 옅은 노란색이거나 하얗다. 양턱에는 원추형 이빨이 있다. **성장** 암컷 한 마리가 30만~120만 개 알을 밴다. 알 지름은 1.7~1.9mm이다. 알은 물에 흩어져 떠다닌다. 알에서 갓 나온 새끼는 5mm이다. 몸이 투명하고 물에 떠다니며 자란다. 한 달쯤 지나면 1.5cm로 자라 두 눈이 한쪽으로 몰리고 바닥에 내려가 산다. 1년이면 16~20cm, 2년이면 31~33cm로 큰다. 그 뒤로는 암컷이 수컷보다 빠르게 자라 6년이면 암컷이 60cm, 수컷이 45cm쯤 자란다. **분포** 우리나라 동해. 일본 북부, 캄차카반도, 쿠릴 열도, 오호츠크해 **쓰임** 바닥끌그물로 잡는데, 거의 안 잡힌다. 가자미 가운데 고급으로 친다.

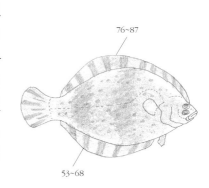
76~87
53~68

# 강도다리 *Platichthys stellatus*

강가재미<sup>북</sup>, Starry flounder, Long-jaw flounder, ヌマガレイ, 星斑川鰈

강까지 올라오는 도다리라고 '강도다리'다. 차가운 물을 좋아한다. 바닷가부터 물 깊이가 350m쯤 되는 모랫바닥이나 펄 바닥에서 산다. 여름철에는 얕은 바닷가에 올라왔다가 겨울이 되면 깊은 곳으로 들어간다. 어떤 물고기는 한 해 내내 깊은 바닥에 머물기도 한다. 때때로 강을 거슬러 올라가는데, 알래스카에서는 120km까지 거슬러 올라간 기록도 있다. 바닥에 사는 새우나 게, 조개, 작은 물고기 따위를 잡아먹는다. 24년쯤 산다.

**생김새** 몸길이는 90cm까지 큰다. 몸은 마름모꼴이고, 옆으로 납작하다. 두 눈은 오른쪽에도 있고 왼쪽에도 있는데, 우리나라에 사는 강도다리는 거의 왼쪽에 있다. 눈이 있는 쪽 몸은 풀빛이 도는 밤색이고, 작고 까칠까칠한 돌기들이 나 있다. 등지느러미와 뒷지느러미에는 막대처럼 생긴 까만 띠무늬가 일정한 간격으로 나 있다. 꼬리지느러미에도 까만 줄이 3~4줄 나 있다. **성장** 2~5월에 암컷 한 마리가 알을 4백만 개 넘게 낳는 것 같다. 알 지름은 1mm 안팎이다. 알은 낱낱이 흩어져 물에 떠다닌다. 물 온도가 10도 안팎일 때 5일 만에 새끼가 나온다. 갓 깨어난 새끼는 2.7~3mm쯤 된다. 몸이 투명하고 물에 둥둥 떠다닌다. 7~10mm 크면 한쪽 눈이 다른 쪽으로 옮겨 가기 시작하고, 한 달쯤 지나 1cm 안팎으로 크면 바닥으로 내려간다. 1년이면 11cm, 2년이면 22cm로 자라며 5년이면 암컷이 44cm, 수컷이 38cm쯤 큰다. **분포** 우리나라 동해. 일본 중부 이북, 오호츠크해, 베링해, 알래스카 **쓰임** 2000년부터 사람들이 기르기 시작했다. 회나 구이, 찜, 조림 따위로 먹는다.

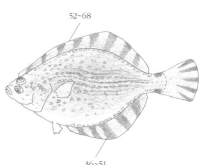
52~68
36~51

노랑가자미

강도다리

가자미목
**가자미과**

# 갈가자미 *Tanakius kitaharae*

통가재미<sup>북</sup>, 납세미, 사리가자미, 갈가재미, 조릿대가자미, Willowy flounder,
ヤナギムシガレイ, 长鲽

갈가자미는 따뜻한 물을 좋아하는 물고기다. 물 깊이가 50~200m쯤 되는 펄 바닥이나 모랫
바닥에서 산다. 바닥에 사는 작은 새우나 게, 갯지렁이, 오징어 따위를 잡아먹는다. 새끼 때에
는 물에 둥둥 떠다니다가, 눈이 한쪽으로 쏠리면 바닥에 내려가 산다. 10년 넘게 산다.

**생김새** 몸길이는 30cm까지 큰다. 몸은 낮고 긴둥근꼴로 기름가자미와 닮았다. 하지만 등지느러미와
뒷지느러미 가장자리가 검지 않아서 기름가자미와 다르다. 앞에서 보면 두 눈은 몸 오른쪽에 있다. 위쪽
눈은 머리 등 쪽 가장자리에 있다. 입은 작고 눈 앞에 있다. 눈이 있는 쪽은 붉은 밤색을 띤다. 눈이 없
는 쪽은 하얗다. **성장** 1~3월에 암컷 한 마리가 알을 2만~25만 개쯤 낳는다. 암컷은 1년이면 8cm, 2년이
면 12cm, 3년이면 15cm, 6년이면 20cm, 8년이면 수컷이 18cm, 암컷이 24cm쯤 큰다. 3년 뒤부터는 암컷
이 수컷보다 빨리 큰다. 암컷은 3년쯤 지나면 알을 낳을 수 있다. **분포** 우리나라 온 바다. 일본 홋카이도
이남, 동중국해, 대만, 중국 남부 **쓰임** 바닥끌그물로 잡는다. 우리나라에서는 많이 안 잡힌다. 꾸덕꾸덕
말려서 구이나 찜으로 먹는다.

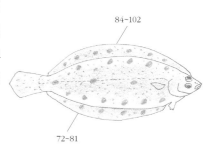

84~102

72~81

가자미목
**가자미과**

# 찰가자미 *Microstomus achne*

룡가재미<sup>북</sup>, Slime flounder, ババガレイ, 亚洲油鲽

찰가자미는 몸집이 큰 가자미다. 찬물을 좋아한다. 바닷가부터 물 깊이가 800m까지 되는
모랫바닥이나 펄 바닥에서 산다. 갯지렁이나 새우, 게, 불가사리 따위를 잡아먹는다. 서해에서
는 겨울에 남쪽으로 내려갔다가 여름이면 북쪽으로 올라온다.

**생김새** 몸길이는 60cm까지 큰다. 몸은 머리 뒤부터 꼬리자루까지 몸높이가 거의 같아서 직사각형에
가깝다. 앞에서 보면 두 눈은 몸 오른쪽에 있다. 입은 작다. 눈 있는 쪽은 누런 밤색이고, 크고 작은 흐
릿한 검은 밤색 점들이 흩어져 있다. 몸은 끈적끈적한 물로 덮여 있어서 미끄럽다. 몸통과 꼬리 가운데
에 커다란 검은 반점이 있어서 다른 가자미와 다르다. **성장** 3~4월에 알을 낳는다. 알 지름은 1.3~
1.6mm이다. 알은 물에 흩어져 떠다닌다. 물 온도가 10도일 때 12일 만에 새끼가 나온다. 갓 나온 새끼
는 5.1mm 안팎이고 물에 떠다니며 자란다. 20일쯤 지나면 눈이 옮겨지기 시작하고, 60~80일 지나
2cm쯤 크면 바닥에 내려가 산다. 1년이면 8~9cm, 2년이면 12~15cm, 3년이면 20cm 안팎, 5년이면
25cm 안팎으로 자란다. 암컷이 수컷보다 크다. 25cm쯤 크면 어른이 된다. **분포** 우리나라 남해, 동해,
서해. 발해만, 동중국해, 쿠릴 열도, 사할린 **쓰임** 바닥끌그물로 잡는데 많이 안 잡힌다. 동해와 남해
바닷가에서 횟감으로 어시장에 나온다.

검은 반점

76~103

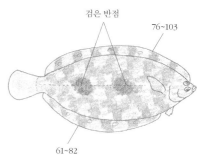

61~82

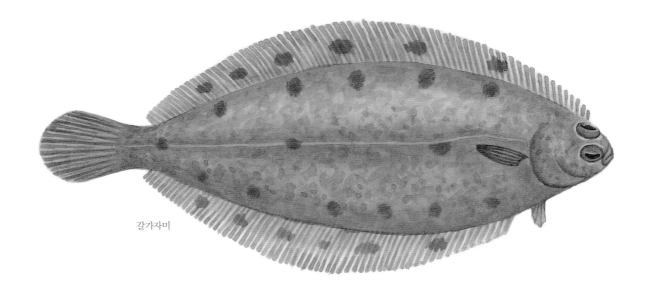

갈가자미

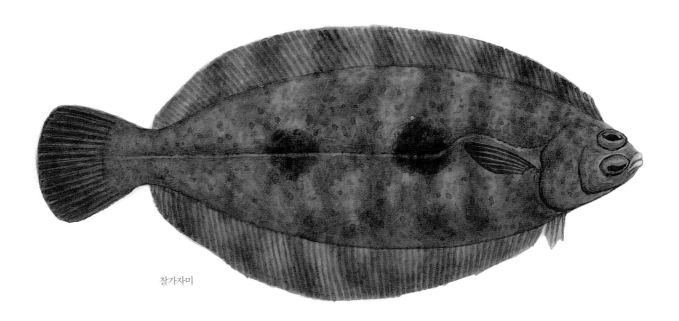

찰가자미

# 노랑각시서대 *Zebrias fasciatus*

Banded sole, Many-banded sole, オビウシノシタ, 花斑条鰨

노랑각시서대는 몸에 짙은 줄무늬가 있다. 까만 꼬리지느러미에는 노란 점무늬가 있다. 서해와 남해에 산다. 물 깊이가 100m 안쪽인 모랫바닥이나 펄 바닥에서 산다. 바닥에 사는 갯지렁이나 단각류, 갯가재 따위를 잡아먹는다.

**생김새** 몸길이는 20cm까지 큰다. 눈이 있는 쪽은 연한 밤색이고, 짙은 밤색 가로띠 수십 개가 등지느러미와 뒷지느러미 끝까지 나 있다. 눈이 없는 쪽은 하얗다. 몸은 긴둥근꼴이고, 옆으로 아주 납작하다. 앞에서 보면 눈은 몸 오른쪽에 있다. 두 눈은 서로 가깝고, 두 눈 사이가 평평하다. 가슴지느러미는 몸 양쪽에 모두 있는데 아주 작다. 등지느러미와 뒷지느러미는 꼬리지느러미와 이어진다. 등지느러미와 뒷지느러미 가장자리는 까맣거나 푸른빛이 섞인다. 꼬리지느러미에는 노란 무늬가 있으며 가장자리는 화려한 파란빛을 띤다. 궁제기서대와 아주 닮았는데, 뒷지느러미 줄기 수로 구분한다. **성장** 서해에서는 5~6월에 알을 낳는다. 알 지름은 1.6mm이다. 알은 물에 흩어져 뜬다. 알에서 나온 새끼는 3.6mm이고 양쪽에 눈이 있다. 18일쯤 지나면 왼쪽 눈이 오른쪽으로 옮겨 간다. 1년이 지나면 8cm, 2년이면 12~13cm, 3년이면 16~20cm로 자란다. 3년이 지나 15cm쯤 자라면 어른이 된다. **분포** 우리나라 서해, 남해. 일본, 대만, 동중국해 **쓰임** 바닥끌그물로 잡는다. 꾸덕꾸덕 말려서 찜이나 구이, 조림 따위로 먹는다.

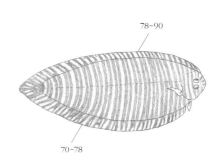

78~90

70~78

# 궁제기서대 *Zebrias zebrinus*

줄무늬설판이[북], Blend-banded sole, Zebra sole, シマウシノシタ, 斑馬條鰨

궁제기서대는 따뜻한 물을 좋아하는 물고기다. 바닷가부터 물 깊이가 20m쯤 되는 모래펄 바닥에서 산다. 바닥에 사는 작은 갑각류나 갯지렁이 따위를 잡아먹는다. 여름부터 가을까지 알을 낳는다. 사는 모습은 더 밝혀져야 한다.

궁제기서대는 노랑각시서대와 똑 닮았다. 궁제기서대는 뒷지느러미에 있는 부드러운 줄기 숫자가 56~70개로 노랑각시서대보다 적어서 다르다. 노랑각시서대는 70~78개다.

**생김새** 몸길이는 20~30cm쯤 된다. 몸은 길쭉한 달걀꼴이고, 옆으로 납작하다. 앞에서 보면 두 눈은 몸 오른쪽에 있다. 몸은 옅은 잿빛이고, 밤색 가로띠가 20개쯤 일정한 간격으로 나 있다. 눈이 없는 쪽 등지느러미와 뒷지느러미는 까맣다. 등지느러미와 뒷지느러미는 꼬리지느러미와 이어진다. 꼬리지느러미 위에는 옅은 노란색 둥근 무늬가 있다. **성장** 암컷 한 마리가 3만~15만 개 알을 밴다. 알에서 나온 새끼는 1년이면 7cm, 3년이면 13cm쯤 자란다. **분포** 우리나라 남해. 일본 홋카이도 이남, 대만 **쓰임** 바닥끌그물로 잡는다. 꾸덕꾸덕 말려서 구이나 찜 따위로 먹는다.

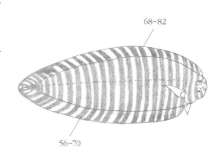

68~82

56~70

노랑각시서대

궁제기서대

# 납서대 *Heteromycteris japonicus*

납서대<sup>북</sup>, Bamboo sole, ササウシノシタ, 日本嘴鰨

납서대는 바닷가부터 물 깊이가 200m쯤 되는 모랫바닥이나 펄 바닥에서 산다. 남해에 많이 산다. 모래에 몸을 묻고 숨어 있을 때가 많다. 작은 새우, 게, 어린 물고기 따위를 잡아먹는다. 봄과 여름에 알을 낳는다. 수컷은 9년, 암컷은 11년쯤 산다.

**생김새** 몸길이는 12~16cm쯤 된다. 몸은 긴둥근꼴이다. 앞에서 보면 눈은 몸 오른쪽에 모여 있다. 눈 있는 쪽은 잿빛 밤색이고 까만 점이 흩어져 있다. 입은 배 쪽에 있다. 눈 있는 쪽 가슴지느러미는 흔적만 남았고 눈 없는 쪽에는 없다. 등지느러미와 뒷지느러미가 꼬리지느러미와 이어지지 않는다. **성장** 알 지름은 1mm이다. 알은 흩어져 물에 떠다닌다. 알에서 나온 새끼도 물에 떠다니며 살다가 7mm가 되면 눈이 한쪽으로 몰린다. 그러면 바닥으로 내려간다. 6달 지나면 5cm쯤 크고, 1년이면 8~9cm, 2년이면 10~15cm로 자란다. 그 뒤 9~11년까지는 거의 크지 않는다. **분포** 우리나라 남해, 서해, 제주. 일본, 동중국해 **쓰임** 바닥끌그물로 잡는다. 여름과 가을이 제철이다. 무침이나 구이, 찜, 회, 탕으로 먹는다. 꾸덕꾸덕 말려서 먹기도 한다.

79~90

52~61

납서대

납서대과 배 쪽 모습

# 참서대 *Cynoglossus joyneri*

붉은설판이[북], 서대, Red tongue sole, アカシタビラメ, 短吻红舌鳎, 焦氏舌鳎

참서대는 몸이 소 혓바닥처럼 갸름하다. 두 눈이 몸 왼쪽으로 몰려 있고, 몸 아래쪽에 있다. 물 깊이가 70m 안쪽인 바닷가에 많이 산다. 펄과 모래가 섞인 바닥에 납작 붙어서 산다. 낮에는 바닥에 숨어 있다가 밤에 나와 갯지렁이나 새우, 게 따위를 잡아먹는다. 시력은 약하지만, 발달한 입가 돌기와 후각, 옆줄 기능으로 먹이를 찾는다. 어릴 때는 요각류, 단각류 따위를 먹는다. 4년쯤 산다.

사람들은 참서대를 그냥 '서대'라고 한다. 《자산어보》에 '우설접(牛舌鰈)', '금미접(金尾鰈) 속명 투수매(套袖梅)', '박접(薄鰈) 속명 박대어(朴帶魚)'라고 나온 물고기가 서대 무리 같다. 우설접 생김새를 "크기가 손바닥만 하고 소 혓바닥 길이쯤 된다."라고 썼다. 《전어지》에는 '설어(舌魚), 셔대', 《재물보》에는 '서대, 북목어(北目魚), 혜저어(鞋底魚)'라고 나온다. 우리나라나 다른 나라 사람이나 모두 생김새가 혀를 닮았다고 이름을 붙였다. 영어로는 빨간 혀와 신발 바닥을 닮았다고 'red tongue sole', 일본에서도 빨간 혀와 닮았다고 '아카시타비라메(アカシタビラメ, 赤舌平目)'라고 한다.

**생김새** 몸길이는 20~25cm이다. 눈이 아주 작다. 눈이 있는 쪽은 붉은 밤빛이고, 없는 쪽은 하얗다. 눈이 있는 쪽은 커다란 빗비늘로 덮여 있고, 눈이 없는 쪽은 둥근비늘이나 빗비늘로 덮여 있다. 눈은 작고 입이 활처럼 휘어진다. 주둥이 끝이 둥글다. 눈이 있는 쪽에는 옆줄이 몸 가운데와 등과 배 쪽에 3개 있지만, 눈이 없는 쪽에는 옆줄이 없다. 등지느러미와 뒷지느러미, 꼬리지느러미는 서로 이어졌다. 가슴지느러미는 없다. **성장** 6~8월 여름에 알을 낳는다. 암컷 한 마리가 알을 3000~25000개쯤 밴다. 알은 지름이 0.7~0.8mm이고 물에 뜬다. 알에서 나온 새끼는 몸길이가 1.6cm쯤 되면 오른쪽 눈이 몸 왼쪽으로 옮겨간다. 이때부터 바닥에 내려가 산다. 물에 둥둥 떠서 살 때는 가슴지느러미가 있지만 바닥에 내려가면 없어진다. 1년이면 5~13cm, 2년에 11~17cm, 3년에 14~20cm, 4년에 19~24cm쯤 큰다. 2년쯤 지나 14~15cm쯤 크면 어른이 된다. **분포** 우리나라 서해, 남해, 제주; 일본 남부, 동중국해 **쓰임** 바다 밑바닥에 살기 때문에, 그물을 바닥까지 내려서 배로 끌어 잡는다. 6~10월에 많이 잡는다. 6~7월이 제철이다. 서대 무리 가운데 가장 맛이 좋다. 꾸덕꾸덕 말려서 조림, 구이, 찜, 찌개로 먹는다.

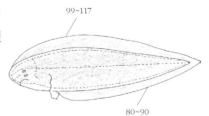

99~117

80~90

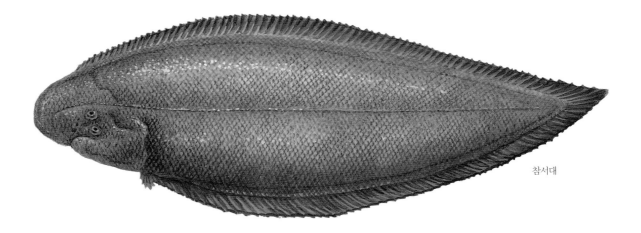

참서대

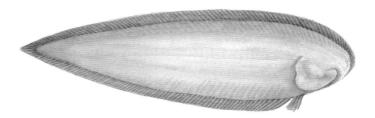

참서대과 배 쪽 모습

# 개서대 *Cynoglossus robustus*

개설판이북, Robust tonguefish, Speckled tongue sole, イヌノシタ, 寛体舌鰨, 牛舌

개서대는 물 깊이가 20~120m쯤 되는 펄과 모래가 섞인 바닥에서 산다. 바닥에 납작 붙어 살면서 바닥에 사는 갯지렁이를 잡아먹는다. 새우, 등각류, 단각류 같은 작은 동물도 잡아먹는다. 겨울에는 제주도 서쪽이나 남쪽 깊은 바다에 머물다가, 봄이 되면 얕은 바닷가로 몰려 나온다. 여름에 알을 낳는다. 6년쯤 산다.

**생김새** 몸길이는 40cm까지 자란다. 몸은 옆으로 아주 납작하다. 눈이 있는 쪽은 연한 누런색이거나 빨갛고, 눈이 없는 쪽은 하얗다. 눈이 있는 쪽은 빗비늘, 눈이 없는 쪽은 둥근비늘로 덮여 있다. 작은 눈은 앞에서 보면 왼쪽으로 모여 있다. 입은 아래쪽 눈을 조금 지난다. 입은 갈고리처럼 휘어져 있지만 아래쪽으로 벌릴 수 있어서 바닥에 사는 먹이를 쉽게 잡아먹는다. 윗입술에는 돌기가 없다. 등지느러미와 뒷지느러미는 꼬리지느러미와 이어진다. 가슴지느러미는 없다. 배지느러미도 눈이 있는 쪽에만 있다. 옆줄은 등 쪽과 가운데에 2개 있는데 눈 없는 쪽에는 없다. **성장** 6~8월에 알을 낳는다. 암컷 한 마리가 2만~8만 개쯤 알을 밴다. 알 지름은 0.8~0.9mm이다. 알은 낱낱이 흩어져 물에 뜬다. 물 온도가 26도인 사육 조건에서는 19시간 뒤에 새끼가 나온다. 갓 나온 새끼는 1.6~1.9mm이다. 몸이 투명하고 배에 조그만 노른자를 가지고 있다. 물에 둥둥 떠다니면서 크다가 한쪽 눈이 옮기는 중인 1.2cm쯤에 바닥으로 내려간다. 바닥에 살면서 1.8cm쯤 크면 몸에 비늘과 점들이 생긴다. 1년이면 14cm, 2년이면 22cm, 4~5년이면 40cm로 큰다. 알에서 나온 새끼는 3년쯤 지나 26cm쯤 크면 어른이 된다. 암컷이 수컷보다 크게 자란다. **분포** 우리나라 남해, 서해. 일본 남부에서 대만, 필리핀, 베트남, 남중국해 **쓰임** 바닥끌 그물로 잡는다. 남해에서 70% 넘게 잡는다. 서대류 가운데 맛있는 물고기다. 여수, 삼천포 어시장에서 자주 볼 수 있다. 꾸덕꾸덕 말려서 튀김이나 소금구이로 먹는다.

122~138

93~107

개서대

# 박대 *Cynoglossus semilaevis*

서치복, Tongue sole, カラアカシタビラメ, 半滑舌鰨

박대는 따뜻한 물을 좋아하는 물고기다. 바닷가 얕은 모랫바닥이나 펄 바닥에서 산다. 강 어귀나 민물이 흘러드는 곳에서도 산다. 바닥에 바짝 붙어 바닥에 사는 새우나 게 같은 갑각 류를 잡아먹고, 작은 서대 같은 물고기도 먹는다. 서대 무리 가운데 몸집이 가장 크다. 암컷 이 수컷보다 빨리 크고 오래 산다. 암컷은 14년, 수컷은 8년쯤 산다.

**생김새** 몸길이는 50~60cm쯤 된다. 몸은 긴둥근꼴이다. 두 눈은 아주 작다. 앞에서 보면 눈은 몸 왼 쪽, 머리 아래쪽에 몰려 있다. 입은 갈고리처럼 휘어졌고, 눈 아래에 있다. 몸은 풀빛이 도는 밤색을 띠 고, 비늘 가장자리가 검은 밤색을 띤다. 눈이 없는 쪽은 하얗고, 때때로 까만 반점이 있다. **성장** 서해에 서는 9~10월에 암컷 한 마리가 알을 3백만 개쯤 낳는다. 크기에 따라 낳는 알 개수가 달라진다. 물 온 도가 23~24도일 때 31~35시간 만에 알에서 새끼가 나온다. 갓 나온 새끼는 투명하고 1.3mm 안팎이 다. 새끼는 물에 둥둥 떠다니며 자란다. 20일 지나 1.2cm가 되면 눈이 이동해 생김새가 바뀐다. 2달 뒤 3~5cm쯤 자라면 어미와 닮는다. 45cm쯤 크면 어른이 된다. **분포** 우리나라 남해, 서해. 일본 남부, 동 중국해, 남중국해 **쓰임** 그물로 잡는다. 성질이 급해서 물 밖으로 나오면 금세 죽는다. 겨울이 제철이 다. 살이 하얗고 비린내가 없고 맛이 담백하다. 회로도 먹고 껍질을 벗겨 꾸덕꾸덕 말려서 탕, 구이, 조 림으로 먹는다. 묵을 쑤기도 한다. 예전에는 서해에서 많이 잡혔는데, 지금은 함부로 많이 잡는 바람에 많이 안 잡힌다. 요즘에는 가둬 기르려고 궁리하고 있다.

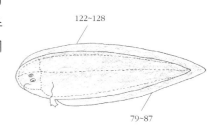

122~128

79~87

# 흑대기 *Paraplagusia japonica*

검은설판복, Black cow-tongue, クロウシノシタ, 日本須鰨

흑대기는 따뜻한 물을 좋아하는 물고기다. 물 깊이가 20~60cm쯤 되는 얕은 바닷가 모랫 바닥이나 펄 바닥에서 산다. 몸 빛깔이 거무스름해서 바닥에 납작 붙어 있으면 잘 안 보인다. 바닥에 사는 새우나 작은 게, 작은 물고기, 갯지렁이 따위를 잡아먹는다.

**생김새** 몸길이는 35cm까지 큰다. 몸은 혀처럼 생겼다. 눈은 몸 왼쪽에 있다. 입은 아래로 향하고, 갈고 리처럼 휘어졌다. 눈 있는 쪽 입술에는 작은 돌기들이 있다. 눈 있는 쪽은 풀빛이 돌며 거무스름하고 까 만 점이 흩어져 있다. 눈 없는 쪽은 하얗다. 눈 없는 쪽 등지느러미와 뒷지느러미는 까맣다. 눈 있는 쪽 은 빗비늘로 덮여 있고, 눈 없는 쪽은 둥근비늘로 덮여 있다. 옆줄은 3개다. 등지느러미와 뒷지느러미는 꼬리지느러미와 이어진다. **성장** 5~6월에 얕은 바다로 올라와 알을 낳는다. 알에서 나온 새끼는 물에 떠다니면서 크다가 1.2cm쯤 자랐을 때 두 눈이 한쪽으로 몰린다. 또 입이 갈고리처럼 휘어지기 시작한 다. 1년이 지나면 12cm, 3년이면 27cm쯤 자란다. 2년쯤 지나 20cm 안팎으로 크면 어른이 된다. **분포** 우리나라 온 바다. 일본, 대만, 중국부터 인도네시아까지 북태평양과 서태평양 열대와 온대 바다 **쓰임** 바닥끌그물로 잡는다. 꾸덕꾸덕 말려서 구이나 찜으로 먹는다.

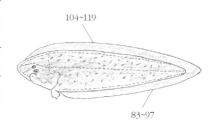

104~119

83~97

박대

흑대기

칠서대 가자미목 참서대과

# 칠서대 *Cynoglossus interruptus*

서덕어<sup>북</sup>, Mottled tonguefish, Genko sole, ゲンコ, 断线舌鰨

칠서대는 따뜻한 물을 좋아하는 물고기다. 서대 무리 가운데 몸집이 작은 축에 속한다. 바닷가부터 물 깊이가 150m쯤 되는 펄 바닥이나 모랫바닥에서 산다. 바닥에 납작 엎드려 있다가 바닥에 사는 새우, 게, 갯지렁이 따위를 잡아먹는다.

**생김새** 몸길이는 10~18cm쯤 된다. 몸은 긴둥근꼴이다. 눈은 아주 작고, 몸 왼쪽에 있다. 입은 눈 아래에 있고, 갈고리처럼 휘었다. 비늘이 크며 테두리가 밤색이다. 눈이 있는 쪽은 누런 밤색, 풀빛이 도는 밤색을 띠고, 크고 작은 동그란 밤색 무늬들이 온몸에 흩어져 있어서 얼룩덜룩하게 보인다. 등지느러미와 뒷지느러미에는 밤색 점들이 줄지어 나 있다. **성장** 몸길이가 7cm쯤 크면 어른이 된다. 여름부터 가을까지 알을 낳는다. 성장은 더 밝혀져야 한다. **분포** 우리나라 서해, 남해. 일본 홋카이도 이남, 대만, 동중국해, 남중국해, 중국 **쓰임** 바닥끌그물에 다른 물고기와 함께 잡힌다. 다른 서대 무리처럼 꾸덕꾸덕 말려서 찜이나 구이로 먹는다.

101~114

80~91

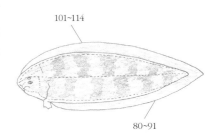

물서대 가자미목 참서대과

# 물서대 *Cynoglossus gracilis*

설판이<sup>북</sup>, Korea tonguefish, チョウセンゲンコ, 窄体舌鰨

물서대는 따뜻한 물을 좋아하는 물고기다. 펄 바닥이나 모랫바닥에 몸을 딱 붙이고 산다. 사는 모습은 더 밝혀져야 한다.

**생김새** 몸길이는 28cm까지 큰다. 몸은 낮고, 긴둥근꼴이다. 옆으로 납작하다. 눈은 아주 작고, 몸 왼쪽에 몰려 있다. 입은 갈고리처럼 휘어져서 눈 뒤까지 이른다. 입가에 돌기들이 없다. 몸 양쪽 모두 빗비늘로 덮여 있다. 눈 있는 쪽에 옆줄이 3개 있고, 눈 없는 쪽에는 없다. **성장** 더 밝혀져야 한다. **분포** 우리나라 서해, 남해. 중국, 대만, 동중국해, 남중국해 **쓰임** 바닥끌그물에 다른 물고기와 함께 잡힌다. 꾸덕꾸덕 말려서 찜이나 구이로 먹는다.

128~137

104~108

칠서대

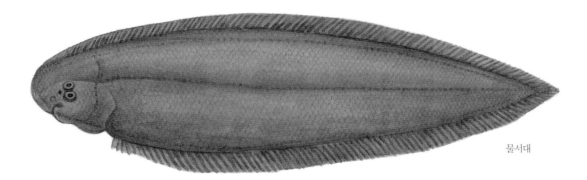

물서대

# 쥐치 *Stephanolepis cirrhifer*

쥐치어복, 노랑쥐치, 딱지, 가치, 쥐고기, Threadsail filefish, Filefish, Fool fish, Porky, カワハギ, 丝背細鱗魨

쥐치는 따뜻한 물을 좋아한다. 우리나라 남해와 제주 바다에 많이 산다. 물 깊이가 20~50m쯤 되는 물속 바위밭에서 떼를 지어 산다. 별일 없을 때는 지느러미를 쫙 펴고 앞뒤로 느릿느릿 헤엄친다. 하지만 먹이를 잡을 때는 재빨리 쫓아가서 잡는다. 입으로 물을 뿜어서 모랫바닥을 뒤집어서는 숨어 있는 조개나 갯지렁이도 잡아먹는다. 또 다른 물고기는 얼씬도 안 하는 해파리도 뜯어 먹는다. 누가 건드리거나 화가 나면 눈 깜짝할 사이에 몸 빛깔을 바꾸고 등에 누워 있던 대바늘 같은 가시를 꼿꼿이 세우고 꼬리지느러미를 쫙 편다. 새끼 때에는 작은 갑각류도 먹고 바다풀도 먹는 잡식성이다.

쥐치는 5~9월에 물 깊이가 10~20m쯤 되는 얕은 바다로 올라와 모랫바닥에 알을 낳는다. 암컷 한 마리가 알을 70만~730만 개 밴다. 수컷은 텃세를 부리며 암컷 2~3마리와 번갈아 가며 짝을 짓는다. 암컷이 입으로 물을 뿜어 판 모래 구덩이에 알을 다 낳고 나면 모래로 알을 덮어준다. 알에서 나온 새끼는 물에 떠다니며 자란다. 물낯에 떠 있는 바다풀 밑에서 주로 지내다가 몸길이가 1cm쯤 되면 무리 지어 다닌다. 크면서 더 깊은 곳으로 들어간다.

주둥이가 쥐처럼 뾰족하고 물 밖으로 나오면 '찍 찍' 쥐 소리를 낸다고 이름이 '쥐치'다. 말쥐치와 달리 몸이 노랗다고 '노랑쥐치', 생김새가 딱지처럼 생겼다고 '딱지'라는 이름도 있다.

**생김새** 몸길이는 10~20cm쯤 되고 30cm까지도 자란다. 몸빛은 여러 가지인데 보통 누르스름하고 검은 점무늬가 얼룩덜룩하다. 몸은 넓적하고 옆으로는 납작하다. 비늘에 쪼그만 가시가 있어서 만져 보면 까칠까칠하다. 주둥이는 뾰족하고 입은 조그맣다. 첫 번째 등지느러미는 가시처럼 바뀌었다. 수컷은 두 번째 등지느러미에서 줄기 하나가 실처럼 길게 늘어졌다. 등지느러미와 뒷지느러미는 노랗다. 꼬리지느러미에는 짙은 밤색 띠무늬가 두세 줄 있다. 꼬리지느러미 끝은 둥그스름하다. 옆줄은 없다. **성장** 알에서 나온 새끼는 1년이면 15cm , 2년이면 20cm 안팎으로 자란다. **분포** 우리나라 동해, 남해, 제주. 일본, 대만, 동중국해 **쓰임** 쥐치는 걸그물, 자리그물로 잡는다. 낚시로도 잡지만 쥐치는 이빨이 튼튼해서 낚싯줄도 썩둑썩둑 끊는다. 또 입이 작아서 낚시 미끼를 못 삼키고 옆에서 갉작갉작 갉아 먹는다. 그래서 낚시꾼들은 미끼 도둑이라고 한다. 여름이 제철이다. 껍질을 벗겨 회, 조림, 튀김으로 먹고 꾸덕꾸덕 말려 먹기도 한다. 간도 맛있다. 옛날에는 껍질을 사포로 쓰기도 했다.

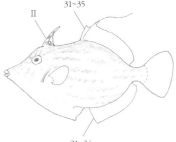

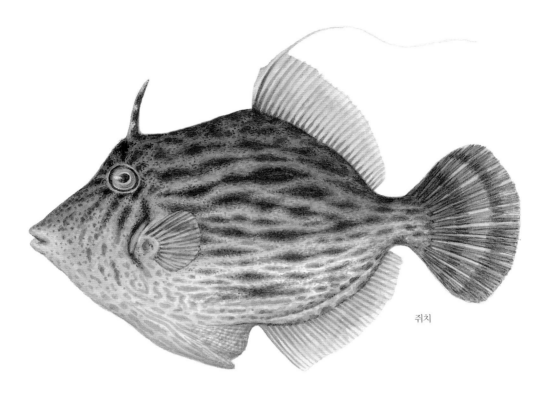

쥐치

**몸빛 바꾸기** 쥐치는 별일 없을 때랑 화났을 때 모습이
다르다. 화가 나면 등 가시를 꼿꼿이 세우고 몸빛이 더
짙어진다.

# 말쥐치 *Thamnaconus modestus*

말쥐치어<sup>북</sup>, Black scraper, File fish, ウマヅラハギ, 马面鲀

말쥐치는 따뜻한 물을 좋아하는 물고기다. 우리나라 온 바다에 산다. 물 깊이가 30~150m 쯤 되는 곳에서 사는데 쥐치보다 더 깊은 바닷속에서 산다. 낮에는 물 가운데쯤에서 헤엄치고, 밤이 되면 바닥으로 내려간다. 플랑크톤이나 바닥에 사는 갯지렁이나 조개 따위를 잡아 먹는다. 또 촉수에 독이 있어서 다른 물고기는 얼씬도 안 하는 해파리를 따라다니며 톡톡 쪼아 뜯어 먹는다. 말쥐치는 몸 색깔이나 무늬가 기분 따라 바뀐다. 또 무리 가운데 지위가 높을수록 몸 옆쪽에 있는 까만 무늬가 더 짙고 흥분하면 무늬가 가장 짙게 나타난다.

말쥐치는 4~7월 동안 바닷말 숲에서 알을 낳는다. 알은 끈적끈적해서 바닷말에 들러붙는다. 알에서 나온 새끼는 바다에 떠다니는 바다풀 더미 밑에서 무리를 지어 산다. 크면서 밑바닥으로 내려간다.

**생김새** 몸길이는 30cm 넘게 큰다. 몸은 긴둥근꼴이고 옆으로 납작하다. 몸 빛깔은 잿빛 밤색이고 까만 무늬가 흩어져 있다. 눈은 가슴지느러미 위쪽에 있다. 주둥이는 길고 입은 작다. 살갗이 까칠까칠한 두꺼운 껍질로 덮여 있다. 지느러미는 파랗다. 첫 번째 등지느러미가 따로 떨어져 큰 가시로 솟았다. 꼬리지느러미 끝은 조금 둥글다. 옆줄은 없다. **성장** 암컷은 10번 넘게 알을 나누어 낳는다. 한 마리가 13만~130만 개쯤 낳는다. 알은 동그랗고 속이 훤히 비치며 낱낱이 흩어져 바다풀에 붙는다. 물 온도가 21~23도일 때 2~3일쯤 지나면 새끼가 나온다. 갓 나온 새끼는 1.3~2.3mm이다. 물에 둥둥 떠다니며 큰다. 5~11mm 크면 떠다니는 바닷말 밑에서 지낸다. 1년이면 14~20cm, 2년이면 18~24cm, 3년이면 22~30cm쯤 자란다. 2~3년 지나 몸길이가 20~25cm쯤 되면 어른이 된다. **분포** 우리나라 온 바다. 일본, 동중국해 **쓰임** 끌그물이나 걸그물, 자리그물, 통발, 낚시로 잡는다. 낚시를 드리우면 미끼를 날름날름 따 먹는다. 쥐치처럼 물 밖으로 나오면 '찍, 찍' 쥐 소리를 내며 운다. 70년대에 많이 잡힐 때는 맛도 없고 껍질도 질기다고 쓸모없는 물고기로 버려졌다. 그런데 살을 포 떠서 꾸덕꾸덕 말려 쥐포를 만들면서 사람들이 모두 좋아하는 물고기가 됐다. 여름이 제철이다. 맛있는 물고기로 회로 먹고 구이, 조림, 탕으로 먹는다. 쥐포도 만든다. 커다란 간도 맛이 좋다. 하지만 겨울철에는 맛이 뚝 떨어진다.

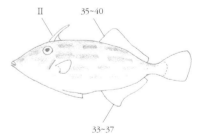

II

35~40

33~37

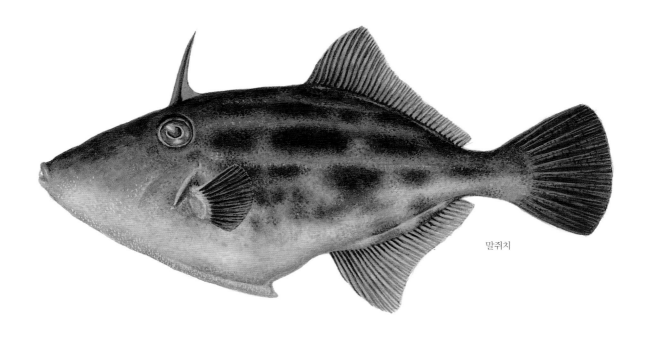

말쥐치

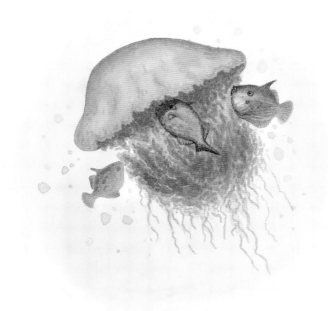

**해파리를 뜯어 먹는 말쥐치** 해파리는 흐늘흐늘
늘어진 촉수에 독이 있다. 다른 물고기는 이 촉수에
닿을까봐 해파리에게 가까이 안 가지만, 말쥐치나
객주리 같은 쥐치 무리는 해파리를 쫓아다니며 톡톡
쪼아 먹는다.

# 객주리 *Aluterus monoceros*

외뿔쥐치어북 , Unicorn filefish, Unicorn leatherjacket, Triggerfish, ウスバハギ, 単角革魨

객주리는 따뜻한 바다에서 무리를 지어 얕은 바다를 헤엄쳐 다닌다. 200m 바닷속까지 오르내린다. 바닥에 모래가 깔리고 바위가 많은 곳을 좋아한다. 어릴 때는 물낯에 떠다니는 바닷말이나 나무 아래에 붙어 다니면서 산다. 그러다 크면서 무리를 지어 돌아다닌다. 바닥 가까이에서 새우나 게, 조개, 갯지렁이 따위를 잡아먹는다. 또 다른 물고기는 얼씬도 안 하는 해파리도 뜯어 먹는다. 5~7월쯤에 알을 낳는다.

**생김새** 몸길이는 75cm쯤 된다. 몸빛은 누런 잿빛에 검은 점들이 여기저기 흩어져 있다. 몸은 옆으로 납작하다. 머리 위에 뾰족한 가시가 하나 있다. 주둥이는 뾰족하고 입은 작다. 등지느러미와 뒷지느러미는 위아래로 마주 놓인다. 배지느러미는 없다. 꼬리지느러미 끝은 반듯하다. 옆줄이 없다. **성장** 알 지름은 0.7mm 안팎이다. 알은 다른 물체에 찰싹 달라붙는다. 물 온도가 23~25도일 때 2~3일 만에 새끼가 나온다. 갓 깨어난 새끼는 2.5mm 안팎이다. 몸이 투명하고 물에 둥둥 떠다니며 자란다. 머리 위에 커다란 가시가 있다. 물낯에 떠다니는 바다풀 아래 붙어 다니면서 지내다 한 달쯤 지나면 3cm 안팎으로 큰다. **분포** 우리나라 남해, 서해. 온 세계 온대와 열대 바다 **쓰임** 다른 물고기를 잡을 때 함께 잡힌다. 맛은 담백하지만 쥐치나 말쥐치보다 못하다. 회나 구이, 조림으로 먹는다.

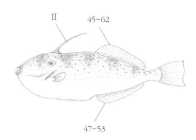

# 그물코쥐치 *Rudarius ercodes*

그물쥐치어북, Whitespotted pygmy filefish, アミメハギ, 粗皮魨

그물코쥐치는 쥐치 무리 가운데 가장 작다. 물 깊이가 20m보다 얕고 바다풀이 수북이 자란 바위밭에서 산다. 낮에는 여기저기 돌아다니면서 플랑크톤이나 새우, 게 같은 작은 동물성 먹이를 잡아먹는다. 밤이 되면 물살에 떠내려가지 않도록 바다풀 줄기를 입으로 물고서 쉰다. 알 낳을 때가 되면 암컷 한 마리 뒤에 수컷 여러 마리가 따라다닌다. 6~9월에 알을 낳아 바다풀에 붙인다. 알에서 새끼가 나올 때까지 암컷이 곁에서 지킨다.

**생김새** 몸길이는 6~7cm쯤 된다. 몸은 마름모꼴이고, 옆으로 납작하다. 몸은 누런 밤색이나 밤색, 풀빛이 도는 밤색이다. 몸통 옆구리에 크고 작은 하얀 점들이 흩어져 있다. 등지느러미 가시는 대부분 1개이고, 배지느러미에도 짧은 가시가 있다. 수컷 꼬리자루에는 짧은 가시들이 나 있다. **성장** 알 지름은 0.5mm이다. 물 온도가 21도 안팎일 때 2~3일 만에 새끼가 나온다. 갓 나온 새끼는 2mm 안팎이다. 한 달쯤 물에 떠다니며 살다가 바다풀이 자란 숲으로 내려간다. **분포** 우리나라 남해, 동해. 일본, 대만 같은 북서태평양 **쓰임** 크기는 작지만 생김새가 귀여워서 수족관에서 기른다.

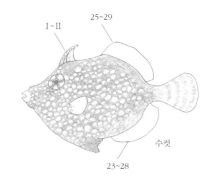

객주리

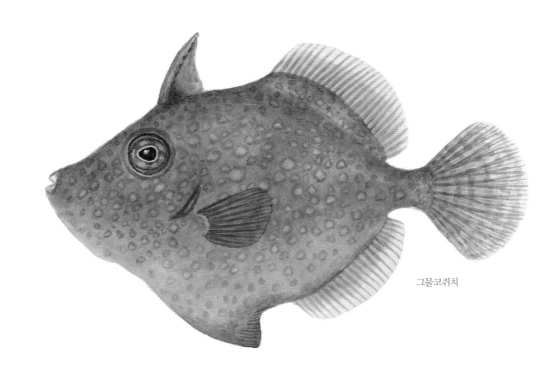

그물코쥐치

# 가시쥐치 *Chaetodermis penicilligerus*

Prickly leatherjacket, ヒゲハギ, 棘皮単棘魨, 刷毛棘皮魨

가시쥐치는 온몸에 털처럼 생긴 돌기들이 잔뜩 나 있다. 물 깊이가 5~50m쯤 되는 바위밭이나 모랫바닥에서 산다. 작은 새우나 게 같은 갑각류와 조개, 바다풀 따위를 먹고 산다. 무리를 안 짓고 혼자 산다. 사는 모습은 더 밝혀져야 한다.

**생김새** 몸길이는 30cm까지 큰다. 몸은 높고, 둥글게 생겼으며 옆으로 납작하다. 몸은 열은 밤색이고, 실처럼 가느다란 까만 세로줄이 일정한 간격으로 나 있다. 눈 뒤쪽에는 희미한 검은 반점이 있다. 등지느러미와 뒷지느러미, 꼬리지느러미에는 까만 점들이 있다. 눈 위와 주둥이 아래, 배지느러미, 등지느러미에 살갗돌기들이 잔뜩 돋아 있어서 다른 쥐치와 다르다. **성장** 더 밝혀져야 한다. **분포** 우리나라 남해. 일본, 대만, 필리핀, 인도네시아, 말레이시아, 호주 북부, 인도양 **쓰임** 우리나라에서는 드물다. 그물이나 낚시로 잡는다. 회로 먹거나 조림, 찜, 구이로 먹는다.

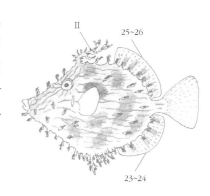

# 날개쥐치 *Aluterus scriptus*

Scribbled leatherjacket filefish, Figured leatherjacket, ソウシハギ, 拟态革魨, 革魨

날개쥐치는 물 온도가 18도가 넘는 따뜻한 물을 좋아하는 물고기다. 바다풀이 수북이 자란 바닷가나 산호초에서도 살고, 물 깊이가 120m쯤 되는 곳까지 산다. 때때로 물낯에 떠다니는 물체 아래에 머물기도 한다. 뾰족한 주둥이로 바닥에 사는 새우나 갯지렁이, 게 따위를 잡아 먹고, 바다풀도 뜯어 먹는다. 위험을 느끼면 바다풀 숲에 들어가 머리를 밑으로 향하고 거꾸로 서 있다. 그러면 바다풀처럼 보여서 감쪽같이 몸을 숨긴다. 어릴 때에는 떠다니는 바다풀 그늘 아래에서 지낸다. 무리를 안 짓고 홀로 지내다가 알 낳을 때가 되면 작은 무리를 이룬다. 수컷 한 마리와 암컷 2~5마리가 모여 알을 낳는다. 알 낳을 때는 쥐치처럼 암컷과 수컷이 짝을 지어 나란히 몸을 붙이는 행동을 한다. 암컷이 바위 위나 모랫바닥에 알을 낳고, 암컷과 수컷이 알을 지킨다.

**생김새** 몸길이는 110cm까지 자란다. 몸은 긴둥근꼴이다. 주둥이가 뾰족하고 꼬리지느러미가 아주 길다. 크면서 몸 빛깔이 심하게 바뀐다. 다 큰 어른은 열은 잿빛이고, 눈동자만 한 점과 물결무늬들이 온몸에 흩어져 있다. 첫 번째 등지느러미 가시는 길고 가늘다. 두 번째 등지느러미와 뒷지느러미는 길고 위아래로 마주 보고 나 있다. 배지느러미는 없다. 꼬리지느러미를 부채처럼 폈다 접었다 한다. **성장** 더 밝혀져야 한다. **분포** 우리나라 남해. 온 세계 온대와 열대 바다 **쓰임** 날개쥐치는 복어처럼 창자와 간에 '펠리톡신(Palytoxin)'이라는 독이 있다. 함부로 먹으면 안 된다. 근육이 아프고 숨을 못 쉬다가 온몸이 굳어서 죽을 수도 있다. 해역에 따라 독이 없기도 하다. 생김새가 독특해서 수족관에서 기르기도 한다.

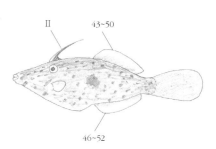

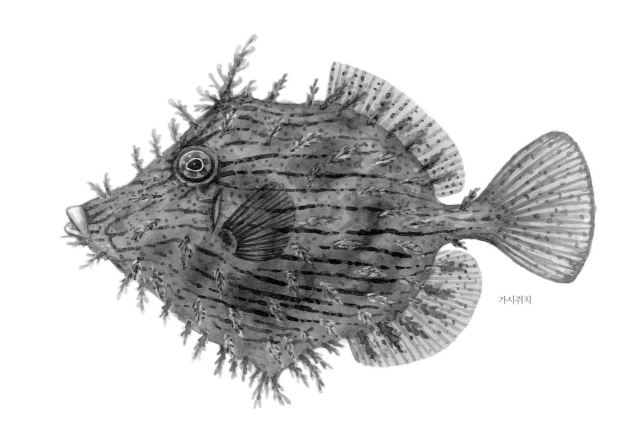

가시쥐치

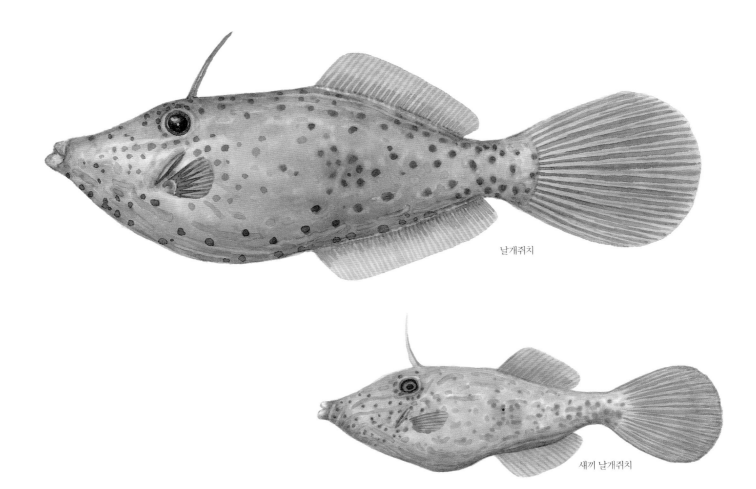

날개쥐치

새끼 날개쥐치

# 새앙쥐치 *Paramonacanthus japonicus*

Hairfinned leatherjacket, ヨソギ, 副単角鲀

새앙쥐치는 따뜻한 물을 좋아하는 물고기다. 쥐치 무리 가운데 몸집이 작은 편에 속하는 쥐치다. 물 깊이가 30~40cm쯤 되는 앞바다 쪽으로 향한 물속 모랫바닥에 많다. 때때로 펄이나 바위밭에서도 산다. 갑각류나 갯지렁이, 조개 따위를 먹는다.

새앙쥐치는 여름과 가을에 알을 낳는다. 얕은 모랫바닥에 수컷이 자기 터를 지키며 암컷과 짝을 이루어 알을 낳는다.

**생김새** 몸길이는 12~15cm까지 자란다. 몸은 높고 꼬리 쪽이 긴 마름모꼴이다. 옆으로 납작하다. 몸빛은 누르스름하고, 등 쪽과 옆구리 가운데에 짙은 밤색 띠가 있다. 몸통 등 쪽에 커다란 가시가 있고, 가시에는 톱니가 나 있다. 배 쪽에도 살갗 아래에 있는 뼈가 뒤쪽으로 길게 튀어나왔다. 몸통에 있는 비늘은 작은 가시로 바뀌어서 거칠거칠하다. 꼬리지느러미에 짙은 밤색 가로줄이 두 개 나 있다. 수컷은 크면서 몸이 길쭉해진다. 또 꼬리지느러미에 실처럼 긴 줄기가 2개 있다. **성장** 알 지름은 0.5mm쯤 되고 바다풀에 붙는다. 물 온도가 29도일 때 30시간 만에 새끼가 나온다. 갓 나온 새끼는 1.9mm 안팎이다. 새끼들은 물에 둥둥 떠다니며 자란다. 물에 떠다니는 모자반 아래 모여 살다가 바다풀이 무성한 바위 지대로 내려간다. 1년이면 어른이 된다. **분포** 우리나라 남해. 일본 중부 이남, 대만, 남중국해, 인도양 **쓰임** 몸이 작아 안 잡는다.

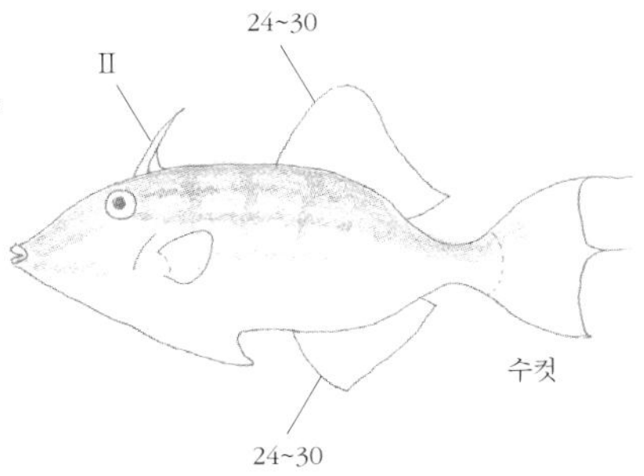

II

24~30

24~30

수컷

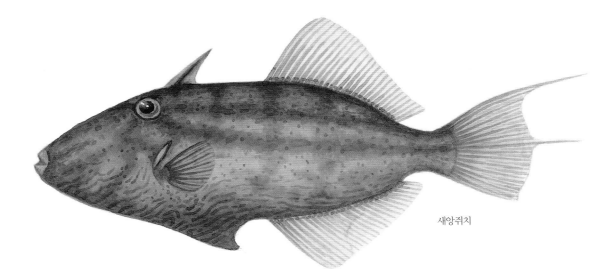

새앙쥐치

# 분홍쥐치 *Triacanthodes anomalus*

Red spikefish, ベニカワムキ, 拟三刺魨, 原三刺魨

분홍쥐치는 열대와 아열대 바다 깊은 곳에 사는 물고기다. 물 깊이가 100~200m 되는 깊은 대륙붕이나 대륙붕 가장자리에 있는 모랫바닥이나 모래펄 바닥에서 산다. 옆새우 같은 작은 갑각류와 새끼 물고기를 잡아먹는다.

**생김새** 몸길이는 10cm 안팎이다. 등은 옅은 분홍색이고, 배는 은백색이다. 지느러미들은 옅은 노란색을 띤다. 몸은 높고 옆으로 납작한 긴둥근꼴이다. 눈은 크다. 머리꼭지부터 주둥이까지는 가파르다. 주둥이는 뾰족하고 앞으로 튀어나왔다. 입은 작지만 앞으로 내밀 수 있다. 등지느러미 첫 번째 가시가 굵고 가장 길다. 가시 길이가 몸높이쯤 된다. 배지느러미는 작은 돌기를 가진 커다란 가시와 1~2개 줄기를 갖는다. 복어목에서는 가장 복잡한 구조다. **성장** 더 밝혀져야 한다. **분포** 우리나라 남해, 제주. 일본 남부, 대만, 홍콩 같은 북서태평양, 인도양 **쓰임** 안 잡는다.

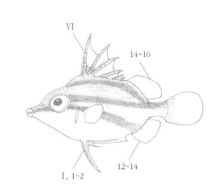

# 나팔쥐치 *Macrohamphosodes uradoi*

Trumpetsnout, Flute spikefish, フエカワムキ, 拟管吻魨

나팔쥐치는 나팔처럼 주둥이가 길다. 물 깊이가 50~600m쯤 되는 대륙붕과 깊은 바닷속 바닥에서 산다. 나팔쥐치 배 속에서 다른 물고기 비늘이 나온 것으로 보아 긴 주둥이로 다른 물고기 비늘을 뜯어 먹는다고 짐작된다. 사는 모습은 더 밝혀져야 한다.

**생김새** 몸길이는 16cm 안팎이다. 몸이 낮은 긴둥근꼴이다. 등은 핑크빛이고, 배는 하얗다. 눈이 크다. 주둥이가 대롱처럼 길게 튀어나오고, 입은 주둥이 끝 위쪽에 있다. 등지느러미는 두 개다. 첫 번째 등지느러미에는 가시가 6개 있다. 첫 번째 가시는 아주 굵고 강하며, 길이가 몸높이와 비슷하다. 배지느러미는 억센 가시로 바뀌었고, 아주 길어서 총배설강까지 이른다. **성장** 더 밝혀져야 한다. **분포** 우리나라 남해, 제주부터 호주 북부와 뉴질랜드까지 서태평양, 인도양 **쓰임** 안 잡는다.

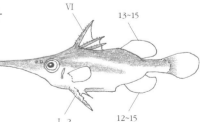

분홍쥐치

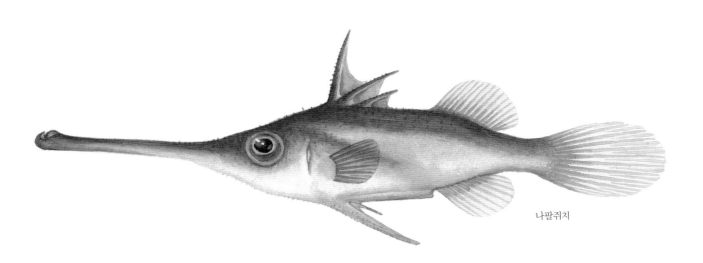

나팔쥐치

# 은비늘치 *Triacanthus biaculeatus*

비늘복아지<sup>북</sup>, Shortnose tripodfish, ギマ, 双棘三刺魨, 三刺魨

은비늘치는 이름처럼 온몸이 은빛으로 빛난다. 따뜻한 바다 얕은 곳부터 물 깊이가 60m쯤 되는 모래와 펄 바닥에서 무리 지어 산다. 바닥에 사는 갯지렁이 같은 무척추동물들을 주로 잡아먹는다. 4~5년쯤 산다. 우리나라에는 은비늘치과에 1속 1종만 알려져 있다.

**생김새** 몸길이는 30cm이다. 등은 푸르스름한 은빛이고, 배는 은백색이다. 몸이 높은 긴둥근꼴이다. 눈은 주둥이 끝과 등지느러미 가시 사이 가운데쯤에 있다. 턱은 앞으로 내밀 수 있다. 가슴지느러미와 꼬리지느러미는 노랗다. 등지느러미는 두 개로 나뉘었다. 첫 번째 등지느러미에는 가시가 5~6개 있는데 까맣고, 맨 앞쪽 가시가 억세고 길며 맨 뒤 가시 2개는 아주 작다. 배지느러미에 가시만 있고 줄기는 없다. 배지느러미 가시와 뒷지느러미는 하얗다. 꼬리자루는 가늘고, 꼬리지느러미는 위아래로 가위처럼 갈라졌다. **성장** 5~8월에 암컷 한 마리가 알을 4만~12만 개쯤 밴다. 알 지름은 0.7~0.8mm다. 알은 낱 낱이 흩어져 물에 둥둥 떠다닌다. 물 온도가 25~26도일 때 19시간쯤 지나면 새끼가 나온다. 갓 깨어난 새끼는 1.6~1.7mm이다. 배에 노른자를 가지고 물에 둥둥 떠다니며 자란다. 20일쯤 지나면 6mm쯤 자라 몸에 무늬가 나타난다. 수컷은 2년쯤 지나 12cm쯤 크면 어른이 된다. 암컷은 3년쯤 지나 15cm쯤 크면 어른이 된다. **분포** 우리나라 동해, 남해. 일본, 중국, 호주, 인도양, 페르시아만, 벵골만 **쓰임** 바닥 끌그물에 다른 물고기와 함께 드물게 잡힌다. 먹을 수 있다.

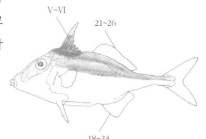

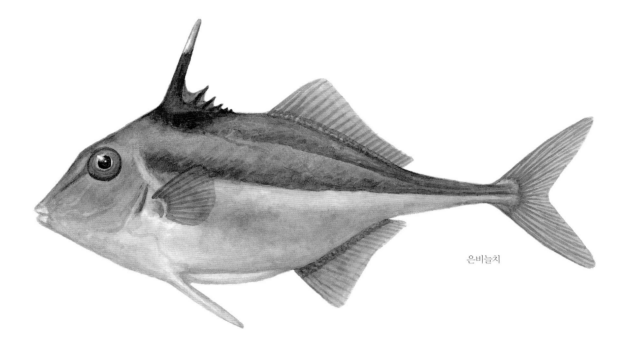

은비늘치

# 파랑쥐치 *Balistoides conspicillum*

박피복, Clown triggerfish, モンガラカワハギ, 花斑拟鳞鲀

파랑쥐치는 따뜻한 물을 좋아하는 물고기다. 까만 몸에 노랗고 까만 점들과 하얀 무늬들이 잔뜩 나 있어서 금방 눈에 띈다. 물 깊이가 50m 안쪽인 산호밭이나 바위밭에서 산다. 무리를 안 짓고 한두 마리씩 산다. 성게나 새우, 게, 조개, 바다풀 따위를 먹는다. 낮에 돌아다니다 밤이면 바위나 산호 틈에서 잔다. 위험을 느끼면 돌 틈으로 재빨리 숨고, 등지느러미와 배지느러미 가시를 세워서 몸을 틈에 딱 끼운다. 또 이빨이나 지느러미 가시를 문지르거나 두드려서 소리를 낸다. 새끼일 때는 거의 굴속이나 돌 밑에 숨어 지낸다. 10년쯤 산다.

**생김새** 몸길이는 30cm쯤 된다. 50cm까지 큰다. 몸은 긴둥근꼴이고, 옆으로 납작하다. 몸빛은 파르스름한 검은 밤색이다. 주둥이 끝은 불그스름한 누런빛이고 그 뒤로 노란 테두리가 둘러져 있다. 등과 꼬리자루는 누렇고 검은 점과 하얀 점들이 빽빽하게 나 있다. 눈 아래에는 풀빛 띠가 있다. 배에는 파르스름한 하얀 둥근 점이 잔뜩 나 있다. 등지느러미는 두 개다. 첫 번째 등지느러미에는 억센 가시가 3개 있다. 꼬리자루에는 작고 억센 가시가 3줄 나 있다. **성장** 여름에 모랫바닥에 알을 낳고, 새끼가 나올 때까지 거의 암컷이 지킨다. 수컷은 텃세를 부리며 그 둘레를 지킨다. 12~24시간 사이에 새끼가 깨어 나온다. 2~3cm 자라면 어미를 닮는다. 1년에 5~6cm쯤 큰다. 새끼들은 바위틈에서 지낸다. **분포** 우리나라 제주. 일본 남부, 서태평양, 인도양, 홍해 열대 바다 **쓰임** 독이 있어 식중독을 일으키기도 하지만, 열대 지방에서는 많이 먹는다. 생김새가 예뻐서 수족관에서 기른다. 우리 바다에는 드물다.

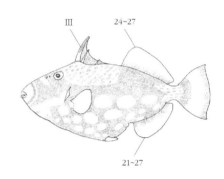

# 황록쥐치 *Pseudobalistes flavimarginatus*

Yellowmargin triggerfish, Green triggerfish, キヘリモンガラ, 黄边副鳞鲀

황록쥐치는 다른 쥐치보다 몸집이 크다. 아열대와 열대 바다 바닷가부터 물 깊이가 50m쯤 되는 산호초나 민물과 짠물이 섞이는 강어귀 모래펄 바닥에 산다. 혼자 살지만 어릴 때는 무리 지어 살기도 한다. 산호 끝을 이빨로 쪼아 먹기도 하고 튼튼한 이빨로 고둥이나 새우, 게, 성게 따위를 부수어 먹는다. 짝짓기 철이 되면 수컷이 모랫바닥을 넓이 2m, 깊이 70cm쯤 파서 알 낳을 자리를 만든다. 그러면 며칠 뒤 암컷이 와서 수컷을 고른 뒤 알을 40만 개쯤 낳는다. 알을 낳으면 암컷과 수컷이 곁을 지키면서 알에 신선한 바닷물을 입으로 뿜어 주기도 하고, 다른 물고기가 가까이 오면 사납게 덤벼들어 쫓아낸다. 하루쯤 지나면 알에서 새끼가 나온다.

**생김새** 몸길이가 60cm까지 자란다. 몸은 통통한 긴둥근꼴이다. 눈은 작고 머리 뒤쪽에 있다. 주둥이 아래쪽은 노란색을 띤다. 몸통과 꼬리는 거친 비늘처럼 생긴 무늬와 검은 밤색 점들이 여기저기 흩어져 있다. 꼬리지느러미는 위아래 끝만 조금 튀어나온 채 반듯하고, 가장자리에 검은 밤색 선이 나 있다. **성장** 더 밝혀져야 한다. **분포** 우리나라 제주. 서태평양 열대 바다와 홍해, 남아프리카 **쓰임** 우리나라에서는 아주 드물다. 사는 곳에 따라 식중독을 일으키는 '시가테라(ciguatera)'라는 독을 가지고 있지만, 열대 지방에서는 생선으로 먹거나 소금을 쳐서 말린 뒤 먹기도 한다. 수족관에서도 인기가 좋다.

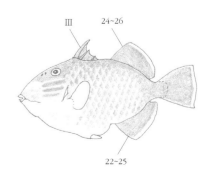

파랑쥐치

황록쥐치

황록쥐치는 모랫바닥에 알자리를 만들어 알을 낳는다.
열대 바다에서는 다이버들과 흔히 마주치는 물고기인데,
알 낳을 때에는 가까이 오는 다이버들에게 사납게
달려들기도 한다.

# 거북복 *Ostracion immaculatus*

상자복아지<sup>북</sup>, Box fish, Blue spotted box fish, ハコフグ, 无斑箱鲀

거북복은 따뜻한 물을 좋아한다. 무리를 안 짓고 바닷가 바위밭에서 혼자 산다. 헤엄을 잘 못 치니까 물속 돌 틈이나 바위 밑에 잘 숨는다. 참새 부리처럼 툭 튀어나온 조그만 입으로 작은 새우나 곤쟁이, 갯지렁이, 조개, 해면 따위를 잡아먹는다. 어릴 때는 몸이 샛노랗고 깨알 같은 까만 점이 있어서 아주 예쁘다. 몸이 상자처럼 네모나고 거북 등딱지처럼 딱딱한 육각형 껍데기로 덮여 있어서 꼬리자루만 움직이며 헤엄치고, 등지느러미와 뒷지느러미를 살랑살랑 흔들어 방향을 바꾼다. 거북복은 몸을 지키려고 비늘이 딱딱하게 바뀌었다. 딴딴한 몸 때문에 다른 물고기들이 못 잡아먹는다. 열대 바다에 사는 거북복 껍질에는 독이 있다. 이 독은 '파후톡신(pahutoxin)'이라고 하는데, 비누 거품처럼 우윳빛으로 바닷물에 퍼지며 자신은 물론 다른 물고기를 죽일 수 있다. 요즘에는 내장에도 강한 독이 있다고 알려졌다.

**생김새** 몸길이가 30cm 안팎이다. 몸은 누런 밤색이나 파르스름한 풀빛이고 육각형 비늘로 덮여 있다. 육각형 비늘 가운데에 파란 점이 있다. 눈은 머리 뒤 등 쪽으로 치우쳐 있다. 주둥이는 머리 아래쪽에 있고 입은 그 끝에 작게 열리고 입술은 두껍다. 등지느러미와 뒷지느러미는 아래위로 마주 났다. 배지느러미와 옆줄은 없다. **성장** 5~8월에 암컷과 수컷이 짝을 지어 알을 낳는다. 알 지름은 2mm 안팎이고 투명하다. 알은 낱낱이 흩어져 물에 떠다닌다. 물 온도가 25도일 때 5일쯤 지나면 새끼가 나온다. 갓 나온 새끼는 2mm 안팎인데, 몸통이 크고 둥글며 꼬리가 가늘어서 어미와 닮은 점이 독특하다. 새끼 때 몸빛이 어른과 사뭇 달라 샛노랗고 까만 점이 있다. **분포** 우리나라 남해, 제주. 태평양과 인도양 열대 바다 **쓰임** 간혹 낚시에 걸려 올라온다. 생김새가 예뻐서 수족관에서 많이 기른다. 복어가 가진 '테트로도톡신'이라는 독은 없지만, 껍질과 내장에 다른 종류의 독이 있어서 조심해야 한다.

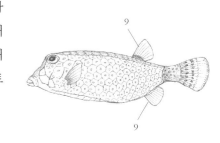

9

9

# 뿔복 *Lactoria cornutus*

뿔상자복아지<sup>북</sup>, Longhorned cow fish, コンゴウフグ, 角箱豚, 長尾牛箱豚

뿔복은 따뜻한 열대 바다에 산다. 따뜻한 물이 올라오는 제주 바다와 남해에서 드물게 볼 수 있다. 물 깊이 50m 안쪽에 있는 산호초나 바위밭에서 혼자 산다. 하지만 알 낳을 때가 되면 암컷과 수컷이 짝을 짓는다. 밑바닥에서 슬렁슬렁 헤엄치면서 모랫바닥을 입으로 불면서 작은 새우나 해면, 작은 물고기를 잡아먹고 바다풀도 먹는다. 거북복처럼 몸이 딴딴한 껍데기로 덮여 있고, 머리 앞쪽과 배 뒤쪽으로 기다란 뿔이 두 개씩 있어서 제 몸을 지킨다. 살갗에는 '시가테라(ciguatera)'라는 독이 있다. 어린 새끼들은 강어귀에도 산다.

**생김새** 몸길이는 50cm 안팎이다. 몸은 노랗고 까만 점들이 군데군데 나 있다. 몸통은 오각형이다. 몸은 거북복처럼 딱딱한 육각형 비늘로 덮여 있다. 눈은 등 쪽에 있고, 입은 아래쪽에 있다. 등지느러미와 뒷지느러미는 작고, 꼬리지느러미는 길고 크다. 배지느러미와 옆줄이 없다. **성장** 알은 흩어져 물에 떠다닌다. 알에서 나온 새끼는 2~2.5mm쯤 된다. 몸통은 공처럼 둥글고 꼬리가 날씬하다. 3cm 안팎인 새끼는 온몸에 별처럼 생긴 무늬가 있는 딱딱한 비늘판이 덮이지만 머리와 몸통 돌기는 없다. 그 뒤로 머리와 몸통에 뿔이 자라기 시작하면서 어미와 닮은 껍질 무늬와 뿔을 가진다. 크면서 몸은 차츰 길쭉해진다. **분포** 우리나라 제주, 남해. 일본, 필리핀, 인도네시아, 호주 같은 서태평양, 홍해, 인도양 **쓰임** 생김새가 예뻐서 수족관에서 기르기도 한다.

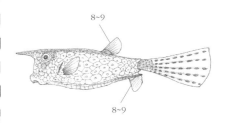

8~9

8~9

거북복

뿔복

# 불뚝복 *Triodon macropterus*

Threetooth puffer, ウチワフグ, 长鳍三齿鲀, 大鳍三齿鲀

불뚝복은 물 깊이가 50~300m쯤 되는 깊은 바다에 사는 물고기다. 100m 넘는 바닷속에서 주로 산다. 수가 많지 않아서 아주 드물다. 어릴 때는 해면, 갑각류, 떠다니는 유충 따위를 먹는다. 독은 없다. 불뚝복과에는 온 세계에 1속 1종만 살고 있다. 사는 모습은 더 밝혀져야 한다.

**생김새** 몸길이는 50cm 안팎까지 큰다. 몸은 옆으로 납작하고, 배가 아래로 불룩해서 마치 주머니가 늘어진 것처럼 보인다. 몸 빛깔은 누런 밤색이고, 배에 커다란 눈알처럼 생긴 까만 반점이 하나 있다. 위턱에는 이빨이 2개, 아래턱에는 1개 있다. 등지느러미는 작고 억센 가시는 흔적만 남았고, 연한 줄기가 10~12개 있다. 꼬리자루는 가늘며, 꼬리지느러미는 가운데가 깊게 파였고 위아래 끝은 뾰족하다. **성장** 더 밝혀져야 한다. **분포** 우리나라 남해. 태평양과 인도양, 동아프리카 열대, 아열대 바다 **쓰임** 안 잡는다. 세계적으로 드문 물고기다.

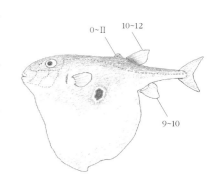

# 검복 *Takifugu porphyreus*

보리복아지<sup></sup>, 밀복, 복장어, 복쟁이, 금복, 수릉태, Genuine puffer, Purple puffer, マフグ, 紫色东方鲀, 紫色虫纹东方鲀

검복은 물 깊이가 200m 안쪽인 모래와 펄 바닥에서 산다. 동해에 사는 검복 무리는 여름에 동해에서 살다가, 12~1월에는 남해나 일본 바닷가로 내려와 겨울을 난다. 새우나 게, 오징어 따위를 잡아먹는다. 사는 모습은 더 밝혀져야 한다.

**생김새** 몸길이는 50cm 안팎으로 자란다. 몸은 긴둥근꼴이다. 눈은 작고 머리 위쪽에 있다. 등은 풀빛이 도는 밤색이거나 옅은 밤색이고, 옅은 구름무늬가 있다. 배는 하얗다. 몸 가운데쯤에 있는 노란 띠가 주둥이에서 꼬리자루까지 이어진다. 가슴지느러미 뒤편 몸통에 커다란 까만 반점이 있는데 하얀 테두리가 없는 것이 특징이다. 몸에는 비늘이나 가시가 없고 매끄럽다. **성장** 3~6월에 알을 낳는다. 북쪽 바다일수록 늦다. 알은 우윳빛이고 지름이 1.2~1.3mm이다. 알은 끈적끈적해서 가라앉아 다른 물체에 붙는다. 알에서 나온 새끼는 1년이면 14cm, 2년이면 21cm, 3년이면 28cm, 4년이면 32cm쯤 큰다. 2~3년쯤 지나 몸길이가 27~30cm쯤 자라면 어른이 된다. **분포** 우리나라 동해, 남해. 일본, 동중국해 **쓰임** 낚시나 그물로 잡는다. 동해에서는 '밀복'이라 부르며, 횟감으로 쓴다. 살갗과 난소, 간, 창자, 혈액에 '테트로도톡신'이라는 복어 독이 있다. 하지만 근육과 정소에는 독이 없어 회, 초밥, 찜, 탕으로 먹는다. 독성이 약해지고 살이 찌는 겨울이 먹기 좋다. 탕으로 먹으면 술독을 푸는 데 좋다.

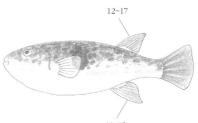

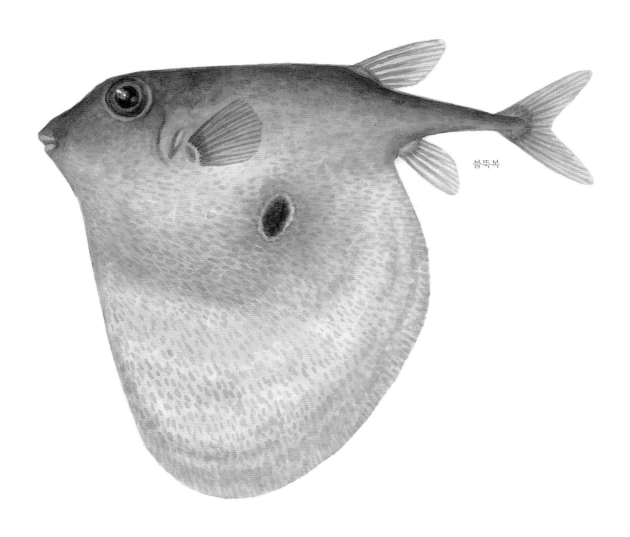

불뚝복

검복

# 참복 *Takifugu chinensis*

검자주복, Eyespot puffer, カラス, 假晴東方魨

참복은 우리나라 어느 바다에나 사는데 서해에 많다. 바닷가 가까이로는 좀체 안 오고 제법 먼바다에서 산다. 물속 가운데나 바닥을 헤엄쳐 다니며 새우나 게, 오징어, 물고기, 조개 따위를 잡아먹는다. 서해에 사는 참복은 가을에 황해 중부에 머물다가 겨울이 되면 제주도 아래까지 내려갔다가 봄이 되면 올라온다. 자주복과 함께 돌아다니기도 하지만 자주복보다 더 먼바다에서 산다. 예전에는 자주복과 생김새가 닮아서 같은 종이나 아종으로 여겨지기도 했지만 1990년대에 다른 종으로 밝혀지고 새 이름을 얻었다. 자주복과 닮았지만 등에 아무 무늬가 없고, 뒷지느러미가 까매서 다르다. 사는 모습이 자주복과 비슷한데 더 밝혀져야 한다.

복어 무리는 거의 몸에 독이 있다. 복어 독은 '테트로도톡신(tetrodotoxin)'이라는 물질이다. 이 독은 색과 맛과 냄새가 전혀 없다. 복어 독은 사람뿐만 아니라 땅에 사는 짐승, 새, 벌레 따위와 게나 문어 같은 바다 동물들이 먹어도 죽을 수 있다. 하지만 같은 복어 무리나 지렁이 같은 동물들은 끄떡없다. 복어 독을 먹으면 입술이나 혀끝이 굳고, 반사 신경이 둔해지다가 숨 쉬기가 어렵다. 혈압이 떨어지고 숨을 못 쉬게 되면서 죽기도 한다. 그래서 복어는 함부로 먹으면 안 되고 꼭 전문 요리사가 해 주는 요리를 먹어야 한다. 독성은 개체나 철 따라 다르고, 가둬 기른 것은 대부분 독이 없다.

**생김새** 몸길이는 50~55cm쯤 된다. 등은 까맣고 배는 하얗다. 가슴지느러미 뒤쪽에 크고 까만 점이 있고 허연 테두리가 있다. 몸통은 둥글고 꼬리 쪽으로 갈수록 가늘어진다. 입은 작고 뭉툭하다. 넓적한 이빨이 위아래로 두 개씩 나 있다. 등과 배에는 작은 가시가 나 있어 꺼끌꺼끌하다. 모든 지느러미가 까맣다. 옆줄은 하나다. **성장** 4~5월에 알을 낳는다. 알은 물에 가라앉고 다른 물체에 달라붙는다. 4년쯤 크면 어른이 된다. 성장은 더 밝혀져야 한다. **분포** 우리나라 온 바다. 일본 중부 이남, 동중국해 **쓰임** 수가 많지 않아서 보호가 필요하다. 겨울에 낚시나 그물로 잡는다. 살과 껍질, 정소에는 독이 없지만 난소, 간장에는 센 독이 있고, 내장에도 독이 있다. 독은 해역이나 계절에 따라 크게 달라진다. 겨울철이 가장 맛이 좋다. 자주복과 함께 으뜸으로 치는 복어다. 회, 탕, 튀김으로 먹는다. 《동의보감》에는 "성질이 따뜻하다(서늘하다고도 한다). 맛은 달며 독이 있다(독이 많다고도 한다). 모자란 것을 보태고 축축한 기운을 없앤다. 허리와 다리 병을 고치고 치질을 낫게 하며 벌레를 죽인다. 이 물고기는 독이 많기 때문에 맛은 좋지만 제대로 손질하지 않으면 사람이 죽을 수 있다. 그러니 조심해야 한다. 복어 살에는 독이 없지만, 간과 알에는 독이 많다. 손질할 때 꼭 간과 알을 없애야 한다. 또 등뼈 속에 있는 까만 피를 깨끗이 씻어 내는 것이 좋다. 미나리와 함께 삶아 먹으면 독이 없어진다고 한다."라고 나온다.

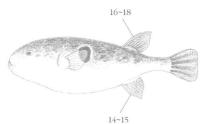

16~18

14~15

참복

참복 헤엄치는 모습

# 자주복 *Takifugu rubripes*

검복아지복, 자지복아지복, 자지복, 검복, 참복, 북북이, Tiger puffer, トラフグ, 红鳍东方鲀

자주복은 우리나라 온 바다에 산다. 봄에 알을 낳으러 바닷가로 몰려오고, 여름이 오기 전에 앞바다로 다시 나갔다가 겨울이 되면 제주도 아래까지 내려가서 겨울을 난다. 어릴 때에는 작은 플랑크톤을 잡아먹다가 크면 새우나 게나 작은 물고기 따위를 잡아먹는다. 다른 복어처럼 위와 이어진 주머니가 있어서 놀라면 물을 벌컥벌컥 들이켜서 몸을 빵빵하게 부풀린다. 새끼 때 더 자주 그리고 어른이 되면 덜 한다. 괜찮다 싶으면 다시 물을 토해 내서 몸을 되돌리는데 물만 토해 내지 잡아먹은 먹이는 하나도 안 뱉어 낸다. 밤에 잠을 자거나 천적을 피하거나 환경이 바뀌면 모래나 펄 바닥에 몸을 파묻는 습성이 있다. 물이 차가워지면 아예 먹이를 안 먹고 모래 속에 들어가 잠을 잔다. 십 년 넘게 산다.

자주복은 3~7월에 물 깊이가 20m쯤 되고 바닥에 모래와 자갈이 깔린 곳에 알을 낳는다. 45~65cm쯤 되는 암컷 한 마리가 50만~290만 개쯤 알을 낳는다. 알은 지름이 1.2~1.4mm이고, 끈적끈적해서 물에 가라앉아 모래나 돌에 들러붙는다. 알은 한 번에 다 낳는다. 알을 낳은 암컷은 떠나고, 수컷이 남아서 알을 지키면서 또 다른 암컷을 불러들인다. 1~2주가 지나면 알에서 새끼가 나온다.

복어 가운데 으뜸이라고 사람들이 '참복'이라고 한다. 하지만 참복이라는 복어는 따로 있다. 지역에 따라 '자지복(동해), 검복(여수), 복복어, 북북이(함남)'라고 한다. 《자산어보》에 '검돈(黔魨) 속명 검복(黔服)'이라는 물고기가 나오는데 자주복일 것이라고 짐작하고, 《우해이어보》에는 '석하돈(石河魨), 복중(鰒鱛)'이라고 나온다.

**생김새** 몸길이는 30~40cm쯤 되는데 80cm까지도 큰다. 몸은 둥그스름하고 뒤쪽으로 갈수록 가늘어진다. 등은 거무스름하고 배는 하얗다. 등에는 까만 점들이 흩어져 있다. 가슴지느러미 뒤에는 하얀 테두리를 두른 크고 까만 점이 하나 있다. 등과 배에는 작은 가시들이 돋아 있어 살갗이 까칠까칠하다. 앞니는 납작하고 위아래로 2개씩 있다. 아가미구멍은 아주 작다. 등지느러미와 뒷지느러미는 위아래로 서로 마주 본다. 등지느러미와 가슴지느러미와 꼬리지느러미는 까맣고, 뒷지느러미만 하얗다. 배지느러미는 없다. 꼬리지느러미 끝은 반듯하게 잘린 꼴이다. 옆줄은 한 개다. **성장** 성장은 해역에 따라 다르다. 1년이면 20~30cm, 3년이면 40~50cm, 5년이면 50~60cm, 8년이면 60cm 넘게 큰다. 수컷은 2년, 암컷은 3년쯤 자라 35~45cm쯤 크면 어른이 된다. **분포** 우리나라 온 바다. 일본, 중국, 대만 **쓰임** 겨울과 봄에 낚시나 끌그물로 잡는다. 가둬 기르기도 한다. 겨울이 제철이다. 《우해이어보》에는 "성질이 아주 사납다. 처음 잡혀 나오면 화가 나서 배를 부풀리고 입으로 늙은 개구리가 울부짖는 소리를 낸다. 낚싯줄을 잘 끊어 놓는다."라고 했다. 자주복은 복어 가운데 맛이 으뜸이다. 회, 탕, 구이로 먹는다. 껍질은 데쳐 먹고, 정소(고니)는 따로 굽거나 튀겨 먹는다. 지느러미는 말렸다가 청주에 넣어 향을 내기도 한다. 자주복은 알과 내장에 독이 세고 살과 껍질, 정소에는 독이 없다.

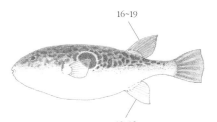

16~19

13~16

자주복

# 까치복 *Takifugu xanthopterus*

까치복아지복, Striped puffer, Yellowfin puffer, シマフグ, 黃鰭东 方魨, 黃鰭多紀魨

까치복은 물 깊이가 200m쯤 되는 바닷속 가운데에서 산다. 우리나라 온 바다에 산다. 복어 무리 가운데 몸집이 꽤 크다. 다 크면 어른 팔뚝만큼 큰다. 여름에는 따뜻한 물을 따라 동해까지 올라왔다가 가을이면 도로 남쪽으로 내려간다. 봄에는 바닷가 가까이 몰려오고 가을이면 꽤 먼바다로 나간다. 복어 무리 가운데 헤엄을 꽤 잘 쳐서 멀리까지 돌아다닌다. 바닥에 바위가 울퉁불퉁 솟은 물속 가운데쯤에서 헤엄쳐 다닌다. 이빨이 튼튼해서 새우나 게나 조개도 우둑우둑 씹어 먹고, 오징어나 작은 물고기 따위도 잡아먹는다. 토끼 이빨처럼 납작한 앞니로 바위에 붙은 생물을 뜯어 먹기도 한다. 다른 복어처럼 큰 물고기가 툭툭 건드리면 물을 벌컥벌컥 들이켜서는 배를 빵빵하게 부풀린다. 삼사월 진달래꽃 필 때쯤부터 민물과 짠물이 뒤섞이는 강어귀로 몰려와 알을 낳는다. 알에서 나온 새끼는 바닷가에서 크다가 날이 추워지는 가을에 먼바다로 나간다.

몸에 난 무늬가 까치를 닮았다고 '까치복'이다. 까치 날개깃처럼 까만 몸에 하얀 줄무늬가 나 있다. 《자산어보》에는 '작돈(鵲魨) 속명 가치복(加齒服)', 《우해이어보》에는 '작복증(鵲鰒鱛)'이라고 나온다.

**생김새** 다 크면 몸길이가 50~60cm쯤 된다. 짙고 검푸른 등에 하얀 줄무늬가 나 있다. 배는 하얗다. 입은 작고 이빨은 강하고 납작한 이가 있다. 모든 지느러미는 밝은 노란색이다. 등과 배에는 아주 작은 가시비늘이 있다. 등지느러미와 가슴지느러미 밑에는 까만 점무늬가 있다. 가슴지느러미 위쪽 뒤에 까만 띠가 등 쪽으로 비스듬하게 이어진다. 꼬리지느러미 끝은 자른 듯 반듯하다. 옆줄이 하나 있다. **성장** 2~5월에 알을 낳는다. 알 지름은 1mm 안팎이다. 알은 물에 가라앉아 붙는다. 알에서 갓 나온 새끼는 2.6mm 안팎이고, 3cm쯤 자라면 지느러미를 다 갖춰 어미를 닮는다. 새끼들은 강어귀나 모래나 펄 바닥인 바닷가에서 무리 지어 산다. 4~5월에 나온 새끼는 7~8월에 5~6cm, 11월에 15cm쯤 자란다. **분포** 우리나라 온 바다. 일본 홋카이도 이남, 대만, 동중국해 **쓰임** 낚시나 그물로 잡는다. 이빨이 세서 낚싯줄도 툭툭 끊고 잘 도망간다. 알과 간에 아주 강한 독이 있고 창자에도 약한 독이 있다. 정소, 껍질, 살에는 독이 없다. 탕이나 회, 찜, 수육으로 먹는다.

16~18

14~16

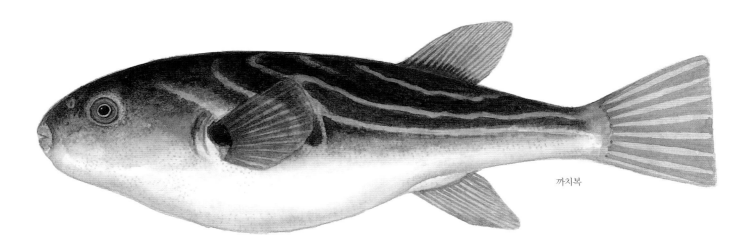

까치복

까치복 헤엄치는 모습

# 졸복 *Takifugu pardalis*

검은점복아지<sup>북</sup>, Panther puffer, ヒガンフグ, 豹纹东方鲀

졸복은 바닷가 바위밭에서 산다. 봄이 되면 알을 낳으러 10~30마리가 무리를 지어 물 깊이가 0.5~1m쯤 되는 바닷가 자갈밭으로 온다. 수컷 여러 마리가 암컷 뒤를 쫓다가, 수컷이 주둥이로 암컷 배를 누르면 암컷이 알을 낳는다. 그러면 뒤따라서 수컷들이 정액을 뿌린다. 가을이 되면 깊은 곳으로 자리를 옮긴다.

**생김새** 몸길이가 35cm쯤 된다. 살갗에 가시는 없지만 좁쌀처럼 작고 둥근 돌기가 돋아 있어서 거칠거칠하다. 등은 누런 밤색이고, 다각형으로 생긴 검은 밤색 반점이 흩어져 있다. 배와 몸통 사이에 누런 세로줄이 있다. 입은 작고 이빨이 서로 붙어 새 부리처럼 생겼다. 꼬리지느러미 끝은 둥글다. **성장** 남해에서는 3~5월에 동그란 알을 낳는다. 알 지름은 1.2mm 안팎이고 불투명하다. 알은 서로 떨어져 물에 가라앉는다. 물 온도가 18도일 때 8일쯤 지나면 새끼가 나온다. 갓 나온 새끼는 몸길이가 3mm쯤 된다. 20일쯤 지나 1cm쯤 크면 지느러미를 다 갖추고 어미를 닮는다. 암컷은 20cm쯤 자라면 알을 낳는다. **분포** 우리나라 온 바다. 일본, 동중국해 **쓰임** 그물이나 낚시로 잡는다. 살갗과 난소, 간에 '테트로도톡신'이라는 센 독이 있다. 정소에는 조금 약한 독이 있다. 알 낳을 때는 독이 더 세어진다. 독이 있는 곳을 없애고 탕으로 먹는다.

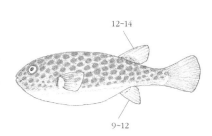

12~14

9~12

# 복섬 *Takifugu niphobles*

졸복아지<sup>북</sup>, 졸복, 쫄복, Grass puffer, クサフグ, 星点东方鲀

복섬은 먼바다보다 바닷가에서 무리 지어 살아서 가장 흔하게 보는 복어다. 복어 가운데 몸집이 가장 작아서 사람들은 흔히 새끼 복어나 졸복이라고 한다. 물 온도가 20도 위로 올라가는 여름이면 바닷가나 포구에서 흔히 볼 수 있다. 가끔 강을 거슬러 오르기도 하지만 오래 머물지는 않는다. 바닥에 모래나 자갈이 깔리고 바위가 많고 바다풀이 우거진 곳을 좋아한다. 낮에는 이리저리 잘 돌아다니면서 게나 갯지렁이, 조개 따위를 잡아먹는다. 이빨이 아주 튼튼해서 게나 조개 따위도 부숴 먹는다. 밤에는 바닥에 앉거나 아예 모래 속에 들어가 잠을 잔다. 복섬은 봄, 여름에 자갈이 깔린 얕은 바닷가로 떼로 몰려와서 자갈밭에 알을 붙여 낳는다. 물이 물러나도 아랑곳하지 않고 아예 물 밖에 나와서 알을 낳기도 한다. 졸복과 비슷하게 알을 낳는다. 돌에 붙은 알은 거의 물살에 휩쓸려 떠내려가지만 운 좋게 남은 알에서 일주일쯤 지나면 새끼가 깨어 나온다.

**생김새** 몸길이는 10~15cm쯤 된다. 살갗에는 작은 가시가 돋아 있어서 까칠까칠하다. 가슴지느러미 뒤에 까만 점이 있는데, 둘레에 하얀 테두리가 없다. 배지느러미는 없다. 옆줄이 하나 있다. **성장** 남해 바닷가에서는 5~7월에 알을 낳는다. 14~15cm쯤 되는 암컷 한 마리가 2만~4만 개 알을 낳는다. 알 지름은 0.9mm 안팎이다. 알은 저마다 흩어져 바닥에 가라앉는다. 물 온도가 21~22도일 때 6일쯤 지나면 새끼가 나온다. 갓 나온 새끼는 2~2.3mm이다. 6~7mm 크면 지느러미를 다 갖춘다. 암컷은 9~10cm쯤 크면 알을 낳는다. **분포** 우리나라 온 바다. 일본, 중국 **쓰임** 정치망이나 낚시로 잡는다. 미끼를 잘 빼먹어서 낚시꾼들은 '미끼 도둑'이라고 한다. 알과 간, 내장에는 아주 센 독이 있고 껍질에도 센 독이 있다. 살과 정소에는 약한 독이 있다. 작은 복이라 잘 먹지 않지만 경상도 통영에서는 복국을 끓여 먹는다.

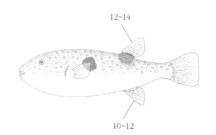

12~14

10~12

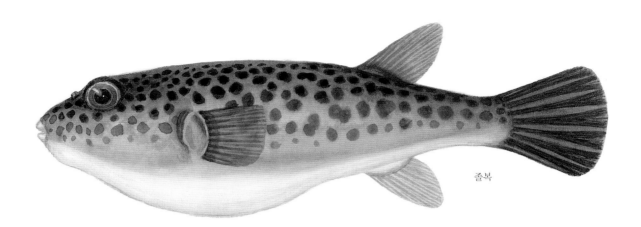

졸복

복섬

**복섬 알 낳기** 복섬은 여름에 작은 몽돌이 좍
깔린 바닷가로 떼 지어 몰려와 알을 낳는다.
알은 대부분 물살에 쓸려 가지만, 운 좋게 돌에
들러붙은 알에서 새끼가 나온다.

**부푼 배** 복어는 화가 나거나 누가 건들면 배를
볼록하게 부풀린다. 물이나 공기를 잔뜩 들이켜서
부풀린다.

# 황복 *Takifugu obscurus*

황복아지<sup>북</sup>, 눈복<sup>북</sup>, 보가지, 복, 강복, Obscure pufferfish, River puffer, メフグ, 暗纹东方魨

황복은 바다와 강을 오가며 산다. 서해로 흐르는 금강, 한강, 대동강, 임진강, 압록강에서 볼 수 있다. 남해나 동해에는 안 산다. 중국 양쯔강, 황허강에서도 볼 수 있는데 일본에는 안 산다. 황복은 바다에서 크다가 진달래꽃이 필 때쯤이면 강 위쪽까지 올라와 알을 낳는다. 복어 무리 가운데 황복만 강에 올라와 알을 낳는다. 밤에 강을 거슬러 오르고 낮에는 모랫바닥에 머문다. 알 낳는 철이라도 비가 내리면 강 하류 쪽으로 내려간다. 바닥에 모래와 자갈이 깔리고 물이 느릿느릿 흐르는 곳에서 밤중에 알을 낳는다. 알은 조금 끈적끈적해서 모래나 자갈에 붙는다. 알 낳을 때가 되면 이빨을 갈아서 '국국 국국' 하고 돼지 소리처럼 운다. 이 소리가 나면 다른 물고기들은 싹 도망간다고 한다. 알에서 나온 새끼는 알 낳은 곳에 따라 다르지만 한두 달쯤 하류나 강어귀에 머물다가 바다로 내려가는 것 같다. 바다에서 2~3년쯤 살다가 다시 강으로 올라온다. 알을 낳은 암컷은 바다로 내려가고, 수컷은 강에 남아서 다른 암컷을 만나 여러 번 알을 낳는다.

황복은 물고기나 새우 따위를 잡아먹는데, 이빨이 튼튼해서 참게도 썩둑썩둑 잘라 먹는다. 성질이 사나워서 앞에 얼쩡거리는 것은 무엇이든 덥석덥석 문다. 다른 복어처럼 화가 나거나 누가 건드리면 물이나 공기를 배에 가득 채워 배를 뽈록하게 풍선처럼 부풀린다.

몸이 노랗다고 황복이다. 북녘에서는 '황복아지, 눈복'이라고 한다. 중국에서는 몸이 돼지처럼 통통하고 돼지 소리를 내며 운다고 '하돈(河豚)'이라고도 한다. 《동의보감》에는 '하돈(河魨), 복'이라고 나온다. "강에 산다. 건드리면 화를 내면서 배가 부풀어 오른다. '규어(鯢魚), 취두어(吹肚魚), 호이어(胡夷魚)'라고도 한다."라고 했다.

**생김새** 몸길이는 45cm쯤 된다. 몸통 가운데로 노란 띠무늬가 있다. 그 위쪽은 잿빛 밤색이고 아래쪽 배는 하얗다. 주둥이는 짧고 뭉툭하고, 입은 작다. 납작한 이가 위아래 턱에 두 개씩 있다. 가슴지느러미 뒤쪽과 등지느러미 아래에 까만 점무늬가 있다. 등지느러미와 뒷지느러미는 몸 뒤쪽에서 위아래로 마주 있다. 몸에는 비늘이 없고 등과 배에는 작은 가시들이 돋아 까슬까슬하다. 꼬리지느러미 끝은 자른 듯 반듯하다. 옆줄은 하나다. **성장** 3~6월에 강으로 올라와 알을 낳는다. 28cm쯤 되는 암컷들이 5만~20만 개쯤 낳는다. 알 지름은 1.4~1.5mm이다. 물 온도가 18도일 때는 10일, 24도일 때는 7일 만에 새끼가 나온다. 갓 나온 새끼는 3.1~3.4mm이며 바닥에 누워 있다. 한 달쯤 지나 1.2~1.3cm로 자라면 지느러미가 생긴다. 40일 뒤 2~3cm 자라면 어미를 닮는다. 70일쯤 지나면 7cm 안팎으로 큰다. 그 뒤 성장은 해역에 따라 다른데 1년이면 10cm, 2년이면 18cm, 5년이면 30cm쯤 자란다. 알에서 나온 지 2년이 지나 17cm쯤 크면 어른이 되기 시작한다. 수컷은 2~3년, 암컷은 3~4년 지나 20~40cm쯤 크면 알을 낳는다. **분포** 우리나라 서해. 동중국해, 남중국해, 중국 연안 **쓰임** 강을 거슬러 올라올 때 그물이나 낚시로 잡는다. 우리나라 신석기 시대 조개더미에서도 복어 뼈가 나오는 것으로 볼 때 아주 오래전부터 사람들이 황복을 잡았던 것 같다. 난소와 간에는 아주 강한 독이 있고, 정소와 소화관에도 강한 독성이 있다. 껍질과 근육에는 약한 독성이 있다. 독이 있어서 전문 요리사가 해 주는 요리를 먹어야 한다. 회나 탕이나 튀김으로 먹는다. 우리나라와 중국에서는 1990년부터 알부터 어미까지 키우고 있다.

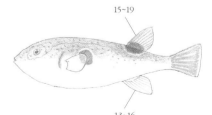

15~19

13~16

황복

황복은 넓적한 이빨이 두 개씩 위아래로 났다.
이빨이 튼튼해서 딱딱한 참게도 썩둑썩둑 잘라
먹는다. 복어 무리 과 이름인 'Tetraodontidae'는
그리스 말로 '이빨 네 개'라는 뜻이다.

황복은 바다에서 살다가 알을 낳으러 강을 거슬러 올라온다.
알에서 나온 새끼는 다시 바다로 내려간다.

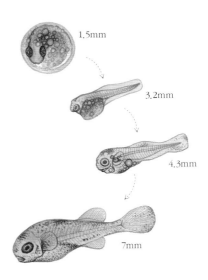

1.5mm

3.2mm

4.3mm

7mm

황복 알에서 새끼가 나와 커 가는 모습이다.

# 밀복 *Lagocephalus lunaris*

Lunartail puffer, Moontail puffer, ドクサバフグ, 月兔头鲀, 大眼兔头鲀

밀복은 바다에 살지만 때때로 강어귀에도 들어온다. 주로 모랫바닥에 살지만 바위밭에서도 지낸다. 새 부리처럼 딱딱한 이빨로 연체동물이나 게, 새우, 작은 조개 따위를 먹는다. 민밀복과 닮았지만, 민밀복은 아가미구멍이 뚜렷하게 까만데, 밀복은 하얗다.

**생김새** 몸길이는 45cm까지 큰다. 몸은 통통하고 긴둥근꼴이다. 머리와 몸통 등 쪽은 풀빛이 도는 밤색이고, 배는 하얗다. 등과 배에는 작은 가시비늘이 있다. 옆줄은 가슴지느러미 가까이에서 등 쪽으로 치우치다가 등지느러미에서 꼬리지느러미 앞까지 완만하게 휘어진다. 이빨은 새 부리처럼 생겨서 날카롭고 강하다. 등과 배는 가시로 덮여 있다. 등지느러미와 꼬리지느러미는 옅은 밤색, 가슴지느러미와 뒷지느러미는 거의 투명한 흰색이다. **성장** 4~5월에 얕은 바닷가에서 알을 낳는다. 알에서 나온 새끼는 1년이면 25~30cm, 2년이면 35cm 안팎으로 자란다. 2년쯤 지나면 어른이 된다. **분포** 우리나라 남해. 일본, 중국, 호주까지 서태평양, 인도양, 홍해, 아프리카 남부 **쓰임** 바닥끌그물이나 낚시로 잡는다. 살갗과 근육, 간, 창자, 난소에 강한 독이 있다.

11~13

10~12

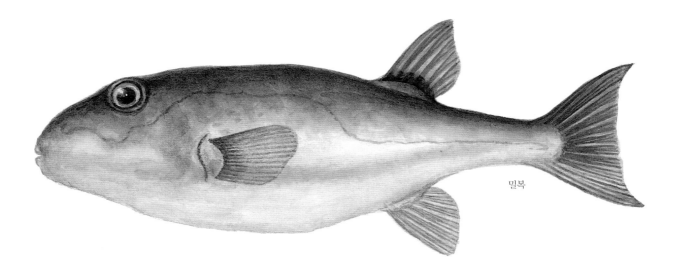

밀복

# 매리복 *Takifugu snyderi*

Globefish, Blowfish, Puffer, ショウサイフグ, 潮陣東方鲀

매리복은 바닥에 모래나 바위가 있고, 물 깊이가 100m보다 얕은 바다에 산다. 어릴 때는 동물성 플랑크톤을 먹다가 크면서 작은 물고기, 갯지렁이, 새우 같은 갑각류를 먹는다. 장마철부터 초여름까지 알을 낳는다. 알은 바닥에 가라앉는데, 물 깊이가 20m보다 얕은 모래펄 바닥이나 바위 위에 붙는다.

**생김새** 몸길이는 20~30cm쯤 되며 40cm쯤까지 자란다. 가슴지느러미 뒤쪽에 까만 점이 없든지, 까만 점이 있어도 희미한 것으로 국매리복과 구분된다. 등에는 까만 점이 빽빽이 나 있고 배는 희다. 가슴지느러미와 등지느러미는 옅은 노란빛을 띤 밤색, 뒷지느러미는 흰색, 꼬리지느러미는 옅은 노란빛 띤 밤색이고 뒷 가장자리가 짙다. 비늘이 없어 온몸이 매끄럽다. 새끼 검복과 닮았지만 검복은 뒷지느러미가 노란색이어서 다르다. **성장** 더 밝혀져야 한다. **분포** 우리나라 서해, 남해, 제주. 일본, 동중국해, 남중국해 **쓰임** 독을 가진 복어여서 반드시 전문가가 요리를 해야 한다.

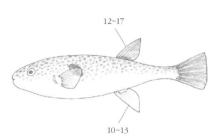

12~17

10~13

# 국매리복 *Takifugu vermicularis*

Purple puffer, Pear puffer, ナシフグ, 虫纹东方鲀, 虫纹多纪鲀

국매리복은 바닷가에서 산다. 만이나 강어귀에서도 산다. 새우나 게, 조개 같은 동물성 먹이를 먹는다. 봄에 알을 낳는다. 5년쯤 산다.

**생김새** 몸길이는 30cm쯤 된다. 몸은 길쭉한 달걀꼴로 매리복과 닮았다. 등은 옅은 잿빛 밤색이고, 하얀 반점들이 빽빽하게 나 있다. 배는 하얗다. 등과 배 사이에 노란 띠가 있다. 몸에는 비늘이 없고 매끄럽다. 가슴지느러미 위쪽에 커다랗고 꽃처럼 생긴 잿빛 밤색 반점이 있고, 반점 둘레와 옆구리에도 벌레처럼 생긴 하얀 점들이 있다. 뒷지느러미는 하얗고, 꼬리지느러미 끝은 거의 반듯하며 아래쪽이 허옇다. **성장** 4~6월에 바닷가나 강어귀로 몰려와 알을 낳는다. 알 지름은 0.9mm 안팎이다. 알은 바닥에 가라앉아 붙는다. 물 온도가 19도쯤일 때 일주일 만에 새끼가 나온다. 갓 나온 새끼는 2.2mm 안팎이고 물에 둥둥 떠다니며 자란다. 2.3cm쯤 크면 어미와 닮는다. 20~23cm쯤 자라면 어른이 된다. **분포** 우리나라 온 바다. 일본 남부, 중국, 대만 **쓰임** 경남 지방에서 밀복이라 하고, 흔히 복국을 끓여 먹는다. 제법 많이 잡힌다. 사는 해역에 따라 독 세기가 달라서 조심해야 한다. 살갗과 간, 창자, 근육에 독이 있어서 전문 요리사가 필요하다. 중국에서는 약재로 쓰고 있다.

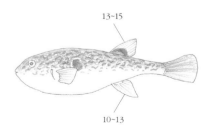

13~15

10~13

매리복

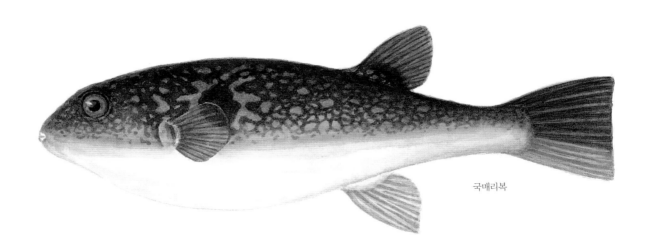

국매리복

# 흰점복 *Takifugu poecilonotus*

Fine-patterned puffer, コモンフグ, 异背东方鲀, 斑点多纪鲀

흰점복은 이름처럼 몸에 하얀 점무늬가 잔뜩 나 있다. 모자반 같은 바다풀이 수북이 자란 얕은 바닷가 바위밭에서 산다. 딱딱한 이빨로 새우나 게, 갯지렁이, 조개, 히드라충, 성게, 오징어 따위를 잡아먹는다. 물고기를 잡아먹기도 한다.

흰점복은 3~4월에 알을 낳는다. 알을 낳을 때는 바닷가 가까이로 올라온다. 알 낳는 모습은 복섬과 닮았다. 바닷가 자갈밭에 무리 지어 나와서 암컷이 알을 낳으면 수컷이 함께 정자를 뿌린다. 몸길이가 17~23cm 되는 암컷 한 마리가 한 번에 알을 4만~10만 개쯤 낳는다. 알은 끈적끈적해서 자갈에 붙는다. 알 낳을 때 몸속에 있는 독이 가장 세어진다.

**생김새** 몸길이는 20cm쯤 된다. 등은 밤색이고, 둥글고 하얀 점들이 빽빽이 나 있다. 배는 하얗다. 몸은 통통하고 긴둥근꼴이다. 등과 배는 작은 가시들로 덮여 있다. 입은 작고 이빨은 좌우가 붙어서 새 부리처럼 생겼다. 가슴지느러미 뒤쪽과 등지느러미 뿌리 쪽에는 희미한 검은 밤색 반점이 있다. **성장** 더 밝혀져야 한다. **분포** 우리나라 온 바다. 일본 홋카이도 이남, 동중국해, 대만 **쓰임** 낚시나 그물로 잡는다. 복어 무리 가운데 독이 세다. 살갗과 간, 창자, 난소, 정소에 센 독이 있고 근육에도 약한 독이 있다. 함부로 먹으면 안 된다. 회나 수육, 탕, 지리, 튀김 따위로 먹는다.

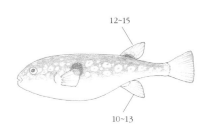

12~15

10~13

# 까칠복 *Takifugu stictonotus*

얼럭복아지[북], 깨복, Spottyback puffer, ゴマフグ, 密点多纪鲀

까칠복은 깊은 바다 바닥에서 헤엄쳐 다닌다. 새우나 게, 작은 물고기 따위를 잡아먹는다. 4~6월에 알을 낳는다. 사는 모습은 더 밝혀져야 한다.

**생김새** 몸길이는 40cm쯤 된다. 등과 배에 작은 가시비늘이 있어서 살갗은 까끌까끌하다. 등에 거무스름하면서 작고 파란 점이 잔뜩 나 있다. 머리와 꼬리자루까지 몸 옆에 누런 띠가 있다. 가슴지느러미와 뒷지느러미는 노랗다. 등지느러미와 꼬리지느러미는 거무스름한 푸른빛이다. 배지느러미는 없다. **성장** 알은 투명하고 지름이 1~1.1mm이다. 알에서 갓 나온 새끼는 2.6~3.5mm이다. 20일쯤 지나 8mm로 자라면 지느러미를 다 갖춘다. 3cm쯤 자라면 생김새와 무늬가 어미를 닮는다. **분포** 우리나라 동해, 황해, 발해만, 중국, 일본, 동중국해, 남중국해 **쓰임** 끌그물로 잡는다. 알을 낳을 때가 되면 큰 무리를 지어 움직이기 때문에 자리그물에 많이 들어오기도 한다. 난소와 간장, 껍질에는 센 독이 있고, 정소와 근육에는 약한 독이 있다. 전문가가 요리해야 한다. 독을 없애고 탕이나 수육으로 먹는다.

15~18

13~16

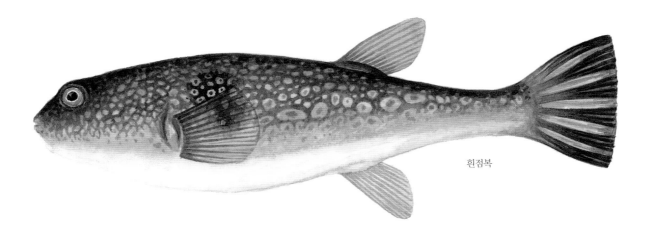

흰점복

까칠복

# 가시복 *Diodon holocanthus*

가시복아지<sup>북</sup>, Longspined porcupine fish, Balloonfish, ハリセンボン, 六斑二齒魨,
六斑刺魨

가시복은 따뜻한 바다에서 산다. 우리나라 따뜻한 바닷물이 올라오는 온 바다에 산다. 열대 바다에 사는 가시복은 크기가 더 크다. 봄여름에 따뜻한 구로시오 바닷물을 타고 큰 무리를 지어 올라온다. 제주 바다에서 많이 볼 수 있다. 바다풀이 자라고 바위가 많은 얕은 바다 바닥에서 산다. 헤엄을 칠 때는 가시를 몸에 딱 붙인다. 튼튼한 앞니로 작은 게나 조개, 성게처럼 딱딱한 먹이도 부숴 먹는다. 겁이 나거나 화가 날 때는 몸을 풍선처럼 부풀리고 누워 있던 기다란 가시를 고슴도치처럼 꼿꼿이 세운다. 어릴 때는 더 자주 부풀린다. 어릴 때는 가시가 짧고, 크면서 길어지는데 긴 가시는 5cm쯤 된다. 가시복은 다른 복어와 달리 몸에 독이 없어서 가시를 세워서 몸을 지킨다. 찔리면 아주 아프지만 독은 없다. 다른 물고기는 가시를 세운 가시복을 어쩌지 못하지만 때때로 다랑어나 곰치, 만새기, 꼬치고기 따위가 잡아먹는다. 가끔 몸을 부풀리고 배를 뒤집고 누워 바닷물을 따라 떠다니기도 한다.

가시복은 4~8월에 오키나와와 대만 바다에서 알을 낳는다. 새끼는 구로시오 해류와 대마난류를 타고 우리나라로 올라온다. 폭풍우 친 뒤 물 온도가 내려가면 떼를 지어 바닷가 가까이 나타나기도 한다. 5~7년쯤 산다.

고슴도치처럼 온몸에 가시가 돋았다고 '가시복'이다. 북녘에서는 '가시복아지'라고 한다. 《자산어보》에는 '위돈(蝟魨)'이라고 나온다. "생김새는 복어를 닮았다. 온몸에 가시가 돋아 있어 고슴도치처럼 보인다."라고 했다. 영어로는 가시 돋은 호저를 닮았다고 'Porcupine fish', 공처럼 부풀린다고 'Balloonfish'라고 한다. 일본에서는 '하리센본(ハリセンボン, 針千本)', 중국에서는 '자돈(刺魨), 이치돈(二齒魨)'이라 한다. '하리센본'은 '바늘 천 개'라는 뜻인데, 느긋하게 가시를 세어 보면 350개쯤 된다. 가시복과는 판자처럼 생긴 이빨이 위아래로 하나씩 있다. 그래서 속명인 'Diodon'은 '이빨 두 개'라는 뜻이다.

**생김새** 몸길이는 30~40cm쯤 된다. 등은 검은 밤색이고 배는 하얗다. 몸에 까만 점무늬가 여러 개 나 있다. 몸은 비늘이 바뀐 기다란 가시로 덮여 있는데 꼬리자루 위에는 가시가 없다. 눈이 주둥이보다 크다. 주둥이는 짧고 입은 작다. 위아래 턱에 넓적한 이빨이 한 개씩 있어서 4개인 복어류와 다르다. 등지느러미와 뒷지느러미는 몸통 뒤쪽에서 위아래로 마주 놓여 있다. 배지느러미는 없다. 꼬리지느러미 끄트머리는 둥글다. 옆줄은 없다. **성장** 봄, 여름에 암컷 한 마리와 수컷 여러 마리가 모여 알을 낳는다. 암컷이 물 위로 올라가면 수컷들이 뒤따르면서 알을 낳는다. 20cm 암컷 한 마리가 알을 3만 개쯤 낳는다. 알은 투명하고 지름이 1.6~1.7mm이다. 알은 흩어져 떠다니다가 4~5일 만에 새끼가 나온다. 갓 나온 새끼는 2.5mm 안팎이며 배에 노른자를 가지고 있다. 10일쯤 지나 5.4mm쯤 자라면 몸에 작은 돌기들이 생긴다. 두 달쯤 지나 4.6cm쯤 크면 몸빛과 점무늬가 어미를 닮는다. 6~9cm까지 물에 떠다니며 살다가 바닥으로 내려간다. 실내에서 길렀을 때는 3년 만에 25~28cm로 자란다. 12~13cm쯤 크면 처음으로 알을 낳기 시작하고, 20cm쯤 자라면 반 정도가 어른이 된다. **분포** 우리나라 온 바다. 온 세계 열대와 온대 바다 **쓰임** 때때로 그물에 딸려 올라온다. 우리나라 사람들은 가시복을 먹지 않지만 일본 사람들은 회나 조림, 구이, 국을 끓여 먹는다. 제법 맛있다고 한다.

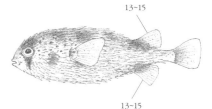

13~15

13~15

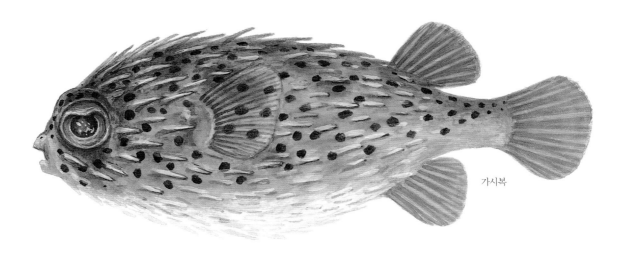

가시복

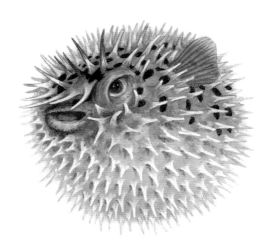

**가시를 세운 가시복** 겁이 나거나 누가 건들면 물을
벌컥벌컥 들이켜서 풍선처럼 몸을 부풀리고 몸에 잔뜩
난 가시를 꼿꼿이 세운다.

# 개복치 *Mola mola*

물복아지북, 망어북, 안진복, 골복짱이, Ocean sunfish, マンボウ, 翻車魨

개복치는 우리나라 온 바다에 살지만 따뜻한 물을 타고 남해와 동해에 자주 나타난다. 바닷가 가까이로는 잘 안 오고 먼바다에서 산다. 무리를 안 짓고 혼자 산다. 물낯부터 바닷속 30~70m 깊이에서 살지만 200~800m쯤 되는 깊이까지 내려가기도 한다. 동물성 플랑크톤이나 해파리를 주로 먹는다고 알려졌다. 해면, 거미불가사리, 게, 새우, 오징어, 작은 물고기 따위도 잡아먹는다.

개복치는 몸을 좌우로 틀면서 헤엄치지 못하고, 기다란 등지느러미와 뒷지느러미를 움찔움찔 움직여 느릿느릿 헤엄친다. 헤엄치면 옆으로 쓰러질 듯 아슬아슬하다. 다른 물고기와 달리 꼬리지느러미가 없고 몸통이 뭉텅 잘려 나간 것 같다. 몸 뒤쪽에 있는 지느러미는 마치 배에서 방향을 잡아 주는 키를 닮았다고 '키지느러미(clavus)'라고도 한다. 날이 환하게 개고 물결이 잔잔한 날에는 물낯으로 올라온다. 등지느러미를 돛처럼 물 밖으로 내놓고 느릿느릿 헤엄치거나 해파리처럼 그냥 물에 둥둥 떠다니기 일쑤다. 햇살 좋은 날에는 물낯에 발라당 누워 햇볕을 쬔다. 배가 가까이 와도 세상 모르고 자기도 한다. 그때는 사람이 와서 툭툭 쳐도 꼼짝을 안 한다. 몸이 둔하니까 범고래나 바다사자에게 곧잘 잡아먹힌다. 다른 물고기와 달리 깜짝 놀라면 눈을 질끈 감는 버릇이 있다. 짝짓기 때가 되면 이빨을 갈아서 '삐걱, 삐걱' 소리를 내며 짝을 찾는다. 제주도 둘레에서 7~10월에 알을 낳는 것 같다. 1.5m쯤 되는 암컷은 알을 3억 개 넘게 여러 번 나누어 낳는다. 물고기 가운데 알을 가장 많이 낳는다. 10~20년쯤 산다.

개복치는 《난호어목지》에서 말안장 안쪽에 늘어뜨려 땅바닥 흙이 튀지 않도록 하는 말다래를 닮았다고 '청장니어(靑障泥魚)'라고 했다. 물에 떠 있는 개복치를 멀리서 바라보면 거북처럼 보인다고 '부구(浮龜)'라는 별명도 있다. 학명인 'mola'는 맷돌이라는 뜻이다.

**생김새** 다 크면 몸길이가 3~4m쯤 되고 몸무게는 1톤쯤 된다. 경골어류 가운데 가장 크다. 등은 검푸르고 배는 허옇다. 등지느러미와 뒷지느러미는 몸 뒤쪽에서 서로 마주 보고 길게 솟았다. 꼬리지느러미는 없고 키지느러미가 있다. 키지느러미에는 뼈판이 8~9개 있다. 가슴지느러미는 작고 둥글다. 배지느러미는 없다. 눈과 입과 아가미구멍은 작다. 이빨은 서로 하나로 붙었다. 몸은 옆으로 납작하고 뒤로 넓적하다. 살갗이 미끈해 보이지만 비늘에는 뾰족뾰족한 가시가 있어 상어 살갗보다 더 거칠다. 옆줄과 부레는 없다. **성장** 알 지름은 1.2~1.5mm이고, 물에 떠다닌다. 알에서 나온 새끼는 1.4mm이다. 머리와 몸통이 둥글며 꼬리는 가늘어서 새끼 거북복과 닮았다. 1.8mm쯤에 꼬리지느러미 윤곽이 나타난다. 10일쯤 지나 5mm 안팎이 되면 몸은 공처럼 둥글게 바뀌고 온몸에 피라미드처럼 생긴 가시가 나기 시작한다. 1.5cm쯤 되면 키지느러미 형태가 생기기 시작한다. 6cm쯤 자라면 가시들은 거의 없어지고 등지느러미, 뒷지느러미, 키지느러미를 모두 갖춘다. 1년에 50cm, 3년에 1m, 5년에 1.5m, 10~15년이면 2.5m로 자란다. 몸길이가 60cm 넘으면 수컷은 주둥이가 튀어나오고 암컷은 수직형이 된다. 우리나라에서는 몸길이가 1.4m쯤 되면 어른이 된다. **분포** 우리나라 온 바다. 온 세계 온대와 열대 바다 **쓰임** 일부러 잡지 않고 가끔 쳐 놓은 그물에 잡힌다. 늦봄부터 여름에 가끔 잡힌다. 덩치가 자동차만 해서 기중기를 써서 나른다. 동해 바닷가 사람들은 회나 탕, 찜으로 먹고 살을 살짝 데쳐서 먹는다. 살은 하얗고 오징어보다 부드럽다. 내장을 구워 먹기도 한다. 중국에서는 개복치 간을 칼에 다친 상처나 배가 아플 때 약으로 쓰고, 또 뼈가 물렁물렁해지는 병에도 약효가 있다고 한다. 사람들이 보려고 수족관에서 기르기도 한다.

15~18

14~17

개복치

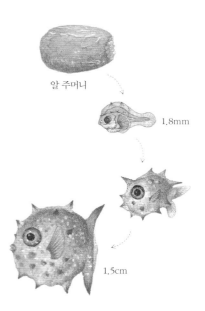

알 주머니

1.8mm

1.5cm

개복치는 물결이 잔잔하고 날이 좋은 날에는 물낯에
올라와 옆으로 가만히 드러누워 쉰다. 사람이 와서
툭툭 쳐도 발딱 못 일어난다.

개복치가 커 가는 모습이다. 알 주머니에서 새끼가
나온다. 물고기 가운데 알을 가장 많이 낳는다.
새끼일 때는 온몸에 뾰족한 가시가 돋는다.

# 물개복치 *Masturus lanceolatus*

Sharptail mola, Sharptailed sunfish, ヤリマンボウ, 矛尾翻車鈍

물개복치는 물 온도가 20도가 넘는 따뜻한 먼바다에서 산다. 물낯부터 1000m쯤 되는 깊은 바닷속까지 산다. 해파리, 연체동물, 갑각류, 작은 물고기 따위를 먹는다. 주로 바닥 가까이에서 지낸다. 20년 넘게 산다.

개복치과에는 온 세계에 5종이 있다. 우리나라에는 개복치, 물개복치 2종이 알려졌다. 물개복치는 개복치와 달리 키지느러미 가운데에서 꼬리지느러미가 꼬리처럼 길게 나온다. 새끼일 때는 꼬리가 더 길다.

**생김새** 다 크면 몸길이가 3.3m쯤 되고, 몸무게는 2톤까지 나간다. 등은 짙은 밤색이고, 배는 연한 누런 밤색이나 은빛을 띤다. 몸은 둥근 달걀꼴이고 옆으로 납작하다. 개복치보다 작은 비늘이 몸을 덮고 있다. 어릴 때는 몸에 둥근 반점들이 흩어져 있다. 등지느러미와 뒷지느러미는 길고 몸 뒤쪽에서 위아래로 마주 보고 있다. 둥근 꼬리 끝에 꼬리지느러미가 넓게 붙어 있는데 거의 흔적만 남았다. 키지느러미 가운데가 길게 튀어나와서 개복치와 다르다. **성장** 2mm쯤 되는 새끼는 삼각형 뿔들이 온몸에 돋아 있어서 별사탕처럼 생겼다. 5.5mm쯤 크면 몸이 둥글고 몸길이쯤 되는 가시들이 돋는다. 2cm쯤 되면 몸에 난 가시는 아주 작아지고, 등지느러미와 뒷지느러미, 키지느러미 형태를 갖춘다. 키지느러미 가운데에는 줄기 몇 가닥이 실처럼 길게 자란다. 6cm 안팎으로 자라면 어미와 비슷한 모습이 된다. 1년이면 30cm, 2년이면 40cm, 6년이면 80cm, 10년이면 120cm, 20년이면 160cm 안팎으로 자란다. **분포** 우리나라 남해. 온 세계 열대와 아열대, 온대 바다 **쓰임** 가끔 그물에 잡힌다.

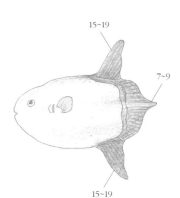

15~19

7~9

15~19

물개복치

새끼 물개복치

|3부|

찾아보기

# 우리 이름 찾아보기

# 학명 찾아보기

# 영어 이름 찾아보기

# 참고한 책

**단행본**

《국가해양생물종 목록집 I. 해양척추동물》 국립해양생물자원관. 해수부. 2018

《규합총서》 빙허각이씨. 보진재. 2012

《꿈의 바다목장》 명정구, 김종만. 지성사. 2010

《내 안의 물고기》 닐 슈빈. 김영사. 2009

《내가 좋아하는 바다생물》 김웅서. 호박꽃. 2008

《독도지리지》 국토지리정보원. 국토해양부. 2012

《동물원색도감》 과학백과사전출판사. 1982

《동의보감 5 - 탕액침구편》 허준. 여강출판사. 1995

《멸치 머리엔 블랙박스가 있다》 황선도. 부키. 2013

《물고기의 세계》 정문기. 일지사. 1997

《바다목장 이야기》 명정구. 지성사. 2006

《바다생물 이름 풀이사전》 박수현. 지성사. 2008

《바다의 터줏대감 물고기》 명정구. 지성사. 2013

《바다이야기》 강명환. 과학지식보급출판사. 1963

《바닷가 생물》 백의인. 아카데미서적. 2001

《생명 : 40억 년의 비밀》 리처드 포티. 까치. 2007

《세계의 바다와 해양생물》 김기태. 채륜. 2008

《세밀화로 그린 보리 어린이 동물도감》 남상호 외. 보리. 2010

《수산 편람 - 어로편》 수산신문사. 1962

《스킨/스쿠버 다이빙세계(해양과 인간)》 한국해양과학기술원. 2013

《아언각비, 이담속찬》 정약용. 현대실학사. 2005

《어류의 생태》 김무상. 아카데미서적. 2003

《어류학 총론》 김용억. 태화출판사. 1978

《연근해 주요 어업 자원의 생태와 어장》 국립수산진흥원. 농림수산식품부. 2010

《연어》 명정구. 웅진닷컴. 2003

《우리나라의 바다》 리길연 외. 국립출판사. 1960

《우리나라의 수산 자원》 경공업잡지사. 1960

《우리바다 어류도감》 명정구. 다락원. 2002

《우리바다 해양생물》 제종길. 다른세상. 2002

《우해이어보》 김려. 도서출판 다운샘. 2004

《울릉도 독도에서 만난 우리바다 생물》 명정구. 지성사. 2013

《인생이 허기질 때 바다로 가라》 한창훈. 문학동네. 2010

《자산어보》 정약전. 지식산업사. 2012

《제주 물고기 도감》 명정구. 지성사. 2015

《조기에 관한 명상》 주강현. 한겨레신문사. 1998

《조상 이야기 생명의 기원을 찾아서》 리처드 도킨스. 까치. 2005

《조선동물지 어류편(1,2)》 과학기술출판사. 2006

《조선의 바다》 국립출판사. 1956

《조선의 어류》 최여구. 과학원출판사. 1964

《주강현의 관해기(1-3)》 주강현. 웅진지식하우스. 2006

《증보산림경제》 유중림. 농촌진흥청. 2003

《코스레(미크로네시아)의 해양생물자원》 한국해양과학기술원. 2015

《태평양산 원양어류도감(제3판)》 농림수산식품부, 국립수산과학원, 2008

《한국 연근해 유용어류도감》 김용억 외. 예문사. 1994

《한국동물도감-어류》 문교부. 1961

《한국민족문화대백과사전》 한국정신문화연구원. 1995

《한국산 어명집》 이순길 외. 정인사. 2000

《한국어도보》 정문기. 일지사. 1977

《한국어류검색도감》 윤창호. 아카데미서적. 2007

《한국어류대도감》 김익수 외. 교학사. 2005

《한국연근해 어란, 치자 도감》 김용억, 이택열, 진명, 강용주. 부산수산대학. 1981

《한국의 갯벌》 고철환. 서울대학교출판부. 2009

《한국의 바닷물고기》 최윤 외. 교학사. 2002

《한국의 연안어류》 황철희 외. 아카데미서적. 2013

《한국해산어류도감》 김용억 외. 한글. 2001

《한국해양생물사진도감》 박흥식 외. 풍등출판사. 2001

《한반도의 물고기》 김진구 외. 해양수산부. 한국해양과학기술진흥원. 부경대학교. 2019

《해양생물대백과(1~4)》한국해양연구원. 2004
《해양생물의 세계. 해양과학총서4》한국해양연구소. 삼신인쇄. 1998
《현산어보를 찾아서(1~5)》이태원. 청어람미디어. 2007


**잡지**
〈낚시춘추〉
〈바다낚시〉
〈월간 낚시21〉


**외국 책**
《日本産稚魚圖鑑》沖山宗,雄. 東海大學出版会. 1988
《新版 魚類學(下)》落合明. 田中克. 厚生閣. 1986
《原色 日本 魚類圖鑑》蒲原稔治, 保育社, 1960
《原色魚類検索図鑑 Ⅰ,Ⅱ, Ⅲ》阿部宗明. 北隆館. 1989
《Fishes of Japan》Tetsuji Nakado, 東海大學出版會, 2002
《Fishes of Japan with Pictorial keys to the Species》Nakabo, Tokai Univ. Press, 2002
《Fishes of the World》Joseph S. Nelson, wiley, 2006


**누리집**
fish.darakwon.co.kr
fishbase.org
fishillust.com
tsurihyakka.yamaria.com
www.sea-fishes.com/seafishes
www.weibo.com
www.yahoo.co.jp
www.zukan-bouz.com


**논문**
가덕도 주변 해역 꼬치고기(*Sphyraena pinguis*)의 식성. 백근욱, 허성회. 한국수산학회지. 2004
가막만 해역에 방류된 감성돔(*Acanthopagrus schlegeli*) 치어의 초기 먹이 섭취 패턴과 어체 성분 변화. 지승철, 이시우, 유진형, 김양수, 정관식, 명정구. 한국양식학회지. 2007
가시망둑(*Pseudoblennius cottoides*)의 난 발생 및 자치어 형태 발달. 유동재 외. 한국수산학회지. 2003
가시망둑(*Pseudoblennius cottoides*)의 산란 습성 및 초기 생활사. 한경호 외. 여수대학교. 2001
갈가자미(*Tanakius kitaharae*)와 기름가자미(*Glyptocephalus stelleri*) (가자미과) 자어의 형태 비교. 장서하 외. 한국어류학회지. 2016
갈치(*Trichiurus lepturus*)의 식성. 허성회. 한국어류학회지. 1999
감성돔의 행동에 미치는 조석의 영향. 신현옥, 강경미, 김민선, 황보규. 한국어업기술학회 학술발표논문집. 2007
강원 연안産 까나리 仔稚魚의 분포. 한경호, 김복기, 최수하, 김귀영, 김용억, 조재권. 한국어류학회지. 1999
강원도 묵호 연안에서 출현하는 대구횟대(*Gymnocanthus herzensteini*)의 식성. 양재형 외. 한국수산과학회지. 2013
검정망둑(*Tridentiger obscurus*)의 초기 생활사. 황선영, 한경호, 이원교, 윤성민, 김준철, 이성훈, 서원일, 노성삼. 발생과 생식, 2006
경남 고성 주변 해역에서 출현하는 갯장어(*Muraenesox cinereus*)의 식성. 안영수, 박주면, 김현지, 백근욱. 한국수산과학회지. 2012
경남 기장군 좌광천에서 채집된 구굴무치(*Eleotris oxycephala*)의 기재. 김병직, 장민호, 윤주덕, 송호복. 한국어류학회지. 2014
경남 통영 해역의 뜬말에 서식하는 방어 유어에 관한 연구. 조선형 외. 한국수산과학회지. 2002
고등어(*Scomber japonicus*)의 난 발생 및 자치어 형태 발달. 박충국, 연인호, 최낙현, 허승준, 한경호, 이원교. 발생과생식. 2008
고리 주변 해역에 출현하는 반딧불게르치(*Acropoma japonicum*)의 생식 생태. 백근욱 외. 한국해양수산기술학회. 2012
고리 주변 해역에서 출현하는 달고기(*Zeus faber*)의 식성. 허성회, 박주면, 백근욱. 한국수산과학회지. 2006
고리 주변 해역에서 출현하는 웅어(*Coilia nasus*)의 위 내용물 조성. 백근욱, 박주면, 추현기, 허성회. 한국어류학회지. 2011
광양만 잘피밭에 서식하는 감성돔(*Acanthopagrus schlegeli*) 유어의 식성. 허성회, 곽석남. 한국어류학회지. 1998
광양만 잘피밭에 서식하는 꼼치(*Liparis tanakai*) 유어의 식성. 곽석남, 허성회. 한국수산과학회지. 2003
광양만 잘피밭에 서식하는 문절망둑(*Acanthogobius flavimanus*)의 식성. 허성회, 곽석남. 한국수산과학회지. 1999
광양만 잘피밭에 서식하는 문치가자미(*Limanda yokohamae*)의 식성. 곽석남, 허성회. 한국수산과학회지. 2003
광양만 잘피밭에 서식하는 주둥치(*Leiognathus nuchalis*)의 식성. 허성회, 곽석남. 한국어류학회지. 1997
괴도라치(*Chirolophis japonicus*) 형태 및 산란 생태. 최재영. 전남대 석사 논문. 2016
군산 연안 유어기 감성돔의 성장. 최윤. 한국어류학회지. 1996
그물베도라치(*Dictyosoma burgeri*)의 생식 주기. 진영석 외. 제주대학교 해양과환경연구소. 2007

그물베도라치(*Dictyosoma burgeri*)의 연령과 성장. 강용주 외. 한국어류학회지. 1995

그물코쥐치(*Rudarius ercodes*)의 생식 주기. 이택열. 한국수산학회지. 1984

금강 하구 풀망둑(*Synechogobius hasta*)의 생태. 최윤, 김익수, 유봉석, 박종영. 한국수산학회지. 1996

금강 하구산 말뚝망둥어(*Periophthalmus cantonensis*)의 하기 생활양식에 대하여. 류봉석, 이종화. 한국수산학회지. 1979

금줄망둑(*Pterogobius virgo*)의 섭식 세력권과 용치놀래기(*Halichoeres poecilopterus*)의 침입 서식. 최승호, 박세창. 한국어류학회지. 2005

급이 및 비급이 참돔의 색, 맛 및 영양성분 비교. 신길만, 안유성, 신동명, 김혜숙, 김형준, 윤민석, 허민수, 김진수. 한국식품영양과학회지. 2008

까나리(*Ammodytes personatus*)의 성장 : 1. 치어의 日齡, 초기 성장 및 산란 시기. 김영혜, 강용주, 류동기. 한국수산과학회지. 1999

까나리(*Ammodytes personatus*)의 식성. 김영혜, 강용주. 한국수산과학회지. 1991

꼼치(*Liparis tanakai* (Gilbert et Burke))의 난 및 자치어 형태. 이배익, 변순규, 김진도, 오봉세, 한경호, 김춘철, 윤성민. 한국어업기술학회 2003년도 춘계 수산관련학회
　　공동학술대회 발표 요지집

꼼치(*Liparis tanakai*)의 식성. 허성희. 한국어류학회지. 1997

꼼치의 卵發生과 孵化仔魚. 김용억, 박양성, 명정구. 한국수산과학회지. 1986

낙동강 하구역에 분포하는 돌가자미(*Kareius bicoloratus* (Basilewsky))의 식성. 전복순, 최설화, 강용주. 한국어업기술학회 2000년도 추계수산관련학회 공동학술대회 발표 요지집

낙동강 하구역에 분포하는 미성어기의 돌가자미(*Kareius bicoloratus* (Basilewsky))의 성장. 최설화, 강용주, 전복순. 한국어업기술학회 2000년도 추계수산관련학회 공동학술대회
　　발표 요지집

날치의 자치어에 관한 연구 1. 난 발생과 자치어의 발육. 박양성, 김용억. 한국수산과학회지. 1987

날치의 仔稚魚에 關한 硏究 Ⅱ. 仔稚魚의 골격 발달. 박양성, 김용억. 한국수산과학회지. 1987

남태평양 해양생물자원 개발 연구. 한국해양연구원. 국토해양부.2008

남해 신수도 연안에 분포하는 까나리(*Ammodytes personatus*)의 성장. 김영혜, 강용주, 류동기. 한국어류학회지. 2000

남해에 출현하는 고등어(*scomber japonicus*)의 식성. 윤성종, 김대현, 백근욱, 김재원. 한국수산과학회지. 2008

남해에 출현하는 삼치(*Scomberomorus niphonius*)의 식성. 허성회, 박주면, 백근욱. 한국수산과학회지. 2006

노랑벤자리(*Callanthias naponicus* (FRANZ))의 자치어의 형태와 분포. 김종만 외. 한국해양과학기술연구원. 1989

노래미(*Hexagrammos agrammus* (Temminck et Schlegel))의 성 성숙과 산란. 정의영, 김성연. 1994

노래미의 난 발생과 부화자어. 김용억, 명정구. 한국수산과학회지. 1983

농어(*Lateolabrax japonicus*)의 생식 주기. 강덕영, 한형균, 안철민. 한국어류학회지. 2001

농어(*Lateolabrax japonicus*)의 초기 생활사. 한경호, 이원교, 양석우, 오성현, 신상수. 한국어류학회지. 1999

능성어(*Epinephelus septemfasciatus*) 자어의 소화기관 구조 및 조직학적 특징. 박종연, 김나리, 박재민, 명정인, 조재권. 한국어류학회지. 2016

능성어(*Epinephelus septemfasciatus*)의 산란과 난 발생. 송영보, 이치훈, 서종표, 이영돈. 한국양식학회. 2001

다섯동갈망둑(*Pterogobius zacalles*)의 채색 행동: 채식 방법과 먹이생물 크기의 관계에 관하여. 최승호. 한국어류학회지. 2008

다이빙 조사에 의한 여름철 울릉도 연안의 어류상. 명정구. 한국어류학회지. 2005

다이빙 조사에 의한 가을철 가거도 연안의 어류상. 명정구. 한국어류학회지. 2003

대구 자원의 효율적 증강 대책. 한국해양연구원. 2003

대형 선망어업에 있어서 고등어(*Scomber japonicus*) 어장의 어황 변동. 이햇님, 김형석. 한국어업기술학회지. 2011

독도 주변의 어류상. 명정구. Ocean and Polar Research. 2002

독도의 지속가능한 이용 연구. 한국해양연구원. 국토해양부, 2009.

돌가자미의 卵發生과 부화자어. 김용억. 한국수산과학회지. 1982

돗돔(*Stereolepis doederleini*)의 식품 성분. 문수경, 김인수, 고영신, 박정희, 김금조, 정보영. 한국수산과학회지. 2011

동갈돗돔(*Hapalogenys nitens*)의 자연 산란과 난 발생 특성. 강희웅, 김종화, 이권혁, 김종식. 한국양식학회지. 2004

동대만 잘피밭에 서식하는 가시망둑(*Pseudoblennius cottoides*)의 성장과 생산량. 김하원 외. 해양환경안전학회지. 2014

동대만 잘피밭에 서식하는 어류의 생태학적 특성 및 생산량 추정. 김하원. 부경대학교 박사학위 논문. 2010

동중국해와 황해에서의 참조기(*Pseudosciaena polyactis* Bleeker) 어장의 어황 변동. 백철인, 이충일, 최광호, 김동선. 한국수산과학회지. 2005

동해 남부 고리 주변 해역에 출현하는 돛양태(*Repomucenus lunatus*)의 식성. 허성회 외. 한국어류학회지. 2013

동해 임연수어(*Pleurogrammus azonus* (Jordan and Metz))의 성숙과 산란. 이성일, 양재형, 윤상철, 전영열, 김종빈, 차형기, 장대수, 김재원. 한국수산과학회지. 2009

동해 중부 연안 벌레문치(*Lycodes tanakae*)의 성숙과 산란. 손명호 외. 한국수산과학회지. 2014

동해 중부 연안 벌레문치(*Lycodes tanakae*)의 식성. 최영민 외. 한국수산과학회지. 2013

동해안 고무꺽정이(*Dasycottus setiger* (Bean))의 성숙과 산란. 양재형, 이성일, 황선재, 박종화, 권혁찬, 박기영, 최수하. 한국어류학회지. 2007

동해안 기름가자미(*Glyptocephalus stelleri* (Schmidt))의 성숙과 산란. 차형기 외. 한국어류학회지. 2008

동해안 도루묵(*Arctoscopus japonicus*)의 연령과 성장. 양재형, 이성일, 차형기, 윤상철, 장대수, 전영열. 한국어업기술학회지. 2008

동해안 자망에 대한 고무꺽정이(*Dasycottus setiger*)의 망목 선택성. 박창두 외. 한국어업기술학회지. 2016

동해안 참가자미(*Limanda herzensteini*)의 생식 주기. 장윤정, 이정용, 장영진. 한국양식학회지. 2004

동해에서 대왕오징어(*Architeuthis* sp.)와 산갈치(*Regalecus russellii*)의 출현. 이해원 외. 한국수산과학회지. 2013

등줄숭어(*Chelon affinis* (Günther))의 난 발생 및 자어의 형태 발달. 김용억, 김진구. 한국수산과학회지. 1999

뚝지(*Aptocyclus ventricosus*) 치어의 먹이별 온도별 성장 및 에너지수지. 박기영, 정소정, 박준우, 배정만. 한국수산과학회지. 2006

뚝지의 卵發生과 仔稚魚. 김용억, 박양성, 명정구. 한국수산과학회지. 1987

말쥐치(*Thamnaconus modestus*)의 난 발생 과정과 부화자어의 형태 발달. 이승종, 고유봉, 최영찬. 한국어류학회지. 2000

문치가자미(*Limanda yokohamae*) 仔稚魚의 형태 발달. 한경호, 박준택, 진동수, 장선익, 정현호, 조재권. 한국어류학회지. 2001

문치가자미의 卵發生과 孵化仔魚. 김용억 외. 한국수산과학회지. 1983

미거지의 난 발생과 부화자어. 김용억, 박양성, 명정구. 한국수산과학회지. 1986

민태(*Johnius belengeri*)의 분포, 체장 및 연령조성. 이태원, 송해성. 한국어류학회지. 1993

바닥문절(*Sagamia geneionema*) 암컷의 생식 주기. 허상우 외. 한국수산학회지. 2006

백다랑어(*Thunnus tonggol*) 치어의 국내 출현. 윤상철 외. 한국어업기술학회지. 2013

범가자미(*Verasper variegatus*)의 성 성숙. 김윤 외. 한국어류학회지. 1998

범가자미(*Verasper variegatus*)의 연령과 성장. 전복순 외. 한국어류학회지. 1996

베도라치(*Enedrias nebulosus*)의 연령, 성장 및 산란. 강용주 외. 한국수산학회지. 1996

베도라치(*Enedrias nebulosus*)의 연령, 성장 및 산란. 강용주, 김영혜, 김원태. 한국수산과학회지. 1996

베도라치(*Pholis nebulosa*)의 식성. 허성희, 곽석남. 한국어류학회지. 1997

뱅에돔(*Girella punctata*)과 긴꼬리뱅에돔(*Girella melanichthys*)의 난 발생에 미치는 수온의 영향. 오봉세, 최영웅, 구학동, 김성철, 정민민, 박흥식. 발생과생식. 2010

볼락(*Sebastes inermis*)의 攝食生態. 김종관, 강용주. 한국수산과학회지. 1999

부산 주변 해역에 출현하는 삼치(*Scomberomorus niphonius*) 암컷의 성숙과 산란. 백근욱, 김재원, 허성회, 박주면. 한국수산과학회지. 2007

부산 주변 해역에서 채집된 불볼락(*Sebastes thompsoni*)의 식성. 허성회 외. 한국수산과학회지. 2008

불볼락(*Sebastes thompsoni*)과 개볼락(*Sebastes pachycephalus pachycephalus*)의 난 형태 및 자어의 형태 발달. 한경호 외. 한국어류학회지. 1996

불볼락(*Sebastes thompsoni*)의 생식 주기. 이정식 외. 한국수산과학회지. 1998

붉바리(*Epinephelus akaara*)의 성숙 개시와 성 특성. 오승보. 제주대 석사 논문. 2017

붉바리의 성숙과 성비 및 성전환. 이창규 외. 한국양식학회지. 1998

빙어의 난 발생 과정과 자어의 형태 발달. 한경호 외. 한국수산과학회지. 1996

삼척 오십천 상, 하류에 분포하는 황어(*Tribolodon hakonensis*) (잉어과) 집단의 유전적 분화. 이신애, 이완옥, 석호영, 이완묵. 한국환경생태학회지. 2012

새만금호 유어기 돌가자미(*Kareius bicololaratus*)의 성장과 서식 환경. 최윤. 환경생물학회지. 2009

西歸浦沿岸의 자리돔 漁場의 魚類. 백문하. 한국수산과학회지. 1977

서해산 쥐노래미(*Hexagrammos otakii*)의 성 성숙과 산란 특성. 강희웅, 정의영, 김종화. 한국양식학회지. 2004

서해안 박대(*Cynoglossus semilaevis*) 암컷의 성숙과 산란. 강희웅 외. 발생과 생식. 2012

서해안 지역의 임경업 신앙 연구. 서종원. 동아시아고대학. 2006

수조(水槽)에서 사육(飼育)한 남해산(南海産) 쑤기미(*Inimicus japonicus*)의 난 발생(卵發生)과 부화자어(孵化仔魚)의 형태(形態). 명정구, 김종만, 김용억. 한국어류학회지. 1989

수컷 돌가자미(*kareius bicoloratus*)의 생식세포 분화 및 생식 주기. 전제천, 정의영. 한국양식학회 2004년도 수산관련학회 공동학술대회 발표 요지집

순천만에 분포하는 개소겡(*Taenioides rubicundus*)의 서식 및 산란. 박상언. 전남대 석사 논문. 2009

실고기(*Syngnathus schlegeli*) 난의 형태 및 출산 자치어의 형태 발달. 김용억, 한경호, 안건. 한국어류학회지. 1994

실내 사육한 강도다리(*Platichthys stellatus*)의 성 성숙과 생식 주기. 임한규 외. 한국양식학회지. 2007

실내 사육한 줄가자미(*Clidoderma asperrimum*)의 성 성숙과 생식 주기. 임한규 외. 수산해양교육연구. 2012

실내 수조에서 사육한 참조기 배 발생 및 자치어의 형태. 명정구 외. 한국수산학회지. 2004

實驗室에서 飼育한 도루묵의 卵發生과 仔稚魚의 形態. 명정구 외. 한국수산과학회지. 1989

쏠종개(*Plotosus lineatus* (Thunberg))의 생식 주기. 허성일, 유용운, 노섬, 이치훈, 이영돈. 한국수산과학회지. 2007

쏠종개(*Plotosus lineatus* Thunberg) 수염의 상대 성장. 박인석, 허준욱, 이영돈. *Ocean and polar research*. 2005

쏨뱅이(*Sebastiscus marmoratus*) 초기 생활사에 관한 연구 : 1. 인위적인 방법에 의한 수조 내에서의 난 발생 과정과 자어기의 형태. 김용억, 한경호, 강충배, 김진구, 변순규. 한국어류학회지. 1997

쏨뱅이(*Sebastiscus marmoratus*) 초기 생활사에 관한 연구 : 2. 산출 자치어의 외부 형태 및 골격 발달. 김용억, 한경호, 강충배, 김진구, 변순규. 한국어류학회지. 1997

쏨뱅이(*Sebastiscus marmoratus*)의 자어 출산에 관한 연구. 김경민, 이정의, 양상근, 김성철, 황형규, 강용진. 한국양식학회 2003년도 추계학술발표대회 논문 요약집

암컷 돌가자미(*Kareius bicoloratus*)의 난황 형성 과정의 미세구조적 연구 및 생식소 발달. 전제천, 정의영. 한국어업기술학회 2003년도 춘계 수산관련학회 공동학술대회 발표 요지집

앞동갈베도라치의 산란 행동 유도 및 초기 생활사. 박재민 외. 한국어류학회지. 2014

앨퉁이(*Maurolicus muelleri*) 난, 자치어 분포와 수온전선. 김성, 유재명. 한국어류학회지. 1999

앨퉁이(*Maurolicus muelleri*)의 산란 생태 및 식성. 차병열. 한국어류학회지. 1998

양미리(*Hypoptichus dybowskii*)의 산란과 발생. 이정용 외. *Biology*. 1997

양식산 볼락(*Sebastes inermis cuvier*)의 성장 특성. 최희정, 홍경표, 오승용, 노충환, 박용주, 명정구, 김종만, 허준욱, 장창익, 박인석. 한국양식학회지. 2005

양식산 참조기 및 수조기 미성어의 계절별 성장 경향과 저수온 내성 특성. 강희웅, 강덕영, 한현섭, 조기채. 한국어류학회지. 2012

어렝놀래기(*Pteragogus flagellifera* (Valenciennes))의 생식 주기와 성 전환. 이영돈 외. 제주대 해양연보. 1992

여름철 독도, 제주도 연안에 출현하는 열대, 아열대 어종 구성 비교. 명정구 외. 수중과학기술. 2017

여수 연안 감성돔(*Acanthopagrus schlegeli*)의 성장 연구. 김광훈. 부경대학교. 2009

여수 연안 숭어(*Mugil cephalus*)의 연령과 성장 연구. 장창익, 박희원, 권혁찬. 한국어업기술학회지. 2011

여수 해역에 서식하는 감성돔의 동계 행동 특성. 강경미, 신현옥. 한국수산과학회지. 2008년

연무자리돔, *Chromis fumea*(*Pisces*: Pomacentridae)의 산란 보호, 난 발생 및 자어의 형태 발달. 김진구, 김용억, 박진우. 한국어류학회지. 2001

연승어구에 대한 옥돔의 행동과 낚시 형상 설계. 이춘우, 박성욱. 한국어업기술학회지. 1995

연안에 내유한 산란기 도루묵(*Arctoscopus japonicus*)의 행동 습성. 안희춘, 이경훈, 이성일, 박해훈, 배봉성, 양재형, 김종빈. 한국어업기술학회 2010년도 춘계총회 및 학술발표대회

우리나라 남해에 분포하는 붕장어(*Conger myriaster*)의 연령과 성장. 김영혜, 이은희, 김정년, 최정화, 오택윤, 이동우. 한국수산과학회지. 2011

우리나라 동해산 대구횟대(*Gymnocanthus herzenstenimi Jordan et starks*)의 연령, 성장 및 산란, 성숙에 관한 연구. 허영회 외. 동해수산연구소. 2004

우리나라 신석기 시대 생업 활동 연구 : 패총 출토 동물유체를 중심으로. 이은. 목포대학교. 2010

울릉도 연안에 서식하는 불볼락(Sebastes thompsoni)의 성숙과 산란. 양재형 외. 한국수산과학회지. 2016

음향 텔레메트리 기법을 이용한 자연산과 양식산 감성돔의 행동 특성 비교. 강경미, 신현옥, 강돈혁, 김민선, 김민서. 한국어업기술학회지. 2008

인공어초 사업의 종합 평가 및 향후 정책 방향 설정에 관한 연구. 한국해양연구소. 해양수산부. 2000

자리돔의 生殖周期에 관한 硏究. 이영돈, 이택렬, 이택열. 한국수산과학회지. 1987

자바리(Epinephelus bruneus)의 난 발생 및 자·치어 형태 발달. 송영보, 서종표, 지보근, 오성립, 이영돈. 한국수산과학회지. 2003

자바리(Epinephelus bruneus)의 난 발생과 부화에 미치는 수온의 영향. 양문호, 최영웅, 정민민, 구학동, 오봉세, 문태석, 이창훈, 김경민, 한석중. 발생과생식. 2007

잘피밭 해역에 방류된 감성돔(Acanthopagrus schlegeli) 치어의 식성 및 어체 성분 변화. 지승철, 이시우, 김양수, 정관식, 유진형, 최낙중, 명정구. 한국양식학회지. 2008

잠수 관찰을 통한 노래미(Hexagrammos agrammus)와 쥐노래미(H. otakii)의 산란 특성. 이용득. 경상대 석사 논문. 2015

장봉도 갯벌의 쥐노래미(Hexagrammos otakii)와 조피볼락(Sebastes schlegeli)의 섭식 생태. 서인수, 홍재상. 한국수산과학회지. 2007

전남 연안 해역 멸치(Engraulis japonica)의 연령과 초기 성장. 차성식. 한국수산과학회지. 1990

제비날치(Cypselurus hiraii) 자어의 형태 기재. 박재민 외. 한국어류학회지. 2016

제주 남부 연안 말쥐치(Thamnaconus modestus)의 생식년주기. 이승종, 고유봉, 이영돈, 정지현, 한창희. 한국어류학회지. 2000

제주 남부 연안 쥐치(Stephanolepis cirrhifer)의 생식년주기. 이승종, 고유봉, 이영돈. 한국어류학회지. 2000

제주 연안에 서식하는 놀래기류의 성 특성. 이치훈, 김윤석, 이영돈. 발생과생식. 2006

제주 해협에 출현하는 갈치(Hairtail, Trichiurus lepturus)의 어업생물학적 특성. 김상현, 이영돈, 노흥길. 한국수산과학회지. 1998

제주도 근해의 옥돔 어업과 어장 환경에 관한 연구. 김정창, 강일권, 김동선, 이준호. 한국어업기술학회지. 2006

제주도 남동부 해역에서 채집된 바다뱀(Ophisurus macrorhynchos)(뱀장어목:바다뱀과) 엽상자어의 첫 형태 기재 및 분포 특성. 지환성, 최정화, 최광호, 윤상철, 이동우, 김진구. 한수지. 2014

제주도 문섬 주변의 어류상. 명정구. 한국어류학회지. 1997

제주도 연안에서 채집된 깃대돔과(Zanclidae) 깃대돔(Zanclus cornutus)의 형태적 특징. 한송헌, 김병엽, 송춘복. 한국어류학회지. 2010

제주도 연안의 아열대성 어류. 백문하. 1984

제주산 쏨뱅이(Sebastiscus marmoratus)의 연령과 성장. 배희찬, 정상철. 한국수산과학회지. 1999

졸복(Takifugu pardalis (Temminck et Schlegel))의 산란 습성 및 초기 생활사. 한경호 외. 한국어류학회지. 2001

졸복(Takifugu pardalis) 자치어의 골격 발달. 한경호 외. 한국어류학회지. 2005

중국의 부세 양식. 이순길. 한국양식. 2002

쥐노래미(Hexagrammos otakii)의 생식 생태. 강희웅, 정의영. 한국어업기술학회 2003년도 춘계 수산관련학회 공동학술대회 발표 요지집

쥐노래미(Hexagrammos otakii)의 胃內容物 分析. 김종관, 강용주. 한국수산과학회지. 1997

짱뚱어(Boleophthalmus pectinirostris (Linnaeus))의 性成熟. 정의영, 안철민, 이택열. 한국수산과학회지. 1991

찰가자미(Microstomus achne) 초기 생활기의 상대 성장. 변순규 외. 한국수산과학회지. 2013

찰가자미(Microstomus achne)의 난 발생 및 자치어 형태 발달. 변순규 외. 발생과 생식. 2009

찰가자미(Microstomus achne)의 성 성숙과 생식소 발달. 변순규 외. 한국어류학회지. 2011

참가자미(Limanda herzensteini)의 卵發生過程과 仔魚의 形態發達. 한경호, 김용억. 한국어류학회지. 1999

참돔(Pagrus major) 자어의 기아시 형태 변화. 명정구, 김종만, 김용억. 한국어류학회지. 1990

참복科(복어目) 어류 屬의 외부 형태적 특징. 한경호, 김용억. 한국수산과학회지. 1998

참조기 종묘 생산에 대한 예비 연구(Preliminary study on the seed production for the small yellow croaker (Pseudosciaena polyactis). 명정구 외. The third Asian Fisheries Forum. 1992

鐵器時代 動物遺體 硏究 : 慶南 南海岸地域을 中心으로. 정찬우. 목포대학교. 2011

청베도라치(Pictiblennius yatabei)의 산란 습성, 난 발생 과정 및 부화자어의 형태. 명정구 외. 한국어류학회지. 1992

청베도라치의 산란 습성과 난 발생 과정 및 자어의 형태. 김용억 외. 한국어류학회지. 1992

촉수과 어류의 비교해부학적 및 계통분류학적 연구. 김병직. 전북대학교. 2001

태생 경골어류 망상어(Ditrema temmincki)의 성 성숙. 이정식, 안철민, 진평. 한국어류학회지. 1995

태생 경골어류 망상어(Ditrema temmincki)의 교미 및 체내 자어의 발달. 이정식, 안철민, 진평. 한국수산과학회지. 1996

태안 연안에서 채집된 문치가자미(Limanda yokohamae)와 넙치(Paralichthys olivaceus)의 섭식 생태. 이동진. 부경대학교. 2009

태안 주변 해역에 출현하는 날돛양태(Callionymus beniteguri)의 식성. 최희찬 외. 한국수산과학회지. 2016

태평양 새치류의 어장 분포와 어획량 경년 변동에 영향을 미치는 요인. 유준택, 황선재, 안두해. 한국수산과학회지. 2009

통영 바다목장 사후관리. 한국해양과학기술원. 통영시. 경상남도. 2014

통영 바다목장 해역에 서식하는 조피볼락(sebastes schlegeli)의 식성. 박경동, 강용주, 허성회, 곽석남, 김하원, 이해원. 한국수산과학회지. 2007

통영 연안에 출현하는 쏨뱅이(Sebastiscus marmoratus)의 식성. 백근욱, 여영미, 정재묵, 박주면, 허성회. 한국어류학회지. 2011

통영 주변 해역에 서식하는 돌가자미(Kareius bicoloratus)와 줄가자미(Clidoderma asperrimum)의 위 내용물 조성. 남기문 외. 한국어류학회지. 2013

통영 주변 해역에 서식하는 문치가자미(Pleuronectes yokohamae)의 식성. 허성회, 남기문, 박주면, 정재묵, 백근욱, 허성희, 정재묵. 한국어류학회지. 2012

푸렁통구멍(Gnathagnus elongatus) 자치어의 형태 발달. 김성, 유재명. 한국어류학회지. 2000

필리핀 연안 지역 재해 예방 및 위험 관리 역량강화(Ⅲ). 한국해양과학기술원. 여수세계박람회재단법인. 2017.

학공치의 난 발생과 부화자어. 김용억, 명정구, 최상웅. 한국수산학회지. 1984

한·중남미 해양과학기술 협력 사업. 한국해양과학기술원. 해양수산과학기술진흥원. 2019

한강 하구역에 출현하는 황강달이(Collichthys lucidus)의 섭식 생태. 정수환 외. 한국어류학회지. 2014

한국 근해 수역의 옥돔屬(Genus Branchiostegus) 어류의 분류학적 재검토. 김용억, 유정화. 한국어류학회지. 1998

한국 남서 갯벌 지역 짱뚱어(Boleophthalmus pectinirostris)의 연령과 성장. 정순재, 한경호, 김진구, 심두생. 한국수산어류학회지. 2004

한국 남해 가덕도 주변에서 채집된 등가시치(Zoarces gilli)의 식성. 허성회, 백근욱. 한국어류학회지. 2000

한국 남해 연안에 분포하는 붕장어(Conger myriaster)의 섭이 생태. 최정화, 최승희, 김종빈, 박정호, 오철웅, 오철웅. 한국수산과학회지. 2008

한국 남해 전남 바다목장 해역 볼락(Sebastes inermis)의 연령과 성장. 김희용, 김상화, 허선정, 서영일, 이선길, 고준철, 차형기, 최문성. 한국어업기술학회지. 2010

한국 남해안 감성돔(*Acanthopagrus schlegeli*)의 성숙과 산란. 권혁찬, 장창익, 신영재, 김광훈, 김주일, 서영일. 한국어류학회지. 2009

한국 남해안 개서대(*Cynoglossus robustus*)의 연령과 성장. 서영일 외. 한국어류학회지. 2007

한국 남해안 문치가자미(*Pleuronectes yokohamae*)의 성숙과 산란. 서영일, 주현, 이선길, 김희용, 고준철, 최문성, 김주일, 오택윤, 강주일. 한국어류학회지. 2010

한국 남해에 출현하는 날개멸과 치자어의 분류에 관한 연구. 유재명 외. 한국해양연구소. 1990

한국 동해산 도루묵(*arctoscopus japonicus*)의 성 성숙과 산란. 이해원, 김진희, 강용주. 한국수산과학회지. 2006

한국 동해산 기름가자미(*Glyptocephalus stelleri*)의 연령과 성장. 윤상철 외. 한국어업기술학회. 2010

한국 동해안 쥐치(*Stephanolepis cirrhifer*)의 성숙과 산란. 권혁찬, 이재봉, 장창익, 이동우, 최영민. 한국어류학회지. 2011

한국 서해산 병어(*Pampus argenteus*)의 번식 생태. 정의영, 배주승, 강희웅, 이황복, 이기영. 발생과생식. 2008

한국 서해산 웅어(*Coilia nasus*) 암컷의 성숙과 산란. 전제천, 강희웅, 이봉우. 발생과생식. 2009

한국 서해산 참조기의 연령과 성장. 정상철. 한국수산과학회지. 1970

한국 서해안 격열비열도 근해산 문치가자미의 연령과 성장. 박종수. 한국어업기술학회지. 1997

《한국수산지》를 통해 본 1910년경 충남 서해안 지역 수산업에 관한 경제지리학적 고찰. 조창연, 김학태. 한국경제지리학회지. 2005

한국 순천만 갯벌 지역 말뚝망둥어(*Periophthalmus modestus*)의 성숙과 산란. 김재원, 윤양호, 신현출, 임경훈, Toru Takita, 박세창, 백근욱, Torn Takita. 한국수산과학회지. 2007

한국 연근해 도루묵(*Arctoscopus japonicus*)의 자원량 추정. 이성일, 양재형, 윤상철, 전영열, 김종빈, 차형기, 최영민. 한국수산과학회지. 2009

한국 연근해 백상아리와 상어류의 분포. 최윤. 한국어류학회지. 2009

한국 연근해 상어류 분포 및 IUCN과 CITES에 등록된 상어류에 관한 연구. 김원비. 군산대학교 대학원. 2016

한국 연근해 참조기(*Pseudosciaena polyactis* bleeker) 어장의 해황 특성. 백철인, 조규대, 이충일, 최광호. 한국수산과학회지지. 2004

한국 연근해 황아귀의 분포 특성. 박영철, 안두해, 차병렬. 한국어업기술학회 2000년도 추계수산관련학회 공동학술대회 발표 요지집

한국 연근해에 분포하는 고등어(*Scomber japonicus*) 난·자치어의 분포 특성 및 초기 수송 과정 연구. 김소라 외. 한국수산과학회지. 2019

한국 연안산 검복(*Takifugu porphyreus*)과 자주복(*Takifugu rubripes*)의 독성. 김지회 외. 한국수산학회지. 2006

한국 연안산 졸복(*Takifugu pardalis*)과 복섬(*Takifugu niphobles*)의 독성. 김지회 외. 한국수산학회지. 2007

한국 주변 해역 바다뱀과(*Anguilliformes*: Ophichthidae) 어류의 분류학적 재검토. 지화성. 김진구. 한국어류학회지. 2010

한국산 Opistognathidae(후악치과) 어류의 1 미기록종(*Opistognathus iyonis*)에 대하여. 명정구 외. 한국어류학회지. 2018

한국산 가숭어(*Chelon lauvergnii*)의 난 및 자치어의 형태 발달. 김진구, 김용억, 변순규. 한국어류학회지. 2000

한국산 가자미아목 어류의 분류학적 연구. 김익수, 윤창호. 한국어류학회지. 1994

한국산 괴도라치(*Chirolophis japonicus*)의 산란 행동, 난 발생과 자어의 형태 발달. 박재민 외. 한국수산학회지. 2015

한국산 날치과(*Beloniformes, Exocoetidae*) 어류 5종의 분류학적 재검토. 김진구, 유정화, 조선형, 명정구, 강충배, 김용억, 김종만. 한국어류학회지. 2001

한국산 놀래기과 어류의 비늘 형태에 관한 연구. 김용억, 고정락. 한국어류학회지. 1994

한국산 놀래기아목(농어목) 어류의 분류와 분포. 이완옥, 김익수. 한국어류학회지. 1996

한국산 돛양태과(농어목) 어류의 분류. 이충렬. 김익수. 한국어류학회지. 1993

韓國産 말뚝망둥어屬(*Periophthalmus*) 魚類의 形態的 特徵. 유봉석. 군산대학교 수산과학연구소 연구논문집. 1994

한국산 망둑어과 어류 1신종, *Acentrogobius pellidebilis*. 이용주. 김익수. 한국어류학회지. 1992

한국산 멸치과 어류의 분류학적 연구. 윤창호, 김익수. 한국어류학회지. 1996

한국산 문절망둑속 *Acanthogobius* 어류의 골학적 연구. 이용주. 한국어류학회지. 2001

한국산 민어과(농어목) 어류의 분류학적 재검토. 이충렬, 박미혜. 한국어류학회지. 1992

한국산 베도라치아목과 등가시치아목(농어목) 어류의 분류학적 재검토. 김익수, 강언종. 동물학회지. 1991

한국산 복어의 독성 -2. 국매리복의 독성-. 전중균, 유재명. 한국수산학회지. 1995

한국산 연어속(*Oncorhynchus* spp.) 어류의 형태학적 연구-I. 연어(*O. keta*)의 난 발생 과정과 자치어의 형태. 명정구, 김용억. 한국어류학회지. 1993

한국산 연어속(*Oncorhynchus* spp.) 어류의 형태학적 연구-IV. 연어(*Oncorhynchus keta*), 산천어 (*O. masou*), 및 무지개송어 (*O. mykiss*)의 형태 비교. 명정구, 김용억. 한국어류학회지. 1993

한국산 연어속 어류의 형태학적 연구-V. 연어(*Oncorhynchus keta*), 산천어(*O. masou*) 및 무지개송어(*O. mykiss*)의 골격 비교. 명정구, 김용억. 한국수산과학회지. 1996

한국산 자리돔속 어류의 형태학적 연구 I. 한국산 자리돔속 어류 3종, 자리돔(*Chromis notata*), 노랑자리돔(*C. analis*), 연무자리돔(*C. fumea*)의 외부형태학적 연구. 김용억, 김진구. 한국어류학회지. 1996

한국산 자리돔속 어류의 형태학적 연구 II. 한국산 자리돔속 어류 3종, 자리돔(*Chromis notata*), 노랑자리돔(*Chromis analis*) 및 연무자리돔(*Chromis fumea*)의 골격 비교. 김용억, 김진구. 한국수산과학회지. 1997

한국산 졸복(*Takifugu pardalis*)의 초기 발육 및 번식 생태. 조재권. 전남대 박사학위 논문. 2000

한국산 주둥치과(농어목) 어류의 분류학적 연구. 라혜강. 한국어류학회지. 2004

한국산 짱뚱어(*Boleophthalmus pectinirostris*)의 생태와 생활사. 유봉석, 김익수, 최윤. 한국수산과학회지. 1995

韓國産 참복亞目 魚類. 김익수, 이완옥. 기초과학. 1991

한국산 참서대과(*Cynoglossidae*) 어류의 분류학적 재검토. 김익수, 최윤. 한국수산학회지. 1994

한국산 참홍어(*Raja pulchra*)의 다배성 난각 특징과 자어의 형태. 조현수, 강언종, 조영록, 서형철, 임양재, 황학진. 한국어류학회지. 2010

한국산 첨치과 어류 1미기록종. 강충배 외. 한국어류학회지. 2002

한국산 청어과 어류의 분류학적 연구. 윤창호, 김익수. 한국어류학회지. 1998

한국산 파랑눈매퉁이속(파랑눈매퉁이과) 어류 2 미기록종. 김용억, 김영섭, 강충배, 김진구. 한국어류학회지. 1997

한국산 해마(*Hippocampus coronatus*)의 출산과 초기 성장. 최영웅, 노섬, 정민민, 이영돈, 노경언. 한국양식학회지. 2006

한국산 홍어류(판새아강, 홍어과) 어류의 분류학적 연구 현황과 국명 검토. 정충훈. 한국어류학회지. 1999

韓國産 황어 亞科魚類의 系統分類學的 硏究. 김익수, 이금영, 양서영. 한국수산과학회지. 1985

한국산 흰비늘가자미의 후기 자어와 치어 출현. 윤창호, 허성회, 김익수. 한국어류학회지. 1998

한국산(韓國産) 놀래기과(科) 어류(魚類)의 비늘 형태에 관한 연구(研究). 김용의, 고정락, 김용억. 한국어류학회지. 1994

한반도 서남 연안 붉바리(*Epinephelus akaara*)의 연령과 성장. 이태원, 이창규. 한국어류학회지. 1996

해마 서식지 혼재 어류상. 정민민, 최영웅, 이정의, 김재우, 김성철, 이윤호, 노섬. 한국수산과학회지. 2007

해수 관상어로서 상어 2종, 까치상어(*Triakis scyllium*)와 별상어(*Cynias manazo*)의 인공 종묘 생산. 정민민, 이정의, 김재우, 김성철, 노섬. 한국양식학회 2003년도 추계학술발표대회 논문 요약집

해양보호구역 조사. 관찰. 해양환경관리공단. 해양수산부. 2014

해중 경관 모니터링. 한국해양과학기술원. 국토해양부. 2009

홍바리(*Epinephelus fasciatus*)의 번식 생리 특성. 주해성. 제주대. 2012

황놀래기(*Pseudolabrus japonicus* (Houttuyn))의 생식 주기와 성 전환. 이영돈 외. 제주대 해양연보. 1992

황해볼락(*Sebastes koreanus*) 자치어의 형태 및 골격 발달. 박재민 외. 한국어류학회지. 2015

흑산도 근해 연승어업의 참홍어(*Raja pulchra*) 어획 특성. 조현수, 황학진, 권대현, 정경숙, 최광호, 차병열, 임양재. 한국어업기술학회지. 2011

2011년 해양보호구역 조사 관찰. 해양환경관리공단. 국토해양부. 2012

'99 통영 해역의 바다목장 연구 개발 용역사업 보고서. 한국해양연구원. 해양수산부. 1999


A Census of Marine Biodiversity Knowledge, Resources, and Future Challenges. Costello et al., PLoS ONE. 2010

First Record of a Jawfish, *Opistognathus hongkongiensis* (Optstognathidae, Perciformes) from korea. J-H. Park, J. K. Kim, J. H. Choi, Y. M. Choi. Korea J. Ichthyol. 2008

First Record of the Jawfish, *Opistognathus iyonis* (Opistognathidae, Perciformes) from Korea. Myoung J. G, S-H Cho, J. M. Kim, Y. U. Kim. Korean J. Ichthyol. 1999

Fish Fauna Associated with Drifting Seaweed in the Coastal Area of Tongyeong, Korea. Cho et al. Transactions of the American Fisheries Society. 2001

Hatching time in spherical pelagic, marine fish eggs in response to temperature and egg size. Pauly D. and R. S. V. Paullin. Environ Bio. Fish. 1988

New record of the Genus *chlorophathalmus* (pices: chlorophathalimidae) from korea. Kim U.K, Y.S. Kim, C.B.Kang, J.K. Kim, korean J. Ichthyol, 1997

Profile of a fishery collapse: Why mariculture failed to save the large yellow croaker. M. Liu and Y. S. Mitheson. Fish and Fisheries. 2008

Two new species of damselfishes (Pomacentridae: *chromis*) from Indonesia. Allen. G. R and M. V. Erdmann. Aqua Intl. J. Ichthyol. 2009

글 명정구

1975년 국립부산수산대학교에서 바닷물고기를 공부하기 시작해 평생 우리 바다와 바닷물고기를 연구했다.
1984년부터는 한국해양과학기술원 연구원과 과학기술연합대학원대학(UST), 한국해양대학교
해양과학기술전문대학원(OST) 교수로서 시범 바다목장 사업, 독도 수중 생태 연구, 남태평양 생물 자원 개발 연구,
해성 풍력 발전과 수산업 공존 연구 등을 추진하였다. 그동안 어류학 전공자로서 어류에 관련된 전문 연구 논문을
100편 넘게 썼고, 일반인과 어린이들을 위한 책들도 다수 집필했다. 또한 1977년부터 스쿠버 다이빙을
시작해 현재까지 과학 잠수를 통한 수중 탐사 연구 활동도 이어 오고 있다. 2008년부터 2021년 2월까지
'한국수중과학회'에서 회장을 맡아 해양 과학, 잠수 생리 및 잠수병, 수중 작업 같은 다양한 잠수 분야 전문가들의
현장과 학술 활동 지원 및 후진 양성도 해 왔다. 현재는 한국해양과학기술원(해양생물자원연구단)에서
'자문 위원'으로 근무하고 있다.


그림 조광현

홍익대학교에서 서양화를 전공하였고, 군산대학교에서 해양생물학 석사 학위를 받았다. 꾸준히 생명, 생태를
주제로 한 그림 작업을 해 오고 있다. 특히 해양 생태에 관심이 많아 스쿠버 다이버로 활동하며 여러 편의
해양 다큐 TV 프로그램 및 영화에도 출연하였다. 산과 바다 같은 자연 현장을 직접 누비며 여러 가지 탐사 활동을
통해 얻은 경험 속에서 많은 예술적 영감을 얻는다. 지금까지 개인전을 8회 열었고 200회가 넘는 단체전에
참가하였다. 그동안 《세밀화로 그린 보리 어린이 갯벌 도감》, 《세밀화로 그린 보리 어린이 바닷물고기 도감》,
《바닷물고기 도감-세밀화로 그린 보리 큰도감》, 《갯벌, 무슨 일이 일어나고 있을까》, 《우포늪의 생태》,
《한국의 민물고기》 같은 책에 그림을 그렸다.

**한반도 바닷물고기 세밀화 대도감**
- 우리 바다에 사는 바닷물고기 528종

글 명정구
그림 조광현

**기획 자문** 윤구병
**편집** 김종현
**기획실** 김소영, 김수연, 김용란
**디자인** 이안디자인

**제작** 심준엽
**영업** 나길훈, 안명선, 양병희, 원숙영, 조현정
**독자 사업(잡지)** 정영지
**새사업팀** 조서연
**경영 지원** 신종호, 임혜정, 한선희
**분해와 출력, 인쇄** (주)로얄프로세스
**제본** (주)바이블코리아

**1판 1쇄 펴낸 날** 2021년 7월 30일
**1판 2쇄 펴낸 날** 2022년 3월 31일

**펴낸이** 유문숙
**펴낸 곳** (주) 도서출판 보리
**출판등록** 1991년 8월 6일 제 9-279호
**주소** 경기도 파주시 직지길 492 (우편번호 10881)
**전화** (031)955-3535 / **전송** (031)950-9501
**누리집** www.boribook.com
**전자우편** bori@boribook.com

값 280,000원
보리는 나무 한 그루를 베어 낼 가치가 있는지 생각하며 책을 만듭니다.

ISBN 979-11-6314-206-5  06490